建设工程
混凝土应用新技术

施工技术杂志社　编

人民交通出版社
China Communications Press

内 容 提 要

本文集由施工技术杂志社组织专家经过认真的评审，精选出109篇论文编辑而成。该文集集中反映了国内外混凝土技术发展的先进水平，重点阐述了混凝土的应用现状及发展趋势、典型工程混凝土应用技术，以及新型混凝土和特种混凝土的研究与应用等，具有较高的学术性、实用性和参考价值。

本文集可供国内外从事混凝土施工、设计、科研等人员工作和学习参考。

图书在版编目(CIP)数据

建设工程混凝土应用新技术/施工技术杂志社编. 北京：人民交通出版社，2009.7

ISBN 978-7-114-07895-8

Ⅰ.建… Ⅱ.施… Ⅲ.混凝土施工—新技术应用—文集 Ⅳ.TU755-53

中国版本图书馆CIP数据核字(2009)第121458号

书　　名：**建设工程混凝土应用新技术**
著 作 者：施工技术杂志社
责任编辑：刘彩云
出版发行：人民交通出版社
地　　址：（100011）北京市朝阳区安定门外外馆斜街3号
网　　址：http://www.ccpress.com.cn
销售电话：（010）59757969，59757973
总 经 销：北京中交盛世书刊有限公司
经　　销：各地新华书店
印　　刷：北京市密东印刷有限公司
开　　本：787×1092　1/16
印　　张：35.5
插　　页：8
字　　数：878千
版　　次：2009年7月第1版
印　　次：2009年7月第1次印刷
书　　号：ISBN 978-7-114-07895-8
定　　价：66.00元

中建商品混凝土有限公司

总经理：吴文贵

高级工程师

中国建筑业协会混凝土分会常务理事

中国质量管理小组活动卓越领导者

国家一级项目经理/一级注册建造师

全国施工企业优秀项目管理者

全国重点工程建设优秀项目经理

湖北省五一劳动奖章获得者

中国混凝土行业优秀企业家

武汉市企业家协会优秀企业家

全国优秀施工企业家

全国优秀项目经理

鲁班奖工程项目经理

湖北省优秀企业家

武汉世贸

武汉大学水利水电教学楼

可口可乐厂房

新时代商务中心

江汉五桥

新世界中心

湖北省出版文化城

武汉客运站站房

建银大厦

证 书

金华市欣生沸石开发有限公司:

经评定，你单位完成的"JX 抗裂硅质防水剂"项目列为二〇〇七年全国建设行业——防水专项科技成果推广项目。

项目编号：2007FS39

证书编号：2007FS-39

（此证有效期三年）

浙江省金华市欣生沸石开发有限公司

Jx系列抗裂硅质防水剂

荣获二00七年全国建设行业
防水专项科技成果推广项目称号

沸石防水 国内领先

防渗抗裂 提高强度；无机耐久 绿色环保；施工简便 成本低廉

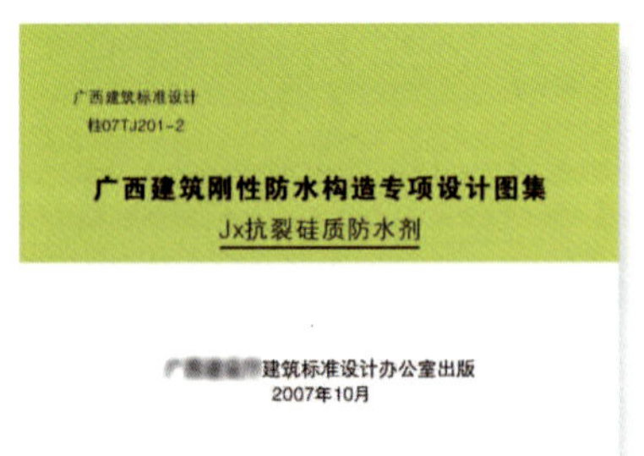
广西建筑标准设计

桂07TJ201-2

广西建筑刚性防水构造专项设计图集

Jx抗裂硅质防水剂

建筑标准设计办公室出版

2007年10月

广西建筑刚性防水构造专项设计图集

Jx抗裂硅质防水剂 建筑标准设计办公室出版 2007年10月

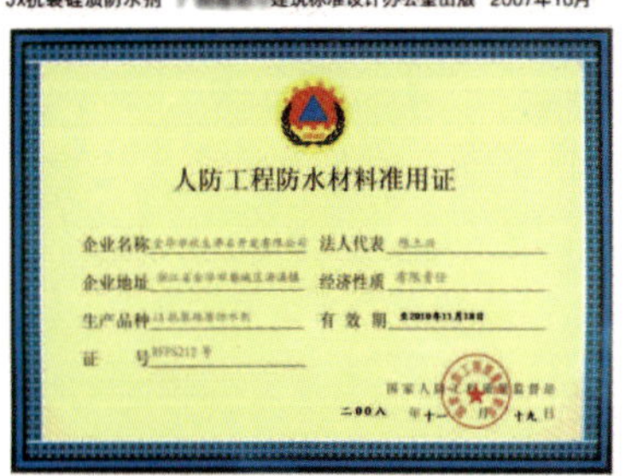
人防工程防水材料准用证

企业名称 法人代表

企业地址 经济性质

生产品种 有 效 期

证 号

人防工程防水材料准用证

另有多项鉴定和认证请浏览公司网站

公司网址：http://www.jhxs.com

公司地址：浙江省金华市双溪西路268号	邮政编码：321000
客服电话：0579－8213 1867	销售传真：0579－8213 1870
监督电话：0579－8266 7608	
工厂地址：浙江省金华市金西经济技术开发区（汤溪镇）	邮政编码：321075
技术服务：0579－8266 7635	销售传真：0579－8266 7636
E-mail：jhxs2006@163.com	Q Q：7 7593 9191

产品特点：

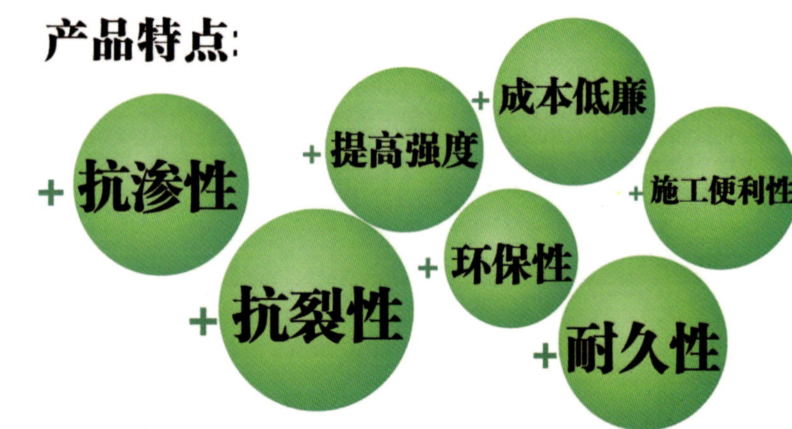

Jx系列抗裂硅质防水剂可广泛用于各种防水砂浆工程、防水混凝土工程；自防水预制管件；自防水轻集料砌块；自防水保温材料及各种新建或使用中的建筑物、构筑物的防水止漏维修工程。如：地下室、地下仓库、城市地铁、隧道、地下停车场、地下商业街、军事、人防工程、地下管沟、贮油池、喷水池、养鱼池、浴池、游泳池、发电厂凉水塔、自来水厂、污水处理厂。山岭及水底隧道、水工构筑物、水电大坝、渡槽、桥梁等的砂浆、混凝土防水工程。坡屋面、种植屋面、蓄水屋面、上人屋面、建筑内外墙、厕浴间、仓库等砂浆、混凝土防水工程。

地下渗漏维修效果达百分百。

企业经过数年的发展，产品已在全国20多个省市广泛应用，累计应用面积达数千万平米，并获得客户的一致好评。

祝本书成功发行
祝会议圆满成功

主办单位

 中国建筑工程总公司

 中国交通建设集团有限公司

 中国中铁股份有限公司

施工技术《施工技术》杂志社

承办单位

施工技术《施工技术》杂志社

 中建商品混凝土有限公司

协办单位

 长沙中联重工科技发展股份有限公司

（以上排名不分先后）

承前启后，努力创新研发节能减排环保型混凝土，为构建绿色建筑与工程作贡献！

许溶烈

二〇〇九年七月十六日于大同市

绿色建材是

绿色建筑的重要支撑

王有为

二〇〇九年七月十七日

科技支撑发展

创新引领未来

毛德兵

以最佳的服务和优质的产品

与用户共同浇筑时代的丰碑

中建商品混凝土有限公司总经理　吴文贵

《建设工程混凝土应用新技术》
编 委 会

（按姓氏笔画排序）

前　言

随着中央电视台新台址主楼超厚底板大体积混凝土连续一次性浇注成功；苏通大桥、杭州湾跨海大桥高性能混凝土的成功研制与运用；广州珠江新城西塔 C100 超高强高性能混凝土 400 多米成功泵送……混凝土生产、制造和应用领域捷报频传。与此同时，随着以科技创新为先导，以绿色环保为主题的绿色混凝土产业化基地的建设与推进；多种形式清水混凝土的研究与应用；再生骨料混凝土、绿色混凝土的研究与推广，混凝土这种传统的建筑材料被赋予了更多的时代特色，符合国家倡导的可持续发展的主旋律。

在这种背景下，《建设工程混凝土应用新技术》一书的出版具有可贵的现实意义，一方面，它结合“全国建设工程混凝土应用新技术交流会”的召开，总结了已建、在建重大工程的混凝土施工经验，记录了混凝土行业的科技创新成果；另一方面，在当前国家加大基础设施建设、民生工程建设的大环境下，它的出版为今后类似工程的顺利开展提供了可借鉴的经验。在此，要感谢本书的编者、作者、出版单位的辛勤劳动，也感谢会议主办方、承办方、协办方的精心策划。

最后，预祝本书出版发行成功、会议圆满成功！

中国工程院院士　叶可明

目　录

工程应用篇

高层、超高层建筑

大 型 公 建

体 育 场 馆

道 路 桥 梁

高 速 铁 路

水电、核电工程

工业建筑、构筑物、特种工程

其　他

综合研究篇

生产制造篇

广州珠江新城西塔工程高强、超高强高性能混凝土的配制及超高泵送技术

叶浩文[1],顾国荣[2],徐立斌[3],林力勋[3],张杰华[4]

1. 中国建筑第四工程局有限公司;2. 中建三局建设工程股份有限公司;
3. 贵州中建建筑科研设计院有限公司;4. 广州市建筑集团有限公司

广州珠江新城西塔工程是广州珠江新城六大标志性建筑之一,位于珠江新城西南部核心金融商务区,在广州市的新中轴线上。西塔楼高 437.5m,是华南第一高楼,该项目占地面积 3.1 万 m^2,总建筑面积约 45 万 m^2。由地下 4 层、地上 103 层的主塔楼和 28 层辅楼组成,建筑投资概算 60 亿元。

1 施工难点

1.1 施工工期紧

根据施工总承包合同要求,本工程总工期仅 1007d,包括机电、幕墙及精装修,45 万 m^2 的结构、4 万多 t 钢结构、17 万 m^3 混凝土、108 个结构层需在两年内完成,主塔楼主体结构平均施工速度需 3.5d 一层。因此,如何保证混凝土的顺利浇筑及浇筑速度是施工方要解决的一个难题。

1.2 主塔楼结构复杂

广州西塔工程采用筒中筒结构,由钢管混凝土巨型斜交网格外筒、钢筋混凝土剪力墙内筒,以及连接内外筒的钢—混凝土组合楼盖组成。其中,混凝土核心筒结构变化复杂,67 层以下为内外两个六边形(三个长边三个短边间隔布置)组成的混凝土筒结构;从 68 层开始内墙逐步收掉,至 73 层内筒全部收掉,长边改为倾斜弧形墙,通过混凝土拉梁与短边直墙连接。复杂的结构给施工方带来的另一个难题就是混凝土如果采用泵送方式进行输送,只能一泵到顶,因为接力泵的设置将给设计、施工以及泵送设备维护带来更多的难题;如果采用塔吊+吊斗方式进行输送,其浇筑速度无法满足工期要求。因此,施工方组织专家研究论证,最终决定采用一泵到顶的泵送方式。

1.3 C60～C90 高强高性能混凝土大量应用

主塔楼 C60 及以上的高强高性能混凝土约 7 万 m^3,具体泵送高度见表 1,其中 C80 混凝土最高需泵送至410m,C90混凝土最高需泵送至167m。如此大批量的C60～C90混凝土应用

[作者简介] 叶浩文,中国建筑第四工程局有限公司教授级高级工程师

到实际工程中，而且还要进行 400 多 m 超高泵送施工，目前国内外还没有相关的技术规范、工程案例可以借鉴。因此高强高性能混凝土的配制及超高泵送是本工程混凝土工程顺利实施的最大难点。

表 1　广州西塔工程混凝土浇筑高度概况

结构部位	强度等级	浇筑部位	结构标高范围
核心筒及楼盖部分	C35	非节点层楼盖、同层楼梯	−15.25～425.20
	C30	停机坪面层结构	437.20～437.45
	C50	节点层楼盖、同层楼梯	−0.05～431.95
		81 层至顶层剪力墙	350.95～431.95
	C60	41～80 层剪力墙	180.05～350.95
	C70	16～40 层剪力墙	67.55～180.55
	C80	−4～15 层剪力墙	−19.00～67.55
		核心筒转换钢架	−11.85～17.95
	C30P6	69 层游泳池结构	304.45～305.80
钢管混凝土	C60	节点区 JQ	427.50～431.95
		构件区 8～17	167.75～437.45
	C70	构件区 1～7	−17.35～256.35
	C80	节点区 JH～JP	182.75～410.65
	C90	节点区 JA～JG	−6.75～167.75

2　技术难点及解决方案

2.1　技术难点

为解决上述难题，施工方组建了混凝土攻关小组，在确保 C60～C90 混凝土顺利泵送的基础上，研发了 C100 超高强高性能混凝土（简称 C100UHPC）和 C100 超高强自密实混凝土（简称 C100UHP-SCC），并于 2008 年 12 月成功进行了 411m 超高泵送试验，在国内外尚属首次。其中遇到的技术难点主要有以下两个方面。

2.1.1　混凝土

C60～C100 混凝土（尤其是 C80 以上的混凝土）相对于普通混凝土，其拌和物黏度大，泵送阻力大。现有研究资料表明，由于高强高性能混凝土的高黏性，泵送过程中，混凝土与管壁剪切力增大，资料显示，水灰比为 0.385 时，黏着力为 0.01MPa，而水灰比为 0.28 时，高性能混凝土的黏着力为 0.04 MPa，系前者的 4 倍。目前，高强高性能混凝土的可泵性问题在我国显得尤为严重。

针对广州西塔工程 C60～C100 混凝土超高泵送的特殊要求，其混凝土拌和物必须具有大流动性、低黏性，必须控制新拌混凝土工作性能的经时变化，同时还要考虑混凝土硬化后的力学性能、长期性能和耐久性能。

2.1.2 泵送设备

泵机的混凝土出口压力必须足够大，以保证泵送速度和泵送量的要求。

2.2 解决方案

2.2.1 混凝土

（1）粗集料的最大粒径对混凝土泵送压力影响较大，选用最大粒径 20mm。粒形较好的粗集料，有效降低了泵送压力。

（2）粗集料采用两级配搭配成连续级配使用，降低了粗集料间的空隙率，节省了填充砂浆用量，提高了混凝土的流动性。

（3）较大的砂率有利于减少泵送阻力，所用砂率控制在 42％～44％。

（4）利用矿渣粉、硅粉等矿物掺和料的微细粉填充效应和矿物减水效应，提高混凝土拌和物工作性的同时，保证了强度和耐久性的要求。

（5）利用大掺量聚羧酸高效减水剂和控制单方用水量的办法，有效控制了混凝土拌和物流动性、黏性和工作性的经时变化。

2.2.2 泵送设备

采用中联重科生产的 HBT90.40.572RS 型混凝土泵，其混凝土出口压力最高可达 40MPa，有效保障了混凝土超高泵送的顺利进行。

3 技术实施

3.1 C60～C90 高强高性能混凝土配制技术

3.1.1 原材料

配制 C60～C90 高强高性能混凝土，原材料的选择尤为重要。水泥选用广州市越堡水泥有限公司生产的金羊牌 P·II 型 52.5R 水泥，其 28d 抗压强度达到了 60MPa；矿渣粉选用广东韶钢嘉羊新型材料有限公司生产的 S95 磨细矿渣粉；硅灰选用埃肯国际贸易（上海）有限公司生产的硅粉；外加剂选用广东柯杰外加剂科技有限公司生产的柯杰牌KJ-JS高性能减水剂，浓度为 22％，减水率大于 30％；细集料选用细度模数为2.6～3.2的中粗河砂，其中配制 C60～C70 混凝土宜选用细度模数为 2.6～2.8 的中砂，配制C80～C90混凝土宜选用细度模数为 2.8～3.2 的中粗砂，可以在一定程度上降低混凝土拌和物的黏性；粗集料选用 5～10mm 和 10～20mm 两级粗集料搭配成连续级配使用，其搭配比例为 3∶7。

3.1.2 配合比设计

C60～C90 混凝土的配合比设计主要考虑其拌和物要求具有大流动性、低黏度等优异的工作性能，配合比参数见表 2。

表 2　C60～C90 混凝土配合比主要参数

混凝土强度等级	水 胶 比	单方用水量 (kg/m³)	胶凝材料 (kg/m³)	矿渣粉 (kg/m³)	硅粉 (kg/m³)	砂率(%)
C60	0.32	160	500	110	0	42～44
C70	0.28	155	560	130	15	
C80	0.26	150	585	140	20	
C90	0.23	150	650	145	40	

备注：配制 C60 混凝土时，还选用 80kg/m³ 的 II 级粉煤灰做掺和料。

3.1.3　工作性检测结果

经过现场试验统计，C60～C90 混凝土拌和物的坍落度为 240～260mm、扩展度大于 600mm、倒坍落度筒时间为 5～20s，工作性 3h 内基本不损失，满足了超高泵送要求。

3.2　C100UHPC、UHP-SCC 的配制技术

3.2.1　原材料

与 C60～C90 混凝土对比，C100UHPC、UHP-SCC 选用原材料的差别是：①矿渣粉选用昂国公司提供的济南鲁昂新型建材有限公司生产的 S105 矿渣粉；② 配制 C100UHP-SCC 选用5～10mm和 10～16mm 的两级粗集料搭配使用；③C100UHP-SCC 使用了特种矿物超细粉和自制的特种外加剂，起到增稠、增强和物理保坍的作用；④C100UHP-SCC 选用了西卡 3350 系列外加剂。

3.2.2　配合比设计

C100UHPC、UHP-SCC 的配合比参数见表 3。

表 3　C100UHPC、UHP-SCC 配合比参数

混凝土强度等级	水 胶 比	单方用水量 (kg/m³)	胶凝材料 (kg/m³)	矿渣粉 (kg/m³)	硅粉 (kg/m³)	砂率(%)
C100UHPC	0.20	150	750	190	60	47
C100UHP-SCC	0.22	154	700	190	60	47

备注：配制 C100UHP-SCC 时使用了特种矿物超细粉和特种外加剂。

3.2.3　工作性检测结果

经过现场试验统计，C100UHPC、C100UHP-SCC 混凝土拌和物的坍落度为 250～270mm、扩展度大于 600mm、倒坍落度筒时间小于 5s，工作性在 4h 内基本不损失，满足了超高泵送要求，见图 1。另外，C100UHP-SCC 混凝土拌和物 U 形仪试验时，填充高度达到了 34cm，见图 2。

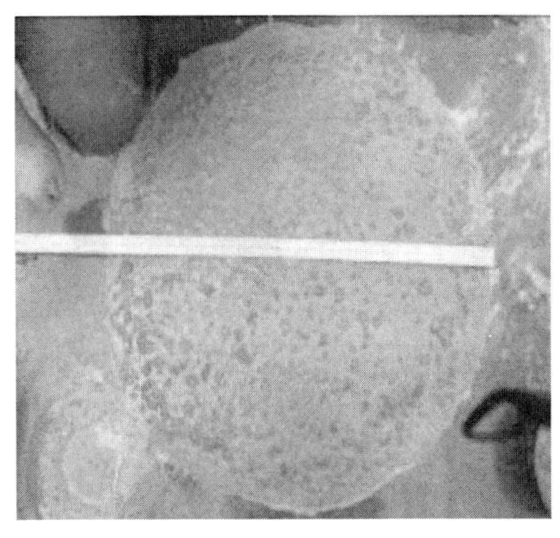

图 1 C100UHPC 扩展度试验

图 2 C100UHP-SCC-U 形仪试验

3.3 超高泵送技术

3.3.1 泵机参数

针对西塔高强高性能混凝土施工特点，中联重科研制开发的超高压混凝土泵（见图 3），在国内率先运用“增压传动”的设计理念，即：通过 32MPa 的液压系统压力实现 40MPa 的混凝土推送力。40MPa 混凝土输送压力满足了西塔 437.5m 高度混凝土浇筑的需要。并在行业内首家将 GPS 远程监控系统用于混凝土泵。

图 3 中联重科 HBT90.40.572RS 型混凝土泵

3.3.2 泵管的设计、连接（见图 4）

为了能够确保本工程的顺利施工，经过计算，采用 45Mn2 钢，调质后内表面高频淬火，硬度可达 HRC45～55，寿命比普通管提高 3～5 倍。弯管采用耐磨铸钢，管径为 125mm。

图 4 泵管的设计与连接

施工中，超高压和高压耐磨管道需承受很高的压力，安装好后无须经常拆装，采用强度更好的螺栓连接，O形圈端面密封形式，可耐100MPa的高压，并有很好的密封性能。

3.3.3 泵管布置

在超高层混凝土泵送施工中，为降低管道内的混凝土对混凝土泵的背压冲击，混凝土管道的布置应遵循以下原则：① 地面水平管的长度应大于垂直高度的1/4，即约110m水平管道；② 在地面水平管道上应布置截止阀；③ 在相应楼层，垂直管道布置中应设有弯道。

西塔的管道布置见图5。

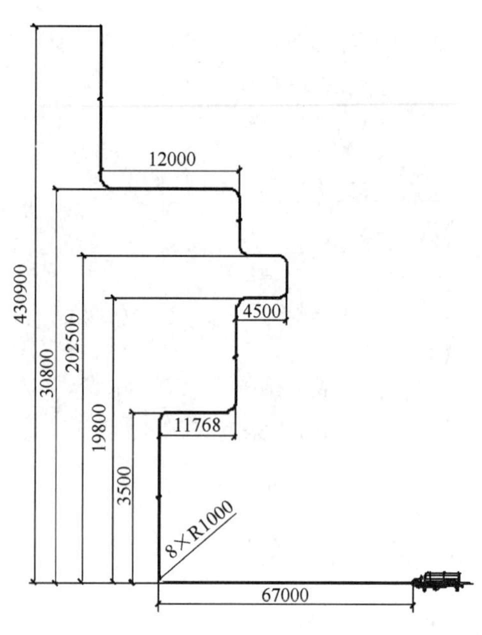

图5 泵管布置示意

4 应用效果

C100UHPC第1次泵送高度达到333m，第2次泵送高度达到411m；C100UHP-SCC第1次泵送高度达到411m。UHPC和UHP-SCC的出厂强度、现场检验强度及411m浇筑点的混凝土强度都达到或超过了C100强度等级的要求。泵机设计的混凝土出口压力为40MPa，但泵送至333m高度时，出口压力只有20MPa；泵送至411m高度时，出口压力也不超过22MPa。混凝土在管内流通顺畅，无堵管现象，成功地对UHPC、UHP-SCC进行了超高泵送。超高性能混凝土(UHPC)与超高性能自密实混凝土(UHP-SCC)的研发应用及超高泵送技术现已通过专家鉴定。

5 结语

C60～C90高强高性能混凝土在广州珠江新城西塔项目的大量应用，以及C100UHPC、C100UHP-SCC超高($h=411$m)泵送试验的成功，是施工方、清华大学、监理、业主、泵机厂家、商混公司等多家单位共同努力的结果。该项技术成果推动了国内C60以上，特别是C80以上高强高性能混凝土的工程应用，另外C100UHPC、C100UHP-SCC配制和超高泵送技术更为国内混凝土新技术树立了样板。

参 考 文 献

[1] 冯乃谦. 高性能混凝土结构[M]. 北京；机械工业出版社. 2004.

[2] 陈保钢，康明智，等. 西塔项目高强高性能混凝土超高泵送压力损失计算[C]. 广州：超高层混凝土泵送与超高性能混凝土技术的研究与应用国际研讨会文集(中文版). 2008，4.

重庆地区特细砂高强高性能混凝土超高泵送施工关键技术

张希黔，刘光云，张爱莉

中建总公司施工技术专业委员会

特细砂是指按《建筑用砂》(GB/T 14684—2001)规定方法检验所得细度模数为0.6～1.5的天然河砂。由于特细砂具有粒度细、比表面积大、空隙率高、级配差的特点，因此用传统方法配制的特细砂混凝土，只能是低砂率(20%～28%)、低坍落度(如普通特细砂混凝土的坍落度宜在50mm以内)和低用水量(一般不超过200kg/m^3)，这种“三低”现象，只能用于低流动性混凝土或干硬性混凝土工程，而不适用于有大流动性的泵送高性能混凝土。为了解决特细砂高性能混凝土的超高泵送问题，采用“双掺”法(掺粉煤灰、磨细矿渣粉等矿物掺和料、掺高效减水剂)，通过系列试验、试配，得出优化的配合比，解决了特细砂混凝土强度偏低、流动度小的问题，配制出适于泵送的高性能特细砂混凝土。

1 特细砂高性能混凝土施工关键技术

(1)充分利用地方特产资源，可降低成本、节约能源。

(2)针对特细砂配制的高强高性能混凝土超高泵送施工困难的问题，研究采用了新工艺，克服了特细砂高强高性能混凝土泵送难、易开裂等难题，取得了易泵送、不易发生收缩裂缝的理想效果。

(3)采用新工艺、新方法配制的特细砂高强高性能混凝土，有良好的施工性能、易泵送、不泌水或泌水少，混凝土拌和物体积稳定，便于在混凝土工程中应用，对于细砂配制高性能泵送混凝土也有参考价值。

2 工程应用实例

2.1 工程概况

重庆中华新城项目总建筑面积达56万m^2，其混凝土工程全部采用特细砂混凝土，包括地下3层、地上5～6层裙楼、3～10号楼共8栋塔楼，其中6号楼为37层高档酒店式公寓写字楼，为框架—剪力墙结构；7号楼为54层(结构高度为232m)的超高层写字楼和五星级酒店，为框架—核心筒结构，如图1、图2所示。工程所用特细砂高性能混凝土强度等级为

[作者简介] 张希黔，中建总公司施工技术专业委员会主任委员，重庆大学现代施工技术研究所所长

C30～C60。

图1　重庆中华新城效果图

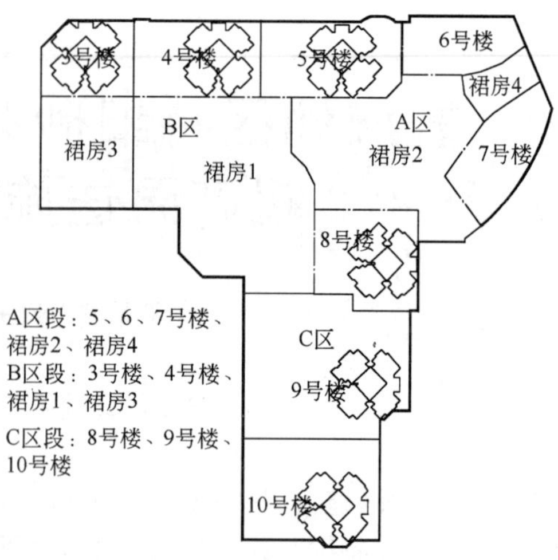

图2　工程平面图

2.2　特细砂高强高性能混凝土超高泵送施工工艺流程

特细砂高强高性能混凝土超高泵送施工工艺流程如图3所示。

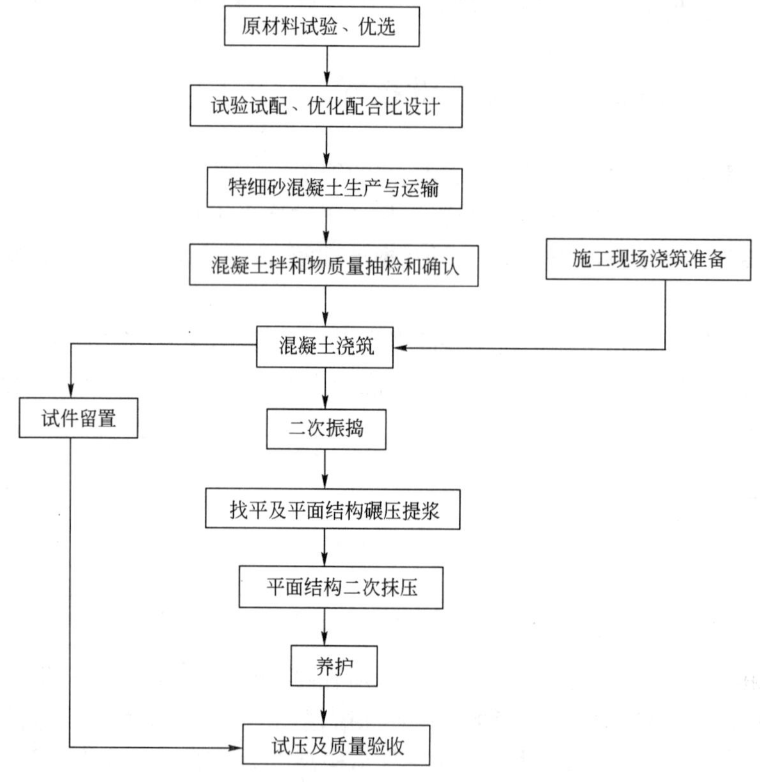

图3　施工工艺流程图

2.3 特细砂高强高性能混凝土的配制

2.3.1 优选原材料

（1）粗集料　特细砂高性能混凝土中粗集料宜采用二级配或三级配，质量标准应符合《建筑用卵石、碎石》（GB/T 14685—2001）的规定。其表观密度大于2500kg/m³，松散堆积密度大于1350kg/m³，空隙率小于47％。

（2）细集料　配制不同强度等级混凝土所用特细砂的细度模数按《建筑用砂》（GB/T 14684—2001）检验，并参照重庆市地方标准《特细砂混凝土应用技术规程》（DB 50/5028—2004）选用特细砂的细度模数：C60及以上混凝土，细度模数不应低于1.1；C40及以上混凝土，细度模数不应低于1.0；C35混凝土，细度模数不应低于0.90；C30混凝土，细度模数不应低于0.80。

（3）水泥　根据设计混凝土配合比，宜优先采用强度等级42.5以上的普通硅酸盐水泥、硅酸盐水泥。

（4）掺和料　可选用Ⅱ级粉煤灰，掺量为90～110kg/m³。粉煤灰在特细砂混凝土中具有形态效应，能改善特细砂混凝土的和易性，降低泌水性，提高拌和物的黏聚性和保水性，并能弥补特细砂混凝土砂率偏低的问题，是特细砂高性能混凝土泵送施工的关键措施之一。

（5）外加剂　可采用高效复合减水剂，该减水剂对水泥的适用性、相容性均很好，减水率超过20％，具有减水、增强、保塑和缓凝作用。

2.3.2 配合比优化设计

按《普通混凝土配合比设计规程》（JGJ 55—2000）及《混凝土泵送施工技术规程》（JGJ/T 10—95）进行配合比优化设计，根据特细砂高性能泵送混凝土的特点，可参考应用下列参数：水胶比宜控制在0.4～0.6，砂率取22％～28％，坍落度宜控制在（210±10）mm左右。特细砂混凝土经时坍落度损失值，可按表1确定。

表1　特细砂混凝土经时坍落度损失值

大气温度（℃）	10～20	20～30	30～35
混凝土经时1h坍落度损失值（mm）	5～25	25～35	35～50

2.4 特细砂高强高性能混凝土的计量、搅拌与运输

特细砂高强高性能预拌混凝土严格按照配合比进行配制，混凝土搅拌生产前，应对其自动计量设施进行零点校核。计量采用电脑化控制。

特细砂高强高性能混凝土的运输要实行专车专用，运输途中，拌筒以1～3r/min速度进行搅拌，以避免高强混凝土发生离析。搅拌车卸料前使拌筒以8～12r/min快速搅拌1～2min，使混凝土搅拌均匀后再卸料入泵。坍落度的测试分别在出站前和泵送前进行，坍落度损失应不大于20mm。

2.5 特细砂高强高性能混凝土的可泵性控制

特细砂高强高性能泵送混凝土的原材料、计量允许偏差、生产质量水平、试件留置等除按相应的普通混凝土有关标准及规范规定执行外，还应进行可泵性控制。

按《混凝土泵送施工技术规程》（JGJ/T 10—95）规定，用压力泌水试验结合施工经验进行

控制。对于特细砂泵送混凝土，其10s压力泌水率宜控制在50%～60%，以免堵管。特细砂高强高性能泵送混凝土的可泵性除用压力泌水试验外，还应结合施工经验进行判断，即在检测坍落度时观察黏聚性和保水性外，还应根据初次泵送时泵管末端排出的混凝土束来判断其可泵性：可泵性好的混凝土在管口排出顺畅，拌和物软硬合适，颜色一致，排出连续均匀，无石子单独散落，混凝土束表面光滑，有黏稠浆液。

2.6 特细砂高强高性能混凝土浇筑

2.6.1 准备工作

计划浇筑路线并布放管路；联系并协调预拌混凝土供应情况，使配备的搅拌车数量、市内交通状况和供应密度与施工现场需要量相匹配，做到不积压、不中断。

2.6.2 坍落度检测和选定

坚持每车均做坍落度检验测定，对检验不合格者不得入泵，按退货处理。特细砂混凝土坍落度的选用宜按《混凝土泵送施工技术规程》(JGJ/T 10—95)执行，在此基础上增加20mm。

2.6.3 竖向结构接合界面凿毛

柱、墙等竖向结构施工缝处由于粗集料下沉、粉煤灰浆液上浮，使该处出现泛浆现象，如凿开混凝土检查发现，厚1～2cm范围内无粗集料，且砂浆较松软，若不处理，继续施工时会形成软弱层。对此用手钻及风镐对界面凿毛，清除软弱层至界面露石后清除残渣，湿润界面，铺垫砂浆后再继续浇筑混凝土，可克服泌水泛浆造成的软弱层，保证结构质量。

2.6.4 混凝土撒布与振捣

撒布及振捣特细砂高强高性能混凝土时采用6m长软管，先远后近，退步浇筑。对竖向结构，每层浇筑厚度为0.4～0.6m，以能振实为准。在浇筑柱及剪力墙竖向结构混凝土时，自由倾落高度控制在2m。在平面结构中，撒布不宜过宽和分散，以不形成冷缝为宜。特细砂高强高性能混凝土采用机械振捣，振捣须均匀密实，快插慢拔，每处振捣时间以不超过10s为宜，振捣标准以粗集料下沉、拌和物表面泛浆为度，不漏振也不过振，分层振捣时，振捣棒必须插入下层拌和物3～5cm。振捣棒不得振碰钢筋、模板和预埋件等。

浇筑过程中应注意泵压变化，正常情况下泵压不宜超过18MPa，若是较高的泵压则说明入模的混凝土坍落度损失较大，在钢筋密集处将难以保证混凝土的密实，应及时予以调整。

特细砂高强高性能混凝土由于其水泥、矿粉的颗粒直径较小，为保证其最大限度地混合，应采用插入式高频振捣器。振捣时，快插慢拔，插点沿梅花形逐点按顺序进行，振捣时间以混凝土表面呈现浮浆和不沉落、不冒气泡为度。混凝土一次振捣后，其内仍存在着相当数量的空隙和气泡，粗集料和钢筋下面还存在少量积水，影响混凝土内部黏结。浇筑上层混凝土时，先对下层混凝土进行二次振捣，这样可使两层混凝土接合良好，保证混凝土的均质连续性，从而提高混凝土的密实度。

2.6.5 搓平及碾压

振捣完后采用2m长木尺对特细砂高强高性能混凝土表面进行搓平、赶浆，然后用重60kg的滚筒在拌和物表面上往复滚动三次，使混凝土更加密实均匀并提浆，可消除因混凝土不均匀而形成收缩不一致的情况。

2.6.6 二次抹压

滚筒碾压后，特细砂高强高性能混凝土拌和物将进入凝结阶段，此时是收缩的高峰阶段，拌和物表面可能开始出现塑性收缩裂缝，此时应进行二次抹压。用木抹子先来回搓拭，再用铁抹子拍打抹压，以消除塑性裂纹。第二次抹压必须掌握好时间，在临近拌和物凝结时进行，不宜过早，亦不宜过晚，否则难以收到弥合塑性裂纹的效果。

2.7 特细砂高强高性能混凝土养护

养护是特细砂高强高性能混凝土施工工艺的重要环节。特细砂高强高性能混凝土在施工过程中其前期强度增长较快，若混凝土养护工作滞后或不及时，特细砂高强高性能混凝土易产生裂缝，最终影响工程质量。

由于胶凝材料的不断水化，混凝土强度随龄期的增长而增大，而水化速度与环境的温度和湿度有关。因此，加强养护对保证特细砂高强高性能混凝土强度增长以及防止由于内外温差而产生裂缝是十分重要的。

二次抹压完后应立即采取养护措施，对平面结构可洒水养护；对竖向结构初期带模养护，脱模后喷洒养护液养护，养护时间不少于 14d。养护是防止特细砂泵送混凝土出现收缩裂缝的重要措施之一，养护的标准是“早、好、足”。“早”是及时，“好”是保持结构表面湿润，“足”是必须养护 14d。

楼板混凝土施工完抹平后，立即用塑料布盖严，再压 1～2 层草袋或麻袋洒水养护，这样可以提高混凝土的后期强度。对于混凝土墙体，可以推迟模板拆除时间进行带模养护，或用小水慢淋的方式进行充分养护。

2.8 质量控制

为保证特细砂高性能混凝土的施工质量，在施工过程中应从以下几个方面进行重点控制：

(1)特细砂高性能混凝土结构的施工顺序应经仔细规划，如墙、板分段分块的施工缝位置与浇筑顺序和后浇带的设置等，以尽量减少新浇混凝土硬化收缩过程中的约束拉应力与开裂。

(2)为保证钢筋保护层厚度尺寸及钢筋定位的准确性，宜采用工程塑料制作的保护层定位夹或定型生产的纤维砂浆块。浇筑混凝土前，应仔细检查定位夹或保护层垫块的位置、数量及其紧固程度，并应指定专人做重复性检查。构件侧面和底面的垫块应至少 4 个/m^2，绑扎垫块和钢筋的铁丝头不得伸入保护层内。

(3)为保证特细砂高性能混凝土的均匀性，混凝土的搅拌宜采用卧轴式、行星式或逆流式搅拌机并严格控制拌和时间。插入式振捣棒需变换其在混凝土拌和物中的水平位置时，应竖向缓慢拔出，不得放在拌和物内平拖。泵送下料口应及时移动，不得用插入式振捣棒平拖驱赶下料口处堆积的拌和物将其推向远处。

(4)在炎热气候下浇筑混凝土时，应避免模板和新浇混凝土受阳光直射，入模前的模板与钢筋温度以及附近的局部气温不应超过 40℃。应尽可能安排傍晚浇筑而避开炎热的白天，也不宜在早上浇筑，以免气温升到最高时加速混凝土的内部温升。

(5)在特细砂高性能混凝土浇筑后的抹面压平工序中，严禁向混凝土表面洒水，并应防止过度操作影响表层混凝土的质量。

(6)现浇特细砂高性能混凝土应有充分的潮湿养护时间。在整个潮湿养护过程中，应根据混凝土温度与气温的差别及变化，及时采取措施，控制混凝土的升温和降温速率。

2.9 施工效果

本工程在全部高强高性能混凝土施工结束后通过标准养护试块、同条件养护试块等方法对构件的强度进行了检测，检测结果表明结构施工质量良好，强度均达到要求，混凝土表面无肉眼可见裂缝，达到了预期目的。

参考文献

[1] 张德榆. 特细砂混凝土泵送施工工艺实践[J]. 建筑技术，2002(1).

[2] 黄煜镔，陈剑雄，熊出华. 配制特细砂高性能混凝土的两点经验[J]. 建筑技术开发，2001(1).

[3] DB 50/5028—2004 特细砂混凝土应用技术规程[S].

[4] 沈培荣，卢宗福，张中奇. C50 特细砂泵送混凝土的研究与应用[J]. 混凝土，1997(3).

[5] 何育文. 特细砂混凝土配合比设计及应用[J]. 人民珠江，2006(3).

北京银泰中心工程超高层混凝土泵送施工技术研究与应用

陈　岚，袁志强

北京城建四建设工程有限责任公司

银泰中心工程位于北京CBD中央商务区中心，建筑面积31万m^2，分北、东、西三个塔楼，北塔楼高249m，为钢结构；东、西塔楼高189m，为劲性混凝土结构；混凝土强度等级为C30～C60。混凝土泵送施工技术在我国发展很快，并已在高层及超高层建筑工程中广泛应用，泵送混凝土不仅与所用集料、水泥、泵送剂等材料标准有密切关系，而且与混凝土泵输送管的选择和布置也关系密切，这些都直接影响混凝土的成品质量。

1　高泵程混凝土的原材料及配合比

1.1　集料的级配

集料级配对泵送性能有很大影响，必须严格控制。根据钢筋混凝土工程施工及验收规范规定，泵送混凝土集料最大粒径不得超过管道内径的1/4～1/3。如果混凝土中细集料含量过高，集料总面积增加，需要增加水泥用量，才能全部包裹集料，得到良好的泵送效果。细集料含量少，集料总面积减少，包裹集料的水泥浆用量少，但集料之间的间隙未被充满，输送压力传送不佳，泵送困难。

1.2　水泥用量

水泥用量不仅要满足结构的强度要求，而且要有一定量的水泥泵浆作为润滑剂。它在泵送过程中的作用是传递输送压力，减轻接触部件间的磨损，减少摩擦阻力。水泥用量一般为270～320kg/m^3。水泥用量超过320kg/m^3时，不仅不能提高混凝土的可泵性，反而会使混凝土黏度增大，增加泵送阻力。为提高混凝土的可泵性，可添加矿粉、粉煤灰、火山灰等，一般常掺加粉煤灰，根据经验，粉煤灰的掺量为35～50kg/m^3。

1.3　水灰比、坍落度

泵送混凝土的水灰比应限制在0.4～0.6，不得低于0.4。水灰比大，混凝土稠度减小，流动性好，泵送压力会明显下降，但由于在压力作用下，混凝土过稀，集料间的润滑膜消失，混凝土的保水性不好，容易发生离析而堵塞管道，因此应限制水灰比。

1.4　可泵性

要将混凝土输送至北京银泰中心工程180m以上的高度，对混凝土的可泵性提出很高的要

[作者简介] 陈　岚，北京城建四建设工程有限责任公司总工程师，高级工程师

求，同时又要保证混凝土的强度和和易性，这需对混凝土的配合比进行特殊配制，反复试配，从而选出最佳配合比。

高层泵送混凝土配合比的设计与普通混凝土的设计基本相同，但在用水量、砂率的确定和外加剂及混合材料的选择上有其特殊性。

混凝土在达到工程要求的强度和耐久性的前提下，调节新拌混凝土的坍落度和压力泌水值，从而得到最佳的可泵性，主要从以下几方面进行控制和调整。

(1)增加混凝土坍落度　混凝土拌和料的坍落度根据泵送高度和水平距离确定，一般有效高度 100m 以上时坍落度控制应大于 180mm，有效高度 150m 以上时坍落度控制应大于 200mm。

(2)适当增大水泥用量　在水灰比一定的条件下，适当增大水泥用量，提高混凝土的流动性，减少泌水。

(3)适当提高混凝土砂率　砂率对泵送混凝土的可泵性有较大影响，细颗粒物料的增加可减少泌水，调整砂率可以调节坍落度和压力泌水值，因此与普通混凝土配合比设计相比高层泵送混凝土砂率应适当增大。

(4)改善集料级配　采用级配良好的集料，集料的堆积空隙尽量小，集料空隙小时不仅能降低水泥的用量还能有效避免混凝土产生离析，同时减小集料与管壁的摩擦阻力。

(5)掺加混凝土泵送剂　高层泵送混凝土要求坍落度较大，因此拌和物中一般加入泵送剂，在不增加用水量的情况下有效增加混凝土的坍落度。

(6)适当添加引气成分　在泵送剂中适当添加引气成分增加混凝土的含气量，引入的气泡在水泥浆中起滚珠作用，提高混凝土流动性，同时气泡的引入还能相应减少混凝土泌水。但引气剂的掺量不得过多，否则会造成混凝土的强度下降，一般泵送混凝土的含气量不宜大于 4%。

(7)掺加矿物掺和料　掺加矿物掺和料可提高混凝土的可泵性，因为矿物掺和料的多孔表面可吸附较多的水，从而减少压力泌水值。

总之，坍落度和压力泌水值双指标综合评价混凝土的可泵性，高层混凝土的设计要点是通过调节各种工艺参数来使坍落度和压力泌水值达到满意的配合；在掺加泵送剂的同时加入引气成分，能有效提高可泵性和适当减少坍落度损失；掺加一定量矿物掺和料可提高混凝土的可泵性。

1.5　混凝土配合比

1.5.1　原材料选择

(1)水泥　采用北京水泥厂京都牌水泥 P·O 42.5 低碱水泥。

(2)粗集料　采用涿州生产的碎石，5～25mm 连续粒级。

(3)细集料　采用涿州生产的中砂。

(4)掺和料　采用天津恒利隆 II 级粉煤灰。

(5)外加剂　采用北京科峰生产的 QJ-7 型泵送剂。

1.5.2　混凝土配合比设计

使用以上材料进行配合比设计，在满足混凝土强度等级要求的条件下，满足混凝土有良好的可泵性能。

混凝土出机坍落度：(220±20)mm，现场：(200±20)mm。

混凝土压力泌水值：70～110mL。

2 混凝土输送泵的选型和泵管布配

2.1 地泵的选型

根据地泵的泵程、泵压、排量的指标进行选型，结合现场施工的实际情况选用三一重工生产的 HBT80C 拖式混凝土泵。

2.2 地泵的布配

为保证高泵程混凝土泵送顺利，在选择合适的泵送设备后，施工单位应科学的设计泵管布排方案，水平管、竖直管以及弯头的设置应事先经过精心计算，安装应紧密牢靠，确保密封严实，同时备好常用、易损件。

管道的敷设对泵送效果有很大的影响，因此在现场布管时应注意以下几个问题：

(1)输送管道的配管线路最短，管道中尽量少采用弯管和软管，更应避免使用弯度过大的弯头，管道末端活动软管弯曲不得超过 180°，并不得扭曲。

(2)泵机出口要有一定长度的水平管，然后再接弯头，转向垂直运输，垂直管与水平管长度之比最好为 2∶1，达不到时不得少于 4∶1。水平管长度不小于 15m。

(3)泵机出口不宜在水平面上变换方向，如受场地限制，宜用半径 1m 以上的弯头。否则压力损失过大，出口处管道最好用木方垫牢。

(4)垂直管道用木方、钢管固定，每间隔一层紧固一处，垂直管在楼板预留孔处用木楔子楔紧，否则会影响泵送效果。

(5) 施工面上水平管越短越好，长度不宜超过 20m，否则应采取措施。

(6)变径管后至少第 1 节是直管，水平或略向下倾斜，然后再接弯道。泵送高度超过 10m 时在变径管和立管之间水平管长度不得小于高度的 2/3。

施工时楼板上要预留泵管预留洞，首层泵管转向处及泵管固定处用 ϕ48mm×3.5mm 钢管进行加固(见图 1)。固定好的垂直管，在混凝土泵送期间用手触摸管道外壁时，只感到集料的流动，而管子无颤动或晃动。

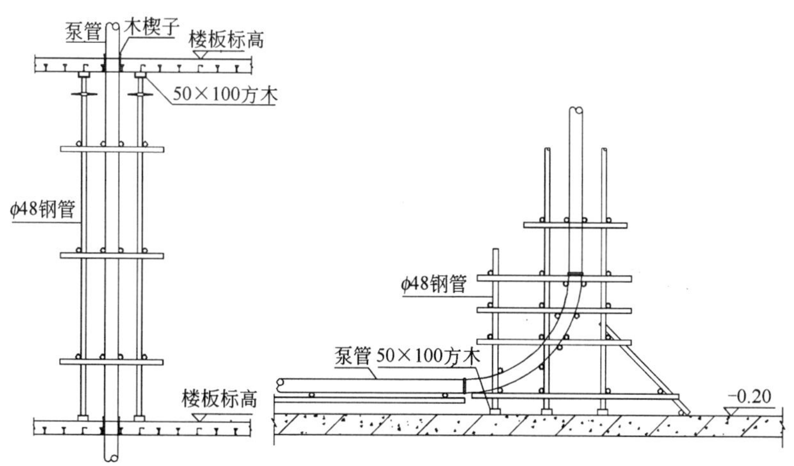

图 1 泵管布设示意

为防止泵管高度过大造成混凝土拌和物反流，每隔 20 层设置一段水平管，从楼板的另一侧向上垂直接泵管（见图 2）。

在混凝土泵机 Y 形管出料口 3～6m 处的输送管根部设置截止阀（见图 3），以防混凝土拌和物反流。

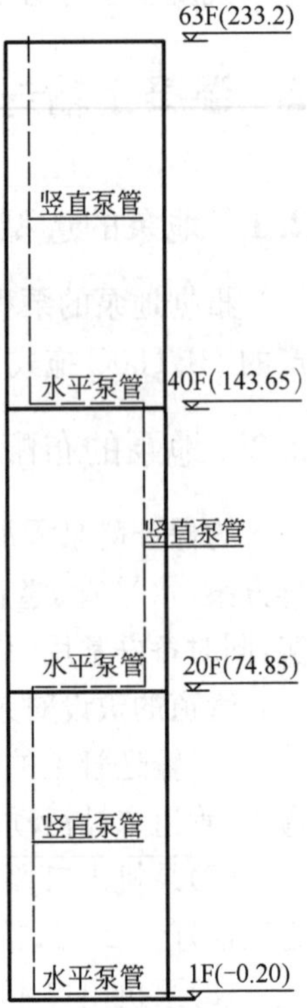

63F(233.2)
竖直泵管
水平泵管
40F(143.65)
竖直泵管
水平泵管
20F(74.85)
竖直泵管
水平泵管
1F(-0.20)

图 2　水平管设置示意

3　混凝土的输送

3.1　泵送前的准备工作

（1）在泵送前要对泵机进行全面检查，进行试运转用于系统各部位的调试，以保证泵机在泵送期间运转正常。

（2）检查输送管道的铺设是否合理、牢固。

（3）在泵送前先加入少量清水（约 10L 左右），使料斗、阀箱等部位湿润，然后再加入一定量的水泥砂浆，一般配合比为 1∶2。泵浆的用量取决于输送管的长度。润滑阀箱需砂浆 0.07m^3，润滑 30m 管道需砂浆 0.07m^3。管道弯头多，应适当增加砂浆用量。

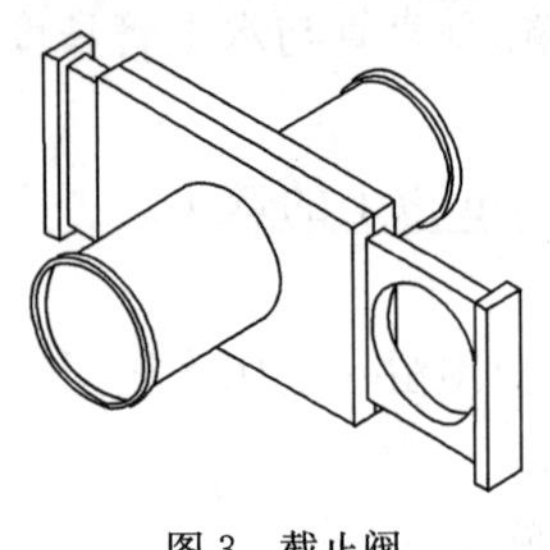

图 3　截止阀

3.2　泵送作业

（1）泵机操作人员要经过严格训练，掌握泵机制工作原理及泵机制结构，熟悉泵机的操作程序，能处理一般简单事故。

（2）泵机用水泥砂浆润滑后，料斗内的泵浆未送完，就应输入混凝土，以防空气进入阀箱。如混凝土供应不上，应暂停泵送。

（3）刚开始泵送混凝土时，应缓慢压送，同时应检查泵机是否运转正常，输送管接头有无漏浆，如发现异常情况，应停泵检查。

（4）泵机料斗上应装有滤网，并派专人负责以防过大石块进入泵机。发现大石块应及时拣出，以免造成堵塞。

（5）泵送混凝土时，混凝土应充满料斗，料斗内混凝土面最低不得低于料斗口 20cm。如混凝土供应不上，泵送需要停歇时，每隔 10min 反泵一次，把料重新拌和，以免混凝土发生沉淀堵塞管道。

3.3　清洗

泵机作业完成后应立即清洗干净。清洗泵机时要将料斗里的混凝土全部送完，排净混凝土缸和阀箱内的混凝土。在冲洗混凝土缸和阀箱时，切记不要将手伸入阀箱，冲洗后将泵机总电源切断，关好阀窗。

4　管道堵塞原因及防止措施

4.1　堵管的常见原因

（1）集料级配不合理，混凝土中有大卵石、大块片状碎石等；细集料用量太少；搅拌车搅拌筒黏附的砂浆结块落入料斗中，都可能发生管道堵塞。

(2)混凝土配合比不合理，水泥用量过多，水灰比过大，混凝土坍落度变化大，容易引起管道堵塞。

(3)管道敷设不合理。管道弯头过多，水平管长度太短，管道过长或固定不牢等都可使堵塞发生。

(4) 泵送间停时间过长，管道中混凝土发生离析，使混凝土与管道的摩擦力增大而堵塞管道。

4.2 堵塞部位的判断

(1)前面软管或管道堵塞　泵机反转时，吸回料斗的混凝土很少，再次压送，混凝土仍然送不出去。

(2)混凝土阀或锥形管堵塞　进行反向操作时，压力计指针仍然停在最高位置，混凝土回不到料斗中来。

(3)料斗喉部和混凝土缸出口都堵塞　主回路的压力计指针在压送压力下，活塞动作，但料斗内混凝土不见减少，混凝土压送不出去。

4.3 防止管道堵塞措施及解决办法

(1)在料斗上加装滤网，防止大石块进入料斗。

(2)严格控制混凝土配合比，保证混凝土坍落度不发生较大变化。

(3)泵机操作期间，操作人员必须密切注意泵机压力变化。如发现压力升高，泵送困难，即应反泵，把混凝土抽回料斗搅拌后再送出；如多次反泵仍然不起作用，应停止泵送，拆卸堵塞管道，清洗干净后再开始泵送。

泵送混凝土在超高层建筑施工中的应用

蒋学茂，任学军，苏话诚

中国新兴保信建设总公司

1 工程概况

方恒国际A3综合楼位于北京朝阳区望京阜通东大街，地下3层，裙楼地上5层，主楼地上38层（含17A、25A设备、避难层），标准层层高3.7m、3.35m和3.45m，总高度140m，建筑面积约7.4万m^2。工程结构施工工期为12个月。主体结构为型钢混凝土组合结构。混凝土强度等级22.5m以下为C60、22.5m以上为C50，采用泵送一次到顶的施工方法。本文主要针对超高层泵送的C50混凝土进行论述。

2 泵送混凝土配合比设计

结合本工程超高层结构及高强度混凝土的特点，根据《混凝土泵送施工技术规程》（JGJ/T 10—95）和《普通混凝土配合比设计规程》（JG/J 55—2000）对混凝土组成材料的品质、配合比及制备质量，对商混站提出具体技术要求。同时在实际施工时根据现场情况及时进行优化调整。

2.1 混凝土原材选择

水泥采用P·O 42.5普通硅酸盐水泥，砂子采用级配良好的中砂，石子根据所采用的125泵管选用5～25mm连续级配碎石，同时考虑保证混凝土的强度和泵送性，选用S95高炉矿渣粉和Ⅰ级粉煤灰作为掺和料；为有效降低水灰比，从而提高混凝土强度和改善水密性、耐久性，采用BD-2高效减水剂（减水率≥18%）作为外加剂。

2.2 混凝土配合比设计

2.2.1 水灰比

选择适当的水灰比，才有好的可泵性。根据《普通混凝土配合比设计规程》（JGJ 55—2000）及其他相关资料，通常混凝土水灰比均控制在0.40～0.60，本工程掺用BD-2高效减水剂后，经反复试配和实际泵送中的调整，采用了0.34的水灰比而获得了较利于泵送的混凝土。

2.2.2 砂率

砂率表示混凝土中粗细集料之间的关系，砂率变化会使混凝土和易性产生变化，影响混凝土泵送性。根据规范，砂率宜在38%～45%。实践中本工程60～100m泵送混凝土砂率定为

［作者简介］ 蒋学茂，中国新兴保信建设总公司总工程师，高级工程师

39.0%，100m 以上泵送混凝土砂率定为 41.5%，均获得较好的泵送效果。

2.2.3 混凝土坍落度

坍落度是影响混凝土泵送性的主要参数之一，泵送混凝土的坍落度一般在 14～22cm 之间，如低于 14cm，坍落度太小流动性不好容易堵管，如坍落度大于 22cm，太大了容易离析也易堵管。根据《混凝土泵送施工技术规程》(JGJ/T 10—95)结合本工程实际情况，采用分段确定坍落度的方法，即标高 30～60m 的坍落度采用 14～16cm，标高 60～100m 的坍落度采用 16～18cm，标高 100m 以上的坍落度采用 18～20cm。经实际施工中测试，所选坍落度均能达到较好的泵送效果。

3 现场施工

3.1 混凝土泵、泵管选择及布设

3.1.1 混凝土泵及泵管选择

根据本工程总高 140m，结合混凝土配合比中参数，混凝土输送量要求等按《混凝土泵送施工技术规程》(JGJ/T 10—95)相关条文计算后，混凝土泵选择 HBT80C，泵管选择 125mm 无缝高压管。

3.1.2 泵管布设

由于扬程大，混凝土泵分配阀换向及吸入混凝土(或停止泵送时)，管中的混凝土将对泵产生逆流压力，该压力会使泵容积效率降低，影响泵排量，造成混凝土离析而堵管。因此泵管布设时应重点注意泵管水平长度不少于垂直长度的 1/4，且不少于 15m。本工程根据施工场地实际情况，水平长度定为 55m。

泵管特别是弯管的固定是影响爆管、泵送能否顺利进行的重要因素。在转弯段，泵送时管壁对拌和物的摩擦阻力也加大，停止泵送时混凝土倒流对弯管的冲击力也比直管段大的多，因此弯管是一个薄弱环节，在此处容易因受力过大而爆管。本工程泵管水平方向在地面采用永久性固定，每间隔 6m 用混凝土支墩将管道水平支垫，在弯管处加设地锚固定。在浇筑面采用 ϕ48mm×3.5mm 钢管搭设简易水平铺放架子临时性固定，转角处用钢丝绳双向嵌固。垂直方向泵管在楼内楼板留置预留洞，从楼内垂直上，层层连接，在每层楼板上搭设井字架，架子托住泵管卡子，井字架水平管用“U”托垫木方与上下楼板顶牢，泵管穿楼板洞四周用木楔子楔紧(图 1～图 3)。

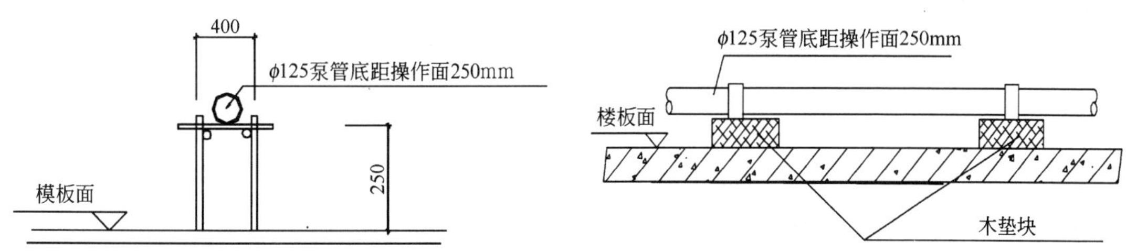

图 1 顶板作业面泵管架设图

图 2 泵管接头与楼板接触处施工图

另外，泵管各管卡一定要拧紧到位，保证接头密封严密，不漏浆。应把新的、无磨损的或管壁较厚的输送管配置在管路开始处，以防管内压力过高而产生事故。

3.2 混凝土泵送

开始泵送时，先输送适量的同强度等级的无石混凝土润滑输送管壁，紧接着输送正常混凝土。

泵送过程中，受料斗内应经常留有足够的混凝土，防止吸入空气，发生堵塞。若要较长时间停止泵送需隔 4～5min 开泵一次，反泵 1～2 个行程，再正泵 1～2 行程，以防止管中混凝土凝结。若停机时间超过 30min（视气温、坍落度而定）宜将混凝土从泵和输送管中清除。

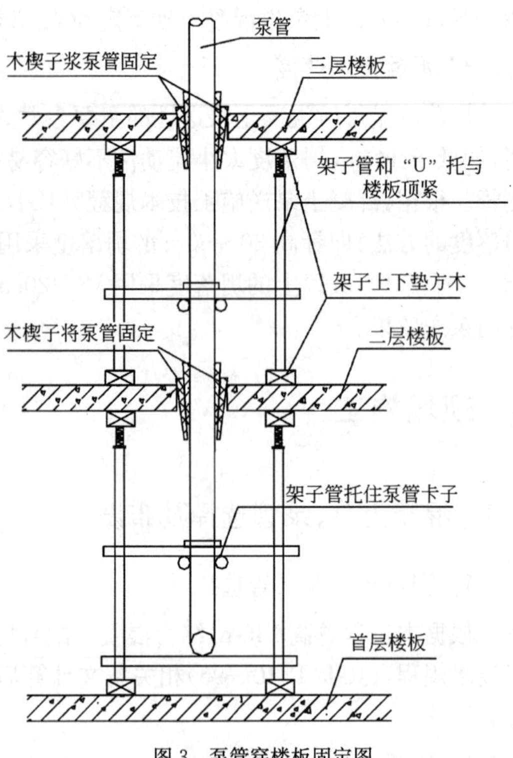

图 3 泵管穿楼板固定图

4 实际施工小结

4.1 坍落度实测效果

经实际施工测试，C50 混凝土坍落度在 18～20cm 时泵送效果较好，当坍落度高于 22cm 时易发生堵管现象，且堵管都发生在短时停泵后，部位通常集中在混凝土泵出口的锥形管处，经拆管查看，锥管内混凝土已处于干硬状态。经分析，当泵送高度过高时，泵管内倒灌压力很大，此时如混凝土坍落度过大，易产生泌水离析，水泥浆从混凝土泵换向阀的间隙中流出，使得锥形管处的混凝土变为干硬性，从而导致堵管发生。可见，在超高层混凝土泵送施工中，坍落度并非越大越好，应保持相对的稳定性。

4.2 泵管支设改进

在混凝土泵送过程中泵管的支设及加固尤为重要，重点是弯管处。实际施工时，在浇筑 32 层（121.9m）混凝土时，在泵管进楼处弯管的固定地锚松动，泵管在此处晃动很大，作业面泵管出口处混凝土流量明显降低。发现后，及时将此处弯管重新固定，泵管出口处混凝土流量恢复正常。说明泵管固定不牢，泵送时压力会因泵管晃动而泄力，从而造成垂直段内混凝土因压力降低而降低流动速度。

参 考 文 献

[1] JGJ/T 10—95 混凝土泵送施工技术规程[S].
[2] JGJ 55—2000 普通混凝土配合比设计规程[S].

高强度泵送混凝土在鞍山四隆大厦工程中的应用

韩兆平，徐明君，高　前，时维华

鞍钢房地产开发集团有限公司

由鞍钢房产建设有限公司建材分公司研制的高强混凝土已成功应用于辽宁省鞍山市鞍山四隆大厦的建筑施工中，共应用 C50～C65 级高强混凝土 1.21 万 m^3，实现销售收入 747 万元，创利润 158 万元。据悉，此项技术的应用属鞍山首创，已达到省内先进水平。

1　国内高强混凝土发展现状

高强混凝土作为建筑应用技术，目前是国内外研究的热点，并已成为建筑技术水平发展的标志。高强混凝土是高性能混凝土的一种，是指抗压强度高或很高的混凝土，其范围并无严格的界定，一般把强度等级大于 C50 的混凝土称为高强混凝土。应用高强混凝土可以显著地减小构件断面尺寸、减轻结构自重、节约材料，使建造更高、更大跨度的结构物成为可能，所以，高强混凝土主要用于高层、超高层、大跨度的建筑物，以及电视塔、桥梁、港口及海洋工程等方面。由于高强混凝土对原材料、配合比、拌制、输送、浇筑及养护等方面要求高，所以开发及生产高强混凝土难度大、风险高。我国在 20 世纪 60 年代初开始研制高强混凝土，并已试点应用在一些预制构件中。初期的高强混凝土为干硬性混凝土，密实成型时需强力振捣，故推广比较困难。20 世纪 80 年代后期，高强混凝土在现浇工程中采用，主要在北京、上海、辽宁、广东等一些高层和大跨度(桥梁)工程中应用，强度等级相当于 C60。据了解，辽宁省混凝土的发展在国内处于领先地位，中国混凝土协会设在沈阳，省内有十余幢高层或多层建筑采用 C60 及以下高强混凝土，C60 以上只做过试验性应用，C80 及 C80 以上等级的高强混凝土，只在钢管混凝土中有了应用，而钢筋混凝土目前正处于试验研究阶段。

2　高强混凝土的优越性

高强混凝土有以下四大优越性。

(1)一般情况下，混凝土强度等级从 C30 提高到 C60，对受压构件可节省混凝土 30%～40%；对受弯构件可节省混凝土 10%～20%。

(2)高强混凝土比普通混凝土成本要高一些，但由于减小了截面，结构自重减轻，这对自重占荷载主要部分的建筑物具有特别重要的意义。再者，由于梁柱截面减小，不但在建筑上改变

［作者简介］韩兆平，鞍钢房地产开发集团有限公司董事长，高级工程师

了肥梁胖柱的不美观问题，而且可增加使用面积。

(3)由于高强混凝土的密实性能好，抗渗、抗冻性能均优于普通混凝土。

(4)高强混凝土变形小，从而使构件的刚度得以提高，大大改善了建筑物的变形性能。

鞍山四隆大厦设计高度达155m，商住两用共43层，目前是鞍山市最高的超高层建筑物。由于上述原因，设计单位鞍山市建筑设计院选择了在主体工程中应用强度等级为C50～C65的高强混凝土，这是辽宁省首次在钢筋混凝土建筑结构中设计应用C60以上的混凝土。

3 高强混凝土的研制及应用

高强混凝土施工技术通常包括以下几个关键技术。

(1)低水灰比，大坍落度　高强混凝土一般要求低水灰比，这种低水灰比的混凝土早在20世纪60年代末，我国就有过研究与应用，但由于混凝土在低水灰比的情况下，坍落度很小，甚至没有坍落度，其成型和捣实都很困难，无法在现浇混凝土施工中应用。

(2)坍落度损失问题　现代城市混凝土施工，一般采用预搅或商品混凝土。施工工地往往与搅拌站相距很远，要把混凝土从搅拌站运到工地需用较长的时间。混凝土在运输的过程中，其坍落度随时间的增加而减小，这对高强混凝土来说无疑又增加了难度。

(3)混凝土可泵性问题　泵送混凝土几乎是高层建筑施工的唯一方法，高强和泵送几乎是不可分割的。所以，对高强混凝土要满足混凝土可泵送的要求。要解决这一系列技术难题，关键是选择一种高性能的外加剂。

根据上述施工要求，我们确定了研制及生产高强混凝土的步骤：

3.1 原材料的选择

配制高强混凝土，必须对本地所能得到的所有原材料或本地没有而需到外地采购的原材料进行优选，除了要有比较好的性能指标外，还必须质量稳定，即在施工期内主要性能保持稳定。原材料一经试配确定后，不得随意降低质量指标，不得随意更改产地及供应厂家，原材料采购应有技术人员把关。为保证原材料质量的稳定，原材料选定后，应根据混凝土的需求量，批量进足。

(1)水泥　C50、C55混凝土选用P·O 42.5水泥，C60、C65混凝土选用P·II 52.5R水泥。

(2)细集料　选用质地坚硬、级配良好的中砂或粗砂，细度模数大于2.6，含泥量小于1.5%，其他质量指标应符合《普通混凝土用砂、石质量及检验方法标准》(JGJ 52—2006)的规定。

(3)粗集料　选用质地坚硬、级配良好的石灰岩质碎石，抗压强度90MPa以上，针片状含量小于5%，含泥量小于1%，粒径5～25mm，其他质量指标应符合《普通混凝土用碎石或卵石质量标准及检验方法》(JGJ 53—2006)的规定。

(4)掺和料　对于高强混凝土需要采取一些特殊的技术措施——掺入超细活性掺和料。由于混凝土在水化时不可避免地会在其内部形成一些细微的毛细孔，使混凝土强度达到一定极限后就不可能再提高。如果要使其强度进一步提高，就必须采取措施把这些孔隙填满，进一步增加混凝土的密实性。最常用的方法是用极细(微米级)的活性颗粒掺入混凝土，使它们在水泥浆中的细微孔隙中水化，减少和填充混凝土中的毛细孔，达到增密和增强的作用。但是这些极细的颗粒需水量很大，就需要大量高效减水剂加以塑化，否则难以施工。其中，矿渣微粉采用鞍钢生产的产品，要求比表面积大于400m²/kg，需水量比小于105%，烧失量小于5%；硅灰，要求二氧化硅含量大于90%，比表面积大于18000m²/kg。被选定的细掺和料与选定的水泥和高性能外加剂有很好的适应性，配制的混凝土具有良好的流动性、黏聚性和保塑性，硬化后的混凝土早期强度高，具备了配制高强混凝土的基本性能。

(5)外加剂　选用减水率比较大，适应性比较强的氨基磺酸盐系高效减水剂，其他质量指标应符合《混凝土外加剂》(GB/T 8076—1997)。

(6)拌和水　饮用水。

3.2　试配确定配合比及工艺条件

(1)高强混凝土的配合比，须根据施工要求的拌和物工作性和结构设计要求的强度，经过多次试配试验，各项技术指标均满足需要后方可正式生产。

(2)C50～C65混凝土的配制强度应不低于强度等级值1.15倍，C70以上的配制强度应不低于强度等级值的1.12倍。水胶比控制在0.25～0.42的范围内。

(3)高强混凝土中掺和料矿渣微粉掺量控制在30%(胶结材料总量的)以内，硅粉掺量控制在10%(胶结材料总量的)以内，胶结材料总量控制在550kg/m³以内，最多不超过600kg/m³。

(4)根据施工工艺要求，砂率控制在30%～40%范围内，通过掺入外加剂等方法，保证混凝土拌和物的工作性，减少坍落度在运输、浇筑过程中的损失。

我们共进行了31次试配，检验了112组试块，确定了高强混凝土的配合比及工艺条件。试配的C65混凝土7d强度达到67MPa，占设计值的103%，28d强度达到80MPa，占设计值的123%，实际达到了C70混凝土的设计要求。

3.3　试生产及模拟施工

建材分公司组织了5次试生产，以验证工艺及拌制、运输、泵送、养护方案的可行性。

(1)操作人员要严格按照实验室给定的配合比数据输入计算机、计量、拌制，计量偏差必须控制在允许的范围内。

(2)拌制前混凝土搅拌机要清理干净，不允许存在剩余物料，搅拌时间要适当延长，搅拌时间不少于1min，以保证拌和物出机时的均匀性和稳定性。

(3)放料前须确认罐车内不存物料或积水，放料时要仔细观察坍落度大小，超出规定应及时请示技术人员进行调整，出厂时要检验拌和物的工作性，不符合要求的混凝土不允许出厂。

(4)混凝土罐车在运输途中或在现场禁止随意加水，罐体要始终保持转动状态。

(5)罐车到达现场，不管是吊运还是泵送应在1h内浇筑完，防止坍落度损失过大，影响混凝土质量。

(6)泵送混凝土要保持连续性，如停泵超过15min，应每间隔5min开泵一次，正反两个冲程；如停泵超过45min，宜将泵管中混凝土清除，并清洗泵车。

(7)高强混凝土浇筑完毕后，根据混凝土凝结情况及时加以覆盖，保持混凝土表面处于湿润状态，养护时间不少于7d。

3.4　工程应用

一般来说，在实验室配制符合要求的高强混凝土相对比较容易，但是要在整个施工过程中，混凝土都要稳定在要求的质量水平功能上就会比较困难。一些在普通情况下不太敏感的因素，在低水灰比的情况下会变得相当敏感，而对高强混凝土，设计时所留的强度富余度又不可能太大，可供调节的余量较小，这就要求在整个施工过程中必须注意各种条件、因素的变化，并且要根据这些变化随时调整配合比和各种工艺参数。

生产高强混凝土对我们来说是首次，对用户来说也是第一次，必须向用户提供周到的现场服务，及时向用户介绍产品性能，进行必要的施工指导，在施工中先后解决一些重大难题，如高强混凝土的裂缝问题、超高层建筑物的混凝土泵送问题、高强大体积混凝土的浇筑问题、高强大体积混凝土的散热问题、高强大体积混凝土现场养护问题、混凝土试块的制作、养护等问题，并通过试验为用户选择液体养护剂，解决高强混凝土梁、墙、柱的养护难题，液体养护剂也是第一次在鞍山市的建筑工程中得到应用。

4 高强混凝土的检验结果

鞍山四隆大厦共用高强混凝土 1.21 万 m^3，辽宁省鞍山市建设工程监督检验站承担了四隆大厦混凝土质量的监督检验任务，其间鞍钢房地产建设有限公司建筑材料分公司实验室和辽宁省鞍山市建设工程监督检验站分别对此混凝土进行了出厂质量检测和工地质量检测，检测结果如表 1 所示。

表 1 高强混凝土的检测结果

检测单位	建材分公司实验室				鞍山市工程监督检验站			
设计强度等级	C50	C55	C60	C65	C50	C55	C60	C65
结果 R_{28}(MPa)	61.6	65.8	72.7	77.1	61.4	61.5	69.3	74.3
结论	全部达到设计的要求				全部达到设计的要求			

其中，C65 级混凝土按照 C70 混凝土配制，结果达到了 C70 的要求，证明我们已具备生产 C70 混凝土的水平。在此期间，辽宁省鞍山市建设工程监督检验站对四隆大厦工程进行了现场抽查，用回弹法对第 16 层 C55 混凝土、第 17 层 C50 混凝土进行了检验，检验结果全部合格。

5 结语

(1)鞍钢房地产建设有限公司建筑材料分公司研制的高强混凝土，是辽宁省鞍山市目前为止设计和使用的最高强度等级的泵送混凝土，其中 C65 级高强混凝土是辽宁省设计和使用的最高强度等级的钢筋混凝土。

(2)高强混凝土的研制及生产极大地扩大了鞍钢房产集团在辽宁省建筑行业和混凝土行业的影响和地位。

(3)高强混凝土的研制及生产检验了鞍钢房地产建设有限公司建筑材料分公司的技术水平，也为公司培养了一支善打硬仗的管理队伍。

(4)高强混凝土的生产同时为公司创造了可观的经济效益，鞍山四隆大厦共应用 C50～C65 级高强混凝土 1.21 万 m^3，实现销售收入 747 万元，创利润 158 万元。

玉溪创业大厦 C60 混凝土配合比设计与质量控制

申　懋，蔡　伟

云南建工第五建设有限公司

1　工程概况

玉溪创业大厦位于玉溪市高新区，分主楼与裙楼两部分，总建筑面积为 4.9 万 m^2，混凝土总方量 2.5 万 m^3。主楼地下 1 层、地上 23 层，设计最高标高 96m。该工程主楼－1～7层以下柱、剪力墙、核心筒采用 C60 泵送混凝土，柱的平面尺寸为950mm×950mm，剪力墙壁厚40mm，核心筒为 120mm×120mm，壁厚为 40mm。

该工程所有混凝土为现场自拌泵送混凝土，特别是 C60 混凝土现场自拌泵送，在我公司，乃至整个云南省建工集团内尚属首次，为满足混凝土强度和施工要求，确保施工顺利进行和工程质量。我公司试验中心多次到该地对混凝土原材料的生产规模、质量进行考察选用，对现场施工人员、试验人员、工长等进行技术交底，为 C60 混凝土的施工顺利进行做了充分的准备工作。

2　混凝土试配情况

2.1　原材料

(1)水泥　该工程试配时选用两家水泥厂生产的 P·O 52.5 水泥，其技术指标见表 1。

表 1　P·O 52.5 水泥物理化学性能

厂　　家	抗折强度(MPa)		抗压强度(MPa)		凝结时间(min)		细度(%)	安定性	烧失量(%)
	3d	28d	3d	28d	初凝	终凝			
东骏水泥厂	6.6	10.1	32.9	64.5	201	337	3.3	合格	2.33
玉珠水泥厂	6.5	10.6	30.3	64.7	185	247	3.6	合格	2.47

(2)细集料　选用玉溪杨武砂厂的河砂，其性能指标见表 2。

表 2　河 砂 性 能 指 标

细 度 模 数	表观密度(kg/m³)	堆积密度(kg/m³)	含泥量(%)	级配区
3.0	2660	1660	0.2	II

[作者简介] 申　懋，云南建工第五建设有限公司总工程师，副总经理

(3)粗集料　选用玉溪分石洞石场的碎石，其性能指标见表3。

表3　碎石性能指标

规格(mm)	针片状(%)	压碎指标(%)	表观密度(kg/m³)	堆积密度	含泥量(%)
5～31.5	3.9	5.8	2700	1410	0.2

(4)粉煤灰　选用阳宗海电厂II级粉煤灰。

(5)矿渣微粉　选用昆钢嘉华生产的S75级矿渣微粉。

(6)外加剂　选用广西能博生产的聚羧酸AF-CA高效减水剂，减水率28.2%。

2.2　C60混凝土配合比(表4)

表4　配合比(单位：kg/m³)

水泥	河砂	碎石	矿渣微粉	粉煤灰	外加剂
441	679	981	100	50	4.41

2.3　混凝土拌和物力学性能(表5)

表5　拌和物力学性能

坍落度损失(mm)				凝结时间		厚度(mm)	抗压强度(MPa)		
初始	1h	2h	3h	初凝	终凝	610	7d	28d	60d
228	219	205	175	15h35min	20h18min		63.3	76.2	79.5

上述配合比工作性能良好，无泌水，具有较好的流动性、抗离析性和填充性，泵送性能良好。混凝土初始坍落度228mm，扩展度610mm，2h后的坍落度依然达到221mm，且凝结时间较长，28d抗压强度为76.2MPa，结果表明该配合比是稳定可行并满足要求的。

3　施工质量控制措施

混凝土的原材料、搅拌、浇筑、养护都会直接影响混凝土的质量。该工程于2008年4月1日开工，试验计量中心为项目部配置了砂石检测工具及其他试验设备，对进入施工现场原材料进行检测。混凝土的搅拌、浇筑都安排专人负责，确保每个施工环节的顺利进行，层层把关。

3.1　原材料控制

安排现场材料员、试验员对进场原材料先按标准进行目测检查，目测合格后按规定抽取样品进行质检，严格控制原材料的相关性能指标。

(1)水泥　对每批进场水泥进行抽检，主要控制3d强度，如强度低于统计值时，应及时调整混凝土配合比，确保混凝土的强度达到设计要求。

(2)砂、碎石　对每车进场砂石料，必须由试验员、材料员同时验收，严格控制砂、石含泥量，砂的细度模数，碎石的粒径等，才可进场使用。

(3)粉煤灰、矿渣微粉　对进场的粉煤灰、矿渣微粉，按批量抽取检测，检测合格后方可使用。

(4)外加剂　对每批进场的外加剂，由试验员抽取送检，并在现场做适应性试验。观察其和试配用原材料有无不同，如有不同，及时调整配合比或更换处理。

3.2 混凝土的搅拌

(1)该工程采用50型强制式搅拌机，自动配料机配料，配料机经计量监督局鉴定合格方可使用。每次搅拌混凝土前必须由试验员对配料机进行计量校对，砂石的计量误差控制在±2%以内，水泥掺和料计量误差控制在±1%以内。

(2)由于C60混凝土胶凝材料用量较大，水灰比小，混凝土黏度大，故对于混凝土搅拌时间不低于120s。安排经验丰富的运转工拌制混凝土，严格控制每盘混凝土的出口坍落度。试验人员每隔2h对混凝土坍落度进行一次检测。

(3)试验人员在每次浇筑混凝土前，必须对各种材料进行确定，对各工作环节人员交底。检测砂石的质量及含水率，及时调整配合比，确保混凝土的质量。

(4)外加剂的使用，是保证混凝土强度、泵送的关键因素。该工程专门指定两个人负责外加剂的掺量和使用，防止外加剂漏掺、少掺和不掺。

3.3 混凝土的浇筑

混凝土的浇筑应连续进行，振捣由技术工人操作，质检员和监理监督。振捣应快插慢拔，插点要均匀排列，逐点移动，顺序进行，不得遗漏，均匀振实，确保不出现蜂窝麻面。

3.4 混凝土的养护

混凝土浇筑24h后，从结构的顶面、侧面进行洒水养护，拆模后，挂麻袋洒水养护，养护时间不少于14d。

4 工程质量

(1)该工程C60混凝土于2008年7月15日～10月17日主楼－1～7层全部浇筑完毕。混凝土试件由当地质检站到现场随机抽取制作。混凝土标准养护试件共取样68组，同条件养护试件共16组，按《混凝土强度检验评定标准》(GBJ 107—87)评定合格。

(2)混凝土结构表面平整，无蜂窝麻面、露筋等不良缺陷，无收缩裂缝。

(3)该工程于2008年11月21日由玉溪质检站进行实体检测，共抽取总构件的30%进行检测，均达到设计要求。

5 结语

综合上述，我们认为要保证C60现场自拌泵送混凝土的质量，首先要保证原材料的质量，选用较好的高效减水剂和矿渣微粉，优化混凝土配合比。严格计量，控制投料误差。其次，现场施工人员也是保证混凝土质量的一个重要因素，较好的人员配合、认真踏实的工作作风、较高的质量意识，保证了此次混凝土的浇筑成功。

超高层基础底板大体积混凝土综合施工技术

陈学光，訾　勇，王岩峰，杨红岩，王　东

中建八局天津分公司

1　工程概况

天津和黄地铁广场工程位于天津市和平区南京路，总建筑面积 325056m²，型钢混凝土组合结构，地下 4 层，地上 49～57 层，建筑物最大高度为 258m，为超高层建筑。该工程基础底板厚度大，其中厚度达 3.0m 及以上的底板面积约为 7500m²，部分区域厚度达 3.5m，混凝土强度等级为 C45、抗渗等级为 P10，底板混凝土总量约 3.4 万 m³。

2　工程难点与特点

2.1　底板厚度大，混凝土强度等级高，施工技术难度大

本工程底板超厚，混凝土强度等级高，属典型的大体积混凝土工程。其中厚度 3.0m 及以上的底板面积约为 7500m²，厚度 3.5m 的底板面积约为 1000m²。对于底板厚度达到 3.5m，混凝土强度等级达到 C45 的情况，目前国内并无成熟的施工经验可供借鉴，因此如何有效地控制大体积混凝土有害裂缝，控制混凝土的水化温升、延缓降温率、减小混凝土收缩、提高混凝土的极限拉伸强度、改善约束条件和设计构造等就成为本工程底板混凝土施工的技术难点。

2.2　混凝土一次浇筑量大，现场场地狭窄，施工组织难度大

本工程底板厚度大、面积大，底板混凝土总量约 3.4 万 m³，最大一次浇筑的混凝土量为 9214m³，因场地十分狭窄，现场最多只能布置 5 台混凝土泵，混凝土浇筑过程中的施工组织难度大，需从混凝土供应、机械、人员、施工区段划分、现场浇筑平面布置以及场内外交通协调等精心组织，细化管理，消除场地狭窄带来的负面影响，保证大体积混凝土按计划顺利、连续浇筑。

3　混凝土配合比设计技术

3.1　大体积混凝土配合比设计原则

按标准养护60d达到普通混凝土标准养护28d等效强度进行配合比设计和强度评定，混

[作者简介] 陈学光，中建八局天津分公司天津和黄地铁广场项目部总工程师

凝土配合比中加大粉煤灰的掺量，以减少水泥用量，并掺入减水剂、膨胀剂等外加剂，配制高性能混凝土，以降低水泥水化放热量、延缓水化热释放速度。并提前进行混凝土配合比试验，通过试验确定混凝土的抗压强度及抗渗性能是否满足设计要求。

3.2 混凝土原材料要求及配合比选择

粗集料优先选用粒径5～40mm的碎石，其他也可；砂子优先选用河砂（目的是使混凝土级配合理，人工砂过细），其他也可。选用饮用水（条件允许可选井水，温度低，但必须经过检验）。掺和料尽量全部采用粉煤灰，少用或不用矿粉（原因是粉煤灰对混凝土后期强度增长作用很大，矿粉水化热大于粉煤灰，活性高加快水化反应，且增加混凝土的黏度，使混凝土不宜泵送），根据混凝土搅拌站实际情况确定。水泥品种均为普通硅酸盐水泥（P·O 42.5）。

关于水泥用量：（水泥＋膨胀剂）≤300kg/m³，（水泥＋膨胀剂＋粉煤灰＋矿粉）≤450kg/m³，也可根据搅拌站实际情况确定（目的是控制水化热）。单方石子用量宜≥1070kg/m³，也可根据搅拌站实际情况确定（目的是防止过振混凝土分层，增加混凝土骨架）。入泵混凝土坍落度（160＋20）mm（目的是减少混凝土收缩）。

根据混凝土配合比设计原则及原材料要求，底板混凝土选择两种配合比（见表1、表2）。

表1 a搅拌站混凝土配合比

强度等级	水泥	粉煤灰	膨胀剂	矿粉	水	砂	石子	外加剂
C45、P10	235	205	0	0	185	682	1114	11
	1	0.872	0	0	0.787	2.902	4.74	0.047

表2 b搅拌站混凝土配合比

强度等级	水泥	粉煤灰	膨胀剂	矿粉	水	砂	石子	减水剂
C45、P10	233	95	37	71	185	755	1030	8.3
	1	0.408	0.159	0.305	0.79	3.24	4.42	0.036

大体积混凝土先严密覆盖一层塑料薄膜，其上再覆盖总厚度为3cm的工业毛毡保温。按上述养护条件，对b搅拌站提供的混凝土配合比进行了热工计算，计算结果如表3所示。

表3 各龄期混凝土温度及应力计算结果（毛毡养护）

龄期(d)	要求	3	6	9	12	15	21	30
最高绝热温升 T_h(℃)		54.6						
中心温度 T(℃)		59.7	59.2	57.8	54.3	48.3	39.3	32.7
表面温度 T_b(℃)		41.7	41.4	40.7	38.7	35.4	30.5	26.9
表面温度与中心温度之差 $T-T_b$(℃)	≤25℃	18.0	17.8	17.2	15.5	12.8	8.7	5.8
表面温度与大气温度之差 T_b-T_q(℃)		21.7	21.4	20.7	18.7	15.4	10.5	6.9
收缩变形值 ε_y($\times 10^{-4}$)		0.12	0.22	0.31	0.39	0.77	1.04	1.43
收缩当量温差 T_y(℃)		1.17	2.16	3.07	3.88	7.67	10.43	14.28
弹性模量 E($\times 10^4 N/mm^2$)		0.79	1.40	1.86	2.21	2.48	2.84	3.12
温度收缩应力 σ(N/mm^2)		−0.37	−0.78	−1.04	−1.17	−1.35	−1.47	−1.55
抗裂安全度	≥1.15	5.15	2.45	1.83	1.62	1.41	1.29	1.22

由表 3 可看出，混凝土中心最高温度未超过 80℃，采用保湿保温养护措施混凝土中心与表面温度差在各个龄期均没有超过 25℃，降温速率小于 3℃/d，且应力计算结果显示抗裂安全度均没有超过 1.15，因此，在理论上可以说明采用上述配合比的大体积混凝土在整个养护龄期中不会产生贯穿结构的温度裂缝。

4　混凝土温度试验

为了给基础底板混凝土顺利浇筑提供可靠依据，确保混凝土施工质量，根据专家指导意见，在施工部署时我们安排底板 1-2 段最先浇筑混凝土，利用底板自身进行混凝土温度试验。在底板内预先埋设降温水管和循环水系统，降温水管为该段特别设置的试验储备降温措施，当混凝土内部温度发展与内外温差变化在控制值之内，降温水管内循环水无需启动，以此检验大体积混凝土内部温度变化发展与方案理论计算的偏差，混凝土配合比是否合理，温度控制措施是否合理、有效，从而控制大体积混凝土有害裂缝的出现和发展。

(1)混凝土内部降温水管工作原理　为控制混凝土内水化热释放引起过高温升，在底板中部预埋一层焊接钢管。在混凝土养护阶段，当混凝土中心温度超过 80℃时，或混凝土保温措施不合理，造成混凝土内外温差超过 25℃，应及时启动埋设在混凝土内部降温水管的循环水系统，通过降温水管内循环水流将混凝土内部热量带出释放到空气中，以达到降低混凝土内水化热的目的。根据混凝土内部的测温数据，及时调整预埋水管内水的流通量，热量流失应控制在每日降低不超过 3℃。

(2)降温水管及循环水系统安装方案　在基础底板一区 1-2 段内部埋设 A50 焊接钢管(连接方式为焊接)作混凝土降温水管，按同类工程经验，在底板中间布置一道，水平方向基本间距为 2000mm，布置 5 个循环水系统，出口处安装管道泵强制循环，管道泵流量约为 8～10m^3/h，出入口布置位置如图 1 所示。

5　两种配合比在大体积混凝土施工中的应用

施工中，在底板厚度≥3.0m 的区域内采用两种配合比的混凝土(同一施工段内的混凝土只采用同一种配合比)，水泥掺量基本相同：a 搅拌站为 235kg/m^3，b 搅拌站为 233kg/m^3。但这两种配合比中的掺和料不同，a 搅拌站掺和料全部为粉煤灰，b 搅拌站掺和料为粉煤灰＋矿粉。测温记录反映，混凝土浇筑完毕养护期间，全部掺粉煤灰的混凝土中心最高温度为 68.5℃，掺粉煤灰＋矿粉的混凝土中心最高温度为 73.3℃。

测温表明，混凝土配合比在水泥用量相同的情况下，掺粉煤灰＋矿粉的混凝土中心最高温度要比只掺粉煤灰的混凝土中心最高温度高出约 5℃。两种配合比的混凝土在同一工程底板大体积混凝土施工中的应用为工程的创新点，用具体的测温数据证明了矿粉的活性高于粉煤灰，为该类混凝土配合比在理论上深入研究提供了第一手资料。

6　大体积混凝土浇筑施工组织

6.1　底板施工段划分

根据后浇带及加强带的位置，合理划分底板施工区段，根据实际情况布置混凝土输送

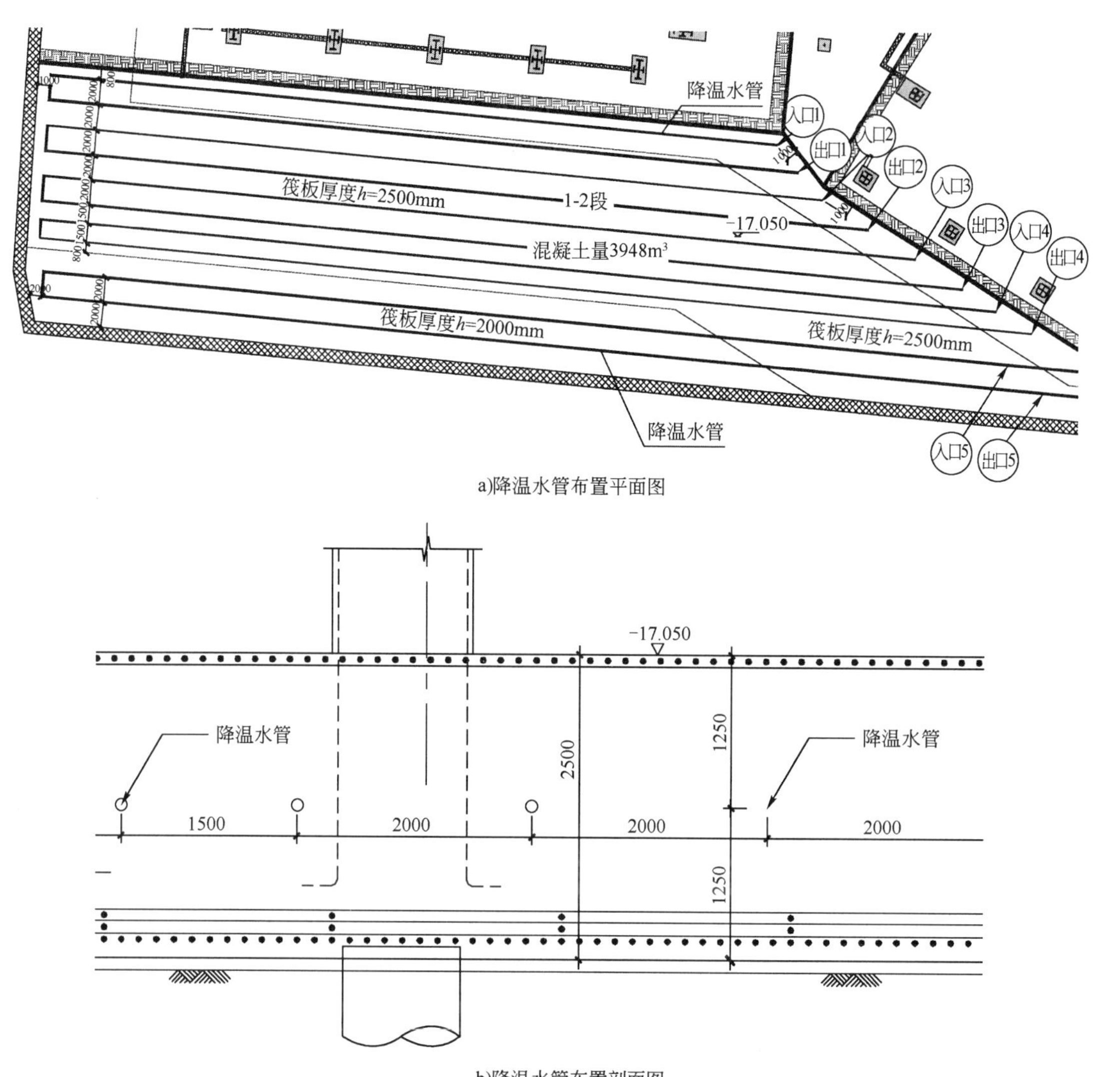

a)降温水管布置平面图

b)降温水管布置剖面图

图1 底板1-2段降温水管布置

泵，以控制每次混凝土浇筑时间在48h内完成，消除现场狭窄、场内外交通拥挤带来的不利影响。

按上述指导原则，结合底板结构布局特点，在基础底板施工阶段将底板分为三大施工区，11个流水施工段。办公楼所在区域为一区，三座公寓楼所在区域为二区，底板厚度≤1000mm的区域为三区（主要为商业裙楼对应区域）。底板施工区段划分如图2所示。

根据专家建议，我们在上述总体施工顺序安排中，将1-2段混凝土浇筑安排在所有底板混凝土浇筑施工的第一段，1-2段有很强的代表性，位于四栋塔楼之外的区域，结构重要性较其他区域底板略低，该段最大底板厚度为2.5m，混凝土浇筑量约为1-1段的一半。该段混凝土浇筑对方案编制的合理性和现场组织、管理的科学性是一次验证，所暴露的技术问题、现场组织问题等能够及时纠正，在四栋塔楼等重要底板区域混凝土浇筑时能够得到改进，这对底板混凝土整体施工质量是一个有效的预控措施。

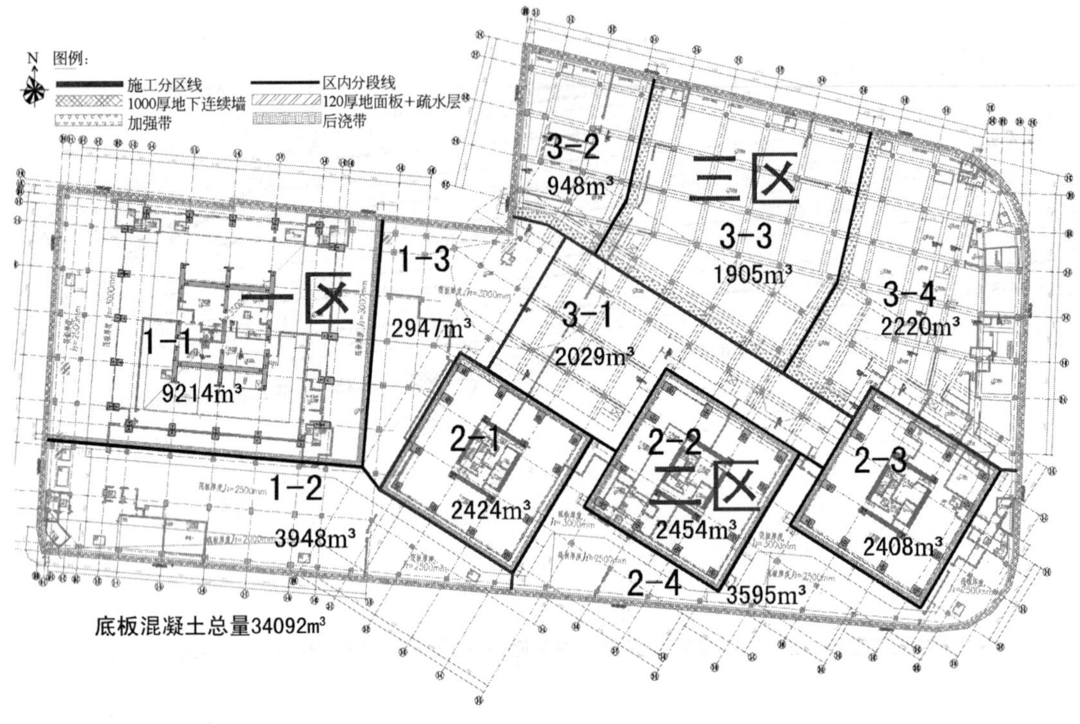

图 2 底板施工区段划分

6.2 混凝土浇筑施工要点

(1)混凝土供应 本工程基础底板每一段均为大体积混凝土,对混凝土的供应要求必须及时,故本工程基础底板浇筑前,必须对混凝土搅拌站进行考查,根据搅拌站的供应能力组织多家混凝土搅拌站为本工程基础底板提供混凝土,并在基础底板浇筑前到各搅拌站调查供应准备情况,混凝土供应商必须有雄厚的实力,每天的混凝土生产、供应能力不少于 $3000m^3$,同时要有备用电源和备用生产线。

(2)混凝土浇筑施工控制 严格控制原材料,水泥进场静置 7d 以上,粉煤灰 3d 以上,使水泥和矿物掺和料温度不大于 40℃,目的是控制混凝土拌和温度。

每段混凝土浇筑时,从第一辆混凝土罐车到达浇筑地点算起,应连续测定 5 辆车内混凝土拌和物的坍落度、温度,观察其和易性,不得存在离析、泌水、分层等现象,对检查不合格的混凝土要坚决退场。当测定的混凝土拌和物稠度和温度稳定后,应每隔 2h 测定一次。在底板初始浇筑时,由于板厚较厚(2～3.5m),所以泵管布置时,将泵管初始出口紧贴地连墙或快易收口网,浇筑时混凝土从泵管输出后沿地连墙或快易收口网表面流淌到作业面,以减少自由落差,防止混凝土离析、分层。混凝土采用斜向分层浇筑法,每层厚度控制在 500mm 左右,每层覆盖幅度控制在10～15m 左右,如图 3 所示。

混凝土浇筑时,注意严防其他部位混凝土进入后浇带内,以免影响设置效果。浇筑混凝土前的润管砂浆必须弃置,拆管、排除故障或其他原因造成废弃的混凝土严禁进入工作面,严禁混凝土散落在尚未浇筑的部位,以免形成潜在的冷缝或薄弱点,对作业面散落的混凝土、拆管倒出的混凝土、润管浆等应用吊斗吊出场外。在后浇带位置留有下人孔,浇筑大底板混凝土时,施工人员通过下人孔进入底板内进行浇筑振捣,如图 4 所示。

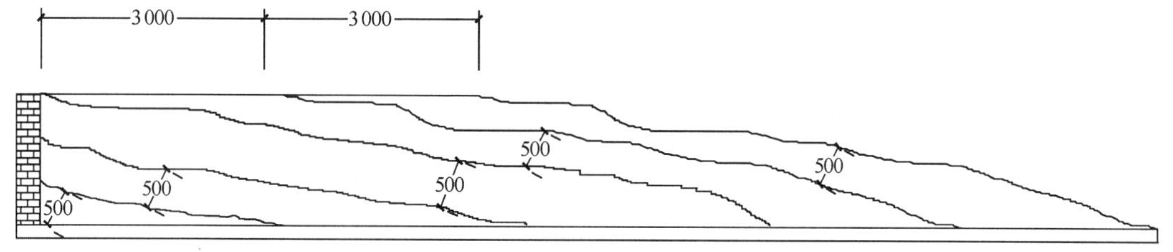

图 3　混凝土浇筑斜向分层示意(尺寸单位:mm)

(3)混凝土泌水处理　在基础底板混凝土浇筑过程中,混凝土难免会出现泌水现象,在泌水量未达到规范规定量的混凝土均能正常使用,但在基础底板混凝土浇筑时均为大体积,泌水总量相应较大,为处理泌水,后浇带设可透水的快易收口网,浇筑混凝土时从地连墙一侧往后浇带一侧铺设,混凝土泌水可顺铺设方向流到后浇带内,在后浇带内设置集水坑,在集水坑内放置水泵往基坑外抽水,以此解决混凝土泌水问题。如现场浇筑时发现混凝土泌水情况严重,应及时与混凝土搅拌站联系,及时调整试配或调整外加剂使用量,达到保水要求;在未浇筑前,对泌水严重的混凝土进行测试后应及时退回搅拌站,严禁在工程上使用。

图 4　基础底板内混凝土振捣施工

7　大体积混凝土养护

(1)大体积混凝土保湿保温养护是确保基础底板混凝土施工质量的一项重要措施　养护期内大体积混凝土表面温度较高(一般为 30～60℃),若保湿养护措施不当,或覆盖不严密,混凝土表面水分散失较快,极易产生干缩裂缝,造成混凝土表面质量缺陷。

大体积混凝土保温养护需要控制以下三个温度指标:①混凝土内部最高温度控制在 80℃内(该项主要由混凝土配合比控制);②混凝土中心与表面温差、表面与环境温差均不能超过 25℃;③降温阶段混凝土降温速率小于 3℃/d。

若保温养护措施不当,大体积混凝土内外温差超过 25℃时,可能产生贯通结构的有害裂缝,造成严重的工程质量问题,并将给结构的安全带来隐患。

本工程大体积混凝土养护方案为:混凝土表面先严密覆盖一层塑料薄膜进行保湿养护,塑料薄膜表面再严密覆盖总厚度 30mm 的工业毛毡(单层毛毡厚度如按 5mm 计算,共需 6 层)保温养护。

保湿养护用塑料薄膜优先选用厚度较薄的一次性薄膜,相邻两幅塑料薄膜接缝处需搭接,搭接宽度不小于 200mm,以保证不漏气。墙柱插筋内部及根部、凸出底板的预埋件位置、集水坑位置及底板边角等部位的塑料薄膜要精心覆盖严密,不漏气。塑料薄膜覆盖时若混凝土表面水分散失较多、发白,可用喷壶喷洒少量水后再覆盖。

塑料薄膜覆盖完毕后,立即进行保温养护覆盖,保温养护材料为工业毛毡,也可以采用其他较厚的保温材料,但必须是环保、阻燃型,如阻燃草帘等,且保温层总厚度不得小于 30mm。

后浇带外侧(快易收口网表面)也应覆盖保温层。保温材料覆盖完毕后,表面用脚手板、大直径钢筋等压住,以防刮风掀开。

(2)大体积混凝土保湿保温养护覆盖材料揭开时间确定　测温记录表明,底板厚度达 2.5m 的大体积混凝土降温过程非常缓慢,其中心温度降到与表层温度基本接近(温差小于 5℃)需要 1.5 个月以上的养护时间,若按该条件确定大体积混凝土保温层的揭开时间,将会对施工工期造成较大影响。

关于大体积混凝土保温养护覆盖材料揭开时间目前规范还没有相关规定,经摸索、总结,本工程大体积混凝土保温养护覆盖材料揭开时间的确定遵循如下原则:首先必须满足抗渗混凝土保湿养护要求,不得少于 14d;其次可参照冬期施工技术规程相关要求:混凝土表面温度与大气温度差小于 20℃后方可将覆盖材料揭开,进入冬期施工后,还应满足混凝土表面温度冷却到 5℃后方可拆除保温层的要求。在满足上述两个基本条件后,综合考虑气温、混凝土实际强度、下一步施工的紧迫性等因素现场可最终确定保温层具体揭开时间。

本工程大体积混凝土浇筑时间为 10 月下旬至 11 月 15 日,按上述原则,保温层揭开时混凝土实际保温养护时间约有 20d,混凝土的中心温度一般降到 30～40℃,夜间大气最低温度约 5℃,混凝土实际强度已达到 100%。保温层揭开后底板部分区域混凝土中心温度与表层温度之差已达到 30℃(《建筑施工手册》要求不应超过 25℃),经现场仔细观察,混凝土表面并没有出现因温度引起的有害裂缝及其他裂缝,在混凝土浇筑完毕初期个别部位因保湿养护不到位出现的失水干缩裂缝也没有发展,证明按上述原则确定的大体积混凝土保温层揭开时间是正确的。虽然保温层揭开后混凝土内外温差超过了 25℃,但由于混凝土实际强度已达到了 100%,钢筋与混凝土已能共同受力,抵抗混凝土因内外温差产生的拉应力的能力增强,因此结构并未开裂,为大体积混凝土保温养护材料揭开时间理论研究作出了成功的探索。

8　结语

天津和黄地铁广场工程基础底板完全按计划顺利完成,其完美的施工效果赢得了业主、顾问、监理及业内同行的一致好评。其中 1-1 段 9100m^3 混凝土在狭窄的施工场地一次性整体连续浇筑成功,底板未出现温度裂缝,大体积混凝土施工质量得到了保证。

超高层大体积混凝土综合施工技术的应用,大大降低了混凝土中的水泥用量,从而有效地降低了混凝土在水化过程中的最高温度,解决了大体积混凝土施工中由于混凝土内部温度过高易产生有害裂缝的难题,混凝土内无需埋设降温水管,降低了工程成本。

大体积混凝土保温养护覆盖材料揭开时间的确定原则,为大体积混凝土保温养护材料揭开时间理论的研究作出了成功的探索,并为下道工序的尽快插入争取了时间;大体积混凝土浇筑精心组织、合理安排,保证了浇筑施工整体连续进行,为今后同类工程大体积混凝土浇筑组织提供了借鉴。

北京电视中心综合业务楼基础底板大体积混凝土温度场分析

张旭东

北京交通大学、北京建工集团总承包二部

1 工程概况

北京电视中心工程由综合业务大楼、多功能演播中心、生活服务中心和地下车库组成，建筑用地面积 3.61 万 m^2，总建筑面积 18.3 万 m^2。其中，综合业务楼地上部分为钢结构框架—支撑结构体系，共 41 层；地下部分为钢骨架钢筋混凝土结构和钢筋混凝土框架剪力墙结构，共 3 层，采用钢筋混凝土钻孔灌注桩基础，共有桩 249 根。其筏板基础底板厚 2m，局部厚 6.5m，东西向长 88.2m、南北向长 77.45m，属超长、超宽、超厚大体积混凝土结构，混凝土设计强度等级 C35，抗渗等级 P10，总浇筑量为 15000m^3，浇筑时间为北京冬季，12 月份。

在北京电视中心工程施工实践中，由于工期的要求，以及对结构整体性的考虑，参与建设的各方都希望在基础底板施工时，采用不留设任何形式的施工缝、变形缝、沉降缝、伸缩缝、后浇带、加强带等的情况下，混凝土整体一次性连续浇筑完成。

2 有限元模型

由于基础底板厚度达 6.5m 的面积很小，同时为简化计算以及减少单元数，底板厚度按 2m 考虑，根据对称性，取底板的 1/4 进行分析，尺寸为 44.1m ×38.725m×2m；基础底板底面与地基接触，在边界条件处理中，一般采用第一类边界条件，即温度已知边界条件，但在实际工程中，基础底面温度不断变化，不为定值，本文取了某一深度范围的地基，尺寸为 200m × 150m×2m，此地基土壤取恒定温度。因此计算中，包含基础和一部分地基（土体）两种不同物质进行温度计算。图 1 为其几何模型。

采用 SOLID70 单元进行单元划分，图 2 为基础底板与地基有限元模型。

2.1 边界条件

基础底板侧面与空气接触，属于第三类边界条件。混凝土在空气中的放热系数 β 的数值与风速有关，施工地区平均风速为 5m/s，按光滑表面计算，则

$$\beta = 21.8 + 13.53 v_a = 21.8 + 13.53 \times 5 = 89.45 \text{kJ/(m}^2 \cdot \text{h} \cdot ℃) = 2146.8 \text{ kJ/(m}^2 \cdot \text{d} \cdot ℃)$$

基础底板上表面覆盖有一层塑料布、两层防火草帘进行保温养护，按第三类边界条件处理。

［作者简介］ 张旭东，北京建工集团总承包二部项目经理，高级工程师

通常保温层本身的热容量很小，可以忽略，混凝土表面通过保温层向周围介质放热的等效放热系数 β_s 由下式计算

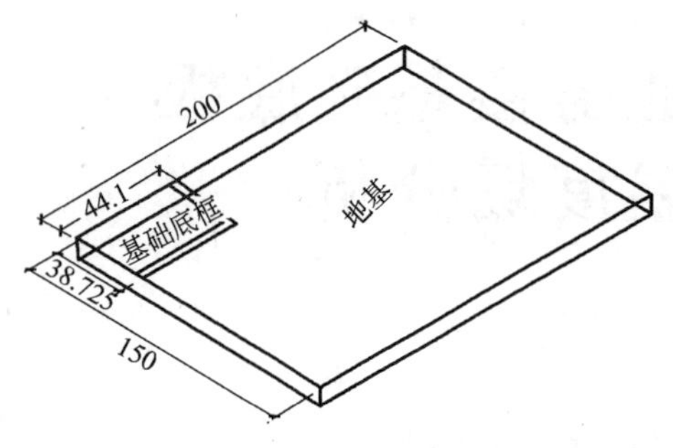

图 1　基础底板与地基几何模型(尺寸单位:m)

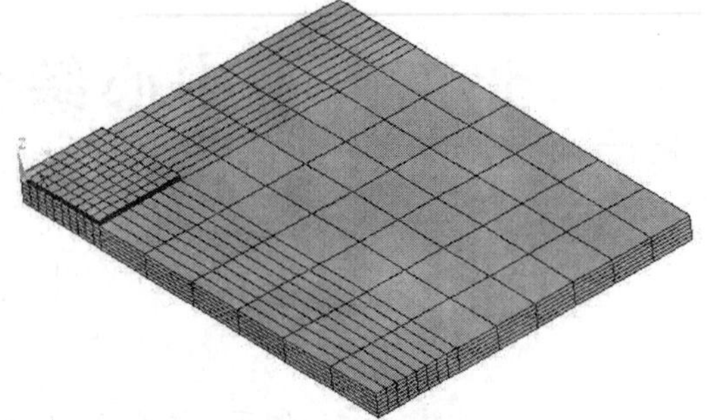
图 2　基础底板与地基有限元模型

$$\beta_s=\frac{1}{(1/\beta_b)+\sum(h_i/\lambda_i)}=\frac{1}{(1/82.2)+(1/0.504)}$$
$$=4.75\text{kJ}/(\text{m}^2\cdot\text{h}\cdot℃)=113.98\text{kJ}/(\text{m}^2\cdot\text{d}\cdot℃)$$

式中：β_b——保温材料在空气中的放热系数[kJ/(m²·h·℃)]；

h_i——保温材料厚度(m)；

λ_i——保温材料导热系数[kJ/(m·h·℃)]。

基础底板底面与地基接触，地基土体恒定温度按施工地区大气平均温度考虑。

2.2　水化热

水泥水化热一般需要经过试验测定得到，研究者依据实际工程给出了几种经验公式，本文采用指数式

$$Q(t)=Q_0(1-e^{-mt})$$

式中：$Q(t)$——在龄期 t 时的累积水化热(kJ/kg)；

Q_0——$t\to\infty$时的最终水化热，取 377kJ/kg；

t——龄期(d)；

m——常数，随水泥品种、比表面及浇筑温度不同而不同。本文基础底板大体积混凝土的浇筑温度为 10℃，m 取 0.318。

表 1 为基础底板温度场有限元分析的计算参数。

表 1　温度场计算参数

名　称	数　值	名　称	数　值
混凝土比热容[kJ/(kg·℃)]	0.96	混凝土与空气接触放热系数[kJ/(m²·d·℃)]	2146.8
混凝土热传导系数[kJ/(m·d·℃)]	198.72	保温被与空气接触放热系数[kJ/(m²·d·℃)]	113.98
混凝土密度(kg/m³)	2400	水泥水化热(kJ/kg)	337
土体比热容[kJ/(kg·℃)]	1.45	混凝土初温(℃)	10
土体热传导系数[kJ/(m·d·℃)]	287.53	土体初温(℃)	5
土体密度(kg/m³)	1670	大气平均温度(℃)	5

注：表中土体为地基土体。

3 计算结果分析

3.1 温度沿厚度分布规律

图 3 为基础底板浇筑后第 6d 的温度分布情况，底板中心温度较高，向表面与底面逐渐降低，呈不对称分布。取结构中心 A 处和靠近侧表面 B 处位置进行分析（见图 4）。图 5 为第 6dA、B 两处温度沿厚度分布情况。基础底板表面覆盖有由一层塑料布、两层防火草帘组成的保温被进行保温养护，保温被表面与大气的对流系数很小，温度释放较弱；基础底板底面与地基接触，温度释放较强，因此底板上部温度较高。

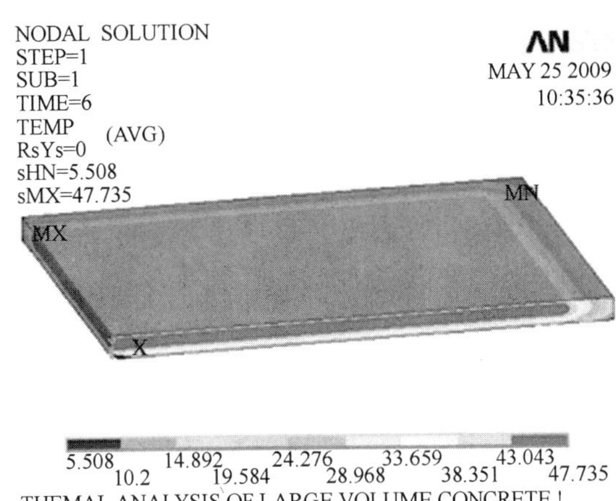

图 3　基础底板浇筑后第 6d 的温度分布图

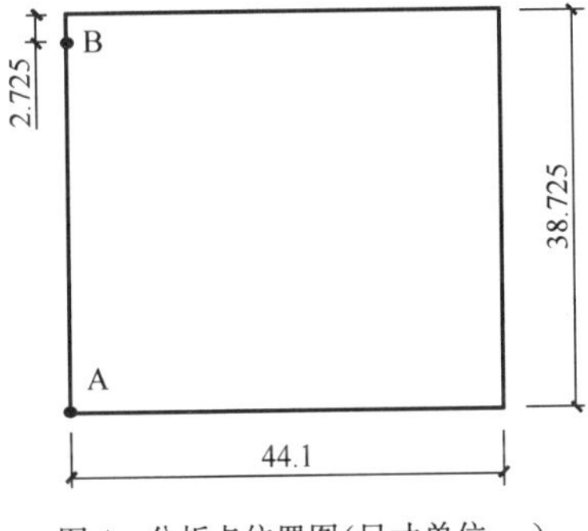

图 4　分析点位置图（尺寸单位：m）

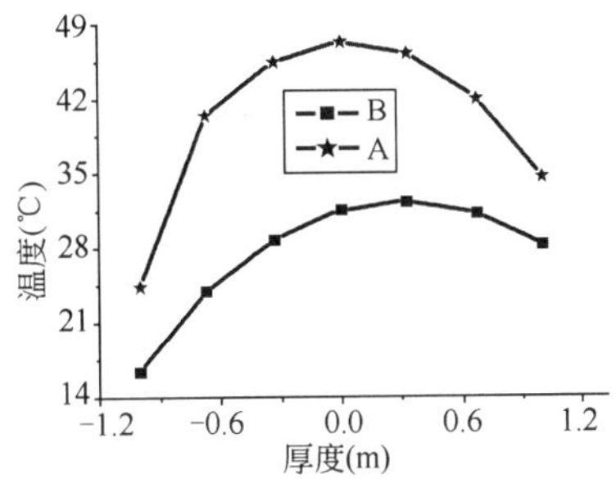

图 5　浇筑后第 6d 的温度沿厚度分布

3.2 温度随龄期变化规律

图 6 和图 7 分别为基础底板 A、B 两处温度随龄期变化规律。混凝土浇筑完成后，水泥水化热使混凝土温度升高，底板表面和侧面与空气发生对流，可散失一部分热量，使混凝土温度降低。混凝土浇筑完成初始阶段，水化热较对流散失热量高，基础底板温度升高，A 处中部在第 6d 达到温度峰值 46.21℃，B 处中部在第 5d 达到温度峰值 32.44℃。之后，对流散失热量较水化放热高，混凝土进入降温阶段。A、B 两处混凝土中部与表面降温速度接近，底面降温速度较慢，两处最大温差都出现在中部与底面之间。

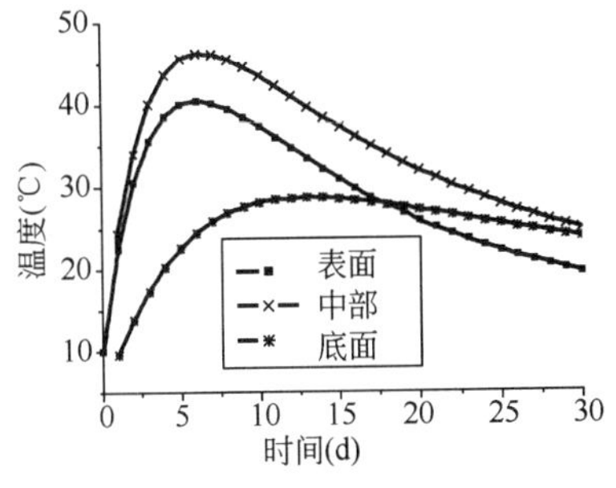

图 6　A 处温度随龄期的分布

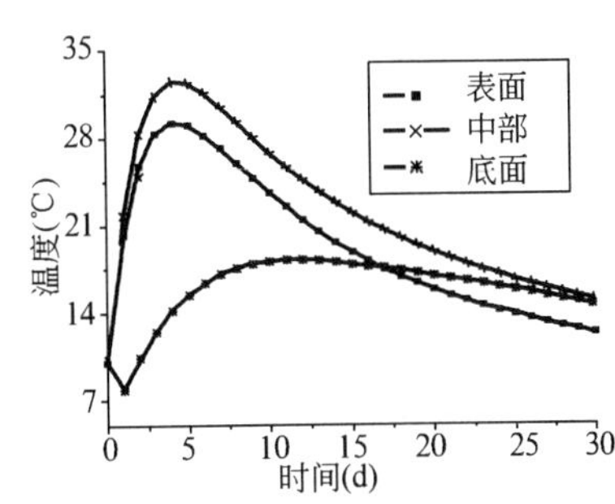

图 7　B 处温度随龄期的分布

3.3 内外温差与降温速率

对于大体积混凝土，因其自身具有保温性能，内部散热比其表面散热要缓慢得多，因此内部温度在浇筑后的一段时间里，将比其表面温度要高得多。混凝土内部与其表面的温差如果能控制在一定范围内，则混凝土将不致产生表面裂缝。根据国内外工程实践和理论研究，我国规范确定这个温差限值为25℃。

图8为A、B两处中部与底面的温差，根据有限元结果，结构的最大温差位于中心中部与底面之间，为22.94℃，满足我国规范中表明裂缝控制的温差限值要求。

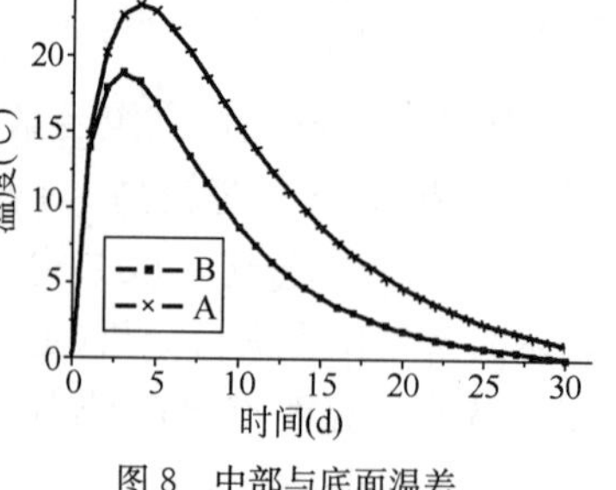

图8 中部与底面温差

为防止混凝土降温过程太快而产生温度裂缝，工程上常采用保温被等措施保证混凝土降温过程平稳。图9和图10分别为A、B两处的降温速率，A处最大降温速率发生在表面，为1.29℃/d，B处最大降温速率发生在表面，为1.24℃/d。降温速率最大值控制在1.5℃/d内，满足温控要求。

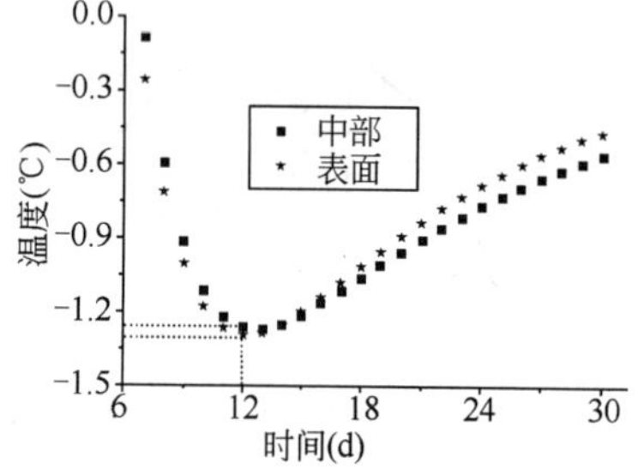

图9 A处基础底板中心的温度分布

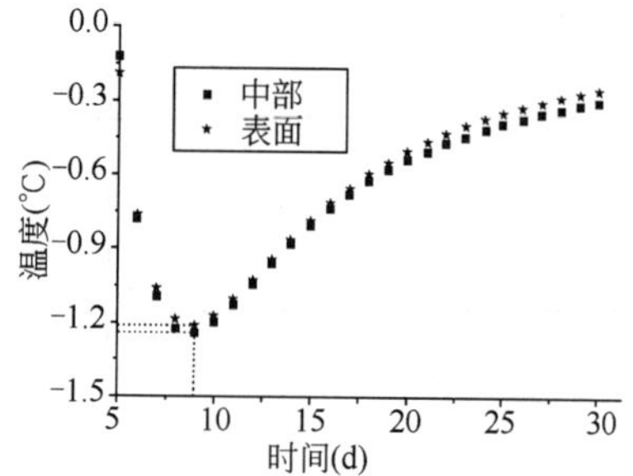

图10 B处基础底板中心的温度分布

4 结语

(1)基础底板大体积混凝土温度沿厚度中间温度高、接近表面温度低，呈不对称分布。

(2)基础底板大体积混凝土浇筑完成后结构温度升高，在第5d或第6d达到温度峰值，之后进入降温阶段。

(3)结构最大内外温差发生在结构中心中部与底面之间，为22.94℃，在我国规范中裂缝控制温差限值25℃内；结构降温速率平稳，最大降温速率发生在结构中心表面，为1.29℃/d，在降温速率平均下降限值1.5℃/d以内。结构内外温差与降温速率均满足温控要求。

参考文献

[1] 王铁梦．工程结构裂缝控制[M]．北京：中国建筑工业出版社．1997.

[2] 孙蔚．大体积混凝土温度场及温度应力有限元分析[J]．工程建设与设计，2005(10)：25-27.

[3] 朱伯芳．大体积混凝土温度应力与温度控制[M]．北京：中国电力出版社．1993.

北京银泰中心工程大体积混凝土的施工温度与裂缝控制

袁志强，陈　岚

北京城建四建设工程有限责任公司

在大体积混凝土中，温度应力及温度控制具有重要意义。这主要是由于两方面的原因。首先，在施工中混凝土常常出现温度裂缝，影响到结构的整体性和耐久性。其次，在运转过程中，温度变化对结构的应力状态具有显著的不容忽视的影响。我们遇到的主要是施工中的温度裂缝，因此本文结合施工实践对大体积混凝土裂缝做一些探讨。

1　工程概况

北京银泰中心工程采用的是桩承钢筋混凝土筏型基础，平面形式为长方形，其中长219.4m，宽100.4m，面积近21000m^2，基础底板厚度分为3.50m、2.00 m、1.20m三种。属超大面积超厚大体积混凝土底板。东西塔楼地上44层，在平面布置上为B区和C区。该区的转换梁，由于建筑物荷载和功能要求的原因，转换梁截面尺寸较大，宽和高分别为2m和6m，属大体积混凝土梁。为了更好地了解施工过程混凝土内部的温度变化，进而为施工过程控制结构温差和预防混凝土可能的开裂提供有效地数据依据，布置了温度传感器，分别监测该截面内部的温度分布规律，进而可以利用这些数据得到该截面的温度分布等高线图，以及截面中心至顶面、中心至底面和中心至侧面的温度梯度分布曲线。监测混凝土浇筑中及浇筑后的一段养护时间内，混凝土内部温度及环境温度的变化情况，以便采取相应的措施，控制混凝土内外温差，满足内外温差不大于25℃的规范要求，确保混凝土的质量，同时确定终止混凝土保温养护工作的安全温度，以便进行后续施工工作。

将按监测计算的温度应力同按预测温度计算的温度应力进行对比，用来指导施工现场的混凝土浇筑及养护，提高大体积混凝土温度裂缝控制的准确性，并为今后此类工作积累经验。

2　施工实践

2.1　混凝土配制方案

大体积混凝土重点是混凝土水化热的控制，既要保证混凝土的强度，又要降低混凝土内部水泥水化反应产生的热量。采取了如下措施：

［作者简介］袁志强，北京城建四建设工程有限责任公司高级工程师

(1)降低水泥用量,控制混凝土单方水泥(含取代后的防水剂)用量≤320kg/m³,控制胶凝材料用量,以降低水泥反应水化热。

(2)大量掺加优质粉煤灰以进一步降低混凝土的水化热(粉煤灰 7d 水化热仅为水泥的 1/3)。

(3)在配合比设计中掺加混凝土防水剂,既满足大体积底板的抗渗要求,又根据混凝土补偿收缩原理,利用自身的补偿收缩减小大体积混凝土体积收缩的影响,防止混凝土开裂。

(4)底板混凝土充分利用混凝土后期强度,以 60d 强度取代 28d 强度,控制混凝土早期强度,延迟混凝土强度增长,从而降低混凝土初期水化热的释放,满足混凝土抗压强度和抗渗等级要求即可。

(5)坍落度:(160±20)mm,在满足泵送要求的前提下,适当降低混凝土的砂率,避免因砂率过大造成混凝土的收缩增大。

(6)考虑到连续施工中可能出现的因设备车辆故障、交通拥堵、水电供应中断,夜间禁止施工以及禁行时间限制等因素导致的施工延迟和中断,考虑到由于大体积、大工作面所可能引起的混凝土表面处理工序的安排难度,掺加超缓凝减水剂,延迟混凝土初凝时间到 16h 以上,初凝时间 16~20h,终凝时间 18~22h。延迟硬化时间同时起到延缓水化热释放的目的。

2.2 混凝土浇筑方案

大体积混凝土整体性、抗渗性能要求高,混凝土连续浇筑,不留施工缝,采用“斜向分层法”施工,每层的浇筑厚度一般为 500mm。浇筑时采用泵管配布料机,浇筑方向从远至近,边浇筑边拆管的方法,浇筑混凝土采用斜面分层,为了避免冷缝产生,混凝土浇灌采用“斜向分层、一次到顶、薄层浇筑、逐渐倒退”的方式组织施工,混凝土运输、浇筑及间歇的全部时间不应超过混凝土的初凝时间。同一施工段的混凝土应连续浇筑,并应在下层混凝土初凝之前将上一层混凝土浇筑完毕。要合理安排施工顺序,控制混凝土在浇筑过程中均匀上升,分层浇筑可使下层混凝土的水化热在初凝时间内充分散发,可减少混凝土的蓄热量,防止水化热的积聚,从而减少温度应力。

2.3 混凝土养护

转换梁混凝土采用保温、保湿的养护方法,待混凝土表面搓毛、压光后,在开始初凝后可以覆盖塑料薄膜,塑料薄膜上覆盖阻燃草被。一般采取“单被双膜”做法,即用一层阻燃草被上覆盖两层塑料膜,使混凝土表面的水分及水化热不致散失,又可降低混凝土内外温度梯度。

2.4 混凝土水化热温度的测定(以转换梁为例)

2.4.1 监测方法和仪器

温度监测采用在混凝土内埋置温度传感器,分别测试混凝土截面内和表面的温度,同时分析其内外温度差,并将数据及时提供给施工负责部门,以便随时指导现场施工。数据采集的重点在浇筑混凝土后的二周时间内。

根据以往的工程实例,大体积混凝土一般在开始浇筑 2~3d 后达到温度最大值。温度变化分为三个阶段:升温阶段,降温阶段,稳定阶段。混凝土内部最高绝热温升,加上浇筑温度,即使考虑散热条件混凝土内部最高温度也能达到70~80℃,特别是在炎热夏季施工,入模温度较高,混凝土内部最高温度会更高。

2.4.2 测点的布置(见图1)

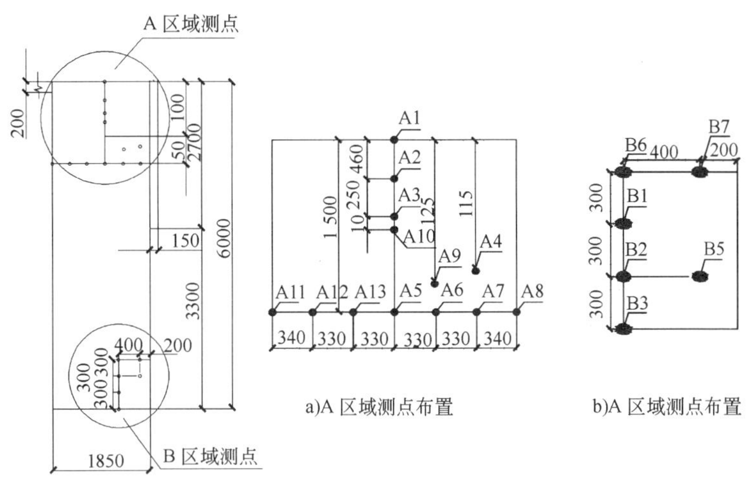

图1 测温传感器整体布置及详图

所有测温通道布置在混凝土转换梁的跨中截面(见图2),通过铁质管道深入混凝土内部。

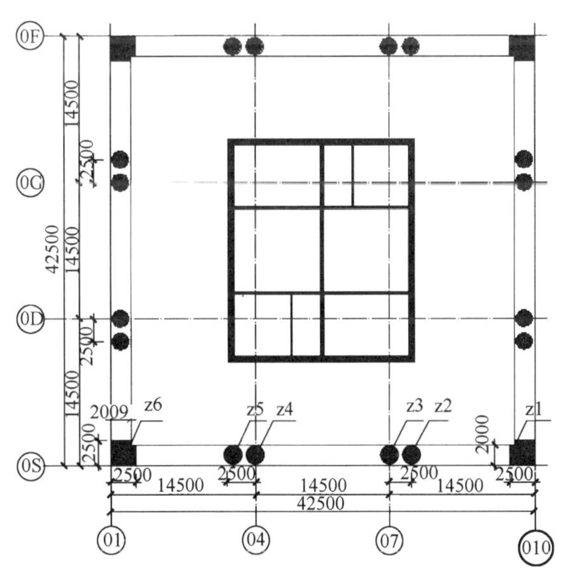

图2 转换梁框架平面

2.5 数据采集和温度曲线分析

2.5.1 数据采集

混凝土温度有数据采集系统自动根据预先设定的时间间隔定时采集数据。图3~12是选出的部分测温点的温度变化曲线。

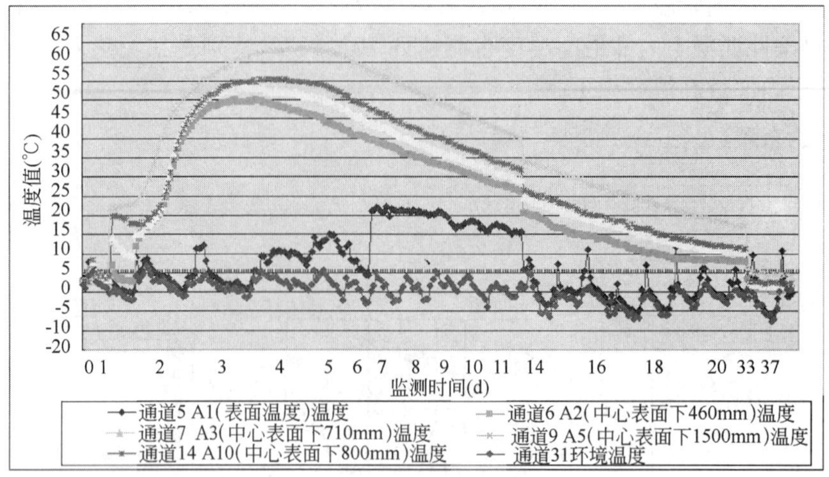

图 3 A1、A2、A3、A5、A10 温度变化趋势

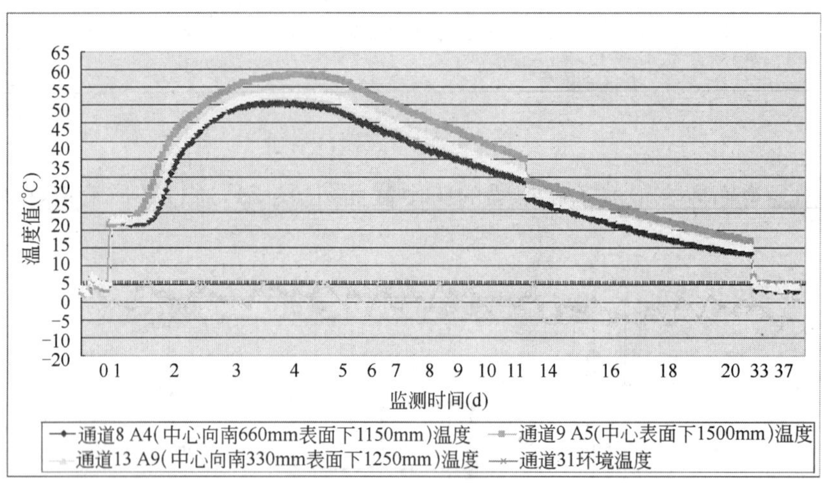

图 4 A4、A5、A9 温度变化趋势

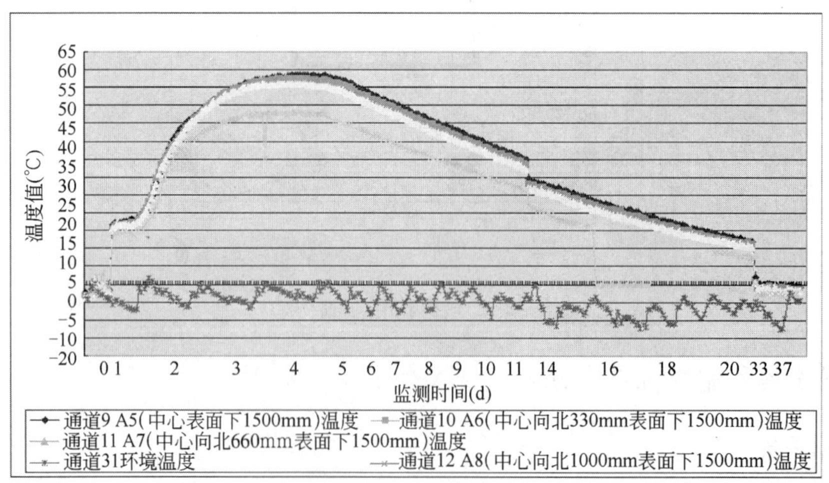

图 5 A5、A6、A7、A8 温度变化趋势

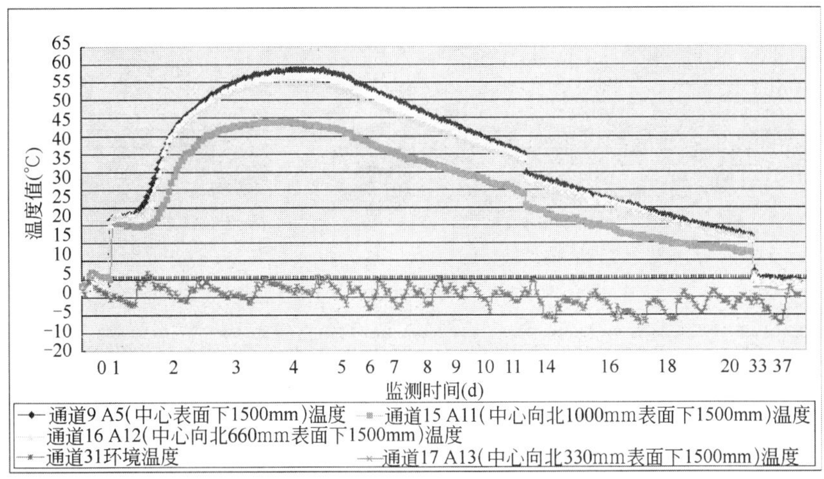

图 6　A5、A11、A12、A13 温度变化趋势

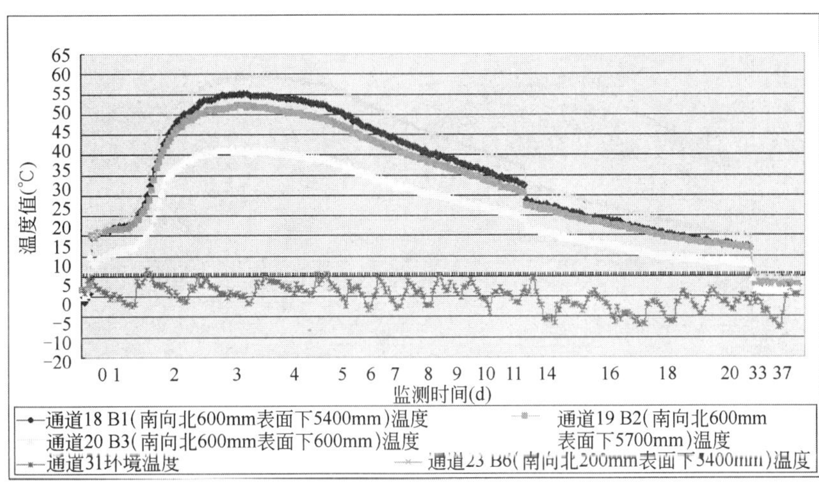

图 7　B1、B2、B3、B6 温度变化趋势

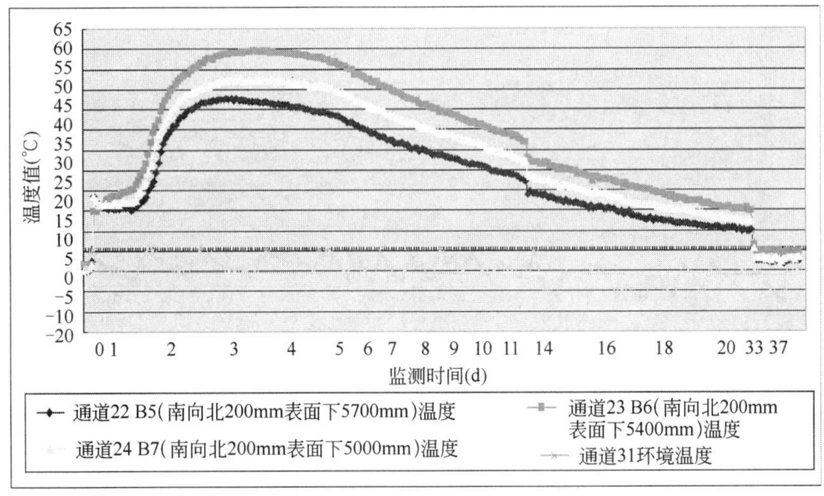

图 8　B5、B6、B7 温度变化趋势

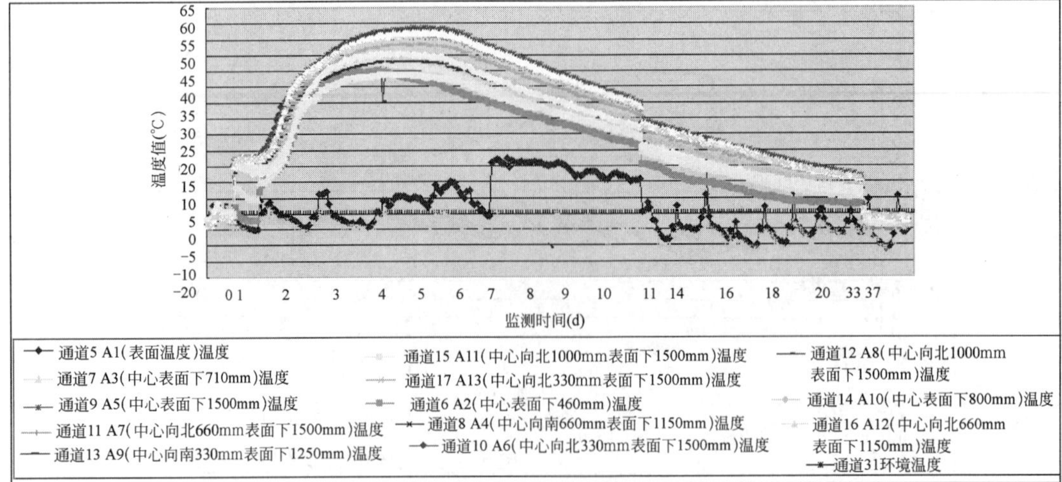

图 9　A 区温度变化趋势

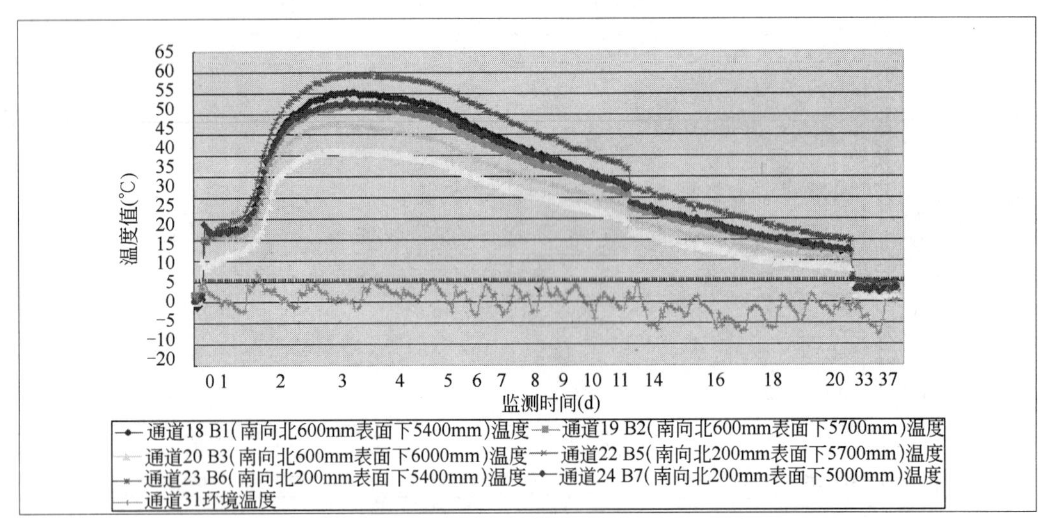

图 10　B 区温度变化趋势

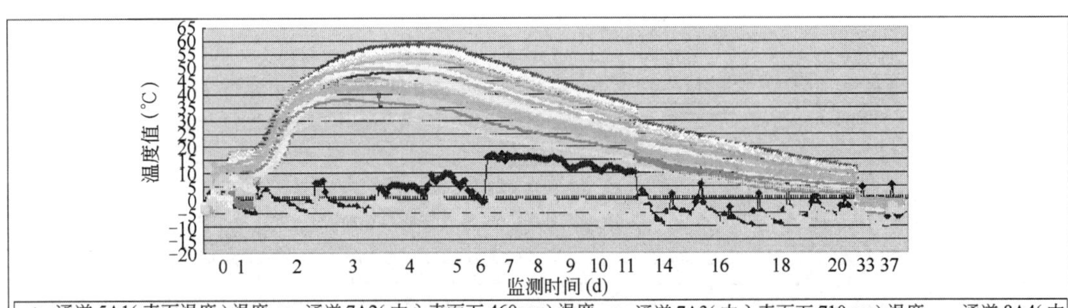

图 11　所有通道温度变化趋势

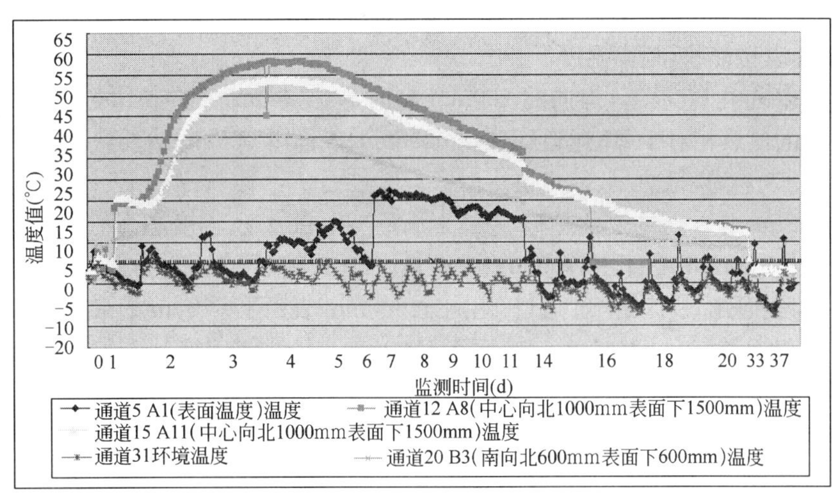

图 12 通道 A1、A8、A11、B3、环境温度变化趋势

2.5.2 温度曲线分析

1 月 16 日混凝土浇筑完毕，混凝土内部由于水泥水化热，温度急剧升高，所有通道温度曲线均出现明显的陡坡。

由于 1 月 27 及 2 月 4 日至 2 月 17 日数据监测曾经中断，温度曲线出现骤变。

由于 1 月 21 日至 1 月 26 日，混凝土表面温度传感器被覆盖，因此表面温度没有大的变化，温度曲线趋于平缓。

A8 通道(中心向北 1000mm 表面下 1500mm)在 1 月 18 日曾被拔出，温度曲线急剧变化。

从图 3～图 11 中可以看出，在浇筑开始后，由于混凝土的初灌温度在 15℃左右，温度曲线呈现一个明显的温度突变，此后又由于混凝土水化热的缘故，出现第二个温度陡升。A 区测得温度值达到最高温度基本上在该处开始浇筑后约 80h，并且在该处浇筑大约 6h 后，混凝土温度开始急剧上升，温度上升最快时可以达到 18.3℃/h。开始浇筑 36h 后，温度达到 45.3℃左右。随后温度上升幅度开始减缓，约 65～75h 时间段达到最高温度 58.6℃左右。随后温度开始缓慢下降。而 B 区混凝土温度在浇筑约 40h 后，温度达到 48℃左右。随后温度上升幅度开始减缓，约 55～65h 时间段达到最高温度 49.6℃左右。随后温度开始缓慢下降。

从图 3 以看出，由于此测孔三个通道的标高不一样，A10 通道(中心表面下 800mm)处于梁中部，A1 通道(表面温度)、A2 通道(中心表面下 460mm)则趋向表面，因为，浇灌混凝土时，A10 通道先接触到混凝土，所以温度曲线的升温段先于其他两个通道。而且，此后 A10 通道的最高温度要高于其他两个通道，A2 次之，A1 最小。A1 测量的混凝土表面温度与环境温度基本上相同。

从图 4 可以看出，A9 通道(中心向南 330mm 表面下 1250mm)比 A4 通道(中心向南 660mm 表面下 1150mm)更接近内部，所以最高温度要高于 A4 通道。

从图 5 可以看出，最高温度为 A5 通道(中心表面下 1500mm)，此处最为靠近混凝土梁的内部，而其他通道平均分布于 A5 的两侧，温度呈现明显的下降趋势，而 A8 通道(中心向北 1000mm 表面下 1500mm)与 A11 通道(中心向北 1000mm 表面下 1500mm)位于靠近梁的表面，最高温度相比 A5 下降 15℃左右。从图 4 与图 5、图 6、图 7 可以看到，混凝土转换梁底部的最高温度比梁中间的最高温度低 24℃左右。并且转换梁底部温度发展的曲线比转换梁中部温度发展曲线平缓。混凝土转换梁的底部测点离表面较近，且不受日照温度影响，相比中部混凝土的绝热状态，其散热快，最高温度低。

从图 8 可以看出 B5 通道(南向北 200mm 表面下 5700mm)距转换梁两个表面都比较接近，因此，此处的散热相对于 B7 通道(南向北 200mm 表面下 5000mm)要快，在曲线图上表现为最高温度比 B7 小，且散热早、散热快。

从图 9 可以看出 A 区的变化趋势，总体上满足离中心越近、温度越高的趋势。其中，由于 B5 通道(南向北 200mm 表面下 5700mm)处于最内部，最高温度值最大，并且散热较慢。

从图 10 可以看出，B 区的 B3 通道(南向北 600mm 表面下 6000mm)最接近表面，最高温度值最小，而 B2 通道(南向北 600mm 表面下 5700mm)、B3 通道比 B1 通道(南向北 600mm 表面下 5400mm)要略大。B5 通道(南向北 200mm 表面下 5700mm)与 B2 通道离底面的距离一样，但是由于 B5 更接近侧面，所以散热也就更快。而 B7 通道(南向北 200mm 表面下 5000mm)由于比 B5 离底面远，所以温度也就比 B5 高。总的来说，离中心距离越近的点，温度越高。

从图 11 可以看出，B 区的最高温度比 A 区低，这是由于，B 区与两个侧面的距离较近，最高温度低，散热快。

从图 12 可以看出，A8 通道(中心向北 1000mm 表面下 1500mm)与 A11 通道(中心向北 1000mm 表面下 1500mm)的最高温度明显要高于 B3 通道(南向北 600mm 表面下6000mm)，这主要是因为，B3 通道在梁的底部，浇筑的较早，热量更容易散发，且不受日照影响。

2.6 预测与实测的分析、对比

实测温度数据表明，混凝土中最高温度为 58.6℃，出现在 A5 通道。由于温度曲线形状很接近，现选该测点的温度曲线作为代表曲线进行温度应力计算。

A5 测点由 1 月 16 日开始测量温度，到 1 月 31 日，混凝土内部温度降到了 22.2℃，基本达到安全温度 22℃，结束该点测温工作，但仍保存原有的保温养护条件，此时混凝土龄期为 15d。

预测结果和实测结果均满足该大体积混凝土工程对裂缝的控制。

温度应力：按实测结果计算的温度应力比预测的小，其原因在于：预测时，由于无法精确估算混凝土的降温曲线，所以从偏于安全的角度出发，将混凝土的弹性模量定为龄期为 15d 的弹性模量，使得计算出来的温度应力比实际的值要大一些，由于目前工程界对大体积混凝土的了解还不够深入，这样做有利于保证结构的安全。

3 控制混凝土裂缝的施工及养护方法

在施工过程中，应严格控制混凝土的原材料质量和用量，严格按混凝土的配合比拌制混凝土。混凝土的坍落度要控制好，泵送混凝土的入模坍落度不宜超过 200mm。

为防止或减少混凝土表面的龟裂现象，必须重视混凝土表面的二次抹压工作。抹压的次数和时间要掌握好，可有效地减少混凝土表面的龟裂现象。

一些大体积混凝土掺加膨胀剂后，必须严格控制混凝土的降温速率和内外温差，做好养护工作。水平混凝土构件采用洒水、覆盖的养护方法均可，但墙体洒水养护不好做，也不好覆盖。为此，可采用延长模板的留置时间、在水平施工缝上浇水的养护方法进行混凝土的养护工作，模板的留置时间一般要求不得低于 7d。采用这种养护方式，既能减少混凝土本身的水分的散失速度，又保证了混凝土在早期处于一个相对较稳定的温度、湿度环境，避免了风速、太阳暴晒等引起混凝土急剧干缩的因素，有效地控制长墙体结构混凝土易产生竖向裂缝的现象。

4 结语

以上对混凝土的施工温度与裂缝之间的关系进行了理论和实践上的研究，同时在实践中的应用效果也比较好，具体施工中要靠我们多观察、多比较，出现问题后多分析、多总结，结合多种预防处理措施，混凝土的有害裂缝是完全可以避免的。

大体积混凝土裂缝控制技术研究与应用

叶大梅,梁国斌

浙江国泰建设集团有限公司

大体积混凝土裂缝问题是当前混凝土施工质量控制的一个重要问题,裂缝不仅会降低混凝土的强度、抗冻性,对混凝土的抗渗性和耐久性影响尤为严重。大体积混凝土裂缝问题的研究已成为现代建筑施工的一项热门课题,也是大体积混凝土施工的核心问题。本文主要针对大体积混凝土的厚度大、温升高的特点分析其裂缝产生机理,提出施工预防措施,进行合理的施工设计,防止大体积混凝土裂缝的产生。

1 裂缝产生的原因及形式

混凝土产生裂缝与混凝土原材料的选择、混凝土配合比设计、施工工艺及外部荷载作用等因素有关。根据各类裂缝产生的主要影响因素,大体积混凝土裂缝大致可分为以下几种。

1.1 温度裂缝

(1)温度裂缝产生的主要原因 一是由于温差较大引起的,混凝土结构在硬化期间水泥放出大量水化热,内部温度不断上升,使混凝土表面和内部温差较大,混凝土内部膨胀高于外部,此时混凝土表面将受到很大的拉应力,而混凝土的早期抗拉强度很低,因而出现裂缝,如图 1 所示。这种温差一般仅在表面处较大,离开表面就很快减弱,因此裂缝只在接近表面的范围内发生,表面层以下结构仍保持完整。二是由于结构温差较大,受到外界的约束引起的,当大体积混凝土浇筑在约束地基(如桩基)上时,又没有采取特殊措施降低、放松或取消约束,或根本无法消除约束,形成贯穿的温度裂缝,如图 2 所示。

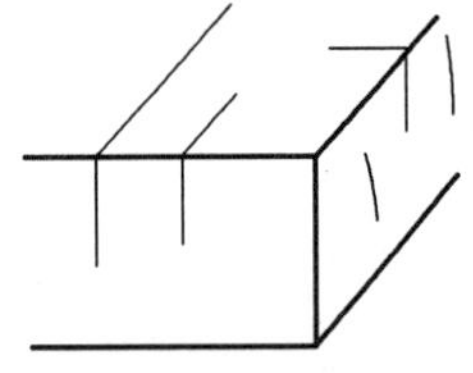

图 1 大体积混凝土板因内外温差过大而产生裂缝

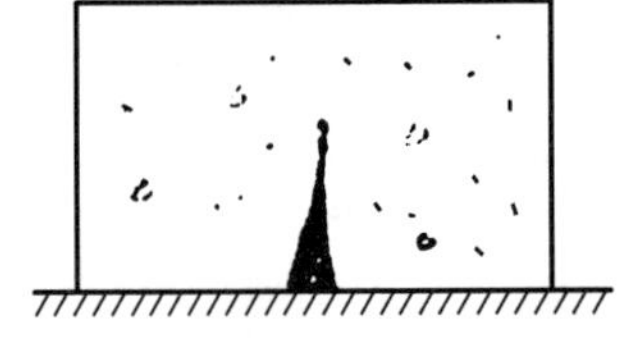

图 2 大体积混凝土因内部温差过大而产生裂缝

(2)温度裂缝形成的过程 一般分为三个时期:初期裂缝就是在混凝土浇筑的升温期,由于水化热使混凝土浇筑后 2～3d 温度急剧上升,内热外冷引起约束力超过混凝土抗拉强度引起裂缝。中期裂缝就是水化热降温期,当水化热温升到达峰值后逐渐下降,水化热散尽时结构

[作者简介] 叶大梅,浙江国泰建设集团有限公司地基分公司副总经理

物的温度接近环境温度,此时结构物温度引起的外约束力超过混凝土抗拉强度引起裂缝。后期裂缝就是当混凝土接近周围环境条件之后保持相对稳定,而当环境条件剧变时,由于混凝土为不良导体,形成温度梯度,当温度梯度较大时,混凝土产生裂缝。

(3)温度控制　对温度应力的控制,现场一般是进行温控。在浇筑混凝土时,采用温度传感片和测温仪,从浇筑开始测温(包括入模温度、环境温度),并及时抹压(特别是初凝前)和保温保湿养护。浇筑完后根据温控指标,及时调整保温保湿养护条件。温度影响系数受多种因素影响,其中温度、湿度、散热界面(土、空气等)、初凝时间、风速、温差等影响较大,特别是风速和温差较大时,温度影响系数大大降低,最高温升将降低,这与我们的实测结果是相吻合的。但为防止降温过快,形成大的温度梯度,夏季选用蓄水养护,秋冬季加盖草袋等,如果施工时风大、干燥,拆模后及时采取防风、保温措施,并及时回填土,结果证明这些方法对温度影响系数的改变是非常有用的。

1.2　收缩裂缝

混凝土的收缩引起收缩裂缝,如图3所示,原因在于混凝土凝固后表面失水过快,结构或构件表面发生不规则裂缝。影响混凝土收缩的主要因素是混凝土中的用水量和水泥用量,用水量和水泥用量越高,混凝土的收缩就越大。选用的水泥品种不同,其干缩、收缩的量也不同。

1.3　沉缩裂缝

混凝土沉缩裂缝在大体积混凝土(特别是泵送大流态混凝土)施工中较为常见,主要原因是混凝土振捣不密实,沉实不足,或者集料下沉,表层浮浆过多,混凝土浇筑后没有及时抹压实(特别是初凝前的二次抹压),且表面覆盖不及时,受风吹日晒,表面水分散失快,产生干缩,混凝土早期强度又低,不能抵抗这种变形而导致开裂。如图4所示,由于水灰比过大,混凝土沉缩,在上层钢筋顶部产生沉缩裂缝。

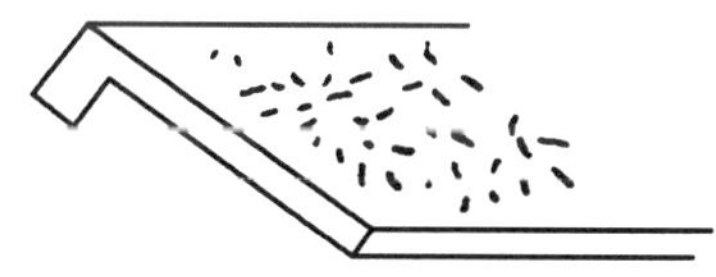

图3　混凝土凝固后表面失水过快产生裂缝

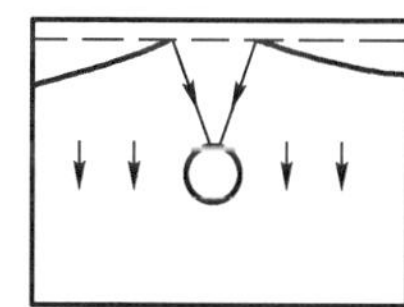

图4　混凝土配合比不良产生沉缩裂缝

施工中采用缓凝型泵送剂,延缓混凝土的凝结硬化速度,充分利用外加剂(特别是缓凝剂)的特性,适时增加抹压次数,消除表面裂缝(特别是沉缩裂缝和初期温度裂缝)。特别是初凝前的抹压,这对消除表面裂缝是较有效的。

1.4　材料裂缝

材料裂缝表现为龟裂,主要是因水泥安定性不合格或集料中含泥量过多而引起的。因水泥安定性不合格使现浇板等产生裂缝,见图5。由于砂、石含泥量高,干缩后产生不规则裂缝,见图6。

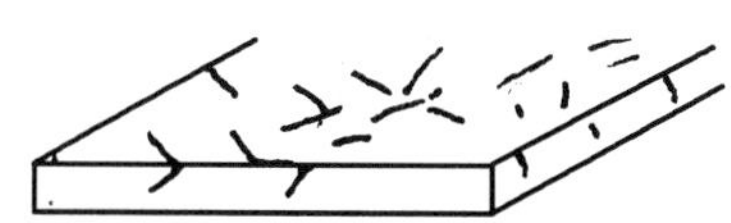

图5　水泥安定性不合格产生裂缝

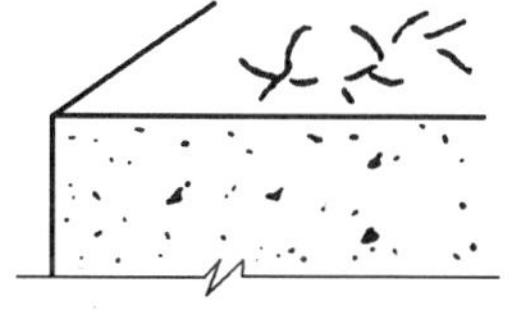

图6　砂、石中含泥量太大产生裂缝

2 大体积混凝土结构裂缝控制技术及措施

2.1 结构合理布置，优化设计方案

合理的平面和立面设计，避免截面的突变，从而减小约束应力；合理布置分布钢筋，尽量采用小直径、密间距；变截面处加强分布筋；避免用高强度混凝土，尽可能选用中低强度混凝土；采用 60d 或 90d 龄期强度；采用滑动层来减小基础的约束。

2.2 混凝土强度等级的合理选择与施工

由于超高层结构承受较大的垂直荷重和地震作用，下部承重柱往往需要较高的强度等级，C60 以上，但是仅仅是柱子强度，而楼板、梁及地下室外墙、大底板等绝对不要跟柱子选择相同强度等级，应当根据具体荷载条件尽可能选择中低强度，即 C25～C35，并利用后期强度 R60～R90，即 60d 或 90d 强度。

剪力墙亦应选用 C30～C35、R60～R90 的强度等级。设计上还应注意构造配筋和降低结构的约束程度。地下室外墙一般只承受裙房自重，塔楼及裙楼的主要荷载是通过柱子传到桩基，所以地下室外墙的强度等级以 C25～C30 为宜，柱子强度高、外墙的强度低，必须分别以不同强度混凝土浇筑，绝对不应当迁就施工方便而都采用高强度等级混凝土，不仅浪费大量水泥，更主要的是裙房长墙受到混凝土的强约束而严重开裂。

当外墙有扶壁柱时，柱子的强度等级应跟外墙的低强度一致，因为此处立柱比较主楼立柱承受的荷载小很多。不必要的选择了高强度混凝土或大量使用水泥甚至高强度等级水泥而导致裂缝的事故实在屡见不鲜，工程实例举不胜举，是近年我国混凝土工程中的错误倾向。

2.3 选择合适的原材料

(1)选用中热或低热水泥，严格控制水泥用量　为了减小温差，就要尽量降低水化热，要用早期水化热低的水泥，选择适宜的矿物组成，调整水泥的细度模数。试验证明，水泥中的铝酸三钙和硅酸三钙含量高的水泥水化热就高。所以，为减小水化热，应采用熟料中含铝酸三钙和硅酸三钙较少的中热硅酸盐水泥和低热矿渣水泥、粉煤灰水泥等。如优先采用 52.5R 普通水泥，42.5R 普通水泥等高强度等级水泥，以减少水泥用量。在满足设计和混凝土可泵性的前提下，将 42.5R 水泥用量控制在 450kg/m^3，52.5R 水泥用量控制在 360kg/m^3，以降低混凝土最高温升，降低混凝土所受的拉应力。

(2)掺加适量的粉煤灰　为了减少水泥用量，降低水化热并提高和易性，我们可以把部分水泥用粉煤灰代替。掺入粉煤灰有以下作用：粉煤灰中含有大量的硅、铝氧化物(其中二氧化硅含量 40%～60%，三氧化二铝含量 17%～35%)，这些硅铝氧化物能够与水泥的水化产物进行二次反应，是其活性的来源，可以取代部分水泥，降低混凝土的热胀；粉煤灰颗粒较细，能够参加二次反应的界面相应增多，在混凝土中分散更加均匀；同时，粉煤灰的火山灰反应进一步改善了混凝土内部的孔结构，使混凝土中总的孔隙率降低，孔结构进一步细化，分布更加合理，使硬化后的混凝土更加致密，相应收缩值也减小。但要注意，粉煤灰相对密度较小，振捣时，相对密度小的粉煤灰容易浮在混凝土表面，使上部混凝土强度偏低，表面容易产生塑性裂缝。

(3)严格控制集料级配和含泥量　选用良好级配的集料，严格控制砂石质量，降低水灰比，

并在混凝土中掺加粉煤灰和外加剂等，以降低水泥用量，减少水化热，从而可降低混凝土所受的拉应力。尽量扩大粗集料粒径，细集料宜采用级配良好的中粗砂。中粗砂孔隙率小，比表面积小，相应混凝土的水泥和用水量减小，水化热会降低。此时，还要控制砂石料中的含泥量。石子含泥量<1%，砂含泥量<2%，并不得混有有机质等杂物，杜绝使用海砂。

（4）选择适当的外加剂　外加剂中糖钙能提高混凝土的和易性，使用水量减少20%左右，水灰比可控制在0.55以下，初凝延长到5h左右。掺入减水剂、缓凝剂和引气剂等外加剂可以改善混凝土性能，防止开裂。减水剂的主要作用是改善混凝土的和易性，降低水灰比，提高混凝土强度或在保持混凝土一定强度时减少水泥用量。而水灰比的降低、水泥用量的减少对防止混凝土构件的开裂是十分有利的。缓凝剂的作用：一是延缓混凝土放热峰值出现的时间，由于混凝土的强度会随龄期的增长而增大，所以等放热峰值出现时，混凝土强度已增大了，从而减小裂缝出现的几率；二是改善和易性，减少运输过程中的坍落度损失。应用引气剂对改善混凝土的和易性、可泵性，提高混凝土耐久性能十分有利，可在一定程度上增强混凝土的抗裂性能。

2.4　采用切实可行的施工工艺，改进施工技术

根据泵送大体积混凝土的特点，采用“分段定点，一个坡度，薄层浇筑，循序推进，一次到顶”的方法。这种自然流淌形成斜坡混凝土的方法，能较好地适应泵送工艺，避免混凝土输送管道经常拆除、冲洗和接长，从而提高泵送效率，简化混凝土的泌水处理，保证上下层混凝土浇筑间隔不超过初凝时间。根据混凝土泵送时自然形成一个坡度的实际情况，在每个浇筑带的前后布置两道振动器，第一道布置在混凝土出料口，主要解决上部混凝土的振实；由于底层钢筋间距较密，第二道布置在混凝土坡脚处，以确保下部混凝土密实。随着浇筑的推进，振动器也相应跟上，以确保整个高度上混凝土的质量。由于大体积泵送混凝土表面水泥浆较厚，故浇筑结束后须在初凝前用铁滚筒碾压数遍，打磨压实，以闭合混凝土的收水裂缝。

施工时加强插筋位置的振捣、抹压、养护。由于钢筋是热的良导体，易产生大的温度梯度，这是裂缝产生的一个主要原因。同时加强初凝前的抹压，以消除初期裂缝，并加强早期养护，提高混凝土抗拉强度。

2.5　严格控制混凝土入模温度

大体积混凝土最好选在春秋季施工，以降低入模温度，如在夏季施工，则最好采取有效措施降低入模温度；再者，浇筑混凝土时最好不要让混凝土在太阳下直接暴晒。施工过程中应对碎石洒水降温，保证水泥库通风良好，自来水可预先放入地下蓄水池中降温。

2.6　加适当预埋件

在混凝土易开裂部位埋设应力应变传感片，直接测试拉应力，确保混凝土不开裂。在基础面筋上加设铁丝网或小直径钢筋网（如ϕ8@150），以提高混凝土表面抗裂性。

2.7　加强混凝土浇筑后的养护

混凝土浇筑后，应尽快回填土——土是混凝土最好的养护材料之一。目前，这是混凝土保温保湿养护的最有效方法，对预防裂缝非常有益。如采用蓄水法保温养护，在混凝土施工期间可通入冷却循环水，以便加快承台内部热量的散发。如采用内散外蓄综合养护措施，可有效降

低混凝土的温升值，且可大大缩短养护周期，对于超厚大体积混凝土施工尤其适用。

2.8 加强混凝土的温度监测工作

为及时把握混凝土内部温升与表面温度的变化值，应在大体积混凝土浇筑块体上布置温度监测点，以真实地反映出混凝土块体的里外温差、降温速度及环境温度。温度监测点的布置范围以所选混凝土浇筑块体平面图对称轴线的半条轴线为测量区，在测温区内温度测点呈平面布置，位置与数量可根据混凝土浇筑体内温度场的分布情况及温控的要求确定，一般温度监测点的点位宜不少于4处，每一点位的测点数量宜不少于5点。混凝土浇筑块体的外表温度，应以混凝土外表以内50mm处的温度为准。混凝土浇筑块体底表面的温度，应以混凝土浇筑块体底表面以上50mm处的温度为准。

测温元件安装前，必须浸水24h，且误差不大于0.3℃。测温仪表的性能和质量应保证施工阶段测试的要求，一般选用量程为100℃的红色水银温度计测温，以方便读数。温度记录的误差应不大于±1℃。测温元件安装位置应准确，固定牢固，并与结构钢筋及固定架金属体绝热，测温元件的引出线应集中布置，并加以保护。混凝土浇筑过程中，下料时不得直接冲击测温元件及其引出线；振捣时，振捣器不得触及测温元件及其引出线。

第1～5d每2h测温1次，第6d后每4h测温1次，测至温度稳定为止。从已有施工的测温情况看，混凝土内部温升的高峰值一般在3.5d内产生，3d内温度可上升到或接近最大温升，内外温差值在20℃左右。

3 结语

通过多年工作实践，笔者对大体积混凝土裂缝形成的原因和预防措施作了初步探讨，认为只要采取以防为主，对大体积混凝土结构的设计、混凝土材料的选择、配合比优化、拌制、运输、浇筑、保温养护及施工过程中混凝土浇筑内部温度和温度应力的监测等环节，采取一系列的技术措施，在施工中多观察、多比较，出现问题后多分析、多总结，结合多种预防处理措施，大体积混凝土的裂缝是完全可以控制甚至避免的。

参考文献

[1] 王铁梦.工程结构裂缝控制[M].北京：中国建筑工业出版社，1997.
[2] 王赫.建筑工程事故处理手册[M].北京：中国建筑工业出版社，1994.
[3] 黄国兴.惠荣岩.混凝土的收缩[M].北京：中国铁道出版社，1999.
[4] 王铁成.混凝土结构[M].天津：天津大学出版社，2004.

烟台世茂海湾工程大体积混凝土施工温控监测及分析

卫海亮，陈　江，卢则阳

中国建筑第八工程局有限公司青岛分公司

“信息化方法”作为一种设计、施工方法已经被许多规范认同，是解决目前理论与实际脱节的有效办法。大体积混凝土施工的难点即为水泥水化热造成混凝土内部高温，混凝土内外温差产生温度应力，极易产生温度裂缝，影响工程结构安全和正常使用。由于大体积混凝土结构温度裂缝的产生与集料品种、配合比、外加剂和掺和料、浇筑温度、浇筑顺序、外界气温、保温措施、养护条件等多种因素有关，施工过程中又存在很多不确定性，理论计算很难完全模拟实际情况，因此在大体积混凝土施工中采用信息化技术，通过实时监测的手段，及时反馈信息并采取施工措施来保障结构的安全，未尝不是解决大体积混凝土施工问题的一条有效途径。

1　工程概况

烟台世茂海湾 1 号项目 T1 综合塔楼，地下 3 层，地上 61 层，总高 323m，为超限高层。该工程基础形式为桩筏基础，基础底板厚度 3.9m，最厚处(电梯井部位)达 7.6m。底板面积 1900m^2，混凝土浇筑量约 7700m^3，为典型的大体积混凝土工程。

2　施工难点与对策

如何采取措施来减少混凝土的干缩和温度裂缝，保证混凝土的内部质量，是本工程的技术难点。大体积混凝土内部质量得以保证的关键因素之一为混凝土内外温差不得过大。对于混凝土的内外温差的限值，我国规范建议不大于 25℃，本工程按照我国规范的要求进行控制。根据理论计算和以往的实践经验，综合考虑后确定本大体积混凝土施工采用覆盖保温的方式来控制混凝土的内外温差。根据理论计算后确定本工程大体积混凝土采用覆盖两层棉被进行保温的方式来控制混凝土内外温差可满足要求。

根据设计要求，本工程底板混凝土强度等级为 C40，抗渗等级为 P8，混凝土强度采用 90d 强度作为评定指标。因此，可针对混凝土 90d 强度指标，在施工前对混凝土的配合比进行优化，减少水泥用量以降低水泥水化热对混凝土内外温差的影响。

对于大体积混凝土的浇筑施工，施工组织的难点为采取措施避免混凝土冷缝产生，本工程配备了28辆混凝土罐车供应混凝土，选择了4台地泵同时浇筑，安排了充足的劳动力交替轮

［作者简介］卫海亮，中国建筑第八工程局有限公司青岛分公司项目经理

班作业，在混凝土的运输、浇筑方面作了充分安排。施工现场布置如图1所示。

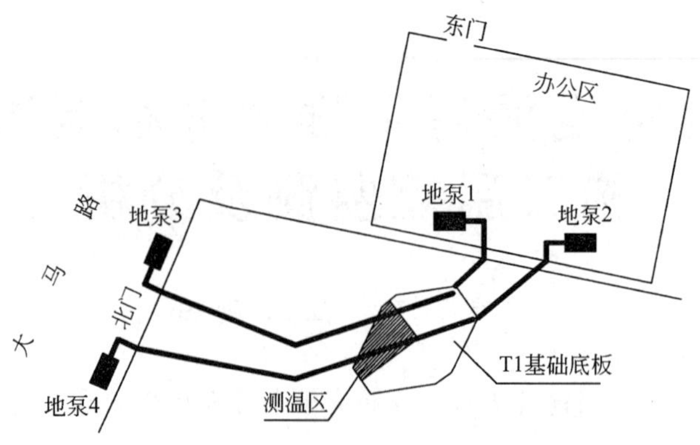

图1 施工现场平面布置

3 原材料选用及混凝土配合比优化设计

对于大体积混凝土，如何避免水化热的早期集中释放，削减混凝土的温度峰值，减小混凝土的温度梯度，避免混凝土早期产生危害性开裂，是保证其施工质量的关键。本工程在保证混凝土强度、坍落度及和易性的前提下展开试验，经试验后确定的施工配合如表1所示。

表1 T1综合塔楼底板混凝土配合比

内 容	水 泥	粉 煤 灰	矿 粉	砂	石 子	外 加 剂	水
产地	烟台三菱	烟台龙口	康达(蓬莱)	莱山	莱山	永盛	烟台
品种	P·O 42.5R	II级粉煤灰	S95	河砂	碎石	SL-5A	自来水
配合比	1	0.35	0.19	2.43	3.03	0.04	0.55
质量(kg/m^3)	316	110	60	767	956	12.5	175

(1)胶合材料 水泥应尽量采用低水化热的水泥，因本工程设计要求采用普通硅酸盐水泥，因此水泥选用了质量稳定的三菱P·O 42.5R级水泥。以粉煤灰超量取代部分水泥用量，并增加了磨细矿粉，最后控制水泥用量在$316kg/m^3$。

(2)粗细集料 相同水灰比情况下，合理的粗集料级配，级配良好的中粗砂及合理的砂率，可减少水和水泥的用量。大体积混凝土应优先使用自然连续级配的粗集料，但粒径不宜过大，否则易引起混凝土离析，影响混凝土质量。本工程选用表观密度大、吸水率低、压碎指标≤10%的烟台福山碎石。碎石进场后，5～20mm石子须经水洗，除去其中的石粉，在碎石含水率稳定后方可使用。砂选用细度模数为3.0的天然河砂，含泥量实测值为1.6%。

(3)外加剂 掺入了缓凝型减水剂，延缓水化热释放速度，推迟水化热的峰值期，从而降低混凝土内部温升。

4 监测内容及方法

为防止大体积混凝土筏板出现温度裂缝，造成结构质量隐患，根据国家现行标准、规范等以及同类工程经验，确定温差监测预警值以筏板基础混凝土内外温差接近25℃或温度陡降大于10℃为准。随时监测温差，并根据混凝土内外温差为采取措施提供及时准确的预警和反馈。将温度传感器埋置于混凝土中，采用电子遥感数字温度测量系统进行测量。混凝土浇筑第1～14d，每1h测温1次，以后每24h测温1次。测温系统示意如图2所示。

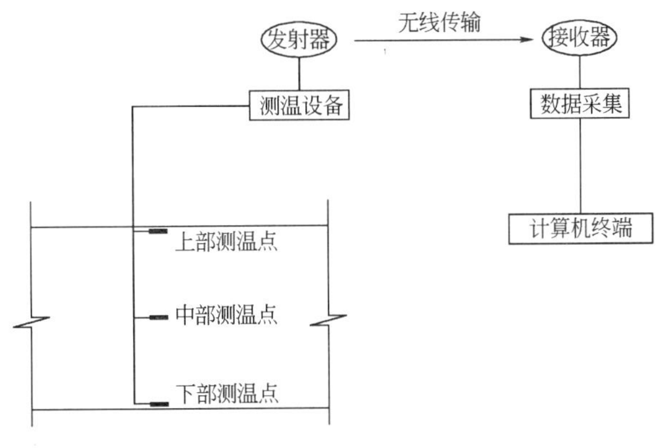

图2　电子测温系统

T1底板设15个测点，集中布置在底板1/4范围内，温度测点布置如图3、图4所示。

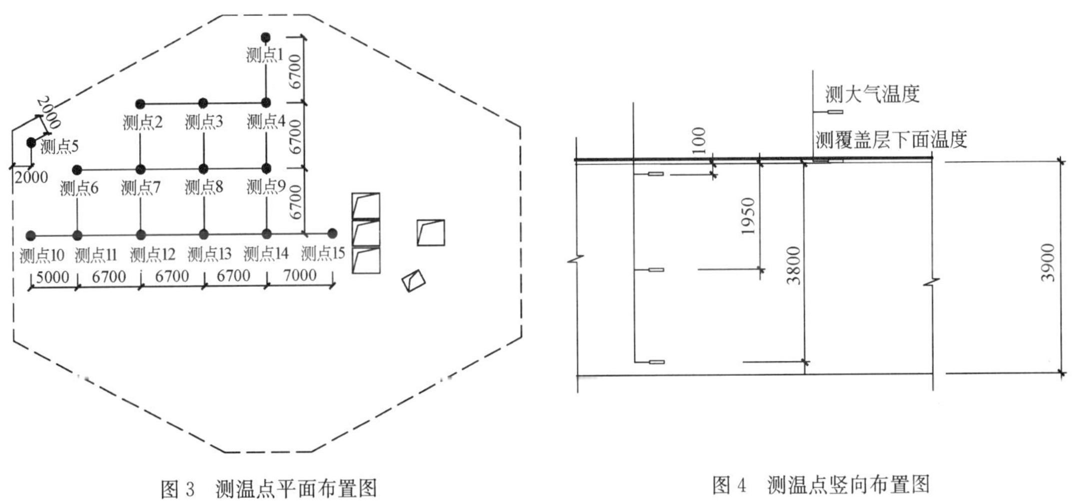

图3　测温点平面布置图

图4　测温点竖向布置图

5　监测结果及分析

选取有代表性的测点数据如图5～图7所示。

从图5来看，10号点的中部温度最高，最高温度为78.5℃。混凝土中部温度从高到低依次为10号点、11号点、12号点，根据测点的平面布置图可知，10号点在西部边缘，而混凝土的浇筑方向为自东向西，从温度变化的趋势可推断，底板西部边缘为温差最高处，也是最危险处，原因是浇筑收尾阶段，混凝土中水泥浆积聚所致。从监测数据及温度变化曲线可知，底板混凝土温度在达到最大值后缓慢下降，下降速率为1.5℃/d，规范建议不超过2℃/d，符合规范要求。

在底板内部选取11号测点，根据11号测点温度随时间的变化图6可见，在底板中部区域，最高温度为72.1℃，最大温差为20.6℃，最大温差为混凝土中部温度与混凝土下部温度之间的温差。按照通常经验，由于混凝土下部热量释放缓慢，混凝土下部温度通常下降

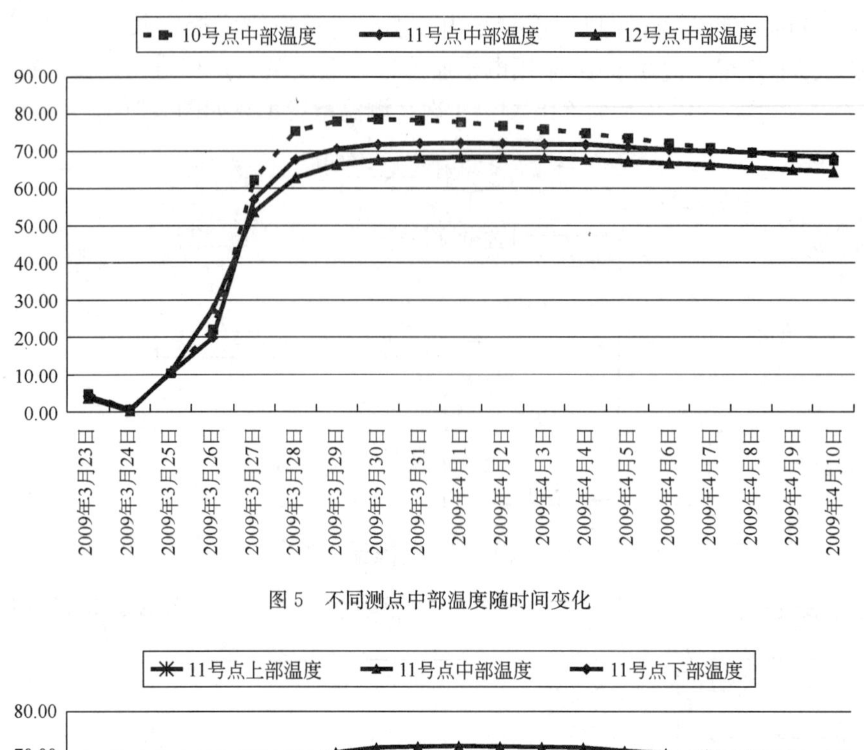

图 5　不同测点中部温度随时间变化

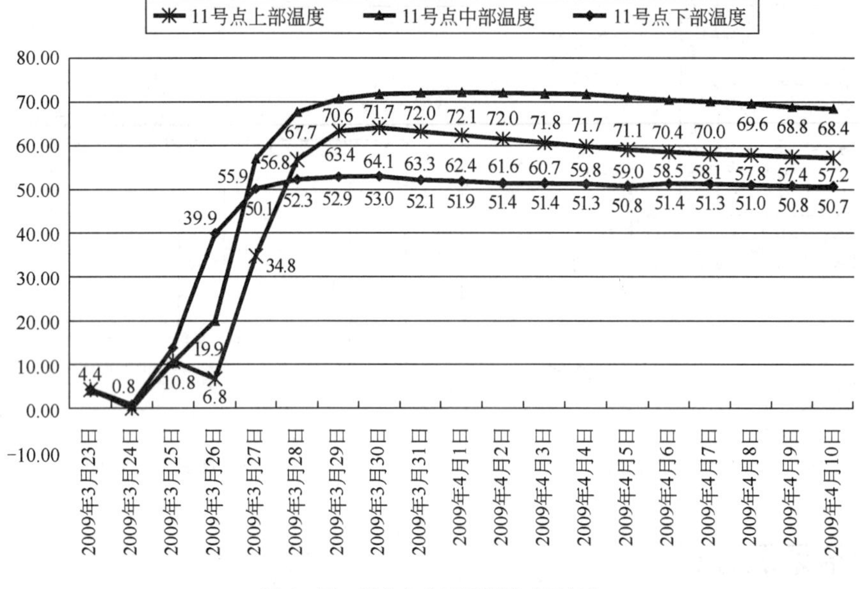

图 6　同一测点上中下温度随时间变化

较慢，因此混凝土的最大温差应出现在混凝土中部温度与上部温度之间。而本次大体积混凝土内外最大温差出现在混凝土中部温度与下部温度之间，因此可说明本工程采用的保温方式比较保守。采用覆盖两层棉被进行保温，保温效果满足要求，通过本次测温结果以及覆盖棉被厚度，可考虑类似工程施工可进一步优化施工方案，在保证工程安全的前提下减少投入降低成本。

根据最危险处的边缘 10 号测点浇筑完成 3d 内温度随时间变化图 7 来看，大体积混凝土中部温度最高，其次是上部，下部温度稍低。通过监测数据来看，混凝土的温度均在浇筑后的第 3d 达到峰值，温度持续较高，说明对采用 90d 强度指标对混凝土配合比的优化比较理想。

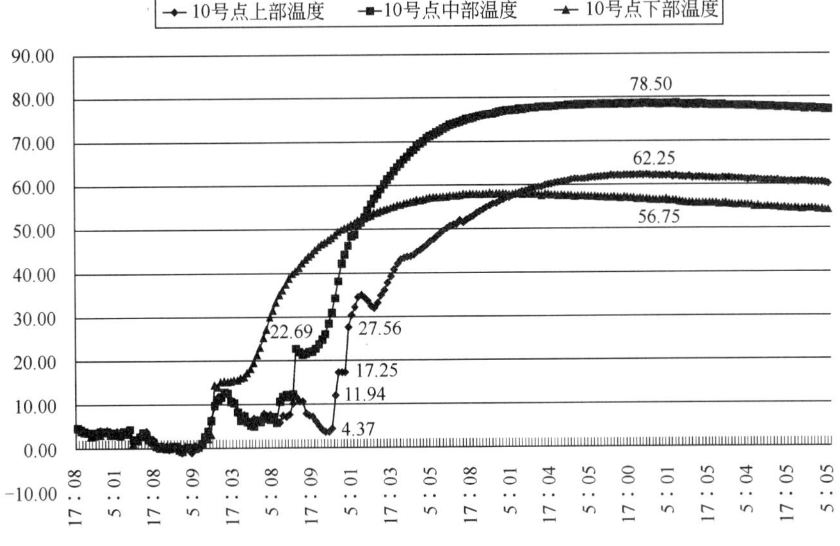

图7　边缘测点浇筑完成3d内温度随时间变化图

6　结语

(1)大体积混凝土在结构工程中往往作为重要的结构构件,而由于大体积混凝土的特殊性,一旦形成质量隐患,将难以修复,因此大体积混凝土的施工必须确保成功。大体积混凝土施工因不可控因素较多,因此施工时必须抓好每一个环节,从原材料的选择、混凝土配合比的优化、施工组织安排、养护保温监测等各个环节都必须有充分的准备。

(2)采用实时电子测温系统,可有效解决混凝土内外温差问题,当温差骤然增加时,可第一时间反馈到施工现场采取措施进行处理。

(3)通过信息化方法施工,可对现场的施工管理进行控制,当现场保温措施出现问题时,可在测温系统上即时得到反映。

(4)通过对本工程大体积混凝土温控监测的结果进行分析可知,该工程的混凝土温度变化趋势较为合理,在施工过程中,由于保温措施比较到位,混凝土内外温差控制在规范允许范围之内,从而有效地保证了大体积混凝土的施工质量,有效避免了由于温差拉应力产生的裂缝。

(5)从本次测温结果来看,本次大体积混凝土浇筑采取的保温措施比较保守,今后施工可考虑进一步优化施工方案,减少相应的保温投入。

参考文献

[1] 王铁梦. 工程结构裂缝控制[M]. 北京:中国建筑工业出版社,1997.

[2] JGJ 55—2000 普通混凝土配合比设计规程[S].

天津金德园基础底板大体积混凝土施工技术

刘建平，李克江，俞向峰，张耀龙

中天建设集团天津公司

近年来，国内建筑工程中混凝土工程的体量日渐增大，尤其是基础地下室工程。工程实践证明，大体积混凝土施工难度比较大，混凝土产生裂缝的几率较多，开裂后，其性能与原状混凝土性能相差很大，而混凝土的开裂能够加速混凝土的进一步恶化，影响结构的耐久和安全性能，因此我们要减小和控制裂缝的出现。本文结合金德园工程 2.8m 厚大体积混凝土浇筑施工，对大体积混凝土的施工技术、裂缝的控制进行了探讨。

1 工程概况

金德园工程位于天津市和平区贵阳路与兰州道交口。该工程由 5 栋单体积结构构成，总建筑面积为 17 万 m^2。1 号楼 46 层，檐高 147.6m，最高处 172.11m，3 层裙房及地下两层车库。基础形式为筏板基础，平面尺寸为 45m×40m，主楼基础底板厚 2.80m，裙房部位为 0.8m，电梯基坑厚度为 7.8m。混凝土强度等级为 C50，抗渗等级为 P12。混凝土量为 $6600m^3$。

2 工程难点

由于基础混凝土强度高，厚度和体积大，加上混凝土浇筑时间为 9 月份，施工环境温度高，因此存在着三个不利因素：①基础底板混凝土较厚，要一次性浇筑，混凝土内部温度不易散发；②混凝土强度等级高，一般需用高强度等级水泥，其水化热高；③施工、环境温度高，混凝土搅拌后的出机温度和入模温度高。在这些因素综合作用下，混凝土内部必然形成较高的温度，存在着产生裂缝（表面裂缝和贯穿裂缝）的危险。为确保浇筑顺利进行、保证工程质量，防止有害裂缝产生将成为本工程大体积混凝土施工之关键。

3 混凝土配合比

优选混凝土各种原材料，精心设计混凝土配合比，在保证混凝土具有良好工作性的情况下，尽可能地降低混凝土的单位用水量，采用“三低（低砂率、低坍落度、低水胶比）、二掺（掺高

［作者简介］ 刘建平，中天建设集团天津公司助理工程师

效减水剂和高性能引气剂)、一高(高粉煤灰掺量)”的设计准则，生产出“高强、高韧性、中弹、低热和高抗拉值”的抗裂混凝土。

3.1 原材料选择及其技术参数

为降低大体积混凝土的水化热，项目部与混凝土搅拌站共同商议优选各种原材料：

(1)水泥　选用水化热较低的42.5R普通硅酸盐散装水泥，并在配合比设计中尽可能减少水泥用量。

(2)细集料　采用中砂，因为使用中砂比用细砂，可减少水及水泥的用量。

(3)粗集料　选用粒径5～30mm连续级配石子，含泥量0.6%。

严格控制粗细集料中的含泥量，现场取样实测，石子的含泥量控制在1%以内，砂的含泥量控制在2%以内。因为集料中含泥量偏多，不仅会增加混凝土的收缩变形，而且会严重降低混凝土的抗拉强度，对抗裂的危害性很大。

(4)添加剂与粉煤灰　为了提高混凝土在泵送过程中的流动性，减小混凝土在凝结硬化过程中产生过大的水化热，混凝土配料中掺加了HEA型高效抗裂防水剂、粒化高炉矿渣粉以及N5型泵送剂，在混凝土的凝结硬化过程中达到补偿收缩的目的。并且在每立方米混凝土中，掺加70kg粉煤灰取代部分水泥，从而减少水化热并可提高混凝土的密实性。

3.2 混凝土施工配合比

在根据搅拌站以往工程实例配合比的基础上试配多种配合比混凝土，测试混凝土的强度、抗渗、可泵性，在综合考虑混凝土的耐久性确定大体积混凝土配合比，见表1。

表1　底板大体积混凝土配合比(强度等级C50P12)

抗渗等级	强度等级	水灰比	水泥	矿粉	粉煤灰	砂	石	水	外加剂	膨胀剂	坍落度(mm)
C50P12	C50	0.55	330	110	70	659	1014	180	12.7	43	180±20
配合比			1	0.33	0.21	2	3.07	0.55	0.038	0.13	

4 施工控制措施

4.1 浇筑温度控制

(1)混凝土出机温度控制　混凝土搅拌站的出机温度是混凝土总升温值的一部分，出机温度高会引起总升温高，使混凝土的内外温差增大，容易引发混凝土贯通裂缝。影响出机温度的主要因素就是各种原材料的温度。采取以下措施降低混凝土的出机温度：①砂、石堆场搭简易遮阳棚，防止阳光暴晒；②散装水泥罐用水喷淋，以达到降温的效果；③搅拌用水中加入冰块，以降低搅拌水温，经现场测定，搅拌水温为5℃左右。

(2)混凝土浇筑温度(入模温度)控制　混凝土浇筑温度是混凝土总升温的后半部分，浇筑温度不控制同样可能发生混凝土总升温高而诱发混凝土贯通裂缝。工程中采用如下措施降低混凝土的浇筑温度：①做好现场协调，组织管理工作，保证混凝土运输、卸料、浇筑、振捣顺利进行，避免出机后的混凝土长时间在阳光下暴晒；②混凝土泵管缠绕湿毛毡布，并不时往毡布上淋水降温。

4.2　浇筑顺序

混凝土浇筑量 6600m³，基坑周边布置 1 台地泵，3 台汽车泵。混凝土供应量为 140m³/h，为保证混凝土的连续性浇筑，配备混凝土运输搅拌车 30 辆。首先安排两台汽车泵从电梯基坑两侧同时浇筑，另外的一台汽车泵和地泵从西侧后浇带方向向东连续浇筑。先深后浅，先浇筑集水坑、电梯井处，再浇筑主楼混凝土，采取全面分层的浇筑方案。采用大面积斜面分层一次浇筑到顶的方法，本次连续浇筑 45h。

4.3　浇筑方法

施工前，经方案论证，采用“斜面分层，薄层浇注，连续推进”的浇筑方法，自然流淌形成斜坡混凝土的浇筑方法，适合泵送工艺，简化混凝土泌水处理，避免上下层混凝土易引起水平施工缝的现象。采用一个坡度(1∶6 左右)，分层浇筑厚度控制在 50cm，由一边退向另一边、斜面分层浇捣浇筑方法浇筑。根据混凝土泵送时自然坡度，在每个浇筑带前后布置两道振动器，第一道布置在混凝土卸料点，解决上部混凝土的捣实，第二道布置在混凝土坡脚处，确保下部混凝土的密实，浇筑方向由前往后退浇，振动器也相应跟上，以确保整个混凝土的浇筑质量。

浇筑过程中正确控制间歇时间，上层混凝土应在下层混凝土初凝之前浇筑完毕，避免造成冷缝，振捣上层混凝土时，振捣棒下插 5cm，使上下层混凝土更好的结合。在振捣过程中，振捣棒略上下抽动，使混凝土振捣密实，插点要均匀，插点之间距离控制在 50cm，离开模板距离为 20cm。振捣时间控制在 20～30s，直至混凝土表面泛浆，不出现气泡，混凝土不再下沉为止。

4.4　二次振捣和泌水处理

底板混凝土面层进行二次振捣，以确保混凝土表面密实度。待第一层混凝土振捣完成 20～30min，并已浇筑出一定面积后，在混凝土初凝前再进行二次振捣。混凝土经二次振捣后，可以提高水平钢筋的握裹力，竖向钢筋的抗拔力，增大水密性和提高抗压强度。当分层浇筑混凝土时，振捣棒插入前次振捣的混凝土上表面 3～5cm 深处，可破坏层间冷缝，形成整体连接。

混凝土振捣后，表面有大量的浮浆，浮浆一般顺混凝土浇筑坡面下流到坑底，大部分泌水流至低洼处，一般用泥浆泵抽出。本工程在抽出泌水浮浆同时，在混凝土表面撒上粒径 15～35mm 利用清水清洗过的石子，厚度 50～100mm。再次振捣后，进行混凝土表面处理。

4.5　表面裂缝施工

混凝土在初凝前，闭合混凝土的收水裂缝。首先根据标高线，用工具拖板铺摊均匀，长刮尺刮平，再用铁抹子抹压密实，最后，用收面机进行压光打磨，以闭合混凝土收水裂缝。加强成品保护，除具体施工人员外不得在大体积混凝土面层上行走，收浆完成，同时覆盖一层塑料薄膜保湿、一层毛毡进行保温处理。终凝完成后，采用综合降温法进行混凝土的养护。

5 混凝土的养护与测温

5.1 混凝土的养护

采用内散外蓄的综合养护法进行混凝土的养护，蓄水高度为100mm。在混凝土内部设置两排ϕ50mm冷却循环钢管(图1)，呈梅花形交错1m布置，对于电梯坑范围内则在底部增设一排。养护过程中对进出水管水温进行测定，温差控制在10℃以内，管中水流速控制为0.6m/s。

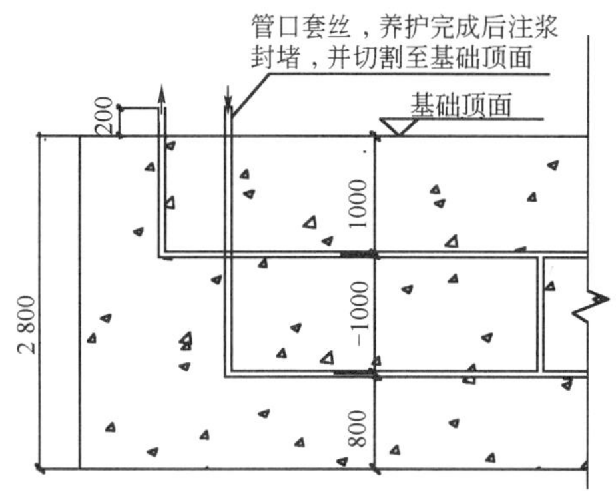

图1 冷却管布置图(尺寸单位:mm)

5.2 混凝土的测温

(1)测温点的布置 为及时掌握混凝土内部温升与表面温度的变化值，防止混凝土出现温度裂缝，底板内布设了23个测温点，电梯井部位布置22、23号点位。选用JDC-2型携带式电子测温仪及其相匹配的埋入测温元件。每个测温点上布设3条测温线，测温点布设情况如图2所示。用以掌握混凝土内部温度变化情况。

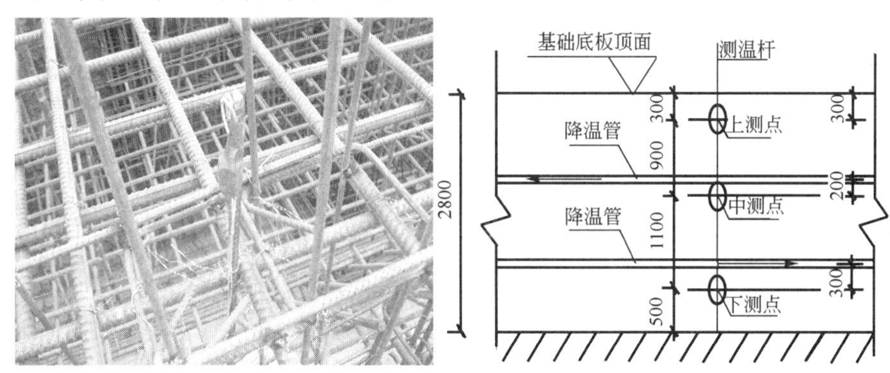

图2 测温点布置图

(2)温度监测 测温从混凝土浇筑后12h开始，每2h测温一次，连续进行测温5d，第6d起每4h测温一次，第10d起每天一次，共测温14d。测温的主要内容为：大气温度、混凝土内部温度、蓄水温度、进出循环水管温度。对各点位温度变化进行统计，如图3、图4所示为11号与23号点位温度变化曲线图。

经实测，混凝土最高温度出现在9月30日，中心最高温度为74℃，表面最高温度53℃，持续了42h后，开始缓慢降温。混凝土各测温点内外温差值最大点出现在电梯基坑周边，为

23℃,其余测点温差值都处于20℃以内,控制在规范规定范围内,保证了混凝土的浇筑质量。表2为1～13号点位温度实测值。

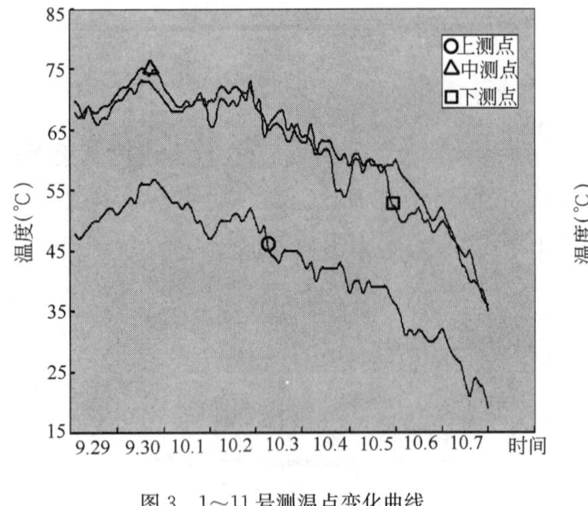

图3 1～11号测温点变化曲线

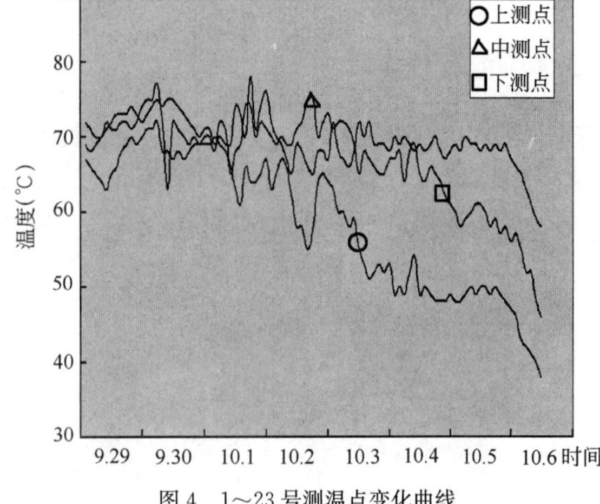

图4 1～23号测温点变化曲线

表2 混凝土温度实测值

测点	1	2	3	4	5	6	7	8	9	10	11	12	13
表面	45	46	43	44	48	42	47	49	46	45	44	46	43
中心	64	66	64	67	70	65	68	66	63	64	65	68	65
下部	63	65	65	66	66	67	62	67	64	63	64	65	63
温差	19	20	21	23	22	23	21	17	17	19	21	22	22

6 施工总结

(1)大体积混凝土的施工其最高温度出现在浇筑完后的3～5d,降温速率比较平衡,在混凝土没有初凝前采用塑料薄膜既可保温又可保湿。

(2)延长混凝土初凝时间有利于现场的浇筑作业,同时能够延迟混凝土的水化热反应,有利于温差控制。

(3)利用测温技术进行信息化施工,可以全面地了解混凝土在强度发展过程内部温度场的分布状况,可以指导现场的保温养护工作,为大体积混凝土温度的预测和控制措施提供依据。

(4)蓄水与冷却水管降温的综合养护法可通过调整蓄水的深度,进出循环水的温差来控制混凝土中心和表面温度的温差,蓄水养护可以为混凝土内的膨胀剂提供充足的水源,充分发挥其膨胀性能,抵消部分因温差应力、水化反应的收缩应力,防止裂缝产生;冷却循环水管可降低混凝土温升值,且能够缩短养护周期,保证工程质量的同时能够取得良好的经济效果。

参考文献

[1] 王铁梦.工程结构裂缝控制[M].北京:中国建筑工业出版社,2004.

[2] 刘建平,等.大体积混凝土施工技术探讨[J].中天施工技术,2008,17(2).

[3] 刘小刚,等.超大掺量粉煤灰技术在CCTV主楼底板混凝土施工中的应用[J].施工技术,2006,(8).

[4] 董泽荣,等.沈阳第一高楼2.5万m^3混凝土基础大底板施工技术[J].建筑施工,2008,(11).

[5] 唐炳燕.大体积混凝土抗裂施工[J].施工技术,2007,(7).

施工阶段大体积混凝土裂缝控制技术

申国桂

浙江省二建建设集团有限公司

我国经济的高速发展，带来大规模的基础设施及其他工程建设，其中高层建筑、大型厂房等工程比比皆是，为满足工程设计需要，多采用大体积混凝土基础或框架结构构件。大体积混凝土虽尚无明确定义，但其特点就是结构体型大、混凝土量大，具体表现为混凝土构件厚度大、截面超长超宽。这些混凝土构件施工如措施不当，极易产生裂缝，从而严重影响工程结构使用功能，造成不可估量的损失。因此，如何防止混凝土构件产生裂缝，是大体积混凝土施工的重中之重。本文将主要从施工角度出发，根据实际施工所遇见的裂缝类型，对裂缝的成因进行分析，阐述主要控制技术措施。

1　大体积混凝土常见裂缝类型

混凝土裂缝分类有多种，很多学术论著均有论述，作为现场施工控制，主要从其危害程度划分类型以利于认识及操作控制。

1.1　表面裂缝

(1)温度裂缝　因大体积混凝土内表、外表气温差变化大(一般在温差大于 25℃)，温差产生的应力大于混凝土极限抗拉强度时产生的裂缝，通常是表层裂缝。

(2)收缩裂缝　混凝土在凝固过程中，因高温、大风，内部游离水、吸附水快速蒸发，造成混凝土体积产生收缩而发生的裂缝；混凝土在凝结之前，表面因失水过快，或因抹压不及时、压实不够而未闭合收水裂缝，产生的裂缝。一般表现为不规则细裂缝，又称龟裂。

1.2　贯穿裂缝(或称结构裂缝)

约束条件影响混凝土出现垂直裂缝，极易造成混凝土构件产生贯穿裂缝。

施工冷缝与施工缝不同，后者按设计或规范预设在受力较小处，为常规施工措施；前者多是施工前措施不力，混凝土浇筑时出现意外而形成，缝不规则，且多在受力部位。混凝土构件受力后产生结构裂缝。

模板结构支撑基底松动下沉、变形，混凝土未达到规范允许的抗压强度前受到扰动或承受荷载等产生的裂缝也大多容易形成结构裂缝。

[作者简介] 申国桂，浙江省二建建设集团有限公司高级工程师

2 混凝土产生裂缝的影响因素分析

2.1 水泥水化热

水化热是指水泥中矿物成分在水化过程所释放的热量。一般条件下，混凝土强度在 28d 达到设计等级标准，但根据日常施工中大体积混凝土测温数据统计可知，水化热在 3～5d 便释放近 70％的热量。水泥在凝结硬化过程中产生大量热量，因混凝土体积大，聚集在结构内部不易散发，3～5d 内部温度即可升到最高(可达 70℃左右)，而混凝土侧面、表面则与大气环境较为接近，散热较快，混凝土内、表形成较大温差，当内表温差产生的应力大于混凝土极限抗拉强度时，将产生裂缝。

2.2 温差变化

因混凝土构件内部温度高，必须密切注意天气及环境温度改变，实时安排养护，防止养护不当，造成内表温差过大，产生的应力大于混凝土极限抗拉强度时，将产生裂缝。

2.3 收缩变形

(1)预拌混凝土为保证泵送顺利，级配中砂率较高，加上采用粉煤灰作掺料，在浇筑施工中粗集料下沉，表层尽是细集料，产生大量浮浆，或混凝土终凝前未打磨压实闭合收水裂缝，均易导致混凝土表面产生早期收缩裂缝。

(2)大体积混凝土构件所使用的钢筋规格大、配筋密，混凝土在硬化前处于塑性状态，当上层混凝土因自重产生的均匀沉降受到限制时，易产生塑性收缩裂缝。

2.4 约束条件

混凝土构件因温度变化发生变形时，会受到各种因素约束限制其变形，从而产生约束应力，如：

(1)混凝土在水泥水化过程中产生大量热量，温度急剧上升，使构件热膨胀变形，大体积混凝土构件本身超长、超大，当每浇筑段混凝土水化热的积聚热量产生的应力大于混凝土抗拉强度与钢筋的内部约束时，则构件将产生裂缝。

(2)当大体积混凝土基础地基为岩石地基或厚大混凝土垫层时，构件在受温度变化产生变形时，将受到下部地基的限制产生外部约束力，易出现垂直裂缝。软土地基处理不当、承载力未达到设计要求，使基础因自重产生不均匀沉降，即混凝土基础受到不规则约束而产生裂缝。

2.5 施工因素

混凝土浇筑产生施工冷缝，模板结构支撑基底松动下沉、变形，混凝土未达到规范允许的抗压强度前受到扰动或承受荷载，钢筋保护层厚度不够、偏差大于规范允许值；混凝土拌制时搅拌不匀、坍落度过大，混凝土入仓时离析、浇筑过程中振捣不密实，过早拆模等，均会造成混凝土构件裂缝。

3 裂缝控制技术措施

3.1 降低水泥水化热

(1)从水化热的成因可知,降低水泥水化热最直接的办法就是减少每立方米混凝土中的水泥用量。在施工前期准备阶段,我们可根据施工设计图纸,了解结构使用的混凝土设计强度等级,在确保结构满足设计使用功能要求的前提下,确认能否减少每立方米混凝土的水泥用量。我单位2004年在浙能兰溪电厂一期2×600MW机组工程施工中,主厂房汽机基座底板混凝土设计强度等级为C35,结构尺寸为16.3m×46.18m×3.5m(厚),约2630m³,为典型的大体积混凝土结构,在图纸会审时,会同监理单位提出,在保证设计使用功能要求的同时,为确保混凝土结构施工质量,建议降低混凝土设计强度等级,直接减少每立方米混凝土水泥用量,后经业主、设计单位论证,确认可将混凝土强度等级由C35改为C30。仅这一措施,施工时每立方米混凝土水泥用量减少约30kg。

(2)尽量选用低水化热或中水化热的水泥品种配制混凝土,如矿渣硅酸盐水泥、火山灰质硅酸盐水泥、粉煤灰水泥、复合水泥等,与采用普通硅酸盐水泥相比,同等施工条件下,混凝土水化热最高温度可降低5～10℃左右,效果较为明显。

(3)优化混凝土级配　积极参与、精心设计混凝土配合比,试配前选用采购二级以上优质粉煤灰或磨细矿粉作为掺加剂,可降低水化热。粉煤灰应用已经较为广泛,在此就不阐述,至于矿粉,单掺量小于50%时,水化热降低不明显,当达到70%掺量时,3～7d水化热降低约20%,而矿粉和粉煤灰复配,可显著降低水化热(3～7d水化热降低约20%～30%),如我单位在浙能乐清电厂600MW机组烟囱基础大底板施工中,混凝土采用20%矿粉和20%粉煤灰复配,与以往类似工程相比,水化热最高温度降低约8～10℃。同时,在保证级配及混凝土和易性要求的情况下,根据现场实际施工条件,选用粒径较大的粗细集料,亦可达到减少每立方米混凝土水泥用量的目的。

(4)提倡掺用高效减水剂　现今减水剂应用非常广泛,施工经验较为成熟。以南方施工为例,大体积混凝土施工时常采用缓凝型高效减水剂,减水率可达12%～20%,间接地做到了减少水泥使用量。同时能较好地改善混凝土和易性,减少坍落度损失,延长混凝土凝结时间,降低水泥硬化速度,一定程度上降低了水泥水化热。减水剂有水剂、粉剂两种,水剂能较好地溶入水中,粉剂则应当适当延长搅拌时间,确保混凝土搅拌均匀。

(5)降低混凝土入模温度　根据实际施工经验,混凝土搅拌温度直接与粗细集料、搅拌用水、水泥、粉煤灰材料本身温度及混凝土运输过程相关,可采取相应措施降低混凝土拌和物的入模温度。

其中粗细集料、搅拌用水由环境温度决定,施工时应尽量避开炎热天气,而应选择较适宜的气温进行浇筑施工,如工期需要无法避开,则可:①细集料可以采取覆盖或设置遮阳装置避免日光直晒,或定时用水喷洒将集料降温;②将水池建在地表以下或设置遮阳装置避免日光直晒,当温度大于30℃时,可加冰块将水冷却。

水泥、粉煤灰要具有15d以上的储备期,刚出厂材料温度较高,尽量避免使用。

混凝土在运输过程中水化已经开始,温度将逐渐上升,有时因技术员施工经验欠丰富,对运输过程未足够重视,而没有采取较好的措施进行控制。现场各种条件下实际测温数据表明,混凝土从出料到入模,温度有3～5℃提高。为减缓温度上升,可采取以下有效措施进行控制:

①如有条件在施工现场附近布置混凝土搅拌站的，施工前期准备时必须尽量选择离浇筑点最近的地址建设搅拌站，减少运输距离；②搅拌车、输送泵管等运输工具可采用专用混凝土养护毯覆盖避阳，泵管还应定时浇水冷却。

(6)混凝土内部强制降温　施工前在混凝土内部预埋水管，浇筑完后通入循环冷却水，强制降低混凝土水化热温度及内部最高温度。

3.2　加强温控，落实养护工作，减少温差变化

(1)施工方案编制不能光凭经验采取一些预防措施，还应重视大体积混凝土热工计算，主要计算公式可参阅《建筑施工手册》(第4版)，通过模拟计算混凝土内部最高温度、表面及侧面温度，再根据施工阶段大气环境温度，分别计算得出温差，从而作出科学决策，做好各项施工准备，保障措施到位。

(2)采用电子测温仪进行测温工作。浇筑前布设测温点，布置要具有代表性。

测温频率一般为混凝土浇筑12h后开始测温，在升温阶段(1～5d)每2h测一次，在降温阶段(6～10d)每4h测一次，温差小于20℃后(11～15d)每8h测一次，测温工作持续15d左右，每天由专人负责检测。测温时要测量大气温度，以对比环境温度和混凝土表面温度差。

不少人把测温工作当成形式，绘制曲线图时，也只是当作完成资料，敷衍了事，将观测点每天观测的数据进行平均，再分别计算温差。笔者认为不妥，必须按时记录、整理测温数据，计算表气温差、内标温差，并绘制“温度—时间”变化曲线。尤其是混凝土在浇筑完后前期3～5d水化热便释放近70%的热量，内部温度升到最高，同时大气环境温度昼夜变化大，温差瞬息变化，一天测温完算出的平均数据，不能精确代表温差变化，如没有按时测温整理数据，绘制曲线图，则无法科学判断温差变化规律，真正温差发生时而不能有效养护，混凝土构件裂缝将不可避免。同理，采用保温保湿养护措施的大体积混凝土，在常规到了降温阶段，如降温速率偏低或温度居高不下，通过整理的数据、绘制的曲线图进行科学判断，可安排逐层解除保温层或拆除侧模。

3.3　混凝土表面收缩变形控制措施

(1)混凝土表层产生浮浆时，安排专人进行清除，也可根据实际施工情况，会同设计、监理商讨确认，适当采用与混凝土级配相同的碎石掺入处理。

(2)出现泌水情况时，如量不大，可安排专人采用海绵吸水；量大时，利用电钻在就近模板上开孔排水。

(3)有效提高混凝土抗拉强度。严格控制砂、石的含泥量，将石子含泥量控制在1%以下，中砂含泥量控制在2%以下，减少因砂、石含泥量过大对混凝土抗裂的不利影响；粗集料直径不得大于钢筋净间距的3/4；结构内部合理配置温度钢筋。

(4)必须安排专人将混凝土表面磨压抹实，通常情况下，抹压不得少于3遍。

(5)采用对混凝土表面进行喷洒，使其表面形成密封膜，有效防止水分快速蒸发，同时也可闭合早期收水裂缝。在大唐国际潮州电厂一期扩建1000MW机组工程汽机基座大底板(混凝土结构3.5m厚)施工时，采用专用养护液喷洒及覆盖养护毯进行保温保湿养护，表面没有出现裂缝，效果非常理想。

3.4　改善约束条件

(1)针对大体积混凝土结构特点，如结构形式为独立承台基础与连系梁结构或大截面连续

框架梁结构，可考虑分段施工，在图纸会审时或在施工方案编制中提出，并取得监理与设计的确认，在适当的位置设置施工缝或留设后浇带，如筏板基础可采取分层或分块浇筑大体积混凝土，同样需经得监理与设计的确认，合理设置水平或垂直施工缝，以放松混凝土构件约束程度，减少每次浇筑长度的蓄热量，防止水化热的积聚，最终减少温度应力。

(2)根据不同的地质条件，采取相应处理措施。当温度变化时，减小地基对混凝土基础的约束，避免构件发生裂缝。当地质为岩石地基，或基础为厚大的混凝土垫层时，可在基底表面采用浇沥青胶铺砂、铺油毛毡或铺卷材作隔离滑动层，在垂直面、嵌槽部位铺设 30～50mm 厚沥青木丝板或聚苯乙烯泡沫塑料，设置缓冲层，以消除嵌固作用，释放约束应力。在软土地基施工，则可采用砂垫层或级配碎石垫层进行换填处理，提高地基承载力，在混凝土硬化阶段、桩基尚未完全受力时，使基础因自重而均匀沉降，减小因不均匀沉降对混凝土基础的约束。

3.5 加强施工操作控制

其中重点做好防止混凝土浇筑产生施工冷缝，而预防产生混凝土冷缝的最关键措施，就是要保证混凝土的连续供应，确保每层混凝土浇捣时间不超过其初凝时间，主要抓好：

(1)浇筑前先进行模拟计算，大体积混凝土如分层浇筑，得出每层摊铺所需方量，可安排现场混凝土输送设备数量，并确认混凝土供应渠道，同时保证泵送能力及混凝土输送能力要相应配套。

(2)浇筑混凝土前做好物资准备工作，如现场搅拌楼供应混凝土，浇筑混凝土前需将砂石料场先堆满，将水泥、粉煤灰储仓备满，并联系好材料供应商提前预备所需材料，待浇筑时随时补充，其他物资如外加剂等一次性备足。

(3)浇筑混凝土前做好应急预案，保障用水、用电正常，仔细做好设备维护工作，防止搅拌楼、泵车等设备中途出现故障。

其他如模板结构支撑不够、钢筋保护层厚度不足、混凝土搅拌不匀、坍落度过大、混凝土离析等问题与普通混凝土浇筑施工防治相同，就不再一一阐述。

4 结语

大体积混凝土结构施工很难做到完全杜绝表面裂缝产生，而表面裂缝又有可能转化为结构裂缝，一旦形成结构裂缝，将影响工程使用功能，直至危害工程安全。因此，施工时必须重视混凝土裂缝控制，根据项目实际情况，分析大体积混凝土结构易产生裂缝的成因以及影响因素，采取相应技术措施进行控制，施工地域不同、季节不同均有所差异，切不可生搬硬套。

参考文献

[1]《建筑施工手册》编写组. 建筑施工手册[M]. 第 4 版. 北京：中国建筑工业出版社，2003.

[2] 朱伯芳. 大体积混凝土温度应力与温度控制[M]. 北京：中国电力出版社，1999.

[3] 刘会侠. 大体积混凝土施工阶段温度裂缝的控制[J]. 辽宁建材，2005(04).

[4] GB 50204—2002 混凝土结构工程施工质量验收规范[S].

大体积补偿收缩混凝土裂渗控制新技术

齐冬有，游宝坤，栗谷堆，阎柳刚

中国建筑材料科学研究总院

众所周知，开裂问题是水泥混凝土百余年来都未能很好地解决的技术难题。吴中伟院士提出，“采用补偿收缩混凝土，同时辅以适当的温度控制，有可能做到既经济合理，又能有效地解决大体积混凝土的冷缩和干缩开裂问题”。

通过十多年的工程实践，采用混凝土膨胀剂、粉煤灰、缓凝减水剂的“三掺”技术，在许多工民建大体积混凝土结构工程应用十分成功。

按建筑工程规范，较长的混凝土工程，每 20～30m 设置一条后浇带，等混凝土收缩(40～50d)后再回填混凝土。这样不但施工麻烦而且延长工期。王铁梦教授提出，基础工程的温度收缩应力和结构长度是非线性关系，长度是控制混凝土裂缝的因素之一，而不是唯一的裂缝因素。因此，调节其他因素仍然可以做到取消后浇带而不产生有害的裂缝。

中国建筑材料科学研究院研究组提出采用掺加 ZY(或 UEA)混凝土膨胀剂补偿收缩混凝土，以膨胀加强带替代后浇带，可实现超长钢筋混凝土结构无缝设计和施工。该项专利技术(专利号：93117132.6)已在全国 500 多个重大工程中应用成功。

1 裂缝控制

在混凝土中掺入膨胀剂，可等量取代胶凝材料，降低水化热，提高抗渗等级，还能产生$(2\sim4)\times10^{-4}$的限制膨胀率，在温度场中它是潜在的负效应。若将它换算成“膨胀当量温差”，即相当于 20～40℃的负温差。在潮湿的地下和有水环境条件下，更有利于这一性能的充分发挥，达到对冷缩和干缩进行联合补偿，从而防止混凝土开裂的目的，如图 1 所示。

由图 1 可知，当降温冷缩在早期产生时，潮湿养护下的补偿收缩混凝土正在膨胀，直到 ε_{2m}。当 $\varepsilon_{2m}-(S_2+S_T)=0$，或不超过混凝土极限拉伸值 S_K 时，就达到了补偿收缩的目的。

1.1 计算模型

为了简化计算，将弹性变形 S_e 略而不计。这样补偿收缩通式简化成式(1)。

$$\varepsilon_{2m}-(S_2+S_T)=D\leqslant|S_K| \tag{1}$$

式中：ε_{2m}——补偿收缩混凝土限制膨胀率(%)；

S_2——混凝土的干缩率(%)；

S_T——混凝土的冷缩率(%)；

[作者简介] 齐冬有，中国建筑材料科学研究总院高级工程师

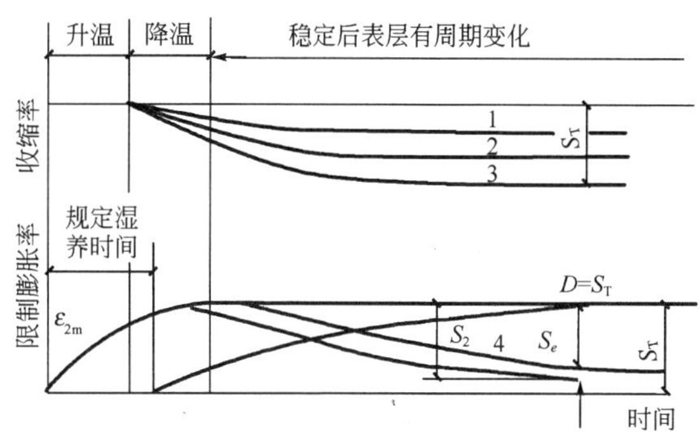

图 1　冷缩与干缩联合补偿收缩模式

1-混凝土散热冷缩变形曲线；2-气温变化引起的冷缩曲线；4-符合冷缩和干缩的联合补偿的最终曲线；S_T-最大冷缩值（平均值）；S_e-弹性曲线；S_2-限制收缩值；ε_{2m}-限制膨胀率

S_K——混凝土极限拉伸值；

D——剩余变形，$D>0$ 时，混凝土内不出现拉应力，$D<|S_K|$时，混凝土不会产生裂缝。

1.2　各值的计算方法

(1)S_2 为混凝土的收缩变形 $\varepsilon_y(t)$，由式(2)计算。

$$S_2=\varepsilon_y(t)=\varepsilon_y^0=(1-e^{0.01t})\cdot M_1\cdot M_2\cdot\cdots\cdot M_n \tag{2}$$

式中：M——各影响系数，可从有关资料或手册中查到。

(2)混凝土最大冷缩值 S_T，由公式(3)计算。

$$S_T=(T_1-T_2)\alpha^5 \tag{3}$$

式中：T_1——混凝土最高平均温度；

T_2——环境温度；

α——混凝土膨胀系数，取 1.0×10^{-5}。

(3)S_K 为混凝土的极限拉伸值，合理配筋可提高混凝土的抗裂性，可采用齐斯克列里经验公式计算。

$$S_K=\varepsilon_p=0.5R_f(1+\frac{P}{d})\times10^{-4} \tag{4}$$

式中：ε_p——混凝土极限拉伸；

R_f——混凝土的抗拉强度(MPa)；

P——配筋率 $\rho\times100$；

d——钢筋直径(cm)。

(4)补偿收缩混凝土 ε_{2m} 设计值的确定

根据《混凝土外加剂应用技术规范》(GB 50119—2003)规定，掺加混凝土膨胀剂的补偿收缩混凝土，水中 14d 的限制膨胀率 $\varepsilon_{2m}\geqslant0.015\%$。但应根据具体工程进行抗裂计算，确定不同结构部位的 ε_{2m}。ε_{2m}的大小可通过膨胀剂的掺量达到。

2　工程实例计算

某高层建筑底板基础，长 70m×宽 40m×厚 3.5m，混凝土设计强度等级 C30P8，采用 42.5 级普通水泥，掺加 II 级粉煤灰，ZY 混凝土膨胀剂。混凝土配合比见表 1。

表 1　混凝土配合比(单位：kg/m^3)

水	水泥	粉煤灰	膨胀剂	砂	石	减水剂	水胶比
186	320	60	30	704	1101	2.5	0.45

混凝土重度 $\gamma=2400kg/m^3$，抗拉强度 $R_f=2.0MPa$，配筋率 $P=0.8$，钢筋直径 $d=2.5cm$，补偿收缩混凝土限制膨胀率 $\varepsilon_{2m}=3.0\times10^{-4}$，环境温度 $T=25℃$，混凝土降温系数 $\xi=0.6$。

2.1　干缩值 S_2

根据式(2)计算干缩值 $S_2=3.24\times10^{-4}\times(1-e^{-0.01\times30})\times M_2\times M_4\times M_5$，其中 $M_2=1.68$，$M_4=1.1$，$M_5=0.95$。

计算得：$S_2=1.48\times10^{-4}$。

2.2　冷缩值 S_T

根据式(3)计算 $S_T=(56.4-25)\times1\times10^{-5}=3.14\times10^{-4}$。

2.3　极限拉伸值 S_K

根据式(4)计算极限拉伸值 $S_K=\varepsilon_p=0.5\times2(1+\frac{P}{d})\times10^{-4}=1.32\times10^{-4}$，考虑到徐变影响，偏于安全地增加 0.5 倍。$S_K=1.32\times10^{-4}\times1.5=1.98\times10^{-4}$。

2.4　混凝土不开裂的条件

(1)普通混凝土根据式(1)计算　$|D|=|-1.48\times10^{-4}-3.14\times10^{-4}|=4.62\times10^{-4}>\varepsilon_p=1.98\times10^{-4}$，因此，该混凝土基础会开裂。

(2)补偿收缩混凝土根据式(1)计算　$|D|=|3.0\times10^{-4}-1.48\times10^{-4}-3.14\times10^{-4}|=1.62\times10^{-4}<\varepsilon_p(1.98\times10^{-4})$，所以该混凝土基础不会开裂。

3　伸缩缝间距的计算

可按王铁梦教授推荐的裂缝间距公式(5)

$$L=1.5\sqrt{\frac{HE}{C_X}}\,\mathrm{arch}\frac{|\alpha T|}{|\alpha T|-|\varepsilon_P|} \tag{5}$$

式中：L——混凝土伸缩缝间距；

H——混凝土板厚度(mm)；

E——弹性模量，取 3×10^4MPa；

C_X——约束系数，取 $0.3N/mm^3$；

α——混凝土膨胀系数，取 $1\times10^{-5}℃$；

T——综合温差；

ε_p——混凝土极限拉伸，取 1.98×10^{-4}。

(1)以第 2 章算例为例计算普通混凝土伸缩缝间距，综合温差 $T=1.48\times10^{-4}/1\times10^{-5}+3.14\times10^{-4}/1\times10^{-5}=46.2℃$，则 $L=1.5\times\sqrt{\frac{3500\times3\times10^4}{0.3}}\operatorname{arch}\frac{4.62\times10^{-4}}{4.62\times10^{-4}-1.98\times10^{-4}}=28050\text{mm}=28.0\text{m}$。由此可知，伸缩缝间距大于 28m，并施工综合温差达 46.2℃，基础混凝土会开裂。

(2)以第 2 章算例为例，计算补偿收缩混凝土伸缩缝间距，综合温差 $T=46.2-\frac{3.0\times10^{-4}}{1\times10^{-5}}=16.2℃$，则 $L=1.5\times\sqrt{\frac{3500\times3\times10^4}{0.3}}\operatorname{arch}\frac{1.62\times10^{-4}}{1.62\times10^{-4}-1.98\times10^{-4}}$，因为 $|\alpha T|-|\varepsilon_p|=|1.62\times10^{-4}|-|1.98\times10^{-4}|=-0.36\times10^{-4}<0$，而 $x<0$ 时，arch$x$ 在数学上无解，因此物理概念上，伸缩缝间距尽可取消。

4　超长结构补偿收缩无缝施工裂渗控制的基本原理

在混凝土中掺加适量的 ZY 膨胀剂，通过水泥、水的化学反应，使混凝土产生适量膨胀，在钢筋和邻位限制下，在钢筋混凝土中建立 0.2～0.7MPa 的预压应力，可大致抵消混凝土收缩时产生的拉应力，防止混凝土开裂。

工民建的整体式基础、底板、楼板等，其特点是厚度(或高度)H 远小于长宽尺寸，当 $H/L\leqslant0.2$时，基础或底板收缩变形受地基或梁柱约束下，将出现水平法向应力 σ_x，工程实践中 σ_x 是设计主要控制的应力，是引起垂直裂缝的主要应力，其最大值 σ_{max}出现在基础(或板)截面的中点 $x=0$ 处，如图 2 所示。

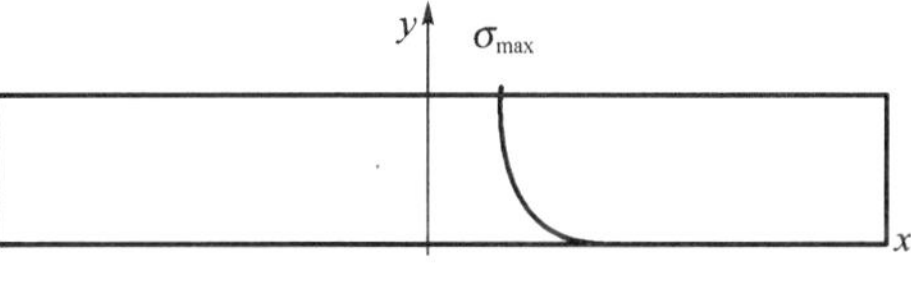

图 2　基础板的主要应力

研究表明，补偿收缩混凝土在硬化过程中产生膨胀作用，在钢筋或邻位约束下钢筋受拉而混凝土受压，当钢筋拉应力与混凝土压应力平衡时，则有

$$A_c\cdot\sigma_c=A_s\cdot\sigma_s=A_s\cdot E_s\cdot\varepsilon_2\tag{6}$$

而配筋率 $\mu=A_s/A_c+A_s$，$A_s/A_c=\mu/(1-\mu)$则

$$\sigma_c=\mu\cdot E_s\cdot\varepsilon_2/(1-\mu)\tag{7}$$

式中：A_c——混凝土截面积；

σ_c——混凝土预压应力(MPa)；

A_s——钢筋截面积；

σ_s——钢筋拉应力(MPa)；

E_s——钢筋弹性模量；

μ——配筋率(%)；

ε_2——混凝土限制膨胀率(%)。

从式(7)可知，σ_c 与 ε_2 成正比关系，而限制膨胀率随膨胀剂的掺量增加而增大，所以我们可以通过调整膨胀剂的掺量，可使混凝土获得不同的预压应力。根据水平法向应力曲线，我们可在 σ_{max}处给予较大的膨胀应力 σ_c，而在两侧给予较小的膨胀应力，使结构的收缩应力得到大小适宜的补偿，从而控制有序裂缝的出现，如图 3 所示。

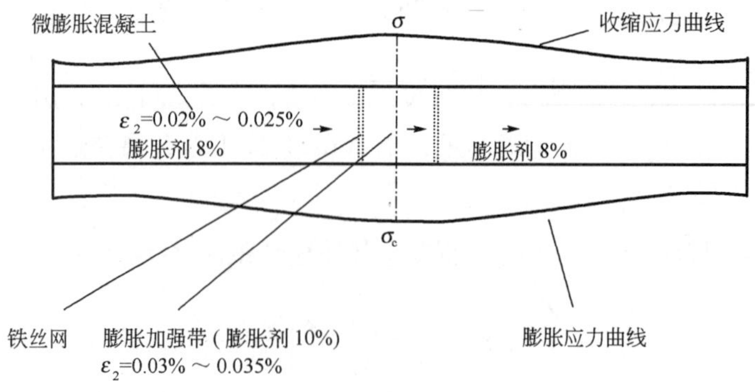

图 3　膨胀加强带示意

5　施工方法

对于大体积混凝土的裂缝控制，我们采用膨胀剂，细磨掺和料和缓凝高效减水剂的“三掺”方法，膨胀剂使混凝土产生适度膨胀，削减温差负效应；细磨掺和料替代部分水泥，减小混凝土温升；缓凝减水剂则把热峰推延。施工上采用保温保湿养护，控制温降速度。

对于超长混凝土结构，我们根据工程具体情况和理论计算，在收缩应力集中的 σ_{max} 处，设置膨胀加强带(替代后浇带)，其宽度 2m。随着底板厚度的增加，可按工程补偿要求适当加宽。加强带混凝土强度等级比两侧混凝土高一个等级。带的两侧用密孔铁丝网隔开，以防止两侧混凝土流入加强带内。施工时带外侧用小膨胀混凝土，浇注至加强带时改用大膨胀混凝土，到加强带另一侧时又改为浇注小膨胀混凝土，如此这样的循环方法实现超长无缝施工，如图 3 所示。当混凝土不能连续浇筑时，可用间歇式膨胀带或后浇式膨胀加强带。

6　结语

中国建筑材料科学研究院技术人员经 20 年之研究和工程实践，成功开发了补偿收缩混凝土大体积混凝土裂渗控制技术和超长无缝施工技术，使工程获得较好的技术经济效益。深得设计、施工、科研单位技术人员的重视。国内数百个大型工程的使用成功，说明了补偿收缩混凝土在工程上应用的优越性。

大体积混凝土裂缝控制技术

李学梅，常宇军，邵　畅，柴　冲，王代立

北京市第三建筑工程有限公司

在房屋建筑施工中，经常接触到基础底板、设备基础或桩基承台等大体积混凝土施工，其整体性要求高，防止混凝土产生裂缝是施工中的技术重点和难点，因此需要在认真理解图纸和规范的基础上，对大体积混凝土的施工特点和施工方法进行深入了解，编制科学合理的施工方案并在实践中严格实施。在本文中，将从以下几方面分别加以论述和总结。

1　大体积混凝土

1.1　施工特点

大体积混凝土由外荷载引起裂缝的可能性很小，主要是混凝土硬化期间，水化过程释放的水化热、浇筑温度所产生的温度变化和混凝土收缩的共同作用导致结构出现裂缝。因此，可通过减少水泥用量以控制水化热，降低混凝土出机温度，并采取保温养护等综合措施来降低温差，控制裂缝。

1.2　施工工艺流程

场外运输→场内运输与布料→浇筑→表面处理→养护→测温。

2　配合比控制及原材料选用

2.1　配合比控制

大体积混凝土施工均需连续浇筑，因此对于配合比及原材料的控制、选择有资质与生产能力的预拌混凝土供应站尤为关键。在实际工程中，若混凝土用量较大，拟采用2～3家搅拌站同时供应，则配合比、水泥厂家、外加剂厂家、入模混凝土温度等必须一致，以降低混凝土强度的离散性，减少混凝土内部温度差。

混凝土的坍落度应符合《普通混凝土拌和物性能试验方法》(GB/T 50080—2002)的有关规定，严格控制原材料计量及投料顺序，确保混凝土质量。

[作者简介] 李学梅，北京市第三建筑工程有限公司工程师

2.2 原材料选用

所用原材料必须符合现行国家标准及规范的规定，同时在混凝土施工中必须按相应的规范要求进行抽检，确保其质量符合要求。

(1)水泥 应选用低水化热的水泥品种，例如基础底板混凝土强度等级为C35，拟选用42.5级矿渣硅酸盐水泥或普通硅酸盐水泥，以尽量降低水泥自身的发热量。

(2)集料 粗集料选用5～25mm碎石连续级配，含泥量指标小于1%；细集料采用细度模数2.5左右的中粗砂，含泥量指标小于2%。

(3)外加剂 采用缓凝型减水剂，以减少用水量和水泥用量，改善混凝土工艺特性，降低水泥的水化热释放速度，同时掺用适量比例的粉煤灰和矿渣粉活性混合材料，起到降低水泥用量，改善混凝土和易性，降低水化热等作用，使得混凝土温升峰值得到一定的控制。

3 混凝土供应和运输

3.1 混凝土供应源

根据工程的地理位置以及对混凝土运输时间的要求，施工前必须调研周边的搅拌站资源情况，为确保混凝土施工的连续性供应做好准备。为了紧密配合施工进度，确保混凝土的连续均匀供应，经过周密的计算和准备，在确定一个搅拌站的同时选定1～2个备用搅拌站，配备足够的搅拌车和混凝土输送泵，从而保证在大体积混凝土施工期间能保持稳定的供应强度，杜绝由于泵车和混凝土运输罐车相互等待而造成的堵泵现象。

3.2 交通组织

在市区内施工，工程多处在交通拥挤、场地狭窄的地段。混凝土短时间内用量大，并且供应不得间断，必须事先确定严格明确的交通运输制度，凡进入工程现场的罐车，均须在现场调度统一指挥下按计划进场供货。

4 混凝土浇筑和振捣方式

4.1 准备工作

制订周密可行的施工方案并进行施工和技术交底、机具的准备及就位后试运行、水电供应的保证等；要掌握天气的温度变化情况，检查模板、钢筋、预埋管线、施工缝、后浇带留置是否严密牢固及其他预检、隐检项目，检查安全设施、劳动力的配备情况等，以满足施工浇筑的要求。

4.2 浇筑和振捣要点

大体积混凝土在浇筑过程中一般采用分段分层浇筑，以保证混凝土浇筑时不发生离析，便于浇筑振捣密实和保证施工的连续性。

分层浇筑混凝土时，控制浇筑部位整体推进、协调一致，减少浇筑衔接面，充分保证混凝土浇筑过程的连续性；在下层混凝土初凝前，保证将上层混凝土浇筑并振捣完毕，以确保混凝土浇筑连续施工，严禁底板出现施工“冷缝”。基础底板采用斜面分层浇筑法(见图1)，由于泵送混凝土坍落度大，混凝土斜坡摊铺较长，故混凝土振捣工作从浇筑斜面的坡脚和坡顶同时向坡中振捣，振捣棒必须插入下一浇筑层内50～100mm，使层间不形成混凝土冷缝，结合紧密。浇筑温度不宜超过临界值(由混凝土热工计算确定)，浇筑间歇不得超过初凝时间，对接缝处应振捣密实，不能过振也不能漏振。为避免表面龟裂，实行二次抹面压光。

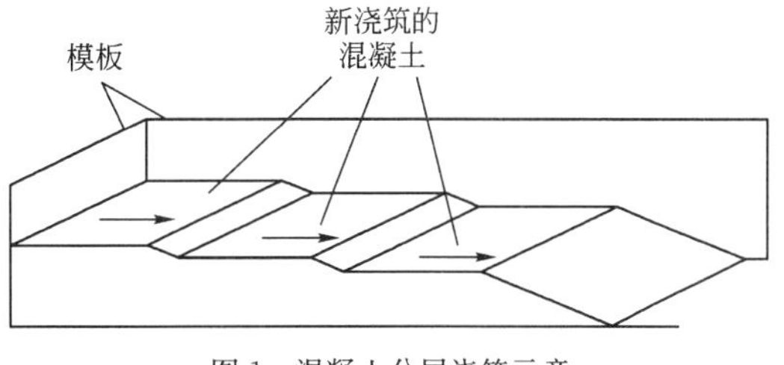

图1　混凝土分层浇筑示意

在混凝土浇筑到尾声时，采用水泵和软管将混凝土泌水及时排出。浇筑过程中的混凝土泌水要及时处理，以免粗集料下沉，混凝土表面水泥砂浆过厚，致使混凝土强度不均而产生收缩裂缝。基础底板大体积混凝土表面水泥浆较厚，为提高混凝土表面的抗裂性，可用大杠刮平混凝土表面，初凝前用木抹子再搓平一遍，以闭合收缩裂缝。

5　养护方案

对已浇筑的大体积混凝土进行养护，对控制混凝土裂缝宽度是极其重要的，养护不及时或养护措施不当，均会因混凝土内外温差过大，在混凝土内外产生过大的温度应力，从而形成贯通的混凝土收缩裂缝。

5.1　温度计算

首先进行温度计算，根据计算结果选择适宜的养护方式。举例计算(底板厚3.45m，混凝土强度等级为C35，抗渗等级为P10)，单方水泥用量大。其混凝土温度热工计算如下：

5.1.1　计算依据

根据施工经验，参考相同季节内国内施工经验数值，C35P10混凝土每立方米各项原材料用量及温度如下：①水泥，402kg；②砂子，730kg，含水率为3%；③石子，1083kg，含水率为2%；④水，195kg；⑤粉煤灰，35kg；⑥外加剂，30kg。

根据工程施工进度计划，底板混凝土浇筑将在10月初进行，利用“北京市观象台历史气象信息”提供的数据，此时北京地区极端最高温度29.2℃、极端最低温度－3.5℃，平均大气温度13.1℃。混凝土原材料中水、水泥、外加剂的温度可以达到平均大气温度13.1℃，砂石等集料的温度取最高温度29.2℃。为了计算简便，外加剂的质量计算在水泥的质量内。

5.1.2　混凝土拌和物的温度

$$T_0=[0.9(m_cT_c+m_sT_s+m_gT_g)+4.2T_w(m_w-m_s-m_g)+c_1(m_sT_s+m_gT_g)-c_2(w_sm_s+w_gm_g)]\div[4.2m_w+0.9(m_c+m_s+m_g)] \tag{1}$$

式中：T_0——混凝土拌和物的温度(℃)；

m_w、m_c、m_s、m_g——水、水泥、砂、石的用量(kg)；

T_w、T_c、T_s、T_g——水、水泥、砂、石的温度(℃)；

w_s、w_g——砂、石的含水率(%)；

c_1、c_2——水的比热容[kJ/(kg·K)]及溶解热(kJ/kg)，当集料温度大于0℃时，$c_1=$

4.2，$c_2=0$，当其小于或等于0℃时，$c_1=2.1$，$c_2=335$。

为了计算简便，外加剂的质量均计算在水泥的质量内，则

$T_0=[0.9\times(432\times13.1+730\times29.2+1083\times29.2)+4.2\times13.1\times(195-3\%\times730-2\%\times1083)+4.2\times(3\%\times730\times29.2+2\%\times1083\times29.2)-0]\div[4.2\times195+0.9\times(432+730+1083)]=23.4℃$

5.1.3 混凝土拌和物的出机温度

$$T_1=T_0-0.16(T_0-T_i) \tag{2}$$

式中：T_1——混凝土拌和物的出机温度(℃)；

T_i——搅拌棚内温度(℃)。

$$T_1=23.4-0.16\times(23.4-29.2)=24.3℃$$

5.1.4 混凝土拌和物浇筑完成时的温度

$$T_2=T_1-(\alpha t+0.032n)(T_1-T_a) \tag{3}$$

式中：T_2——混凝土拌和物经运输至浇筑完成时的温度(℃)；

t——混凝土自运输至浇筑完成时的时间(h)；

n——混凝土转运次数；

T_a——运输时的环境气温(℃)；

α——温度损失系数。

鉴于本工程采用混凝土搅拌运输车运送混凝土，故取$\alpha=0.25$。混凝土自运输至浇筑完成时的平均时间为0.6h。

$$T_2=24.3-(0.25\times0.6+0.032\times1)\times(24.3-29.2)=25.2℃$$

5.1.5 混凝土养护期间热工计算

混凝土强度等级C35，采用42.5级矿渣水泥，每立方米计划用量432kg。入模温度25.2℃，大气平均温度取13.1℃。混凝土块体最大厚度按2400mm考虑。

混凝土的绝热温升：假定底板结构四周没有任何散热和热损失条件，水泥水化热全部转化为温升后的温度值，则混凝土的水化热绝对温升值按下式进行计算

$$T_{(t)}=mCQ\div cp\times(1-e^{-mt}) \tag{4}$$

式中：$T_{(t)}$——浇完一段时间t，混凝土的绝热温升值(℃)；

C——每立方米混凝土水泥用量(kg/m³)；

Q——每千克水泥水化热量(J/kg)，可查表求得；

c——混凝土的比热，一般取0.96[J/(kg·K)]；

p——混凝土的质量密度，取2400kg/m³；

e——常数，为2.178；

m——与水泥品种、浇捣时温度有关的经验系数，一般为0.2～0.4；

t——龄期(d)。

根据以上公式，分别计算得出混凝土在浇筑后第1d、3d、5d时混凝土的绝热温升值。得出第5d的绝热温升值最大(第1d、3d的计算过程略)为

$$T_{(t)}=0.3\times432\times335\div(0.96\times2400)\times(1-2.178^{-0.3\times5})=62.8℃$$

混凝土内部最高温度：上式计算的水化热温度为绝热状态下的混凝土温升值，实际上混凝土并非完全处于绝热状态，而是处于散热条件下，温升值比按绝热状态计算的要小。

5.2 保温材料计算

保温材料所需厚度计算公式

$$\delta_i = 0.5h\lambda_i(T_b - T_a) \cdot K / [\lambda(T_{max} - T_b)] \tag{5}$$

式中：δ_i——保温材料所需厚度(m)；

h——结构厚度(m)；

λ_i——结构材料导热系数[W/(m·K)]；

λ——混凝土的导热系数，取 2.3W/(m·K)；

T_{max}——混凝土中心最高温度(℃)；

T_b——混凝土表面温度(℃)；

T_a——空气平均表面温度(℃)；

K——透风系数。

计算参数：①混凝土的导热系数 $\lambda=2.3$W/(m·K)；②保温材料的导热系数 $\lambda_i=0.14$W/(m·K)；③大体积混凝土结构厚度 $h=2.40$m；④混凝土表面温度 $T_b=37.80$℃；⑤混凝土中心温度 $T_{max}=62.80$℃；⑥空气平均温度 $T_a=13.10$℃；⑦透风系数 $K=2.00$。

计算结果：保温材料所需厚度 $\delta_i=0.14$m。

根据计算结果，选用 3 层防火草帘可满足要求。

5.3 养护方案确定

根据有关规范规定：对大体积混凝土养护，应根据气候条件采取控温措施，并按需要测定浇筑后的大气温度、混凝土表面和内部温度，将温差控制在设计要求的范围内；当设计无具体要求时，温差不宜超过 25℃。

混凝土内部最高温度理论计算为 62.8℃，将混凝土表面的温度控制在 37.8℃左右，这样混凝土内外温差不超过 25℃。因此混凝土表面需进行覆盖保温(一层塑料布加三层防火草帘)，使混凝土表面温度尽可能达到 37.8℃。混凝土抹压后，当人踩无明显脚印时，随即用塑料薄膜覆盖严实，避免透风漏气、水分蒸发散失并带走热量。且在薄膜上盖防火草帘保湿保温养护，以减少混凝土表面的热扩散，延长散热时间，减少混凝土内外温差。

在临时撤除表面保温覆盖措施期间，当混凝土内部温度与表面温度之差、表面温度与环境温度之差在 48h 内均连续小于 25℃时，解除保温措施，进行基础底板的下道工序施工。

6 测温方案

温度是直接关系整个混凝土基础质量的关键。为了客观反映混凝土温度状况，进行原材料温度、出机温度、入模温度、自然温度、覆盖养护温度、混凝土内部温度、现场温度等 7 个项目的测试，便于及时调整温控措施。在养护过程中进行升降温、内外温差、降温速度及环境温度的监测，为施工过程中及时准确采取控温措施提供可靠依据。因此，通过测温工作了解大体积混凝土的内外温度，并根据监测结果指导降温、保温、保湿等工作，对保证混凝土质量和控制混凝土的裂缝有着重要意义。

为掌握基础内部实际变化情况，防止内外温差超限值而产生收缩裂缝，对底板基础内外均进行测温记录、绘制代表性测温点温度变化曲线，以指导混凝土的养护工作。

6.1 测温点的布置

温度监测点以基础底板对称轴线的半条轴线为测温区，在同一方向上的测温点间距控制在10～30m。表面温度以混凝土外皮以内50～100mm处的温度为准；底表面的温度以混凝土底表面以上50mm处的温度为准；沿浇筑高度，垂直测点间距一般为1000mm或1/2板厚。

对测温孔均做编号记录，进行混凝土内部不同深度和表面温度的测量。测温点平面布置需合理、有效。

6.2 测温方法

混凝土浇筑初期每2h进行一次测温，8h后每4h测温一次。测温连续进行，直至撤除保温后内外（包括混凝土表面与大气之间）温差连续48h不大于25℃。测温人员应具有一定技术职称，经培训合格后方可上岗，并由技术主管人员进行指导和书面交底。

测温人员应熟悉测温孔的位置，注意做好保护，保证测温点灵敏、有效。应同时注意检查保温覆盖情况，了解结构的浇筑日期、养护日期以及混凝土的允许最低、最高温度，如发现问题，应及时通知有关人员，及时采取措施，加强保温。

7 施工管理

混凝土输送泵设置在室外时，应在管道外壁用麻袋包裹，覆盖草包并反复淋水、降温。

混凝土浇筑计划安排应考虑天气状况，及时联系气象台，取得近期的天气状况，避免雨天施工影响混凝土施工质量，同时预备足够的抽水设备和防雨物资。夏季施工应对砂石等原材料覆盖，可考虑冰水拌制混凝土，以减低混凝土构件核心温度。

为充分保证混凝土浇筑的连续性，混凝土场内输送优先选用输送泵进行集中浇灌，如有条件可加入塔吊及溜槽辅助。

加强混凝土试块制作及养护的管理，试块拆模后及时编号并送入标养室进行养护。

大体积混凝土的变形缝、施工缝、后浇带、加强带、埋设件等构造，均需满足设计要求。

8 应用实例（清华大学土木馆20000kN加载设备基础）

本工程20000kN加载设备基础的大体积混凝土施工是本工程施工的重点和难点之一。工程基础垫层底标高3.43m，20000kN加载设备基础混凝土强度等级为C30，混凝土量340m^{3}左右。大体积混凝土施工时间为五、六月份。20000kN设备基础平面如图2所示。

(1)主要采用减少水泥用量以控制水化热，降低混凝土出机温度以控制浇筑温度，并采取保温养护等综合措施来限制混凝土内部的最高温升及其内外温差，控制裂缝并确保高温情况下顺利泵送和浇筑。选用水化热较低的42.5级矿渣硅酸盐水泥，其早期的水化热与同龄期的普通硅酸盐水泥相比，3d的水化热约可低30%。

(2)掺加磨细粉煤灰。在每立方米混凝土中掺加粉煤灰75kg，改善了混凝土的黏聚性和可泵性，还可节约水泥50kg。

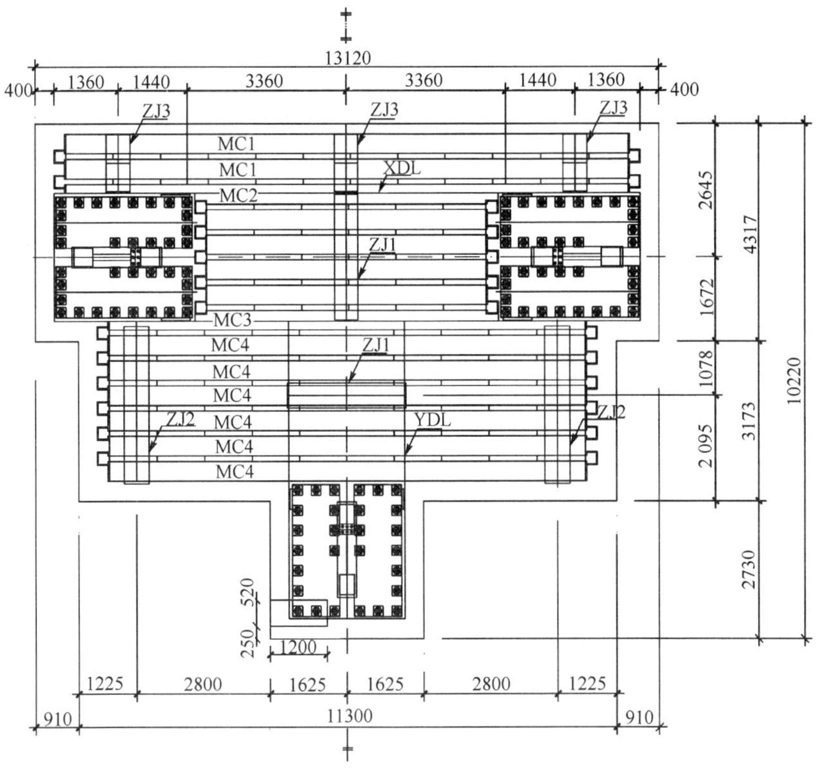

图 2　20000kN 设备基础平面示意

(3)为了紧密配合施工进度,确保混凝土的连续均匀供应,经过周密的计算和准备,在确定一个搅拌站的同时选定两个备用搅拌站,配备了足够的搅拌车和混凝土输送泵。本工程处在繁华区且在校园内,交通运输拥挤、场地狭窄,混凝土方量短时间内需用量大,并且供应不得间断。施工中采取了一系列科学有效的措施,保证混凝土的连续供应。

(4)针对本工程构筑物的重要性,在 20000kN 加载设备基础布置足够的测温点(反力墙利用本身存在加载孔作为测温孔),由专人负责连续测温一周,每间隔 2h 测一次。

(5)设备基础拟采用斜面分层浇筑法,由于泵送混凝土坍落度大,混凝土斜坡摊铺较长,故混凝土振捣工作从浇筑斜面的坡脚和坡顶同时向坡中振捣,振捣棒必须插入下一浇筑层内50～100mm,使层间不形成混凝土冷缝,结合紧密,成为一体。为保证上下层混凝土接合紧密,在第一层混凝土浇筑前预留钢板网,或在第二层混凝土浇筑前对接触面进行人剔凿。

(6)根据本工程 20000kN 加载设备基础及反力墙的断面特点,第一层混凝土浇筑完成后,即利用低凹特点对已浇筑部位采取 100mm 水深蓄水养护,同时进行混凝土内部温度监测。第二层混凝土浇筑完成后,在临时撤除表面保温覆盖措施期间,当混凝土内部温度与表面温度之差、表面温度与环境温度之差在 48h 内均连续小于 25℃时,解除保温措施,进行下道工序施工。温度监测以及对内外温差的要求与第一层相同。

通过以上一系列科学有效的方案及措施,本项施工得以顺利进行,混凝土施工获得了业主和设计单位的一致认可。

9 结语

大体积混凝土浇筑的关键问题是水泥的水化热大，积聚在内部造成内部温度升高，而结构表面散热较快，由于内外温差大，在混凝土表面产生裂纹。要防止产生裂缝就要尽量避免水泥水化热的积聚。为保证施工质量，关键是要确保混凝土密实度，有效控制内外温差。认识并利用这些关键点，就能采取科学有效的施工方法，有效控制混凝土裂缝，保证工程质量。

参考文献

[1] 江正荣，朱国梁．简明施工计算手册[M]．北京：中国建筑工业出版社，2005.

[2] GB 50204—2002 混凝土结构工程施工质量验收规范[S].

[3] JGJ 55—2000 普通混凝土配合比设计规程[S].

[4] 孙震，穆静波．土木工程施工[M]．北京：人民交通出版社，2004.

[5] 北京建工集团有限责任公司．建筑分项工程施工工艺标准[M]．北京：中国建筑工业出版社，2008.

钢筋混凝土现浇楼板裂缝的成因及预防措施

冯海华，肖昌飞

广东南海建筑设计院有限公司第一分公司

钢筋混凝土现浇楼板因其整体性好、施工方便而得到广泛应用。但是近年来我国钢筋混凝土现浇楼板中出现裂缝的现象呈上升趋势，进而产生的使用问题(如渗漏)日益增多，目前由于裂缝问题而引起的纠纷与矛盾比较尖锐。为解决该问题，我们在工程设计与施工过程中应采取必要的预防措施，以尽可能减少裂缝。

1 各类裂缝的成因与特点

混凝土裂缝产生的原因是多方面的，但是大多数裂缝都是由于下面一种或几种原因作用的结果。

1.1 材料原因

(1)塑性混凝土裂缝　这类裂缝常出现在施工期间，发生在混凝土硬化前的最初几个小时，通常在混凝土浇筑后的24h内即可观察到。主要原因是混凝土浇筑后，在重力作用下，混凝土中的砂、石粗集料会稍有下沉，它们会受到固定的钢筋的阻挡，因而可能沿着钢筋形成直线状的裂缝条纹。这类裂缝有时在梁的箍筋及其他顶部钢筋的上面可以观察到。

(2)由体积变化引起的裂缝　收缩及温度变化会引起体积变化，若这种变化受到约束，在混凝土内部就会产生拉应力，从而产生裂缝，这种裂缝包括收缩裂缝、温差裂缝和约束收缩裂缝。随着我国商品混凝土和泵送混凝土技术的发展，商品混凝土与现场搅拌的混凝土相比，水灰比和坍落度均较大，收缩裂缝日益增多，这类裂缝可通过对商品混凝土配合比加以控制来进行预防。温差裂缝产生的主要原因是混凝土在浇筑过程中产生大量的水化热，引起混凝土内外温差，当由温差引起的应变超过当时混凝土的极限拉应变时便产生裂缝。约束收缩裂缝则是混凝土在硬化过程中由于收缩引起的体积变化受到约束而产生的裂缝，这类裂缝一般与轴向垂直，宽度有时很大，甚至会贯穿整个构件。

1.2 设计原因

(1)建筑设计时，若平面形状在长宽方向上尺寸相差较多，楼板刚度不一致，产生的变形不协调，则会产生裂缝。

[作者简介] 冯海华，广东南海建筑设计院有限公司第一分公司工程师，一级注册结构工程师

(2)结构设计方面：

①现浇钢筋混凝土楼板一般采用弹塑性方法设计，对于临时荷载、温度应力与混凝土收缩在结构设计上难以考虑周全，因而往往对温度应力与混凝土收缩应力的控制所采取的针对性配筋考虑不足，这些因素都可能导致混凝土开裂。

②对有预埋管的楼板采取的构造措施不足，预埋管的埋置使楼板上表面过薄，不利于混凝土楼板发挥整体受力作用，并且大大降低了板在抗弯时的计算高度。

(3)关于梁柱采用不同混凝土强度等级与后浇带的问题，一般建筑按"强柱弱梁"的抗震要求设计，梁、楼板的混凝土强度等级往往比柱低，如施工措施不当，容易造成楼板与梁、柱节点处不同强度等级的混凝土收缩变形不协调，导致楼板与梁柱交界处开裂。

1.3 施工原因

1.3.1 模板工程

模板支撑刚度不够，浇筑混凝土时模板支撑变形加大，会使楼板产生超值挠度而引起裂缝；模板的立杆支撑在软弱的回填土上，浇筑混凝土时回填土下陷，导致楼板挠曲增大，会引起裂缝；木模板未充分湿润，模板吸收混凝土中的水分使混凝土失水过快而引起裂缝；施工单位为了加快进度，混凝土强度尚未达到规范要求便提前拆模，使挠曲增大，引起裂缝等。

1.3.2 钢筋工程

板四周支座处的钢筋、板的四角放射形钢筋或阳台钢筋均应按负弯矩钢筋设置在板的上部，但是有些工程在施工时上述钢筋绑扎位置不正确，或固定不牢固，或在浇筑混凝土时，操作人员随意踩踏钢筋，使这些钢筋落到了下面，混凝土浇捣后此处保护层变大，板的计算高度减小，楼板受力后可能会因承载能力不足而出现裂缝。

1.3.3 混凝土工程

浇筑混凝土时，板面标高未做有效标记，使板厚变薄，从而出现裂缝；混凝土终凝前未用木抹压抹以增加混凝土表面抗裂能力，容易出现板面龟裂；没有及时浇水养护并保证一定的养护期，加快了混凝土的收缩，从而导致楼板裂缝；混凝土浇捣后，其强度尚未达到 1.2MPa，施工单位为了加快进度，就急于在楼板上上人操作和堆放材料，甚至吊运重物冲击楼板，使楼板出现不规则裂缝。

2 预防措施

2.1 材料方面

可从提高混凝土抗拉强度和减小混凝土收缩这两个方面来控制混凝土现浇楼板裂缝。

(1)严格控制混凝土施工配合比　根据混凝土强度等级、和易性和质量检验确定配合比。严格控制混凝土用水量；选择级配良好的砂、石，增加粗集料(石子)数量，减小空隙率和砂率，禁止使用细砂；合理选用外加剂，外加剂减水率不应低于 8%，不得使用劣质外加剂；控制混凝土掺和料掺量。

(2)严格控制商品混凝土的坍落度　现浇楼板混凝土最大坍落度建议按表 1 采用。

现浇楼板混凝土最大坍落度建议值　表1

泵送高度	混凝土最大坍落度(mm)	泵送高度	混凝土最大坍落度(mm)
50m以下	120±30	100m以上	可根据实际情况作适当调整
50～100m	150±30		

(3)采取适当措施增加混凝土的抗拉强度　当工程需要时，可通过添加纤维等措施增加混凝土的抗拉强度，控制混凝土裂缝发生。

2.2 设计方面

(1)建筑物体形平面应尽可能规则，适当控制建筑物的长度。

(2)楼板板厚宜控制在跨度的1/30，最小板厚不宜小于100 mm；屋面板厚不宜小于120 mm。

(3)为防止楼板出现沿现浇预埋塑料电线管方向的楼面裂缝，可在预埋塑料电线管的上部预埋钢板网片或冷轧带肋钢筋网片ϕ4@100mm、宽度600mm。如塑料管在管线交叉通过时，必须采用专门设计的塑料接线盒，以防止因塑料管交叉对混凝土板厚度削弱过多。

(4)对需要严格控制裂缝的部位，建议不用光圆钢筋，而采用热轧带肋钢筋以增强其握裹力。苏州市已有文件规定，楼板设计应采用HRB400级热轧带肋钢筋，实践证明这条措施对控制楼板裂缝效果明显；广东省现在推荐使用的冷轧变形钢筋对控制楼板裂缝的效果也比较明显。

(5)住宅端部及转角单元在山墙与纵墙交角处，应采取一定的构造措施来抵抗山墙与纵墙受热变形后楼板承受由板平面向板角汇集的剪力。

(6)当现浇钢筋混凝土楼板搁置在边梁上，该端跨支座的负弯矩钢筋也应该在端跨内整跨拉通，以便墙体变形与楼板变形能通过拉通的负筋逐渐传递到中跨去，这可以协调三个构件在温度应力作用下的变形。

(7)楼板的混凝土强度一般不宜大于C30，特殊情况须采用高强度等级的混凝土或高强度等级的水泥时，要考虑采用低水化热的水泥和加强浇水养护，便于混凝土凝固时的水化热的释放。

(8)妥善处理后浇带。建筑长度超过规定的混凝土结构，可设置后浇带。施工时待混凝土早期收缩基本完成后，再浇筑后浇带成整体结构，既可减少混凝土收缩的影响，又能提高抵抗温度变化的能力。

(9)结构设计应该采取适当的构造措施控制建筑物的不均匀沉降以防止楼板开裂。如在适当标高位置设置钢筋混凝土圈梁，通过设置构造柱来减少墙体的不均匀沉降。

(10)设计外挑梁时，不仅要考虑每根外挑的梁能承受本层楼板与隔墙的荷载，而且要考虑上下相邻的牵连作用。因为当本层挑梁上的隔墙砌满到上层梁底时，一旦上层梁产生挠度，会将上层的墙体与楼板搁置荷载全都传给本层挑梁。这也是造成挑梁与楼板面开裂的原因。有时一根挑梁要承担其上部好几层的荷载，这就必然造成严重裂缝。因此在设计悬臂挑梁时应验算和控制变形，而且设计时，要在挑梁下面与隔墙交界处采取一些适当的脱离措施，例如留缝隙或是松软物充填，就能免除挑梁的开裂。

2.3 施工方面

2.3.1 模板工程

(1)模板支撑的设置应经严格计算，满足刚度与强度的要求。

(2)模板支撑前,回填土应夯实,并有较好的排水措施;立杆下应有足够厚度的垫板。

(3)浇筑混凝土前,木模板应充分湿润。

(4)严格按照《混凝土结构工程施工质量验收规范》(GB 50204—2002)要求的混凝土强度进行拆模。

2.3.2 钢筋工程

(1)板四周支座处的钢筋、板的四角放射形钢筋或阳台钢筋位置应绑扎正确,同时应设置间距不大于1m的钢筋支架将其固定牢固,并且操作人员不得随意踩踏上述钢筋。

(2)应严格保证钢筋位置,固定后的钢筋与模板之间必须按照规范加垫保护层,苏州市和广州市已推广使用混凝土塑料定位件作为保护层垫块,效果较好。

(3)浇筑混凝土时应有钢筋工跟班作业,对被踩踏的钢筋及时整修,以确保钢筋位置正确。

2.3.3 混凝土工程

(1)必须采取措施保证板的厚度。

(2)严格控制混凝土用水量和商品混凝土坍落度,禁止向商品混凝土内加水,以防止混凝土离析过大,影响混凝土强度。

(3)混凝土终凝前用木抹压抹以增加混凝土的表面抗裂能力。

(4)加强对混凝土的养护。严格按照《混凝土结构工程施工质量验收规范》(GB 50204—2002)要求对混凝土结构进行养护;在养护期内,混凝土强度小于1.2MPa时,不得进行后续工序;混凝土强度小于10MPa时,楼板上不得吊运、堆放重物;在混凝土强度大于10MPa的情况下吊运重物时,重物在楼板上堆放应采取有效措施,以减轻对楼板的冲击。

3 结语

钢筋混凝土现浇楼板裂缝是目前工程中的一个通病,其产生的原因主要是由于混凝土结构的收缩变形、设计的考虑不周以及施工中的不规范操作。只要在设计时考虑周全一些,施工时严格按规范操作,这个通病是完全可以防止和避免的。

参 考 文 献

[1] 王铁梦. 工程结构裂缝控制[M]. 北京:中国建筑工业出版社,2000.

[2] 张誉. 混凝土结构基本原理[M]. 北京:中国建筑工业出版社,1997.

[3] 陈士良. 现浇楼板的裂缝控制[M]. 北京:中国建筑工业出版社,2003.

[4] GB 50010—2002 混凝土结构设计规范[S].

[5] GB 50204—2002 混凝土结构工程施工质量验收规范[S].

[6] 魏星,徐有邻. 混凝土结构中裂缝的类型及影响[J]. 工程质量,2001(9).

[7] 施利宏. 谈现浇钢筋混凝土楼板裂缝的成因及防治[J]. 山西建筑,2003(3).

[8] Park R,Paulay T. Reinforced Concrete Structures[M]. New York:John Wiley &Sons,1975.

现浇预拌混凝土楼板裂缝控制技术

林汉忠,吴平春,黄延铮

中国建筑第七工程局有限公司

中城都市花园位于福州六一环岛西北角,总建筑面积 123168m²,地下 1 层,地上由 8 幢 12～25 层群体住宅组成,工程造价约 1.8 亿元。本工程为框架—剪力墙结构,抗震设防烈度为 7 度;屋面设计 25mm 厚挤塑泡沫保温隔热层;建筑外墙内侧抹 30mm 厚水泥膨胀珍珠岩砂浆,满足节能要求。

为防止高层住宅楼板开裂,开工前对如何防治住宅工程楼板裂缝进行专题研讨,从设计、材料、施工工艺上防止楼板裂纹的产生提出各项措施,其中在设计上提出了在框肢墙部位增加暗梁、板面负筋增设 2ϕ14 支撑和马凳筋等有效措施,保证板面负筋位置,得到了建设、设计单位认可和执行。本文主要对施工中预拌混凝土原材料质量、掺量、坍落度控制,以及模板支撑、板厚及钢筋位置控制、混凝土浇筑、养护、后浇带施工等方面采取的有效防止楼板裂缝产生的具体措施予以阐述。

1 预拌混凝土原材料控制

从混凝土内在原因看,影响现浇楼板混凝土裂缝产生的主要原因是混凝土的收缩,而影响预拌混凝土收缩的主要因素是原材料的品种、质量、配合比。如,水灰比的大小、水泥的品种、粗集料级配、砂率及含泥量、坍落度以及外加剂、掺和料的品种和掺量都直接影响预拌混凝土收缩,因此控制预拌混凝土原材料的品种、质量、配合比是现浇楼板混凝土产生裂缝的重要环节,在实际操作中我们主要从以下几个方面进行控制:

(1)粗集料石子 0.5～3.15cm,级配良好;砂率控制在 40%以内,禁止使用细砂。

(2)掺和料采用粉煤灰,掺量每立方米不得大于水泥用量的 15%,不得再添加其他矿粉。

(3)水泥采用旋窖厂生产的质量合格的普通硅酸盐水泥。

(4)合理适量选用减水率高、分散性能好并对混凝土收缩影响较小的外加剂(本工程地下室结构混凝土中掺加 UEA 和 TW-10A。UEA 膨胀剂掺量为水泥量的 8%,补偿混凝土的收缩,可大大减少混凝土开裂,提高密实性和抗渗能力,实现混凝土的结构自防水,对钢筋无腐蚀,抗硫酸盐性能高于普通混凝土,具有良好的经济效益;在上部结构混凝土中掺加缓凝高效减水剂 CSP-2 和 TW-10A。CSP-2 为缓凝高效减水剂,能提高泵送混凝土的和易性,并有效地预防楼板裂缝的产生),每立方米混凝土用水量不得大于 195kg。

(5)本工程混凝土最大坍落度规定值。50m 以下楼板混凝土坍落度控制为(120±30)mm;

[作者简介] 林汉忠,中国建筑第七工程局有限公司第三建筑公司一级项目经理,工程师

50m 以上楼板混凝土坍落度控制为(150±30)mm。

(6)预拌混凝土配合比需经检测单位调整,确保试配合理。

(7)施工、监理人员随时派专人对预拌混凝土搅拌站工作室旁站、监督。

(8)预拌混凝土试配、加工、泵送必须符合《预拌混凝土》(GB 14902—2003)及《预拌混凝土生产施工技术规程》(DBJ 1342—2002)。

(9)预拌混凝土搅拌站应严格控制混凝土质量,以混凝土浇筑入模处见证取样的标准养护试件作为合同交接验收的依据。

2 模板施工控制

由于模板支撑不按方案施工,顶托(底托)悬臂过长,水平拉杆、扫地杆施工不规范、钢木混撑等,造成支撑体系刚度、稳定性不够、梁板支撑刚度差异或模板挠度过大,在荷载作用下变形沉陷;另外施工期间的过度振动使支撑刚度变异部位多次发生瞬间相对位移,或是没有在混凝土获得足够强度之前过早拆模,易使混凝土产生沉陷裂缝。

(1)保证模板的刚度。本工程模板支撑采用门架支撑,施工时严格按施工方案操作,除满足强度要求外,还必须有足够的刚度和稳定性,支撑立杆间距合理,顶托(底托)悬臂不大于200mm,超过一榀半的门架除应有交叉杆外,还应加水平拉杆和扫地杆。

(2)严禁钢木混撑,梁、板支撑需分开;楼梯、悬挑梁板模板等如出现单立杆支撑的,必须加两道以上水平拉杆加固;严禁用短木支撑直接撑在门架横杆上或用门架侧立进行支撑。

(3)按照每月结构施工三层半,各单位工程均配备 4 套梁板模板;同时严格执行拆模申请制度,所有梁板模板的拆除,必须在拆模试块试压强度达到规范规定的拆模强度要求后,由模板班组书面申请,并经项目技术部经理审批同意后方进行拆除。

(4)为避免施工期间的过度振动使支撑刚度变异部位多次发生瞬间相对位移,导致混凝土产生沉陷裂缝,混凝土浇筑中泵送混凝土管采用旧轮胎和方木垫起(图 1),以尽量减少施工中泵送管对模板支撑体系的水平冲击,保持模板支撑体系的刚度。

图 1 泵送混凝土管用的轮胎和方木垫起

3 钢筋位置控制

楼板的四周支座处钢筋、板的四角放射形钢筋及悬挑板筋等均应按负弯矩钢筋设置在板的上部,但施工中往往上述钢筋的绑扎位置不正确;或绑扎位置正确而未设置足够的小支架将其牢固固定;或者前两者均符合要求,但在混凝土浇筑时,操作人员随意踩踏钢筋,使这些钢筋落到下面,混凝土浇筑后此处保护层变大,板的计算厚度减小,楼板受力后容易出现裂缝。

(1)对于板周边支座处的负弯矩钢筋、板四角的放射形钢筋,绑扎时位置保证正确,同时根据开工前“防止楼板裂缝”专家会议所提出,板面负筋增设 2ϕ14 支撑(图 2),这样混凝土浇筑时,板面负筋不容易被施工人员踩踏。

(2)严格保证钢筋位置　固定后的钢筋与模板之间严格按照规范规定放置保护层垫块固定，保护层垫块采用塑料垫块；对于双层双向钢筋的楼板，负筋采用塑料支架支撑（图3），支架支撑间距按照相关文件关于楼板板面负筋增设马凳筋的规定执行（即：当板筋≥ϕ12mm时，间距不小于1000mm×1000mm；当板筋<ϕ12mm时，间距不小于600mm×600mm，同一方向上的支撑垫块不少于2道，且距板筋末端不大于150mm）。

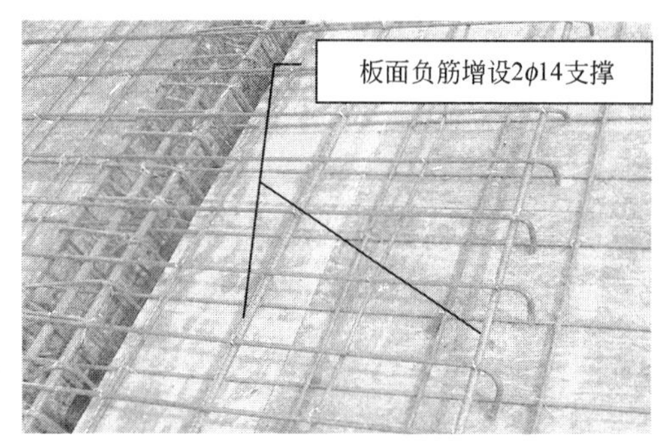

图2　墙设板面负筋

(3)钢筋保护层厚度控制　浇筑混凝土时必须铺设操作平台，防止施工操作人员直接踩踏上部负弯矩钢筋；同时加强浇筑楼板混凝土整个过程中的钢筋看护，随时将位置不准确的钢筋复位，确保其发挥相应作用。

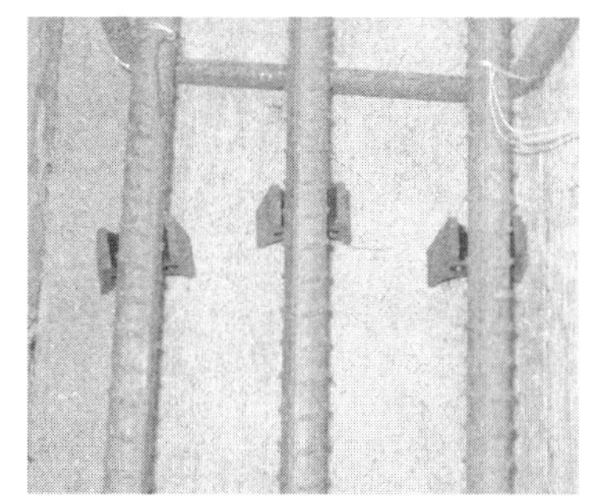

图3　负筋用塑料支架支撑

4　塑料预埋管处理

现浇楼板暗敷塑料电线管，在施工中可能由于多根管互相交叉，管道上的混凝土保护层超薄，由于预埋塑料电管与混凝土之间无黏结力，使楼板的计算厚度减少，当混凝土收缩时，就会在楼板内顺塑料管位置的混凝土楼面上产生裂缝。本工程大部分电线管采用焊接钢管，只有少部分智能工程使用预埋塑料电线管，施工中把塑料管线布置在板的上、下两层钢筋之间，并尽量与钢筋成斜交布置，避免两根或两根以上管线交错叠放；当无法避免时，采取在管线的上部埋设钢筋网片ϕ6.5@100，宽度600mm。

5　混凝土楼板厚度、平整度控制

很多工程在混凝土浇筑时，既无控制板厚的工具，也未做有效的标高标记，而是凭操作人员的经验和感觉，因此很难保证楼板的厚度符合设计和规范要求。当板的厚度小于这些要求时，容易导致出现裂缝。

(1)应严格按照设计和规范要求控制楼板厚度，在浇筑混凝土前设置标示板厚的三脚标架，每隔2m设置一个，操作人员依据三脚标架控制板厚。

(2)混凝土浇筑后，在终凝前须用木抹子进行两次压抹处理，以提高混凝土表面的抗裂能力和减少混凝土早期塑性裂缝。

6 混凝土浇筑及施工缝处理

混凝土的浇筑时正确的振捣方法，浇筑前模板提前浇水，坍落度控制，以及施工缝的正确留置和处理，均为避免混凝土楼板产生裂缝的重要环节。因此施工时应特别加强控制。

(1)楼板浇筑时应振捣密实，但应避免过分振捣使粗集料沉落挤出水分、空气，表面呈现泌水而形成竖向体积缩小沉落，造成比下层混凝土有较大收缩性的表面砂浆层，等水分蒸发后极易形成凝缩裂缝。

(2)施工中模板提前浇水湿透，以防在浇筑混凝土之前浇水不够，过于干燥，则模板吸水量大，易引起混凝土塑性收缩，产生裂缝。

(3)施工中应确保混凝土浇筑的连续性，减小施工冷缝，当混凝土浇筑中停歇时间过长时，应采取接浆处理等应急措施；如需留置施工缝时，应留在受力最小的地方，接缝前凿除凝固的水泥浆、松动的砂石，浇筑混凝土前用水泥浆或相同成分的水泥砂浆接缝。

(4)严格控制用水量，浇筑时注意坍落度。

7 施工间隔

在混凝土强度小于 1.2MPa 之前及浇筑完毕一定时间内(气温低于 15℃、48h 内；气温高于 15℃、24h 内)，严禁在其上踩踏、堆载或安装模板及支撑架。开始吊运钢筋、模板、钢管等重物时，吊钩应轻放，以减轻对楼板的冲击影响；并且以上材料不得集中堆放，并在下方垫好木方，以分散重物对楼板的应力。

8 养护措施

混凝土浇筑后，如不及时浇水养护，或养护时覆盖保湿隔热措施不当，不仅影响混凝土强度，而且受太阳照射后的昼夜骤降温差很大，更加快了混凝土表面的水分蒸发，加速了混凝土的收缩速度，使板内拉应力大于混凝土的抗拉强度，导致产生裂缝的机会增加；另外保持更长时间的混凝土湿润养护，以满足二次水化反应的需要，可避免混凝土楼板开裂。

(1)混凝土浇筑后，派专人 12h 内对混凝土用麻袋加以覆盖并浇水养护，由于本工程上部楼板混凝土掺 CSP-2 外加剂为缓凝高效减水剂，故浇水养护时间不少于 14d。

(2)覆盖麻袋时操作人员应轻走轻踩，同时保证在整个养护期间混凝土表面处于湿润状态，上部墙柱放样时撤除需要部位的麻袋；当门架支撑支脚碰到麻袋时，可对麻袋进行移动。

(3)由于混凝土使用粉煤灰掺和料，早期强度低，因此早期养护时不得有荷载，以避免混凝土受损伤产生裂缝。

9 后浇带施工

后浇带的留置可减少混凝土的收缩变形，待混凝土早期收缩基本完成后，再浇筑成整体结构，以减少混凝土收缩的影响，并提高抵抗温度变化的能力，从而预防楼板混凝土收缩裂缝。本工程 7、8、9 号楼及南、北区地下室各有留置后浇带，后浇带的设置主要采取以下措施：

(1)后浇带均设置在对结构受力影响较小的部位，从梁、板的 1/3 部位通过或从纵横墙相交的部位或门洞口的连梁处通过。

(2)后浇带贯穿整个结构的横截面,以将结构划分为几个独立的区段,但避免直线通过一个开间,以防止受力钢筋在同一个长度的截面内100%有搭接接头。

(3)后浇带的宽度设置为800mm,板筋搭接长度为45d,梁的主筋不断开,使其保持一定的联系。

(4)后浇带混凝土的封浇在主体结构浇筑封顶后两个月后进行;封浇前后浇带两边的疏松混凝土彻底凿除并冲洗干净;封浇时的温度,尽量接近主体结构混凝土浇筑时温度。

(5)浇筑后浇带的微膨胀混凝土(掺入适量UEA膨胀剂),强度等级高于该层楼板结构混凝土强度一个等级,配合比由实验室试配。

(6)为保证后浇带两边梁板模板拆除后,混凝土封浇之前,后浇带两边梁、板混凝土能得到有效支撑,且不产生变形而导致楼板裂缝,楼板施工时在后浇带两边梁距后浇带边200mm处各浇筑一200mm×200mm素混凝土构造柱,作为临时支撑(图4),待后浇带混凝土封浇且满足拆模条件后再凿除。

图4 临时支撑

10 管理措施

(1)严格贯彻ISO9000质量体系文件精神,落实岗位职责,确保人员能够胜任,加强过程控制;做好项目技术负责人对操作人员在控制裂缝方面的技术交底工作。

(2)合理设定施工工期。编制施工组织设计时,对主体结构施工工期的确定做到科学合理,即,保持前期施工结构的刚度、强度已达到规范允许强度后,才继续进行下一层结构施工。

(3)进场的商品混凝土坍落度检查。对商品混凝土坍落度进行逐车检查,凡不符合要求的不以使用。

11 结语

本工程通过采取以上各项技术、管理控制措施,2005年9月7日竣工交付业主使用至今,未发现楼板裂缝现象及楼板裂缝的投诉。2005年12月1号～9号楼通过省级优质工程质量评定;2006年5月1号、2号、3号、5号、6号、7号、9号楼通过“闽江杯”优质工程质量核验,目前处于公示阶段;同时项目部QC小组荣获“全国优秀质量管理小组”称号。

参考文献

[1] 李桂林,等.混凝土与钢筋混凝土施工手册[M].北京:冶金工业出版社,1998.

[2] 王铁梦.工程结构裂缝控制[M].北京:中国建筑工业出版社,1998.

[3] 赵士怀.福建建筑技术研究[M].北京:中国建筑工业出版社,2003.

[4] 陈士良.现浇楼板的裂缝控制[M].北京:中国建筑工业出版社,2003.

[5] 曲德仁.混凝土质量控制[M].北京:中国建筑工业出版社,2005.

[6] 冯乃谦.混凝土结构的裂缝与对策[M].北京:机械工业出版社,2006.

混凝土现浇楼板裂缝的分析及控制

申　懋

云南建工第五建设有限公司

近年来，混凝土现浇楼板出现裂缝的情况时有发生，并且呈逐年上升的趋势，钢筋混凝土结构裂缝的分析及控制成为当前工程界关注的重点问题。在工程实际中混凝土的裂缝类型很多，且各有其特点，按其成因可分为以下几类：由于设计不当引起的裂缝、由于混凝土原材料及配合比设计不合理而引起的裂缝、由于施工过程控制（振捣、养护、拆模等）不严而引起的裂缝，由于变形（包括温度、不均匀沉降等）引起的裂缝。

1　设计不当引起的裂缝

在进行混凝土楼板设计时，由于受力分析错误，结构计算错误或者疏忽而导致楼板偏薄，梁截面偏小，梁、板配筋偏少，或对楼盖荷载特别是装修荷载估计不足而导致楼板实际承载力偏小等。相反，在一些工程实例中亦存在一些设计人员由于担心施工单位施工质量不能保证，片面地提高楼板混凝土的强度等级，这样做似乎是以比较安全了，但实际上，由于过高的混凝土强度等级带来的负面影响就是混凝土的收缩和水化热增大，从而增大了楼板非结构性开裂的倾向。另外，在水电安装设计中，PVC 等预埋管件在同一截面中布置过于集中，或位置不当也是楼板开裂的原因之一。由于 PVC 管与混凝土间缺乏良好的握裹和黏结，材料的温度膨胀系数差异偏大，以及因其强度低而削弱了混凝土板有效断面和引起应力集中，导致楼板循 PVC 管走向的裂缝出现。

2　混凝土原材料及配合比设计不合理引起的裂缝

2.1　水泥的品种和用量影响

混凝土结构裂缝的产生主要源于混凝土由水泥胶凝体结硬成为水泥石过程中的化学收缩和物理收缩，正常情况下，其收缩率总计约为 $3\times10^{-4}\sim4\times10^{-4}$。而纯水泥浆的收缩率则达 $20\times10^{-4}\sim30\times10^{-4}$，即纯水泥浆收缩率比混凝土大 5～10 倍。早强水泥浆又比普通水泥浆的收缩大 10%以上。

近年来，随着水泥工业的发展，采用新工艺、新方法生产出了一些高强、早强水泥，这些新型水泥的一个显著特征就是硅酸三钙、铝酸三钙含量比过去有较大幅度的提高，粉磨细度增大（比表面积加大）。对混凝土而言，采用大比表面积，以及硅酸三钙和铝酸三钙含量大的水泥，

[作者简介] 申　懋，云南建工第五建设有限公司教授级高级工程师，总工程师

将会使水泥水化热升高和混凝土的收缩变形加大。同时混凝土中的水泥用量(kg/m^3)、水灰比越大,收缩率则越大。

2.2 集料的性质、粒径和含量的影响

在混凝土的内部,集料对水泥石的收缩起约束作用,混凝土的收缩对净水泥浆收缩的比取决于混凝土中集料含量,集料含量越大,收缩越小;粒径越大,收缩越小;水灰比越大,收缩越大。在实际工程中,由于混凝土流动性与和易性的要求,泵送混凝土、商品混凝土的坍落度增加,水泥强度提高,集料粒径减小。同时,水泥用量、用水量、砂率等都比以往拌制混凝土有显著增大,这也是当前混凝土收缩越来越大的原因。另外,昆明地区普遍采用山砂拌制混凝土,粒径偏细,含泥量偏高,细集料中粉料偏多,相对表面积增大,水泥用量也增大,水泥胶体量增多,势必造成混凝土收缩加剧。

2.3 外加剂对混凝土收缩的影响

一般认为,在混凝土中掺入适量的减水剂(不包括微膨胀剂和减缩剂),不仅可以减少单位用水量,还可以减少水泥用量,从而使混凝土的收缩值降低,所以在分析混凝土裂缝产生的原因时,一般不涉及减水剂、防水剂等材料的原因。实际上,减水剂的品种不同或同一品种质量参差不齐、不同批次之间的质量不稳定,都可能导致对混凝土收缩变形的影响,会增加或减少混凝土的收缩。

关于减水剂对于混凝土收缩率的影响,有关标准对此也作了规定,如《混凝土泵送施工技术规程》(JGJ/T 10—95)中规定,掺泵送剂混凝土与基准混凝土的90d收缩率比不大于35%,而《混凝土外加剂》(GB 8076—1997)中规定,掺减水剂混凝土与基准混凝土的28d收缩率比不大于13%。上述规定的含义为,基准混凝土在基本配合比不变时,掺加泵送剂只增加坍落度的情况下,其90d收缩率可以比基准混凝土大35%;掺加减水剂,在坍落度不变的情况下,其28d收缩率可以比基准混凝土的大13%。依据上述标准的规定推断,90d及28d后,其收缩率仍然有增加的可能,并且在更短的龄期内,其收缩率增加比例可能更大,显然,上述规定恰恰说明了掺加泵送剂、减水剂使混凝土收缩值增加的可能性较大。

同时,根据有关单位的研究试验表明,缓凝高效减水剂均是以萘系高效减水剂为主要成分配制而成的,但由于生产厂家不同,同一厂家生产时间不同及掺量的不同,对混凝土收缩率比值各不相同。而最普通的例子就是,过去不掺任何外加剂的普通混凝土C20、C30一般很少出现裂缝,近年来掺用外加剂后,混凝土裂缝普遍发生,就连C20、C30等低强度混凝土在住宅中裂缝也大量产生。

3 施工因素引起的裂缝

(1)在混凝土分项工程的施工中,由于现场管理不到位,拌制混凝土时不严格称重,水灰比不当,搅拌时间过长或过短,在进行振捣时,振捣不够或振捣时间过长等违反操作规程进行施工而产生裂缝。

(2)在混凝土浇筑过程中未严格控制板厚,造成楼板实际厚度达不到设计厚度,使得楼板刚度减弱或过小,受力钢筋和混凝土应力过大而产生裂缝;未搭设浇筑运输道,浇筑混凝土时,施工人员踩踏负弯矩筋下移,使得楼板支座边缘板顶产生裂缝。

(3)混凝土浇筑后3～4h左右，表面没有及时覆盖，风吹日晒，表面游离水分蒸发过快，体积急剧收缩，而此时混凝土早期强度低，不能抵抗这种变形应力，因而开裂。

(4)施工单位为了抢工期，加快施工进度及模板周转，拆模过早造成混凝土不能承受自重及施工荷载而产生裂缝；另外在楼板上集中堆放建筑材料，造成楼板局部超载而开裂。

4 温度裂缝

混凝土表面出现的温度裂缝，其走向无一定的规律性。梁、板等长度尺寸较大的构件，裂缝多平行于短边；对大面积的构件，裂缝常纵横交错。深入的、贯穿性的温度裂缝一般与短边方向平行或接近于平行。高温引起的温度裂缝是中间粗两端细。冷缩裂缝的粗细变化不太明显，其宽度在0.5mm以下，且从上至下没有多大变化。温度裂缝大多发生在施工的中后期，缝宽受温度变化影响较明显。表面温度裂缝多缘于较大温差，特别是大体积混凝土基础在混凝土浇筑后，在硬化期间放出大量水化热，内部的温度不断上升，使混凝土表面和内部温差很大。当温差出现非均匀变化时，如施工中过早拆除模板，冬季施工过早撤除保温层，或受到寒潮袭击，都会导致混凝土表面急剧的变化，使其因降温而收缩。此时，表面受到内部混凝土的约束，将产生很大的拉应力(内部降温慢，受自约束而产生压应力)，而混凝土早期抗拉强度和弹性模量又很低，因此出现裂缝(这种裂缝又称为内约束裂缝)。但这种温差仅在表面处较大，离开表面就很快减弱。因此，这种裂缝只在接近较浅的范围内出现，表面层以下结构仍保持完整。

深入和贯穿性裂缝多缘于结构温差大。板面温度比梁较高时，梁会出现温度裂缝，反之，则梁的伸长率超过板时，板面产生温度裂缝。另外，在冬天时，板还会产生冷缩裂缝。以上结构的温度裂缝属于深入和贯穿性的温度裂缝。

5 裂缝控制措施

5.1 设计方面

(1)除提高设计人员的安全、质量意识、严格遵照规范设计，采用合理的结构形式，加强图纸复审制度外，特别要引起结构设计人员对混凝土楼板产生非结构裂缝的重视，改变过去对产生裂缝与设计无关的错误观念。

(2)不应单纯为降低工程造价，选用厚度较薄的楼板，减少钢筋用量，在增强楼板周边约束的同时，要注意构造钢筋的加强。进行其他专业设计时，其预埋管线材料的选择、布置方式及位置，直接关系到混凝土楼板的结构性能和抗裂性能，应尽可能减少由于管材选择不当或过于集中而对混凝土结构的影响。

(3)不要采用过高的混凝土强度等级，更不要为考虑施工方便，将楼板混凝土强度等级与梁柱取为一致。设计人员要改变过去只对混凝土提出强度等级一个要求的作法，最好为减少混凝土收缩，对外加剂掺量、水泥用量等也提出要求，以便提醒混凝土供应商、施工方对比，加以重视。

5.2 混凝土材质方面

(1)在进行配合比设计时,应根据工程特点选用合适的、质量可靠的水泥品种。现浇楼板厚度不大,混凝土的收缩变形是其开裂的主要因素,选用收缩较小的粉煤灰水泥和普通硅酸盐水泥就可降低混凝土的收缩变形,达到抑制裂缝产生目的。在保证混凝土设计强度的前提下,尽量少用早强矿渣硅酸盐水泥,严格控制水灰比,尽可能地减少单方水泥用量,尽可能选用较低强度等级的水泥配制楼板混凝土。

(2)粗集料宜采用连续级配,细集料采用细度模数 $M=2.5\sim3.0$ 的中砂,采用特细砂,并严格控制砂、石的含泥量,这样可有效地减少混凝土的收缩,提高混凝土对裂缝的约束力,而且可以减少用水量和水泥用量。

(3)在选用混凝土外加剂和确定其掺量时,不仅要考虑减水率、强度、坍落度增加值、坍落度的保持时间等因素,也要考虑掺和料对混凝土体积稳定性的影响,特别是混凝土裂缝控制严格的大体积混凝土。

5.3 施工过程控制方面

(1)加强施工现场管理,对施工员、操作班组认真进行岗前培训,健全质量技术交底制度,在混凝土浇筑前,对有关人员进行详细、全面地技术交底。在现场配制混凝土时要严格称重,控制好水灰比及拌和时间等质量控制参数,浇筑时振捣密实,不漏振、不过振。

(2)严格控制楼板混凝土底模的标高和浇筑标高,确保混凝土楼板的设计厚度。采用合理间距的板凳筋对楼板负筋进行有效支撑,并根据浇筑顺序,布置浇筑运输道及操作平台,尽可能地避免由于操作人员踩踏而引起的钢筋移位。

(3)加强楼板混凝土的养护,混凝土浇筑成型后,注意对板面进行抹压,在混凝土初凝后,终凝前,再进行二次抹压。抹压后及时覆盖、洒水养护,防止阳光暴晒,确保湿养护时间满足规范的要求,冬季及雨季施工还应注意保温和防雨措施。

(4)合理安排施工进度,依据混凝土龄期及规范要求拆模,楼板浇筑完毕后不过早上人,建筑材料应分散堆放。同时保证模板具有足够的刚度和支撑的可靠性,特别对底层模板支撑点地基应做夯实处理。

5.4 温度裂缝控制方面

预防温度裂缝,可以从温度控制着手。首先,应从设计上改进,针对梁、板出现的温度裂缝,先设置好必要的伸缩缝、变形缝和沉降缝,可以减少温度裂缝或不出现温度裂缝。在施工方面,着手改进施工工艺,在原材料选用及配合比设计时,尽量降低混凝土的水化热,改善混凝土性能,提高钢筋混凝土质量,同样可以减少温度裂缝。在冬季施工期间,加强混凝土的保温措施,避免由于环境温度过低,与混凝土内部温差较大而引起的温度裂缝。

6 结语

由于混凝土自身特点,裂缝的产生是不可避免的,但是,通过对混凝土楼板裂缝原因进行认真的分析,从多方面抑制裂缝的产生和发展,其有害程度是可以控制的。混凝土楼板开裂的形成机理复杂，需考虑的因素较多，而混凝土的收缩过大是当前楼板开裂较多的主要因素。因此，要减少混凝土楼板裂缝的产生，就要从设计、原材料、施工过程控制等方面入手进行预防和控制，在进行季节性施工时做好混凝土的保温和养护措施，就可以有效的控制现浇混凝土楼板有害裂缝的产生。

高层住宅小区现浇混凝土楼板45°裂缝成因及防治措施

张海波，鲍晓军，沈　剑

浙江省建工集团有限责任公司

全现浇钢筋混凝土楼层板面的裂缝，是目前较难克服的质量通病之一，虽然现行结构设计规范允许结构带裂缝工作，但由于裂缝的存在会影响建筑物的外观和使用，特别是住宅工程楼板的裂缝发生后，往往引起投诉、纠纷，及索赔要求等，耗费了开发企业大量人力、精力、物力，且影响企业的信誉。因此，我们在施工过程中应加强混凝土裂缝的预防和处理。现结合我公司施工实践中的经验和教训，重点介绍以施工为主、兼顾设计和材料，分析楼面裂缝的原因和综合性防治的具体措施。

1　工程概况

滨江某楼盘总建筑面积40227m²，其中地上部分建筑面积332856m²，由6栋板楼和10栋塔楼组成。剪力墙结构，层高2.9m。建筑物最少14层，最多33层。混凝土强度等级14层以下为C35，14层以上为C30。钻孔灌注桩基础。楼板板厚以100mm为主，板筋ϕ8@150。

2　裂缝现象分析

通过对二期1284套住宅的检查，我们发现大部分现浇楼板裂缝表现为45°斜向裂缝。从住宅现浇板裂缝发生的部位看，最常见、最普遍和数量最多的发生在房屋四周阳角处（含平面形状突变的凹口房屋阳角处），距离阳角1m左右，即在楼板的分离式配筋的负弯矩筋以及角部放射末端或外侧发生45°左右的楼地面斜角裂缝（见图1、图2），并且愈靠近屋面处的楼层裂缝往往愈大。其他纵向、横向裂缝，表面龟裂等表现极少。宽度0.1～0.3mm不等，深度2～4mm，个别单元有贯穿性裂缝，表面龟裂几乎都出现在粉刷层面层，部分面层的纵、横裂缝是由于下面埋设电线管线引起的，针对这些情况，墙体均未出现明显裂缝，而且楼板所用混凝土都是商品混凝土。对1284套有裂缝的住宅统计显示，板楼出现45°裂缝的概率远大于塔楼（见表1）。此通病在现浇楼板的任何一种类型的建筑中都普遍存在，分析其原因主要是由于混凝土的收缩特性和温差双重作用所引起的。

[作者简介] 张海波，浙江省建工集团有限责任公司工程师

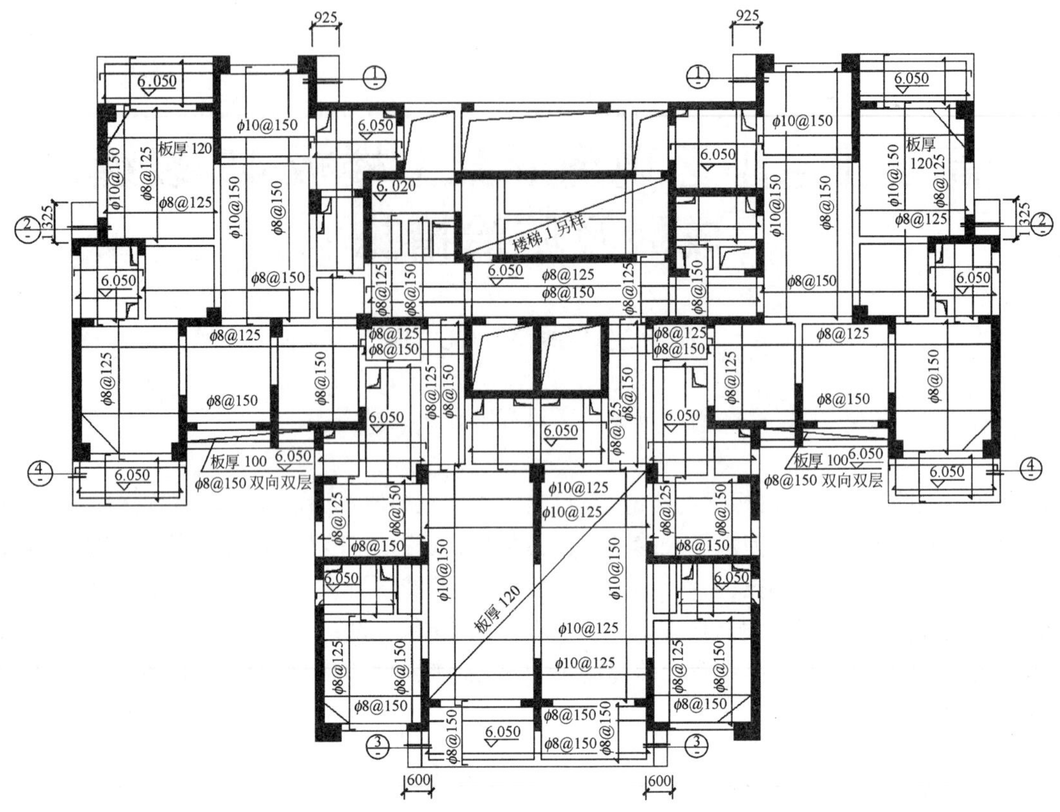

图 1　楼板裂缝位置图

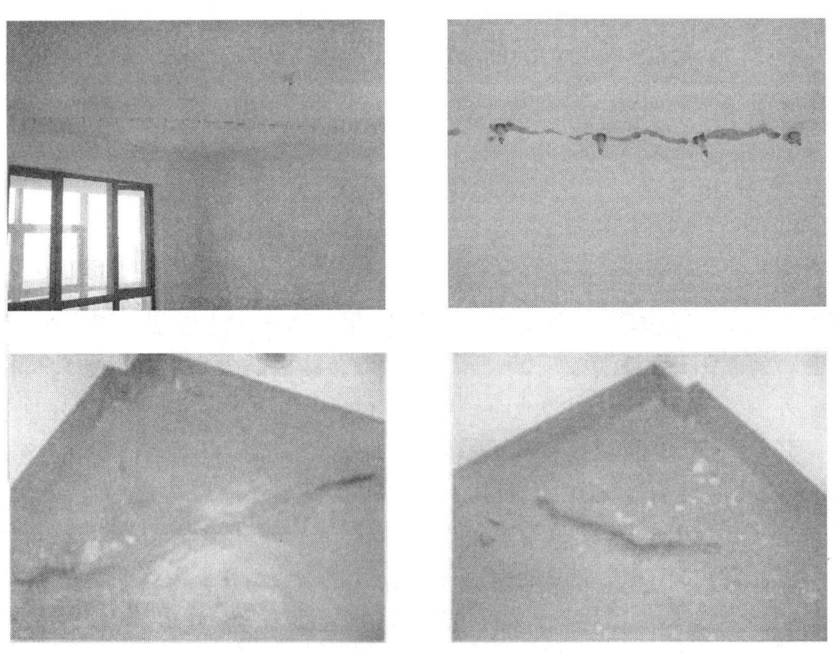

图 2　裂缝形状

表 1　楼板裂缝统计

楼　　号	出现裂缝(m)	所占比例(%)	主楼类型
7	620	28.8	3 个单元板楼
11	630	29.3	3 个单元板楼
12	85	3.95	1 个单元塔楼
13	83	3.86	2 个单元板楼
14	232	10.8	1 个单元塔楼
15	185	8.6	1 个单元塔楼
16	315	14.65	3 个单元板楼

3　裂缝成因分析

3.1　引起裂缝的首要原因是混凝土的收缩

泵送混凝土为了满足泵送条件，坍落度大，流动性好，易产生局部粗集料少、砂浆多的现象。在硬化过程中，由于水分蒸发，体积逐渐缩小，产生收缩，当混凝土的收缩引起板的约束应力超过一定程度时，必然引起现浇板的开裂，开裂部位往往产生在应力相对集中的地方，所以板的裂缝绝大多数产生在板角处，其走向与板的对角线相垂直。

3.2　温度裂缝

因水泥具有快硬、高强、水化热大的特点，混凝土在较高温度下失水收缩，水化热释放量较大，因而在硬化过程中，现浇板受到支座的约束，势必产生温度应力而出现裂缝，这些裂缝也首先产生在较薄弱的部位，即板角处。另外，室内外温差变化较大，也会引起一定数量的裂缝。事实上，许多裂缝往往是混凝土收缩及温度变化综合引发的。

3.3　结构体型突变及未设置必要的伸缩缝

由于房屋长度过长，而又未考虑设置伸缩缝，就容易引起裂缝的产生。另外，平面布局凹凸较多，形成较多薄弱部位，混凝土收缩及温差变化易导致裂缝产生。

3.4　支座处负筋下沉产生裂缝

在施工过程中由于施工工艺不当，致使支座处负筋下陷，保护层过大，使板上部沿梁支座处产生裂缝。

3.5　现浇板上过早施工，加荷引起裂缝

《混凝土结构工程施工质量验收规范》(GB 50204—2002)规定混凝土强度达到1.2MPa前，不得在其上踩踏或安装模板及支架。施工中为了节省投资，加快模板周转，常在混凝土未达到规定强度时过早拆模，或在混凝土未达到终凝时间就加荷等。这些因素都可直接造成混凝土楼板的弹性变形，致使混凝土早期强度低或无强度承受弯压拉应力，导致楼板产生内伤或断裂。

4 裂缝的防治措施

4.1 设计中的重点加强部位

从设计角度看，现行设计规范侧重于按强度考虑，未充分按温差和混凝土收缩特性等多种因素作综合考虑，配筋量因而达不到要求。而房屋的四周阳角由于受到纵、横两个方向剪力墙或刚度相对较大的楼面梁约束，限制了楼面板混凝土的自由变形，因此在温差和混凝土收缩变化时，板面在配筋薄弱处(即在分离式配筋的负弯矩筋和放射筋的末端结束处)首先开裂，产生45°左右的斜角裂缝。虽然楼地面斜角裂缝对结构安全使用没有影响，但在有水源等特殊情况下会发生渗漏，容易引起住户投诉，是裂缝防治的重点。根据上面的原因分析，我公司在近几年的图纸会审中，十分注意建议业主和设计单位对四周的阳角处楼面板配筋加强，负筋不采用分离式切断，改为沿房间(每个阳角仅限一个房间)全长配置，并且适当加强加粗。多年来的实践充分证明，凡采纳或按上述设计的房屋，基本不再发生 45°角裂缝，已能较好的解决楼板中数量最多的主要矛盾，效果显著。

对于外墙转角处的放射形钢筋，我公司根据实践检验，认为作用较小。其原因是放射形钢筋的长度一般不大(1.2m 左右)，当阳角处的房间在不按双向钢筋加密加强而仍按分离式设置构造负弯矩短筋时，45°的斜角裂缝仍然会向内转移到放射的末端或外侧，而当采用了双层双向钢筋加密加强后，纵、横两个方向的钢筋网的合力能很好地抵抗和防止 45°斜角裂缝的发生和转移，并且放射形钢筋往往只有上部一层，在绑扎时常搁置在纵横板面钢筋的上方，导致钢筋交叉重叠，将板面的负弯矩钢筋下压，减少了板面负弯矩钢筋的有效高度，同时浇筑时钢筋弯头(即拐脚)容易翘起造成平仓困难，所以建议重点加强加密双层双向钢筋即可。

4.2 商品混凝土的性能改善

目前，已普遍采用泵送商品混凝土进行浇筑，但各商品混凝土厂商以采用大粉煤灰掺量，低价位、低性能的混凝土外掺剂，以及细度模数底、含泥量较高的中砂作为降低价格和成本的主要竞争手段。其次，商品混凝土的水灰比偏大，因此建议商品混凝土厂商转变观念，控制好原材料质量，选用高效优质混凝土外掺剂，改善和减小混凝土的收缩值，建立好控制体系，这是一项改善商品混凝土质量和性能的根本性工作。承包商在订购商品混凝土时，应根据工程的不同部位和性质提出对混凝土品质的明确要求，不能片面压价和追求低价格、低成本而忽视了混凝土的品质，导致混凝土性能下降和收缩裂缝增多。同时，现场应逐车严格做好商品混凝土坍落度检查，以保证混凝土熟料的半成品质量。

4.3 重点加强楼面上层钢筋网的有效保护措施

楼面上层钢筋网的有效保护一直是施工中的一大难题。其原因为：板的上层钢筋一般较细较软，受到人员踩踏后就立即弯曲、变形、下坠；钢筋离楼层模板的高度较大，无法受到模板的依托保护；各工种交叉作业，造成施工人员众多、行走十分频繁，无处落脚后难免被大量踩踏；上层钢筋网的钢筋马凳设置间距过大，甚至不设(仅靠楼面梁上部钢筋搁置和分离式配筋的拐脚支撑)。

针对上述原因，一是在设计时合理选用楼面负筋材料，二是建议楼面双层双向钢筋(包括分离式配置的负弯矩短筋)必须设置钢筋马凳，其纵横向间距不应大于 700mm(即每 m^2 不得少于 2 只)，特别是对于 $\phi8$ 一类细小钢筋，马凳的间距应控制在 600mm 以内(即每 m^2 不得少于 3 只)，才能取得良好的效果。在施工过程中还可采取下列综合措施加以解决。

(1)尽可能合理和科学地安排好各工种交叉作业时间，在板底钢筋绑扎后，线管预埋和模板封镶收头应及时穿插并争取全面完成，做到不留或少留尾巴，以有效减少板面钢筋绑扎后的作业人员数量。

(2)在楼梯、通道等频繁和必须的通行处应搭设(或铺设)临时的简易通道，以供必要的施工人员通行。

(3)加强教育和管理，使全体操作人员充分重视保护板面上层负筋的正确位置，必须行走时，应自觉沿钢筋马凳支撑点通行，不得随意踩踏中间架空部位钢筋。

(4)安排足够数量的钢筋工(一般不应少于 3～4 人)在混凝土浇筑中及时进行整修，特别是支座端部受力最大处及楼面裂缝最容易发生处(四周阳角处，预埋线管处及大跨度房间处)应重点整修。

(5)混凝土工在浇筑时对易发生裂缝部位和负弯矩筋受力最大区域，应铺设临时性活动跳板，扩大接触面，分散应力，尽量避免上层钢筋受到重新踩踏变形。

4.4 材料吊卸区域的楼面裂缝防治

目前，在主体结构的施工过程中，普遍存在着质量与工期间的较大矛盾。一般主体结构的楼层施工速度平均为 5～7d/层，最快时甚至不足 5d/层，因此当楼层混凝土浇筑完毕后不足 24h 的养护时间，就忙着进行钢筋绑扎、材料吊运等施工活动，这就给大开间部位的房间雪上加霜，更容易在强度不足的情况下受材料吊卸冲击振动荷载的作用而引起不规则的受力裂缝。这些裂缝一旦形成就难于闭合，形成永久性裂缝。这种情况在高层住宅主体快速施工时较常见。对这类裂缝的综合防治措施如下：

(1)主体结构的施工速度不能强求过快，楼层混凝土浇筑完毕后必要养护时间(一般不宜≤24h)必须获得保证。主体结构阶段的楼层施工速度以 6～7d/层为宜，以确保楼面混凝土获得最起码的养护时间。

(2)科学安排楼层施工作业计划，在楼层混凝土浇筑完毕 24h 前，可限于做测量、定位、弹线等准备工作，最多只允许暗柱钢筋焊接工作，不允许吊卸大宗材料，避免冲击振动。24h 以后可先分批安排吊运少量小批量的暗柱和剪力墙钢筋进行绑扎活动，做到轻卸、轻放，以控制和减小冲击振动力。第 3 天方可开始吊卸钢管等大宗材料及从事楼层墙板和楼面模板的正常支模施工。

(3)在模板安装时，吊运(或传递)上来的材料应做到尽量分散就位，不得过多地集中堆放，以减少楼面荷载和振动。

(4)对计划中的临时大开间面积材料吊卸堆放区域部位(一般约 40m^2 左右)的模板支撑架，在搭设前应预先考虑采用加密立杆(立杆的纵、横向间距均不大于 800mm)和搁栅增加模板支撑架刚度的加强措施，以增加刚度，减少变形来加强该区域的抗击振动荷载，并应在该区域的新浇筑混凝土表面铺设木模加以保护和扩散应力，以进一步防止裂缝发生。

4.5 加强对楼面混凝土的养护

混凝土的保湿养护对其强度增长和各种性能的提高十分重要，特别是早期的妥善养护可以避免表面脱水并大量减少混凝土初期伸缩裂缝发生。但实际施工中，由于抢工期和浇水将影响弹线及施工人员作业，因此楼面混凝土往往缺乏较充分和较足够的浇水养护时间。为此，施工中必须坚持覆盖麻袋或草包进行1周左右的妥善保湿养护，并建议喷养护液进行养护，降低成本和提高功效，并可以避免或减少对施工的影响。

5 对裂缝的弥补处理

在采取了上述综合性防治措施后，由于各种原因仍可能有少量的楼面裂缝发生。当这些楼面裂缝发生后，应在楼地面上部的天棚粉刷之前预先作好妥善的裂缝处理工作，然后再进行装修，住宅地面上部的粉刷找平层较厚，可以通过在找平层中增设钢丝网、钢板网或抗裂短钢筋进行加强，并且上部常被木地板等装饰层所遮盖，问题相对较小。但板底则粉刷层较薄，并且通常无吊顶遮盖，更易暴露裂缝，影响美观并引起投诉，所以板底更应妥善处理。较小的裂缝可以采用环氧树脂注浆的方法将裂缝封闭。通过压力注浆将板缝隙封闭。当遇到裂缝较宽、受力较大等特殊情况时，建议采用碳纤维粘贴。加强板底裂缝宜委托专业加固单位采用复合增强纤维等材料对裂缝作粘贴加工处理。复合增强纤维的宽度以350～400mm为宜，既能起到良好的抗拉裂补强作用，又不影响粉刷和装饰效果，是目前较理想的裂缝弥补措施。

参考文献

[1] JC/T 1041—2007 混凝土裂缝用环氧树脂灌浆材料[S].
[2] GB 50010—2002 混凝土结构设计规范[S].
[3] GB 50367—2006 混凝土加固设计规范[S].
[4] 王铁梦.工程结构裂缝控制[M].北京：中国建筑工业出版社，1997.
[5] 韩素芳，耿维.钢筋混凝土结构裂缝控制指南[M].北京：化学工业出版社，2005.
[6] 富文权，韩素芳.混凝土工程裂缝分析与控制[M].北京：中国铁道出版社，2003.
[7] 赵志缙.新型混凝土及其施工工艺[M].北京：中国建筑工业出版社，2005.

梁柱节点不同强度混凝土的浇筑方法及防裂措施

陈　敏，杜鹏飞，曹建武

南通新华建筑集团有限公司

1　梁柱节点不同强度等级混凝土的常见浇捣方法

高层建筑框架结构的梁柱节点比较复杂，由于荷载组合及内力计算的结果，要求同一层的竖向结构（柱、墙）混凝土强度等级高于水平结构（梁、板）的混凝土强度等级。钢筋混凝土框架结构，水平施工缝通常留于柱脚，柱顶若要留水平施工缝则应留于梁底。若同层的竖向构件和水平构件的混凝土同时浇捣，则柱顶不留施工缝。

梁柱不同强度等级混凝土分别浇捣的施工，根据高层建筑多数使用商品混凝土或现场搅拌站泵送浇捣的特点，梁柱节点核心区的混凝土浇捣方法通常为：不管柱顶留或不留施工缝，均先用塔吊吊斗或混凝土泵输送柱混凝土就位，分层振捣，在楼面梁板处留出45°斜面。在混凝土初凝前，泵送浇筑楼面梁板混凝土。采用这种方法浇捣楼层柱、墙、梁、板混凝土时，应重点控制高低强度等级混凝土的邻接面不能形成冷缝，故宜在柱顶梁底处留设施工缝，以缩短节点核心区高强度等级混凝土浇捣时间。梁柱节点核心区用小型插入式振捣器加强振捣，杜绝漏振死振，对于钢筋过分密集的情况，应事先和设计单位沟通，采取相应的技术措施，确保节点核心区混凝土的密实性和设计强度。

梁柱节点及楼面浇捣不同强度等级的混凝土时，若采用分别浇捣的方法，施工不便，且容易形成邻接面的冷缝，故当柱混凝土强度等级高于梁板混凝土强度等级不超过两级时，有时会采取将梁柱节点处的混凝土随同梁板一起浇捣。但应指出，梁柱节点处的混凝土强度如果采用梁板的混凝土强度，会引起柱在竖向荷载作用下的承载力不足，以及地震作用下节点核心区的抗剪承载力不足，因此不提倡采用。

2　控制和消除梁柱节点处裂缝的具体措施

2.1　裂缝产生原因分析

根据我公司在北京、南京、苏州、天津等多处高层建筑工程施工的实践，梁柱节点混凝土均按先柱后梁的次序浇筑，也曾发现少数楼层在梁柱节点处高低强度等级混凝土交界面附近出现微细裂缝。经现场查看和讨论分析认为，这些裂缝不是荷载作用下的结构裂缝，不会影响结

［作者简介］陈　敏，南通新华建筑集团有限公司副总工程师，高级工程师

构的安全使用。虽然微裂在混凝土中是很难避免的，但是也应从严要求，分析原因，采取有效措施，尽量控制和消除这类裂缝，进一步提高工程质量，分析具体原因如下。

(1)梁柱节点处，混凝土的强度等级相差较大(相差两个等级)时，不同强度等级的混凝土，其水泥用量、水灰比、用水量都不同，柱子体积大，水泥用量多，产生的水化热高，高低强度等级混凝土的收缩有差异。

(2)柱断面大，刚度大，梁的截面相对较小，受柱的强大约束，梁混凝土的收缩受限制，也容易产生裂缝。

(3)商品混凝土配合比中，高强度等级混凝土的水泥用量偏多，水灰比、含砂率、坍落度偏大，也会导致高低强度等级混凝土交界面附近产生裂缝。

(4)现浇梁板的梁在板下，养护用水被板充分吸收，而梁得不到充足的养护水分，造成梁的内外不均匀收缩，也容易导致梁的两侧面产生裂缝。

(5)某些梁侧面水平方向的构造钢筋太少，对梁的抗收缩性能不利。

2.2 防治措施

(1)要求混凝土搅拌厂调整柱混凝土配合比设计，在满足强度等级及可泵性的条件下，减少水泥用量、减少含砂率、增加石子含量、减少坍落度、减少用水量，并对粉煤灰和外加剂的用量作相应调整。

(2)混凝土拌和物的运输采用专用车，挂牌编号，标志清楚，标牌上写明混凝土的强度等级，送达现场后，由专人带领，混凝土浇筑时，现场派专人指挥。将拌和物卸入指定的混凝土泵车内，由混凝土泵输送到相应的结构部位，以防搞错。

(3)节点处的混凝土实行先高后低的原则，即先浇高等级混凝土，后浇低等级混凝土，在高低等级混凝土的交界处，设置镀锌钢板筛网(孔径 5mm×5mm)，以便操作者控制浇筑范围(见图 1)。

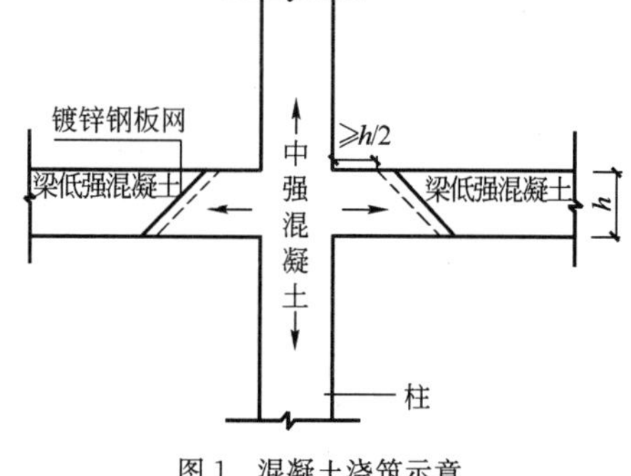

图 1　混凝土浇筑示意

(4)合理布置泵车和泵管，即泵车的数量与位置、泵管的长度与走向，均根据混凝土的强度等级、浇筑顺序、凝结时间等因素，经过计算确定，避免随意性。

(5)逐级进行技术交底，使得每个管理者和操作者都明确自己的职责；严格交接班制度，防止疏忽大意，影响质量。

(6)加强通信联系，在混凝土浇筑过程中，前方和后方、楼上和地面用对讲机联络，发生问题及时处理。

(7)梁板的混凝土采用二次振捣法，即在混凝土初凝前再振捣一次，增强高低强度等级混凝土交接面的密实性，减少收缩。

(8)在产生裂缝相对较多的梁侧面，增加水平构造钢筋，提高梁的抗裂性。

(9)严格控制混凝土拌和物的坍落度，节点核心区柱子部位混凝土采用塔吊输送，以期降低坍落度。在现场对每车混凝土都应进行坍落度检测。

(10)加强混凝土的养护，除了在板面浇水湿润外，还应在板下梁侧浇水，在满堂承重脚手架未拆除之前，可以用高压水枪对梁进行浇水养护，并推迟梁侧模的拆模时间。

3 结语

高层建筑框架结构的梁柱节点处，经常会出现柱混凝土强度等级比同一层梁板高的情况，通常的施工方法是先浇节点处混凝土强度等级高的核心部分，然后于初凝前再浇梁板混凝土。只要采取有效的针对性措施，并精心施工，梁柱节点高低强度等级混凝土交界处附近的裂缝完全可以避免，使工程质量得以保证。

参考文献

[1] 肖尔成.梁柱节点不同强度等级混凝土的施工方法探讨[J].广东建材，2004(9).

[2] 施利宏.梁柱节点不同强度等级混凝土施工[J].山西建筑，2003(6).

[3] 张文辉.对梁柱节点不同强度等级混凝土施工方法的探讨[J].黑龙江科技信息，2009(5).

高层建筑地下室底板混凝土施工技术

文　超

广东三穗建筑工程有限公司

1　工程概况

广州(琶洲)香格里拉大酒店工程,五星级酒店,地处广州海珠区新港东路。工程总建筑面积约 120000m²,塔楼 38 层,附属建筑 1～4 层;地下室建筑面积约 38000m²,1～2 层,基础采用箱式桩基础。地下室梁板式底板,厚 800mm,Y1～Y9 轴为二层地下室,底板面标高为 −10.200m;Y9～Y13 轴为一层地下室,底板面标高 −7.000m。地梁截面(宽×高)有 800mm×1500mm、1500mm×1500mm 等多种。混凝土设计强度等级 C40,抗渗等级 P8。

2　工程要点

底板混凝土平面尺寸(长×宽)198m×113m,厚 800mm,属超长、超宽混凝土,采用后浇带分区法施工。施工重点:施工区、段的合理划分,流水组织施工;混凝土施工技术控制;后浇带与施工缝处理、施工降排水及混凝土温度监控措施。

3　施工区、段与组织施工划分

工程划分为 A、B 两个施工区域(见图 1)。地下室通过纵向 X4～X5、X11～X12、X16～X17 三条后浇带及横向 Y4～Y5、Y7～Y8 两条后浇带把地下室结构分为 12 个单元,分区段流水施工。

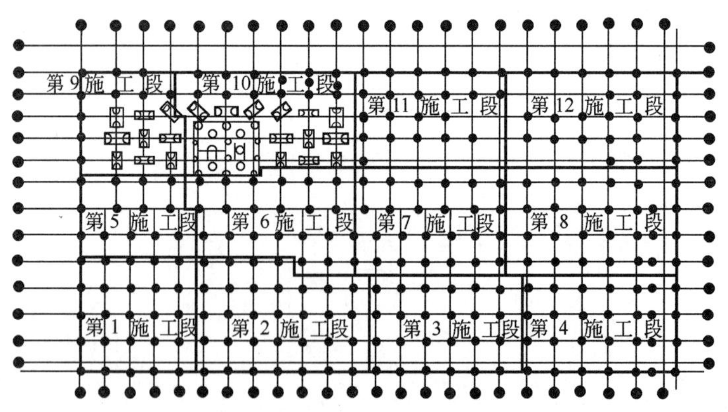

图 1　施工区域及施工段划分图

[作者简介]　文　超,广东三穗建筑工程有限公司工程师

施工时每区按两个综合施工队同时施工，混凝土浇筑根据实际施工情况相互错开1～2d。

4 施工技术控制

4.1 施工组织

(1)施工前编制有针对性的技术交底，对操作班组进行专门交底，使各级管理人员及操作人员对施工过程有所了解。

(2)工程采取商品混凝土。在施工前，制定混凝土连续供应的计划和方案，保证混凝土的连续供应，减少混凝土浇筑停顿时间。

(3)混凝土连续浇筑时间长，合理安排管理人员值班和操作工人轮换，避免超长时间工作。

(4)编制混凝土浇筑应急预案，做好后备发电机、泵车的配置，准备防雨编织布，并对机械设备检修维护。

4.2 混凝土配合比设计及要求

本工程承台及底板采用强度等级为C40、P8抗渗混凝土，全部采用商品混凝土，混凝土配制按结构要求，掺入少量粉煤灰和缓凝剂推迟水化热(见表1)。在满足规范要求下，减少水泥用量以控制水化热，防止混凝土内外温差过大，超过混凝土极限抗拉强度而产生裂缝。

表1 混凝土配合比（单位：kg/m^3）

材料 等级	P·O 42.5 水泥	水	砂	石	粉煤灰	减水剂
C40P8	245	178	756	1020	118	5.5

4.3 控制混凝土浇筑温度

(1)设置专人加强与商品混凝土供应商的联系，合理组织指挥，尽量缩短混凝土待料时间，及时浇筑。

(2)混凝土输送泵管用湿麻袋覆盖，并在混凝土浇筑过程中浇水保持湿润，防止混凝土输送泵管升温。

(3)混凝土浇筑前，用水冲洗模板。

4.4 改善结构的约束条件

采用后浇带将底板分为12块，后浇带宽度1000mm，其新旧混凝土交接面采用快易收口网模板，底板高度中部留置3mm钢板止水带。

4.5 混凝土的浇筑

(1)各区段混凝土每次最大浇筑量约为2500m^3，采用3台混凝土HBF60输送泵，约可在48h内完成浇筑。

(2)浇筑采用“一个坡度，斜面分层，层层浇筑”的方法，利用自然流淌形成的斜坡，将泌水集中，最后用软轴泵抽除至明沟内排出。混凝土输送泵管从远至近拆除，避免输送管道不断接长和拆除。

(3)根据泵送时形成的坡度，在坡度上、下层各布置一道振捣点。第一道振捣点布置在混凝土卸料上部，主要的解决上部混凝土的振捣密实，第二道振捣点布置在混凝土坡角处，主要解决下部混凝土的振捣密实。

(4)由于泵送混凝土表面水泥较厚，在浇筑2～6h后，先用长刮尺按标高刮平，然后用木抹板复搓压数遍，使其表面密实。混凝土初凝前，再用铁抹子压光，减少混凝土表面水分散发，控制混凝土表面龟裂。

4.6　混凝土的养护

(1)安排专人定时养护，考虑底板混凝土浇筑时间较长(超过24h)，在混凝土尚未全部浇筑完毕时，对最先开始浇筑部分进行养护。

(2)养护的方法为一层塑料薄膜加两层麻袋片，淋水进行保温保湿养护；对电梯井、集水井等，井坑蓄满水养护；地下室外墙水平施工缝在底板面以上500mm，利用其作坎蓄水养护15d；养护期间严格控制混凝土内外温差<25℃。

5　施工要求及措施

5.1　后浇带与施工缝要求

5.1.1　后浇带做法

后浇带两侧模板采用快易收口网，底板后浇带下(在混凝土垫层上)预留400mm×200mm水沟(适当找坡)(见图2)。

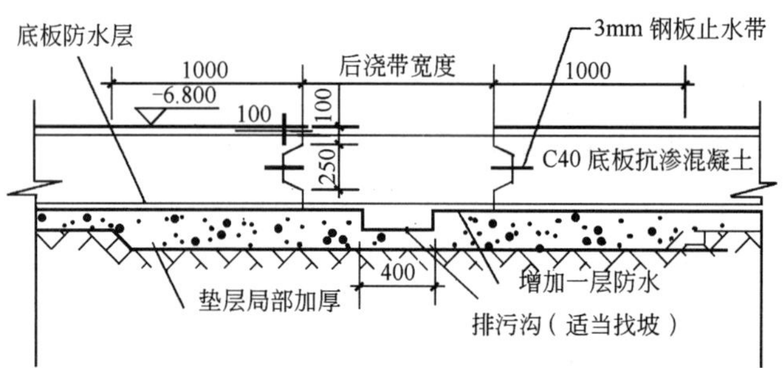

图2　后浇带及排污沟留设图

5.1.2　集污井的设置

外墙后浇带处集污井设置在排污沟与基坑排水沟交接处(见图3)，将水排入集污井内，用污水抽水泵抽至基坑上排水沟，经处理后流入市政管网。集污井为1000mm×1000mm×1000mm。集污井底为100mm厚C10混凝土，四周用M5水泥砂浆砌筑120mm厚砖墙，墙面抹20mm厚1∶2水泥砂浆。

5.1.3　施工要点

(1)赶浆　在浇筑地下室底板混凝土时，用高压水枪在后浇带内向两边冲洗，使混凝土水浆随水流一起流入集污井，并用污水泵抽出。冲刷应在混凝土初凝后30min之内进行。

(2)保护　在底板浇筑完成并达到一定强度后，立即进行保护工作。具体为在底板边砌筑砖墙(高 200mm)，用模板覆盖防止杂物落下。

(3)处理　会同设计院、建设、监理三方共同确定处理时间。后浇带采用 C45P8 混凝土(用微膨胀水泥配制)浇筑，浇筑前将后浇缝冲刷干净，刷水泥浆一道，并加强保护。

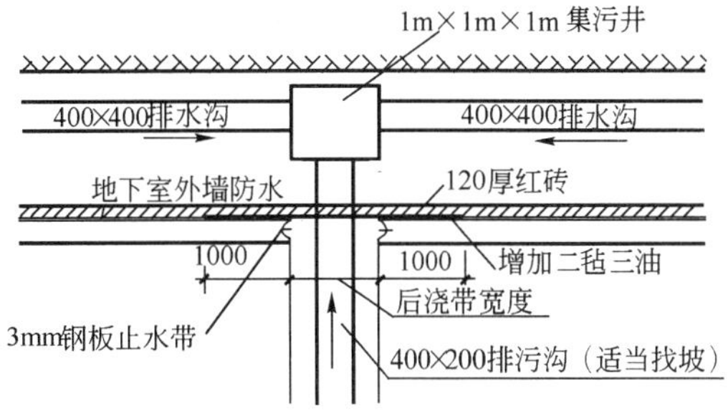

图 3　集污井布置示意图

5.2　施工缝留置

混凝土施工时，应尽量避免施工缝的留置。由于技术上的原因或设备、人力的限制，混凝土的浇筑不能连续进行，期间的间歇时间需超过混凝土的初凝时间时，则应留置施工缝。由于该处新、旧混凝土的黏结力较差，是构件中的薄弱环节，故施工缝宜留在结构受剪力较小且便于施工的部位，并在施工前进行确定。

(1)工程地下室底板除结构本身后浇带外，不设垂直施工缝，各施工段混凝土施工一次完成。

(2)地下室外墙与地下室底板施工缝留在地下室底板以上 500mm 处，接缝处加设 3mm 钢板止水带。

5.3　施工降排水

本工程基底面积大，为了保证地下室底板防水层能在一个较干燥的工作面上进行，保证工程质量，同时，要避免地下水强大的浮力对地下室结构的不利影响，采用明沟与降水井相结合的施工方法，综合控制地下水位。其效果目标：垫层表面无积水，防水层施工后，底板浇筑前不被地下水破坏防水层；底板混凝土浇筑时及浇筑后 3 天内不受地下水浮力影响。

(1)降水井与明沟布置　在基坑内四周设置排水明沟，底板以下位置设置降水井，降水井间距 40m。沿明沟设置集水井。

(2)降水井与明沟、盲沟做法　明沟沿基坑坡脚设置，其截面不小于 200mm×300mm，坡向集水坑坡度 $i \geqslant 3‰$，集水坑不小于 1000mm×1000mm。降水井直径 800mm，深度为从基底面向下深 1000mm，井壁为钢筋笼加设大号钢丝网，外有过滤层，过滤层用块石垒砌。

(3)基坑内雨水排出　地下水由设置在降水井内的潜水泵抽上基坑顶的排水渠，经沉淀池后排入市政管道。

(4)临时降水井封闭　地下室结构施工完后，且地下室结构自重大于地下水浮力后方对降水井进行封堵。封闭时，先埋设引流管，再浇筑微膨胀混凝土，最后封闭引流管。引流管上头有丝口，中间带止水环，微膨胀混凝土浇完后，用管塞堵引流管，再浇筑后浇混凝土。

5.4　混凝土温度监测

(1)温度监测的作用　为了确定混凝土水化热的大小，随时监测混凝土内外温差变动情况，以便及时调整养护温度，从而有效地控制混凝土内外温差，混凝土养护期间选择有代表性的位置设置测温点。

(2)测温点布置　地下室底板分 12 个结构单元浇筑，每个结构单元布置 3 个测温点，其平面底板结构施工前详细绘出。每个测温点沿底板高度布置 3 个测温探头。

（3）测温器材的选用　混凝土的温度监测选用 XMA-2002 型数字显示温度指示仪，MZC001 型微型铜电阻探头。浇筑温度监测用普通温度计，环境温度监测用水银温度计。

（4）监测内容　温度监测内容包括浇筑温度、大气温度、养护层内温度与混凝土底板上部、板中部、板下部的温度。浇筑温度：在混凝土浇筑时，以普通温度计插入混凝土 100mm 处直接读数。大气温度：每次测温时现场室外温度。养护层内温度：放入养护层内≥10min 后所取出水银温度计的读数。混凝土内部温度：从数字显示仪上直接读数。

（5）监测制度　混凝土温度监测应由专人负责，在混凝土浇捣后 15h 内开始进行监测，因为此时是混凝土开始凝结硬化的时间。

其测温频率：1～3d：1 次/3h，4～8d：1 次/6h，9～15d：1 次/12h，16～28d：1 次/24h。

（6）信息化施工　混凝土监测工作应指导施工。混凝土底板内外温差＜25℃。混凝土每次测温后，应及时进行数据整理，发现内外温差达到 20℃时，应向技术负责人报告，并加密监测。在内外温差达到 23℃时，技术负责人可采取利用已浇筑外墙（高 500mm）作围堰蓄水或增加薄膜与麻袋覆盖层等措施延缓降温速率，减少混凝土内外温差。

（7）注意事项　测温探头在混凝土浇筑时容易移动位置或断线，混凝土浇筑时应注意保护，并设专人检查。

6　结语

底板混凝土工程完成后，经检查验收及保修跟踪，均未出现肉眼可见裂缝，工程取得良好质量效果。地下二层、地下一层及地下室外墙同样采用后浇带分区法施工，施工合理组织和有效施工技术控制及措施，保证了工期目标的实现，并取得良好的工程质量效果。

参 考 文 献

[1] JGJ 3—2002 高层建筑混凝土结构技术规程[S].
[2] GB 50202—2002 建筑地基基础工程施工质量验收规范[S].
[3] GB 50204—2002 混凝土结构工程施工质量验收规范[S].

膨胀加强带在人防地下室的设计应用

艾德武，李刻铭，吴步旭，余有山

解放军理工大学工程兵工程学院人防工程设计院

为了防止混凝土收缩产生裂缝，在超长、超宽人防地下室钢筋混凝土结构施工中需按要求设置施工后浇带或伸缩缝，采用设置后浇带处理后既能协调建筑物早期的变形，又能有效防止混凝土收缩引起的裂缝。但设置后浇带也存在施工清理困难、外露钢筋易锈蚀、新老混凝土交接面难处理、对设缝处的防水处理及满足人防工程密闭性处理难度加大、浇筑质量难控制、工期长、长时间降水造成施工成本高等问题。我们在设计工程实践中，采用膨胀加强带代替伸缩缝和后浇带，实现超长钢筋混凝土的连续施工，为同类工程的设计施工提供了可借鉴的经验。膨胀加强带就是在结构收缩应力最大的地方高比例掺加具有膨胀性的外加剂，使加强带相应产生较大的膨胀来补偿结构的收缩，这种施工方法又称之为“无缝施工方法”。

1 工程概况

本工程位于苏州市干将西路北侧，馨泓路东侧，银泰路西侧，苏州国际会议展览中心内，工程为全埋单建式甲类人防工程，建筑面积为3368m^2。工程采用梁板结构，筏板基础，所用混凝土强度等级为C35，钢筋为HPB335级钢。车库层高4.2m，轴网尺寸为8100mm×6600mm，柱截面尺寸为600mm×600mm，顶板上部覆土为1.2m，地下水位为地坪下1.0m。地下人防车库平面尺寸为82.1m×41.0m，属超长结构，依据相关规范要求，需在车库的长方向中间约40m处设一道施工后浇带，并沿底板、侧墙、顶板一圈布置，后浇带所到之处遇梁断梁，遇板断板。后浇带部位需用C40补偿收缩性混凝土，在其两侧混凝土龄期达到42d后浇筑，时间跨度较长影响施工进度，在这段时间内，需进行不间断的降水，使水位保持在底板以下，造成施工成本增加，给施工带来很多不方便。为避免这些问题，设计中采膨胀加强带代替施工后浇带。

在超长混凝土结构中设置膨胀加强带代替后浇带，不但有利于解决温度变化和混凝土收缩等因素对结构安全的影响，而且具有如下优点：

(1)构造简单，施工方便，周期短。

(2)材料用量较少，易于控制工程造价，经济性好。

(3)保持结构的整体性，有利于结构抗震。

(4)较好解决了人防地下室设缝时防水及密闭性的难题。

(5)增加了混凝土的密实，提高了混凝土的强度及抗裂、防渗性能。

[作者简介] 艾德武，解放军理工大学工程兵工程学院人防工程设计院

2 膨胀加强带设置及做法

2.1 膨胀加强带设置

在长方向的中间位置设一道膨胀加强带，并沿底板、侧墙、顶板一圈布置。

2.2 膨胀加强带的做法(见图 1)

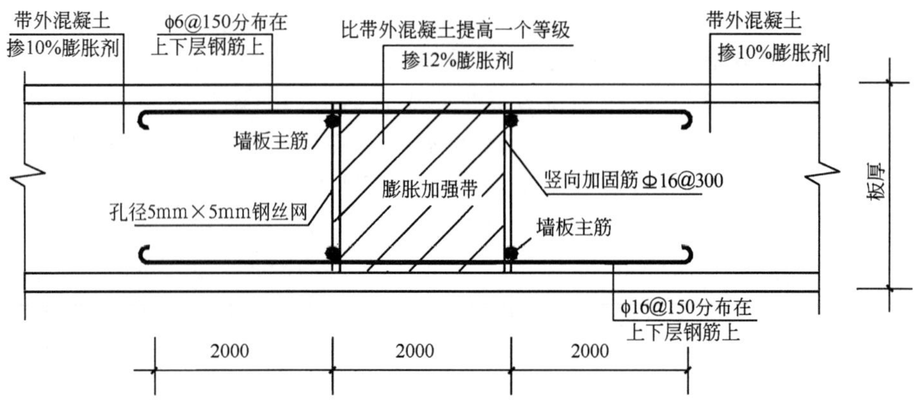

图 1 膨胀加强带做法

(1)带宽 2000mm，在加强带两侧设置一层孔径 5mm×5mm 的钢丝网，将带内混凝土与带外混凝土分隔开，钢丝网垂直在上下层(或内外层)钢筋之间，两端分别绑扎在上下层(或内外层)钢筋上。并于每 300mm 设一根 ϕ16mm 的钢筋予以加固，其两端均应留出不小于 2.5cm 的混凝土保护层。钢丝与钢丝网、上下水平钢筋及加固筋必须绑扎或焊接牢固，不得松动，以免浇筑混凝土时被冲开，引起两种混凝土混合，影响加强带的效果。

(2)带内增设 ϕ6@150 的水平温度钢筋，均匀布置在上下层(或内外层)钢筋上，水平温度钢筋垂直于膨胀加强带方向进行分布，两端各伸出膨胀加强带 2.0m，并固定在上下层(或内外层)钢筋上。

(3)非加强带混凝土强度等级为 C35，带内采用设计强度比相邻非加强带混凝土强度等级高一级的混凝土(C40)进行浇筑，外掺 12%膨胀剂。

3 施工方法及质量控制

3.1 顶底板施工

按加强带划分从东向西，采取“一个坡度、薄层覆盖，循序渐进，一次到顶”的浇筑方法。浇筑时，原则上保证老混凝土不得出现冷缝，浇筑分层厚度控制在 30cm 以内，用简易分尺杆进行控制。施工时，先用小膨胀混凝土(内掺 10%HEA)浇筑外侧，浇筑到加强带时改用大膨胀量混凝土(带内掺 12%HEA)，到加强带另一侧时，又改为小膨胀混凝土浇筑并在加强带两侧加强振捣。

3.2　外墙施工

按加强带划分进行分段分层浇筑，分层厚度为50cm为宜，浇筑时采用定制下料斗向墙体内下料，每段混凝土连续浇筑，不得出现冷缝。

3.3　施工中的质量控制

(1)选择优质原材料　石子：5～31.5mm卵石连续级配，含泥量＜1.0％；砂：中砂，含泥量＜2.0％；水泥：水泥强度等级为42.5；粉煤灰：II级磨细；膨胀剂，HEA高效抗裂防水剂。

(2)严格控制混凝土配合比　现拌工地或搅拌站必须按实验室试配确定且经设计部门确认的混凝土配合比投料，尤其膨胀剂不得少掺或误掺，现场采用砂、石含水率测试仪随时测定砂、石含水率并及时调整加水量。

(3)浇筑　混凝土的浇筑采用连续施工方式施工。施工时，按计划开始从一侧浇筑混凝土，分层梯式前进，每层混凝土振捣密实，不得漏振或过振。加强带外混凝土采用小膨胀混凝土浇筑，当浇筑到加强带时采用上述配合比的混凝土施工，浇筑至另一侧时又改用小膨胀混凝土浇筑，如此循环下去，直至连续浇筑完毕。

(4)混凝土的养护　混凝土的收缩变形主要发生在早期，因此前期的养护工作至关重要，对超长混凝土结构的裂缝控制、养护好坏起决定性作用。在混凝土初凝前，用木抹子了抹压表面，以防止出现裂缝，其养护时间从混凝土初凝后开始。

底板采用蓄水或盖麻袋浇水，保湿保温养护14d，既保证混凝土水化用水又控制混凝土内外温差在25℃以内。

混凝土侧墙采用塑料布和草袋覆盖保湿养护，草袋要与侧模固定严密，以形成不透风的养护层。每日定期喷水保证足够的湿度，侧墙拆模时间保证不少于5d，拆摸后应继续定期喷水，不得对侧墙板施加任何形式的外力。

混凝土顶板下部和塑料布难以覆盖处，应喷洒二次养护剂进行养护。

混凝土养护是保证混凝土质量的最重要的措施之一，养护期间必须有专人负责，杜绝出现干燥情况，确保混凝土硬化的顺利进行。

(5)其他注意事项　混凝土结构浇筑完后，地下室外墙及时采用灰土回填，地下室顶板或屋面要尽早做防水层和保温层。

4　结语

本工程底板混凝土浇筑至今混凝土龄期达300多天，经建设单位、监理单位、施工单位多次联合检查未发现有害裂缝，达到了预期的效果；同时因采取加强带，混凝土一次浇注完成，大大缩短了工期，体现了构造简单、施工方便的设计理念，为该工程节约了相当的人力、物力和财力。需要指出的是，如果在一个工程中部分单建部分复建，后浇带兼起调节沉降的作用，膨胀加强带不能用来代替施工后浇带。

CMA 三膨胀源抗裂剂补偿收缩混凝土的应用

肖海平，彭　健

北京金港机场建设有限责任公司

1　工程概况

星星·华园国际花园一期（北区）工程，基础形式为桩承台基础，地下室底板厚度为470mm。地下室建筑面积17432.3m^2，其中一区9786.06m^2，三区7646.24m^2；地下室底板混凝土量一区6420.5m^3，三区5073.4m^3。

根据设计要求，本工程地下室底板不设后浇带、不留施工缝，鉴于本工程地下室结构尺寸超长，如何解决其钢筋混凝土结构的收缩开裂问题就成为施工技术的关键；由于混凝土的温差变形（即热胀冷缩）很大，如何抑制冷缩和干缩产生的拉应力造成的危害是本工程另一项技术难题。由于工程质量要求十分严格，同时又要尽可能缩短工期，以求尽快投入使用，所以本工程采用微膨胀补偿混凝土及大膨胀加强带的无缝施工工艺，以解决混凝土冷缩和干缩问题，达到本工程设计要求。

补偿收缩混凝土是指在所使用的配筋条件下通过添加膨胀剂使混凝土内部建立0.2～0.8MPa的压应力或者使混凝土所受的拉力低于混凝土抗拉强度的一种微膨胀混凝土。它能有效补偿混凝土的干缩和冷缩，同时水化形成的大量矿相具有填充毛细孔缝的作用，使毛细孔变细、减小，增加致密性，显著提高了混凝土的抗裂防渗性能。因此补偿收缩混凝土最适宜于长期处于潮湿状态且温差变化不大的地下室和水工构筑物等结构。

目前应用膨胀剂控制混凝土裂缝的方法虽然取得了非常显著的效果，但是也还不同程度地存在着加膨胀剂后混凝土坍落度损失增加，早期强度比基准混凝土低和后期干缩较大等问题。

经过大量的市场调查比较，经本工程设计同意，我们决定采用CMA三膨胀源抗裂剂配制成补偿收缩混凝土，以满足设计要求。

CMA是一种含有CaO、钙矾石和MgO三个膨胀源的新一代膨胀剂，其三个组分分别支持早期、中期和后期膨胀，水化早期是铝酸盐水泥熟料和CaO，中期是钙矾石，后期是MgO，以不同的水化速度来调节膨胀速率，从而使膨胀曲线更趋合理。三者膨胀适当组合，取长补短，能够更好地补偿混凝土结构的收缩，其中少量的可再分散性乳胶粉成分可大幅度提高混凝土的抗渗性能，提高建筑物的耐久性和使用的安全性。

［作者简介］肖海平，北京金港机场建设有限责任公司佛山分公司项目经理

2 施工技术措施

一般规定:补偿收缩混凝土工程施工时,除满足通常所要求的混凝土物理力学性能及耐久性能外,还能控制有害裂缝的产生。为此,事先要妥善制订好能满足上述要求的施工组织设计、相关的技术方案和质量控制措施,并应进行详尽的质量、安全技术交底,切实贯彻执行。在各道工序、各个环节配置具备相应技能的熟练人员,按这些计划进行施工。

(1)为了获得匀质密实的混凝土,浇筑时要考虑浇筑的结构区域、构件类别、钢筋配制状况以及混凝土拌和物的品质,选用适当机具与浇筑方法。

(2)浇筑混凝土之前要检查模板及其支架、钢筋及其保护层厚度、预埋件等的位置、尺寸,确认正确无误后方可进行浇筑。同时,还应检查对浇筑混凝土有无障碍(钢筋或预埋管线过密),必要时予以修正。

(3)混凝土一次浇筑量要适应各环节的施工能力,以保证混凝土浇筑的连续性。

(4)对现场浇筑的混凝土要精心监控,运抵现场的混凝土坍落度不能满足施工要求时,可采取经试验确认的可靠方法调整坍落度,严禁随意加水。降雨时不宜露天浇筑混凝土。

(5)利用后浇带和膨胀混凝土无缝设计原理,在底板后浇带或膨胀加强处的混凝土掺入8%的CMA,其限制膨胀度大于0.020%;加强带内混凝土掺入12%CMA,其限制膨胀率大于0.030%,强度等级提高5MPa。

(6)浇筑的混凝土要充填到钢筋、埋设物周围及模板内各角落,要振捣密实,不得漏振,也不可过振,更不得使用振捣棒拖赶混凝土。

(7)分层浇筑混凝土时,要注意使上下层混凝土一体化。应在下一层混凝土初凝前将上一层混凝土浇筑完毕。在浇筑上层混凝土时,须将振捣棒插入下一层混凝土5cm左右以便形成整体。

(8)由于混凝土的泌水、集料下沉,易产生塑性收缩裂缝,此时应对混凝土表面进行压实抹光,在浇筑混凝土时,如遇高温、太阳暴晒、大风天气,浇筑混凝土后应立即用塑料膜覆盖,避免发生混凝土表面硬结。

(9)底板混凝土面层浇筑完毕后,应在初凝后终凝前进行二次抹压。

(10)本工程地下室底板混凝土不留置施工缝,但南、北区交界处应将接茬处剔干净,浇水润湿,并在接茬处铺同强度等级水泥砂浆或涂混凝土界面剂,保证施工缝处结合良好。

(11)大膨胀加强带与微膨胀混凝土同时浇筑,但在施工时应注意:先在垫层上确定位置,并设置钢丝网隔离,浇筑至隔离网附近时先浇筑大膨胀混凝土,再浇筑微膨胀混凝土,以保证加强带混凝土的宽度和质量。

(12)底板采用蓄水养护或表面覆盖养护。采用蓄水养护时,蓄水高度3～5cm。水的导热系数只有空气的1/10,3～5cm的水被可起到保温保湿的双重作用;施工时应特别注意混凝土表面早期保湿。

(13)在施工前根据水泥的品种、强度等级及集料的粗细和外加剂的品种,通过试验合理地配置微膨胀和大膨胀混凝土CMA的掺入量,以保证混凝土的膨胀系数符合设计和施工验收规范要求。

3 无缝施工的优点

3.1 结构自防水的优点

对于地下工程来说，解决地下水的渗漏问题成为关键。防水是一项系统工程，涉及设计、施工、材料、管理和维护诸多方面。总的来说，防水技术分建筑防水和结构防水。建筑防水是指附加在结构上的外防水层，比方说采用柔性卷材或防水涂料等，其不足之处是防水寿命有限，一旦材料老化便失去防水作用，而普通混凝土易收缩开裂且内部孔隙率大，显然存在渗漏隐患。而结构防水是指钢筋混凝土结构的本体防水。结构自防水才是"治本"的防水技术，合理的结构自防水技术可做到永久防水。在防水面积较大的工程中由于收缩是水泥混凝土的特性，当混凝土的收缩量超过临界值时，会使结构产生裂缝，从而破坏结构的整体防水质量。对于混凝土本身来说，防水不外乎从两方面入手：一是提高其本身的密度；二是避免混凝土的收缩而产生裂缝。而采用 CMA 配制的补偿收缩混凝土则从根本上摆脱了普通混凝土易产生收缩的缺陷，杜绝结构出现有害裂缝的可能，从而提高了结构的整体防水功能，且防水寿命与结构设计年限等同，以达到工程较高的抗渗等级要求。

3.2 解决后浇带的留置与节省工期的矛盾

根据规范要求，基于普通混凝土的收缩特性，现浇混凝土结构每隔 30m 左右要设一条后浇带。然而后浇带的清理是一件很重要的工作，特别是地下室底板的后浇带，清理不好，会成为渗漏的隐患，同时也会影响结构物的整体质量。

另外，根据钢筋混凝土结构设计规范要求：后浇带一般需经过 45～60d 左右才能浇筑，这样对其后续工序的施工必然产生影响，延长基础验收的时间，也就直接拖后了工期，而工期的长短无论是对建设单位还是对施工单位都直接影响到经济效益。为了节省工期，确保工程质量，采用微膨胀混凝土加大膨胀混凝土加强带的无缝施工工艺则可以缩短施工工期。

4 结语

大面积底板混凝土的无缝施工工艺就是混凝土结构裂缝控制的一种施工方法。而混凝土结构的裂缝控制是一项系统工程，涉及材料、设计和施工等各方面。在材料方面，关键措施是在满足结构要求的前提下，通过掺加 CMA、高效减水剂及活性混合材料(粉煤灰等)最大限度地降低水泥用量，延缓混凝土的凝结时间，推迟混凝土水化热峰值，使混凝土在开始降温时，其抗拉强度得到足够的增长。根据本工程的特点和部位，合理确定水泥品种、CMA 的掺量，配制出膨胀性能大、补偿收缩性能好、施工容易、强度有保证、科学合理的膨胀混凝土。施工时，针对工程特点和膨胀混凝土的特性，采取合理的浇筑、振捣、养护措施，只有采取综合措施，才能收到实效。

需要强调的是，在科学设计的基础上，如何把好施工质量是很重要的。不应该片面强调材料等单一因素的作业，而应把合理的材料选择与严密的设计方案、科学的混凝土配合比、严格的施工组织和完善的工艺措施相结合，才能确保混凝土的施工质量，达到混凝土结构抗裂之目的。

中国计量学院地下车库防水混凝土的施工质量控制

余　杰，叶小刚

浙江省二建建设集团有限公司

中国计量学院地下车库工程建立在校区中心广场下，长165余米、中间不设伸缩缝，为典型的超长超大地下室工程。为了保证地下工程在竣工后的正常使用，以及减少维护费用，解决好地下工程的防渗漏工作是关键。通过对一些地下工程施工过程及竣工后使用情况的调查，发现造成地下工程渗漏的主要原因就是防水层质量不可靠，而混凝土自身又存在诸多问题，使抗渗能力大大降低。防水层本身设计寿命与结构寿命不匹配或施工质量不过关，主要是材料方面和施工方面的原因，个别也有设计方面的问题，更有少数施工单位或施工班组将不得用于地下防水的材料用于地下防水工程中，酿成地下室使用不久就出现渗漏的隐患。

结构自防水是防止地下室渗漏的关键，防水混凝土的施工质量是结构自防水的基本保证。在施工中分析影响防水混凝土自防水效果的相关因素，采取相应措施，改善混凝土自身的抗渗能力，提高防水混凝土的施工质量，应成为施工人员关注的重点。

防水混凝土的自防水效果影响因素主要有：①混凝土外加剂的选择及配合比的设计；②原材料的质量控制及准确计量；③施工中的振捣及细部结构(施工缝、变形缝、后浇带、钢筋撑角、穿墙管、穿墙螺栓、桩头等)的处理；④混凝土的拆模时间及拆模后的养护；⑤防水混凝土的裂缝防治处理。

1　防水混凝土外加剂的选择

防水混凝土外加剂一般均选用膨胀剂，为了提高自防水混凝土的抗渗能力，随着科技研究对膨胀剂技术的提高，其性能有了很大的改善。如中国建筑材料科学研究院研制成功的第五代高效抗渗防裂膨胀剂就是一种良好的防水抗渗材料。在混凝土中掺入4%～8%的膨胀剂，真正具备了低掺量、高而稳定的限制膨胀率、超低含碱量、对混凝土坍落度影响小等优良特性。选择一种应用成熟、效果较好的混凝土防水剂是混凝土配合比设计成功的前提。

防水混凝土配合比必须选择有相应资质和能力的实验室进行设计，进行配合比设计时的抗渗水压值应比设计值提高0.2MPa，水泥用量≥300kg/m^3，砂率宜为38%～40%，水灰比≤0.55，并应同时满足灰砂比为0.4～0.5，灰砂比是对防水混凝土作特殊要求的一个参数，以保证水泥砂浆浓度，有足够的水泥来包裹砂粒。混凝土入泵坍落度不宜大于140mm。另外，采用商品混凝土时必须考虑路途远近及道路运输状况，适当延长混凝土的初凝时间，避免浇筑过程中出现冷缝，并推迟水泥水化热峰值出现的时间，减小温度裂缝。

［作者简介］余　杰，浙江省二建建设集团有限公司分公司经理

2 原材料的质量控制及准确计量

组成自防水混凝土的主要原材料有水泥、砂、石、膨胀剂、粉煤灰、水等。水泥强度等级应不小于C32.5。配制普通防水混凝土，胶凝材料的选择很重要，水泥应选择水化热低、抗水性能好的品种(建议选择CS和CAF含量相对较多，而CS和CA含量适中的品种)。建筑物如不受介质侵蚀，建议优先选用矿渣硅酸盐水泥、火山灰硅酸盐水泥和普通硅酸盐水泥。根据抗渗等级不同，一般可选用42.5级及52.5级水泥，并且优先使用非早强型非R型，以提高水泥中CS和CAF矿物的含量，降低水化热，增强水泥自身的防水能力。

石子粒径宜为5～40mm，含泥量≤1%；砂宜用中砂，含泥量≤3%；膨胀剂的技术性能必须符合国家标准一等品的要求；粉煤灰必须达到二级，掺量≤20%；水应采用不含有害物质的洁净水。在施工前进场材料必须现场抽样检验，达不到要求不得使用，重点控制砂石含泥量及级配。混凝土如采用现场搅拌，使用前必须进行校验。人工添加膨胀剂及粉煤灰时，必须对操作人员进行交底和培训，务必添加准确，误差≤0.5%。设计配合比换算成施工配合比应挂在操作人员正前面，加入膨胀剂后的混凝土搅拌时间应比普通混凝土延长30～60s。

3 施工中的振捣及细部处理

3.1 混凝土浇筑与振捣

防水混凝土一次浇筑量不能过多，分层过厚易发生漏振、欠振现象。混凝土因振捣不密实容易产生蜂窝、麻面、孔洞等缺陷而影响其防水抗渗性能。混凝土振捣时必须由专人负责，振捣时间宜为10～30s，以混凝土泛浆和不冒气泡为准，确保不漏振、不欠振、不超振。

3.2 墙体施工缝的施工

墙体水平施工缝应留在高出底板表面不少于300mm的位置上，施工缝防水主要采取设置BW遇水膨胀止水条和中埋钢板止水带两种构造形式。设置BW止水条操作简单、施工速度快，但由于现场施工条件复杂，其可靠性及止水效果往往不及传统的钢板止水带。除了在混凝土墙板上留置施工缝的高度应满足规范规定外，还可以在施工缝处设凸缝，与止水带结合使用。

施工缝是混凝土结构的薄弱环节，也是地下工程易出现渗漏的部位，如果施工缝处理不当，极易形成渗漏水的通道。墙体留设了施工缝后应在迎水面抹20mm厚聚合物防水砂浆，并在其表面粘贴3～4mm厚高聚物改性沥青防水卷材或涂刷2mm厚聚氨酯防水涂料等加强措施。施工缝先浇部分必须凿毛，除去表面浮浆层，并认真检查施工缝封口模板的密实性及牢固性。墙体水平施工缝浇灌混凝土前，其表面浮浆和松散混凝土必须清除干净，然后再铺30～50mm厚1∶1水泥砂浆。水泥砂浆的铺浆长度要适应混凝土的浇筑速度，不宜过长或者间断漏铺。当混凝土在墙体中的卸料高度大于或等于3m时，可根据墙体厚度选用柔性流管浇灌，避免混凝土出现离析现象。

3.3 变形缝施工

为避免止水带局部出现卷边或接头黏结不牢，施工中应采取以下措施：①选购止水带时，应按图纸要求选购长度能够满足底板加两侧墙板的长度尺寸，如长度不能满足要求而需接长时，可采用氯丁型801胶结剂黏结，并用木制的夹具夹紧，最好采用热挤压黏结方法，以保证黏结效果；②止水带安装过程中的支模和其他工序施工中，要注意不应有金属一类的硬物损伤止水带；③浇注混凝土时，应先将底板处的止水带下侧混凝土振捣密实，并密切注意止水带有无上翘现象；对墙板处的混凝土应从止水带两侧对称振捣，并注意止水带有无位移现象，使止水带始终居于中间位置；④为便于施工，变形缝中填塞的衬垫材料应改用聚苯乙烯泡沫塑料板或沥青浸泡过的木丝板。

3.4 后浇带施工

由于工程施工的需要，常在地下结构中留设后浇带，而渗漏常出现在后浇带两侧混凝土的接缝处。后浇带应在其两侧混凝土龄期达到42d后再施工。当后浇带设计注明兼有沉降作用时，应在上部荷载基本加满后通过沉降观测，确定两侧沉降基本一致时方可封闭。施工前，应将接缝面用凿子凿去表面浮浆层，使其完全露出新鲜混凝土后再浇筑。后浇带混凝土中还应根据设计要求掺入8%的ZY膨胀剂或其他抗裂防渗膨胀剂，在混凝土硬化时起补偿收缩作用。混凝土浇筑应采用二次振捣，以提高密实性和界面的结合力，支设吊模时支撑模板的钢筋必须从中间截断，以免该钢筋成为渗水通道。

3.5 钢筋保护层施工

防水混凝土结构迎水面钢筋保护层厚度不得小于50mm，钢筋绑扎施工中必须注意将撑环、撑角设置在双排钢筋之间，对应的位置也应加设保护层垫块。撑环或撑角的每一端应有不少于2道绑扎。为了慎重可靠，宜采取焊接的方法固定在钢筋上。

3.6 穿墙管处理

安装模板设置的穿墙螺栓或穿墙管，施工规范规定要焊接止水环，但对施工中的止水环焊缝的检查要求不够严格，以致施工中往往存在局部漏焊和严重夹渣现象，为渗水提供了通道。因此，要加强对止水环焊缝的检查，在满焊的条件下应逐个敲击焊缝检验，对不合格的要补焊后方可用到工程中。用于支模的穿墙螺栓也可采用气压焊和电渣压力焊顶锻形成止水环工艺，但需注意顶锻后形成的止水环直径部分应大于钢筋直径2.5倍以上。止水环相对穿墙螺栓中心不得有严重偏移现象。当混凝土达到一定强度后，应在穿墙螺栓端头迎水面侧凿除20～30mm深的混凝土，截去穿墙螺栓，用膨胀砂浆做墙面处理。对于较大的方形套管，管子的底部常因无法振捣而出现空洞蜂窝现象，我们对此类套管采取在止水环两侧分别开出直径不小于振捣棒直径的洞口，便于将振捣棒插入套管下部混凝土中振捣，同时排出气体，从而保证了这部分混凝土的密实性。

3.7 桩头处理

近年来因桩头处理不好引起工程底板渗漏水的情况时有发生，因此在《地下工程防水技术规范》(GB 50108—2008)中增加了桩头部分应做防水的条文，并给出近年来应用效果较好的几种做法，在实际施工中可根据实际情况选用其中的一种。不管选用哪种处理方法，桩头及桩四周的垃圾均必须清理干净，防水层与桩头封闭一定要严密，否则将起不到应有的作用。

4 混凝土的拆模时间及拆模后的养护

防水混凝土宜延长带模养护时间，拆模后的竖向构件，如地下室侧壁等，应采用涂刷混凝土保护剂的方法进行养护。规范规定，有防水要求的混凝土养护时间不得少于14d，同时掺入ZY等外加剂的防水混凝土，在其说明书中明确其养护时间不少于21d。建筑物的底板往往同时是大体积混凝土，因此必须根据施工季节及现场的施工条件制订合理的养护方案，使混凝土中心温度与表面温度的差值、混凝土表面温度与大气温度的差值均不大于25℃。减小温度裂缝的发生，对提高混凝土的抗渗能力有极其重要的意义，以达到"不裂不渗"的效果。

5 防水混凝土的裂缝防治

根据工程经验，裂缝是引起防水混凝土渗漏的最大原因，其他漏振、节点处理不善等原因导致的渗漏属个别现象，容易查堵，而裂缝一旦出现往往就较多，原因复杂、分布较广、堵漏困难，因此，应采取有效措施防止防水混凝土裂缝的产生。

(1)在设计中应处理好构件"抗"与"放"的关系。所谓"抗"，就是处于约束状态下的结构，没有足够的变形余地时，为防止裂缝所采取的有力措施；而所谓"放"，就是结构完全处于自由变形无约束状态下，有足够变形余地时所采取的措施。

(2)设计中应尽量避免结构断面突变带来的应力集中，如因结构或造型方面等原因而无法避免时，应充分考虑采用加强措施。

(3)积极采用补偿收缩混凝土技术。在常见的混凝土裂缝中，有相当一部分是由于混凝土收缩造成的。要解决由于收缩而产生的裂缝，可在混凝土中掺用膨胀剂来补偿混凝土的收缩，实践证明，效果是很好的。

(4)重视对构造钢筋的认识。在结构设计中，设计人员应重视构造钢筋的配置，特别是对于楼面、墙板等薄壁构件更应注意构造钢筋的直径和数量的选择。

(5)对于大体积混凝土，建议在设计中考虑采用60d龄期混凝土强度值作为设计值，以减少混凝土单方用灰量，并积极采用各类行之有效的混凝土掺和料。

6 结语

防水混凝土的自防水能力是地下工程防渗漏的根本，影响普通防水混凝土抗渗性的因素很多，从选料、配合比设计乃至裂缝的防范与处理，每个环节都必须重视。其中，配合比设计是前提基础，裂缝防控是关键，做到"不裂不渗"方可达到控制质量的施工目的。

参 考 文 献

[1] GB 50108—2008 地下工程防水技术规范[S].

针孔法高压灌浆技术在某地下室防水堵漏施工中的应用

周凤中

温州东瓯建设集团有限公司

某商贸城设2层地下室，地下室底层面积5736.81m^2，地下1层层高4.55m，地下2层层高为4.85m，外墙为剪力墙结构，厚350mm，混凝土强度等级为C40，防水等级为P8，外墙迎水面涂有高分子涂料，土体回填后2个月，其地下室周边外墙见有多条裂缝、裂隙，且有地下水细细地渗出，致使地下室稍微低洼的地面上积有薄薄一层水，并见有几处湿面。对此，首先采用堵漏王在背水面封堵，但效果甚微，最终决定采用针孔法高压灌浆堵漏施工技术。

1 高压灌浆概况

2008年11月下旬至2008年12月中旬，我们实施了针孔法高压灌浆堵漏施工，在采用高压灌注时，其灌浆液缓缓地充满裂缝、裂隙，且往上沿裂缝、裂隙表面渗出；渗出的灌浆液与原贴附在墙壁上的水珠及水薄膜接触后，立即反应形成泡沫状的海绵体；而在无水处，则硬化形成一层坚硬的、不透水的固结体。在高压灌注的过程中，其灌浆液向上渗出的最大距离可达1.0m；在距灌浆孔1.5～2.0m的水平壁面上，见有灌浆液从毛细孔的壁面渗出。

2 施工工艺

2.1 施工工艺流程

混凝土裂缝、裂隙渗漏及湿面的大小，决定了堵漏钻孔孔径的大小、间距及应采取的措施，其施工工艺流程如图1所示。

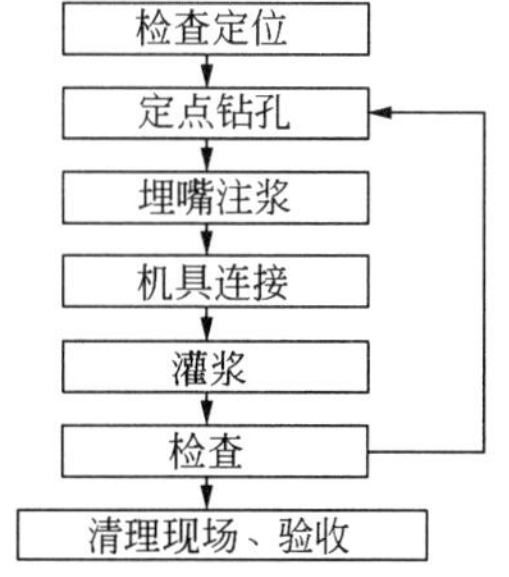

图1 高压灌浆施工工艺流程图

2.2 操作要点

(1)认真检查裂缝、裂隙及湿面情况，分析产生渗漏及湿面的原因，确定应治理的裂缝及湿面。

(2)孔位布置。于裂缝最低处，左或右5～10cm，沿裂缝向上间距25～30 cm，至裂缝最高处，在破裂面的两侧呈梅花形布置。钻孔孔位如图2所示，其湿面间距25～30cm，呈梅花形布置。

[作者简介] 周凤中，温州东瓯建设集团有限公司技术负责人，高级工程师

(3)严格控制钻孔孔径，确保孔径与高压灌浆嘴型号一致。钻孔由低向高，由左向右，由右向左交叉进行。

(4)严格控制钻孔深度及与混凝土壁面的角度，其深度为混凝土结构体厚度的 1/2 为宜，钻孔与混凝土壁面的夹角 30°～45°，其孔底应刚好穿过破裂面。钻孔深度及与混凝土壁面的角度剖面如图 3 所示。

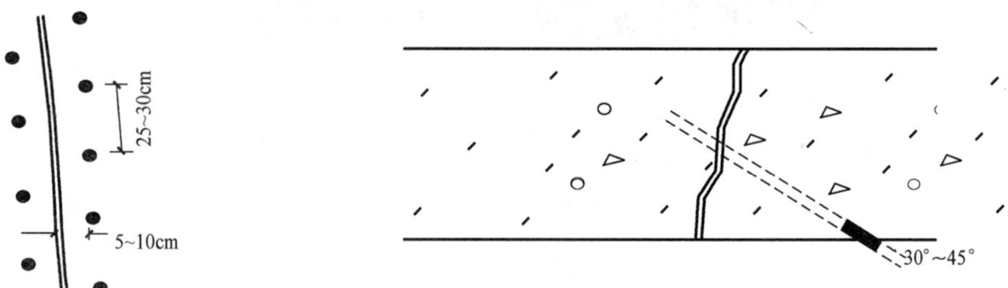

图 2　钻孔孔位示意　　　　图 3　钻孔深度及与混凝土壁面的角度剖面示意

(5)将高压灌浆嘴(又称止水针头)插入钻孔后，用扳手旋紧灌嘴，使环绕橡胶筒膨胀，可阻止灌浆液从灌浆嘴与钻孔的孔壁之间渗出；同时，将裂缝表面用聚合物水泥进行封闭处理，以防止在灌浆时跑浆。

(6)将高压管与灌浆机连接，将灌浆液倒入灌浆机的置料桶，通过微压，使灌浆液充满高压管，排除高压管内的清洗剂；然后将高压管与灌浆嘴连接，并检查其接头是否锁紧。

(7)灌浆压力一般控制在 30～40KPa，至灌浆液从混凝土表面及相邻的孔中渗出，保持压力 3～5min，即该孔灌浆结束，改为灌注相邻的灌浆孔。

(8)灌浆方向：由下而上，由左往右，由右往左，左右交错。

(9)一条缝的全部孔口灌完后，回到第一个孔口再灌一次。

(10)灌注时，应注意灌浆液的硬化时间，在未硬化时间内作业，如灌注液有硬化或温度升高的现象，应立即停止作业，清洗灌注机及高压管，以免灌浆液硬化堵机、堵管。严禁灌注含颗粒的液体，如树脂砂浆或水泥砂浆。

(11)72h 后检查已灌注的孔、裂缝、裂隙及湿面有无渗漏或潮湿，如存在此类现象，可在渗漏或湿面处重新钻孔，埋设高压灌浆嘴，灌注浆液；如无渗漏、湿面现象，拔出灌浆嘴，将已溢出呈弹性体状的灌浆液清理干净，验收。

(12)灌浆完毕，必须立即用专用清洗剂清除机具 2～3 次，清洗完毕后，留部分清洗剂置于料桶及高压管内部，避免灌浆液硬化、堵塞。为防高压管折断，请勿弯折 90°收存。

2.3　劳动力组织

1 台机具所需人员包括：管理人员、灌浆机操作工、电工、钻工、杂工各 1 人。

3　材料与设备

3.1　使用材料

(1)灌浆材料　水溶性聚氨酯化学灌浆液是一种快速高效，既能堵漏又能固结补强的高分子弹性材料。其具有良好的亲水性，在含水的结构体中，浆液不会被冲散，而且能与水反应，同时生成 CO_2 气体。由于气体的扩散，使灌浆液填充、充满混凝土的裂缝、裂隙及毛细孔中，与周围的混凝土、砂、土等固结，快速硬化并形成不透水的固结体，其主要技术参数如下：外观浅黄～琥珀色的透明液体；密度 1.0～1.1g/mm^3；黏度(20℃)1.00～4.00Pa·s；凝胶时间 20～1200s；黏结强度≥1.0MPa；膨胀率≥300%；包水量为 20 倍。

(2)高压灌浆嘴　又称止水针头，为灌浆所用的耐高压针头，中空；类似膨胀螺栓结构，整体固定在混凝土结构上。端部为油嘴结构，连接高压注浆机输液管；中部旋紧可使橡胶套与针孔内壁压紧密封，防止浆液外溢。可根据结构混凝土厚度选择不同长度规格的针头，高压灌浆嘴型号如表 1 所示。

表 1　高压灌浆嘴型号(单位：mm)

型　号	A-10	A-16	A-130	B-8
规　格	13×100	13×160	13×300	10×80

3.2　施工机具(见表 2)

表 2　施 工 机 具

<table>
<tr><th>设 备 名 称</th><th>压力(MPa)</th><th>流量(L/min)</th><th>电压(V)</th><th>数量</th><th>数量</th></tr>
<tr><td>F512 高压喷注机</td><td>70</td><td>0.74</td><td>220</td><td>1 台</td><td rowspan="4">与灌机配套</td></tr>
<tr><td>高压开关</td><td>100</td><td></td><td></td><td>1 个 8</td></tr>
<tr><td>牛油头</td><td>120</td><td></td><td></td><td>1 个</td></tr>
<tr><td>灌注高压管</td><td>80</td><td></td><td></td><td>1 条</td></tr>
<tr><td>电钻</td><td></td><td></td><td>220</td><td>1 台</td><td>造孔</td></tr>
</table>

4　质量控制

4.1　质量控制标准

高压灌浆堵漏施工质量严格执行《地下工程防水技术规范》(GB 50108—2001)及《地下防水工程质量验收规范》(GB 50208—2002)。

4.2　质量保证措施

(1)必须按照设计要求，严格控制造孔的孔径、深度及角度，务必使孔穿透破裂面，为使灌浆液源源不断地填充裂缝及毛细孔，灌浆压力不能少于 30MPa。

(2)仔细检查灌浆效果，对渗漏大或高密度的裂缝、裂隙及渗透严重的湿面，需多填补灌浆料，且应适当缩小灌浆孔距，反复多灌 2～3 次。

(3)加强实施过程中的检查和验证。

5　安全保证措施

(1)认真贯彻“安全第一，预防为主”的方针，根据国家有关规定、条例，结合现场堵漏的情况，明确各人的职责，抓好堵漏的安全生产。

(2)施工现场使用的手持照明灯应为 36V 的安全电压。

(3)电钻启动前,先确认正逆钻开关是否在R(正转)挡位置,检查电钻各部位螺栓是否松动或脱落,电钻的转速调至最大值,电钻手把处开关固定启动位置,以电线开关控制操作。

(4)灌浆压力应控制在40MPa以下,以免高压管破裂。

(5)高压灌浆时,施工人员请勿面对高压灌浆嘴及壁面,以防止高压灌浆嘴或注浆被射出。

(6)因注浆液黏结力极强,故操作人员工作时,应戴安全帽、眼镜、手套,穿长袖工作服、雨鞋。

6 结语

该工程经高压灌浆堵漏后,裂缝、裂隙渗漏及湿面现象消失,整个地下室壁面干燥。由于采取有效措施,使得高压灌浆堵漏施工全过程处于安全、稳定、快速、优质的可控状态,无需开槽,不破坏混凝土结构,并起到一定的加固作用。

参考文献

[1] GB 50108—2008 地下工程防水技术规范[S].

遇水膨胀止水条在现浇钢筋混凝土工程中的应用

彭　健[1]，唐　敏[2]

1. 北京金港机场建设有限责任公司上海分公司；

2. 新加坡 CPG 集团新工工程咨询（上海）有限公司

BW 遇水膨胀止水条属腻子型遇水膨胀橡胶类材料，由橡胶、无机吸水膨胀材料、高黏性树脂等十余种材料经密炼、混炼、挤至而成，外观呈四方条状，是具有一定弹性的橡胶泥状弹塑性固体。其原理是预置于混凝土内部的止水条在约束条件下（即被混凝土包裹的状态下）遇水膨胀，堵塞可能存在的毛细孔隙或缝隙，使其与混凝土界面的接触更加紧密，从而产生较大的抗水压力，形成不透水的可塑性胶体，彻底封堵缝隙、阻隔渗漏水源，并且它具有较强的整体平衡和自愈功能，可自行封堵较大缝隙和施工缝及后浇带因变形而后续出现的新缝隙，抗水压力大于 1.5MPa。

在以往施工过的工程中，我们大量地将 BW-96 型止水条（缓膨型遇水膨胀止水条，可根据施工需要选取不同膨胀时间的止水条）应用于现浇混凝土地下室、水池、沟渠等结构的施工冷缝及后浇带等部位，采用 BW-91 型止水条（普通型遇水膨胀止水条）对出现的渗漏点及裂缝进行封堵，均取得了良好的效果。

1　技术性能（见表 1）

表 1　膨胀止水条主要技术性能指标

型　号	BW-91	BW-96
抗水压能力(MPa)	≥1.5	≥1.5
静水中膨胀 100%时间(h)	4	24～20
静水中吸水膨胀率(%)	300～500	≥200
耐高温	150℃不流淌	80℃不起泡
耐低温	−20℃不发脆	−10℃不发脆

2　主要特点

（1）遇水膨胀，彻底堵塞渗水孔隙，截断压力水，抗渗效果好。

（2）BW-96 型在静水中浸泡呈整体性膨胀不解体，适用雨季和丰水点的施工。

［作者简介］彭　健，北京金港机场建设有限责任公司上海分公司副总工程师，高级工程师

(3)BW-91 型膨胀倍率高、速度快，移动补充性强，对已完工的工程，如果出现渗漏，可用该止水条重新堵漏。

(4)主体材料为无机矿物材料，因而具有耐老化、抗腐蚀性能，且不受温度湿度交替变化的影响，耐久性能好。

(5)具有自愈功能。当施工缝及地基出现很小变形或沉降裂缝时，它能继续吸水膨胀，堵塞新的孔隙，自动强化防水效能。

(6)抗水压力大，吸水膨胀速度可根据施工需要选择适宜的型号，施工极为方便。

3 施工方法

3.1 施工缝及后浇带的施工

由于 BW-96 型止水条在静水中浸泡呈整体性膨胀不解体，膨胀速度缓慢，抗水压能力强，因此我们将其应用于施工缝及后浇带。

(1)待混凝土施工缝界面硬化后，扫去浮渣、尘土、杂物等，露出坚硬基底。

(2)对于水平施工缝，将止水条放入凹槽中沿施工缝伸展方向展开，并利用其自黏性直接粘贴在施工缝界面上，通过隔离纸均匀压实，压实后每隔 1m 用高强钢钉固定。

(3)对于立面竖向施工缝，将止水条镶嵌在预留凹槽中，若没有预留槽，也可用高强钢钉固定，并利用其自黏性直接粘贴在施工缝界面上，通过隔离纸均匀压实，压实后每隔 0.5m 用高强钢钉固定。

(4)止水条延伸使用时，采用重叠搭接的方式，并用高强钢钉固定，搭接长度不得小于 50mm，安装路径沿施工缝形成闭合环路，不得留有断点。止水条的搭接及安放如图 1、图 2 所示。

(5)止水条固定完毕，撕下隔离纸即可浇筑下道混凝土。

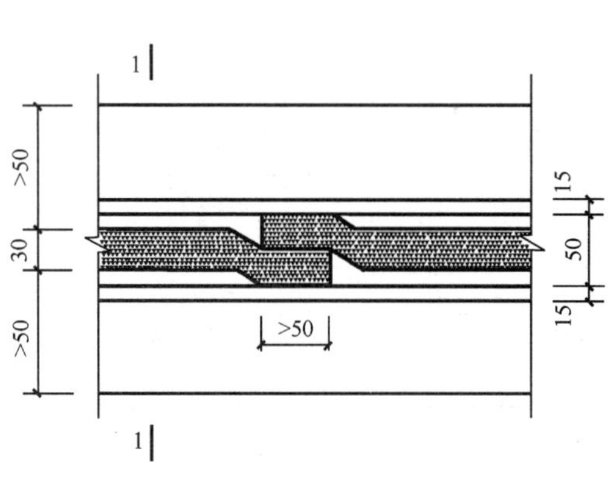

图 1 止水条搭接平面示意(尺寸单位：mm)

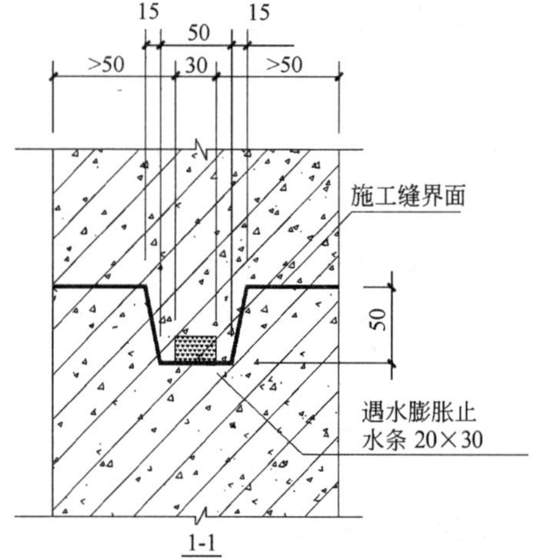

图 2 施工缝止水条的安放(尺寸单位：mm)

3.2 堵漏施工

BW-91 型止水条由于膨胀速度快、膨胀倍率高、移动补充性强，因此用于堵漏见效快。

在钢筋混凝土结构中，出现的渗漏主要可分为点渗和缝渗两种形式，以下就这两种渗漏形式的堵漏方法进行详细介绍。

3.2.1 点渗

点渗主要出现在墙体对拉螺杆处，产生的原因是由于部分模板拆除时间过早，混凝土强度尚较低，模板拆除时撬动了螺杆，破坏了混凝土对螺杆的握裹，使螺杆与混凝土之间产生了微隙，水顺此微隙缓慢渗出，于是就产生了点渗。堵漏方法如下：

(1)将渗水处围绕对拉螺杆打凿成圆锥形，使锥尖位于渗水点，深度 70mm 左右，用钢丝刷清除松渣及粉末，再用水冲洗干净；

(2)按锥孔大小截取适量 BW-91 型止水条，嵌入锥孔顶部，并用力挤压密实；

(3)用速凝剂拌和水泥迅速封堵，作第 1 层约束膨胀层，厚 5～10mm；

(4)待第 1 层约束膨胀层凝固后，用 1∶2 水泥砂浆作第 2 层约束膨胀层，该层厚度约 30～50mm，两遍成活，外平池壁；

(5)待约束层干燥后，用环氧树脂在表面涂刷两遍即可(见图 3)。

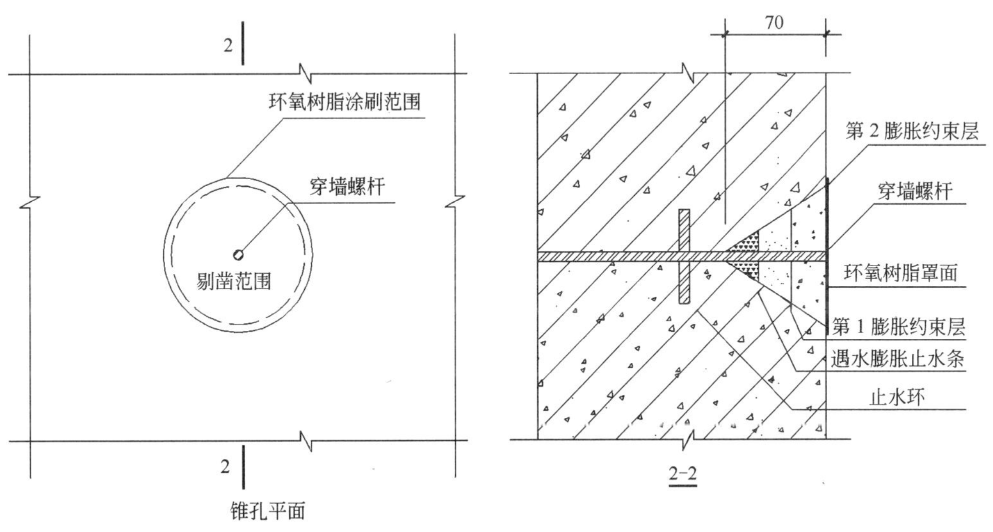

图 3　点渗封堵示意(尺寸单位：mm)

3.2.2 缝渗

缝渗主要出现在施工冷缝和后浇带处，其产生的主要原因如下：①止水条安放不符合要求或浇筑混凝土时止水条位移；②在捣固混凝土时振动棒未振捣到位，致使接缝处混凝土不密实，造成渗漏；③结构沉降不均时产生变形裂缝。对于缝渗的处理方法如下。

(1)将发生渗漏的缝呈楔形凿开，深 70mm 左右，开凿范围两端比渗漏范围长 30～50mm，用钢丝刷清除松渣及粉末，再用水冲洗干净。

(2)截取适量 BW-91 型止水条，沿缝长嵌入缝内，并用力压密实。

(3)用速凝剂拌和水泥迅速封堵，作第 1 层约束膨胀层，厚 5～10mm。

(4)待第 1 层约束膨胀层凝固后，用 1∶2 水泥砂浆作第 2 层约束膨胀层，该层厚度约 30～50mm，两遍成活，外平池壁。

(5)待约束层干燥后，用环氧树脂在表面涂刷两遍即可(见图 4)。

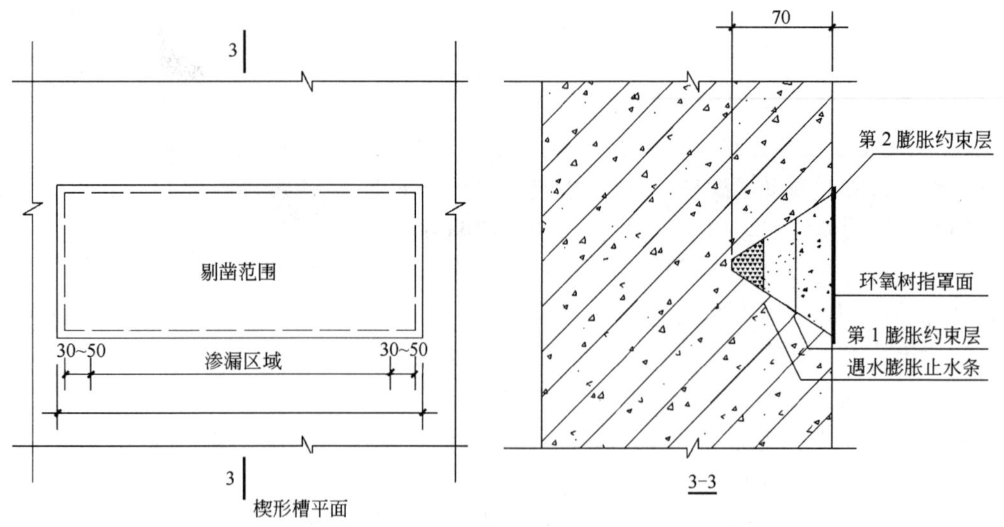

图 4 缝渗封堵示意(尺寸单位:mm)

4 注意事项

(1)粘贴界面应保持干燥,止水条应用于缝隙内部不得外露。

(2)止水条与施工缝界面粘贴要紧密,沿施工缝伸展方向不得留断点,不能被浮渣尘土等阻隔,不能被新浇混凝土完全包裹脱离施工缝界面。

(3)止水条要充分被新旧混凝土包裹,包裹厚度>5cm。

(4)根据施工周期选择膨胀时间适宜的止水条,待固定后至浇筑下道混凝土前,应尽量避免被雨水或施工用水浸泡。

(5)用于堵漏的止水条须挤压密实,约束膨胀层间不得空鼓起泡。

(6)止水条存放时,应避免潮湿和挤压,叠放不宜超过 4 层。

(7)混凝土振捣时,应避免振捣棒触及止水条。

5 结语

遇水膨胀止水条膨胀倍率高,移动补充性强,在硬化后的混凝土约束下具有较强的平衡自愈功能,可自行封堵各种原因造成的微小缝隙,防水抗渗效果良好。由于其主要材料为无机矿物原料,因此它还具有耐久性可靠、抗腐蚀、无污染等特点,与传统的钢板和橡胶止水带相比价格适宜、施工操作简单易行,施工质量易于保证。

混凝土施工裂缝的成因和防治

孙云峰，安　杰

中建七局总承包公司

混凝土是一种由砂石集料、水泥、水及其他外加材料混合而形成的非均质脆性材料。由于混凝土施工和本身变形、约束等一系列问题，硬化成型的混凝土中存在着众多的微孔隙、气穴和微裂缝，正是由于这些初始缺陷的存在才使混凝土呈现出一些非均质的特性。

微裂缝通常是一种无害裂缝，对混凝土的承重、防渗及其他一些使用功能不产生危害。但是在混凝土受到荷载、温差等作用之后，微裂缝就会不断地扩展和连通，最终形成肉眼可见的宏观裂缝，也就是混凝土工程中常说的裂缝。本文通过讨论裂缝的形成方式来提出合理的预防措施以避免裂缝对工程质量的影响。

1　裂缝的形成

裂缝按产生的原因有：由外荷载(包括施工和使用阶段的静荷载、动荷载)引起的裂缝，由变形(包括温度变形、湿度变形、不均匀沉降等)引起的裂缝，由施工操作(如制作、脱模、养护、堆放、运输、吊装等)引起的裂缝。按裂缝的方向、形状有：水平裂缝，垂直裂缝，横向裂缝，纵向裂缝，斜向裂缝以及放射状裂缝等。按裂缝深度有：贯穿裂缝、深层裂缝及表面裂缝三种。

1.1　塑性裂缝

1.1.1　现象

裂缝在结构表面出现，形状很不规则且长短不一，互不连贯，类似干燥的泥浆面，大多在混凝土浇筑初期(一般在浇筑后4h左右)，当混凝土本身与外界气温相差悬殊，或本身温度长时间过高(40℃以上)，而气候很干燥的情况下出现。塑性裂缝又称龟裂，属于干缩裂缝，出现普遍。

1.1.2　原因分析

(1)混凝土浇筑后，表面没有及时覆盖，受风吹日晒，表面游离水分蒸发过快，产生急剧的体积收缩，而此时混凝土早期强度很低，不能抵抗这种变形应力而导致开裂。

(2)使用收缩率较大的水泥，水泥用量过多，或使用过量的粉砂。

(3)混凝土水灰比过大，模板过于干燥。

[作者简介] 孙云峰，中建七局总承包公司

1.1.3 预防措施

(1)配制混凝土时,应严格控制水灰比和水泥用量,选择级配良好的石子,减小空隙率和砂率;同时,要振捣密实,以减少收缩量,提高混凝土抗裂度。

(2)浇筑混凝土前,将基层和模板浇水湿润。

(3)混凝土浇筑后,对裸露表面应及时用潮湿材料覆盖,认真养护。

(4)在气温高、湿度低或风速大的天气施工,混凝土浇筑后,应及早进行喷水养护,使其保持湿润;大面积混凝土宜浇完一段,养护一段。此外,要加强结构表面的抹压和养护工作。

(5)混凝土养护可采用表面喷氯偏乳液养护剂,或覆盖湿草袋、塑料布等方法;当表面发现微细裂缝时,应及时抹压,再覆盖养护。

(6)设挡风设施。

1.1.4 治理方法

此类裂缝对结构强度影响不大,但会使钢筋锈蚀,可在表面抹一层薄砂浆进行处理。对于预制构件,可在裂缝表面涂环氧胶泥或粘贴环氧玻璃布进行封闭处理。

1.2 干缩裂缝

1.2.1 现象

裂缝为表面性,宽度较细。其走向纵横交错,没有规律。较薄的梁、板类构件(或桁架杆件),多沿短向分布;整体性结构多发生在结构变截面处;平面裂缝多延伸到变截面部位或块体边缘,大体积混凝土在平面部位较为多见,但侧面也常出现,并随湿度和温度变化而逐渐发展。

1.2.2 原因分析

(1)混凝土成型后,养护不当,受到风吹日晒,表面水分散失快,体积收缩大,而内部湿度变化很小,收缩也小,因而表面收缩变形受到内部混凝土的约束,出现拉应力,引起混凝土表面开裂,或者构件水分蒸发,产生体积收缩受到地基或垫层的约束,而出现干缩裂缝。

(2)混凝土构件长期露天堆放,表面湿度经常发生剧烈变化。

(3)采用含泥量大的粉砂配制混凝土。

(4)混凝土经过度振捣,表面形成水泥含量较多的砂浆层。

(5)后张法预应力构件露天生产后长久为张拉状态等。

1.2.3 预防措施

(1)混凝土水泥用量、水灰比和砂率不能过大;严格控制砂石含泥量,避免过量使用粉砂;混凝土应振捣密实,并注意对板面进行抹压,可在混凝土初凝后、终凝前进行二次抹压,以提高混凝土抗拉强度,减少收缩量。

(2)加强混凝土早期养护,并适当延长养护时间。长期露天堆放的预制构件,可覆盖草帘、草袋,避免暴晒,并定期适当洒水,保持湿润。薄壁构件则应在阴凉地方堆放并覆盖,避免发生过大湿度变化。

1.3 温度裂缝

1.3.1 现象

表面温度裂缝走向无一定规律性;梁板式或长度尺寸较大的结构,裂缝多平行于短边;大面积结构裂缝常纵横交错。深进的和贯穿的温度裂缝，一般与短边方向平行或接近于平行，裂缝沿全长分段出现，中间较密。裂缝宽度大小不一，一般在 0.5mm 以下。裂缝宽度沿全长没有太大的变化。温度裂缝多发生在施工期间，缝宽受温度变化影响较明显，冬季较宽，夏季较细。沿断面高度，裂缝大多呈上宽下窄状，但个别也有下宽上窄情况，遇上下边缘区配筋较多的结构，有时也出现中间宽两端窄的梭形裂缝。

1.3.2 原因分析

(1)表面温度裂缝，多由于温差较大。混凝土结构，特别是大体积混凝土基础浇筑后，在硬化期间放出大量水化热，内部温度不断上升，使混凝土表面和内部温差很大。当温度产生非均匀降温时(如施工中注意不够，过早拆除模板；冬期施工，过早除掉保温层，或受到寒潮袭击)，将导致混凝土表面急剧的温度变化而产生较大的降温收缩，此时表面受到内部混凝土的约束，将产生很大的拉应力(内部降温慢，受自约束而产生压应力)，而混凝土早期抗拉强度和弹性模量很低，因而出现裂缝(这种裂缝又称为内约束裂缝)。但这种温差仅在表面处较大，离开表面就很快减弱。因此，裂缝只在接近表面较浅的范围出现，表面层以下结构仍保持完整。

(2)深进和贯穿性裂缝多由于结构降温差较大，受到外界的约束而引起的。当大体积混凝土基础、墙体浇筑在坚硬地基(特别是岩石地基)或厚大的老混凝土垫层上时，没有采取隔离层等放松约束的措施，如果混凝土浇筑时温度很高，加上水泥水化热的混凝土冷却收缩，全部或部分地受到地基、混凝土垫层或其他外部结构的约束，裂缝将在混凝土浇筑后 2～3 个月或更长时间出现，缝隙较深，有时是贯穿性的，将破坏结构的整体性。基础工程长期不回填，受风吹日晒或寒潮袭击作用；框架结构的梁、墙板、基础梁，由于与刚度较大的柱、基础连接，或预制构件浇筑在台座伸缩缝处，因温度变形受到约束，降温时也常出现这类裂缝。采用蒸汽养护的预制构件，混凝土降温控制不严，降温过速，或养生窑坑急剧揭盖，使混凝土表面剧烈降温，而受到肋部或胎模的约束，常导致构件表面或肋部出现裂缝。

1.3.3 预防措施

(1)尽量选用低热或中热水泥(如矿渣水泥、粉煤灰水泥)配制混凝土；或混凝土中掺适量粉煤灰；或利用混凝土的后期强度，降低水泥用量，以减少水化热量。

(2)选用良好级配的集料，并严格控制砂、石子含泥量，降低水灰比，加强振捣，以提高混凝土的密实性和抗拉强度。

(3)在混凝土中掺加缓凝剂，减缓浇筑速度，以利于散热，或掺木钙、减水剂，以改善和易性，减少水泥用量。

(4)避开炎热天气浇筑大体积混凝土；必须在热天浇筑时，可采用冰水或深井凉水拌制混凝土，或设置简易遮阳装置，并对集料进行喷水预冷却，以降低混凝土搅拌和浇筑的温度。

(5)分层浇筑混凝土，每层厚度不大于 30cm，以加快热量散发，并使温度分布均匀，同时也便于振捣密实。

(6)大体积混凝土适当预留一些孔道，采取通冷水或冷气降温。

(7)大型设备基础采取分块分层间隔浇筑(间隔时间 5～7d)，分块厚度 1～1.5m，以利水化热散发和减少约束作用；或每隔 20～30m 留一条 0.5～1.0m 宽的临时间断缝，40d 后再用干硬性细石混凝土浇筑，以减少温度收缩应力。

(8)浇筑混凝土后，表面应及时用草袋、锯末、砂等覆盖，并洒水养护。深基础可采取灌水养护(或在混凝土表面四周砌一皮砖进行灌水养护)。夏季应适当延长养护时间，使之缓慢降温。在寒冷季节，混凝土表面应采取保温措施，以防寒潮袭击。拆模时，块体中部和表面温差不宜大于 20℃，以防止急剧冷却造成表面裂缝。基础混凝土拆模后要及时回填。

(9)在岩石地基或较厚大的混凝土垫层上浇筑大体积混凝土时，可在岩石地基或混凝土垫层上浇沥青胶并撒铺 5mm 厚或铺两层沥青油毡纸，以消除或减少约束作用。

(10)蒸汽养护构件时，控制升温速度不大于 25℃/h，降温速度不大于 20℃/h，并缓慢揭盖，及时脱模，避免引起过大的温度应力。

1.3.4 治理方法

温度裂缝对钢筋锈蚀、碳化、抗冻融(有抗冻要求的结构)、抗疲劳(对受动荷载作用的构件)等方面有影响，故应采取措施治理。可以采用涂两遍环氧胶泥或贴环氧玻璃布，以及抹、喷水泥砂浆等方法进行表面封闭处理，对有防水、抗渗要求的结构，缝宽大于 0.1mm 的深进或贯穿性裂缝，应根据裂缝可灌程度，采用灌水泥浆或化学浆液(环氧、甲凝或丙凝浆液)方法进行裂缝修补，或者灌浆与表面封闭同时采用。宽度不大于 0.1mm 的裂缝，由于后期水泥生成氢氧化钙、硫酸铝钙等类物质，能使裂缝自行愈合，可不处理或只进行表面处理即可。

1.4 不均匀沉陷裂缝

1.4.1 现象

不均匀沉陷裂缝多属贯穿性裂缝，其走向与沉陷情况有关，有的在上部，有的在下部，一般与地面垂直或呈 30°～45°角方向发展。较大的不均匀沉陷裂缝，往往上下或左右有一定的差距，裂缝宽度受温度变化影响较小，因荷载大小而异，且与不均匀沉降值成比例。

1.4.2 原因分析

(1)结构、构件下面的地基未经夯实和必要的加固处理，混凝土浇筑后，地基因没水引起不均匀沉降。

(2)平卧生产的预制构件(如屋架、梁等)，由于侧向刚度较差，在弦、腹杆件或梁的侧面常出现裂缝。

(3)模板刚度不足，模板支撑间距过大或支撑底部松动，以及过早拆模，也常导致不均匀沉陷裂缝出现。

1.4.3 预防措施

(1)对松软土、填土地基应进行必要的夯实和加固。

(2)避免直接在松软土或填土上制作预制构件，或经压夯实处理后作预制场地。

(3)模板应支撑牢固，保证有足够的强度和刚度，并使地基受力均匀。拆模时间不能过早，应按规定执行。

(4)构件制作场地周围应做好排水措施，并注意防止水管漏水或养护水浸泡地基。

1.4.4 治理方法

不均匀沉陷裂缝对结构的承载能力和整体性有较大的影响，因此，应根据裂缝的严重程度，会同设计等有关部门对结构进行适当的加固处理(如设钢筋混凝土围套、加钢套箍等)。

2 裂缝控制在实际工程中的应用

2.1 工程概况

世纪联华超市广场工程位于郑州市紫荆山路与陇海路交叉口东北角，工程总建筑面积为140059.3m^2，总高97.650m。本工程基础为筏板基础。主楼地下二层底板混凝土采用C40防水混凝土，裙房下底板及基础为C30防水混凝土，抗渗强度等级均为P8，抗渗厚度2.0～2.3m，属于大体积混凝土。

2.2 影响混凝土产生裂缝的原因

(1)混凝土产生的水化热。

(2)表面产生的风化裂缝。

(3)混凝土表面收缩。

2.3 防治底板混凝土裂缝控制措施

(1)为控制底板及楼面混凝土表面收缩裂缝，在方案设计时要求混凝土浇筑振捣后先用刮杠整平，然后用铁抹初步收光，待初凝后，手按有印但无凹陷时，用铁滚在两个方向来回滚动各2～3遍，然后再用木抹子搓平压实，以达到封闭表面收缩(干缩)裂缝的效果。

(2)施工时，在第一遍收光后，在下部混凝土初凝前，混凝土表面形成一层2～3cm厚硬壳(即假凝现象)，并出现表面龟裂，给第二遍抹压造成困难，为减少裂纹，采取了提早覆盖塑料薄膜养护，使早期干缩裂缝得到有效控制。

(3)为防止底板大体积混凝土由于水化热引起内外温差过大造成温度裂缝，采取了以下措施：

①采用低热水泥，在混凝土中添加粉煤灰降低水化热，在C40混凝土配合比中加入JM-III高效增强剂，其具有抗裂、防渗等性能。

②选用级配良好的集料，粗集料选用5～40mm连续级配的石子，石子含泥量不大于1%，砂含泥量不大于2%。坍落度为(120±20)mm。

③斜坡分层浇筑混凝土，以加快热量散发。

④加强振捣。

⑤在混凝土初凝后及时覆盖。覆盖材料采用一层塑料薄膜加一层草袋，防止混凝土内外温差超出允许范围产生裂缝。

⑥为防止因混凝土厚度变化形成内部温差过大引起裂缝，在主楼底板内部埋设循环水管，在混凝土硬化过程中，向管内注入冷水，排出热水，以降低内部温差，并根据出水温度调整注水量。实测一般进出水温度差25℃左右，从测温记录分析，高差变化处温度差异很小，说明循环降温效果明显。

⑦为准确测量混凝土内部温度变化情况，在底板底部、中部、上部，从底板角部向塔楼位置，间距6m左右提前埋设半导体电阻测温器，共设置12个测温点。底板角部的测温点距角部15cm左右，底板上部及下部的测温点距新浇筑混凝土的外表面深度也为15cm左右。底板混凝土浇筑后，派专人跟踪监测表面温度与结构中心温度，测温时间为20d左右。

从测试记录分析，同一部位上、中、下温差和相邻部位平行温差均在规范规定25℃允许范围之内，从混凝土表面观察，无通长且向纵深发展的裂纹。

⑧施工时严格按照“平面分段、立面分层”，由低到高的顺序逐层进行浇筑。每段的电梯井底和水池底的混凝土先行浇筑，电梯井及集水坑位置混凝土浇筑到标高－12.35m、－12.65m。大面积的混凝土浇筑时，根据设计的膨胀后浇带位置，结合现场的实际情况，先浇筑A座主楼，浇筑顺序为从膨胀后浇带的位置从中间向两边浇筑，然后B座主楼按同样的浇筑顺序进行浇筑，每段混凝土用量各为1400m^3左右。每段配备2台混凝土输送泵供应混凝土，按每台泵30m^3/h计算，则2台泵可供应混凝土量60m^3/h，取50m^3/h。分层厚度为30cm，混凝土流淌坡度按1∶10考虑，流淌宽度取15m，则每台泵在4h内可覆盖的混凝土条带宽度为：4×20/(0.3×15)＝17.78m，满足每个混凝土浇筑条带在混凝土初凝（按4h计）前覆盖的要求。

2.4 应用效果

有效地控制了混凝土内温度，防止了混凝土开裂现象，避免了地下渗漏，保证了施工质量，得到了业界的好评。

3 结语

通过科学研究和混凝土工程实践证明，混凝土工程中裂缝问题是不可避免的，在一定范围内也是可以接受的，只是要采取有效的措施将其危害程度控制在一定的范围之内。在施工中应尽量采取有效措施控制裂缝产生，使结构尽可能不出现裂缝或尽量减少裂缝的数量和宽度，尤其要尽量避免有害裂缝的出现，从而确保工程质量。

混凝土结构抗裂设计和构造措施分析

孔祥红，姚　敏

上海城乡建筑设计院有限公司

混凝土是一种由砂石集料、水泥、水及其他外加材料混合而成的非均质脆性材料。其抗压强度高，而抗拉强度却很低，一般只有抗压强度的1/20～1/8。抗拉强度的不足，是导致混凝土产生裂缝的主要原因。引起混凝土结构中拉应力的原因很多，除荷载作用外，混凝土的收缩、温度变化、结构的不均匀沉降等都会产生拉应力，从而引起混凝土结构的开裂。现针对混凝土的收缩、温度变化原因，从结构平面布置、混凝土构件厚度、混凝土强度等级选用和配筋设计四个方面，简述结构设计和构造措施针对混凝土结构裂缝的控制技术。

1　结构平面布置

(1)建筑平面宜规则，避免平面形状突变。当平面有凹口时，凹口处外横墙宜与内横墙拉通对齐，并宜在凹口处边缘设置拉梁，其截面及配筋不宜太小；凹口周边楼板宜适当加厚并加强配筋，宜考虑该处楼板负筋拉通，使其能抵抗在此处集中的温度应力及混凝土收缩应力。

(2)对于连续长度较长的外墙，建筑上可以考虑设置大的落地门窗和八角窗，以减小墙端部温差应力，避免楼板切角裂缝的产生。转角窗处楼板宜加设暗拉梁，配筋构造如图1所示。

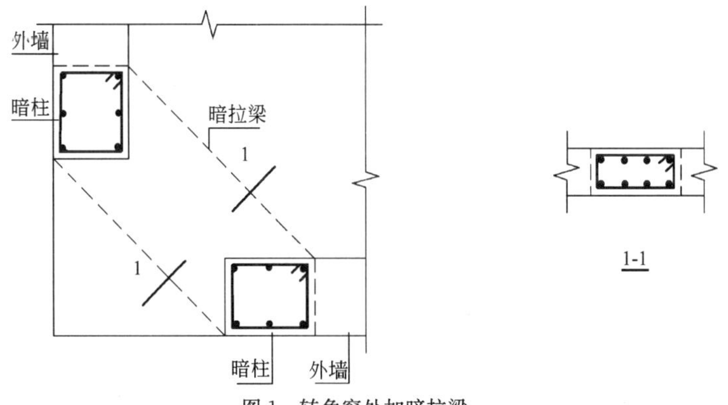

图1　转角窗处加暗拉梁

(3)当房屋长度大于60m时，可在房屋中部设置后浇带，以减小混凝土收缩应力及温度应力的影响。后浇带内的钢筋可不截断。后浇带的混凝土强度等级宜较其两侧混凝土高一个等级，并应采用补偿收缩混凝土进行浇筑，其湿养护时间不少于14d。为解决高层建筑与裙房间沉降差异过大而设置的“沉降后浇带”，应在相邻两侧的结构满足设计允许的沉降差异值后，方可浇筑后浇带内的混凝土。后浇带的宽度以800～1000mm为宜。

［作者简介］孔祥红，上海城乡建筑设计院有限公司工程师

(4)对于外露的现浇钢筋混凝土女儿墙、挂板、栏板、檐口等构件，当其水平直线长度超过12m时，可应按图2示意设置伸缩缝，伸缩缝间距≤12m。

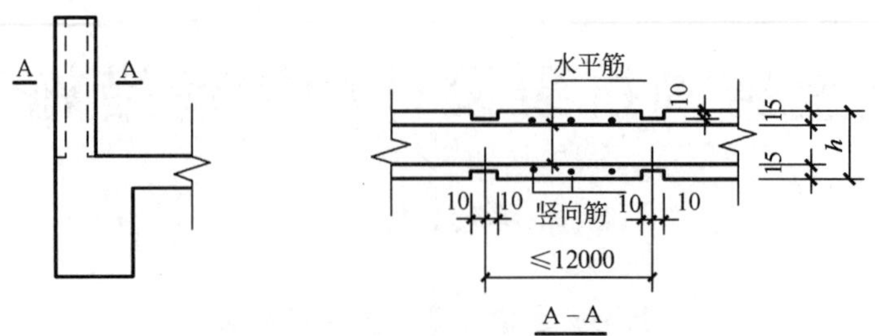

图2 外露钢筋混凝土构件伸缩缝做法(尺寸单位:mm)

2 混凝土构件厚度

对现浇楼板板厚宜≥$L/30 \sim L/35$(L为单向板跨度或双向板短向跨度)，一般设计厚度不宜小于100mm(厨房、浴厕、阳台板不得小于90mm)，屋面板厚度宜≥120mm。对现浇剪力墙结构，外墙墙厚宜大于160mm，其中地下室外墙墙厚宜大于250mm。

就现浇混凝土楼板的最小厚度问题，《混凝土结构设计规范》(GB 50010—2002)在考虑钢筋锚固、耐久性等因素而确定的最小厚度，对于民用建筑单向板仅要求为60mm，对于双向板仅要求为80mm。楼板厚度越小，受力半径倒数越大，相应产生的混凝土干缩应力亦越大。根据工程设计经验，厚度低于100mm的楼板的温度—收缩裂缝很难控制。对于混凝土墙，厚度过小，支模浇筑困难，实际工程中，普遍用到≥200mm。地下室外墙外侧的保护层厚度，目前普遍要求不低于50mm，内侧的保护层厚度常取20mm，厚度过低亦难以满足受力和防水要求。

3 混凝土强度等级选用

现浇楼板混凝土强度等级不宜大于C30，宜选用C25。现浇梁与楼板混凝土等级宜一致，梁、楼板与柱、墙不同混凝土强度等级节点处(见图3)可考虑特殊处理。基础底板及地下室外墙混凝土强度等级不宜大于C35。

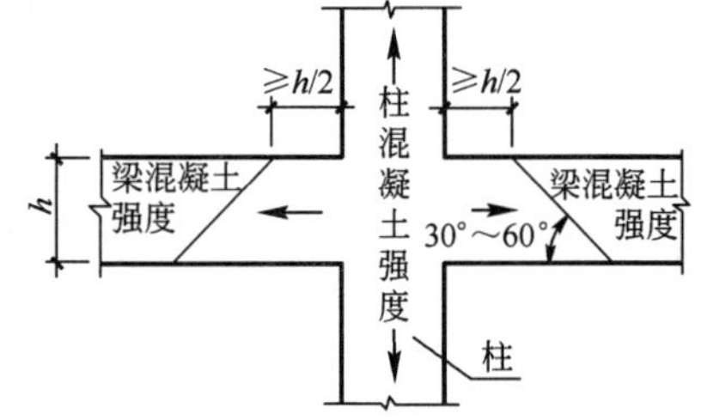

图3 梁柱节点混凝土的强度处理

楼板采用的混凝土强度等级越大，强度越高，水泥用量越多，水灰比越大，出现裂缝的可能性就大，故控制在C30以下较为合适；根据实际工程经验，对于低层建筑(1～2层)、多层建筑(4～6层)基本上选用C20可以达到强度要求；对于中高层建筑(7～9层)、高层住宅(12层以下)选用C25或C30混凝土即可满足要求，采用过高强度等级的混凝土实无必要；对于12层以上的高层建筑，底部十几层混凝土强度等级选用时有可能超过C30。

柱(墙)混凝土强度等级高于梁(板)，且相差大于5MPa时，梁(板)与柱(墙)节点区的混凝土强度等级应与柱(墙)相同，不同强度等级的混凝土交界面可按图3施工。

基础底板受弯矩、剪切和冲切的作用，从经济性考虑，控制板厚而提高混凝土强度等级可能更经济。但过高的混凝土强度等级，可能带来过大水化热，这在大底板混凝土结构中尤为明显。混凝土强度等级不超过C35，施工过程中水化热温差比较容易控制。混凝土强度等级选用C40或以上时，设计上可考虑利用混凝土的60d或者90d强度，减少混凝土的水泥用量，从而降低水化热温差。

按实际工程经验，地下室外墙混凝土强度等级普遍用到C30，对水化热温差和防水抗渗的控制都比较容易。如果外墙受力或抗渗无法满足使用要求，通常考虑增加墙厚，而不是提高混凝土强度等级。只有当抗渗要求≥1.2MPa时，C30混凝土很难配置，才考虑选用C35混凝土或更高强度等级。

4 配筋设计

(1)屋面板建筑上应采用保温设计，屋面的传热系数宜≤1.0W/m^2；结构配筋宜采用双层双向钢筋。

(2)楼板双向板负弯矩钢筋可按分离式配筋，在板面无负弯矩钢筋区宜配置双向钢筋网与负弯矩钢筋搭接(见图4)，其配筋率不宜小于0.15%，钢筋直径不宜小于ϕ6或ϕ6.5，钢筋间距不宜大于200mm；板面无负弯矩钢筋区也可考虑利用受力筋，如上部钢筋每间隔一定距离拉通，贯通筋的间距应尽量与受力筋间距匹配(如受力筋间距100mm，贯通筋宜间距200mm)，以便于施工。在有条件时，在房屋端开间及房屋中间凹口较大部位处，宜采用双层双向配筋，即负弯矩钢筋也拉通配筋。

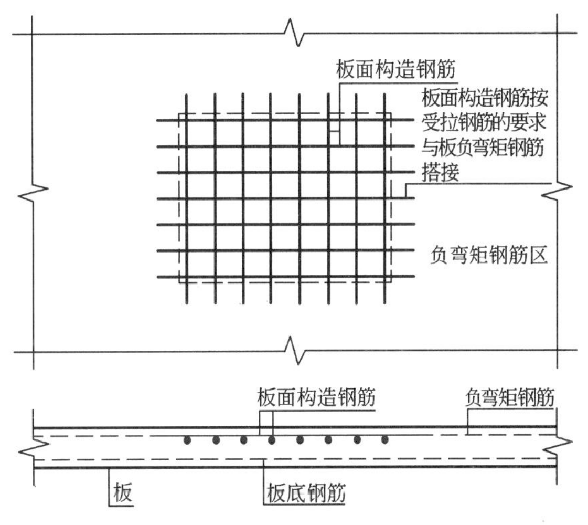

图4 双向板板面无负筋区配置双向钢筋网

(3)为减小楼板角部开裂的可能性，双向板周边支座为墙、梁、圈梁时，支座弯矩宜按四边嵌固板计算，负弯矩钢筋按计算配筋，正弯矩钢筋应将弯矩增大1.2～1.5倍配筋，或者正弯矩按实际支座情况(如有简支边)计算再酌情增大配筋。

(4)在房屋屋面阳角、阴角处及较大板块的四角部位板上、下侧，宜增设直径与原面筋相同的双层双向间距为100mm钢筋，其范围为$L/4$(L为长跨长度)，上侧钢筋放在负筋下面，下侧钢筋放在下部钢筋上面，钢筋伸入支座的锚固长度不宜小于$5d$(d为钢筋直径)；另外，在板面建筑层面(水泥砂浆找平层)中还可铺设ϕ6或ϕ6.5间距为150mm双向钢筋网，其铺设范围为$L/4$，以防止楼板四角部位出现45°裂缝，配筋构造如图5所示。也可考虑增设5根ϕ10放射状钢筋，钢筋长度不宜低于1500mm(见图5)。从施工便利角度考虑，建议选用双层双向钢筋网片措施，为便于混凝土浇筑，增设钢筋可与楼板原有配筋两根并在一起绑扎。

(5)在房屋端开间及中部有凹口部位，板下部纵向钢筋伸入支座长度宜在《混凝土设计规范》(GB 50010—2002)限定的$5d$(d为钢筋直径)锚固长度基础上适当增加。

(6)框架结构较长(超过规范规定设置伸缩缝的长度)，纵向梁的侧边宜配置足够的抗温度收缩钢筋。当梁腹板高度h_w≥450mm(对T形梁，h_w=梁高－板厚；对矩形截面梁，h_w=有效

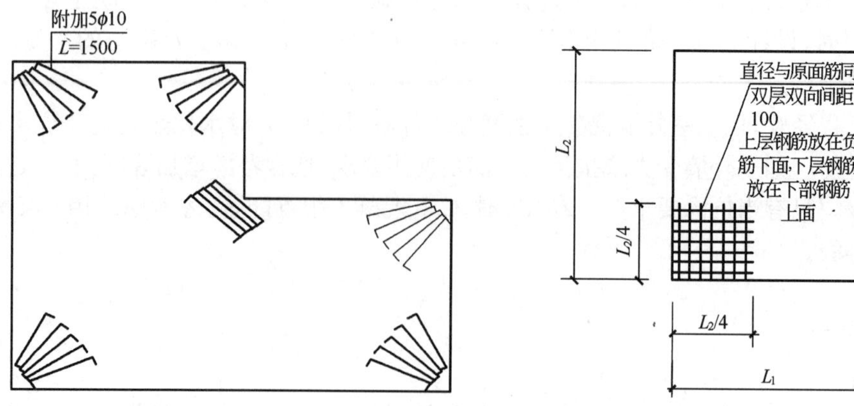

图 5　楼屋面板角部配筋加强

高度;对工字形梁,h_w=腹板净高)时,梁的侧边也宜配置足够的抗温度收缩钢筋。抗裂构造钢筋直径不宜小于 ϕ12,间距不宜大于 200mm,具体如图 6 所示。此外,在设计时应考虑温度收缩对端部区段框架柱的不利影响,适当提高其承载力。

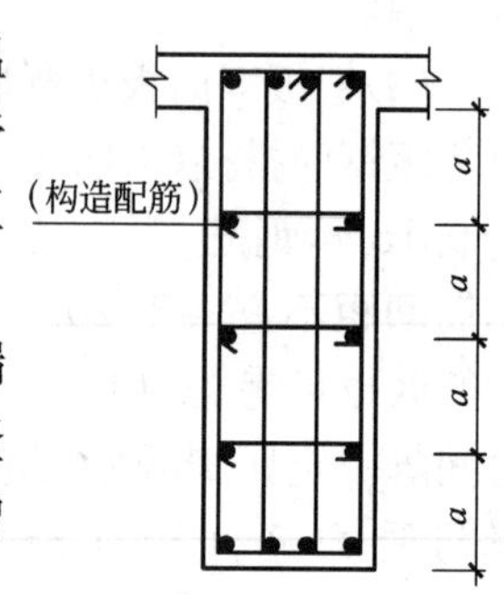

图 6　梁侧面纵向构造筋

(7)现浇剪力墙结构的墙体中分布筋宜双排布置。对端山墙、端开间内纵横、顶层和底层墙体,均宜比按计算需要量适当增加水平和竖向分布钢筋配筋数量。对于地下室外墙,可在外侧 50mm 保护层内增设 HPB235 级 ϕ6 间距为 150mm 水平向分布筋,配筋构造如图 7 所示。

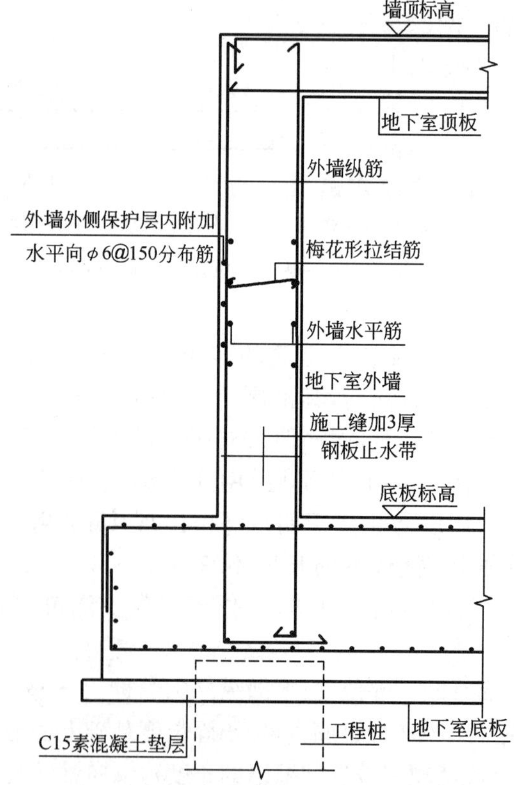

图 7　地下室外墙外侧增设附加水平向抗裂钢筋

厚度大于150mm的墙体，从构造上均需配置双排分布钢筋。对于混凝土收缩和温度作用显著的部位，从抗裂的角度来讲，需要适当增加分布筋配置数量。地下室外墙，更容易产生垂直向的收缩和温度裂缝，沿水平向增设分布钢筋，经济合理。

(8)楼板钢筋宜选用热轧钢筋，而不宜选用冷轧带肋钢筋和冷轧扭钢筋。当钢筋直径≥10mm时，宜采用HRB335级或HRB400级钢筋，而不宜采用HPB235级钢筋。

受力钢筋的最大间距，板中当板厚≤150mm时，不宜大于150mm；当板厚>150mm时，不宜大于200mm；现浇剪力墙结构的墙体中不宜大于200mm；地下室外墙水平向分布筋不宜大于150mm。

楼板配筋计算时，裂缝宽度以不大于0.2mm为准。

楼板中管线必须布置在钢筋网片之上（双层双向配筋时，布置在下层钢筋之上），交叉布线处可采用线盒，线管不宜立体交叉穿越。预埋管线处应采用增设钢筋网片等加强措施。楼板中强弱电预埋管建议选用国际标准焊接钢管，而不提倡采用PVC塑料管。电气埋管直径不得大于板厚的1/3，且不应超过50mm，并使管壁至板上下边缘净距不应小于25mm。配筋构造如图8所示。楼板板面管线洞口应做必要的加强处理，配筋构造如图9所示。

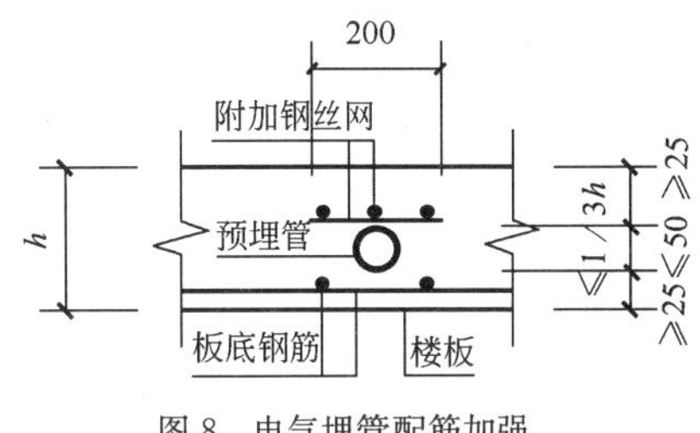

图8 电气埋管配筋加强

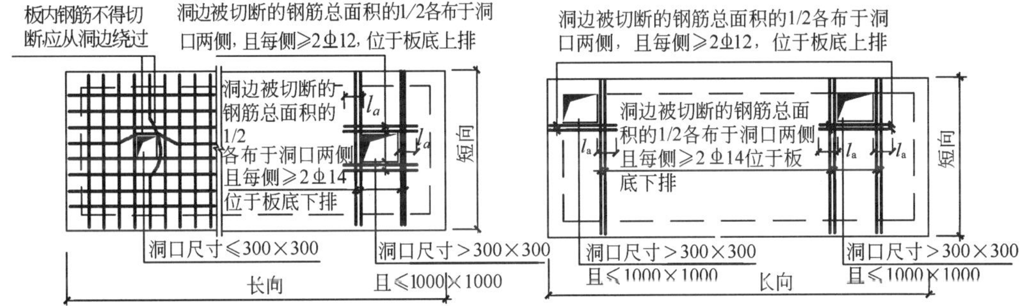

图9 楼板孔洞加强筋

(9)梁腰上的孔洞宜作成圆形，且尽可能布置在拉力和剪力较小处（梁跨中的2/3范围内，梁高的中间1/3范围内）。在梁两侧沿洞口周边应设置构造钢筋，配筋构造如图10所示。

(10)为防止剪力墙小洞口出现角裂，应沿洞口周边进行水平筋和纵向筋补强，并加配斜筋，配筋构造如图11所示。

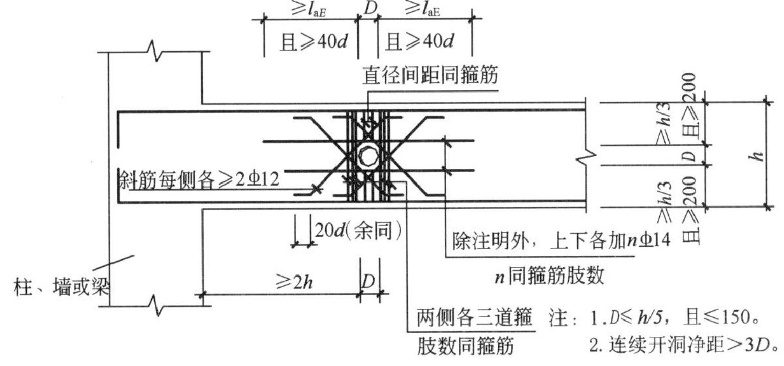

图10 穿梁管洞洞边加强做法

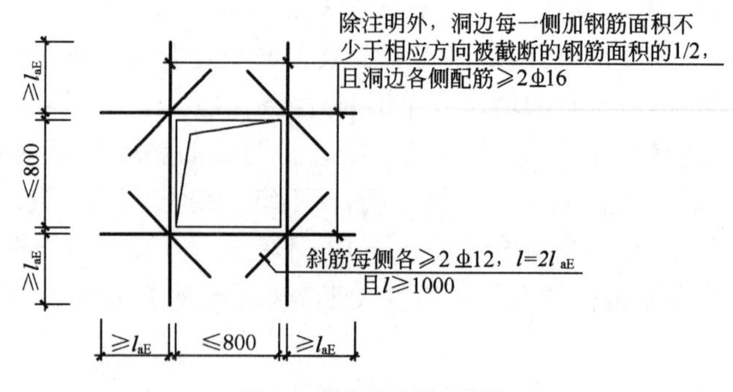

图 11　剪力墙小洞口补强

5　结语

以上针对混凝土的收缩、温度变化引起的裂缝，从结构平面布置、混凝土构件厚度、混凝土强度等级选用和配筋设计四个方面，总结了目前国内常见的结构设计和构造抗裂措施。工程实践表明，若上述设计和构造措施应用得当，混凝土结构裂缝完全可以控制在可以接受的范围之内。

参 考 文 献

[1] GB 50010—2002 混凝土结构设计规范[S].

[2] 王铁梦. 工程结构裂缝控制[M]. 北京：中国建筑工业出版社，1997.

“壁可注入法”混凝土裂缝修补技术

胡志国

江苏舜天国际集团置业有限公司

混凝土裂缝是最常见的工程病害之一。由于产生的原因不同所以有许多种类的裂缝，我们必须分析清楚，分别对待。宏观上出现裂缝是混凝土的普遍现象，多数情况下无明显危害，经检查鉴定可以接受，不需要处理。但对设计有误、原材料选择不当、配合比不良、施工质量低劣造成的影响结构安全的裂缝应该给予充分的重视，采取相应的对策，避免引起更严重的病害。

对裂缝进行修补，是最常见的处理方式。在修补裂缝之前需要进行检测与分析以确定裂缝部位、开裂程度、裂缝产生原因以及如何修复。同时要检查设计图纸、施工记录和维修记录。确定裂缝的位置和裂缝宽度可以用目测、刻度放大镜或无损伤方法(如超声波测量)，也可以钻孔取样检查。一般的裂缝，只要不影响结构安全和使用功能就可以不处理，但是由于后期原因使裂缝增大，影响结构安全和使用功能的就要进行修补。另一方面，如果裂缝是由于基础沉陷，在沉陷没有得到正确处理以前修复裂缝是没有用的。修补裂缝的方法很多，然而传统的修补方法效果却不很理想。比如说传统的“打药针”方法，用医用的注射器向裂缝中注入环氧树脂胶，首先是灌注压力不足，无法确定树脂胶灌入深度，并且树脂胶还有可能从裂缝中流出，修补的效果很不理想。我们在江苏舜天国际集团研发中心地下室混凝土裂缝采用了“壁可注入法”修补技术，其效果明显，非常理想。

“壁可注入法”是日本 SHO-BOND (肖邦)建设株式会开发的混凝土裂缝注入修补方法，在国际上受到专利保护。该技术属于密封加压灌注树脂胶的方法。先用密封材料将裂缝封闭，并预设若干注入嘴，然后通过橡胶管式注入器向裂缝中自动注入树脂胶，灌注过程中始终保持约 0.3MPa 的压力，确保将胶注入裂缝深处，在解决渗漏水问题的同时，使因开裂而减弱的混凝土结构强度得以恢复或提高。“壁可注入法”修补裂缝强度高，效果好，施工方法简便易行。该方法最大的特点是通过使用专用黄油枪及注入器解决了灌注压力不足和灌注胶从裂缝中流出两大难题，而且注入器的节流阀还可以使灌注胶灌注完毕后仍保持一定的压力从而压入微小的裂缝当中去。

1 “壁可注入法”的优点

(1)设计简单合理，压力容易控制，向注入器内灌注树脂胶，使橡胶管膨胀后，即开始由橡胶管的均匀收缩作用产生压力进行注入，实现了简单可靠的压力控制。对裂缝中的任何凹槽和角落 都能借助注入器的内部压力注入，不需要把裂缝扩大为V形缝及预埋管，注入过程可持续

[作者简介] 胡志国，江苏舜天国际集团置业有限公司

很长时间，而无需人力，注入材料可以完美地渗入到裂缝的最末端，甚至包括钢筋与混凝土间的缝隙。

(2)注入效果不受缝内水的影响。均匀而持续的压力可以将裂缝中的水逐渐排出，从而保证修补质量。

(3)操作简便。

(4)注入材料的硬化容易确认，通过检查留在注入器中的材料即可知道缝中材料的硬化状态。

2 注入材料的特点

专用的灌注材料在带水环境下能顺利固化，突破了一般灌浆材料要求裂缝干燥的局限。

树脂胶在相当长的时间内保持适于灌注的黏度，渗透能力强，借助注入器的压力进入到裂缝末端。

材料的成分为经过改性的高分子树脂，固化后仍保持一定柔韧性，裂缝受冲击和振动时不脱开。

树脂胶不含挥发性溶剂，通过化学反应实现固化，因此不会发生收缩。

出众的耐久性：材料固化后具有极强的耐水性和化学稳定性。不会受雨水、海水、酸、碱、二氧化碳等的破坏，可认为是永久性修复。

树脂胶具有黏结强度高等性能特点，与混凝土的结合面黏结牢固，开裂的混凝土结构在修补后得以恢复一体。

为保证施工时胶的黏度最适于注入，并便于控制固化进程，材料有冬夏两种配方。注入后即使气温降到冰点，材料也能缓慢固化，且最终强度不受影响。

3 “壁可注入法”法施工方案及技术措施

3.1 表面处理

用钢丝刷处理混凝土表面沿裂缝走向宽约 5cm 的范围，仔细清除水泥翻沫、灰尘；凿除疏松的混凝土块和砂粒；用潮湿的抹布清除浮尘并晾干。

3.2 黏结注入座和密封裂缝

3.2.1 注入座的黏结

(1)用两把干净的抹刀分别取封口胶的主剂和固化剂两种成分，放到托灰板上。将胶的两种成分用抹刀反复混合搅拌，形成均匀一致的灰色。

(2)用抹刀将少许胶抹在注入座底面的四边，将注入孔对正裂缝中心稍加力按压，使胶从底面的四个小孔中挤出，并用胶将座的底板包覆。

(3)沿缝的走向每米布置约 3 个座，裂缝分岔处应有注入座，注意避开混凝土剥落处。

3.2.2 裂缝密封

用封口胶沿裂缝走向密封 5cm 宽的范围，厚度应为 2mm 左右，尽量一次完成，避免反复涂抹。

3.3 封口胶的固化

密封完全后,让封口胶自然固化。

3.4 注入灌注胶

(1)将注入器的连接端(蓝色)牢固地安装在注入座上,安装用力不要过猛,以免损坏座的颈部,注意使橡皮密封圈处于正常位置。

(2)按黄油枪、蛇皮管、阀门、过滤器的顺序连接工具,蛇皮管的两端加喉箍拧紧。

(3)将灌注胶的两种成分按规定配合比配合,混合搅拌均匀。

(4)将胶装入黄油枪,盖好盖。将黄油枪倒置,打开阀门,推动活塞排除系统中的空气。

(5)当过滤器中有胶流出时,将它连接到注入器的注入端(白色),推动黄油枪的活塞,开始注入。当橡胶管膨胀充满限制套时停止注入。

(6)如注入器膨胀后收缩较快,说明该处裂缝深,缝内空间大,要补灌,直到能稳定保持膨胀状态。

(7)一个注入器注完,先关闭阀门,再小心地脱开过滤器与注入器的连接,避免注入器与注入座之间的连接发生松动。

(8)操作时要托扶注入器,不要让注入座的颈部受力过大。

3.5 拆卸工具

用稀料反复清洗,并用清水漂洗。

3.6 灌注胶的固化

让灌注胶自行固化,可用手按注入管随时了解固化情况,固化时间大约10~24h。

3.7 凿除注入器及后期处理

固化后敲掉注入器和注入座,如有必要,用砂轮机把封口胶打磨平整。

4 结语

混凝土的裂缝是一种很常见的病害,“壁可注入法”不仅适用于地下室混凝土裂缝的修补,也广泛适用于地下水工结构物、桥梁、隧道等混凝土裂缝的修补,并且效果显著,因此混凝土裂缝的“壁可注入法”修补技术值得积极的推广和应用。

参考文献

[1] 罗杰,张亮.壁可法修补混凝土裂缝雷达检测技术的研究[J].太原:山西建筑,2004,29(3).

[2] 刘迎州,姜阳,杨占贵.“壁可”注入法修复桥梁裂缝[J].西安:中国公路,2008(6).

[3] 刘存明,殷鼎成.壁可注入法用于水工结构物裂缝的完美修复[J].南京:江苏水利,2002(1).

大空间、大跨度框架结构无黏结预应力现浇空心楼盖施工

陈　敏[1]，乔清泉[2]，刘华东[1]，丁善兵[1]

1.南通新华建筑集团有限公司；2.北京中建建筑科学研究院有限公司

河北省遵化都市绿洲枫林园A区地下车库，地下1层，建筑面积为21200m²。顶板上一般区域有1m的覆土，中心绿化区域覆土深度超过1m，结构恒荷载很大。综合考虑结构受力特性、经济性及施工方便等综合因素，本工程设计采用了无黏结预应力空心板柱结构体系。

地下车库预应力顶板平面尺寸为170m×127m，结构平面超长。空心板厚600mm，薄壁空心箱模规格为1000mm×1000mm×400mm，板上翼缘厚100mm，板下翼缘厚100mm，柱间楼盖暗梁截面为900mm×600mm，柱网间距为9m×9m，横向肋梁宽度均为180mm，每根肋梁内布置4～6根无黏结预应力筋（图1）。混凝土为C40、P6。采用为ϕ^s15.2 1860级低松弛预应力钢绞线，标准强度为1860N/mm²，预应力筋张拉控制应力为1302N/mm²。无黏结预应力张拉端采用单孔夹片式锚具，固定端采用挤压式锚具。

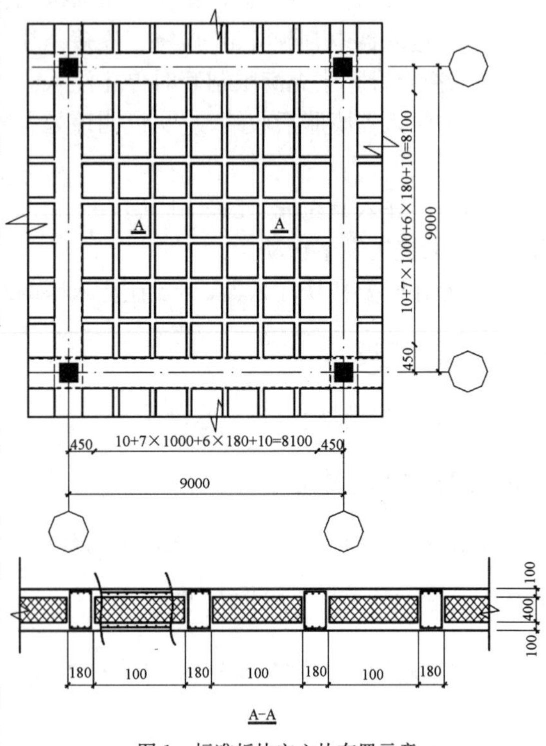

图1　标准板块空心块布置示意

1　施工难点

（1）该结构大空间、大跨度，楼盖厚度为600mm。经计算，施工时楼盖内暗梁的最大垂直荷载为28kN/m²，空心楼盖（按0.6%空心率系数折算）的最大垂直荷载为21kN/m²，故模板及支撑体的选择是施工关键问题。

（2）空心楼盖结构由于混凝土的流态性质，存在空心箱模上浮问题，解决不好，轻者会造成

［作者简介］陈　敏，南通新华建筑集团有限公司副总工程师，高级工程师

局部楼板标高超高，重者会造成大面积上浮，因此必须做好抗浮点设置。

(3)浇筑要按照顺序进行，通过小幅增加混凝土流动性和限制粗集料粒径，加强振捣，保证箱模底部混凝土的密实。

(4)大面积楼板内预应力筋遇到的特殊处理措施，如塔吊处预应力筋的处理、车库顶板后浇带处预应力筋的处理、有高低差板的连接处预应力筋的处理。

(5)薄壁空心箱模在吊运安装时往往易被楼层钢筋等硬物损坏，安装排放较困难。

2 施工技术措施

2.1 施工流程

底模，铺放板底铁，底铁分布钢筋→铺设空心板肋骨架钢筋→固定预应力筋的定位筋→穿预应力筋→铺放空心块→支端模→隐检验收→浇筑混凝土→张拉预应力筋→预应力筋端部处理→隐检验收→浇筑混凝土。

2.2 模板支撑体系

车库顶板采用18mm胶合板拼装，支撑体系采用ϕ48mm×3.5mm满堂碗扣钢管支架支撑，在钢管立杆上端加可调式顶托，在顶托上用方木作为主龙骨的支撑方案，钢管立杆间距900mm×900mm。立杆竖向每隔1200mm设置一道纵横向水平拉杆，上下道水平拉杆距立杆端部不大于250mm，在立杆上设可调式顶托的主龙骨为一根100mm×100mm方木搁于顶托上，间距900mm，次龙骨为50mm×100mm，方木间距250mm，单根竖放。在支撑体系的基础上，柱跨位根部加设一道钢管箍，沿框支暗梁底设两根45°～46°的斜撑杆，上端与支模横杆连接，下端与加设的钢管箍扣接，斜撑中间与立杆交叉处扣接，对现有支撑体系进一步加强，使暗梁施工时产生的部分荷载传递给柱根部。支撑体系如图2所示。且在二、三层原有支撑体系的基础上，在梁底加设一排间距600mm的支撑立杆，与原顶架共同工作，并在立杆的上中下各加设一道水平拉杆。尽可能使各竖向支撑在一条垂线上，确保整体稳定性。

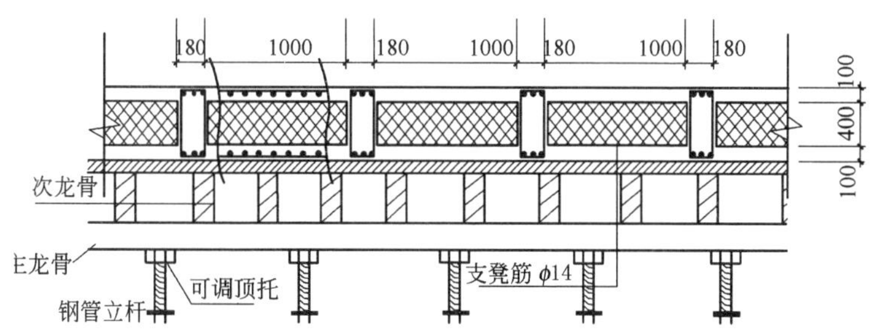

图2 模板支撑体系示意

2.3 钢筋安装

2.3.1 弹钢筋和箱模安放位置线

按照设计排箱图要求，在楼板模板上放线，保证后续肋梁钢筋绑扎和箱模安装的位置准确。依据轴线，放出纵横向肋梁控制线，肋梁间即是安放箱模位置。在覆膜模板上放线可采用白涂料等代替墨汁，以保证所放线的清晰牢固。

2.3.2 绑扎楼板底铁和肋梁

按照模板上弹线的位置，依次绑扎楼板底铁和箱模边肋梁。首先，按照绑梁的方法沿楼板下铁下层筋方向绑扎楼板肋梁，并铺设同一方向楼板底铁；然后，铺设楼板下铁上层筋方向的肋梁上铁，逐个套入肋梁箍筋套后，穿肋梁的下铁和楼板下铁并绑扎牢固。为保证肋梁截面尺寸，预先用ϕ10 钢筋按照肋梁截面内净尺寸焊好井字形支撑马凳，沿肋梁纵向每隔 2m 设置(见图 3)。绑扎完毕后，拉线检查并调整好肋梁的位置。注意保证区格板周边和柱周围楼板设计实心部分的尺寸。

2.4 无黏结预应力筋铺设

2.4.1 布筋原则

按照流水施工段顺序布筋；在布放钢绞线前，严禁安装空心砌块。在预应力布筋前，应在底筋上根据预应力筋曲线布置大样图固定支架点马凳，马凳间距 1.5～2m，尤其是最高点、反弯点必须保证预应力筋的矢高。马凳设于曲线反弯点处，本工程反弯点设在 0.1L 处，矢高为最高点和最低点差的 2/3。按照图纸要求将规定数量钢绞线打开后单根或成束穿入锚具端部，如图 4 所示。

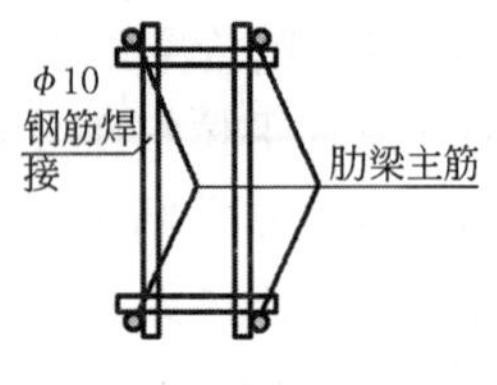

a) 加工好的井字形支撑马凳

b) 绑扎好的马凳

图 3 肋梁钢筋马凳示意

图 4 预应力筋布置示意

2.4.2 布筋技术要点

(1)对于板面张拉预应力钢绞线，承压板应与结构板顶面平齐。为保证位置准确，张拉端和锚固端均应与暗梁、框架梁或结构板顶面筋牢固定位，并应保持张拉作用线与承压板面垂直(见图 5、图 6)。

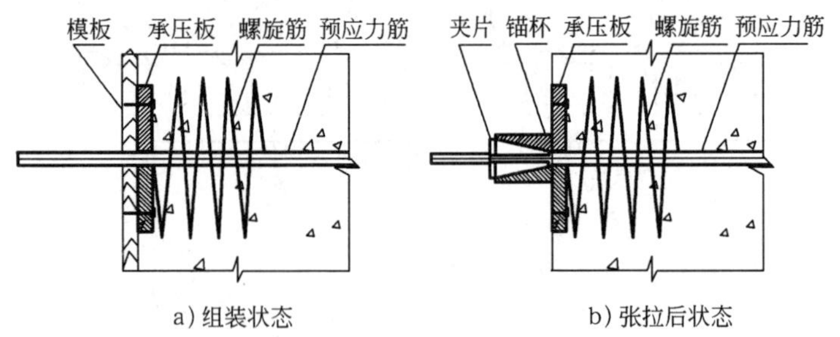

a) 组装状态　　b) 张拉后状态

图 5 无黏结预应力张拉端节点示意 A(锚具凸出混凝土表面情况)

(2)由于钢绞线集束布放，使得端部的垫板相对集中，一端张拉的张拉端要求交叉对穿，张拉端不得低于最高点位置。张拉端出梁、板面张拉，在穿柱前成捆筋散开，保持平行走向，防止互相扭绞，并应弧线形布置，张拉端分散布置时不应角度太大，钢绞线应顺缓。

(3)预应力钢绞线中间支座、张拉端及锚固端支座均应从暗梁上排纵筋下穿过。

(4)暗梁内穿过墙、柱的预应力钢绞线应和非预应力上排纵筋在同一平面内穿过，减少矢高损失。

(5)预应力筋铺放完毕，应逐根检查支架高度和支架点是否绑牢，限位马凳定位准确，以防浇筑混凝土时位置上偏或上浮。对预应力筋破损处应用胶带缠绕修补。螺旋筋或加密网片紧靠垫板。

(6)预应力钢绞线板面张拉时，应过暗梁、框架梁、墙和柱边大于或等于500mm。

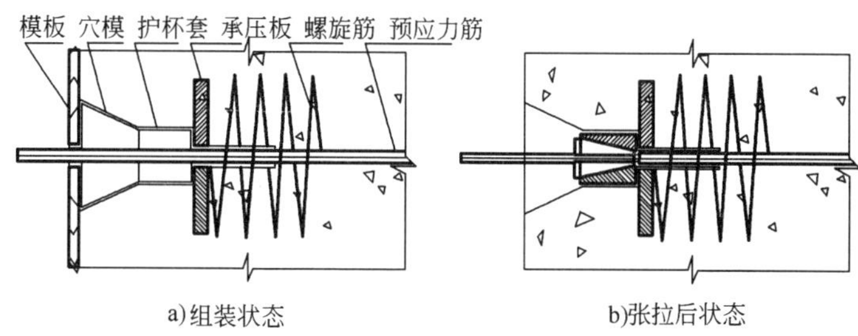

图6 无黏结预应力张拉端节点示意B(锚具凹入混凝土表面情况)

2.5 薄壁空心箱模

(1)安装空心箱模下部垫块 在空心箱模下四角各设置一块100mm×100mm×100mm垫块，保证箱模下部的混凝土厚度。

(2)安装空心箱模 空心箱模吊运可采用焊接好的敞口钢筋笼(内侧四边和底面用多层板封闭)或其他箱式工具。按照排箱图，在每个肋梁空格内依次摆放，放置平整，前后左右对齐、对正。对局部管线密集、管径大的部位，不能放置厚的箱模时，可用薄一规格的箱模或聚苯板(要外缠塑料胶带等保护)代替；管线集中部位也可换用小尺寸箱模避让；当预留预埋设施无法避开箱模时，可对箱模采取锯口或断开等措施，但事后应用胶带和聚苯板等封堵严密。箱模安放后，应注意成品保护，避免人员频繁踩踏、破坏。破损的箱模，应在绑扎上铁前及时更换。

(3)绑扎楼板上铁 空心箱模安放完成后，即可开始绑扎楼板上铁。此时，肋梁上铁已绑扎完成，只剩下肋梁中间的楼板上铁。楼板上铁应与肋梁上铁位于同一层，并与肋梁钢筋绑扎牢固。为保证抗浮点的有效，楼板上铁要压在肋梁上铁下，否则应单独设置上铁抗浮点与下铁抗浮点对应连接。楼板上铁绑扎完毕后，在每个空心箱模顶和楼板上铁之间加设垫块，压住箱模，并保证箱模上部混凝土厚度。

(4)设置抗浮固定点 楼板上铁钢筋绑扎完毕后，即可开始设置抗浮点。抗浮传力途径为箱模上浮力→楼板上铁→肋梁箍筋或铁丝连接→楼板底铁→抗浮点铁丝→模板体系。抗浮点采用12号钢丝，用手枪钻(ϕ4钻头)在楼板底模打孔，钢丝穿过模板在模板龙骨一侧拧紧，将楼板底铁上层筋与模板固定牢固。固定点在箱模孔中间设置(见图7)。

图7 空心箱模安装及抗浮点设置示意

2.6 特殊处理措施

(1)塔吊处预应力筋的处理　车库的面积非常大,塔吊数量多,在塔吊处,塔吊与预应力筋的位置冲突,为保证塔吊的拆卸,预应力筋需特殊处置,本方案采用"换筋法"进行处理,即在塔吊位置预留后浇带,施工时将与塔吊冲突的预应力筋甩出,混凝土暂不浇筑,待拆除塔吊后再将甩出的预应力筋放回后浇带原位,同时此位置预应力筋延长到塔吊所在跨内的下一跨,并过轴线 2.25m,即对预应力筋进行搭接处理。操作方法如图 8 所示。

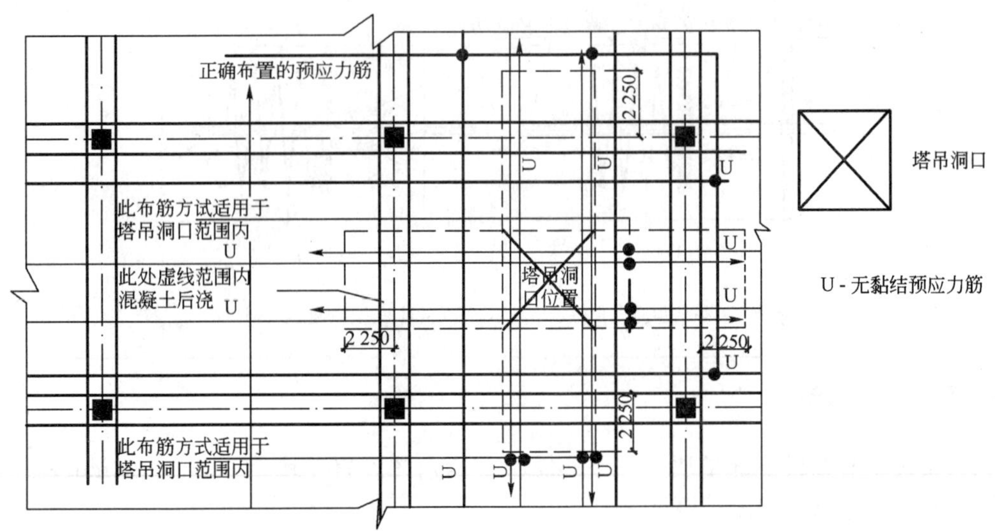

图 8　塔吊处预应力筋的处理示意

(2)后浇带处预应力筋的处理　本工程后浇带数量较多,后浇带分成两种:①位于住宅附近的沉降后浇带,需等到住宅建筑沉降满足要求后方可浇筑;②施工后浇带,在施工结束过一段时间即可浇筑。后浇带处预应力筋的处理采用短筋搭接,即贯通的预应力筋在后浇带处断开,同时在该位置利用短的缝针筋穿过后浇带所在跨,同时缝针筋两端分别过后浇带所在跨轴线 2.25m。通过此方法,贯通筋不会受后浇带限制,在顶板混凝土达到设计强度后即可张拉;后浇带内的缝针筋,待后浇带中混凝土达到设计强度后进行出板面张拉,这样既加快底模的周转,又加快施工进度(图 9)。

(3)有高差的板的连接处预应力筋处理　见图 10。

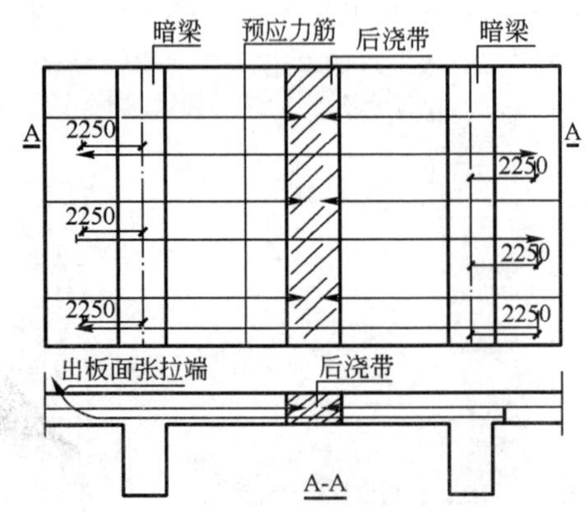

图 9　后浇带处预应力筋的处理示意

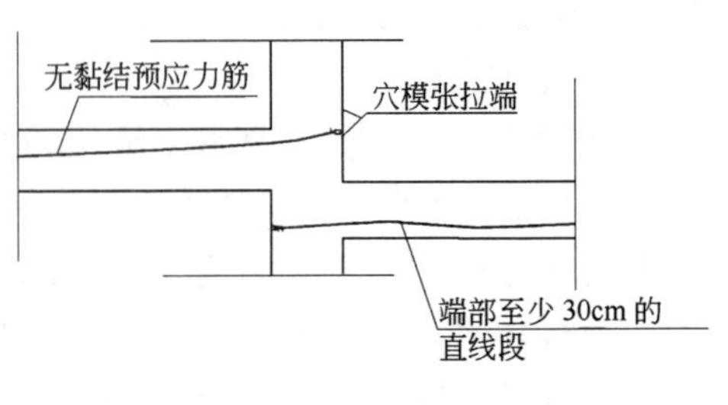

图 10　有高差的板的连接处预应力筋处理示意

2.7 混凝土工程

(1)搭设施工便道、架设混凝土输送管　箱模本身有一定的强度，但频繁踩踏也容易造成损坏，尤其加完顶部垫块后，受力集中，易损坏。施工中，应用脚手板搭设架空施工便道，方便施工人员操作、通行，并保护箱模和楼板钢筋成品。混凝土输送泵管不应直接架在楼板钢筋上，可搭设短管架子或垫方木等将泵管架高。布料杆等安放位置应提前安排好，布料杆应用脚手板和架子架高，不得直接压在箱模上。施工机具等不得放置在箱模上，施工人员不得踩踏箱模。

(2)隐蔽验收　钢筋绑扎、箱模安装等工序完成后，组织相关人员进行三检和隐蔽检查验收，重点加强对抗浮点设置的检查，验收合格后，进入混凝土浇筑工序。

(3)混凝土配比调控　现浇混凝土空心楼盖用混凝土为 C40、P6，应配制成细集料大流淌性混凝土，其坍落度应比普通实心楼盖稍大，可取 180～200mm，不宜小于 160mm；粗集料粒径宜选择不超过 5～25mm，且不大于箱模与模板间距的 1/2，也不应大于肋梁宽的 1/2。混凝土配合比为：水∶水泥∶砂∶石∶减水剂∶掺和料＝170∶300∶828∶1000∶7.5∶90。

(4)混凝土浇筑　箱模本身如果是水泥制品或属于吸水较大的材料，在混凝土浇筑前应先洒水润湿(冬季不应洒水)。混凝土浇筑宜采用泵送。浇筑沿楼板跨度方向从一侧开始，顺序进行，布料尽量均匀，避免混凝土在同一位置堆积过高损坏箱模(见图 11)。振捣棒沿肋梁位置顺浇筑方向依次振捣，比实心楼盖应适当加大振捣时间和振捣点数量，振捣同时观察空心箱模中心，直至不再有气泡冒出，表示箱模底部混凝土已密实；振捣棒应避免直接触碰空心箱模。浇筑过程中如遇空心箱模损坏，必须及时处理。可用聚苯板、尼龙编织袋等轻质物品塞入损坏处封堵严密，注意不要使后塞物品露出箱模表面，造成混凝土夹渣。

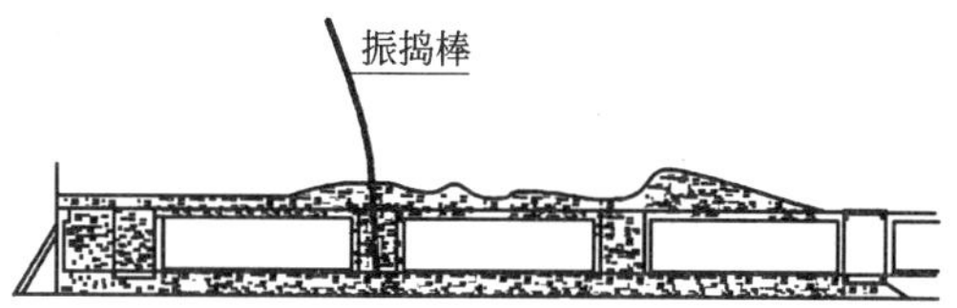

图 11　浇筑混凝土示意

(5)楼盖浇捣厚度控制　在楼盖的一定面积范围内，利用 ϕ12 的直筋、22 号钢丝与板筋绕绑，作板厚和薄壁管标高控制标志，以保证其在后续混凝土浇筑中符合要求。

(6)混凝土的养护　现浇混凝土空心楼盖混凝土浇捣完毕后，进行 24h 不间断湿水养护，表面覆盖 2 层麻袋同时浇水保温、保湿养护，养护时间不少于 14d。

平湖行政中心行政大楼型钢混凝土柱施工技术

庄顶锋[1]，缪方翔[1]，孙　华[2]，任　琳[3]，郑　峰[1]

1.浙江省建工集团有限责任公司；2.浙江省通策房地产投资股份有限公司；
3.浙江省建筑房地产开发公司

1　工程概况

平湖行政中心行政大楼工程总建筑面积42018m²，框架核心筒结构，地上12层，地下1层，建筑高度52.08m。本工程E～K轴/9～12轴共计12根框架柱从地下室1层（－4.200m）到6层楼面（22.450m）采用型钢柱，型钢外包混凝土。柱截面尺寸为800mm×1000mm（4～6层缩小为700mm×900mm），内插型钢为400mm×600mm×20mm。型钢柱钢筋绑扎密集，且内插大规格型钢，混凝土浇捣难度大，为本项目结构施工技术重点和难点。

2　型钢柱制作安装

2.1　主要技术要求

由于型钢柱制作、安装质量直接影响主体结构安全，因而对其施工质量要求较高，其制作、运输、安装质量均按照《钢结构工程施工质量及验收规范》（GB 50205—2001）标准执行。

型钢混凝土柱中型钢柱图纸设计要求为，钢材Q235；构件拼接为等强度焊接，型钢柱制作以设计层高进行分柱段加工，上下层柱段连接点位置位于楼面上1m处；构件材料符合《碳素结构钢》（GB/T 700—2006）标准要求，制作符合《钢结构工程施工质量及验收规范》（GB 50205—2001）标准要求。

结合工程实际情况，确定如下方案，型钢柱设计的钢板既厚又重，拼接钢板型材成型钢柱时，焊接精度、技术要求很高，又考虑现场拼接时技术受施工设备、人员、场地、气候等因素影响，难以确保质量，故决定由技术好的钢结构厂家加工成施工段，待安装时运到现场对接，可确保型材的拼接质量和精度，也压缩掉现场拼接所需时间，加快了进度，同时不占用狭窄的施工场地。

［作者简介］ 庄顶峰，浙江省建工集团有限责任公司工程师

2.2 型钢柱安装

2.2.1 基础节安装

本工程基础节安装采取锚栓固定，避免了基础承台底部钢筋穿越型钢柱，同时又可对锚栓固定板上固定钢柱的 4 个地脚螺栓进行调整，保证了基础节安装尺寸的正确性。依据建筑物轴线、标高基准点施测，调整地脚螺栓位置符合要求后，同锚栓固定板焊接。浇筑 C40 混凝土（掺加早强剂）将锚栓板固定，待混凝土强度达到 70%以上后，进行基础节吊装，型钢柱柱脚底板同地脚螺栓栓接，柱脚底板与锚栓固定板间隙 10cm，用 C20 细石混凝土浇捣密实。

2.2.2 中间节安装

工艺流程：用塔吊将中间节吊装就位→检查垂直度、轴线偏差、标高→连接板固定→复核调整→点焊固定→焊接翼板、腹板→焊缝外观检查→超声波探伤。

（1）安装控制　在影响型钢柱安装精度的因素中，既有加工误差，又有吊装误差，为保证钢筋顺利穿越钢柱预制孔，为框架梁施工创造条件，型钢柱用塔吊吊装就位后，需进行反复检测，纠正其安装误差，施焊过程中若发现焊接变形影响垂直精度，应及时调整。①标高控制：根据设计要求，确定拟安装型钢柱标高，误差控制在±3mm 之内，测定已安装型钢柱标高及偏差，根据拟安装钢柱长度来进行标高调整（型钢柱制作时，控制其尺寸比设计尺寸略小于 3mm）柱头间出现缝隙，用钢垫片调整。②垂直度、偏扭控制：在型钢柱相互垂直两翼缘板划出柱身中心线，根据楼层轴线，用两台经纬仪从不同方面进行观测，控制其垂直及偏扭，同时测量已安装型钢柱的垂偏值，进行适当调整，稍微预留倾斜量，在安装焊接过程中依靠变形将其抵消。③复核：型钢柱安装精度直接牵扯到框架梁施工，必须严格控制，逐层复核调整，防止累积误差。

（2）现场组焊　型钢柱对接焊缝施工，是型钢柱安装的关键工序之一，直接关系到结构安全，且由于所有焊缝均为立焊，焊接难度较大，据现场情况，采用手工电弧焊。①型钢柱安装调整就位，先安装连接板，校核调整后，采用点焊固定，所用焊接材料型号与正式焊接材料相同。②采取两个焊工同时对称、分段、反向施焊的工艺，并保证焊接参数、焊接速度一致，严格控制焊道平直，分层连续施焊，保证焊缝质量每层焊道焊完后及时清理，如发现有影响焊接质量的缺陷，必须清除后再焊。

2.3 质量控制措施

（1）施工前质量控制　①根据有关规范及设计要求编制冷作、焊接工艺卡，并组织操作人员认真学习；②所有电焊工必须进行技术培训，持证上岗，并做好焊接技术评定；③钢材、焊材按相关标准验收合格后，方能使用。

（2）施工阶段质量控制　①为保证型钢柱加工质量，从钢材下料入手严格控制，拼装、焊接、矫正各工序自检、互检。②组装前，连接面及沿焊缝每边 50mm 范围内的铁锈，油污等必须清除干净，焊接完毕后，清除熔渣和金属飞溅物。③焊材按规定选用，并进行保管、烘干；④焊缝表面不允许有裂缝，气孔等缺陷，焊脚高度、宽度严格按照《钢结构工程施工质量验收规范》（GB 50205—2001）焊接标准检查；⑤型钢柱安装精度严格按照技术要求控制，加强复核观测；⑥柱身焊缝、现场柱段对接焊缝全部进行超声波检测，若不合格，则分析原因，制订纠正和预防措施，对不合格产品需重新施工。

3 型钢柱混凝土施工

3.1 钢筋

柱内钢筋采用机械连接。特别在梁柱节点部位由于梁纵筋需穿越型钢柱，压力焊不易操作，因而施工中钢筋采用直螺纹套筒连接，方便了施工，亦保证了钢筋连接质量。经抽样检测，挤压接头全部合格，且质量较为稳定。

3.2 模板

采用组合木模板竖拼，由于柱中型钢柱影响，柱模无法用对拉螺栓加固，且混凝土浇筑对模板振动较大，故用 14 号槽钢做抱箍，间距 500mm，并设 ϕ14 对穿螺杆拉结，为防止柱身胀模及侧移，四周利用承重架设短钢管作斜支撑，并校正垂直度。柱子根部留置清扫口，混凝土浇筑前清除残余垃圾。柱模支设的方案示意图如图 1 所示，严格按设计方案搭设。

3.3 混凝土

混凝土的施工质量直接影响型钢柱的成型质量。为确保型钢混凝土柱的表观质量，故需从原材料选择、混凝土配合比和坍落度控制，振捣质量控制，完善施工工艺等方面入手，加强管理和控制，确保质量。

由于型钢柱内钢筋和箍筋密集(图 2)，不容易浇捣，这就对混凝土的质量提出了更高的要求。选用优质的水泥、砂石等原材料和合适的配合比，就可以有效地保证混凝土的质量和强度，为型钢柱浇捣提供优良的物质条件。

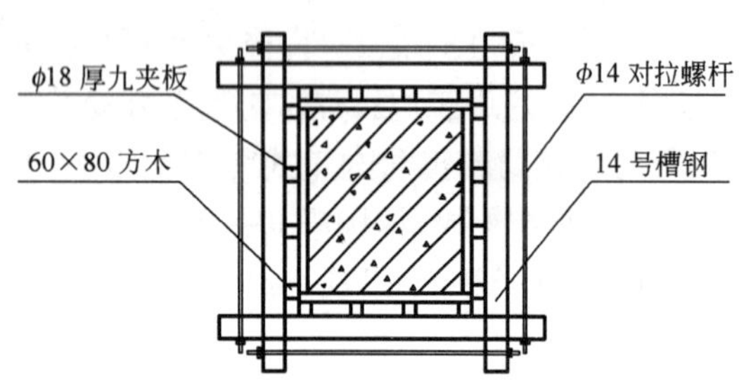

ϕ18 厚九夹板
60×80 方木
ϕ14 对拉螺杆
14 号槽钢

图 1 柱模板示意

抗剪栓钉
ϕ19@200
型钢 400×600×20

图 2 型钢柱剖面示意

在柱混凝土实际施工中，地下室阶段后浇带东侧部分型钢柱(其中 6 根)先行施工，与地下室墙顶板同时浇注，选用同一种级配的碎石。在柱模板拆除后，观感较差，由于内插型钢且钢筋又较密集，选用碎石粒径大，导致混凝土下落困难，成型后存在空洞、蜂窝现象。介于以上情况，项目部立即召开专题会议，讨论后浇带西侧部分 6 根柱与墙顶板分开浇注，单独设置一个混凝土级配，选用细粒径碎石，在进行试配后进行施工，结果有效避免了空洞、蜂窝现象。

(1)原材料 ①水泥：普通硅酸盐水泥；②河砂：中砂；③碎石：5～20mm 连续级配石子；④II 级粉煤灰、S95 矿粉；⑤外加剂：湖州大东吴 TH-2，掺量(以水泥等胶凝材料计)1.8%。

(2)混凝土配合比 ①实验室配合比(kg/m^3)：水泥∶砂∶石∶水∶粉煤灰∶矿粉∶TH-2＝220∶802∶1064∶180∶64∶72∶6.4。②施工配合比(kg/m^3)：水泥∶砂∶石∶水∶粉煤灰∶矿粉∶HT-2＝220∶841∶1080∶125∶64∶70∶6.4。实测现场砂含水率 4.9%，石含水率

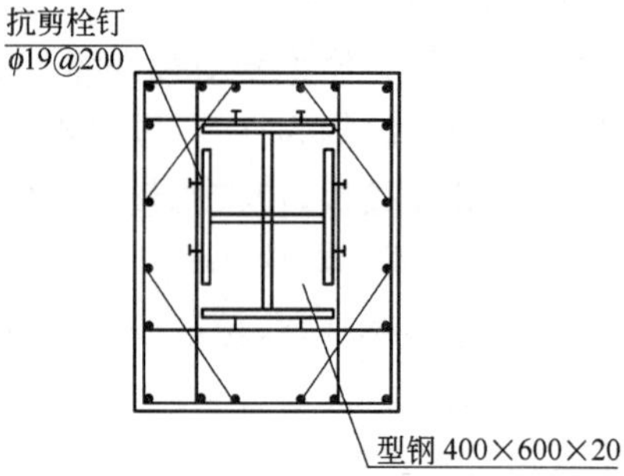

1.5%。

(3)坍落度值的测定及调整　在混凝土出机和入场时，由专人测定坍落度值。当入场时的坍落度值损失过大不能满足入模坍落度值时，由专人进行调整；当入场的坍落度值大于入模坍落度值时，推迟泵送时间，待符合要求后再泵送入模。应特别注意的是，在运输过程中严禁加水，外加剂与水的掺入量要控制在允许的范围内(允许偏差为2%)。

(4)技术交底　由项目技术负责人组织编写详细的施工工艺，明确每道工序的操作方法和要领。由项目经理组织安排技术交底会议，技术负责人对相关技术管理人员及班组主要作业人员，就整个型钢柱支模、混凝土振捣过程进行了有针对性的技术交底，相关人员对一些尚不明确的问题进行了讨论，确保每人都明确质量目标。

(5)控制振捣质量　柱内混凝土强度等级为C40，采用商品混凝土，由于高强混凝土质量易受各种微小因素的影响，故从混凝土原材料选用、振捣、养护等各环节严格控制。

根据现场实际要求，在型钢柱浇捣前，往柱内倒入少量同强度的砂浆，以减少柱脚出现蜂窝、麻面；混凝土浇筑施工采用插入式高频振捣器，每次浇筑厚度不大于2m，振捣棒插入下层混凝土50mm，保证型钢柱柱身内外混凝土振捣密实，在混凝土浇捣时，先开动振动机，再灌入混凝土，混凝土从中心灌入，保持混凝土推入四周均衡减少锚栓移动，控制振动时间，保持30s左右，以防止混凝土的离析、分层。同时在振动时尽量减少振捣棒钢筋和模板。派专人用铁锤敲击钢柱各部位，随机检测。督促施工人员严格遵循施工工序，准确掌握操作方法，并由现场管理人员监督管理型钢柱浇捣全过程。

(6)养护　C40混凝土水灰比较小，早期强度增长较快，故早期养护特别重要，防止出现混凝土失水，影响其强度增长。

4 结语

型钢混凝土柱在本行政大楼工程施工中，型钢柱制作、安装以及混凝土浇捣后的表观质量均达到设计要求，形成了一套较成熟的施工工艺。同时体会到：①型钢施工的重点是钢柱对接的固定和焊接，保证质量的关键是钢柱的对接焊接和钢柱与梁节点的处理；②选用合适的混凝土配合比和正确的振捣方式可以有效地保证混凝土施工质量，从而保证型钢柱的表观质量。

参 考 文 献

[1] 张伯熙.钢结构工程施工技术措施瞰[M].北京：经济科学出版社，2005.

[2] CECS 77:96.钢结构加固技术规范[S].北京：中国计划出版社，1996.

绿色混凝土在世博项目中的应用研究

李　阳

上海市建筑科学研究院(集团)有限公司

上海城市建设和拆迁改造等产生的巨量垃圾,成为占据城市空间的累赘。据统计,上海每天产生建筑垃圾约3.7万t,约为生活垃圾的3.5倍,占城市固体废弃物总量的30%。整个“世博工程”预计也要产生4000万t的建筑垃圾。未来处置这些废弃物,上海估计要投入200亿元巨资。另一方面,上海的工业固体废弃物的排放量也很大。以粉煤灰为例,上海每年的排放量就达到500万t以上。这些城市固体废弃物,完全可以代替部分天然砂石和水泥,达到节能减排的目的。

上海的世博会认真体现节能、降耗、减排、防污的可持续发展思想,力争全面尝试各种低能耗、无污染和再利用的绿色建材,并在过程之中体现“3R”(Reduce,Reuse,Recyle)原则。

本项目充分利用建筑垃圾和工业固体废弃物等固废资源,替代部分自然资源,研制绿色混凝土,为世博项目提供先进的建材产品和技术。

1　技术模型

1.1　集料体系

1.1.1　技术目标

通过系统运算,定量地输出混合集料的最佳合成级配和各种集料的体积百分比,并提出集料级配优化技术方案。

1.1.2　设计路线

(1)采用Dinger-Funk方程,建立集料目标级配模型　Andreasen提出了一种基于连续尺寸分布颗粒的堆积理论。满足该理论的级配曲线接近抛物线,集料颗粒处于最紧密堆积状态,空隙率最小。20世纪70年代,Dinger和Funk引入最小颗粒粒径的概念,对Andreasen方程进行修正,提出了著名的Dinger-Funk方程:

$$CPTF/100=(D^n-D_s{}^n)/(D_L{}^n-D_s{}^n)$$

式中:CPTF——小于粒度D的含量百分率(%);

n——分布模数,取0.30～0.60;

D_L——最大颗粒粒径;

D_s——最小颗粒粒径。

[作者简介]李　阳,上海市建筑科学研究院(集团)有限公司高级工程师

(2)根据我国混凝土技术规范，设定边界条件　①泵送混凝土砂率在35%～45%。②细集料中通过0.315mm筛孔的颗粒含量不应小于15%，且不大于30%；通过0.16mm筛孔的颗粒含量不应小于5%。

(3)利用计算机应用程序，获得最佳合成级配与每种集料的体积百分比　①在边界条件限定范围内，将混合集料的合成级配与目标级配进行比对，以偏差系数K来描述两者之间的差异。偏差系数越小，合成级配与目标级配越接近。偏差系数一般为50～150。②根据每种集料的细度模数和体积百分比，计算出混合集料的细度模数M。细度模数越大，混合集料总表面积越小，细度模数一般为5.5～6.1。③根据偏差系数K和细度模数M，确定最佳的集料配合比。

1.2　胶凝材料体系

1.2.1　技术目标

建立胶凝材料净浆流动度与混凝土坍落度、水胶比与混凝土强度、集料合成级配与浆集比的相关性模型，根据混凝土工作性、强度和耐久性的配制要求，输出胶凝材料配合比、水胶比、胶凝材料用量和外加剂掺量。

1.2.2　设计路线

(1)安定性和体积稳定性　在普通水泥中掺入粉煤灰、矿渣或其他掺和料，既保证体积安定性，同时又利用高钙灰和钢渣粉的f-CaO膨胀成分、脱硫石膏的AFt类膨胀成分，减少混凝土的早期塑性收缩，提高混凝土的体积稳定性。

(2)流变性　在集料级配理想的条件下，胶凝材料的净浆流动度与混凝土的坍落度具有相关性。以胶凝材料的流变性来进行混凝土外加剂选型，充分体现掺和料的连续微级配效应与矿物减水作用。

(3)胶砂强度　以50%～70%的粉煤灰、矿渣或复合掺和料等量取代42.5水泥，构成复合胶凝材料，复合胶凝材料的28d强度应大于35MPa。

(4)水胶比　由于绿色高性能混凝土使用大量掺和料取代水泥，故需通过试验，建立相应的Bolomey线性回归公式。

(5)浆集比　利用集料级配的优化技术，适当降低浆集比，减少胶凝材料用量。根据偏差系数K和细度模数M，以及混凝土配制强度，浆集比一般取值为：28∶72～32∶68。

2　绿色混凝土的设计

2.1　绿色高性能混凝土的工程要求

工程名称：上海世博会城市最佳实践区上海案例(沪上·生态家)、上海世博会浦东临时场馆C片区1标。

强度等级和耐久性要求：C30 P6、C40 P6。

绿色度要求：使用矿渣粉、粉煤灰等掺和料取代50%～60%水泥，使用再生集料、尾矿砂、细砂等资源节约型集料取代50%～60%天然砂石。

2.2 集料设计

2.2.1 集料性能

集料的原材料性能见表 1。

表 1 各种集料原材料性能

集料品种	累计筛余(%)												细度模数	表观密度(kg/m³)
	31.5 mm	26.5 mm	19 mm	16 mm	9.5 mm	4.75 mm	2.36 mm	1.18 mm	0.6 mm	0.3 mm	0.15 mm	0.075 mm		
碎石	0	20	50	74	97	100	100	100	100	100	100	100	8.41	2700
再生集料	0	3	53	68	94	98	98	100	100	100	100	100	8.14	2630
尾矿砂	0	0	0	0	0	19	59	68	83	90	98	100	4.17	2680
中砂	0	0	0	0	0	6.7	19.5	28.8	45.9	80.1	98.3	100	2.56	2630
细砂	0	0	0	0	0	6.2	8.7	10.6	17.5	72.6	96.4	100	1.86	2630

注:粗集料的细度模数为各筛孔(0.15mm 以上)累计筛余之和。

其中,再生集料是以废弃混凝土块(道路混凝土、灌注桩桩头、混凝土构件等)破碎而成的,物理性见表 2。

表 2 再生集料的物理性能

集料名称	含泥量(%)	针片状含量(%)	表观密度(g/cm³)	堆积密度(g/cm³)	空隙率(%)	吸水率(%)	压碎指标(%)
再生集料	2.2	3.4	2630	1270	51.7	6.4	17.2

2.2.2 集料体系计算

C30 混凝土采用"再生集料+中砂"二级配、C40 混凝土"碎石+再生集料+尾矿砂+细砂"四级配。利用编制的计算机应用程序,运算出多组合成级配(略),以匹配不同的目标级配(n=0.30~0.60),各组成级配对应的集料体积百分比见表 3。

表 3 各组成级配对应的集料体积百分比

n 值	体积百分比(%)					砂率(%)	0.3mm 通过率(%)	0.16mm 通过率(%)	K 值	M 值
	碎石	再生集料	中砂	尾矿砂	细砂					
0.50		59.8	40.2			40.2	8	0.7	663	5.90
0.42		57.0	43.0			43.0	8.6	0.7	518	5.74
0.40		56.2	43.8			43.8	8.7	0.7	504	5.70
0.38		55.4	44.6			44.6	8.9	0.8	506	5.65
0.30		52.2	47.8			47.9	9.5	0.8	598	5.47
0.60	28.4	26.6		40.7	4.3	45.0	5.2	0.9	266	6.02
0.52	30.8	27.6		34.5	7.1	41.6	5.4	0.9	116	6.08
0.50	29.7	27.6		34.4	8.4	42.8	5.7	1.0	116	6.01
0.48	27.6	27.5		35.3	9.7	45.0	6.2	1.1	120	5.89
0.40	28.4	26.7		29.1	15.9	45.0	7.3	1.2	166	5.76

注:混合集料的细度模数是基于各种集料体积百分比的加权平均数。

由表 3 可知：

(1)在二级配和四级配中，当 n 分别为 0.40、0.50 时，偏差系数 K 最小，细度模数 M 较高，为集料体系的最佳合成级配。

(2)与二级配相比，四级配的偏差系数显著减少，细度模数提高，可减小集料空隙和总表面积，有利于降低胶凝材料用量。

(3)由于二级配距目标级配偏差较大，故浆集比略高，取 30∶70。而四级配较接近目标级配，浆集比可取 29∶71。根据各种集料的体积百分比和表观密度，可计算出每方混凝土中集料的用量(kg/m³)。①C30:再生集料 1036，中砂 806。②C40:碎石 569，再生集料 515，尾矿砂 654，细砂 157。

2.3 胶凝材料设计

2.3.1 原材料

(1)水泥　42.5 普通水泥，28d 实测强度 54.7MPa。

(2)矿渣粉　S95，28d 活性指数 98%。

(3)粉煤灰　C 类灰(II 级)，f-CaO 含量 2.36%。

以 40%～50%的普通水泥和 60%～50%的掺和料组成复合胶凝材料。

2.3.2 复合胶凝材料的性能(见表 4)

表 4　复合胶凝材料的性能

品种	体积安定性(mm)	密度(g/cm³)	28d 实测强度(MPa)	流变性(mm)		限制膨胀率(空气中)	
				水胶比 0.41，萘系 1.2%	水胶比 0.36，聚羧酸 0.6%	3d	28d
1号	2.5	2.88	39.8	264(初始) 212(1h)		1.52×10^{-4}	-1.21×10^{-4}
2号	2.4	2.90	41.9		335(初始) 330(1h)	1.35×10^{-4}	-1.43×10^{-4}

2.3.3 胶凝材料用量和用水量计算(见表 5)

表 5　胶凝材料用量和用水量计算

强度等级	配制强度(MPa)	复合胶凝材料强度(MPa)	水胶比	浆体体积(L/m³)	复合胶凝材料(kg/m³)		用水量(kg/m³)	外加剂(kg/m³)
					水泥	掺和料		
C30	37.4	39.8	0.41	300	158	238	162	萘系 4.75
C40	47.4	41.9	0.36	290	205	206	148	聚羧酸 2.47

注：水胶比由本课题研究的 Bolomey 线性回归公式计算而得。

实验室试拌结果，两组混凝土和易性好，完全能满足工作性和力学性能要求。

3　绿色高性能混凝土的示范应用

在 2008 年 11 月～2009 年 1 月期间，分别开展城市最佳实践区和浦东临展区两个世博项目的示范应用，绿色高性能混凝土总计约为 3000m³，其中“沪上·生态家”项目全部采用绿色高性能混凝土作为结构材料，现已结构封顶。

绿色高性能混凝土的坍落度为 150～180mm，和易性好，不易分层离析。从施工现场取样，进行混凝土力学性能和耐久性检测试验。

3.1 绿色高性能混凝土的力学性能（见表6）

表6 绿色高性能混凝土的力学性能(28d)

强度等级	抗压强度(MPa)	轴心抗压强度(MPa)	抗折强度(MPa)	弹性模量(MPa)
C30	47.0	35.3	4.9	3.3×10^4
C40	49.6	38.5	5.9	4.0×10^4

由表6可见，两种强度等级的混凝土均能满足设计要求。

3.2 绿色高性能混凝土的耐久性（见表7）

表7 绿色高性能混凝土的耐久性(28d)

强度等级	抗渗	收缩值	抗冻性(50次冻融循环)		平均碳化深度(碳化龄期28d)(mm)	电通量(C)
			强度损失率(%)	重量损失率(%)		
C30	>P6	500×10^{-6}	8.4	0.1	9.0	941
C40	>P6	333×10^{-6}	2.9	0	6.0	910

由表7可见，两种强度等级的混凝土均具有较好的耐久性。

4 结语

(1)本文建立集料级配体系和胶凝材料配合比体系，降低浆集比，减少胶凝材料用量，发挥掺和料对混凝土工作性、耐久性和后期强度的贡献。

(2)在绿色混凝土中，以50%～60%的固废资源替代自然资源。世博项目的示范工程应用结果表明，绿色混凝土具有较好的工作性、力学性能和耐久性。

参 考 文 献

[1] 黄健之.2007年上海建筑节能与绿色生态建筑发展论坛.2007.

[2] GB 50119—2003 混凝土外加剂应用技术规范[S].

自密实混凝土在武汉火车站三跨连续梁中的研究和应用

吴小强[1]，刘中心[1]，陈　兵[2]，顾晴霞[1]

1. 中建商品混凝土有限公司；2. 中建三局建设工程股份有限公司工程总承包公司

自密实混凝土(Self-Compacting Concrete，简称 SCC)即拌和物具有很高的流动性而不离析、不泌水，能不经振捣或微振捣而自动流平并充满模型和包裹钢筋的混凝土，混凝土硬化后内部密实、均匀稳定，具有良好的力学性能和耐久性能。自密实混凝土的应用，不仅可以大大降低施工噪声，减少施工能耗，而且可以减小施工强度，加快施工进度，保证和提高施工质量，是高性能混凝土发展的方向之一。

武广客运专线是中国新建高速铁路之一，位于湖北、湖南和广东境内，全长约 989km，设计时速 250km/h，最高时速 320km/h。该工程设计使用年限为 100 年，工程施工质量必须达到结构安全、使用功能及耐久性能的设计要求，主体结构质量实现零缺陷，满足设计使用年限内正常运营的需要。武广客运专线 WGZF Ⅰ标武汉站站房工程为桥建合一结构，站房中间为三跨连续现浇箱梁，箱梁下部的桥墩钢筋布置密集，钢筋间平均净间距为 5.3cm，平均每立方米空间钢筋用量高达 266kg，无法振捣施工，经分析研究，确定使用自密实混凝土，保证施工顺利实施，满足工程质量要求。

1　自密实混凝土配合比设计

从自密实混凝土的制备原理出发，通过对胶凝材料、外加剂、掺和料和砂率系统试验、分析，解决自密实混凝土流动性和抗离析性能之间的矛盾。采用较大的砂率和提高胶凝材料用量的方式提高混凝土的流动性能，采用掺和料(粉煤灰、沸石粉)调节混凝土的黏度，采用聚羧酸高效减水剂减小混凝土拌和物的屈服应力，提高拌和物流动速度和耐久性。

1.1　原材料选用

(1)水泥　选用亚东 P・O 42.5(低碱)水泥，该水泥质量稳定，需水量少，有利于配制自密实混凝土，主要技术指标如表 1 所示。

表 1　水泥主要技术指标

强度等级	表观密度(g/cm^3)	比表面积(m^2/kg)	体积安定性	凝结时间(min)		3d 强度(MPa)		28d 强度(MPa)	
				初凝	终凝	抗压	抗折	抗压	抗折
P・O 42.5	3.06	340	良好	185	280	23.2	4.8	46.6	8.0

[作者简介] 吴小强，中建商品混凝土有限公司助理工程师

（2）减水剂　自密实混凝土的高流动性、填充性及通过间隙的能力均要通过外加剂来实现，另外，外加剂还能减少硬化混凝土内部缺陷，提高混凝土耐久性能，外加剂选择主要考虑：①与胶凝材料的适应性；②减水率大；③缓凝保塑性能。外加剂选用深圳迈地聚羧酸高效减水剂，其主要技术指标如表2所示。

表2　减水剂主要技术指标

材料名称	混凝土减水率（%）	含气量（%）	凝结时间（min）		抗压强度比（%）	
			初凝	终凝	3d	28d
聚羧酸减水剂	31.2	4.8	368	745	152	135

（3）粉煤灰　利用粉煤灰的玻璃微珠效应和填充效应，减少自密实混凝土的用水量，提高新拌混凝土流动性和硬化混凝土的密实性能，从而调高自密实混凝土的耐久性能。粉煤灰采用阳逻电厂生产的Ⅰ级粉煤灰，主要技术指标如表3所示。

表3　粉煤灰主要技术指标

品　种	细度（%）	烧失量（%）	需水比（%）	表观密度（g/cm³）
F类	6.6	1.04	92	2.07

（4）沸石粉　利用沸石粉的超细微集料效应，提高混凝土的黏聚性。采用信阳某厂沸石粉，比表面积7200m²/kg，需水比109%。

（5）细集料　采用巴河出产的Ⅱ区中砂，细度模数2.5，含泥量为1.1%，泥块含量0.3%，级配为连续级配，表观密度为2.61g/cm³。

（6）粗集料　采用阳新5～10mm和10～20mm碎石按2∶8比例配制的连续级配碎石，空隙率为42%，表观密度2.68g/cm³，压碎指标9%，针片状含量4.1%，含泥量0.4%，泥块含量0.1%。

（7）水　自来水。

1.2　自密实混凝土配合比及试验

1.2.1　自密实混凝土配合比

改变砂率、胶凝材料总用量、掺和料组分和外加剂用量，设计出不同的配合比（见表4），研究砂率、胶凝材料总用量、掺和料组分对混凝土流动性和填充性能的影响。

表4　自密实混凝土配合比（单位：kg/m³）

编　号	水　泥	粉煤灰	沸石粉	河　砂	碎　石		水	外加剂
					5～10mm	10～20mm		
1号	350	150	0	800	170	680	170	6.36
2号	350	150	0	700	190	760	170	6.36
3号	350	150	0	750	180	720	170	6.36
4号	380	150	0	750	180	720	170	6.50
5号	330	150	20	750	180	720	170	7.50
6号	360	150	20	750	180	720	170	7.95

1.2.2　自密实混凝土试验方法

自密实混凝土自密实性能检测，参照《自密实混凝土应用技术规程》（CECS 203：2006）附录 A“自密实混凝土自密实性能检测方法”进行坍落扩展度试验、T_{50}试验、U 形箱(B 型)填充高度试验(见图 1、图 2)。

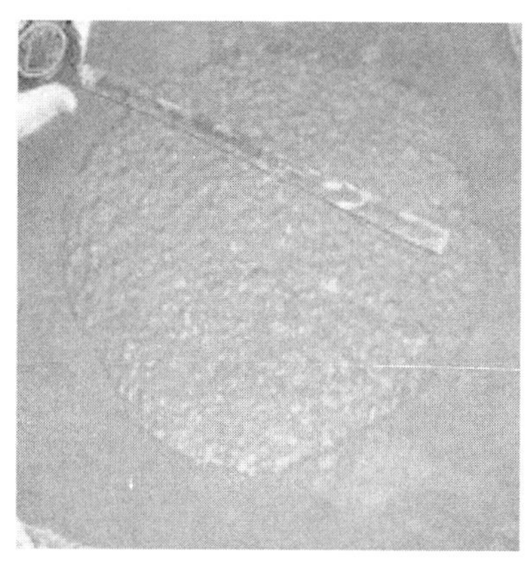

图 1　自密实混凝土 T_{50}试验检测

图 2　自密实混凝土 U 形箱填充高度检测

2　试验结果与分析

2.1　配合比试验结果

对表 4 中所有配合比进行试配,分别检测其出机施工性能、1hU 形箱填充高度、力学性能、电通量及抗裂性能,检测结果如表 5 所示。其中,6 组配合比所做抗裂环均无裂缝产生,表面混凝土抗裂性能良好。

表 5　自密实混凝土配合比试验结果

编号	坍落度(mm)	扩展度(mm)	T_{50}(s)	U 形箱填充高度(mm)	1h 后 U 形箱填充高度(mm)	混凝土强度(MPa)		28d 电通量(C)
						7d	28d	
1 号	240	600	12	310	280	42.3	59.2	827
2 号	250	670	9	280	300	43.1	58.6	853
3 号	250	670	10	340	300	43.5	60.2	800
4 号	270	680	13	340	310	46.2	61.5	764
5 号	260	680	10	340	330	44.3	63.2	680
6 号	270	690	11	340	340	47.1	67.4	604

2.2　试验结果分析

2.2.1　砂率对自密实混凝土性能的影响

砂率对自密实混凝土的性能有较大影响。在相同水灰比和胶凝材料用量下(如 1 号、2 号、3 号配合比),自密实混凝土砂率对坍落度的影响不大,但对混凝土扩展度和 U 形箱填充高度的影响较大。砂率过大,混凝土的扩展度反而减小;当砂率适宜时,U 形箱填充高度最高,砂率过大或砂率过小均对 U 形箱填充高度不利。这主要是因为在新拌混凝土中,集料作为固体粒子，集料间有一定的孔隙率；胶凝材料和水经拌和后形成浆体，起填充孔隙与形成浆体薄膜的作用。当砂率较小时，砂主要用于填充粗集料间的孔隙率，集料间的孔隙率减小，浆体包裹集料的浆体薄膜厚度增加，有利于提高新拌混凝土的流动性；当砂率增加到一定程度后，集料间的孔隙率随砂率的增加而增大，浆体包裹集料的浆体薄膜厚度减小，新拌混凝土的流动性减小。

2.2.2 胶凝材料总用量对自密实混凝土性能的影响

提高胶凝材料用量，在保证用水量不变的前提下，适量增加外加剂用量，有利于增加自密实混凝土的流动性。这主要是因为，在新拌混凝土中，提高胶凝材料用量，可以增加浆体量，有利于增加包裹于集料表面的浆体薄膜的厚度，有利于提高混凝土的流动性。

2.2.3 沸石粉对自密实混凝土性能的影响

自密实混凝土中掺入沸石粉，有利于提高U形箱填充高度，提高自密实混凝土强度、耐久性，并且有利于减少自密实混凝土自密实性能的保持，但在保持用水量不变的前提下，需增加外加剂用量。

自密实混凝土中掺入沸石粉后，增加混凝土浆体的黏稠度，增大了集料运动的阻力，使得新拌自密实混凝土中集料均匀、稳定地悬浮于浆体中，有利于浆体带动集料进行填充，并使得硬化混凝土内部均匀，有利于强度和耐久性的提高。

沸石粉有利于自密实混凝土自密实性能的保持，主要是因为沸石粉是一种多空结构材料，掺入沸石粉后，沸石粉能够吸附部分水和外加剂，使得混凝土的外加剂用量增加；当浆体中水分因蒸发和水化作用减少后，沸石粉中吸附的水和外加剂释放出来，补充到浆体中，使得浆体的流动性得以有效保持。

3 工程应用

2009年4月，采用6号配合比生产供应了武广客运专线WGZFI标武汉站连续三跨箱梁墩身自密实混凝土，取得了良好的应用效果，见表6。

表6 自密实混凝土应用效果

坍落度(mm)	扩展度(mm)	T_{50}(s)	U形箱填充高度(mm)	泵送后U形箱填充高度(mm)	混凝土强度(MPa)		28d电通(C)
					7d	28d	
260	700	9	340	340	43.3	67.1	631

3.1 生产施工控制

(1)自密实混凝土生产前，要对集料堆场采取遮雨、遮阳措施，生产上料时，要对集料进行翻拌，保持含水率稳定。

(2)提前对材料含水率进行检测，依据含水率调整施工配合比。

(3)采用强制式搅拌机搅拌，搅拌时间不宜低于120s，确保自密实混凝土搅拌均匀。

(4)混凝土罐车在装料之前应反转，清除罐内积水、积浆，严禁中途加水。

(5)罐车在运输途中保持旋转状态，在浇筑混凝土前，高速旋转，保证混凝土在运输车内质量均匀稳定。

(6)混凝土要及时浇筑,每车自密实混凝土从生产开始到浇筑完成宜在 90min 内完成,并且保持泵送的连续性。

(7)加强混凝土的养护,浇筑完成后宜对混凝土表面采用薄膜和麻袋进行覆盖,防止表面失水产生裂缝。

3.2 应用效果

武广客运专线 WGZFI 标武汉站工程中自密实混凝土的应用,使得无法实施振捣作业的部位顺利浇筑(见图 3),节约了施工成本、降低了施工噪声。实体结构经超声波检验,结构内部密实,无明显缺陷,满足结构安全需要,拆模后表面光滑,气泡含量少,满足工程对清水混凝土的要求(见图 4)。

图 3 自密实混凝土的浇筑

图 4 自密实混凝土拆模后表面效果

4 结语

(1)砂率对自密实混凝土的流动性有明显影响,自密实混凝土配制过程中,砂率应根据材料和试验结果进行选择。

(2)提高胶凝材料用量,有利于自密实混凝土提高拌和物的施工性能。

(3)掺入一定量的沸石粉,有利于改善混凝土拌和物的和易性,主要表现为对保水性能和黏聚性能的改善;同时有利于力学性能和耐久性能的提高。

(4)自密实混凝土在本工程中的成功应用,降低了施工成本和施工噪声,并且混凝土力学性能和耐久性能满足工程要求。

参 考 文 献

[1] 廉慧珍,张青,张耀凯. 国内外自密实高性能混凝土研究及应用现状[J]. 施工技术,1999 (5).

[2] 张承志. 商品混凝土[M]. 北京. 化学工业出版社,2005.

[3] 冯乃谦. 高性能混凝土结构[M]. 北京:机械工业出版社,2004.

[4] 李悦,郭奇,杨玉红. 自密实混凝土的配置原理[J]. 商品混凝土,2007(1).

滨海环境高耐久性清水混凝土施工技术

戴　岭，刘献伟，刘洪海，李　强

中建三局第一建设工程有限公司

由于建筑设计水平和审美观念的提升，近年来清水混凝土发展较快，但由于清水混凝土在滨海环境中受到特定大气环境作用影响，特别受到氯盐等的侵蚀，对清水混凝土结构的耐久性提出了更为严格的要求。

1　工程概况

万科中心工程为大型公用建筑，位于深圳大梅沙海滨，总建筑面积 13.7 万 m^2；地下 1 层，地上 7 层，高度 35m。本工程整体（楼板、梁、柱等）及核心筒（独立墙）外表面要求采用清水混凝土，应用面积约 30000m^2。本工程结构形式为钢结构、钢筋混凝土框架＋钢索结构体系。工程效果见图 1。

图 1　万科中心效果图

2　耐久性设计和实施步骤

针对滨海环境和建筑结构进行了广泛的试验分析，根据环境监测和环境作用评价结果，以钢筋初始锈蚀为极限状态，选择合适的劣化模型，对混凝土结构耐久性进行分析，确定氯盐劣化环境下，混凝土材料性能、施工要求及耐久性性能构造要求。

通过原材料检验、混凝土配合比试验及高耐久性清水混凝土样板试验及实体检测等方法确定滨海环境高耐久性清水混凝土的配合比，并对施工工艺进行检验。

[作者简介] 戴岭，中建三局第一建设工程有限公司总工程师，教授级高级工程师

在施工过程中，严格控制钢筋保护层厚度，控制混凝土浇筑及振捣、拆模时间及养护方法等措施，保证混凝土密实和匀质性，减少混凝土早期自收缩并保证表层混凝土有密实的微结构，避免混凝土开裂影响结构耐久性。

滨海环境高耐久性清水混凝土的关键技术是混凝土材料和结构的耐久性技术。因此，根据建筑物周边环境监测数据，确定混凝土的指标和参数，设计符合耐久性要求和清水外观要求的混凝土配合比，并完成清水混凝土的施工。流程见图 2。

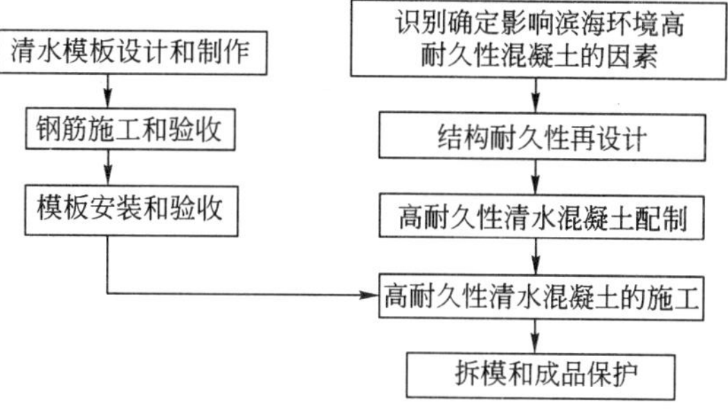

图 2　滨海环境高耐久性清水混凝土设计流程

3　滨海环境混凝土结构耐久性再设计

3.1　环境监测及识别影响滨海环境高耐久性混凝土的因素

3.1.1　环境监测

高耐久性混凝土试配之前，对滨海环境相关大气、水文环境进行一定时间的周期性监测，取得海水中氯离子含量、氯离子周期性变化特征、大气中氯离子含量及周期性变化特征、混凝土集料和填充料氯离子含量等数据，为混凝土结构耐久性再设计提供原始数据。

3.1.2　识别确定影响滨海环境高耐久性混凝土的因素

根据滨海环境检测和环境作用评价，混凝土结构的整体环境处于滨海盐雾大气区时，影响混凝土结构耐久性因素有：氯离子侵蚀、混凝土碳化、硫酸盐反应、碱集料反应、钢筋锈蚀及混凝土干缩等。对于混凝土碳化、硫酸盐反应、碱集料反应、钢筋锈蚀及混凝土干缩等因素，通过控制混凝上原材料中有害物质的含量，并保证混凝上的振捣和养护质量，可以明显降低其对结构耐久性的影响，其影响相比氯离子的侵蚀作用均较小，因此，滨海地区影响结构耐久性的主要因素是环境中氯离子的侵蚀作用。

3.2　混凝土结构耐久性再设计

混凝土结构要满足设计寿命要求，在施工阶段必须进行混凝土结构耐久性设计。滨海地区，综合考虑氯离子侵蚀作用、混凝土碳化、硫酸盐反应等因素，以钢筋初始锈蚀为极限状态，选择 JSCE 等合适的劣化模型，通过基于使用寿命的混凝土结构耐久性分析，确定氯盐劣化环境下，混凝土材料性能、施工要求及耐久性性能构造要求。

氯离子侵蚀作用下混凝土结构的寿命可按下式计算

$$C_l=(C_0-C_{init})\left[1-\mathrm{erf}\left(\frac{x}{2\sqrt{Dt}}\right)\right]+C_{init} \tag{1}$$

式中：C_l——在钢筋位置处 Cl^- 含量（kg/m^3），小于或等于 0.6kg/m^3；

C_0——混凝土表面 Cl^- 含量（kg/m^3），小于或等于 1.3kg/m^3；

C_{init}——混凝土初期的 Cl^- 含量（kg/m^3），如不用海砂等可假定为 0；

erf——误差函数（可查表）；

x——钢筋保护层厚度(mm);

D——Cl^-扩散系数(mm^2/年),由混凝土材料、配合比、施工状态及含水状态决定,已知混凝土配合比可以通过混凝土的试验检测来确定;

t——龄期(年)。

滨海地区清水混凝土结构应主要考虑的耐久性措施如图 3 所示。

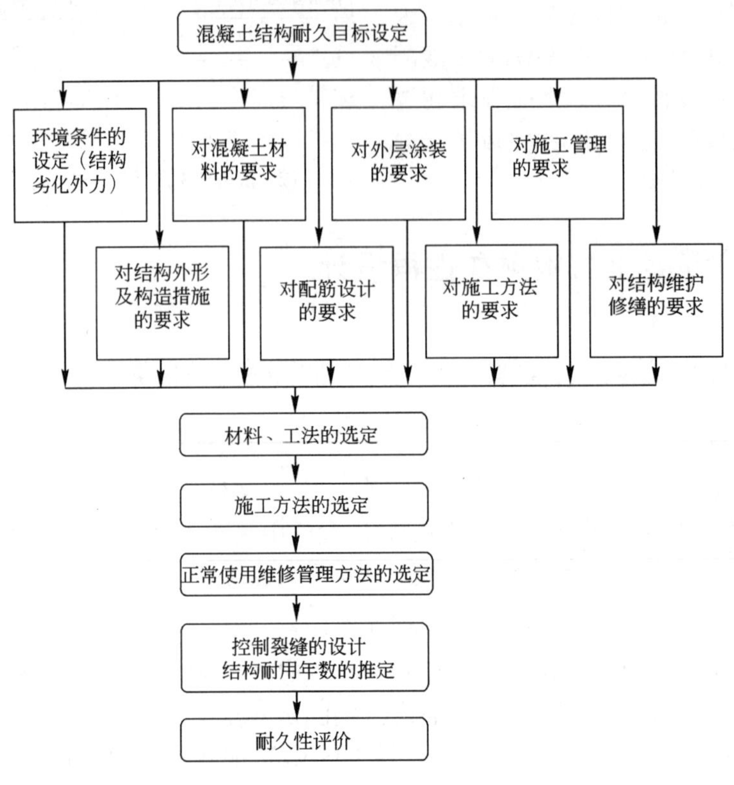

图 3 混凝土结构耐久性措施图

提高清水混凝土结构耐久性的技术措施主要包括两个方面:①基本措施——最大限度地提高混凝土自身的防护能力,即采用高耐久性混凝土技术,如严格控制混凝土材料的选用、采用提高混凝土性能的外加剂等;②附加措施——严重环境作用等级下,强化对钢筋的保护、弥补混凝土保护能力的不足,包括抗裂、外涂膜等。

4 滨海地区高耐久性清水混凝土配制

4.1 滨海地区高耐久性清水混凝土配制工艺流程(见图 4)

通过变化水胶比、掺和料掺量,研究水胶比、粉煤灰掺量及龄期等因素对混凝土氯离子扩散系数及强度的影响,优化混凝土配合比,最终取得满足清水和高耐久性且经济的混凝土。

4.2 原材料选择及试验检测

在滨海地区,混凝土用砂可能混入海砂,河砂也可能受海水污染,混凝土其他原材料,如碎石、水泥、掺和料等也可能含有微量的氯离子，在试配中应对混凝土中的水溶性氯离子进行检测和控制；还必须考虑环境中的氯离子渗透的影响，试配阶段需增强混凝土密实性和抗氯离子侵入性指标。

4.2.1 原材料选择

(1)水泥 普通硅酸盐水泥 P·O 42.5，水泥含碱量(按 Na_2O 当量计)不超过 0.6%，或者混凝土内的总含碱量不超过 3.5kg/m^3。

(2)掺和料 II 级粉煤灰，粉煤灰用量为胶凝材料总量的 30%或者 40%。用作矿物掺和料的粉煤灰应选用 CaO 含量不大于 10%的低钙灰。

(3)外加剂 选用萘系(添加有消泡剂)，掺量 2.0%；配制中严格检测和控制氯离子的含量。

(4)细集料 中砂，采取相应措施严格混凝土用砂，避免在开采、运输、堆放和生产过程中遭受海水污染和混用海砂。

(5)粗集料 5～25mm 粒径级配花岗岩，采用无潜在碱活性的集料，最大集料粒径 25mm，并采用单粒级石子两级配或三级配投料。

(6)水 自来水，水胶比 0.35，拌和用水量不大于 160kg/m^3。

(7)脱模剂 采用水性脱模剂。

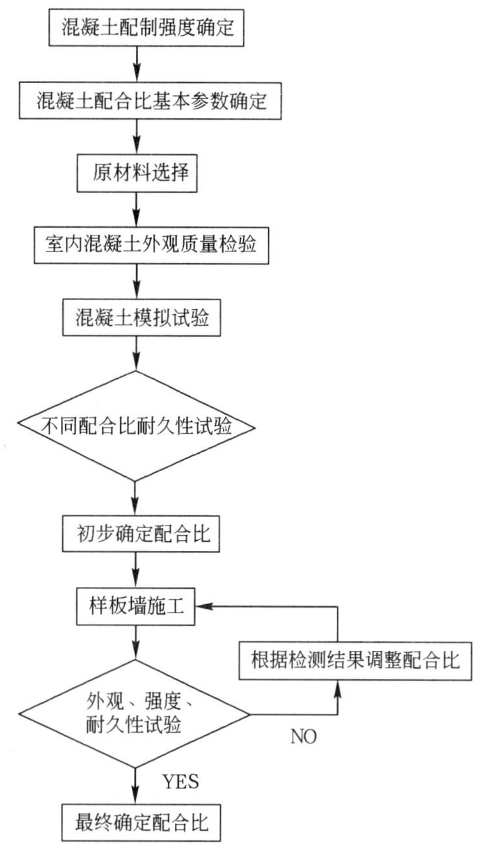

图 4 滨海地区高耐久性清水混凝土配制工艺流程图

4.2.2 原材料检测

(1)水泥 检测凝结时间、抗压强度、抗折强度、各化学成分含量检测。

(2)掺和料 进行细度、需水量比、烧失量、三氧化硫含量、含水率等品质检测。

(3)外加剂 外观、密度、含固量、pH 值、硫酸钠含量、氯离子含量、流动性等匀质性检测。

(4)细集料 进行不同粒径的筛余量分析、表观密度、堆积密度、含泥量、泥块含量、细度模数、碱活性、氯离子(Cl^-)、硫化物及硫酸盐含量、云母含量、有机物含量、轻物质含量、坚固性等进行化学分析检测。

(5)粗集料 碎石进行不同粒径的筛余量分析、表观密度、堆积密度、含泥量、泥块含量、压碎指标、针片状含量、最大粒径、级配类型、碱活性等进行检测。

(6)水 pH 值、不溶物、可溶物、氯化物、硫酸盐、碱含量等化学分析。

4.3 混凝土试配，初步确定配合比

通过试配，并进行相关模拟试验，结合清水混凝土结构外观检测，选择合适的施工方法和原材料。通过试验确定使用的外加剂品种、脱模剂类型、坍落度的大小、混凝土振动时间等。

4.3.1 高耐久性清水混凝土性能要求

(1)水胶比 0.35，拌和用水量不大于 160kg/m^3。

(2)胶凝材料用量 450kg/m^3，粉煤灰用量为胶凝材料总量的 30%或者 40%。粉煤灰的掺入，能够大大提高混凝土抗氯离子扩散的能力，这对于氯盐环境下的混凝土结构是非常有利的。随着结构使用时间的延长，该种混凝土有进一步提高抵抗氯盐能力的可能。

(3)使用 P·I、P·II 以外的掺有混合材料的硅酸盐类水泥时，矿物掺和料中应计入水泥中已掺入的混合料。在无确切水泥组分的数据时，P·O 可按 80%硅酸盐水泥、15%的活性混合材料估算。

(4)用作矿物掺和料的粉煤灰应选用 CaO 含量不大于 10%的低钙灰。

(5)混凝土配制中不应使用含有氯化物的外加剂。混凝土中氯离子的最大含量(单位体积混凝土中氯离子与胶凝材料的重量比)不超过 0.1%(28d 水溶值)。

(6)采用无潜在碱活性的集料，最大集料粒径 25mm，并采用单粒级石子两级配或三级配投料。

(7)采取相应措施严格混凝土用砂，避免在开采、运输、堆放和生产过程中遭受海水污染和混用海砂。

(8)水泥含碱量(按 Na_2O 当量计)不超过 0.6%，或者混凝土内的总含碱量不超过3.5kg/m^3。

4.3.2 清水混凝土相关外观质量试验

(1)通过不同配合比的试配，对混凝土外观颜色进行对比。

(2)选用不同外加剂品种试配，对混凝土含气量及外观影响进行对比。

(3)选用不同水泥品种试配对混凝土外观质量进行对比。

(4)选用不同掺和料品种试配对混凝土外观质量进行对比。

(5)采用不同的振动时间及振捣工艺对混凝土试块中的气泡进行对比。

(6)模拟试验。

4.4 样板试验

现场进行同条件样板墙试验，对研制的混凝土可施工性能、成型后的外观质量检查，并进行初始氯离子浓度、氯离子扩散系数、抗压强度、实际保护层厚度、耐性指数、表面透气性、透水性、干缩及自收缩性能检测和耐久性评估。

通过控制混凝土浇筑及振捣方式、入模温度、浇筑时气温、拆模时间及养护方法，保证混凝土密实和匀质性，减少混凝土早期自收缩并保证表层混凝土有密实的微结构，避免混凝土开裂。

(1)样板墙耐久性检测包括以下内容：①对样板墙初始氯离子含量进行检测；②对样板墙氯离子扩散系数检测；③对样板墙混凝土表面透水性检测；④对样板墙混凝土表面透气性进行检测；⑤对样板墙混凝土干燥收缩率和自收缩进行检测；⑥对样板墙混凝土保护层测试。

(2)氯离子扩散系数检测方法：采用 RCM 法对混凝土氯离子扩散系数进行快速测定，采用直径 100mm，高度 $h=(50\pm2)$ mm 的圆柱体试件(见图 5)。

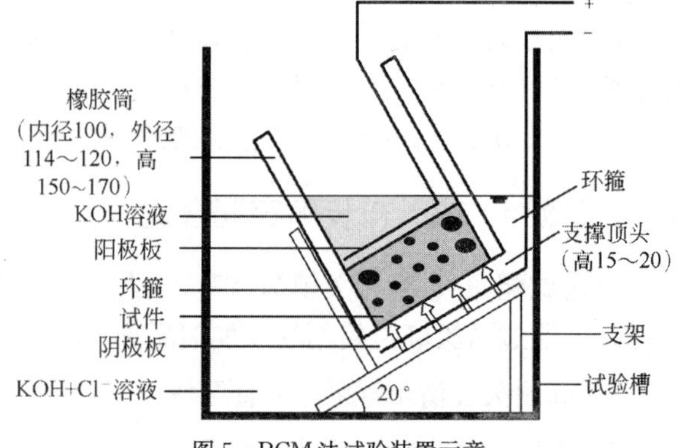

图 5 RCM 法试验装置示意

4.5 配合比确认

根据样板墙检测和评估结论,确定最终混凝土配合比。

5 滨海环境高耐久性清水混凝土施工

5.1 模板设计和制作

为保证清水混凝土的外观质量,采用定型模板体系,模板强度和刚度应经过验算和试验;加工制作由专业模板厂家完成,按已批准的深化设计图纸在现场进行安装;脱模剂宜采用水性脱模剂。

模板安装质量要求几何尺寸准确、阴阳角的棱角整齐、角度方正,安装垂直度、平整度等允许偏差小于混凝土规范要求。模板安装操作应搭设稳定的操作平台,对所有模板进行编号,安装前复核模板控制线。

5.2 钢筋工程

为钢筋提供足够厚度的混凝土保护层是滨海地区清水混凝土耐久性的必要构造措施之一,在施工过程中主要从钢筋翻样、加工制作、钢筋安装、垫块、混凝土成品保护等方面进行控制。

翻样时必须考虑钢筋的叠放位置和穿插顺序,保证有足够的设计保护层厚度。

钢筋加工机械应保养良好,加工翻样单应进行复核,加工误差应符合规范要求,半成品经检查验收合格后分类挂牌堆放,并存放在干燥的环境下,延缓钢筋锈蚀。

按规范要求进行钢筋绑扎。

钢筋保护层采用定型塑料定位卡控制,间距600mm×600mm,呈梅花形布置。

拆模时混凝土应有一定的强度,避免缺棱掉角,损伤混凝土保护层;拆模后墙柱阳角做临时护角保护。

5.3 混凝土施工

混凝土竖向结构应分层下料、分层振捣(见图6),每层混凝土浇筑厚度应控制在50cm以内。

根据样板墙施工经验,确定振捣时间,避免过振发生离析。振捣时注意振捣棒应快插慢抽,振动均匀,使混凝土中的气泡充分上浮消散,振动时间宜为20～30s。

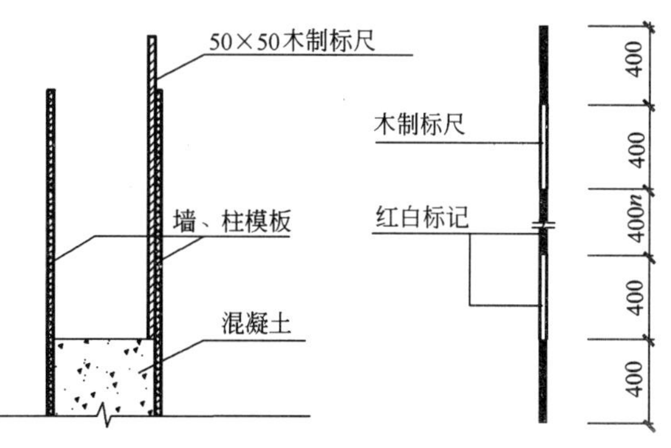

图6 浇筑时采用标尺杆控制分层厚度示意

为保证清水混凝土养护质量,水平结构应浇水覆盖养护,竖向结构由专人定时喷雾状水保持湿润进行养护。

5.4 模板拆除和成品保护

拆模时间结合混凝土强度、表面温度、养护方法等因素进行确定。一般情况下,以拆模混凝土强度大于3MPa,混凝土表面温度与气温温差不大于20℃为准。模板拆除并吊到地面后安放在专用的模板支架内，并进清灰、涂刷脱模剂，以备周转。

成品保护：①拆除模板时，不得碰撞混凝土面，不得乱撬；拆模前应先退对拉螺栓的两端配件再拆模，拆下的模板应轻拿轻放。②混凝土成品应用塑料薄膜封严，以防混凝土表面污染。上层浇筑混凝土时，模板下口设置挡板，避免水泥浆污染下层混凝土。③装饰、安装工程等后续工序不得随意剔凿混凝土结构，如需开洞的，要制定相关处理方案。④加强教育，避免人为污染或损坏。人员可以接触到的部位，以及楼梯、预留洞口、柱、门边角，拆模后钉薄木条或粘贴塑料条保护。

5.5 清水混凝土涂膜

达到设计强度后的清水混凝土必须涂刷透明保护膜，以进一步阻挡外界环境对清水混凝土结构的侵蚀。

6 耐久性质量控制

混凝土抵抗氯离子侵蚀的因素与混凝土的配合比（水胶比、胶凝材料掺量）、混凝土密实度有极大的关系，因此必须按照试验最终确定的配合比生产和浇筑混凝土，加强计量和施工管理。

良好的保护层质量和足够的保护层厚度，对混凝土结构抵抗氯盐腐蚀的作用是不可低估的，应保证正确的保护层厚度，并防止混凝土墙底烂根、蜂窝等外观质量通病。

高耐久性清水混凝土严禁出现可视裂缝。

7 结语

滨海环境混凝土结构受海水及海雾等氯盐环境“荷载”作用比较大，性能劣化影响严重，直接影响到结构耐用年限。滨海地区清水混凝土必须考虑氯离子渗透带来的钢筋锈蚀引发的耐久性问题。施工前必须对滨海水文环境和大气环境进行周期性观测，分析确定滨海环境作用下影响结构耐久性的主要因素和其他影响因素，针对各种因素进行滨海环境结构耐久性再设计，试验和研制能够在滨海地区应用的高耐久性清水混凝土。

目前，万科中心工程清水混凝土结构工程已施工完成。经无损检测，筒体及实腹厚墙保护层实际检测厚度均值47.6mm，保护层误差在规范允许范围内，钢筋保护层得到了有效的控制，实际结构混凝土的氯离子扩散系数为$2.93\times10^{-12}m^2/s$（现场均值），经有关机构检测评估，本工程清水混凝土结构可达设计要求使用年限。

混凝土裂缝控制技术在大跨度钢筋混凝土梁施工中的应用

朱冠生

中铁二十一局集团第二工程有限公司

1 工程概况

敦煌火车站站房工程有数十条大跨度、大截面钢筋混凝土梁，其施工难点主要为：梁截面尺寸大，混凝土强度等级高，如新建敦煌火车站站房工程有黏结预应力梁在标高 21m 处共有四条，跨度为 36.00m，梁截面为 1000mm×2500mm，其中 21m 标高处混凝土预应力梁两侧外挑 6.6m，梁总长达 50m。新浇筑混凝土工程由于内部温度高，水分的蒸发量大，可能出现干燥快，凝结速度快，强度降低，并会产生许多裂缝等现象，从而影响混凝土结构本身的质量；框架梁标高部位高（敦煌火车站站房工程局部梁底净高 13.5m，⑦～⑩轴外悬挑梁段高度达 21m）；自重荷载重，7.5m 处预应力梁自重的线荷载为 415.52kN/m，全梁自重 7745.29kN；16m 和 21m 预应力梁自重的线荷载平均为 649.25 kN/m，其中，悬挑梁段自重线荷载平均为 389.55 kN/m，梁自重 2962.7kN，所以支撑体系要求高。楼层平面变化大，洞口宽，会造成满堂脚手架一部分支撑须通过楼层向下传递荷载至不同高度的支承面，使得排架支撑系统的计算长度不统一。在混凝土梁预应力没有张拉时，其大梁难以承受相应部位的自重荷载。所以，大跨度梁施工要从模板制作安装，混凝土施工等多方面进行控制。

2 施工工艺

2.1 模板方案的选择

(1)由于工程设计采用超高大跨度带悬挑的预应力混凝土梁结构，模板支撑施工难度很大，经研究论证后，根据工程具体实际情况设置模板面板及支撑（见图 1）。

(2)模板面板　采用 18mm 厚木胶合板，它具有板幅大、自重轻、承载力大和保温性能好的特点。梁侧模采用一层，底模采用两层以提高面板强度。

(3)侧模支撑　内龙骨（水平）采用 50mm×100mm 木方，间距 200mm。外龙骨（竖向）采用 2 根 48mm×3.5mm 钢管支撑，间距 400mm。穿梁螺栓水平间距 400mm，竖向间距 400mm，直径 16mm，采用“3”形扣件与外龙骨连接，螺栓外露 100mm 以上，采用 2 个螺母固定。

[作者简介] 朱冠生，中铁二十一局集团第二工程有限公司项目管理部工程师

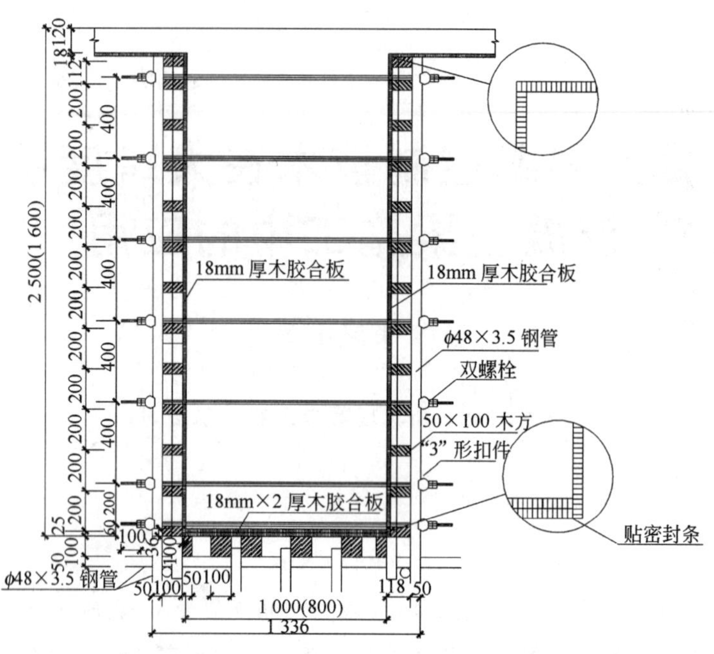

图1　模板及支撑体系示意图(尺寸单位:mm)

(4)底模支撑　沿纵向设 50mm×100mm 木方,间距为 200mm,横向支撑采用 48mm×3.5mm的圆钢管,间距为 200～233mm。

(5)支撑体系　采用排架支撑和满堂钢管脚手结合体系,即梁的自重及施工荷载(竖向荷载)由排架体系支撑,排架的稳定性则由满堂脚手架保证。满堂钢管脚手架纵横距均为 0.9m,步距为 1.5m。排架采用 48mm×3.5mm 钢管,梁底增设 3～4 根承重立杆,立杆连接采用对接扣,具体梁支撑如图 2 所示。

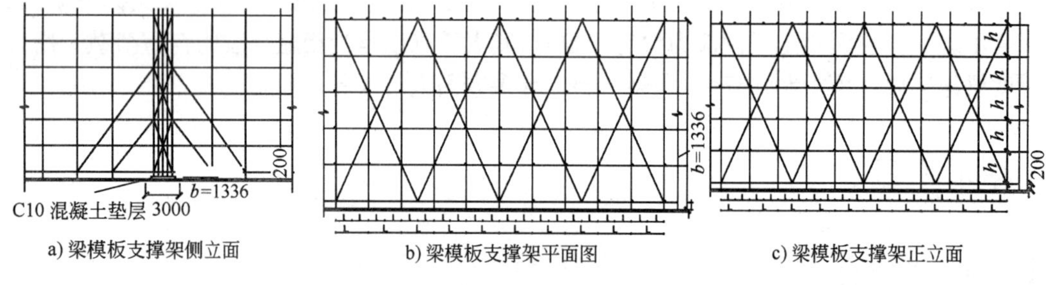

图2　梁模板支撑示意(尺寸单位:mm)

(6)满堂架水平加强层　满堂脚手架除满足现浇板施工荷载,还需保证预应力梁支撑排架的稳定性,故根据规范规定设置水平加强层:①两端与中间每隔 4 排立杆从顶层开始向下每隔 2 步设置一道水平剪刀撑;②每剪刀撑宽度不应小于 4 跨,且不应小于 6m,倾角宜在 45°～60°之间。

2.2　地基处理

(1)梁底支撑排架　采取分层回填分层压实,其上浇筑 15cm 厚且强度等级 C10 混凝土垫层,长度同梁长,宽度 3m,垫层顶面应高于周围地面 30mm 以上。在钢管支架底部采用 100mm×50mm 方木沿纵向抄垫。

(2)满堂架　分层回填，分层压实，钢管支架底部采用100mm×50mm方木通长抄垫。

(3)严禁在施工场地内形成积水，造成地基不均匀沉降，引起支架失稳，出现安全隐患。

(4)扫地杆纵横两向均需设置，距立杆底部应为10cm。

2.3　支撑搭设

(1)为确保脚手架搭设过程中的稳定性，必须严格按照方案进行搭设　一次搭设高度不应超过相邻架两步，每搭设一步，应按规定校正立杆的垂直度步距，立柱间距和排距准确。

(2)立杆技术要求　相邻立杆接头位置应相互错开布置在不同的步距内，并且与相邻大横杆的距离不宜大于步距的1/3。立杆与大横杆必须用直角扣件扣紧，以保证立杆承载能力。立杆的垂直偏差应不大于架高的1/2000。

(3)大横杆技术要求　上下横杆接长位置应错开布置。在不同的立杆纵距中，与相近立杆的距离不大于纵距的1/3。相邻步距的大横杆应错开布置在立杆的内侧和外侧，以减少立杆偏心受载情况。同一排大横杆的水平偏差不大于该片脚手架总长度的1/300，且不大于5cm。

(4)小横杆　应贴近立杆布置，搭设在大横杆上，并用直角扣件扣紧，任何情况均不得拆除。

(5)连柱杆　连柱杆应设置在楼板附近具有较好的抗水平力作用的结构部位，其垂直距离不大于4 m，水平距离为4.5～ 6.0m，层层均设。

(6)剪刀撑　除在两端设置外，中间每隔15m设置一道。连接3～4根立杆，斜杆与地面夹角为45°～60°。应沿架高连续布置。剪刀撑的斜杆两端除用旋转扣件与脚手架的立杆或大横杆扣紧外，在其中间还应增加2～4个扣结点。剪刀撑连接应采用搭接连接，搭接长度不小于1.5 m。

2.4　架体预压

为保证梁混凝土结构的质量，钢管脚手架支撑搭设完毕，铺设底模板后必须进行预压处理，以消除支架、支撑方木和模板的非弹性变形和地基的压缩沉降影响，同时取得支架弹性变形的实际数值，作为梁体立模的抛高预拱值数据设置的参考。具体方案如下：

(1)预压方法依据梁混凝土重量分布情况，在搭好的支架上的堆放与梁跨荷载等重的钢管(梁跨荷载统一考虑安全系数为1.2)，预压时间视支架地面沉降量定，支架日沉降量不得大于2.0mm(不含测量误差)，一般梁跨预压时间为3d。

(2)预压时，在加载完成后每12 h测试一次各预定点高程，直至日沉降量不大于2mm时卸载。测出预压后高程、预压中高程和预压前底板高程。

(3)计算底模弹性变形量和底模非弹性变形量公式为底模弹性变形量＝ 预压后高程－预压中高程，底模非弹性变形量 ＝ 预压前底板高程－预压后高程。

(4)支架顶部的标高值＝设计标高值＋设计预拱值(36mm)＋底模弹性变形量。

(5)调整模板标高和平整度，使各点标高既符合设计要求又满足平整度要求。模板调整完成后，再次检查支架和模板的扣件是否牢固，松动的要重新上紧。

(6)预压重量计算　一层预应力梁采用钢筋进行预压，二、三层预应力梁采用钢管和地沟盖板进行预压。混凝土密度取2.5t/m^3，预压用钢管密度为2.2t/m^3，钢筋密度为7.1t/m^3，地沟盖板密度为2.5t/m^3。预压高度：h_2＝(2.5×1.2×梁高h_1)/2.2(7.1、2.5)。

(7)钢管由塔吊垂直运输。堆码时将钢管(钢筋或地沟盖板)平铺在梁底，两侧搭设立杆，每铺500mm高，搭设一根水平杆后在往上铺钢管直至达到高度。

2.5 混凝土拌制

混凝土是一种混合材料，混凝土成型后的均匀性和密实性可判断其质量的好坏。因此，从搅拌运输的各道工序施工中，应杜绝任何缺陷，采取措施控制混凝土的温升，并以此控制附加水量，减少坍落度损失，减少塑性收缩开裂。在混凝土拌制、运输中有以下几项措施是行之有效的：

(1)使用减水剂、粉煤灰取代部分水泥以减少水泥用量；同时，在混凝土浇筑条件允许的情况下，增大集料直径。

(2)泵送混凝土流动性与和易性的要求，坍落度增加、水灰比增大，水泥用量、用水量、砂率均增加及其他外加剂增加等一些因素变化，导致混凝土收缩及水化热作用。因此，严格控制配合比可有效控制裂缝产生，提高混凝土抗拉、抗压强度。

(3)配合比的计算是混凝土技术关键，常规计算配合比，不但水泥用量增加，成本加大，而且容易混凝土温度应力过大，使混凝土产生开裂，破坏耐久性。以低水泥用量有效养活水化热降低混凝土的温升值，以大掺量掺和料增加混凝土密实度和体积稳定性，采用复合高效外加剂，有效降低水胶比，保证了结构设计强度要求。

该工程选用 52.5 级普通硅酸盐水泥，在满足设计要求的前提下，在混凝土拌和料中掺入适量的 II 级粉煤灰；细集料采用细度模数为 2.3 的中砂，含泥量＜2%；粗集料采用连续级配的卵石，粒径为 5～31.5mm，含泥量≤1%，具有良好的形状，质地坚硬，不含风化颗粒；掺入缓凝型的 UNF-3C 高效减水剂，缓凝时间达到 5h 以上。

2.6 混凝土浇筑和修整及温控措施

由于敦煌地区气温相对较高，极端最高 41.7℃，极端最低－30.5℃，最热月平均 32.7℃，最冷月平均－14.6℃。在炎热气候条件下浇筑混凝土时，应尽量避免当日的最高温度时间浇筑；要求项目上配备足够的人力、设备和机具，以便及时应付预料不到的不利情况，并随时控制好混凝土表面与外界的温差及混凝土内部与表面的温差的影响。

(1)加强施工中的温度观测　必须重视温度管理，施工中若能控制实际温度差小于容许值，就可避免产生温度裂缝。温度管理的基础是及时准确地进行各种温度观测。

(2)采取适当的温度控制措施　在混凝土浇筑过程中，应使实际测量的温差小于允许温差，采取的措施主要是：降低浇筑温度，在具体的施工中应注意集料防晒，冰水搅拌混凝土，运输中的防止日晒；降低水化热温升，主要是通过选择合理的原材料，采用良好的配合比，来降低水泥用量；为防止表面裂缝，采取提高混凝土表面温度的措施，如在混凝土结构的外露面覆盖保温，搭设保温棚和覆盖塑料薄膜。

(3)施工中明确出混凝土的浇筑方向、浇筑顺序，并要养护 14d　预应力框架梁混凝土分 3 层浇筑完毕，混凝土浇筑采用斜面分层布料方法施工，即“一个坡度 、分层浇筑、循序渐进、一次到顶”，采用插入式振捣棒振捣，每个混凝土泵配备 5 台插入式振捣棒(3 台工作，2 台备用)，分 3 道布置：第一道布置在出料点，使混凝土形成自然流淌坡度；第二道布置在坡脚处，确保混凝土下部密实；第三道布置在斜面中部，在斜面上各点严格控制振捣时间、移动距离和插入深度，每个浇筑区域的振捣由专人负责，严防漏振。此外，在混凝土凝固前进行表面二次振捣，以防混凝土表面出现收缩裂缝。

为防止混凝土表面散热过快，内外温差过大并使混凝土有较好的保水性，在梁底模及侧模外铺设 2 层塑料薄膜，与竹胶合模板一起作为梁底面、侧面的保温层。经现场测温表明，混凝土浇筑后竹胶合模板内外温差保持在要求范围内，保温效果良好。对于上表面的养护，待混凝土终凝后，将侧面的双层塑料薄膜上反包裹再覆盖 2 层麻袋并浇水养护。然后，根据测温记录，及时采取掀开或保温，控制混凝土内外温差在 25℃范围内。为降低梁核心温度，通过预留的管内注入冷水，将内部热量带走。本工程采用 JDC-2 建筑电子测温仪进行混凝土温度监控。平面每个测点布置 6 个测温传感器及测温探头，在混凝土浇筑前埋入并固定保护。在混凝土升温阶段每 2h 测 1 次，降温阶段每 4h 测 1 次，后期 6～8h 测 1 次，同时测量大气温度。图 3 为⑩轴梁混凝土内部温度随时间的变化情况。

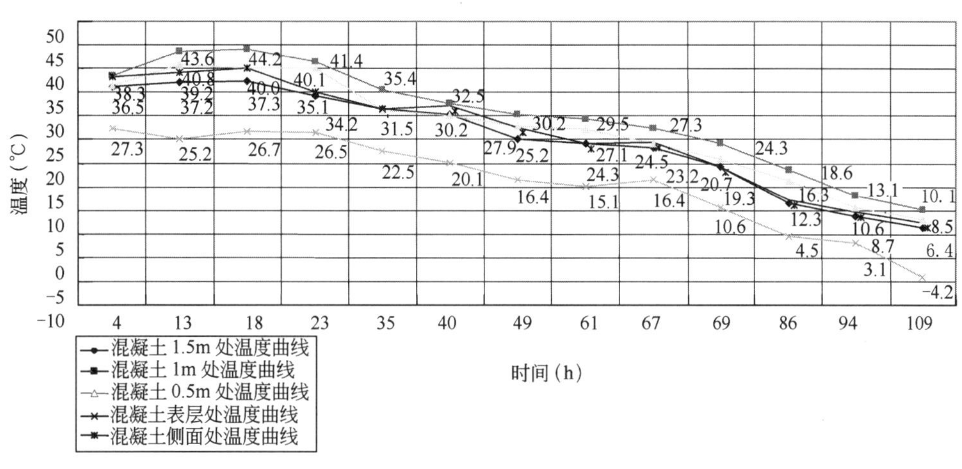

图 3 ⑩轴梁混凝土内部温度

2.7 混凝土的养护

(1)在修整作业完成后或混凝土初凝后立即进行养护，在混凝土浇筑后的前 1～2d，应保证混凝土处于充分的湿润状态，应严格遵守国家标准规定的养护龄期。

(2)当完成规定的养护时间后拆模时，最好为其表面提供潮湿的覆盖层。

3 质量控制

(1)外径 48mm 与 51mm 的钢管严禁混合使用。

(2)钢管满堂脚手架受力与传力的关键在于扣件已搭设满堂脚手排架检查时，20～30 人在同一受力平面内同时复拧，齐步检查，以保证扣件拧紧质量，使排架钢管支撑均匀受力。

(3)检查现场机械设备的配置、泵管的布置、阻力及计算的合理性。

(4)高支模分区分段量化验收，各方(乙方、监理)技术负责人签字认可，方可浇筑混凝土。

(5)混凝土浇筑时，设有 2 名安全员观察模板及支撑系统变形情况，如发现任何异常现象，及时安排搭设人员进行处理。

4 结语

敦煌火车站站房工程在大体积混凝土温度检测过程中，主要是对水泥水化热、混凝土浇筑过程中的浇筑温度、养护过程中混凝土浇筑块体升降温、里外温差降温速度及环境温度等进行测试和监测；对大体积混凝土实行外部缓温，保证混凝土内部的温度与混凝土外部温度处于平衡状态；施工过程中监测工作给施工组织者及时提供信息，反映大体积混凝土浇筑块体内温度变化的实际情况及所采取的施工技术措施效果，为施工组织者在施工过程中及时准确采用温控对策提供科学的依据。准确的数据是施工质量的保证。该工程框架梁拆模后经严格检查，未发现有害裂缝，工程通过验收。

参 考 文 献

[1] GB 50204—2002 混凝土结构工程施工质量验收规范[S].

预应力混凝土结构裂缝产生原因及其控制措施

韩素龙，都风海，董　银

中建八局第四建设有限公司鲁东公司

1　工程概况

潍坊联运客运总站工程主楼地上 17 层、地下 2 层，附楼地上 5 层、地下 1 层。建筑面积 61302m^2。其附楼长度超过 150m，不设永久性变形缝。建筑平面布置图如图 1 所示。

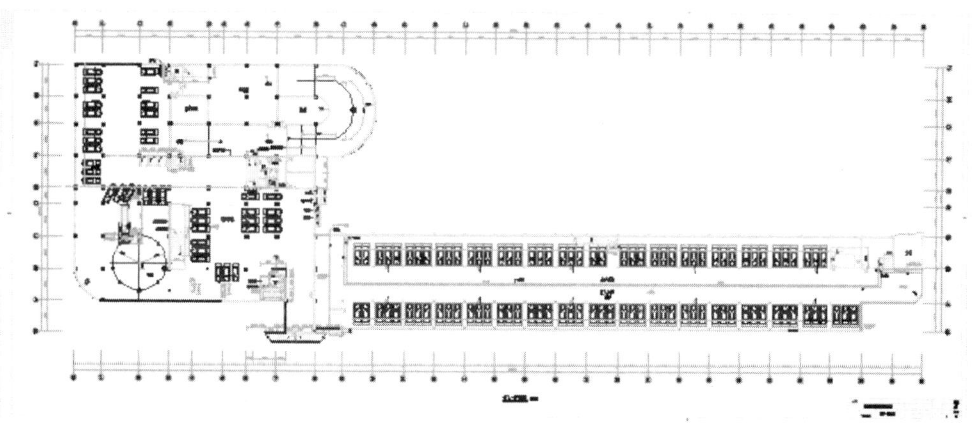

图 1　建筑平面布置示意

目前解决超长混凝土结构不设缝的方法主要有：设置后浇带、设置膨胀加强带、采用膨胀混凝土等。这些方法均有一定的缺点和局限性，不能最终解决超长不设缝混凝土结构的开裂问题。施加预应力可以在混凝土中建立有效的压应力，来平衡结构内由于温度变化导致的拉应力。本工程结构属超规范设计，原设计采用膨胀混凝土，后经多方多次论证，改为采用预应力技术解决不设缝问题，同时设后浇带释放混凝土早期收缩应力。附楼结构布置如图 2 所示。

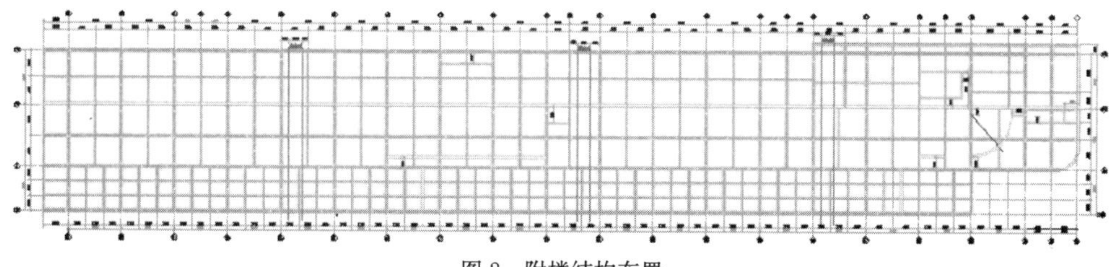

图 2　附楼结构布置

[作者简介] 韩素龙，中建八局第四建设有限公司鲁东公司总工程师

2 裂缝产生原因分析及控制措施

2.1 由混凝土本身性质引起的裂缝

(1)裂缝现象　混凝土是由水泥、砂、石组成的非均质材料,收缩是混凝土的重要特性之一。由于预应力工程在原材料、构件规格、施工工艺等方面的具体情况,使预应力工程中出现收缩裂缝也很普遍,有时甚至很严重。

(2)原因分析　①在预应力工程中,通常对混凝土强度要求较高,多采用商品混凝土,使混凝土中水泥用量大,坍落度大,出现收缩裂缝的概率增加。在混凝土板上,终凝前期常表现为不规则的干缩裂缝。当混凝土强度有所发展后,收缩裂缝变得有一定的规律,通常是平行板的短边形成横向凝缩裂缝。②在柱、梁、板同时浇筑的工程中,柱梁节点或梁板腋下易出现沉实裂缝;当坍落度过大或模板较粗糙时,这些部位在模板的“模箍”作用下,有时也会出现水平裂缝。

(3)控制措施　①控制混凝土组成级配、水灰比和坍落度,在满足浇筑要求的前提下,坍落度应尽量小。②柱梁或梁板同时浇筑时,应先浇筑柱、梁,尽量给出混凝土的沉实时间。③对厚大构件或坍落度较大的商品混凝土构件,应分层浇筑。混凝土初凝前后应进行二次振捣,终凝前再对表面进行二次抹压。④浇筑整板基础、现浇板等裸露面积较大的混凝土构件时,应避免大风或烈日直射的天气,否则应及时对混凝土表面进行覆盖保护。⑤通常情况下,收缩裂缝发生在混凝土凝固的初期,特别是混凝土浇筑后一周左右。实践证明,加强混凝土早期的养护工作,是克服这类裂缝最有效的办法。

2.2 由预应力构件截面尺寸较大引起的裂缝

2.2.1 裂缝现象

通常情况下,预应力结构构件几何尺寸厚大,例如预应力大梁截面宽度一般在400～600mm,梁高多在1000mm以上,这样的构件易出现收缩裂缝,如某工程预应力梁发生收缩裂缝,其主要特征为:①在梁侧梁高中间,呈中间宽、上下窄状,少数裂缝延伸至整个梁高;②梁侧模板拆除后,最初3d左右,裂缝有增多及扩展的趋势,3d后裂缝发展趋于缓慢。③裂缝间隔沿梁跨基本均匀分布,裂缝间距接近梁内箍筋间距的倍数。

2.2.2 原因分析

(1)截面较大的构件在混凝土硬化过程中,其体积收缩量也大,产生轴向拉应力,在结构体系的约束下形成凝缩裂缝。

(2)大截面构件凝固过程中,产生的水化热使构件温度升高,若过早拆除其侧模板,构件温度急降,会出现温差应力;同时构件表面水分迅速风干,混凝土收缩加剧,形成冷缩裂缝。

(3)经凿除裂缝处表面混凝土,发现多处裂缝发生在箍筋位置处,说明这种裂缝与箍筋存在一定的联系。一是大梁所选用的箍筋规格较大,如ϕ12,箍筋外的混凝土保护层变薄;二是浇筑混凝土前,梁的箍筋已承受了梁自身上层钢筋的重量和次梁、板搁置的重量,以及施工人员的活荷载,梁的箍筋受压弯曲,一定程度上呈“鼓”形。这两种情况使箍筋特别是梁中箍筋外的混凝土厚度变薄,形成了相对含砂多、含石少、咬合性差的砂浆层,从而产生这种中间宽、两端窄的“枣核”形裂缝。

2.2.3 控制措施

(1)厚大构件的混凝土配合比设计,应考虑减少混凝土体积收缩的措施。力求降低水泥用量,减小水灰比,有条件者可适当掺入改性外加剂。

(2)推迟大截面构件模板拆除时间。为减小模板对梁的约束,防止预应力损失,规范规定要在预应力张拉前拆除其侧面模板。大梁侧模拆除应依据规范执行,并尽可能推迟。

(3)应保证箍筋外保护层厚度。对较粗直径的箍筋而言,应保证箍筋外混凝土不少于15mm(最好为17mm)来确定主筋保护层,增加箍筋外混凝土抗裂能力。大梁腰筋设置相对宜粗宜密,规格不宜小于ϕ18,间距不宜大于250mm,大梁腰间的S形拉筋宜改用拉撑结合的办法,拉筋一端弯成90°,待拉紧就位后再弯至135°,同时将一部分拉筋改为撑筋,保证梁箍筋不外弯,也不向内弯曲,撑筋也可结合波纹管支架钢筋同时布设。

2.3 由模板支撑体系施工不当引起的裂缝

2.3.1 裂缝现象

预应力结构中,在部分或全部拆模后,出现的大梁承载能力不足的结构性裂缝也很常见,这种裂缝在跨中垂直梁底,下宽上窄,呈正截面受弯裂缝,两端为斜向受剪裂缝。

2.3.2 原因分析

(1)支撑拆除过早。某工程预应力大梁拆底模时,混凝土强度标准值达设计强度的115%,但没有建立预应力,拆模后大梁和板均出现裂缝,并形成较大的板梁连通裂缝。

(2)一般情况下,预应力结构跨度大,构件截面尺寸大,施工荷载也大,支撑体系的承载力不足也是一个原因,尤其对支撑直接搭设在地面或回填土上的工程,支撑系统更易变形或下沉。

(3)采用早拆模板施工方法时,保留的支撑承载力不足,使结构过早受力。

2.3.3 控制措施

(1)混凝土施工规范规定,侧模宜在预应力张拉前拆除,底模不应在结构构件建立预应力前拆除。预应力建立前,即使构件混凝土达到或超过设计值,仍不可拆除底模,这也是与普通混凝土结构的一点区别;否则,预应力构件即使有承载能力,也易因挠度过大而引起裂缝。在大跨度结构中,构件的主要荷载是自重,其自重弯矩大,自重应力高,提前拆模对结构更不利,更易产生结构裂缝。

(2)对预应力工程应单独编制施工方案,其模板和支撑系统必须进行设计计算。若支撑体系直接支撑在回填土上,还须对支撑面进行特殊处理。首先,回填土必须分层分批夯填密实,最好用压路机碾压数遍,否则支撑应直接置于基础或基底老土层上;其次,在预应力框架大梁宽1.8～2.0m的范围内,应铺设道砟,设置垫木。

(3)做好场地防排水工作。预应力工程施工工期较长(一般在20d以上),阴雨天气出现的机会多,产生的后果严重。因此,大梁排架施工前要有技术保证措施,可在大梁下铺设塑料薄膜防水层,并及时排走场内雨水,防止雨水对土层和支撑系统的影响。此外,浇筑混凝土前还要对支撑体系进行全面检查和加固,以确保支撑稳固可靠。

(4)预应力工程施工周期长,整体拆模时间较普通结构晚,为提高周转材料的利用率,减少施工投入,常采用主次模板体系分开支设的办法,在符合普通混凝土结构拆模的条件后,可在预应力张拉前拆除非预应力构件的模板及支撑。对预应力大梁,也常采用早拆模板方法施工,根据跨度情况，在适当位置处，保留若干支撑点模板与支撑不拆，而拆除其余部位的模板与支撑。采用这种方法施工时，必须对保留支撑进行验算和加固。对保留支撑而言，即使立杆和梁底模没有拆除和松动，整体排架和牵杠的拆除，也会影响保留支撑的刚度和稳定性，降低承载力，故应进行必要的加固。当次梁板等非预应力构件模板和支撑拆除后，这些构件的自重以及上部施工荷载全部通过结构体系传递到主梁上，主梁荷载明显增大，故必须进行支撑验算和加固，加固时不得松动保留的支撑和模板，并且须做到先加固后拆除。

2.4 由预应力张拉工艺引起的裂缝

（1）裂缝现象　①张拉端裂缝，如端部沿预应力方向的裂缝，以及在梁端非预应力区内出现的拉剪裂缝。②在临近构件上产生的裂缝，如在张拉端边梁上出现的垂直裂缝及在板面出现的斜向裂缝。

（2）原因分析　①在梁端非预应力区内出现的拉剪裂缝，是由于锚固区局部受压过大，在该区及边缘产生剪、拉应力。②在张拉端边梁及板面上出现的裂缝，是由于预应力张拉后，受到应力传递或次应力的作用。

（3）控制措施　①设计时应尽量减少预应力的偏心程度，非预应力筋能解决问题的，尽量少用预应力筋，以降低预压总应力，否则应视情况增加承压钢筋网片。②为保证张拉顺利，预应力钢筋在靠近承压板处应有平直段，即要求无黏结预应力钢筋与承压板垂直，承压钢板与螺旋筋点焊固定（见图3）。本工程无黏结预应力筋的张拉端位于板端表面处，采用凹入式构造（用塑料穴模或塑料泡沫留洞），穴模应紧贴端模板，承压钢板要垂直并与钢筋电焊接固定（见图4）。③张拉结束后，预应力并没有停止工作，甚至仍然再继续增长。因此，除了在张拉操作中必须严格按照张拉顺序及张拉力伸长量来控制之外，还应在张拉结束后继续观察具体变化，禁止张拉一结束就进行钢绞线的切割施工作业，禁止立即在梁体上施加荷载。

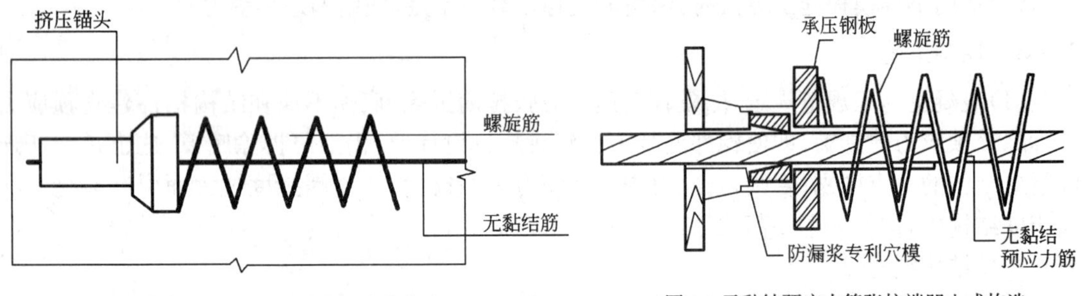

图3　无黏结预应力筋固定端构造　　图4　无黏结预应力筋张拉端凹入式构造

3　结语

预应力混凝土结构裂缝控制是一个综合性的课题，只有在设计、施工、材料优选等环节进行全面控制，才能有效地减少和控制裂缝的产生。

超厚大体积大掺量粉煤灰混凝土筏板施工裂缝控制技术研究

周　明[1]，刘　翔[2]，万　磊[2]

1.陕西古建园林建设有限公司；2.陕西省第三建筑工程公司

随着现代建筑规模的逐步扩大和结构领域的不断深入研究，建筑设计中出现了大批高层、高耸建筑造型，大量超厚大体积混凝土筏板由于结构的需要应运而生。与普通混凝土相比，该部分混凝土筏板除了必须满足普通混凝土的强度、整体性和耐久性要求外，还要重点控制温度变形裂缝的发生和开展。大体积混凝土应设法降低混凝土内部的最高温度，减少其内外温差，这涉及结构物平面尺寸、结构厚度、约束条件、钢筋布置、混凝土材料、施工工艺和养护条件等方面。粉煤灰能降低普通硅酸盐水泥的水化热，同时能提供与氢氧化钙反应所需的硅和铝，因为水泥水化反应后生成氢氧化钙，而粉煤灰可以与氢氧化钙反应生成水化硅酸钙，增加混凝土微结构的均匀性，因此，在大体积混凝土筏板施工中，在混凝土配合比中尽量减少水泥用量，最大限度掺加粉煤灰，以减少水泥的水化热，不仅能够保证混凝土施工质量，也能为施工单位带来明显的经济效益。

1　工程概况

法门寺合十舍利塔属于佛教建筑，总建筑面积 76690m^2，呈双手合十的特殊造型，气势恢宏，工程总高 148m，为型钢钢筋混凝土组合结构，地下 1 层，地上 11 层。基础筏板部分平面尺寸为 54m×54m，最大厚度 8m（标高－22.900～－14.900m），最小厚度 2m，属于超厚大体积混凝土，混凝土量为 12000m^3，强度等级为 C35，抗渗等级为 P8。设计要求“混凝土中心温度≤65℃，内外温差≤25℃，最大降温速率不超过 2℃/d；混凝土成型后，表面不得产生可见有害温度裂缝”。这些要求是混凝土施工时的最大难点，按目前大体积混凝土施工工艺施工不能确保设计要求。采用超厚大体积大掺量粉煤灰混凝土筏板施工裂缝控制技术，首先从设计角度要精选混凝土原材料，科学优化施工配合比，然后从施工角度提出增设水平施工缝、合理处理施工缝、控制混凝土浇筑和养护方式，既可回避施工风险，降低施工难度，又可减少施工投入，降低劳动强度，还可有效提高质量控制水平。

2　研究思路和主要研究内容

(1)对混凝土原材料性能及配合比的研究，选用质量优良、货源充足的原材料，以满足该工程对混凝土拌和物性能、力学性能的要求；并在确保混凝土强度满足设计要求的前提下，尽量

［作者简介］周　明，陕西古建园林建设有限公司副总工程师

减少水泥用量，加大优质粉煤灰掺入量，以降低水泥水化热，控制混凝土内部最高温度。

(2)对超厚筏板合理分层浇筑混凝土，在施工阶段采取措施控制混凝土塑性收缩裂缝、干燥收缩裂缝、温差应力裂缝等三类裂缝的产生和发展。

3 原材料性能的研究

原材料质量优良和稳定，是保证工程质量的先决条件，对原材料的选择是质量稳定供货来源、运输条件及价格综合判定的结果。

3.1 水泥性能的研究

设计中对水泥的要求除常规项目必须满足国家标准外，还要求水泥中的 C_3A 含量<8%，R_2O 含量<0.6%(低碱水泥)。经过调研并通过比较选择，选用冀东海德堡水泥厂生产的盾石牌 P·O 42.5 低碱水泥，该厂生产的水泥质量稳定，产量亦能满足施工进度的要求，水泥化学成分及矿物组成见表 1，水泥水化热测定见表 2。

表 1 盾石牌 P·O 42.5 低碱水泥熟料化学成分及矿物组成(单位:%)

化学成分	Loss	SiO_2	Al_2O_3	$FeCO_3$	MgO	CaO	SO_3
	0.25	21.79	4.81	3.52	65.77	1.55	0.39
矿物组成	C_3S	C_2S	C_3A	C_4AF			
	61.05	16.41	6.81	10.70			

表 2 盾石牌 P·O 42.5 低碱水泥水化热测定(单位:kJ/kg)

水 泥 品 种	水 化 热		备 注
	3d	7d	
中热硅酸盐水泥 42.5≥	251	293	《中热硅酸盐水泥、低热硅酸盐水泥、低热矿渣硅酸盐水泥》(GB 200—2003)
低热硅酸盐水泥 42.5≥	230	260	《中热硅酸盐水泥、低热硅酸盐水泥、低热矿渣硅酸盐水泥》(GB 200—2003)
盾石低碱硅酸盐水泥 42.5	244.19	246.06	西安建大检测报告(SQ07041903)

注:盾石牌 P·O 42.5 低碱水泥的水化热低于同强度等级的中热水泥，与低热水泥相当，有低水化热的特征。

该品种水泥强度高、质量稳定、含碱量低、标准稠度需水量小，与外加剂的相容性良好，运距近，供应量能保证短期集中工程建设的需要。

3.2 采用砂石地方材料可行性研究

(1)砂采用当地渭河河砂，性能见表 3。特点为:砂细度模数 2.6～3.0，河砂经过砂场水冲洗，使含泥量稳定控制在 2%～3%。由于砂子中含有较多大于 5mm 的小石子，对于泵送混凝土而言，拌和物细颗粒不足，容易离析和堵泵。因此，要求每次浇筑混凝土前应测定砂含石率，此部分带入的 5mm 小石子，在石子加入量中加以扣除。

表 3 砂 子 性 能

产 地	含泥量(%)	细度模数	含水率(%)	含石率(%)(>5mm 颗粒)
渭河砂场	2.8	2.7	4～6	10～15

(2)石子采用当地石灰石，性能见表4。工程中低强度等级非主体结构用的石子，可采用砂场分离的卵石，降低成本，节约运输费用。

表4　石 子 性 能

产　地	含泥量(%)	针片状含量(%)	压碎指标(%)	最大粒径(mm)
扶风黄堆	0.2	2	6.4	＜25

3.3　宝鸡电厂II级粉煤灰性能的研究

根据国内高层及超高层建筑已有的经验，优质粉煤灰可以利用其火山灰特性，取代部分水泥在混凝土中生成低钙的水经产物，以提高混凝土后期强度，利用其微集料效应，使混凝土浆体更致密。利用其滚珠轴承效应，减少泵送阻力，改善拌和物性能。除此之外，混凝土中加入优质的粉煤灰还能提高混凝土抗渗性能和耐久性。因此，工程设计单位提出要用I级粉煤灰。由于该工程混凝土用量巨大，I级粉煤灰供应量不能得到保证，能否采用工程所在地附近生产的宝鸡电厂II级粉煤灰，则是该工程原材料选择所面临的重大课题。

宝鸡电厂II级粉煤灰的各项指标(见表5)除细度外，其余均达到I级灰的要求。

表5　宝鸡电厂II级粉煤灰性能参数

项目 品种	烧失量(%)	需水量比(%)	细度(%)	SO_3(%)	含水率(%)	f_{CaO}(%)
粉煤灰I级F类	5	95	12	3	1	1
宝鸡II级粉煤灰	0.9	88	16.0	1.7	0	—

注：依据《用于水泥和混凝土中的粉煤灰》(GB 1596—2005)。

通过扫描电镜可以看到宝鸡II级粉煤灰小于45μm部分，0～10μm颗粒数量大。

通过图像分析仪，对直径小于45μm以下颗粒分布检测，其检测结果和国内用于三峡大坝的平圩I级粉煤灰和南京电厂I级粉煤灰相比，0～10μm颗粒数量为上述两厂的2.0倍和3.9倍，见表6。

表6　45μm以下颗粒分析

颗粒平均直径(μm)	平圩I级粉煤灰(%)	南京电厂I级粉煤灰(%)	宝鸡II级粉煤灰(%)	备　注
0～10	44.7	24.0	93.63	—
10～20	33.0	44.1	4.59	
20～30	14.0	16.8	1.6	
30～40	8.1	4.9	1.6	
＞45	—	—	—	
细度(＞45μm)	4.8	5.6	16	宝鸡II级粉煤灰细度、需水量比、烧失量
需水量比(%)	88	90	8	
烧失量(%)	1.32	0.76	0.9	

长江科学院的研究表明，粉煤灰细度和需水量的相关系数仅0.45，即相关性不大，而需水比与粉煤灰中＜45μm颗粒中0～10μm颗粒含量有明显的正相关，相关系数为0.85，利用这一理论研究成果，印证了宝鸡粉煤灰虽然细度超过I级粉煤灰12%的指标，但仍有较低的需水

量比，可以满足配制 C35～C60 混凝土的需求。法门寺合十舍利塔工程中，C35 混凝土中掺入宝鸡 II 级粉煤灰 160kg/m^3(掺入量为 35%)，混凝土力学性能和耐久性能都达到设计要求，见表 7。

表 7　C35 混凝土力学性能、耐久性能

龄期 / 样品	强 度 (MPa)						电通量 (C)
	3d	7d	28d	60d	90d	1 年	
C35	—	31.0	43.7	52.4	51.6	58.0	312

C35 混凝土 1 年强度增长达设计强度 165%，混凝土耐久性能都达到良好的水平。

因此，对粉煤灰原材料的研究中，II 级粉煤灰技术指标中的细度指标，并不能最终准确判定粉煤灰的优劣，而应该采用<45μm 颗粒径分布来判定。

宝鸡 II 级粉煤灰见图 1。由图 1 可见，其中大部分为 1～5μm 细颗粒，>10μm 珠体少；非球形颗粒含量少；由于宝鸡灰中存在大量<10μm 玻璃珠，故需水量比低。

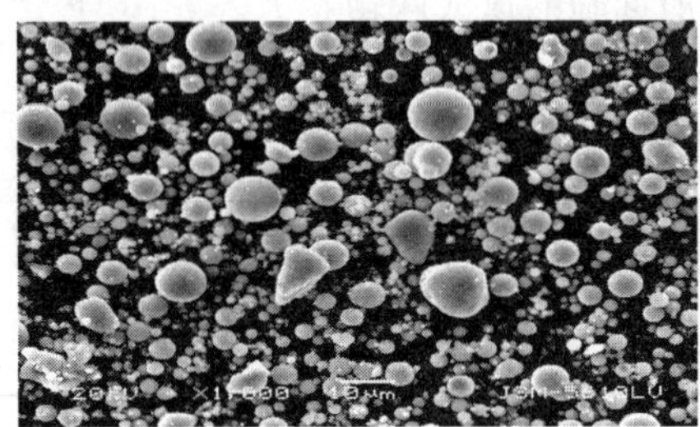

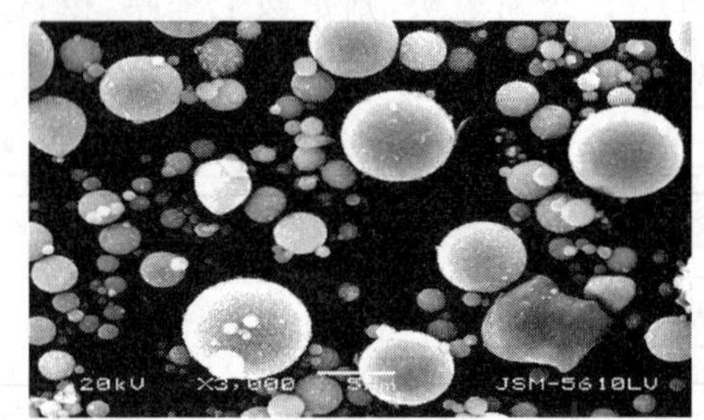

图 1　宝鸡 II 级粉煤灰

4　混凝土配合比的研究

该工程筏板混凝土设计强度等级 C35、抗渗等级 P8，最厚处为 8m，分 3 层施工，每层厚度≥2m，属超厚大体积混凝土，必须考虑水泥水化热造成混凝土内部温度提高，进而有可能在降温过程中产生温差应力裂缝，在配合比设计过程中应考虑采取以下技术措施：

(1)采用低水化热水泥。

(2)掺入优质粉煤灰，取代部分水泥，以降低水泥用量，同时保证混凝土后期有足够的强度。

(3)掺入高效减水剂，降低水用量的同时，使混凝土有良好的流动性，提高混凝土密度和抗渗性能。

(4)掺入膨胀剂，使混凝土在冷却过程中，产生微膨胀作用来抵消混凝土收缩，减少混凝土裂缝产生。

(5)有效及时地检测混凝土内部温度，了解混凝土内外温差和降温速率，为指导养护工艺提供准确的参数。

水泥及胶凝材料(水泥＋粉煤灰＋膨胀剂)水化热的测定，见表 8。

经过多次试配，确定了如表 9 所示配合比，拌和物性能见表 10，可以满足工程泵送施工需要。

表 8　水泥及胶凝材料水化热

胶 凝 材 料	比　例	水化热(kJ/kg)	
		3d	7d
P·O 42.5 低碱水泥	100	244.17	246.06
水泥＋粉煤灰	67∶33	201.5	214.57
水泥＋粉煤灰＋膨胀剂	62∶31∶7	209.44	225.14

表 9　C35 配　合　比

掺量(kg/m³)									F/胶(%)
材料	水泥	砂	石	F	膨胀剂	减水剂	水	水胶比(%)	
I层	260	744	1161	130	24	4.2	170	0.414	31.7
II层 III层	240	744	1161	156	20	4.0	170	0.405	37.1

表 10　该配合比的拌和物性能

坍落度(mm)	凝结时间(h)	
	初 凝	终 凝
180±20	8～10	10～12

5　裂缝控制技术的研究

该工程基础筏板总厚度达 8m,根据施工需要,经设计院同意将 8m 厚度分为三部分进行施工,各层厚度分别为 3m、3m、2m,每层间隔 10～12d,为混凝土降温提供了有利条件。水平层间插入 ϕ32 螺纹钢,连接长度 0.8～1.0m,钢筋间距达到 1.0～1.5m,保证层间结合牢固。

由于施工季节为 4～5 月,当地环境平均温度 20～25℃,无须对集料降温,拌和物温度＜26℃。采用“计算机实时监测混凝土内部温度系统”,对混凝土内部温度进行 24h 连续监测,为养护施工作业提供可靠温度数据。

对混凝土筏板施工过程中预防三类裂缝提出了以下操作要求。

(1)塑性收缩裂缝

此类裂缝在混凝土凝结硬化过程中,由于表面水分蒸发过快,形成裂缝无一定方向,裂缝宽度较大,可达 0.5～1.5mm,在陕西地区及白天、晴天有风的低湿度地区极易产生此类裂缝。

(2)干燥收缩裂缝

此类裂缝在混凝土凝结硬化后不能及时浇水表面干燥,而形成混凝土表面泛白,经常出现在剪力墙钢筋根部,裂缝宽度＜0.5mm,且无一定方向性。

(3)温差应力裂缝

此类裂缝在混凝土降温过程由于未采取合理的保温措施造成内外温差较大,一般超过 25℃或降温速度过快昼夜降温超过 6～8℃时都会出现。裂缝长度垂直于结构长轴方向,宽 0.1～0.3mm,裂缝为等距离分布。

通过采取以下相应措施可在施工阶段有效地控制上述三类裂缝的产生和发展。

(1)对塑性收缩裂缝采取的措施

①对新浇完成的混凝土表面,可覆盖塑料薄膜保持湿润(见图 2),覆盖的时机应按天气不

同而变化：对西北地区晴天，白天有风天气，应在浇筑完成后 1h 进行覆盖；当阴雨天，晚间则可推迟覆盖。②对未能及时覆盖塑料薄膜的混凝土表面出现的裂缝，在混凝土终凝前后，通过木抹抹压或机械抹压消除裂缝。

图 2 混凝土板面覆盖塑料薄膜保持湿润

(2)对干燥收缩采取的措施

混凝土完全凝结后(完全硬化可以上人时)，应及时在塑料薄膜下浇水，水深 1～2mm 可以达到 100%相对湿度，随着混凝土表面温度升高，薄膜下水不易蒸发，可以达到湿热养护的最佳条件，对混凝土筏板上剪力墙位置、柱基础、钢筋密集区，则应按混凝土裸露的位置剪裁塑料薄膜，做到全面覆盖。

(3)对预防温度应力采取的措施

①采用计算机实时混凝土内部温度监测系统，随时了解混凝土内外温度变化情况以便及时采取降温措施。

②在混凝土筏板全厚度上安放 3 个测温点，位置分别为：上层－0.55～0.1m 处，中部$H/2$处，下部 H－0.2m 处。同时测得混凝土内外温差，连续记录温度变化曲线，则可了解某区域降温速率。

③采用保温材料覆盖混凝土表面。陕西关中地区，覆盖的厚度采取单层保温棉毡即可，不宜过厚，覆盖的时间应在浇筑完混凝土 24～30h 左右，中部混凝土温度进入恒温阶段，覆盖过早，混凝土中心温度可比正常温度高 2～3℃，覆盖过迟，易出现温差应力裂缝。冬季环境温度低于 0℃时则应提前覆盖。

(4)混凝土筏板降温过程的几个控制点

①浇筑过程的大气环境温度和相对湿度。

②混凝土拌和物温度。

③混凝土中心最高温度(不同厚度、最高温度不同)。

④混凝土内外温差，一般厚度(1～3m)温度范围 10～25℃(温差过小，说明混凝土散热困难，将延长降温过程)；最合适的温差为 15～20℃。

⑤拆模作业温度，主要指承台侧模和地坑侧模作业时，拆模外界温度和表层温度之差小于 20℃，拆模后仍应采用塑料膜和棉毡覆盖。

(5)终止测温的温度

通常是指混凝土筏板最厚测点的中心温度与环境最低温度之差＜25℃，混凝土筏板测温结果见表 11。测区温度—时间曲线见图 3。

表 11 －22.9～－14.9m 混凝土筏板测温参数

编 号	厚度/总方量 (m/m³)	施工时间	环境温度 (℃)	拌和物温度 (℃)	中心最高温度 (℃)	最大温差/降温速率
Ⅰ层 －22.9～－19.9	3/1700	07-04-25～ 07-04-27	9～39	14～21	59	25/ (1.6～2.9)
Ⅱ层 －19.9～－16.9	3/2927	07-05-10～ 07-05-12	6～40	17～25	60.3	25/ (2～3)

续上表

编号	厚度(m) /总方量(m^3)	施工时间	环境温度 (℃)	拌和物温度 (℃)	中心最高温度 (℃)	最大温差/降温 速率
III层 -16.9～-14.9	2/8250	07-05-31～ 07-06-03	16～38	21～26	58.9	25/ (2～3)

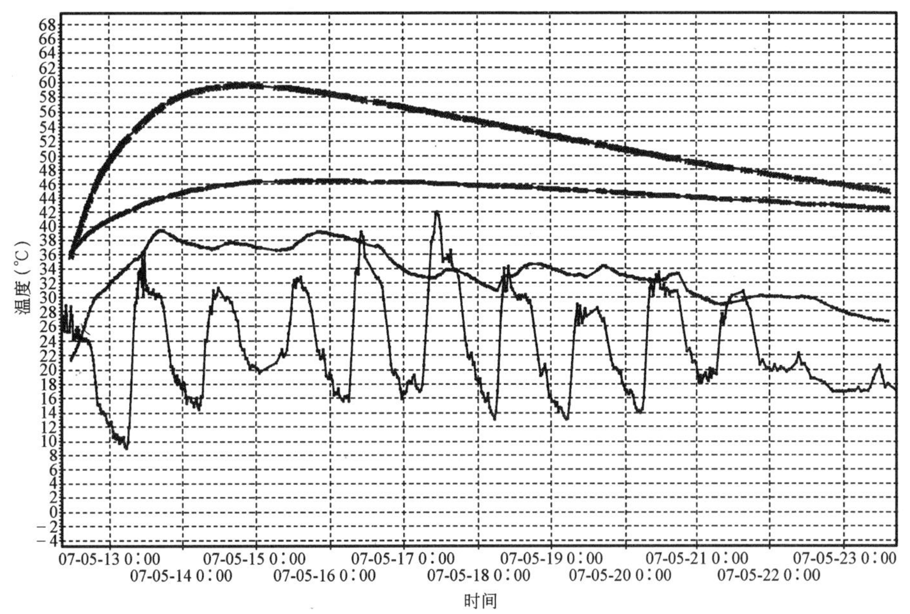

图3 测区温度—时间曲线

本工程由于温度控制合理，未发现温差应力的裂缝，局部地区出现少量塑性收缩裂缝，均已得到及时处理。

6 结语

(1)通过对混凝土原材料和配合比的研究，选用冀东生产的低碱P·O 42.5R水泥，当地优质砂、石，宝鸡电厂II级粉煤灰，在施工现场建立多个料场进行材料储备；并通过对水泥及胶凝材料(水泥+粉煤灰+膨胀剂)水化热的测定，经过多次试配，最大限度加大粉煤灰用量，优化了施工配合比；使混凝土拌和物的性能、混凝土力学性能得到最有效的控制。

(2)通过裂缝控制技术的研究，对混凝土塑性收缩裂缝、干燥收缩裂缝、温差应力裂缝等三类裂缝分别采取保湿、保温、二次收面等施工措施，并在混凝土内外温度发生变化的情况下，及时对混凝土表面采取相应的养护措施，在施工阶段有效地控制了混凝土裂缝的产生和发展。

经现场检测，本工程混凝土均匀、密实，强度满足设计要求，表面未出现任何有害裂缝。

参考文献

[1] 崔庆怡，等.混凝土新技术在法门寺合十舍利塔工程中的应用[J].

[2] 任铮钺，等.高掺量粉煤灰混凝土水化热及其抗裂分析[J].混凝土，2002(05).

[3] 栾尧，阎培渝，等.大掺量粉煤灰混凝土在大体积结构中的应用[J].混凝土，2006(11).

法门寺合十舍利塔基础筏板大体积混凝土裂缝控制技术研究

郑　毅[1],张西宁[1],胡长明[2],曾凡奎[2]

1. 陕西法门寺文化景区建设有限公司;2. 西安建筑科技大学

1　工程概况

法门寺合十舍利塔工程位于陕西省宝鸡市扶风县城以北 10km,东距西安市 110km。西至宝鸡市 90km,是法门寺文化景区核心的组成部分。法门寺合十舍利塔属于佛教建筑,总建筑面积为 109122 ㎡,设计使用年限(耐久性)100 年。其中,基础底板部分平面尺寸为 54m×54m,最大厚度 8m(标高为－22.900～－14.900m),最小厚度 2m,混凝土强度等级为 C35,抗渗等级为 P8,混凝土浇筑量约为 12000 余 m^3,属于大体积混凝土(见图 1)。设计要求混凝土中心温度≤65℃,内外温差≤25℃,最大降温速率不超过 2℃/d,这些要求是混凝土施工时的最大难点。故要求对施工的每一个环节都要加强管理,严格控制。

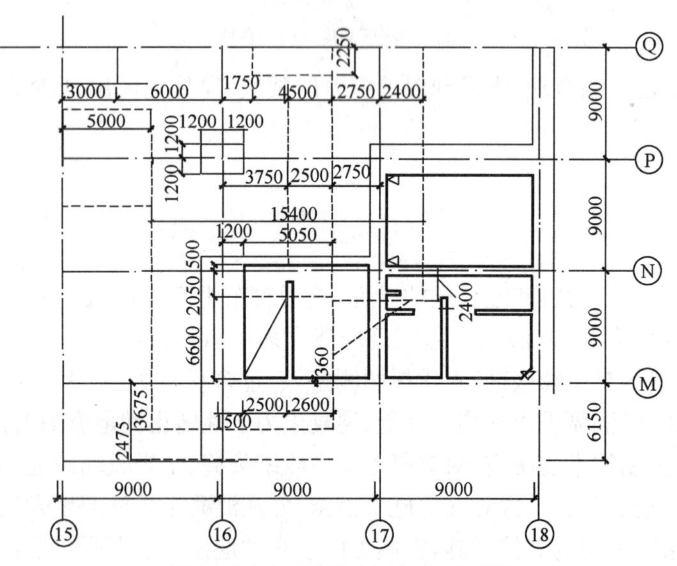

图 1　合十舍利塔基础底板 1/4 平面图

2　大体积混凝土结构裂缝成因分析

大体积混凝土结构中,由于结构截面尺寸大,水泥用量多,水泥水化所释放的水化热会产生较大的温度变化和收缩作用,由此形成的温度收缩应力是导致钢筋混凝土产生裂缝的主要原因。

[作者简介] 郑　毅,陕西法门寺文化景区建设有限公司

2.1 温差裂缝

混凝土结构在浇筑初期，由于水泥水化过程中释放热量，升温速度很快，混凝土内部升温一般在3～5d内产生，3d内温度可达到或接近最大温度，一般可达到45～60℃，此后趋于稳定并开始降温。混凝土导热性能差，混凝土内部温度聚集在结构物内长期不易散失，在早期水化热温度迅速升高阶段，由于混凝土内、外散热条件不同，形成温度梯度，表面受拉，内部受压，当应力超过混凝土抗拉强度时，混凝土表面就产生裂缝；在混凝土降温阶段，混凝土的温差引起的变形加上混凝土的体积收缩变形，受到外界条件的约束时（如承台、模板等），在结构体中央断面产生内部拉应力，当该拉应力超过混凝土的抗拉强度时，整个混凝土截面就会产生贯穿裂缝，这种裂缝对混凝土质量、耐久性都将造成不良影响。

2.2 收缩裂缝

混凝土的收缩裂缝是由混凝土本身收缩引起的。收缩的主要影响因素是混凝土的用水量和水泥用量，用水量和水泥用量越高，混凝土的收缩就越大。选用水泥品种的不同，干缩、收缩的尺寸也不同。混凝土逐渐散热和硬化过程引起的收缩，会产生很大的收缩应力。如果产生的收缩应力超过当时的混凝土极限抗拉强度，就会在混凝土中产生收缩裂缝。在大体积混凝土里，即使水灰比并不高，自身收缩量值也不大，但是混凝土收缩应力与温度收缩应力叠加到一起时，其应力将会增大，所以在施工过程中应考虑大体积混凝土由干缩而引起的裂缝。

2.3 钢筋施工技术不当引起的裂缝

混凝土沿钢筋方向出现剥落和细小裂缝，这种情况虽然不是温度和温差造成的，但同样会在结构物表面出现。首先，是浇筑混凝土时无工作平台，施工人员直接触动钢筋，造成钢筋局部变形，形成素混凝土，使混凝土的抗拉能力下降，于是很容易出现无规则交叉混凝土裂纹；其次，是由于混凝土浇筑的需要，坍落度比较大，容易产生沿钢筋塑性收缩裂缝；第三，是钢筋间距对裂缝的影响，钢筋间距偏大，使得钢筋与混凝土黏结力过小，不能通过黏结力将拉力传递到混凝土中，不能有效地约束混凝土的回缩或体积变化。

3 裂缝控制技术措施

混凝土裂缝的控制是基础大体积混凝土施工的重点，在施工中除对混凝土的原材料的质量严格控制外，采取一些预控的措施也非常重要。这些措施包括：降低集料温度、控制混凝土入模温度和浇筑温度，消除或降低内外约束应力，增加混凝土膨胀加强带，提高大体积混凝土自身抵抗能力等。

3.1 原材料的选用及配合比优化设计

3.1.1 原材料选择要求

（1）水泥　要求P·O 42.5低碱水泥，含碱量<0.6%，低碱水泥有利于防止碱集料反应和混凝土产生裂缝。C_3A含量不超过8%，因为C_3A水化热最快，水化发热量最大，控制其含量，可以延缓水化时间，降低水化峰值。要求水泥质量稳定，且生产量能保证混凝土大方量施工期间连续供应的要求。水泥进场时应提供相应的质量证明，进场后要对其性能进行相应的复验。

(2) 粉煤灰　掺加粉煤灰，可以置换水泥，每 10kg 粉煤灰可以降低水化温度约 1℃，粉煤灰亦是胶凝材料。由于基础底板属于大体积混凝土，综合耐久性和施工温度控制的要求，对其质量作出以下要求：含水率不超过 1%，需水量不超过 95%，烧失量小于等于 5%，三氧化硫含量不超过 3%，细度(45μm)方孔筛不超过 12%，碱含量小于等于 1.5%，氯离子含量小于等于 0.02%。

(3) 粗细集料　石子宜采用 5～31.5mm 级配碎石，针、片状含量不宜超过 5%；砂子宜采用级配良好，细度模数大于 2.6 的 II 区中砂。粗细集料均应进行碱活性检验。

(4) 外加剂　应符合《混凝土外加剂》(GB/T 8076—1997)和《混凝土外加剂应用技术规范》(GB 50119—2003)的规定。氯离子含量(%)<0.02，碱含量(%)<1.5。外加剂应通过与水泥的相容性试验，并进行外加剂之间的相容性试验。外加剂不得使钢筋锈蚀或潜在的危险。

(5) 拌和水　可引用的自来水，井水。若采用井水，需通过相关部门水质鉴定，达到可饮用自来水标准。

3.1.2　优化配合比

大体积混凝土利用后期强度，通过对多次不同水泥、水灰比、水胶比及外加剂的组合试验，尽量减少水泥用量，最大限度掺加粉煤灰，求得最优配合比，各组掺量最终由实验室确定。表 1为参考配合比。

表 1　混凝土参考混合比

强度等级	抗渗等级	坍落度(mm)	材料规格	P·O 42.5 水泥(kg)	中砂(kg)	碎石(kg)	粉煤灰(kg)	引气减水剂(kg)	饮用水(kg)	HEA	水胶比
C35	P8	180±20	用量	260	744	1116	130	4.2	170	30	0.40
			重量比	1	2.86	4.29	0.50	0.016	0.65	0.12	

采用了低水胶比，既符合了耐久性混凝土的要求，又有利于粉煤灰作用的发挥。

3.2　混凝土浇筑过程控制

(1)混凝土浇捣前，对水灰比、坍落度、入模温度严格控制并测定；混凝土浇捣时，采用分区定人方式对各部分充分振捣，以保证其密实度。

(2)基础底板分三次浇筑。第一次浇筑：浇筑高度－22.9～－19.9m，浇筑厚度 3.0m，浇筑方量约为 1850m³；浇筑时间约为 31h(按每小时浇筑 60m³ 计)。浇筑时，在基坑西侧搅拌机附近布置两台或三台地泵，在基坑－22.9m 高度处的浇筑流向如图 2 所示。

第二次浇筑：浇筑高度－19.9～－16.9m，浇筑厚度 3.0m，浇筑方量约为 2450m³；浇筑时间约为 41h(按每小时浇筑 60m³ 计)。浇筑时，在基坑西侧布置两台或三台地泵，在基坑－19.9m高度处的浇筑流向如图 3 所示。

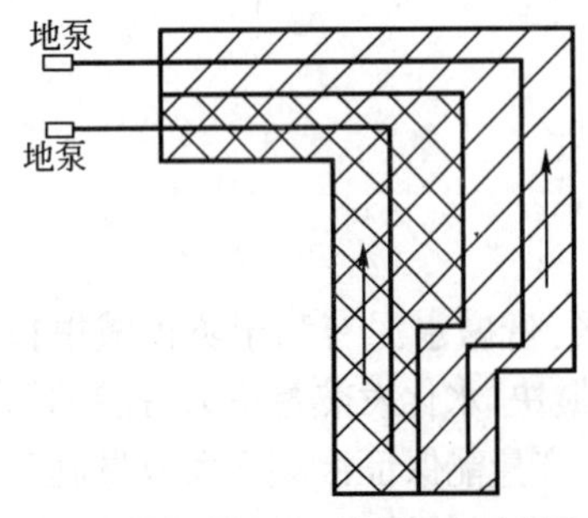

图 2　第一次混凝土浇筑流向示意图

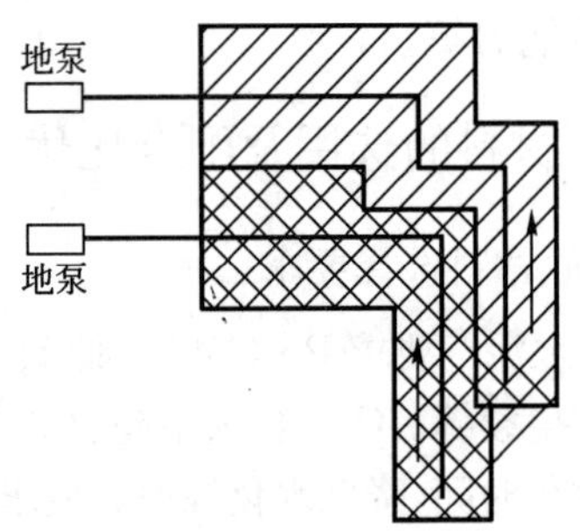

图 3　第二次混凝土浇筑流向示意图

第三次浇筑：浇筑高度－16.9～－14.9m，浇筑厚度 2.0m，浇筑方量约为 $8400m^3$；浇筑时间约为 70h（按每小时浇筑 $120m^3$ 计）。浇筑时，在基坑西侧布置四台地泵，将整个结构混凝土分成四个浇筑带，一台大致负责 16m 的宽度范围，在基坑－16.9m高度处同时从东侧开始向西侧推进，浇筑流向如图 4 所示，浇筑完成。

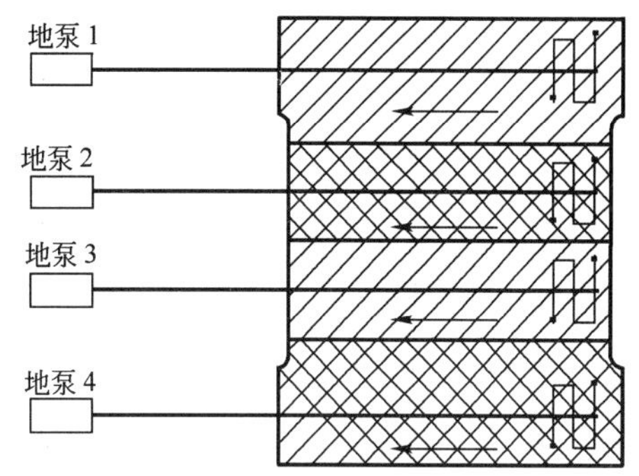

图 4　第三次混凝土浇筑流向示意图

基础底板采用斜面分层的浇筑方法，且混凝土浇筑由远及近。随着混凝土浇筑，泵管用架子逐渐拆除。第一、第二混凝土浇筑时，因浇筑高度大于 2m，需将混凝土用串筒、溜槽等方式布料浇筑，以减少混凝土自由倾落高度，防止混凝土在浇筑过程中发生分层、离析等现象。

采用水平分层施工，有利于混凝土内部水化热的散发，避免温度峰值过大；有利于缩小内外温差；有利于缩短降温时间，加快工程进度。

由于是大体积混凝土，为了防止温度裂缝及收缩裂缝出现，除了设计上采取措施外，在施工操作上控制浇筑层厚度不大于 500mm。混凝土浇筑后，适时、适度在混凝土表面进行搓抹，以消除表面塑性裂缝。

3.3　温度监控与分析

3.3.1　测温仪器

在混凝土浇筑以前，将下端封闭的测温套管固定在测温点所在的平面位置上，并在套管的不同高度放置测温组件。通过热电转换，数据采集及处理，在微机上监控混凝土的不同部位的温度变化。测温组件采用 DALLS 18B20（美国）数字温度计，数据采集模块为通讯模块，采用 J-01 型大体积混凝土温度检测仪。

3.3.2　监测周期

该系统的巡检周期为 30s，计算机终端的显示温度与混凝土内部的温度同步变化，完全可以满足工程的使用要求。现场温度监控由专人全程负责温度监控，混凝土内部升温阶段，由测温人员每半小时向管理人员汇报一次测温结果；恒温阶段每半小时汇报一次测温结果；降温阶段每 1h 汇报一次测温结果。如有特殊情况随时向管理人员汇报。

3.3.3　测温结果及分析

基础混凝土－22.9～－19.9m 于 2007 年 4 月 23 日开始浇筑（见表 2），4 月 27 日浇筑完毕；－19.9～－16.9m 于 2007 年 5 月 10 日开始浇筑，5 月 12 日浇筑完毕；－16.9～－14.9m 于 2007 年 5 月 31 日开始浇筑，6 月 3 日浇筑完毕。浇筑混凝土期间，最低气温为 4℃左右，最高气温为 17℃左右，由于浇筑从轴⑮依次向轴⑧（从南向北）推进，测得混凝土入模温度为 15℃左右。图 5、图 6、图 7 为一些测点混凝土水化热实测曲线。I 层第 4 测桩温度峰值 49.6℃，水化热到达峰值历时大约 34h；II 层第 5 测桩温度峰值 51.5℃，水化热到达峰值历时大约 36h；III 层第 9 测桩温度峰值 59.1℃，水化热到达峰值历时大约 56h。故基础平面内某点的温度峰值不仅与水泥用量及入模温度有关，还与该点在基础中所处的位置及该点的厚度有很大的关系，同等条件下一般厚度越大，温度峰值越高，达到峰值所需的时间也越长。

表 2　−22.9～−14.9m 钢筋混凝土筏板测温参数

编　　号	厚度/总方量	施工时间	环境温度	拌和物温度	中心最高温度	最大温差/降温速率
I 层 −22.9～−19.9	3m/1700m³	07.4.23～07.4.27	9℃～39℃	14℃～21℃	59℃	25℃/1.6℃～29℃
II 层 −19.9～−16.9	3m/2927m³	07.5.10～07.5.12	6℃～40℃	17℃～25℃	60.3℃	25℃/2℃～3℃
III 层 −16.9～−14.9	2m/8250m³	07.5.31～07.6.3	16℃～38℃	21℃～26℃	58.9℃	25℃/2℃～3℃

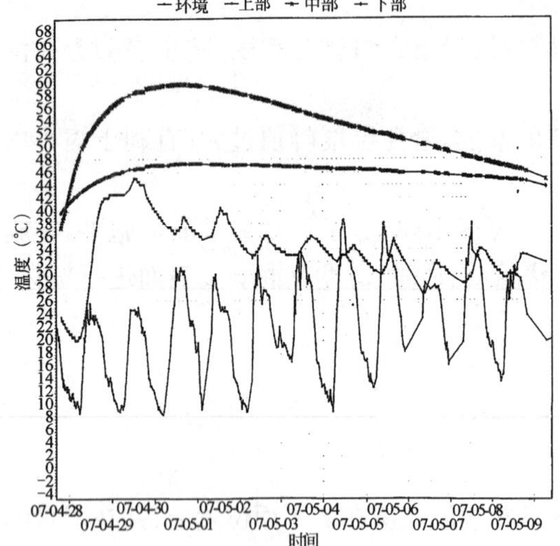

图 5　I 层第 4 测桩测温曲线

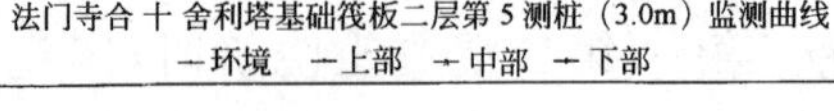

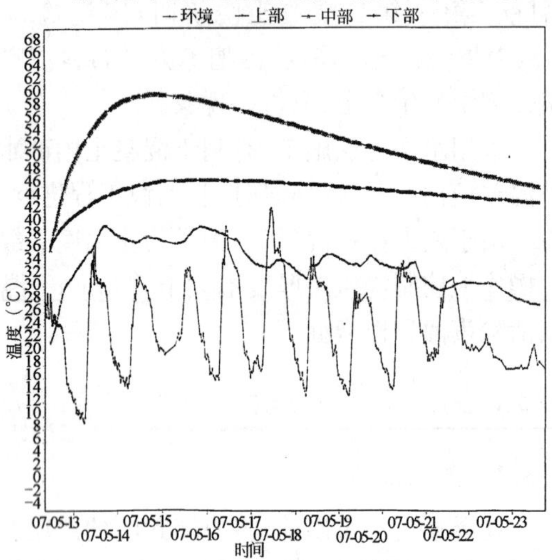

图 6　II 层第 5 测桩测温曲线

由图 5～图 7 可知，混凝土内的水化热在 2d 左右先后达到峰值，之后进入降温阶段，第 2～7d 的降温过程中，其大部分水化热已完成，混凝土逐渐硬化，第 7d 以后，水化热温度基本稳定，如气温无大变化，则水化热温度不再随时间有明显的变化，此时最大温差不再是中心与上部温度，而是下部与上部之间的温差。水化热升温时，检测点的中心温度峰值为该测点温度峰值的最高值，符合中心温度高，边缘温度低的原则。在降温过程中，上层测温点降温较快，中部次之，下层降温较慢。

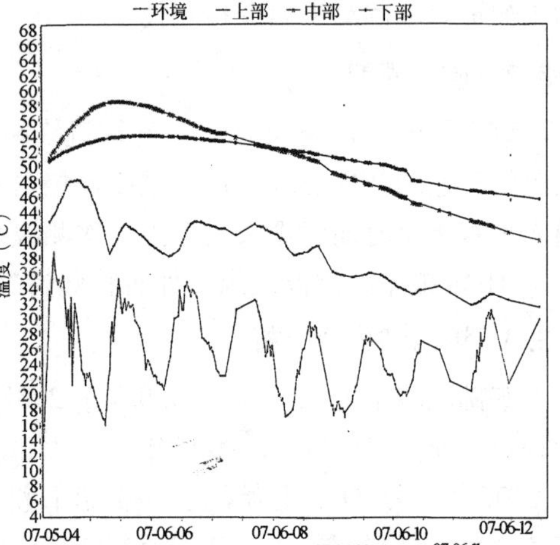

图 7　III 层第 9 测桩测温曲线

3.4　混凝土养护措施

养护过程是使混凝土中的水泥逐步水化形成水化产物的过程，强度增长，水泥石结构逐渐致密，养护过程又是大体积混凝土经历升温、恒温、降温的过程，减少大体积内外温差，控制其冷却速度，防止产生温度应力的重要过程，因此大体积混凝土的养护工作必须满足保湿保温的双重要求。

3.4.1 保湿措施

(1)混凝土浇筑到达标高抹平后,在白天、晴天、有风天,在1h内覆盖塑料薄膜,防止表面水分急剧蒸发,产生塑性收缩裂缝,夜间、阴天相对湿度大于80%时可适当推迟覆盖。

(2)混凝土终凝后1~2h内,可向塑料薄膜下洒水,积水厚度1~2mm并排除其间的气泡。

(3)塑料薄膜应全面(不遗漏任何混凝土表面),贴面(不留空隙)覆盖。

(4)由于混凝土浇筑完成后1~2d处于升温阶段,混凝土表面温度随之升高,此时局部表面会出现干燥泛白现象,当混凝土表面温度超过40℃时,则应浇温水,温润混凝土表面,水温应为25~30℃,不得浇冷水养护。

(5)保持混凝土表面温润的时间,普通混凝土7d,掺粉煤灰和膨胀剂的混凝土应保湿14d。

(6)对地坑、集水坑、电梯井部分,可在坑底混凝土终凝后3~4h,浇冷水养护,积水深度200~300mm。坑口应用彩条布封闭。

3.4.2 保温措施

(1)混凝土达到标高后,24h后,在塑料薄膜上加盖一层棉毡(约10mm)。

(2)浇筑完成后三天内如遇降雨,则在棉毡上覆盖一层塑料薄膜以保持棉毡干燥。

(3)棉毡覆盖应按现场温度检测的数据予以调整。正常状态下2.5m厚混凝土筏板内外温差控制在(20±5)℃,降温速率2~3℃/d。

(4)对地坑、集水坑、电梯井等下沉结构,在充分发挥其散热功能的同时,做好保温工作,防止四壁冷却过快,混凝土产生拉裂,混凝土壁浇筑完成后24h即用彩条布封闭洞口,洞底应存200~300mm积水,使坑内保持高湿度,直至坑壁混凝土下降至安全温度时方可拆除侧壁模板。

(5)对地下通道和密室部分,由于此处空气不能流通,在第II层混凝土浇筑完成后,可考虑增设排风管,根据当时气候送入适当冷风,缓慢降温,以保持与周围混凝土同步降温,减少温差应力。

4 结语

本文针对法门寺合十舍利塔基础筏板大体积混凝土施工的实际情况,主要讨论了基础筏板大体积混凝土材料的选择及其配合比,大体积混凝土的浇筑技术及其温度的控制对混凝土产生裂缝的影响,并采取了相应的技术措施。大体积混凝土施工的关键是控制混凝土产生较大温差,有些大体积混凝土结构也出现了不同程度的裂缝,实践证明严格按照此施工工艺,将大体积混凝土的内外温差控制在规范允许范围之内,避免大体积混凝土温度裂缝的产生,对同类工程有一定的借鉴意义。

参考文献

[1] 王铁梦.工程结构裂缝控制[M].北京:中国建筑工业出版社,1997.

[2] 朱伯芳.大体积混凝土的温度应力与温度控制[M].北京:中国电力出版社,1999.

[3] 刘秉京.混凝土技术[M].北京:人民交通出版社,2004.

[4] 李潘武.大体积混凝土非荷载应力的施工系统控制[D].西安建筑科技大学,2004.

[5] 李奇逊,陈景辉.大型地下室混凝土长墙裂缝控制技术[J].施工技术,2007(12).

[6] 李栋,刘涛瑞. 超长超宽超深水位下混凝土结构跳仓法施工技术[J]. 施工技术,2007(12).
[7] 邓汉荣,过凯,蒋运林. 珠江新城核心区市政交通项目底板混凝土早期应力分析[J]. 建筑结构,2007(9).
[8] 李东,连之伟. 地下工程大体积混凝土施工检测(一)[J]. 建筑结构,1998(12).
[9] 孙彦仕,胡长明,等. 某基础承台大体积混凝土裂缝控制及温控监测分析[J]. 建筑结构,2009(1).
[10] LIOU DONALDD. Effects of Construction Joint in Mass Flowable Concrete[J]. Journal of Materials in Civil Engineering, 1998.

法门寺合十舍利塔 C60 高性能混凝土耐久性施工技术

时　炜[1]，周　明[2]，谢　鹏[1]

1. 陕西省第三建筑工程公司；2. 陕西古建园林建设有限公司

随着现代建筑科学技术的飞速发展，建筑结构设计中对混凝土结构的耐久性的要求越来越高。影响混凝土耐久性的因素非常复杂，既有外部环境的侵蚀作用，也有混凝土结构自身内在的原因。本文结合典型工程，通过实践总结及相关研究，采用 C60 高性能凝土耐久性施工技术，利用"高抗氯离子渗透性"控制混凝土耐久性原理，结合科学合理的施工工艺，可显著提高混凝土本身的护筋性能，既可降低混凝土浇筑施工难度和工人劳动强度，还可提高施工质量控制水平，使结构具有较高的耐久性。

1　工程概况

法门寺合十舍利塔，工程总高 148m，地上 11 层、地下 1 层，总建筑面积 10.63 万 m^2，型钢混凝土结构，−14.9～128.0m 全部采用强度等级 C60 混凝土，总量达 8.0 万 m^3，建筑物的混凝土墙体结构最大厚度为 2.4m，工程设计使用年限大于 100 年。

2　研究思路和主要研究内容

(1)混凝土拌和物中所掺加的优质粉煤灰具有水化活性，可直接进行水化或与水泥的水化产物进行水化反应，所生成的水化产物不仅可以改善水泥石的孔结构，而且其水化产物可以结合和吸附部分渗入的氯离子，从而可以显著提高混凝土的抗氯离子渗透性能。

(2)选用与水泥、掺和料相匹配的高效减水剂，使得混凝土拌和物在低水胶比时，既具有较高的流动性以满足混凝土浇捣密实的要求，也能获得较高的强度。

(3)通过保护层厚度控制及混凝土表面防裂措施的实施，提高混凝土本身护筋性能，从根本上提高混凝土结构的耐久性。

3　原材料性能研究

3.1　水泥性能的研究

设计中对水泥的要求除常规项目必须满足国家标准外，还要求水泥中的 C_3A 含量＜8％，

[作者简介] 时　炜，陕西省第三建筑工程公司总工程师，高级工程师

R_2O 含量<0.6%(低碱水泥)。经过调研并通过比较选择,选用冀东海德堡水泥厂生产的盾石牌 P·O 42.5 级低碱水泥,该厂生产的水泥质量稳定,产量亦能满足施工进度的要求,水泥化学成分:SiO_2 21.79%,Al_2O_3 4.81%,$FeCO_3$ 3.52%,MgO 65.77%,CaO 1.55%,SO_3 0.39%,Loss 0.25%。矿物组成:C_3S 61.05%,C_2S 16.41%,C_3A 6.81%,C_4AF 10.70%。该水泥的水化热低于同强度等级的中热水泥,与低热水泥相当,有低水化热的特征。

该品种水泥强度高、质量稳定、含碱量低、标准稠度需水量小,与外加剂的相容性良好,运距近,供应量能保证短期集中工程建设的需要。

3.2 宝鸡电厂 II 级粉煤灰性能的研究

宝鸡电厂 II 级粉煤灰的各项指标见表 1。

表 1 宝鸡电厂 II 级粉煤灰性能参数

项目 品种	烧失量(%)	需水量比(%)	细度(%)	SO_3(%)	含水率(%)	f-CaO(%)
粉煤灰 I 级 F 类	5	95	12	3	1	1
宝鸡 II 级粉煤灰	0.9	88	16.0	1.7	0	—

注:根据我国标准《用于水泥和混凝土中的粉煤灰》(GB 1596—2005)。

通过扫描电镜可以看到,宝鸡 II 级粉煤灰小于 45μm 的部分,以 0~10μm 颗粒数量大。

通过图像分析仪,对直径小于 45μm 以下颗粒分布检测,其检测结果和国内用于三峡大坝的平圩 I 级粉煤灰和南京电厂 I 级粉煤灰相比,0~10μm 颗粒数量为上述两厂的 2.0 倍和 3.9 倍,见表 2。

表 2 45μm 以下颗粒分析

颗粒平均直径(μm)	平圩 I 级粉煤灰(%)	南京电厂 I 级粉煤灰(%)	宝鸡 II 级粉煤灰(%)
0~10	44.7	24.0	93.63
10~20	33.0	44.1	4.59
20~30	14.0	16.8	1.6
30~40	8.1	4.9	1.6
>45	—	—	—
细度(>45μm)	4.8	5.6	16
需水比(%)	88	90	8
烧失量(%)	1.32	0.76	0.9

长江科学院的研究表明,粉煤灰细度和需水量的相关系数仅 0.45,即相关性不大,而需水比与粉煤灰中<45μm 颗粒中 0~10μm 颗粒含量有明显的正相关,相关系数为 0.85,利用这一理论研究成果,印证了宝鸡粉煤灰虽然细度超过 I 级粉煤灰 12%的指标,但仍有较低的需水量比,可以满足配制高强混凝土的需求。研究发现,C60 混凝土中掺入 120kg/m^3(掺入量为 23%),混凝土力学性能和耐久性能都达到设计要求,见表 3。

表 3 C60 混凝土力学性能、耐久性能

龄期 样品	强度(MPa)						电通量(C)
	3d	7d	28d	60d	90d	1年	
C60	42.4	53.0	65.7	75.4	—	85.6	208 305

C60 混凝土 1 年强度增长达设计强度 142%,混凝土耐久性能达到良好的水平。

因此,对粉煤灰原材料的研究中,II 级粉煤灰技术指标中的细度指标,并不能最终准确地判定粉煤灰的优劣,而应该采用<45μm 颗粒径分布来判定。

3.3 高效减水剂应用技术的研究

高强高性能混凝土要求流动性好,强度高,耐久性满足 100 年以上,经过初步比较,首选聚羧酸系高效减水剂(PCA)。

PCA 是一种新型混凝土减水剂,具有多种活性基团。这些基团不仅集中在分子主链上,而且嫁接在主链的侧枝上,形成极性较强的分子主链,以及带有亲水性、一定长度和数量的侧链,分子结构呈梳形,为水泥粒子的进一步分散提供充分的空间排列效应。相比于奈系高效减水剂的双电层电性斥力作用,PCA 空间位阻作用要强得多,使水泥颗粒分散保持的时间要长得多,因此减水率可达 25%~30%,流动性能好,坍落度损失小,目前已广泛应用于高速铁路的桥梁、涵洞工程、海洋抗腐蚀工程。

(1)确定 PCA 掺量的研究　PCA 掺量应通过水泥品种的相容性试验,确定最佳掺量。掺量不足,则减水效果不够;掺量过量,则会使混凝土拌和物离析。通过坍落度试验,观察是否形成草帽状形态和拌和物浆体边缘是否泌水,这些都可以判断外加剂是否过量。轻则坍落度波动大,重则堵泵。同一生产单位的产品,由于外加剂原材料来源有变化,对 PCA 的性能也会相应变化,必须及时调整掺量。控制变化范围可达到 0.5~1.0kg/m³,PCA 掺量—坍落度曲线如图 1 所示。

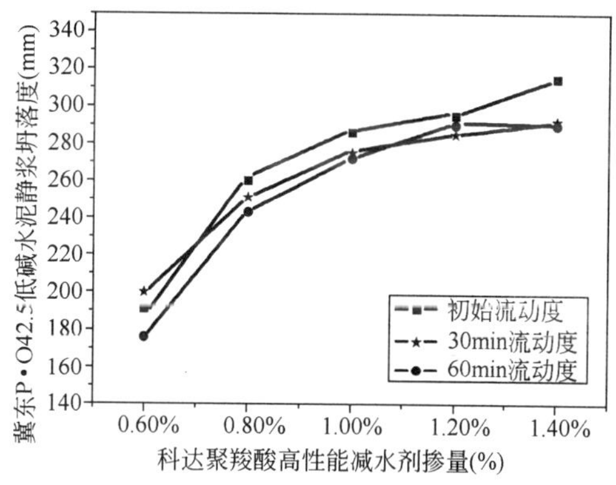

图 1　PCA 掺量—坍落度曲线

(2)PCA 使用过程加水量控制的研究　混凝土拌和物总用水量必须得到严格有效的控制。在混凝土拌和过程中,拌和水总量为外加拌和水、砂含水率、石子含水率之和。若砂子含水率波动 ±1%,假定砂子掺入量 700kg/m³,则含水率波动 ±7kg,而相对总加水量 160kg/m³(混凝土配合比水胶比 0.30、水泥用量 380kg/m³、粉煤灰 120kg/m³、膨胀剂 30kg/m³、胶凝材料总量 530kg/m³),引起混凝土水分波动达到 4.3%,就会出现坍落度和扩展度有较大的变化,坍落度可从 160mm 增至 200mm,其后果是拌和物离析,这就直接影响到泵送过程压力的波动甚至堵泵。

为此,必须严格控制砂现场含水率的波动,应安排预均化砂堆场以稳定砂的含水率;其次,拌和水的加入量要根据砂含水率,石子含水率及时调整,天气晴好时,一天测一次即可。下雨时,应加强覆盖,增加测定次数,及时调整加水量,铲车装砂时,提高铲斗高度,避免过湿砂进入拌和机料仓。

(3)拌和时间的研究　拌和时间要适当延长。PCA 虽为液体,在 1m³ 搅拌机内,开始搅拌时间在 40s 内,拌和物中 PCA 分布是不均匀的,开始搅拌时拌和物有点干,再延长搅拌到 60~80s时,坍落度明显增加,拌和物变稀;当搅拌时间不足时,若见坍落度低而补水,使加入水过量,拌和料即刻变稀甚至离析。

(4)掺 PCA 混凝土拌和物含气量的研究　PCA 有较强的引气能力,配制大流态的自密实混凝土时,特别要注意拌和物入模后应有一些时间排除气泡,浇筑厚度不宜一次超过 500~

600mm，如能短时间点振，更有利于拌和物排除气泡。在试验过程中，混凝土拌和物刚出搅拌机即装试模，由于排气不够，试块含气泡量大，使试块密度下降，导致立方体抗压强度下降10%～20%。

4 配合比试验研究

4.1 混凝土性能的技术指标

按设计要求混凝土的性能应满足以下技术指标：①拌和物性能：坍落度200～220mm，扩展度500～600mm；②坍落度损失＜(30～50)mm/h；③倒置流空时间＜20s；④凝结时间：初凝时间＞8h，终凝时间＜14～16h；⑤混凝土力学性能：标准养护条件下，R3≈40MPa，R28≈60MPa，R60≈70MPa，电通量＜1000C。

标准养护条件下，设计用混凝土基准配合比如表4所示，拌和物性能如表5所示，试块力学性能如表6所示。

表4 基准配合比（单位：kg/m^3）

水	水泥	砂	石		粉煤灰	膨胀剂	泵送减水剂
饮用水	盾石低碱42.5	渭河中沙	北山碎石		宝鸡II级	荣鑫UEA	PCA
			10～25	5～10			
160	390	700	864	216	110	20	4.5

表5 拌和物性能

坍落度(m)	扩展度(mm)	倒置留空时间(s)	离析状况	初凝时间(h)	终凝时间(h)
180～220	500～600	5～15	不离析	8～10	14～16

表6 混凝土试块力学性能（单位：MPa）

R3	R7	R28
40	50	60～65

4.2 抽样检查试验数据

拌和物性能：坍落度215mm，扩展度550mm，倒提流空时间7s。凝结时间：初凝时间10h，终凝时间15h。混凝土试块力学性能，见表7。抗折强度6.9MPa(60d标准养护)。

表7 混凝土试块力学性能

龄期(d)	R3	R28	R60	R90	R370
抗压强度(MPa)	30.4	66.7	69.0	75.8	82.2

通过配合比试验，取得拌和物性能参数满足施工过程的需要，抗压强度可满足设计要求。

5 混凝土表面裂缝控制及养护措施的研究

(1)混凝土保护层厚度是影响结构耐久性的重要指标，混凝土浇筑前应仔细检查模板、钢筋、预埋件、预留孔、保护层垫块等的位置、规格和数量，对于外墙外侧，保护层厚度应减少负偏差的出现。

(2)墙体结构采用孔径 50mm×50mm 钢丝网，外挂在钢筋网上，对于高强混凝土墙体在钢筋外挂铁丝网可以有效地将可见的温度应力裂缝隙化解为肉眼看不见的裂缝，见图 2。

图 2　墙体外挂钢丝网

(3)按照预先制订的混凝土浇筑施工方案进行混凝土的运输与浇筑，重点控制混凝土浇筑流向及浇筑速度。为减少混凝土表面裂缝，在混凝土初凝前要进行二次振捣，振捣深度不得大于 200mm，二次振捣不得破坏混凝土内部结构和影响混凝土强度。

(4)采用“计算机实时监测内部温度系统”对混凝土墙柱内部实施全面不间断的温度检测，根据检测结果，采用单层或多层保温棉毡覆盖在钢模板外侧，可有效缓冲温差变化对混凝土表层的作用，避免温差应力裂缝产生。

(5)混凝土浇筑完毕后，为保证混凝土表面水分不会过早蒸发，应及时使用塑料薄膜对墙、柱上口实施有效覆盖，然后在薄膜上覆盖保温棉毡进行保温。严格按墙体施工过程中的高度外挂棉毡，一般在浇筑完成 24h 后钢模板外挂棉毡，木模板一般在浇筑完成后春夏秋季可不挂，冬季温度在 0℃时 12h 内、−5℃时 3h 内、−10℃时 1h 内挂棉毡一层。

(6)根据季节、模板类型、墙体厚度的不同，制定不同的拆模时间，不得随意拆除墙体模板。对于厚墙、柱应进行温度检测。采用计算机实时检测混凝土内部温度系统，了解不同高度、厚度混凝土内、外温差及降温速率，以指导养护作业。

(7)墙、柱拆模后，应及时使用塑料薄膜对其表面进行包裹，并按照大体积混凝土要求进行及时养护。养护时间应大于 14d。在养护保温过程中，进行大体积混凝土测温工作，通过测温记录与保温覆盖措施，确保混凝土内外温差不超过设计要求。

6　结语

(1)通过对混凝土原材料和配合比的研究，选用冀东生产的低碱 P·O 42.5R 水泥，当地优质砂、石，宝鸡电厂 II 级粉煤灰，聚羧酸系高效减水剂，通过对水泥及胶凝材料水化热的测定，经过多次试配，最大限度加大粉煤灰用量，优化了施工配合比；使混凝土拌和物的性能、混凝土力学性能及耐久性能得到最有效的控制。

(2)通过保护层厚度控制，以及混凝土表面防裂措施裂缝控制技术的研究，增设混凝土表面防裂网，提高了混凝土本身的护筋性能，并在混凝土内外温度发生变化的情况下，及时对混凝土表面采取相应的养护措施，在施工阶段有效地控制了混凝土裂缝的产生和发展。

经检测，工程各部位混凝土强度满足设计规范要求；混凝土测温结果符合设计要求；混凝土表面光滑密实，无可见有害裂缝，观感效果良好。经耐久性试验检测，各项试验结论均满足结构耐久年限一百年的要求。

参考文献

[1] 崔庆怡，等.混凝土新技术在法门寺合十舍利塔工程中的应用.

[2] 卢木.混凝土耐久性研究现状和研究方向[J].工业建筑，1997，27(5).

[3] 栾尧，阎培渝，等.大掺量粉煤灰混凝土在大体积结构中的应用[J].混凝土，2006(11).

沈阳奥体体育场大跨度异型预制看台板的制作与安装技术研究及应用

王海涛

中国建筑第一工程局(集团)有限公司

沈阳奥林匹克体育中心体育场工程建筑面积 103992m²,平面呈椭圆形,长轴 278m,短轴 235m,东西侧设有落地金属拱形屋盖,落地拱长 320m,进深 78m,高 68m,东西两侧观众席至屋盖之间各为 260000m³,南北两端设有玻璃大雨篷,与东西两侧落地拱相连。本工程地上 6 层,罩棚最高点约 82.3m,±0.000m 相当于高程 44.200m。

本工程看台共分 3 层,绝大部分看台板采用预制看台板,其形式主要分为"卜"形看台板(见图 1)和少量的"一"形看台板(过道处的平板)。预制看台板共 2271 块,最长板为 13.3m,最重约 8.9t,最远吊装距离达 50m,吊装最高标高达 32.2m,要求达到饰面清水混凝土的标准。预制看台板下面不设结构楼板,这就要求整个预制看台板不能单独考虑承重的问题,要解决抗震(轴线间最长跨达 13m)及板与板间的防水问题,同时本工程主体结构没有设变形缝,要通过板缝来解决温度变形等问题。

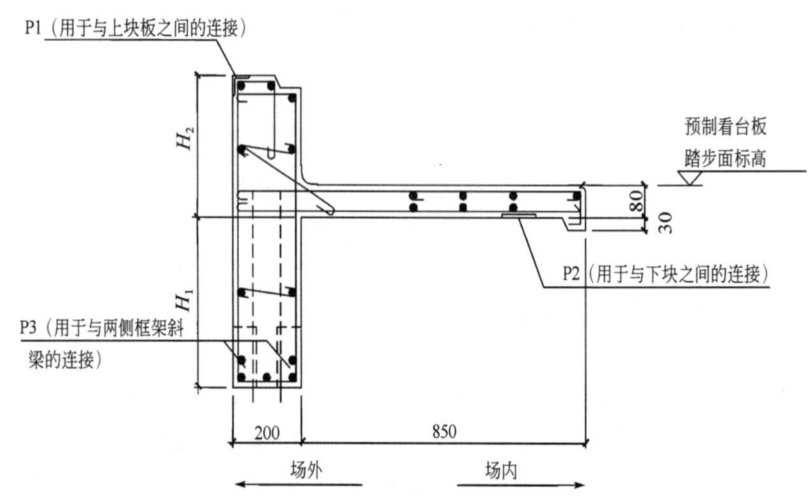

图 1 "卜"形看台板形式

1 技术难点

(1)模板加工与制作标准高、难度大 预制看台板作为最后的装饰面,其外观质量及加工

[作者简介] 王海涛,中国建筑第一工程局(集团)有限公司项目经理

精度标准要求高，同时板与板之间大小不一、异形、阴阳角处均需制作圆角、拆模等种种因素，均给模板的样式带来了较大的困难。

(2)工期紧　工期紧是本工程的最大特点，如何在短时间内将2271块预制板吊装完成，且不影响主体结构的施工，并要保证钢结构工程提前1个月开始吊装是本工程考虑的主要因素。

(3)预制板吊装、就位　本工程预制板多数为异形板且跨度最长为13.3m，最重为8.9t，最远吊装距离为50m，最高点为32m，采用何种设备、方法进行吊装才能最快且保证预制板在吊装过程中不受破损，是本工程的又一难点。

(4)预制板间的防水处理　预制板作为面层，如何保证看台下不漏水。

2　预制看台板的加工制作技术

2.1　预制看台板生产工艺流程

预制看台板生产工艺流程如图2所示。

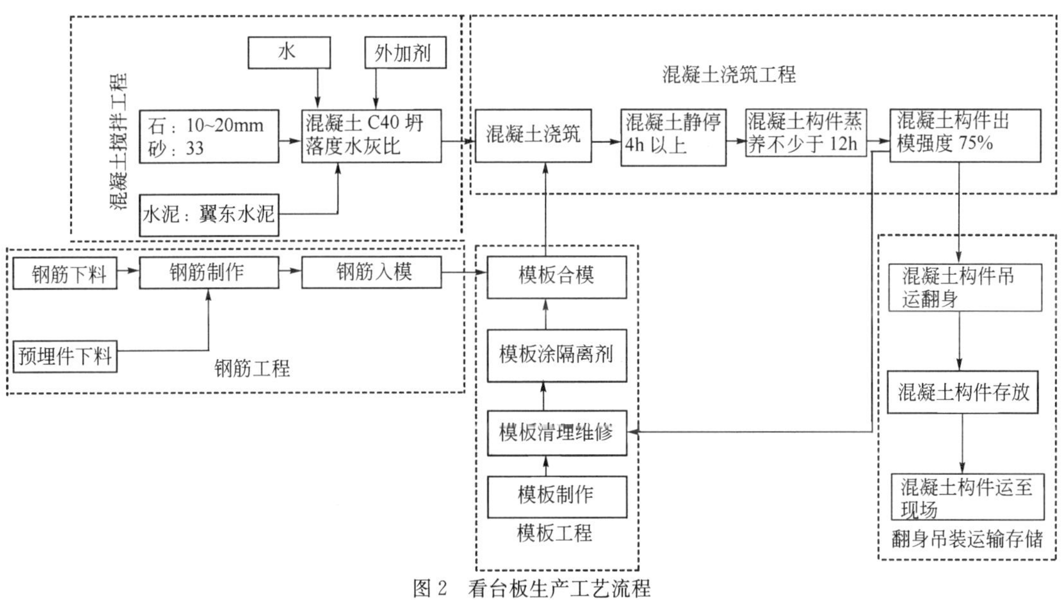

图2　看台板生产工艺流程

2.2　预制看台板加工

(1)模板的选择　模板形式的选择主要考虑了如表1所示的几种因素。

表1　模板形式选择时的主要考虑因素

序号	因　素	备选方案	最终选择方案
1	模板质量	钢模板，钢木组合模板	选用刚度好、可重复使用、不易变形、可拆改的4mm厚冷轧钢模板
2	混凝土下料面	从底面下料，但占用场地大；将看台板朝下、梁朝上，从梁后面下料，但因看台板较宽，混凝土质量不易控制	最终选择看台板立打的方案，即板朝下、梁朝上；同时为保证立打时振捣棒能够顺利插入混凝土中，不影响板钢筋，对板钢筋进行更改，将原有的板配筋改为单排双向，板上部设1/3板长的单向钢筋来防止板裂缝(见图3)

续上表

序号	因　素	备选方案	最终选择方案
3	模板用量	一模一板，一带二	选择一模二板的形式来减少模板的用量及减少占用场地面积
4	模板固定形式	对拉式固定，卡具固定，顶撑式	为便于拆装，且避免破坏模板，最终选择采用侧模对撑、顶部采用对拉的形式，同时考虑侧模较重，模板选择外侧模板可滑动的方式
5	相同梁高、不同板长的模具使用	固定挡板，可拆卸式	为节省模板采用可拆卸式堵头模板
6	脱模方式	吊点按设计在板底下设置，吊点设置在梁背面	根据模板确定的形式，将吊点修改至梁背面，脱模时，由构件厂内的2台5t吊车同时起吊

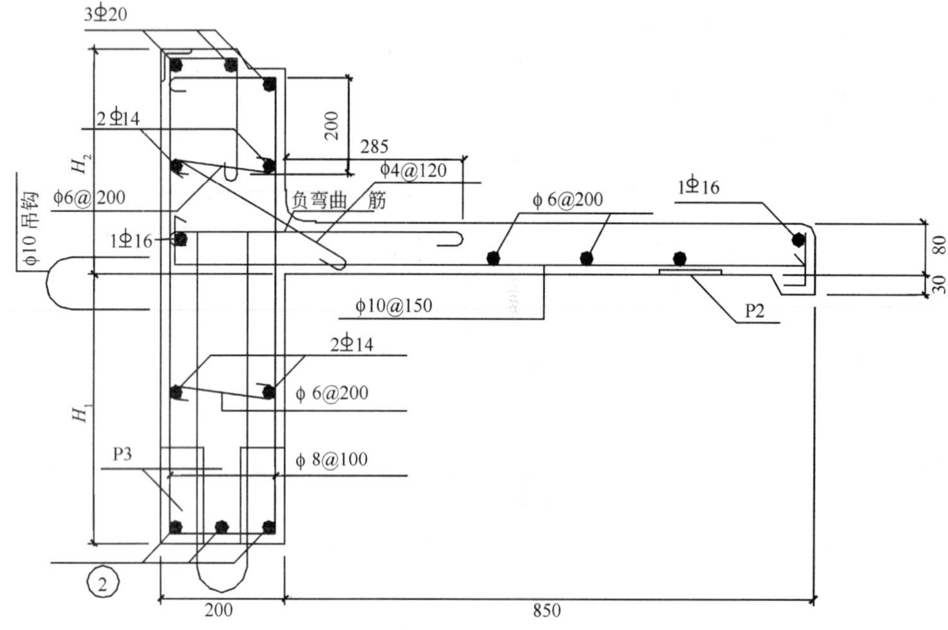

图3　与设计院协商修改后的配筋

经与构件厂家共同商定，模板采用以一带二的方法做出的滑轨顶拉式模具(见图4)，一个模具同时生产两块看台板，同时采用相近规格套模和改制相结合的方式制作模板，仅采用了25套模板就满足了所有看台板的生产需求(见图5)。

图4　滑轨顶拉式模具

图5　“卜”形看台板模具

(2)模板数量的确定　根据预制看台板的梁截面尺寸、长度、ΔL 的不同将预制看台板分成多种类型。

(3)预制看台板施工质量控制　为控制预制看台板混凝土表面的色差，保证混凝土拌和物的性能，所采用的混凝土原材料须符合《混凝土结构工程施工质量验收规范》(GB 50204—2002)的要求。

钢板在加工厂进行折边、倒角，在构件厂进行模板组装、焊接；阴阳角的倒角符合图纸要求。

每套模板每拆模一次，都要进行打磨、抛光、校准等维护保养程序，以确保看台板质量符合要求。施工时每块预制板合模后，由项目驻构件厂人员及监理共同对模板的安装情况进行检查验收，并填写“预制看台板模板安装检查表”。

(4)钢筋绑扎　在钢筋绑扎前，必须先清理钢筋，保持清洁，无明显锈污。钢筋扎丝采用防锈镀锌钢丝，扎头全部向钢筋内侧设置，同时将包侧扎丝圆钩全部压平，以防外露，避免混凝土表面出现锈斑。

钢筋绑扎完后，按设计在相应位置绑扎预埋铁件。

(5)混凝土浇筑　为保证同一块板中间无接槎，混凝土浇筑时必须从板的一端向另一端连续浇筑。

2.3　预制看台板厂内运输和堆放

看台板较长，一般均在 10m 以上，而且断面呈 T 形，只能在拆模时使用吊环吊出模板，运输和现场吊装过程中不能再次使用吊环，否则将造成板磨损和断裂。经反复试验，最终选择了最稳妥的(也是占用场地面积最小的)堆放形式，即梁底面向下、板向上(见图 6)。

厂内出模、翻身、运输的主要步骤：出模→吊至枕木上→翻身→吊至车上→运至堆放场地→卸车→堆放养护。

(1)首先在加工厂进行看台板的翻身。

(2)翻身后，采用 2 台桁吊和吊带将板吊至运输车上，运至堆放场地(见图 7)

图 6　养护好后在场地堆放的“⊦”形看台板

图 7　在加工厂用两台桁吊吊起板

(3)在堆放场地采用 1 台行车进行卸车，为保证一点吊装时板不被破坏，吊装时采用桥式吊杆和尼龙吊带相结合的吊装方法，既保证了吊装的平稳，又防止看台板的磨损。

3 预制看台板吊装技术

3.1 吊装机械的选择

由于看台板构件长，经多方讨论决定采用 2 台 250t 履带式吊车进行吊装。

3.2 预制看台板的吊装

3.2.1 看台板的吊具设计

“⊢”形看台板是带有上下反梁的看台板。在吊装过程中，上一层板的前沿要压在下层板的上反梁上，如果用普通的吊带吊装，在每块看台板吊装完成后吊带无法撤出。所以根据看台板截面形状设计出一种专用的吊钩来进行看台板的吊装，并且在吊钩 H_1+H_2 高度处设有一个拉钩以防止看台板在吊装过程中左右倾覆，发生危险。此吊具根据看台板形状及尺寸，设计成如图 8 所示形式。

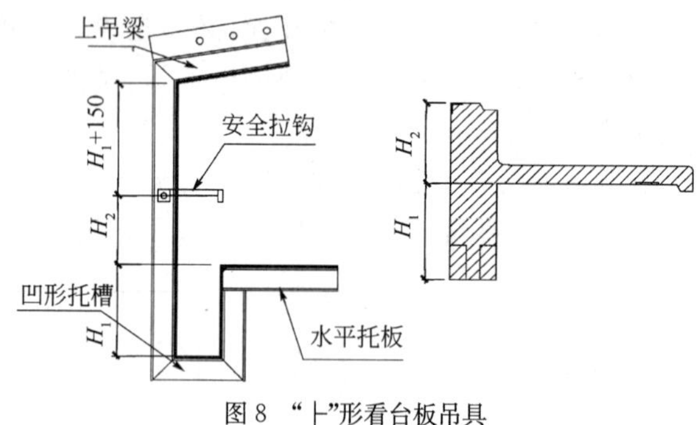

图 8 “⊢”形看台板吊具

本工程“—”形看台板的吊装与其他工程不同，“—”形看台板吊装完成后看台板四周为全封闭结构。如果用其他吊具吊装，吊装完成后吊具无法撤出来，所以专门设计了吊具，由一根托梁、两个吊梁和两个连系杆组成，配合翻身所用的摇车共同使用，如图 9 所示。

3.2.2 看台板的吊装工艺流程

看台板卸车摆放→看台板翻身→看台板划定位线→安装吊装工具混凝土基础处理→看台板吊装就位→微调→卸吊具→与混凝土梁埋件焊接→板缝灌胶。

3.2.3 “⊢”形看台板的吊装

先将看台板利用吊车将其翻身，使看台板在地面上的摆放形式与就位后的形式相同，每块看台板利用两个吊钩进行吊装(见图 10)。将吊钩利用钢丝绳与铁扁担相连，保证两个吊钩竖直将看台板吊至设计位置，调整好与轴线距离后落钩。看台板下落调整稳定后，将安全拉钩从水平位置旋转到垂直位置，吊钩继续下落，当下落的距离大于 H_1 时利用人工向看台板方向后拉，将吊钩卸下，继续进行下一阶段的吊装。

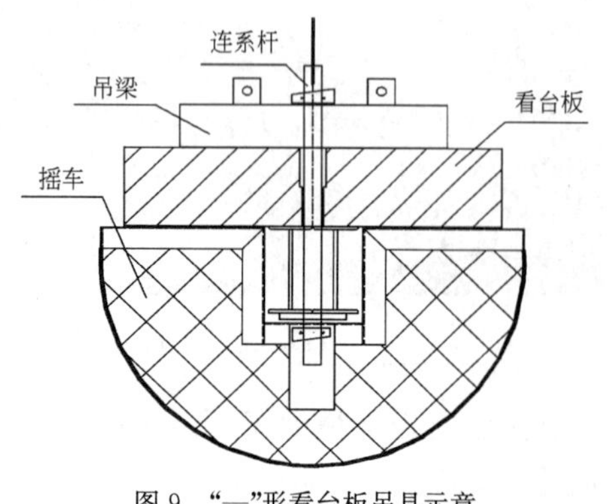

图 9 “—”形看台板吊具示意

图 10 “⊢”形看台板吊装过程

3.2.4 “—”形看台板的吊装

先将托梁放在摇车的凹槽部位，将托梁底部连系杆上的两个销子插入杆上的孔中以保证托梁与摇车成为一体。然后将“—”形看台板竖直吊起来，将两个连系杆插入看台板上的预留孔洞中，将连系杆上的钢丝绳连在铁扁担上，利用吊车使看台板翻身(见图 11)。再用粗钢丝绳将吊梁上的吊点和铁扁担相连，将连接托梁和摇车的销子打掉，利用吊车将看台板吊到斜梁上调整就位后落钩(见图 12)。看台板就位后拿掉连系杆上面的销子，利用两个连系杆上的细钢丝绳将托梁从看台板下部慢慢下落，然后从相邻一跨将托梁取出，进行下一块“—”形看台板的吊装。

图 11 “—”形看台板翻身过程

图 12 “—”形看台板吊装过程

4 预制看台板的防水处理

4.1 看台板平、立缝处理

在缝下面采用微膨胀细石混凝土填塞密实，然后为 20mm 厚聚氨酯密封胶，表面打 20mm 厚的硅酮密封胶(见图 13)，聚氨酯密封胶应符合《聚氨酯建筑密封胶》(JC 482—1992)的相关要求。

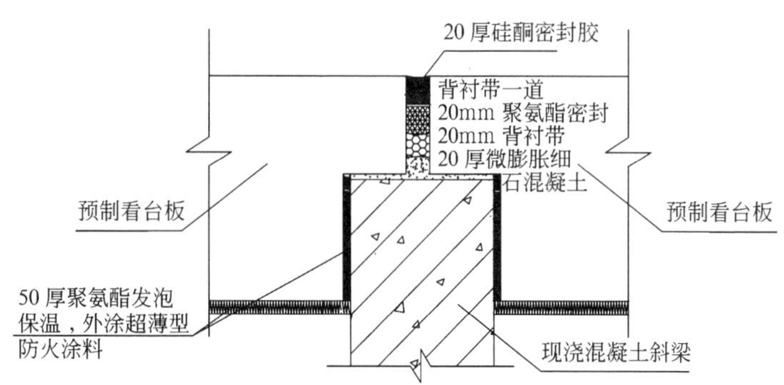

图 13 预制看台板平缝处理节点图

4.2 预制看台板与预制看台板搭接的 10mm 缝处理

预制看台板与预制看台板间的 10mm 缝隙采用微膨胀水泥砂浆填充密实，板缝采用 15mm 深的硅酮密封胶封闭，硅酮密封胶应符合《建筑用硅硐结构密封胶》(GB 16776—2005)的相关要求(见图 14)。

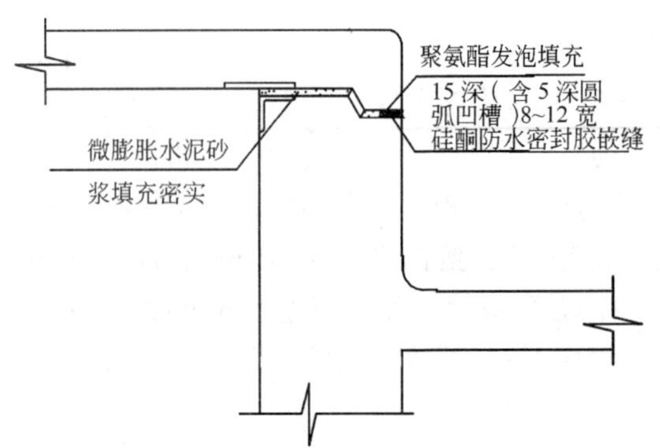

图 14　预制看台板之间的缝隙处理节点

4.3　通道处平板的板缝处理

通道处平板的板缝处理如图 15 所示。

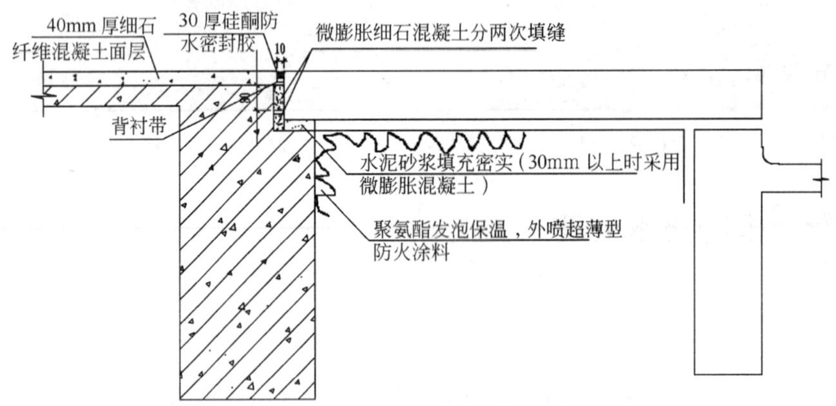

图 15　通道处平板的板缝处理节点

5　混凝土表面封闭剂施工

(1)采用硅酸类密封固化剂对表面孔洞等进行处理，达到表面平整、致密的要求后，按照材料要求的用量均匀地涂刷在混凝土表面，封闭混凝土表面毛孔，大幅降低渗透系数，防止渗水。

(2)施工前应去除材质表面的油污、灰尘等，1mm 以上的裂纹应进行修补，使用时可采取浸涂、流涂、滚涂、刷涂、喷涂等施工工艺，对混凝土表面涂布两道，两道涂布之间不要停顿很长时间，当混凝土未完全吸收完上一道的涂层，即涂布第二道(使用时避免使用金属工具)。

(3)涂层干燥后，可能出现白霜，属正常现象，不影响使用效果，24h 后用清水冲洗干净即可。

6　结语

本工程预制看台板下没有现浇板，完全靠预制看台板和框架梁、框架柱的结构框架来抵抗地震作用，这在全国尚属首例。2271 块预置看台板、521 种规格，仅用了 21 套模具就满足了所有预制看台板的生产需求，不仅降低成本 300 多万元，还大大提高了生产效率，节省工期近 2 个月。

深圳大运会主体育场绿色高性能清水混凝土施工技术

王泽林，杨　鼎，李　宁

中国建筑第八工程局有限公司深圳大运会项目部

1　工程概况

深圳大运会主体育场工程是2011年第26届世界大学生运动会主会场，位于深圳市龙岗区体育新城。本工程总建筑面积13.9万m^2，看台座位共61404个。主体地上5层地下1层（局部），主要结构形式为现浇钢筋混凝土框架剪力墙结构，设计使用年限为100年，混凝土总量超过13万m^3。其中，现浇清水混凝土构件共432个，约1.2万m^3。

2　工程特点及施工难点

（1）本工程在设计上倡导"绿色大运"的理念，场内视线所及之处均为清水混凝土构件，通过混凝土的自然外观效果作为饰面来体现建筑物朴素大方、厚重及环保的艺术效果。清水混凝土除表面做氟碳聚酯保护液防腐以外，不做任何外装饰，直接用混凝土的自然表面效果作为饰面，混凝土结构不需要装饰，舍去了涂料、饰面等化工产品，有利于环保；清水混凝土结构一次成型，不剔凿修补、不需抹灰，减少了大量建筑垃圾，有利于保护环境，属于绿色混凝土。

（2）本工程清水混凝土构件多数为不规则的截面，规格较多高度不同，最大高度达13.6m，超过6m柱有50根，混凝土需要分段浇筑，易造成构件错台，对外观质量控制和混凝土浇捣带来一定困难。另外，工程地点距离商品混凝土搅拌站较远，且混凝土浇筑速度比较慢、不能连续浇捣，对混凝土本身质量提出较高要求，普通混凝土已远不能满足施工需要，必须采用高性能混凝土。

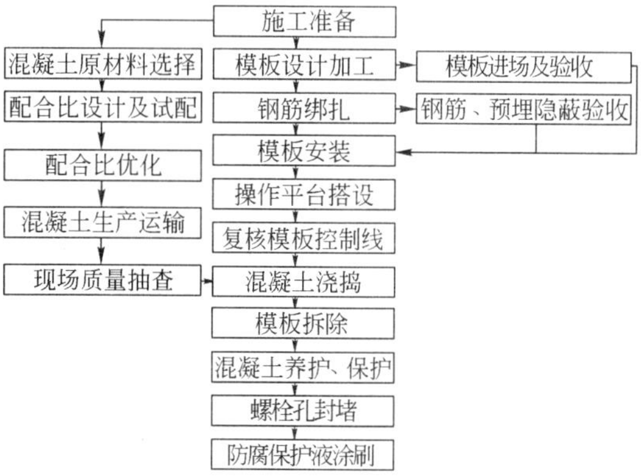

施工准备
混凝土原材料选择　模板设计加工　模板进场及验收
配合比设计及试配　钢筋绑扎　钢筋、预埋隐蔽验收
配合比优化　模板安装
操作平台搭设
混凝土生产运输　复核模板控制线
现场质量抽查　混凝土浇捣
模板拆除
混凝土养护、保护
螺栓孔封堵
防腐保护液涂刷

图1　清水混凝土施工工艺流程

3　施工工艺流程（见图1）

[作者简介] 王泽林，中国建筑第八工程局有限公司深圳大运会项目部副总工程师

4 施工技术要点

4.1 混凝土配合比设计

大运会主体育场工程现浇清水混凝土构件设计强度等级为C45和C40，全部采用商品混凝土，施工前由项目技术人员配合商品混凝土公司进行配合比设计、试配和优化。

由于本工程清水混凝土外观质量和结构耐久性要求高，且混凝土搅拌站距离工地较远，因此必须克服混凝土在运输和施工过程中坍落度损失过快的问题，使混凝土各组成材料分布更均匀、避免较大气泡的产生和提高外观质量与耐久性成为配合比设计的关键。经过多次试配和分析论证，采用“优选聚羧酸高性能外加剂”和“现场制作样板优化配合比”等措施来进行高性能清水混凝土配合比设计。

4.1.1 原材料的选定及主要指标参数控制要点

(1)基本材料选定　原材料的选择本着满足设计和施工要求与就地选材的原则，主要胶凝材料和集料参数及质量要求如表1所示。

表1　主 要 材 料 参 数

序号	重要参数	控 制 要 点
1	水泥	选用色差浅、质量较稳定、含碱量较低的塔牌P·O 42.5
2	砂、石集料	细集料应选择货源稳定、色差浅、级配良好的河砂，细度模数在2.5～3.0之间，含泥量不大于1.5%，泥块含量不大于1%；粗集料选用5～25连续级配碎石，颜色一致，含泥量<1%，泥块含量<0.5%，针片状含量≤15%
3	粉煤灰掺入量	粉煤灰选用Ⅰ级灰，且烧失量≤3%，颜色应与水泥接近

(2)外加剂主要指标参数　见表2。

表2　聚羧酸外加剂主要参数指标

检 测 项 目	指 标 要 求		实测值	检 测 项 目	指 标 要 求	实测值
净浆流动度(mm)	≥240		265	减水率(%)	≥25	30.2
硫酸钠含量(%)	≤10.0		0.9	常压泌水率比(%)	≤20	0.2
Cl^-(%)	≤0.2		0.03	28d收缩率比(%)	≤100	70
1h坍落度保留值(mm)	30min	≥180	190	相对耐久性指标(%)冻融循环200次	≥80	92
	60min	≥150	180			
抗压强度比(%)	3d	≥160	165	对钢筋锈蚀作用	无锈蚀	无锈蚀
	7d	≥150	155	碱含量(%)	≤10.0	1.61
	28d	≥130	137	凝结时间差(min)	−90～120	符合

4.1.2 配合比试配

在高性能混凝土配合比设计中，合理的水灰比、减水剂的选择与最佳掺量确定，以及合理砂率的确定是配合比设计与优化的重点，试配时采取如下措施。

(1)在基准配合比的基础上掺加聚羧酸高性能外加剂，提高混凝土匀质性和工作性，使新拌混凝土具有良好的流动性、黏聚性、包裹性和保水性，1h内坍落度基本无损失，并且凝结时间满足施工需要，克服以往普通清水混凝土施工中干涩、匀质性差、集料浆体易离散等不足，避免混凝土硬化后表面色差、孔洞及裂纹等质量通病。

(2)掺入粉煤灰来减少水泥用量，同时降低水化热，减少混凝土早期收缩和开裂，提高混凝土致密性；调整砂率使混凝土各组分材料分布更均匀改善了孔结构，从而提高混凝土抗渗透性能和耐久性。掺入粉煤灰有利于改善混凝土和易性，也更有利于施工操作(见表3)。

表3 配合比主要参数控制

序号	重要参数	控制要点
1	水灰比/水胶比	水灰比过大，毛细孔增多，收缩加大，抗碳化和抗 Cl^- 渗透能力下降，严重影响混凝土使用耐久性，水灰比过小，混凝土黏度加大，不利于运输和施工，还加大混凝土自身收缩；水胶比宜控制在0.37～0.45范围内
2	砂率	试配材料应与实际生产的一致，根据砂的细度模数和碎石的级配及孔隙率大小确定合理砂率，并采用正交法在试配中优化，生产中及时调整
3	粉煤灰掺和料	粉煤灰选用Ⅰ级灰，且烧失量≤3%，颜色应与水泥接近。为保证早期强度和外观效果，粉煤灰掺加量控制在15%以内

(3)外观气泡的控制，由外加剂厂家对外加剂进行优化消泡处理，避免大气泡的产生，使贴近模板表面的气泡易于排出且不影响内部微小气泡的产生，混凝土硬化后外观气泡少，颜色均匀良好提高了外观质量且混凝土结构更加致密，耐久性更加优良。

(4)现场制作混凝土构件样板，根据样板施工情况进一步调整、优化配合比。

以C40配合比为例，试配结果如表4所示。

表4 配合比试配结果

材料名称	水泥	水	粉煤灰	河砂	5～25碎石	外加剂
用量(kg/m³)	371	168	60	720	1080	4.73
比例	1.00	0.45	0.16	1.94	2.91	0.013

表观密度(kg/m³)	1h后坍落度(mm)	扩展度(mm)	7d抗压强度(MPa)	28d抗压强度(MPa)
2400	190	650	42.4	49.2
备注	砂细度模数M=2.9，碎石孔隙率43%，水泥28d抗压强度52.2MPa			

4.2 清水混凝土模板设计

根据本工程特点和清水混凝土质量要求，经过深化设计，选用由中建柏利公司加工制作的钢框肋与木面板的组合高大模板体系。

4.2.1 墙、柱模板设计

清水混凝土墙、柱模板体系为钢框木模板系统，模板面板周转使用5次以上的采用进口覆膜WISA板，周转次数较少的采用优质国产多层板，次肋采用“几”字型材，主肋采用双向槽钢，竖向边框为方钢管组合型钢，面板采用反钉法通过自攻螺栓与次肋固定，主肋与次肋通过特制的钩头螺栓连接，模板内部通过对拉螺栓固定连接，相邻模板通过夹具连接，如图2～图4所示。

图 2　墙体模板实物图

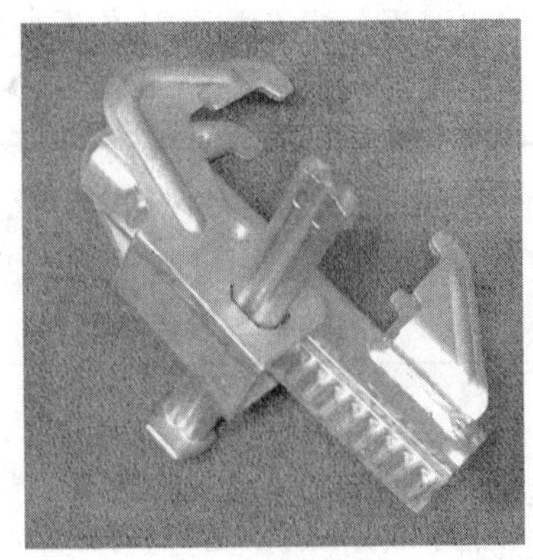
图 3　夹具实物图

图 4　柱模板实物图

4.2.2　模板接缝设计

为防止模板缝漏水、漏浆，可在模板边贴海绵条通过对拉螺栓紧固，阳角采用夹具进一步加固。

4.2.3　拉结螺杆设计

墙体模板的穿墙螺杆选用 T16 螺栓，施工时安装塑料套管，在塑料套管的两端头套上塑料堵头套管，并在堵头上粘上海绵垫，既防止漏浆，又起到模板定位作用，孔眼内后塞 BW 膨胀止水条和膨胀砂浆。螺杆与塑料套管详见图 5、图 6。

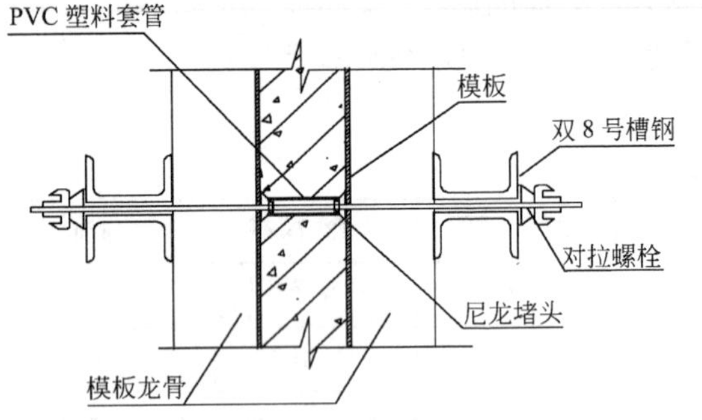

图 5　穿墙螺杆示意图

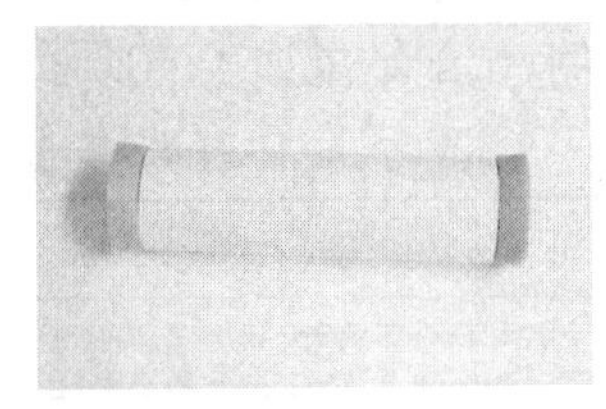
a) 塑料套管

b) 堵头

图 6　塑料套管、堵头实物照片

4.2.4　外墙模板的支设设计

外墙模板支设时，利用下层已浇混凝土墙体的最上面的两排穿墙孔眼，通过螺栓连接槽钢形成模板支撑的操作面。支上层墙体模板时，通过穿墙螺栓将已浇混凝土墙体贴紧，木方压住明缝条与明缝相吻合。贴紧前墙面应清理干净，以防因墙面与模板面之间夹渣的存在，产生漏浆现象，如图 7 所示。

4.2.5　高柱模板支设设计

F2、F5 层 SC 轴部位柱及外围楼梯柱，高度分别达 9～13m 多，柱混凝土浇筑分 2～3 次浇筑。第二段以上模板支设在操作台钢管脚手架上。考虑脚手架承受侧向力，架子必须每间隔 4.5m 设一道剪刀撑。

4.3　模板安装质量控制

4.3.1　清水混凝土模板施工要点

钢筋隐蔽验收完毕后进行模板安装施工，清水混凝土模板安装控制要点为：

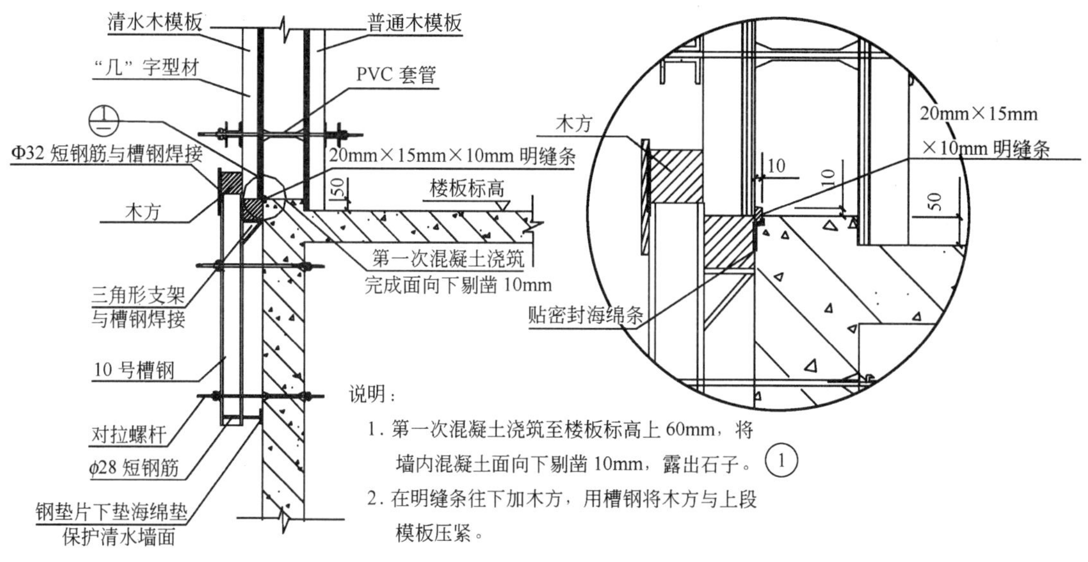

图 7　外墙模板支模示意

(1)大模板安装后应保证整体的稳定性，确保施工中模板不变形、不错位、不胀模。

(2)模板间的拼缝要平整、严密，不得漏水漏浆。

(3)模板板面应清理干净，隔离剂涂刷应均匀，不得漏刷；模板吊装及搬运时面板不得磕碰，每次吊装前，应检查模板的吊钩、模板背后的龙骨及扣件是否松动等。

4.3.2　清水混凝土模板安装控制标准

模板安装允许偏差及检验方法应符合表 5 的规定。

表 5　清水混凝土模板安装允许偏差及检验方法

项次	项　　目		允许偏差(mm)	检 查 方 法
1	墙、柱轴线位移		2	经纬仪、尺量
2	墙、柱截面尺寸		±1.5	尺量
3	垂直度	层间	2	经纬仪、线坠
		全高	5	
4	表面平整度		2	2m 靠尺、塞尺
5	角、线顺直		2	经纬仪、线坠
6	分格条(缝)直线度		2	拉通线，用钢尺检查
7	预留孔、洞口中心线位移		4	尺量
8	标高	层间	2	水准仪、尺量
		全高	5	
9	阴阳角	方正	2	尺量
		顺直	2	
10	禅缝错台		1.5	2m 靠尺、塞尺
11	禅缝交圈		2	尺量
12	保护层		2	尺量

4.4 混凝土浇捣及养护

混凝土的浇筑按规范要求进行操作，并在浇筑前模板周边封堵、模内坐浆和浇筑中合理振捣等措施来达到清水混凝土内在与外观质量，具体如下。

(1)模板安装时，板缝粘贴海绵条防止因漏水漏浆而形成黑疤；浇筑混凝土前用人工在模板根部铺约5cm厚与混凝土去掉石子后成分相同的砂浆，以防止出现烂根缺陷。

(2)混凝土入模前先检查拌和物坍落度及匀质性，入模坍落度控制在(160±20)mm，浇筑时分层下料，每层浇筑厚度按约600mm控制，用插入式振捣器按每300mm间距振捣约15～30s，充分密实排出气泡，再浇筑第二层混凝土，每两层浇筑完成后进行二次振捣约10s。施工中，应固定振捣工人，重视振捣工艺防止过振及漏振造成混凝土外观质量缺陷。

(3)墙柱顶部经人工刮平并压光，过程应连续浇筑，以免形成色差或溅到模板的砂浆失水形成色斑，随时检查模板是否出现漏浆、渗水现象，及时检查紧固夹具及支撑，浇筑完毕重新复核垂直度。

(4)清水混凝土构件的模板拆除应根据气温情况24～36h后拆除，拆除的模板清理干净后，整齐堆放备用。清水构件拆模后及时用塑料薄膜包裹养护。同时，用旧模板包裹构件做好成品保护。混凝土在表面不失水的情况下，充足的养护14d然后进行防腐保护液施工。

(5)清水混凝外观质量取决于模板和混凝土质量及施工浇捣过程的控制，外观质量要求及检查方法如表6所示。

表6 清水混凝土外观质量要求及检查方法

项次	检查项目	清水混凝土质量要求	检查方法
1	颜色	颜色基本一致，无明显色差	距离墙面5m观察
2	修补	基本无修补	距离墙面5m观察
3	气泡	最大直径不大于2mm，深度不大于2mm，每平方米气泡面积不大于$5cm^2$	随机抽检，目测、尺量
4	裂缝	宽度小于0.2mm且长度不大于100mm	尺量、刻度放大镜
5	光洁度	无漏浆、流淌及冲刷痕迹，无油迹、墨迹及锈斑，无粉化物	观察
6	明缝	位置规律、整齐，深度一致，水平交圈	观察，尺量
7	蝉缝	横平竖直，均匀一致，水平交圈，竖向成线	观察，尺量

4.5 水性氟碳防腐保护液施工

混凝土属于碱性物质，长期裸露在自然界中，会受到雨水，紫外线，油污等的侵蚀而使混凝土逐渐失去碱性，日趋中性化，变得疏松，强度减低，从而缩短使用寿命。同时，雨水也会逐渐渗透腐蚀钢筋，混凝土表面也会经常出现锈迹斑痕，影响外观，因此防腐保护涂层是清水混凝土必不可少的保护措施。本工程采用水性氟碳着色透明涂料。

(1)施工工序　基层打磨→基层修补→涂刷底漆→涂刷中涂→涂刷面涂。

(2)水性氟碳涂料施工要点　如表7所示。

表 7　水性氟碳涂料施工要点

序号	控　制　点	操 作 要 点
1	涂刷时间	清水构件养护完成后，即可进行保护剂的涂刷，防止污水渗透污染
2	基层打磨清理	对于表面比较粗糙不平或已受污染的基础底用砂轮机或 180 号砂纸进行打磨，以便底漆能均匀充分吸收
3	基层修补	对明显缺陷部位使用调整材腻子修补，使混凝土整体颜色统一、美观
4	涂刷底漆	底漆是一种水性浸透型吸水防水材料，可渗透到混凝土基面深层，形成防水结构，避免混凝土暴露在空气中而产生氧化、老化等不良反应
5	涂刷中涂	在做修补时，注意将涂布的材料充分搅均，避免一次在墙壁上粘附；干燥后，必须用 360 号砂纸将凸起表面磨平
6	清水混凝土保护面漆涂装	面层“水性氟碳透明漆”能使基面表面形成微导电层，憎水层，致密层，能有效地防止墙体因紫外线及酸雨的作用而产生的破坏
7	气候对涂料施工的影响	施工时混凝土表面必须干燥，湿度过大易引起涂膜剥离等不良后果。周围环境湿度超过 85%时应停止施工

5　结语

本工程为继奥林匹克运动会鸟巢工程之后的又一世界性比赛用场馆，届时将向来自世界 170 多个国家的代表展示国内建筑施工水平，清水混凝土构件的顺利施工使主体结构比预定时间提前两个月封顶，为整个工程保质保量按期交付使用奠定了基础，同时聚羧酸高性能外加剂运用于绿色高性能混凝土的施工，代表了我国混凝土发展的方向，同时与普通混凝土相比，优势明显，值得推广应用。

参 考 文 献

[1] 中国建筑工程总公司. 清水混凝土施工工艺标准[S]. 北京：中国建筑工业出版社，2005.

深圳大运会主体育场现场预制超薄清水混凝土构件施工技术

杨　鼎，黄林锋，王泽林

中国建筑第八工程局有限公司

1　工程概况

深圳大运会中心主体育场是2011年世界大学生运动会主会场，位于深圳市龙岗区体育新城，建筑面积135015.06m²，看台座位共计61404个。本工程预制清水混凝土构件主要是预制看台板和预制装饰挂板。看台分为低区看台、中区看台和高区看台三部分，预制看台板构件跨度最小为3m，最大不超过10.5m，厚度分别为90～130mm，看台板总数量为4167块，其中低区1696块，中区1339块，高区1132块。工程2层、3层、5层的外墙立面采用预制清水混凝土装饰挂板，挂板尺寸约为700mm×2500mm，厚度为80mm，预制混凝土挂板总数量为3256块。预制看台板、挂板在现场设预制生产线进行加工，混凝土总用量约2.5万m³，强度等级为C40，模具采用定型钢模，外委加工，钢板采用表面平整光滑、氧化皮无脱落的新钢板，采用蜡质脱模剂。

2　技术特点及难点

(1)清水混凝土质量要求高　预制清水混凝土构件生产完毕要达到清水混凝土的要求，安装完成后不再做其他装饰，要求板面平整、色泽一致、线性顺滑。难度主要体现在：深化设计要考虑全面细致，模板加工要精确、通用性强、安装要准确，混凝土从配合比设计到振捣的一系列过程要严格控制。否则，混凝土表面容易出现色差、斑点、气泡、失浆、表面水迹等质量缺陷，甚至出现结构尺寸不准确，影响安装质量。

(2)现场生产质量控制难度大　采用现场预制是由场地约束、运输条件限制、经济性等因素所决定的，但是会使质量控制难度加大。从建厂规划、生产线设计、工艺选择开始，就会对产品的质量带来影响，且预制构件超薄、单次浇筑量少、浇筑不定时等特点，又容易导致饰面清水混凝土的失败，需要严格控制原材料质量和生产过程。

(3)超薄构件施工难度大　构件截面尺寸小，区别于大型预制构件，材料选择不一样，混凝土振捣的要求高很多，而且构件堆码要格外注意，防止构件因侧向刚度小造成变形而影响安装质量。

[作者简介] 杨　鼎，中国建筑第八工程局有限公司深圳大运会项目总工，高级工程师

3 施工工艺流程(见图1)

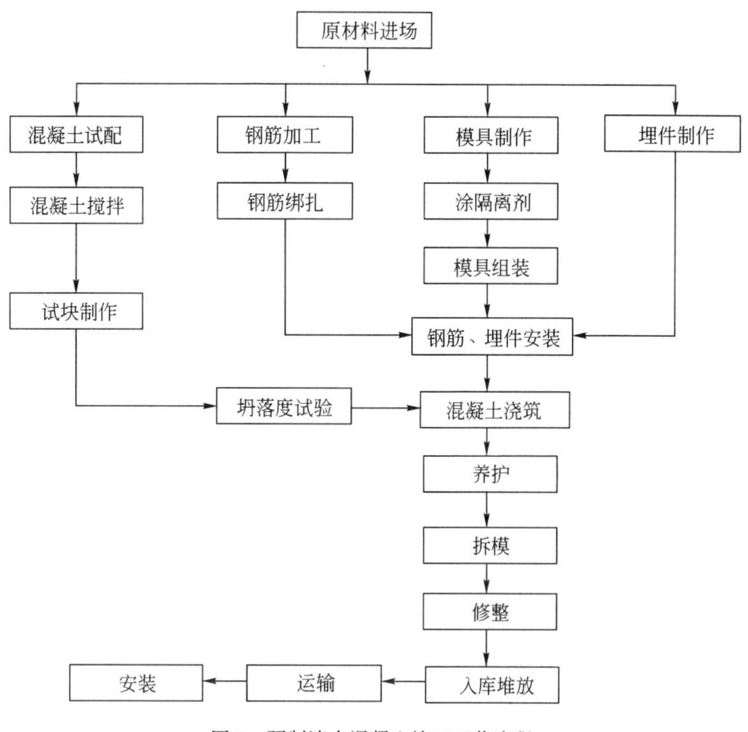

图1 预制清水混凝土施工工艺流程

4 施工工艺要点

4.1 混凝土配合比设计

深圳大运会体育场工程的预制清水混凝土构件设计强度等级为C40,采用现场加工制作,根据深圳本地的砂、石及可采购的材料进行试配,并委托市检测中心验证,经调整确定施工配合比。由于本工程清水混凝土外观质量和结构耐久性要求高,采用聚羧酸高性能外加剂,特别注意了外加剂、水泥、掺和料的适应性及对高温的适应性。经过现场样板制作,优化调整了最终的施工配合比。

4.1.1 原材料的选定及主要指标参数控制要点

(1)基本材料选定 原材料的选择本着满足设计和施工要求与就地选材的原则,主要胶凝材料和集料参数与质量要求如表1所示。

表1 主要材料参数

主要材料	重要参数
水泥	由于采用蒸汽养护,考虑早期强度较高、富余系数较大的水泥,选用色差浅、质量较稳定、含碱量较低的塔牌P·O 42.5
砂	细集料应选择货源稳定、颜色均匀、色差浅、级配良好的河砂,细度模数为2.5～3.0,含泥量不大于1.5%,泥块含量不大于1%。依据深圳市地域关系,现场采用东江河砂

续上表

主要材料	重要参数
石	粗集料选用5～25mm连续级配碎石，颜色一致，含泥量<1%，泥块含量<0.5%，针片状含量≤15%。混凝土粗集料的最大粒径不得超过结构截面最小尺寸的1/4，同时不得大于钢筋间最小净距的3/4。依据深圳市地域关系，现场采用花岗岩碎石
粉煤灰掺和料	粉煤灰选用Ⅰ级灰，且烧失量≤3%，颜色应与水泥接近。现场采用华能汕头电厂Ⅰ级粉煤灰

(2)外加剂主要参数指标　见表2。

表2　聚羧酸外加剂(非缓凝Ⅱ型)主要参数指标

检测项目	指标要求		实测值	检测项目	指标要求		实测值
净浆流动度(mm)	≥240		260	减水率(%)	≥18		21.5
抗压强度比(%)	1d	≥150	190	28d收缩率比(%)	≤120		70
	3d	≥140	179	对钢筋锈蚀作用	无锈蚀		无锈蚀
	7d	≥130	155	1h坍落度保留值(mm)	30min	≥140	160
	28d	≥120	137		60min	≥120	140

4.1.2　混凝土配合比的试配

配合比试配主要参数控制如表3所示。

表3　配合比主要参数控制

重要参数	控制要点
水灰比/水胶比	水灰比过大，毛细孔增多，收缩加大，抗碳化和抗 Cl^- 渗透能力下降，严重影响混凝土的耐久性；水灰比过小，混凝土黏度加大，不利于运输和施工，还加大混凝土自身收缩。水胶比宜控制在0.37～0.45范围内
砂率	试配材料应与实际生产的一致，根据砂的细度模数和碎石的级配以及孔隙率大小确定合理砂率，并采用正交法在试配中优化，生产中及时调整
粉煤灰掺和料	粉煤灰选用Ⅰ级灰，且烧失量≤3%，颜色应与水泥接近。为保证早期强度和外观效果，粉煤灰掺量控制在15%以内

现场制作混凝土构件样板，根据样板施工情况进一步调整、优化配合比，试配结果如表4所示。

表4　配合比试配结果

材料名称	水泥	水	粉煤灰	河砂	碎石	外加剂
用量(kg/m³)	368	162	41	762	1064	3.68
比例	1.00	0.44	0.11	2.07	2.89	0.010

表观密度(kg/m³)	1h后坍落度(mm)	扩展度(mm)	7d抗压强度(MPa)	28d抗压强度(MPa)
2400	190	650	42.4	49.2
备注	砂细度模数2.9，碎石孔隙率43%，水泥28d抗压强度52.2MPa			

4.2　混凝土搅拌

混凝土拌和过程除应符合规范规定外，还应满足表5的控制要点。

表 5　混凝土搅拌控制要点

控制内容	控制要点
材料每盘计量误差	水泥、水和外加剂　±1% 集料　±3%
混凝土整车的计量误差	<±1%
坍落度	拌和均匀,坍落度控制 140～160mm
搅拌时间	最后一种材料下料完全后搅拌时间不低于 3min

4.3　钢筋入模、模板安装

(1)钢筋入模前安装塑料垫块以控制构件保护层厚度,塑料垫块呈梅花形布置。不得在模具面上拖拉钢筋,以免造成模具划痕,影响混凝土浇筑质量。钢筋入模后严禁在其上行走踩踏。

(2)埋件应准确定位。侧模上的预埋件用工具式螺栓固定,底面或浇筑面上的预埋件用附加定位板及螺栓固定,固定后做好核对工作。

(3)浇筑混凝土前对模板做最后的检查调整,重点检查接缝密封条是否严密,内表面隔离剂是否涂刷且无污染,模具的加固是否到位,预埋件位置是否准确,主要尺寸是否符合设计要求。

4.4　混凝土浇筑

浇筑混凝土前先清除模内的杂物,并用空压机将模内的灰尘吹走。

(1)混凝土浇筑根据模板的形式采用不同的振捣方式,一般的薄片状构件如挂板,可以采用振动台;不方便采用振动台或者需要立式振捣的构件,可以采用在侧模上安装附着式振捣器振捣成型;较厚的构件则采用插入式振捣器人工振捣成型。需要注意的是,如果混凝土浇筑振捣时间不够,混凝土不密实,会有大量气泡出现;若振捣时间过长,会造成混凝土离析、集料下沉,出现水线,影响清水混凝土外观。

(2)看台板混凝土采用侧模上安装附着式振捣器配合插入式振捣器振捣成型。由于看台板部位结构尺寸较薄,一般为 90～130mm 厚,无法使用插入式振捣器振捣,选用在看台板非使用面的侧模上安装附着式振捣器,可以防止气泡在振捣器附近的聚积;附着式振捣器功率不宜过大,选取 1～1.5kW 即可,间距一般为 1～1.2m,既可使混凝土有效振捣,使混凝土密实,又可防止混凝土过振造成混凝土离析。混凝土采用分层浇筑,第一层铺料厚度为 50cm,以后的分层厚度为 30cm。每层铺料完成后,开动附着式振动器振动模板,不宜长时间开启振动器,每层混凝土翻浆、不再有气泡冒出后,应停止振动,然后再下料振动,一般 2～3 次分层振捣即可完成;浇筑看台板肋梁混凝土,采用插入式振捣器。

(3)预制挂板由于截面小,采用振动台成型混凝土,使用面采用钢模板面,背面用人工抹面,采用 3 遍压光工艺:第 1 遍收平、轻压使得表面抹纹变浅;第 2 遍在混凝土表面用手按压无下陷后开始抹压,抹压时填平麻面,不露砂眼;第 3 遍在混凝土接近初凝、表面收水后进行,抹子抹上去不再有抹纹后开始抹压,将微小的抹纹压光、压实,表面应平顺光滑,无砂眼。

4.5　构件养护

(1)采用蒸汽养护,优点如下:①可以加快模板周转;②构件在相同的条件下养护,可以保持颜色一致，有效地达到混凝土清水效果。燃煤蒸汽锅炉的大小根据高峰期日生产能力配置。

(2)看台板采用统一的蒸养制度：静停1h+升温3h+恒温6h+降温4h。升温速度控制在15℃/h，最高温度60℃；降温时间应根据现场实际气温进行调整；出模的构件温度与大气温度差值不应超过20℃，防止出模后降温速度过快，导致构件表面出现裂缝。测温工作由专人负责，每小时测温1次。

(3)构件混凝土浇筑完成后，先用塑料薄膜遮盖外露的混凝土面，防止冷凝水携带杂质污染表面，再用彩条布严密包裹整个构件，然后通气养护。

(4)现场沿加工场地方向设置两条直径100mm钢管，每1m设置一个直径20mm的接气孔，端部设置阀门，再用橡胶软管从构件的两端接入构件底部，每端一根，对于长度大于10m的构件需在模板中间增设一根。要避免蒸汽直吹构件，尽量使蒸汽在构件周围均匀循环。

4.6 构件拆模、起吊

构件蒸养降温后应及时拆模起吊至临时周转场地，不得隔天进行，防止表面出现色差。

(1)混凝土强度达到设计强度的85%时可以拆模，可以用同条件养护的试块进行压力试验后确定。拆模前，按照顺序将固定预埋件的螺栓、支撑、紧固件等依次拆除，然后将模板松开，准备起吊构件。

(2)构件起吊前，应确认所有连接点已经断开，尤其是预埋件，防止构件拉伤或磕碰，造成预制构件的损坏。超过3m长的构件一般应采用辅助的装置起吊，如铁扁担等。

(3)一般预制清水构件都采用反打工艺生产，起吊后需要翻转，可将构件置于废旧轮胎等软物上，缓慢翻转；吊环位置应与钢筋受力方向一致，左右对称；吊索与水平线的夹角，翻转起吊时不宜小于60°，或者采用铁扁担辅助。对于截面复杂、跨度较大的板，应采用辅助翻转台操作。

4.7 构件临时堆放

构件临时堆放场地应平整、坚实、排水性好、运输方便。

(1)构件在堆放前，应先进行表面轻微缺陷处理，如对个别小气泡、边棱毛刺等进行必要的修饰，然后涂刷清水混凝土保护剂。

(2)经检验合格的构件产品，立即编号，做上标志；构件标志包含构件型号、编号、生产日期、检验状态、检验人等，同时填写质量记录，确保可追溯性。

(3)根据构件的受力特性和场地情况，可以采用重叠码放或者直立码放，原则是构件不发生变形或者出现不利受力方式，应当尽量接近构件将来的受力状况。构件下用方木垫块垫实，分层重叠码放，垫木要上下对齐垫实，不允许出现虚角或挑头的情况。

(4)构件在起吊及码放时，应慢起慢落，防止与其他物体碰撞。

5 结语

本工程工期紧张，预制清水混凝土构件的大量采用使结构比预定时间提前两个月封顶，工程造型新颖、科技含量高，其中现场预制的清水混凝土构件尺寸精确、色泽一致，完成效果朴实大方，保留了混凝土本身的材质效果，也使建筑师的设计思想得到了完美的展现。

蚌埠龙湖体育馆人体运动造型清水混凝土施工技术

安兰慧，邵　畅，李学梅，高兴宽，常宇军，王代立

北京市第三建筑工程有限公司

1　工程概况

蚌埠龙湖体育馆（见图1）位于安徽省蚌埠市大学园区内，建筑面积14430m²，主馆主体结构为大空间钢筋混凝土框架结构，主馆屋面为双向正交后张直线预应力平行弦钢管桁架，外围空间为现浇钢筋混凝土板（人体运动建筑群雕）。本体育馆按手球馆标准设计，可容纳观众4891人，层高2层，檐高20m。主馆外围灰空间为现浇钢筋混凝土板（建筑群雕）。该群雕环主馆四周，边长93.4m，高20.0m，厚0.5m，由不同的运动项目的人体造型组合而成，顶部设拉梁与主馆顶混凝土柱梁连接。群雕构件断面多为2.4m×0.5m，由于各运动项目的人体造型不同，各构件分别变换长度和角度，组成形体各异的运动图案，整体群雕仅南北、东西分别对称，施工难度较大。人体运动造型群雕立面如图2所示。

图1　安徽蚌埠龙湖体育馆效果

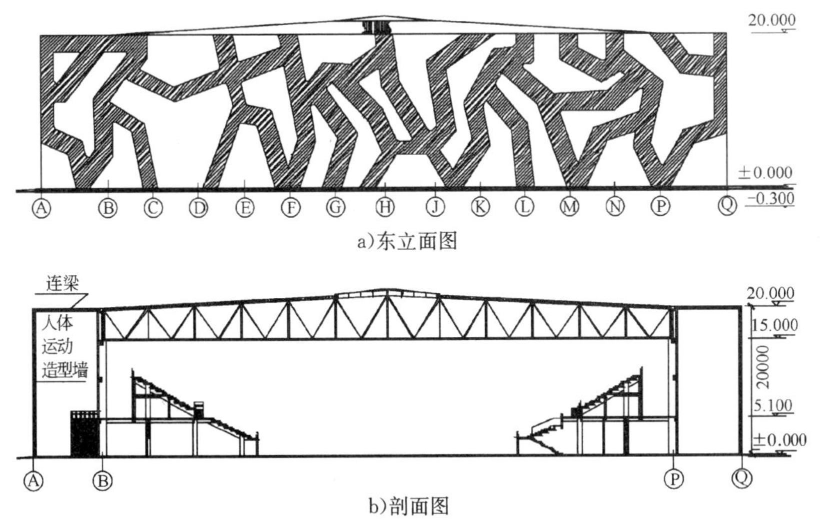

a)东立面图

b)剖面图

图2　人体运动造型群雕立面

[作者简介] 安兰慧，北京市第三建筑工程有限公司副总工程师，高级工程师

2 商品混凝土质量的控制

为达到设计要求和清水混凝土的饰面效果，要保证混凝土表面无明显色差、气泡，无砂带和黑斑、无蜂窝、麻面、裂纹；混凝土表面气孔直径为1.8～2mm，不应出现2.5mm以上的气孔。本工程采用商品混凝土，为达到商品混凝土质量和供货要求，选择商品混凝土厂家是一项关键性工作。我们对周边的商品混凝土厂家进行了一一调查，从厂家的技术实力、生产能力和管理能力等诸多方面进行综合考察，对每一厂家的情况进行认真分析和对比，最终确定商品混凝土搅拌站厂家。并从色差、原材料、配合比、浇筑、振捣、养护等几个方面着手控制。

2.1 清水混凝土颜色的选定

清水混凝土外观质感的效果，与外表颜色的柔和度和整体色差的控制是分不开的。为了达到对颜色视觉的满意度，邀请设计、业主、监理、施工方等多家相关单位，对预先作好的采用不同原材料不同配合比制作的11组试块，进行了编码和鉴别。从颜色到强度为每组试块分别给予鉴定，对于初步选定的混凝土试块，做不同的样板(试验)墙，突出实际效果，从而最终确定了使用的颜色和配合比。

2.2 清水混凝土配合比设计

清水混凝土的配合比必须经过严格和系统的试配试验，使混凝土具有均匀一致的外观质感，良好的流变性能、力学性能、体积稳定性和耐久性。配合比确定后不能任意调整。

2.2.1 原材料要求

(1)水泥　使用符合国标的国家免检水泥。选择同一厂家、同一强度等级水泥，且水泥生产质量必须稳定，不同批次水泥色差很小，不应混用不同厂家水泥。宜优先选用低碱普通硅酸盐水泥，且强度等级不低于42.5级的水泥。清水混凝土中使用的水泥不得更换。

(2)矿物外加剂　宜选用硅粉、粉煤灰、磨细矿渣粉、天然沸石粉等，并应满足以下要求：①应符合现行国家标准《高强高性能混凝土用矿物外加剂》(GB/T 18736—2006)中规定质量要求；②不得含有对混凝土及钢材有害的成分；③勃氏比表面宜大于4000cm^2/g；④保证本工程使用同一厂家、固定品质、固定颜色的矿物外加剂，防止出现混凝土外观色差的问题。

(3)集料　①所用集料必须符合《建筑用砂》(GB/T 14684—2001)、《建筑用卵石、碎石》(GB/T 14685—2001)的要求。粗集料强度应符合《普通混凝土用碎石或卵石质量标准及检验方法》(JGJ 53—92)的规定；粗集料的最大粒径不大于25mm；②所用粗集料应选择连续级配良好，颜色一致，洁净，含泥量小于1%，泥块含量小于0.5%，针片状颗粒不大于15%；③细集料应选择质地坚硬，级配良好，颜色一致的河砂或人工砂，其细度模数应大于2.6(中砂)，含泥量不应大于1.5%，泥块含量不大于1%；④宜选用非碱活性集料。如受资料限制，不能选用非碱活性集料时，可有条件使用低碱活性集料，使用条件按《预防混凝土工程碱集料反应技术管理规定》执行。严禁使用碱活性集料。

(4)化学外加剂　清水混凝土中使用的外加剂必须符合《混凝土外加剂》(GB 8076—1997)和《混凝土外加剂应用技术规范》(GB 50119—2003)的要求；并且不得使用含有氯盐的外加剂；外加剂应不改变混凝土的颜色，在混凝土硬化后表面也不会导致出现析霜或返潮现象。

(5)拌和用水及养护用水　拌和及养护用水必须无色无味，符合《混凝土拌和用水标准》

(JGJ 63—89)规定的质量要求。施工前必须进行水质检测，每季度进行一次水质监测，避免因水质发生变化影响混凝土质量。

2.2.2 其他技术要求

(1)在满足混凝土强度及和易性的前提下尽量减低拌和水、水泥的总用量，提高优质粉煤灰及矿粉的掺量，降低单位体积混凝土中的水泥水化热，降低混凝土的干缩和温度收缩。

(2)拌和物的流动性在满足施工要求的前提下，用水量应尽可能小。为了降低清水混凝土拌和掺和物的泌水率，选用优质减水剂，严格控制混凝土集料的级配，保证混凝土的密实度、强度和耐久性。

(3)砂率是影响混凝土拌和物和易性的重要因素，对拌和物的黏度也有明显的影响。砂率过小，拌和物在振捣时间较长时易离析；砂率过大，拌和物黏度增大而不利气泡排出。清水混凝土的砂率应控制在 40%。

(4)清水混凝土的坍落度要稳定，用于浇筑复杂造型的混凝土坍落度宜为 160～180 mm，如果忽大忽小会产生离析、泌水问题，粉煤灰也会浮于浆体表面，产生混凝土色差。

2.3 清水墙混凝土样板制作

确定后结果不得随意改变，正式用于清水混凝土结构，该清水样板墙混凝土将作为以后清水混凝土的验收标准。在清水混凝土的原材料及配合比确定后，要求搅拌站保证原材料的连续稳定使用，不得中途更换原材料厂家，清水混凝土施工时对搅拌站设旁站式的方式进行监督和指导，严格执行样板墙的配合比及所用材料，以保证混凝土的质量稳定。清水样板墙如图 3 所示。

图 3　清水样板墙

2.4 清水混凝土原材料质量过程控制

为确保清水混凝土的质量，必须从原材料抓好，因此要求搅拌站做到以下几点：①本工程清水混凝土工程所用的全部材料必须单独存放、专用。②各种材料必须清楚标识、认真防护，防止进错料、进错位或材料受污染。③砂石料的堆放和使用要有序进行，做到先进先用，后进后用，以保证存放一段时间的砂石料性能和含水率的稳定性。每次混凝土生产前要检测砂子的细度模数、含水率等，控制石子的级配、粒形，发现问题及时调整。④在每次混凝土生产前要对原材料进行试验，不合格的材料不准使用。⑤一定要确保清水混凝土的所用原材料为同一厂家、固定品质、固定颜色。⑥清水混凝土原材料及混凝土样板试样必须封样。

3 清水混凝土施工

3.1 清水混凝土施工关键点分析

(1)保证商品混凝土的出厂质量，严格检查商品混凝土的配合比和坍落度。

(2)由于既高又大的人体造型大部分为斜向构件，给振捣带来诸多不便。为达到清水混凝土的饰面效果，采用科学有效振捣方式是保证清水混凝土质量标准的关键工序。

(3)由于人体运动造型的不规则，构件产生了许多节点，节点的处理是保证整体效果的关键。

3.2 施工准备

提供钢筋、模板和脚手架使用品种、规格、数量，保证工程的使用；确定使用劳动力的技能要求和数量；施工用机械设备、机具、仪器和工具的准备等。

3.3 清水混凝土施工部署

由于人体运动造型清水混凝土施工构件高大且分布在建筑物四周，合理的施工组织和分段流水施工，是施工部署中的重要内容。本工程按照构件高度和配模的限制，采取了分步分段的施工方法。工程边长 93.4m，高 21.4m，且人体形态各异，流水段划分只能根据翻样图具体确定，施工缝近 200 个。流水段划分总原则为，竖向约 5m 左右作为 1 个施工层，共分 5 个施工层；水平约 30m 为 1 个施工流水段(见图 4)。

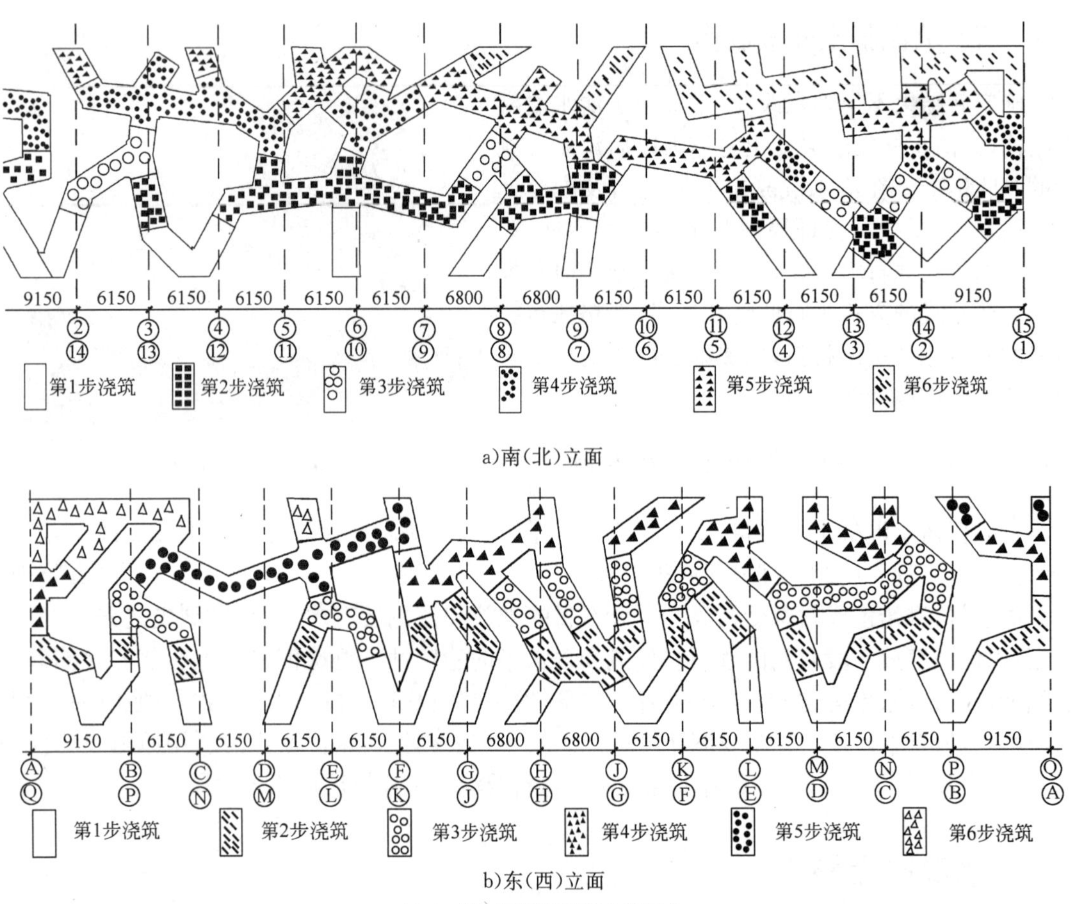

a)南(北)立面

b)东(西)立面

图 4 施工缝设置及流水段划分

3.4 节点深化详图设计

由于人体运动造型的不规则，节点设计是科学施工的重要保证。将施工中复杂、个异性强、施工难度大的部位，进行预先设计，针对每一节点中出现的问题逐一解决。

3.4.1　施工缝的留置

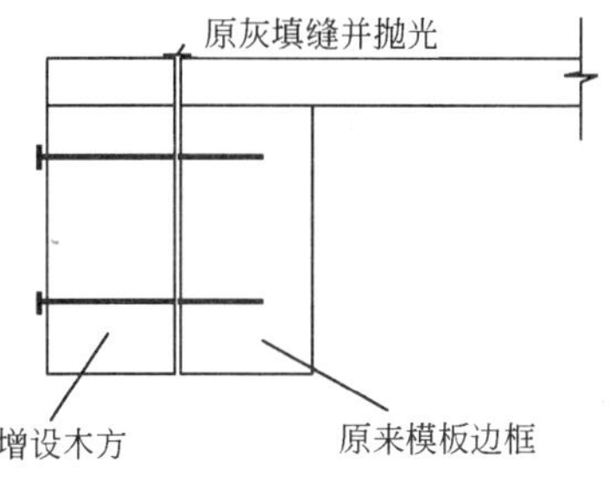

图 5　施工缝节点处理

施工缝处理为禅缝，则混凝土施工时只能留斜向施工缝，个别施工缝大于 45°。施工难度极大。为保证此部位混凝土留茬准确，将留茬出模板加高并设置木条。混凝土浇筑到上口时及时用板条封堵，上口封堵后留专人负责每个上口混凝土的浇筑，必须用振捣棒进行振捣。拆除时先拆除模板上口封条，再剔除多余混凝土。

3.4.2　施工缝的衔接

第 2 步模板下接的 5cm 小板条的施工缝节点处理如图 5 所示。根据图 5 做小样板(利用原来 200mm×600mm×1200mm 的小样板上接并将原灰填缝高出原来混凝土面，即施工缝 3mm)，经认可后进行全面施工。

3.5　清水混凝土施工

在分析了解关键点的基础上，做好充分的施工准备，部署好施工过程，在完善的技术措施保证下，进行清水混凝土施工。

3.5.1　加强混凝土的进场检验

(1)严格执行混凝土进场交货检验制度。由商品混凝土搅拌站人员向现场混凝土工长逐车交验，观察混凝土外观色泽、有无泌水离析等情况，试验员对每车的坍落度进行取样，并做好记录。

(2)保证混凝土熟料的流动性、和易性和较大的坍落度是关键控制点。要求入泵时坍落度严格控制在[(160～180)±20]mm，以确保混凝土浇筑时的坍落度能够满足施工生产需要，混凝土不泌水、不离析，色泽保持一致，确保混凝土供应质量。如遇坍落度超出[(160～180)±20]mm 的混凝土必须退回搅拌站，严禁使用。

(3)混凝土泵送施工时，要统一指挥和调度，与搅拌站配合好，要求搅拌站派专人在现场与施工单位协调，把握好混凝土出厂距离与浇筑泵送的时间。商品混凝土的生产、使用是一个连续的过程，施工工地因为受工程部位、施工方式、设备人员数量的影响，对混凝土的需求量速度是不同的。因此根据现场情况，要求搅拌站安排合适的车辆及其台数，以合适的供应速度为工地提供混凝土。车辆过多、供料速度过快会造成施工现场车辆等待时间过长，使混凝土的坍落度损失过大，影响混凝土的质量和正常的生产；车辆过少、供料速度过慢会造成施工现场缺料，不能连续浇筑，影响混凝土的质量。因此，在生产过程中必须合理调配车辆、控制生产速度，以便生产、施工能够顺利进行。

3.5.2　混凝土浇筑

(1)清水混凝土装料前必须对输送泵及泵管清理干净。

(2)浇筑混凝土根据分步和流水段的安排进行顺序施工，每步浇筑高度基本为 300mm。

(3)为保证混凝土在浇筑过程中不离析，要求混凝土要有足够的黏聚性，在泵送过程中不泌水、不离析。泵送混凝土 10s 的相对压力泌水率不得超过 40%，因此要求搅拌站供应的混凝土泌水速度要慢，以保证混凝土的稳定性和可泵性，严禁在商品混凝土中加水。

(4)为了保证混凝土浇筑不出现冷缝，根据施工时的天气，要求商品混凝土在结构施工期间的初凝时间保证在 6～8h。从混凝土搅拌到浇筑不能超过 120min。

(5)根部先浇同混凝土内砂浆成分相同的水泥砂浆，清水混凝土浇筑过程中严格执行混凝土振捣标准，防止浇筑飞溅起的灰浆对未浇筑部位模板面的污染。

(6)浇筑混凝土的过程中派专人对钢筋、模板、支撑系统进行看护，一旦发现移位、变形或者松动要马上修复。

3.5.3 混凝土振捣

每浇筑 300mm 即进行振捣，目的是在有限的高度赶走气泡，确保每步浇筑均匀，从而达到整体效果。

由于人体造型大部分构件为斜向构件，给振捣带来很多困难。为达到清水混凝土表面无明显气泡，无砂带和黑斑的要求、采用了“引导式”振捣和附着式振捣两种方法相结合的方式进行。

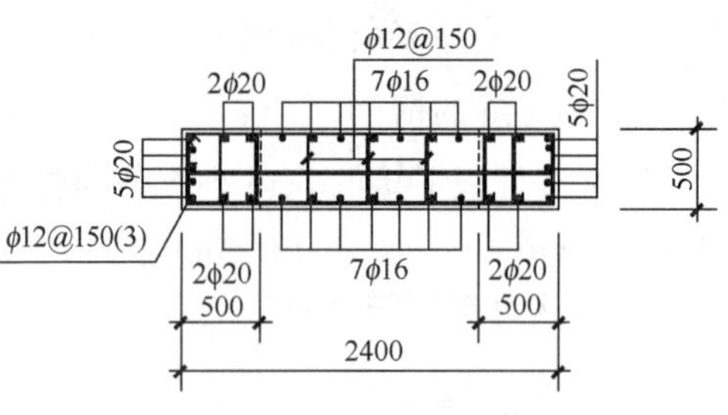

图 6 构件截面配筋

本工程截面配筋较大(见图 6)，而且拉钩间距只有 150mm，由于截面存在角度，钢筋已绑扎完成的构件(见图 7)，振捣棒插入存在较大困难。本工程在合模前预埋ϕ60空心钢管，浇筑混凝土时振捣棒由预埋的钢管下放到位，即为“引导式”振捣。此方法解决了振捣棒插入难的问题，如图 8 所示。

图 7 钢筋绑扎完成的构件

图 8 合模前将 ϕ60 空心钢管预埋

振捣棒位置预插管必须在合模板前进行，未按要求预插的禁止浇筑混凝土，今后此管必须随钢筋一起隐蔽验收后再合模。由于斜向构件很多，钢筋箍筋及拉钩影响振捣棒插入。施工时先留置钢管保证振捣棒插入。振捣棒布置必须满足振幅需求。预留振捣棒薄壁钢管时注意周边箍筋及拉钩筋的避让，防止钢管拔出后钢筋移位造成振捣棒不能提拔。

由于造型特殊构件高大，浇筑距离远，易产生振捣盲区，从而产生蜂窝麻面等现象(见图 9)。在易产生此类问题的部位，构件下部和角部增加附模振捣器(见图 10)，保证振捣效果，以使气泡挥发充分。

图 9 由于存在振捣盲区导致蜂窝麻面现象

图 10 附模振捣器

采用振捣棒振捣时，混凝土振点应均匀布置，层层搭扣，并应随浇筑连续进行。振捣时注意钢筋密集部位不得出现漏振、欠振或过振。为保证混凝土密实，振捣棒的插入深度要大于浇筑层厚度，以混凝土表面出现翻浆、不再有显著下沉、不再有大量气泡上冒为准，去除表面浮浆。为使上下层混凝土接合成整体，上层混凝土振捣要在下层混凝土初凝之前进行，并要求振捣棒插入下层混凝土 5～10cm。混凝土第 1 次浇筑后，再隔 20min 进行第 2 次复振。

3.5.4 混凝土拆模和养护

(1)为保证饰面清水效果，必须严格控制拆模时间；拆模时间根据混凝土硬化速度的不同，由试验确定。清水混凝土的拆模时间应在混凝土同条件试块强度达到 3.0MPa 之后，以保证拆模时不粘连，混凝土棱角完整。拆除模板后的清水混凝土立即包裹塑料薄膜(不得直接用草帘或草袋覆盖，以免造成永久性黄颜色污染)，利用螺栓孔位置固定塑料保护薄膜。

(2)混凝土的养护时间应能满足混凝土硬化和强度增长的需要，使混凝土强度达到设计要求，养护剂的选择要严格确保不影响混凝土的清水效果。

(3)清水混凝土终凝后，开始对清水混凝土进行第 1 次浇水养护，继续浇水养护不少于 15d。每隔 2～3h 浇一次水，避免由此形成的混凝土表面色差。

3.5.5 混凝土成品修补与表面喷涂施工

(1)清水混凝土工程的外表面采用透明的保护剂——氟碳涂料做保护性处理，在氟碳涂料施工时要根据墙体混凝土颜色做好涂料样板墙，并确定颜色。

(2)喷涂时应将整个墙面充分做好墙面基底处理工作，将墙面有缺陷的地方修补好、清理干净，充分干燥后方可进行喷涂施工，喷涂层必须均匀透明，并严格按照产品说明书的要求进行。

(3)所有修补工艺必须尽量保持混凝土的原貌，不能有明显的处理痕迹。修补后整体面层要求平整、颜色自然，阴阳角的棱角整齐平直。明缝的明显缺陷、蜂窝麻面(直径大于 2.5mm 以上的孔洞、宽度大于 0.3mm 以上的裂缝)、露筋、钢丝外露、锈斑及孔洞等需要处理，禅缝尽量不要修补免破坏禅缝的自然效果。

(4)所有修补必须采用专门的修补材料，包括专用修补腻子(弹性腻子 LG-980B)、专用调整材料(AC 下地调整材)、专用工具，并根据不同情况制定不同的修补方案。所有的材料调制必须由氟碳涂料公司经验丰富的专人负责。

(5)模板连接缝的缺陷要用比混凝土墙体颜色稍浅的专用调整腻子进行修补；用手触摸感觉不平的地方用砂纸打磨平整，再用专用调整材料进行颜色调整。错模部位的高差尽量不用砂轮机打磨而要用錾刀铲平，确实需要用砂轮机磨平的，磨平后要用水泥灰浆修补平整再进行修补。

(6)对墙面的清洗和除污，可以先用专用清洗剂进行，然后用高压水枪冲洗；对返碱部位的处理可以用砂纸打磨，不能用砂纸除掉的可用高压水枪清洗。整个墙面用清水清洗，涂料施工前要保证墙面干燥。修补、清理后至涂料施工前对易被污染的地方要用塑料布盖起来养护。

(7)氟碳涂料的施工严格按照施工工艺进行：底层涂材 1～2 遍(滚涂后墙体颜色应稍稍加深，通过墙体表面防水测试达到不渗水)；中间层涂材 1 遍(滚涂后墙体颜色要较上个程序更深)；上涂料 1～2 遍(滚涂后墙体表面装饰效果明显，形成稳定均匀的保护膜，整体墙面平整、洁净，颜色均匀，无色差，并保持混凝土原有的表面机理效果，通过墙体表面防水测试达到不渗水，用水泼到墙面颜色无任何变化，不变深，不变湿)，滚涂时要均匀，不得有漏涂，每遍的滚涂时间间隔大于 2h。

(8)涂料施工时要注意防火和施工安全，并时刻注意天气情况，温度低于 5℃和下雪、下雨、大风时不能施工，并用保护膜保护已施工完的涂面。

3.5.6 成品保护

(1)项目部须针对清水混凝土制定专门的成品保护制度。混凝土浇筑成型后，如不加以保护易使阴阳角受损，直接影响清水混凝土的外观质量。禁止将带有杂物、污物的材料带入操作现场，过程中出现废物立即清理。

(2)清水混凝土的后续施工不得损伤或污染前面工序已完成的清水混凝土成品；加强模板拆除完毕后对混凝土的保护，混凝土面用塑料布包裹养护至少 14d，塑料布包裹至上一段模板下方，并加海绵条用木条箍紧上口，防止混凝土浆体流坠。

(3)混凝土边角部位做护角，钉薄木条保护，避免碰撞。上斜面满铺木板保护。

(4)在喷涂氟碳涂料前，为避免污染，用塑料薄膜覆盖清水混凝土结构。

(5)加强宣传教育，提高现场施工人员自觉保护混凝土成品的意识。

(6)当上层混凝土浇筑施工时，用塑料薄膜在模板下侧系紧，将下楼层混凝土保护好，一旦发现漏浆要及时用清水冲洗干净。

4 清水混凝土施工质量控制措施

(1)要求色泽均匀无明显色差。

(2)混凝土表面密实整洁，面层平整，阴阳角的棱角整齐平直，无油迹、无锈斑、无粉化物，无流淌和冲刷痕迹，无明显裂缝；无漏浆、无跑模和胀模，无烂根、无明显错台，无冷缝、无夹杂物，无蜂窝、麻面和孔洞。

(3)结构工程保持拆除模板后的原貌，无剔凿、磨、抹或涂刷修补处理痕迹。

(4)穿墙螺栓孔眼整齐，孔洞封堵密实平整，颜色同墙面基本一致。

(5)混凝土保护层准确，无露筋；预留孔洞、施工缝整齐。

(6)外形尺寸准确、阴阳角的棱角整齐、角度方正；阴阳大角垂直整齐；禅缝均匀、顺畅。

(7)清水混凝土垂直度、平整度允许偏差应满足表 1 的要求。

表 1 清水混凝土垂直度、平整度允许偏差

项　次	项　目		允许偏差(mm)	检 查 方 法
1	墙轴线位移		2	经纬仪、尺量
2	墙截面尺寸		±1.5	尺量
3	垂直度	层间	2	经纬仪、线坠
		全高	5	
4	表面平整度		1.5	2m 靠尺、塞尺
5	角、线顺直		4	经纬仪、线坠
6	分格条(缝)直线度		3	拉通线，用钢尺检查
7	接缝错台		1.5	2m 靠尺、塞尺
8	表面气孔	直径范围	1.8～2.0	尺量
		最大直径	2.5	

5 结语

由于施工过程的严格控制和措施得当，本工程施工完成的清水混凝土完全达到了设计和有关要求，施工质量得到好评。

超长 H 形钢筋混凝土环梁裂缝控制技术

陈洪杰，闫　爽，晏金洲

南通建筑工程总承包有限公司

南通市体育会展中心体育场号称“南鸟巢”，是南通市“十五”计划期间重点建设的公共体育设施，横向最大尺寸为 262.458m，纵向最大尺寸为 265.460m。主拱桁架中距约 40m，主拱与次拱桁架中距约 20m，整个屋盖钢结构用量 11000t。本工程屋盖为大跨度开闭式屋盖，通过拱结构支撑在体育场外圈环梁基础上。

环梁基础按自平衡体系设计，是一个外圈直径 306m，内圈直径 261m 的圆环形地下构筑物，承载着上部的全部荷载，起着承上启下的作用。其截面呈 H 形，总宽度 22.5m，环梁两侧翼梁高 5m，宽 2m，梁底标高－5.9m；环梁中部为 1m 厚腹板，底标高－3.9m，上设有 24 个屋盖钢桁架拱脚多桩承台基础，环梁混凝土强度等级 C30，环梁基础平面如图 1 所示。

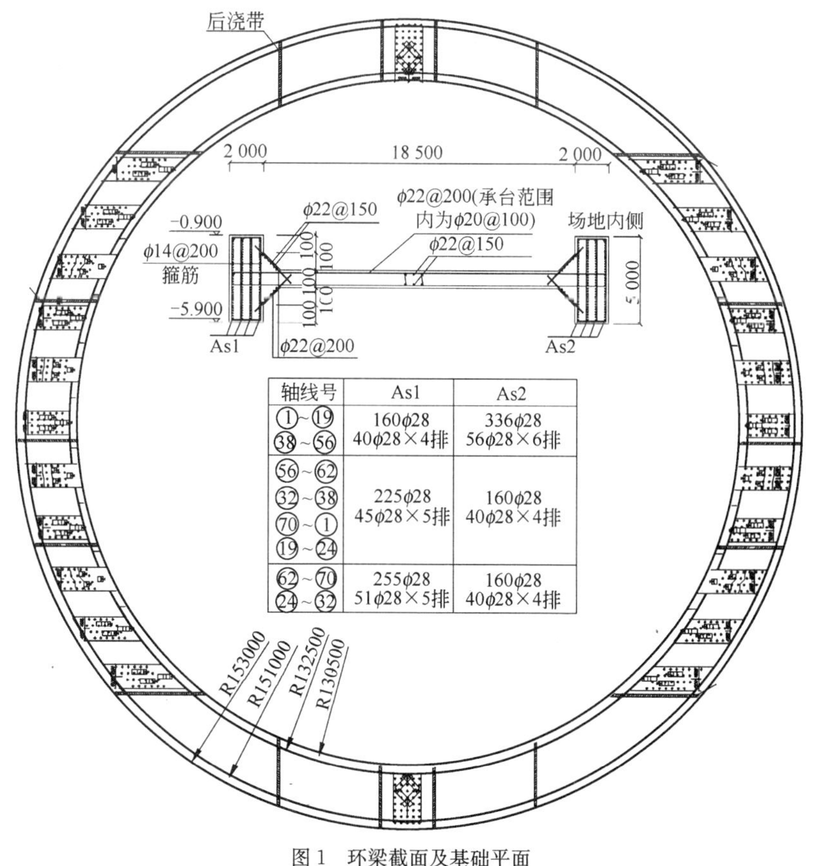

轴线号	As1	As2
①~⑲ ㊳~㊻	160φ28 40φ28×4排	336φ28 56φ28×6排
㊻~㊽ ㉜~㊳ ⑩~① ⑲~㉔	225φ28 45φ28×5排	160φ28 40φ28×4排
㊽~⑩ ㉔~㉜	255φ28 51φ28×5排	160φ28 40φ28×4排

图 1　环梁截面及基础平面

[作者简介] 陈洪杰，南通建筑工程总承包有限公司技术质量部经理，高级工程师

1 环梁设计

(1)环梁设计原则 ①平衡拱的推力;②天然地基承重;③不考虑环梁外侧回填土的作用;④拱脚下的桩主要用于协调环梁的不均匀沉降。

(2)拱水平推力由环梁拉杆和土的侧阻力共同承受 应用有限元分析软件ANSYS进行内力分析,环梁采用梁单元,拉杆采用杆单元,土压力采用基床系数法,地基土水平抗力系数的比例系数 $m=3.0\mathrm{MN/m^4}$,基础最不利荷载工况为(1.2恒+1.4活),计算得出两个方向的最大位移和四分之一圆周上10个截面的内力,经配筋设计满足承载能力和正常使用极限状态的要求。

2 工程特点

(1)环梁为H形封闭式环形结构,截面宽度22.5m,外圈周长962m,内圈周长820m,无论截面尺寸与周长,在同类构筑物中均属国内之最。且环梁腹板部位设有24个拱脚承台基础和36条加劲梁。

(2)施工主要在8～10月,环境温度较高,南通地区风力较大,混凝土表面失水过快。若养护不当,易造成内外温差过大,产生混凝土表面裂缝和贯穿裂缝。

(3)考虑到环梁的受力特点及加劲梁、拱脚基础的约束条件,该结构受温度收缩变化影响、上部结构受力及环境变化影响,环梁内部将产生较大的拉力,环梁自身的约束极易导致环梁外侧产生均布的竖向规则裂缝。因此,把控制环梁外侧出现裂缝作为施工重点。

3 实施方案

3.1 设置后浇带

(1)后浇带的设置,是贯彻先放后抗的原则,即通过留置后浇带,将混凝土结构分成若干块施工,减少外部约束,使被约束混凝土的抗拉强度能够抵抗温度收缩应力。

(2)后浇带按经验一般20～30m设一道。若设置过多,会造成施工不便,经计算,确定设置18条后浇带,将环梁分成18段,最长的一段弧长74.732m,混凝土量2481m^3;最短的一段弧长21.352m,混凝土量1611m^3;混凝土量最大的一段为4393 m^3,弧长65m。

3.2 取消桩顶预留洞

原设计考虑环梁在受力后会有一定的水平位移,在ϕ600mm桩顶预留ϕ1000mm孔洞,待钢结构安装完毕后补浇混凝土。这样施工十分困难,而且作用不明显,影响基础完整性。经过与设计院充分沟通,改为在桩顶与基础之间设置滑动层,增设两毡三油隔离层,在封口处用防水涂料进行防水,防水效果良好,如图2所示。

3.3 混凝土配合比优化

混凝土配合比优化(强度等级C30),主要从控制混凝土的温升,减少混凝土收缩量,提高混凝凝土抗拉强度、满足混凝土泵送要求等几个方面综合考虑,其配合比如表1所示。

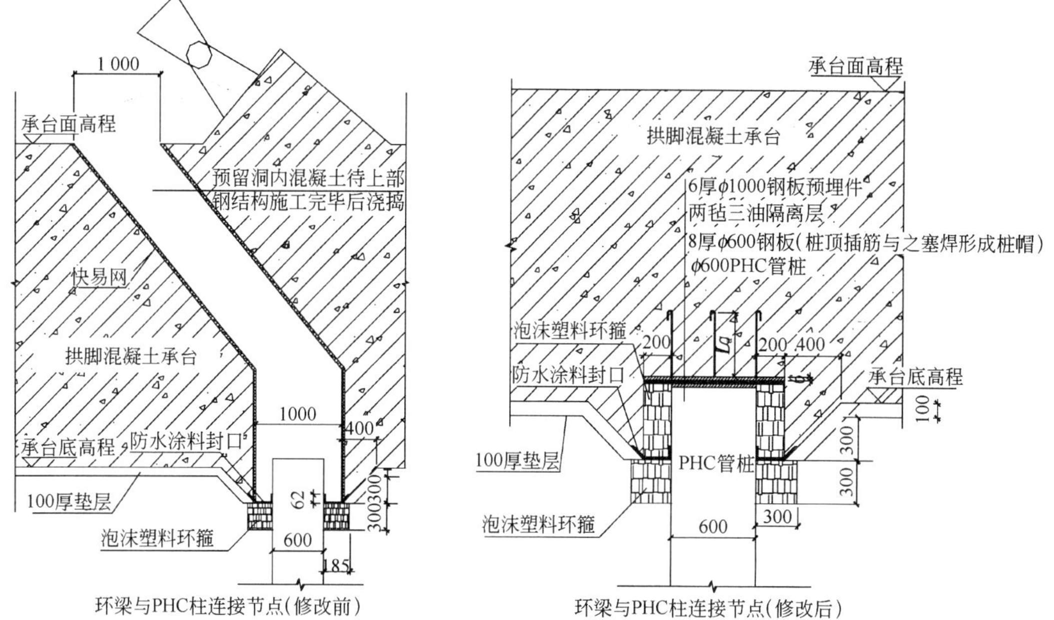

图 2　环梁与 PHC 桩连接节点

表 1　混凝土配合比(单位:kg/m³)

水　泥	砂	石	水	粉 煤 灰	外加剂 JM-III
290	726	1135	168	72	29.4

(1)水泥　因当地没有矿渣水泥,选用海螺牌 P·O 42.5 级普通硅酸盐水泥。

(2)碎石　采用粒径 5～31.5mm 连续级配,其中针、片状颗粒不大于 5%。可减少用水量和水泥用量,提高混凝土的抗压强度。

(3)砂　选用中粗河砂,细度模数 2.7,砂率 39%。目的也是减少用水量和水泥用量,控制混凝土的温升和收缩量。

(4)砂、石的含泥量控制　碎石的含泥量不大于 0.5%,砂的含泥量不大于 0.8%;砂石泥块含量不大于 0.5%。

(5)水　采用自来水,且应根据砂、石的含水率不同,分别予以调整用水量。

(6)采用双掺技术　即掺加粉煤灰及外加剂,粉煤灰采用优质粉煤灰(I 级),对化学成分要进行检测,掺量 20%;外加剂采用 JM-III 型改进型(抗裂、防渗)混凝土高效增强剂,掺量 8%,同时具有抗裂、防渗和减水剂的作用,减水率大于 20%。

混凝土的现场坍落度严格控制在(12±2)cm。混凝土的初凝时间控制在 5h 左右,终凝时间 8～10h。

3.4　混凝土的浇筑与振捣

(1)混凝土浇筑采用"斜面分层,一个坡度,薄层浇筑,循序铺填"的方法,保证环梁不出现施工冷缝。混凝土分层下料、分层振捣密实,使混凝土的水化热能尽快散失。－2.9m 以下分层厚度 500mm,－2.9m 以上部分因翼缘梁吊模影响分层厚度 250mm。

(2)对浇捣后的混凝土,在混凝土凝固前给予二次振捣,增加混凝土密实度,提高混凝土与钢筋的握裹力,防止因混凝土沉缩而出现的裂缝,减小内部微裂,使混凝土的抗压强度提高,从而提高抗裂性和抗渗水性。

3.5 排除泌水

泵送混凝土是大流动性混凝土，且掺加了粉煤灰，在浇筑、振捣的过程中，上涌的泌水和浮浆较多，会顺着混凝土坡面流到低洼处，因此必须安排专人用小水桶排除，及时将泌水排出。

3.6 混凝土表面处理

混凝土的平仓工作必须在混凝土初凝前进行，板面先按标高用刮尺刮平，有高低不平的部位，必须及时将混凝土修补平整，然后用木楔依次压实、整平，搓毛提浆，以防止混凝土表面初期收水干燥而出现裂缝，在覆盖养护的同时，另需再派人用木抹子对表面进行二次压抹，以隔断毛细孔，防止混凝土内部水分过快蒸发，使大风引起的表面塑性裂缝得以弥合。

3.7 混凝土的保湿与保温养护

(1)混凝土在浇灌完后6h必须养护，养护采用自然养护法。保温采用一层塑料薄膜、二层麻袋的方法，麻袋要上下错开，搭接严密，防止空气对流，影响混凝土内外温差和表面湿度。

(2)混凝土浇筑两天后拆模，拆模后环梁侧壁也应满挂一层塑料薄膜、双层麻袋。请有关部门验收后，及时回填。及时回填可以避免环梁混凝土暴露在阳光直晒和高温环境下。土是混凝土最佳的养护介质，是控制混凝土早期、中期开裂的有利因素。

(3)为防止环梁混凝土内水分蒸发，回填时侧壁及翼缘梁顶部塑料薄膜不拆除，埋入土内。

(4)测温结果分析。经过实际测温，温升峰值出现在混凝土浇灌后64h左右，为59℃ ，即第1～3d为升温阶段，3d后缓慢下降，最大降温速率2.3℃/d，12d后降温速度逐渐趋向0，逐步接近环境温度。由于养护得当，内外温差最大值27.8℃，未超过30℃的控制值。

4 取得的研究成果和创新点

(1)通过采取有效可行的措施，解决了超长大体积混凝土环梁温度收缩、上部结构推力产生较大的拉力影响问题以及环梁自身的约束极易导致环梁外侧产生裂缝的难题。

(2)环梁基础沉降和变形观测，经南通市测绘院有限公司实测，沉降和变形报告控制在设计范围之内，符合设计要求，有效地保证了上部屋盖结构受力自平衡体系正常工作。

5 存在不足及以后需改进和完善的方面

(1)后浇带的留置将混凝土结构分成若干块施工，减少了外部约束，使被约束混凝土的抗拉强度能够抵抗温度收缩应力。但由于后浇带的保护及清理工作难度较大，给施工带来困难，今后可采用跳仓施工的方法解决混凝土初期收缩而引发的裂缝，跳仓间隔7d以上。

(2)后浇带接头处理不完美，在以后的工程中需加以改进。

6 结语

通过大体积混凝土裂缝综合控制技术的综合应用，本工程环梁基础未出现任何有害裂缝，受力变形值符合设计要求，使之为开闭顶屋盖提供了一个良好的自平衡受力体系，为国内类似圆形结构裂缝控制积累了宝贵成功经验，社会效益显著。

膨胀混凝土在奥运工程中的成功应用

侯维红，游宝坤，赵顺增，韩立林，郑国华，何　丹

中国建筑材料科学研究总院

1990 年 6 月 19 日，人民日报报道了“由中国建筑材料科学研究院研制的 U 型水泥膨胀剂(UEA)，在亚运会工程中首次应用，以其掺拌的补偿收缩特种混凝土，用于体育建筑结构自防水，打破了外防水的传统施工技术，而且防渗漏效果显著”。同年 10 月 3 日，中国专利报发表了以“亚运大舞台”的“防水盾牌”一文，报道了 UEA 补偿收缩混凝土在北京亚运会国家田径体育场 4.7 万 m^2 看台，游泳馆、体育博物馆、拳击馆、曲棍球场看台、速滑馆、朝阳体育馆等的成功应用。赞誉了 U 型水泥膨胀剂在亚运场馆施工中建功立业。引起了国内工程界的巨大反响，我们为此感到自豪。

18 年过去了，我国迎来了北京 2008 奥运会，在众多举世瞩目的奥运场馆和附属工程中，混凝土膨胀剂应用如何？作者们参与部分技术服务工作，本文作简要介绍。

1　在奥运会体育场馆中的应用

1.1　国家体育场

国家体育场是北京 2008 奥运会主会场，承担着第 29 届奥运会的开幕式、闭幕式和田径比赛。由中国建筑设计研究院设计。该工程南北向长 333m，东西向长 280m，总建筑面积约 25.8 万 m^2。可容纳观众 91000 人。体育场建筑造型呈椭圆马鞍形，外壳由钢结构编织成“鸟巢”状建筑造型，如图 1 所示，内部为三层碗状看台混凝土结构。看台基座为 4～7 层的钢筋混凝土框架—剪力墙结构，混凝土设计强度以 C40、C45 为主。

图 1　国家体育场——鸟巢

看台地下为 1 层(局部 2 层)地下室，地下外墙设计为 200m 超长弧形墙，厚度 500～700mm。基础底板为 95m×74m 片筏基础，不设伸缩缝，属超长结构；钢结构组合柱下面的桩

[作者简介] 侯维红，中国建筑材料科学研究总院工程师，北京新中岩建材科技有限公司营销中心总经理

承台最厚达10.1m，属超厚混凝土结构。

国家体育场工程设计使用年限为100年，对混凝土结构提出了明确的耐久性设计要求，即所用混凝土材料除了满足混凝土结构浇筑施工和力学强度要求外，必须具有良好的密实性、体积稳定性、抗裂性和抗渗、抗碳化能力。

游宝坤有幸参加了专家论证会。中国建筑设计院最终确定，地下室底板采用掺膨胀剂的补偿收缩混凝土，边墙采用掺聚丙烯纤维的补偿收缩混凝土，施工总承包单位是北京城建集团公司。由北京城建亚东混凝土有限责任公司和北京天力混凝土有限公司提供商品混凝土。经对比试验，分别选用天津豹鸣公司的UEA膨胀剂和天津岩帅公司的YS膨胀剂。为降低水化热，在混凝土中掺入粉煤灰和缓凝高效减水剂，边墙混凝土还掺入中国纺织科学研究院研制的凯泰牌单丝聚丙烯纤维。两公司经试验，配制国家体育场结构混凝土(C40)配合比见表1。

表1 补偿收缩混凝土配合比(单位：kg/m^3)

混凝土公司	结构部位	水泥	水	砂	石	粉煤灰	膨胀剂	泵送剂	纤维
北京东亚	底板	276	164	682	1066	138	30	12.32	—
	边墙	317	169	729	1050	88	35	12.32	0.9
北京天力	底板	261	153	836	1021	117	33	10.29	—
	边墙	304	158	817	999	83	34	10.94	1.2

试验结果表明，混凝土14d水中限制膨胀率在0.015%～0.025%，放入干空30d，限制干缩率在0.01%～0.023%。平板约束试验条件下，掺入膨胀剂有利于减小混凝土板的裂缝宽度，双掺膨胀剂和纤维则可避免混凝土出现裂缝。混凝土抗压强度平均49.5MPa，抗渗等级大于P8。

国家体育场自2005年5月开始浇注底板混凝土，是2006年10月混凝土结构全部封顶，共浇注各种混凝土20多万m^3。经中冶集团建筑研究总院对实体结构进行耐久性指标检验和寿命评估，除底板存在个别裂缝，绝大部分构件外观状况良好，在地下外墙等易裂部位没有发现明显的开裂问题，混凝土框架结构寿命可达100年以上。

国家体育场外壳由钢结构有序编织成"鸟巢"状独特的建筑造型。矩阵钢管永久模板混凝土柱承受结构荷载。楼板层以下跨三层以上斜柱，楼板层以上与看台斜梁相交外排斜柱。跨度最长长度21.50m，钢管壁厚为10mm、12mm、14mm，斜柱施工工艺复杂。根据设计和施工要求，灌注钢管的混凝土，要保证柱子中空和钢管有良好的黏接性，不发生脱黏现象而共同参与受力。北京中航空港混凝土公司经反复试验，确定采用高流态膨胀混凝土，坍落度取240～260mm，扩展度400～600mm，28d限制膨胀率控制在0.02%～0.04%，要有合适的补偿收缩性能和自密性。该工程选用山东寿光利飞混凝土外加剂公司的UEA-D膨胀剂。施工配合比见表2。试验结果表明，混凝土经1.5h坍落度为245mm，抗压强度50～60MPa，14d水中限制膨胀率为0.026%，干空28d为−0.015%。本工程124根矩形钢管混凝土斜柱施工时间为1个月，通过各个施工环节控制，达到了预期的效果，委托权威检测机构进行了检测评定，钢管内部的流态膨胀混凝土达到密实、饱满，混凝土与钢管内壁没有发生脱黏现象，无任何质量缺陷，为上部钢结构"鸟巢"编织奠定稳固支撑[3]。

表 2　补偿收缩混凝土配合比(单位:kg/m^3)

混凝土公司	水泥	水	砂	石	粉煤灰	膨胀剂	减水剂
北京东亚	275	160	835	1023	65	32	12.00
北京天力	263	158	862	1013	70	30	11.25

此外,"鸟巢"钢管混凝土与地下室混凝土结构的连接处,采用 C70 的无收缩高强灌浆料黏结起来。

1.2　国家游泳中心

国家游泳中心是北京奥运会标志性建筑。建筑总面积 $79532m^2$,地下二层,地上主体一层,局部四层,建筑总高度 30.736m。设有标准游泳池、跳水池和练习池等。是亚洲最大的室内游泳馆,如图 2 所示。

图 2　国家游泳中心

该工程由中建一局承建,地下室和游泳池为钢筋混凝土超长结构,以防水混凝土分块浇筑,用北京中岩特材公司的 ZY 膨胀混凝土填充所有后浇缝。

水立方采用新型延性多面体空间钢架结构,而大型钢结构封边梁与基础混凝土界面梁连接处的加固和封接,采用北京中岩特材公司生产的 UGM 无收缩高强灌浆料,并派王保安、韩立林等到现场指导,按灌注方案施工。工程验收表明,UGM 灌浆料性能达到设计要求,充满所有间隙,使得钢筋结构与基础混凝土紧密结合,确保了工程质量,受到各方好评。

1.3　其他体育场馆

篮球、排球和乒乓球等奥运体育场馆,均为超长结构,有 1～2 层地下室。用防水混凝土分块浇筑,而后浇带或膨胀加强带全用填充用膨胀混凝土连接起来,其中,预应力混凝土板的孔道采用于北京中岩特材公司的后张法应预力孔道灌浆材料填充。

2　在奥运会配套工程的应用

2.1　北京奥林匹克公园国家会议中心

该工程总建筑面积 $263818m^2$,南北长 401m,东西长 101.5m,地下 2 层,局部 3 层,如图 3

所示,为全现浇钢筋混凝土结构,混凝土设计强度等级 C40,抗渗等级 P8,底板为 600mm、800mm、1200mm 三种。

图 3 国家会议中心

该工程由北京市建筑设计院设计。游宝坤、赵顺增应邀参加了专家论证会。设计院最终采纳了我院的补偿收缩混凝土技术,裙房顶板和屋面采用掺聚丙烯的补偿收缩混凝土。该工程为超长宽结构,底板分块浇筑,以膨胀加强带连接。

该工程由中建八局总承包。经混凝土公司试配,采用了北京中岩特种工程材料公司生产的 ZY 高性能膨胀剂。施工配合比见表 3。

表 3 补偿收缩混凝土配合比(单位:kg/m^3)

结构部位	水泥	砂	石子	减水剂	ZY	纤维	掺和料	水
底板、边墙	298	716	1073	11.3	35	—	120	173
屋面	346	711	1066	11.0	27	0.9	85	170

主体结构完成后,经实地检测,未发现有害裂缝。混凝土强度、抗渗性能超过设计要求,该工程已投入使用,受到工程界和业主好评。

2.2 北京奥林匹克中心区地下交通联系通道工程

该工程是 2008 北京奥运会的地下快捷通道,它通往中心区国家体育场,国家游泳中心和国家会议中心等大型比赛场馆以及各商业网点。在奥运会期间将发挥重要的作用。该工程埋深为 15~25m,宽度为 16~25m,净高 6m,总长度 9.8km,工程防水总面积达 48 万 m^2。设计定为一级防水等级,采用刚柔结合,多道防线的设计方案。具体措施为:以结构自防水为主,防水混凝土的强度等级为 C30,抗渗等级为 P8。结构迎水面采用 4mm 厚 II 型聚酯胎 SBS 改性沥青卷材作为外防水层。

为提高结构自防水耐久性,设计采用了 C30、P8 补偿收缩混凝土,14d 水中限制膨胀率为 0.02%~0.03%。由北京亚东和天力混凝土公司供应混凝土。经试配选用天津豹鸣公司 UEA 膨胀剂和天津岩帅公司 YS 膨胀剂。施工配合比见表 4。

表 4 高硫态膨胀混凝土配合比(单位:kg/m^3)

混凝土强度等级	水泥	水	砂	石	粉煤灰	膨胀剂	减水剂
C45	395	175	735	975	103	43	15.7

该地下通道于 2006 年初建成,混凝土拆模后没有发现明显裂缝,经两年观察,在 300 余条变形缝中,仅有 2 处局部出现渗漏现象,基本达到预定的一级防水标准。

2.3 中国科学技术馆新馆

该工程建于国家奥林匹克公园内，南望国家体育场，西傍奥运水系，建筑面积102万m^2，是北京奥运会的相关附属措施，如图4所示。

图4 中国科技馆新馆

该工程由北京市建筑设计院和美国RTKL国际有限公司联合设计。游宝坤、韩立林参与技术论证工作。该建筑内部分为5层，地下一层，地上三层。呈现主体魔方拼图。该工程由中建八局公司总承包。基于补偿收缩混凝土上在国家会议中心成功应用。该公司采用北京中岩特材公司的ZY膨胀剂，配制补偿收缩混凝土。约15万m^3。该主体结构于2007年6月完工，经实地检测，混凝土质量达到设计要求，地下室无渗漏现象，可达使用年限一百年以上。

2.4 首都机场T3航站楼

该工程为北京奥运会首要交通工程，T3航站楼东西长300m，南北长约1000m，为钢筋混凝土框架结构，底板厚1.2～1.5m。由北京市建筑设计院设计。游宝坤、赵顺增参加了该专家论证会，决定采用普通防水混凝土分块浇筑，而数千米的后浇带用膨胀混凝土回填。

首都机场西区滑行道桥是超长的U形槽，底板厚1.2m，两侧边墙厚1.3m，承台高度1.65m，为大体积混凝土。由中国民航设计总院设计，河北建设集团公司承建。该工程由中国建材院提供技术服务，侯维红、何丹、韩立林等到现场指导。采用超长结构无缝施工技术，用北京中岩特材公司的ZY膨胀剂，配制补偿收缩混凝土约9万m^3。混凝土配合比见表5。底板和外墙未出现一条有害裂缝，得到了各界专家的一致好评。

表5 补偿收缩混凝土配合比(单位:kg/m^3)

结构部位	强度等级	水泥	砂	石子	ZY	粉煤灰	减水剂	水
底板	C30,P8	287	762	1053	24	89	2.4%	185
边墙	C30,P8	281	756	1043	42	93	2.4%	185
膨胀加强带	C30,P8	281	756	1043	42	83	2.4%	185

2.5 T3航站楼清水混凝土柱

T3航站楼有大量C60清水混凝土柱作为支撑结构，它作为一种特殊风格的“灰色调”装饰构成了首都机场的施工特色和技术关键。北京中航空港混凝土公司承担该任务，他们经过反复试验，采用了山东寿光市利飞混凝土外加剂公司的UEA-D膨胀剂、复合磨细矿渣粉和高效减水剂配制成补偿收缩混凝土，配合比见表6。

表6 清水混凝土配合比(单位:kg/m^3)

强度等级	水	水泥	砂	碎石	矿渣粉	膨胀剂	减水剂
C60	152	322	552	1158	218	35	14.4

该工程共浇筑1万m^3补偿收缩清水混凝土，强度合格率100%，外观质量良好。无有害裂纹，颜色基本一致，呈青灰色，得到各方好评。

2.6 中央电视台文化中心

中央电视台是北京奥运会传媒中心。该文化中心位于朝阳区光华路上，该工程由华东建筑设计院设计，由北京城建集团公司承建。游宝坤、韩全卫等参与技术咨询工作，该文化中心地下两层，底板长200.3m，宽145m，底板厚大约1～2m，局部4m，边墙厚40mm，设计混凝土等级C40P8。为防止大体积混凝土产生冷缩和干缩裂缝，参与建设的各方决定采用北京中岩特材公司生产的ZY膨胀剂配制的补偿收缩混凝土。根据不同结构部位变形情况，经试配确定，ZY膨胀剂掺量，底板为6%，边墙为8%，膨胀加强带为10%～12%。在工程已于2006年完工，地下室未出现一条有害裂缝。

3 结语

18年前，UEA膨胀混凝土在亚运工程大面积应用取得成功，得到工程界和新闻界的赞誉。18年后，膨胀剂在北京2008奥运会众多体育场和附属工程得到成功应用，这些混凝土结构的大型化和复杂化前所未有，较好地解决了超长结构和大体积混凝土的裂渗控制难题。对于从事膨胀剂研究应用的科技人员和生产厂家来说，能为奥运会工程作出实际贡献，载入史册，感到无比光荣和自豪。让我们继续努力，为祖国建设作出更大的贡献。

参 考 文 献

[1] 安同富，王永芳，等.国家体育场工程结构混凝土耐久性研究[J].北京混凝土，2007，6.

[2] 李彦昌，王海波，等.天津岩帅YS膨胀剂在国家体育场及奥林匹克公园中心区地下联系通道工程中的试验与应用[J].混凝土膨胀剂及其应用，2006.

[3] 胡紫日，凌全杰，等.高流态混凝土在国家体育场的研究与应用[J].北京混凝土，2006，6.

[4] 王保安，韩立林.UGM无收缩高强灌浆料在国家游泳中心的应用[J].2008.

[5] 戈祥林，郭群，等.超长超宽钢筋混凝土无缝施工在北京奥林匹克公园国家会议中心配套设施项目的综合应用技术[J].膨胀剂及其补偿收缩混凝土，2006.

[6] 单兆铁，李红旺.北京奥林匹克公园中心区地下交通联系通道工程防水技术[J].中国建筑防水，2007，11.

[7] 侯维红，何丹，冯子龙，等.ZY补偿收缩混凝土在首都机场西区应急改造工程中的应用[J].膨胀及其补偿收缩混凝土，2006.

[8] 凌全杰，胡紫日，等.补偿收缩清水混凝土在首都机场3号航站楼的研究与应用[J].膨胀剂及其补偿收缩混凝土，2006.

[9] 韩全卫，郭群，杨家龙.大体积混凝土裂缝控制技术在中央电视台文化中心地下室的应用[J].膨胀剂及其补偿收缩混凝土，2006.

青岛体育中心综合训练馆自密实混凝土在预应力梁中的应用

荣　彤，韩光平，党小安

中建八局第四建设有限公司

1　工程概况

青岛体育中心综合训练馆工程中，6.2m标高区域为预应力梁结构体系，梁净跨42m，主截面450mm×3000mm，梁内主筋均为三级28mm的钢筋，上部3排共12根（局部16根），下部20根，拉筋多，钢筋间距小；预应力波纹管直径85mm，共4根，分2层放置，每层2根。预应力梁波纹管、加腋端、加密区、框架柱钢筋的存在，使得本工程许多梁与梁、梁与柱节点完全密闭，形成类似于纯钢筋笼结构，混凝土填充困难。在钢筋密集度相对较小的地方，虽然石子能进入模腔内，但是因为振捣棒仍然无法插入或是插入后不易拔出，浇筑质量难以保证，容易在关键部位如框架柱节点处、预应力梁波纹管附近等形成大面积的蜂窝、空洞、露筋等重大质量缺陷，影响混凝土工程质量，后期预应力筋张拉也无法进行。

2　施工方案确定

预应力梁内钢筋密集（见图1），采用常规浇筑方法缺点如下：

（1）钢筋太密，振捣棒无法进入；若强行振捣，则容易卡住振捣棒或破坏波纹管。

（2）构件内部钢筋太过密集，常规混凝土浇筑时容易造成混凝土填充困难，波纹管下、梁柱接头等蜂窝、空洞隐患大。

考虑工程实际情况，决定采用自密实混凝土，但须对自密实混凝土进行仔细的配合比设计和现场相容性测试。

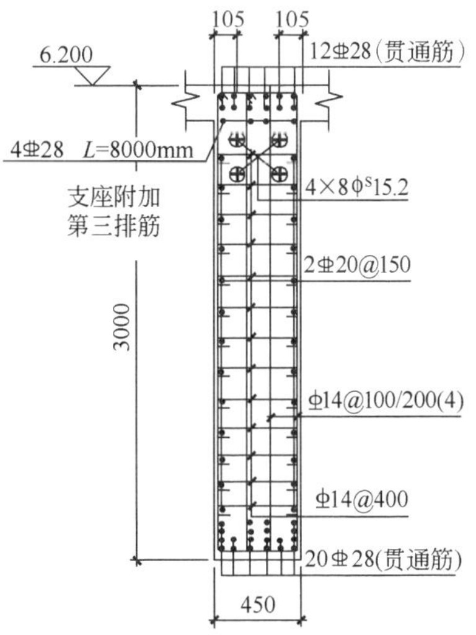

图1　预应力梁钢筋布置示意

3　配合比设计

自密实混凝土仅靠泵送初速度及自重来保证混凝土流动性，因此配合比设计除应考虑结构的密实度问题外，还应考虑混凝土在工程实际使用中的性能保持能力。本工程梁跨度较大，

[作者简介] 荣　彤，中建八局第四建设有限公司质量科技部经理

截面较深，结合钢筋密集的情况，混凝土配合比设计按照一级自密实混凝土配合比进行。通过高性能减水剂、胶结材料和粗细集料的选择与精心的配合比设计，使集料悬浮于水泥浆体中，混凝土拌和物具有高流动性，又不出现离析泌水现象，能在自重作用下自由流淌填充模板内空隙并形成密实均匀的结构。

3.1 优化配合比

(1)石子选用直径 5～20mm 的细石。石子全部选用硬度大、尖角多的砾石，以增大混凝土粗细集料咬合力。同时，石子全部用水冲洗干净，降低含泥量。

(2)水泥选用国家优质一级水泥 P·I 52.5，该水泥颗粒细而均匀，安定性好。水胶比≤0.4，保证水泥的充分水化，降低水化热。砂选用河砂、中粗砂。

(3)水采用自来水。

(4)外加剂选用虹厦建材(HSD)高性能减水剂，避免碱集料反应，同时增强混凝土的流动性。保证用水量不高于 180kg/m^3，出厂坍落度 260mm 以上。

(5)粉煤灰选用潍坊明华生产的优质二级粉煤灰。

(6)由于结构跨度太大，因此混凝土配合比中还加入了聚丙烯抗裂纤维，纤维含量 0.8kg/m^3。

3.2 相关试验

根据工程的实际情况选用一级自密实混凝土，自密实混凝土的性能分级如表 1 所示。

表 1 自密实混凝土的性能分级

性能等级	一　级	二　级	三　级
U 形箱试验填充高度(mm)	320 以上(隔栅型障碍 I 型)	320 以上(隔栅型障碍 II 型)	320 以上(无障碍)
坍落扩展度(mm)	700±50	650±50	600±50
T_{50}(s)	5～20	3～20	3～20
V 漏斗通过时间(s)	10～25	7～25	4～25

厂家试配应满足表 1 中的四项要求：U 形箱试验填充高度 320mm 以上、坍落扩展度650～750mm、T_{50}时间 5～20s、V 漏斗通过时间 10～25s。

现场通过自制工具并购买秒表，在进行相容性测试以及实际浇筑时，对以上 4 项均进行了试验，结果良好。

3.3 现场相容性测试

为验证自密实混凝土的实际操作效果，特别是与现场的吻合情况，我们进行了现场相容性测试。测试时选择了预应力梁区域附近的梁板结构，用 100m^{3}C30 自密实混凝土进行现场实地浇筑。通过观看自密实混凝土在梁板中的流动情况，对混凝土在流动过程中出现的问题进行纠正，熟悉混凝土的特性。

测试结果表明，自密实混凝土流动性能及越障能力都非常好；通过后期模板拆除后观察外观及回弹，自密实混凝土完全实现了梁梁节点、梁柱节点混凝土的密实，没有填充不均匀、可操作性能差的情况。唯一的缺点是流动性太大，部分模板拼缝处漏浆严重。

4 混凝土施工

由于结构超长，跨度达到42m，梁截面也较深，因此需制订合适的浇筑方案，以保证混凝土的密实度问题、施工缝问题。

4.1 控制混凝土发车间隔，合理调配施工

在施工过程中，自密实混凝土流动性远高于一般混凝土，因此看模时进行了仔细的跟踪观察。施工中采用2台HBT80泵进行浇筑，每小时泵送混凝土约$100m^3$，考虑到路途运输时间大约1h，并且为现场混凝土连续浇筑提供备用混凝土，因此确定混凝土罐车总数量为100/10+4=14辆，达到平均10min一车。

4.2 优化浇筑方案，减少施工缝

由于预应力梁跨度一般较大、纵向截面也较深，因此合理的浇筑方案对减少施工缝非常有效。在青岛体育中心综合训练馆中，按照图纸计算的方量，C45自密实混凝土共计需$2600m^3$，涉及面积$4000m^2$，体量大、面积广、纵向深、强度高，由于梁跨度达到42m，混凝土单程只能达到24m左右，因此预应力大梁应从两头同时浇筑，逐渐向中间推进。预应力梁深3m，预应力梁之间的拉结梁深500mm，因此先浇筑深梁，当达到次梁高度时再浇筑次梁，最后浇筑板。具体施工顺序如图2所示。

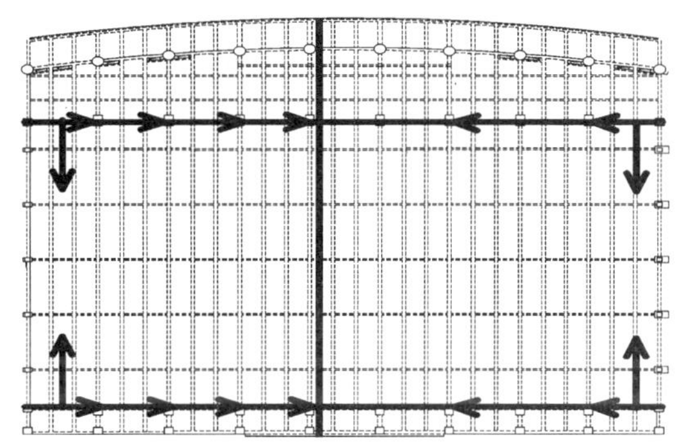

图2 施工顺序示意

4.3 做好后期养护，确保混凝土工程质量

自密实混凝土施工完成后，应进行养护，先在混凝土表面覆盖一层塑料薄膜，然后覆盖棉毡进行养护(见图3)。养护不少于7d。由于施工时处于冬季，因此面层上不允许洒水。

5 自密实混凝土的相关试验

混凝土浇筑时，应对现场每车混凝土的自密实性能进行鉴定，具体测定流动性、抗离析性和填充性。可采用坍落扩展度试验、V漏斗试验(或T_{50}试验)和U形箱试验进行检测。

5.1 坍落扩展度试验(测定自密实混凝土的流动性能)

倒置坍落度筒，将坍落度桶放置在钢制平板上，钢板尺寸厚度宜在3mm以上，长宽不小于0.8m。将混凝土装入坍落度桶，不应进行捣实或振动，且宜在较短时间(2min)内装完。测试坍落度桶提起后混凝土流动至500mm的时间(T_{50})和最终扩展度(D)。试验时，坍落度桶及钢制平板接触混凝土面均需用水湿润，桶内壁及平板表面不得有凸起、异物等影响混凝土流动的因素存在。图4为该试验实图。

图3 混凝土养护

图4 坍落扩展度试验

坍落度桶应水平放置，然后将坍落度筒沿铅直方向连续向上提起30cm的高度，提起时间宜控制在3s左右，待混凝土的流动停止后，测量展开圆形的最大直径，以及与最大直径呈垂直方向的直径，两者的平均值即为混凝土的扩展度。量测一次即可。同时，记录自坍落度筒提起时开始直到混凝土扩展度达到500mm时的时间，记录精确到0.1s。

本工程所用自密实混凝土为一级，T_{50}约为5～20s，D值在650～750 mm之间。

5.2 V漏斗试验方法（测试混凝土的黏稠性和抗离析性）

V形漏斗的形状和内部尺寸如图5所示。漏斗的容量约10L，其内表面应经加工修整成平滑状。V形漏斗制作材料可用金属也可用塑料。在漏斗出料口部位，应附设快速开启且具有水密性的底盖。漏斗上端边缘的部位应加工平整，构造平滑。支撑漏斗的台架宜有调整装置，应确保台架的水平，且易于搬运。

试验时先将V形漏斗用清水冲洗干净并置于台上，顶部放平，本体呈垂直状态。在漏斗口的下方放置能承接混凝土的容器。将底盖关闭并倒入混凝土至满，顶部用刮刀刮平。静置约1min，将漏斗出料口底盖打开，记录自开盖到漏斗内混凝土全部流出的时间（t_0），精确至0.1s，同时观察混凝土是否有堵塞现象。

5.3 U形箱试验（检测混凝土通过钢筋间隙与自行填充模腔的能力）

试验工具如图6所示。

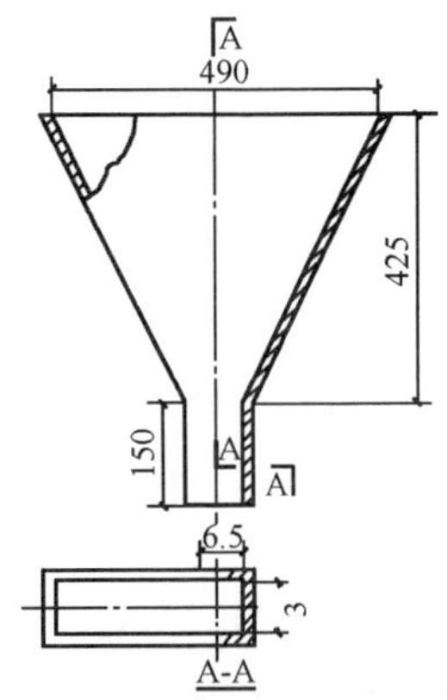

图5 V漏斗的形状和内部尺寸

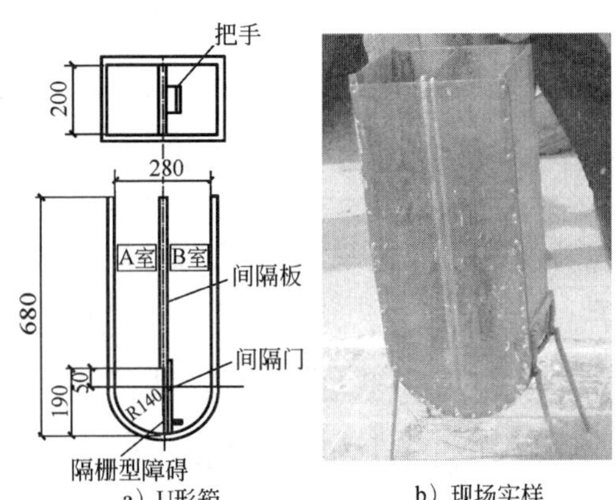

图6 U形箱制作示意及现场实样

I型隔栅由5根$\phi10$光圆钢筋制成，II型隔栅由3根$\phi12$光圆钢筋制成（见图7）。先将混凝土填满A室，静置约1min后，打开间隔门，混凝土穿过隔栅进入B室。在填充容器的B室，测量混凝土填充高度即为具体的越障高度，数值越大表示填充能力(越障能力)越强。试验方法如图 8 所示。

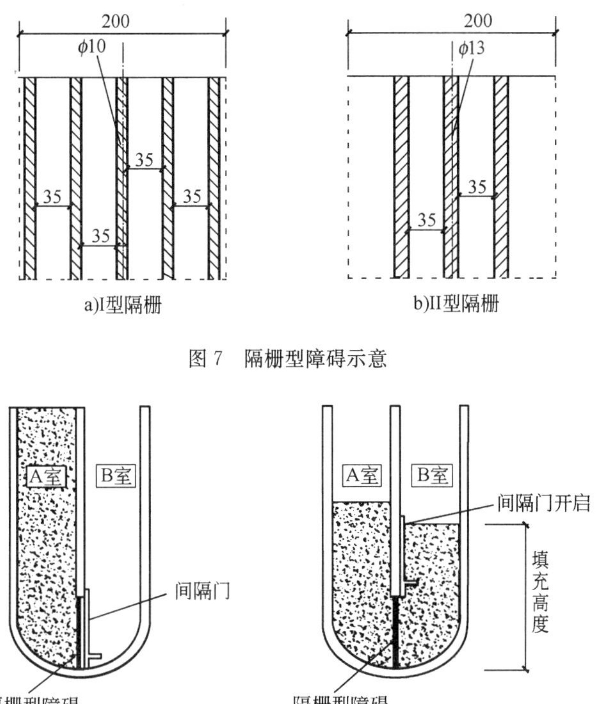

图 7　隔栅型障碍示意

图 8　试验方法示意

5.4　混凝土强度试验

根据要求，第一施工段浇筑混凝土约 1300m^3，共留设混凝土标准养护试块 16 组，送检 12 组，同条件养护 4 组，送检 2 组。第二施工段浇筑混凝土约 1600m^3，共留设混凝土标准养护试块 16 组，送检 13 组，同条件养护 4 组，送检 2 组。检测结果证实，自密实混凝土强度同普通混凝土一样，均能达到要求。

同时，根据现场回弹的结果，混凝土结构外光内实，真正实现了密实填充。

5.5　弹性模量鉴定

根据《自密实混凝土应用技术规程》(CECS 203:2006)中所述，自密实混凝土由于粗集料选用细石，因此其弹性模量略低，设计时若采用自密实混凝土应予以考虑。在综合训练馆工程中，仅第二段留设了弹性模量试块一组(一组 3 个)，由某建筑材料质量检验测试中心进行检测，得到自密实混凝土弹性模量值为 2.71×10^4 MPa。

6　结语

综合训练馆预应力大梁施工效果如图 9 所示，由图可以看出，只要优化配合比，做好相容性测试和现场的各项测试，选择合适的浇筑方案并加强养护，可以解决预应力梁钢筋密集型构件的浇筑问题，避免预应力梁混凝土工程的不密实、蜂窝、空洞等质量问题，为相关工程提供了较好的借鉴作用。

图 9　预应力梁施工效果

参考文献

[1] CECS 203:2006 自密实混凝土应用技术规程[S].

[2] CECS 38:2004 纤维混凝土结构技术规程[S].

[3]《建筑施工手册》编写组. 建筑施工手册[M]. 第 4 版. 北京:中国建筑工业出版社,2003.

广州亚运会自行车馆预应力混凝土施工技术

王海涛，谷雪刚，宫明阳

中国建筑一局(集团)有限公司

广州亚运会自行车馆工程，地上3层，建筑高度39.06m，屋面檐口高度17.66m，设计标高±0.000m相当于绝对标高+11.500m(见图1)。该工程为预应力钢筋混凝土框架结构体系，整体为环行结构。环向梁与部分径向梁及2～3层环向墙体采用预应力混凝土技术，其中主框架梁内采用有黏结预应力，次梁、环向墙体内采用无黏结预应力。预应力钢筋均采用1860MPa低松弛钢绞线，张拉控制应力为1395MPa，单束预应力筋张拉控制力 N_{con}=195.3kN。预应力张拉端锚具采用夹片锚具，无黏结预应力固定端锚具采用挤压锚具，有黏结预应力固定端采用压花锚。混凝土强度等级均为C40。

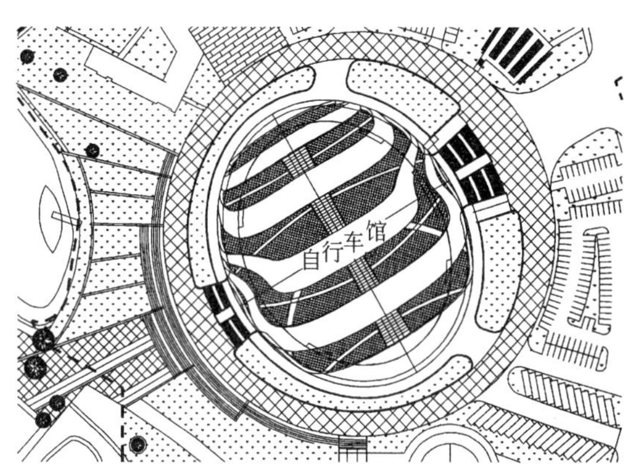

图1　自行车馆平面示意图

1　技术难点

(1)本工程设计只给出了设计预应力要求，需要施工单位自行完成深化设计，其中主次梁交叉、线形多变、主次梁均有环梁，给钢绞线的布设和断点位置的确定增添了难度。

(2)工期紧是本工程的最大难点。首先，预应力施工必须在钢筋布设完成后，而钢筋布设完成后又紧跟钢筋绑扎，所以几乎没有留给预应力布筋的时间；其次，混凝土强度达到张拉要求的同时具备拆除满堂脚手架的条件，预应力张拉、压浆、封锚要在极短的时间内完成，不能影响到脚手架的周转使用。

(3)须保证钢绞线在密集的梁筋中准确定位，并且不破损。

(4)准确计算预应力钢绞线的伸长值，现场严格控制应力是保证工程质量的重要一环。

2　施工要点

本工程按照预应力形式分为有黏结预应力和无黏结预应力，按照锚固的形式分为轧花锚、镦头锚、夹具锚，按照应用范围分为直梁预应力、曲线梁预应力、环梁预应力、剪力墙内预应力。

[作者简介] 王海涛，中国建筑一局(集团)有限公司项目经理

因此，本工程预应力施工要求技术全面，质量控制难度很大。

2.1 预应力筋布设

对有黏结预应力筋，应先从梁一端穿入波纹管，边穿边用连接套管连接，连接套管两端应用黏胶带缠绕密实；波纹管就位后按照图纸要求将规定数量钢绞线打开并整理成束后从一端穿入波纹管并从另一端穿出，穿筋时注意不要戳伤波纹管，两端张拉时张拉端外露的钢绞线操作长度要相等。单端张拉预应力筋从固定端逐根或成束穿入波纹管。

对于梁内无黏结预应力筋，可将钢绞线打开后从固定端穿入梁内并从张拉端穿出，全部穿完后再按照规定数量将钢绞线绑扎成捆。穿筋时注意不要戳伤预应力筋外皮，如有破损应用胶带缠好；板内无黏结预应力筋紧贴板底钢筋布设，间距 1m，并与板底钢筋绑扎在一起。

对于墙体内预应力筋，从锚固端穿入并从张拉端穿出，全部布设完成后将预应力筋与墙筋横向拉钩绑扎在一起。

预应力布筋技术要点：波纹管拼装时取大于主管 3mm 波纹做连接头，接头长度不小于 250mm。管接口用胶带密封，以防接口漏浆（见图 2）。波纹管在孔道端部与预埋垫板喇叭管相接，并对接缝进行密封以防漏浆。有黏结预应力筋固定端波纹管端部用水泥混合棉纱后密封。波纹管上设置灌浆孔节点如图 3 所示。

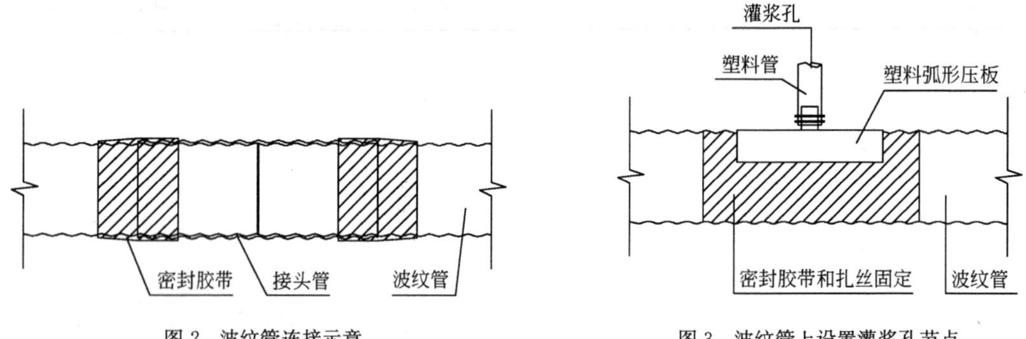

图 2　波纹管连接示意　　　　图 3　波纹管上设置灌浆孔节点

设置泌水排气孔。锚垫板上设有灌浆兼排气孔，单端张拉排气孔设在固定端端部，直线孔道每隔 20m 设一排气孔，曲线孔道在每一波峰位置设一排气孔，详见图 4。

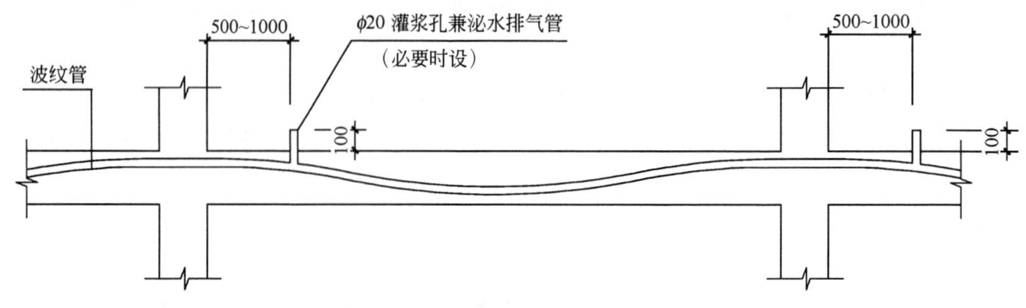

图 4　灌浆孔留设示意

预应力筋铺放完毕后，应逐根检查曲线、矢高、反弯点位置及高度，检查支垫高度和支垫点是否绑牢，对波纹管或无黏结预应力筋外皮破损处应用塑料水密性胶带缠绕修补；波纹管安装过程中，尽量避免反复弯曲波纹管，以防管壁破裂；要防止电焊火花烧伤管壁。

次梁内无黏结预应力锚固端节点如图 5 所示。

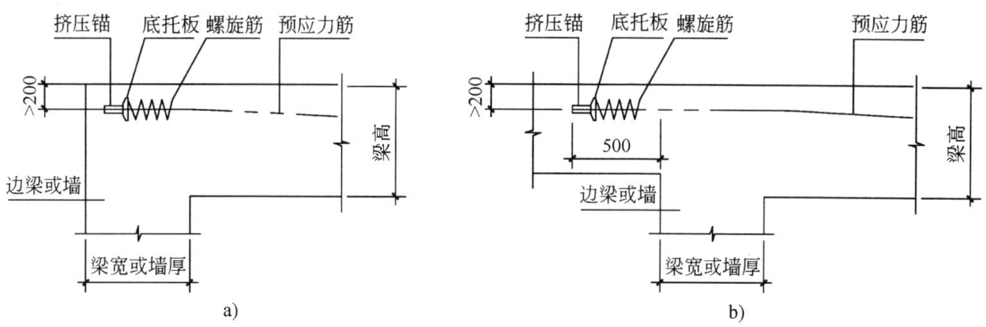

图 5 无黏结预应力筋固定端节点构造

张拉端节点如图 6、图 7 所示。

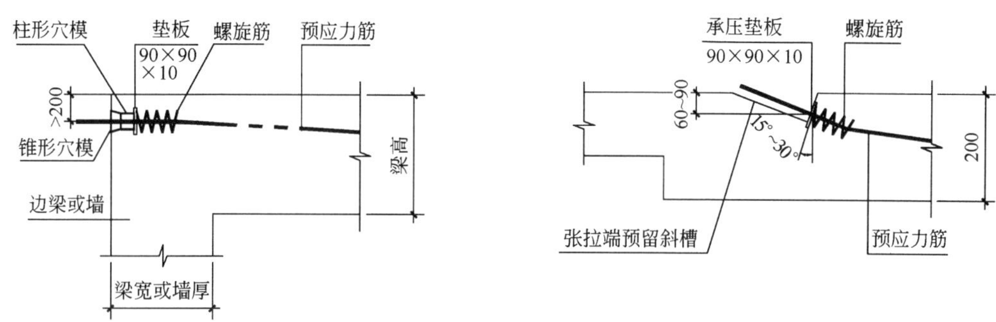

图 6 无黏结预应力筋边梁或墙外张拉节点构造

图 7 无黏结预应力筋板面张拉节点构造

框架梁中有黏结预应力锚固端节点如图 8 所示。

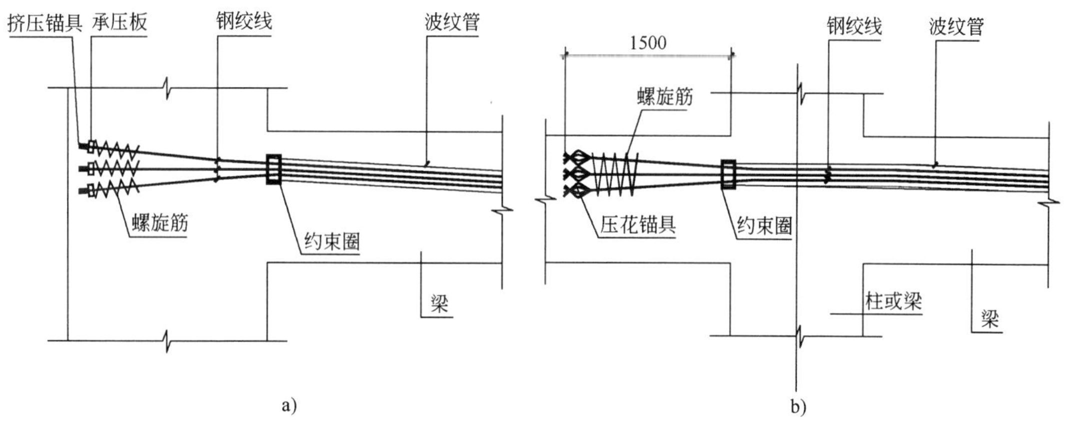

图 8 有黏结预应力筋固定端节点构造

框架梁中有黏结预应力张拉端节点如图 9、图 10 所示。

2.2 预应力张拉

张拉过程中以应力控制为主，通过油表读数及伸长值测量对预应力筋张拉实行双控管理，其实际伸长值应在±6％范围内。本工程预应力筋根据图纸采用一端张拉和两端张拉两种施工方式。张拉时对于较短的预应力筋可以一次张拉到位并锚固。当预应力筋超过一定长度时

(一端张拉 30m,两端张拉 60m),张拉力一次不能到位,伸长值达到 150～200mm 时应立即回油,进行第二次甚至第三次张拉,每次张拉伸长值均不能超过 200mm,并随时用尺测量检查,以免发生意外。

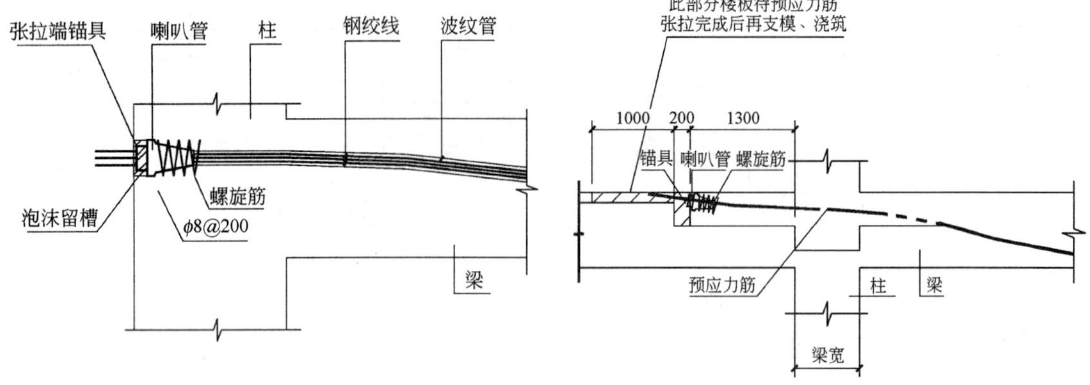

图 9　有黏结预应力筋张拉端节点构造　　图 10　有黏结预应力筋加厚板处张拉筋节点构造

张拉前要确保锚具间及锚具与梁体间没有间隙,以减少应力损失;为了控制两端同时张拉,两端的控制人员须互通应力增加和伸长量增加情况,并在 10%应力和 20%应力时停止加力,量取伸长值,张拉至 100%应力时必须保证持荷时间。张拉后及时封锚灌浆,降低应力损失。

2.3　压浆

应对浆液进行稠度检查,一次注浆完成。注浆时,要控制好浆液的压力,待到出口端冒浓浆时方可关闭其阀门,但进口阀门不可以马上关闭,需持压一段时间,关阀静浆;静浆后打开进口阀门二次注浆,持压、静浆卸掉两端阀门即可。如发现注浆不满,应立即补浆。

2.4　封锚

有黏结预应力筋在孔道灌浆完成 24h 后,无黏结预应力筋在张拉完成 24h 后,即可切除锚具夹片 3cm 外多余预应力筋。采用角磨机逐根进行切割。切割完成后及时进行封锚。封锚时采用与结构同强度等级的混凝土,一次性支设模板封锚。

3　结语

本工程将预应力施工进度压缩进钢筋模板施工进度内,节约了工期,有利于现场成品保护。预应力钢筋的及时张拉,使混凝土强度达到拆模标准 2d 后即可拆除满堂脚手架,实现脚手架材料的现场周转,大大节约了租赁成本。

淄博市体育中心体育场项目施工测量控制技术

王　辉[1]，张继良[2]，郝甲森[3]

1.淄博市建筑设计研究院；2.淄博市规划局；3.中国建筑第八工程局

淄博市体育中心体育场位于淄博市新城区核心区体育公园内，东临西十路，北侧为人民西路，西侧为西十一路，长约300m、宽约270m，混凝土主体建筑高度为38.38m，钢结构建筑高度为62.38m，工程建筑面积约75926m^2（见图1）。该工程采用框架结构，基础采用钻孔灌注桩，抗震设防类别为乙类，现浇梁板体系，露天看台采用预制清水混凝土看台板。体育场有42540个固定座位（其中无障碍席位104个）和4000个临时座位。本工程施工图设计由上海建筑设计研究院有限公司完成，淄博市建筑设计研究院在施工图设计中全程参与并承担各专业后期施工服务，中国建筑第八工程局承担混凝土主体部分施工。

图1　体育场示意

1　工程测量概述

1.1　特点

本工程总体造型呈马鞍形，平面由不同圆心、不同半径的曲线组成，圆心多达14个（见图2）；建筑标高变化复杂，异型构件多，预埋件数量多，对定位放线的精确度要求高，因此，测量是保证工程顺利施工、保证工程质量和进度的重要环节。

［作者简介］王　辉，淄博市建筑设计研究院副总结构工程师，国家一级注册结构工程师，高级工程师

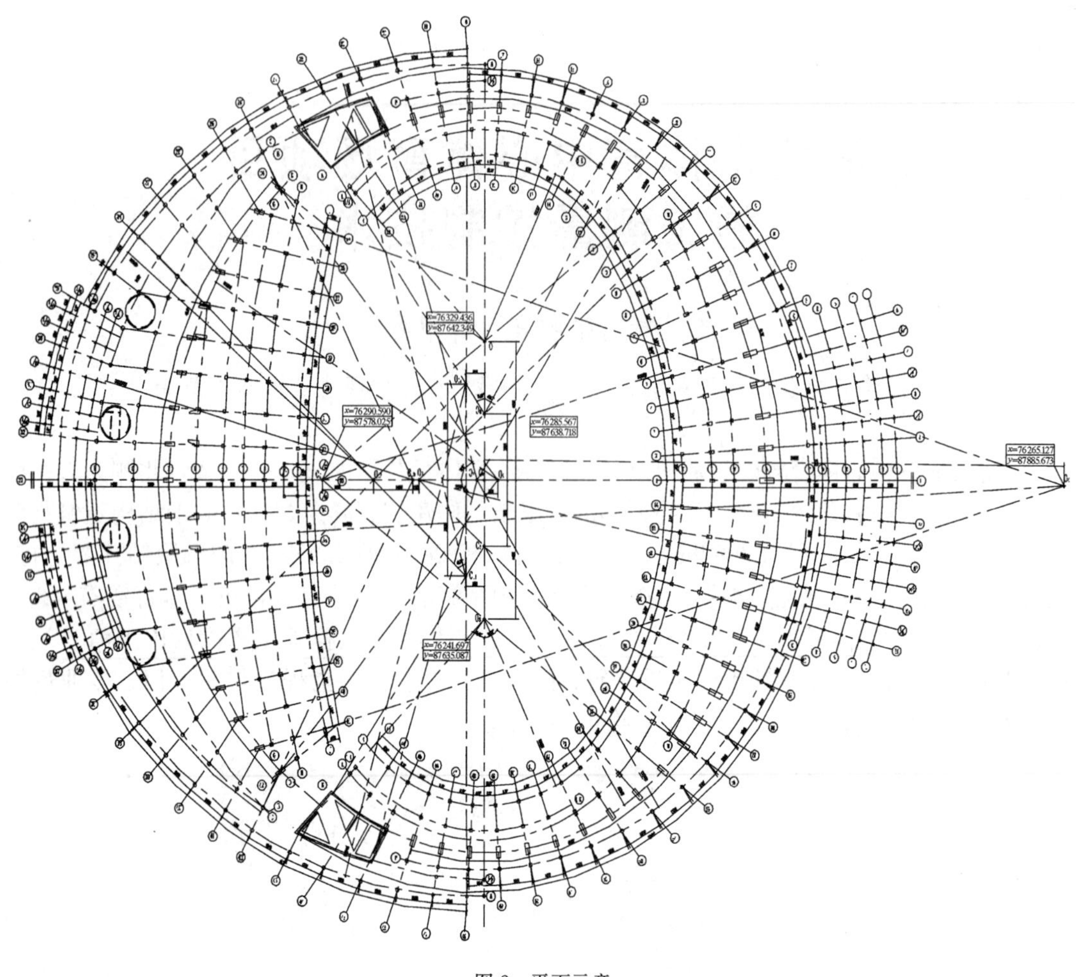

图 2　平面示意

1.2　难点

(1)平面复杂性影响　基准定位点多,圆心多达 14 个。

(2)立面造型多样性影响　需要进行三维定位的构件比较多。

(3)施工流水作业的影响　本工程采用分段流水施工,受施工干扰的影响大。

(4)标高控制难度大　本工程体量大,高程控制点就近使用,存在施测误差的影响,容易造成各施工段的标高不交圈。

(5)结构自重大　外围结构由多段曲线组合而成,结构柱截面变化大,自重变化大。施工过程中的结构变形量难以预测,给测量控制工作增加了难度。

(6)屋盖定位复杂　钢结构屋盖节点水平位置、竖向位置控制难度较大。

2　测控总体思路

本工程采用科学的测控技术、先进的测量仪器、严格的复核校正手段来保证施工测量精度。利用计算机系统对电子版建筑图提供的定位点的坐标、标高进行分析计算,用全站仪、经纬仪进行细部放样,以确保定位放线工作的速度和精度。

平面控制网分两级测设。首级平面控制网为总控制网，二级控制网为轴线控制网。首级平面控制网以业主提供的控制点为基准，采用全站仪自由边角网(控制点的相对精度和网形)，采用归化法测设建筑物主轴线及各主要要素点，并进行归化改正，直至实测坐标值与理论坐标值较差小于 1mm。二级控制在首级控制的基础上，加密测设细部中心点、各曲线要素点及控制轴线。标高控制以业主提供的水准点为依据，采用国家二级水准测量构成闭合线路，作为各专业施工、基坑监测及建筑物沉降观测等标高依据。

地下部分建筑物细部放样：用全站仪采用极坐标法或直角坐标法测设各主要要素点及控制轴线；采用全站仪三维坐标功能，正倒镜测定标高控制点，用水准仪进行高程放样；地上施工测量采用内控法，用激光准直仪将轴线控制点整体同步传递，标高用 50m 钢尺整尺向上传递。

3 平面控制网布设原则及精度指标

(1)平面控制遵循先整体、后局部，高精度控制低精度的原则。根据业主提供的坐标控制点，利用全站仪对该坐标点进行复核，满足《工程测量规范》(GB 50026—2007)的要求，控制点之间的距离偏差必须达到±3mm 以内的要求，作为平面控制网点。根据现场特点，将南北向 O_1-O_0-O_3 所在线和东西向 O_0-O_2-O_4 所在线作为测量控制的主轴线。

(2)轴线控制网的布设根据轴线平面定位图进行。

(3)控制点选在通视条件良好、安全、易保护的地方。

(4)平面控制网的精度技术指标必须符合表 1 的规定。

表 1 平面控制网的精度

等　　级	测角中误差 m_β	边长相对中误差 k
一 级	±5″	1/25000

(5)控制桩位须用混凝土保护，地面以上设醒目的围护栏杆，防止车辆等碰压(见图 3)。

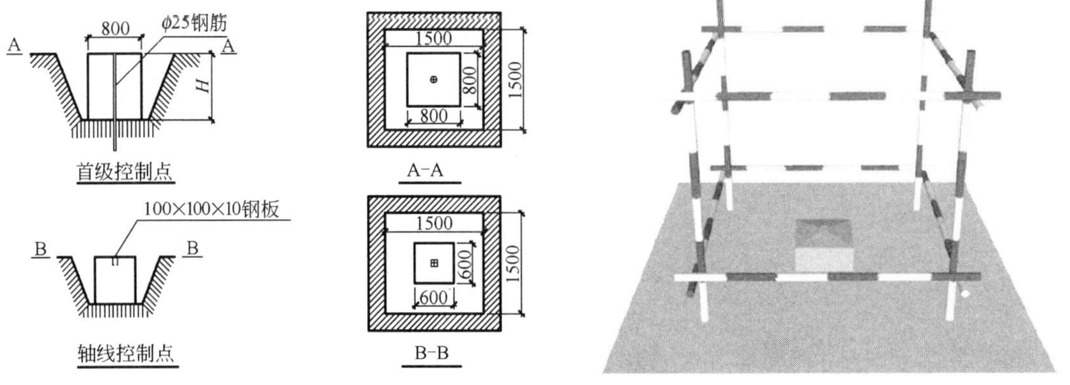

图 3 控制桩埋设及保护示意(尺寸单位：mm)

4 平面控制网的布置与测设

4.1 坐标转换

为方便施工测量，首先要将建筑物城市坐标系转换为建筑坐标系。建筑坐标系：以 O 点为坐标原点，长轴为北方向（x 方向），短轴为东方向（y 轴方向）建立建筑坐标系；通过平移、旋转关系将城市坐标转换为建筑坐标。

4.2 建筑物主轴线测设

首先进行控制网的图纸设计工作，确定主轴线的位置、点位坐标；根据业主提供的控制点，利用电子版建筑轴网定位图，在距离建筑轴线 6m 的位置设置轴线控制桩并标出坐标，根据上述方法所做出的控制点利用全站仪在现场打出各控制桩，随之做好控制桩的保护工作；以控制桩为中心浇筑 400mm×400mm×400mm 混凝土进行围护，并在控制桩周围设置明显的警示标志。

（1）初测　首先进行控制网的图纸设计工作，确定主轴线的位置、点位坐标（见图 4）；根据业主提供的控制点或 GPS 控制点点位坐标及主轴线点位坐标进行坐标反算，利用全站仪采用极坐标法在现场确定各主轴线点，然后进行埋石工作。

（2）精测　埋石稳定后，开始主轴线的精测工作。全站仪架设 O 点，用方向法 6 测回，精确测定主轴线的正交角，距离采用对象观测 6 测回；然后进行角度归化改正，改正值：$\delta = \alpha L/206 = 265$mm。$\alpha$＝实测角度值－90°，单位为秒；经现场改正后，重新测定其角值、改正，直至角度误差小于 2″。

4.3 二级控制网的建立

在首级控制网的基础上进行加密，测设各圆心点及轴线；建筑物所需要的轴线控制桩，经复核无误后作为建筑物平面控制网，并定期进行复核。结合本工程错综复杂的轴线布置，测量控制网拟采用平面坐标系与极坐标系相结合进行测设，如图 5 所示。

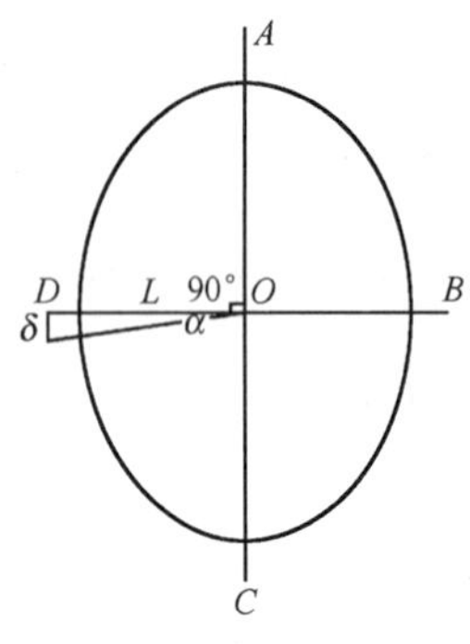

图 4　初测点定位

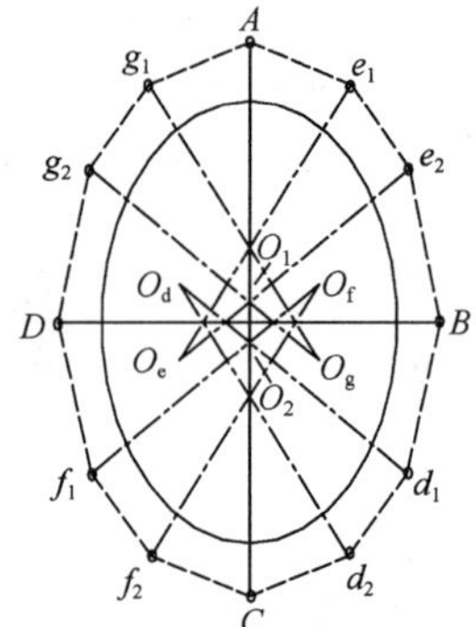

图 5　平面控制网示意

5 高程控制网的建立

5.1 高程控制网的布设原则

高程控制网的建立是根据业主提供的水准基点或 GPS 控制点高程，采用国家二级水准测量，闭合或附合水准路线，联测场区平面总控制网控制点，作为保证施工竖向精度的首要条件。

场区内至少设三个水准点，呈等边三角形布置，距离建筑物应大于 50m，距离回填土边线应不小于 15m，如图 6 所示。

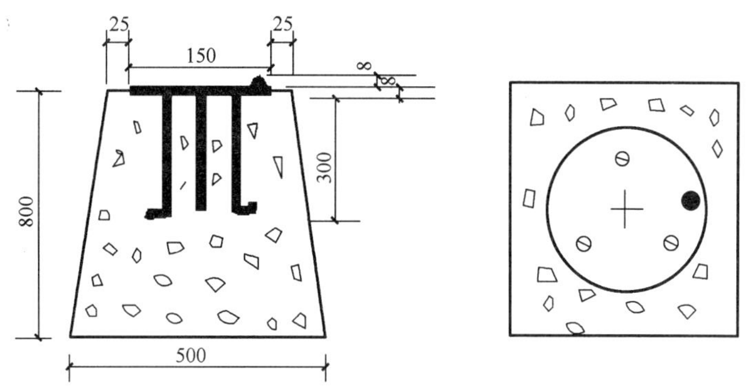

图 6　水准点埋设(尺寸单位:mm)

5.2　水准测量高差全中误差计算

水准线路按附合路线和环形闭合差计算,每千米水准测量高差全中误差按式(1)计算

$$M_W = \sqrt{\frac{1}{N} \cdot \left[\frac{WW}{L}\right]} \tag{1}$$

式中:M_W——高差全中误差(mm);

W——闭合差(mm);

L——相应线路长度;

N——附合或闭合路线环的个数。

5.3　水准测量技术要求

高程控制网的等级为二等,水准测量技术要求如表 2 所示。

表 2　水准测量技术要求

等　　级	视线长度(m)	前后视距差(m)	前后视距累积差(m)	视线高度(m)	基辅分划读数之差(mm)	平地闭合差(mm)
二等	≤30	≤1.0	≤3.0	≥0.3	≤0.3	$4\sqrt{L}$

6　土方工程测量

(1)自然地面开挖线放样　首先根据控制网点用全站仪采用偏角法放出外边框主轮廓线,然后用石灰撒出基坑开挖边线。挖土边坡坡度控制采用坡度尺控制。

(2)基坑底面开挖线放样　土方开挖接近基坑底面时,测量人员要做好坑底尺寸的控制,对基坑的下口尺寸要及时复核,避免坑底尺寸不足,严禁超挖、欠挖。集水坑、电梯井坑等的开挖,要以控制线为依据放出准确位置,桩钉控制桩位,避免开挖错误,测量人员要在基坑开挖现场实时指导挖土作业。

(3)基槽验线　当土方开挖完成后,根据控制点桩定建筑物的轮廓线、主要轴线及高程控制点,用石灰撒出建筑物轮廓线、承台、集水坑等位置,以方便勘察单位、监理单位、设计单位验槽。

7 高程控制测量

(1)高程控制点的联测　在向基坑内引测标高时,首先联测高程控制网点。经联测确认无误后,方可向基坑内引测所需的标高。

(2)基坑标高基准点的引测　土方开挖过程中,每开挖一步往基坑引测标高基准点。以现场高程控制点为依据,采用 S_3 水准仪以中丝读数法往基坑测设附合水准路线,将高程引测到基坑施工面上。

(3)基底土方开挖标高控制　在土方开挖到基坑开挖底标高时,测量人员要对开挖深度进行实时测量,即以引测到基坑的标高基准点为依据,用 S_3 水准仪抄测出挖土标高,每隔 2m 距离撒一石灰点,指导清土人员按标高清土。

8 基础结构工程测量

8.1 轴线控制桩的校测

在建筑物基础施工过程中,对轴线控制桩每半月复测一次,以防桩发生位移影响正常施工及工程施测的精度。

8.2 承台、柱细部放样

在承台垫层施工完成后,进行基础定位放线工作。以建筑物平面控制线为准,校测轴线控制桩无误后,再用全站仪投测各主控点(线),根据主控点用经纬仪正倒镜法投测建筑物控制线,投测允许误差±2mm。建筑物轮廓轴线投测闭合,经校测合格后用墨线详细弹出各细部轴线,用红油漆以三角形式标注清楚。

承台、柱及细部轴线的放样,也可利用全站仪后方交会的功能,采用任意设站法。即:将全站仪任意架设在需放线的区域(仪器架设点位要便于整个区域细部放线的地方),并能与三个已知控制点通视(其中一个已知点用于方向复核),将棱镜架设在两已知点,全站仪进入后方交会菜单,分别测距,仪器就自动求出该点点位坐标。用另一个已知点进行复核无误后,采用坐标放样法确定建筑物各主要控制点、线。该方法优点:操作灵活、快捷、方便,且受外界干扰少,精度高(此方法也可用于楼层放样)。

9 主体钢筋混凝土结构工程测量

主体结构工程施工测量,采用内控与外控相结合的方法。本工程分 8 个施工段,每个施工段内至少设 4 个内控点,共计 32 个内控点,可根据施工具体情况适当增加内控点数量。内控点采用激光垂准仪沿预留洞口垂直向上传递控制线,作为楼层放线的依据。外控法主要是为了检查、复核内控点的精度。

首层的内控网点用全站仪从外部平面控制网引测,其点位误差控制在 1mm 以内。同时要检查各分段间内控点的相对关系及测量相对精度。

9.1 内控点的布设

内控点平面布设，由于基础承台上无法设置基准控制点，因此将其点投测至二层楼面上，在楼层相应位置上需预先埋设铁件并与楼板钢筋焊接牢固。预埋铁件由 100mm×100mm×8mm 厚钢板制作而成，在钢板下面焊接 ϕ12 钢筋，且与底板焊接浇筑。待预埋件埋设完毕后，将内控点所在径、法向轴线分别投测到预埋铁件上，并用全站仪进行坐标校核，精度合格后作为平面控制依据。

本工程 4 个施工区，8 个施工段施工，每个施工段设 4 个内控点，计 32 个内控点。内控点的布置如图 7 所示。内控点所对应的各层，施工浇筑混凝土顶板时，在垂直对应控制点位置上预留出 200mm×200mm 的孔洞，以便轴线向上投测。

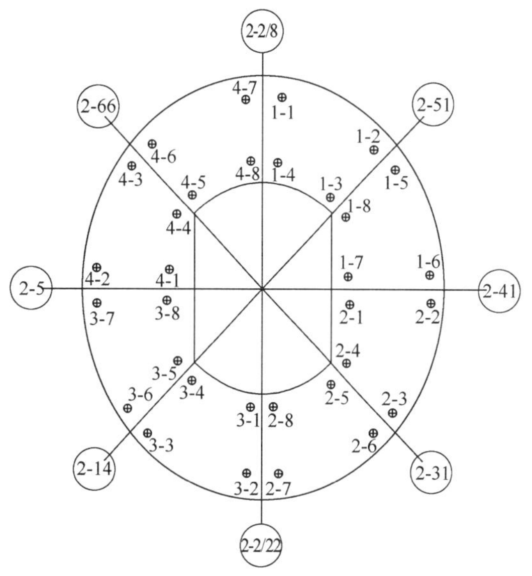

图 7　内控点平面布置

9.2 内控点竖向投测

为了保证建筑物的垂直度，使固定在底板面上的控制点精确传递至施工层，以控制施工层的各轴线，为保证传递精度，竖向传递必须一次投测。投测时要注意：垂直仪要精确校准，长水准管轴与仪器竖轴平行；仪器要精确对中、整平，长水准管气泡偏移不能超过1/10格值，仪器的对点误差小于 1mm；投点时要旋转仪器，取光斑轨迹中心。

（1）控制点传递方法　将激光铅直仪架设在二层楼面内控点，调平后，接通电源射出激光束。在施工层安放激光接收靶，内控点与激光接收靶中心重合后确定控制点并加以保护。

（2）轴线竖向投测的允许误差　如表 3 所示。

表 3　轴线竖向投测的允许误差

项　　目		允许误差(mm)
每层		±3
高度 H(m)	$H\leqslant 30$	±5
	$30<H\leqslant 60$	±10
	$60<H\leqslant 90$	±15
	$H>90$	±20

（3）测量垂直度校核　控制点传递后采用外控点进行校核。

9.3 施工层放样

施工层放样时，先在结构平面上校核投测控制线（内控点），闭合后再细部放线。

（1）坐标放样法　根据建筑坐标，利用全站仪坐标放样功能直接放出柱网位置。

（2）偏角法　根据测站点坐标及放样点坐标进行坐标反算，用经纬仪或全站仪拨偏角、量距实地放出各柱网交点。

(3)楼层弧形轴线的放样采用矢高法　根据柱网点坐标计算出弦长，按每 500mm 弦长计算矢高，用小钢尺量距确定弧线分划点、弹线（见图 8）。

室内应把建筑物轮廓轴线和墙柱轴线的投测作为关键部位。为了有效控制各层轴线误差在允许范围内，并达到在装修阶段仍能以结构控制线为依据测定，要求在施工层的放线中弹放下列控制线：所有细部轴线，墙体边线、门窗洞口边线。

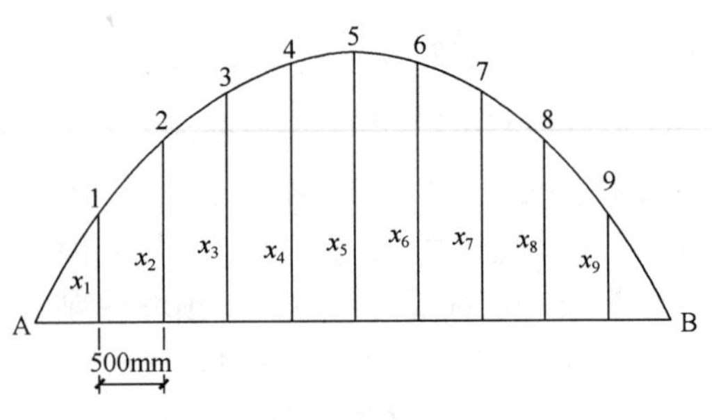

图 8　矢高法放样示意

9.4　高程控制测量

(1)标高起始点的建立　在±0.000 以上标高引测，标高引测基点每施工段不少于 2 个，并与场内水准控制点构成闭合或附合线路，经严密平差，归化改正后使用。

(2)标高传递　各层的施工高程采用 50m 的钢尺从测量标高起始点直接丈量，丈量时钢尺需加拉力、尺长、温度三差改正。

(3)标高控制线的建立　施工层抄平之前，先校测首层传递上来的标高点，当较差小于 3mm 时，取其平均高程引测水平线。抄平时，尽量将水准仪安置在测点范围的中心位置，采用水准仪、塔尺引测高程控制点的标高。

10　结语

根据工程需要灵活机动地采取各种措施，理论密切联系实际。该工程测量放线正是灵活运用了这一理论，在实践中取得良好效果，为工程顺利进展奠定了基础。

通过选用合理的仪器、设备，同时采用坐标法和圆曲线放样法相结合，不仅精度达到预期的要求，而且大大加快了施工速度，节约了人力、物力，确保了工程质量。另外，坐标法和圆曲线法相结合在工程中的应用不仅体现了理论密切联系实际，而且也为利用旧方法解决新问题提供了一条新思路。

金塘大桥混凝土结构防腐蚀技术现场应用研究

屠柳青[1,2,3]，秦明强[2,3]，张国志[2,3]

1. 武汉理工大学；2. 中交武汉港湾工程设计研究院有限公司；
3. 长大桥梁建设施工技术交通行业重点实验室

金塘大桥是舟山大陆连岛工程中的第五座跨海特大桥，全长 21.029km，其中跨海桥梁长 18.415km，其结构设计基准期为 100 年。金塘大桥气候条件恶劣，水文、地形、地质情况复杂。海水年平均温度 17.3℃，年均含盐度 2.56%，环境腐蚀类型为 III 类海水氯化物引起钢筋锈蚀的近海或海洋环境，作用等级从中等程度(C 级)～极端严重程度(F 级)。

目前，针对海洋环境下桥梁混凝土的腐蚀环境特点，国内外类似工程均进行了混凝土结构耐久性设计，提出相应的耐久性措施。但常用的耐久性措施较难达到设计提出的要求。为落实金塘大桥提出的混凝土耐久性方案，首先编制《金塘大桥海工混凝土耐久性专项技术规程》(以下简称《规程》)，对混凝土的原材料、配制技术、水胶比、胶材用量和掺和料用量范围，施工等全过程进行指导和规范；其次，对全桥承台、塔座和墩座大体积混凝土采取裂缝控制措施；最后为检验混凝土服役情况，对实体构件现场取样，对其氯离子渗透深度进行了检测。

1 混凝土结构耐久性总体方案介绍

目前海工混凝土结构耐久性基本措施包括：海工高性能混凝土、增加混凝土保护层厚度和控制混凝土裂缝。附加措施有特种钢材(环氧涂层钢筋、不锈钢钢筋和镀锌钢筋)、钢筋阻锈剂、混凝土表面封闭涂层和阴极保护类电化学方法等。结合本工程的特点，提出了以下混凝土耐久性措施。

(1)采用海工高性能混凝土，控制混凝土的渗透性能(表 1)，提高混凝土自身防腐性能。

(2)根据混凝土构件不同的腐蚀环境，合理选取保护层厚度。本工程保护层厚度选取遵循《混凝土结构耐久性与施工指南》与《海港工程混凝土结构防腐蚀技术规范》(JTJ 275—2000)提出的普通混凝土钢筋混凝土保护层厚度要求，同时参照国内已建和在建跨海桥梁工程的保护层厚度，提出了本工程的保护层厚度(见表 2)。

(3)针对承台、塔座和墩座等大体积混凝土制定裂缝控制措施。

(4)在浪溅区混凝土掺加氨基醇类阻锈剂。现浇墩身和预制墩身混凝土均使用了透水模板布，一方面解决了海上墩身混凝土不易养护的难题，另外提高墩身混凝土密实性，降低了混凝土氯离子扩散系数；墩座结构由于新老混凝土的约束极易开裂，为保证混凝土结构的耐久性，

[作者简介] 屠柳青，中交武汉港湾工程设计研究院有限公司博士研究生，高级工程师

在墩座混凝土最外层钢筋采用环氧钢筋。

表 1　混凝土抗氯离子渗透性要求(84d 龄期)

结构部位		混凝土氯离子扩散系数($\times 10^{-12} m^2/s$)
钻孔灌注桩	岸上	≤3.5
	水下区	≤3.0
	主通航孔等	≤2.5
承台	陆上部分	≤3.5
	海上部分	≤2.5
墩身	陆上部分(现浇)	≤3.0
	海上部分(现浇含滩涂)	≤1.5
	海上部分(预制)	≤1.5
箱梁	现浇	≤1.5
	预制	≤1.5
主塔		≤1.5

表 2　混凝土构件保护层厚度

结构部位	混凝土等级	保护层厚度(mm)	备　注
混凝土箱梁	C50	40	大气区,预制
	C50/C55	40	大气区,现浇
混凝土索塔	C50	40	大气区,现浇
墩身	C40	45	浪溅区,预制
	C40	45	浪溅区,现浇
	C35	45	陆地区
承台	C40	90	浪溅区
	C35	90	陆地区
钻孔桩	C35	72	水下区
	C30	72	陆地区
钢管桩填芯	C35	100	水下区

(5)索塔混凝土表面喷涂养护剂养护、铺设防裂钢筋网防裂,另外从耐久性和景观两方面考虑,索塔混凝土涂覆防腐涂层。

2　编制《规程》指导海工混凝土施工

海工高性能混凝土是目前最有效、最经济的防腐基本措施,其以良好的施工性能、密实性,较好的体积稳定性和抗裂性能在海洋环境下得以广泛应用。《规程》主要内容如下。

(1)配制原则　配合比设计以耐久性为核心,以混凝土各项性能的均衡发展为目标,并遵循抗氯离子渗透性与抗裂性并重的原则。

(2)原材料优选　突破地材局限,在已有工程的基础上优选原材料,并制定原材料控制指标,确保原材料质量。

(3)制定混凝土水胶比、胶材用量(表3)和矿物掺和料用量范围(表4)　在确保混凝土强度的条件下,避免混凝土强度富余较多而忽略混凝土的抗裂性能、体积稳定性。

表3　各构件混凝土水胶比和胶材用量范围

工程部位	强度等级	最小水胶比	最大水胶比	最小胶材用量(kg/m^3)	最大胶材用量(kg/m^3)
桩基、封底混凝土	C30、C35	0.33	0.38	400	450
承台、墩身	C30、C40	0.33	0.38	380	450
预制箱梁	C50	0.30	0.35	450	480
现浇箱梁、索塔	C50	0.30	0.35	450	480
现浇箱梁	C55	0.30	0.35	450	500

表4　混凝土矿物掺和料用量范围

环境作用等级	水泥品种	矿物掺和料限定范围
III-D、III-E、III-F(氯盐引起的严重至非常严重的钢筋锈蚀)	P·II水泥	$F/0.30+S/0.40\geqslant 1$ 且 $F/0.60+S/0.80\leqslant 1$

注:F——粉煤灰/胶材总量;S——磨细矿粉/胶材总量。

(4)加强混凝土氯离子扩散系数控制　首先提出了在配制混凝土阶段需考虑混凝土的离散性,按一定的保证率进行试配[式(1)],验收按照非统计方法进行评定。其次,采用了NT-build492方法测定氯离子渗透系数。研究表明,该方法前处理为抽真空处理,可打通混凝土内部空隙通道。

$$D_0\leqslant D-1.04\sigma \tag{1}$$

式中:D_0——混凝土氯离子扩散系数配制值(84d);

D——氯离子扩散系数设计值(84d);

σ——混凝土氯离子扩散系数标准差($10^{-12}m^2/s$),应按统计资料取值,若无统计资料,主塔、箱梁、预制墩身可取$0.2\times10^{-12}\sim0.3\times10^{-12}m^2/s$、钻孔桩取$0.3\times10^{-12}\sim0.4\times10^{-12}m^2/s$。

(5)施工控制　对混凝土的拌和、输送、浇注、振捣和养护等各个环节提出要求。

表5为某标段现场混凝土留样的抗压强度统计情况。由表5可知混凝土抗压强度均满足设计要求,且均方差和离散系数较小,表明混凝土施工控制较好。

表5　某标段各结构混凝土抗压强度统计

工程部位	强度等级	试件组数	抗压强度(MPa)			均方差	离散系数(%)
			平均值	最大值	最小值		
灌注桩	C35	216	52.2	55.2	49.8	2.90	5.56
承台	C35	306	45.8	48.7	40.5	2.86	6.24
塔座	C50	169	56.7	61.1	53.5	2.62	4.62
主塔	C50	280	60.1	65.3	57.6	2.82	4.69

注:灌注桩、主塔为28d抗压强度,承台、塔座为60d抗压强度。

3　裂缝控制措施

(1)60d强度评定　主墩承台、塔座混凝土采用60d强度评定,降低了胶凝材料总量。C35索塔承台混凝土胶材用量由420kg/m³降低至390kg/m³,C50塔座混凝土降低至430kg/m³。

C35 索塔承台混凝土的绝热温升由原来的 41℃降低到 37℃，开裂温度明显降低。

(2)在仿真计算基础上制订温控标准和温控措施　将全桥承台按尺寸分类，对每类承台利用有限元程序进行仿真计算，制订温控标准和温控措施，如浇注温度控制、冷却水管布置及使用和养护等。

(3)现场监控　对每类型承台根据极端温度施工季节(冬、夏季)布设温度测点进行监控，根据监控结果指导施工。图 1 为索塔主墩承台中间层温度特征曲线，由图 1 可知，单个 1 万余立方米混凝土索塔承台在 12 月浇注(入模温度 15.0℃)，浇筑约 72h 后混凝土内部出现温度峰值 46.0℃，最大水化温升仅为 31℃。

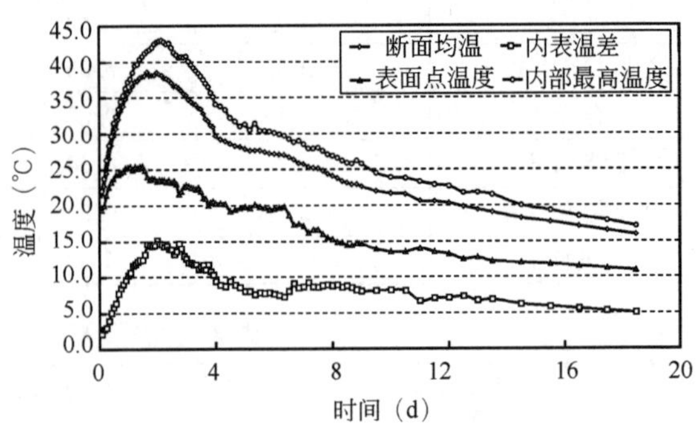

图 1　D3 索塔承台中间层测点温度特征曲线

(4)结构优化设计　对墩座结构形式进行重新设计，降低约束；另外，部分标段墩座混凝土胶材总量优化至 390kg/m^3(表 6、表 7)。

表 6　索塔承台配合比

强度等级	每方混凝土用量(kg/m^3)							
	水泥	粉煤灰	矿粉	砂	碎石	外加剂	阻锈剂	水
C35	148	164	78	825	1009	4.29	8.0	136

注：海螺 P・II42.5 水泥，I 级粉煤灰，西卡 901 阻锈剂。

表 7　索塔承台配合比抗开裂性能比较

类　别	胶材用量(kg/m^3)	水泥用量(kg/m^3)	绝热温升(℃)	开裂温度(℃)	抗压强度(MPa)	
					28d	60d
原配合比	420	189	41	10	55.1	—
优化配合比	390	137	37	−2.5	43.1	48.9

通过以上措施的实施，承台大体积混凝土开裂情况得到有效控制，墩座混凝土开裂几率大大降低。

4　混凝土结构耐久性监测

目前，全桥水泥混凝土施工已经完成，为了解混凝土在实际海洋环境中的抗氯盐侵蚀性能，2007 年 12 月对承台混凝土进行钻芯取样，按照北欧试验方法 NT Build443 测定混凝土表面氯离子浓度和氯离子扩散系数，试验结果见表 8。由表 8 可知，表观氯离子扩散系数 $0.244\times10^{-12}\sim0.476\times10^{-12}m^2/s$ 之间，较 84d 氯离子扩散系数 $1.0\times10^{-12}m^2/s$ 降低明显。另外，为更好地了解各混凝土构件在海洋环境下的服役情况，在主桥附近防撞墩周围建立了暴露试验站，按照全桥混凝土构件的配合比成型小梁和立方体试块，进行同腐蚀环境暴露试验，据此对混凝土中氯离子扩散系数、渗透深度、氯离子含量等耐久性关键技术参数进行监测，为本工程混凝土结构耐久性的后期维护方案提供重要数据。

表 8 取样混凝土表面氯离子浓度和氯离子扩散系数

取样部位	龄期(d)	表面氯离子浓度(%)(占混凝土质量)	表观氯离子扩散系数($\times10^{-12}m^2/s$)
C022 承台下部	495	1.529	0.435
C022 承台上部		0.155	0.357
E052 承台下部	590	1.544	0.476
E052 承台上部		0.741	0.236
G002 承台下部	530	1.181	0.224
G002 承台上部		0.611	0.244

5 结语

(1)通过编制《规程》对海工混凝土原材料优选,配制技术,水胶比、胶材用量,施工等全过程进行指导和规范,最大限度地使混凝土各项性能均衡发展。

(2)对全桥大体积混凝土开展裂缝控制,通过配合比优化、仿真计算、现场温控措施和温度监控等措施避免大体积混凝土开裂。

(3)通过现场钻芯取样检测,建立暴露试验站对桥梁混凝土服役过程中的耐久性关键技术参数进行监测,为本工程混凝土结构耐久性的后期维护方案提供重要数据。

参考文献

[1] 王晓刚,盛黎明,张煅.国外跨海大桥的耐久性研究[J].铁道标准设计,2006,(1).

[2] 卢永成,艾伏平.东海大桥结构耐久性设计与技术措施[J].上海公路,2005,(1).

[3] 张宝胜,干伟忠,陈涛.杭州湾跨海大桥混凝土结构耐久性解决方案[J].土木工程学报,2006,39(6).

[4] 屠柳青,张国志,夏卫华,等.杭州湾跨海大桥承台高性能混凝土的试验研究[J].公路,2006,(9).

[5] 王昌将,张必准.金塘大桥新型墩座的湿接头的研究[J].公路,2008,(9).

[6] Liuqing Tu, Guozhi Zhang, Kexin Liu, etc. Study onChloride Ion Penetration and Cracking Sensitivity of Concrete in Hangzhou Bay Bridge[C]. Asian and Pacific Coasts, 2007.

金塘大桥主墩索塔承台大体积混凝土温度裂缝控制技术

秦明强[1,2],李顺凯[1,2],刘可心[1,2],屠柳青[1,2],孙同兴[1,2]

1. 中交武汉港湾工程设计研究院有限公司;

2. 长大桥梁建设施工技术交通行业重点实验室

舟山大陆连岛工程金塘大桥起于定海金塘岛的小岭,终于宁波镇海庄俞路,由东向西横跨灰鳖洋 18.27km 海面,全长 26km,是舟山大陆连岛工程中规模最大的跨海大桥。其所处位置的气象、水文、地形、地质等条件十分复杂,环境腐蚀类型为Ⅲ类海水氯化物引起钢筋锈蚀的近海或海洋环境,作用等级从中等程度(C 级)至极端严重程度(F 级),结构设计使用年限为 100 年。其主通航孔桥 D3、D4 索塔承台为实体钢筋混凝土圆端形构造,结构尺寸为 56.78m×34.02m×6.5m,采用 C35 海工混凝土,单个承台方量约 10960.5m³。

海洋环境下腐蚀作用较强,混凝土结构出现裂缝后将成为氯盐侵蚀通道,因此需采取系列温控措施防止温度裂缝的产生。结合 D3、D4 索塔承台结构及环境特点,温度裂缝控制存在以下难点:①外海施工,淡水供应困难,不具备通淡水冷却条件;②海上环境恶劣,常规的养护措施不易实现,并且风大易出现表面裂缝;③承台混凝土强度等级较高,混凝土绝热温升高。

1 温控方案设计

根据 D3、D4 索塔承台混凝土的结构特点,采用大体积混凝土有限元计算方法模拟实际施工过程进行仿真计算,考虑施工期混凝土浇筑温度、钻孔桩和封底对承台混凝土的约束、气象水文条件对承台形成的边界温度条件、混凝土表面散热条件、冷却水管的散热效果,结合承台 C35 混凝土力学、热学特征进行温度应力安全性的验算,计算结果如表 1 所示。

表 1 D3、D4 索塔承台温度应力场结果

工程部位	混凝土内部最大主拉应力(MPa)			
	3d	7d	28d	1年
第 1 层混凝土	0.84	0.97	2.76	2.78
第 2 层混凝土	1.01	0.78	1.37	1.24
抗拉强度试验值	1.20	2.10	3.00	3.40
抗裂安全系数	1.18	2.16	1.09	1.22

结合验算结果和已有工程经验,提出现场控制指标:①混凝土浇筑温度不高于 20℃;②承台混凝土内部最高温度不宜超过 56℃;③混凝土降温速率不宜大于 3℃/d;④内外温差控制小于 20℃。

[作者简介] 秦明强,中交武汉港湾工程设计研究院有限公司工程师

2 混凝土主要温控措施

(1)混凝土配合比优化　防止大体积混凝土温度裂缝最重要的措施是降低混凝土的水化热，主要是降低单方混凝土的胶凝材料用量，尤其是水泥用量。为满足28d强度要求，D3、D4索塔承台最初配合比设计时，胶凝材料用量为420kg/m³。该配合比早期强度高，抗渗能力强，但收缩大，易开裂。而且，考虑到承台为海工大体积混凝土，荷载完全加载的时间又比较晚，综合考虑抗裂的需要，采用60d强度评定，最终配合比胶凝材料用量优化为390kg/m³。施工配合比如表2所示。

表2　D3、D4墩索塔承台混凝土施工配合比

强度等级	混凝土用量(kg/m³)							
	水泥	粉煤灰	矿粉	砂	碎石	外加剂	阻锈剂	水
C35	148	164	78	825	1009	4.29	8.0	136

对优化配合比和原配比进行了温度应力试验机早期抗开裂性能比较试验，结果如表3所示。优化后的配比绝热温升由原来的41℃降到37℃，开裂温度明显降低。

表3　D3、D4墩索塔承台混凝土抗开裂性能比较

类　别	胶材用量(kg·m⁻³)	水泥用量(kg·m⁻³)	绝热温升(℃)	开裂温度(℃)	抗压强度(MPa)	
					28d	60d
原配比	420	189	41	10	55.1	—
优化配比	390	137	37	−2.5	43.1	48.9

(2)浇筑温度控制　由于两个承台均在冬季浇筑，浇筑温度为13.1～19.6℃，在可控范围之内，浇筑温度没有采取特殊措施控制。

(3)控制混凝土分层厚度和浇筑间歇期　为降低老混凝土的约束，D3、D4墩承台均分两次浇筑，浇筑厚度分别为2.5m、4.0m。由于混凝土平面尺寸大，施工准备时间长，两层混凝土浇筑间歇期在15d左右。

(4)埋设冷却水管　根据仿真计算的混凝土内部温度分布特征及最高温度控制的要求，D3、D4承台分别埋设7层冷却水管，冷却水管水平间距和垂直间距设计为0.8m，采用内径42mm的无缝钢管，其接头用钢套管焊接，确保水管密闭，冷却水管进出水口统一布置以便于管理。冷却水管进出口管理如图1所示。

图1　冷却水管进水口管理

(5)通海水冷却　由于海上施工淡水缺乏，考虑到海水温度稳定，能够对承台混凝土起到良好的降温效果，在前期小承台通海水试验成功的基础上，冷却水直接采用海水。冷却水供水系统采用两级结构。先将冷却水抽至20m³的储水箱，再由储水箱泵送至分水器分散供入各层冷却水管道，出水由橡胶软管接出，排入大海。这样既可确保冷却水温度，又可避免抽水泵出现故障时更换水泵引起冷却水停水。冷却管通水从混凝土覆盖冷却水管开始，直到温峰出现后1～2d结束，以减缓降温速度。通水期间根据降温情况，水量也随时调整，控制标准为降温速率不宜大于3℃/d。

在冷却水管安装好之后，进行了严格的试通水制度，确保冷却水管密闭、无渗漏。同时，在

承台通海水结束后，先用空压机吹出管内海水，清除管内沉积的海水，再用淡水冲洗，排出冲洗淡水后，采用同强度砂浆灌浆封闭。

(6)保温养护　为控制承台混凝土的内外温差，加强混凝土的保温，混凝土浇筑完毕初凝后即开始养护，且覆盖保温，确保内表温差小于20℃。承台顶面先覆盖塑料薄膜保水，再覆盖土工布保温，土工布上再洒水养护，现场效果良好。承台侧壁因为有防撞钢套箱，且周围海水温度一般在12℃左右，高于气温，形成天然的保温条件。

(7)现场温度监控　为便于及时了解承台混凝土内部温度场的情况，在承台内部布设了温度传感器。同时，根据测温结果可了解混凝土的浇筑温度、混凝土温峰出现时间，便于调节冷却水管的通水流量。表4为D4索塔承台混凝土测温数据。现场测量表明，通海水冷却后混凝土温度峰值仅为46.0℃，远低于仿真计算的温度，最大水化温升仅为31℃；并且混凝土温峰出现时间为72h，远低于类似工程的40h左右。究其原因，一方面由于浇筑温度较低，更重要的是及时通海水冷却，抑制了胶凝材料水化进程。综合D4索塔承台测温数据，各项温度指标均符合温控设计要求。

表4　D4索塔承台混凝土测温数据

工程部位	分层厚度(m)	最高温度(℃)	最高温度出现时间(h)	最大断面均温(℃)	最大内表温度(℃)	进水温度(℃)	进出水温差(℃)
第1层	2.5	44.2	68	41.5	19.8	10.9～16.3	2.6～6.2
第2层	4.0	46.0	76	37.2	17.0	10.9～13.1	2.5～6.5

3　现场实施效果

金塘大桥D3、D4索塔承台混凝土浇筑完成，现场措施实施情况良好，承台混凝土内部最高温度和内表温差均在温控标准范围内；经现场检查，未出现有害温度裂缝，达到了预期的温控效果。

4　结语

(1)通过混凝土配合比优化，采用60d强度评定，混凝土的绝热温升降低4℃，这值得荷载加载时间较晚的结构借鉴。

(2)针对海洋环境下淡水匮乏，对索塔承台混凝土首次尝试通海水冷却，现场实施情况表明通海水冷却推迟了温峰出现时间，起到了良好的内部降温削峰效果，但需严格执行试通水和密闭措施。

(3)选用新型的测温仪可摆脱对现场供电设备的依赖，其比较适合施工条件恶劣的环境使用。根据测温结果及时调整冷却水管通水流量，可以更好地控制内外温差。

参 考 文 献

[1] 朱伯芳.大体积混凝土温度应力与温度控制[M].北京：中国电力出版社，1999.

[2] 张国志，屠柳青，夏卫华，等.混凝土早期开裂评价指标研究[J].混凝土，2005，(5).

[3] 陶建飞，宋伟明，张国志.苏通大桥主墩承台超大体积混凝土施工[J].施工技术，2005，(S).

[4] 刘松，邓波，裴炳志，等.荆岳长江公路大桥南塔承台大体积混凝土温度裂缝控制[J].施工技术，2008，(12).

海工大体积混凝土胶凝材料体系设计及应用

李顺凯，屠柳青，刘可心，秦明强

中交武汉港湾工程设计研究院有限公司

1 概述

金塘大桥处于海水氯化物引起钢筋锈蚀的海洋环境，作用等级从中等程度C级至极端严重程度F级，为确保桥梁主体结构设计使用寿命一百年，采用高性能海工混凝土是最经济、有效的防腐基本措施。金塘大桥非通航孔有数百个承台属大体积混凝土结构，混凝土强度等级为C40，并且处于潮差区或浪溅区，如不采取合理的胶凝材料体系控制混凝土温度，在海洋严酷环境中，很容易产生温度裂缝，从而影响整个混凝土结构的耐久性。

本文针对金塘大桥承台数量多、强度高、所处环境恶劣等特点，试验研究了不同胶凝材料的水化热、混凝土强度和氯离子扩散系数等，并对相同承台结构采用不同胶凝材料体系混凝土内部温度进行监控，从而更好地从理论上指导全桥大体积混凝土施工。

2 试验材料

(1)水泥　海螺P·II 42.5硅酸盐水泥。

(2)粉煤灰　谏壁I级灰。

(3)矿粉　安徽朱家桥水泥有限公司生产的矿粉。

(4)砂　福建闽江砂，细度模数为2.7。

(5)粗集料　浙江舟山碎石，石子级配为5～25mm。

(6)外加剂　聚羧酸减水剂，减水率28%。

(7)水　自来水。

3 试验结果与讨论

3.1 胶凝材料体系设计

对于承台大体积混凝土，水化热产生的混凝土内部温升是进行胶凝材料体系设计及选择

［作者简介］李顺凯，中交武汉港湾工程设计研究院有限公司工程师

合理的施工工艺时首要考虑的问题。工程经验表明,采用粉煤灰和矿粉等掺和料配制混凝土,可有效抑制混凝土氯离子侵蚀和降低混凝土水化热温升。选择水泥—粉煤灰—矿粉体系进行水化热试验,胶凝材料配合比例如表1所示,水化热试验结果如表2所示,水化放热速率、水化放热总量如图1、图2所示。

表1 胶凝材料配合比例(单位:%)

编　号	水　泥	粉煤灰	矿　粉	编　号	水　泥	粉煤灰	矿　粉
1	40	40	20	4	50	35	15
2	40	30	30	5	100	0	0
3	45	40	15	6	50	40	10

表2 水化热试验结果(单位:J/g)

编　号	1d水化热	3d水化热	7d水化热	编　号	1d水化热	3d水化热	7d水化热
1	24.0	84.8	190.2	4	28.5	105.0	227.0
2	25.6	80.3	211.6	5	60.2	208.2	291.9
3	27.6	82.2	220.1	6	26.7	99.5	220.8

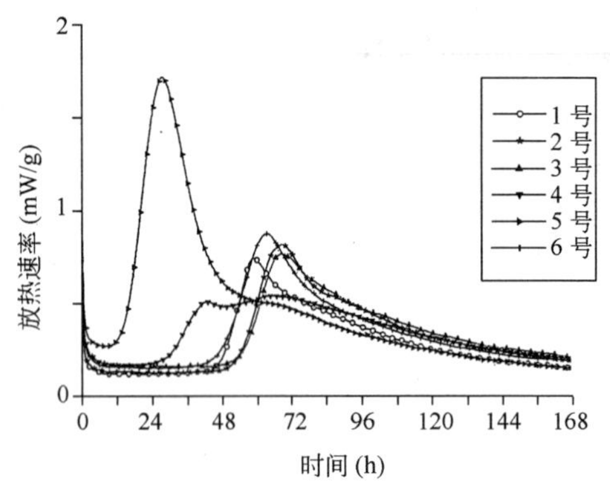

图1 水化放热速率

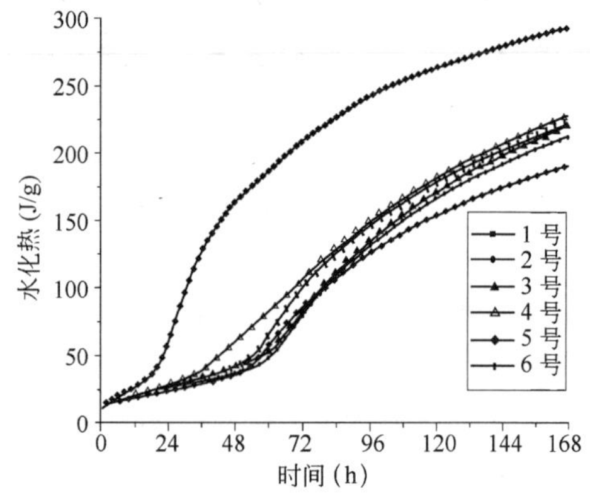

图2 水化放热总量

由表1、表2和图1、图2可知,大掺量矿物掺和料能够有效地推迟水化放热峰,并且降低水化速率,从而降低混凝土水化热;与矿粉相比,粉煤灰降低水化热的作用更明显,其中样品1(胶凝材料体系:40%水泥+40%粉煤灰+20%矿粉)7d的水化热为190.2J/g,而矿粉较多的样品2(胶凝材料体系:40%水泥+30%粉煤灰+30%矿粉)7d的水化热为211.6J/g,相比较而言,粉煤灰掺量越多水化热低,更有利于温控防裂。

3.2 混凝土配合比初步设计

根据水化热试验选定胶凝材料体系后,首先进行配合比初步设计,试验中确定胶凝材料总量为405kg/m^3,矿物掺和料的总掺量为65%,以及粉煤灰与矿粉的比例分别为100∶0、74∶26、54∶46、31∶69和0∶100,试验用混凝土配合比如表3所示,各配合比试件不同龄期抗压强度和氯离子扩散系数如图3、图4所示。

表3 混凝土配合比

编号	配合比(kg/m³)						
	水泥	粉煤灰	矿粉	砂	碎石	水	外加剂
CFS1	142	263	0	724	1080	142	4.4
CFS2	142	195	68	724	1080	142	4.4
CFS3	142	142	121	724	1080	142	4.4
CFS4	142	82	181	724	1080	142	4.4
CFS5	142	0	263	724	1080	142	4.4

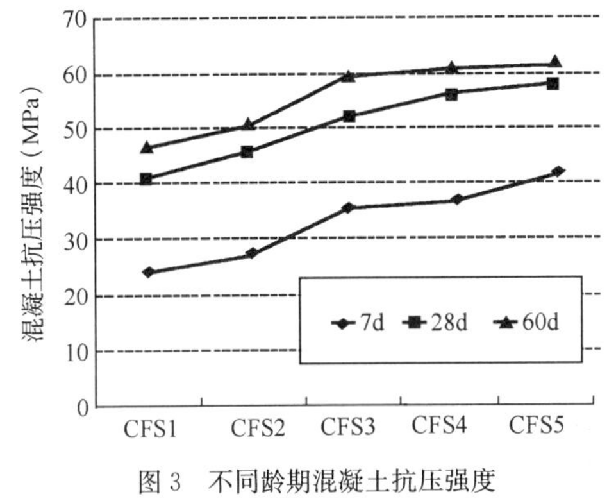

图3 不同龄期混凝土抗压强度

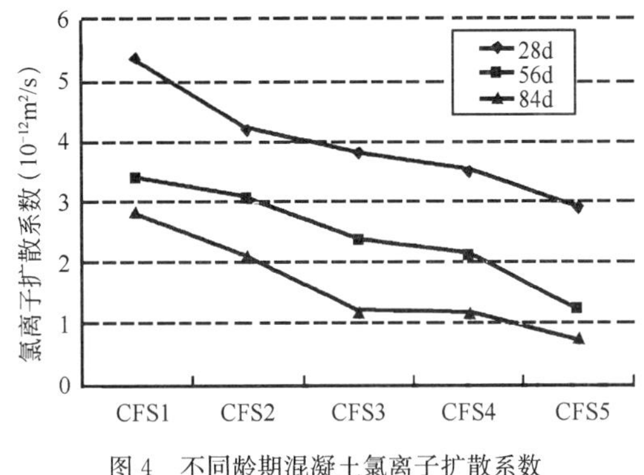

图4 不同龄期混凝土氯离子扩散系数

从图3、图4可以看出,采用硅酸盐水泥—粉煤灰—矿粉体系可配制出满足设计要求的海工混凝土;混凝土的抗压强度随矿粉掺量的增大而增加,这是因为矿粉的活性高于粉煤灰,矿粉有利于混凝土早期强度的增长,但两种掺和料掺量接近时,由于颗粒级配效应和火山灰效应得到充分发挥,60d抗压强度增长显著。

单掺矿粉混凝土的抗氯离子渗透性能最好,粉煤灰掺量的增加会降低早期抗氯离了渗透性,但两种掺和料复掺时,混凝土抗氯离子渗透性随龄期增长而提高,混凝土84d扩散系数均小于$2.5\times10^{-12}m^2/s$,达到设计要求。因此,大体积混凝土为防止开裂应以抗氯离子侵蚀满足要求为限,尽量增加粉煤灰掺量。

3.3 混凝土配合比优化及现场温度对比

通过以上试验,确定现场承台施工采用的混凝土配合比。为了解不同胶凝材料体系对大体积混凝土内部温度的影响,分别对相同承台结构采用不同胶凝材料体系混凝土的内部温度进行监控。不同胶凝材料体系混凝土配合比和性能如表4所示,混凝土温度实测情况如表5、表6所示。

表4 C40承台混凝土现场配合比

编号	水胶比	材料用量(kg/m³)								坍落度(mm)
		水泥	粉煤灰	矿粉	砂	碎石	水	减水剂	阻锈剂	
IV-C	0.32	142	182	81	772	1067	126	4.46	8.1	190
IV-D	0.32	172	129	129	768	1041	138	4.3	8.0	210

表5　IV-C 承台温度实测统计

基本情况	浇筑时间:08-24 17:00~08-25 12:10 浇筑温度:33℃		
测点	第1层	第2层	平均
最大水化热温升(℃)	31.8	39.8	35.8
内部最高温度(℃)	64.8	72.8	68.8
温峰出现时间(h)	66	62	64
最高进出水温度(℃)	50.5/51.8		
最大内表温差(℃)	16.5	19.4	17.95

表6　IV-D 承台温度实测统计

基本情况	左幅承台浇筑时间:08-19 12:30~08-19 17:20 浇筑温度:27.7℃		
测点	第1层	第2层	平均
最大水化热温升(℃)	40	44.3	42.15
内部最高温度(℃)	67.7	72.0	69.85
温峰出现时间(h)	42	36	39
最高进出水温度(℃)	42.7/45.2		
最大内表温差(℃)	15.7	19.5	17.6

通过选择水泥—粉煤灰—矿粉胶凝材料体系，并成功地应用于金塘大桥大体积混凝土非通航孔承台中，比较IV-C承台和IV-D承台现场实测数据发现，IV-C承台C40混凝土最大水化热温升39.8℃，低于IV-D承台C40混凝土的44.3℃，温峰出现时间IV-C承台C40混凝土为62h，也迟于IV-D承台C40混凝土的36h。

这主要是因为IV-C承台C40混凝土配合比胶材用量405kg/m^{3}和水泥用量142kg/m^{3}低于IV-D承台C40混凝土配合比的430kg/m^{3}和172kg/m^3，且IV-C承台C40混凝土配合比矿物掺和料用量高和矿粉掺量少而产生水化热温升较低的原因。

4　结语

(1)在混凝土中掺入大掺量矿物掺和料可有效地推迟水化放热峰，并且降低水化速率，从而降低混凝土水化热；与矿粉相比，粉煤灰降低水化热的作用更明显。

(2)采用硅酸盐水泥—粉煤灰—矿粉胶凝材料体系配制海工混凝土，混凝土抗压强度和氯离子扩散系数可满足设计要求。

(3)现场温度监控表明，优化后混凝土胶凝材料体系可明显降低承台大体积混凝土水化热温升。

参考文献

[1] 李顺凯，刘可心，秦明强，等. 基于现场耐久性检测的承台海工混凝土寿命预测[J]. 混凝土，2008(11).

[2] 屠柳青，张国志，李顺凯，等. 金塘大桥承台海工高性能混凝土的配制技术[J]. 施工技术，2007(4).

C60 高性能混凝土在雅泸高速公路 C12 标段中的应用

黄海斌[1]，王　平[1]，陈俊峰[2]

1. 后勤工程学院建筑工程系；2. 四川路桥集团雅泸高速公路 C12 项目部

1　工程概况

雅泸高速公路 C12 标段，观音岩大渡河特大桥上部采用现浇预应力混凝土连续箱梁结构，用变高度单箱三室截面，斜腹板。顶板宽 25.5m，顶板悬臂长度 4.00m，跨中梁高 3.00m，主墩顶梁高 6.50m，梁底曲线按二次抛物线形变化。中跨直线跨长 58.00m，边跨直线长 38.00m，顶板板厚 28mm，底板板厚由跨中 28mm 至支点处 85mm，边腹板厚为 60mm，中腹板板厚为 45mm，悬臂板端部厚 20mm，根部板厚 55mm。在支点和斜拉索锚固处设置横隔板，横隔板上设人空、中室和边室。横隔板厚度分别为 50mm 和 30mm，端横梁的厚度为 150mm，截面简图如图 1 所示。主桥跨组合为 110m＋202m＋110m，预应力混凝土部分斜拉桥的斜拉索采用单索面双排索布置。桥长 422m，混凝土强度为 C60，共 12741.9m^3。主梁 0 号块长度为 11m，悬臂施工标准节段长度分为 3×3.50m 和 21×4m 两种。全桥共设 3 个合拢段，其长度均为 2.00m。悬臂施工的节段最大重量为 3107kN，边跨现浇段长度 8.00m。

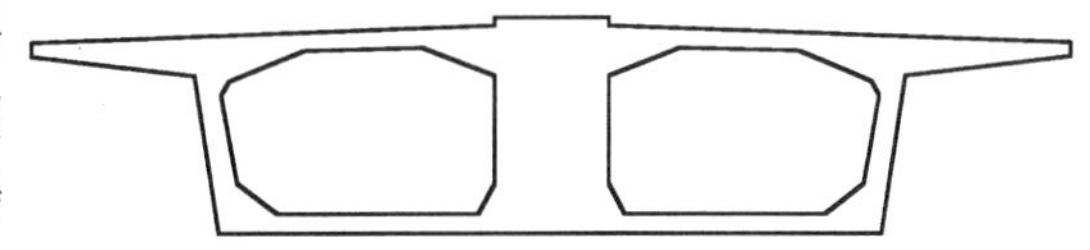

图 1　现浇预应力混凝土连续箱梁

1.1　施工方案

在主墩顶塔设托架施工主梁 0 号块，1 号块也可以采用托架施工。施工步骤为组拼挂篮，对称悬臂浇筑主梁节段，张拉预应力钢束，初张斜拉索，再移动挂篮，如此反复，直至合拢。

1.2　施工要求

混凝土水平泵送 200 余米，竖直泵送 80 余米；坍落度要求为 180～220mm；混凝土缓凝 12～18h；5d 张拉，混凝土强度达设计强度的 85％；抗裂性能好。

2　试验概况

2.1　试验材料

(1)水泥　由四川峨胜水泥股份有限公司生产，各项常规指标如表 1 所示。

[作者简介] 黄海斌，后勤工程学院建筑工程系讲师

表 1　峨胜水泥常规指标与实测值

指　　标	标准稠度用水量(%)	初凝时间(min)	终凝时间(min)	3d 抗压强度(MPa)	3d 抗折强度(MPa)	28d 抗压强度(MPa)	28d 抗折强度(MPa)
技术要求	25.2	≥45	≤600	≥22.0	≥4.0	≥42.5	≥6.5
实测值	—	131	189	30.7	5.7	49.3	8.9

(2)粉煤灰　采用由成都摶磊实业有限公司生产的Ⅰ级灰(F 类),各项指标如表 2 所示。

表 2　粉煤灰各项指标

指　　标	细度(45μm 方孔筛余)(%)	需水量比(%)	烧失量(%)	含水率(%)	三氧化硫含量(%)	游离 CaO
技术要求	≤12.0	≤95	≤5.0	≤1.0	≤3.0	—
检验结果	10.1	93	2.8	0.3	1.8	—

(3)硅灰　由成都中亚特发展有限公司生产,各项性能指标如表 3 所示。

表 3　中亚特硅粉性能指标

指　　标	二氧化硅含量(%)	烧失量(%)	含水率(%)
技术要求	≥85	≤6	≤3.0
检验结果	96	2	1.0

(4)细集料　采用大渡河中砂,细度模数 ≥2.60,各项指标如表 4 所示。

表 4　细集料性能指标

指　　标	表观密度($\times10^3$kg/m^3)	表观相对密度($\times10^3$kg/m^3)	堆积密度($\times10^3$kg/m^3)	空隙率(%)	含泥量(%)
技术要求	>2.500	—	>1.350	<47.0	<2.0
检验结果	2.697	2.703	1.573	41.7	1.6

(5)粗集料　5～20mm 碎石,各项性能指标如表 5 所示。

表 5　粗集料性能指标

指　　标	表观密度($\times10^3$kg/m^3)	表观相对密度($\times10^3$kg/m^3)	堆积密度($\times10^3$kg/m^3)	空隙率(%)	含泥量(%)	针片状含量(%)	压碎值(%)
技术要求	>2.500	—	>1.350	<47.0	<1.0	<5.0	≤12.0
检验结果	2.744	2.750	1.54	43.9	0.9	3.4	10.9

(6)减水剂　采用马贝超塑化剂 SX-C18(PCA-HN-Y-1),各项指标如表 6 所示。

表 6　马贝超塑化剂 SX-C18(PCA-HN-Y-1)性能指标

固含量(%)	密度($\times10^3$kg/m^3)	pH 值	Cl^-含量
29.6	1.1	7.9	0.02

(7)聚丙烯腈纤维　采用路威 2002 水泥混凝土增强纤维，各项指标如表 7 所示。

表 7　聚丙烯腈纤维性能指标

指　　标	纤度(dtex)	直径(μm)	抗拉强度(MPa)	断裂伸长率(%)	弹性模量(MPa)
技术要求	—	—	>550	>10	>7.5
检验结果	1.76	13.78	569	24	7.6

2.2　试验设计

参照《普通混凝土力学性能试验方法标准》(GB/T 50081—2002)进行试验试件设计：轴压强度和弹性模量试验采用 150mm×150mm×150mm 标准试件，并考虑配合比的确定。

2.3　配合比设计及优化

(1)确定水胶比　预防混凝土开裂，降低水泥用量，掺入 F 类 I 级粉煤灰。粉煤灰掺入为等量替代，另需满足和易性，保证强度掺入硅灰。水胶比的确定，参照以往设计经验，考虑聚羧酸高效减水剂减水率，取 0.31 为基准配合比的水胶比，试配过程依坍落度控制用水量，即确定最终水胶比。根据碎石最大粒径，水泥标准稠度用水量，减水剂减水率，粉煤灰、硅灰等胶凝材料需水量来确定。在坍落度为 180～220mm 时，相应用量以 160kg/m^3 为基准上下浮动。预防混凝土开裂，在加入粉煤灰的基础上加入聚丙烯腈纤维。考虑聚丙烯腈纤维需水量大、保水性差，又现场泵送混凝土施工，为防堵管，坍落度不宜过大，此用水量采用 155kg/m^3。

(2)确定砂率　满足混凝土和易性，保证黏聚性良好，选 44%为最佳砂率。

(3)砂、石用量确定　拟订密度为 2500kg/m^3，依据砂率确定砂石用量。

(4)聚丙烯腈纤维掺量确定　按照产品推荐用量，结合配合比，聚丙烯腈纤维的加入量为 0.8kg/m^3。

3　试验结果分析

3.1　试验结果

依据计算，对 1m^3 配合比进行了试拌，工程中实际试配 44 组有效试件。测得 C60 混凝土弹性模量为 4.0×10^4～4.6×10^4 MPa，比《混凝土结构设计规范》(GB 50010—2002)中提供的 C60 混凝土弹性模量值 3.6×10^4 MPa 大 0.4×10^4 MPa。试样结果如表 8 所示。

表 8　1m^3 C60 混凝土配合比试样试验结果

编号	水胶比	水泥(kg)	水(kg)	粉煤灰(kg)	硅灰(kg)	砂率(%)	砂(kg)	碎石(kg)	纤维(kg)	减水剂(kg)	坍落度(mm)	抗压强度(MPa)			
												3d	5d	7d	28d
1	0.29	450	150	70	—	43	785	1041	—	3.6	—	—	—	67.4	70.8
2	0.30	430	150	70	—	43	795	1055	—	4.3	—	—	—	66.3	64.6
3	0.30	430	150	70	—	43	795	1055	—	4.0	—	—	—	62.4	64.8
4	0.31	410	155	80	—	44	814	1036	—	5.39	220	45.1	54.8	59.1	61.4
5	0.31	430	155	70	—	44	809	1030	—	6.0	230	47.3	55.2	57.4	65.9

续上表

编号	水胶比	水泥 (kg)	水 (kg)	粉煤灰 (kg)	硅灰 (kg)	砂率 (%)	砂 (kg)	碎石 (kg)	纤维 (kg)	减水剂 (kg)	坍落度 (mm)	抗压强度(MPa)			
												3d	5d	7d	28d
6	0.31	430	155	70	—	44	809	1030	—	5.5	225	50.3	60.3	59.0	77
7	0.31	430	155	50	—	44	810	1030	—	5.5	235	51.5	58.9	63.7	66
8	0.304	372	140	70	20	44	789	1006	—	5.06	240	35.1	38.9	44.2	51.6
9	0.31	430	155	70	—	44	811	1034	—	5.5	235	43.3	56.5	54.7	66.7
10	0.31	410	155	90	—	44	811	1034	—	5.5	240	47.2	52.9	47.4	62.4
11	0.31	450	155	50	—	44	811	1034	—	5.5	235	39.2	48.0	48.2	62.6
12	0.31	360	149	100	30	44	816	1040	—	5.38	230	41.5	55.6	58.5	69.3
13	0.28	380	147	80	30	44	818	1040	—	5.38	200	46.5	63.8	63.7	70.6
14	0.28	405	144	100	30	42	762	1053	—	5.88	200	33.5	45.8	51.5	62.8
15	0.301	381	151	100	20	44	813	1035	—	5.51	245	39.7	44.0	47.6	62.1
16	0.301	380	147	80	30	44	818	1040	—	5.38	235	41.0	47.2	52.4	65.4
17	0.31	399	152	70	20	44	815	1039	—	5.87	230	51.1	52.5	55.9	69.8
18	0.306	360	150	100	30	44	816	1040	—	5.38	230	48.7	53.6	59.6	65.6
19	0.31	410	155	70	20	43	791	1048	—	6.0	240	50.4	56.0	57.9	70.9
20	0.316	400	155	60	30	44	814	1035	—	6.37	230	43.4	47.9	50.9	71.5
21	0.327	399	160	60	30	44	812	1033	—	6.35	190	43.3	52.0	56.9	70.0
22	0.316	400	155	60	30	44	814	1035	0.8	5.88	—	50.1	56.7	64.4	71.3
23	0.316	400	155	60	30	44	814	1035	0.8	5.89	220	50.7	63.0	66.6	71.4
24	0.31	450	155	50	—	44	810	1030	0.8	5.5	235	—	66.8	61.8	—
25	0.316	400	155	60	30	44	814	1035	0.8	5.39	230	37.6	47.7	—	—
26	0.324	400	159	60	30	44	814	1035	0.8	5.39	230	51.6	59.0	—	—
27	0.316	400	155	60	30	44	814	1035	0.8	5.88	240	40.7	54.1	58.7	69.3
28	0.31	400	152	70	20	44	817	1041	—	5.88	220	53.4	58.6	—	—
29	0.32	420	160	80	—	44	811	1034	—	5.75	—	54.8	60.9	—	—
30	0.31	380	155	120	—	44	811	1034	—	5.5	210	45.7	54.6	55.3	68.0
31	0.32	380	160	120	—	44	807	1027	0.8	5.5	210	36.1	43.3	46.5	65.5
32	0.316	400	158	100	—	44	807	1028	0.8	5.5	220	53.1	55.5	57.7	70.3
33	0.32	390	160	110	—	44	807	1027	0.8	5.5	210	48.0	53.3	57.7	69.9
34	0.316	400	155	60	30	44	814	1035	0.8	5.88	205	51.1	60.1	62.1	71.4
35	0.316	400	155	60	30	44	814	1035	0.8	5.88	205	40.2	47.4	53.7	70.3
36	0.32	380	160	120	—	44	807	1027	0.8	6.5	220	42.8	49.5	53.4	66.0
37	0.32	390	160	110	—	44	807	1027	0.8	6.5	220	42.0	48.2	46.9	62.1
38	0.32	400	160	100	—	44	807	1027	0.8	6.5	220	42.1	49.0	50.8	70.2
39	0.316	400	155	60	30	44	814	1035	0.8	6.37	190	31.6	46.3	45.4	59.6
40	0.304	410	152	90	—	44	810	1031	0.8	5.5	210	49.5	57.0	56.8	67.5
41	0.307	420	154	80	—	44	810	1031	0.8	5.5	210	54.6	60.3	64.4	70.4
42	0.32	410	157	80	—	44	815	1037	0.8	6.37	215	41.4	53.0	51.5	—
43	0.30	420	150	50	—	44	814	1036	—	4.5	260	39.9	44.1	49.9	55.5
44	0.316	400	155	60	30	44	814	1035	—	5.88	190	43.2	50.0	58.5	70.6

3.2 试验结果分析

通过在实验室试配试验，水灰比适当浮动，以 0.02 为增减大小，考虑不同粉煤灰掺量和硅粉掺量，并考虑是否添加聚丙烯腈纤维，本工程最终确定选用的配合比(单位:kg/m^3)为:水泥∶粉煤灰∶硅灰∶砂∶碎石∶水∶减水剂∶聚丙烯腈纤维＝400∶60∶30∶815∶1035∶155∶5.88∶0.8。在主桥箱梁 0 号块施工过程中，对相应的混凝土进行了 20 多组的试件检查，其 7d 强度 58～62MPa，相应的静力受压弹性模量为 3.6×10^4～4.6×10^4MPa，达到了预应力张拉要求。施工 28d 后，其评定的强度达到 68～71MPa。这说明所设计的 C60 预应力混凝土配合比是成功的，并可克服高强混凝土大体积施工后出现裂缝的情况，满足了设计和施工的要求。采用该配合比为工程节约成本约 300 万元。

4 结语

通过 C60 混凝土的轴压强度、弹性模量试验研究，解决雅泸高速公路 C12 标段——观音岩大渡河特大桥现浇预应力混凝土连续箱梁混凝土结构施工难点，防止了大体积高强混凝土施工后出现裂缝的情况，取得了显著的经济和社会效益。

参 考 文 献

[1] GB/T 50081—2002 普通混凝土力学性能试验方法标准[S].

[2] 邓宗才，何唯平，张国庆.高性能腈纶纤维混凝土韧性评价方法[J].混凝土，2003(11):11-13.

[3] 姚武.聚丙烯腈纤维混凝土低温性能的研究[J]. 建筑材料学报.2003,9(6):243-248.

[4] 邵晓蓉，王柏生.钢筋聚丙烯纤维混凝土简支梁的受弯试验[J]. 河南大学学报:自然科学版，2008,5(3):327-330.

聚羧酸减水剂在矮寨特大桥工程中的应用

王友奎[1]，尹红星[2]，赵　帆[1]

1. 湖北省化学研究院；2. 湖南路桥建设集团公司

聚羧酸系高效减水剂是以不饱和烃及其衍生物为代表的共聚物，它对水泥粒子有较强的分散能力，和萘系减水剂相比，有着更广泛的适应性，是目前所有外加剂品种中性能最优异的一种新型外加剂。聚羧酸减水剂具有掺量低、减水率高、环保性能好的特点。该产品按固体含量来分有 20%或 40%固含量，目前市场上应用广泛的是 20%固含量的产品。当固含量为 20%时，其掺量为胶凝材的 0.8%～1.5%，减水率在 25%～40%之间。

1　工程概况

湖南吉茶高速公路矮寨特大悬索桥跨越矮寨大峡谷，桥面设计标高与地面高差达 330m，是跨越峡谷同类桥型中高差居世界第三的特大型悬索桥。桥型结构为塔梁分离式单跨简支钢桁梁悬索桥，主跨 1176m。地处高山险峻，地质情况异常复杂，施工环境恶劣，其中吉首岸索塔设计为 C55 大体积低热混凝土，塔高 134.3m，水平输送距离 430m。重力式锚碇为低热大体积混凝土，水平输送距离长达 650m，向下泵送高差达 70m。混凝土输送成为施工的难点，对混凝土泵送性能要求较高，否则易导致混凝土输送泵堵塞。

2　聚羧酸减水剂在我国的发展现状

混凝土聚羧酸减水剂早在 20 世纪 80 年代中期由日本开发，并且很快应用于混凝土工程，90 年代在混凝土工程中大量使用。在国外目前比较著名的厂家有日本的花王、竹本油脂、日本触媒等。北美和欧洲各国近几年在聚羧酸盐系高性能减水剂产品方面也推出一系列产品，如美国 Grace 公司的 Adva 系列，瑞士 SIKA 公司的 Viscocrete3010 等，均已进入中国市场。

2000 年前后，混凝土减水剂已进入第三代聚羧酸盐系高性能减水剂的推广应用阶段，与第二代萘系相比，它与水泥、掺和料的匹配性、减水率、增强性、保塑性、体积稳定性、耐久性和环保性都有明显改善，聚羧酸盐系减水剂已被认为是高性能混凝土的优选外加剂。目前已推广应用于高速铁路客运专线和城际铁路桥梁工程，通过第二代萘磺酸盐系高效减水剂和第三代聚羧酸系高效减水剂对混凝土性能综合分析对比表明，聚羧酸系高性能减水剂性能更优越，是目前高性能混凝土桥梁、客运专线、民用建筑等主体结构的理想选择之一。

3　混凝土配合比及性能试验

为确保高性能混凝土施工性能，混凝土必须符合：①和易性好，压力泌水小，不离析；②适

［作者简介］王友奎，湖北省化学研究院工程师

宜的黏度，具有良好的远距离可泵送性能；③流动性好，坍落度损失较小；④较高的减水率，较低的水胶比，以降低水化热；⑤适宜的凝结时间，延缓水化热峰值，避免温升开裂。通过对各种减水剂、掺和料、水泥、砂、石等材料的试验，开展了混凝土配合比的系统试验研究。

3.1 主要材料

(1)水泥　湖南韶峰建材有限公司生产的P·S·A42.5矿渣水泥，技术指标见表1。

表1　水泥技术指标

细度(%)	标准稠度(%)	安定性	凝结时间(min)		抗压强度(MPa)		抗折强度(MPa)	
			初凝	终凝	3d	28d	3d	28d
1.8	25	合格	180	252	19.9	49.7	4.5	9.1

(2)粉煤灰　湖南冷水江华盛电力Ⅰ级灰，技术指标见表2。

表2　粉煤灰技术指标

粉煤灰等级	细度(%)	需水量比(%)	烧失量(%)	SO_3 含量(%)
Ⅰ级	6.4	92	1.2	0.2

(3)细集料　湖南泸溪河砂，技术指标见表3，级配曲线见图1。

表3　泸溪河砂技术指标

表观密度(g/cm^3)	堆积密度(g/cm^3)	空隙率(%)	含泥量(%)	泥块含量(%)	细度模数	级配
1.560	2.647	41.1	0.9	0.04	2.87	合格

(4)粗集料　吉首市碎石场4.75～26.5mm石灰石碎石，技术指标见表4，级配曲线见图2。

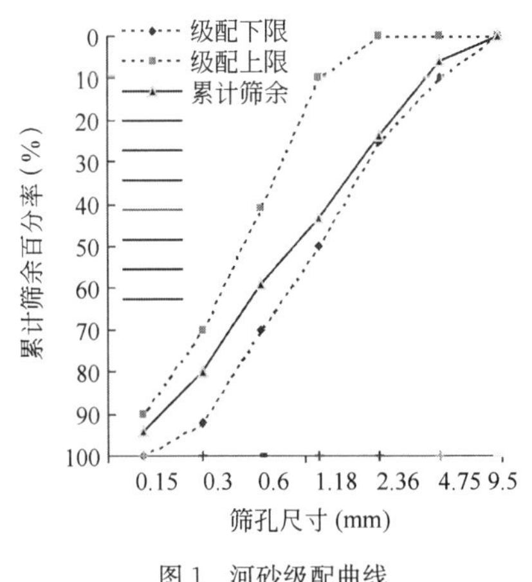

图1　河砂级配曲线

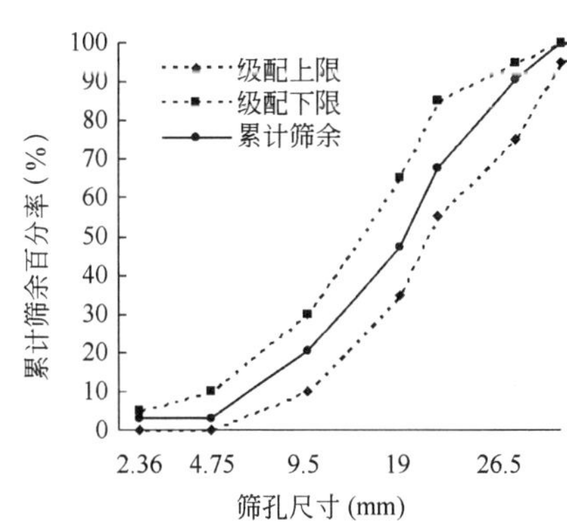

图2　碎石级配曲线

表4　吉首碎石技术指标

表观密度(g/cm^3)	堆积密度(g/cm^3)	空隙率(%)	含泥量(%)	泥块含量(%)	压碎值(%)	母材强度(MPa)
1.504	2.703	44	0.3	0.06	11.9	129.9

(5)外加剂　华烁科技股份有限公司生产的HSPC-8A聚羧酸减水剂，性能指标见表5。

表 5　掺 HSPC-8A 聚羧酸减水剂混凝土性能指标

序　号	试验项目		I 等品性能指标	检验结果
1	减水率(%)≥		25	27.8
2	泌水率比(%)≤		60	12
3	含气量(%)≤		6.0	2.8
4	1h 坍落度保留值(mm)≥		150	180
5	凝结时间差(min)		>+120	+235
6	抗压强度比(%)≥	3d	155	219
		7d	145	192
		28d	130	181
7	28d 收缩率比(%)≤		100	90
8	对钢筋锈蚀作用		对钢筋无锈蚀作用	无锈蚀

注:1. HSPC-8A 固含量:20.0%,密度 1.06g/cm³,pH 值 6.4。
2. 按标准 GB 8076—1997,JG/T 223—2007 检测。

3.2 配合比试验

通过对萘系减水剂及国内外几家聚羧酸系减水剂进行混凝土配合比设计试拌,试验结果见表 6。萘系减水剂混凝土拌和物坍落度损失大,黏性大,流动速度慢,不能满足远距离泵送施工。聚羧酸系减水剂则能有效地降低混凝土的黏度,相对于萘系减水剂来说是一个质的提高,且其他方面的性能也优于萘系减水剂。聚羧酸系减水剂是一种新型减水剂,其作用机理在很大程度上不同于萘系减水剂。聚羧酸系减水剂的掺量低、减水率高、坍损小。

表 6　混凝土拌和物各项性能指标

型　号	掺量(%)	初始坍落度(mm)	1h 坍落度(mm)	扩展度(mm)	性能描述	成本(元/m³)
FDN	1.5	180	130	410	黏度大,无泌水,坍损大,不宜远距离泵送	51.6
SX-C	0.8	220	220	480	混凝土流动性,包裹性良好,无泌水,可泵送	35.3
PCA	0.8	220	210	475	混凝土流动性,包裹性良好,无泌水,可泵送	32.3
HSPC-8A	0.8	220	215	480	混凝土流动性,包裹性良好,无泌水,可泵送	31.0

分析表明,要满足混凝土的各项性能,使用聚羧酸减水剂要比使用传统减水剂在性价比和使用效果上都具有较大优势。在保证质量的前提下降低成本,通过对国内几个生产聚羧酸系减水剂厂家进行了调研,并选择了几家生产规模大且产品稳定性好的厂家进行对比试验。通过对几家的外加剂在性能和价格上进行了比较,综合各方面的因素最终选择了华烁科技股份有限公司生产的 HSPC-8A 聚羧酸系减水剂。在工程使用中,混凝土的和易性及各项施工性能和强度指标控制均较好,试验结果见表 7。

表 7　C55 混凝土配合比及性能

低热大体积混凝土材料用量(kg/m³)						坍落度(mm)		抗压强度(MPa)		
水泥	粉煤灰	砂	石	水	HSPC-8A	初始	1h 后	7d	28d	60d
451	87	681	1080	159	4.3	220	215	52.1	65.8	73.9

3.3 HSPC-8A 聚羧酸减水剂在工程中的使用效果

(1)通过大量试验及工程应用证明，聚羧酸系减水剂在适应性上要优于萘系减水剂。聚羧酸系减水剂往往可以通过调整掺量来改变混凝土的性能以满足施工要求，这在矮寨特大桥的施工中已得到了很好的印证，并很好地解决了施工中的难题。

(2)聚羧酸系减水剂能有效调节混凝土的含气量。当混凝土含气量增大时，可以调整聚羧酸系减水剂中消泡剂的含量来调节混凝土含气量，满足施工要求。

(3)掺聚羧酸系减水剂的混凝土工作性好、坍落度损失小、流动性好、可泵性好。

(4)掺聚羧酸系减水剂的混凝土，水化放热平稳。通过调整掺聚羧酸系减水剂的缓凝组分，可使混凝土的初凝时间大于 16h，以满足设计的要求。

4 使用聚羧酸系减水剂注意事项

(1)聚羧酸系减水剂具有高减水率、高保塑性、坍损小的特点。虽然它的适应性比萘系减水剂要好，但是也有与水泥适应性的问题，胶凝材料特别是水泥变化较大时要注意。使用过程中不能与萘系等减水剂混用，要引起高度重视。

(2)聚羧酸系减水剂因为有较高的减水率，在施工过程中其掺量不宜太高，计量应准确，这样在施工过程中容易控制混凝土的性能，有利于混凝土施工。在施工过程中应该严格控制混凝土的用水量，用水量的少量变化虽然对强度影响不是特别大，但是对混凝土的坍落度和和易性影响会较大。

(3)使用聚羧酸系减水剂试配时，应适当延长搅拌时间，搅拌时间应大于 2min。生产过程中使用聚羧酸系减水剂时，搅拌时间应大于 90s。

5 结语

聚羧酸系减水剂具有低掺量，高减水率、良好的保塑性，坍落度经时损失小，与水泥有较好的适应性等优点，这在矮寨特大桥工程得到了充分体现。但在具体的施工中应正确的使用聚羧酸系高效减水剂，应根据工程中各种材料的情况以及工程的设计要求，经多次试配来确定聚羧酸系减水剂的最佳使用方案，以更好的满足施工的要求。

参 考 文 献

[1] 崔剑峰，等. 矮寨大桥总体结构静力分析[J]. 长沙：湖南交通科技，2008.

[2] 陈明宪. 矮寨特大桥方案研究[C]//第十七届全国桥梁学术会议论文集(上册)，2006.

[3] 姜国庆. 日本高性能 AE 减水剂的研究进程及应用现状[J]. 化学建材，2000，16(2)：42-44.

[4] 李桂青，等. 聚羧酸高性能减水剂在高速铁路高性能混凝土的试验与应用[J]. 混凝土，2007，212(6)：84-87.

分段施工过程中预应力混凝土梁的徐变研究

高圣彬[1]，宋康祖[2]

1. 上海交通大学；2. 北京大凯科技有限责任公司

在桥梁结构设计、施工过程中，徐变问题始终是一个令人非常关注的问题。对于钢筋混凝土桥梁的塔基，混凝土徐变能够降低结构的温度应力，从而减少或避免裂缝的产生。但对于预应力混凝土主梁来说，徐变将导致构件的预应力损失以及跨中挠度的过度增大。针对徐变的理论与应用研究，很多学者做了大量的研究工作。陈灿明等人通过对两座桥梁实施的混凝土徐变试验，指出对提高混凝土弹性模量、减少徐变收缩的水泥、外加剂和集料的三要素中，集料的作用最明显。段明德介绍了施工过程中的徐变仿真计算问题，提出了时段划分和预拱度设置的新方法。向木生等人根据理论计算值和施工过程中对主梁挠度和线形的测量结果，使用人工神经网络技术进行标高偏差调整和预测，综合确定主梁施工的预拱度。朱宇锋等人[4]按《公路钢筋混凝土及预应力混凝土桥涵设计规范》1985 年版和 2004 年版对预应力混凝土连续刚构桥施工过程进行仿真分析，指出用两种规范分别计算出来的预拱度中，尽管中跨最大值有一定的差异，但其他部分的结果都比较接近。

本文研究预应力钢筋混凝土梁在分段施工过程中的徐变效应，考虑分段施工过程中应力传递、边界约束变化等因素影响。

1 徐变理论

关于混凝土徐变描述有很多种理论，但各国规范普遍采用基于黏弹性理论的流变模型对徐变规律进行整体描述。Maxwell 链模型和 Kelvin 链模型属于徐变模型的两种基本流变模型。一般来说，Maxwell 链模型更适合松弛问题，而 Kelvin 链模型更适合徐变问题。本文采用 DIANA 软件中的 Kelvin 链模型，该模型由弹性组件和黏性组件并联而成若干链，见图 1。混凝土由徐变引起的应变可表示为

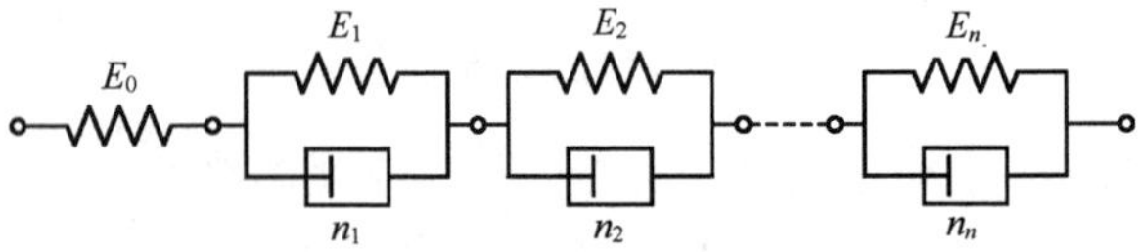

E_0 E_1 E_2 E_n n_1 n_2 n_n

图 1 Kelvin 链模型

$$\varepsilon_{cc} = \frac{\sigma_c}{E_c} \cdot \psi \tag{1}$$

式中：ε_{cc}——混凝土由徐变引起的应变；

σ_c——加载引起的应力；

[作者简介] 高圣彬，上海交通大学土木工程系副教授

E_c——混凝土的弹性模量；

ψ——混凝土的徐变系数。

表 1 为徐变系数与加载天数之间的关系。在最初的 365d 内，徐变系数从 0 迅速增加到 1.4，此后的增速逐渐变缓。

表 1　徐变系数与加载天数之间的关系

加载后的天数	4～7	14	28	90	365	无限大
徐变系数 ψ	0.0	0.3	0.6	0.9	1.4	2.6

如果不考虑干燥收缩应变的影响，某时刻 t 的混凝土应变可表示如下

$$\varepsilon_c=\varepsilon_{ce}+\varepsilon_{cc}=\frac{\sigma_c}{E_c}\cdot(1+\psi)=J(t,\tau)\cdot\sigma_c \tag{2}$$

式中：ε_{ce}——混凝土弹性应变；

$J(t,\tau)$——徐变函数，$J(t,\tau)=[1+\psi(t,\tau)]/E_c$；

τ——加载时的混凝土龄期。

式(2)所示的徐变函数 $J(t,\tau)$ 采用如图 1 所示的 Kelvin 链模型来表示，可写成如下形式

$$J(t,\tau)=\sum_{\alpha=0}^{n}\frac{1}{E_\alpha(\tau)}\cdot(1-e^{-\frac{t-\tau}{\lambda_\alpha}}) \tag{3}$$

这里，λ_α 为滞后时间常数，$\lambda_\alpha=\eta_\alpha/E_\alpha$。

2　分析模型

分析对象为如图 2 所示的两跨预应力钢筋混凝土连续梁，其总长为 20m，截面为500mm×1000mm 的矩形截面。先浇筑左边 10m 的混凝土梁，放置 90d 后再浇筑右边 10m 的混凝土梁。梁中配置有纵向主筋以及预应力钢筋。梁左端的底面边缘设置铰接支座，梁中间支座以及右端设置滑动支座。梁上施加的均布荷载为 200kN/m。混凝土采用平面应力单元建模，纵向主筋与预应力钢筋采用埋入式钢筋杆单元建模。假设钢筋与混凝土共同工作，钢筋位置与混凝土节点位置互不干扰，各自完全独立。采用先张法给预应力钢筋分段施加预应力荷载。

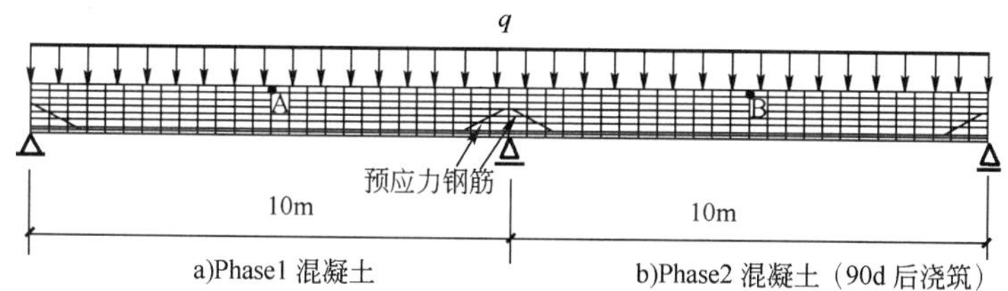

图 2　预应力钢筋混凝土两跨连续梁

混凝土养护 28d 后的弹性模量为 3.1×10^4MPa，所输入的徐变函数曲线见图 3，在从 0～500d 的范围内，徐变函数值增加很快，超过 500d 以后，增速明显减缓。

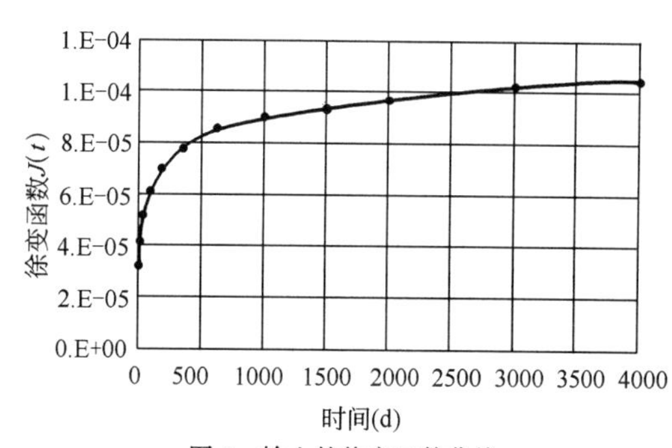

图 3　输入的徐变函数曲线

3　分析结果与考察

各个分段施工阶段的计算结果与输入徐变函数曲线的比较见图 4。分别输出梁跨中受

压顶面(图2中的点A、点B)的轴向应变和轴向应力。将轴向应变和轴向应力的比值随时间的变化曲线与输入的徐变函数曲线进行比较发现,分段施工1(也称为Phase1)的计算结果与输入徐变函数曲线非常一致,而分段施工2(也称为Phase2)的计算结果,除计算时间比徐变函数曲线的时间滞后90d以外,其变化趋势也与输入徐变函数曲线一致。

图5为梁跨中挠度随时间的变化曲线。图中带"Δ"标记的曲线代表连续梁左跨的跨中挠度,实线代表右跨的跨中挠度。对于徐变效应显现前的跨中弹性挠度,左跨为9.86mm,而右跨为7.19mm,右跨比左跨减少约27%,该挠度差异主要由梁端边界约束变化引起。最先浇筑的左跨梁是一个两端简支梁,而90d后浇筑的右跨梁的边界约束条件是左端固接、右端简支。另外,随着右跨梁的浇筑,左跨梁的跨中挠度刚开始减小,随后伴随徐变效应的作用,左跨梁和右跨梁的跨中挠度一起慢慢增大,两者的挠度值最终趋于一致。综上所述,该分段施工分析方法很好地处理了边界约束变化的影响。在分段施工过程中,边界约束条件的变化对梁跨中挠度在短时间内有显著影响。

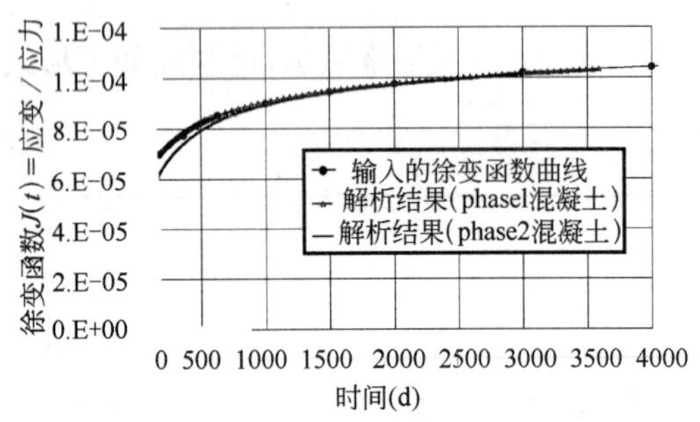

图4 各个Phase的解析结果与输入徐变函数的比较

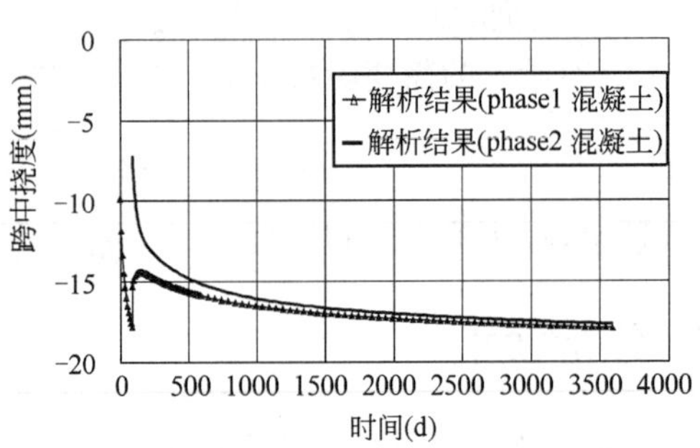

图5 梁跨中挠度随时间的变化曲线

4 结语

本文采用Kelvin链模型探讨预应力钢筋混凝土梁在分段施工过程中的徐变效应。通过对两跨连续梁进行数值模拟,考虑分段施工过程中的预应力分段施加、边界条件变化等因素的影响。研究表明,在分段施工过程中,边界约束条件的变化对梁跨中挠度在短时间内有显著影响。提出的数值分析方法能够准确考虑分段施工过程中的应力传递、边界条件变化等因素的影响。

参考文献

[1] 陈灿明,等.桥用高性能混凝土的徐变与应用[J].水利水运工程学报,2007,2:1-9.
[2] 段明德.预应力混凝土桥施工仿真分析徐变计算[J].铁道学报,1998,20(5):91-97.
[3] 向木生,张世飚,张开根.大跨度预应力混凝土桥梁施工控制技术[J].中国公路学报,2002,15(4),38-42.
[4] 朱宇锋,王解军.大跨径连续刚构桥施工控制中的混凝土徐变分析[J].公路工程,2008,33(1):32-35.
[5] JTJ 023—85 公路钢筋混凝土及预应力混凝土桥涵设计规范[S].
[6] JTGD 62—2004 公路钢筋混凝土及预应力混凝土桥涵设计规范[S].
[7] DIANA Material Library, DIANA User's Manual, 2008.

混凝土"榫"在降低收缩裂纹中的应用

曲洪春

中交第二航务工程局有限公司

混凝土的收缩是一种随时间增长的变形,混凝土结硬初期收缩变形发展很快,一般情况下,2周时间可以完成25%,1个月可以完成50%,3个月后增长缓慢,两年后基本趋于稳定。引起混凝土收缩的原因,在硬化初期主要是水泥在水化凝固结硬过程中产生的体积变化,在后期主要是混凝土内自由水分蒸发而引起的干缩。混凝土收缩与混凝土配合比、干燥失水(混凝土养护)有关。混凝土的收缩量与构件的体表比有关,体表比较小的构件收缩量大,而且发展较快。

在桥梁结构中,一般情况下塔座与塔柱混凝土强度等级不同,以上海长江大桥为例,塔座混凝土强度等级为C40,塔柱为C50。同时,因二者之间存在施工工序转换,塔座混凝土浇筑完2周(一般在15～30d内)以后才开始浇筑塔柱混凝土。塔柱混凝土浇筑时,塔座混凝土已经完成约25%的收缩量。在塔柱混凝土浇筑完2周时间内,塔柱混凝土收缩量大于此时间段内塔座混凝土的收缩量,即塔柱混凝土在受到塔座混凝土约束时,将使塔柱混凝土产生拉应力,甚至开裂。

1　施工技术措施

从影响混凝土收缩因素可知,塔柱与塔座混凝土之间的收缩量关系主要与时间、体表比有关。因施工工序原因,二者在同一时间段内收缩量不一致,另外因塔柱混凝土体表比小于塔座,二者收缩量不一致,而且塔柱收缩发展比塔座快。因此,从施工工艺角度考虑,一方面需要使塔柱混凝土与塔座混凝土同时间段内收缩量一致,即同步收缩;另一方面需要使塔柱与塔座的混凝土总收缩量一致或者接近。从前者考虑,塔柱与塔座混凝土需要同步浇筑,从后者考虑,塔柱浇筑节段混凝土体表比需要接近塔座混凝土体表比。

在桥梁结构中,塔座平面面积往往大于塔柱根部截面面积,若塔柱第一节段与塔座同步浇筑,因塔柱混凝土压力较大,一方面可能在塔座混凝土凝固前,使塔座处部分混凝土发生局部挤压破坏,影响塔座混凝土质量;另一方面在混凝土浇筑过程中可能出现塔柱混凝土从塔座面溢出现象。因此,塔柱首节段混凝土浇筑高度受到限制。

从以上分析可知,塔柱与塔座结合部,在塔座混凝土浇筑时,同步浇筑塔柱混凝土,塔柱混凝土浇筑高度在满足可施工的条件下,可以使塔柱首节段混凝土与塔座混凝土同步产生收缩,减少结合处混凝土收缩约束应力,同时使得塔柱下一节段混凝土收缩量与结合处相同,从而达到减少塔柱根部处混凝土的收缩约束应力的目的,减少塔柱根部混凝土的收缩裂纹数量。

[作者简介] 曲洪春,中交第二航务工程局有限公司

2 理论分析

本次分析采用了 ANSYS 有限元分析软件，模型建立以上海长江大桥塔座和塔柱施工为背景，采用了非线性开裂单元 SOLID65。它是专为混凝土、岩石等抗压能力远大于抗拉能力的非均匀材料开发的单元，可以模拟混凝土中的加强钢筋、型钢等，以及材料的拉裂和压溃现象。

2.1 模型建立

模型共有 70785 个单元，16416 个节点。混凝土用 SOLID65 单元，钢筋采用其中尺寸按照设计图纸和实际施工状态，取第一浇筑阶段建立分析模型，见图 1。

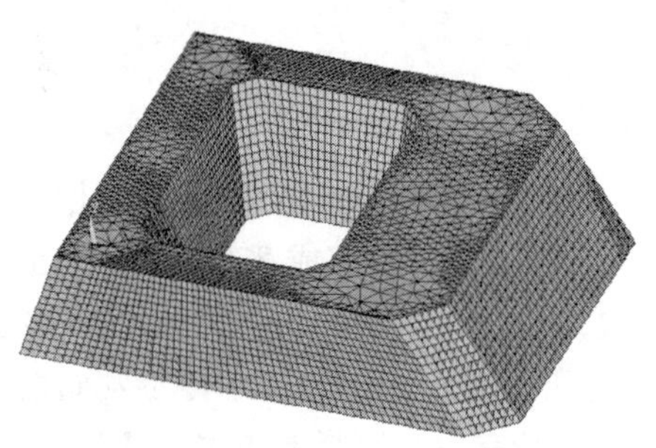

图 1 分析模型图

2.2 相关材料参数的选取

相关材料参数的选取如表 1～表 3 所示。

表 1 水化热计算

项次	参数名称(单位)	参考数据	备注
1	入模温度(℃)	15.00	混凝土出仓时水化热温度
2	水泥 28d 水化热龄期累积发热总量(J/kg)	300.00	混凝土 28d 累积水化热发热总量
3	环境气温(℃)	5.00	混凝土 28d 日平均气温
4	模板初始温度(℃)	5.00	混凝土浇筑时模板温度
5	水泥(胶凝材料)用量(kg/m³)	192	单方混凝土配合比中的水泥用量(胶凝作用)
6	木模板放热系数[J/(m²·h·℃)]	1.55×10^4	按现场施工养护条件取用
7	塑料薄膜放热系数[J/(m²·h·℃)]	1.69×10^4	按现场施工养护条件取用
8	棉毡层放热系数[J/(m²·h·℃)]	5.04×10^4	按现场施工养护条件取用
9	混凝土导热系数[J/(m·h·℃)]	2.40×10^3	按室内试验取用
10	混凝土导温系数(m²/h)	1.20×10^{-3}	按室内试验取用
11	混凝土比热容[J/(kg·℃)]	1.00×10^3	按室内试验取用
12	水泥水化速率(d^{-1})	0.50	按室内试验取用
13	混凝土密度(kg/m³)	2400.00	按室内试验取用

表 2 湿度迁移势计算

项次	参数名称(单位)	参考数据	备注
1	水泥比重或密度(g/cm³)	2.37	按室内试验取用
2	环境相对湿度(%)	80.00	混凝土 28d 日平均相对湿度
3	模板初始相对湿度(%)	80.00	混凝土浇筑时模板相对湿度
4	水灰比	0.92	混凝土配合比(水胶比)
5	混凝土湿度交换系数(m²/h)	55.2×10^{-4}	按现场施工养护条件取用
6	混凝土湿度扩散系数(m²/h)	36×10^{-6}	按室内试验取用
7	混凝土相对比湿	0.621	按室内试验取用
8	混凝土湿度扩散收缩系数	3.5×10^{-4}	按室内试验取用

表 3　黏弹性应力计算

项次	参数名称(单位)	参 考 数 据	备　　注
1	边界界面摩阻系数(kN/m³)	7000.00	模板与新拌混凝土之间相对约束
2	弹性模量(N/mm²)	4.20×10^{4}	混凝土 28d 龄期内模量
3	徐变度函数参数 A(N/mm²)	4.82×10^{-5}	按室内试验取用
4	徐变度函数参数 C	0.90×10^{-5}	按室内试验取用
5	徐变度函数参数 γ	0.026	按室内试验取用
6	混凝土线膨胀系数	0.80×10^{-5}	按室内试验取用

由于混凝土浇筑的时间先后不同，会引起混凝土的不均匀收缩裂缝。以下通过改变第一节段和塔座同时浇筑部分的高度，分别取 0(即没有同时浇筑部分)、30cm、88cm、121cm 来分析其对混凝土收缩裂缝的影响。

根据规范，用混凝土的均匀降温来模拟混凝土收缩裂缝的影响，采用完成收缩终值的 20%，即均匀降温 5℃来作控制时，保护层未出现裂缝。以下分析是采用收缩终值的 30%，即均匀降温 7℃来作分析的。必须指出的是，裂缝的分析涉及高度的非线性，有限元分析中影响因素复杂，要完全的定量分析出裂缝的形状、尺寸等具体情况是不现实的，只能得出定性分析和一定程度的定量分析结果。

第一节段与塔座同时浇筑 0 高度(即没有同时浇筑部分)的裂缝分布见图 2，为了清楚显示裂缝，只取混凝土保护层来看裂缝分布。第一节段和塔座同时浇筑高度，分别取 30cm、88cm、121cm 时，第一节段混凝土裂缝分布见图 3～图 5。

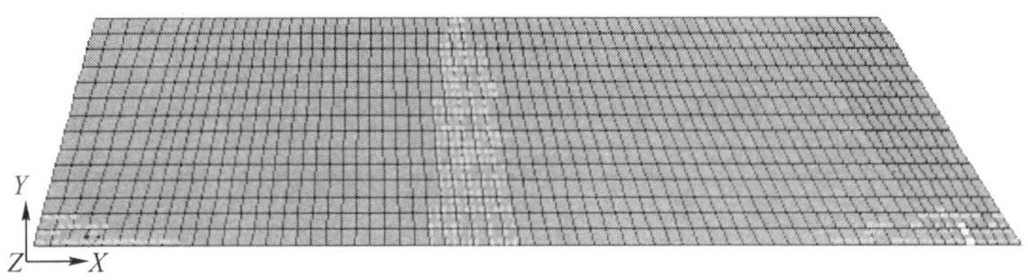

图 2　第一节段同时浇筑 0cm 高度裂缝分布

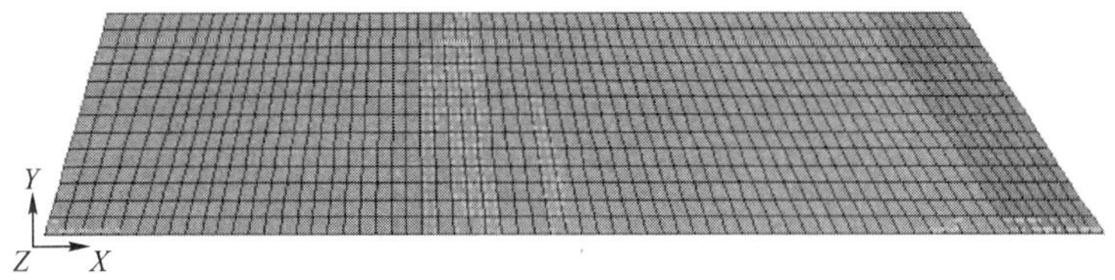

图 3　第一节段同时浇筑 30cm 高度的裂缝分布

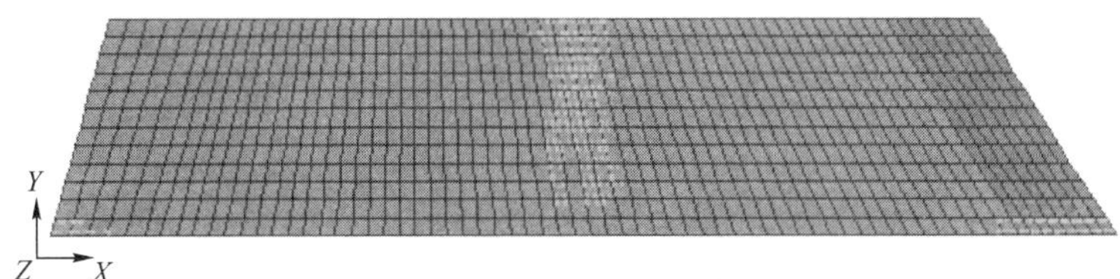

图 4　第一节段同时浇筑 88cm 高度裂缝分布

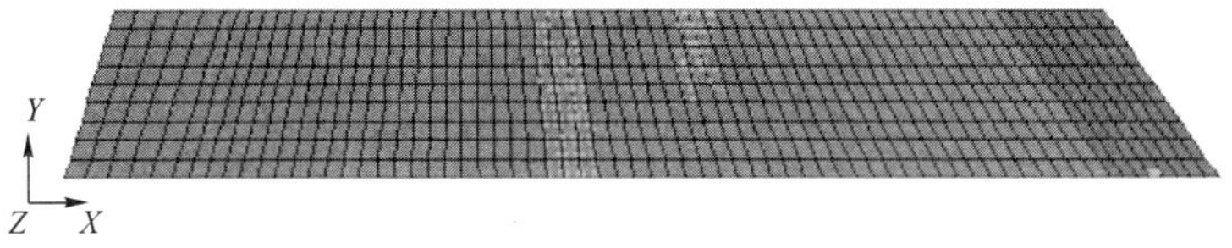

图 5　第一节段同时浇筑 121cm 高度裂缝分布

比较图 2 和图 3，第一阶段同时浇筑高度从 0 变为 30cm 后，沿塔壁竖向发展的裂缝集中程度有所缓和，但裂缝分布区域没有显著减少。沿第一节塔柱与塔座结合面发展的环向裂缝分布区域有显著减少。

比较图 3、图 4 和图 5，第一节段同时浇筑高度从 30cm 变为 121cm 后，沿塔壁竖向发展的裂缝集中程度有所缓和，但裂缝分布区域没有显著减少。沿第一节塔柱与塔座结合面发展的环向裂缝分布区域有所减少。

将第一节段采用四种不同浇筑高度时，竖向及环向开裂单元数量统计见图 6。由此可见，第一节段和塔座同时浇筑部分的高度从 0 变化到 30cm 时，沿结合面发展的环向裂缝有显著减少，而沿塔壁竖向发展的裂缝集中程度有所缓和，当第一节段和塔座同时浇筑部分的高度增加到 121cm 时，沿塔壁竖向发展的裂缝分布区域有所减少，集中程度也有所缓和，但改善相对不是特别显著，考虑到第一节段和塔座同时浇筑部分的高度越高，施工难度增加，因此建议第一节段和塔座同时浇筑部分的高度取 30cm，提高阶段浇筑混凝土的连续性，让先后浇筑的混凝土可以更好的共同收缩，这样可以有效减少裂缝的出现。

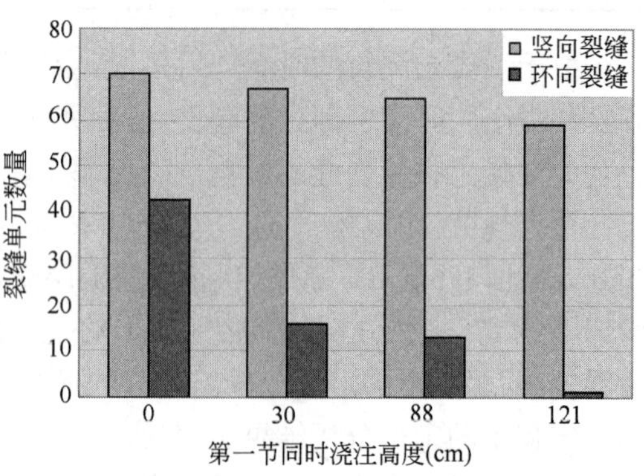

图 6　第一节同时浇注高度与开裂单元数量对比

3　施工应用及效果

上海长江大桥施工时，在塔座混凝土浇筑时，塔柱混凝土同步浇筑 30cm，拆模后，30cm 高塔柱截面未出现任何裂缝，30cm 以上塔柱混凝土第一次浇筑高度为 3m，与塔座混凝土浇筑时间间隔 15d，最初结合部以上未发现裂纹，经过一个月后，结合部以上混凝土表面陆续出现一些细小裂纹，裂纹主要分布在塔柱四个角隅、面板中部及三分之一处。从裂纹出现情况与理论计算相比，实际与理论比较吻合，同时也证明塔柱与塔座同步浇筑能有效减少塔柱根部混凝土收缩裂纹的产生。

参 考 文 献

[1] GB 50204—2002 混凝土结构工程施工质量验收规范[S].

[2] JTG D62—2004 公路钢筋混凝土及预应力混凝土桥涵设计规范[S].

[3] JTJ 041—2000 公路桥涵施工技术规范[S].

[4] 交通部第一公路工程总公司. 桥涵[M]. 北京：人民交通出版社，2000.

太原机场高架桥清水混凝土施工

李玉屏

山西建筑工程(集团)总公司

太原武宿机场改扩建工程高架桥全长628.4m,其中主桥307m,桥面宽32.7m,为5×15m+11×18m+21m+13m单箱多室现浇钢筋混凝土连续桥,箱梁高度1.4m。西段引桥长213.4m,桥面宽10.4m,为2×15m+9×18m+21.4m单箱多室现浇钢筋混凝土连续桥,箱梁高度1.2m;东段引桥长108m,桥面宽10.4m,为6×18m单箱单室现浇钢筋混凝土连续桥,箱梁高度1.2m。桥墩及箱梁均采用清水混凝土技术,施工历时5个月。

1 施工关键技术

(1)桥墩模板采用预制加工的定型钢模板,刚度、整体性好;箱梁采用竹胶合板模板,刚度、平整度好,并满足桥面起坡、转弯等在现场加工的要求。同时为避免混凝土浇筑时漏浆,保证混凝土平整,在模板与混凝土接触面满铺PVC板。

(2)商品混凝土经过现场工艺试验,确定了混凝土浇筑、振捣、养护方法及施工配合比。

(3)改进桥墩混凝土施工工艺,在V形桥墩的两柱交叉处下方留观察口,随时掌握下部混凝土浇筑情况;在两墩柱内分别插PVC管,采用插入式振捣器满足全柱振捣要求;在两柱外侧模板采用附着式振捣器,确保混凝土浇筑质量。

(4)绑扎钢筋的钢丝多余部分应向构件内侧弯折;钢筋保护层采用带凹槽的砂浆垫块控制,使混凝土浆料可以顺凹槽填充,成型混凝土表面无色差。

(5)桥墩混凝土采用外缠绕土工布保水养护,箱梁拆模之前采用带模湿水养护,拆模后喷养护剂养护。

(6)混凝土表面喷涂透明保护涂料,满足混凝土表面不被污染,并且达到混凝土耐久性要求。

2 工艺原理

对混凝土原材料及外加剂进行精心选择,经过试验试配选定符合要求的施工配合比。桥墩采用预制加工的定型钢模板,箱梁采用组合竹胶模板,内铺PVC板,模板支架采用满堂脚手架。最后在成型混凝土表面喷涂或滚涂保护涂料,保护混凝土表面和增强混凝土的耐久性。通过上述工艺使混凝土表面内实外光,外观色泽一致。

[作者简介] 李玉屏,山西建筑工程(集团)总公司高级工程师

3 施工操作要点

3.1 测量放线

模板安装前，要进行测量放线。准确测量出墩柱和箱梁的中线、标高等，确保模板安放在准确的位置和标高上。

3.2 模板设计与施工

(1)模板及其支架应通过设计计算后确定。

(2)桥墩模板采用定型钢模板，面板为 5mm 厚钢板，横竖肋由 8mm 厚扁钢及 60mm 角钢组成。

(3)箱梁模板采用竹胶模板，面板为 12mm 厚，选用耐水浸、表面耐磨、耐腐蚀、表面平整度高的竹胶板。

(4)在拼装模板前，对模板进行全面仔细的校核，符合要求后，在模板内均匀涂抹一层优质水性脱模剂，涂抹后用纱布擦拭两遍。

(5)模板定位靠自身刚度及模架支撑体系固定，不设对拉螺栓。

(6)严格按照测量放样安装模板，以确保位置准确；要注意调整模板的垂直和平整度(箱梁施工时还要根据设计要求考虑预拱度)。

(7)模板要安装在坚实可靠的基础上，支架要牢固可靠，同时应有足够的强度、刚度和稳定性。

(8)桥墩模板校正采用满堂红脚手架支架上架管向内顶及 6 根钢丝绳向外拉的方案。

(9)每个 V 形桥墩必须搭设一个满堂红架子，待 V 形桥墩施工完成拆模后，架子全部拆除，然后重新搭设箱梁满堂红支架。V 形桥墩模板支架见图 1。

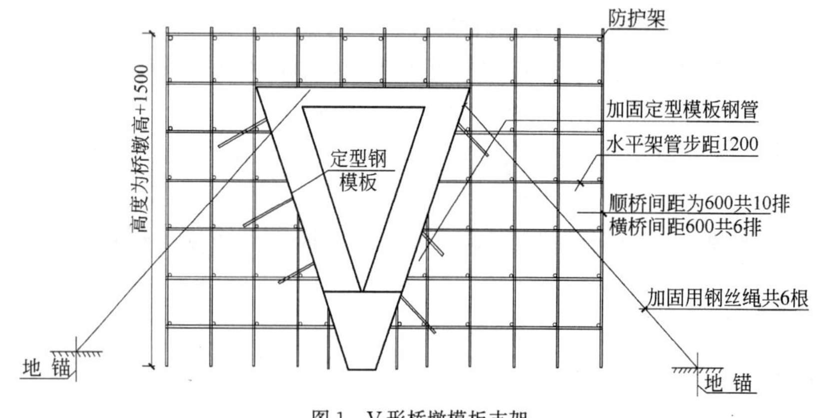

图 1　V 形桥墩模板支架

(10)预应力箱梁采用竹胶模板、木龙骨支撑，支架采用满堂红碗扣式钢管脚手架搭设。立杆横向间距 1000mm，纵向间距桥墩两侧四排 600mm，其余间距 1000mm。水平杆步距 1200mm。剪刀撑纵向每 3m 设一道，引桥部分设 5 道，主桥部分设 13 道，剪刀撑横向间距每 5m 设一道。所有满堂红脚手架下铺设 100mm 厚木板。预应力箱梁模板及其支架见图 2。

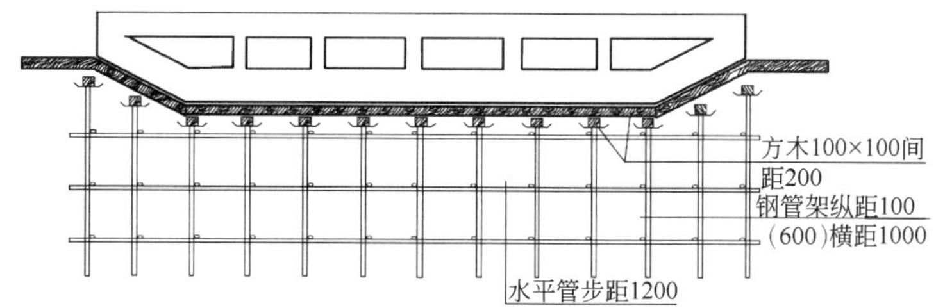

图 2 预应力箱梁模板及其支架

(11)竹胶板面板与龙骨的连接,采用沉头螺钉正钉连接,钉头沉进板面 1～2mm,并用铁腻子将凹坑刮平,待干燥后使用。

(12)预应力箱梁竹胶板铺设完毕,标高复测符合要求后,在竹胶板内侧满铺 PVC 板,浇筑混凝土时既能防止漏浆又能保证混凝土的观感质量。

(13)模板应尽可能减少接缝,接缝位置应尽量隐蔽。墩柱模板的两道竖缝应设于轴线位置,所有墩柱的竖缝方向应有规律的布置。模板制作的几何尺寸应精确、拼缝严密。

3.3 钢筋制作、绑扎

(1)绑扎钢筋的钢丝多余部分应向构件内侧弯折,防止外露造成锈蚀。

(2)钢筋保护层厚度控制选用与混凝土颜色一致同配比带凹槽的砂浆垫块。将垫块的面接触改为点接触,使混凝土浆料可以顺凹槽填充,使混凝土表面成型无色差。

3.4 混凝土工程

(1)混凝土配合比设计时,除应考虑满足设计要求的强度和耐久性外,还应着重考虑配置出的混凝土的色泽是否符合青灰色的要求,并且无色差。混凝土还应具有良好的流变性能、内在均质性能和体积稳定性。

(2)混凝土配制强度的确定、强度标准差的取值、混凝土配合比的计算、试配、调整与确定可按《普通混凝土配合比设计规程》(JGJ 55—2000)的规定进行。

(3)在桥墩正式施工前,针对清水混凝土的原材料、配合比、模板、浇筑、养护等环节进行了全面的模拟桥墩试验,确定了采用插入式及附着式振动器振捣,外包土工布保水养护等施工工艺,并最终确定施工配合比。

(4)砂率宜控制在 35%～42%范围内。在满足技术要求的前提下,每立方米混凝土用水量不宜超过 180kg/m^3;粗集料用量不宜低于 1000 kg/m^3;由于钢筋密集,粗集料粒径不大于 25mm,水胶比不宜大于 0.45。

(5)混凝土拌和物运输到达现场后,用于浇筑桥墩的混凝土坍落度应控制在(150±10)mm;用于浇筑箱梁的混凝土坍落度应控制在(170±20)mm。

(6)混凝土拌和物工作性能优良,无离析泌水现象,90min 的坍落度经时损失应小于 30%。

(7)混凝土拌和物颜色应均匀,能保证同一视觉空间内工作的混凝土无可见色差。

(8)为保证桥墩的浇筑质量及外形美观、平整,需一次浇筑完成桥墩混凝土。由于 V 形桥墩结构复杂,钢筋分布密度大,故在 V 形桥墩两柱连接处的模板上加工一活动开口,以便对墩座混凝土进行振捣和观察。墩座混凝土施工完毕后,可将活动开口关闭,进行墩柱混凝土的施工。

(9)由于墩柱顶钢筋较密,插入式振捣器难以伸入墩座位置进行振捣,为保证混凝土浇筑质量，故需在墩柱钢筋笼里从墩柱顶安装一根直径 100mm 的 PVC 导管，插到墩柱底部距离承台顶 300mm 处。以便浇筑混凝土时振捣器能从导管插入墩座部位进行振捣。浇筑顺序为两个墩柱轮流分层浇筑混凝土，每层厚度不大于 300mm。导管随着混凝土的浇筑层数增加从墩柱顶拔出，振捣器应分层振捣，直到墩柱混凝土浇筑完成。

(10)在 V 形桥墩两柱连接处顺桥方向的两侧模板及两墩柱内侧各加装一台附着式振捣器，以便对混凝土进行良好的振捣。

(11)盆式橡胶支座按照设计要求的标高位置安装后，四周模板缝用海绵条填塞密实，以防浇筑混凝土时漏浆。

(12)箱梁浇筑混凝土之前，先对支架进行承载预压，以减少模板支架节点处的变形及地基下沉。采用砂袋堆载的方法，预压荷载不应小于箱梁自重。

(13)箱梁浇筑混凝土时，在底板上要预留通气孔，还应选择较好的天气和时间，尽量避开雨天和高温时间。

(14)用插入式振捣器振捣时分层浇筑厚度不宜大于 300mm。插入深度要大于浇筑层厚度，插入下层 50～100mm，使浇筑的混凝土形成均匀密实的结构。混凝土先后两次浇筑时间间隔不能超过 30min，第二次浇筑后，要插至前一层混凝土内 50～100mm，保证新、旧混凝土之间的良好结合。

(15)箱梁预应力筋张拉压浆后，应立即将梁端水泥浆冲洗干净，同时清除支承垫板、锚具及端面混凝土污垢，并将端面混凝土凿毛，固定封端模板，封端采用与箱梁同配比的混凝土进行封堵，浇筑混凝土后静置 1～2h，并带模浇水养护。脱模后在常温下养护 7d 以上。

3.5 混凝土养护与拆模

当墩柱混凝土强度达到设计强度的 50%时拆模，拆模时注意不得损坏墩柱的边角及表面，拆模后用土工布缠绕墩柱进行保水养护，养护时间不少于 14d；箱梁混凝土在浇筑 24h 后拆除侧模，当强度达到设计强度的 95%时方可进行预应力张拉和底模拆除，拆模时不得损坏边角及表面，拆模后喷混凝土养护剂，养护时间不少于 14d。

3.6 保护涂料施工

(1)清水饰面混凝土保护涂料宜选用水性氟碳树脂透明保护涂料。

(2)涂料施工前，用清水清洗整个混凝土面并保持干燥，容易污染的部位用塑料薄膜保护。

(3)均匀喷涂或滚涂 2 遍底漆，间隔时间为 30min，涂后混凝土面颜色稍稍加深，要求必须完全覆盖混凝土面无遗漏。

(4)底涂施工完成 3h 后，均匀喷涂水性中间涂层，无遗漏。

(5)中间涂层施工完成 3h 后，均匀喷涂罩面涂层 2 遍，间隔时间为 3h 以上；喷涂采用无气喷涂，喷涂时必须压力稳定，保持喷枪与混凝土面距离一致，保证喷涂均匀。对于颜色较深的混凝土墙面，可以增加喷涂遍数，使混凝土面质感更加趋于一致。

3.7 成品保护

为避免在工程交工验收阶段，因场地清理，机具退场等造成成品混凝土污染和损坏，应在工程交工前，对墩柱外表面用塑料薄膜进行保护，并对场地施工人员加强成品保护意识的教育。

4 质量控制

4.1 实体质量

清水混凝土的实体质量除应满足《公路桥涵施工技术规范》(JTG 041—2000)的要求外，混凝土的碱含量、氯离子含量等均应满足耐久性的要求。

4.2 模板工程

(1)模板及其支架不得有松动或下沉等现象。

(2)模板必须接缝严密，不得跑模漏浆；模内必须洁净。

(3)凡需起拱的构件模板，其预留拱度应符合规定。

(4)模板、支架制作和安装允许偏差应符合表1和表2的规定。

表1 模板、支架制作的允许偏差

检查项目			允许偏差(mm)
木模板	模板的长度和宽度		±5
	刨光模板相邻板面高低差		1
	刨光模板表面平整度		3
	板面间的缝隙宽度		1
	支架(拱架)尺寸		±4
钢模板	外形尺寸	长和宽	0,−1
		肋高	±5
	面板端偏斜		≤0.3
	模板配件(螺栓、卡子等)的孔眼位置	孔中心与板面的间距	±0.3
		板端中心与板端间距	0,−0.5
		沿板长、宽方向的孔距	±0.6
	板面平整度		1.0
	板面和板侧挠度		±1.0

表2 模板、支架及拱架安装的允许偏差

检查项目		允许偏差(mm)
模板标高	柱、墙和梁	±10
	墩台	±10
截面内部尺寸	上部构造的所有构件	+4,0
	墩台	±20
轴线位置	柱或墙	8
	梁	10
	墩台	10

续上表

检 查 项 目		允许偏差(mm)
装配式构件支承面的标高		+2,−5
相邻两板面高低差		2
表面平整度		3
预埋件中心线位置		3
预留孔洞中心线位置		10
预留孔洞尺寸		+10,0
支架(拱架)	纵轴的平面位置	跨度的 1/1000 或 30
	拱架的标高(包括建筑拱度在内)	+20,−10

4.3 钢筋工程

(1)钢筋的技术条件必须符合设计要求及有关标准的规定,表面应洁净,不得有锈皮、油渍、油漆等污垢。

(2)钢筋必须顺直,调直后表面伤痕及锈蚀不应使钢筋截面积减少。

(3)钢筋弯曲成型后,表面不得有裂纹、鳞落或断裂等现象。

(4)钢筋安装位置允许偏差应符合表 3 的规定。

表 3 钢筋安装位置允许偏差

检 查 项 目			允许偏差(mm)
受力钢筋间距	两排以上排距		±5
	同排	梁、板	±10
		墩台、柱	±20
箍筋、横向水平钢筋、螺旋筋间距			0,−20
钢筋骨架尺寸		长	±10
		宽、高或直径	±5
弯起钢筋位置			±20
			0,−10
保护层厚度	柱、梁		±5
	板		±3

4.4 混凝土工程

(1)混凝土的原材料、配合比必须符合有关标准、规范的规定,混凝土的强度等级必须符合设计要求。

(2)桥墩和箱梁尺寸允许偏差应符合表 4 和表 5 的规定。

表 4 桥墩尺寸允许偏差

检 查 项 目	允许偏差(mm)	检 查 项 目	允许偏差(mm)
轴线位置	10	墩柱顶面标高	±10
相邻间距	±15	垂直度	结构全高的 0.3%,且不大于 20

表 5　箱梁尺寸允许偏差

检 查 项 目		允许偏差(mm)
轴线位置		10
梁(板)顶面标高		±10
截面尺寸	高度	+5,−10
	顶宽	±30
	箱梁底宽	±20
	顶、底、腹板或梁肋厚	+10,0
长度		+5,−10
横坡		±0.10%
平整度		4

4.5　外观质量

(1)清水混凝土的外观质量不应有严重缺陷。对已经出现的严重缺陷和一般缺陷,均应由施工单位提出技术处理方案,经监理(建设)单位、设计单位认可后进行处理。

(2)清水混凝土外观质量应符合表 6 的要求。

表 6　清水混凝土外观质量验收表

检 查 项 目	质 量 要 求	检 查 方 法
颜色	颜色基本均匀,没有明显色差	距离混凝土面 5m 观察
修补	基本无修补	距离混凝土面 5m 观察
气泡	气泡分散,最大直径不得大于 8mm,深度不得大于 2mm,每平方米不大于 $20cm^2$	距离混凝土面 5m 观察,尺量
裂缝	宽度不大于 0.2mm,且长度不大于 1m	尺量、刻度放大器
光洁度	无漏浆、流淌及冲刷痕迹,无油迹、墨迹及锈斑,无粉化物	观察

5　结语

太原机场高架桥采用清水混凝土这一施工技术,由起重机吊装就位的机械化施工,降低劳动强度 30%,加快了施工进度,节约工期近 20 天,不仅满足了业主对工程质量的要求,还达到了环保节能的效果,取得了良好的社会效益。

高速列车振动作用下复杂混凝土结构疲劳性能及耐久性研究与应用

张希黔，张爱莉，曹永红

中建总公司施工技术专业委员会

高速化已成为当今世界铁路发展的共同趋势。2003 年 10 月，中国第一条高速铁路——秦沈客运专线正式通车，标志着我国开始迈向高速铁路时代。根据中长期规划，至 2020 年我国将建成以“四纵四横”为干线、城际和区域线路为辅的高速铁路网，涉及新建站房达 200 座。因作用条件和设计标准体系存在较大差异，传统车站站房建筑与铁路站场在结构布置和设计上是独立。随着建筑技术的发展，特别是现代计算机技术的应用，结构模拟和数据分析计算能力的提高，使得对复杂结构体系在复杂环境作用下的应力分析和监控成为可能，促进了建筑结构形式的创新和发展，在建筑功能集约化、人性化的需求下，出现了铁路桥梁和房屋建筑结构共同组成的一种特殊结构体系的新型车站建筑。正在建设中的武汉—广州高速铁路客运专线的武汉火车站就采用了这种结构体系(见图 1)。

图 1　武汉高速列车站

为保证高速列车安全运行和旅客乘坐舒适，高速铁路对线下路基、桥涵等结构的工后沉降、体积稳定性和耐久性提出更高的要求，对适用于高速铁路的高性能混凝土的研究成为现实中迫切需要解决的问题。

国内外对钢筋混凝土梁的疲劳性能的试验研究虽然取得较为丰富的研究成果，但迄今为止，尚未得出一套成熟的、可以用于实际工程的计算理论和计算方法；这些试验研究一般仅限于矩形梁或 T 形梁，对类似武汉火车站采用的复杂箱形截面的预应力混凝土梁，国内外尚没

[作者简介] 张希黔，中建总公司施工技术专业委员会主任委员，重庆大学现代施工技术研究所所长

有研究先例;对受腐蚀钢筋混凝土结构动力性能的研究仍然极少,特别是对受腐蚀钢筋混凝土结构疲劳性能的研究几乎还是空白。因此,开展对复杂箱形截面混凝土梁的疲劳寿命试验研究、耐久性损伤对其疲劳寿命、动力特性的影响的研究具有重要的理论意义和工程应用价值。

1 研究内容

研究内容主要包括:高速列车振动对混凝土结构疲劳与耐久性的影响规律及控制方法,复杂箱形截面预应力混凝土梁在高速列车振动下的疲劳寿命曲线,提高复杂箱形截面预应力混凝土梁耐久性和疲劳性能的工程材料措施以及相应的施工技术,不同材料桥面板的减振效果等。

2 创新及关键技术

2.1 疲劳试验

2.1.1 试验模型

以在建的武汉火车站 36m 跨度的复杂箱形预应力混凝土桥梁为试验原型,桥墩为上部变径圆形截面,下部直线段直径 5.3m。梁部为现浇预应力混凝土箱形截面,单箱五室,桥面呈槽形(中部为双线轨道,两侧为站台),底部为鱼腹式。梁宽 15.5m,简支梁高 5.1m,连续梁拱高 5.1～11m(见图 2)。

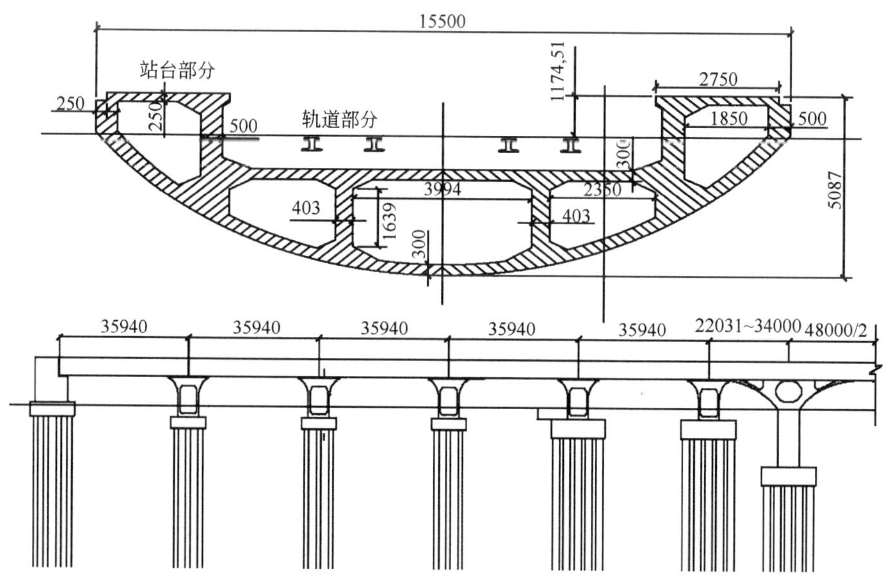

图 2 复杂混凝土箱梁

为使模型材料和原型结构材料的应力—应变关系尽可能相似,需进行辅助材性试验。

(1)模型用微粒混凝土的配合比试验　微粒混凝土在单周受压时 70mm×70mm×70mm 和 100mm×100mm×100mm 棱柱体强度的测定。

(2)不同锈蚀程度的模拟　采用实验室快速腐蚀方法,使用裂缝检测技术和钢筋锈蚀量检测技术分别制备钢筋锈蚀率为5%、10%和15%的模型构件。

(3)模型用镀锌钢丝的单轴受拉应力—应变关系曲线的测定　模型中各构件截面钢筋根据等强换算原则确定，即

$$A_s^m = \frac{f_y^p}{f_y^m}\frac{A_s^p}{S_E S_L^2}$$

式中：A_s^m——模型所需镀锌钢丝的面积；

A_s^p——原型钢筋面积；

f_y^p——原型钢筋的抗拉强度；

f_y^m——模型用镀锌钢丝的抗拉强度；

S_L——模型采用的长度相似比；

S_E——模型采用的弹性模量相似比。

(4)模型相似设计　采用人工质量模拟的强度模型，采用量纲分析法确定相似关系。模型设计时着重考虑满足构件的相似关系，使梁满足尺寸相似关系，同时按等强换算原则计算配筋。

以长度、弹性模量为基本相似关系参数，通过对混凝土试块进行材性试验，得到模型用混凝土材料的弹性模量，将模型混凝土实测弹性模量与原型结构混凝土设计弹性模量相比得到模型材料弹性模量相似系数。根据量纲分析法，可推导得到模型和原型结构之间的相似关系表达式，从而计算得到试验的一些主要相似系数。

(5)模型制作　模型构件尺寸相对较小，制作精度要求高，对模型施工有很高的要求，这是本次试验的难点之一。模型中钢筋混凝土梁外模采用木模板或有机玻璃，内模采用泡沫塑料。

2.1.2　工况模拟

根据高速列车的工作状态，将工况分为减速—静止、匀速前进和静止—加速三种情况，根据高速列车的班次、间隔时间、荷载以及高速列车的加速度(启动)、负加速度(刹车)确定典型的载荷循环块。在各箱梁模型的跨中部位布置加速度传感器。模拟列车荷载或者冲击荷载进行振动加载，振动信号通过加速度传感器、信号放大器传递到数据采集系统，从而得到各箱梁模型的加速度响应。

2.1.3　实验室试验

采用重庆大学大型结构实验室的MTS系统进行疲劳试验。

(1)采用相对Miner线性累积理论研究变幅荷载下复杂箱形截面预应力混凝土梁的损伤累积规律。

(2)混凝土梁中钢筋应力重分布规律是影响混凝土梁疲劳强度的重要因素，通过试验中钢筋应变变化的规律就可以确定钢筋的疲劳寿命曲线。

(3)通过若干个模型试验的 N-S 曲线，通过回归方法确定复杂箱形截面预应力混凝土梁的疲劳寿命曲线。

(4)已有的研究表明，采用纤维混凝土可以大大改善混凝土材料的弯曲疲劳性能和疲劳寿命，考虑到工程造价问题，在复杂箱形截面预应力混凝土梁中疲劳荷载作用点附近掺入局部高密度钢纤维，以改善复杂箱形截面预应力混凝土梁的疲劳性能，并通过试验研究确定掺入局部高密度钢纤维的复杂箱形截面预应力混凝土梁的 N-S 曲线。

(5)研究表明，混凝土中密闭孔隙的含量可以极大提高其抗冻性，而表面孔隙率的降低以

及密实度的提高可以减少腐蚀性介质的侵入，因此，采用在混凝土中掺入引气剂、限制混凝土拌和物的水灰比、适当增加混凝土保护层厚度等措施以提高混凝土的抗冻性和耐腐蚀性，并通过试验确定采取上述措施后复杂箱形截面预应力混凝土梁的 N-S 曲线。

通过上述研究，总结出提高复杂箱形截面预应力混凝土梁耐久性能和抗疲劳性能的设计方法和工程措施。

2.2 减振试验

2.2.1 试验模型

采用箱梁 1/9 缩尺模型，进行减振试验。采用三根相同的箱梁模型，支承条件为简支，模型一材料为钢筋混凝土，模型二为钢筋混凝土中添加硅烷化的硅灰，模型三为钢筋混凝土中添加苯丙乳液(见表 1)。

表1 箱梁模型材料

模 型 一	模 型 二	模 型 三
钢筋混凝土，混凝土强度等级和预应力钢筋、普通钢筋配置同实际箱梁	在模型一的基础上添加硅烷化的硅灰，硅灰的用量按水泥重量的 15%	在模型一的基础上添加苯丙乳液，苯丙乳液的用量按水泥重量的 25%

2.2.2 现场测试

选择一根箱梁，其上铺设 4cm 厚的桥面板，材料采用添加硅烷化的硅灰的细石混凝土(硅灰用量同模型二)；另选择一根箱梁，其上铺设 4cm 厚的桥面板，材料采用添加苯丙乳液的细石混凝土(苯丙乳液的用量同模型三)；作为对比，选择一根铺设普通混凝土桥面板的箱梁(见表 2)。三根箱梁各放置加速度传感器，每根箱梁各用 8 个，记录下在自然激励和列车运行激励下箱梁的振动信号。

表2 现场测试箱梁

箱 梁 一	箱 梁 二	箱 梁 三
铺设普通混凝土桥面板	其上铺设 4cm 厚的桥面板，材料采用添加硅烷化的硅灰的细石混凝土(硅灰用量同模型二)	其上铺设 4cm 厚的桥面板，材料采用添加苯丙乳液的细石混凝土(苯丙乳液的用量同模型三)

2.2.3 对比分析

分析实验室测试得到的各箱梁模型的加速度响应，得到其各自的阻尼特性。分析加速度响应的时域信号和频谱，得到各箱梁模型的振动强弱。对比三根箱梁模型的结果，可知添加不同材料对模型阻尼特性的影响，阻尼大的减振效果更好。将结果与测试记录的各模型振动信号对比，验证阻尼特性对减振的影响。由现场测试的结果，采用与实验室结果相同的分析过程，得到不同材料桥面板的减振效果。分析各振动信号及其频谱，得到三根箱梁各自的模态参数，考察不同材料桥面板对箱梁模态的影响。

3 实施效果

(1)高速列车振动对混凝土结构疲劳与耐久性的影响规律及控制方法。

(2)复杂箱形截面预应力混凝土梁在高速列车振动下的疲劳寿命曲线。

(3)提高复杂箱形截面预应力混凝土梁耐久性和疲劳性能的工程材料措施以及相应的施

工技术。

(4)抗冻、抗腐蚀、抗疲劳的高耐久性混凝土技术(专利、产品)。

参考文献

[1] 李秀芬,吴佩刚,赵光仪.高强混凝土梁抗弯疲劳性能的试验研究[J].土木工程学报,1997,30(5):37-42.

[2] 陈浩军,彭艺斌,张起森.冷轧带肋钢筋混凝土受弯构件疲劳性能的试验研究[J].东南大学学报,2002,32(5):737-740.

[3] 李惠民,顾传霖.钢筋混凝土梁斜截面疲劳强度及裂缝控制[J].建筑结构学报,1989,10(6):2-9.

[4] 易成,沈世钊,谢和平.局部高密度钢纤维混凝土弯曲疲劳性能研究[J].土木工程学报,2001,34(6):1-6.

[5] 华渊,张少波,姜稚清.混杂纤维增强混凝土弯曲疲劳性能的试验研究[J].混凝土与水泥制品,1997(4):40-43.

高性能混凝土在我国高速铁路工程中的应用

张　勇，杨富民

中国铁道科学研究院铁道建筑研究所

1 引言

2008年底我国铁路营运里程约7.9万km，位居世界第三。但人均拥有的铁路公里数量仅0.61km/万人，远远落后于加拿大、美国、日本、欧洲等国家，与印度数量相近，仅约为美国的1/16、俄罗斯的1/10等，见表1。

表1　国内外铁路建设基本情况

项　目	中国	美国	俄罗斯	印度	日本	德国	英国	法国	加拿大
营业里程(km)	79000	272812	85286	63221	20060	34715	16116	29246	48683
路网密度(km/万人)	0.61	9.63	5.94	0.57	1.57	4.21	2.68	4.82	15.12

注：中国数据为2008年统计，其余国家数据为2004年统计资料。

目前，我国铁路建设存在路网规模总量与人口、国土面积和经济发展水平相比不相称；技术装备水平、列车运行速度与国际先进水平相比差距大；主要干线能力紧张等问题。要根本解决铁路“瓶颈”制约，必须实现跨越式发展。因此，2004年初国家相继批准了一大批铁路重点工程开工，颁布了的《中长期铁路网规划》。目前，铁路建设已成为我国应对国际金融危机背景下，拉动内需保持经济增长的重要投资方向，2008年10月铁道部又对《中长期铁路网规划》进行了调整，把原定2020年铁路营业里程达到10万km增加到12万km以上，其中客运专线由1.2万km调整为1.6万km。

国际上公认列车最高运行速度达到200km/h及以上的铁路叫高速铁路。客运专线指专门运送旅客不运输货物的铁路，铁路的大规模建设是以高速铁路和客运专线大规模建设为代表的。2008年7月，京津城际铁路开通运营，最高时速超过了350km。目前，胶济、合武、合宁、石太等客运专线均已开通，2009年底，郑西、武广、温福、福厦、甬台温铁路等也将陆续开通运营，2012年将要有1.3万km的高速铁路和客运专线开通运营。

2 高速铁路混凝土相关技术标准

高速铁路混凝土数量巨大，如2008年4月18日开始修建的京沪高速铁路混凝土方量达

[作者简介] 张　勇，中国铁道科学研究院铁道建筑研究所副主任，第七届混凝土与水泥制品分会理事会副理事长

到3000多万立方米。因此，提高混凝土耐久性意义重大，铁路部门在秦沈客运专线、青藏铁路等工程的有关混凝土耐久性技术条件、《混凝土结构耐久性设计与施工指南》(CCES 01—2004)，以及国内外其他有关标准和规范的基础上，对现行规范中有关混凝土材料的规定做出补充改进，于 2003 年陆续制定了混凝土结构耐久性设计、验收标准、高性能混凝土技术条件、施工指南等技术标准。相关人员全面了解到铁路混凝土材料的性能指标要求，在设计、施工和质量检验、验收过程中做到“有法可依”，保证铁路工程建筑物正常使用服务年限，保证施工过程中的质量控制以及为运营管理部门提供耐久性要求相关的重要信息，并填补我国铁路混凝土耐久性规范方面的空白，具体如下：①铁路混凝土结构耐久性设计暂行规定(铁建设〔2005〕157 号)；②铁路混凝土工程施工质量验收补充标准(铁建设〔2005〕160 号)；③《铁路混凝土工程施工技术指南》(TZ 210—2005)；④客运专线高性能混凝土暂行技术条件；⑤客运专线预应力混凝土预制梁暂行技术条件；⑥350km/h 客运专线有碴轨道预应力混凝土轨枕本技术条件；⑦客运专线铁路 CRTSI 型板式无碴轨道混凝土轨道板暂行技术条件；⑧客运专线铁路 CRTSII 型板式无碴轨道混凝土轨道板(有挡肩)暂行技术条件；⑨客运专线铁路双块式无碴轨道双块式混凝土轨枕暂行技术条件等。

3 铁路混凝土耐久性的相关规定

铁路混凝土结构的耐久性根据结构的设计使用年限、环境类别和作用等级进行设计。设计使用年限分为一级(100 年)、二级(60 年)、三级(30 年)三个级别。100 年设计使用年限主要指桥梁工程等永久性结构，60 年设计使用年限主要应用于轨枕、轨道板等构件，30 年设计使用年限多用于小型构件，如盖板、栏杆等。结构物所处环境条件分为 5 种环境类别，17 个作用等级。①碳化环境：T1、T2、T3 ；②氯盐环境：L1、L2、L3；③化学侵蚀环境：H1、H2、H3、H4；④冻融破坏环境：D1、D2、D3、D4；⑤磨蚀环境：M1、M2、M3。

混凝土耐久性依据结构物所处环境条件和设计使用年限提出相应耐久性技术指标要求来考察混凝土的耐久性能，具体如下：①电通量；②抗冻等级；③抗碱—集料反应性能；④抗裂性采用对比试验；⑤混凝土耐磨性；⑥抗渗性能；⑦耐腐蚀性能。

规范还对混凝土保护层厚度提出要求，对混凝土配合比中的最大水胶比和单方混凝土胶凝材料的最低用量提出要求。此外，在严重腐蚀地区规定应采用防腐蚀附加措施，对混凝土表面涂层和防腐蚀面层、涂层钢筋和耐蚀钢筋及钢筋阻锈剂作出了明确规定，如温福铁路客专设计采用了表面涂层、钢筋阻锈剂等防腐蚀附加措施。

4 无碴轨道混凝土应用及技术要求

高速铁路的核心技术是高速度，它对轨道结构提出了高平顺性和高稳定性的要求，包括有碴轨道和无碴轨道两种形式，无碴轨道是高速铁路工程技术的发展方向。2005 年开始，国内先后引进了国外高速铁路先进的无碴轨道系统，主要包括德国的 Bögl 型(博格板型轨道板)、Züblin 型(旭普林型)和 Rheda2000 型(雷达 2000 型)、日本的普通 A 型和框架型轨道板四种形式，与其相关的设计、制作、施工及相关接口技术已分别在京津城际轨道交通工程、郑西客运专线、武广客运专线上应用。

无碴轨道结构形式总体设计方案分为两大类，即：预制板式无碴轨道和现浇混凝土式无碴轨道，预制板式无碴轨道结构从总体上又分为单元板式和纵连板式。国内在前期研究成果的基础上，借鉴国外高速铁路无碴轨道结构的成功经验，经过引进消化吸收后，建立了自己的无碴轨道技术体系，即 CRTS I 型(哈大、沪宁铁路等采用 I 型轨道板结构)、CRTS II 型(京津城际、京沪高速铁路等采用 II 型轨道板结构)、双块式(武广、郑西铁路)等无碴轨道形式，如图 1～图 3 所示。

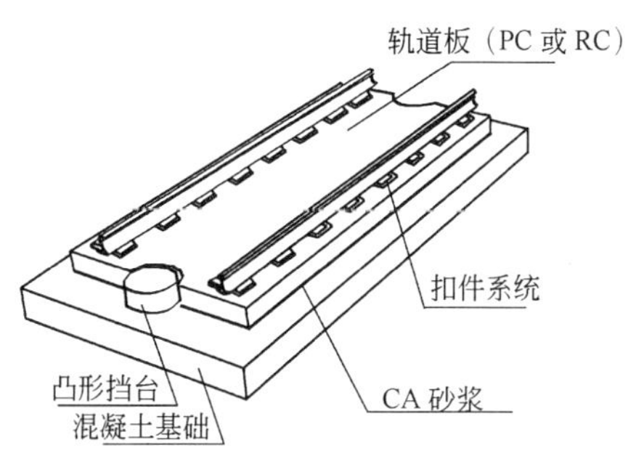

图 1　CRTS　I 型轨道板结构示意

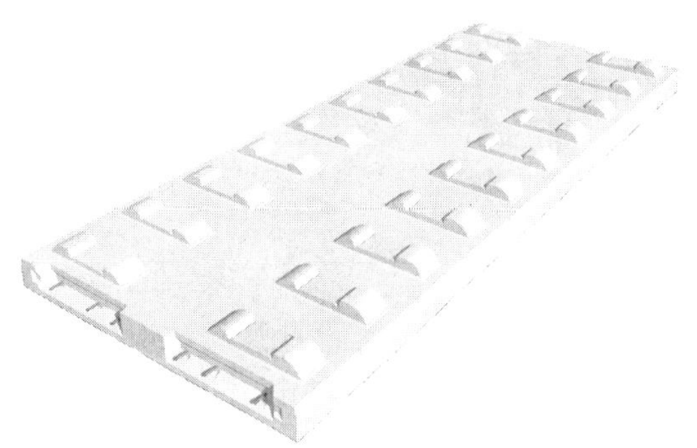

图 2　CRTS　II 型轨道板结构示意

建设中的京沪高铁和 2008 年已开通运行的京津城际铁路主要采用 CRTS II 型板式无碴轨道，这种轨道形式将在未来高速铁路建设中大量采用。该种轨道形式，混凝土轨道标准板质量约 9.6t，长 6.45m，宽 2.55m，厚 0.2m，主要沿袭了德国博格无碴轨道的特点，采用预应力轨道板结构、经数控磨床打磨的高精度承轨槽、轨道板快速测量定位系统，以及高性能沥青水泥砂浆垫层(CA 砂浆)等先进的技术和工艺，同时又结合以长桥为主的实际情况，对长桥上无碴轨道结构进行了改进，增加了钢筋绝缘保护的措施等。无碴轨道用高性能混凝土的技术要求见表 2。

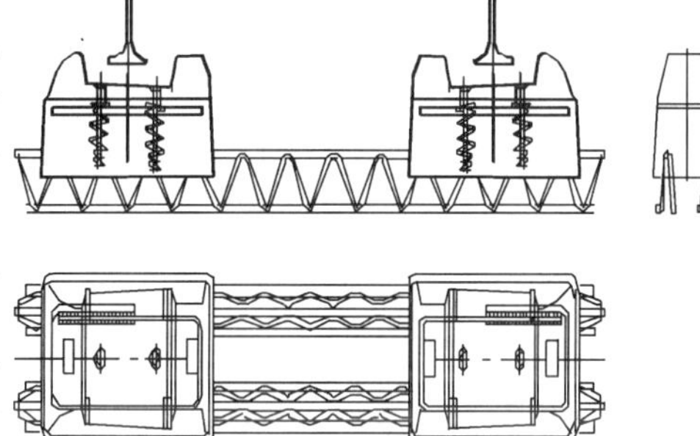

图 3　双块式混凝土轨枕结构示意

表 2　无碴轨道用高性能混凝土的技术要求

序号	项　目	国内的技术要求		
		双块式轨枕	CRTS I 型板	CRTS II 型板
1	强 度 等 级	C60	C50	C55
2	胶材用量(kg/m³)	≤500	≤500	≤500
3	水胶比	≤0.35	≤0.35	≤0.35
4	坍落度(mm)	1.20±0.05*	80～150	80～150
5	抗冻性	F300	F300	F300
6	电通量 C	＜1000	＜1000	＜1000

注：* 指密实度。

5　桥梁工程混凝土应用及技术要求

新建客运专线铁路桥梁大量采用 24m 或者 32m 后张法整孔预应力简支箱梁，采用现场预制，架桥机架设的施工工艺和方法，也有少量现浇梁。其中，最具有代表性的是自重约 900t 的

32m预制预应力箱梁，桥梁结构示意图如图4所示。

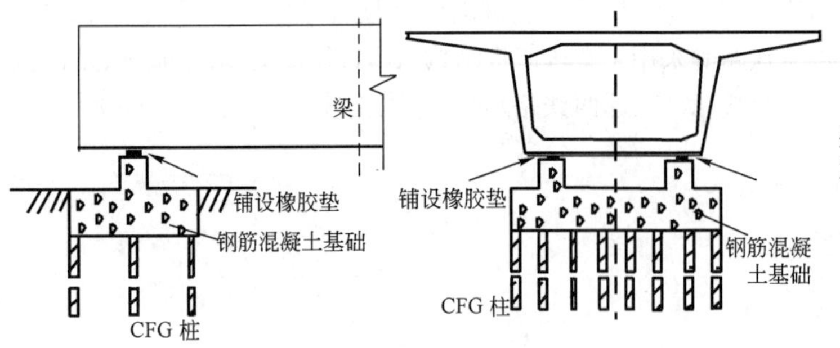

图4　桥梁结构示意

预应力箱梁混凝土设计强度一般为C50，混凝土的胶凝材料用量不高于500kg/m³。例如，根据《铁路混凝土结构耐久性设计暂行规定》等相关规范、设计图纸以及混凝土结构物所处的环境条件，对目前正在施工的某铁路客专有代表性的桥梁混凝土结构(包括灌注桩、桥墩、梁体)所采用的高性能混凝土性能要求见表3。

表3　某铁路客专桥梁结构高性能混凝土技术要求参考

结构类型	强度等级	耐久性要求						坍落度要求(mm)	含气量要求(%)
		电通量56d(C)	抗冻性56d	抗渗性56d	碱—骨料反应	抗裂性	耐腐蚀性		
灌注桩	C30	≤1500	不要求	不要求	合格	对比试验	合格	200±20	2～4
墩、台身 隧道衬砌	C30	≤1500	F300/ 不要求	P8	合格	对比试验	合格	180±20/ 130±20	4～6.5或 2～4
梁体	C50/C55	≤1000	F300	P20	合格	对比试验	不要求	180±20	2～4

此外，梁体管道压浆技术要求有了较大改进，采用比较先进的真空辅助压浆工艺，强化了材料的工作性、体积稳定性和防腐蚀性能，对浆体的泌水率、流动度、凝结时间、充盈度、强度、膨胀率、护筋性等性能提出了指标要求。桥梁架设也采用灌注具有早强、自流平和微膨胀性能的砂浆材料代替了传统的干硬性砂浆施工方法，避免了梁体三点受力，提高了梁体耐久性。

6　结语

(1)铁路混凝土结构耐久性等相关系列标准的制定和统一为保证混凝土结构的正常使用寿命提供了依据。

(2)高性能混凝土在铁路大规模推广尚属首次，自2003年开始高性能混凝土在京津、武广、郑西、京沪等几十条客运专线上得到广泛应用，现场使用效果良好。

(3)施工中需要进一步总结混凝土冬期施工、严重腐蚀环境条件下混凝土耐久性以及混凝土的抗裂、防裂等问题，收集现场数据，为技术标准改进提供参考。

(4)目前尚不能准确预测混凝土结构物的使用寿命，各耐久性指标也是经验值或参考值，下一步需要对结构物进行长期实时监控，发现问题及时处理，使混凝土结构物真正达到设计使用寿命。

CRTS II 型轨道板混凝土配制途径探讨

吴志刚，郝挺宇，涂玉波，侯学力

中冶建筑研究总院高性能混凝土研究院

1 引言

无砟轨道系统(Ballastless Track System)又称板式轨道系统(Slab Track System)，由于其平整度高，稳定性好，乘坐舒适等优点，备受高速铁路的青睐。CRTS II 型板是我国 CRTS (China Railway Track System)II 型无砟轨道交通系统的重要组成部分，是在引进吸收德国博格板的基础上再创新得到的。京津城际轨道交通工程全线采用 CRTS II 型板，共铺设 19617 块，合计用混凝土 $67480m^3$，全部采用 P·II 52.5 水泥配制，强度等级为 C55。

目前京沪高铁已确定主要使用 CRTS II 型板，本文就此种轨道板所用混凝土的配制途径进行了探讨。

2 CRTS II 型轨道板主要技术指标

2008 年 6 月，铁道部科技司颁布了科技基〔2008〕74 号文件《客运专线铁路 CRTS II 型板式无砟轨道混凝土轨道板暂行技术条件》，这成为我国首部用于 CRTS II 型轨道板混凝土质量控制的规范性文件。其中对混凝土技术指标要求见表 1。

表 1 CRTS II 型轨道板混凝土技术指标

序号	技术指标	单位	限定值
1	强度等级	—	C55
2	水泥用量	kg	不应大于 500
3	水胶比	—	不宜大于 0.35
4	含气量	%	不应大于 3.0
5	入模混凝土温度	℃	应在 5～30
6	入模时模板温度	℃	宜在 10～30
7	混凝土养护方法	—	早期覆盖自养护
8	最高芯部温度	℃	不宜超过 55
9	放张强度	MPa	不得低于 48

[基金项目] 863 计划重点项目课题 2008AA030704 资助

[作者简介] 吴志刚，中冶建筑研究总院高性能混凝土研究院混凝土室副主任，工程师

续上表

序　号	技术指标		单　位	限定值
10	试件养护方法		—	水浴温度匹配养护
11	出厂时表面与环境温差		℃	≤20
12	28d 电通量		C	≤1000
13	28d 抗冻性能		—	D300
14	总碱含量	集料有碱活性	%	不应大于 3.5
		集料无碱活性	%	不应大于 3.0
15	氯离子总含量		%	不应大于 0.06

目前从技术角度来讲，配制满足表 1 技术要求的混凝土是非常容易的。但结合我国工程实际，CRTSII 型轨道板一般为室内工厂化生产，为了加快模具的周转和达到最高的人工利用率，降低生产成本，施工工艺要求在满足施工性能的基础上，混凝土应在自养护条件下，16h 以内达到放张强度即 48MPa，这项指标成为制约 CRTSII 型轨道板混凝土配制的瓶颈问题。

根据德方建议，京津城际轨道交通工程 CRTSII 型轨道板混凝土采用超细水泥，并于冀东水泥厂定制生产，这种做法极大地增加了混凝土成本，提高了工程造价。为解决这一矛盾，中冶集团建筑研究总院、中国铁道科学研究院、中国建筑材料科学研究院以及中国中铁房山桥梁厂等单位组织科研人员进行大量的试验研究，并取得了一定的成果，提出了 CRTSII 型轨道板混凝土配制的新途径。

3　CRTSII 型轨道板混凝土主要配制方法

CRTSII 型轨道板混凝土早期既要有流动性、保塑性，方便施工，又要满足 16h 达到 48MPa 强度，理论上是互相矛盾的。目前解决这一矛盾的途径有如下几种方法：

(1)采用超细水泥提高早期强度　京津城际轨道交通工程 CRTSII 型轨道板混凝土采用 P·II52.5R 型水泥，水泥细度在 500～600m^2/kg，于冀东水泥厂定制生产，不使用掺和料。各项指标均满足要求，并在京津城际铺设近 2 万块 CRTSII 型轨道板。

此方法的优点在于水泥比表面积大、较细、早期水化快，自养护过程中放热较快、较多，有利于早期混凝土强度的增长；缺点是所采用水泥为专门定制，需要专门的生产线生产，提高了水泥造价和工程成本。

(2)采用早强掺和料提高混凝土早期强度　为了降低生产成本，实现技术的自主创新，国内几家大型科研院所率先开展了此方面的研究，并开发出一种能提高混凝土早期强度的掺和料。目前，早强掺和料主要分为活性和惰性两种，活性掺和料主要是采用具有活性的掺和料(超细矿渣、硅灰等)，再通过复合激发剂，激发水泥早期强度。惰性掺和料主要是以超细碳酸盐岩粉为主要原料的复合掺和料，同时复合激发剂，其主要原理是粒度分布理论。

此法优点在于避免了水泥定制的困难，可以采用现在市场流通的 P·II42.5 水泥，大大节约了生产成本。但目前市售早强掺和料价格昂贵，每吨售价是目前用普通掺和料(粉煤灰、矿粉)的 5 倍以上，故此法虽然从水泥上节约了生产成本，但掺和料又大大提高了混凝土的生产成本。此方法目前正被选择性接受。

(3)采用早强外加剂提高混凝土早期强度。用早强外加剂配制轨道板混凝土的方法，在目前是比较经济的方案。目前高速铁路土建工程推荐使用聚羧酸外加剂。聚羧酸外加剂较大的优点是可以根据性能需要，优化分子结构，这使得采用早强型聚羧酸高效减水剂配制轨道板混凝土成为可能。通过早强型聚羧酸减水剂和普通混凝土掺和料（矿粉、优质粉煤灰等）可以满足轨道板混凝土技术条件的要求，并降低混凝土成本。

此方法的优点是原材料充足、易得，降低混凝土生产难度，而且降低了混凝土生产成本。缺点是此方法对早强型聚羧酸外加剂质量要求较高，应具备一定的保塑效果。

4　CRTSII 型轨道板混凝土典型配合比

经过大量的试验研究，前述三种方案均能配制出满足要求的混凝土，各种方案典型的配合比组成见表 2。

表 2　不同方案配制的典型混凝土配合比

方案编号	单方混凝土材料用量（kg/m³）						水胶比
	水泥	细集料	粗集料	掺和料	外加剂	水	
P01	430	752	1133	—	5.16	110	0.256
P02	400	640	1190	80	7.2	130	0.270
P03	420	646	1205	50	6.11	123	0.262
P04	380	649	1205	38/57	7.2	121	0.255

注：P01 采用比表面积在 500～600m²/kg 的 P・II52.5R 水泥，其他几种方案均采用 P・II42.5 水泥。P02 采用惰性早强掺和料；P03 采用市售早强活性掺和料；P04 用普通粉煤灰和矿粉，采用国产早强型聚羧酸。

以上几组方案经过实验室试验证明，采用跟踪养护方式养护 16h 后，放张强度均能达到 50MPa 以上，其力学性能满足设计要求，28d 电通量亦满足标准要求。其主要性能指标如表 3 所示。

表 3　不同方案配制的混凝土性能

方案编号	同步养护温度（℃）		抗压强度（MPa）		28d 电通量（C）	单方材料成本（元）
	最高	平均	16h	3d		
P01	55	—	＞50	—	—	＞500
P02	54	41	49.1	72.1	645	358
P03	50	40	50.0	64.2	750	415
P04	55	45	51.6	65.4	632	327

注：表中计算成本时原材料的价格是目前的市场价，因 P01 中超细水泥已经不再用于轨道板，没有参考价格，同时京津城际用巴斯夫减水剂，价格高于国内同类减水剂较多，此处只估算出成本最低值。

由表 3 可以看出，在性能指标满足设计与施工要求的前提下，采用普通掺和料的方案明显优于其他几种方案。若京沪高速铁路全线采用粉煤灰和矿粉复掺的技术路线，将节约混凝土成本 1 亿元以上。

5　结语

（1）CRTSII 型轨道板作为一种新产品，达到其性能指标的要求有不同的技术途径。

（2）经过现场试配，采用普通掺和料＋早强聚羧酸减水剂的路线较为经济可行。

京津城际 CRTS II 型轨道板混凝土施工技术

谢素芳

中铁六局集团有限公司

中铁丰桥桥梁有限公司平谷分公司承担新建铁路北京至天津城际轨道交通站前工程北京段范围内轨道板预制，总铺轨单线公里为97.587km，轨道板总量为14910块，其中标准轨道板总量为14848块，特殊板34块，补偿板28块。工程自2005年11月15日开工，2007年10月23日全部轨道板供应完毕。博格式无砟轨道板的预制在国内是第一次，本文主要介绍CRTSII型轨道板制作过程中超细水泥的研制及在轨道板中的应用。

1 对原材料的要求

由于本项目产品属引进德国博格公司技术，在国内首次生产，在技术消化吸收过程中，需要解决诸多问题，我们在前期做了大量的原材料比选工作。

1.1 砂石

根据博格公司的检验标准，要求粒径0～5 mm，细度模数2.4～2.8，含泥量≤2.0%，泥块含量≤0.5%，碎石外形尺寸为5～10mm和10～20mm两种，泥污含量≤0.5%，泥块含量≤0.25%。在选择原材料的过程中，我们在北京、天津、河北等地共选取了4个生产厂家的石子，经试验合格后送至铁道部建筑科学研究院做坚固性及碱活性试验，经检验最终选定天津蓟县的石子。选取3个生产厂家提供砂子，送铁道部建筑科学研究院做全项试验，其中两家的砂子符合国内标准，随后将这些试验合格的砂、石送到德国做冻融试验，符合德国标准，最终选定生产轨道板用砂、石。

1.2 水泥

根据博格公司的技术要求，必须使用硅酸盐水泥且无掺和料，2d强度达到40MPa、28d强度达到65MPa，比表面积500～600m²/kg，国内没有生产这种水泥的厂家，为此我们按德国的水泥标准同厂家洽谈试制水泥，因为转让资料中强调混凝土芯部温度必须控制在60℃以下，所以必须控制硫酸盐含量≤3.5%；同时还必须控制熟料中铝酸三钙含量≤8%，如果铝酸三钙含量过高，虽然能够提高早期强度，但是水泥的水化热将加快，坍落度损失也快，这给水泥厂家出了难题。国内水泥厂通过大量的试验研究，最终生产出P·I 52.5R超细水泥，符合博格公司的技术要求，可用于轨道板生产。

[作者简介] 谢素芳，中铁六局集团有限公司工程师

1.3 预应力钢材

轨道板用的 $\phi10$ 预应力钢筋及 $\phi20$ 的精轧螺纹钢筋也属于特殊材料，国内并无相应标准。博格公司的技术要求，$\phi10$ 预应力钢筋屈服强度＞1420N/mm^2，抗拉强度＞1570N/mm^2，伸长率＞6％，弹性模量为 205000N/mm^2；$\phi20$ 精轧螺纹钢，增加了定尺加工的环节，主要技术参数应符合德国标准的有关规定，即屈服强度＞500N/mm^2，抗拉强度＞550N/mm^2，伸长率＞10％，经过与国内钢筋生产厂家多次洽谈协商及试制，最终生产出符合轨道板技术要求的钢材。

1.4 减水剂

要求减水剂减水率高、坍落度损失小、适量引气、能明显提高混凝土耐久性、质量必须稳定，经研究，聚羧酸类减水剂能达到以上要求，因此我们选择了雍阳、格雷斯和西卡减水剂进行试验，经过大量的水泥适应性试验，最终得出西卡减水剂减水率高、坍落度损失小、质量稳定，可用于轨道板生产。

2 混凝土的生产过程

2.1 混凝土配制

由于轨道板用混凝土的复杂性及国内原材料与德国之间的差异性，混凝土的试配工作困难重重。博格公司对混凝土配比及配制出的混凝土有如下要求：水泥用量在 380～430kg/m^3、水灰比 0.40～0.45、坍落度 15～20cm、含气量 1％～4％、脱模强度≥48N/mm^2、28d 强度≥64N/mm^2、28d 弹性模量≥35700N/mm^2、28d 抗弯强度≥6N/mm^2，根据以上要求，试验人员在德国专家的指导下进行了多次试验。试验过程中，为使混凝土脱模强度 16h 达到 48N/mm^2，对配合比进行了反复调整，先调整水泥用量、砂率，最后通过直接增加减水剂用量、降低水灰比，才最终使各项指标达到了博格公司要求，从而最终确定混凝土配合比，为正式开工创造了条件。

2.2 混凝土浇筑

混凝土浇筑时，模板温度宜在 10～30℃，当温度过低、过高时，应对模板采取升、降温措施。每次浇注前应按《普通混凝土拌和物性能试验方法标准》(GB/T 50080—2000)的规定对混凝土拌和物的温度、坍落度和含气量进行检查，浇注过程中应对拌和物的温度、坍落度进行抽查。轨道板混凝土应具有良好的密实性，浇注时应保证钢筋和预埋件的位置正确，每块板浇注时间不宜超过 20min。在每个台座最后一块轨道板浇注成型过程中，取样制作 3 组 150mm×150mm×150mm 混凝土抗压强度试件，用于混凝土脱模强度和 28d 抗压强度的检测；每隔半个月制作 1 组 28d 混凝土弹性模量试件。28d 标准试件制作完成后直接在标准养护室内进行养护，试件制作、养护应符合《普通混凝土力学性能试验方法标准》(GB/T 50081—2002)的规定。

2.3 混凝土养护

采用专用养护控制设备控制试件养护温度与台座内最后一块轨道板芯部温度一致。在养护期间混凝土芯部温度不超过 60℃。温控仪自动记录轨道板混凝土芯部温度变化数据。试件抗压强度达到 48MPa 时，操作人员关闭温控仪，相应台座混凝土养护过程结束，可进行脱模。

3 II 型无砟轨道板的试制

3.1 II 型无砟轨道板混凝土技术原理

为了能采用国内超细水泥原材料生产无砟轨道板，我们进行了大量的试验研究和对比分析，提出了无砟轨道用 II 型轨道板用混凝土配制技术。其关键技术在于：①采用超细水泥加砂、石、高效减水剂，调整超细水泥用量，促进早期水化进程，达到混凝土早期强度技术指标的要求；②通过材料之间相互匹配的研究，在保证性能的前提下，降低混凝土成本。

3.2 用于京津城际 II 型轨道板混凝土的原材料及其性能

(1)水泥　某水泥厂生产的 P·I 52.5 水泥，其性能指标见表 1。

表 1　水泥的性能指标

序　号	检 测 项 目		标准指标值	检 测 结 果
1	比表面积(m^2/kg)		>300	573
2	初凝时间(min)		≥45	127
3	终凝时间(min)		≤390	230
4	安定性		合格	合格
5	f-CaO(%)		—	—
6	不溶物(%)		≤0.75	—
7	SO_3(%)		≤3.5	2.5
8	氧化镁(%)		≤5.0	2.22
9	Cl^-(%)		—	0.023
10	总碱量(%)		—	0.50
11	烧失量(%)		≤3.5	1.71
12	强度	2d	≥38.0	44.2
		28d	≥42.5	63.6

(2)砂子　河北某地生产的中砂，其性能指标见表 2、表 3。

表 2　河砂的主要技术指标

检测项目	含泥量	泥块	坚固性	云母	轻物质	有机物	硫化物及硫酸盐	氯离子
含量(%)	1.2	0.4	0	0.0	0.1	合格	0.02	0.002

表 3　河砂的筛分结果

筛孔直径(mm)	9.5	4.75	2.36	1.18	0.6	0.3	0.15	底
累计筛余(%)	0	4	14	32	58	81	97	100

备注：经计算河砂的细度模数为 2.7，为 II 区中砂

(3)碎石　天津某地生产，由5～10mm和10～20mm两种规格的石子按2∶3的比例级配而成，其性能指标如表4、表5所示。

表4　碎石的主要技术指标

检测项目	含泥	泥块	坚固性	压碎值	针片状	氯离子	紧密空隙率	有机物含量
含量(%)	0.3	0.2	0	5.0	7.6	0.01	39	合格

表5　碎石的颗粒级配

筛孔直径(mm)	31.5	26.5	19.0	16.0	9.5	4.75	2.36
累计筛余(%)	0	0	8	32	63	98	100

备注：满足5～20mm连续级配的要求

(4)聚羧酸系高性能减水剂　性能指标见表6。

表6　高性能减水剂的性能指标

序　号	检 测 项 目		铁路标准指标值	检 测 结 果
1	水泥净浆流动度(mm)		≥240	256
2	氯离子含量(%)		≤0.2	0.01
3	硫酸钠含量(%)		≤10.0	0.34
4	碱含量(%)		≤10.0	0.23
5	减水率(%)		≥20	25
6	含气量(%)		—	2.2
7	坍落度保留值(mm)	30min	≥180	180
		60min	≥150	150
8	常压泌水率比(%)		≤20	0
9	压力泌水率比(%)		≤90	42
10	抗压强度比(%)	3d	≥130	191
		7d	≥125	163
		28d	≥120	140
11	对钢筋锈蚀作用		无锈蚀	无
12	收缩率比(%)		≤135	106
13	相对耐久性指标(200次)(%)		≥80	91
14	固体含量(%)		—	22

3.3　Ⅱ型轨道板混凝土的配合比及性能

Ⅱ型轨道板混凝土配合比为(kg/m^3)：水泥∶砂∶石∶水∶减水剂＝420∶713∶1142∶176∶5.04。根据现场的原材料供应，混凝土配合比在生产前进行了多次的试验调整，结果见表7。

表7　试配强度及拌和物性能指标

序号	制　期	16h强度值(MPa)	28d抗压强度值(MPa)	模拟板芯部温度(℃)	水灰比	混凝土温度(℃)	坍落度(cm)	含气量(%)
1	2006-04-03	44.2	61.7	48.5	0.40	25.0	11.0	1.6
2	2006-04-14	47.7	67.9	48.1	0.41	24.0	13.0	1.8

4 II 型轨道板制作混凝土配制关键因素分析

4.1 注意拌和温度

混凝土的拌和温度也是影响混凝土早期强度的一个重要因素。混凝土的拌和温度高，凝结时间就会缩短，早期强度就能提高；拌和温度低，胶凝材料的水化反应慢，凝结时间就会延长，影响混凝土的早期强度。一些重点工程在冬季或早春施工时都采取加入热水的措施来提高混凝土拌和温度，促进水化，缩短凝结时间，提高混凝土早期强度。

4.2 加强混凝土后期养护控制

在模型下安装管路用于模板温度的控制，使其在任何季节都能保证模板温度与混凝土温度相匹配。

5 II 型轨道板成功用于京津城际高速铁路的意义

(1)促进无砟轨道系统技术的发展。无砟轨道具有轨道稳定性高、刚度均匀性好、结构耐久性强、维修工作相对减少和技术相对成熟的突出优点。发展无砟轨道技术是我国铁路快速提高技术装备水平，实现《中长期铁路网规划》的重要举措之一。

(2)加速中国高速铁路的建设。我国无砟轨道铺设数量少、时间短，设计、施工、运营经验不足。通过引进、消化、吸收和自主创新，使博格无砟轨道系统技术全部实现国产化，积累无砟轨道设计、施工经验，提高铁路建设的装有技术水平，形成整套具有自主知识产权的无砟轨道技术，促进高速铁路的建设。

(3)轨道板预制装备的国产化能带动相关产业的发展，促进技术进步。

预应力混凝土桥梁在高速铁路中的应用

吴尚德，毛　清

甘肃铁一院工程监理有限责任公司

“十一五”是全面实施《中长期铁路网规划》，推进铁路跨越式发展的关键时期，铁路既面临运输迅速增长需求和质量要求不断提高的严峻考验，也面临难得的历史机遇。20 世纪建桥历史中最突出的成就是预应力混凝土技术的广泛应用。由于高强钢丝或钢绞线的防护技术愈来愈成熟可靠，预应力拉索技术不但应用于桥梁结构，而且渗透到各类结构中去，创造出各种索结构与索膜结构。

1　钢筋混凝土和预应力混凝土梁桥的特点

钢筋混凝土梁桥具有钢筋混凝土结构的所有特点，即混凝土集料可以就地取材，因而成本低；耐久性好，维修费用少；材料可塑性强，可以按照设计意图做成各种形状的结构；可以采用装配式结构，工业化程度高，既提高了工程质量又加快了施工速度；整体性好，结构刚度大，变形小；施工噪声小等。

在钢筋混凝土梁桥中，在梁的受拉区布置受力钢筋，以承担外荷载产生的拉应力，钢筋和混凝土黏结在一起共同变形，受到混凝土裂缝宽度的限制，钢筋的拉应变或应力将受到相应的制约。因为这一制约关系，钢筋混凝土结构无法利用高强材料来减轻结构自重，增大跨越能力。任何一种建筑材料用于结构中，它的材料强度和重度是影响结构极限跨越能力的两大因素。钢筋混凝土梁桥，由于材料强度不高而容重较大，从而限制了它的跨越能力。

鉴于钢筋混凝土梁桥存在上述缺点，因此常采用预加应力来改善结构的使用性能。通过张拉高强度钢筋，使受拉区预先储备一定的压应力，在外荷载作用时，混凝土可不出现拉应力或不出现超过某一限值的拉应力。预应力筋既是加力工具又是抵抗构件内力的受力钢筋。随着混凝土、钢材强度不断提高，预应力混凝土设计理论研究不断深入，预应力工艺不断改进，预应力混凝土梁桥获得了飞速发展。尤其是 20 世纪 50 年代后，预应力混凝土梁桥的跨越能力，以每十年百米的速度递增，目前已挤入大跨径桥梁的行列。

预应力混凝土梁桥的主要特点如下：

(1)预应力混凝土结构，由于能够充分利用高强度材料，所以构件截面小，自重弯矩占总弯矩的比例大大下降，梁桥的跨越能力得到提高；

(2)与钢筋混凝土梁桥相比，一般可节省钢材 30%～40%，跨径越大，节省越多；

(3)全预应力混凝土梁在使用荷载下不出现裂缝，即使部分预应力混凝土梁在常遇荷载下也无裂缝，鉴于全截面参与工作，梁的刚度就比通常开裂的钢筋混凝土梁的刚度要大，因此，预

[作者简介] 吴尚德，甘肃铁一院工程监理有限责任公司高级工程师

应力混凝土梁可显著减小建筑高度，使大跨径桥梁轻巧美观；由于能够消除裂缝，这就扩大了对多种桥型的适应性，并提高了结构的耐久性，满足高速铁路使用寿命 100 年以上的要求；

(4)预应力技术的采用，不但使钢桥采用的一些施工方法(如悬臂拼装、顶推法和旋转施工法)在预应力混凝土梁桥中得到新的发展与应用，而且为现代预制装配式结构提供了最有效的接合和拼装手段。可根据需要在结构纵、横和竖向任意分段，施加预应力，即可集成理想的整体。此外，还发展了逐段或逐孔现浇施工方法。

2 混凝土梁桥的形式

2.1 简支梁桥

简支梁桥是梁式桥中应用最早、使用最广泛的一种桥型。它受力简单，梁中只有正弯矩，适用于 T 形截面梁这种构造简单的截面形式；体系温度、混凝土收缩徐变、张拉预应力等均不会在梁中产生附加内力，设计计算方便，最易设计成各种标准跨径的装配式结构。由于简支梁是静定结构，结构内力不受地基变形的影响，对地基要求较低，能适应于地基较差的桥址上建桥。但高速铁路要求桥梁高稳定、高平顺，因此要严格控制沉降等竖向变形。为减少伸缩缝装置，改善行车平整舒适度，在高速铁路梁桥上采用桥面连续的预应力混凝土简支梁桥。目前，世界上预应力混凝土简支梁最大跨径已达 76m。在一般情况下，它的跨径超过 50m 后，桥形显得过于笨重，安装重力较大，给装配式施工带来困难，实际上并不经济。我国预应力混凝土简支梁的标准跨径在 40m 以下。这种预应力混凝土简支梁在高速铁路梁桥上大量采用。

2.2 连续梁桥

连续梁可做成两跨或三跨一联的，也可做成多跨一联的。每联跨数太多，联长就要加大，受温度变化及混凝土收缩等影响产生的纵向位移也就较大，使伸缩缝及活动支座的构造复杂化；每联长度太短，则使伸缩缝的数目增加，不利于高速行车。为充分发挥连续梁对高速行车平顺的优势，现代的伸缩缝及支座构造不断改进，最大伸缩缝伸缩长度可达 660mm，梁体的连续长度可达 1000m 以上，一般情况，连续梁中间墩上只需设置 1 个支座，在高速铁路梁桥中均设 2 个支座；而在相邻两联连续梁的桥墩仍需设置 2 个支座；在跨越山谷的连续梁中，中间高墩也可采用双柱(壁)式墩，每柱(墩)上都设有支座，可削减连续梁支点的负弯矩峰值。

连续梁的突出优点是结构刚度大，变形小，动力性能好，主梁变形挠曲线平缓，有利于高速行车。然而应指出的是，预应力混凝土连续梁设计中的一个特点是，必须以各个截面的最大正、负弯矩的绝对值之和，也即按弯矩变化幅值布置预应力束筋。

连续梁是超静定结构，基础不均匀沉降将在结构中产生附加内力，因此，对桥梁基础要求较高，通常用于地基较好的场合。此外，箱梁截面局部温差，混凝土收缩、徐变及预加应力均会在结构中产生附加内力，增加设计计算的复杂性。

结合我国建设情况，简支体系桥仍在中、小跨径桥上是首选桥型，主要是经济指标低，施工方便，机具先进性要求不高。随着对工程质量日益重视，对结构安全性和耐久性认识的不断深入，以及箱形结构的逐步应用推广，简支箱梁或简支变连续的预应力混凝土箱梁将在高速铁路、公路上和大跨桥梁的引桥上得到更广泛的应用。

3 预应力混凝土梁桥设计原则与构造特点

3.1 预应力混凝土梁桥配筋构造

3.1.1 预应力束筋的布置

预应力束筋在梁内的位置可以利用束界的概念来确定。当束界布置后的重心位置在束界界限内，即能保证梁的任何截面在弹性工作阶段时，梁的上、下翼缘应力不超过规定值。根据设计经验，一般简支梁跨中最大弯矩区段变化甚小，束筋大致在梁的三分点左右才开始弯起，先按构造要求布置，然后予以验算。

从束筋弯起提供预剪力来看，根据经验，梁在跨中部分肋宽已能足够承受荷载剪力，一般约在三分点到四分点之间才需要将束筋弯起，以帮助抵消部分荷载剪力。此外，束筋弯起后，截面亦须满足承载能力极限状态、正常使用极限状态时的截面强度和应力要求。

从减少束筋摩阻损失的角度出发，束筋的弯起角度不宜大于 20°，一般弯至梁端的束筋都能满足这一要求，而弯出梁顶束筋的弯起角度通常在 20°～30°。对弯出梁顶的束筋应采取适当措施来减小摩阻损失。

束筋的曲线形状可采用圆弧线、抛物线或悬链线。在矢跨比较小的情况下，这三种曲线各点坐标相差不大，可任选一种。采用悬链线使施工放样比较方便，当曲线在梁端与跨中的位置确定后，束筋(或制孔器)按其自重下垂即可形成悬链线，定位比较方便。但悬链线两端弯起平缓，而圆弧线的弯起角度较大，为在支点附近获得较大的预剪力，故多数梁在中部保持一段水平直线后便按圆弧弯起。这虽然要增设定位筋，但圆弧线计算和放样都较简单。

力筋弯起的曲率半径，可按《铁路桥涵钢筋混凝土和预应力混凝土结构设计规范》(TB 10002.3—2005，J 462—2005)的有关规定采用。

预应力筋在梁端锚固的原则为：①锚具在梁端的布置应尽量减小局部应力，一般来说，采用集中的、过大的锚具对锚固区受力是不利的；②锚具在梁端布置，应满足安放张拉设备所需的锚具间最小净距的要求；③锚具应在梁端对称于纵轴布置，梁端应至少超出支座轴线 $h/3$ 或 0.6m。

3.1.2 非预应力束筋的布置

预应力混凝土梁如同钢筋混凝土梁一样，按《铁路桥涵钢筋混凝土和预应力混凝土结构设计规范》(TB 10002.3—2005，J 462—2005)规定，应布置箍筋、水平分布筋(即防裂纵筋)、架立钢筋等。所不同之处是因束筋在近梁端处弯起，提供预剪力以抵消部分荷载剪力，故箍筋数量比钢筋混凝土梁要少一些；此外，束筋提供全梁腹板截面较大的纵向预压应力，故预应力梁的抗裂性较普通钢筋混凝土梁要好得多，预应力混凝土梁的纵向水平筋的用量要少一些。

(1)非预应力受力钢筋　为了补充局部梁段内强度的不足，满足极限强度的要求，或为了使裂缝分布均匀和提高梁的韧性，可以将非预应力钢筋与预应力钢筋协同配置，这样往往能达到经济合理的效果。

当梁中预应力筋在两端不便弯起时，为了防止张拉阶段在梁端顶部可能开裂而在梁端顶部配置受拉钢筋。

对于预制部分的自重比恒载小得多的梁，在预加力阶段，跨中部分上翼缘可能会因开裂而破坏，因而也可在跨中部分的顶部加设非预应力的纵向受力钢筋，这种钢筋在运营阶段还能加强混凝土的抗压能力，在破坏阶段则可提高梁的安全度。

在跨中部分的下翼缘内设置的钢筋，在全预应力梁中用于满足极限强度的需要，并且这种钢筋对于配置无黏结预应力钢筋的梁能起到分布裂缝的作用。

此外，非预应力钢筋还能增加梁在反复荷载下的疲劳强度。

(2)锚固区的加强钢筋　在梁端锚固区应力非常集中，在锚具附近不仅有很大的压应力，还有很大的拉应力。因此，为防止锚具附近混凝土开裂，必须配置足够的钢筋予以加强。

梁端锚固区的配置构造为：加强钢筋网的网格为 100mm×100mm。锚下设置不少于 16mm 厚的钢垫板和 $\phi8$ 螺旋筋，以提高混凝土的抗裂性能。配置加密钢筋网的范围一般是一倍于梁高的区域。也可采用带有预埋锚具的预制钢筋混凝土端板来锚固预应力筋，此时除了加强钢筋骨架外，锚具下设置两层叉形钢筋网，施工比较方便。

目前，用于预应力钢绞线的锚具已包括了钢垫板、螺旋筋在内的整套抵抗锚固区局部承压所需要的加强措施，故不需要再配置上述加强钢筋。

3.2　横向预应力筋

当箱梁腹板间距较大或翼板悬臂长度较大时，采用普通钢筋混凝土桥面板是不经济的，此时可考虑采用横向预应力混凝土桥面板。桥面板中横向预应力束一般采用直线布置，设置在桥面板上、下两层钢筋网之间，可与纵向束叠置。桥面板中间最小厚度为纵向预应力管道直径加横向预应力管道直径加 20～50mm。大跨度连续梁中一般纵向选用钢绞线，管道直径根据实际所选用的钢绞线数量决定；横向预应力束采用扁束，管道高度为 22mm，则桥面板厚度不小于 210mm。横向束在桥面板中部受顶板厚度限制，偏心距较小，可在承托附近缓缓向上弯曲，以承受较大的负弯矩。横向预应力束的间距一般采用 500～1000mm，一般张拉端和内锚固端交替布置。每根预应力筋的预加力一般为 300～600kN。

必须在板内布置一定数量的连接上下构造钢筋网的箍筋，以保证构件的安全。

3.3　竖向预应力筋

箱梁腹板中因有桥面板下弯的竖向预应力束，故主拉应力较小，一般跨径不大的连续梁仅需配制普通的剪力箍筋，箍筋宜选用间距为 100～200mm，直径 12～18mmII 级钢筋。如施工条件容许，可在支点附近加设倾角为 50°～60°的斜箍筋。对大跨径连续梁在距支点 1/4 跨区间，箱梁腹板高度较高，为增强箱梁抗剪能力，通常设置竖向预应力筋。竖向预应力筋常用 ϕL25 冷拉 IV 级钢，轧丝锚或采用 24ϕS5 碳素钢丝，$\phi32$ 精轧螺纹钢筋，镦头锚。竖向预应力筋的间距为 300～600mm。

3.4　预应力混凝土梁桥的配筋原则

3.4.1　预应力束筋配束原则

(1)应选择适当的预应力束筋形式与锚具形式。对不同跨径的梁桥结构，要选用预加力大小合适的预应力束筋，以达到合理的布置形式，避免造成因预应力束筋与锚具形式选择不当，而使结构构造尺寸加大。

(2)预应力束筋的布置要考虑施工方便，不能像在钢筋混凝土结构中任意切断钢筋那样去切断预应力束筋，从而导致结构中布置过多的锚具。由于每根束筋都是一个巨大的集中力，这样锚下应力区受力较复杂，因而必须在构造上加以保证，为此常导致结构构造复杂，而使施工不便。

（3）预应力束筋的布置，要符合结构受力的要求，既要满足施工阶段的受力要求，又要满足成桥后使用阶段各种荷载组合下受力的要求；要满足抗弯的需要，又要满足抗剪的需要。要注意，在超静定结构体系中避免引起过大的结构次内力。

（4）预应力束筋配置，应考虑材料经济指标的先进性，这往往与桥梁体系、构造尺寸、施工方法的选择有关。

（5）预应力束筋应避免使用多次反向曲率的连续束，以免引起很大的摩阻损失，降低预应力束筋的效益。

（6）预应力束筋的布置，不但要考虑结构在使用阶段弹性受力状态的需要，而且也要考虑到结构在破坏阶段的需要。

3.4.2 预应力束筋的布置形式

预应力束筋的布置形式，与桥梁结构体系、受力情况、构造形式、施工方法都有密切关系。如果其他条件已确定，预应力束筋的布置形式应根据结构受力要求确定。在预应力混凝土梁桥的静定结构体系中，通常以最大设计内力图的全部纵坐标除以一个常数，即可得沿跨径的预应力束筋的偏心距。这些偏心距的连线即是预应力束筋的重心线，也是预应力束筋的压力线。而对预应力混凝土梁桥的超静定结构，应根据等效荷载与吻合束原理，以获得预应力束筋的布置形式。

无论在短跨或长跨、短悬臂或长悬臂结构中，都应尽量利用结构变截面的特点，使预应力束筋的布置既符合受力要求，又尽可能使预应力束筋的曲率减缓，从而降低预应力的摩阻损失，充分利用有效预应力。

现浇连续梁的预应力束筋布置形式要求：在短跨等截面连续梁中，为了减小连续束筋预应力的摩阻损失，在梁顶上或梁底部设置锚固端，在梁的构造上设置凹槽，可放置锚具并便于安装千斤顶张拉，凹槽在张拉后用混凝土填封。当采用这种预应力束筋时，为防止在中间锚固处集中较大的锚固力（偏心距较大）而导致结构另一缘拉裂，通常需要布置较多的非预应力钢筋。在跨径不大的变截面连续梁中，可在支点截面上布置帽束。在较大跨径的变截面连续梁中，梁的形心轴线变化而使束筋曲率不大，这种布置形式，可获得较大的偏心距。预应力束筋的有效偏心距是从束筋处至梁截面形心轴的距离。

三跨连续梁桥，首先从中墩开始平衡悬臂施工，所有布置在梁顶的束筋主要承受结构的重力与施工荷载，连续弯束是连续梁为承受活载需要而布置的，而在中跨合拢梁段附近的下缘束和边跨用支架施工端部梁段的下缘束除了承受活载外，常因结构次内力在这些部位产生正弯矩而需要布置。在实际设计中，大跨连续梁布束形式更为复杂，但其主要的布束原则与形式类同。应该指出，预应力混凝土桥梁结构体系，在施工阶段所需要的预应力束筋与结构使用状态下所需要的预应力束筋一致，即为最经济设计。

参考文献

[1] TB 10002.3—2005，J 462—2005 铁路桥涵钢筋混凝土和预应力混凝土结构设计规范[S].北京：中国铁道出版社，2005.

溪洛渡水电站左岸地下厂房岩锚梁混凝土浇筑技术

刘亚进，程祖刚

葛洲坝集团公司溪洛渡施工局

1 工程概况

金沙江溪洛渡水电站位于四川省雷波县与云南省永善县接壤的金沙江溪洛渡峡谷中，是一座以发电为主，兼有拦沙、防洪和改善下游航运等综合利用效益的巨型水电工程。溪洛渡水电站枢纽由拦河大坝、泄洪建筑物、引水发电建筑物等组成。发电厂房为地下式，采用左右两岸对称布置，分别设置在左右两岸山体内，埋深超过300m，两岸地下厂房各装机9台、单机容量为700MW的水轮发电机组，总装机容量12600MW。

左岸地下厂房主厂房岩锚梁混凝土总长768.04m(上下游，单边384.02m)，岩锚梁断面采用统一断面，底部高程387.75m，高3.25m，梁面宽2.65m，运行2台10000kN单小车式起重机，最大轮压1000kN，是目前世界上最大的岩锚梁之一。在主机间与安装间之间以及每个机组段设一永久缝。左岸地下厂房岩锚梁混凝土施工于2007年8月28日开始浇筑第一仓，至12月10日完成最后一仓浇筑，历时约三个半月，浇筑混凝土89仓，共完成钢筋制安750t，混凝土4280m^3。

岩壁吊车梁混凝土为高约束区混凝土，混凝土厚度较大，同时浇筑阶段正处于高温季节，设计要求混凝土入仓温度低于18℃，而溪洛渡工地上拌和楼制冷系统尚未完善，无法拌制预冷混凝土，混凝土温控矛盾更为突出。为此，我部在注重混凝土内部和外观质量的基础上，从优化配合比、选择合理的浇筑方式、通水冷却、表面养护等多方面入手，精心组织，严格温控工艺要求，及时跟踪监测混凝土温度变化，取得了理想的效果。

2 主要温度控制措施

2.1 优化混凝土配合比与浇筑方式

岩锚梁吊车梁设计为C30二级配混凝土，为减少混凝土中水泥用量，降低水化热，岩锚梁混凝土主要采用常态混凝土浇筑，混凝土水灰比为0.4，粉煤灰掺量高达25％，砂率为36％，坍落度为90～110mm，混凝土采用布料机入仓，跳仓浇筑。配合比如表1所示。

［作者简介］刘亚进，葛洲坝集团公司溪洛渡施工局

表 1　岩锚梁混凝土配合比

<table>
<tr><th rowspan="2">强度等级</th><th rowspan="2">种类</th><th rowspan="2">级配</th><th rowspan="2">水灰比</th><th rowspan="2">水泥品种及强度等级</th><th rowspan="2">粉煤灰掺量(%)</th><th rowspan="2">用水量(kg/m³)</th><th colspan="3">胶材用量(kg/m³)</th><th rowspan="2">砂率(%)</th><th colspan="2">外加剂</th></tr>
<tr><th>水泥</th><th>粉煤灰</th><th>胶材总量</th><th>减水剂(%)</th><th>引气剂(%)</th></tr>
<tr><td>C30</td><td>常态</td><td>二</td><td>0.4</td><td>P·MH42.5</td><td>25</td><td>124</td><td>232</td><td>78</td><td>310</td><td>36</td><td>0.7</td><td>2.0</td></tr>
</table>

通过对混凝土强度检测，强度最小值为 32.5MPa，最大值为 49.2MPa，并可计算出强度标准差 σ 为 3.52MPa，这表明混凝土性能较为均匀，拌和质量良好。

在浇筑过程中，由试验人员对每仓混凝土来料质量进行检测监控，严格控制混凝土质量，坍落度控制在 90～110mm，不合格者不得入仓，确保混凝土性能。在 89 仓混凝土施工过程中，共进行坍落度检测 178 次，最大值为 115mm，最小值为 87mm，平均值为 92mm，既满足了布料机入仓要求，又满足了岩锚梁仓位密集钢筋施工，控制水平较高。

2.2　采取合理得当的冷却通水措施

为降低混凝土温升，在混凝土内埋设冷却水管，进行通水冷却，以降低混凝土内部温度。

(1)冷却水管埋设　冷却水管采用 ϕ32mm、δ=3.5mm 的 PVC 管，PVC 管内壁应光滑平整，没有气泡、裂口、分解变色、凹陷及影响使用的成分，管两端应切割平整，并与轴线垂直。塑料管不得受到重物挤压、阳光暴晒，已严重变形或老化的管材严禁使用。冷却水管竖向埋设两排，均顺轴线方向蛇形布置，水管间距 1m。混凝土开仓前，将 PVC 管在混凝土仓面弯曲成蛇形铺设，同时进行通水测试，检查 PVC 管和接头有无漏水。若 PVC 管漏水，则将漏水处截断，并用专用接头连接；若接头漏水，则需重新连接紧密，直至滴水不漏。混凝土浇筑过程中，PVC 管必须一直保持通水，发现堵塞或漏水时，及时处理。特别注意严禁振捣棒直接在 PVC 管上振捣。

(2)通水冷却　埋设冷却水管仓号均属于初期通水冷却，初期通水冷却只为削减最高温升，通水应在混凝土浇筑开仓后即刻进行，水源为工地生产用水，采用一台移动式制冷机组进行通水，经过多次试验，冷却通水时间取为 7d，通水流量要求不小于 35L/min。为此专门购置一台功率为 160kW、制冷能力为 90m³/h 的移动式冷却机组，铺设一套冷却水循环系统，并组织专门人员进行机组运行和通水冷却，保证混凝土仓位均能得到及时有效的通水冷却。后根据埋设的温度计测温结果显示，混凝土内部在 10d 后方能降至 30℃，将通水时间调整为 10d。

(3)通水冷却检查　通水冷却每 24h 应调换进出口方向，保证混凝土内部温度与冷却水温差小于 20～25℃，并做好详细的通水冷却温度记录。经统计，共测量温度 1810 次。进水温度为 8.2～17.1℃，平均 12.8℃；出水温度为 9.5～21.2℃；通水流量为 33～37L/min，平均为 35.5L/min。

2.3　精细的后期养护

混凝土浇筑结束后，及时进行人工洒水养护，并拆除端头模板。边模脱模后，对吊车梁顶面采用自流水进行养护，侧面则用土工膜覆盖，并派专人进行洒水养护，从而保证吊车梁混凝土处于连续湿润状态，养护时间不小于 28d。

考虑到梁体自重的影响，为防止出现应力裂缝，底模拆除均在浇筑7d以后进行。

3 爆破振动预防措施

为了控制爆破振动对新浇岩壁梁混凝土的影响，主要采取了以下控制方法：在岩壁梁混凝土浇筑前，主厂房Ⅳ层在设计轮廓线和距边墙4.0m的部位进行了永久和施工两道预裂。主厂房Ⅳ层开挖施工需在距新浇筑岩壁梁混凝土（满足28d龄期强度）100m范围外进行。根据主厂房Ⅳ层梯段爆破监测试验测试结果来控制主厂房Ⅵ层及以下梯段爆破单响药量，并加强现场振动测试，严格控制振动速度在爆破安全规范允许范围内。具体允许范围如表2所示。

表2 新浇混凝土基础面上的安全质点振动速度

混凝土龄期(d)	1～3	3～7	7～28	>28
安全质点振动速度(cm/s)	<1.2	1.2～2.5	5.0～7.0	≤10.0

为了防止岩壁梁成型混凝土受下层开挖爆破飞石的撞击破坏，直立面及底部斜面在模板拆除后，采用竹跳板进行防护，以保护吊车梁混凝土不受损伤。

4 岩锚梁混凝土温度监测情况

为监测混凝土温度情况，我部在主厂房上下游岩锚梁混凝土内埋设了9支温度计，利用埋设在混凝土中的电阻式温度计测量混凝土温度。上游侧分布在1、3、5、7、9号机组段，下游侧分布在2、4、6、8号机组段，均匀分布。主厂房岩锚梁仪埋设观测最高温度如表3所示。

表3 主厂房岩锚梁仪埋设观测最高温度

编号	部位	埋设时间	测点最高温度			后期测值	
			发生时间	距仪器埋设时间(d)	温度(℃)	发生时间	温度(℃)
T1	3号机	2007.8.29 12:30	2007.8.31 09:00	1.9	54.5	2007.10.1509:00	25.1
T2	1号机	2007.9.26 23:00	2007.9.28 04:30	1.2	43.0	2007.10.15 09:00	27.9
T3	2号机	2007.10.18 23:30	2007.10.20 16:30	1.7	42.7	2007.10.30 9:00	26.9
T4	5号机	2007.10.22 22:30	2007.10.24 21:00	1.9	43.0	2007.10.30 9:00	29.8
T5	4号机	2007.11.4 10:00	2007.11.5 18:00	1.3	45.9	2007.11.21 9:00	22.3
T6	6号机	2007.11.4 22:30	2007.11.6 20:00	1.9	50.6	2007.11.21 9:00	22.4
T7	7号机	2007.11.9 12:00	2007.11.11 6:00	1.7	44.2	2007.11.21 9:00	22.1
T8	8号机	2007.11.23 17:00	2007.11.24 23:00	1.3	41.0	2007.12.4 9:00	24.4
T9	9号机	2007.11.22 12:00	2007.11.24 8:00	1.8	42.7	2007.12.4 9:00	23.2

根据岩锚梁混凝土埋设的T1～T9号仪器监测数据成果，绘制温度变化过程曲线，如图1～图9所示。

由图1～图9可以看出：

(1)从最高温度发生时间来看，均发生距仪器埋设1.2～1.9d，符合设计提出的技术要求。

(2)绘制的温度过程曲线说明，温升和降温过程都很典型，现场控制得力。

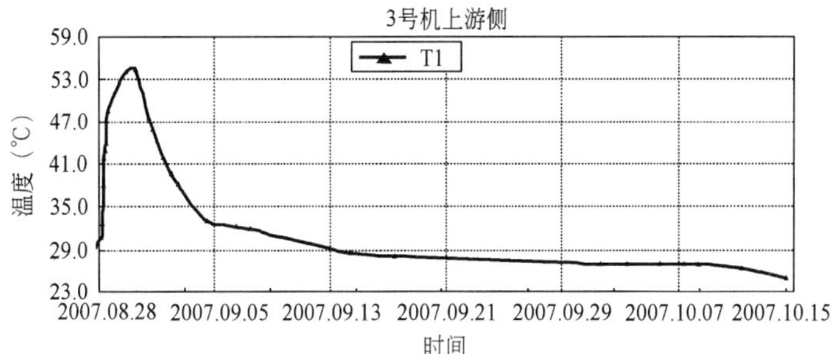

图 1　3 号机上游侧温度过程曲线

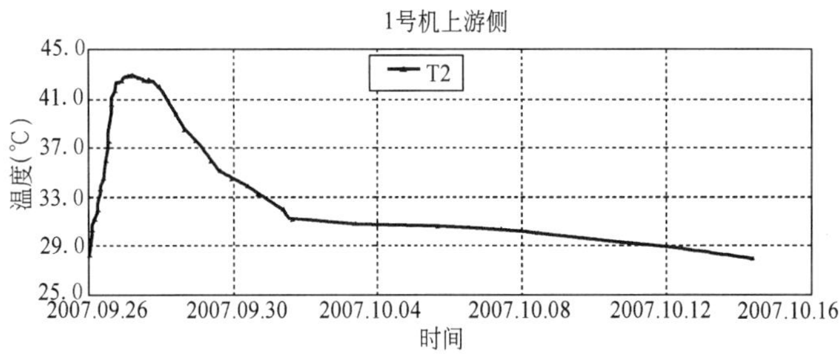

图 2　1 号机上游侧温度过程曲线

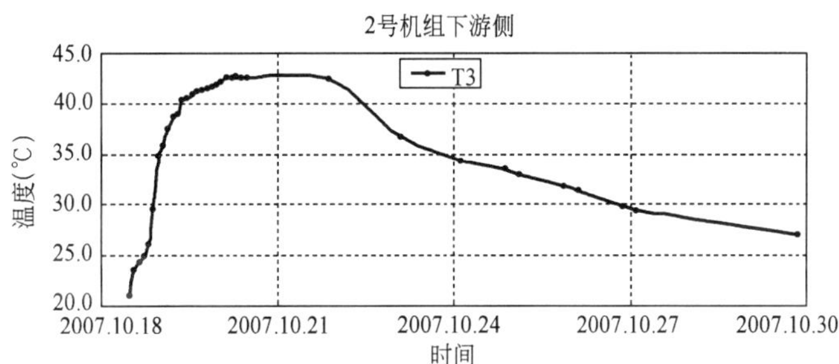

图 3　2 号机上游侧温度过程曲线

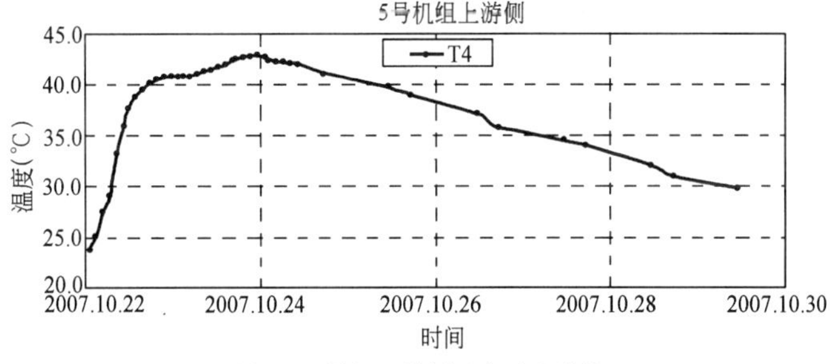

图 4　5 号机上游侧温度过程曲线

图 5　4 号机下游侧温度过程曲线

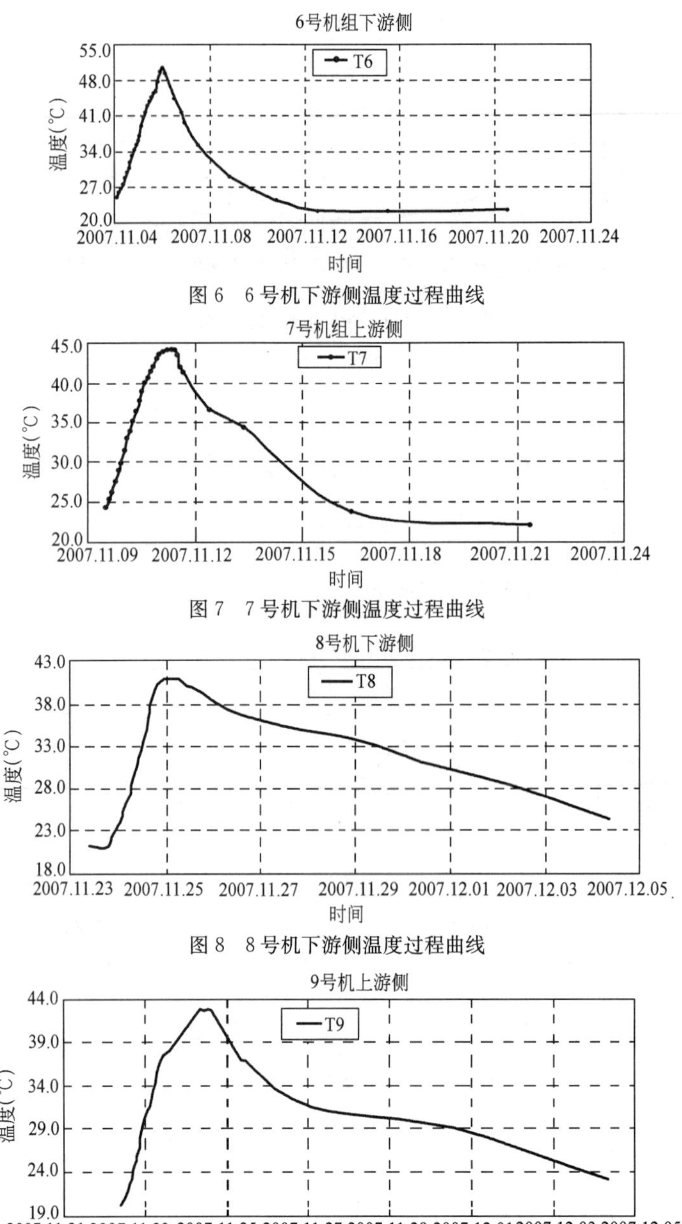

图6 6号机下游侧温度过程曲线

图7 7号机下游侧温度过程曲线

图8 8号机下游侧温度过程曲线

图9 9号机上游侧温度过程曲线

5 结语

溪洛渡左岸地下厂房岩锚梁混凝土浇筑完成3个月后，由业主方牵头对岩锚梁混凝土裂缝进行了多次普查。除在安装间和1号机组发现有4条裂缝外，其他部位均未发现裂缝。裂缝宽度为0.1～0.15mm，都发生在侧表面，从水平面观察，没有向岩面延伸痕迹，为浅表裂缝。如此大规模的岩锚梁高约束区混凝土浇筑，基本消除了温度裂缝，实属罕见，这与个性化的温控措施和严格的温控工艺是分不开的。鉴于目前我国水电工程地下厂房普遍采用岩壁吊车梁方式，该项技术有广泛的推广和深入研究意义。

构皮滩水电站进水塔混凝土施工工艺

彭相国[1,2]，施召云[1,2]，佟　阳[1]，武晓杰[1]

1. 中国水利水电第六工程局有限公司；2. 三峡大学

1　工程概况

构皮滩水电站位于贵州省余庆县境内乌江干流河段，是乌江干流梯级第5级电站。电站是国家“十五”期间开工建设的大型水电工程项目及贵州西电东送的标志性工程，也是乌江流域水电开发规划中最大的水电站。电站装机容量300万kW(5×60)，年发电量96.67kW·h，保证出力75.18万kW。水库正常蓄水位630m，库容55.64亿m^3，调节库容31.54亿m^3。在上游水库的调节下，水库可以起到多年调节作用。构皮滩水电站引水系统主要由五条引水洞和五座进水塔组成，每座进水塔宽29m，长26m，高88.2m，为岸塔式钢筋混凝土结构。每个进水塔由直立拦污栅、检修闸门室、工作闸门室、通气孔、液压启闭机室、门机和配电室等组成。

2　施工难点

构皮滩水电站进水塔高88.2m，单塔混凝土方量31404m^3，槽、孔多，体型复杂，混凝土入仓强度高，且与金属结构安装交叉作业，相互干扰较大。如何解决混凝土垂直运输强度、减少土建施工与金属结构安装相互干扰、保证塔体的垂直度和施工人员通行安全问题是本工程的重点。

3　施工方案

由于工期紧张，工作面场地限制，而且4号、5号进水塔在大坝缆机的覆盖范围之内，无法布置大型门机解决进水塔的混凝土运输和材料运输问题。针对工程特点，通过探讨和研究，对进水塔混凝土垂直运输方式、施工平台系统和混凝土浇筑方案等施工工艺进行了大胆的创新和改革，通过实践，取得了良好的效果。

3.1　垂直运输

进水塔采用C4510型附着式塔机负责材料运输，包括大型整体钢模板吊装、钢筋和金属构件等材料。混凝土垂直运输充分利用地势条件，在EL640.5平台设置两个集料斗，布设1号、2号、3号、4号四条真空溜管，1～3号进水塔利用1号、2号真空溜管直接入仓。4～5号

［作者简介］彭相国，中国水利水电第六工程局有限公司

进水塔紧靠大坝缆机卸料平台，没有条件安装集料，只能采用3号、4号真空溜管通过架设在EL620马道的皮带运输机接力入仓。真空溜管的角度通过卷扬机进行调整，保证混凝土覆盖范围，真空溜管底部随塔体上升而抬高。

3.1.1 塔机布置

进水塔混凝土施工投入3台C4510型附着式塔机，分别布置于引水渠护坦底板适当位置（底板EL563.05）。塔机基础和引水渠护坦混凝土一起进行浇筑，混凝土浇筑结束，且强度达到设计要求，进行塔机安装，安装顺序3号→2号→1号（见图1）。

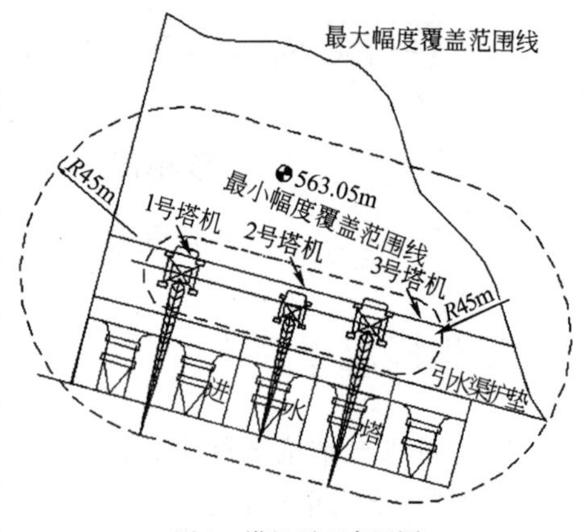

图1 塔机平面布置图

C4510附着型塔机主要特性：最大起升高度100m，最大工作幅度45m，最大起重量4t，端部起重量1t，标准节尺寸1.4m×1.4m×2.5m，塔机随进水塔浇筑高度升高而上升。

3.1.2 真空溜槽布置

进水塔EL600以下混凝土浇筑通过真空溜管直接入仓，通过卷扬机调整真空溜管角度和方向变换下料点，满足混凝土浇筑强度。在EL600～EL620之间，随着塔体高度的上升，真空溜管倾斜角度逐渐变大，覆盖范围逐渐减小，远端混凝土借助架设在仓号内的皮带机输送。沿进水口正面边坡右侧共布置四条真空溜管，1号真空溜槽高程为EL590～EL640.5，负责供应1号进水塔混凝土；2号真空溜槽高程为EL590～EL640.50，负责供应2号、3号进水塔混凝土；3号真空溜槽高程为EL620～EL590，3号真空溜管卸料至EL620马道混凝土运输皮带机，皮带运输机将混凝土运至4号真空溜管，负责供应4号、5号进水塔浇筑混凝土（见图2）。真空溜槽底部随进水塔上升相应抬高，满足施工要求。

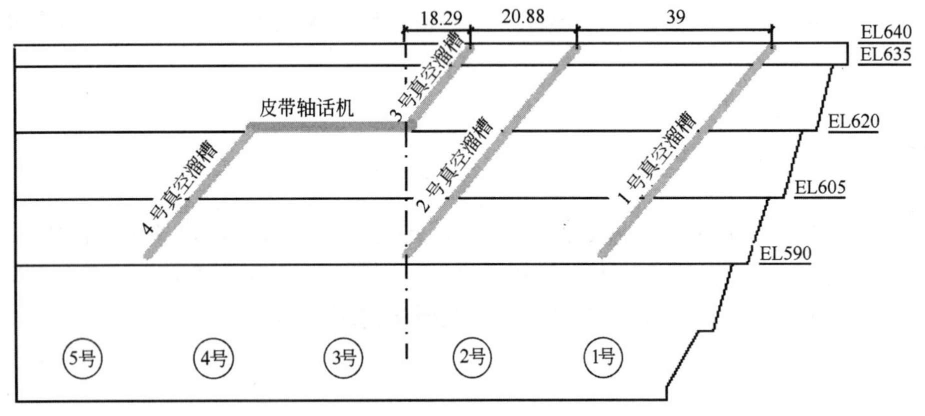

图2 真空溜槽布设图

3.1.3 混凝土输送泵布置

真空溜管倾斜角度要求在45°～57°，随着进水塔浇筑高度升高，EL620是真空溜管下料的极限点，该标高以上混凝土输送，通过真空溜管卸料至布置在EL605马道HBT60A泵，利用HBT60A泵送入仓。混凝土泵马道边做安全防护，保证施工安全。

3.2 施工平台提升系统

传统进水塔施工平台系统采用满堂红脚手架铺设竹跳板形成，本工程1号、3号、4～5号均采用传统工艺进行施工平台搭设，2号进水塔后设交通桥，交通桥负责连接对外交通，交通桥是后期双向门机安装的关键控制点。为加快2号进水塔施工进度，对2号进水塔的施工平台进行改进、创新，采用整体提升施工平台。整体提升施工平台采用钢结构，主体由六个钢架和型钢平台组成，平台采用20b工字钢和20b槽钢搭接成网格状，用扣件将其相交部位固定，平台和钢架间采用螺栓连接(每个钢架8个)。钢架提升系统采用手扳葫芦，每个钢架设4个，每次需要滑升时，解除销栓连接，由固定在钢架上的48根钢丝绳将平台悬于半空中(给个钢架8根钢丝绳)，24个手扳葫芦同时工作，施工平台缓慢滑升，每次滑升高度为3m(即每浇筑一层高度)，到位后进行固定，施工人员在平台进行模板安装和混凝土浇筑等施工。平台下方利用扁钢和竹跳板形成吊架，作为模板看守、拆除、调整和加固的平台。平台四周设置安全防护网，其提升系统如图3所示。

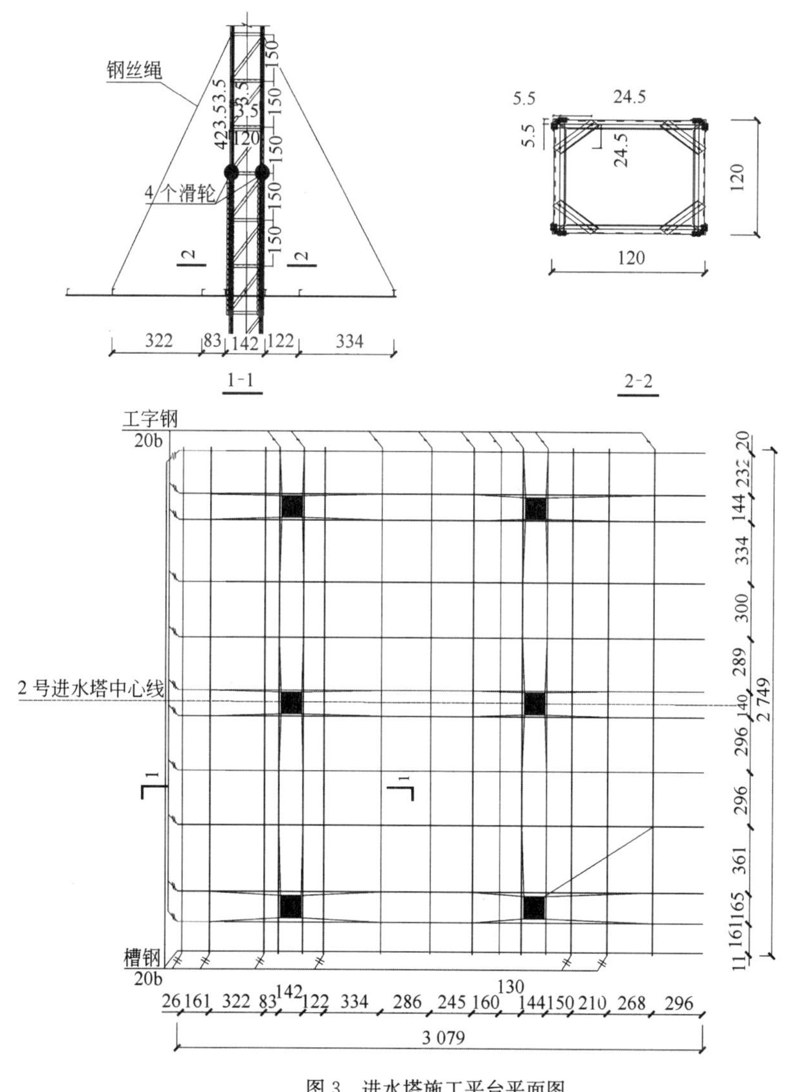

图3 进水塔施工平台平面图

3.3 混凝土浇筑工艺

3.3.1 混凝土分层、分块

根据进水塔结构布置特点及图纸要求设置的结构缝位置，横向分为1号、2号、3号、4号、5号机进水塔段，每段长26m，共5段。进水塔底板混凝土厚度为5m，分三层浇筑，第一、二层浇筑层高2m，第三层浇筑层高1m。塔身段按不大于3.0m的原则进行分层浇筑，梁、板等特殊部位根据结构需要和建筑设计分层施工(见图4)。

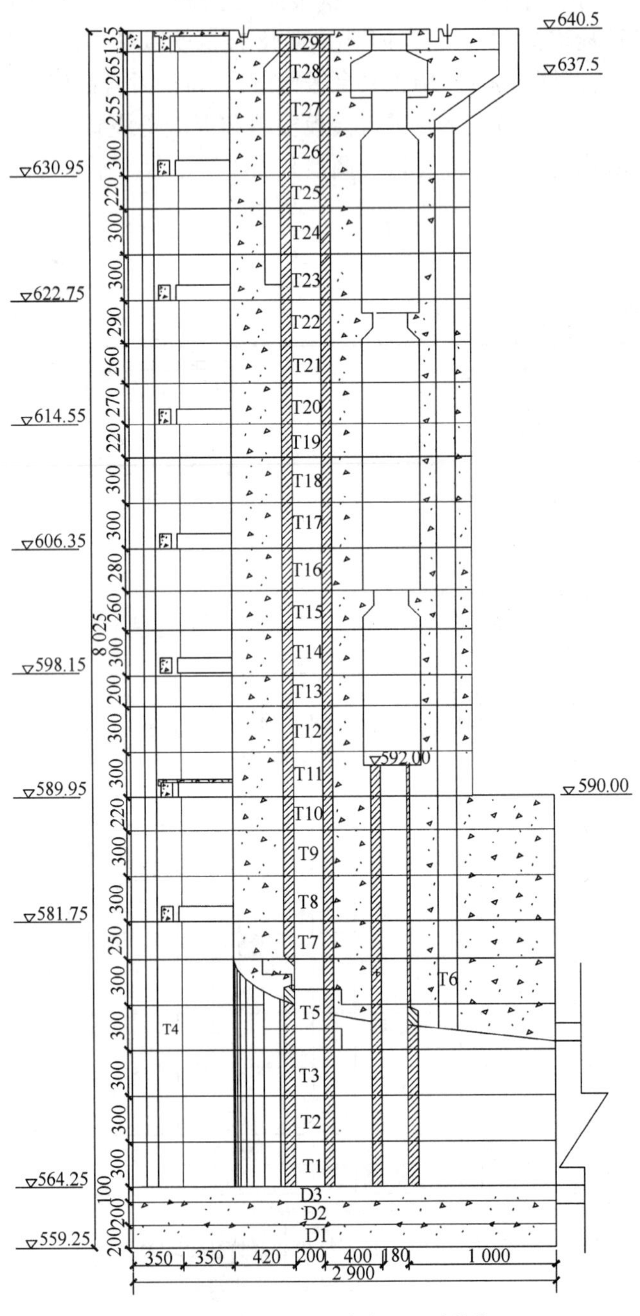

图4 混凝土分层、分块图(尺寸单位:mm)

3.3.2 塔体预留梁窝

进水塔塔体和拦污栅墩通过联系梁连接，拦污栅栅体轨道随混凝土浇筑进度进行安装，轨道安装和混凝土施工交叉作业，受作业条件、工序特点限制，栅体轨道安装占用工期过长，制约拦污栅混凝土施工进度。在设计有联系梁的部位，塔体必须和拦污栅墩一起进行混凝土浇筑，在实际施工工程中，拦污栅墩混凝土浇筑进度滞后塔体，常出现窝工现象，不仅资源投入不能合理、有效利用，而且制约总施工进度。通过塔体预留梁窝的施工方案解决二者不同步施工的缺陷，塔体先行上升，拦污栅随后跟进，极大提高了进水塔混凝土浇筑速度。

3.3.3 模板规划

为保证进水塔混凝土外观质量及表面平整度、曲面光滑度的要求，模板及支架在选用材料上主要以钢材为主，辅以少量木材。模板使用方面尽可能多用定型模板及专业模板，少用散模。模板不仅应具有足够的强度和刚度，而且模板面板的体型尺寸准确、表面平整、光洁度高和密封性好。

进水塔所用模板主要有：大型整体钢模板、小型钢模板、定型组合模板及部分木模板等形式，模板安装示意图如图5所示，具体模板规划如下：

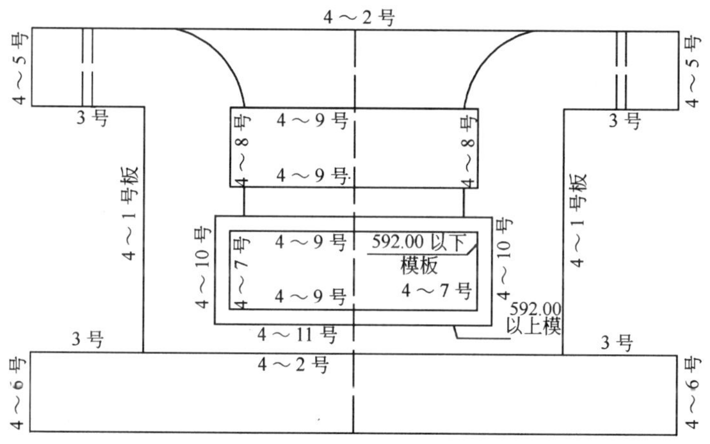

图5 模板安装示意图

(1)断面形状规则的塔体混凝土采用大型钢模板。

(2)检修闸门室、工作闸门室部位采用组合钢模板（见图6）。

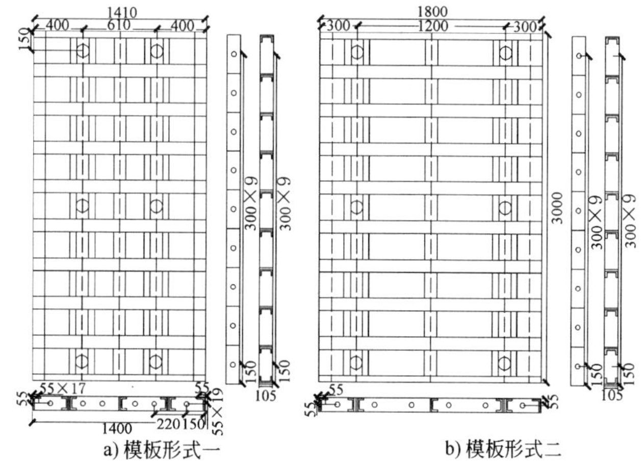

a) 模板形式一
b) 模板形式二

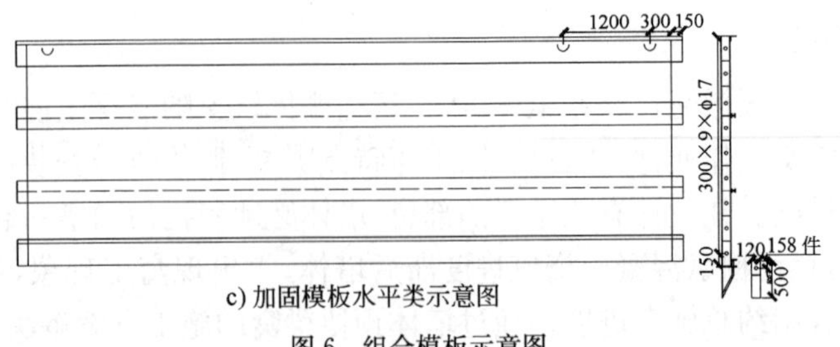

c) 加固模板水平类示意图

图 6　组合模板示意图

(3)拦污栅墩采用定型钢模板(见图 7)。

(4)联系梁、板部位底模采用组合钢模板,边模采用定型钢模板。

(5)进水塔进水口胸墙模板采用门形架支撑钢拱架,木模板;进水口渐变段采用门形架支撑钢拱架,木模板。

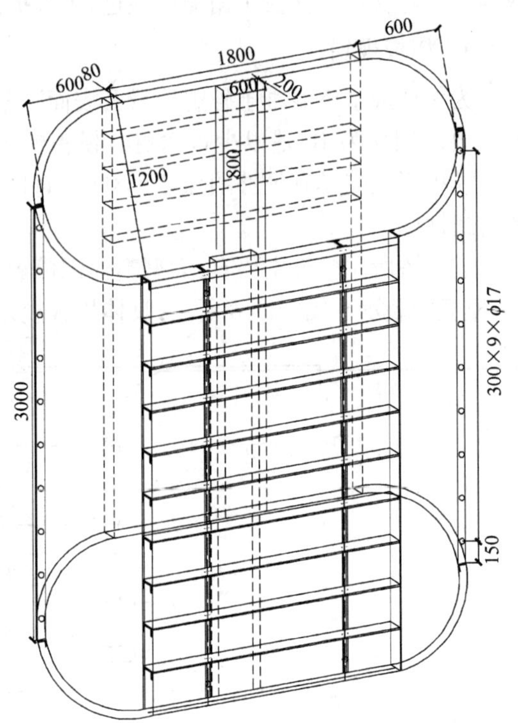

图 7　拦污栅墩模板(四套)

3.4　作业人员交通布置

进水塔属高空作业,随着塔体高度的上升,施工人员攀爬强度越来越高,针对现场实际情况,利用地势条件,作业人员交通分三个高程进行布置。EL564.25～EL590,在检修门槽采用脚手架管搭设安全通道至工作面;EL590～EL610,在 1 号、5 号进水塔侧面采用脚手架管搭设安全爬梯至 EL590 马道,通过 EL590 马道搭设安全通道至各进水塔工作面。EL610～EL640.5,通过 EL640.5 平台搭设栈桥和爬梯作为安全通道,通往各进水塔的爬梯高度随进水塔的高程变化不断调整,满足施工需要。安全通道每隔 3m 设置一休息平台,休息平台满铺 3cm 厚马道板,通道两边挂安全网。采用这种交通设置,不仅满足了施工需要,而且安全性高,减少施工人员攀爬强度。

4　结语

贵州构皮滩水电站进水塔混凝土施工采用定型钢模板、大型组合钢模板、真空溜管配合皮带机入仓、手扳葫芦钢架施工平台提升系统和钢筋螺纹套筒连接等施工工艺,大胆创新,合理组织。多种入仓方式结合,有效地解决大体积高进水塔的混凝土入仓问题;先进的模板工艺,避免了混凝土的一些质量通病,进水塔外观质量优良,垂直度符合设计要求;钢架提升平台,施工机动、灵活,不仅节省资金,而且加快了施工进度。

(1)利用地形优势,采用真空溜管配合皮带机入仓,有效地解决混凝土入仓强度问题,节约资金,加快施工进度。

(2)手扳葫芦钢架施工平台提升系统与传统脚手架施工平台相比,不仅机动灵活,而且上升速度快,安全可靠。

(3)定型模板和大型整体模板的应用，避免了混凝土浇筑的一些质量通病，保证了进水塔优良的外观质量。

(4)进水塔塔体预留梁窝，拦污栅和塔体分别独立进行浇筑，避免了轨道安装制约塔体施工进度的弊端，极大地提高了进水塔的施工进度。类似工程可以考虑预留插筋，浇筑二期混凝土的设计方案进行弥补，不仅可以提高轨道的安装精度，而且保证塔体和拦污栅同步上升，加快施工进度

镜面混凝土在官地水电站地下厂房岩锚梁中的应用

曲川波，刘永胜，陈　雷，梁　娇

中国水电六局有限公司

镜面混凝土是在清水混凝土基础上发展起来的一项新技术，近年来，在我国的一些公共建筑、工业厂房及水电工程建设中得以应用，但目前国家尚未制定出有关镜面混凝土的技术规程及施工质量验收规范，使得镜面混凝土的施工处于一种探索阶段。本文就稚砻江官地水电站地下厂房岩锚梁镜面混凝土的施工工艺质量要求进行介绍。

1　模板工艺

1.1　模板设计

模板的选用是保证镜面混凝土表观质量的关键，模板面板采用维萨模板外贴 PVC 板的方式，横肋和小纵肋均采用 100mm×100mm 方木，小纵肋方木间距为 292.5mm，横肋方木间距为 376.7mm。大纵肋采用 2 根 20 号槽钢组成，间距 600mm。模板设计如图 1 所示。

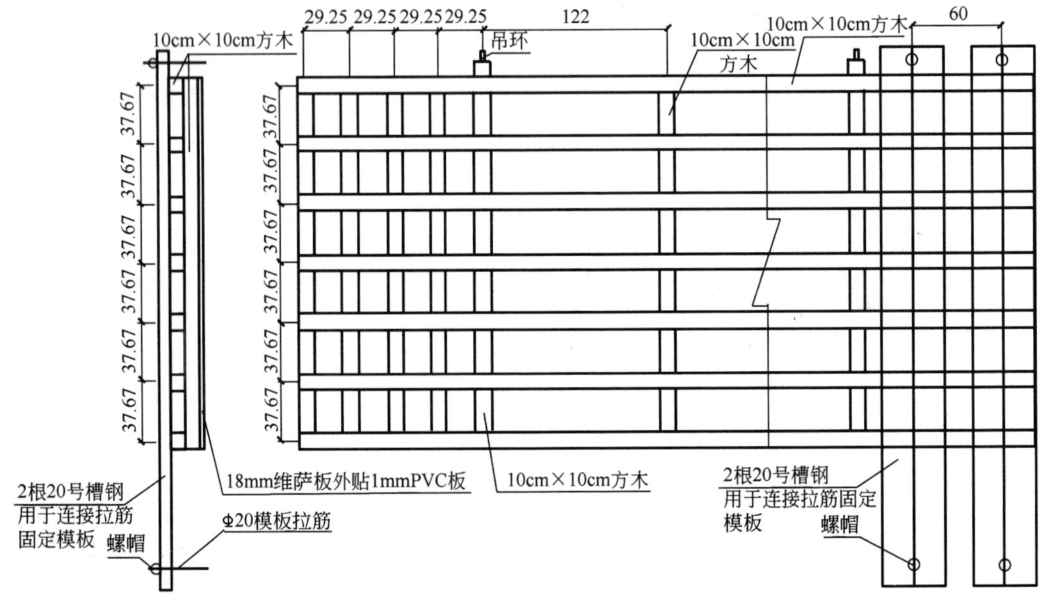

图 1　镜面混凝土模板设计图(尺寸单位：cm)

[作者简介] 曲川波，中国水电六局有限公司工程开发部技术二处处长

维萨模板强度高、表面平整光洁，便于粘贴 PVC 板。维萨模板和 PVC 板规格尺寸均为 1220mm×2440mm，厚度分别为 18mm 和 1mm。PVC 板的粘贴采用万能胶，粘贴 PVC 板前分别将维萨模板和 PVC 板表面用抹布擦干净，然后用板刷均匀薄涂一层万能胶，在粘贴 PVC 板时，要从一端开始，小心细致的铺贴，避免出现褶皱且两板边缘必须对齐，否则，在安装过程中及混凝土浇筑时边缘 PVC 板会破碎，使浇筑的混凝土出现锯齿状疤痕，影响镜面混凝土表面美观。PVC 板粘贴后用橡皮锤轻轻敲击，使其粘贴平整、牢固，避免粘贴后的 PVC 板产生鼓胀现象。PVC 板表面的贴纸在模板安装后、混凝土浇筑前再撕掉，以免在模板安装、钢筋及埋件安装过程中碰撞产生擦痕，影响混凝土表面光洁。

1.2 模板拼装

模板拼装保证表面平整、无错位，在分段模板连接处的缝隙填充 5mm 厚的海绵条，以拼缝均匀美观为原则进行模板加工安装前的预拼装设计。模板接头处将模板边缘用手工刨推平，然后贴上双面胶带，保证对齐后再进行拼装。

为了确保拼接缝的平顺，采用组合大模板方式(利于减少接缝数量)，对折点采用倒角及贴八字木条方法，避免折点处形成不规则曲线或折线。对垂直拼缝及水平折点缝均采用缝内用腻子充填，缝外用透明胶带粘贴的方法，避免混凝土产生缝痕。

1.3 模板拉筋设计

为保证岩锚梁镜面混凝土的外观效果，在官地水电站地下厂房岩锚梁施工中，镜面混凝土模板采用了在混凝土外布置拉筋，以外拉外撑的加固方式，使岩锚梁混凝土表面真正达到了镜面效果，且施工结果表明，采用此模板拉筋加固方式施工完全能满足设计要求。

岩锚梁底模采用承重钢管脚手架进行支撑，侧模采用在岩锚梁上部布置一排拉筋，下部布置两排拉筋(其中一排斜向拉筋主要是为了减小大纵肋槽钢的挠度)，拉筋采用 $\phi20$ 螺纹钢，间距为 600mm，内端与厂房边墙 B25 锚杆焊接，外端采用螺栓与模板固定。具体布置如图 2 所示。

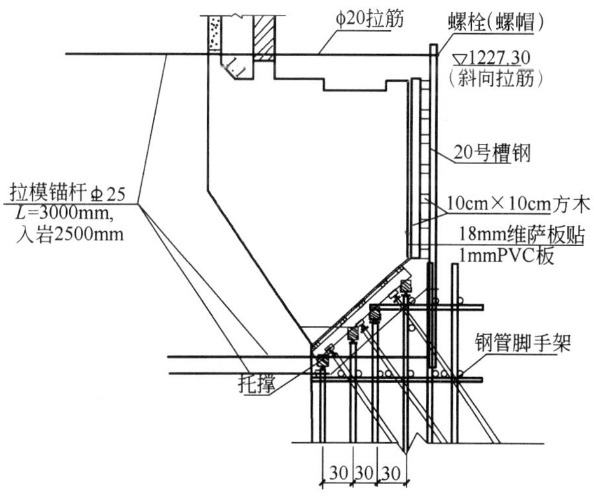

图 2　岩壁吊车梁拉筋布置图

1.4 模板的修复与周转使用

在模板的安装与拆卸过程中，一旦不慎将 PVC 板碰碎，则需要更换 PVC 板。更换时，先用扁铲将 PVC 板铲掉，并将万能胶清除干净，然后用抹布抹干净后重新粘贴 PVC 板。每次拆模后，用抹布小心地将 PVC 板表面的水泥灰浆擦干净，切忌用力过大及抹布不干净而使 PVC 板表面出现擦痕，增加 PVC 板的表面粗糙度。当模板使用次数较多时，即使 PVC 板没有破损，PVC 板表面的粗糙度已很大，模板亦不能继续使用，因此，PVC 板一般最多周转 3 次。

2 脚手架支撑搭设

由于岩锚梁镜面混凝土采用了外拉外撑的模板加固方式，因此，施工时对岩锚梁下部的承重脚手架要求较高。脚手架支撑底部尽量搭设在基岩上，然后在基岩上部浇筑一层约10cm厚的找平混凝土或砂浆，避免支撑沉降，因为模板的微小变动就会严重影响岩壁吊车梁混凝土的浇筑效果。

3 钢筋安装

岩锚梁钢筋在加工制作、安装上要求要比普通混凝土更加严格与细致。在钢筋加工时，要严格控制加工尺寸，在安装时一定要加固牢靠(避免在混凝土浇筑过程中发生错动)且外部尺寸规整，有利于模板的准确架立和确保混凝土保护层。

4 混凝土温控措施

对镜面混凝土而言，其表面任何小的瑕疵，都比普通混凝土显得更加突出，让人们难以接受。特别是混凝土裂缝，不但影响镜面混凝土的外观质量，甚至严重影响着岩锚梁桥机的安全运行。因此，在厂房岩锚梁混凝土施工中，混凝土裂缝也成了镜面混凝土表观质量控制的主要因素。

地下厂房岩锚梁混凝土裂缝形成的原因复杂，但主要是由于温变所致的温差应力和混凝土收缩性自生变形应力导致的裂缝。因为岩锚梁混凝土较普通混凝土水泥含量高，水泥水化反应快，早期产生的热量多，所以早期温升快，一般在浇筑后2d左右达到最高温度，使得混凝土与岩石基岩面及外表面的温度差较大，极易在混凝土表面形成温度裂缝，影响镜面混凝土的外观质量。经过比较分析，在混凝土内预埋冷却水管可有效降低岩锚梁体混凝土体内温度，并使温度梯差应力控制在允许拉应力范围，从而避免混凝土裂缝产生。混凝土的许多重要热学和力学特性均随龄期而变化，如绝热温升、弹性模量、抗拉强度、自生体积变形、徐变等，而早期混凝土的弹性模量较低，在相同约束条件下，单位温变所产生的应力较小，因此冷却水管的作用，首先是带走温升阶段的热量，减小最大温升，从而减小温升期内外温差和表面拉应力，以及降低冷缩期的降温速度、基础温差和产生的内部拉应力。

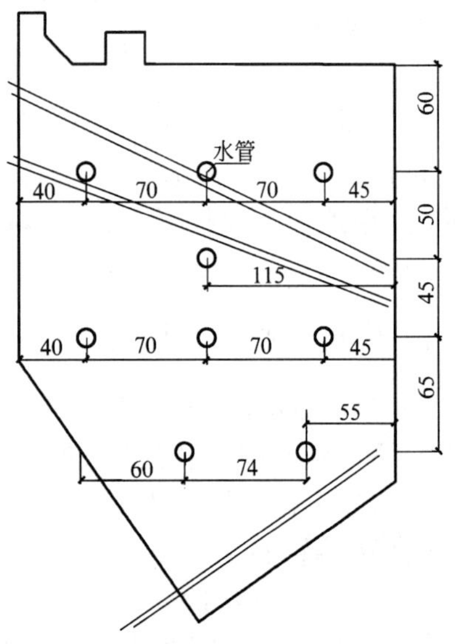

图3 岩锚梁冷却水管布置图(尺寸单位:cm)

官地水电站地下厂房岩锚梁混凝土冷却水管经仿真计算和混凝土冷却水管非绝热温升试验及现场1∶1模型试验，得出了一个合理的冷却水管布置方案。每个混凝土浇筑段内均布置冷却水管，水管布置形式如图3所示，每层水管在浇筑段两端部拐弯处距离梁端面的距离分别为500mm和1000mm，错开布置。水管采用白龙管，内径40mm，壁厚2～2.5mm，水源采用现场河水(平均水温为16.0℃),水管流速为1.2m/s,流量约为2.2m³/h。在岩锚梁每个施工段正式浇筑前先进行水管强度及密封性的现场压水检测,采用冷却工作时最大流速的1.3倍现场压水20min的方法进行检测,在保证整个压水检测过程中整根水管滴水不漏后才能进行梁体混凝土浇筑。冷却水管连续通水7～10d,每天改变通水方向一次,前3d通水流量不变,此后流量减半。

根据现场1∶1模型试验结果显示,岩锚梁混凝土浇筑后在未通水期间,每小时最大温升达1.7℃,而通水后温升速度明显减小,最大温升仅0.5℃。可见,在岩锚梁混凝土中,采用冷却水管通水对混凝土温升幅度控制十分有效。

5 混凝土浇捣

混凝土外观产生镜面效果的内因主要是水泥水化时产生的水化硅酸钙和水化铁酸钙凝胶及氢氧化钙、水化铝酸钙和水化硫酸钙晶体。设计配合比时,必须保证水泥浆能产生足够的上述凝胶和晶体,并保证水泥浆在光滑模板表面均匀分布;且混凝土坍落度越小越好,坍落度越小,混凝土表面气泡越少,混凝土外观效果越好;坍落度越大,混凝土表面气泡越多,混凝土外观效果则差些。官地水电站地下厂房岩锚梁混凝土采用泵送入仓方式,坍落度控制在12～13cm(二级配),效果较好。在混凝土振捣上亦基本与普通混凝土相同,振捣时一定要小心,避免振捣棒触及模板,否则PVC板将被碰碎;另外,在振捣时间上,要比普通混凝土振捣时间稍长一点,使混凝土中的气泡充分泛出。

6 混凝土养护

由于模板内贴PVC板,密封好,透气性差,混凝土与模板接触表面的水分很难蒸发,可以保证水泥水化所需的水。因此,养护工作主要是对模板上部混凝土进行养护,在混凝土浇筑结束后及时采用塑料薄膜覆盖顶部混凝土表面进行养护,并在薄膜上面覆盖一层保温麻袋,起到早期保温保湿的作用。

7 模板拆除

为了防止开挖过程中飞石对镜面混凝土的破坏,模板应尽量晚拆,同时,不拆模还可以对镜面混凝土起到保温保湿的作用。模板拆除时严禁乱撬,避免损坏棱角,不得碰撞镜面混凝土。模板拆除后,及时采用湿塑料薄膜紧贴覆盖镜面混凝土,避免开挖爆破烟尘污染镜面混凝土,影响镜面混凝土表面的光洁。

8 镜面混凝土外观修补

混凝土成品缺陷修补是镜面混凝土施工工艺不可缺少的重要环节。对于出现麻面、漏浆等部位采用普通水泥、白水泥、水玻璃等材料调色抛磨处理。凿开麻面、漏浆部位,清洗后扫水泥素浆,用1∶2水泥砂浆修补,表面磨板搓平。待水泥砂浆稍干后(约2h),用海绵块泡水拧干,洗净深表面3～5mm,并清除表面砂粒。24h后,用42.5R硅酸盐水泥与42.5R白水泥按

1∶1.5比例混合拌匀(视具体修补部位稍作比例调整以控制色差),加入水与水玻璃按1∶1比例拌成的混合液,拌成糊状水泥素浆,抹于构件缺陷处表面,反复压平、刮净。自然风干约12h后,用水磨砂纸干磨一遍,达到粗平程度即可,淋水养护4d后,解开胶纸,用电动手磨机带220号大理石抛光片进行打磨,最后用水磨砂纸干磨数遍即可。经以上方法处理的构件表面,基本可达到与镜面混凝土相一致的表面效果,并可有效修补表面龟裂。目前,官地水电站岩锚梁镜面混凝土无缺陷发生。

9 注意事项

(1)镜面混凝土施工过程中注意对PVC板的保护,若使用后PVC板受损,必须进行修补或重贴。每次换贴PVC板时,必须用刮刀将维萨板表面的粘贴物清理干净。

(2)尽量避开气温较高的时段浇筑混凝土,混凝土浇筑尽量安排在早上和夜间施工。

(3)冷却水管边浇混凝土边通水,即遵循"先通水后浇混凝土"的原则。通水期间有备用水源,避免通水期间停水现象的发生。

(4)水管冷却的导热降温作用是混凝土施工防裂方法中最为重要和可灵活应用的防裂措施,技术含量最高,且较复杂,在施工期间须有专管人员进行水管冷却全过程的管理和运行。

(5)在混凝土浇筑过程中,若将混凝土泵管直接放置于模板或钢筋上势必会振动模板和钢筋,影响混凝土的外观质量。在仓号内用导链将泵管固定于岩壁系统锚杆上,可避免此类情况的发生,即泵管架设与模板及模板支撑系统分离为两套独立的支撑系统,导链使用过程中安装、拆卸及调整都非常灵活。

(6)浇筑分层控制在50cm以内,层间浇筑间隔时间一定要根据混凝土初凝时间严格控制,避免冷凝现象发生。

10 施工效果

官地水电站地下厂房岩锚梁镜面混凝土模板拆除后,在潮湿情况下均达到"光彩照人"的镜面效果(见图4),且没有发现一条裂缝,为镜面混凝土在水电工程建设中的应用起到了进一步促进作用。

图4 施工后效果

参考文献

[1] 谢珉,朱兴隗.镜面混凝土在电厂建设中的应用探讨[J].电力建设,2004,35(05).

[2] 何云文.清水镜面混凝土的应用及施工工艺[J].山西建筑,2005(14).

[3] 杜广恩.索风营水电站地下厂房岩锚吊车梁镜面混凝土施工[J].贵州水力发电,2004(03).

[4] 王宝仲.索风营水电站岩锚梁混凝土温度裂缝与控制[J].贵州水力发电,2006(04).

[5] 朱岳明,强晟,陈守开.官地水电站地下厂房岩壁吊车梁混凝土施工防裂方法研究[M].2008.

UF500 纤维素纤维在南水北调渡槽 C50 混凝土中的应用研究

刘国平[1]，邓宗才[2]

1. 上海罗洋新材料科技有限公司；2. 北京工业大学

1 工程概况

京石段放水河渡槽，是南水北调中线工程输水总干渠上的一座大型交叉建筑物。渡槽全长 350m，为 I 级建筑物，设计流量为 $135m^3/s$，加大流量为 $160m^3/s$。槽身为三槽一联多侧墙简支三向预应力混凝土结构，单跨长 30m，共 8 跨；槽身宽 25m，共 3 孔，每孔平均宽度 7m；槽身底板正梁厚 2.6m，侧梁厚度 1.5m；槽身侧墙厚 0.6m，中间侧墙厚0.7m。槽身底部为板梁结构，由纵梁（主梁）、横梁（次梁）、底板三部分组成；混凝土强度等级为 C50。断面结构如图 1 所示。

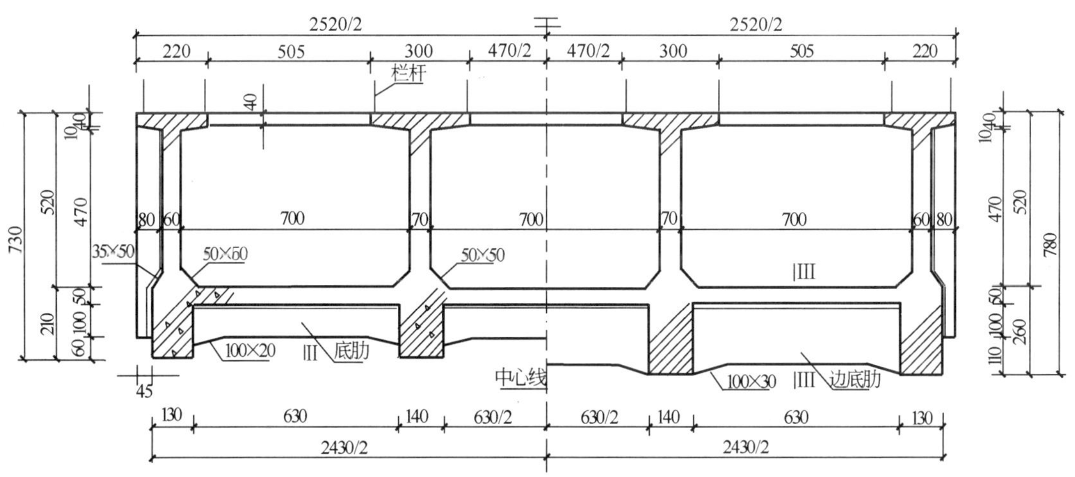

图 1　槽身断面结构图（尺寸单位：cm）

该渡槽设计输水流量大，结构复杂，工程质量要求高，工期紧迫，槽身施工期主要在7～9月的炎热季节施工，使用高强度等级的混凝土。施工期间，渡槽槽身混凝土易由于塑性收缩、自收缩、干燥收缩和温降收缩而引起开裂；服役期间，渡槽槽身处于高速动力水流条件，对渡槽混凝土来说，不仅是静水压力条件下的抗渗抗裂问题，而且还要提高渡槽槽身混凝土在一定动荷载、水压条件下的韧性和抗弯冲击性能。放水河渡槽所处暴露环境，属超长开放结构，因此混凝土的抗冻融性能也是关键指标之一。

针对放水河渡槽上述特点，本工程采用高性能纤维混凝土，保证渡槽混凝土早期抗裂性能

［作者简介］ 刘国平，上海罗洋新材料科技有限公司 CEO

和后期耐久性能。本文具体研究了不同纤维掺量对强度等级为C50渡槽高强混凝土梁抗弯曲韧性、抗冻融性能、抗弯冲击性能等方面的影响，确定合理的纤维掺量，这在提高渡槽槽身用C50混凝土的抗裂性能和耐久性具有重要的工程意义，也为高性能纤维混凝土在水利工程中的应用提供参考数据。

2 原材料及配合比

混凝土配合比如表1所示，水胶比0.3，砂子含水率为2.16%。

表1 混凝土配合比（单位：kg/m³）

原材料	水泥	水	粉煤灰	石子	砂	减水剂	纤维
规格	P·O 42.5	自来水	I级	5～30mm 连续级配	河砂 $\mu=2.9$	羧酸类高效减水剂	UF500
用量	392	147	98	1066	702	5.92	不同掺量

混凝土所用原材料由施工现场提供。其中，UF500纤维素纤维质量掺量分别为0kg/m³、0.9kg/m³、1.1kg/m³、1.3kg/m³和1.5kg/m³，在下面的试验中分别对应编号U0、U1、U2、U3和U4。

UF500纤维素纤维是美国生产的新一代高性能纤维，其性能既不同于早期的天然木质纤维，也不同于近几年发展起来的聚丙烯等合成纤维，其基体取自特殊硬木树种。外形呈块状单丝，相对密度1.1g/cm³，平均长度2.1～2.3mm，标称直径18μm，比表面积2500m²/kg，抗拉强度600～900MPa，弹性模量8.5GPa。UF500纤维素纤维具有天然的亲水性，独特的纤维空腔结构和巨大的比表面积，可提高混凝土的抗开裂性能，显著改善混凝土韧性、抗冻融、抗冲击等耐久性性能，其外观如图2所示。

图2 UF500纤维素纤维外观

3 渡槽槽身用C50纤维混凝土性能试验研究

3.1 抗弯强度

依照《水工混凝土试验规程》(SL 352—2006)试验方法，测定各组混凝土试件28d的抗弯强度，如表2所示。

表2 纤维混凝土力学性能数据

试件编号	纤维掺量(kg/m³)	抗弯强度(MPa)
U0	0	5.59
U1	0.9	6.21
U2	1.1	6.42
U3	1.3	6.34
U4	1.5	6.50

由表 2 可以看出，纤维混凝土的抗弯强度比基准混凝土均有不同程度的提高。比较不同纤维掺量的混凝土试件。可以看出，纤维掺量 1.1kg/m^3、1.3kg/m^3 时，二者的抗弯强度接近；纤维掺量 1.5kg/m^3 时其抗弯强度有所提高，但提高程度不大，因此合理纤维掺量为 1.1kg/m^3。

3.2 弯曲韧性

本试验同时比较了聚丙烯纤维（0.9kg/m^3）与不同掺量纤维素纤维增强混凝土的弯曲韧性。按照美国材料与试验协会（ASTM）规范和我国《纤维混凝土结构技术规程》（CECS 38:2004）要求，用三分点加载梁进行试验，梁跨度为 300mm。试验在 Instron1343 伺服系统机上进行，按照恒位移控制方法加载。为了提高梁挠度测试的精度，在挠度记录中不包括在支座处的沉降、加载点的位移、钢板与试件间的缝隙及钢板的弹性变形等。梁挠度的测定采用日本 YOKE 方法。将夹式引伸仪置于试件的中性轴测定梁的挠度。该装置还能消除梁扭转变形引起的附加变形。位移速率为 0.010mm/s。计算机自动采集数据，得到荷载—挠度全过程曲线。

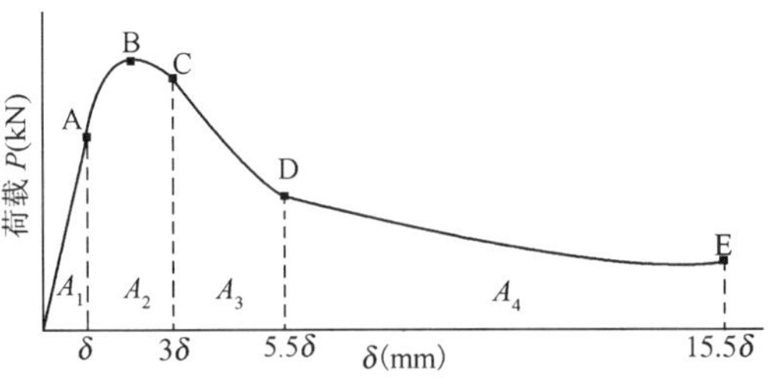

图 3 荷载—挠度曲线（ACI 法）

韧性指数 I_5、I_{10} 和 I_{30} 是荷载—挠度曲线下面积的相对值，即分别先计算出挠度是初裂挠度的 3 倍、5.5 倍和 15.5 倍时荷载—挠度下的面积，再除以初裂点对应的荷载—挠度曲线下的面积，如图 3 所示。按照美国 ASTM 方法求得的纤维混凝土 28d 时抗弯韧性指数平均值如表 3 所示。

表 3　纤维混凝土 28d 时抗弯韧性试验结果平均值

试件编号	抗弯强度（MPa）	韧性指数		
		I_5	I_{10}	I_{30}
U0	5.26	1	1	1
U1	5.36	2.90	4.29	9.17
U2	5.41	3.08	4.84	10.12
U3	5.37	3.57	5.18	11.91
U4	5.56	3.89	5.29	12.48
PP1	5.27	2.87	4.01	5.14

纤维素纤维对于提高混凝土弯曲韧性效果显著，其原因是纤维素纤维具有良好的亲水性，减少了混凝土的泌水并阻止塑性收缩裂缝的出现；纤维内部的空腔能够在水泥水化的过程中调节微水化环境，避免水分过快蒸发引起的干缩裂缝；纤维弹性模量和强度较高，与混凝土界面黏结强度高，当出现裂缝时，依靠纤维的桥联作用，阻止了裂纹的萌生和扩展，改善了混凝土的弯曲变形能力和韧性。纤维素纤维属于细纤维、短纤维，随着裂缝的开展，纤维不断被拉断或被拔出，变形能力减小。

纤维素纤维显著提高了混凝土弯曲韧性，且混凝土变形能力有了显著提高，混凝土开裂后仍可承受荷载，使混凝土由脆性破坏变为延性破坏，改善了混凝土裂后变形能力。即使基材中出现大量的分散裂缝，仍可继续承受一定的外荷载并具有一定的延性。随着纤维纤维掺量增加，弯曲变形能力增强。

3.3 抗冻融性能

抗冻试验试件尺寸为100mm×100mm×400mm棱柱体。在冻融循环过程中，测定试件的动弹性模量属于非破损试验，且动弹模试验可以反映试件内部的冻融损伤情况。由试验测得的冻融循环后素混凝土和纤维混凝土试件的动弹性模量如表4所示。

表4 冻融循环后混凝土试件动弹性模量（单位：GPa）

试件类型	0次	50次	100次	150次	200次	250次	300次
U0	53.41	52.09	48.5	33.08	29.38	24.88	22.68
U1	52.14	50.41	48.92	46.18	40.54	38.23	35.56
U2	52.97	51.28	48.55	47.23	41.34	39.67	35.64
U3	54.33	52.86	52.01	49.87	46.05	41.99	37.12
U4	53.61	52.56	50.45	46.67	44.2	40.72	37.62

各组试件经历50次冻融循环后的相对动弹性模量值均在97%左右，说明冻融循环初期对混凝土的损伤很小；在冻融循环初期，纤维对改善混凝土抗冻性能的作用不大。随着冻融循环次数的增加，纤维对改善混凝土抗冻性能的效果愈加明显。300次冻融循环后，素混凝土的相对动弹性模量降为42.46%；纤维混凝土试件U1、U2、U3和U4的相对动弹性模量分别为68.21%、67.42%、68.32%和70.17%。纤维混凝土的相对动弹模是素混凝土的160%左右，根据《水工混凝土试验规程》（SL 352—2006），所有纤维混凝土的抗冻强度等级大于D300，完全满足渡槽槽身D200的设计要求。

UF500纤维的天然亲水性和独特的空腔结构，减短了混凝土内部的孔溶液和自由水的流程，减小了静水压力；众多散乱分布的纤维阻断了毛细孔道的连通，减小了混凝土内部的渗透压，减弱了混凝土内部的自应力，减轻了内部损伤，提高了混凝土的抗冻性能。

3.4 抗渗透性能

由表5可知，纤维素纤维可以大幅提高混凝土的抗渗性能，且随着纤维掺量的提高，混凝土的抗渗性能逐步提高，U1渗透系数为素混凝土的31.2%；U2渗透系数为素混凝土的18.5%；U3渗透系数为素混凝土的13.6%；U4渗透系数为素混凝土的5.8%。纤维的掺入，减小了混凝土内部原有的缺陷，降低了混凝土孔隙率，提高了混凝土密实性，增强了混凝土抗渗性；同时，纤维的掺入阻断了连通的孔道，也增强了混凝土渗透性。另一方面，由于数目众多的纤维存在阻裂作用，可显著减少初始裂缝的数量，有效抑制裂缝的宽度和长度，并大大降低生成贯通裂缝的可能性，细化混凝土的微裂缝，使硬化后混凝土的抗渗性能得到显著改善。

表5 不同纤维掺量混凝土试件渗透系数

试件类型	压力值（MPa）	渗水高度（cm）	渗透系数（cm/s）
U0	1.3	9.98	5.70×10^{-15}
U1	1.5	6.38	1.77×10^{-15}
U2	1.8	5.90	1.06×10^{-15}
U3	1.8	5.03	7.6×10^{-16}
U4	2.0	3.73	3.45×10^{-16}

3.5 抗弯冲击性能

抗弯冲击试验研究了纤维素纤维掺量对混凝土抗弯冲击性能的影响规律，采用自行研制的自由落锤抗弯冲击试验装置，如图4所示。锤重1.4kg，自由落锤的冲击高度为400mm。梁两端为简支，净跨340mm。把应变片和加速度仪用导线连接到美国生产的Wavebook512动态应变仪上，计算机自动采集数据。试验数据如表6和表7所示。

表6 初裂冲击次数统计分析

名　　称	U0	U1	U2	U3	U4
最小强度(次)	17	30	61	65	98
最大强度(次)	36	58	153	161	158
均值(次)	29.5	46.5	97.9	100.8	119.6

表7 破坏冲击次数统计分析

名　　称	U0	U1	U2	U3	U4
最小强度(次)	17	31	62	74	108
最大强度(次)	36	59	155	170	206
均值(次)	29.5	48.3	102.5	112.6	143.8

可见，随着纤维掺量的增多，纤维混凝土的抗弯初裂冲击次数明显提高，当掺量为1.3kg/m^{3}时，纤维混凝土的初裂冲击次数比素混凝土提高了2.4倍。纤维素纤维强度、弹性模量较高，且与混凝土黏结强度高，提高了纤维混凝土破坏冲击次数，当掺量为1.3kg/m^{3}时，纤维混凝土的破坏冲击次数比素混凝土提高2.8倍。从提高弯曲冲击性能的角度看，纤维掺量为1.1～1.3kg/m^{3}时比较合理、经济。

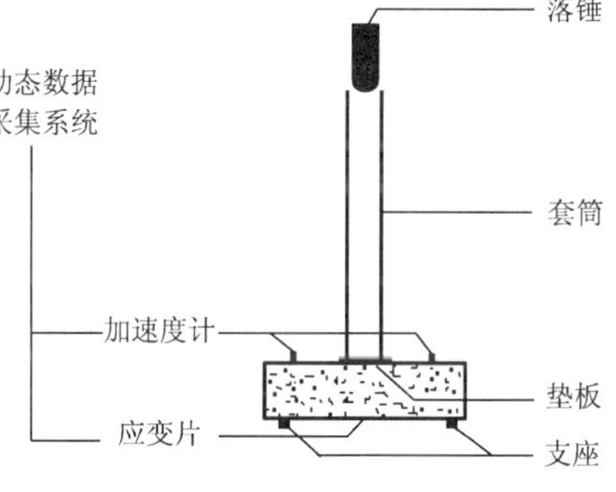

图4 抗弯冲击试验装置图

纤维在提高混凝土抗弯冲击性能时主要靠纤维阻裂作用:纤维素纤维的根数多，比表面积大，纤维间距小，显著改善了混凝土的内在品质，减少了混凝土内部有害孔隙数量和尺度，降低了集料与基体界面间的缺陷，在混凝土内部形成更有效的增强增韧体系，显著提高了混凝土在冲击荷载下的抗初裂能力；纤维素纤维与水泥水化产物的黏结力强，形成三维乱向网络结构，有效地阻止了混凝土冲击裂缝的萌生和扩展。

4 结语

通过对UF500纤维素纤维增强高强度混凝土(C50)的系统研究，获得以下主要结论。

(1)纤维混凝土的弯拉强度比基准混凝土略有提高，且随纤维掺量增加而提高。

(2)随着纤维掺量增加，纤维混凝土抗弯韧性不断改善，弯曲变形能力增强。当纤维素纤维掺量为1.3kg/m^{3}时，纤维混凝土弯曲韧性指数的增幅较大，比较经济合理。

(3)纤维素纤维可以显著改善混凝土的抗冻性能，随着冻融次数的增加，其效果越明显；且随着纤维掺量的增加，作用愈加明显。所有纤维混凝土试件抗冻强度等级均大于 D_{300}。

(4)纤维素纤维可以大幅提高混凝土的抗渗性能，且随着纤维掺量的提高，混凝土的抗渗性能逐步提高。

(5)随着纤维素纤维掺量的增多，纤维混凝土的抗弯初裂冲击次数、破坏冲击次数明显提高，当掺量为 1.3kg/m^3 时，纤维混凝土的初裂冲击次数、破坏冲击次数比素混凝土提高 2.4 倍、2.8 倍。从提高混凝土弯曲冲击强度的角度看，纤维掺量为 1.1～1.3kg/m^3 时比较合理。

(6)经过上述试验，最终确认在放水河渡槽采用纤维掺量为 1.3kg/m^3 的纤维素混凝土。对所有原材料进行了试验测定，现场测定了混凝土坍落度、流动度、混凝土强度等力学性能。从现场情况看，纤维混凝土工作性、施工性良好；渡槽施工质量良好，纤维素纤维起到了良好的阻裂效果，未见可视裂纹，达到了预期效果。

参 考 文 献

[1] 王铁梦.工程结构裂缝控制[M].北京：中国建筑工业出版社，2004.

[2] 邓宗才.高性能合成纤维混凝土[M].北京：科学出版社，2003.

[3] CECS 38:2004 纤维混凝土结构技术规程[S].

[4] 姚武.聚丙烯腈纤维混凝土低温性能的研究[J].建筑材料学报，2003(4).

[5] 史小飞，王艳英.混杂纤维混凝土抗弯冲击性能[J].山东建材，2006(3).

地下连续墙表面衬砌薄壁混凝土施工技术

陈　勤，顾明如，宋冀赟，田　俊

江苏省水利建设工程有限公司

长江下游某大型船坞工程，其坞室墙为钢筋混凝土拉锚组合墙结构。坞墙上部为现浇钢筋混凝土空箱，下部地下连续墙单体结构兼作坞室墙。设计考虑地下连续墙结构在施工中采用的地下暗挖、水下浇筑混凝土的工艺，其接头在防渗方面有所欠缺，而且船坞工程运行期为无水状态，因此在地下连续墙表面设有20cm厚的薄壁混凝土衬砌，兼作加强防渗和美化外观作用。

由于采取逆作法施工，薄壁混凝土将是整个工程的最后一道工序，既是预防地连墙渗漏的最后一道防线，也是地连墙表面的"贴面"修饰工程。因此，保证薄壁混凝土的内在质量和外观质量也就显得尤为重要。衬砌薄壁混凝土应用结构见图1。

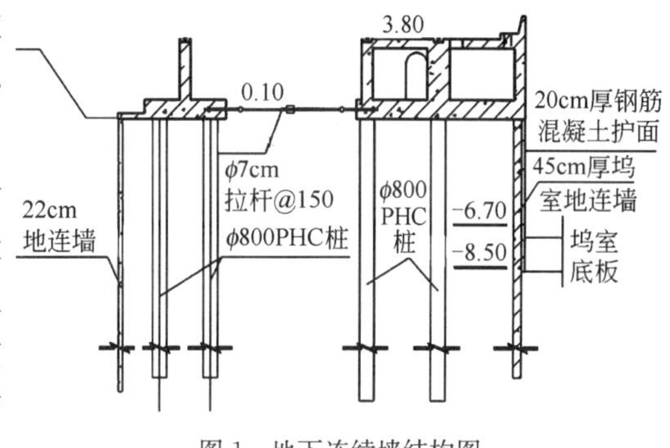

图1　地下连续墙结构图

1　施工难点分析

1.1　衬砌薄壁混凝土与地连墙的连接

设计薄壁混凝土的厚度为20cm，局部在地连墙有少量位移后厚度仅为10cm左右。而且薄壁混凝土是施工的最后一道工序，如何使其上部与坞室墙连接，下部与坞室底板连接，中部与地下连续墙连接形成一个整体，将是薄壁混凝土施工能否成功的关键。

1.2　单向支模的支撑与稳定

传统的支模方式为螺栓两侧对拉，而薄壁混凝土的内侧为已经施工完成的地下连续墙，上、下也均为已经完成的工程结构，施工中需一次性单向支模高度达7.5m，保证模板的稳定和表面平整，将直接影响薄壁混凝土的外观质量。

1.3　薄壁混凝土的质量控制

对于厚度仅20cm的薄壁混凝土，要考虑混凝土的入仓方式、振捣方式、混凝土的配合比等方

［作者简介］陈　勤，江苏省水利建设工程有限公司副总经理

面的技术措施，同时，薄壁混凝土与地下连续墙在施工的时间差上相差很大，如何消除混凝土的不均匀收缩和薄壁混凝土自身抗收缩能力不足造成的裂缝，对于薄壁混凝土施工也很重要。

1.4 浇筑入口的修补

作为"贴面"混凝土，其外观质量也是衡量薄壁混凝土施工成败的重要指标。对于顶部与坞室墙接触面的连接处理和混凝土入口的修补，也将是施工中值得仔细研究的课题。

2 薄壁混凝土与相邻结构的连接

2.1 地连墙接缝预处理

薄壁混凝土是预防地连墙接缝渗漏的最后一道防线，但不是堵漏的结构。因此在薄壁混凝土施工前，应该对地连墙接缝的渗漏情况逐一检查，绝不允许薄壁混凝土带水施工。对于已经发生的渗漏，可采取先引后堵、引堵结合的方式，将其封堵或临时引流，不从墙面溢出，在薄壁混凝土施工完成后再进行封堵。

2.2 地连墙表面处理

随着地连墙施工工艺的改进，虽然其采用水下导管浇筑混凝土的工艺，但其表面仍然比较光滑，达不到混凝土施工缝的粗糙要求，因此有必要对地连墙表面进行凿毛处理。需要指出的是，地连墙下部为工程永久性结构，其承受水平力很大，凿毛处理过程中应该严格禁止将受力钢筋暴露，从而影响地连墙的受力条件。因此，应该采用人工凿毛的方式，去掉表层泥皮和砂浆，形成糙面即可。

2.3 种植连接钢筋

根据设计要求，薄壁混凝土与地连墙应设有连接钢筋，可在地连墙施工预留或事后植筋，设计要求双向布筋为 50cm×50cm。施工中考虑兼顾模板支撑的要求，采取后植筋的方式，而且对钢筋的布置进行了优化。由于模板支撑要求的拉筋为 60cm×90cm，所以经设计允许后，将植筋的布置改为 60cm×45cm。在支模时竖向植筋全部利用，横向植筋间隔利用，既满足了设计要求，又给模板支撑提供条件。

考虑地连墙的厚度较小，不宜进行深孔植筋，故打孔深度为 20cm，选择化学植筋胶作为填充材料，其特点为强度高，黏结时间短。植筋完成后需作抗拉试验，以满足设计和现场支模要求。

2.4 预留插筋

为了保证薄壁混凝土与上、下结构的可靠连接，在施工上部坞室墙和下部坞室底板时，要事先预留与薄壁混凝土的连接钢筋，使其在结构上形成一个整体。

衬砌混凝土与相邻结构的连接见图 2。

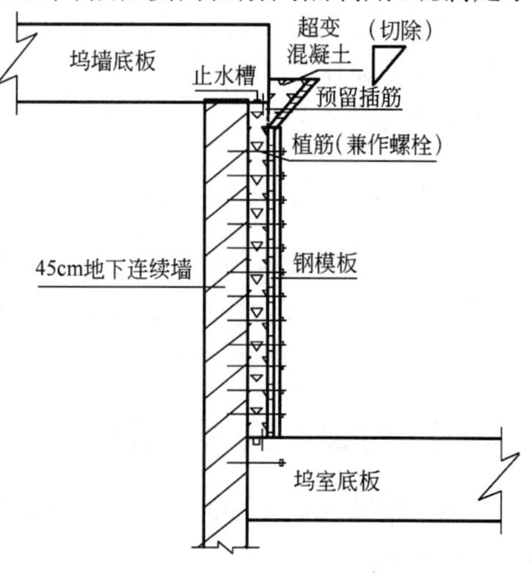

图 2 衬砌混凝土与相邻结构的连接图

3 单框支模

3.1 模板材料的选择

由于薄壁混凝土厚度仅为20cm，局部更小，但其高度很高，达7.5m，所以在混凝土浇筑时的速度很难控制，有可能在短时间内混凝土高度上升较快，形成很大的侧压力。同时，传统的插入式振捣器无法伸入混凝土进行振捣，需采用附着式振捣器或振动模板来密实混凝土，所以模板材料必须选择强度较大的多肋钢模板。

3.2 整体稳定

由于混凝土的侧压力较大，而现场只能采取单向支模，所以对模板支撑的要求很高。施工中采取拉、撑结合的方式，首先是充分利用墙面植筋来布置拉杆螺栓，这是抵抗混凝土侧压力的主要途径；其次是底部利用预埋在坞室底板上的地锚进行顶撑；最后是中部和顶部利用脚手架进行顶撑，脚手架外侧再用抛撑与地锚相连。另外，顶部与预留的坞室底板支模螺栓相连，形成四位一体的顶撑结合支撑体系。

3.3 预留混凝土入口

薄壁混凝土的厚度很小，高度很大，混凝土浇筑过程中，串筒无法进入仓内，如直接从顶部灌入则容易造成混凝土离析和粗细集料分离，甚至顶部堵截，中间形成空洞，因此须事先布设混凝土的入口。考虑混凝土的落差不大于2m，横向流动距离不大于3m，所以在高度方向布置3层混凝土入口，横向距离为6m。入口预留的方式为模板支撑完成后，拆除事先设计好的小块模板。随着混凝土浇筑的上升进行封堵。

顶部混凝土的入口采用斜向超高布置，斜向是为了方便混凝土入仓，超高是为了使薄壁混凝土与顶部的结构填充密实，确保连接质量。另外，在衬砌混凝土的顶部与坞室墙底板连接处，应该预先设止水槽，衬砌混凝土在超高压力下挤入止水槽内，加强衬砌混凝土与坞墙底板混凝土的连接和防渗。

4 混凝土配合比设计

4.1 性能要求

衬砌混凝土不仅要满足设计图纸所要求的强度、防渗的一般性能外，还应该考虑必须满足施工需要所达到的特殊性能要求。由于薄壁结构不具备仓内平整和插入振捣条件，因此混凝土应该保持一定的流动性，以保证混凝土在薄壁结构中的自流填充，同时要考虑一定的自密性能。

但由于薄壁混凝土采用泵送法施工，砂率较大，水泥用量和用水量也较多，致使结构物产生裂缝的概率大大增加，因此应该考虑在混凝土的增强过程中的抗裂补偿，故薄壁混凝土应该按补偿收缩混凝土的要求进行施工。

4.2 原材料选择

(1)水泥　薄壁混凝土的强度、耐久性和表面色调等很大程度上取决于水泥，因此要选择早期强度高、安定性好、干缩变形小的普通硅酸盐水泥。为了保证薄壁混凝土与上下已完结构的外观颜色一致，应该选用和已完成结构施工时所使用的同一厂家、同一强度等级的水泥，本工程采取龙潭 P·O 42.5 水泥。

(2)集料　细集料选用质地坚硬、级配良好、颜色一致的江砂，其细度模数为 2.5～2.7(中砂)，含泥量小于 1.5%。粗集料选择连续级配良好、颜色一致、洁净的 5～31.5mm 石灰岩质碎石，压碎指标 11.5%，含泥量小于 1%，针片状颗粒小于 15%。

(3)掺和料　选用合适的掺和料作为辅助胶凝材料，不仅能改善混凝土的和易性，还可以减少混凝土收缩、泌水性，而且与外加剂配合使用，可以提高混凝土的外观质量。本工程选用Ⅰ级粉煤灰作为清水混凝土的掺和料。

(4)外加剂　考虑薄壁混凝土对混凝土性能的特殊要求，需要在混凝土中掺入适当的外加剂，既要保证混凝土的设计强度，采用较小的水灰比，又要获得较大的坍落度，所以在混凝土中掺入高效减水剂。高效减水剂的掺入可有效减少用水量，降低水灰比。

(5)特种材料　薄壁混凝土在硬化过程中，经常会发生体积收缩，从而使混凝土产生微裂缝。因此应该在混凝土内掺入适量的膨胀剂产生适度的体积膨胀来限制混凝土的收缩，产生的膨胀在钢筋和邻位的限制下，以自应力的形式储存在混凝土中，用以抵消或消除混凝土后期由于干燥失水和降温引起的收缩，从而避免或减少混凝土的开裂渗水。本工程采用 UEA 作为膨胀材料。

4.3　配合比(见表 1)

表1　混凝土配合比

强　度	材料用量(kg/m^3)							水胶比	砂率
等级	水泥	砂	石	水	粉煤灰	减水剂	膨胀剂		
C30	360	725	1005	205	54	5.4	33.2	0.48	0.42

5　混凝土浇筑工艺

5.1　浇筑准备

由于薄壁混凝土的厚度较小，在浇筑过程中容易产生失水风干现象。而薄壁混凝土的内侧为已经施工完成并长时间暴露的地下连续墙混凝土，在薄壁混凝土浇筑过程中对其产生较大的吸水作用，对薄壁混凝土的养护产生危害；而且干燥墙面的吸水对新浇的混凝土产生吸附作用，不利于混凝土的入仓。因此在薄壁混凝土开始浇筑前，必须提前 24h 对地连墙混凝土表面进行喷水，使之处于充分湿润状态，以确保其在薄壁混凝土浇筑过程中不产生吸水作用，并有利用混凝土的入仓。

5.2　混凝土入仓

混凝土通过泵送的方式进入浇筑现场，入仓通道为已经准备的模板预留洞。混凝土入仓的进口为自制的铁质 BO，呈大小头形状，小头一侧比入仓口稍小，进入模板约 5cm，混凝土通过入口进入仓内。浇筑过程中要控制混凝土的流量和速度，以防在入口处堵塞。

随着混凝土浇筑高度的上升，对底部混凝土的预留洞进行封堵。顶部入口处的混凝土进行超高浇筑，以保证衬砌混凝土的顶部与坞墙混凝土的底部接触密实。

5.3 混凝土振捣

由于薄壁混凝土厚度太小，普通插入式振捣器无法伸入混凝土中进行振捣。施工过程中在钢板上设置附着式振捣，在混凝土的入仓过程中进行振捣，以保证混凝土在仓内的流动，并确保混凝土内实外光。

采用附着式振捣器进行混凝土振捣时，必须解决一个很关键的问题，就是模板的支撑系统在振动力的作用下产生变化。因为在混凝土的侧压力作用下，拉结螺栓产生预应力，在振动力的作用下，很容易发生螺母的回丝现象，造成模板变形。因此应派专人随时按浇筑速度进行检查，并及时收紧螺母。

顶部入口处的混凝土在接近初凝时，要进行二次振捣，以补偿混凝土的泌水收缩，避免新浇筑的混凝土与一期混凝土产生缝隙，造成渗漏。

6 混凝土的养护

薄壁混凝土平面大、厚度小，在其增强和养生过程中极易干缩失水并产生收缩裂缝，给薄壁混凝土的防渗和美观产生不利影响，因此混凝土的养护工作尤为重要。

养护工作应该从混凝土浇筑完成并终凝后开始，此时对模板进行喷水湿润，同时起到降温的效果。当混凝土达到一定强度后，对模板的拆除采用竖向按区域集中快速拆除的方法，减小混凝土的暴露时间。此时采取挂帘湿水养护的方法，用土工布挂在拉结螺栓上，定时向墙面进行喷水，保持土工布的充分湿润，以弥补混凝土在早期养生时产生的大量的水分蒸发，预防混凝土因失水干缩产生有害裂缝。

7 顶部入口的处理

7.1 超高混凝土的切除

顶部超高斜向混凝土在达到一定强度时须进行处理，采用人工凿除的方法，将凸出竖向混凝土表面的多余混凝土凿除，并保留约 2cm 厚的凸出量，再采用手提砂轮机对其表面进行打磨，将混凝土表面打磨至与上下结构相一致。

7.2 混凝土表面修饰

经过打磨的混凝土表面留有少量的气孔，而且原来位于混凝土内部而现在处于混凝土表面的细颗粒容易流失，也会形成混凝土表面的砂眼。因此对混凝土表面还应该进行有效的处理。

对混凝土表面批刮水泥浆和有机胶水的混合料 2 道，以填充混凝土表面的砂眼。注意水泥应该采取普通水泥和白水泥按 1∶1 的比例混合而成，以改善混凝土表面的色差。待混凝土表面达到一定强度后再用细砂纸轻轻打磨至平。

8 工程效果和体会

本工程共有薄壁混凝土(20m×7.5m×0.2m)衬砌混凝土 58 块，均采用上述方案进行施工。根据拆模后对混凝土表面的测量和 28d 混凝土强度的检测，混凝土表面平整，内部密实，强度达标，外表美观。

船坞工程在运行期，局部衬砌混凝土在内部地连墙接头处产生竖向裂缝并微渗，这是因为在船舶出坞进水和关门排水时，实际存在坞墙的少量前倾和后仰，在此过程中，下部地连墙局部产生变形而造成衬砌混凝土在地连墙分缝处的竖向裂缝并产生微小渗透。因此除设计要求的结构钢筋以外，在实际施工中，还应在地连墙的接头处两侧，加强布设水平抗裂钢筋，规格为 ϕ6@50，保护层为 15mm。

9 结语

作为混凝土结构预防渗漏的最后一道防线，同时也是地连墙表面的一道"饰面"，地连墙表面的衬砌薄壁混凝土对工程的防渗和外观方面起着重要作用，而其结构位置特殊，与相邻结构的连接很多，在施工上有一定的难度。施工中对其进行了细致分析和周密计划，从细小处入手，强调措施，衬砌薄壁混凝土一次性浇筑到顶，不留接缝，表面处理，使得其在结构上与相邻结构连接可靠，在外观上与整体混凝土色调一致，浑然一体，取得很好的工程效果。

参 考 文 献

[1] 顾明如，田俊. 薄壁地下连续墙接头渗漏分析及防治措施[J]. 施工技术，2009(3).
[2] 冯乃谦. 新实用混凝土大全[M]. 北京：科学出版社，2005.
[3] 段吉祥. 现代混凝土结构技术[M]. 北京：人民交通出版社，2002.
[4] 刘秉京. 混凝土技术[M]. 北京：人民交通出版社，2004.
[5] 叶青，李丽琴，王建东. 掺膨胀剂混凝土膨胀的可靠性探讨[J]. 混凝土，2003(9).

遵义某工程泵送混凝土施工

毛天鹏

遵义水利水电勘测设计研究院

泵送混凝土已成为当前工业与民用建筑、水利、电力、交通等大方量混凝土，远程输送混凝土，超高程输送混凝土施工的主要方法之一。用泵机输送混凝土能否达到“快捷、高效”的目的，主要取决于混凝土的可泵性(即混凝土拌和物在泵送过程中，不离析、黏塑性良好、摩阻力小、不堵塞、能顺利沿管道输送的性能)和输送泵系统及安装布置。泵送混凝土输送的机理是：混凝土在泵机的压力作用下，在管内壁形成一圈薄薄的水泥砂浆润滑层，包裹在混凝土外，并始终保持柱塞状态做悬浮前进运动。但当柱塞体受到某种因素的干扰时，柱塞体各质点之间就会产生紊动，若运送过程中以混凝土质点之间相互稳定作用为主时，质点之间紊动将逐渐减弱，混凝土在管道中流动趋于层流状态；反之若干扰过大，混凝土质点之间相互稳定作用较小时，混凝土柱塞体各质点将继续保持紊动状态；管道内壁水泥砂浆润滑层将被破坏，造成管道堵塞，影响工程进度，增加工程成本。

1 泵送混凝土原材料选择

1.1 水泥

泵送混凝土一般选用P·O水泥，P·O水泥有较好的保水性，混合能力强，在混凝土的泵送过程中，能有效防止混凝土离析、泌水，保证因中途停顿而不致造成对柱塞体外水泥、砂浆润滑层的破坏和损失。若使用其他品种水泥，需采取一定措施改善混凝土和易性，便于泵送。

水泥用量通常是根据混凝土的设计强度等级、水泥品种等级和水灰比确定的，而泵送混凝土的水泥用量不但要满足混凝土设计强度，还要有利于混凝土在管内水泥砂浆润滑层和粗集料之间传递压力介质的形成。水泥用量偏低，管内混凝土在悬浮前进运动时则通过石子骨架传递压力，造成石子之间自锁相互挤压，卡死挤碎，阻力急剧增加，导致堵管。水泥含量偏高，混凝土黏结力过大，管内混凝土内摩擦力和与管壁之间摩擦力随之增大，不利于混凝土的泵送。

最少水泥用量视泵送距离、砂、石集料级配、坍落度要求、砂率大小情况而定，一般最低不宜少于300kg/m^3，满足混凝土的可泵性。

1.2 砂

砂的级配和砂率的大小直接与混凝土的可泵性有密切的关系。根据工程经验，用砂细度模数在2.1～2.9之间，含砂率在45％～50％之间为宜，在该范围内，含砂率与细度模数几乎

[作者简介] 毛天鹏，遵义水利水电勘测设计研究院高级工程师

呈线性关系。在砂的级配曲线中，通过 0.315mm 筛孔的含量尤其重要，它是影响混凝土可泵性的直接因素，一般含量不宜小于 18%。当该含量较小时，应考虑掺用水泥用量 10%～15% 的粉煤灰或其他材料，充填砂粒之间的孔隙，使混凝土在泵送时石子有适量的砂浆包裹，润滑管壁。

1.3 粗集料

在通常状况下，泵送混凝土用碎石要求针片状含量小于 12%，若针片状含量过大，其比表面积增大，需要更多的砂浆去包裹，砂浆含量相对减少，影响混凝土的可泵性。粗集料最大粒径要求为管道直径的 1/3～1/4，当粒径过大，管内混凝土石子之间容易发生摩擦、挤压、自锁、卡管，以导致混凝土在管内堵塞。粒径若过小，粗集料的孔隙增大，比表面积增加，单方水泥耗量加大，一般采用 5～40mm(管径 125～150mm)自然连续级配的粗集料。

粗集料的形状、粒径和级配情况对混凝土泵送的影响不容忽视。

1.4 水

要获得合适的混凝土坍落度，必须正确控制水灰比。水灰比是混凝土抗压强度和混凝土泵送的有力保证，水灰比过小，混凝土流动性差，泵机输送缸内不易将混凝土吸满，将吸入部分空气，在混凝土泵送过程中，因混凝土管内空气逐渐释放和不断串动，混凝土将在管内形成间断的非柱塞状态，柱塞体外无较好的水泥、砂浆润滑层，内摩擦力急剧上升，导致管道堵塞。若水灰比过大，混凝土的黏滞性稳定作用减弱，混凝土均匀性降低，每当受到外力干扰，管内混凝土柱塞体、润滑层将被破坏。管内混凝土在输送中途停顿时，会产生离析、泌水等，以至于不能形成润滑圈。

1.5 外加剂

泵送混凝土选用外加剂，主要作用是：显著降低水灰比，增大混凝土坍落度，提高混凝土抗压强度，延缓混凝土的凝结时间和水泥水化热的释放，改善混凝土的工作性等。以遵义瑞安水泥有限公司生产的“花岗牌”P·O 42.5 水泥、WT-B 系列外加剂为例做配合比试验，部分检测数据如表 1 所示。该系列外加剂掺量通常为水泥用量的 0.2%～0.4%，其掺用外加剂效果可分为：

表 1 混凝土配合比试验部分参数表

水泥用量 (kg/m³)	水灰比	外加剂掺量 (%)	坍落度 (mm)	7d 强度 (MPa)	28d 强度 (MPa)	初凝时间 (min)
385	0.44	0.20	175	26.4	35.8	416
	0.46	0.20	194	26.8	35.4	430
	0.48	0.20	336	26.4	35.2	419
435	0.40	0.20	162	35.2	49.8	378
	0.42	0.30	195	33.0	47.3	456
	0.44	0.35	243	34.2	47.0	538

(1)在保持混凝土抗压强度、坍落度不变的情况下，可节约水泥 15%左右；

(2)在保持水灰比、水泥用量不变的情况下，坍落度可增大 80～160mm；

(3)在保持水泥用量、坍落度不变的情况下,可减少用水量10%～15%,提高混凝土抗压强度10%～20%。

由此可见,合理使用外加剂对泵送混凝土的施工,提高混凝土强度,节约工程成本都起巨大的作用。

2 混凝土输送泵系统的选择和布置

2.1 最大水平距离和垂直距离

根据混凝土的最大水平距离和垂直距离,以及混凝土的浇筑强度,进行混凝土输送泵选型。本工程中由于场地的实际情况,输送管道是由不同坡度的管段,不同规格、型号的管件组成的,它们对混凝土泵送阻力各不相同,所以应将其折算成标准的水平管计算。不同坡度、不同规格和型号的管件与水平管长度折算如表2所示。

表2 不同坡度、不同规格和型号的管件与水平管长度折算表

名 称	垂直管(mm)			变径管(mm)			弯管(R=1m)				软管(m)	
管径	100	125	150	175～150	150～125	125～100	90°	135°	150°	165°	3	5
折算为水平管长度(m)	3	4	5	4	3	3	8	4	3	2	25	15

2.2 泵送混凝土的浇筑强度影响因素

若混凝土泵送是浇筑强度的主要影响因素,那么混凝土泵的排量则是控制混凝土浇筑强度的关键,它等于混凝土泵的设计排量乘以影响因素,工程实践证明其影响因素随泵送距离增大而增大(见表3)。

表3 泵送距离与影响因素关系

水平距离(m)	0～50	51～100	101～150	151～200	201～300
影响因素	1.0	0.9～0.8	0.8～0.7	0.7～0.6	0.6～0.5

2.3 布置混凝土泵考虑的因素

工程施工中布置混凝土泵,在电通、水通的前提下考虑以下因素:

(1)尽量缩短管线长度:场地平整、宽敞,能容纳2辆以上的混凝土运输车停放;

(2)安装水平、稳固。

2.4 输送管道的布置

管线正确的布置,是泵送混凝土施工的重要环节。在布置中应力求遵循"短、直、稳"的原则。

混凝土向上泵送时,在泵机出口处需换1/4倍垂直管段长度的水平管,将质量较好的管件、卡箍依次接靠泵机出口处,因为该段混凝土压力较大。以避免管道爆裂,发生安全事故,所有的管道必须进行加固,减少振动,在输送管和固定物之间安放缓冲物。

混凝土向下泵送时布置管线应防止因混凝土自重而沿管内壁下落,形成真空段,破坏原柱塞状态和砂浆润滑层,引起堵塞。例如,当倾斜坡度大于15°,下部水平管较短,抵抗阻力不大时，应在斜管坡脚处设置一止流阀，专人控制；又如，下部水平管较长，在布置时应将水平管线略微向上，即出口处略高于坡脚位置，防止管内砂浆或水流失。

3 混凝土泵送过程中应注意的问题及预见和处理

3.1 应注意的问题

(1)建议用混凝土搅拌运输车喂料，可保证混凝土在运输和停顿时混凝土不离析，泵送前润滑管道。

(2)混凝土泵机料斗上应放置金属网格，防止超轻集料等进入料。

(3)严禁向料斗内、混凝土运输车内加水，中途因混凝土供应不及时停泵，则将泵机料斗内装满混凝土，每隔 4～5min 搅拌泵送一次。

(4)用海绵球或人工塞洗管时，泵水应一气呵成，直至将塞子送出为止，要定时检查输送泵机的运行情况。

(5)在炎热气候条件下泵送混凝土，应将全管线覆盖、洒水等降温措施。

3.2 预见和处理

泵送混凝土过程中，管线堵塞之前的一般表现为输送泵机负荷声音沉闷，输送缸吸不进混凝土，管线出口处混凝土外排间断，管线振动加剧等。若出现管线堵塞前兆，处理方法有：

(1)立即进行反泵操作。

(2)用锤从管线出口处由远至近逐段敲打，同时进行三次反泵一次正泵操作。

(3)当上述方法无效时，则管线堵塞严重，应进行正泵操作找到管线抖动段停止处即为堵塞位置，迅速排除。

(4)若全线堵塞，则应立即安排大量劳动力排除管内混凝土，避免混凝土凝结，将管道清洗干净，重新安装管道进行混凝土泵送施工。

参 考 文 献

[1] JGJ/T 10—1995 混凝土泵送施工技术规程[S].

[2] GB/T 50204—2002 混凝土结构工程施工质量验收规范[S].

[3] GB 50010—2002 混凝土结构设计规范[S].

台山核电站整体筏板基础整浇预埋冷却水管研究

杨亚亚

中国核工业华兴建设有限公司

台山核电站采用EPR堆型，其核岛工程整体筏板基础（图1）属于大体积混凝土，底板长109.1m，宽105.3m，结构最薄处为2.2m，最厚处3.95m，混凝土强度等级为C40/C50。

筏基结构截面大，配筋密，混凝土一次浇注量大，且施工期正值南方高温、多雨、多台风季节，水泥水化所释放的水化热会产生较大的温度变化和收缩作用，导致混凝土开裂。

根据设计文件，要求混凝土最大温升低于40℃，中心最大温度低于65℃。根据以往核电筏基施工经验，在南方高温季节，若采用传统的施工养护方法，可以避免裂缝的出现，但是无法满足设计文件对混凝土温度的要求。水管冷却是大体积混凝土施工中控制温度的重要措施，目前我国广泛应用于水工结构，核电站中还没有应用先例。

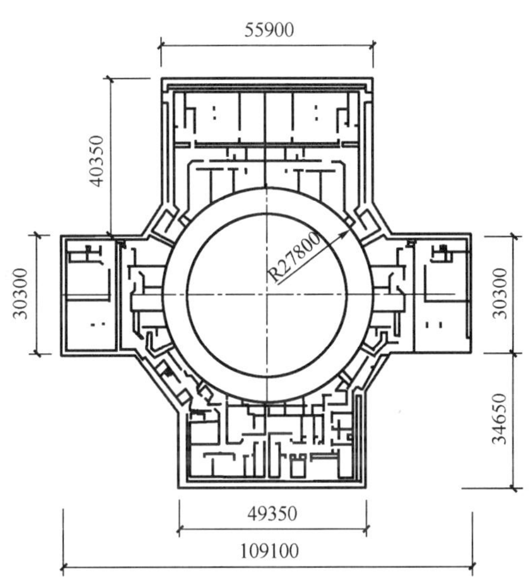

图1　核岛筏基平面图（尺寸单位：mm）

1　整体筏板基础施工段的划分

整体筏板基础混凝土量约2万m^3，根据以往核电筏基施工经验及现场施工条件，拟采用只分段不分层的原则，整体筏板基础划分5段，除中心3.95m厚筏基作为单独一块整浇外，周边2.2m厚筏基划分4段，采取跳仓施工。

首先选取整体筏基最大最厚的部分进行计算，其最大截面尺寸R=27.8m，厚度为3.95m，混凝土强度等级C40/C50，水泥含量375kg/m^3（P·O 42.5级）。

温度应力计算采取有限元法，参考相关核电站基础的实际计算和监测结果，调整混凝土表面的保温层参数进行试算，温度和温度应力计算结果如图2和图3所示。

经过以上温度应力分析计算，中心点最高温度83.5℃，混凝土内外温差降温速率都满足相关规范要求，且能控制温度应力，混凝土内外不会出现裂缝。

［作者简介］杨亚亚，中国核工业华兴建设有限公司高级工程师

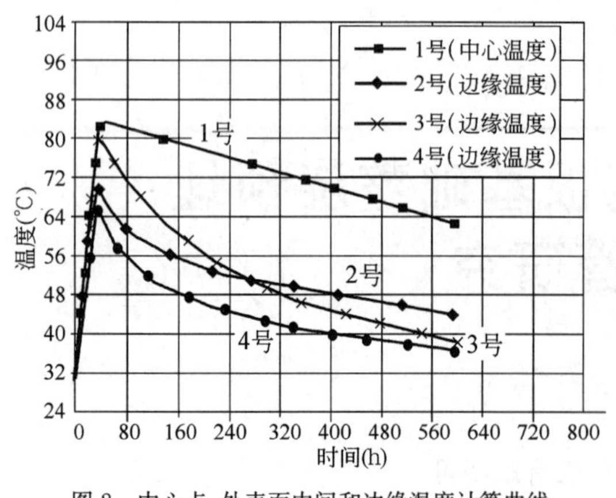

图 2　中心点、外表面中间和边缘温度计算曲线

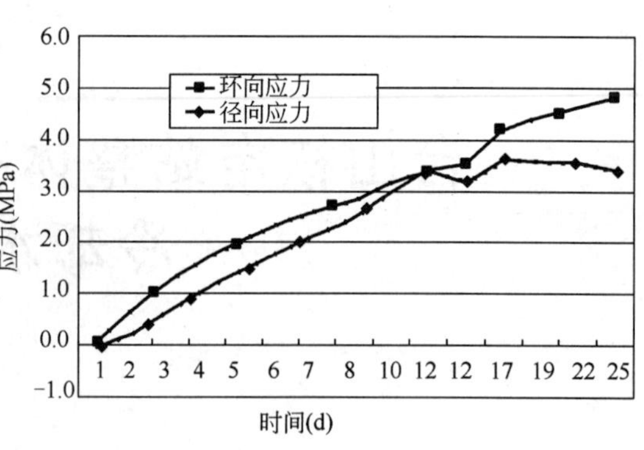

图 3　最大环向和径向温度应力曲线

2　预埋冷却水管的施工

2.1　前提条件

整体筏板基础最厚大部分通过有限元法计算，温度及温度应力都满足相关规范要求，筏基不会出现裂缝。但不满足设计文件中，混凝土最大温升低于 40℃，中心最大温度低于 65℃的要求。为满足此技术要求，除必要的覆盖养护材料外，拟采取在混凝土中预埋冷却水管，通过水循环，带走基础内部的热量，使混凝土内部的温度减小，从而减小由水化热温差引起的温度应力，控制温度裂缝。

2.2　冷却水管的计算

根据混凝土内部温度分布特征，决定在混凝土中靠近中心标高处埋设 2 层冷却水管，以降低混凝土中心温度。冷却水管采用 ϕ32mm、厚 2.3mm 的薄壁钢管，水平间距均为 1.5m，竖向间距为 1.3m 左右，上两层水管成梅花形布置，冷却水管距混凝土表面 1.5m，每层 8 根管子，每根冷却水管长度不超过 200mm，采用等效热传导方程进行理论计算，计算公式如下

$$T(t) = T_w + (T_0 - T_w)\phi(t) + \theta_0\psi(t)$$

经过计算，混凝土中心最大温度为 63.3℃，最大温升 33.3℃，满足设计文件要求。

2.3　管道埋设

冷却水管进出口集中布置，以利于统一管理。冷却水管布置如图 4、图 5 所示。

管道埋设时，各层间进出水管均各自独立，以便根据测温数据相应调整水循环的速度，以充分利用混凝土的自身温度，即中部温度高、四周温度低的特点，在循环过程中自动调节温差，产生好的效果。冷却水管安装时，要以钢筋骨架和支撑桁架固定牢靠。水管之间的连接使用胶管，为防堵管和漏水，灌注混凝土前应做通水试验。

混凝土浇筑后或每层循环水管被混凝土覆盖并振捣完成后，即可在该层水管内通水，以便通过水循环，带走基础内部的热量，使混凝土内部的温度降低到要求的限度。

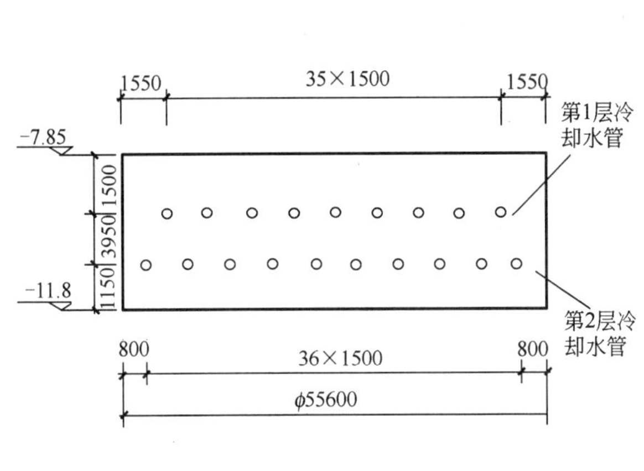

图 4　筏基冷却水管平面布置图

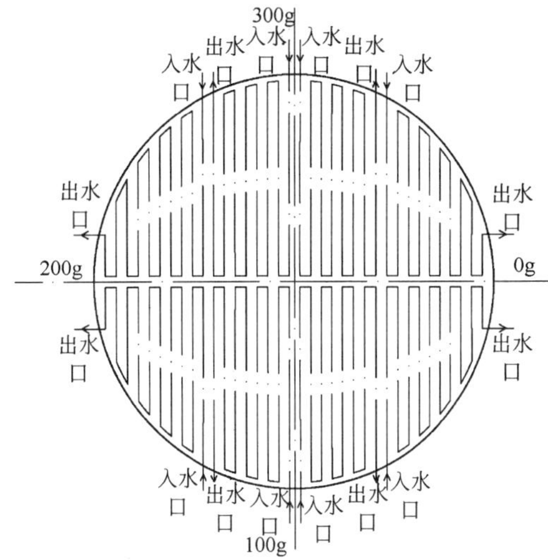

图 5　筏基冷却水管竖向布置图

使用现场施工用水，上下 2 层冷却水管水流方向相反，冷却水流方向每天变换一次，使混凝土能够均匀冷却。其流量流速应保证在管内形成紊流。直径 3.2cm 的蛇形管，流量一般以 25L/min 为宜，在每层管圈或选择有代表性的管圈的出水口装设流量计(或装压力表换算流量)定期测量流量。

根据测温情况，在混凝土升温阶段，流量一般以 25L/min 为宜，以便尽快削减早期峰值；在混凝土降温前期，要适量通水，防止温度回升。在整个冷却期间，控制降温速度不大于 1℃/d，若混凝土降温速率超过 2.0℃/d，则停止通水。

待主通水冷却全部结束后，应采用同等级水泥浆或砂浆封堵冷却水管。

2.4　技术控制要求

(1)通水冷却一般在收仓即可通水，根据测温情况确定通水时间。

(2)定期检测各冷却水管进、出口水温。

(3)根据测温情况控制水流量的大小，以便削减温度峰值和防止温度回升，控制降温速度不大于 1℃/d。

(4)严格控制进水温度，在保证冷却水管进水温度与混凝土内部最高温度之差不超过 25℃的条件下，尽量使进口水温最低。

(5)控制冷却水管进、出水口温差的平均值为 7.5℃。

(6)在气温较高时，冷却水应使用静置后的集水池内的水，以控制温差。

(7)冷却期间若混凝土降温速率超过 2.0℃/d，则应停止通水。

3　结语

根据以往核电施工经验和温度应力分析计算知，即使不埋冷却水管，混凝土内外温差及降温速率也可满足规范要求，且能控制温度应力，混凝土内外不会出现裂缝。预埋冷却水管并经过理论计算，利用冷却水通过热量交换后，混凝土中心最大温度及最大温升满足设计文件要求，而预埋冷却水管是否能达到预期的目的，还需要进行现场试验与研究。

参 考 文 献

[1] 朱伯芳.大体积混凝土温度应力与温度控制[M].北京:中国电力出版社,1999.
[2] SL 282—2003 混凝土拱坝设计规范[S].
[3] DL/T 5144—2001 水工混凝土施工规范[S].

广东阳江核电水库大坝碾压式沥青混凝土心墙施工技术

陈贵喜[1]，卞首蓉[2]

1. 北京振冲工程股份有限公司；2. 三峡电力职业学院建筑工程系

1 工程概况

阳江核电水库工程是中国广东核电集团有限公司兴建的核电专用水库。

该水库位于阳江市阳东县东平镇与台山市北陡镇两行政区交界处的响水河上。水库坝址位于阳东县境内的东平镇平堤村东北 800m 处，距东平镇约 8km，距阳东县城 48km。响水河总流域面积为 25.96km^2，属于沿海独立水系。水库位于响水河中游，坝址以上集雨面积 15.35km^2，占全流域面积的 59%。坝址至河流入海口 5.2km。

水库大坝为沥青混凝土心墙土石坝，坝顶长度为 395.0m，坝顶标高为 51.00m，最大坝高 43.4m，坝顶宽 8m。坝的上下游均采用二级坡，马道标高 26.00m，马道宽 3.0m，上游坝坡均为 1∶2/1∶2.75，下游坝坡为 1∶2/1∶2.5。沥青混凝土心墙，顶标高 50.00m，底部标高为 8.60m。底部宽度为 0.8m，每上升 10m，心墙宽度收 0.10m，直至顶部宽度为 0.5m。

施工时段从 2006 年 10 月至 2007 年 5 月，施工工期 8 个月。

2 碾压式沥青混凝土心墙施工流程

2.1 施工前的准备工作

沥青混凝土心墙坐落在刚性水泥混凝土基座上。为了使沥青混凝土能够更好地与水泥混凝土接合，在干燥、干净的混凝土底梁上，用喷枪喷涂一层冷底子油。冷底子油的喷涂量为 0.2kg/m^2，以表面呈现咖啡色为准。冷底子油配合比，沥青∶汽油为 3∶7(质量比)。喷洒的冷底子油待汽油挥发完(约 12h)后，开始涂刷 1.5cm 厚砂质沥青玛蹄脂。砂质沥青玛蹄脂配合比，沥青∶矿粉∶人工砂为 1∶2∶3(质量比)。

2.2 人工摊铺

在混凝土基座 1.52m 宽渐变至 80cm 处和心墙与两岸混凝土连接处，均采用人工摊铺。

人工铺筑施工程序为：测量放线→立模→过渡料摊铺→沥青混凝土摊铺→拆模→过渡料初碾→沥青混凝土碾压→过渡料碾压。

[作者简介] 陈贵喜，北京振冲工程股份有限公司高级工程师

人工摊铺使用的模板，采用方便拆装的沥青混凝土专用模板，由钢板焊制。模板架设方便牢固，相邻钢模接缝严密。定位后的钢模距心墙中心线的偏差不小于1cm。两侧过渡料填筑压实后，再将沥青混凝土卸入钢模内。在沥青混凝土碾压前将钢模拔出，并及时将表面黏附物清除干净。

2.3 机械摊铺

阳江核电水库大坝沥青混凝土心墙宽度为80cm、70cm、60cm和50cm的部分均采用机械摊铺。

机械摊铺施工程序为：清基→测量放线→固定金属丝→摊铺机摊铺→过渡料补填→过渡料初碾→沥青混凝土碾压→过渡料碾压。

机械摊铺采用瑞士WALO公司生产的沥青混凝土专用摊铺机进行摊铺。机械摊铺时，驾驶员通过驾驶室里的显示屏可使摊铺机精确地对准定位好的细钢丝前进。设在摊铺机前面的燃气式红外加热器，可以加热下一层沥青混凝土的表面。施工时沥青混凝土和过渡料同时摊铺，摊铺速度为2～3m/min。由于摊铺机总的摊铺宽度只有3.5m，故在摊铺机控制范围外的过渡料由CAT反铲补铺。

3 影响碾压式沥青混凝土心墙施工质量的控制环节

3.1 沥青混凝土的拌制

沥青混合料加热拌制的关键在于集料的搅拌均匀、加热温度有效控制。本工程采用郴州公路机械厂的LB2000型沥青混凝土拌和系统拌制。沥青混凝土拌和用的配料单是根据室内配合比试验和现场摊铺、碾压试验确定的。集料是广东省恩平市长安国力石料厂开采的石灰岩加工而成的，集料加热温度160～180℃；沥青采用广东茂名石化产的AH-70(等级B)重交通道路沥青，沥青加热温度为150～160℃；矿粉也是采用长安国力石料厂的，矿粉不加热。

拌和时按粗集料、细集料、矿粉依次下料，干拌15s，再喷入热沥青湿拌45s。拌制好的沥青混凝土温度控制在150～170℃。

3.2 沥青混凝土的运输

运输途中要求沥青混凝土混合料不离析，温度损失少，以保证碾压要求，在运输车上有保温、防污染、防漏料的措施。

拌制好的沥青混凝土，用3台5t自卸汽车(带专用保温箱)运输至施工现场，然后通过移动式卸料平台卸至由ZL50装载机改装的卸料斗中，再由该装载机将其直接入仓(人工摊铺)或卸入专用摊铺机料斗中(机械摊铺)。

3.3 沥青混凝土的摊铺和碾压

碾压式沥青混凝土心墙采用水平分层，全轴线不分段连续摊铺、碾压的施工方法。摊铺厚度22～24cm，压实厚度18～22cm。

摊铺完的沥青混合料待其表面2～3cm以内的温度降至140～150℃时，分别采用BW120AD-3双轮振动碾和LP6500振动碾碾压密实。具体碾压方式为：人工、机械摊铺后，采用 BW120AD-3 振动碾静碾 2 遍、动碾 8 遍，LP6500 碾子动碾 2 遍、静碾 2 遍收光。碾压速度为 20～30m/min。如表观压实状况欠佳，再用 LP6500 振动碾适当增加碾压遍数。

在心墙下部，由于振动碾碾轮宽度小于沥青混凝土的摊铺宽度，不能一次完成碾压，应采用错位碾压方式，每次错位半碾宽，按从左到右或从右到左的顺序依次碾压，保证表面平整、无错台。

3.4 接头处理

碾压式沥青混凝土心墙接头主要是施工中途停工出现的接头。

临时停工时，将接头做成 1∶3 的坡度。重新施工时，将接头清理、加热，再卸料、碾压密实即可。

3.5 沥青混凝土的质量检测

为确保工程质量，沥青混凝土的原材料和制备的混合料应按照规范的检测项目和频次进行检验和控制。压实后的沥青混凝土，每一层都要进行质量检测，其主要检测项目有重度、空隙率、渗透系数、厚度、力学性能指标等。

4 结语

在整个工程的施工过程中，各部门重视各工序之间的衔接，处理好各个边界接头、施工接头部位，并做好质检工作。通过精心的施工管理，广东阳江核电水库大坝碾压式沥青混凝土心墙施工创造了单元工程合格率 100%，优良率 95.2%的好成绩。本工程自 2006 年开始蓄水，效果良好。

参 考 文 献

[1] DL/T 5363—2006 水工碾压式沥青混凝土施工规范[S].

泵送大体量混凝土表层质量缺陷分析与防控

李庆峰

中冶天工建设有限公司中原分公司

1 泵送大体量混凝土配合比

随着国内GDP的连续大幅度增长，泵送大体量混凝土在工业建筑领域得到广泛应用，为了适应工业设备大型化的需求，设备基础体量和混凝土强度等级逐步增大，随之混凝土配合比中的砂子、水泥和外加剂掺和料的用量也有增无减，表1列举了近15年来泵送混凝土的配合比变化情况。

表1 历年各种泵送混凝土配合比

序号	工程项目	混凝土强度等级	配合比（kg/m^3）					使用时间
			水泥	砂子	碎石	拌和料	外加剂	
1	临钢二焦化	C25	303	531	1280			1993年
2	长钢二钢改造	C25	325	538	1265			1996年
3	阳城发电厂	C30	375	547	1190			1998年
4	长邯高速公路	C25	368	529	1175			1999年
5	平朔二矿井供矿	C30	353	499	1075			2003年
6	霍州三交河选煤厂	C25	389	679	1079			2004年
7	淮南望峰岗选煤厂	C30	415	698	1100			2005年
8	河北敬业集团炼钢厂	C25	408	702	1065			2007年
9	河南舞钢钢铁公司	C30	445	680	1050			2008年

从表1可以看出：

（1）水泥用量逐年上升，上升幅度约30%，随着水泥行业发展，水泥的质量（强度级别）呈稳定上升，加上实验室配合比与施工配合比差异，混凝土拌和料中约15%的水泥只起润滑作用，以适应泵送混凝土对流动性、可泵性的要求，属于施工措施性投入，与混凝土强度关系不大，这样，在混凝土拌和料中游离着大量“富”水泥，粒度小，亲水，与水形成大量的水泥浆。

（2）细集料砂子的用量也高居不下，尤其在实际的施工配合比中，调整含水率等因素之后，

[作者简介] 李庆峰，中冶天工建设有限公司中原分公司工程师

砂子用量变的更大，砂子属于地方性天然建筑材料，含泥量从 2%～6%，甚至更多，由于受市场价格的影响，进场的砂子含泥量往往偏向上限，砂子中的泥土颗粒极细小，富含有机颗粒，易溶于水，与胶结材料均匀混合于水中，成为混凝土拌和物中的泥浆，这部分泥浆比重较轻，均匀地存在于混凝土拌和物中。

(3) 拌和料，外加剂中除有特定用途的专用掺加之外，如粉煤灰中大部分成分为无机微细颗粒，只用来增加混凝土的和易性、流动性、可泵性，这部分用料对提高混凝土强度作用不大，对混凝土内部结构起着削弱作用。

2　混凝土表层质量缺陷分析

混凝土(初凝后、终凝前)结构中存在着大量的“泥浆”，按砂子含泥量 6%计算，大体量混凝土中每 1m 厚混凝土，待充分振捣后，表面可形成至少 1～3cm 的泥浆层(碎石等中的含泥量和拌和料，外加剂中杂质不计)，这部分有害泥浆所造成的危害如下：

(1)使混凝土相中水泥胶结作用降低。

(2)在混凝土内部形成大量的无机孔隙，使混凝土密实度降低，防水性、耐冻性变差。

(3)如积聚在表面，使表面混凝土(保护层部分)强度降低，裂缝增加，深入至上层钢筋位置，影响钢筋的抗腐蚀性。

(4)对于大表面混凝土，造成表面无石子，均为泥浆组分，容易造成表面起砂。

(5)如表面用抹子压光后，表面好像无裂缝，但在上保护层内存在大量的竖向裂隙，对混凝土的抗腐蚀性能产生极大的负面影响。

由于泵送混凝土中，用水量大，水灰比在 0.4～0.45 之间，很好的流动性使这种有害浆体，极易上浮于表面，同时粗集料下沉，形成“层”，在大体积钢筋混凝土的上层，尤其在钢筋保护层内，几乎无粗集料，在混凝土中就行成如图 1 所示的分布特点。

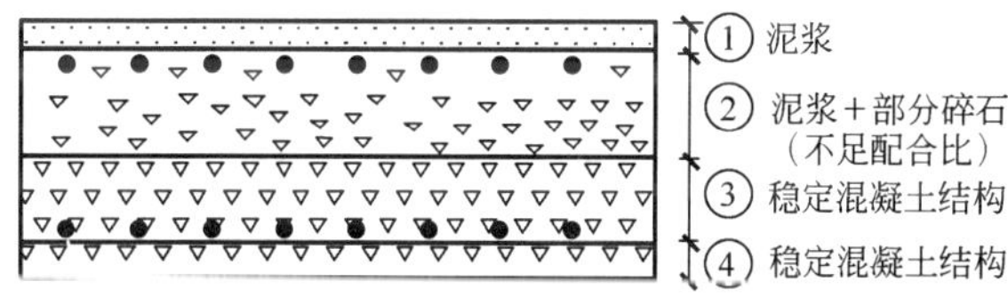

图 1　混凝土分层示意

图 1 中④层和③层相对稳定，只要按规范要求进行振捣，基本可形成集料分布均匀、各相稳定的层次，对于筏板和梁等不同受力构件来说，质量稳定(类梁构件中为受拉，筏板构件为受压，结构设计意图可充分体现)；②层为相对可变层，它的厚度随混凝土拌和物中各种组分以及施工手段的不同会产生很大的变化，当砂子含泥量取上限，混凝土振捣充分时，该区域粗集料相对减少，泥浆层的厚度增大，对于类梁构件来说，相当于混凝土受压强度削弱产生不利影响，对于筏板构件，相当于受拉区混凝土疏松，对钢筋的保护作用大大降低，尤其在防水混凝土、耐热混凝土、防油混凝土等普通级配的混凝土中，②层的存在直接影响混凝土的使用；①层为泥浆层，这一层的出现是必然的，即使不振动，由于泵送混凝土的特性，拌和料中的粗集料自然下沉，也会形成一层砂浆层，当混凝土经过振捣后，水泥、砂粒等比重较大的成分急速下沉，整个混凝土中的泥浆急速上升，造成①、②层中的泥浆内“大量”积累泥土、灰分等无机成分，变成一定厚度的类泥浆，泥浆裹挟一部分水泥、砂中细颗粒，“漂浮”于浇注部位的上部，随着振捣程度的加大，和混凝土拌和物中水分的析出，这一层厚度加大，流动性加大，振捣完毕后，混凝土进入初凝，此时混凝土内部需要大量水分参与水泥硬化，①层泥浆中的水分一方面大量从裸露的表面蒸发，一方面向下补给水泥硬化用水，泥浆迅速干结，时间为 45～180min，180min 内①层

泥浆变化情况有如下特征：

(1)泥浆厚度为10～20mm时，表面积水较少，无覆盖时，表面先出现不规则的龟裂，深度达10mm以上，裂缝多而细，不规则，缝宽可达3mm，表面迅速干硬、光滑，直至发白、干燥。

(2)泥浆厚度为20～30mm时，表面有明显积水，无覆盖时，表面看不出裂缝发生，直至表面水分降落后，隐约可见短而宽的裂缝，深达10～20mm，随之裂缝迅速连成一片，深度变化不大，在3h之内，形成网状裂缝，网格100～200mm，缝宽可达5mm左右，表面硬化较慢、粗糙，大部分裂缝两边发白，裂缝曲折有形，裂缝两边30～50mm范围出现翘曲，用手指轻压，即折断，下陷，类似于泥塘底部干裂时的裂缝特征，证明裂缝底部大量需要水分，该泥浆层与下层无良好黏结。

(3)泥浆厚度30mm以上时，表面看不出裂缝发生，但可见积水表面有微小气泡不断上浮，随着水分的消失，表面干燥，但干燥的表皮下泥浆呈软弱状，这种软弱层待混凝土终凝后，仍不变硬，人行其上极易滑倒，证明这是一层不易硬化的泥浆层，取样入水可见其中含大量泥土，而其下的混凝土层早已硬化，具有初步强度。

(4)随着混凝土浇筑之后时间的延续，混凝土强度逐步上升，但①层泥浆的变化则恰恰相反，厚度10～20mm的泥浆，用木抹子搓毛，铁抹子压光后表面不平整、光滑，表面出现轻微的起砂、起土现象，浇水后，表面有大量的微细气泡冒出，随水分的减少，表面灰白，呈迷彩状，养护到期后，用铁锤轻敲表面，表面即破裂，碎块细小，灰分大。厚度30mm以上的泥浆厚度，用木抹子搓平，铁抹子压光后，表面坑凹较少、平整、光洁，无明显砂粒，随着水分减少，表面发灰，潮湿，不易干燥，养护期间表面有大而少的气泡冒出，养护期结束后，用铁锤轻敲表面，表面呈现深坑，坑周围出现星状裂缝，表层极易从钢筋表面以上剥离，剥离的块体无强度(强度极弱)，掰开块体，类似于板结的土块，用手轻捏有灰土掉落，粉碎后砂粒较少，无石子。

以上情况，当混凝土表面有覆盖时，情况较好，但泥浆成分无变化。

通过对历年混凝土配合比进行分析，参考历次砂子原材试验报告，以及施工过程中仔细观察，分析总结原因如下：

(1)混凝土配合比(泵送)中水泥用量、水用量大。

(2)混凝土拌和料中粉煤灰等掺和料的采用，使得泵送完毕后，该部分掺和料积聚于混凝土中。

(3)细集料砂子中含泥量为2%～6%，甚至大于6%。

(4)施工配合比中，为便于泵送，调大砂率0.4左右，甚至更高。

(5)粗集料(石子1～3cm)中含泥量、含灰分的影响，一般为2%。

(6)浇筑前后，泵送需要增加去石混凝土，造成粗集料相对减少。

(7)振捣时间长，致使大量泥土杂质上浮。

(8)石子等粗集料下沉，使泥浆层厚度相对加大。

(9)施工中模板接缝严密，泥浆外流减少，只能上浮于表面。

(10)混凝土浇筑厚度大，致使泥浆泌出相对增加。

(11)泵送混凝土中水分用量大，容易形成水泥浆，使泥土等成分大量溶于水泥浆中，同时搅拌用水大量冲洗了砂、石中的泥土，致使泥浆量加大。

(12)浇筑速度快，构件厚，大量泥浆一次性排至混凝土表面。

(13)传统思想认为泥浆中成分为水泥，其实该泥浆成分中水泥量并不大，基本上为水泥、泥土、超细杂质的混合体。

(14)为了表面观感，在收面过程中，过多依赖部分泥浆，进行表面处理，致使表面形成一层非混凝土的泥浆层。

3 防控措施

鉴于以上原因，在同类型大体量混凝土浇筑施工中，应从以下几方面进行控制：

(1)控制原材料砂、石料中的含泥量，规范规定值偏大，应取下限。

(2)混凝土配合比中的砂率、用水量应严格控制，砂子尽量采用中粗砂，各级筛余量应越大越好，严禁使用细砂进行混凝土拌和，砂率应根据泵送能力尽量减少，现在混凝土泵送设备能力提高很快，应充分利用。

(3)粗集料的粒径应取 2～4cm，因现在混凝土泵送设备的能力越来越大，尽量采用级配碎石，石料粒径宜偏大。

(4)根据个体工程特点，对于大体量混凝土(厚度超过 1000mm)应减少水泥用量 5%左右(根据施工经验及相关实验结果确定)，以减少用水量，对于掺入的外加剂，应采用有机外加剂，无机类不宜采用。

(5)根据工程特点将待浇筑结构进行合理划分，确定合适浇筑厚度，尽量保证泥浆能不全部上浮于表面，使其沉积于构件中的特定层面，通过合理的划分，将泥浆层设定在一些不重要的部位，如构件中部，该位置对混凝土强度的要求不是很高，可以作为储藏层，主要用于化解泥浆不利影响，同时又能充分利用其中的水分，保证混凝土水化用水。

(6)对于长向构件(如梁等)，浇筑过程中，应尽量避免混凝土的流动，坡度不可过大，可通过分段浇筑的办法，避免泥浆层不规则分布。

(7)通过分层浇筑，可以使泥浆的厚度大大缩减，不至于全部漂浮于混凝土最外层的表面，根据计算，分层厚度 500～800mm 左右为宜，构件过于高时，也不宜大于 1000mm。

(8)振捣完成之后，对积聚于混凝土表面的一层泥浆层必须进行处理，一般采用混凝土浇筑后(终凝之前)，人工将表面泥浆刮走，直至混凝土出现较多碎石，刮出的泥浆成分基本为泥土等，对混凝土无任何裨益，危害如前所述。

(9)为避免表面裂缝，应在清除表面富余泥浆(泥浆颜色发红发黄)后，在裸露混凝土表面满撒一层水洗石子(湿润)，以弥补表面刮浆的体积减小。

(10)在一次性浇筑到位的构件和分层浇筑构件的最后一层浇筑中，当混凝土振捣成型后，在混凝土初凝至终凝之间，一定要对表面混凝土进行二次振捣，清除上层钢筋下面的空隙，保证上层钢筋被混凝土有效握裹。

(11)混凝土表面处理：①利用终凝之前混凝土的可塑性，用抹子对混凝土表面进行多次压光、压实，消除裂缝的形成，一般要三次，每次压光之前，要针对细小的裂缝，加以消除；②表面抛撒的水洗石子，粒径 1～3cm，尽量分布于表层，量要足够，以补充②层中粗集料；③采取必要的覆盖或浇水养护和降温保温措施。

(12)预留的设备螺栓孔周围应避免泥浆集中，如集中时应专门清理，换用设计的混凝土，或者在安装之前，剔除泥浆层，且以出现大量石子为宜。

4 大体量混凝土泵送施工实例

4.1 河北平山敬业集团 3×150t 转炉炼钢车间 1 号、2 号、3 号转炉基础

该基础为 25m×160m×2m 筏板基础，夏季施工，气温 24～30℃，干燥，采用 C30 泵送混凝土，降温措施为基础内水平铺设@1000 的 DN25 钢管，接通自来水降温，每根水管降温范围为 25m×50m×2m，排水量 15 m^3/h，入水温度 15℃，出水温度 45～50℃，降温时间从浇筑后的第 2d 至第 5d，施工过程中按上述措施进行控制，在浇筑中采用斜坡向前推进，混凝土的坡度为 1∶4，泥浆层基本集中在施工段的 1/3 和 2/3 处，泥浆层面为 1∶4 的斜坡，混凝土上表面泥浆很少，泥浆量适宜进行混凝土表面处理，通过二次振捣，清除了上层钢筋下的空隙和裂缝，保护层内石子较多。

4.2 河南舞钢钢铁公司二炼钢车间 2 号连铸机大包回转台

该工程为二炼钢的核心基础，基础尺寸为 14m×7m×2m，采用 C30 泵送混凝土，未掺粉煤灰，掺 5‰泵送剂，石子粒径 1～3cm，砂子的含泥量约 8%，施工时一次浇筑成型，施工气温为 30℃，拖式泵泵送，降温措施采用基础内通体预埋的钢制螺栓套筒，自来水上浇下流进行施工，进行了温度的控制，通过采用前述质量控制手段，尤其在混凝土浇筑完成后，采用了刮浆补水洗石子的办法，共计 360 m^3，累计刮浆 $5m^3$，补充水洗石子 $2m^3$，表面石子均匀丰富，混凝土密实，表面无裂缝，效果明显。

4.3 河北平山敬业集团 3×150t 转炉炼钢车间混凝土地面工程

采用 250mm 厚 C25 泵送混凝土，采用 3m×6 m 分格，保证混凝土沿长向进行收缩，通过采取上述措施，在混凝土拌和料中减少砂率至 32%，减少砂子用量 6%，减少水泥用量 3%，用水减少 16kg，混凝土成型后表面光洁，无坑凹，混凝土收缩规则，效果明显。

5 结语

在大体量混凝土施工过程中，只要认真控制，以负责任的态度操作，通过采取一系列的措施，合理安排施工环节，注重消除各种不利因素的影响，混凝土表面裂缝、起砂、疏松、不平整等质量缺陷是能够消除的。

参 考 文 献

[1] 吕贵东. 大体量混凝土施工的组织与质量管理[J]. 西北煤炭 ，2006. 4.
[2] 迟陪云，钱强，等. 大体积混凝土开裂的起因及防裂措施[J]. 混凝土，2001. 12.
[3] 卓鸿思. 浅谈大体积混凝土的施工质量控制[J]. 广西质量监督导报，2007. 4.
[4] 李芬芬. 大体积混凝土表面质量通病的防治[J]. 海岸工程，2004. 3.

全埋式钢筋混凝土储水池质量事故的分析及处理

焦安亮，丁以喜

中国建筑第七工程局有限公司

1 储水池质量事故现状和原因分析

1.1 600m³ 钢筋混凝土储水池结构设计的安全性比较

储水池原按某设计院（67年版）S-8331000m³ IIB型有地下水情况设计600m³全埋式钢筋混凝土储水池位置见图1。本工程储水池因东、北两侧受场地限制，改形为11.8m×15.6m×4.4m无梁顶板箱形600m³钢筋混凝土储水池。通过标准图集和600m³钢筋混凝土储水池的设计比较，确认600m³钢筋混凝土储水池的结构设计是安全的（见表1）。

表1 结构设计要求

序号	型号 / 名称	1000M³-IIB型	600 m³（有地下水）
1	混凝土强度等级	C20	C20
2	结构截面尺寸	δ顶、侧板150底板200	δ底、侧、顶板厚均200
3	混凝上抗渗性能		P6
4	钢筋改型	顶板 ϕ6、ϕ8	相应改为 ϕ8、ϕ10 其他同1000 m³水池配筋
5	允许最高地下水位 H	底板面以上1.80m	底板面以上1.80m

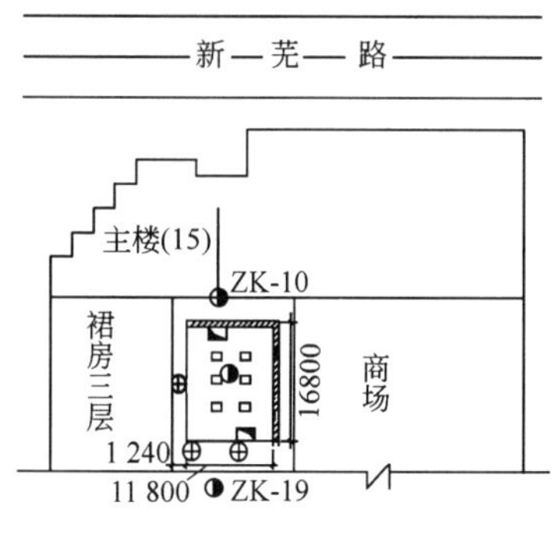

图1 储水池位置

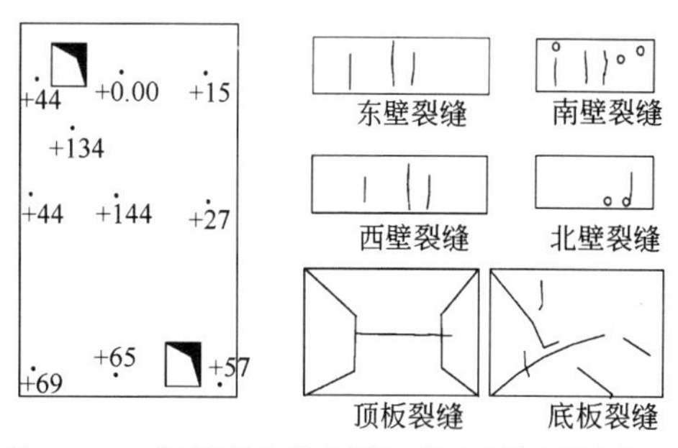

图2 水池裂缝示意

［作者简介］焦安亮，中国建筑第七工程局有限公司总工程师

1.2 储水池质量事故现状的测量与检查

储水池破坏后顶板相对标高测量及池壁裂缝的描述见图 2。

采用传统经验式鉴定方法确认：水池底板已程蘑菇状隆起，地下水从中部裂缝处渗入，底板与池壁连接也出现大量裂缝；顶板由于受池壁和柱的连接，破坏情况和底板的基本一致。

1.3 储水池质量事故的原因分析

(1)基础处理不当。其一断面地质勘察报告与实际开挖土质剖面情况有明显不符，断面地质勘察报告与实际对照见图 3，同时，施工过程中储水池底板 5.5m 以下碎石回填平板振捣器振实(上部带砂)然后做垫层的技术措施。使储水池地基承载力不能满足设计强度 $R\geqslant10\text{t/m}^2$ 的要求且地基是透水体不利储水池稳定。

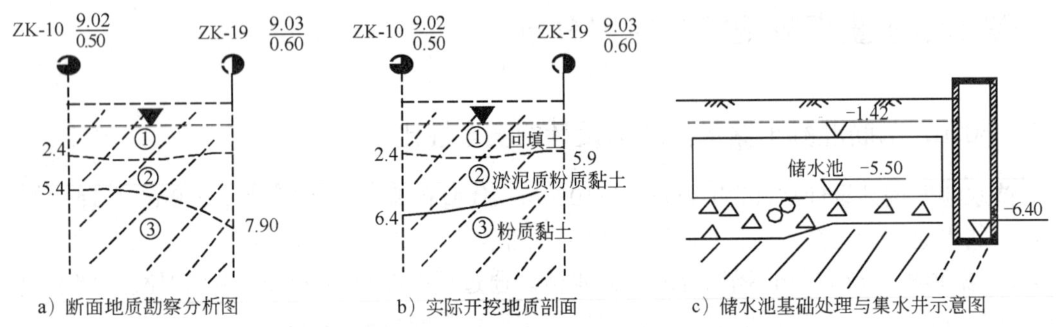

图 3 断面地质勘察分析与实际对照

(2)施工储水池中混凝土自身存在缺陷(裂缝、蜂窝、麻面)。

(3)储水池四周基坑的回填土没有按要求夯实到位。

(4)在满水试验时违反《给排水构筑物施工及验收规范》(GBJ 141—1990)，将池内 3m 多深池水抽空回灌池外基槽内，使池外水位严重超过允许最高地下水位 H(1.8m)要求使得储水池的浮力远大于结构自重，即 $F_{浮}=2.2\times11.8\times15.6\times1=405\text{t}$，$G_{自重}=[(11.8+15.2)\times2\times4\times0.2+11.8\times15.6\times0.4]\times2.4=280\text{t}$，$F_{浮}>G_{自重}$。尤其在储水池北壁和东壁两外侧采用砖地模(紧贴大楼沉管灌注桩基)，且在北壁、南壁还有五根进出水管，使水池四周在上浮时不同程度受到约束，发生不均衡漂浮，增加了储水池内力，导致水池顶板、侧壁、柱两端、底板出现大量宽度超过规范允许值的裂缝。

2 储水池质量事故处理方案

2.1 储水池基础处理

在保留原储水池的前提下针对储水池的漂浮、隆起的主要原因进行有效降水使水池复位并加固原不合格基础为复合基础以增强基础持力层承载力。

(1)井点降水 水池复位 结合现场情况在西部、西南部、南部增设集水井。在储水池四周进行连续有效降水，使地下水降到基础碎石垫层以下 500mm 处，集水井采用砖砌护壁(Mn7.5、M5.0)ϕ800mm 人工挖孔桩 C10 素混凝土 100mm 厚封底。施工时搭上工作棚，防止落物打击。

待确定地下水位降到水池允许最高地下水位以下时，储水池开始抽水排空。严禁池水和地表水再次回灌基槽。储水池水抽空后在池底板北面按 1200mm 间距、南面按 800mm 间距，用风钻按梅花形钻孔，孔径为 50mm。直至钻透碎石层。

(2)储水池复合基础处理　经过池周大量降水，池底钻孔泌水，储水池在自重作用下，逐渐下沉，同时连续保持沉降观测记录，待沉实稳定基本复位后，开始压力灌浆。由北向南循序渐进，固结底板混凝土垫层下面的碎石垫层，以改善储水池的基础，提高粉质黏土持力层承载力，恢复竖向结构(侧壁、柱)的正常工作条件。并在每个灌浆孔处插一根 $L=1100\phi16$ 钢筋，钢筋出底板面 100mm 以保证上下层混凝土底板的结合，并加强底板与基础的连接，提高自重，增强抗浮能力。

压浆材料采用配合比如下：P·O42.5 水泥：三乙醇胺＝50：0.25，水灰比为 1：0.5 进行配合比，在 0.2～0.25MPa 压力下灌浆，按压力灌浆施工工艺标准进行施工。

2.2　储水池结构处理

由于池体虽复位但经历破坏有裂缝存在，增设储水池内池套结构并修复裂缝，恢复池体结构和防水功能。

(1)增设储水池内池套结构(见图 4)：为保证新增设的底板和侧壁能和原水池在一定程度上有效的共同工作，池底板混凝土浇筑前应清除贴面材料和找平层并凿毛。同时将池底四周原 45°斜角混凝土全部凿掉，并对应向内凿有一定的内倾凹槽；将底板所有裂隙凿成 V 形，清刷干净后将原底板作为新底板的内套垫层。

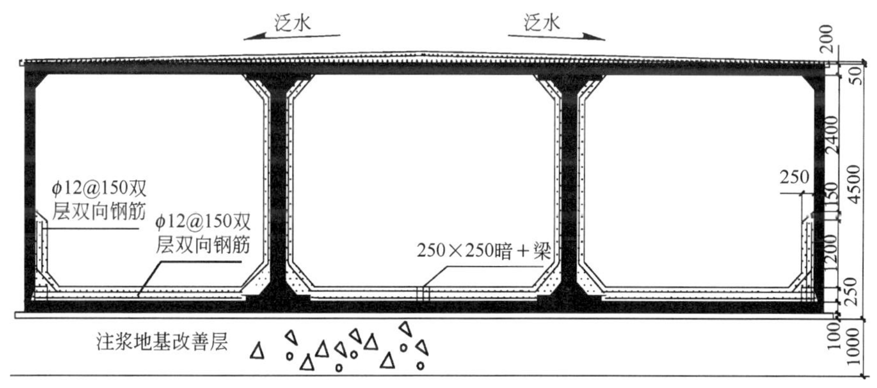

图 4　储水池内池套结构

新底板厚度为 250mm，混凝土强度为 C25P8，配筋 $\phi12@150$ 双向。新底板中间加设十字暗梁 250mm×250mm(钢筋混凝土暗梁，箍筋 $\phi8@150$)和四周 250mm×250mm 暗圈梁正交。

侧壁内套和新底板一次浇筑成型厚 250mm 高 1.6m。双层双向钢筋同底板。为保证内衬侧壁和底板与结构共同工作同时亦起到防水抗渗的效果，侧壁新增双层钢筋网必须与内池壁上间隔 800mm 焊接一只 $\phi8$mm 金属膨胀止水螺栓。

柱子加固：柱子加固采用加筋外包方法加固，截面由原 300mm×300mm 增设到 500mm×500mm，在顶板柱托位置凿 6 个细石混凝土浇筑孔洞 $\phi150$mm。保证混凝土浇筑密实。

顶板处理：由于顶板裂缝是不规则裂缝，清理干净后浇筑 50mm 厚 C20 细石混凝土内配 $\phi^b4@150$ 单层双向钢筋。增设的刚性防水顶盖起 20mm 泛水坡向四周并向下压 100mm。

(2)储水池池壁细小裂纹的处理：池壁内采用堵漏王防水砂浆堵渗。池壁外侧采用压力注水泥浆隔水技术措施，范围设在池东、西两壁主要裂缝处的 2m 范围内，但在没堵漏前，集水井应继续抽水。

裂纹经处理后池内壁包括池顶板经清理验收符合要求后用 20 厚 1∶2 防水砂浆抹灰，再在底板和侧壁粘贴卫生瓷砖，恢复原设计要求。

基槽回填与顶板复土按原设计进行。

3 储水池质量事故处理的过程控制

3.1 水池沉降观测记录

经过连续降水 1～3 号井水位逐渐稳定并低于池底面 500～800mm。漂浮隆起的储水池逐渐平稳回落。储水池注浆前，于 1997 年 10 月 6 日水池沉降观测记录见图 5，表明水池实际顶平面、池底平面与设计底平面相对高差＋20mm。水池基本恢复原位，可以进行下一步注浆。

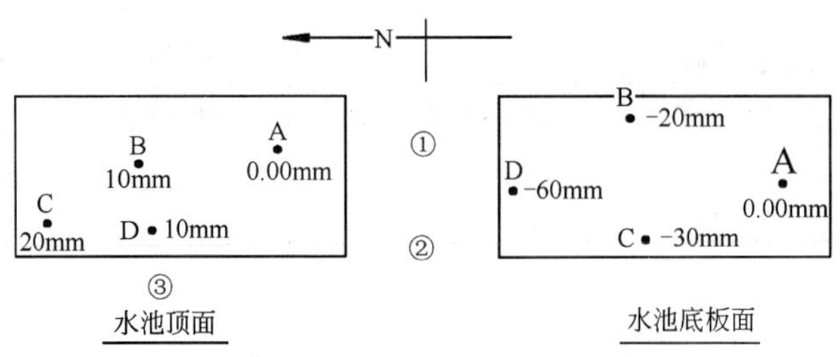

图 5 水池沉降观测记录

3.2 注浆前后水池内水位观测记录(见表 2)

表 2 注浆前后水池内水位观测记录

集水井停止抽水起讫时间	连续时间	井内水位高出池底板 H			池内积水深度
		1 号	2 号	3 号	
10 月 6 日 14:30～10 月 7 日 8:00	16h	1.2m	1.2m	2m	200mm
10 月 16 日 22:00～10 月 17 日 8:00	10h	1.5m	2.6m	1.52m	30mm
10 月 17 日 11:00～10 月 18 日 8:00	21h	2m	2.8m	2.22m	50mm

注:10 月 6 日～10 月 7 为注浆前(池顶标高－1.42m),10 月 16 日～ 10 月 18 为注浆后(池底标高－5.6 m)。

10 月 6 日、14 日、17 日三次对池顶标高进行测量所得数值一致。

以上记录证明池底注浆效果明显，注浆不仅提高了地基承载力同时明显提高了池体防水抗渗能力。

3.3 600m^3 储水池压力注浆轻便动测检测报告

该储水池占地 11.8m×15.6m，共施工注浆孔 124 个，施工日期为 10 月 7～16 日，水灰比为 1∶0.5，注浆深度 1.5m，注浆压力 0.2～0.25MPa，水泥总用量 24.5t，其中按水泥用量的

0.05%加减水剂三乙醇胺。

于10月28日进场对注浆场地进行轻便动探检查注浆效果，并同时进行小钻取土鉴定。试验点如图6所示，原计划进行9个试验点，但在2、3、4、5、6、7、8、9号点上面有近1m的混凝土层，动探无法进行下去，最后仅完成了1、5两个试验点，并进行了小钻取土(见表3)。

表3 动探报告结果

1号点		5号点	
动探深度(m)	实测击数	动探深度(m)	实测击数
0.4～0.7	22	0.4～0.7	26
0.7～1.0	33	0.7～1.0	24
1.0～1.3	57	1.0～1.3	44
1.3～1.6	70	1.3～1.6	82
1.6～1.9	91	1.6～1.9	97
1.9～2.2	112	1.9～2.2	108
2.2～2.5	129	2.2～2.5	137
2.5～2.8	134	2.5～2.6	33(断杆)
2.8～3.1	145		
3.1～3.4	139		

根据小钻取土鉴别和动探结果，报告证实剖面划为三层：①层，0.0～0.4m为混凝土垫层；②层，0.4～1.3m为加固土，密实由土、水泥和少量石子组成，动探结果为最小值22击，最大值57击，平均34击，承载力为145kPa，加固效果明显，达到设计要求(100kPa)；③层，1.3～3.4m，为黄褐色粉质黏土，土质很好，承载力基本值为320kPa。

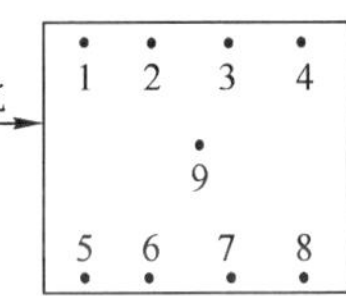

图6 动探点平面

储水池结构加固和储水功能恢复的施工过程，严格按本文2.2节要求进行处理，试块强度和抗渗要求完全达到C25和P8的质量。所有裂缝在建设单位旁站监督下仔细处理并保持所有记录。

4 储水池的验收结论

处理后的储水池按《给排水构筑物施工及验收规范》(GBJ 141—1990)验收满足设计功能要求，有效容积减少75m³。因该储水池位置地下水位超过设计要求。为保证今后储水池在排空清洁时的降水需要，仍保留两只集水井。经用户使用至今无投诉。处理费用15.7万元，较报废重做节约经费25.6万元。

膨胀剂在混凝土水池结构中的应用

张玲云，何国富

中国石化集团上海工程有限公司

上海赛科 90 万 t 乙烯工程 OSBL 中有大小各类水池 37 个，容积从 500 到 15000m³ 不等，多数水池为长宽平面在 20～45m 左右的中型水池，采用结构设缝或预应力并不一定经济适宜，而按照规范这些水池的防水等级大部分为四级，少数为三级。四级水池的渗漏标准为：允许有渗漏点，但不得有线流和漏泥砂，整个水池平均漏水量小于 2L/(m²·d)。可见，如一个 10000m³ 的水池，一年的允许渗漏量竟然达 2409m³。因此，为有效防止水池的渗裂，需要对部分水池采用掺膨胀剂的方法进行抗渗。本文就其中有代表性的 2 号消防水池的设计作一介绍，并与按常规方法设计施工的 1 号消防水池进行渗漏分析对比。

1 水池概况

1 号、2 号消防水池容量分别为 14000m³ 和 2500m³，均为矩形布置，中间有隔墙将池体分为两格。建设场地区域的最热与最冷月平均温差 30.9℃，平均湿差 8%，设计极端温差 50℃，湿差 42%。因此，季节温(湿)差对水池的作用亦不容忽视。两水池主要设计参数如表 1 所示，平剖面如图 1 所示。

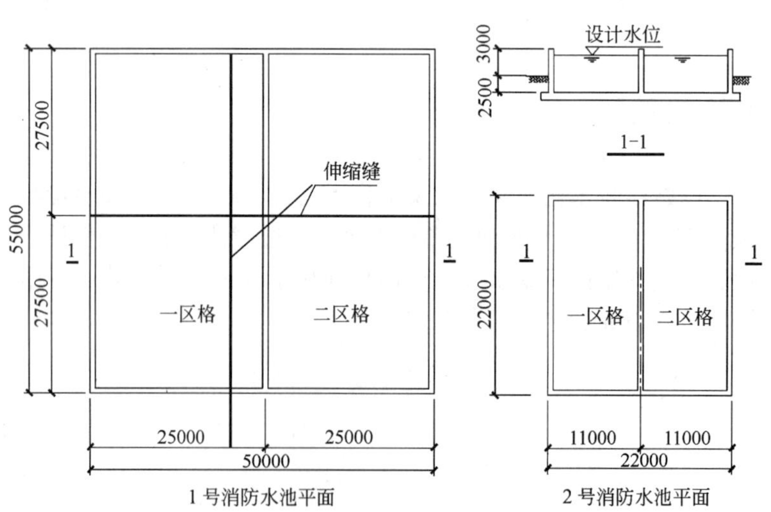

图 1 1 号、2 号消防水池平面

[作者简介] 张玲云，中国石化集团上海工程有限公司高级工程师

表 1　两水池工艺布置条件

水池名称	水池尺寸（长×宽）（m^2）	设计水位高（m）	介质温度（℃）	水池总高/地下部分高（m）	池壁厚/底板厚（mm）	水池形式
1 号消防水池	55×50	5.0	≤40	5.5/2.5	350/400	二格敞口，半地下
2 号消防水池	22×22					

2　水池结构设计方案

两消防水池均为敞口矩形半地下式水池，由于建造在软土地基上，基础底下局部存在 2～3m 厚软弱淤泥层，因此首先采用毛石基础换填进行地基处理，以消除沉降变形对水池的影响。

1 号消防水池长、宽分别达55m、50m，两个方向的温度区段长度均已经超出规范伸缩缝设置的最大间距 25m 的要求，因而在纵横两向分别设置一道伸缩缝，纵向设缝位置在跨中间，温度区段长 55/2＝27.5m，横向跨中间由于恰好为纵向隔墙，且隔墙与底板连接处底板内的钢筋比较密集，因此伸缩缝的位置设置在偏离隔墙一侧 2m 处（见图 1），最大温度区段 50/2＋2＝27m。伸缩缝缝宽 30mm，采用橡胶止水带止水，混凝土强度等级 C30，抗渗等级 P6。

2 号消防水池长宽均为 25m，恰好满足规范伸缩缝最大间距要求，但与同样 27m 左右的温度区段长度的 1 号消防水池不同的是，其四周池壁和底板形成完整的一个整体，纵横两向相交的池壁角隅处以及池壁与底板之间在收缩或膨胀变形时，彼此均互为约束，并由此产生局部附加弯矩进而形成应力集中。

两水池池壁计算长度均大于 3 倍池壁计算高度，因此池壁可按竖向单向板计算，但由于本工程设计水位高达 5.5m，因此尚应考虑壁板在水平角隅处的局部附加弯矩 M_{ix} 的影响，[$M_{ix}=(0.054\sim0.104)PH_0^2$，这里 P 为均布荷载强度，H_0 为壁板计算高度]，影响范围达到 $0.6H_0=3.3$m。1 号消防水池在设置了伸缩缝后，池壁也就相应减少了部分约束，这对混凝土的施工收缩和结构的伸缩变形来讲都是有利的。基于这一思想，2 号消防水池设计采用内掺 HEA 的补偿收缩混凝土，水池整体浇筑而不设伸缩缝。混凝土强度等级 C30，抗渗等级 P6，水中养护 14d 的限制膨胀率≥0.015%。

3　膨胀剂应用的基本要求

3.1　限制膨胀率

普通防水混凝土不具有膨胀性能，在空气中产生的总收缩量 S_m 一般为$(4\sim6)\times10^{-4}$，而混凝土的极限拉伸值 ε_p 为$(1\sim2)\times10^{-4}$，可见当 $S_m>\varepsilon_p$ 时，混凝土结构就会开裂。而补偿收缩混凝土在养护期间，可产生$(2\sim4)\times10^{-4}$的限制膨胀率 ε_2，在空气中根据混凝土的膨胀大小，最终变形值在$\pm1\times10^{-4}$，所以对补偿收缩混凝土，其抗裂条件为：$\varepsilon_2-S_m\leqslant\varepsilon_p$。

但是必须注意到，膨胀剂产生的膨胀应力是有限的，超过一定的界限后就起不到应有的作用，因此设计中应事先对混凝土进行各种不同掺量的试配，以确定最佳掺量，同时必须达到所需补偿收缩混凝土的限制膨胀率，才能获得控制裂渗的效果。因而，我国规范规定任何一种膨胀剂限制膨胀率为水中养护 14d≥0.015%，空气中 28d 干缩率应<0.03%。对普通水池来说，在确定膨胀剂的掺量时，尚应根据不同的膨胀剂种类、水池结构构件的不同性质区别对待，以严格控制混凝土的限制膨胀率为设计原则，根据不同部位的受力和变形特点，采用不同的膨胀率，通常要求池壁的限制膨胀率在 0.03%～0.035%之间（建议掺量 8%～10%），底板限制膨胀率在 0.02%～0.025%之间（建议掺量 6%～8%），并应根据不同的水泥品种、外加剂和掺和料的组成在施工前进行试配。

3.2 膨胀剂的选用

目前国内生产的膨胀剂主要有硫铝酸钙类、硫铝酸钙—氧化钙类和氧化钙类三种，使用时应根据工程性质的不同，合理选用。如由于氧化钙膨胀剂水化生成的 $Ca(OH)_2$，在压力水的长期作用下易溶解，化学稳定性和胶凝性不理想，因此规范规定含 CaO 的膨胀剂一般不得使用在地下和海工等防水工程中。

3.3 施工养护

施工养护对掺膨胀剂的混凝土的膨胀效应发挥具有重要影响，因为膨胀结晶体钙矾石的生成需要大量的水。而混凝土在终凝前后的早期，表面塑性裂缝与拌和物沉降、水平钢筋下存水、水分快速蒸发以及施工不当、养护不当造成失水，膨胀剂此时较难发挥作用，这一阶段混凝土的刚性还很小，膨胀剂产生的膨胀能消耗于材料的塑性变形，较难建立起足够的自应力以抵御引起裂缝的拉应力。当混凝土进入硬化阶段以后，膨胀剂的抗裂特点就充分体现出来，因此，通常必须达到 1～7d 的湿养护，才能发挥混凝土的膨胀效应。

3.4 配筋率

混凝土的膨胀只有在一定限制条件下才能产生预压应力，构造钢筋对混凝土的有效膨胀能的利用和收缩应力集中的分散能起到重要的作用，所以钢筋的配置无论受力筋还是构造钢筋，要求双向配筋率≥0.5%，间距<150mm。

4 膨胀剂的工程应用

4.1 原材料

(1)水泥　P·O 42.5 级。

(2)砂　中砂，细度模数 2.2～2.8。

(3)石子　粒径 5～25mm，连续级配。

(4)外加剂　D100DL。

(5)膨胀剂　HEA。

(6)掺和料　粉煤灰，II 级低钙。

工程无现场搅拌设施，全部采用商品混凝土，要求混凝土和易性指标——坍落度控制在(120±20)mm、黏聚性好、不离析，混凝土水胶比不大于 0.50。

4.2 配合比设计

两水池采用的混凝土均为商品混凝土，其配合比见表2。

表2 两水池混凝土配合比

水 池 名 称	强度等级	坍落度(mm)	水胶比	材料用量(kg/m³)							砂率(%)
				水泥	砂	石子	水	外加剂	HEA	粉煤灰	
1号消防水池	C30P6	120±20	0.5	325	731	1010	198	2.6	—	75	42
2号消防水池		120±20	0.43	301	720	1100	170	8.8	24	75	40

5 渗漏检测结果比较

两水池施工完毕，根据设计要求对水池进行蓄水试验，以检测水池渗漏情况，实测记录如表3所示。

表3 两水池的蓄水试验渗漏实测记录

水 池 名 称	水池尺寸 长(m)×宽(m)	蓄水水位高(m)	实际渗水量[L/(m²·d)]	允许渗水量[L/(m²·d)]	占允许量百分比(%)
1号消防水池一区格	55×25	1.60	1.77	2	88.5
		3.20	1.82		91.0
		4.30	1.73		86.6
1号消防水池二区格	55×25	1.60	1.85		92.5
		3.20	1.82		91.0
		4.30	1.80		90.0
2号消防水池一区格	22×11	4.3	1.24		62.0
2号消防水池二区格	22×11	4.25	1.20		60.0

6 结语

从设置温度伸缩缝和采用补偿收缩混凝土两者的作用机理不难看出，前者主要解决的是混凝土后期温(湿)差对结构的影响，后者主要解决的是早期的干缩裂缝和中期水化热引起的混凝土中心与表面温差收缩裂缝，无论裂缝如何产生，其工程特征即是渗漏的发生。显然，表3的实测记录反映出，同样针对的是混凝土早期的收缩，但掺与不掺膨胀剂的水池实际抗渗效果，差异非常明显，不掺膨胀剂、设缝的1号水池的渗漏量比掺膨胀剂、不设缝的2号水池要高出50%，说明了掺膨胀剂不设缝的水池确有良好的抗渗性能。

仅就普通水池结构的防渗抗裂而言，随着混凝土材料技术的发展，无论在设计、施工还是在经济指标等综合性价比等各个方面，尤以掺加膨胀剂为主的补偿收缩混凝土技术最为突出。

参 考 文 献

[1] 游宝坤，李乃珍. 膨胀剂及其补偿收缩混凝土[M]. 北京：中国建材工业出版社，2005

[2] 胡敏，何国富，章健. 提高水池防渗抗裂的几种措施及工程实践[J]. 上海：医药工程设计，2005，26(5)

[3] SH/T 3132—2002 石油化工钢筋混凝土水池结构设计规范[S].

[4] GB 50119—2003 混凝土外加剂应用技术规范[S].

独山子乙烯装置大体积混凝土施工技术

张秋林

中国寰球工程公司

独山子100万t/年乙烯裂解装置中，水冷、油冷、丙烯塔A、B基础和三台压缩机等基础由于一次浇筑混凝土量大，表面系数小，依据施工手册及《块体基础大体积混凝土施工技术规程》(YBJ 224—1991)进行温升计算，该工程为大体积混凝土施工，采取了内部通水降温，外部保温，混凝土配合比优化等措施，有效地防止了温度裂缝的产生，取得了较好的施工效果。而大部分管廊基础、钢结构基础、泵基础、换热器基础，虽然最小截面尺寸大于1m，但体形规整，散热条件好，所以在施工中，只做好二次收面工作及加强养护，未采取其他特殊措施，基础成型较好。

1 技术准备

1.1 基础体形及混凝土量(见表1)

表1 基础体形及混凝土量

基 础 编 号	截面尺寸(mm)	浇筑厚度(mm)	混凝土强度等级	混凝土量(m^3)
C2701	ϕ20000	2800	C30	879.2
C2801	ϕ20000	2500	C30	785
C-5501A/B	ϕ20000	2500	C30	785×2
C-3501	ϕ11000	1500	C30	142.5
BK3101	24900×8000	2000	C30	398.4
BK3102	13300×8000	2000	C30	212.8
BK3103	16200×10500	2000	C30	340.2
C-4301	ϕ12000	1500	C30	169.5
C-3802	ϕ12000	2000	C30	224.6

1.2 配合比确定

根据独山子当地混凝土材料特点，与混凝土搅拌站、监理、业主多次研讨，最后确定原材料选择如下：

(1)水泥 32.5级普通硅酸盐水泥。由于施工期间在11月至12月初，夜间的极端气温有−5℃的可能，尽量利用普通硅酸盐水泥的早期强度，所以未选用矿渣硅酸盐水泥。

[作者简介] 张秋林，中国寰球工程公司施工部高级工程师

(2)集料　5～40mm 连续级配戈壁石，中砂。级配好，可以提高强度，从而相应减少水泥用量。

(3)掺和料　I 级粉煤灰。减少水泥用量，增加混凝土粉料的活性。

(4)外加剂　高效减水剂，木钙。减少用水量，降低水灰比，增加可泵性，不增加水泥用量的情况下保证混凝土坍落度。其中，木钙还可以平均提高 3～28d 抗压强度 15％以上，显著改善混凝土的和易性，极大地提高混凝土的耐久性，大幅度降低水泥水化初期的水化热。

由混凝土搅拌站试配，配合比为：水泥：砂：石：粉煤灰：减水剂：水：木钙＝1：1.82：3.37：0.10：0.008：0.42：0.001。出厂坍落度：180mm，水灰比：0.42，砂率：35％。

1.3　温升计算

(1)混凝土的入模温度：由于混凝土量大，对集料及水采取降温措施不切实际，所以取混凝土浇筑时的当地平均气温 12.81℃。

(2)各龄期混凝土的绝热温升。绝热温升是指在基础四周无任何散热条件，无任何热损耗的条件下，水泥与水化合产生的水化热，全部转化为温升后的最高温度。

$$T(t) = m_{ce}Q(1-e^{-at})/Cr \tag{1}$$

式中，$T(t)$为龄期 t 时混凝土的绝热温升(℃)；m_{ce}为单位水泥用量(365kg/m^3)，粉煤灰用量(37kg/m^3)；Q 为水泥的水化热(J/kg)，32.5 级普通硅酸盐水泥，其 28d 的水化热为340×10^3J/kg；C 为混凝土的比热容[J/(kg·℃)]，取 0.96×10^3 J/(kg·℃)；r 为混凝土的重度(kg/m^3)，取 2400kg/m^3；a 为试验常数，与水泥放热速率有关，普通水泥为 1.0；t 为混凝土龄期(d)；e 为常数 2.718。

计算得：第 3 天混凝土的计算温度已经开始接近最高值 54.95 ℃。

1.4　混凝土收缩当量温差计算

混凝土内的水分蒸发引起体积收缩，这种收缩变形与温度变形共同作用引起的应力，可能导致混凝土开裂。因此，在温度应力计算中，把收缩这个因素考虑进去

$$T_y(t) = -\varepsilon_y(t)/\alpha_c \tag{2}$$

式中，$T_y(t)$为各龄期混凝土收缩当量温差(℃)，负号表示降温；α_c 为混凝土的线膨胀系数，$\alpha_c=1\times10^{-5}$/℃；$\varepsilon_y(t)$为各龄期混凝土收缩变形值，$\varepsilon_y(t)=\varepsilon_{y_0}(1-e^{-0.01t})m_1m_2m_3\cdots m_{10}$，其中 ε_{y_0} 为标准状态下混凝土最终收缩值，取 $\varepsilon_{y_0}=3.24\times10^{-4}$，$e$ 为常数，$e=2.718$，t 为混凝土龄期(d)，$m_1m_2m_3\cdots m_{10}$为考虑各种非标准条件的修正系数，按《建筑施工计算手册》取用。计算第 7 天混凝土收缩当量温差 $T_y(t)=0.04$℃。

1.5　混凝土的总综合温差

$$\Delta T = T_2 + 2/3T(t) + T_y(t) - T_h \tag{3}$$

式中，ΔT 为混凝土总综合温差(℃)；T_2 为混凝土拌和物经运输至浇筑成型完成时的温度(℃)，取混凝土浇筑当日的环境温度 12.81℃；$T_y(t)$为各龄期混凝土收缩当量温差(℃)；$T(t)$为各龄期混凝土绝热温升(℃)，混凝土浇筑 7d 后，水化热量值基本达到最大，计算此时的温升；T_h 为混凝土浇筑后达到稳定的温度(℃)，一般根据历年气象资料取当地年平均气温。经计算 $\Delta T=36.62$℃。

1.6 温差应力计算

(1)第 7 天混凝土的弹性模量

$$E(t) = E_0(1 - e^{-0.09t}) \tag{4}$$

式中，$E(t)$为任意龄期混凝土的弹性模量(N/mm^2)；E_0 为混凝土的最终弹性模量(N/mm^2)，可取 28d 的弹性模量 $2.6\times10^4\ N/mm^2$；t 为混凝土从浇筑后到计算时的天数。计算得 $E(7)=1.11\times10^4\ N/mm^2$。

(2)考虑混凝土徐变影响各龄期混凝土的松弛系数　当结构的变形保持不变时，结构内的应力因徐变而随时间衰减的现象称为松弛。松弛有益于防止裂缝的开展。按《建筑施工计算手册》取用，为 0.347。

(3)计算第 7d 的混凝土温度收缩应力

$$\sigma = -[E(t)\cdot\alpha_c\cdot\Delta T\cdot H(t)R]/(1-\upsilon) \tag{5}$$

式中，σ 为混凝土的温度收缩应力(N/mm^2)；$E(t)$为任意龄期混凝土的弹性模量(N/mm^2)；α_c 为混凝土的线膨胀系数；ΔT 为混凝土总综合温差(℃)；$H(t)$为考虑徐变影响的各龄期混凝土的松弛系数；R 为混凝土外约束系数，C10 混凝土垫层 $R=1$；υ 为混凝土的泊松比，取 $\upsilon=0.18$。

经计算，$\sigma=3.31\ N/mm^2$。

1.7 混凝土抗裂安全系数

$$K = f_t/\sigma \geqslant 1.15 \tag{6}$$

式中，K 为混凝土的抗裂安全系数；f_t 为混凝土抗拉强度设计值(N/mm^2)；σ 为混凝土温度收缩应力(N/mm^2)。

经计算，安全系数为 0.59，混凝土出现开裂的可能性非常大，拟采取基础内部通水降温，混凝土表面保温的措施，把温差控制在 20℃以内，则安全系数为 1.07，加上基础表面保温措施，安全系数可达到 1.15。

2 降温与保温及养护措施

2.1 降温水管的布置

在基础混凝土内部预埋外径 40mm 薄壁钢管作冷却水管，通入冷却水，强制降低混凝内部的水化热温度。冷却在混凝土浇完 48h 后进行。冷却水管布置：将钢管制作成 U 形，钢筋绑扎时进行预埋，钢管采用焊接连接，混凝土厚度小于 2500mm 分一层，大于 2500mm 分两层布置，垂直间距 1000mm，水平间距 1500mm 左右，上下层交错布置，串联水管，在进水口安装阀门控制水的流量。冷却水管布置如图 1 所示。

2.2 保温及养护

混凝土抹压后，当人踩在上面无明显压痕时，用塑料薄膜覆盖，其加盖两层布毡，利用降温管排出的热水养护。保温及养护过程中，对混凝土的内外温差和降温速度进行监测，保证混凝土各测点温差在 20℃以内，发现异常应及时调整保温养护措施，养护时间不少于 14d。

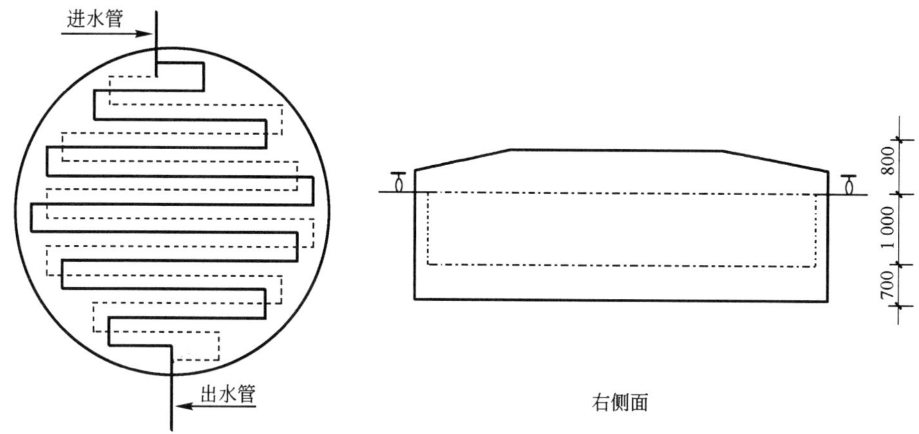

图 1　混凝土内部降温管平面布置图

2.3　测温点的布置

基础半轴线范围内预埋 5 个测温区，每个测温区预埋 6 个电子测温仪热电偶测点，第一个测温点在混凝土表面下 50mm 处设置一道，基底上 150mm 处设置一道，其余测温点沿高度方向均匀设置，测温区的测点平面布置如图 2 所示。混凝土浇筑完毕 48h 内，每 2h 测温一次，48h 后，每天测温 4 次，连续测 7d。

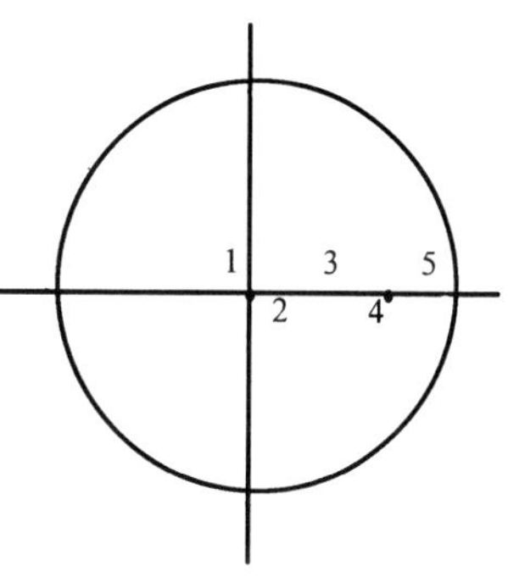

图 2　测温点布置图

2.4　温升曲线(C-2801 水冷塔基础 1 号测温点)(见图 3)

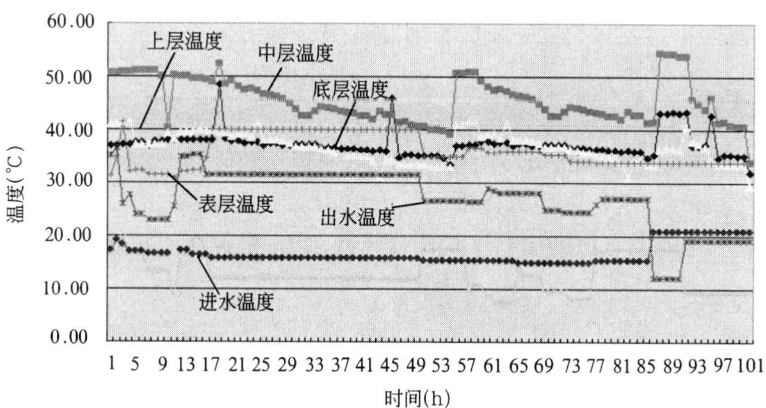

图 3　温升曲线

3　控制温升

3.1　水泥的水化作用

水泥在大体积混凝土施工中，由于水化热引起的温升有着决定性的作用，为此在施工中应选用水化热较低和凝结时间较长的水泥，并尽量降低单位水泥的用量。

3.2 外加剂和掺和料

减水剂和木钙可有效地改善混凝土的坍落度、可泵性。混凝土中掺入Ⅰ或Ⅱ级粉煤灰，不仅可以代替部分水泥，且可大大改进混凝土工作性和可泵性，明显地降低混凝土的水化热，提高混凝土的耐久性、抗渗性和后期强度。

3.3 粗细集料

(1)粗集料　宜选用粒径较大(5～40mm)级配良好的，含泥量宜小于1%，由于增大了集料的粒径，减少了水和水泥用量，混凝土的收缩和泌水随之减少，水化热减少，降低了混凝土温升，但集料粒径增大后容易引起混凝土离析，因此必须调整好级配设计，施工时加强振捣作业。

(2)细集料　选用平均粒径较大的中粗砂，含泥量宜小于2%。

(3)控制混凝土的入模温度　混凝土的搅拌和浇筑尽量安排在一天中气温较低时进行，独山子地区昼夜温差大，乙烯装置大体积混凝土根据天气预报，尽量选择夜间施工。

3.4 混凝土的施工

混凝土的抗拉强度远小于抗压强度，这是混凝土容易开裂的主要原因。普通混凝土极限拉伸离散性很大，因此在施工中必须创造条件，确保混凝土均匀密实。混凝土坍落度各泵车不要有大的差异，浇筑基础时坍落度可控制在100～140mm，坍落度大时会使表面砂浆及粉煤灰多而集料下沉，导致表层钢筋上部的混凝土产生细小裂缝。为防止这种裂缝，在混凝土初凝前和混凝土预沉后采取二次抹面压实措施。混凝土浇筑时，搅拌车在卸料前，要求高速运转1min，确保进入泵车受料斗的混凝土质量均匀。

大体积混凝土的浇筑应合理分段，分层进行，使混凝土高度均匀上升，混凝土浇筑应连续进行，间歇时间不能过长，在前层混凝土初凝前必须把后层混凝土浇上。浇筑应在室外气温较低时进行，具体的降温措施要据施工地点的具体情况和温升计算结果，采取有针对性的措施。

3.5 水化热测定

混凝土浇筑前预埋电子测温元件，浇筑时注意保护不被破坏。测温工作要连续进行，专人负责，开始几天宜2h测一次，以后可逐渐延长为每4h、8h、12h测一次。

应控制混凝土各测温点之间温差不大于计算控制值，根据测温情况，或加强保温或开动水冷降温措施。

3.6 混凝土养护

养护主要是保持适宜的温度和湿度，为混凝土充分水化反应创造条件。保温的目的有两个，一是减小混凝土表面的热扩散，减小混凝土表面的温度梯度，防止产生表面裂缝；二是延长散热时间，充分发挥混凝土料松弛特性，使平均总温差对混凝土产生的拉应力小于混凝土的抗拉强度，防止产生贯穿性裂缝。

潮湿养护的作用：一是刚浇筑不久的混凝土，尚处在凝固硬化阶段，水化的速度较快，适宜的潮湿条件可防止混凝土表面脱水而产生干缩裂缝；二是混凝土在保温(25～40℃)及潮湿条件下，可使水泥的水化作用顺利进行，提高混凝土抗拉强度，使早期抗拉能力增长很快。在施工过程中尽量晚拆模，拆模后要及时覆盖保湿，防止混凝土表面产生裂缝。

钢筋混凝土铜电解槽制作施工技术改进

吴新明

江西铜业集团(贵溪)冶金化工工程有限公司

江西铜业集团贵溪冶炼厂从开工建设至今已30年整,历经几次扩建,现已形成年产90万t阴极铜生产规模,一跃成为当今世界单一铜冶炼厂的最大规模和中国第一、世界第三的阴极铜生产基地。铜电解槽作为阴极铜生产中不可或缺的重要设备,制作质量的好坏直接影响着工艺流程的畅通和生产组织的顺利与否。

在近20年制作钢筋混凝土铜电解槽过程中,随着工艺条件和建筑材料的不断进步,电解槽设计有过三次较大改变:传统法电解槽体外形尺寸5900mm×1410mm×1720mm,壁厚120mm→艾萨电解槽外形尺寸6070mm×1400mm×1720mm,壁厚115mm→新的传统法电解槽外形尺寸5900mm×1400mm×1720mm,壁厚115mm。每次改变都对垂直度、平整度、抗渗要求等提出了更高要求,笔者有幸亲身参与过三种近3 000个钢筋混凝土电解槽的制作,在不断改进施工方法的过程中,取得了较好的效果。2004年度我公司承担的艾萨电解槽制作安装工程项目,荣获有色系统年度部优工程奖。钢筋混凝土铜电解槽实体如图1所示。

1 电解槽施工工艺

钢筋混凝土铜电解槽公司预制场集中预制,外模和内模采用特制的大块钢模,内模采用螺杆调整距离保证槽体内部尺寸,外模采用顶杆和对拉螺栓固定,人工配合龙门吊拼装。混凝土集中拌制,龙门吊配吊斗入模,分层浇筑,采用插入式振动器振捣。整体模板如图2所示。钢筋混凝土铜电解槽施工工艺如图3所示。

图1 钢筋混凝土铜电解槽实体图

图2 整体模板

[作者简介] 吴新明,江西铜业集团(贵溪)冶金化工工程有限公司副经理

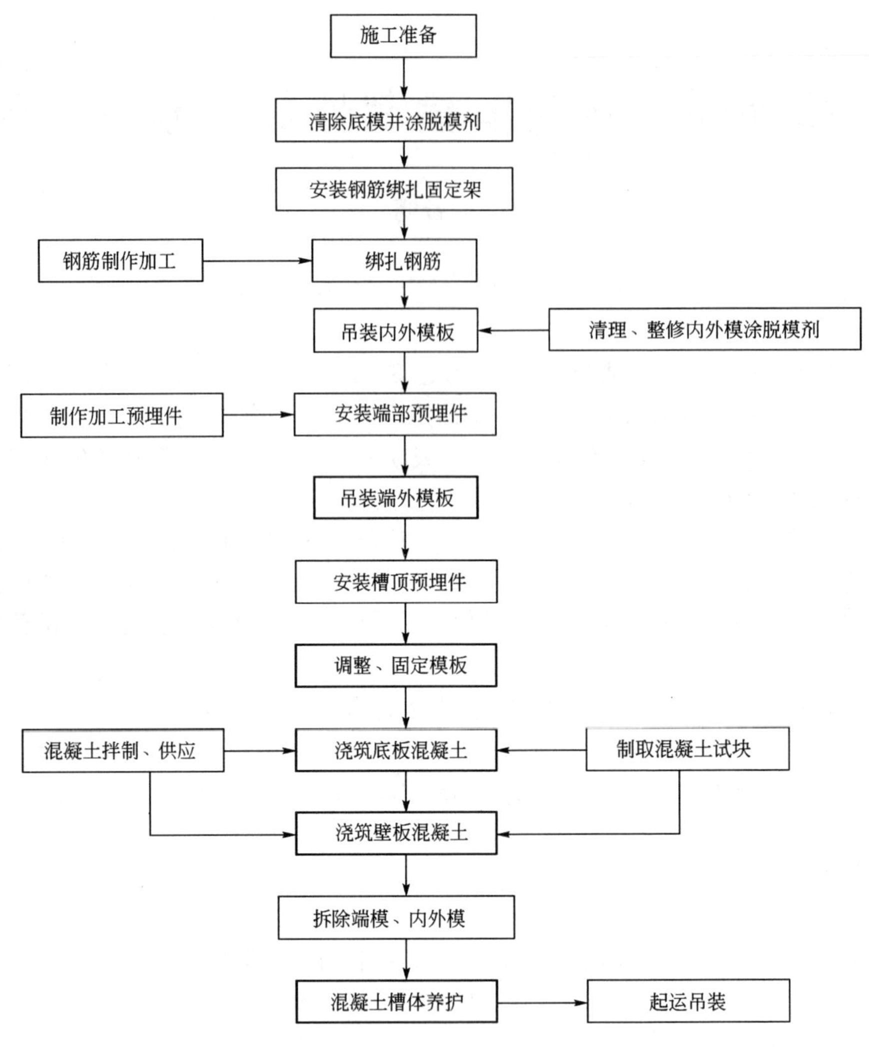

图 3 钢筋混凝土电解槽施工工艺

2 改进前后的施工方法和效果对比

2.1 底模改进方面

改进前的底模为 7000mm×2000mm 的水泥砂浆底模，脱模剂不能保证顺利脱模，只能在底模上铺 1 层油毡等隔离，脱模目的达到了，却增加了清除油毡的工作量和油毡的材料消耗，且底部平整度不易保证，底部清污口的预留孔无法准确留置，给安装带来了麻烦。改进后的底模为 7000mm×2000mm×20mm 的钢板底模，涂刷 1 层脱模剂即可顺利脱模，底部清污口的预留孔可在钢底模上设置定位针，从而实现预留孔准确留置，钢底模也可在施工结束后完全回收利用。

2.2 底模的固定

改进前槽体外模的底部固定采用 ϕ14mm 对拉螺杆，对拉螺杆和螺母的变形易造成漏浆，出现蜂窝麻面，混凝土不密实时，还易形成沿对拉螺杆的渗水通道，施工过程中安装对拉螺杆和施工后脱模都很困难，且对拉螺杆是一次性的，脱去外模后还要切除槽体外的螺杆，改进后在钢底模上焊接挡板，并设置螺栓顶杆代替对拉螺杆，施工方便，质量有保障，螺杆顶杆可重复利用且在施工结束后回收。

2.3 混凝土的浇筑

改进前槽体混凝土采用统一的坍落度施工，混凝土浇筑质量不稳定，不是出现流动性太大，水泥浆下流到槽体底板槽内，造成壁板麻面，就是出现流动性太小，因壁板钢筋较密，壁板厚度小，振捣不到位产生蜂窝麻面，且难以实现底模和壁板的连续施工。通过试验和现场实践，考虑到底板的振捣条件较好，壁板振捣较困难，故采取底板混凝土的坍落度≤5cm，壁板混凝土的坍落度≤7cm。从而可以实现底板和壁板的连续浇筑，有利于提高制作速度，保证制作质量。

2.4 混凝土的振捣

底板用普通插入式振动器振捣，壁板用 30mm 和 50mm 直径的插入式振动器振捣，槽体转角部位因钢筋密集常出现较严重的蜂窝麻面等质量问题，通过试验，特制了一套插入式振动器，从施工效果来看，彻底解决了壁板的振捣问题。

2.5 混凝土的养护

混凝土自然养护当然是最好的，但制作强度大，工期短的情况下就无法满足需要，使用各种外加剂如掌握不好易使混凝土强度和抗渗性受到影响，经过反复试验，我们最终选择了蒸汽养护，不仅前期强度高，拆模、起吊时间大大提前，而且混凝土强度和抗渗性容易保证。

3 结语

混凝土铜电解槽制作难点在于表面平整度和抗渗性的控制。以上所述施工技术的改进是根据钢筋混凝土铜电解槽体的设计、施工条件，本地的气候条件采用的可靠的施工方法，对于钢筋混凝土槽体设备和钢筋混凝土池槽类等建、构筑物施工有一定的参考价值，当然不同的池槽施工项目、不同的气候条件和施工条件，应该还有多种办法可尝试和探讨。

参考文献

[1] 钢结构设计手册[M]. 北京：中国建筑工业出版社，2004.

[2] 现行建筑施工规范大全[M]. 北京：中国建筑工业出版社，2006.

[3] GB 50204—2002 混凝土结构工程施工质量及验收规范[S].

[4] 江正荣，朱国梁，等. 简明施工计算手册[M]. 北京：中国建筑工业出版社，2005.

冶金转炉混凝土平台框架梁鉴定与加固

孙　平[1]，刘兴菊[2]，孙学军[2]

1.山东莱钢技改工程指挥部；2.山东莱钢股份有限公司

本工程炼钢转炉平台，现浇钢筋混凝土梁、板结构，由柱、主梁、次梁和单向板组成（见图1），已投产使用29年，近年来，由于生产规模不断扩大，拆炉机在平台上运行较为频繁，导致平台结构、平台梁结构损伤。为确保安全使用，对平台进行安全性检测鉴定，并根据生产现状与现行规范，进行加固设计与处理。

1　检测鉴定

1.1　平台检查

平台上下受热辐射较大，荷载较大，由于生产规模不断提高，造成转炉平台一直处于满负荷状态，构件损伤严重。平台柱采用外包耐火砖隔热，但从损坏处观察，混凝土柱表面出现酥松，混凝土保护层出现剥落；平台梁、平台下部做了隔热吊顶处理，但从打开部位检查发现，部分钢筋混凝土平台梁出现剪切破坏，尤其是靠近D轴线区域处尤为严重（生产时的炉前、路口区域），多处梁表面出现酥松；平台板设计为单向板，多处区域混凝土保护层出现剥落，板面下挠变形严重。

1.2　强度检测

平台原设计强度等级为C18，因受生产环境制约较大，本次采用回弹法评定现有龄期混凝土强度，根据行业标准《回弹法检测混凝土抗压强度技术规程》(JGJ/T 23—2001)，对检测范围内构件混凝土强度进行随机布点与回弹测试，按不低于95%的保证概率，推定混凝土抗压强度值，测试结果见表1。

表1　混凝土强度值(单位:MPa)

构件名称	强度换算值			强度推定值
	平均值	标准差	最小值	
平台柱	27.37	2.891	18.74	22.61
平台梁板	26.79	3.25	19.15	21.44

[作者简介] 孙　平，山东莱钢技改工程指挥部

2 内力分析与承载力验算

2.1 校核依据与计算模型参数

按照现行国家标准与规范要求，厂房平台原设计图纸，尤其是平台活荷载分布，按现场结构的实际使用受力荷载调整，绘制计算简图时，按现场实际进行了调整(见图 1)，以满足加固后的安全要求，材料强度取原设计值。

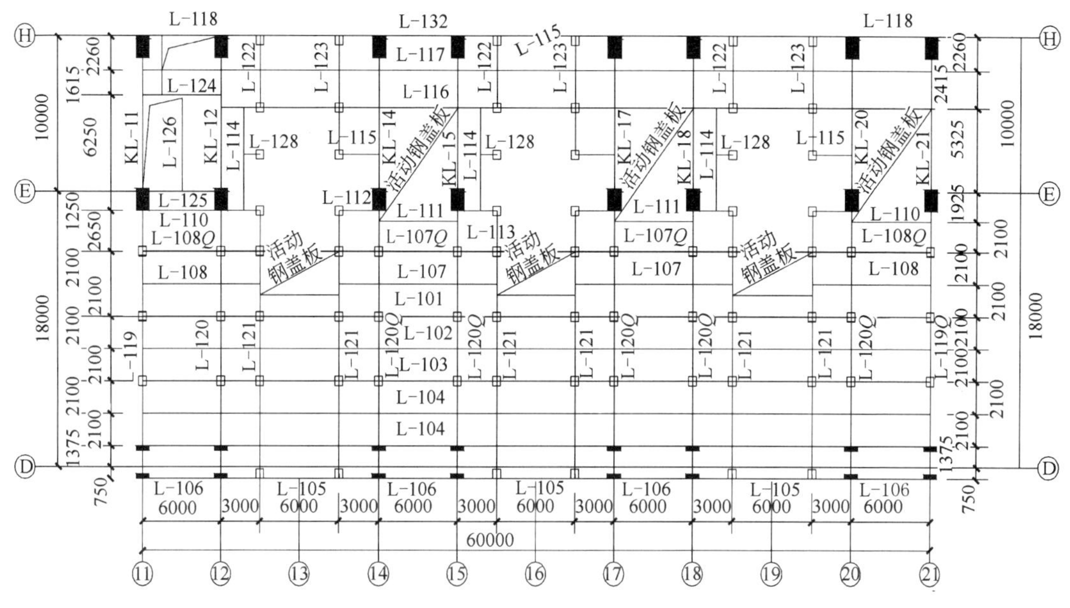

图 1 平台平面示意

采用 PKPM 分析软件进行计算，按 7 度抗震设防烈度，设计基本加速度值为 0.1g，地震分组为一组，结构自重按原设计取值。

2.2 平台梁构件截面校核及计算结果

依据《混凝土结构加固设计规范》(GB 50367—2006)，对构件承载力进行校核，评定结果见表 2。

增大截面加固法加固钢筋混凝土梁受弯构件时，其正截面受弯承载力按下式计算

$$M \leqslant \alpha_s f_y A_s (h_0 - x/2) + \alpha_s f_{y0} A_{s0} (h_{01} - x/2) + f'_{y0} A'_{s0} (x/2 - \alpha')$$

$$\alpha_1 f_{c0} b_x = f_{y0} A_{s0} + \alpha_s f_y A_s - f'_{y0} A'_{s0}$$

结合本工程的生产实际特点，采用新加钢筋 U 形箍与原箍筋逐个焊接，其斜截面受剪承载力按下式计算

$$V \leqslant 0.7 f_{t0} b h_{01} + 0.7 \alpha_c f_t b (h_0 - h_{01}) + 1.25 f_{yv0} (A_{sv0}/s_0) h_0$$

验算结果表明，部分平台梁不满足承载力要求，详见表 2。

2.3 平台板承载力校核

对平台板承载力校核表明，主梁承载力不满足处，板的承载力也不满足规范要求，板的承载力评定等级为 d 级。

3 平台可靠性鉴定等级

根据《工业厂房可靠性鉴定标准》(GBJ 144—90),将平台看作一个结构独立的单元进行评级。子项平台梁为d级,经综合评定,平台可靠性为四级。混凝土梁、柱、板,需加固。

4 加固设计

混凝土结构的加固,可分为直接加固与间接加固两类。直接加固,有增大截面加固法、置换混凝土加固法、外粘钢板(型钢)加固法、粘贴纤维复合材料加固法或高强度钢丝绳网片—聚合物砂浆外层加固法等;间接加固,有外加预应力加固法或增设支点加固法等。

根据平台所处冶金转炉作业高温环境,同时根据平台梁板损坏的实际情况,需要加固的构件主要为受弯及受压构件,经研究选用增大截面法进行加固,通过在原结构外新浇筑一层混凝土,使其与老结构紧密结合共同承担上部荷载,梁、板的承载力和刚度提高。当被加固构件界面处理及其粘接质量符合现行规范要求时,计算按整体截面计算。这种加固方法,在冶金工作环境下具有较好的耐久性。

同时其正截面承载力按《混凝土结构设计规范》(GB 50010—2002)的基本假定进行。考虑到受力状态上,新增主筋连接构造受种种因素影响的综合作用,计算时对新增钢筋的强度进行折减,并统一取 $\alpha_s=0.9$。计算结果见表2。

表2 内力计算结果

构件	正截面			斜截面			评级	备注
	R (kN·m)	S (kN·m)	$R/(\gamma_0 S)$	R (kN)	S (kN)	$R/(\gamma_0 S)$		不满足部位
L-101	385.1	325.5	1.18	315.0	275.7	1.140	a	
L-102	385.1	329.2	1.17	315.0	277.4	1.140	a	
L-103	198.4	256.4	0.77	296.6	317.2	0.940	d	正截面第3、5、7、9跨
L-104	62.0	241.3	0.26	140.7	266.7	0.530	d	正截面第3跨;斜截面第3、5、7、9跨
L-105	54.5	106.5	0.51	97.3	125.8	0.770	d	正截面第2跨;斜截面第2跨
L-106	216.4	64.9	3.33	231.0	39.1	5.910	a	
L-107	265.1	230.1	1.15	364.7	270.3	1.349	a	
L-108	392.1	329.0	1.19	333.6	278.7	1.197	a	
L-107a	265.1	263.6	1.00	298.2	270.7	1.103	a	
L-108a	392.1	329.0	1.19	333.6	348.1	0.958	b	斜截面第1跨
L-110	220.6	241.6	0.92	315.1	300.3	1.05	b	正截面第1跨
L-111	275.4	237.8	1.16	288.9	138.1	2.092	a	
L-112	142.6	56.1	2.54	141.7	57.6	2.460	a	
L-113	164.8	77.5	2.13	181.6	95.9	1.894	a	
L-117	170.8	246.6	1.18	212.5	274.8	1.230	a	
L-118	139.6	43.8	3.19	195.7	35.2	5.560	a	

续上表

构件	正截面			斜截面			评级	备注
	R (kN·m)	S (kN·m)	$R/(\gamma_0 S)$	R (kN)	S (kN)	$R/(\gamma_0 S)$		不满足部位
L-120	200.7	242.3	0.83	353.9	367.9	0.96	d	正截面1、2、3、4跨;斜截面1、2、3、4跨
L-121	382.6	606.7	0.63	321.5	582.9	0.55	d	正截面1、2、3跨;斜截面第1、2、3、4跨
L-123	280.1	242.1	1.16	225.8	129.0	1.75	a	
L-124	208.0	235.9	0.88	257.7	129.9	1.98	c	正截面第1跨
L-125	208.0	296.6	0.70	257.7	174.2	1.48	d	正截面第1跨
K_1l-11	1061.3	466.6	2.27	659.0	192.6	3.42	a	
K_1l-12	1061.3	602.0	1.76	659.0	429.5	1.53	a	
K_1l-14	724.9	482.0	1.50	838.5	413.8	2.03	a	
K_1l-15	1061.3	525.0	2.02	659.0	433.9	1.52	a	
K_1l-17	724.9	472.0	1.54	541.6	409.1	1.32	a	
K_1l-18	1061.3	526.0	2.02	659.0	433.9	1.52	a	
K_1l-20	724.9	698.0	1.04	838.5	574.5	1.46	a	
K_1l-21	1061.9	392.0	2.71	659.0	297.8	2.21	a	
PYZ-1	1715.0	670.0	2.56				a	
PYZ-2	1687.0	175.0	9.64				a	
PYZ-3	1723.0	360.0	4.79				a	
PYZ-4	1714.0	1173.0	1.46				a	
PYZ-5	1887.0	1173.0	1.61				a	

注:表中 $R/(\gamma_0 S)$,是取构件最薄弱截面处,正截面和斜截面的较小值

在平台下面,通过在侧面柱植筋,使梁底、板底新增加固筋,结合为一休共同受力。设计简图见图2。

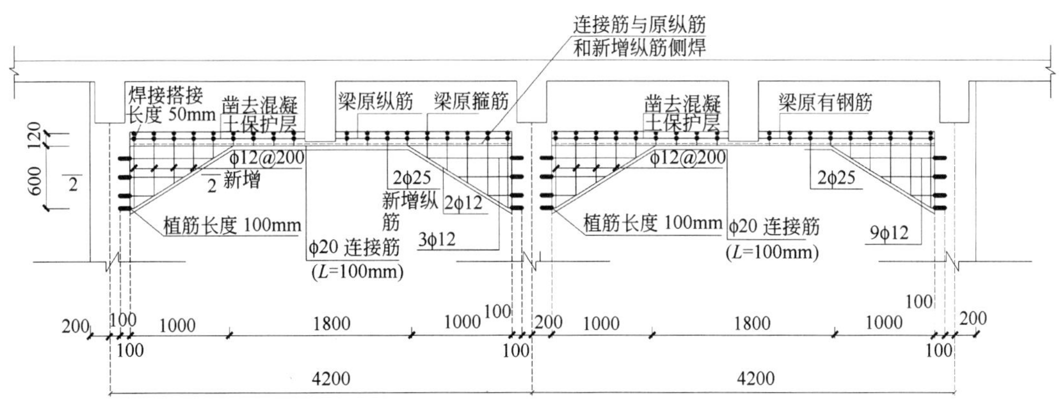

图2 平台板底柱植筋,加固平台梁、板

新增受力中柱,柱头与板底、梁交接处,植筋后,焊接连接,设计简图见图3。此处要求施工中,轻轻凿出连接处新混凝土,防止损坏原结构,局部钢筋密集区域,采用电动砂轮操作,同时工序间,严格按操作规程清洗干净。

对验算后新增边柱，难点是与边梁的加固连接，新增筋与原主筋焊接后，使新、老结构紧密结合成一体，浇筑混凝土，养护。图 4 为新增边柱与平台梁、板连接示意图。

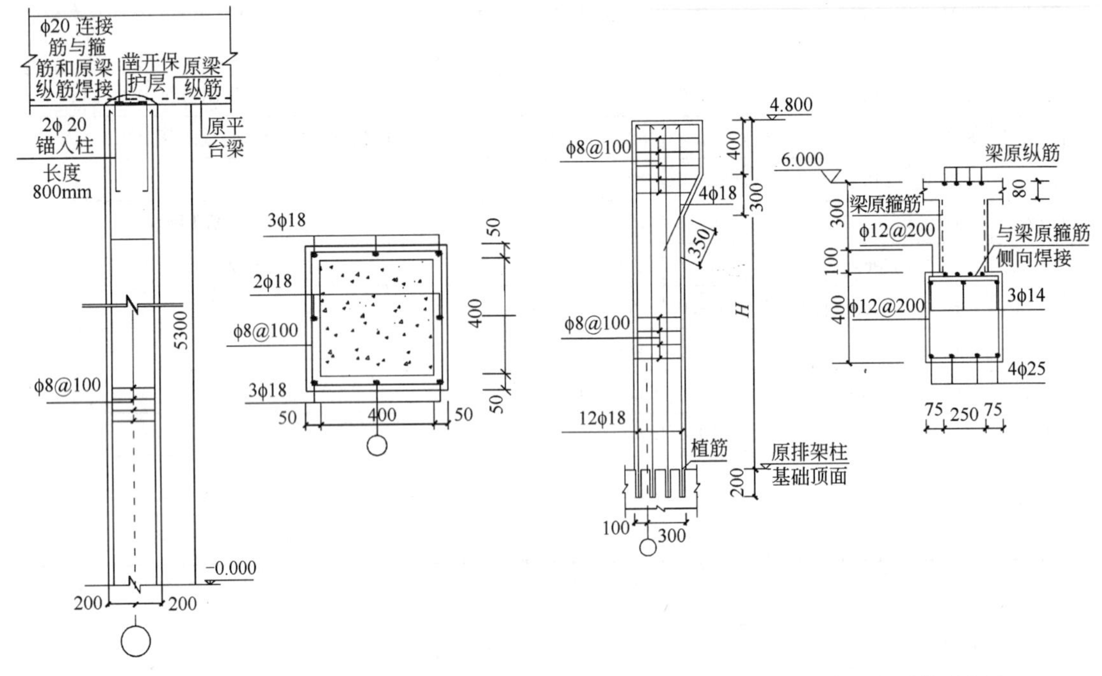

图 3 新增中柱与平台板连接示意图

图 4 新增边柱与平台梁、板连接示意图

5 施工中严格工序质量控制

5.1 原结构的表面处理

原结构表面采用电动砂轮做出摩擦面，这样对原结构损伤较小，完毕后用压缩空气吹扫干净表面，并用水冲洗湿润。

5.2 植筋工程

植筋部位均为重要的平台承力杆件部位，植筋胶全部采用 A 级胶，将其性能指标中的耐焊性能和环保性能作为选择的重点。

由于是老结构，在现场通过拉拔试验，确定植筋深度为 $15d$（d 为钢筋直径）。

为避免在梁柱节点内出现废孔，或将原结构打成蜂窝状，事先采用钢筋探测仪，标明原钢筋具体位置与间距。

5.3 模板工程

加固梁，采用覆膜木模板，梁底侧制成 U 形箍的固定方式，通过 M16 对拉螺杆调紧，下部用脚手架支撑固定。

5.4 混凝土工程

因梁板交错，在工程采用了在板上开浇筑孔与在梁两侧加固面上部浇筑相结合的办法浇筑混凝土。同时采用泵车混凝土，将坍落度调大，喷射浇筑，并在构件外侧采用附着式振捣器振捣确保质量。

6 结语

钢筋混凝土老建筑特点、使用环境各不相同，随着新技术的开发和运用，在以后中会遇到更多的新问题，需在加固设计与实施过程中深刻思考。

本工程所采用的加固方法，适用于冶金厂矿的环境作业特点，且构件的安全储备较高，加固效果显著。

参 考 文 献

[1] GB 50367—2006 混凝土结构加固设计规范[S].

[2] JGJ 116—1998 建筑抗震加固技术规程[S].

[3] GBJ 144—1990 工业厂房可靠性鉴定标准[S].

[4] 唐业清. 建筑物改造与病害处理[M]. 北京：中国建筑工业出版社，1990.

[5] 曹双寅，邱洪兴. 结构可靠性鉴定与加固技术[M]. 北京：中国建筑工业出版社，2001.

碳纤维布对预应力混凝土吊车梁裂缝控制与强度加固方法

孙吉才[1]，孙学军[1]，刘兴菊[1]，任广平[2]

1. 莱钢股份有限公司；2. 济南中方加固改建有限公司

某公司轧钢车间，为单层单跨钢筋混凝土排架结构厂房，内部行车与行车梁上、下跨布置。原吊车梁为预应力混凝土吊车梁，跨度为6000mm，原设计混凝土强度等级为C28，吊车梁平面布置见图1。

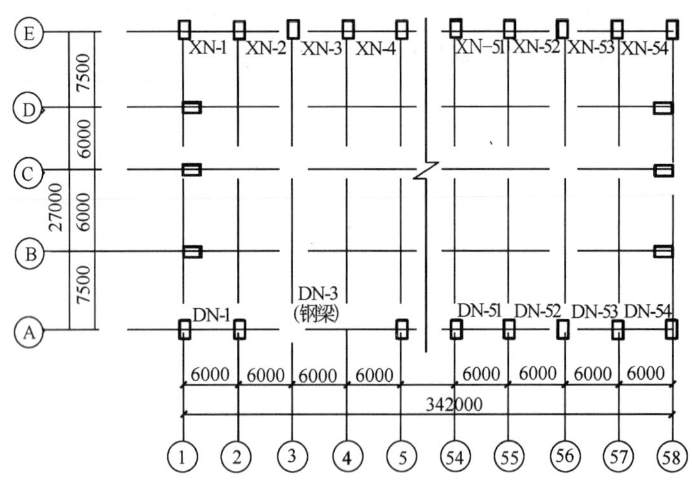

图1　平面布置示意

该工程于1987年投入使用至今，但随着生产节奏的加快，行车运行频繁，发现部分行车梁出现较多裂缝，且呈一定发展趋势，为确保安全使用，对行车梁进行可靠性检测、鉴定。

1　现场检测

依据相关规范、标准、技术规程和原吊车梁图纸，进行了现场检测，主要对吊车梁混凝土强度、截面尺寸、裂缝情况、钢筋保护层、混凝土碳化深度等进行全面检测。

1.1　混凝土强度检测

依据《钻芯法检测混凝土抗压强度技术规程》(DBJ 14029—2004)及《建筑结构检测技术标准》(GB/T 50344—2004)，采用钻芯法对吊车梁的强度进行检测。现场根据观察，对厂房上跨抽取19个吊车梁，下跨抽取13个吊车梁钻取芯样，分别作为一个检测批对混凝土强度进行推定。

[作者简介] 孙吉才，莱钢股份有限公司工程师

经检测，上跨吊车梁混凝土强度推定值为 21.7MPa，下跨吊车梁混凝土强度推定值为 21.0MPa，均达不到原设计强度等级 C28 的要求，具体数据见表 1、表 2。

表 1　上跨吊车梁混凝土强度检测结果（限于篇幅，19 个梁数据，列 6 组数据供参考）

试验编号	构件名称	芯样编号	设计强度等级	破坏荷载 F_i(kN)	混凝土抗压强度换算值 $f^c_{cor,i}$(MPa)	混凝土抗压强度推定值 $f^c_{cu,e}$(MPa)
4-	XN4 吊	1	C28	107	25.6	21.7
3 423	车梁	2	C28	103	24.6	
4-	XN8 吊	1	C28	107	25.6	
3 424	车梁	2	C28	123	29.4	
4-	XN12	1	C28	102	24.4	
3 425	吊车梁	2	C28	100	23.9	
4-	XN18	1	C28	104	24.9	
3 426	吊车梁	2	C28	126	30.1	
4-	DN41	1	C28	106	25.3	
3 440	吊车梁	2	C28	126	30.1	
4-	DN48	1	C28	117	28.0	
3 441	吊车梁	2	C28	104	24.9	

检测说明：按一个检测批推定混凝土强度值，其强度推定公式为 $f^c_{cu,e}=f^c_{cor,m}-ks_{cor}$。

表 2　下跨吊车梁混凝土强度检测结果（限于篇幅，13 个梁数据，列 4 组数据供参考）

试验编号	构件名称	芯样编号	设计强度等级	破坏荷载 F_i(kN)	混凝土抗压强度换算值 $f^c_{cor,i}$(MPa)	混凝土抗压强度推定值 $f^c_{cu,e}$(MPa)
4-	X2-3	1	C28	110	26.3	21.0
3 442	吊车梁	2	C28	109	26.1	
4-	X7-8	1	C28	102	24.4	
3 443	吊车梁	2	C28	103	24.6	
4-	D2-3	1	C28	108	25.8	
3 447	吊车梁	2	C28	104	24.9	
4-	D8-9	1	C28	120	28.7	
3 449	吊车梁	2	C28	112	26.8	

检测说明：按一个检测批推定混凝土强度值，其强度推定公式为 $f^c_{cu,e}=f^c_{cor,m}-ks_{cor}$。

1.2　裂缝检测

吊车梁系统存在数量较多的裂缝，主要有梁腹板竖向裂缝、不规则裂缝、梁端斜裂缝以及翼板破损造成的裂缝，腹板裂缝宽度在 0.10～0.53mm 之间，翼板上裂缝宽度在 0.10～1.2mm之间。

根据梁存在裂缝的情况，将梁分为以下四类。

(1) Ⅰ类：无明显裂缝或存在宽不大于 0.15mm 以下少量细小裂缝的吊车梁。

(2) Ⅱ类：裂缝数量较少，且 0.15mm<裂缝宽度≤0.30mm 的吊车梁。

(3)Ⅲ类:裂缝数量较多,且 0.30mm<裂缝宽度≤0.40mm 的吊车梁。

(4)Ⅳ类:裂缝宽度大于 0.40mm,或出现斜向裂缝及翼板存在裂缝的吊车梁。

1.3 截面尺寸检测

吊车梁设计高度 1200mm、腹板宽度 180mm、翼板高度 120mm、翼板宽度 500mm,符合原设计要求。

1.4 钢筋保护层及混凝土碳化深度检测

经检测,吊车梁底部受力钢筋的保护层厚度为 20～30mm,侧面箍筋保护层厚度为 10～18mm,个别部位偏小。

混凝土碳化深度普遍在 7～8mm 之间,钢筋无锈蚀现象。

2 加固方案研讨确定

2.1 工程加固特点

(1)原混凝土吊车梁为窄翼缘 T 形截面,钢筋配置密集复杂。

(2)该厂房为大型轧线车间,生产工艺要求厂房具有较大的操作平面,不能在地面及柱间空间增设加固支撑杆件。

(3)在基本不影响安全生产的前提下,不允许生产车间内有大量的施工机械、架管、物料等。

2.2 加固方案比选

混凝土吊车梁加固有多种方案,针对现场实际工作环境与施工条件,初步提出两种加固处理方案:①采用外包钢法对吊车梁进行补强、加固,压力灌浆法填实缝隙与裂缝;②采用粘贴碳纤维布(CFRP)方案,对吊车梁进行裂缝封闭及修补后,再进行正截面抗弯、斜截面抗剪的补强加固。

从施工简单性、效果性、经济性和对生产的适用性等方面进行综合分析,论证后认为:加固方案①虽是传统成熟经验,但用钢量大,施工费用高,且翼缘板处固定难度较大,与原有轨道连接螺栓发生局部冲突,不宜采用;方案②采用粘贴碳纤维条带布方法,其显著特点是轻质高强,施工方便快捷、无湿作业、对环境影响小,具有较好的耐腐蚀性和耐久性,经综合考虑后采用。

同时,考虑车间内环境温度局部略高,需在碳纤维加固表面采取保护措施。

3 加固设计

3.1 裂缝处理

加固前,先对裂缝进行处理,裂缝宽度不大于 0.15mm 的,采用环氧树脂材料进行封闭;裂缝宽度大于 0.15mm 的,采用压力注浆方法进行处理。其中修补裂缝的碳纤维布,单层单位面积碳纤维不低于 200g/m^2。

3.2 碳纤维布加固

碳纤维布计算时，受压区高度 x 不宜大于 $0.8\xi_b h_0$，其中界限相对受压区高度 ξ_b 按现行规范规定计算取定，且加固后吊车梁受弯承载力的提高不宜超过 40%。

(1)对 0.15mm≤裂缝宽度≤0.40mm 的吊车梁进行裂缝修补，加固简图如图 2 所示。

吊车梁翼缘板损伤处的，加固如图 3 所示。

端部斜裂缝处的加固如图 4 所示。

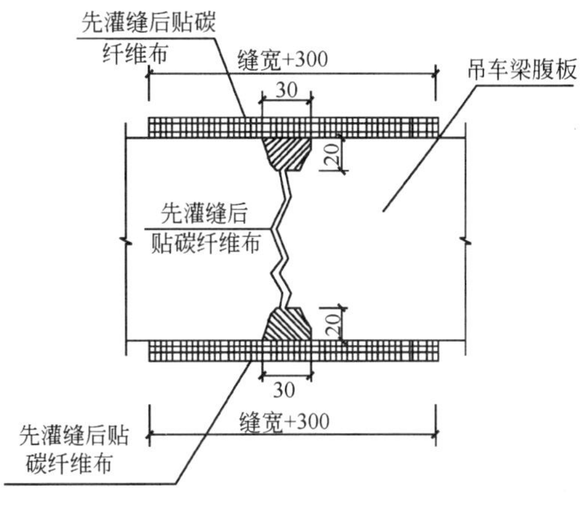

图 2 裂缝修补后加固示意

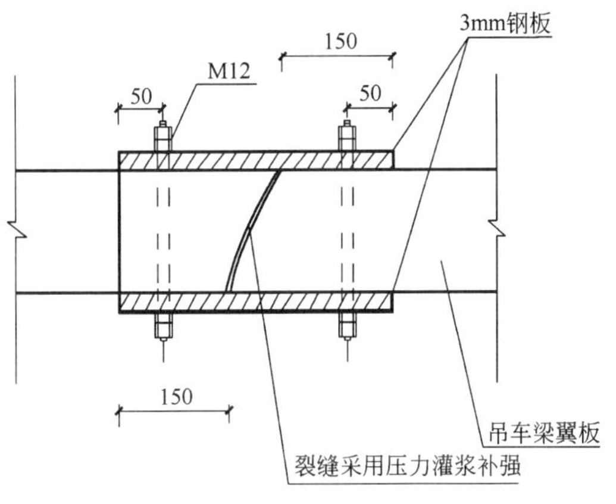

图 3 翼缘板加固示意

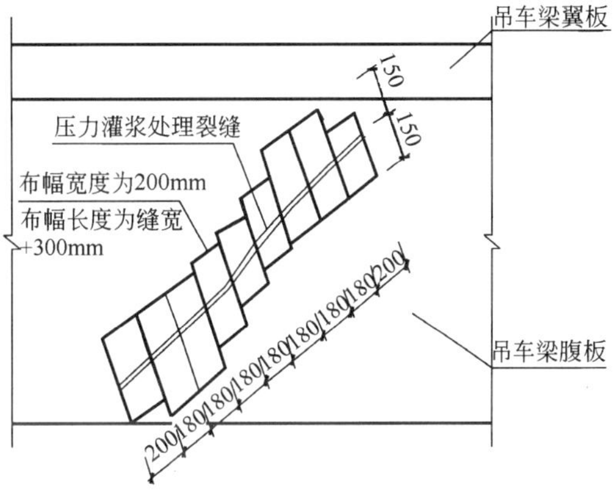

图 4 吊车梁上斜裂缝修补示意

碳纤维布加固吊车梁如图 5 所示。

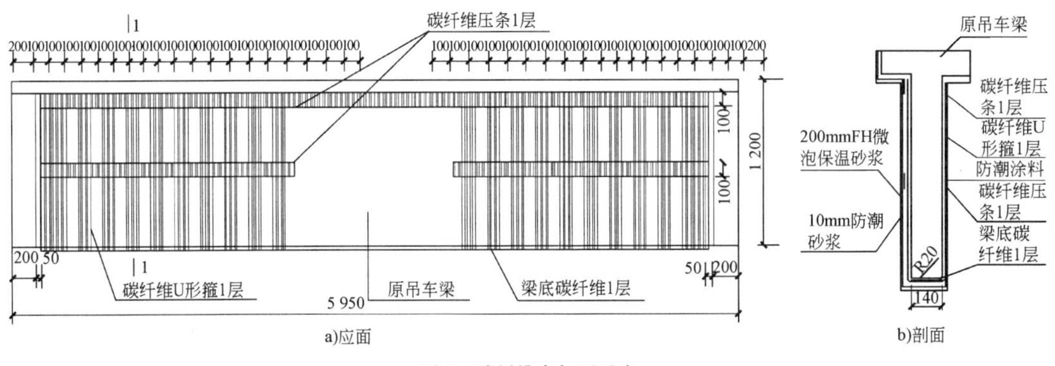

图 5 碳纤维布加固示意

(2)裂缝宽度大于 0.40mm，或出现斜向裂缝及翼板存在裂缝的吊车梁，采取更换吊车梁的方案。

3.3 碳纤维布加固吊车梁后的抗剪复核

预应力混凝土梁被加固后，抗剪承载力可取原预应力混凝土梁的抗剪承载力与加固用横向碳纤维布的抗剪承载力之和，即：

$$V_b \leqslant V_{pc} + V_{ef}$$

式中：V_b——梁的剪力设计值；

V_{pc}——未加固的预应力混凝土梁的抗剪承载力，按规范计算确定；

V_{ef}——横向碳纤维片材的抗剪承载力，按《碳纤维片材加固混凝土结构技术规程》(CECS 146:2003)计算确定。

4 施工要点

(1)将吊车梁表面清理、打磨、修复平整，对表面破损、露筋处，应铲除粉刷层，清理松动部位，用高效洗涤剂清洗、压缩空气吹扫后，采用环氧水泥砂浆补强，注意不应留有棱角。

(2)裂缝处理应根据裂缝大小，分别采用注射法、压力注浆法，按产品说明书的规定，严格执行。

(3)碳纤维布的主要性能指标需满足表3的要求。加固用的碳纤维布，单层单位面积碳纤维不应低于300g/m²。施工时，严格按《碳纤维片材加固混凝土结构技术规程》(CECS 146:2003)的有关条文进行。

表3 碳纤维布的主要性能指标

性　能	碳纤维布
抗拉强度标准值 f_{tk}(MPa)	≥3000
弹性模量 E_f(MPa)	$\geqslant 2.1 \times 10^5$
伸长率(%)	≥1.4

5 结语

采用粘贴碳纤维布法，对混凝土吊车梁进行裂缝修补及补强加固，效果显著，具有较好的适应性。

参考文献

[1] GBJ 144—90 工业厂房可靠性鉴定标准[S].

[2] GB 50367—2006 混凝土结构加固设计规范[S].

[3] 左成平，左明汉. 混凝土结构黏结加固设计与算例[M]. 北京：中国建筑工业出版社，2007.

[4] GB/T 50344—2004 建筑结构检测技术标准[S].

[5] CECS 146:2003 碳纤维片材加固混凝土结构技术规程[S].

高强度钢纤维混凝土在工程中的应用

黄延铮,邹建宏,张和振,刘　伟

中国建筑第七工程局有限公司

高强钢纤维混凝土以其优异的抗剪、抗弯、抗扭、抗裂、抗疲劳等性能,在工程中应用越来越广泛。某工程为单层钢筋混凝土半地下结构,其墙体与顶板均采用CF60高强钢纤维混凝土结构,墙体与顶板厚30cm,设计要求结构主体具有高度抗冲击性能,施工过程比较繁杂,主要存在以下施工难点:

(1)钢纤维混凝土中钢纤维的掺量较普通路政工程中的钢纤维混凝土掺量高4倍左右,在搅拌中易成团。

(2)墙体及顶板均为双排筋,拉筋多且间距小,难以振捣。

(3)墙、顶板混凝土需一次性浇筑成型,不得留施工缝,而现场顶板与地面落差大,加之顶板形状不规则,混凝土运输不方便。

(4)需要浇筑的混凝土方量相对较小,但可操作空间小,浇筑时间容易拖长。

1　选材

(1)水泥　选用P·O 42.5级普通硅酸盐水泥。

(2)细集料　选用质地坚硬、级配良好的中粗河砂,细度模数不低于2.6,含泥量不大于1.5%。

(3)粗集料　选用质地坚硬、粒径5～15mm、连续级配、不带尖锐角的碎石,本碎石须由5～40mm连续级配碎石经专用破碎机二次破碎后形成。

(4)钢纤维　标称长度30mm,长径比为50的哑铃型钢纤维,其抗拉强度不低于700MPa。

(5)掺和料　采用Ⅰ级粉煤灰。

(6)外加剂　选用FDN-5缓凝高效减水剂。

(7)水　选用可饮用的洁净水。

2　搅拌

(1)混凝土搅拌机　采用功率较大的JZ500型水平双轴型强制式搅拌机,搅拌时一次搅拌量不大于其额定搅拌量的80%。

(2)配合比　须严格控制水胶比0.33、混凝土坍落度30～50mm。坍落度太小无法振捣,坍落度太大则钢纤维在振捣中会自动下沉到底部,严重影响钢纤维混凝土的性能。

(3)投料顺序　采用二次投料、先干拌后湿拌的方法,即先投碎石、中粗砂,钢纤维,干拌约

[作者简介] 黄延铮,中国建筑第七工程局有限公司高级工程师

60s 后，再投水泥、粉煤灰、水、FDN-5 进行二次搅拌约 90s。钢纤维应在粗、细集料投放中均匀分层分遍撒铺。为保证钢纤维投料时间，粗、细集料投放采用人工进行，必要时可采用钢纤维分散机布料，钢纤维混凝土的搅拌时间可较普通混凝土规定的搅拌时间延长 1～2min。

(4)投料允许偏差　人工投料时须车车进行过磅，偏差采用质量比，钢纤维±2%，水泥±2%，粗细集料±3%，掺和料±2%，水±1%，外加剂±2%。

3　混凝土运输

本工程单体工程量较小，且周边地势复杂，故水平运输采用混凝土推斗车，垂直运输采用电葫芦吊机。在运送混凝土时，须尽量缩短运送的时间和距离，以免运输中振动使钢纤维下沉，影响拌和料的均匀性，同时要防止钢纤维受污染，运输的最长时间以试验提供的水泥初凝时间并给予施工留有足够的操作时间为限。

4　混凝土浇筑

本工程采用墙、顶板一次性浇筑，中间不得预留施工缝，因此，合理的浇筑顺序是保证本工程高强度钢纤维混凝土施工质量的又一关键点，综合考虑混凝土初凝时间、行车路线、人员调度等各因素后制定了以下浇筑顺序(见图 1)。先浇筑墙体，分 3 层完成，按双箭头环向进行，第 1 层浇筑高度约为 50cm，第 2 层浇筑高度约为 80cm，第 3 层直接浇筑到板面位置，从而顺延进行左、右两个小房间的板面浇筑，浇筑线路按粗箭线进行，然后从四周向中间收拢，完成细单线箭头区拱顶及板面的浇筑。

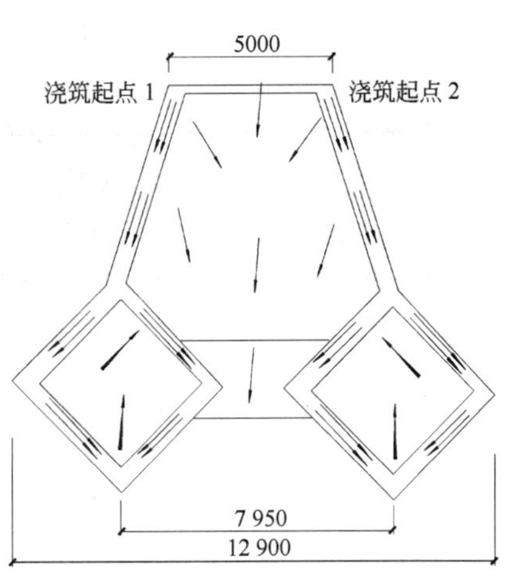

图 1　混凝土浇筑顺序

因水泥用量多且掺加了 I 级粉煤灰、缓凝高效减水剂，水化热高，施工中极易出现混凝土内部小气泡，混凝土构件内、外温差超过 25℃，造成温度裂缝，因此，要采取相应措施解决。

(1)钢纤维混凝土的浇筑应保证连续性，浇筑施工过程不得中断。拌和料从搅拌机卸出到浇筑完毕所用时间不得多于 20min。

(2)每个投料点至少有 2 台高频插入式振捣棒一前一后连续振捣，前一台振捣棒主要负责下料、摊料及初步振实，后一台振捣棒负责二次振捣密实。

(3)混凝土采用分层循环浇筑振捣，每层浇筑厚度控制在 50cm 左右，一次浇筑高度不得超过 1m，下一层与上一层浇筑的时间间隔不得超过 60min。

(4)洞口处混凝土浇筑时，使预留洞口两侧混凝土高度大体一致，应尽量缩短，并应在前层混凝土凝结之前，将次层混凝土浇筑完毕。

(5)浇筑混凝土时应经常观察模板、钢筋、预留孔洞、预埋件和插筋等有无移动、变形或堵塞情况，发现问题应立即停止浇筑，并应在已浇筑的混凝土凝结前修正完好。

(6)混凝土运输、浇筑及间歇的全部时间不能超过混凝土的初凝时间。

5　混凝土振捣

与普通混凝土相比，振捣在本工程施工中占着更为重要的作用，直接影响钢纤维混凝土的整体性和致密性。在振捣过程中应避免因振捣方法不当而产生的对钢纤维分布和取向不利的影响。对于流态的混凝土可以采用振捣棒振捣，因为振捣棒拔除后不会产生纤维的“空洞”，对于干硬性或半干硬性钢纤维混凝土则不可用振捣棒振捣，因为振捣棒拔除后有可能会产生纤维的“空洞”。因此，应特别注意以下振捣要点。

(1)使用插入式振捣器应快插慢拔，插点要均匀排列，逐点移动，按顺序进行，不得遗漏，做到均匀振实。移动间距不大于振捣棒作用半径的 1.5 倍(一般为 30～40cm)。

(2)混凝土分层浇筑时，每层混凝土厚度不超过振捣棒长的 1.25 倍，在振捣上一层时应插入下层 5cm，以消除两层间的接缝，同时在振捣上层混凝土时，要在下层混凝土初凝之前进行。

(3)每插一点要掌握好振捣时间，过短不宜捣实，过长可能引起混凝土产生离析现象，一般振捣时间为 20～30s。

(4)振捣器使用时，振捣器距离模板不应大于振捣器作用半径 0.5 倍，并不能紧靠模板振捣，且尽量避免碰撞钢筋、预埋件等。

(5)表面振捣器在每个位置要振捣一定时间，正常情况下为 25～40s，但以混凝土面出浆液为准，移动时要成排依次前进，前后位置和排与排间相互搭接 3～5cm，防止漏浆。

(6)振捣斜面混凝土时要由低处逐渐往高处移动，以保证混凝土振实。

6 施工中钢筋、模板保护

(1)派专人值班看护钢筋、模板，做到浇筑点移到哪儿，钢筋工、模板工跟到哪儿，发现问题及时处理。

(2)在拱顶钢筋骨架上铺设踏板并用马凳架空，如出现钢筋错位或保护层损坏等问题，及时重新绑扎或焊接。

(3)为保证模板板面清洁，在斗车运行路线及到料浇筑点范围内铺盖雨布，并及时清理，及时转移。对因为振捣而导致模板松动或临时发现的小孔洞、板缝等，及时做加固处理。

7 表面处理

结构的浇筑振捣应避免钢纤维露出构件表面，由于高强度钢纤维混凝土的钢纤维体积率大，表面处理不容易，所以处理一定要及时并要求振捣到位。用附着式振捣器振捣的模板，可迫使钢纤维离开模板，有效地防止钢纤维外露。

8 养护

钢纤维混凝土的养护可采用与普通混凝土相同的方法。由于钢纤维混凝土早期强度较高应加强早期湿养护并保持一定的养护温度。对于高强度钢纤维混凝土养护时间应不少于 14d，表面应覆盖吸水性强的编织物以保证养护效果。

参 考 文 献

[1] CECS 38:2004 纤维混凝土结构技术规程[S].

钢纤维混凝土技术应用与评价❶

任岳良[1]，贾立彬[1]，张维溪[2]

1. 北京城建三建设集团有限公司；2. 天津市思腾纤维科技开发有限公司

钢纤维混凝土地面，就是将钢纤维均匀地分散于基体混凝土中，并通过分散的钢纤维，减小因荷载在基体混凝土引起的细裂缝端部的应力集中，从而控制混凝土裂缝的扩展，提高整个复合材料的抗裂性。同时，由于混凝土与钢纤维接触界面之间有很大的界面黏结力，因而可将外力传到抗拉强度大、延伸率高的纤维上面，使钢纤维混凝土作为一个均匀的整体抵抗外力作用，显著提高混凝土原有的抗拉、抗弯强度和断裂延伸率，特别是提高混凝土的韧性和抗冲击性。

1　钢纤维技术性能

1.1　钢纤维的类型及特征参数

钢纤维按材质分，有普通碳钢钢纤维和不锈钢钢纤维，其中以普通钢钢纤维用量居多；按外形分，有长直形、压痕形、波浪形、弯钩形、大头形及扭曲形；按截面形状分，有圆形、矩形、月牙形及不规则形；按生产工艺分，有切断型、剪切型、铣削型及熔抽型；按施工用途分，有浇筑用钢纤维和喷射用钢纤维。

1.2　钢纤维的主要性能

钢纤维的主要性能包括抗拉强度与黏结强度。试验表明，由于普通钢纤维混凝土主要是因钢纤维拔出而破坏，并不是因钢纤维拉断而破坏，因此钢纤维的抗拉强度一般能满足使用要求，而其与混凝土基体界面的黏结强度是影响钢纤维混凝土性能的主要因素。黏结强度除与基体的性能有关外，就钢纤维本身而言，与钢纤维的外形和截面形状有关。

1.3　钢纤维几何参数参考范围(见表1)

表1　钢纤维几何参数参考范围

钢纤维混凝土工程类别	长度(mm)	直径或等效直径(mm)	长　径　比
一般浇筑钢纤维混凝土	20～60	0.3～0.9	30～80
钢纤维喷射混凝土	20～35	0.3～0.8	30～80
钢纤维混凝土抗震框架节点	35～60	0.3～0.9	50～80
钢纤维混凝土铁路轨枕	30～35	0.3～0.6	50～70
层布式钢纤维混凝土复合路面	30～120	0.3～1.2	60～100

[作者简介] 任岳良，北京城建三建设集团有限公司工程师

❶本文享受天津市科学委员会科技型中小企业技术创新基金支持，合同编号：09ZXCXGX14200，项目(课题)：胶黏联排钢纤维。

1.4 钢纤维的进场检验项目

包括长度、直径、长径比、抗拉强度、弯曲性能(必须符合设计要求)。

2 钢纤维混凝土与普通混凝土配合比设计及抗压强度比较

2.1 同时期普通 C25 混凝土配合比设计(见表 2)

表 2 同时期普通 C25 混凝土配合比设计

强度等级	C25	水胶比	0.48	水灰比	0.50	砂率	44%
用量(kg/m^3)	水泥	水	砂	石	外加剂	掺和料	坍落度(mm)
	285	173	825	1050	11.4	71	140～160

2.2 掺钢纤维 C25 混凝土配合比设计(见表 3)

表 3 掺钢纤维 C25 混凝土配合比设计

强度等级	C25	水胶比	0.51	水灰比	0.53	砂率	44%	钢纤维掺量
用量(kg/m^3)	水泥	水	砂	石	外加剂	掺和料	坍落度(mm)	
	302	173	800	1018	12.1	75	140±20	20kg/m^3

2.3 掺钢纤维 C25 混凝土与同时期普通 C25 混凝土配合比设计比较(见表 4)

表 4 掺钢纤维 C25 混凝土与同时期普通 C25 混凝土配合比设计比较

水泥用量(%)	水灰比(%)	坍落度(mm)
+6	−3	−20

2.4 同时期普通 C25 混凝土抗压强度统计(见表 5)

表 5 同时期普通 C25 混凝土抗压强度统计(单位:MPa)

名称	抗 压 强 度									均值	方差
普通	38.2	35	33.9	36.3	37.7	34	32.5	34.9	37.6	35.57	3.51

2.5 掺钢纤维 C25 混凝土抗压强度统计(见表 6)

表 6 掺钢纤维 C25 混凝土抗压强度统计(单位:MPa)

名称	抗 压 强 度										均值	方差
钢纤维	44.8	43.8	43.3	42.1	42.9	42.5	42.8	43.9	42.8	41.9	43.08	0.71

2.6 掺钢纤维 C25 混凝土与同时期普通 C25 混凝土强度比较(见图 1)

通过试验数据及现场施工情况可以看出,混凝土中掺入钢纤维后,混凝土的物理力学性能得到了明显改善,抗压强度比普通混凝土有了一定提高;另外,抗拉及抗弯强度也大幅提高。

对于现场混凝土，则提高了混凝土的早期抗裂强度，减少了早期裂缝的产生；由于掺入了钢纤维，还提高了混凝土表面强度，增加了混凝土密实性，极大地提高了混凝土的耐久性。

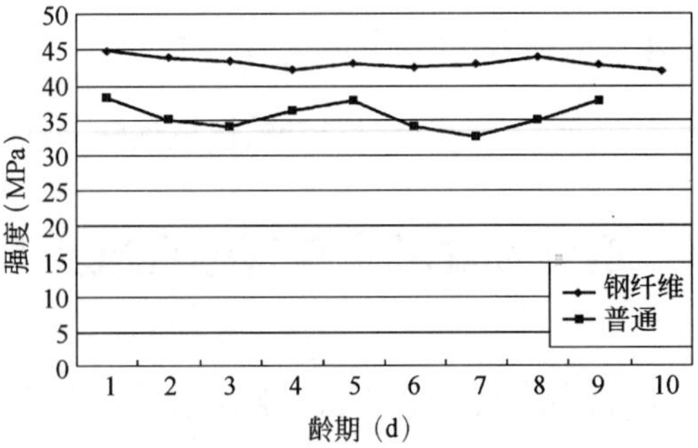

图 1 掺钢纤维 C25 混凝土与同时期普通 C25 混凝土强度比较曲线

3 工程实例及施工技术

3.1 工程概况

某工程建筑功能为汽车配件生产车间，地面做法为：素土回填，夯实系数不小于 0.94；250mm 厚天然级配碎石碾实；200mm 厚钢纤维 C25 混凝土地面（钢纤维长径比 65，用水溶性胶水黏结成排，两端带钩，钢纤维抗拉强度大于 1000MPa，掺量 20kg/m^3）；2～3mm 厚金属耐磨地面。

3.2 施工方法

3.2.1 200mm 厚钢纤维混凝土施工

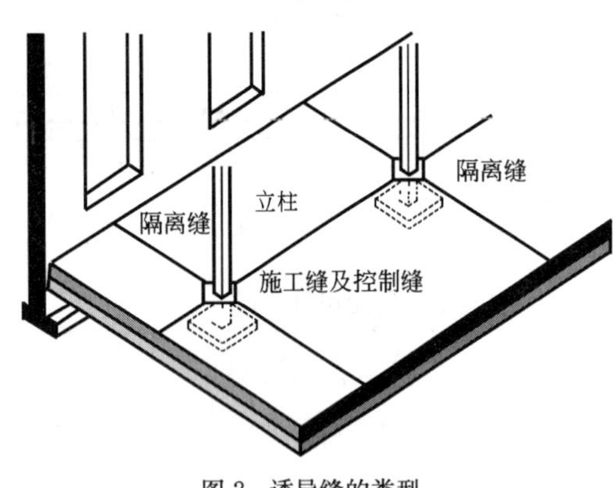

图 2 诱导缝的类型

200mm 厚钢纤维地面的侧面模板采用木质多层板模板，将模板清理干净，模板支设位置比诱导缝（见图 2）处大 3～5cm，待耐磨地面面层施工完成后采用切割机将多余混凝土切除。

采用商品混凝土汽车泵浇筑。混凝土的浇筑根据施工分段跳仓组织施工，混凝土一次浇筑至标高，局部未达到标高处利用混凝土料补齐并振捣，采用振捣棒振捣，并用木抹子搓平，铁抹子配带 2m 铝杠刮平压光。混凝土刮平后水泥浆浮出表面 4mm 厚。混凝土的每日浇筑量为 200m^3。

浇筑混凝土前，在柱四周及墙边采用水泥砂浆粘贴高密度聚乙烯板（厚度 2cm，高度为混凝土面层以下 1cm）的方法留设施工缝（见图 3）。

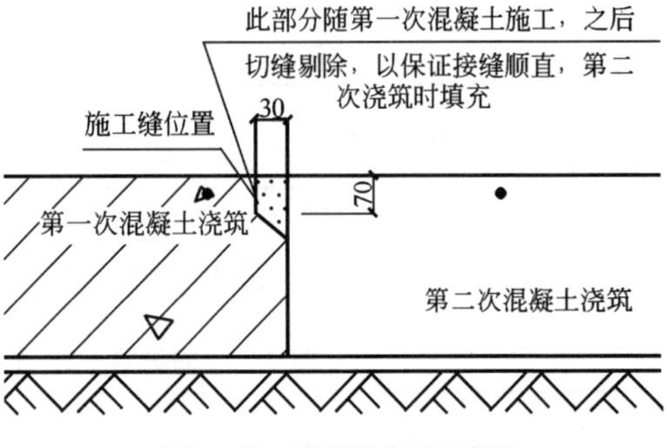

图 3 施工缝留设位置示意图

3.2.2 耐磨地面施工

用圆盘机械均匀地将混凝土表面浮浆层破坏掉，作业阶段施工人员穿平底胶鞋进入，后期作业阶段穿防水纸质鞋进入。

（1）第 1 次撒布耐磨材料及抹平、磨光。模板边线 100mm 范围内水分消失较快，优先撒布施工，防止因失水而降低效果。第 1 次撒布量是全部用量的 2/3，拌和物均匀落下，撒布后即以木抹子抹平。耐磨材料吸收一定的水分变暗后，再用直径 1m 的电镘碾磨 1～2 次，磨压后的集料与基层混凝土浆结合在一起。

（2）第 2 次撒布耐磨材料及抹平、磨光。第 2 次撒布时，先用靠尺或水平尺检测其平整度，将其不平处进行找平，然后开始撒布第2次耐磨材料，第2次撒布方向与第1次垂直。第2次撒布量为全部用量的1/3，撒布后立即抹平，磨光，将电鳗圆盘更换四片式抹片，重复电鳗作业2次。电鳗作业时纵横向交错进行，均匀有序，防止材料聚集。边角处用铁抹子人工收光。

(3)待面层具有足够的强度后，将机械圆盘卸下并进行地面收光。初磨之后，调整磨光机转速及抹片角度，进行精磨，磨光机进行纵横交错4次磨光，直至表面光亮后停止。精磨完成后的地面表面致密、颜色一致。

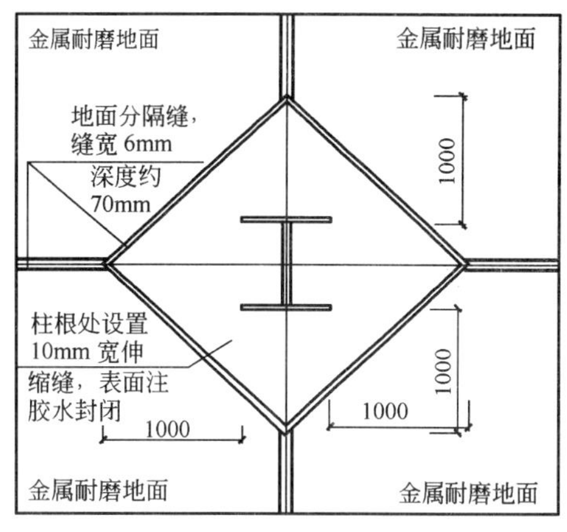

图4 菱形分隔缝留置示意图

3.2.3 切缝、注胶

在混凝土强度上升足够前不会锯崩混凝土边角，通常在养护混凝土24h左右时切缝，切缝深度为基层厚度的1/3，即70mm，切缝宽度6mm。切缝处干燥后，填注密封胶。在柱子根部距离柱1m处切菱形缝(见图4)。

3.3 施工质量通病原因分析

地面裂缝形式、原因分析及处理措施如表7所示。

表7 地面裂缝形式、原因分析及处理措施

裂缝形式	应力裂缝	沉降裂缝	接茬裂缝
裂缝原因分析	跳仓施工时，凡留有阴角处，因应力特别集中，产生裂缝(见图5)	①进搅拌车、泵车的通道，因二次铺石子没有用振动碾碾压，石子不密实； ②车道地面来回走车，局部承载力远高于未走车路面，形成裂缝(见图5)	混凝土接茬没有剔凿、没有清理，形成接茬裂缝
处理措施	注结构胶	注结构胶	注结构胶

4 钢纤维混凝土与同时期普通混凝土经济效益比较

假设将钢纤维地面变更为配置ϕ10@150双层双向钢筋，300mm厚C25混凝土地面，取1m^{2}地面进行计算，钢筋费用如下：所需钢筋吨数为[(7+1)×2]根×1.4m/根×0.617kg/m×2=0.0276t，以ϕ10市场价3150元/t计，钢筋费用为0.0276t×3150元/t=87元。

而实际发生的钢纤维费用为20kg/m^3×0.3m^3/1000×12000元/t=72元，掺钢纤维混凝土给搅拌站补助费用为10元/m^3。

综上，钢纤维混凝土地面比钢筋混凝土地面节约费用：(87−72−10)元/m^3=5元/m^3。

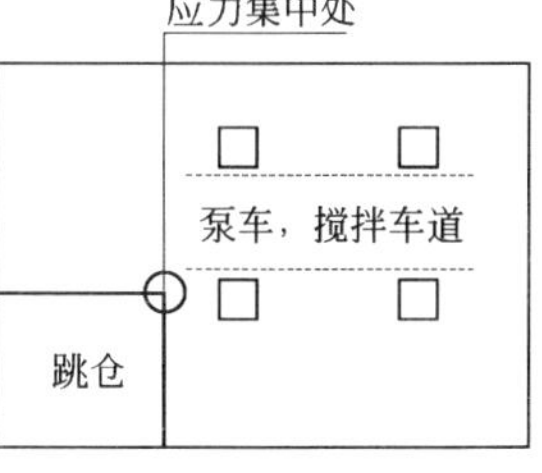

图5 裂缝位置

5 钢纤维混凝土与普通混凝土社会效益比较

(1)钢纤维由5.5或者6.5盘条钢丝直接冷拔，中间不经过热处理，对环境污染基本为零，而且属于低碳钢丝，符合建设部推广的节能政策。

(2)钢纤维生产工艺简单,可以提高劳动生产率,减少劳动力投入。

(3)施工简单,工期快,可以减少对环境的污染。

(4)返修率极低,社会影响较好。

6 结语

(1)钢纤维混凝土的优越性能及其在耐磨地面的应用表明,钢纤维混凝土不但可以解决钢筋混凝土难以解决的裂缝、耐久性等问题,而且可以大幅度降低造价。因此,钢纤维混凝土在耐磨地面工程中具有广阔的应用前景。

(2)目前,钢纤维混凝土在应用中存在的主要问题是,钢纤维生产成本较高,造成钢纤维混凝土初始造价较高。为了使钢纤维混凝土得到广泛应用,一方面,应努力降低钢纤维生产成本从而降低钢纤维混凝土的造价;另一方面,在应用时,不应只计算一次性投资,而应考虑钢纤维混凝土的优越使用性能、较低的维修费和使用寿命延长等综合经济效益。

参 考 文 献

[1] YB/T 151—1999 混凝土用钢纤维[S].

[2] JG/T 3064—2003 钢纤维混凝土[S].

[3] CECS 13:89 钢纤维混凝土试验方法[S].

[4] CECS 38:2004 纤维混凝土结构技术规程[S].

地震模拟三台阵振动台大体积混凝土基础控温抗裂施工技术

陈　旗

福建省九龙建设集团有限公司

福建省海峡两岸抗震减灾工程研究中心，位于福州大学新校区内，总建筑面积 5670m²。其中的地震模拟三台阵系统包括三个振动台，中间一台为固定的 4m×4m 水平双向振动台，两边为 2.5m×2.5m 可移动水平双向振动台各一台。主要用于各类建筑结构、道路桥梁和城市管线的整体抗震性能研究。通过对研究对象的地震模拟试验，模拟出各种形式的地震波，以真实再现各类结构在地震作用下的破坏机理，为原型结构的动力特性研究和抗震措施验证提供试验手段。

通过振动台基础的动力反应分析，综合三台阵系统设备的各项参数，振动台基础设计成 30m×10m，基础埋深 5.5m。混凝土浇筑总量 1500m³，振动台基础质量为三台阵系统设备及允许最大试件质量的 60 倍(图 1)。该质量比能够减少基础的振幅，保证振动台基础运行的可靠性。振动台的 6 个加振器传递激振力时，在 X 方向的最大推力为 1155kN，在 Y 方向的最大推力为 1080kN，使振动台基础承受很大的动力荷载。如果基础大体积混凝土出现裂缝，特别是在加振器锚固部位出现裂缝，可能造成连接不牢，破坏振动台基础的整体性，进而影响系统的正常运行。因此，必须采取针对性地控温抗裂措施，避免基础大体积混凝土的有害裂缝。

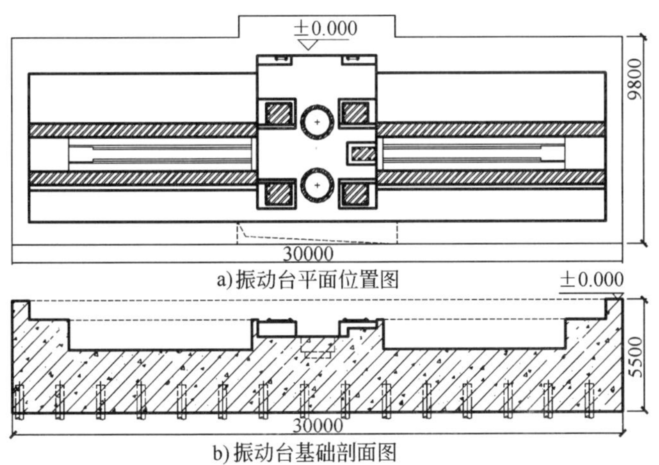

图 1　振动台基础示意(尺寸单位：mm)

[作者简介] 陈　旗，福建省九龙建设集团有限公司

1 大体积混凝土裂缝成因分析

大体积混凝土早期强度低，对水化热温升引起的变形约束小，温度应力自然也小。随着混凝土龄期的增长，弹性模量和强度相应提高，产生很大的温度应力，对混凝土降温收缩变形的约束也随之增强。当混凝土的抗拉强度不足以抵抗该温度应力时，便会产生温度裂缝。浇筑温度也和环境密切相关，温差越大，混凝土的温度梯度和温度应力越大。

2 振动台基础大体积混凝土抗裂措施

通过精选材料、优化配合比设计、增加抗裂筋等具体措施来削减混凝土内部温升峰值，控制混凝土内外温差及收缩阶段的降温速度，最大限度消除混凝土内部应力集中现象。

2.1 材料选择与配合比设计

混凝土原材料的选择和配合比的确定，对大体积混凝土控温抗裂至关重要。在保证振动台基础混凝土强度的前提下，水泥用量仅为 312kg/m^3。适量粉煤灰取代部分水泥，以改善混凝土的和易性，降低混凝土的水化热温升。

(1)水泥　选中低水化热的 42.5 级普通硅酸盐水泥，水泥中铝酸三钙的发热量速度最快，其含量应适当控制。

(2)砂　采用质地坚硬、级配良好的中、粗砂。

(3)石子　采用 5～31.5mm 粒径的自然连续级配碎石，能使混凝土的收缩和泌水减少，并具有较好的和易性和较高的抗压强度。

(4)外掺剂　掺 8%的 UEA 微膨胀剂替换水泥，使混凝土产生微量前期膨胀。

混凝土的压应力、钢筋的拉应力和微膨胀剂化学反应的共同作用，在结构内部产生类似预应力混凝土效果的预压应力，部分抵消混凝土硬化过程中产生的收缩应力。

考虑强度、耐久性及动力基础的特性，经过配合比强度试验，确定水灰比为 0.53，砂率 0.41，初始坍落度为(120±20)mm，初凝时间不小于 6h。基础配合质量比见表 1。

表 1　混凝土配合比

材料用量 (kg/m^3)	水	水泥	砂	石	粉煤灰	泵送缓凝减水剂等	微膨胀剂
	190	312	749	1077	47	5.4	25

2.2 施工工艺措施

在振动台截面变化大、各转角处、表层混凝土及周边应力集中的薄弱部位，按设计要求增加抗裂筋。沿侧边满布直径 8mm、间距 100mm×100mm 的钢筋网片，来提高抗拉强度和控制裂缝。

振动台基础分四次浇筑，最厚为 1.76m。采用斜面分层连续浇筑，厚度不超过 400mm，在下层混凝土初凝前应被上层混凝土所覆盖。振捣时应从下端开始，逐渐上移，插点均匀、连续；振捣棒快插慢拔，振捣时间应控制在 15s 左右。适时对混凝土进行二次振捣，增加混凝土的密实度，消除塑性裂缝，提高混凝土的抗压强度。表面增加碾压、平整和收光次数，以消除混凝土表面的干缩裂缝。

3 振动台基础大体积混凝土的温度监控

对振动台基础大体积混凝土内部的温度变化、环境温度、混凝土入模温度进行跟踪监测，以所监测温度为依据，选择适宜的控温抗裂措施，来减缓温度升降和混凝土收缩速率，使累积总拉应力小于同龄期的混凝土抗拉强度。

3.1 出机温度

在商品混凝土供应站协助下，通过控制材料温度来降低出机温度：出厂水泥冷却7d以上；采取遮阳等具体措施来降低砂、石温度；搅拌时可加入冰屑来控制水温。

3.2 入模温度

施工前后施工现场的平均气温预计为19.6℃，且在室内施工，昼夜温差变化更小，最高浇筑温度控制在21.5℃以下。

3.3 浇筑后的温度监测

(1)温度监测　在混凝土内部埋设8组测温点，每组布置上、中、下3个温度传感器。通过数据采集与处理，利用微机监控混凝土内部温度变化情况。系统巡检周期设为30s，使终端的显示温度与混凝土内部温度同步变化。

(2)通水冷却降温　振动台基础混凝土浇筑前，布置2道环形薄壁钢管，管径为40mm，水平间距900mm，使用前应整体固定，并压力试水以防接头漏水。混凝土浇筑到水管高度后开始通水，现场设置循环调温水箱，通过阀门来调节冷热水的比例，控制进出水温及流量。实际通水流量控制在30L/min，冷却管进出水温控制在7℃左右。浇筑后第12d，停止通水并灌浆封堵(图2)。

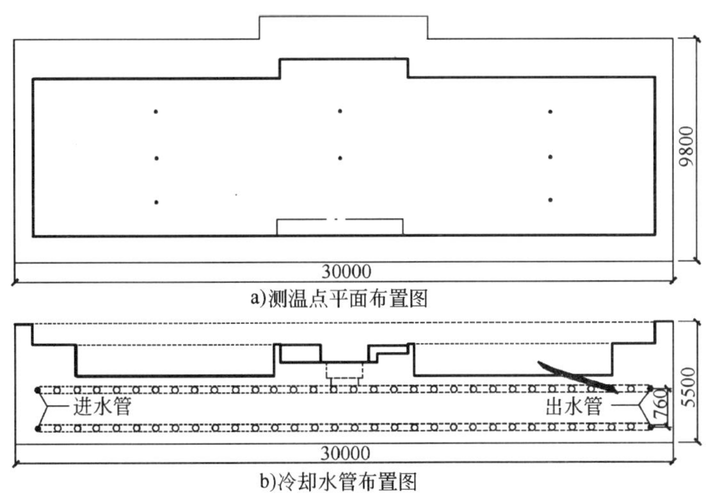

图2　冷却管与1.76m层测温点示意(尺寸单位：mm)

(3)温度升降曲线分析　分析图3温度曲线可知，混凝土浇筑后第3d，内部温度达到最高50.1℃，内部最高温峰值比理论计算偏低约5.6℃，可见冷却管起到削减内部温峰值作用。之后温度缓慢下降，说明水化热已大部分完成。第4d后温度开始降低，降温幅度小，降温过程平稳，各测温点最大温差为20.6℃。下部曲线温度变化平缓稳定，上部曲线温度变化波动较大，温升最快，最先达到峰值，降温也快，可见混凝土的温度变化，受外界环境温度变化的干扰和养护条件的影响。

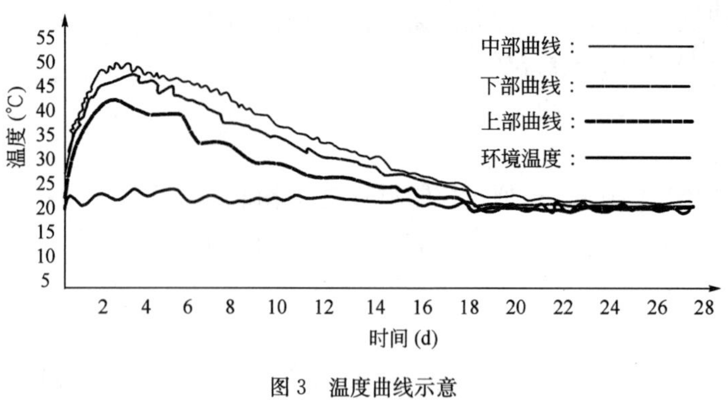

图3 温度曲线示意

4 振动台基础大体积混凝土的养护

在振动台基础大体积混凝土表面，覆盖1层塑料薄膜保湿，覆盖2层草袋保温。在终凝后6h内蓄水80～100mm，并至少保持8d。一方面能保证混凝土有适宜的温湿条件，免受不利温、湿变化影响，有效缩减混凝土的内外温差；另一方面可使水泥水化继续进行，以达到设计强度和提高抗裂能力。

5 结语

振动台大体积混凝土基础要满足整体性、稳定性和变形性要求，严格控制大体积混凝土的有害裂缝将是关键。内降外保为主的控温系列措施，达到了抗裂的目的。经过严格的检测，未发现不良裂缝。振动台大体积混凝土基础的施工质量，得到振动台设备供应方和使用单位的认可；振动台基础投入使用后，振动台各项设备运行正常。

参 考 文 献

[1] 王燕华. 地震模拟振动台的发展[J]. 工程抗震与加固改造，2007(5).

[2] 王铁梦. 工程结构裂缝控制[M]. 北京：中国建筑工业出版社，1997.

[3] 江正荣. 建筑施工手册[M]. 北京：中国建筑工业出版社，2007.

[4] 江昔平. 大体积混凝土施工的有关问题[J]. 混凝土，2009(1).

[5] 李汉. 探讨大体积混凝土优化时应注意的一些关键问题[J]. 施工技术，2003(4).

混凝土综合抗裂法

张冬原，姚志玉

河北建设集团有限公司混凝土分公司

随着建筑市场的不断扩展，建筑施工技术的不断改进，混凝土工程的裂缝问题一直困扰着人们，而且混凝土裂缝对工程质量也是一个缺陷。在消费者日益重视建筑物的外观及使用功能的今天，裂缝问题已成为急需解决的首要问题。

1 裂缝产生的原因

1.1 混凝土材料裂缝产生的原因

受约束的混凝土，当温度、混凝土收缩等因素所产生的拉应力大于混凝土极限抗拉强度时，混凝土就被拉裂而产生裂缝。

1.2 混凝土的收缩

混凝土的收缩包括：混凝土自收缩和混凝土干缩。混凝土自收缩主要是指在外界绝湿条件下混凝土的收缩，混凝土的干缩是在混凝土毛细孔中多余水的蒸发所导致混凝土体积的缩小。那么，造成这些收缩的主要原因包括以下几方面：①水泥对混凝土收缩的影响；②外加剂对混凝土收缩的影响；③混凝土硬化前的收缩。

混凝土的裂缝大多在混凝土硬化前，其表面已形成细小的未贯穿裂缝，只不过因裂缝宽度很小，不容易察觉。由于这些细小裂缝的存在，当混凝土收缩时，裂缝尖端处产生应力集中，轻而易举使裂缝扩展而贯穿。

1.3 材料方面

现代研究认为：混凝土收缩包括化学减缩、自收缩、塑性收缩与干燥收缩，混凝土中各种材料对收缩影响如下：

(1)水泥　水泥的品种、细度、强度等级都会对混凝土产生影响。在单方水泥用量一定的情况下，水泥中的 C_3A 和 C_3S 的含量越高、水泥越细对混凝土的抗裂越不利。

(2)水　一般单方用水量越小，混凝土的干燥收缩越小，但单方用水量太小时，混凝土内部不能形成连通的毛细孔，外界的水分难以进入，随着水化的进行，使混凝土内部出现自真空现象，使混凝土的自收缩效应明显增加，对混凝土的抗裂性能不利。

[作者简介] 张冬原，河北建设集团有限公司混凝土分公司

(3)粗细集料　集料的含泥量、泥块含量对混凝土的收缩有很大影响，由于泥块的吸水膨胀和失水收缩作用，含泥量泥块含量越高，对混凝土的收缩越不利。

(4)粉煤灰　粉煤灰的水化热远低于水泥，掺入混凝土中使得混凝土早期弹性模量降低，对混凝土抗裂有利。

(5)外加剂　不同的外加剂对降低混凝土的收缩作用是不同的，在实际工程中，应优先选用收缩率低的混凝土外加剂。

(6)膨胀剂　膨胀剂主要通过水化产生具有膨胀作用的物质，在限制条件下，膨胀能转变成预压应力，改善混凝土的内部应力状态，相当于提高了混凝土的抗拉强度，由于混凝土膨胀发生在混凝土水化的早期，此时混凝土的抗拉强度还较低，对混凝土抵抗开裂是非常有利的，同时膨胀剂的加入也推迟和减少收缩的产生。

(7)纤维　纤维掺入混凝土中，在混凝土内部形成乱向支撑体系，有效控制水泥基体收缩及离析裂缝的形成，截断并防止微裂缝的发展，避免贯通毛细孔道的形成，抑制了塑性龟裂的产生，保证了集料的均匀沉降，大大提高混凝土的防裂防水能力。

1.4　施工方面的影响及措施

1.4.1　混凝土早期振动方面的影响

混凝土施工的整个工艺都对混凝土收缩或混凝土收缩裂缝有影响，包括装模、钢筋绑扎、混凝土用料质量、配合比控制、振捣和养护等。

现在大部分工程施工工期较紧，施工单位为了赶工期，常常晚上浇完混凝土，第二天早晨就进行放线，绑扎构造柱钢筋，甚至上砖砌墙。此时混凝土刚终凝不久，强度很低，在压力和振动下，极易在混凝土内部产生较多的微裂缝，这些裂缝开始时互不连通，后来在结构应力、混凝土收缩变形和温度变形的反复作用下逐步发展连通形成可见裂缝。

1.4.2　混凝土浇水养护方面的影响

早龄期混凝土的干缩可能引起内应力和微裂缝，也可能因混凝土内部与混凝土表面的湿度差使混凝土表面龟裂或直接开裂。

《混凝土结构工程施工质量验收规范》(GB 50204—2002)规定，应在混凝土浇筑完成后12h内加以覆盖和浇水，养护达到规范要求的7d后，有条件应在14d内，每天浇水1～2次，以减少混凝土的最终收缩值。

现在很多施工单位采用刷涂养护液的方法进行养护，这样便于操作和节约费用。尤其是异形结构、梁柱及高层建筑的施工。但是值得注意的是，养护液的品质千差万别，很多养护液根本起不到封闭保水的作用，使得很多工程实体存在开裂、表层龟裂，表层强度低、碳化深度大的问题。

1.5　设计方面的影响

设计人员过分依赖规范、计算程序、标准图。结构设计规范主要解决的是结构的安全问题。规范规定是结构安全的下限，而不是优化的设计值。因此设计工作要解决的问题是，在满足规范安全要求的前提下解决适用性问题。

以混凝土的收缩裂缝为例。一般的设计文件只给出混凝土的强度等级，没有针对结构具体情况对混凝土收缩量及收缩量相匹配的后浇带设置。其次，现行的混凝土结构设计规范中没有考虑收缩应力的计算模型和计算公式。另外，混凝土收缩裂缝与现在设计的板和墙的尺寸越来越大也有关系。尺寸大则构件总的收缩量大，容易出现裂缝。还有就是泵送混凝土的使用。泵送混凝土集料粒径小，流动性大，收缩量可能相对较大。

综上所述，造成混凝土裂缝的原因是多方面的，不同过程特点不同，引起裂缝的原因和潜在因素也不完全一样，因此为解决混凝土裂缝这一质量通病，我们针对性的解决问题，其根本出发点是：

(1)混凝土具有高度体积稳定性。即具有较小的收缩，达到在约束状态下的混凝土，其极限收缩所产生的拉应力，使混凝土自身具有抵抗开裂的能力。

(2)混凝土具有较小的水化热，避免混凝土因内外温度梯度所产生的拉应力而拉裂混凝土。

(3)具有良好的耐久性，包括很强的抗渗透能力、抗氯离子渗透能力，抗硫酸盐腐蚀能力、抗碳化能力和抗冻能力等。

(4)对掺和料和外加剂进行科学的应用。在向绿色方向发展的同时，提高了混凝土产品的科技含量。

2　工程实例1:大体积混凝土施工

某工程基础为大型板式结构，底板厚3m，混凝土强度等级C35，混凝土量为8000m^3。要求一次连续浇筑。时值炎热夏季，平均气温30℃以上。如何控制大体积混凝土的裂缝是一技术难点。

2.1　裂缝控制

(1)加大粉煤灰掺量，减少水泥用量。

(2)选用缓凝引气型高效泵送剂。减少用水量，减小泌水的产生，延长混凝土凝结时间，推迟水化温峰的产生。

(3)选用低水化热的矿渣水泥。

(4)选用级配良好的集料。

(5)拌和水采用冷水，降低混凝土入模温度。

2.2　现场控制措施

(1)混凝土表面保温措施　①混凝土侧面：基础模板采用55系列组合钢模板，在模板与边坡之间搭设保温棚，上铺一层塑料布，两层毛毡；②混凝土上表面浇筑完后采用蓄水保温，水深10cm。

(2)混凝土内部降温措施　混凝土内部采用铺ϕ35mm流体管，通冷水降温。水源采用地下水，提高降温效果。流体管蛇形布置于混凝土内部。混凝土养护期间根据混凝土内部温差随时调整冷水流速。

(3)预先埋设测温线。

(4)先期浇筑的混凝土初凝后用一层塑料布两层毛毡临时覆盖，待一个圆筒仓浇筑完毕，在模板内侧及两个筒仓之间围土堰先行蓄水养护。待混凝土浇筑完毕后，用蓄水养护保持混凝土表层温度。水化温度的测定，依据《建筑施工计算手册》。

2.3 混凝土的浇筑和养护

(1)采取“分段分层、循序推进、一次到顶”的浇筑工艺,选用2台泵车、1台拖泵,保证浇筑速度>$80m^3/h$,保证每层混凝土在初凝前浇筑上层混凝土。

(2)严格振捣过程,混凝土出现过振、漏振或振捣不实都易出现裂缝。

(3)泌水及表面细小裂缝处理　①人工清除泌水并设置吸水泵;②混凝土施工完毕后应马上抹面,并覆盖塑料薄膜,防止混凝土表面水分蒸发。混凝土初凝前采取二次抹压处理,以抹掉混凝土表面浮浆。

(4)养护　①侧壁在刚模板外搭设保温棚;②混凝土初凝后开始养护工作,覆盖湿毛毡,混凝土终凝后蓄水保温养护,养护时间不少于14d。

2.4 测温

采取有效措施对混凝土内外温度进行监测,发现温度变化异常及时采取措施,使温度变化在允许的范围之内。根据实际测温结果,放热高峰出现在混凝土浇筑的第3d,最高温升65.7℃,最大温差23.7℃,符合要求。

针对大体积混凝土水化热不易散发的特点,为避免内外温差超标,采取以上一系列的措施,有效地控制了大体积混凝土易出现的裂缝。

3 工程实例2:道路混凝土

大清河特大桥位于保定至天津高速公路雄县路段,全长1805.05m。上部结构为72孔跨25m预应力混凝土空心板连续板梁,共分为五联,桥梁中心线与水流方向交角为60°。该桥于1998年建成通车,在使用过程中,该桥面铺装发生了严重的早期破坏,虽然于2001年对行车道进行了挖除重铺,但仍未杜绝桥面铺装病害的发生和发展。因此,2005年进行再次铺装工程,要求混凝土具有很好的弯拉荷载、冲击疲劳荷载以及在温湿变形等因素作用下,不易开裂破坏,防水失效。

为此桥面铺装采用C40钢纤维混凝土,同时加入膨胀剂和赛柏斯防水剂以补偿收缩和防水,由于施工处于秋季,考虑混凝土损失和凝结时间,特配制TJ-B4缓凝减水剂。

3.1 原材料的选用

(1)优选水泥、砂、石、外加剂。

(2)掺加赛柏斯防水剂　赛柏斯水泥基渗透结晶型防水材料是国家新型推广使用材料,这项技术是基于络合物从含有钙离子和铝离子的集团中选择出来的离子形成不溶性结晶体。

(3)掺加FEA膨胀剂。

(4)钢纤维种类选择　钢纤维的尺寸主要由强化特性和施工难易性决定。钢纤维过于粗、短,则钢纤维强化特性差;钢纤维过于长、细,则在搅拌时容易结团。一般较合适的钢纤维尺寸是:断面积为$0.1\sim0.4mm^2$,长度为$20\sim40mm$。

3.2 配合比的设计

混凝土设计要求:混凝土拌和物施工坍落度要求120mm,由于施工现场距离搅拌站

80km，考虑运输距离、时间和外加剂性能，试验配制坍落度为180mm；黏聚性和保水性满足施工要求；混凝土强度等级C40，配制强度≥48MPa。根据设计要求并通过大量试验，混凝土试件性能见表1。

表1　混凝土性能试验结果

试件组数	平均出场坍落度（mm）	平均施工坍落度（mm）	抗压强度平均值 m_{fc}（MPa）	抗压强度最小值 $f_{cu,min}$（MPa）	抗压强度最大值 $f_{cu,max}$（MPa）	δ_{n-1}	28d抗折强度（MPa）	28d抗渗等级	28d冲击韧性（N·m）
18	18.2	12.4	51.6	48.3	53.9	3.4	8.7	P25	18.7

3.3　施工工艺

桥面铺装施工工序为：桥面铣刨→凿除破损桥面混凝土→钢筋网安装→桥面润湿→无收缩防水钢纤维混凝土浇筑→桥面整平饰面→覆盖养护→沥青微表处理。

施工中主要采用了以下措施来保证桥面铺装层质量：

（1）铣刨、凿毛、润湿，进行桥面铺装前，桥面充分凿毛润湿清洗干净，否则容易引起桥面铺装层空鼓。

（2）延长混凝土搅拌时间。由于有钢纤维、膨胀剂、泵送剂等组分，为保证它们在混凝土中的均匀分散，搅拌时间比普通混凝土延长1～2min。

（3）尽量夜间施工以免开裂。

（4）由于路程较远，需要合理调度车辆，尽量做到不压车、不断车。

（5）由于路程较远、高速公路施工方不允许添加粉煤灰、加入了膨胀剂等组分，造成混凝土坍落度损失较大，因此合理配制效果良好的缓凝保坍外加剂。

（6）加强混凝土养护。秋天风较大，为避免塑性收缩开裂，抹面后及时采用塑料薄膜进行覆盖以防止水分蒸发，同时需要进行二次抹面处理。潮湿养护时间为10～14d。

该特大桥施工时间近一个月，浇筑混凝土2000余方，初期施工，没有二次抹面，覆盖较晚，有微裂纹出现，后经改正，顺利浇筑完工，未出现裂纹。同条件现场试块检测结果为48.3～54.9MPa，评定优良。抗渗等级、抗折强度等技术指标均高于设计值。施工完毕后15d，进行了沥青微表处理，顺利通车。该工程混凝土浇筑的圆满施工获得甲方和施工方的一致好评。

4　工程实例3：池壁混凝土

池壁混凝土和普通混凝土要求不同，在满足混凝土强度和各项使用性能的前提下首先要在试验阶段进行原理分析，然后针对性各个突破，从原材料选用、配合比设计、生产质量过程控制及施工控制进行选择和把关。

具体防裂控制措施为：

（1）优选材料　选用低水化热水泥，选用抗裂效果好的5～25mm青碎石，控制砂石料级配和含泥量等指标，选用Ⅰ级粉煤灰，选用品质优良的缓凝型复合高效泵送剂、膨胀剂。

（2）确定合理的抗渗抗冻融及防腐混凝土配合比。

（3）选用高品质引气剂，控制混凝土含气量3％～5％。

（4）池壁合理设置加强带。

(5)控制混凝土含碱量。

(6)经过计算确定混凝土防裂要求所需膨胀率,经过试验确定膨胀剂掺量,对膨胀率准确有效地进行控制。

(7)制定周密的施工养护措施　确定合理浇筑顺序,规范振捣程序,做好保温、保湿养护等施工控制工作。

5　结语

(1)造成混凝土裂缝的原因是多方面的,单纯依赖一两种防裂措施的做法是片面的,所以要制定全方位的“综合防裂措施”。即:把材料选用、配合比设置、生产质量过程控制、施工控制、振捣养护等措施形成一个综合的整体控制。

(2)不同的混凝土工程防裂要点不尽相同,本文只对相对易出现裂缝的又不易控制的大体积混凝土、一级道路工程、污水处理厂防裂、抗渗、抗冻融混凝土的施工工艺和防裂措施做简要介绍,仅供交流和参考。

(3)在一些实际应用过程中,针对工程需要,混凝土中掺加了各种不同性能的外加剂、膨胀剂、掺和料、纤维、赛柏斯防水剂等防裂材料,有的使用“四掺法”,效果良好。

(4)产生混凝土裂缝的原因不仅是以上所述,如碱集料反应、拆摸过早、承重过早、工艺欠佳、设计有误、结构存在严重薄弱环节、混凝土遭受腐蚀或重大损伤等等,具体情况需要具体分析解决,这里不再赘述。

(5)事实证明,高性能、高耐久性能的防裂混凝土创造了积极的社会效益和信誉。以大清河特大桥为例,该桥面因为老化、断裂,不到 5 年就要重新铺装一次,单幅桥面铺装费用 1000 万元,则高抗裂、高耐久性能的钢纤维混凝土,能很大程度延长桥面使用寿命,寿命每延长一年,则节约维修成本 200 万元。

现浇保温免拆模网混凝土墙体施工技术的工程应用研究

王振兴，徐亚柯，谭凤超，黄　征，范　乔

北京城建北方建设有限责任公司

“现浇保温免拆模网混凝土墙体施工技术”是在保证施工质量的前提条件下，以降低模板费用、简化模板操作为应用研究出发点。20 世纪 90 年代初，免拆模板体系在欧洲国家得到了部分应用，如比利时的“西斯摩”、法国的“帝枇网模”、意大利的“耐泰安”等体系，它们的共同点是用钢丝网夹发泡型聚苯泡沫板(类似舒乐舍板)做模板的现浇承重墙结构，但由于其高昂的造价和繁琐的工艺而无法得到大面积的推广。本文通过具体工程实践应用研究，有效地解决了免拆体系在部分领域的应用推广问题。

1　工程概况

奥运村绿色微能耗幼儿园及社区管理用房工程，总建筑面积约 3 067m^2，框架剪力墙结构(局部示意见图 1)；建筑总高 12.6m，地下 1 层，层高 4.8m，地上 3 层，局部 2 层，层高 3.8m。外墙 240mm(包括 100mm 厚挤塑保温板)，内墙 140mm，混凝土强度等级为 C40，墙体采用单片钢筋，竖向钢筋为 ϕ14@200，水平钢筋为 ϕ14@200。为达到“绿色微能耗”的要求，墙体传热系数为 0.30W/(m^2·K)，外保温采用 100mm 厚挤塑保温板其正面带有燕尾槽，四周均带企口，容重不小于 25kg/m^3，压缩强度不小于 300kPa。

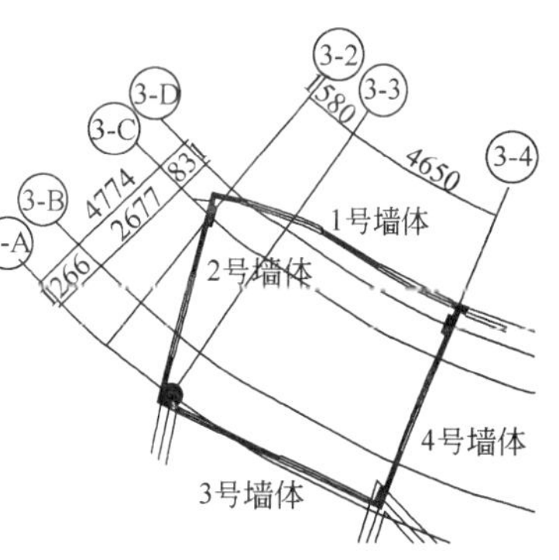

图 1　免拆墙体平面位置示意

2　免拆模网体系

2.1　外墙保温免拆模网的构造

采用挤塑型聚苯外墙保温板，单面加工成密间距窄条燕尾槽，与钢网骨架组成外墙复合模网。挤塑型外墙保温板具有双重作用，当外墙混凝土浇筑时它起模网的作用，同时与墙体混凝土形成牢固的咬合连接，成为永久的外保温层，免予拆除(见图 2)。

2.2　内墙钢网免拆模网的构造

采用空腹薄壁方钢管，焊成主骨架，与冷拔钢丝网片叠焊在一起形成骨架网，在骨架网上

[作者简介] 王振兴，北京城建北方建设有限责任公司总工程师

面覆盖绑扎1层价格低廉的密目金属网(金属窗纱),就制成了钢网模网,用于内墙模网和外墙模网的内侧面。骨架网满足模网的刚度要求,而密目网起阻挡混凝土浆体的作用。墙体混凝土浇筑完毕后,将骨架网拆除周转使用,而密目网免予拆除(见图3)。

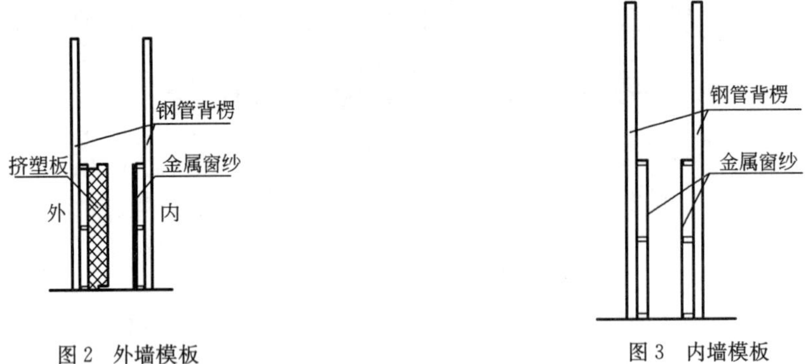

图2 外墙模板　　图3 内墙模板

2.3 模网制作与加工

材料采用40×20×2方钢管、ϕ4冷拔钢丝、网眼1mm×1mm金属窗纱。钢管骨架由40×20×2方钢管焊接而成;金属钢丝网由ϕ4冷拔钢丝焊接而成,金属窗纱与钢管骨架用火烧丝绑扎连接(见图4~图7)。

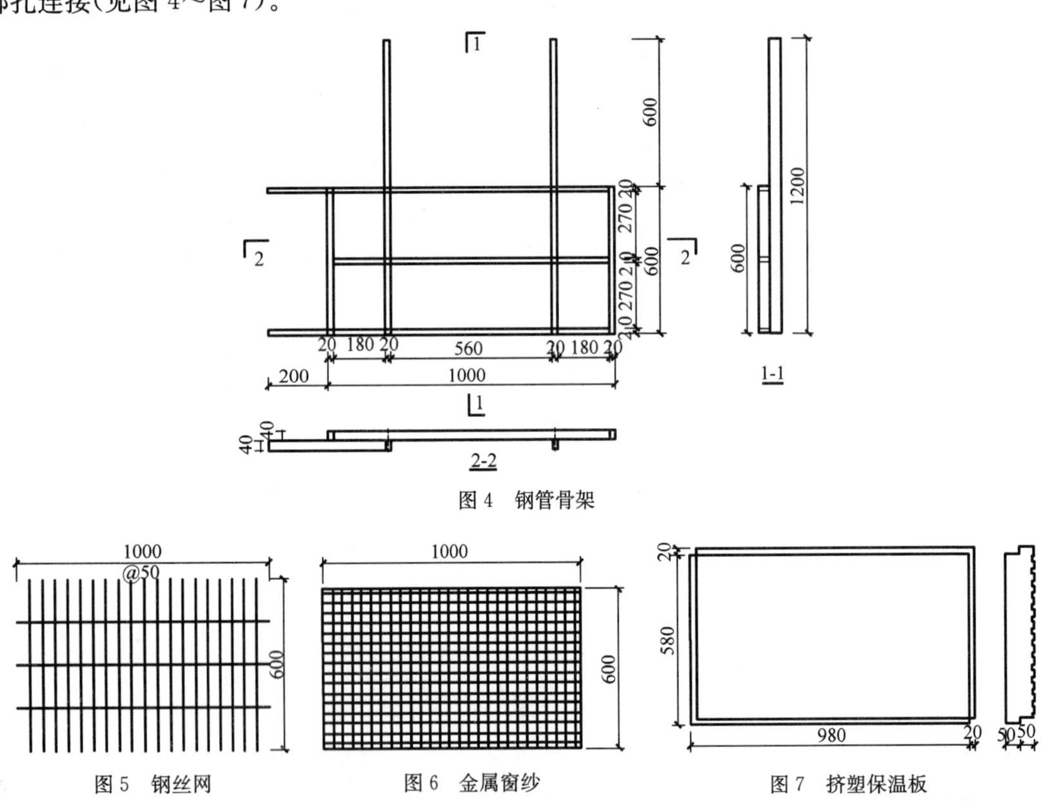

图4 钢管骨架

图5 钢丝网　　图6 金属窗纱　　图7 挤塑保温板

3 施工工艺

3.1 工艺流程

测量放线→施工缝处理→钢筋绑扎→门窗洞口模板安装→第1层模网安装→浇筑第1层

混凝土→第2层模网安装→浇筑第2层混凝土……浇筑第6层混凝土→墙体垂直度整体校核→模网拆除→混凝土墙体养护。

3.2 模网安装及混凝土浇筑

3.2.1 第1层模网安装

(1)对于外墙外侧模网,用火烧丝将挤塑保温板绑扎在钢骨架上;对于外墙内侧模网和内墙模网,用火烧丝将密目网与钢骨架绑扎固定,绑扎火烧丝间距不得大于150mm。

(2)安装模网前,应在钢框四周满粘10mm×5mm海绵条。

(3)合模前,安装底部I型顶模棍,顶模棍与墙体底部附加钢筋焊接,以确保整个墙体的位置和厚度。

(4)合模后在模网上口安装双"F"定型卡具,每块模网上口不少于两个,并将相对的模网竖楞用火烧丝绑扎固定(见图8)。

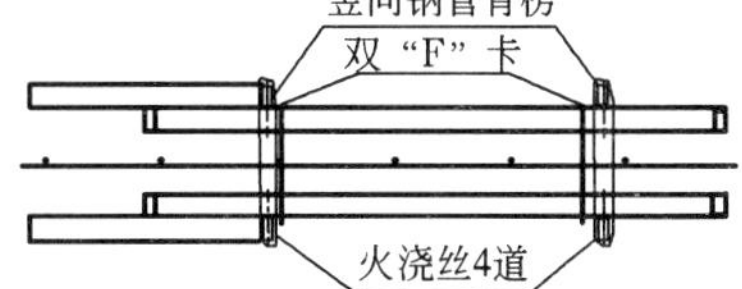

图8 模板加固定位示意

3.2.2 第1层混凝土浇筑

(1)混凝土坍落度控制在160~180mm,采用人工布料。

(2)混凝土不采用机械振捣,工人用长750~800mm长的钢筋棒将混凝土捣实即可。

3.2.3 其他各层模网安装

待第1层混凝土浇筑完毕后(在模网上口下方30~50mm即可),先将双"F"卡取出,然后安装第2层模网,预拼完第2层模网后,在模网上口安放双"F"卡,并用火烧丝固定。

为方便下一层模网的快速安装,在模网的横向、竖向加装了钢管背楞,竖向背楞高600mm,水平背楞长200mm。模网分为A、B型两种(见图9)。

以下各层模网安装做法与上述一致,分层支模分层浇筑混凝土。

3.2.4 墙体垂直度校核

浇筑完最上层混凝土后,用花篮螺栓调节墙体垂直度(见图10)。

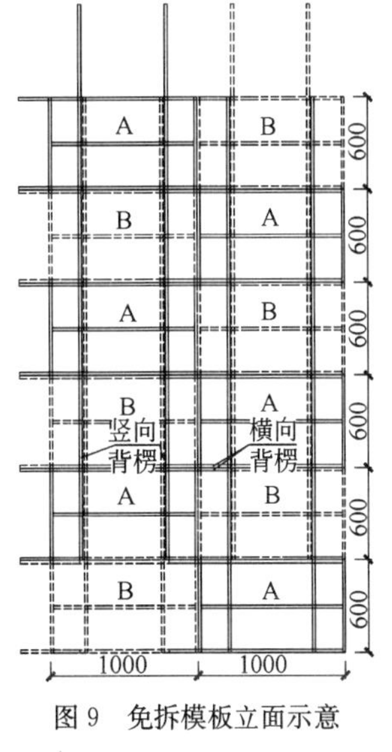

图9 免拆模板立面示意

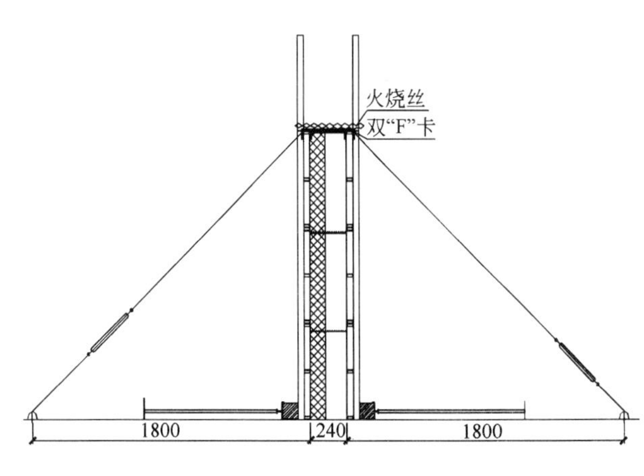

图10 墙体垂直度调节示意

3.3 模网拆除

混凝土浇筑完毕12h后，可以进行模网拆除。拆除顺序：竖向从上往下，水平与安装的方向相反。拆除时，如遇有窗纱网与墙体分离脱落，用剪刀将其剪断，没有脱落的部分保留在墙上，脱落的部分收集进垃圾站。

4 施工控制要点

(1)采用普通商品混凝土，坍落度160～180mm。

(2)在每层模网上口安装双"F"卡。

(3) 整个墙体混凝土浇筑时间应控制在2.5h以内，每层支模与浇筑混凝土总时间要控制在10～12min以内，混凝土接缝留在模网上口以下30～50mm处。

(4)通过花篮螺栓来调节墙体垂直度，在第3层、第6层混凝土浇筑完毕后，对墙体垂直度分别进行两次校正。

(5)最上层混凝土浇筑完毕后，墙体两侧挂麻袋片浇水养护，以防止整个墙体内部水分蒸发过快，影响混凝土的强度。

(6)按照以上要求进行现场控制与实施，工程实体效果较好，达到了预期目标(见图11～图13)。

图11 内墙模网

图12 外墙模网

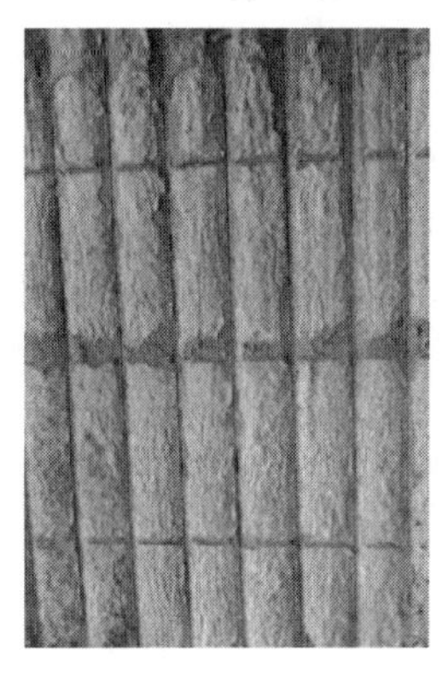

图13 混凝土外观

5 与传统模板经济及社会效益对比分析

用本技术建造多层住宅，须符合以下有关技术规范的要求：《北京市民用建筑节能设计标准》(DBJ 01—602—1997)、《建筑抗震设计规范》(GB 50011—2001)、《混凝土结构设计规范》(GB 50010—2002)、《结构专业技术措施》(北京市建筑设计研究院1992年版)、《混凝土结构工程施工质量验收规范》(GB 50204—2002)。

该结构体系可满足设防烈度8°，场地土为II类或III类地区的抗震要求。

(1)新型的保温免拆模网可以在现场加工；墙体现场浇筑自密实混凝土，材料资源丰富，无须投资办厂，便于大范围直接应用，可以完全取代黏土砖，保护耕地，符合国家保护环境的基本国策。

(2)外墙外侧的保温板，具有模板和保温的双重作用，大幅度节约模板费用；可以使外墙保温层与结构施工同步化、外保温层与外模板材料一体化。有利于缩短总体工期；外墙保温板与混凝土牢固的咬合连接，永无脱落后患；这种外保温方式避免了内装修的不便；对主体结构具有良好的保护作用，可以消除墙体温度裂缝。

(3)现浇自密实混凝土剪力墙厚度较薄。与空心砌块建筑相比较，在建筑面积一定的前提下，能增加使用面积3%～5%；现浇墙体上敷设的管线可预留预埋，避免了砌体结构后期剔凿墙体的弊病。

(4)保温免拆模网的系统组成科学合理，能保证工程质量。保温模板和钢网模板的单块面积适中，质量较轻，1～2人即可轻松支拆模板，操作简便、施工效率高。骨架网不怕水浸、周转使用率高，无须涂刷隔离剂，不必过多维护，摊销费用低。密目网费用仅2～3元/m^2，远低于其他各种模板。

(5)现浇保温免拆模剪力墙结构与砌体建筑综合造价基本相当(按01定额测算：现浇保温免拆模结构外墙带外保温造价为117元/m^2；内墙造价为49.26元/m^2。砌块结构的外墙带外保温造价为132.8元/m^2；内墙造价为44.89元/m^2)，而其建筑质量和施工简便性却大为提高。

(6)依据《多层剪力墙结构设计措施》(草稿)，从墙体厚度、构造配筋、混凝土强度等方面进行比较分析，相对于高层设计规范要求都有大幅度的降低。与高层大模板剪力墙结构相比，外墙降低造价约46元/m^2、内墙降低造价32元/m^2。

6 结语

通过本工程混凝土墙体施工实践，经与传统模板体系比较，采用免拆模网体系，分层支模，分层浇筑，人工布料，保温层和混凝土墙体一次成型，用双“F”卡和钢丝绳拉索取代穿墙杆和钢管脚手架支撑体系，保证了外墙保温层与结构施工同步化，简化了施工工序；人工操作简便，无须配备大型垂直运输设备，提高了工效；整体浇筑抗震性能好；咬合永久牢固，不会像在砌体上后粘保温层出现日久脱落的现象；外墙外保温效果好，具有一定柔性的饰面做法，能避免墙体及饰面产生裂缝；综合造价不高于砌体建筑，成本大大低于钢(木)模网体系。

现浇保温免拆模网技术在奥运村绿色微能耗幼儿园及社区管理用房工程中的应用，取得了较好的效果，其质量可靠性、经济实用性和技术先进性明显，为今后免拆模网体系在低层公建、住宅、别墅建筑中的推广应用打下了良好的基础。

超高强度水泥砂浆在预制构件钢筋续接工程中的应用

赖宜政[1],吴昌修[2]

1.润泰精密建筑工程(苏州)生产处;2.润泰集团沛丰建筑工程(上海)

住房和城乡建设部近年提倡要完善新型住宅建设体系的方向,就是要提高住宅建设工业化的水平,因此建筑工程预制化已成为其主要的发展方向与趋势。

《钢筋机械连接通用技术规程》(JGJ 107—2003,J 257—2003)中提到,常用钢筋机械连接头形式有套筒挤压接头、锥螺纹接头、镦粗直螺纹接头、滚轧直螺纹接头、熔融金属充填接头、水泥灌浆充填接头等。其中,水泥灌浆充填接头是指用特制水泥浆充填在钢筋与连接件套筒间硬化后形成的接头;然而在国内对于此预制工艺的技术条件没有掌握,这种特制水泥砂浆的开发研究亦尚未成熟,因此没有被推广应用,进而限制了预制工艺的发展。前面提到的特制水泥砂浆主要是指超高强高性能无收缩水泥砂浆,下文中将其称为超高强度续接砂浆。

在预制构件组装过程中,为了让钢筋续接,使预制柱成为连续结构,使用套筒式砂浆续接器,以达到力量传递与结构连续的目的,而套筒式砂浆续接器的续接机制,是靠灌注超高强度续接砂浆,作为钢筋力量的传递媒介,因此超高强度续接砂浆成为预制工程最重要的材料和预制结构力学的基础。本文介绍超高强度续接砂浆在台湾地区及国内几个装配式预制工程中的运用案例。

1 装配式预制工法

装配式预制工法是将结构分割成许多的单元或构件,并在工厂或工地以工业化方式生产制造,待其脱模后运送至工地现场,利用塔吊或吊车迅速组装。本文所建议的装配式预制工法是将柱、梁及次梁等构件,以预制方式生产,然后在工地现场进行预制件组装,而在节点与楼板部分则采取现场浇筑混凝土的一种施工方式。此种工法由于主要构件在工厂生产,因此质量相对稳定,且工期不受气候、环境等影响。此外,由于柱、梁、次梁、及楼板等构件,通过现浇混凝土连接成一体,结构整体性佳,抗震能力好。

装配式预制工法施工流程中,柱主筋续接为关键作业之一,此处是以套筒式砂浆续接器施作,续接器埋置在预铸柱底部,柱内主筋插入续接器上半部,楼板外露主筋则在柱吊装后插入续接器下半部,续接器中留有浆料填充缝隙,在柱放置定位后采用压力灌浆填充无收缩砂浆,待砂浆达设计强度后即完成柱续接作业(见图 1)。

图 2 为柱底续接器的灌浆作业说明,此处采用无收缩砂浆 28d 强度可达 96MPa,砂浆流动

[作者简介] 赖宜政,润泰精密建筑工程(苏州)生产处经理

性极佳，经适当加压后即可逐渐填充柱底及套筒孔隙，达紧密的连接效果。此处采用的续接器与砂浆性能需符合严格的耐震续接(SA级续接器)性能要求。图3说明装配式工法在柱梁节点与楼板接合步骤与细节，图中显示柱上的四向大梁下层主筋以90°弯钩锚固于柱梁节点交会，节点处箍筋以预制的一笔式箍筋笼套放入即可。梁上层筋与板筋在钢层板铺设好、节点局部封模后即可进行灌浆作业，节点处采用与柱相同强度的混凝土，楼板则浇筑与梁相同强度的混凝土。预制件经上述方式结合后，可形成完整的柱梁框架体系，并发挥良好的抗震性能。

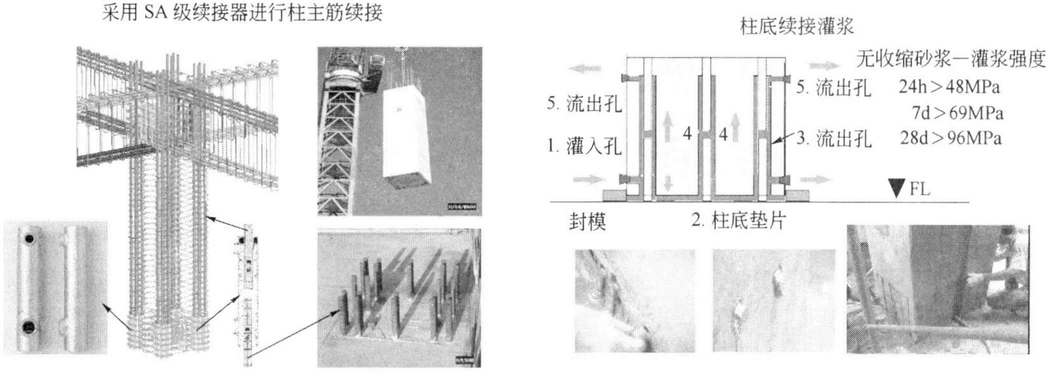

图1　装配式预制工法之柱吊装说明

图2　装配式预制工法之柱主筋续接方式说明

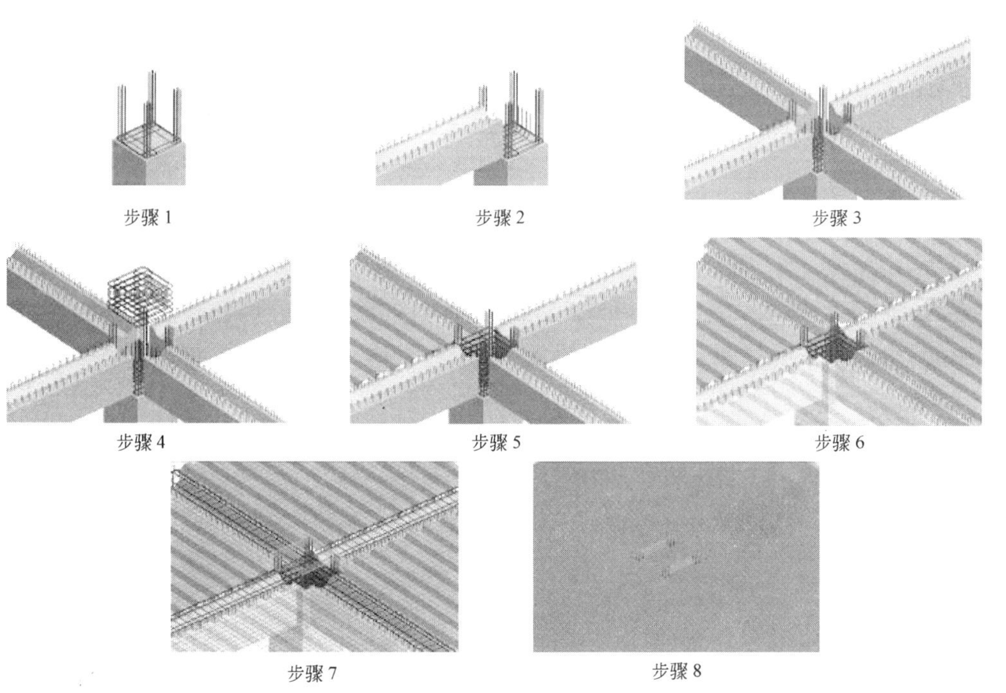

图3　装配式预制工法之框架节点及楼板施工步骤

2　超高强度续接砂浆

从产品技术需求来看，超高强度续接砂浆不仅要具有高流动性，且为满足后续施工，要有高早强的特性，此外为增加对钢筋的握裹力还需要具备微膨胀特性。

超高强度续接砂浆具高度流动性可完全填充柱底及续接器各部位，其物理特性如表 1 所示，初期膨胀率依 ASTM C827 方法以光影仪量测，膨胀率应在 0%～0.5%之间，故可以抑制塑性沉陷，使砂浆与预制柱附着良好。另外，其长期膨胀率维持在 0.05%以内，该微膨胀特性使钢筋与续接套筒内壁之间产生微膨胀压，以增加摩擦力及钢筋握裹力如图 4 所示，不仅大幅提升其抗拉、抗压强度及破坏能等，在耐久性方面亦远超过一般混凝土及砂浆。砂浆试体抗压强度测试于 1d 龄期抗压强度应大于 48MPa，7d 龄期抗压强度应大于 69MPa，28d 龄期抗压强度应大于 96MPa。续接器接合测试，首先需经单拉试验，试验结果以钢筋断裂于续接区域外为合格，如图 5 所示；然后再需经过高塑性反复载重试验，试验仪器及应力—应变曲线如图 6、图 7 所示，其过程为 $0 \rightarrow (0.95f_y \leftrightarrow -0.5f_y)_{16cycle} \rightarrow (5\varepsilon_y \leftrightarrow -0.5f_y)_{8cycle} \rightarrow (10\varepsilon_y \leftrightarrow -0.5f_y)_{8cycle} \rightarrow$ 拉断，表 2 显示该套筒式续接器可完全符合规范要求并可确保结构物的耐震性及安全性。

表 1　高强度续接砂浆物理特性

项次	测试项目	标准值
1	1d 龄期抗压强度(23℃)	≥48MPa
	7d 龄期抗压强度(23℃)	≥69MPa
	28d 龄期抗压强度(23℃)	≥96MPa
2	光影仪量测初期膨胀率(ASTM C827)	0～0.5%
	长期膨胀率(BS-1191)	0～0.05%
3	流度测试(ASTM C109)	23～27cm
4	可工作性时间	>30min
5	钢筋续接行为 SA 级测试	Pass

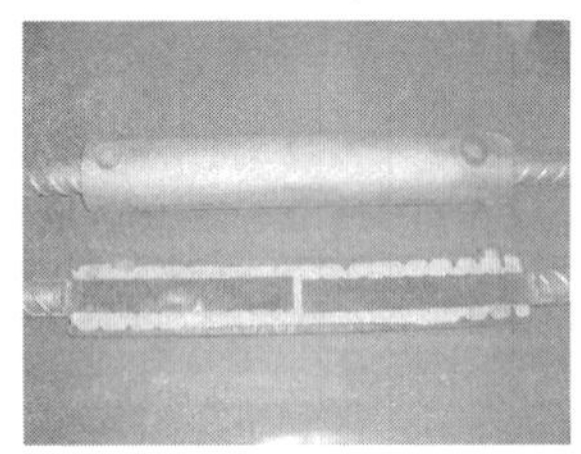
图 4　续接器接合外观与剖面

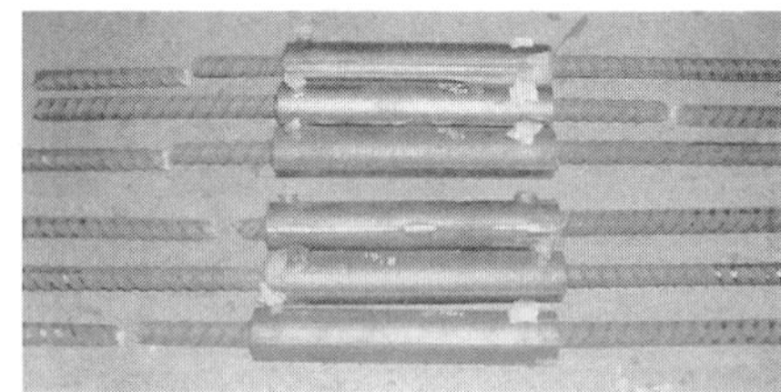
图 5　单拉测试皆断于续接区域外钢筋上

图 6　续接器接合钢筋高塑性反复试验

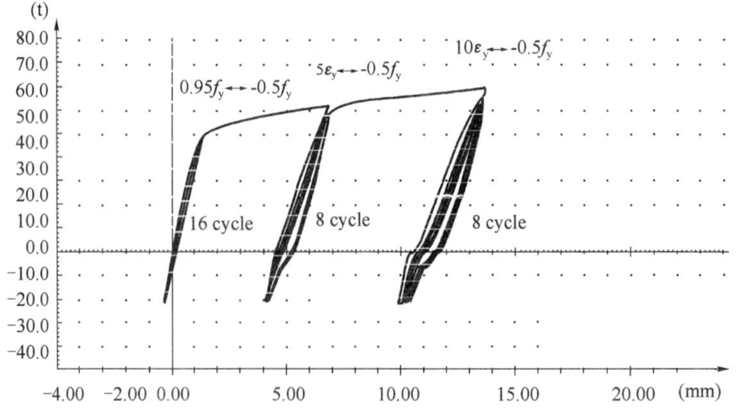

图 7　续接器接合钢筋应力—应变曲线(D36)

表 2　续接器接合钢筋高塑性反复载重试验

项目 钢筋号数	滑动量							抗拉强度和伸长率		
	$(\delta_s)16c$ (mm)	$(\delta_s)24c$ (mm)	$(\varepsilon_s)24c$ (%)	$(\varepsilon_s)24c/\varepsilon_y$	$(\delta_s)32c$ (mm)	$(\varepsilon_s)32c$ (%)	$(\varepsilon_s)32c/\varepsilon_y$	f_{uc} (MPa)	f_{uc}/f_y	ε_{uc} (%)
D36 续接器	0.179	0.378	0.069	0.275	0.758	0.138	0.550	742	1.48	14.0
规范要求 (SA 级)	≤0.3	≤0.9	—	≤1.5	≤1.8	—	≤3	≥620	≥1.25	≥6

3　实际应用案例

3.1　中国台湾地区台北县蓝海红树林超高层住宅(见图 8)

(1)楼层数　地下 3 层,地上 38 层。

(2)工法　装配式 RC 框架+基层隔震。

(3)建筑面积　65,550m^2

(4)混凝土强度　F_c=70MPa

(5)钢筋强度　SD490。

(6)结构工期　2008.01～2008.11。

(7)套筒式砂浆续接器数量　D39 钢筋 240 组;D36 钢筋 16600 组;D32 钢筋 5650 组;D25 钢筋 1700 组。

图 8　蓝海红树林超高层住宅

图 9 是本项目装配式工法之标准施工循环,其吊装施工顺序分别为:楼层完成→柱吊装→大梁吊装→钢层板铺设→阳台板吊装→接头箍筋绑扎→梁上层筋及箍筋绑扎→楼板钢筋铺设及灌浆→下一楼层施作。

图 9　装配式预制工法之标准施工循环说明

3.2　上海地区金山化工区新建工程动力中心(见图10)

(1)楼层数　地上2层。

(2)工法　装配式RC框架。

(3)建筑面积　2100m^2。

(4)混凝土强度　F_c=35MPa。

(5)钢筋强度　SD400。

(6)结构工期　2008.07～2008.09。

(7)套筒式砂浆续接器数量　D25钢筋800组。

3.3　江苏省镇江市新建工程办公楼(见图11)

(1)楼层数　地上3层。

(2)工法　装配式RC框架。

(3)建筑面积　3680m^2。

(4)混凝土强度　F_c=35MPa。

(5)钢筋强度　SD400。

(6)结构工期　2008.07～2008.10。

(7)套筒式砂浆续接器数量　D25钢筋1200组。

图10　金山化工区新建工程动力中心

图11　镇江市新建工程办公楼

4　结语

以超高强度续接砂浆为主形成的续接器，为预制工法的关键技术，而此材料因应预制工法与结构行为的需求，必须具备高抗压强度(大于96MPa)、高流动性(坍落度达27cm)、体积稳定性与高工作性(大于30min)等材料特性，因此材料在生产施工过程中，其质量的掌握与控制是非常重要的。此材料目前适用于温热带环境下施工，当温度在15℃以下时，早期强度的发展会受到限制，施工步骤需作调整，这也是目前正需突破的努力方向。

参 考 文 献

[1] 尹衍梁.营建技术与材料之创新发展[C].台湾混凝土学会2007年混凝土工程研讨会，2007.

[2] 尹衍梁，叶文凯，等.台湾营建业转型及发展方向[C].第五届海峡两岸营建业合作交流活动营建学术研讨会论文集，2002.

[3] Samuel Yen-Liang Yin. Differential Competition Strategy: R&D of Ruentex Construction. 2007.

积极发挥模架技术在混凝土应用技术中的重要作用

仇铭华

北京奥宇模板有限公司

1 模架技术和混凝土应用技术的发展简况

模板脚手架和混凝土在建筑工程中应该是一对孪生兄弟。任何一个混凝土工程，没有模板和支撑不能成方圆。早在2000年前的古罗马建筑万神殿“Pantheon” 42m跨度的圆屋顶，就是采用“Opus Caementitium”(拉丁文，采石场的产品)混凝土材料和模板制成的(见图1)。当时许多壮观的古罗马建筑、结实的军事防御体，经常用天然的石头和灰泥堆砌成两个平行的墙体，用该罗马混凝土充填，也用木板、圆木和方木围成“模板”用于建筑水渠、穹顶和浴池之类。

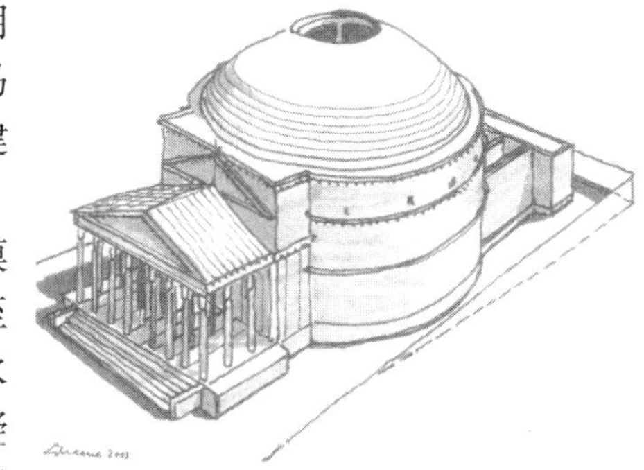

图1 古罗马万神殿

在这漫长的2000年人类文明史中，各式各样的模架和混凝土都一直伴生应用，但尚无明显发展。直至1824年英国工程师阿斯普丁(AsPdih)获得第一份水泥专利标志着水泥的发明。自此以后，有关水泥混凝土的技术才慢慢发展起来。直到20世纪末，由于混凝土工程的有限生命周期和对人类生存环境的严重影响，推进了混凝土技术的高度快速发展。混凝土已从普通的结构材料发展到复合材料，直至发展到功能性材料，使混凝土可以具有自感应、自调节、自修复的智能功能。21世纪开始了高性能、清水、智能化和可再生的绿色环保混凝土的开发与应用研究。

模板技术的发展状况远比水泥混凝土的发展状况缓慢得多。到20世纪50年代，水泥混凝土已经历了几个阶段的发展，但模板和支撑与远古时代几乎没有差别。到60、70年代随着工业建筑的增加，在工地上开始注意到模板技术的改进，如将木板用螺钉固定在扁钢边框上，模板的支撑也开始采用格构式的钢支撑或独立钢支撑代替木支撑。到了80、90年代，随着工业城市的高度发展和劳动成本的大幅度上涨，国外的模板支撑技术进入快速发展阶段，各种空腹钢或铝合金边框的木胶板模板，各种早拆模板支撑体系、爬升模板、隧道模板、桥梁模板和高荷载、高强度的墙体和楼板的模板支撑体系都迅速发展成系列化体系。模架技术与混凝土技术都成了建筑工程中两个既独立又合作的密不可分的专业化的孪生工程。国外快速发展的模架技术曾一度推动我国模架技术的发展。但近十几年来，由于各种因素制约了我国模板技术

[作者简介] 仇铭华，北京奥宇模板有限公司顾问总工程师，高级工程师

的发展，即使在如雷贯耳的绿色建筑风暴中，国外已开始向可再生模板应用发展时，在我国的许多大工程中，还在人海战术地大量地消耗木材资源。因此，我们不仅在模架技术上落后于国外，可能在模架发展的理念上也大大落后。

2　模架在混凝土应用技术中的重要作用

模架在混凝土应用技术中的作用是十分明显的，可以说它是混凝土技术应用成败的关键。

2.1　确保清水混凝土应用技术的质量

城市的基础设施和大型公共建筑，如体育场馆、机场候机楼、电视塔、立交桥等工程，要求混凝土不仅具有智能结构的功能，同时还应有清水混凝土的装饰功能。采用清水混凝土不仅提高了混凝土结构的外观质量，而且大大节约了装饰的工料费用，并给人以自然清纯、古朴凝重的质感。最新颁布的《清水混凝土应用技术规程》（以下简称《规程》）明确定义清水混凝土为直接利用混凝土成型后的自然质感作为饰面效果的混凝土工程。《规程》中对混凝土从原材料选取质量、配合比设计、制备、运输到浇筑养护都作了细致规定，以区别于普通混凝土工程。特别对混凝土表面的颜色、气泡、光洁度、裂缝、对拉螺栓的孔眼、明缝和蝉缝，以及门窗洞口等结构的横平竖直都提出明确的验收标准。其中“3.0.4 清水混凝土工程上一道施工工序质量验收合格后，方可进行下一道工序施工。”是《规程》中强制性条文。《规程》还对清水混凝土模板制作尺寸允许偏差和检验方法以及清水混凝土模板安装尺寸允许偏差与检验方法提出要求，要全数检查，不是抽样检查。在整个施工过程中，模板及其安装要经得起全过程、全数的检查，达到《规程》的要求。模板和支撑体系的材料选取、设计和加工制作都得精细，需要有专门的加工设备和特殊的加工工艺。目前，我国几个大的模板厂家，基本都完成了设备的更新，采用了先进的激光切割、自动焊接设备。北京奥宇模板公司的两条双边铣刨、激光切割和自动焊接的生产流水线，在继“鸟巢”工程之后，与中建八局紧密合作，在上海华为和日立电梯试验塔两个清水混凝土工程中，大面积地采用 126mm 和 86mm 厚度的全钢大模板，取得了明显的清水混凝土效果，节省了大量的木材资源，再一次为绿色建筑施工创造了典范（见图 2、图 3）。

图 2　中建八局上海华为工程清水混凝土样板

图 3　北京奥宇模板公司制作的全钢模板

2.2　大大降低混凝土应用技术的成本

国外资料将建筑施工成本分为三类：材料费占 45％，劳务费占 45％和管理费占 10％。其中模板材料费占建筑材料费的 15％，而模板劳务费占工程劳务费的 44％。总体来说，模板材料费和劳务费占建筑施工成本的 27%(见图 4、图 5)。

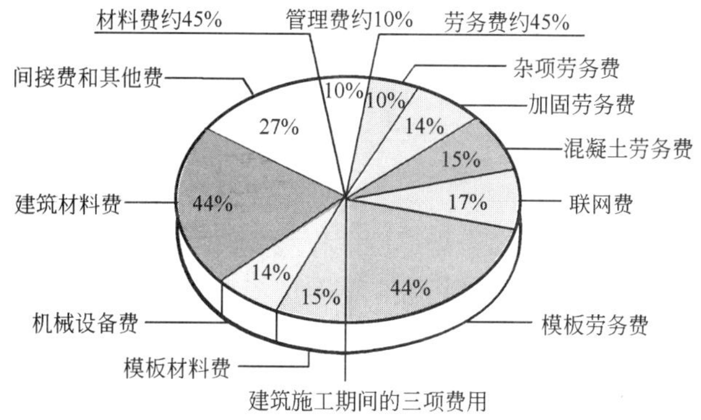

图 4　钢筋混凝土工程建筑施工期间的三项费用

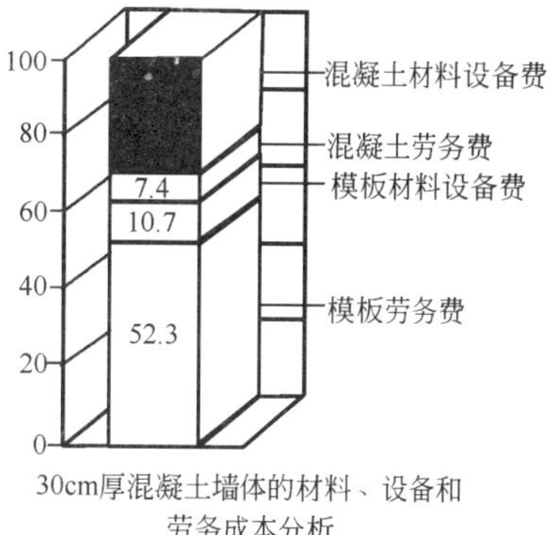

图 5　混凝土和模板脚手架成本分析

一个 30cm 厚的混凝土墙,模板工程成本占 63%,混凝土工程成本占 37%。其中模板工程中工料之比为 5∶1,而混凝土工程中,工料之比几乎相反,为 1∶4。

因此,在钢筋混凝土工程中这对孪生兄弟,模板的工料费要超过混凝土的工料费,在整个工程的总成本中占有很大的份额。

在现代建筑施工工程中,钢筋混凝土工程约占 70%工程量,其余是钢结构和砖瓦土木结构。在我国,随着农民工待遇的提高,模板工程的费用常占结构工程总造价的 35%以上,模板工程的劳动量约占结构工程总劳动量的 35%,工期约占 55%;在国外,模板工程所占费用比例就更高,例如在经济发达的美国占 48%,德国则高达 60%,其中模板材料费用只有 10%,主要是劳务费高。图 6a)、b)分别是美国 1984 年、德国 1989 年建筑工程施工中模板和钢筋混凝土所占费用比例。

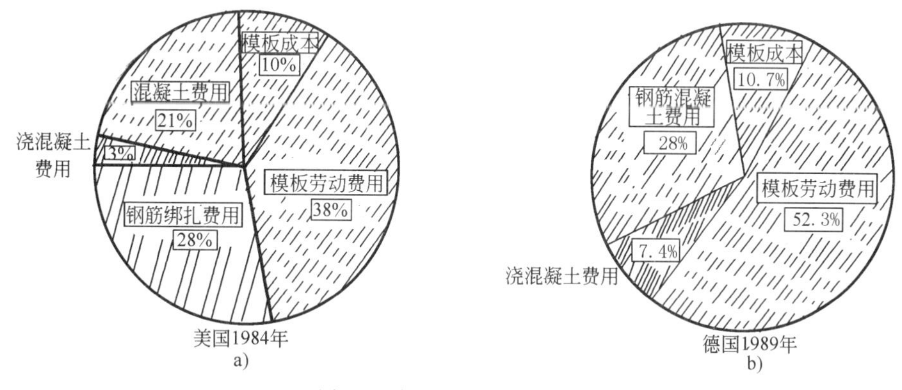

图 6　西方混凝土工程的成本分析

国外的模架材料质量好,材料周转次数多少,在施工过程中能反复周转使用的模板系统,除了少量的维护费用,不再产生后续的材料费用,因此模板的材料费用不高。尽管个人劳务费高,但由于专业化施工,模架装拆十分方便,劳动效率很高,单位面积的劳务费用并不很高。另外工程进度快,模板租用时间短,使工程的总成本降低。

国内不少项目管理贪图使用便宜材料,贪图农民工价格低,造成耗材、耗工、耗时间,总体劳务费并不节省,还造成质量安全事故多,拖延施工进度的后果。

以早拆模板支撑技术应用来说,我们都知道,当楼板的结构跨度不大于 2m 时,不同强度等级的混凝土楼板,其抗压强度达到 10MPa 均可进行早拆模施工。如果采用早拆模板支撑体系，只需要 1 套模板、2 套支撑就可以代替传统的楼板支模需要的 3 套模板、3 套支撑。混凝土浇灌后 3d 即可拆模养护，比传统支模提前 4d 时间。人均支模速度 $30m^2/h$，比传统支模速度几乎快 2 倍；而且拆模安全，不易损坏材料。

2.3 提高混凝土应用技术的管理水平

目前混凝土建筑施工主要材料为钢筋混凝土和模板脚手架。钢筋混凝土是永久性材料，与建筑物共生。一旦设计定型，投入的成本基本固定。操作管理以工作量和时间顺序为主，质量检查也只是按各检验批的 30%进行抽查。相对于模板脚手架的使用安装来说，操作管理比较单一，可以挖掘的潜力较少。而模板脚手架是周转性材料，可挖潜力较大，操作管理比较费心。首先，模板脚手架的选材选型需要结合工程的结构特点和成本计算。目前模板脚手架的材料、种类和操作使用方法很多。从最简单的木胶合板和竹脚手架搭配，到液压控制的爬升模板和智能化爬升脚手架；从竹木板面到钢铝、塑料板面，以及永久性的绝缘保温的泡沫模板，可以说应有尽有。这就需要项目管理根据工程结构特点，工程进度、质量要求、成本核算和人员的技术熟练程度进行选择。第二，模板材料的运输、堆放、维修保养。钢筋混凝土材料几乎只进不出，就地消耗。但模板脚手架基本上有进就有出，而且在整个工程进行中，都围绕着建筑物吊上放下，需要考虑运输费、吊装费和最佳存放和维护的场地。第三，模板的安装和拆卸是最使项目管理费心，特别是结构变化复杂的高质量清水混凝土工程。模板的安装连接和支护，稍不留意就会发生漏浆、鼓胀，甚至爆模。拆模时间过早或过迟，会影响混凝土面的光洁度和模板板面质量，以及拆卸难易程度。

目前，国际上的模板脚手架已发展到一个较高的水平。模板制作设计和配模设计已采用三维图库技术，在施工现场很容易对定型的系列模板，在计算机上实施配模和模板管理。液压爬模、液压滑模、飞模、早拆模和智能化爬升脚手架，都是技术含量比较高的专业化模板技术，有固有的工作流程，易于管理，有利于提高项目管理水平(见图 7、图 8)。

图 7 中建一局俄罗斯联邦大厦液压爬模

图 8 智能化控制的爬升脚手架

2.4 减少水泥混凝土建筑的负面影响

混凝土工程从水泥生产开始到混凝土搅拌，从建筑施工到建筑物形成，从建筑物使用直至建筑物拆除的生命全过程，都构成对环境的不良影响。据欧洲建筑师协会测算，建筑在整个过程中消耗了 50%的地球能源、50%的水资源、40%的原材料，并对 80%的耕地减少量负责。同时产生 50%的空气污染、42%的温室气体效应、50%水污染、48%的固体废物和 50%的氟氯化物。与建筑有关的空气污染、光污染、电磁污染等占环境总体污染的 34%；建筑垃圾占人类活动产生垃圾总量的40%。因此用什么样的材料来施工能节省材料和能源，能减少建筑施工对环境的污染和降低建造成本、减轻劳动强度、延长建筑寿命等问题在当今世界各国都十分受重视。

我国正处于城镇化快速发展的高峰期。目前我国的城镇化率达40%左右，每年约有1200～1500万人口从农村转移到城市。人均资源能源消耗量成倍增长，每年产生数量巨大的生活废水和垃圾。据统计，我国城乡既有建筑达441亿 m^2，达到节能建筑标准的仅占5%左右；每年新建约20亿 m^2 建筑，也有90%以上仍属于高能耗建筑。无论是能源、物质消耗，还是污染的产生，建筑都是问题的关键所在。我国的主要问题是人口太多，发展太快，资源消耗太急剧，环境恶化太严重，而土地资源、能源、水源和原材料等各种资源都供应不足，需要解决的问题棘手。为此，政府应加大政策力度，促进绿色建筑发展。

建设部在2006年3月7日颁布实施《绿色建筑评价标准》(GB/T 50378—2006)之后，于2007年9月10日发布《绿色施工导则》。绿色施工是指工程建设中，在保证质量、安全等基本要求的前提下，通过科学管理和技术进步，最大限度地节约资源与减少对环境负面影响的施工活动，实现节能、节地、节水、节材的四节和环境保护。

在《绿色施工导则》中，模板、脚手架作为周转材料和机具，着重强调了：①应选用耐用、维护与拆卸方便的周转材料和机具；②优先选用制作、安装、拆除一体化的专业队伍进行模板工程施工；③模板应以节约自然资源为原则，推广使用定型钢模、钢框竹模、竹胶板；④施工前应对模板工程的方案进行优化，多层、高层建筑使用可重复利用的模板体系，模板支撑宜采用工具式支撑；⑤优化高层建筑的外脚手架方案，采用整体提升、分段悬挑等方案；⑥推广采用外墙保温板替代混凝土施工模板的技术；⑦采取有效的技术和管理的节材措施，提高模板、脚手架等的周转次数；⑧要大力发展清水混凝土施工技术和新型模板及脚手架技术的研究与应用。

因此，在混凝土应用技术中充分考虑模板脚手架的应用技术是《绿色施工导则》的重要组成部分，是减少水泥混凝土建筑负面影响的主要手段。

3 推进我国模架技术在混凝土应用技术中的作用

3.1 落实《绿色建筑评价标准》和《绿色施工导则》

地球的人口在急剧增加，据联合国调查，2008年全球人口超过65亿，有50%生活在城市中心；到2050年全球人口数量将达到90亿，将有70%人生活在城市中心。人口剧增带来城市化、交通运输和工业设施迅猛增长，由此排放的 CO_2，已经使地球增温2～3℃，冰盖消失、海水上涨、物种濒危和极端气象增加，严重影响气候和生态的变化，已造成对人类生活的极大危害，关系到人类的生存和发展，已引起世界各国政府的严重关注。1992年《京都议定书》、2007年《巴厘路线》和2008年《波次南气候变化框架公约》，都是各国政府间为防止气候恶化，限止 CO_2 排放的国际约定。而绿色建筑是解决环境、改变气候影响的一个重要组成部分。尽管我国于2006年已开始运作《绿色建筑评估标准》(GB/T 50378—2006)，2007年提出了《绿色施工导则》，但目前我国建筑节能和绿色建筑，始终还是在专家、政府官员呼吁下应用于一些大企业、大城市，还没有进入寻常百姓家，还需要一个过程。因此，我国绿色建筑的发展和环境保护，还需要大力开展全民宣传运动，做到家喻户晓。

3.2 政府参与全面深化经济体制的改革

由于整个建筑市场处于低价格恶性竞争，在现有项目承包制驱动下，模板脚手架成为最有弹性的牺牲品。过低价格不仅使三新技术得不到应用，更重要的是产品质量得不到保证，安全隐患严重。建筑施工成了劳动力密集的耗材耗人、环境污染、解决农民生活出路的集散地。加强产品质量监督与管理首先要从市场的监督管理做起，制定合理的价格政策和有效的知识产权保护。国家技术监督局以及住房和工程质量安全监督与行业发展的有关部门应该给予模板脚手架行业发展更多的关注。采取有效的技术和管理的节材措施，提高模板、脚手架等的周转次数。

从政策上鼓励有经济实力和开发研究能力的模板脚手架企业组建模架的专业施工队伍，给予适当的财政补贴和减免税的优惠政策，设立模板专业承包的企业资质，有利于加大企业三新技术的开发力度，推动模板脚手架工程专业化发展。对于已经给予批准成立的“技术中心”和财政拨款的模板脚手架公司，应加强行业专家的技术指导，落实新型模板脚手架的开发和应用研究，同时要加强财政监督，必须专款专用。

同时从政策上鼓励施工项目优先选用制作、安装、拆除一体化的专业队伍进行模板工程施工，调动项目负责人积极性，推进模板工程专业化，以及鼓励项目采用新材料、新技术、新设备。对于省部级的国有体制的建筑施工单位应该组建模板专业化施工队伍，便于推广新型模板脚手架技术。施工前应对模板工程的方案进行优化，有效审核和督察项目制定的模板脚手架方案、优化模板工程方案，有效限制使用低质耗材的模板脚手架产品。

在体制上推行国际上较为流行的设计—采购—施工总承包模式，有利于开发应用新型模板脚手架。推广采用外墙保温板替代混凝土施工模板的技术、大力发展清水混凝土施工技术和新型模板及脚手架技术的研究与应用都需要从结构设计做起。施工为建筑设计服务，建筑设计要为施工创造方便条件。国外的高层建筑采用板式结构，有利于采用高效率的早拆支撑体系和台模、飞模技术。如果我们采用暗梁、暗柱，简化结构，施工就简便多了。国外之所以能采用发泡聚苯乙烯和聚丙烯(EPS)材料制成的绝缘混凝土模板(ICF)作为外墙的保温板，也是从建筑设计开始做起的。

3.3 我国模架应用技术发展的前景广阔

尽管当前我国模板脚手架的发展面临种种问题，但是由于我国建筑业还是在快速发展，必然会带动模架技术的发展。

(1)模架技术应用的专业化　模板脚手架工程施工专业化有利于节约木材、钢材、能源等资源和环境保护，有利于节省劳动力和文明施工管理，有利于提高资源的利用率和施工效率，有利于提高施工质量、加快施工进度、降低施工成本，有利于推广三新技术，有利于模架技术的自身完善与发展。目前如爬架、爬模、滑模，都已经实施专业化施工，进一步配套完善，可以发展成为诸如房建模板工程公司、路桥(包括桥梁、隧道等)模板工程公司、水利电力(包括水库、运河、污水、发电站等)模板工程公司等等。一些有眼光和有经济实力的模架公司和租赁公司，已经开始策划、组织模架专业化施工队伍，尝试走模架施工专业化道路。

(2)模架品种的多样化、工具化、轻型化　现浇混凝土房建模板，如全钢大模板、电梯井筒模、柱模等竖向模板会在清水混凝土效果上有很大突破，在系列化、轻型化方面有较大改进。各种台模、飞模和早拆楼板模板支撑体系等水平模板会有大的发展，并与竖向模板配套应用。

由液压驱动的各种形式的滑模和爬模会在桥梁工程中得到更多应用。预制混凝土模板和预制艺术混凝土模板将会得到很好发展。根据本人这两年在加拿大的实地考察，无论混凝土结构、钢结构和木结构，其外墙几乎都是用预制艺术混凝土构件装配。预制艺术混凝土构件在施工现场之外进行工业化生产，能达到精制的清水效果，符合绿色建筑要求。路桥模板、涵洞模板、挂篮模板、衬砌台车和桥梁工程专用的起重设备会有很大发展，并进入国际市场。具有中国特色的各种电动或液压传动装置的爬架系统，在轻型化、防坠落、同步操作和作业平台等几个主要方面都会有更好改进，应用会更加广泛。脚手架品种除了钢管扣件脚手架和碗扣脚手架之外，会有更多品种的脚手架支撑体系涌现。盘扣、轮扣脚手架会占领相当大的市场份额。

(3)模架材料的绿色化　在建筑施工过程中，模架材料消耗最严重，对工程影响和环境影响最大。推行绿色施工，首要任务是解决模架材料的绿色化。“以竹代木”、“以钢代木”、“以塑代木”。也就是说，模架材料应该是一种可回收再生的材料、可周转使用再利用的材料，也是一种加工、使用都能节省能源的材料。因此未来的模板应该是以竹木胶合板模板、玻璃钢塑料模板、低合金钢框或铝框竹木胶合板模板、组合钢模板为主体。竹胶合板富有弹性，耐磨、耐冲击、耐久性强。它的强度、刚度、硬度比木胶合板高，而收缩率、膨胀率、吸水率比木胶合板低，所以，竹胶合板是建筑模板的理想材料。利用塑料和竹木性能互补的一种塑料与竹木混合的板面材料可能会得到进一步开发应用。无边框低合金钢框高强覆膜竹胶合板大模板系列和有边框低合金钢框高强覆膜竹胶合板组合系列模板的发展会扩大竹胶合板的应用范围。钢框竹胶合板模板的质量问题在技术上是可以解决的，合理的市场价格和政策驱动会改善生产设备和用料状况，提高竹胶合板和边框质量。现有的拼装式全钢大模板在当前建筑工程中已发挥了重要作用。实践证明，全钢模板也能获得很好的清水混凝土效果。

参考文献

[1] JGJ 169—2009　清水混凝土应用技术规程[S].

[2] 仇铭华. 比尔特(BILD)早拆模板支撑体系及其应用[A]//中国建筑学会：中国模架学会二届四次年会论文汇编，1998.

[3] 李柏元，黄昌，胡太严. 比尔特下座式整体爬架在高层建筑施工中的应用[J]. 建筑施工，1998.

[4] GB/T 50378—2006 绿色建筑评价标准[S].

[5] 仇铭华. 从《绿色施工导则》展望我国模架技术的未来[C]//智能与绿色建筑文集. 北京：中国建筑工业出版社，2009.

房屋建筑工程混凝土结构施工期性能及安全控制技术

张希黔，华建民，王伯成

中建总公司施工技术专业委员会

钢筋混凝土结构施工过程中既要确保结构的安全，又要保证一定的工程进度。这就要求施工期钢筋混凝土结构有一个合理的安全水平来满足两方面的需要。现行的混凝土结构设计规范和施工规范没有对施工期混凝土结构受力分析提供方法或建议及思路，也没有提供较统一的安全度要求。这是混凝土结构施工期安全风险大大高于正常使用期的重要原因之一。因此，混凝土结构施工期安全控制技术的研究，显得越来越重要。

1　混凝土结构施工期的受力特点

与正常使用状态不同，施工过程中的钢筋混凝土结构，是由柱、数层楼板和连接多层楼板的模板支撑系统组成的临时性的受力体系（见图1），此受力体系可能随着施工工序的进行而改变。在整个施工过程中，结构的形状、材料的性质以及所承受的施工荷载，均随时间变化。

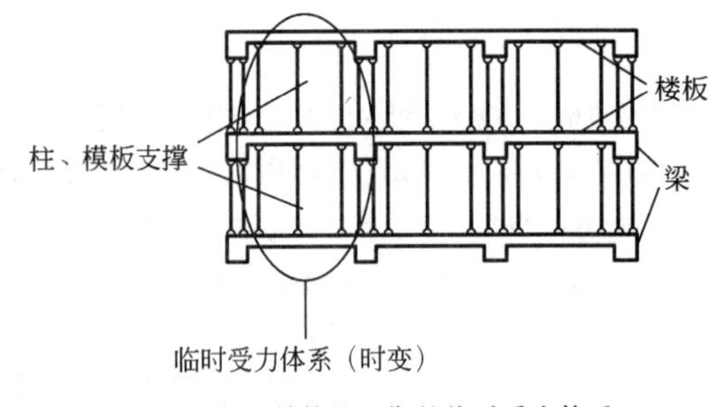

图1　混凝土结构施工期的临时受力体系

新浇筑楼板的自重及施工荷载通过支撑系统向下层楼板传递，楼板随着新浇混凝土强度和刚度的增长，在环境温度变化、混凝土早期收缩及徐变等作用下，将逐渐承担其结构自重，从而使整个结构的荷载不断地进行重新分配。荷载效应随着施工进程不断累积，可能使施工过程中楼板承担的荷载远超过结构设计允许的楼板承载能力。

这些特点使得施工期钢筋混凝土结构的特征与使用期的结构迥然不同，有时会产生整个结构生命周期中最危险的状况。钢筋混凝土结构施工过程中楼板出现的裂缝、挠度过大乃至破坏倒塌往往与此有关。对钢筋混凝土结构施工期的安全性研究，涉及结构在施工过程中的结构特征、抗力、荷载、荷载效应及破坏模式等诸多问题。

施工期混凝土结构在养护期间形状没有大的变化，除构件自重外，施工荷载主要是施工材料的堆载和施工设备及人员荷载。但养护阶段材料性质快速变化，同时，由模板及支撑相连的整个时变临时受力体系，处于环境温度、湿度等的变化及混凝土自身收缩和徐变等各种因素影响之下。在施工现场实测中，通过对新浇筑柱、梁、板内钢筋应力及其下支撑应力的实测，发现

[作者简介] 张希黔，中建总公司施工技术专业委员会主任委员，重庆大学现代施工技术研究所所长

新浇筑的混凝土构件在养护期间，随着混凝土强度、刚度的增长，由最初的不承担任何荷载状态，逐渐开始分担自身重量和荷载。这导致混凝土构件施工荷载在其自身及由模板支撑相连的各层中进行重分配。这种荷载重分配会直接影响临时受力体系的结构特性，直接影响混凝土结构施工期安全控制。

2 施工期混凝土结构的安全控制模型

建立施工期混凝土结构安全分析控制模型的主要内容包括：施工期钢筋混凝土结构的基本要求；施工期钢筋混凝土结构的极限状态；施工期混凝土结构计算基本假定；施工期混凝土结构计算荷载和荷载组合假定；施工期混凝土结构计算荷载效应；施工期混凝土结构计算抗力统计与分析；施工期混凝土结构安全控制计算模型的提出。

3 施工期混凝土结构性能的实测

3.1 仪器选择

考虑现场测试环境的复杂、不确定性及测试周期较长的特性，采用钢弦式钢筋应变计、应变片、传感器对现场梁、板、柱钢筋、混凝土及模板支撑钢管进行量测，配套使用读数仪。楼板混凝土实际厚度及钢筋保护层厚度采用专用仪器测量。混凝土试块多龄期立方体抗压强度、弹性模量及模板支撑钢管弹性模量在材料性能实验室进行测试。

3.2 测试方案及主要测试工作

测试由现场和实验室两部分结合进行。

(1)基础数据量测　包括：①混凝土早期强度、弹性模量；②钢管支撑架弹性模量；③施工及环境情况等。配合仪器读数情况，随时记录施工全过程，特别是模板支设、钢筋绑扎、混凝土浇筑、模板支撑拆除以及大型设备、大宗材料吊放等情况。随时记录环境情况：关键位置的温度、湿度、环境及风速。

(2)实际混凝土结构(梁板柱)及模板支撑测试　结合具体情况确定布点方案。主要按施工工序进展读数，具体控制工序如下：上层模板支设；上层或本层钢筋绑扎；上层或本层混凝土浇筑及浇筑后每天至 28d；下层或本层模板支撑拆除；大型设备、大宗材料吊放等(吊放进行前后各读数一次)。如遇没有工序施工时，每 24h 读数一次。有特殊需要时随时加测。

4 施工期混凝土结构性能数值分析技术

施工期间，由于刚浇筑完的混凝土或者浇筑完尚未养护到一定龄期的混凝土，还不足以承担构件自身重量和外部荷载，需依靠楼层间的模板支撑将外荷载和自重全部或部分地传递到下部楼层。与施工现场构件实测辅助、结合，本分析计算结构在这种状态下的受力，上部楼层混凝土在不同龄期以及采用不同支撑情况下的受力变化规律，并验证下部楼层及支撑受力是否满足承载能力和正常使用的要求。

在楼层之间存在支撑时，支撑是传递荷载的主要途径。同时，柱和剪力墙等竖向结构构件也会传递一定的荷载。结构的梁、板、柱和剪力墙，加上支撑，形成了一个协调变形、共同受力的临时受力整体，在分析模型中需要完整地加以考虑。目前的结构设计软件还不具备这种建模分析的功能，本课题采用大型通用有限元软件 Ansys 进行分析计算。考虑到常用的壳单元(shell)和杆单元(beam)不能包含构件的钢筋，加之不同类型的单元之间存在耦合问题，为了准确地考察结构受力，对所有构件都采用实体单元(solid 45)，钢筋用二力杆单元(link 8)包裹在实体单元中。由于支撑钢管与上、下楼面的接触方式不能约束钢管的转动，因而二力杆单元(link 8)足以模拟以受压为主的钢管。

5 工程应用实例

5.1 工程概况

重庆中华新城集大型商业、五星级酒店、办公、住宅为一体。一期工程的 B2 区，由裙房及 8 栋塔楼组成，±0.000 以下 3 层，其中 7 号楼平面尺寸约为 80m×33m，共 57 层，高度 232.0m，为项目中最高建筑单体，属超过 B 级的超限高层建筑，主体为框架—核心筒结构，设计合理使用年限为 100 年。

5.2 实测仪器的选择

考虑现场测试环境的复杂、不确定性及测试周期较长的特性，采用钢弦式钢筋应变计、应变片、传感器对现场梁、板、柱钢筋、混凝土及模板支撑钢管进行量测，配套使用读数仪。楼板混凝土实际厚度及钢筋保护层厚度采用专用仪器测量。混凝土试块多龄期立方体抗压强度、弹性模量及模板支撑钢管弹性模量在材料性能实验室进行测试。

5.3 测试区域及布点情况

对 B2～7 号楼 52～55 层⑭～⑮/Ⓒ～Ⓗ轴线范围局部区域的混凝土结构及模板支撑架进行量测(见图 2)，根据现场情况测试区域可作调整，但测点数不变，以观察施工期临时受力体系全过程受力及变化情况。每层 10 个测点，4 层共计 40 个测点，具体布点情况如表 1 所示。

表 1　52～55 层每层测点情况

点　号	工程部位/构件	位　置	数　量	备　注
1～2	⑭轴/Ⓔ柱	柱钢筋(对角)	2	
3～4	⑭轴/Ⓒ～Ⓗ梁	支座附近	2	
	⑮轴/Ⓒ～Ⓗ梁	跨中		
5～6	板	跨中	2	两个区域
7～10	梁及板模板支撑钢管	跨中	4	
每层小计：钢筋计 6 个，钢管应变计(传感器)4 个				

5.4 实测结果及初步分析

主要测试结果如图 3～图 8 所示。

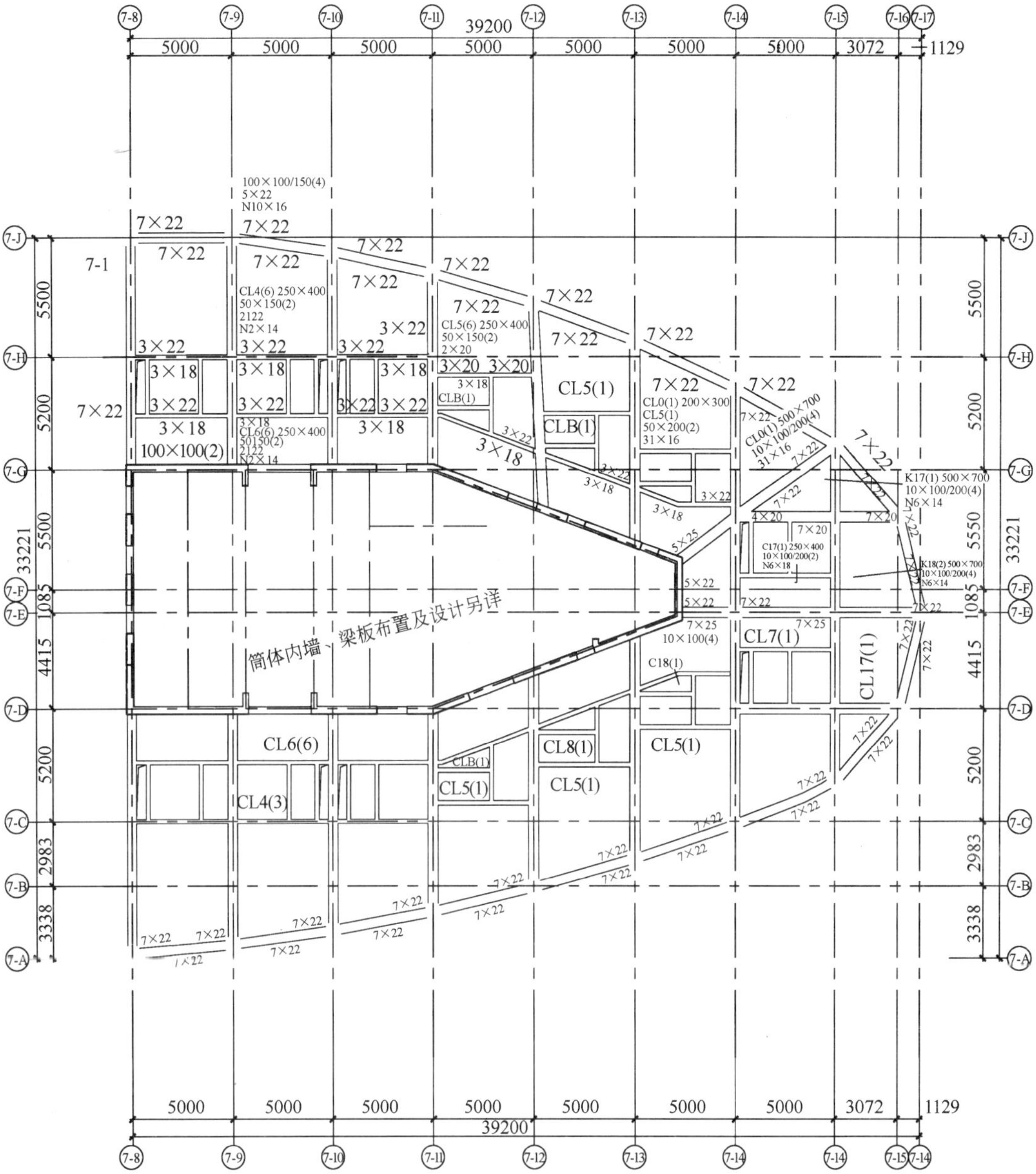

图 2 实际测试区域示意(椭圆部分,局部)

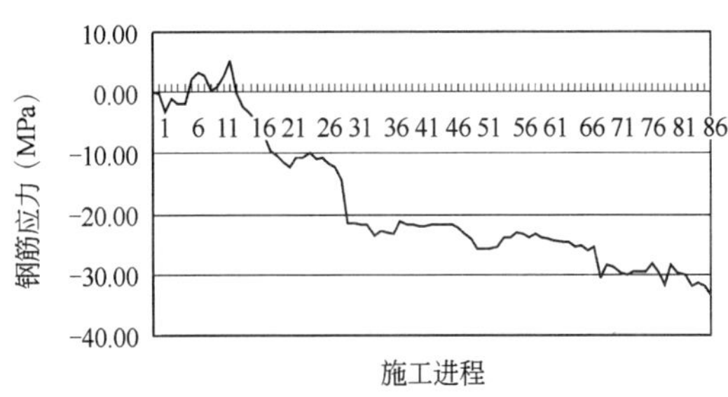

图 3 (中华新城 B2～7 号楼)柱钢筋应力(52-1 号)

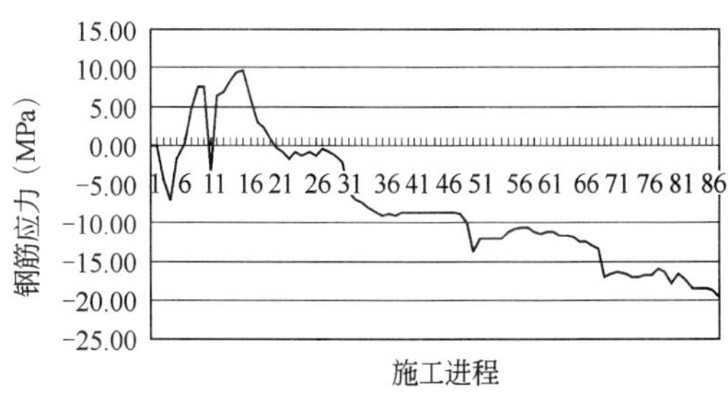

图 4 (中华新城 B2～7 号楼)柱钢筋应力(52-2 号)

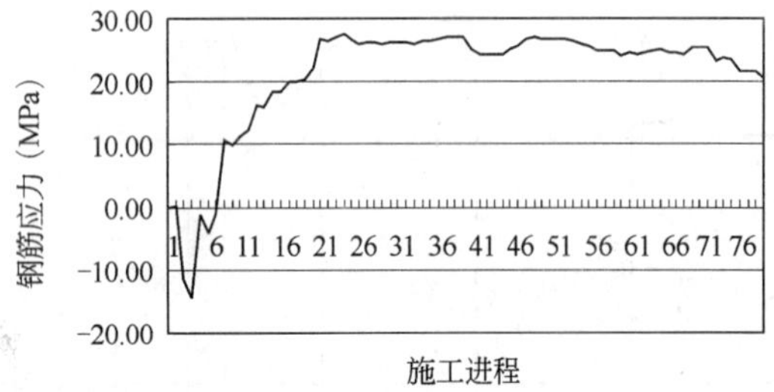

图 5 （中华新城 B2～7 号楼）梁钢筋应力(52-支座)

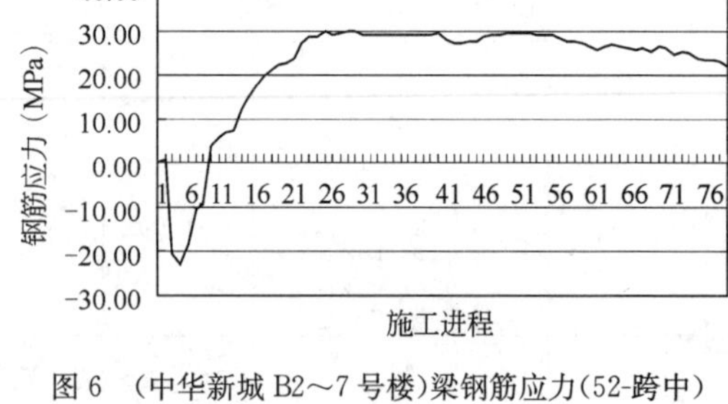

图 6 （中华新城 B2～7 号楼）梁钢筋应力(52-跨中)

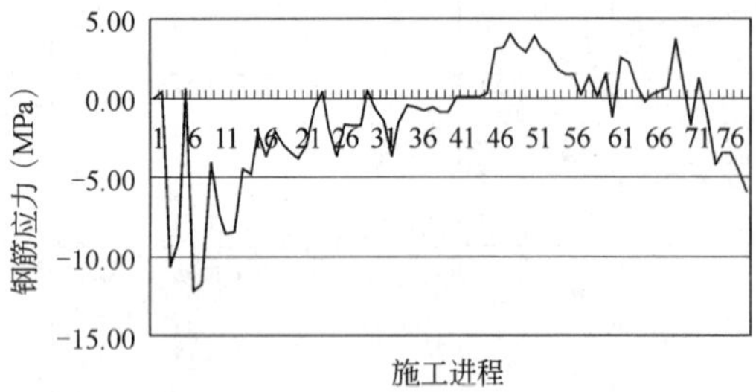

图 7 （中华新城 B2～7 号楼）板钢筋应力(52-1 号)

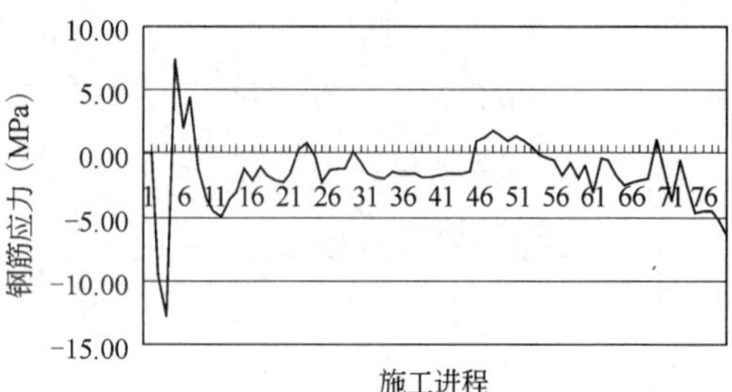

图 8 （中华新城 B2～7 号楼）板钢筋应力(52-2 号)

上层梁板混凝土浇筑后，柱钢筋均为压应力，随着施工进程的开展，压应力整体呈逐渐增大趋势，上层混凝土浇筑及施工荷载堆放时，柱钢筋压应力有突变，显示施工工序开展会对施工期结构受力产生较大的影响。

梁支座及跨中钢筋在混凝土浇筑后的 1～2d 内，为压应力，显示此时外荷载尚不起主要作用，此压应力由混凝土主动收缩引起。此后，梁支座及跨中钢筋均为拉应力，表明混凝土收缩发展已经较小，外荷载起主要作用，梁底支撑拆除前，由于钢管支撑承担主要的外荷载，梁中钢筋应力变化不大。

与柱、梁钢筋应力变化情况相比，板钢筋受力明显规律性不强，两个钢筋计均显示出同一趋势，分析认为，施工期板受力受材料临时堆放、环境等不确定因素影响较大。与梁钢筋受力相似的是，板中钢筋应力均较小，荷载主要由板底支撑承担。

5.5 施工期混凝土结构性能数值分析

5.5.1 模型的建立

(1)分析软件和单元类型　在楼层之间存在支撑时，支撑是传递荷载的主要途径。同时，柱和剪力墙等竖向结构构件也会传递一定的荷载。结构的梁、板、柱和剪力墙，加上支撑，形成了一个协调变形、共同受力的临时受力整体，在分析模型中需要完整地加以考虑。目前的结构设计软件还不具备这种建模分析的功能，文中采用大型通用有限元软件 Ansys 进行分析计算。对所有构件都采用实体单元(solid 45)，钢筋用二力杆单元(link 8)包裹在实体单元中。

(2)模型范围　针对支撑的不同情况，建立结构的两个局部模型，即 2 层和 3 层的模型。3 层模型包含 3 个结构楼层，第 1 层同第 2 层、第 2 层同第 3 层之间均有支撑钢管。两层模型 1、2 层结构之间有支撑钢管。两个模型的平面相同，均取结构总平面的约 1/3，包含有梁、柱、板和剪力墙核心筒的一部分，模型的底部完全约束，平面截断部位约束转动，平面外边缘的圆弧梁简化为直线梁。

(3)几何实体和单元划分　图 9、图 10 为 2 层和 3 层模型的几何实体图。

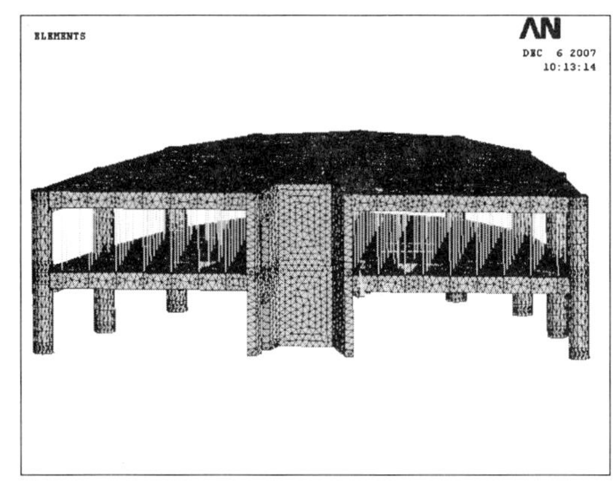

图 9　2 层模型单元划分轴侧图

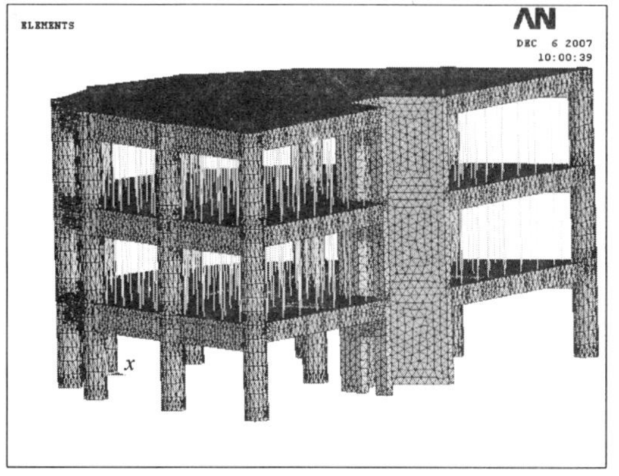

图 10　3 层模型单元划分轴侧图

(4)荷载施加　根据规范，施工荷载模型顶层取 4kN/m^2(考虑浇筑混凝土的冲击荷载、操作人员和设备重量、模板重量等因素)，模型下部楼层取 1kN/m^2(考虑操作人员和设备重量以及模板重量)，构件自重乘以 1.2 的系数(在软件中将重力加速度取为 11.76m/s^2)。基于以下原因，此次分析中没有考虑风荷载：①风荷载是靠整个结构共同承担，难以将模型部分承担的份额提取出来；②混凝土核心筒承担了很大部分风荷载，梁和柱承担的很少，忽略风荷载对考察的对象影响很小。

5.5.2　模拟分析

(1)钢筋应力　图 11～图 14 显示的是两个模型的钢筋应力，拉应力为正，压应力为负。图中可见钢筋的应力均远小于其屈服强度 360N/mm^2。不过，由于进行的是弹性分析，没有考虑混凝土的受拉开裂，所以受拉钢筋的实际应力比图中显示的更大。

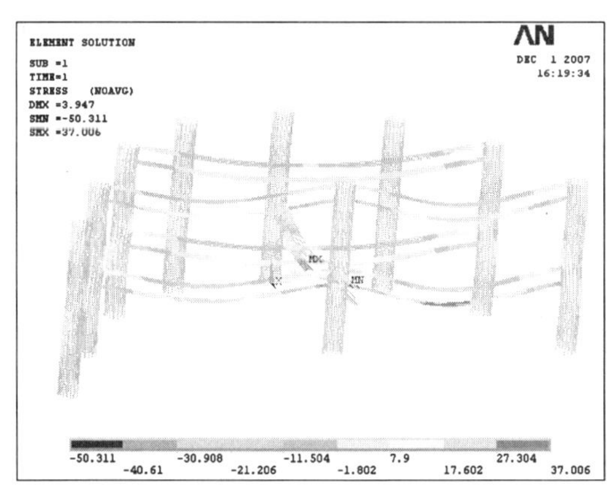

图 11　2 层模型钢筋应力图(单位：N/mm^2)

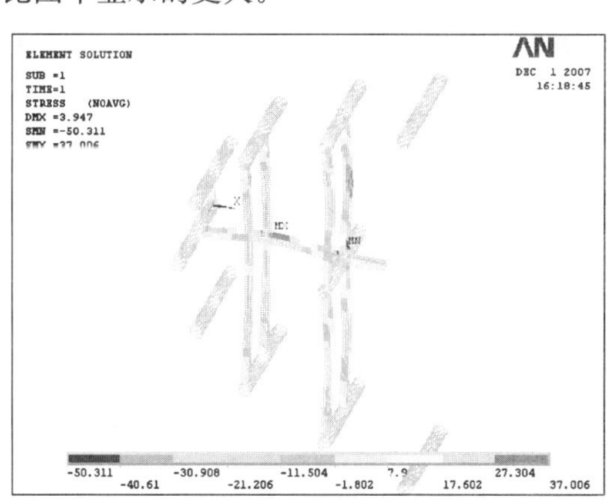

图 12　2 层模型钢筋应力图(单位：N/mm^2)

2 层模型各截面内力如表 2 所示。

表 2　2 层模型各截面内力

应力＼截面	截面 1	截面 2	截面 3	截面 4	截面 5	截面 6	截面 7	截面 8
钢筋最大拉应力(N/mm^2)	160	220	98	117	132	81	109	56
钢筋最大压应力(N/mm^2)	149	97	258	174	178	138	162	128
截面剪力(N)	57137	291282	315540	109689	266124	141855	233594	170010

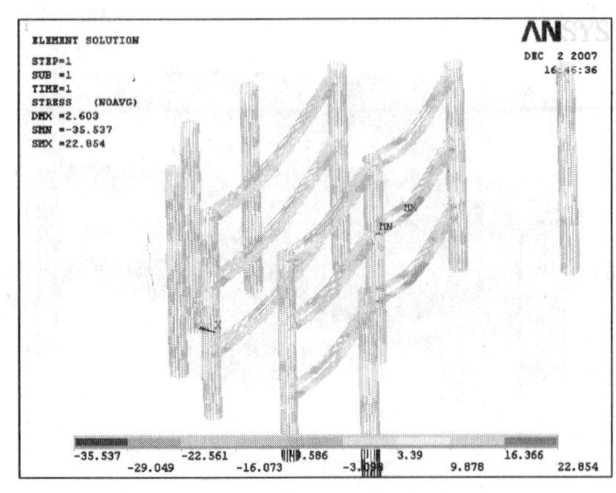

图 13　3 层模型钢筋应力图(单位:N/mm²)

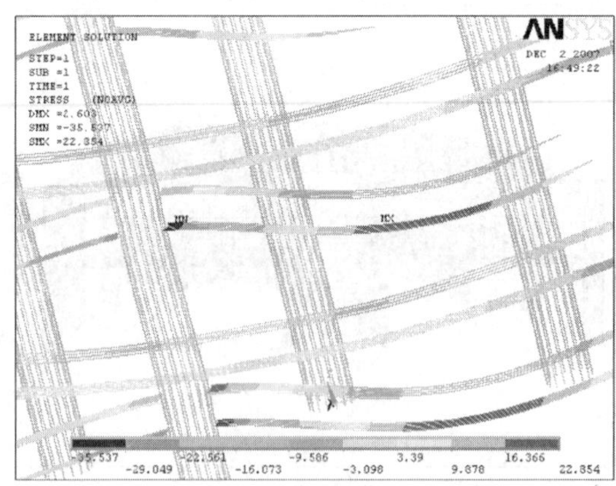

图 14　3 层模型钢筋应力图(单位:N/mm²)

(2)钢筋应力与实测值对比　由于 3 层模型符合实际施工情况,所以在其上选取 4 个截面,确定钢筋应力与实测值对比。图 15、图 16 为截面选取示意,3 层模型各截面钢筋应力如表 3 所示。

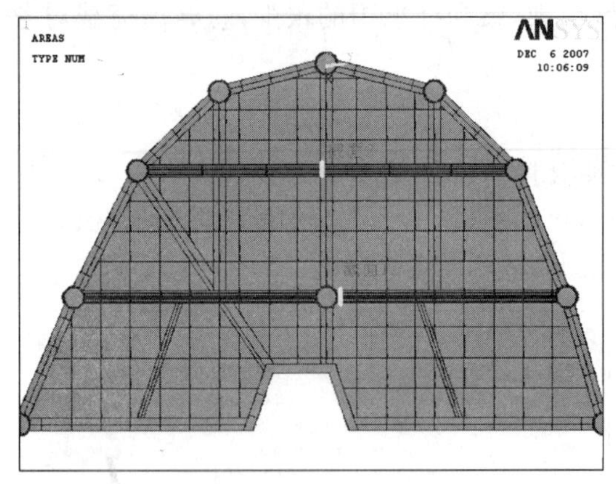

图 15　3 层模型截面选取图

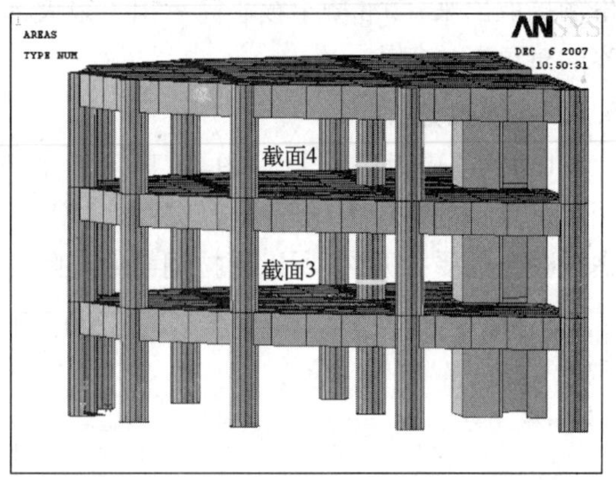

图 16　3 层模型截面选取图

表 3　3 层模型各截面钢筋应力(单位:N/mm²)

截 面 编 号	截　面　1	截　面　2	截　面　3	截　面　4
最大钢筋拉应力	56	22	—	—
最大钢筋压应力	—	—	87	25

经验算,纵向钢筋强度、截面抗剪、板冲切等均满足要求。

5.6　实施效果

在理论分析、统计调查及室内基础试验的基础上,进行超限超高钢筋混凝土结构施工期结构性能实测,获得了施工期混凝土结构性能的变化规律,为施工期混凝土结构安全控制体系的建立积累基础原始数据,并为设计及施工方案优化提供基础。

参 考 文 献

[1] 赵挺生,方东平,张传敏. 施工阶段多(高)层建筑钢筋混凝土结构统一模型[J]. 清华大学学报:自然科学版,2004,44(12).

[2] 方东平,祝宏毅,耿川东,刘西拉. 施工期钢筋混凝土结构特性的实测研究[J]. 土木工程学报,2001(4).

[3] 杨宗放,郭正兴.高层建筑施工中现浇楼板的荷载传递与支模层数研究[J].施工技术,1988(1).

[4] 方东平,耿川东,祝宏毅,刘西拉. 施工期钢筋混凝土结构的安全分析与安全指标[J]. 土木工程学报,2002(4).

[5] 方东平,耿川东,祝宏毅,刘西拉. 施工期钢筋混凝土结构特性的计算研究[J]. 土木工程学报,2000(12).

预拌混凝土早期收缩性能及施工期裂缝控制技术研究与应用

张希黔，华建民，张爱莉

中建总公司施工技术专业委员会

现浇混凝土施工期间裂缝多发生在混凝土浇筑后的数天或十几天的时间段内，也有在浇筑完毕的几个月后仍主要因间接作用产生裂缝的，但与后续正常使用状态的长时期相比，施工期间裂缝可称作“早期裂缝”。混凝土产生裂缝，是混凝土结构劣化病变的宏观体现，也会进一步引起其他病害的发生与发展。混凝土构件施工期间产生裂缝的主要危害有以下方面：①对建筑使用功能的影响；②对结构耐久性能的影响；③对结构承载能力的影响；④对人造成心理影响等。

施工期间主要因间接作用引起的混凝土开裂与在结构正常使用期间因荷载作用引起的开裂在成因、危害及防治措施等方面均不相同。对于施工期间因变形引起的混凝土开裂在近几年才受到关注。有关研究多集中在某单一环节，对诸多因素综合考虑的研究还不多。因此，探究混凝土施工期间间接裂缝形成的原因，在工程实践的基础上，从原材料优选、配合比优化、结构设计及构造、施工过程控制、管理等方面综合分析研究，提出有效措施预防，控制裂缝的产生，同时对有害裂缝采取修补、补强等，具有较大的理论意义及工程实用价值。

1 关键技术

预拌混凝土施工期间间接裂缝可在事前、事中从结构及构造优化设计、原材料优选、施工配合比抗裂优化设计、施工过程控制及施工过程监测等多方面采取措施进行综合预防控制。混凝土结构中裂缝的存在具有一定的绝对性，所谓“预防控制”只是应将其控制在符合规范要求的范围内，以不致发展成有害裂缝。

出现裂缝后则要对裂缝进行评估，有些需要采取修补或加固、补强等措施处理。其综合预防及处理思路如图1所示。综合相关工程实践调查、实验室试件基础试验、工程实际构件原位试验及初步分析计算结果，预拌混凝土施工期间间接裂缝综合防治有以下关键点：

(1)预拌混凝土施工期间间接裂缝的防治必须从以上各方面综合采取措施，不能忽略其中任何一个方面。裂缝控制效果不是取决于哪些方面做得好，而是取决于哪个环节没有做好。

(2)与传统混凝土相比，现代预拌混凝土收缩总量变大；收缩早期发展快；弹性模量早期发展迅速，强度发展相对较慢，这三方面特性是导致目前预拌混凝土施工期间较多发生早期裂缝

[作者简介] 张希黔，中建总公司施工技术专业委员会主任委员，重庆大学现代施工技术研究所所长

材料方面的主要原因。必须重视这一新发展，进行结构及构造优化设计（如进行专门的混凝土抗裂计算分析），进行施工过程有效监控，以有效控制裂缝的发生、发展。

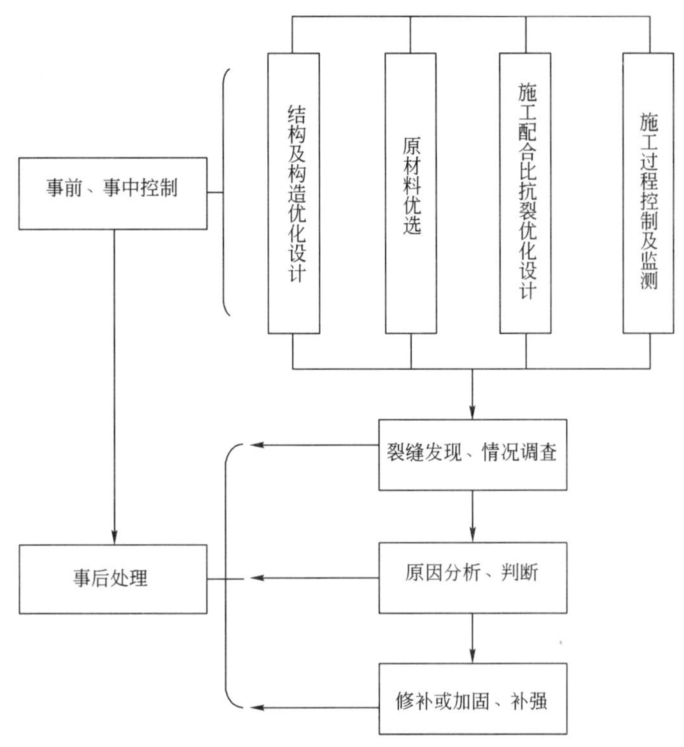

图1　预拌混凝土施工期间间接裂缝预防及处理技术思路

（3）墙体原位试验及分析计算表明，周边构件的约束情况及施工方法、施工顺序的不同，极大地影响由于混凝土收缩产生的应力大小，直接影响裂缝的产生，必须根据工程具体情况采取合适的措施。

2　工程应用实例

2.1　工程概况

武汉市第三医院综合病房大楼平面呈"L"形（见图2），建筑面积26542m²。地下室底板混凝土强度等级为C35，板厚均为400mm。虽然底板混凝土厚度不大，混凝土工程量不大，但约束条件复杂，具有明显的大体积混凝土性质（见图3）。

2.2　创新及关键技术

2.2.1　基于施工期间裂缝控制的长墙结构分析

地下室施工前进行了相关力学分析，优化构造措施及相应施工方案。力学分析针对以下两种情况进行。

（1）墙体底端为固定支座，两侧有柱约束，不考虑顶板约束　对应混凝土施工顺序：底板混凝土先浇筑，养护一段时间后，再同时浇筑墙体和两侧柱混凝土，墙体混凝土养护一段时间后，浇筑顶板混凝土。采用该混凝土浇筑顺序时，不考虑顶板对混凝土墙体的约束。变形如图4所示，最大主应力如图5所示。

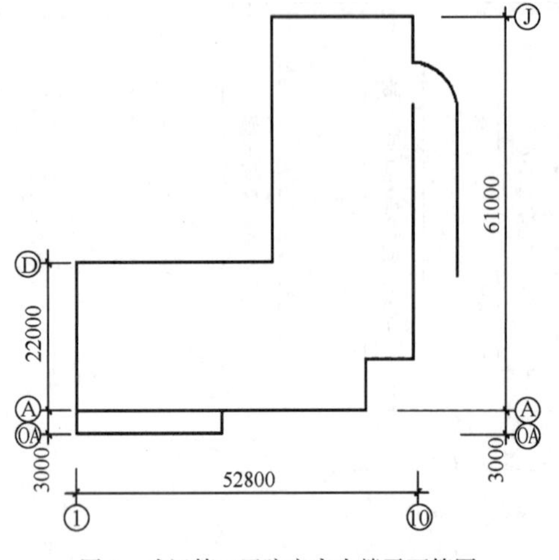

图2　武汉第三医院病房大楼平面简图

图3　地下室底板俯瞰图

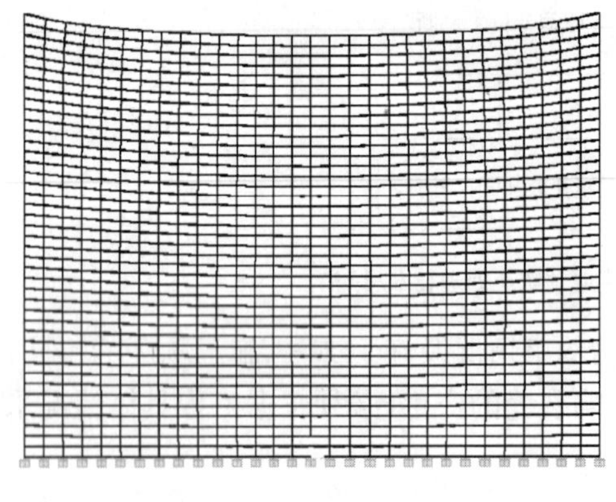

图4　墙体变形示意图

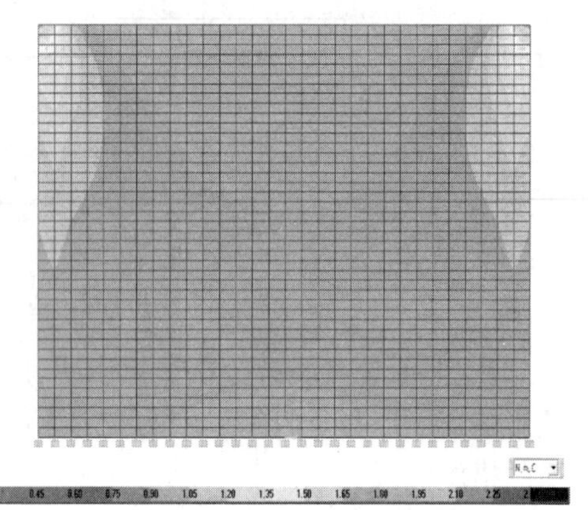

图5　墙体最大主应力

(2)墙体底端为固定支座，两侧有柱约束，考虑顶板约束　对应混凝土施工顺序：底板混凝土先浇筑，然后同时浇筑墙体、两侧柱和顶板混凝土。此时应考虑顶板对混凝土墙体的约束。变形如图6所示，最大主应力如图7所示。

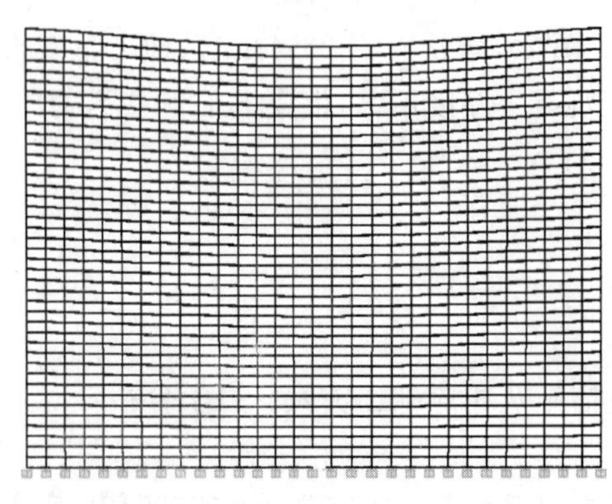

图6　墙体变形示意图

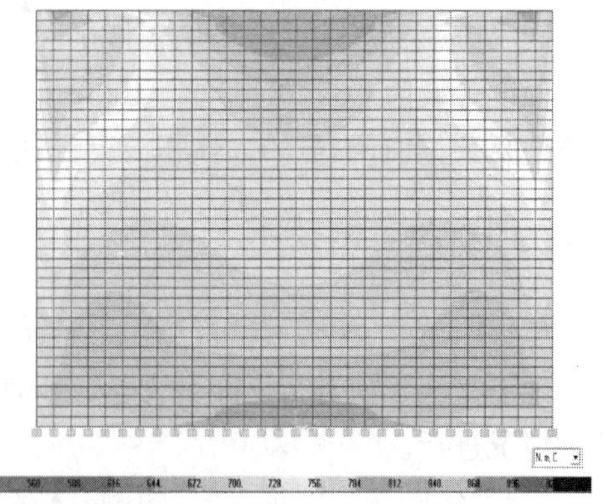

图7　墙体最大主应力

对比可以看出，有无顶板约束，即顶板混凝土是与墙体混凝土一起浇筑还是后浇筑，墙体由于收缩引起的最大主应力差别很大，会直接影响裂缝的产生。顶板混凝土在墙体混凝土后浇筑时(无顶板约束)墙体由收缩引起的最大主应力接近 2.4N/mm^2，几乎达到 C40 混凝土抗拉强度值，开裂可能性大。该工程地下室墙体施工时采用先底板混凝土浇筑，再墙体混凝土浇筑，最后进行顶板混凝土浇筑。

2.2.2 收缩、体积稳定性试验及评价

(1)主要试验检测性能指标　混凝土拌和物坍落度、坍落扩展度；3d、7d、14d、28d、60d 立方体抗压强度；3d、7d、14d、28d、60d 劈裂抗拉强度；混凝土初凝至 30d 早期收缩变形；平板抗裂性能评价等。

(2)配合比及原材料性能　如表 1 所示。

表 1　原材料性能及试验配合比(单位：kg/m^3)

组别	水	水泥	矿物掺和料				砂	石	减水剂	纤　维		WHDF	水胶比
			粉煤灰 I	粉煤灰 II	矿粉	磷渣				钢纤维	杜拉		
①	175	390	—	90	—	—	690	1080	9.5	—	—	—	0.36
②	170	290	—	90	100	—	690	1080	10.0	—	—	—	0.35
③	175	290	—	90	—	100	690	1080	9.5	—	—	—	0.36
④	175	280	200	—	—	—	690	1080	9.5	—	—	—	0.36
⑤	180	290	—	90	100	—	850	990	9.5	70	—	—	0.38
⑥	170	290	—	90	100	—	690	1080	9.5	—	5	—	0.35
⑦	175	290	—	90	100	—	690	1080	9.0	—	—	9.0	0.36
⑧	190	480	—	—	—	—	690	1080	—	—	—	—	0.40

(3)混凝土早期收缩性能测试　试验用试模用有机玻璃粘接而成，试模内底衬有特氟纶，长方向的内侧衬有可抽式的侧板，端板留有安装预埋测头的孔，也可以测量自收缩，密封盖与试模之间设有密封垫，以保证测定自收缩时，试件与外界无介质交换，收缩试验在标准条件下进行。

加水搅拌至 28d 龄期，混凝土收缩变形如图 8～图 10 所示。从试验结果分析，可以得出以下结论：①标准条件下，所有组28d收缩值均在200×10^{-6}以上，最小为掺加钢纤维的⑤组，最大

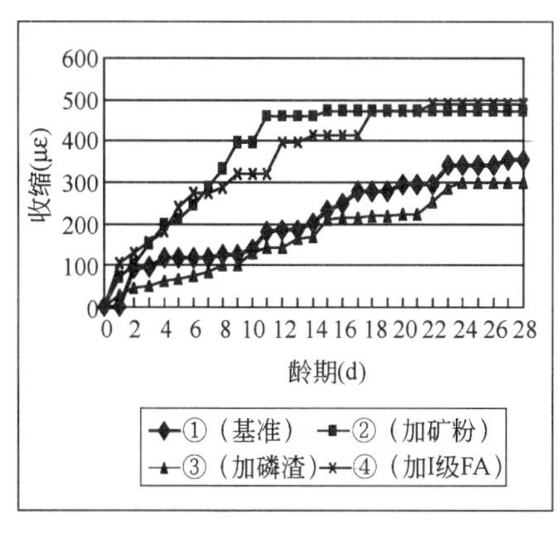

图 8　②～④与①组早期收缩

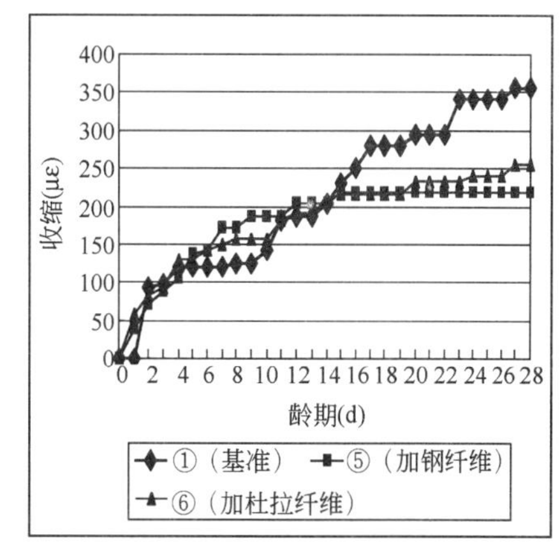

图 9　⑤、⑥组与①组早期收缩

为掺加Ⅰ级粉煤灰的④组，其次为高水灰比的传统配合比⑧组和掺加矿粉的②组；②收缩在早期发展较快，特别在1～3d龄期发展尤为迅速，而这段时间由于多数养护措施尚不到位，混凝土强度不高，是施工期间裂缝的高发时段，这也与工程实际相吻合；③掺加矿粉或Ⅰ级粉煤灰后，混凝土早期收缩明显加大，但对混凝土早期抗拉强度没有明显影响，对混凝土早期裂缝控制不利；④掺加磷渣可以有效减小混凝土早期收缩，同时对混凝土早期强度没有明显影响，综合平板试验结果，可以认为掺加磷渣可以在一定程度控制混凝土施工期间早期裂缝的产生；⑤掺加钢纤维和杜拉纤维并不能降低混凝土14d以前的绝对收缩值，虽然14～28d收缩明显降低；但掺加纤维可以提高混凝土的早期抗拉强度，并可以改善混凝土塑性阶段抗裂性能，总体上看，掺加以上纤维对混凝土早期裂缝防治有利；⑥不加减水剂的传统配合比混凝土，水灰比较大，早期收缩明显比基准组大，平板试验显示其塑性阶段抗裂性能较差，不宜采用；⑦掺加纤维不能减小混凝土的绝对收缩量，但对收缩可以起到分散作用，使局部由于约束收缩产生的应力下降，进而提高混凝土抗裂性能，所以加纤维仍可以起到抗裂的作用。

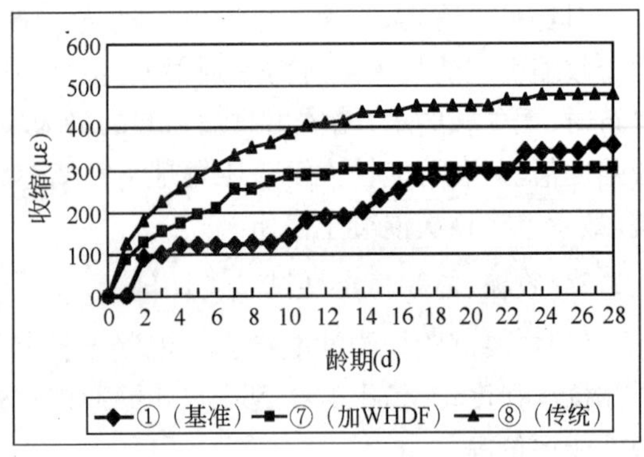

图10　⑦、⑧组与①组早期收缩

(4)混凝土主要施工性能及力学性能测试　混凝土拌和坍落度、坍落扩展度按《普通混凝土拌和物性能试验方法标准》(GB/T 50080—2002)进行，立方体抗压强度和劈裂抗拉强度按《普通混凝土力学性能试验方法标准》(GB/T 50081—2002)进行。

立方体抗压强度如图11～图14所示。

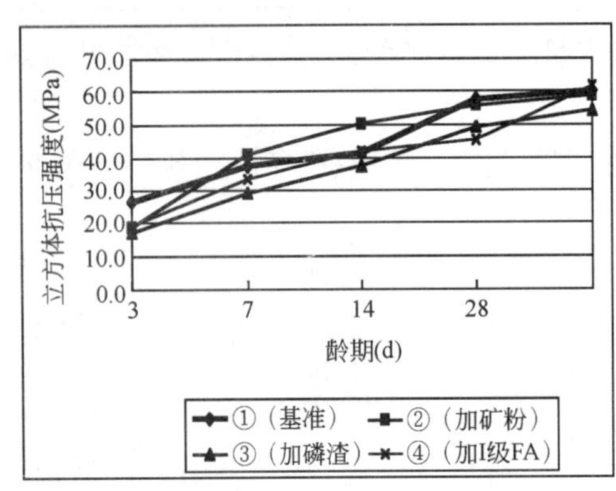

图11　②～④组与①组立方体抗压强度比较

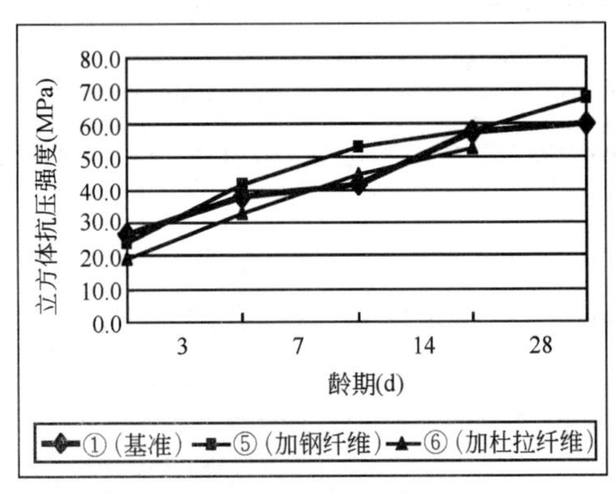

图12　⑤、⑥组与①组立方体抗压强度比较

劈裂抗拉强度如图15～图18所示，同样分别按组别和龄期绘制（⑥、⑧组60d强度缺失）。

从试验结果可以得出以下结论，在该批试验中：①矿粉、磷渣、Ⅰ级粉煤灰等矿物掺和料、纤维掺加物及外加剂等对混凝土抗压强度和抗拉强度的影响并不相同，不同的龄期阶段影响也不一样；②掺加矿粉、磷渣、Ⅰ级粉煤灰使混凝土3d抗压强度和劈裂抗拉强度均降低，对混凝土早期裂缝防治不利；28d抗拉强度，这三组与基准组没有明显差别，但28d抗压强度多比基准组有降低；③掺加钢纤维对混凝土的抗拉强度提高明显，也能提高抗压强度；掺加杜拉纤

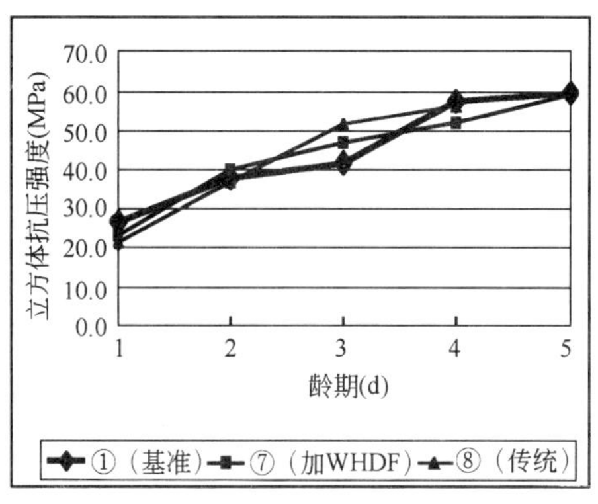

图 13　⑦、⑧组与①组立方体抗压强度比较

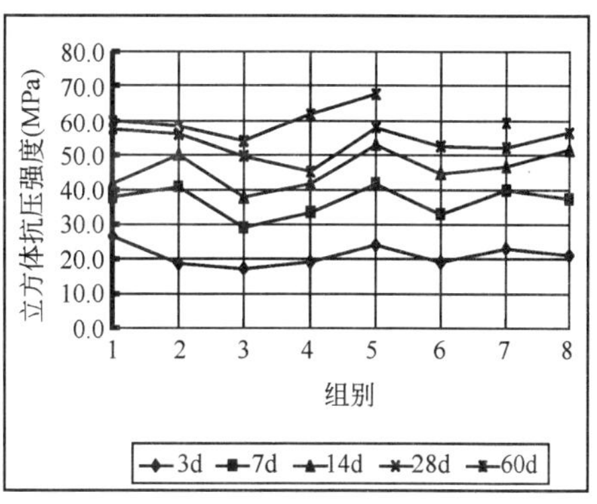

图 14　各龄期立方体抗压强度比较

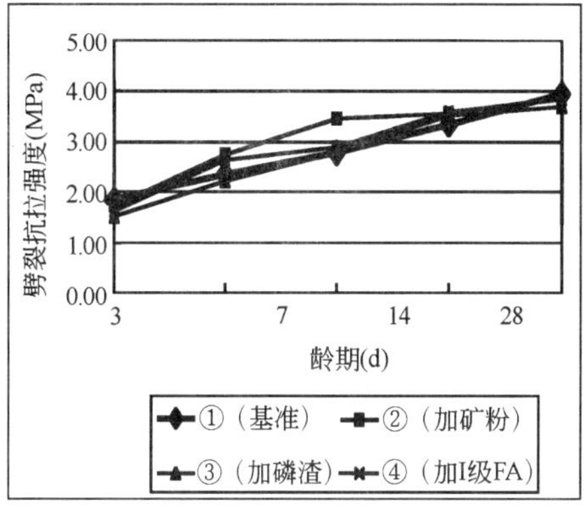

图 15　②～④组与①组劈裂抗拉强度比较

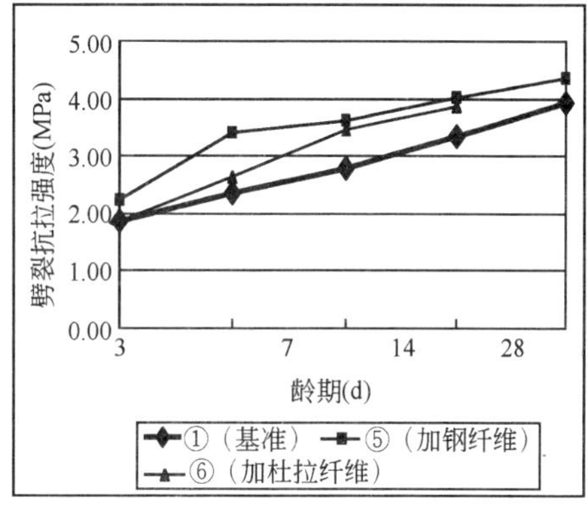

图 16　⑤、⑥组与①组劈裂抗拉强度比较

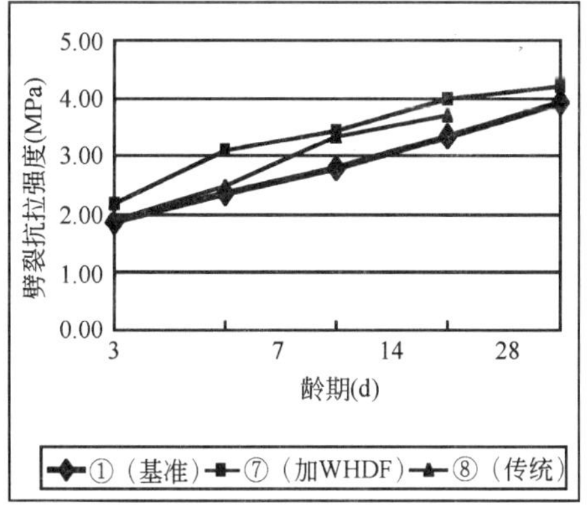

图 17　⑦、⑧组与①组劈裂抗拉强度比较

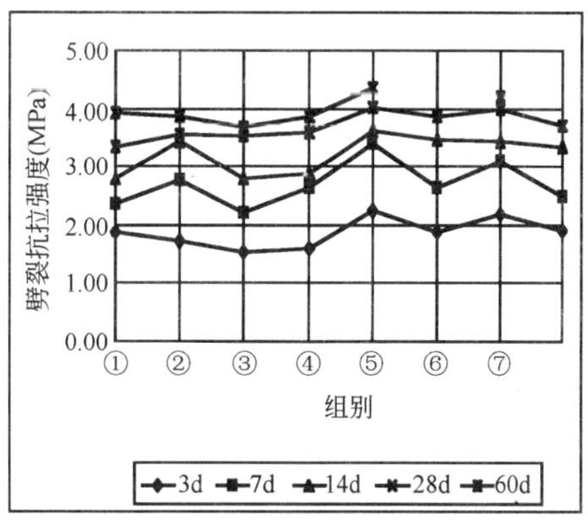

图 18　各龄期劈裂抗拉强度比较

维对混凝土 3d 龄期抗拉强度没有明显影响，可以提高 3d 以后的抗拉强度，但提高效果没有钢纤维好，掺加杜拉纤维对混凝土抗压强度影响不明显；④掺加 WHDF 抗缩剂可以明显提高混凝土抗拉强度，对抗压强度影响不大；⑤从提高混凝土早期抗拉强度的角度考虑，可以掺加一定量的钢纤维、WHDF 抗缩剂，也可以掺加杜拉纤维（但从试验结果看，效果没有钢纤维好）；不宜掺加矿粉、磷渣、I 级粉煤灰等矿物掺和料；⑥传统组（指不掺加矿物掺和料及外加剂）与基准组的抗拉强度和抗压强度基本相同，但传统组的混凝土成本高。

(5)混凝土塑性抗裂性能试验(平板抗裂试验)

混凝土塑性抗裂性能试验(平板抗裂试验)主要测试、评价混凝土在低龄期(塑性)阶段的抗裂性能。平板试验的试模如图 19 所示。

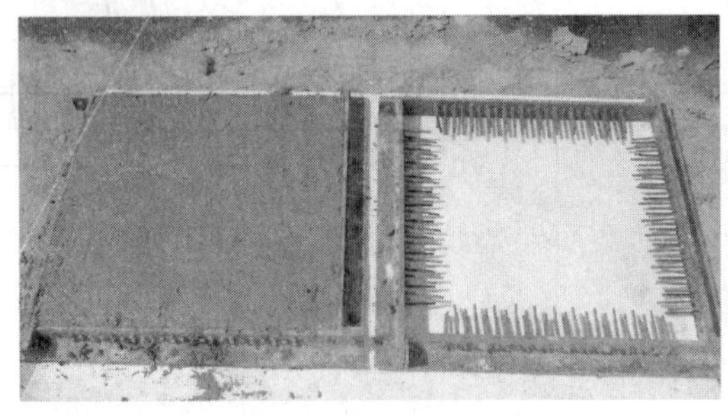

图 19　平板抗裂试验实况

试验结果分析评价指标如表 2 所示。从裂缝形式及分布上看,基准组裂缝条数较少,但裂缝较宽,主裂缝宽度接近 1mm;掺加矿粉后裂缝条数与基准组基本相当,但裂缝宽度下降;掺加磷渣后,只有一条裂缝,但裂缝较宽,施工中应避免出现这种裂缝;掺加Ⅰ级粉煤灰后,裂缝条数减少,但宽度明显加大,施工中也应避免这种情况出现;掺加钢纤维后,裂缝条数基本没有变化,但裂缝宽度明显下降,裂缝较细,可以看出,掺加钢纤维可以有效控制混凝土早期裂缝的宽度;杜拉纤维对塑性阶段裂缝的控制效果不明显;本次试验中,WHDF 抗缩剂对塑性阶段裂缝的控制有负面效果;传统配合比的混凝土裂缝条数较多,但裂缝宽度不大。从出现时间看,掺加矿粉、Ⅰ级粉煤灰、磷渣等矿物掺和料及钢纤维、杜拉纤维等均可以推迟裂缝出现的时间。

表 2　平板抗裂试验结果评价

组　　别	t(h/min)	n(条/m^2)	$\overline{A}$(mm^2)	c(mm^2/m^2)
①(基准)	4/40	22	37.6	827.2
②(加矿粉)	7/30	28	21.7	607.6
③(加磷渣)	8/00	3	68.7	206.1
④(加Ⅰ级粉煤灰)	8/15	11	61.3	674.3
⑤(加钢纤维)	7/35	31	6.6	204.6
⑥(加杜拉纤维)	9/00	14	41.1	575.4
⑦(加 WHDF 抗缩剂)	4/00	39	32.4	1265.3
⑧(传统)	4/30	67	17.5	1171.9

注:表中 t——首条裂缝发现时间;n——单位面积的裂缝条数;$\overline{A}$——平板试验平均开裂面积;c——单位面积的裂缝总面积。

2.2.3　原材料优选及配合比优化

优化后的地下室墙体混凝土配合比及相关指标见表 3。

表 3　墙体混凝土配合比及相关指标

水泥(kg/m^3)	粉煤灰(kg/m^3)	矿粉(kg/m^3)	水(kg/m^3)	砂(kg/m^3)	石(kg/m^3)	减水剂(kg/m^3)	砂率(%)	水胶比	浆骨比
290	90	90	180	710	1080	9.9	40	0.38	34.5∶65.5

2.2.4 施工过程有效控制

(1)施工段的划分　地下室底板及墙、柱、顶板混凝土浇筑时,采用跳仓浇筑(见图 20)。混凝土浇筑顺序按:跳仓第一块→跳仓第三块→跳仓第二块进行。第一块和第三块底板混凝土浇筑后 7d,待混凝土完成部分收缩后,浇筑第二块底板混凝土。

(2)施工缝的留置　地下室底板及墙体竖向施工缝按跳仓分块留设。底板竖向施工缝设钢板止水带。

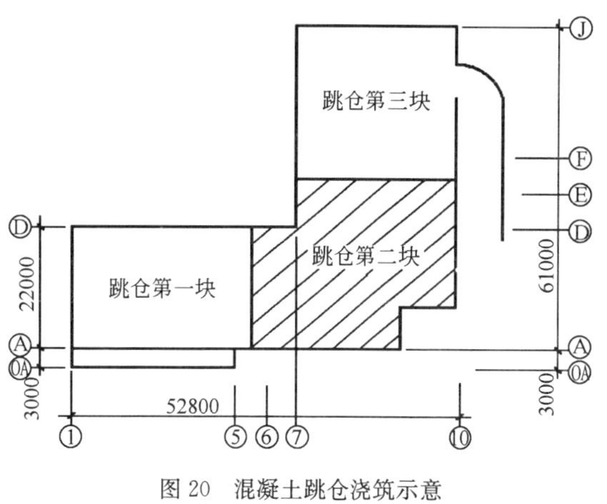

图 20　混凝土跳仓浇筑示意

(3)混凝土跳仓浇筑施工顺序　地下室底板、墙体在跳仓分块内连续浇筑,其施工顺序如图 21 所示。

(4)加强构造措施。

(5)加强养护措施。

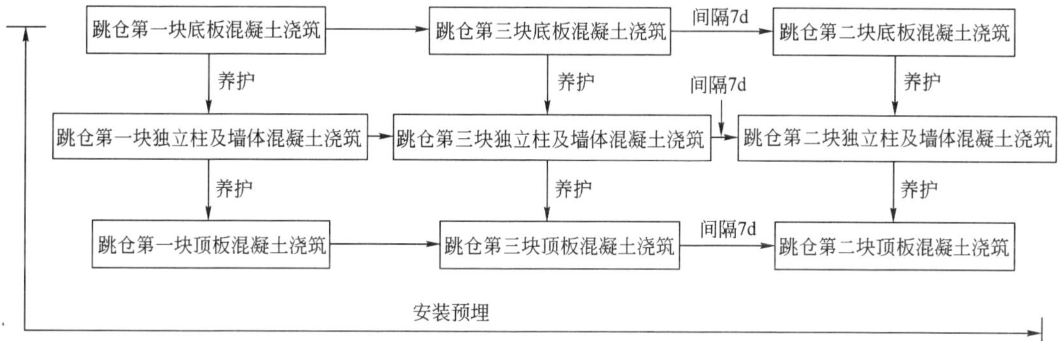

图 21　混凝土跳仓浇筑施工顺序

2.2.5 墙体原位施工试验及监测

监测方案分三部分进行:①实验室常规试件收缩试验,分标准条件和自然条件进行,同时进行了塑性抗裂试验(平板试验)和力学性能指标的检测;②现场条件,"参考墙体"早期收缩监测;③现场条件,实际工程墙体早期收缩监测。

(1)仪器简介及仪器安装　混凝土收缩采用 BGK-4200 型振弦式应变计,采用 BGK3700 温度计进行混凝土温度监测。

(2)实施过程　(墙体钢筋已经绑扎并校正完毕,保护层内网片安放完毕,墙体内侧模板支设完毕,外侧模板尚没有支设)仪器准备、安装→导线引出、仪器调试,初始读数→墙体外侧模板支设→在墙体模板及地下室顶板模板相应位置做仪器位置标记,做好仪器保护工作→混凝土浇筑→第一次读数,检查仪器→正式读数,持续至浇筑后 28d。

(3)墙体温度测试结果　如图 22 所示。

墙体的温度变化与一般大体积混凝土有明显不同,从墙体温度曲线可以得出以下结论:①厚度不大的墙体(350mm)混凝土温度曲线与其他大体积混凝土温度曲线走向相似,但上升段更陡,即温度上升梯度更大,也更快地达到温度峰值,由于混凝土掺加缓凝剂等因素的影响,混凝土温升较纯胶凝材料滞后;②混凝土内外最大温差比传统认识中的大,超过 25℃,最大温差发生在内部温度峰值前后，虽然没有采用特别的保温养护措施，但降温段的内外温差不大，在可接受的范围内；最大温差出现时间提前，与一般的大体积混凝土有明显不同；③实际工程中，对墙体较少采用覆盖保温养护，所以其温度下降曲线也明显较养护条件好的大体积混凝土陡，即降温更快；④混凝土浇筑后12～60h范围内，混凝土维持较高温度(40℃以上)，高出环境温度约10～15℃，会加大混凝土干燥收缩的早期发展，更易导致混凝土的早期开裂。

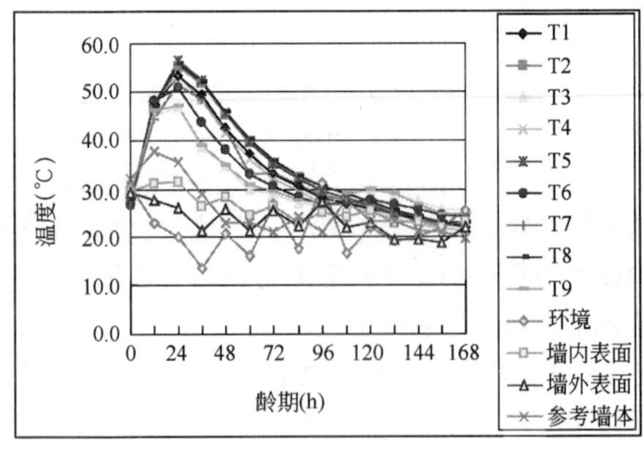

图22　墙体混凝土温度曲线

对于一般大体积混凝土基础而言，温度的影响起主导作用，收缩的影响程度较小。而对厚度不大的混凝土墙体而言，收缩和温度作用均有较大的影响，同时，温度对收缩的早期发展也有一定的影响，会间接影响到混凝土墙体的施工期间开裂问题，这一点在墙体裂缝控制中受到的关注和重视程度还不够。

温度对混凝土墙体施工期间开裂的影响主要体现在以下四个方面：①墙体混凝土浇筑初期胶凝材料水化热导致的墙体内外温差和后期降温过程中墙体内外温差的影响；②养护后期墙体均匀降温的影响；③较长时间、较高温度对混凝土干燥收缩早期发展的影响；④厚基础底板保温养护对墙体带来的影响等。

(4)混凝土早期收缩变形　如图23、图24所示(横坐标以上数值代表收缩，横坐标以下数值代表膨胀)。

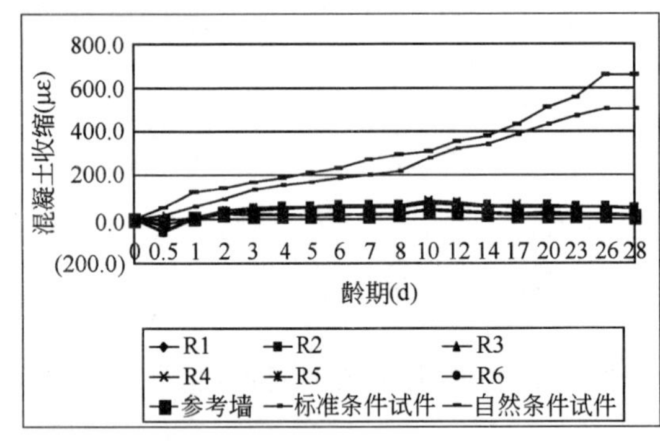

图23　试件及墙体混凝土收缩总曲线

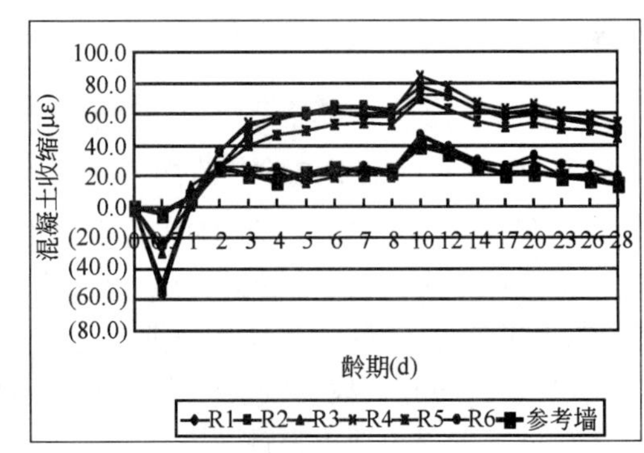

图24　墙体混凝土收缩曲线

可以看出，在原材料、配合比相同，生产工艺相同的情况下，工程墙体测得的混凝土早期收缩值明显小于实验室试件测得的混凝土早期收缩值，其主要受到浇筑(捣实)方法、湿度、温度、风速及构件形状、尺寸、配筋情况的影响。混凝土浇筑(捣实)效果好，可以有效减小混凝土收缩；湿度小，收缩偏大；温度高，收缩偏大；风速大导致混凝土水分散失加快，收缩加大；构件表面积/体积比越大，收缩越大；配筋在一定程度上可以抑制收缩的发展。

混凝土收缩变形试验数据表明，随着龄期的增加，墙体水平方向收缩逐渐变大，初期(浇筑后24～48h内)发展快，部分受温度影响，后期发展慢，比较平稳。

2.3 实施效果

武汉市第三医院综合病房大楼地下室混凝土墙体无缝施工，基于全过程控制，从结构及构造优化设计、原材料优选、施工配合比体积稳定性优化设计、施工过程控制及施工过程监测等多方面采取措施进行综合预防控制，取得了良好的控制效果，经武汉大学专门机构检测，剪力墙中混凝土的收缩和膨胀都在允许范围内，墙体没有发现肉眼可见裂缝。

参 考 文 献

[1] 王铁梦. 工程结构裂缝控制[M]. 北京：中国建筑工业出版社，1997.

[2] 徐有邻，周氏. 混凝土结构设计规范理解与应用[M]. 北京：中国建筑工业出版社，2006.

[3] 刘匀. 钢筋混凝土地下室外墙施工中的裂缝控制研究[D]. 上海：同济大学.

[4] 陈士良，等. 现浇楼板的裂缝控制[M]. 北京：中国建筑工业出版社，2003.

[5] 王晓锋，徐有邻. 混凝土结构裂缝的类型及判断[C]//何星华，高小旺. 建筑工程裂缝防治指南. 北京：中国建筑工业出版社，2005.

矿物掺和料与养护制度对预拌混凝土抗碳化性能的影响

王　军[1,2]，杨　文[1]，孙克平[1]，吴　雄[1]，彭　波[3]

1. 中建商品混凝土有限公司；2. 武汉理工大学硅酸盐材料工程教育部重点实验室；
3. 武汉市商品混凝土管理站

1　引言

混凝土碳化是一个多相物理化学过程，影响混凝土碳化的因素有三个方面：①材料本身的因素，如水灰比、水泥品种与用量、集料品种与粒径、外加剂、装修覆盖层等；②施工的因素，如混凝土搅拌与振捣、养护方法与时间等；③环境条件的因素，如 CO_2 浓度、相对湿度、温度等。

自 2003 年商务部、原建设部等四部委《关于限期禁止在城市城区现场搅拌混凝土的通知》颁发和实施以来，我国预拌混凝土得到了较大程度的发展，但是目前预拌混凝土主要以 C40 及以下强度等级混凝土为主，水胶比较高，毛细孔较粗，孔隙率较高，且掺和料掺量较大，碳化现象严重。本文主要结合预拌混凝土的生产与施工现状，以低强度等级混凝土为研究对象，着重分析研究矿物掺和料与养护制度两个因素对混凝土抗碳化性能的影响，以期为矿物掺和料在预拌混凝土中的安全合理使用提供一定的数据支撑，并加强施工人员对预拌混凝土早期保湿养护重要性的认识。

2　原材料与试验方法

2.1　原材料

原材料化学成分分析如表 1 所示。

表 1　原材料化学成分分析（单位：%）

名称	SiO_2	Al_2O_3	CaO	Fe_2O_3	MgO	Na_2O	K_2O	SO_3
水泥	20.96	6.33	60.5	3.53	1.72	0.08	0.88	2.35
矿粉	32.39	17.22	37.64	0.41	7.85	0.34	0.36	2.05
粉煤灰	55.69	31.24	2.5	5.46	1.05	0.45	1.43	0.37

2.2　试验方法

混凝土配合比如表 2 所示。

[作者简介] 王　军，中建商品混凝土有限公司总工程师，中国混凝土技术标准委员会委员，湖北省土木工程学会专家

表 2　混凝土配合比(单位:%)

编号	占胶凝材料比例			编号	占胶凝材料比例		
	水泥	矿粉	粉煤灰		水泥	矿粉	粉煤灰
0	100			3	60		40
1	40	60		4	70		30
2	50	50					

注:总胶凝材料用量为 380kg/m^3,用水量为 170kg/m^3,砂率为 0.4。

混凝土碳化试验按照《普通混凝土长期性能和耐久性能试验方法》(GBJ 82—1985)中快速碳化的试验进行。试块尺寸:100mm×100mm×100mm。加速碳化试验中,CO_2 浓度为(20±3)%,温度为(20±2)℃,湿度为(70±5)%。

考查养护制度对混凝土碳化深度影响的试验,采用以下两种养护制度:

(1)前期标准养护:混凝土脱模后,先在标准环境下养护到 26d,再在 60℃下烘 48h,然后进入碳化箱进行加速碳化试验;

(2)前期干燥养护:混凝土脱模后,置于相对湿度 60%的环境中,养护 26d 再在 60℃下烘 48h,然后进入碳化箱进行加速碳化试验。

3　试验结果与分析

3.1　矿物掺和料的影响

预拌混凝土生产中,往往以强度和工作性能作为衡量其性能的指标,在达到强度等级的情况下,混凝土为了实现良好的施工性能,通常掺入大量的矿物掺和料,减小水泥用量,以达到改善工作性能、降低生产成本、降低水化热的目的。图 1 为大掺量矿粉对混凝土碳化深度的影响,图 2 为大掺量粉煤灰对混凝土碳化深度的影响。

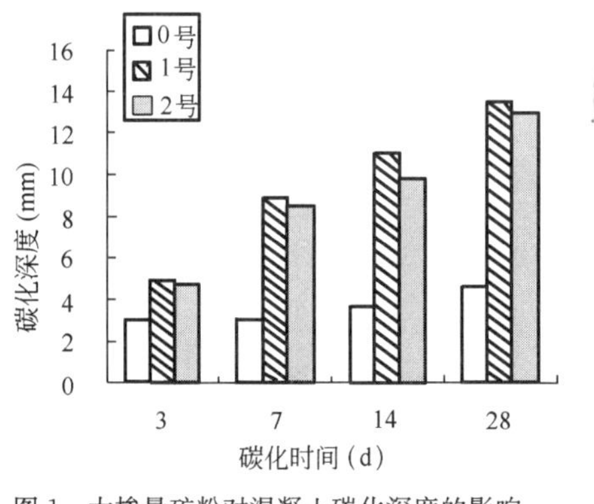

图 1　大掺量矿粉对混凝土碳化深度的影响

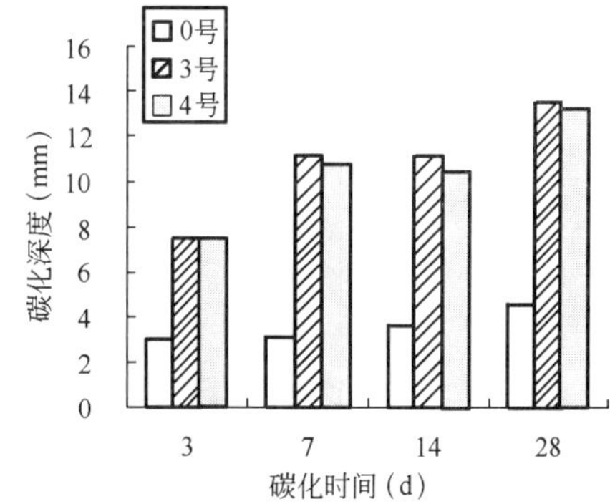

图 2　大掺量粉煤灰对混凝土碳化深度的影响

如图 1、图 2 所示,当混凝土中掺入大量矿粉、粉煤灰后,混凝土的碳化深度明显大于未掺矿物掺和料的混凝土的碳化深度。经计算,总胶凝材料量为 380kg/m^3 的混凝土,当矿粉掺量分别为 50%和 60%时,其 28d 加速碳化深度分别是基准 0 号的 3.5 倍与 3.7 倍;当粉煤灰掺量分别为 30%和 40%时,其 28d 加速碳化深度分别是基准 0 号的 3.5 倍与 3.6 倍。即大量掺入矿粉、粉煤灰会使混凝土抗碳化能力大幅降低。其原因是:矿物掺和料对混凝土抗碳化性能的影响有正面作用与负面作用两种:①正面作用:矿物掺和料可以减小混凝土中总的孔隙率及细化孔隙，使 CO_2 难以侵入混凝土内部发生碳化反应；②负面作用：矿物掺和料掺入后，其火山灰效应，能与水泥水化后的 $Ca(OH)_2$ 发生二次反应，使混凝土的碱度降低，从而使混凝土抗碳化能力减弱。因此，矿物掺和料应用于混凝土后，对混凝土的抗碳化性能的影响主要取决于正面作用与负面作用各自作用效果的大小。

目前，预拌混凝土主要以 C40 及以下强度等级为主，水泥用量少、水胶比大、总的孔隙率大是其主要特点。在这类混凝土中，矿物掺和料的掺量较大，虽然在一定程度上能够改善混凝土的孔结构，但混凝土的总孔隙率仍然较高，可供 CO_2 扩散的连通孔较多。因此，矿物掺和料在改善混凝土孔结构的同时，对阻止 CO_2 侵入混凝土内部的作用不大；大掺量矿物掺和料混凝土中，水泥用量减少，则水泥水化析出的 $Ca(OH)_2$ 数量也相应地减少，而矿物掺和料与水泥石中的碱发生火山灰反应，大幅降低了混凝土的碱度；$Ca(OH)_2$ 和 CO_2 反应生成 $CaCO_3$，发生体积膨胀，在一定程度上降低了孔隙率，但是水泥石过度碳化后，CO_2 对 C 键 S 键 H 的解体作用，会导致多孔状的硅胶生成，引起收缩，凝胶孔将粗化，这些都将导致混凝土对侵蚀介质的阻隔抵抗能力变弱。Papadakis 的研究也表明，当掺和料以取代水泥方式掺入时，总的可碳化物质数量减少，且致密性不足以弥补碱度的降低，混凝土抗碳化性能降低。

3.2 养护制度的影响

由上面的试验可知，当预拌混凝土中的掺和料掺量即使高达 50%（如 2 号）时，在前期 28d 经过标准养护后，其加速碳化 28d 后的碳化深度为 12.9mm，小于一般钢筋保护层厚度，即当预拌混凝土生产施工状况良好时，应该具有一定的抗碳化性能。然而，在实际工程中，由于混凝土浇筑后养护条件达不到标准养护水平，有些工地忽视甚至根本就没有养护工序，这样的混凝土虽说在工程验收时强度能达到设计要求，但是其抗碳化能力差，混凝土表面的碳化现象严重。因此，研究预拌混凝土的工程养护条件对其碳化性能的影响十分重要，对更加科学地应用好大掺量矿物掺和料技术，重视预拌混凝土的施工养护制度，以及提高混凝土的抗碳化性能具有重要的现实意义。

如图 3 是两种不同养护制度的混凝土碳化深度；图 4 是 3 号试样经不同养护制度养护后，加速碳化 7d 时的碳化测试情况。

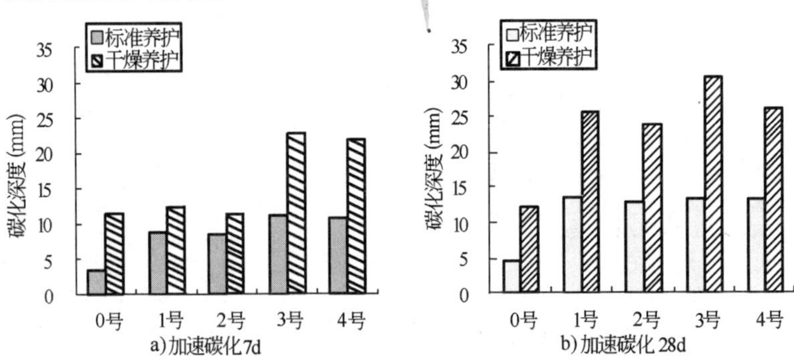

图 3 养护制度对混凝土碳化深度的影响

如图 3、图 4 所示，对比两种不同养护制度对混凝土碳化深度的影响，早期经干燥养护的混凝土碳化深度明显大于早期经标准养护的混凝土，即混凝土早期的养护制度对其抗碳化性能影响较大。早期经干燥养护后，混凝土抗碳化性能大幅下降。其原因是：当混凝土脱模后，处于标准养护环境中，环境湿度高，混凝土表层的胶凝材料能够得到充分水化，表层水泥石致密，毛细孔小而少，有一定量的 $Ca(OH)_2$ 晶体存在，CO_2 进入混凝土内部较为困难，当混凝土碳化后，消耗了水泥石中的晶体，$Ca(OH)_2$ 和 CO_2 反应生成 $CaCO_3$，发生了体积膨胀，在一定程度上降低了孔隙率，使水泥石结构更加密实，因此，早期经标准养护的混凝土碳化相对缓慢；但是，当混凝土脱模后，处于干燥环境中，由于空气中的水分较少，混凝土表面水分散失较快，将会形成较多而且较大的水分散失通道，并且混凝土次表层与表层之间形成明显的湿度梯度，会促进次表层的水分迁移，使混凝土表层结构中的连通孔较多，为 CO_2 侵入混凝土内部提供通道，并且，混凝土碳化所产生的微小体积膨胀不足以改变水泥石疏松多孔的现状，混凝土碳化后水泥石中仍然存在较多而大的孔，因此，早期经干燥养护的混凝土碳化非常迅速、严重。

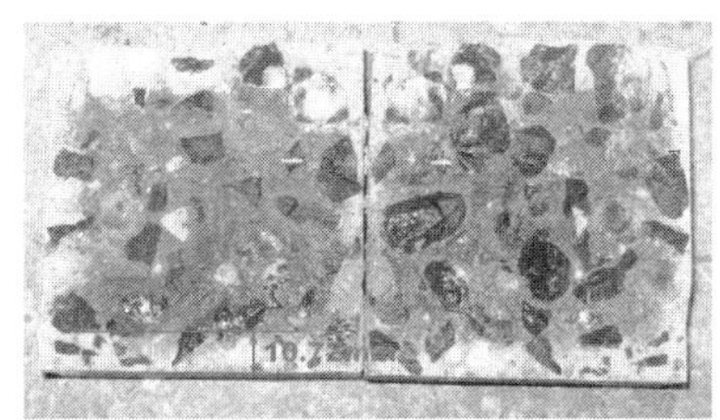

a) 标准养护 3 号加速碳化 7d

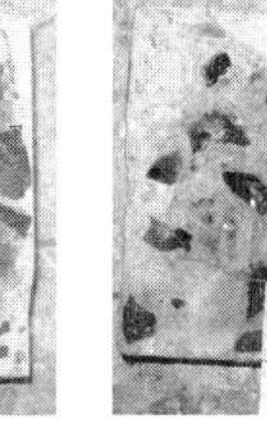

b) 干燥养护 3 号加速碳化 7d

图 4　混凝土不同养护制度的混凝土碳化对比图

对比图 3 中的 1 号、2 号与 3 号、4 号的试验结果，如图 3a）所示，早期经干燥养护后，加速碳化 7d 时，掺入大量矿粉的混凝土的碳化深度明显小于掺入大量粉煤灰的；如图 3b）所示，而早期经干燥养护后，加速碳化 28d 时，掺入大量矿粉的混凝土的碳化深度增长明显，但仍没有掺入大量粉煤灰的混凝土碳化深度增长明显。其原因是：粉煤灰仅仅含有一些具有较高能量的活性 SiO_2、活性 Al_2O_3 等，而矿粉中则存在着相当数量的水泥熟料矿物，显然，SiO_2、Al_2O_3 等的活性远不及水泥熟料矿物，因而矿粉具有较高的活性；另外，从反应过程来看，粉煤灰是与水泥熟料水化放出的 $Ca(OH)_2$ 反应发生的二次反应过程，而矿粉的反应是一个一次反应过程，它可以直接与水反应形成水化产物，水泥熟料水化放出的 $Ca(OH)_2$ 是这一反应的一个激发因素。因此，矿粉的水化活性强于粉煤灰，且消耗水泥石中 $Ca(OH)_2$ 的量要少于粉煤灰。在加速碳化时间较短时，掺入矿粉的混凝土由于其孔隙率小于掺入粉煤灰的混凝土，其内部 $Ca(OH)_2$ 的量要高于掺入粉煤灰的混凝土，故其碳化深度小于掺入粉煤灰的混凝土；但是，随着加速碳化时间的延长，掺入粉煤灰或矿粉的混凝土的碳化深度都将提高，由于掺入粉煤灰的混凝土加速碳化早期就已经较长深入，故增幅不及掺矿粉的混凝土。

3.3　混凝土碳化对钢筋保护层的影响分析

国内外的研究认为，CO_2 浓度对混凝土碳化的影响可表示为碳化深度 d 与浓度 c 的平方根成正比，即：

$$\frac{d_1}{d_2}=\sqrt{\frac{c_1 t_1}{c_2 t_2}} \tag{1}$$

式中：c_1——加速碳化试验的 CO_2 浓度（20%）；

t_1——加速碳化时间（$x/365$）a；

c_2——空气中 CO_2 浓度（0.03%）；

t_2——空气中自然碳化时间。

以钢筋的混凝土保护层厚度为 $d_2=20$mm 为例，依据加速碳化 28d 的碳化深度 d_1，由公式 1，可以估算出在非加速碳化的条件下，混凝土碳化深度超过钢筋保护层厚度所需要的时间

t_2，即混凝土对钢筋钝化膜的保护作用失效的时间 t_2，如表 3 所示。

表 3 混凝土碳化对钢筋保护层的影响

编号	早期标准养护		早期干燥养护		编号	早期标准养护		早期干燥养护	
	d_1(mm)	t_1(a)	d_1(mm)	t_2(a)		d_1(mm)	t_1(a)	d_1(mm)	t_2(a)
0	4.6	954	12.3	136	3	13.4	114	30.4	22
1	13.6	111	25.7	31	4	13.3	117	26.1	30
2	12.9	122	23.8	36					

由表 3 可知，0 号混凝土的 $t_2=954a$，而 1～4 号的 t_2 在 110～130a 之间，即当混凝土中掺入较大量的矿物掺和料（如矿粉、粉煤灰）时，混凝土的抗碳化能力和对钢筋的保护时间将大幅下降，但混凝土对钢筋的保护时间仍然较长（大于 100a）。因此，大量掺矿物掺和料的使用只是降低混凝土抗碳化能力的主要因素之一。将标准养护与干燥养护两种混凝土碳化对比可知，混凝土早期经干燥养护后，对钢筋的保护作用大幅削弱，保护层能够提供有效的保护时间仅为标准养护混凝土保护层的 25％左右。即在预拌混凝土的施工过程中，混凝土早期的养护极为重要，如果不能做到及时的保湿养护，将会影响混凝土的抗碳化性能，较大程度地缩短混凝土保护层的保护时间，严重影响结构的寿命。

4 结论

（1）大量掺入矿粉、粉煤灰会使混凝土抗碳化能力大幅降低，当矿物掺和料占胶凝材料量的 50％左右时，混凝土加速碳化深度为无掺和料混凝土的 3.5 倍左右。

（2）混凝土早期的养护制度对其抗碳化性能影响较大，早期经干燥养护的混凝土的碳化深度为早期经标准养护的混凝土的 2 倍左右，在预拌混凝土的施工过程中，应加强施工人员对预拌混凝土早期保湿养护重要性的认识，如果混凝土能做到及时有效的保湿养护，则其抗碳化性能较好，反之将很大程度上降低混凝土的抗碳化性能。

参 考 文 献

[1] 叶列平，陆新征，冯鹏，等. 高强高性能工程结构材料与现代工程结构及其设计理论的发展[A]//第一届结构工程新进展国际论坛文集[C]. 北京：中国建筑工业出版社，2006.

[2] 胡新六. 建筑工程倒塌案例[M]. 北京：机械工业出版社，2004.

[3] 颜承越. 混凝土的碳化腐蚀与验评[J]. 粉煤灰综合利用，1996(3).

[4] 彭波，杨文，王军，等. 大掺量矿物掺和料对预拌混凝土碳化的影响[J]. 混凝土，2009(5).

[5] NgalaV T，Page C L. Effect of carbonation on pore structure and diffusional properties ofhydrated cementpastes[J]. Cem Concr Res，1997，27 (7)：995-1007.

[6] PapadakisV G. Effect of supplementary cementingmaterials on concrete resistance against carbonation and chloride ingress[J]. Cem Concr Res，2000，30：291-299.

[7] Cengiz Duran Atis. Accelerated carbonation and testing of concrete made with fly ash[J]. Construction and Building Materials，2003，17(3)：147-152.

混凝土结构全寿命周期中诸环节“绿色化”控制要点

邓明胜

中国建筑股份有限公司海外事业部

《绿色建筑评价标准》(GB 50378—2006)对“绿色建筑”的定义是:在建筑的全寿命周期内,最大限度地节约资源(节能、节地、节水、节材)、保护环境和减少污染,为人们提供健康、适用和高效的使用空间,与自然和谐共生的建筑。

根据中国现行《混凝土结构设计规范》(GB 50010—2002)的定义,混凝土结构即指“以混凝土为主制成的结构,包括素混凝土结构,钢筋混凝土结构和预应力混凝土结构等”。据此,在现阶段的建(构)筑物建设中,几乎不存在一个不使用混凝土结构构件的工程,即便是以木结构、钢结构或砖石结构等为主的建筑中,都会在基础、构造柱、梁、板中被用到,足见其使用范围之广。因此,如何把握其生命周期的各个阶段,令其在诸环节中实现“绿色化”,将会是混凝土结构总体上通过绿色建造,实现绿色建筑的关键。

1 策划阶段对混凝土结构的“绿色化”工作

策划阶段,是整个项目的起步阶段,也是其主要功能的形成和确定其生命周期中各阶段主要控制目标的关键环节;通常在这一阶段人们关心得更多的是项目投资目标、建设规模、是否能够立项,以及项目的计划开工时间、投入使用时间、使用年限等;而不会或很少涉及确定具体的结构类型,尤其是不会确定采用何种结构构件。但其(策划)“成果”,却与绿色建筑的目标有着极其密切的关系。为此,必须在该阶段就启动“绿色化”工作,并视混凝土构件的广泛运用程度,提出针对其所开展的“绿色化”控制工作。

1.1 合理设定工程质量目标

现阶段国家建筑工程质量统一验收标准中,只有“合格”与“不合格”之分,并要求所建造的项目必须达到“合格”标准;但为了促进建筑工程质量整体水平,从国家到各省市地方建筑业协会均开展不同种类的创优工程评比,并将最终结果纳入工程竞标单位的优势评判条件。不过,项目本身是否真正需要实现创优目标,却往往并未在项目策划之初进行规划,多数都是在投标阶段由招标文件作为一种竞标条件被列入,甚至是竞标单位自发地以一种竞争手段主动提出的。众所周知,创优会带来额外的用工、材料和时间投入,如果不是最初规划的目标要求,其最终体现的肯定是成本增加和资源浪费;具体到混凝土结构运用方面,就会带来在实际工作中发生(或产生)大量需要拆除的“场地硬化”混凝土,仍然需要装修的“清水混凝土”等,而该种混凝

[作者简介] 邓明胜,中国建筑股份有限公司教授级高级工程师

土结构由于并不是属于项目策划中总体规划目标控制需要，因此无论最终是否实现工程创优目标，对于资源节省的绿色化要求而言，均属于浪费现象，应予以规避。

所以，在项目策划阶段，应根据项目建设目标及使用年限等要求，综合设定其质量目标，该目标应包括项目正常运行的最低质量目标和合理(适当)的高要求质量目标水平，如果必须是省优、国优，就应该在立项审批报告中加以明确，并在其后各阶段目标控制中加以贯彻落实，使最终产品达到该设定目标要求，并按省优、国优的产品发挥效用。

1.2 合理设定工程建造成本与运行成本控制目标

之所以提出该要求，是因为多数项目策划重点均放在建造成本控制上，甚至不惜牺牲长远运行成本来寻求短期建造成本的降低，从而促成项目建设能够尽早动工；从“绿色化”控制出发，要求“反其道而行之”，即应以长远目标控制为出发点，对于关键环节，不惜多投入一些，以增加短期建造成本来获取长远运行成本的降低，尤其是满足从环保控制目标出发所提出的要求。

从混凝土构件的绿色化目标控制角度出发，应该是充分利用混凝土的耐久性和混凝土构件表面的可装饰性，力求运用较好的模板和施工工艺，以实现表面一次性装饰效果而节省抹灰装饰面层投入，总体上实现节省资源的目的。

1.3 合理设定投资者与最终用户需求的“连接通道”

对于投资开发者与最终用户并非同一个主体时(比如，办公楼开发商与各租用公司、住房开发商与住户、标准厂房开发商与制造厂等)，往往会存在投资者策划设定的目标与最终使用者期盼目标不一致的现象，而这种不一致，往往会导致最终用户不惜拆除原有构造(比如抹灰层等)，甚至原有结构(比如构造柱、墙等)来重新改造成自己所需要的形式；不但存在着资源浪费现象，还可能因此带来结构隐患，必须予以根治。

若能结合最终用户实际情况，在项目策划中就充分考虑其具体需求，合理设置“连接通道”(即满足这些具体需求的可能或可靠做法)，及其建设原则或提出指导性意见，为杜绝无休止地对建筑物内部进行大面积拆除、改造、装修等“怪”现象，将是一个有效的控制方法。

从混凝土构件建造“绿色化”的角度出发，可以考虑在混凝土构件制作(预制)或现场浇筑等过程中，合理地设置连接沟、槽、线条或埋件、连接件等，为运用装配式装饰构件或室内分隔构件等提供可靠(有效)的方法或手段。

2 设计阶段对混凝土结构的“绿色化”工作

设计阶段主要是将策划阶段所制定的原则和确定的各种概念体现在设计图上，其成果即成为施工的依据，也是施工过程中能否实现“绿色化”，以及使用过程中达到“绿色化”的关键。

2.1 合理布置混凝土构件

一直以来，对于混凝土构件的设置，其通常做法都是按照一定的柱网或轴网尺寸要求，结合工程具体情况去选择混凝土结构构件，并由建筑设计人员初步确定混凝土构件大小(截面尺寸)后，最终由结构设计人员经受力分析并计算确定。很少从建筑装饰需求角度出发去考虑混凝土构件的布置，最后总是采用“万能”的抹灰构造来覆盖不同材质的表面，再进行涂料或涂布、面砖、石材饰面，或直接以木、金属等饰面做法包裹。这样一来，为满足结构优质工程验收要求而形成的“清水”饰面混凝土效果就被包裹其中，甚至为了不至于出现空鼓现象还不得不重新凿毛，真可谓损工废时。

合理布置混凝土构件，要求合理地搭配结构所需混凝土构件与其他起分隔作用的建筑构造构件间的布局关系，将混凝土构件的布局融入室内、外整体装饰、装修设计中统一考虑，总的原则是让混凝土构件“素面朝天”，以清水混凝土效果直接地体现在装饰风格之中；或者最多只是通过简单的表面处理，即可以涂料方案来进行装饰，而取消抹灰层做法，尤其是取消在与其他构件连接位置处通过加厚抹灰层，并辅以钢丝网来避免裂缝产生的做法。

图 1 为建筑物外墙面清水混凝土装饰效果，图 2 是室内清水混凝土梁板柱构件与其他装饰隔栅吊顶间的组合效果。两组案例均体现了运用清水混凝土饰面替代在混凝土构件表面，再进行抹灰或涂布、包裹装饰的工序，实现了混凝土构件生产“绿色化”所要体现的效果。

图 1　室外各处清水混凝土饰面效果

图 2　室内各处清水混凝土装饰效果

为了体现出较好的效果，在进行混凝土构件布局时，当遵循下列原则：

(1)力求使混凝土构件独立出现，以便能够体现统一的清水混凝土饰面效果，比如独立柱、独立墙或一个整片的墙面等。

(2)综合平衡混凝土构件与其他分隔物构件外露面的比例和位置，使其能够整体和谐。

(3)运用价值工程理论，按照建筑物全寿命周期综合评判并选择建筑物中“永久性”分隔墙体的构成，对于需要综合体现混凝土构件装饰效果的非承力构件也选择与混凝土构件相同的构造性混凝土结构，以实现清水混凝土的总体效果。

(4)对于非刚性要求的建筑分隔墙体，宜尽量按照活动分隔板块加柔性连接的方式布置，活动分隔板块可以是轻质混凝土板块。也可以是其他类型的分隔材料，主要起分隔作用，并实现隔声、隔热、装饰等效能；柔性连接部位包括与结构墙、柱的固接性连接和缝体的隔热、隔声、防水、装饰等功能型连接。

(5)对于必须采用外部贴砖、挂板(石材挂板、金属挂板等)的混凝土结构，从设计上指明只采用普通混凝土，而无需清水混凝土，避免因采用清水混凝土而带来的浪费。

2.2 混凝土构件间的连接及其与其他构件的连接节点设计

混凝土构件包括竖向墙、柱和水平梁、板，根据竖向混凝土构件的不同位置，其将不可避免地会与水平构件和其他竖向构件相交，且该交汇部位连接做法的好坏，直接关系到其总体装饰效果，故此务必在设计文件中加以考虑，至少应提出施工指导性控制意见，为施工图深化或施工方案制订提供依据。需要考虑的连接节点包括：①根据构件材质的不同变化而需要考虑的连接节点，如混凝土构件与混凝土构件的连接、混凝土构件与砌体结构的连接、混凝土构件与其他轻质墙体的连接等②根据不同混凝土构件结合部位的变化所需要考虑的连接节点，如梁与柱、梁与墙、柱与墙、梁与梁、墙与墙或几种构件的综合交汇连接等。

对于非独立的混凝土构件，其与其他构件交汇处，常常是装饰设计的重点部位，必须予以重视。而国内目前的现状是装饰与结构施工相分离，结构设计和施工时未予考虑，待装饰设计与施工时只有以"覆盖"的方式来实现，从而丧失了综合利用结构原始美感的机会。

2.2.1 混凝土构件间的连接方式

(1)有缝连接　根据结构受力状况，将独立承受荷载的构件分别浇筑，所需要注重的只是保证缝隙两侧协调一致即可。

(2)无缝连接　将相互连接，并处于不同部位的竖向和水平构件或竖向构件之间、水平构件之间整体浇筑，中间不显示任何连接缝隙；对于无法整体浇筑者，则要求采取较好的"接缝"措施，使得新旧浇筑的混凝土间不显现出接缝的痕迹；为实现该效果，可以将接缝设置在横竖交界处或其他比较特殊的部位。

(3)假缝连接　混凝土构件并不真正分离浇筑，但却在其外露面布置留设规则的线条以形成"假缝"外观，施工时在拟设置线条的部位埋设分缝条，待线条两侧或两个部位的混凝土浇筑完毕后再取出该分缝条，即形成一条或多条规则的分隔线替代不规则的接缝。

(4)艺术连接　参照假缝连接的方式，将需要表达的艺术形式以凸出或凹进混凝土构件的方式镶嵌在拟设置接缝的位置，待模板拆除后，该缝线处即为所要表达的雕塑艺术图案。

2.2.2 混凝土构件与其他构件间的连接方式

(1)有缝连接　与混凝土构件有缝连接相似，所不同的是可以先将一侧的混凝土构件施工完毕，再施工另一侧的其他构件，比较便于操作。

(2)无缝连接　先将两侧或一侧的其他构件施工完毕，再浇筑混凝土构件，从而形成紧密无缝的连接，比如构造柱等。

(3)榫槽连接　在混凝土构件上，按照其他构件的尺寸预留榫槽，待混凝土构件拆模达到强度或安装完毕后再安装其他构件即可。

(4)连接件连接　在混凝土结构的相关位置预埋连接件，当安装其他构件时一并安装好即可；连接件的形式可以多样化，比如预埋铁件方式、留孔方式、膨胀螺栓方式，甚至临时钻孔布置连接件；但高水平的连接件布置却可以做到像机械加工预埋工艺螺栓(孔)那样精准，这应该是作为在清水混凝土构件上预设连接件的基本要求。

2.3 面向使用阶段的混凝土构件连接沟、槽、线条及埋件、连接件设计

对于大开间住宅或办公室，尤其是用于出租的公寓型住宅和办公室，考虑到其租户变化频繁，各租户对房间平面布局的需求会有所变化，故在设计中根据不同需求预设不同方案，并根据方案的优先程度排列，以第一优选方案作为实施方案，而将后续方案作为使用过程中用户自

行调整布局的方案，并根据该方案在结构混凝土构件或其他刚性墙体构件中预置连接沟、槽、线条或埋件、连接件等；并将该预置连接方式，在实施方案装饰做法中综合考虑，或作为装饰小品，或作为装饰点缀，或作为装饰线条分割整体中的一个环节，或被巧妙地隐藏于装饰件中。

后续在使用过程中重新分隔房间而形成的隔墙、隔断等与现有混凝土结构，或其他刚性结构的连接按“铰接点”的方式通过连接件与结构连接成整体，并重点处理好连接部位的隔声、隔热、防水、防尘封闭，外侧四周以类似硅胶的胶体封闭，从而实现装饰与功能的完美结合。

3　施工阶段对混凝土结构的“绿色化”工作

施工阶段是项目实体具体成形的阶段，亦是目前情况下社会各界对“绿色化”工作普遍关注和重点强调的阶段。此阶段的工作不但要贯彻策划阶段所确定的“绿色化”意图，还要就具体施工环节，通过施工设计，从材料选择、工艺制定到操作过程和检查验收等，来确定全程所要展开的“绿色化”工作，将设计阶段所形成的各种“绿色化”设计成果具体细化到实处。图3所描述的“绿色规划”、“绿色建材”、“绿色施工”和“绿色验收”这四个环节，将是本阶段的工作重点。

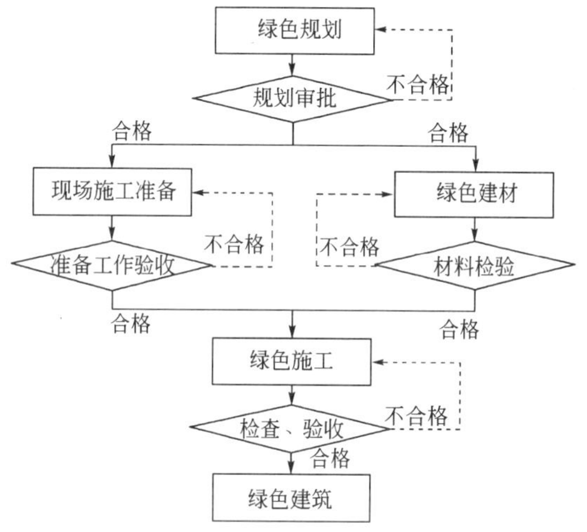

图3　绿色建筑施工过程中的四个主要环节及其关系

3.1　施工方案制订中的“绿色化”工作

施工方案制订过程中的“绿色化”即体现于混凝土构件施工的“绿色规划”。此项规划工作不仅仅只是施工工艺的选择，还应重点做好混凝土构件完成面效果规划（是需要抹灰的普通混凝土面层，还是无需抹灰的清水混凝土面层，甚至是要求较高、带雕塑图案的饰面混凝土）和因混凝土表面的平实、光华而取消抹灰层做法所带来的建设期（使用期）节材效果规划，以及临时场地硬化、混凝土浇筑过程中的浪费等非建筑物所用混凝土消耗量的控制工作。

3.1.1　混凝土构件完成面效果规划

此项内容，在目前的绝大多数施工组织设计工作中均被忽略，并且绝大多数施工组织设计均将墙、柱和梁、板外表面规划为“清水混凝土”效果。对一般工程而言，这种状况的后果是：结构施工时浪费了较好的模板和对混凝土表面的保护、处理工夫；装饰施工时浪费黏接剂或人工凿毛的工夫。尽管如此，也还存在着日后出现抹灰层空鼓、开裂等质量通病的风险。

对混凝土构件完成面效果的规划，可遵循下列原则：

（1）对于设计有清水混凝土或饰面混凝土要求的混凝土构件，按照清水混凝土或饰面混凝土效果配制模板和混凝土施工、养护工艺。

（2）对于在项目规划中（至少是在招标文件中）即有省市优质工程，甚至国家优质工程（鲁班奖）质量目标的项目，结合工程总体装饰效果，合理地规划清水混凝土或饰面混凝土的区域（构件），并按照清水混凝土或饰面混凝土的要求组织实施。

（3）对于有大量连续外露面的混凝土构件，比如混凝土筒体，可以按照清水混凝土饰面构件要求组织实施，并征得业主和设计同意后再最终取消饰面抹灰层做法。

(4)对于不与其他构件(比如砖墙)连接，并且最终亦无面砖、石材、金属饰面等包裹的裸露混凝土构件，比如独立柱、墙等，可以按照清水混凝土饰面构件要求组织实施，并征得业主和设计同意后，再最终取消饰面抹灰层做法。

(5)对于与其他结构连接，并最终必须抹灰的混凝土构件，不提倡按照清水混凝土要求组织施工，仅按照普通混凝土构件要求施工即可。

(6)对于有条件做清水混凝土饰面的构件，若最终因为其区域整体装饰效果的需要而必须做石材、金属饰面等高级装饰者，仍按照普通混凝土构件要求施工。

(7)对于凡是不宜作为清水混凝土饰面施工的构件，全部按照普通混凝土构件要求组织施工；该类构件的"内实外光"，即指外表无超过标准规定的蜂窝、麻面，无孔洞等质量瑕疵；无需采用高级模板浇筑成型，以充分节省资源。

3.1.2 混凝土构件施工工艺选择

当明确了混凝土构件表面效果之后，施工工艺选择即遵循，并以实现该表面效果为原则。

考虑到清水混凝土或饰面混凝土饰面构件，其施工的精细要求和对其面层保护要求均非常之高，故在选择具体成型工艺时，宜首选预制装配式结构，各基本构件均在工厂预制成型，运入现场安装固定即可；对于确需在现场浇筑成型的混凝土构件，亦应尽量以机械化程度高的工艺为主。对于楼板或地面浇筑，应优先使用激光整平仪和混凝土标高控制工具，确保混凝土浇筑一次整平，取消其上通常均会设置的砂浆找平层。

此外，混凝土构件施工过程中的"绿色化"工作，还包括减少噪声、减少粉尘、节约用水和减少水污染等，因此，工艺的选择亦应充分考虑这些因素；比如采用环保型振捣设备替代常规振捣设备以减少噪声，采用养护液或塑料薄膜覆盖养护替代洒水养护等。

3.1.3 场地硬化等非结构耗用混凝土的替代措施

自CI策略在建筑工程中推广运用以来，工程场地硬化问题被一次次地推向高潮，不但有不同级配的石料大面积回填，还会在石料回填后的面层浇筑混凝土给予硬化，少则几厘米、多则几十厘米；尽管这些硬化措施给现场排水、场地运用和管理带来了较多的好处，但却存在着较大的材料浪费弊端，尤其是混凝土硬化部分，最后几乎都被直接填埋或破碎后就近填埋，极少被二次或多次使用。改进和替代的措施包括：

(1)提前获取项目完工后的室外场地规划图(若为D&B或EPC合同，则需要提前完成该设计图)，并根据其要求，综合利用其道路和广场等位置，按照设计标高和该场地、道路构造要求进行回填，并做好除面层外的所有基层(包括混凝土垫层)，以作为场地临时道路和工具、材料堆场。面层在项目最后完工(交工)前浇筑。

(2)对于无法提前完成室外规划设计的项目，将难以在临时道路和场地中充分运用该永久性场地和道路构造做法。此时，可在临时规划场地和道路处铺砌活动预制块，最初的预制块可以是批量生产或购买，并随着工程进展，在项目上利用混凝土结构浇筑时剩下的边角余料不断加工补充，工程完工后则将该预制块起出运至下一个工地重复使用。对于有重车进场的道路或区域，可以用专用路基箱或道路钢板铺筑。

(3)大面积的场地或料具堆场，以级配碎石或卵石铺填为主，面层不再做混凝土硬化，以便雨水能直接回归大地，并节省现场雨水排放处理设施，最后，该填料直接作为本工程室外道路、广场回填或运往其他工地继续使用。

(4)对于场地地质条件较好，并且需要架空存放的材料或工具，比如木材、钢材、钢管等，可以采用桩支承的方式布设堆场；根据不同的情况，可以采用混凝土桩、钢桩、木桩等，工程完工后拔除，运往其他现场继续使用。

3.1.4 混凝土结构浇筑过程中"边角余料"的综合利用措施

混凝土浇筑过程中，无论是商品混凝土还是现场搅拌混凝土，无论是人工运送浇筑还是塔吊运送浇筑或是泵送浇筑，总存在着最后混凝土浇筑结束时，由于估算不准确或者混凝土配制(运送)最低匹配数量上的差异而导致混凝土构件已浇筑完毕，但却多出部分混凝土的现象，这些多余的混凝土即为浪费的混凝土。若能采取一定的措施，将这些浪费的混凝土加以综合利用起来，亦为混凝土结构施工过程"绿色化"的具体表现。综合利用和减少边角余料的措施包括：

(1)在混凝土制备环节，尽量选用商品混凝土，通过搅拌站的集中管理，来有效地减少砂石等集料的浪费。

(2)在运送环节，尽量选用混凝土运输车，并直接运送至现场浇筑点卸料，以减少类似于机动翻斗车、手推车等运送时因混凝土遗洒而造成的浪费。

(3)混凝土浇筑时，尽量选择泵送混凝土浇筑，以减少人力运送或塔吊运送而造成的遗洒浪费。

(4)采用"海绵球＋高压气体"吹洗的方法清洗混凝土输送泵管，充分利用泵管中的混凝土，减少浪费。

(5)对由于采取各种措施后仍旧存在的多余混凝土(比如预估富余量、最小搅拌批量形成的富余量、最小运送批量形成的富余量等)，可根据富余量多少来确定制作不同类型的"预制混凝土块"(图4)，使该部分"多余"混凝土能够得到有效的利用。该种混凝土预制块，以现场实际需要(比如钢筋保护垫块、工程室外绿化需要的路缘石、人行道砌块、场地平整垫块等)为准，如果该工程没有类似需求，则以企业为单位综合布置分项目分别制作，集中使用，亦可集中后面向社会销售。

图4 各种混凝土预制块参考示例

3.2 材料选择中的"绿色化"工作

尽管混凝土的组成材料仍旧是砂、石、水泥、水和各种掺和料等，但在具体选择何种砂、石，以及是否可以更多地选择工业废渣类掺和料等，仍有较大的"绿色化"空间。

(1)从对自然环境的保护角度出发。选择当地或临近区域资源丰富，并不对环境构成损害的砂、石料作为混凝土配制的主要粗细集料。

(2)从对人体保护的角度出发。选择无对人体有害物质(比如放射性元素等)的砂石料作为混凝土集料。

(3)选用粉煤灰等工业废渣，改善混凝土性能的同时，达到替代水泥、减少废物排放等综合环境保护目的。

(4)根据混凝土构件使用部位的不同，以及不同的强度、抗渗、抗冻融、耐久性等具体指标要求，选择不同种类的高效(高性能)外加剂，有效地改善混凝土的和易性、抗渗性、抗冻融性、耐久性等性能，通过性能的改善和强度的提高，来实现节省混凝土用量的目的，从而达到"绿色化”过程中的节材要求。

3.3 实施过程中的“绿色化”工作

实施过程，即是具体地贯彻落实上述环节所制定的各种措施，根据图5所示的建筑垃圾分拣处理的途径，在混凝土构件成型过程中，遵循“减量化”、“资源化”、“无害化”处理原则，将节材、降耗、减少污染等各项控制目标认真落实到每个施工环节之中。

(1)根除或减少现场临时道路和场地硬化混凝土用量，将是从“源头”上做好节省材料或削减建筑垃圾的重头工作。

(2)充分利用混凝土结构浇筑后形成的边角余料制作各种用途的混凝土预制块，现场应配备足够数量的混凝土预制块模具，并配备专人随同混凝土浇筑工作的展开同步完成，尤其要注意完整地收集利用好泵送混凝土堵管时所倒出的混凝土。

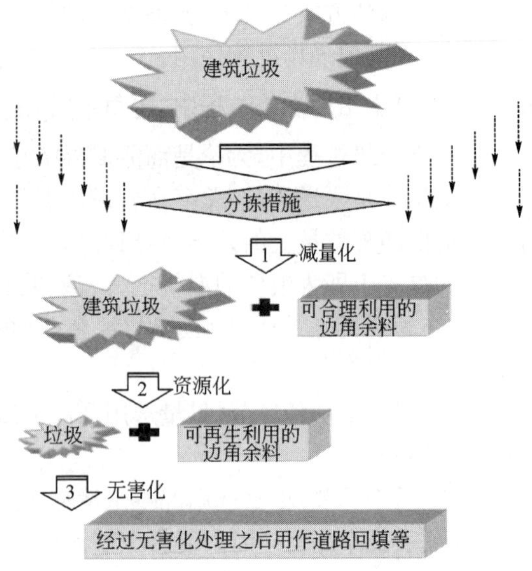

图5 建筑垃圾分拣处理的途径

(3)及时回收各层漏浆跑模而出现的混凝土浆料，如果不能作为预制混凝土块加以综合利用，则将其回收到地面，并注意在其硬化结块前将其破碎待用；该部分混凝土散料，可以根据试配结果确定，作为建筑物中某些构造柱、扶手等二次结构混凝土原料使用。

(4)对于结构施工时因“暴模”而导致构件截面尺寸偏大，需要凿出的部位，亦应在混凝土构件具有一定强度但并未充分硬化时凿，并与漏浆跑模部分一并收集、归类待用。

(5)拆模过程中，除做好混凝土构件的养护和成品保护外，亦是模板、支撑被合理分解、归类存放，并等待重复使用的最佳时机，应充分把握并妥善处置。

4 使用阶段对混凝土结构的“绿色化”工作

此阶段的“绿色化”工作之前常常被忽略，或是无人对其监管、或是被认为无“绿色化”工作可作。要做好此阶段的工作，应分别向前延伸至施工环节、设计环节，甚至策划环节；至少应延伸至施工环节。设计环节，应根据其设计结果，预估其耐久性和耐久年限，并提出分阶段的治理(维护)建议；施工环节则是在竣工交付时，针对各具体部位所用材料的耐久年限和施工质量的保用年限提出该混凝土结构的维护建议，比如抹灰层的使用年限及其维护建议、油漆涂料的使用年限及其维护建议等。

4.1 设计者对工程使用的要求

从设计角度，不仅仅只是在图中标明一个总的设计使用年限，还应就一些重要环节从使用角度加以说明或提出要求，比如构件的使用环境、某些关键部位构造做法的耐用(使用)年限及其防护(维护)方法等，尤其是在较长的使用期间，可能会因为用户改变工程使用性质而计划对其进行改动或改造时的不可更改部位必须明确地指示。至少应提出的要求包括：①拟建工程设计使用年限及其使用环境要求；②特殊(关键)部位使用环境要求；③在长期使用过程中，若用户或工程所有者拟改变工程用途或拟对其内部空间进行“新颖”性改造时的可能性建议方案；④主要装饰(构造)做法的设计使用年限和维护方法，尤其是对于清水混凝土构件和有抹灰层混凝土构件的维护方法⑤从结构整体安全性保障角度出发，明确禁止“侵犯”的结构构件；⑥其他需要说明的内容。

4.2 建造者对工程使用的要求

建造者对工程使用的要求来源于设计和现行规范规定，但却比之更详细、具体。目前部分住宅建筑在交付使用时，已经开始向住户提供“用户手册”或“房间手册”，但该类手册还只是一个停留在日常功能使用说明基础上的简易说明书，主要集中在水、电、气等与正常使用密切相关的常见问题(故障)的应对和处理方面，还未涉及工程总体的使用环境和维护要求，为此应进一步加以完善；具体应包括针对工程整体的要求、提供给工程管理(维护)单位和对工程各组成单元的要求(如住宅工程的房间手册)、提供给具体的使用单位(住户)。

(1)面对工程整体的要求　①工程整体的使用环境及维修建议；②在满足设计要求的前提下，结合具体的建筑材料选择和操作工艺要求，对相关部位的使用要求和维护方法提出建议；③针对在使用中拟更改其功能要求或室内布局而提出的建设性方案，以及施工中为其预留的沟、线、槽、洞、埋件等的使用和维护提出建议；④针对公共部位的使用和维护提出建议；⑤其他需要说明的内容。

(2)面对工程各组成单元的要求　①各单元的结构构成和相关使用环境等要求；②若有清水混凝土构件，其使用和维护要求建议，比如面层防护漆和清洗要求、重新涂刷防护漆的周期等要求；③若有带抹灰层的混凝土构件，其使用和维护要求建议，比如抹灰层的防护和面层防护漆及其清洗要求、更新抹灰层或重新涂刷防护漆的周期等要求；④单元内不可更改和拆凿的“结构禁区”；⑤为单元内“新颖性”再调整布局而预留的沟、线、槽、洞、埋件等的使用和维护建议；⑥对与单元紧密衔接的室外和室内公共空间的使用和维护建议；⑦其他需要说明的内容。

4.3 使用者在工程维护中的责任

作为用户，在享受工程为我们提供各种便利的同时，正确地按照用户手册要求进行使用将是一个最基本的职责，具体注意如下方面：①不随意改变工程用途和使用环境；②定期进行或请维修单位对工程进行维护保养；③对工程或其中部分单元进行新颖性改造时，按照预定方案进行；④对于超出预定方案的设想，必须请专业公司在充分研究原设计和施工情况后提出改造方案，并经审查批准后由专业公司负责实施；⑤接受并协助维护单位和工程评估鉴定单位对工程的正常维护和鉴定工作。

5 拆除阶段对混凝土结构的“绿色化”工作

拆除阶段对混凝土构件的“绿色化”工作，就是要求在拆除过程中，广泛关注可被再利用的混凝土构件和其他相关构件，合理地拆卸，让其“全身而退”后转入另外的临时工程继续发挥效用，而不是简单地“一推了之”。这些构件包括：①大量砖混结构中拆除的预制过梁、挑梁以及圈梁、构造柱等被分段切割后，即成为规整的混凝土块，可用于临时场地铺砌、坡道堡坎砌筑等；②大量预制楼板(平板或空心板)，可用于临时场地铺砌；③其他可用的预制或现浇混凝土构件被合理地切割后，用于合适的地方；④完全不能再利用的混凝土构件，将其分类集中、破碎后作为再生混凝土集料使用。

对于目前的新建工程，在若干年后被拆除时，这些“绿色化”措施，将会有更广阔的运用空间；其中，对现浇或预制质量较好的清水混凝土构件有计划地拆除和合理使用，将在建材资源的降耗节能方面，体现出更深远的意义。

6　投资、建造、使用者的“绿色化”观念培育

可以看出，若要使上述混凝土构件全寿命周期中各环节的绿色化工作得以正常、持久地开展，必须培养投资、建造和使用者的“绿色化”观念；混凝土构件的原材料亦具有资源不可再生性，如何有效地延长其单一构件（甚至被肢解后单一构件中某一个完整部分）的“生命周期”，将是有效地节省其原材料资源、并进而促进绿色环保的有效途径。这些观念包括：①以短期适当高的投入换来长期资源的节约和运行成本的降低；②不以拆旧建新为改善生活条件和生活质量的标志；③重立轻废，对必须拆除的混凝土结构亦应尽力发挥其单一构件的作用，延长其生命周期。

大体积混凝土温升与强度增长的试验研究

邹传学[1]，张衍龙[2]，张同波[1]

1. 青建集团股份公司；2. 青岛理工大学

近年来，会展中心、机场、体育场馆、商业中心等大型公共建筑在我国大量建设，此类建筑要求高空间，大跨度，结构设计多采用大体积混凝土梁板结构。然而在建筑工程设计及施工过程中，对于大体积混凝土拆模、预应力钢筋张拉及后浇带封闭所采用的混凝土强度，仍使用混凝土试块标准养护28d抗压强度的评价方法。此方法忽略了水泥水化热对混凝土强度增长的影响，不能真实反映实体龄期强度。为此，本项研究以青岛国际会展中心为对象，进行了大量的现场和实验室试验，结合足尺寸试验梁的回弹及取芯试块，使所测得的混凝土龄期力学性能更接近于工程实际，对于加快施工速度和模板支撑体系等材料的周转具有重要意义。

1 工程概况

青岛国际会展中心工程展览中心平面尺寸为94m×163.05m，柱网尺寸为24m×30m，框架主梁截面尺寸分别为1200mm×2400mm和1400mm×2800mm，采用有黏结预应力，梁板混凝土强度等级为C40。其平面及后浇带布置见图1。

本层混凝土结构的特点是楼板面积大，框架主梁体积大。为了降低混凝土的水化热，以控制混凝土内外温差，解决由于水泥水化热产生的混凝土内外温差和混凝土的裂缝问题，对混凝土配合比进行了充分的研究论证，实际采用的混凝土配合比见表1。

大体积混凝土由于其所处的温度、湿度环境与标准及同条件养护试块的强度存在很大的差别，在相同的龄期，大体积混凝土的强度和标养、同条件试块的强度也不相同。为便于提前张拉、封闭后浇带，提前拆除支撑系统方便下一道工序的穿插，必须弄清水化热温升对实体混凝土强度增长的影响。

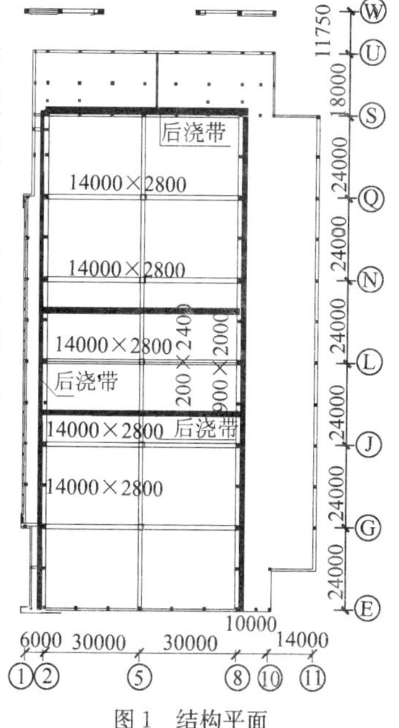

图1 结构平面

表1 纤维增强粉煤灰混凝土配合比（单位：kg/m³）

P·O 42.5水泥	砂	石子	水	Ⅱ级粉煤灰	泵送剂	聚丙烯纤维
335	710	1024	175	126	10.1	0.8

［作者简介］邹传学，青建集团股份公司高级工程师

2 大体积混凝土温度变化的模拟与试验

2.1 温度变化的模拟

为了弄清大体积混凝土温度分布及其变化的规律，主要针对 1.4m×2.8m 断面进行了瞬态温度场分析，计算时间步长为 1h，计算龄期为 14d。分 18mm 厚竹胶板模板和 18mm 厚竹胶板（外加 20mm 厚聚苯板）保温模板，两种边界条件进行模拟计算。

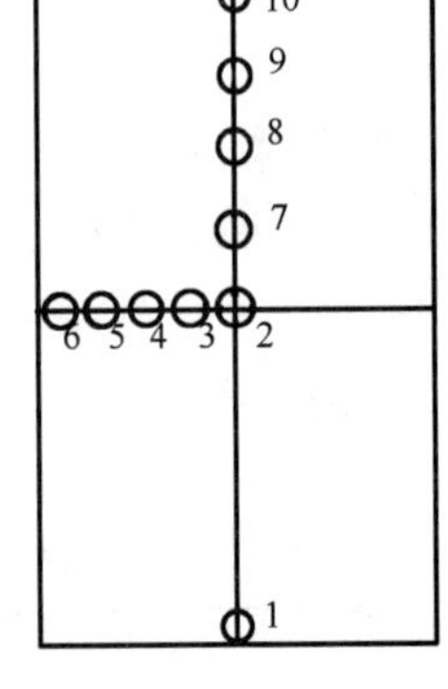

图 2　测温点布置

混凝土结构施工前，在现场制作素混凝土试件，按照图 2 所示设置测温点进行混凝土浇筑后的温度测试。混凝土开裂前热传导问题在宏观上是各向同性的，根据能量守恒原理可得公式(1)

$$\alpha\left(\frac{\partial^2 T}{\partial x^2}+\frac{\partial^2 T}{\partial y^2}+\frac{\partial^2 T}{\partial z^2}\right)+\frac{q}{C\rho}=\frac{\partial T}{\alpha} \tag{1}$$

式中：q——内部热源单位功率[kJ/(m³·h)]；

T——各点温度值，是坐标和时间 t 的函数，即 $T=T(x,y,z,t)$；

ρ——混凝土密度(kg/m³)；

α——混凝土导温系数，$\alpha=\lambda/C$，C 为比热。

混凝土在空气中与周边发生热交换有对流，混凝土热传导问题的边界条件是属于第一类边界条件：考虑环境温度为 10℃，在边界 S1 上，混凝土表面的温度为规定值：$T_b f(t)=10℃$ 。

通过模拟分析得出了试验梁断面内外部最大温差出现时刻的温度场，见图 3、图 4。

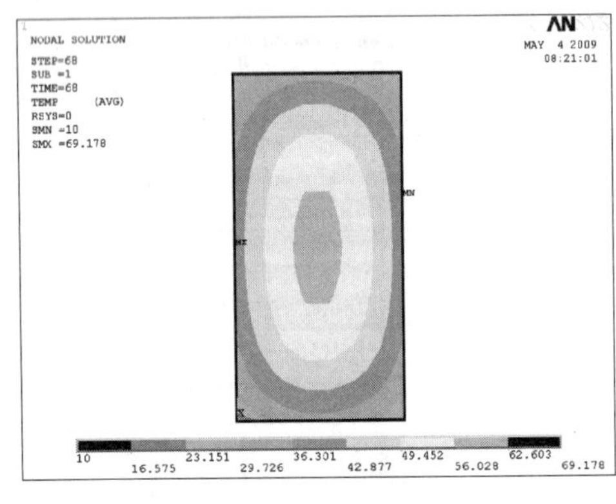

图 3　竹胶板作为模板

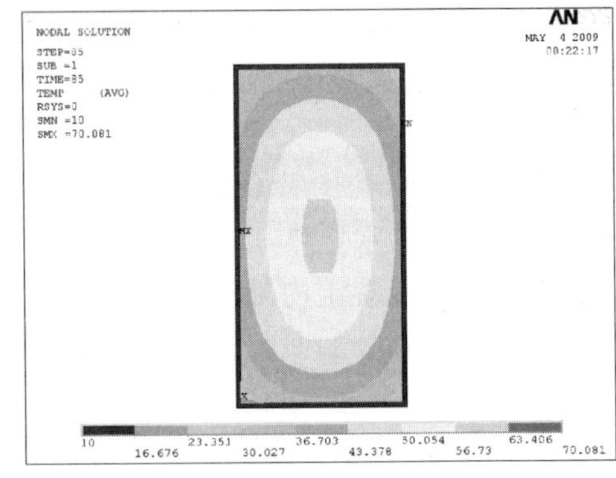

图 4　保温竹胶板作为模板

根据温度场计算结果，绘制 2 号点及 6 号点温度变化情况，见图 5。

2.2 测温试验

混凝土浇筑完每隔 2h 测温一次，通过采用 K 型热电耦测温仪对两个梁中心点进行测温，测得 2 号点、6 号点 14d 温度升降变化情况，结果见图 6。

2.3 对比分析

通过对模拟与实测温度的数据进行对比分析，可知：

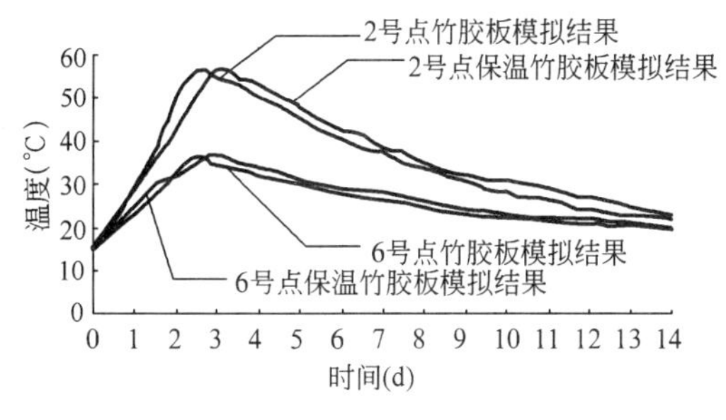

图 5 模拟 2、6 号点温度变化

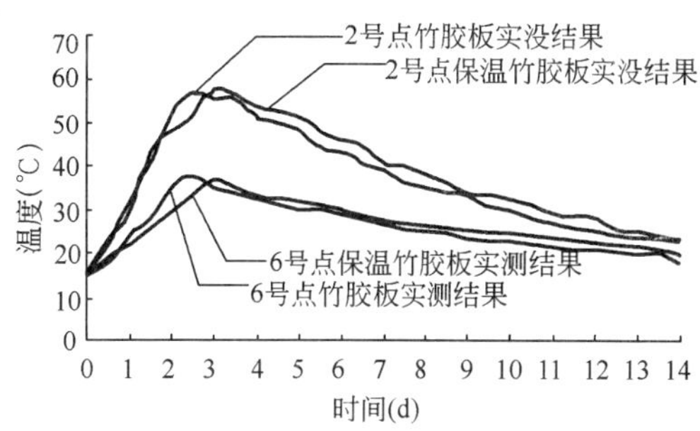

图 6 实测 2、6 号点温度变化

(1)温度场模拟计算结果与实测结果基本吻合。温度场模拟计算结果比实测结果高出2℃,差异的原因可能是施工误差或是测量过程数据的取值误差所致。

(2)采用 18mm 厚竹胶板模板和采用 18mm 厚保温模板,两根梁的最高温度均在 56℃左右,差别不大。

(3)保温模板的梁最高温度出现在第 3d,竹胶板模板的梁最高温度出现在第 2.5d;混凝土梁在 60h 之内温度升高较快,大约在 70h 时,出现最高峰温度值;保温模板较竹胶板模板出现最高温度的龄期滞后 0.5d,有利于控制温度应力的发展,防止混凝土开裂。

(4)竹胶板模板与保温模板的混凝土表面温度接近,见表 2,说明竹胶板自身也具有较好的保温性能。整个测温过程,混凝土表面最高温度为 37.9℃,与中心的最大温差为 20.4℃。

表 2 不同模板体系梁断面温度值

时间(d)	1	2	2.5	3	3.5	4	7	14
竹胶板表面温度(℃)	24.1	33.6	38.8	35.5	34.1	32.5	27.2	18.8
竹胶板中心温度(℃)	32.5	52.6	57.1	55.9	53.2	51.7	39.3	23.6
保温模板表面温度(℃)	22.3	30.8	35.3	37.9	36.3	34.7	27.5	19.5
保温模板中心温度(℃)	30.8	48.7	52.7	58.1	56.1	54.0	41.5	23.8

3 大体积混凝土强度增长试验分析

3.1 模拟温升试验与普通试验的对比分析

混凝土的水化硬化速度与养护温度密切相关,湿热养护十分有利于粉煤灰混凝土的强度发展。基于此,可以利用大体积混凝土的水化热来促进粉煤灰混凝土的强度发展。为弄清大体积混凝土不同部位的混凝土强度的发展速度,依据两根梁温度场模拟和试验变化结果,分别对两根梁的 2、6、10 号位置点在实验室进行变温养护试验研究。测得不同龄期的混凝土抗压强度值,见图 7。

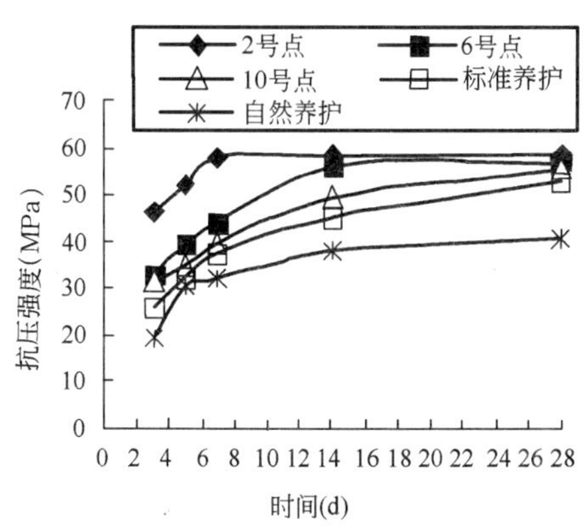

图 7 不同龄期的混凝土抗压强度

可见,大体积混凝土由于水化热作用,内部温度较高,有利于提高混凝土实体强度,即试验梁内部点的强度早已超过标准养护的混凝土强度。因此,主要对最不利位置点(6 号点)进行研究,在实验室变温养护试验研究中,不同龄期和不同养护制度以及标准养护和自然养护的混凝土强度见表 3,试验结果表明,模板内侧的混凝土 14d 即可达到设计强度。

表 3　不同养护方式混凝土强度比较

龄期(d)	预留试块强度(MPa)		芯样平均强度(MPa)		
	标准养护	自然养护	模板外无保温	模板有外保温	平均
3	16.8	15.5			
7	26.5	25.4			
14	33.9	33.9	41.8	44.1	43.0
21	37.9	39.0	39.7	44.6	42.2
28	41.9	41.3	43.2	42.7	43.0
60	52.1	50.1	48.1	49	48.6

3.2　取芯试验的对比分析

为了验证模板内侧的混凝土 14d 即可达到设计强度的试验结论,对试验梁混凝土进行了取芯试验研究。由于早期混凝土内部温度较高,不宜过早拆模,因此在 14d、21d、28d 分别进行芯样强度试验。试验结果列于表 4。试验结果表明:

(1)保温有利于混凝土强度的发挥。

(2)大体积混凝土由表及里,强度发展越来越快。

(3)模板内侧的混凝土 14d 即可达到设计强度。

表 4　芯样强度(单位:MPa)

芯样强度统计时间	保温情况	芯样中心距试验梁表面距离(mm)			平均
		100	200	300	
14d 芯样强度统计	有保温	43.4	42.8	46.2	44.1
	无保温	37.4	44.2	43.8	41.8
	平均	40.4	43.5	45.0	43.0
21d 芯样强度统计	有保温	41.6	45.4	41.0	42.7
	无保温	42.2	43.6	43.8	43.2
	平均	41.9	44.5	42.4	43.0
28d 芯样强度统计	有保温	42.7	44.4	46.7	44.6
	无保温	37.4	37.7	44.0	39.7
	平均	40.1	41.0	45.4	42.2

3.3　大体积混凝土强度的测定方法

(1)变温养护试块的方法。大体积混凝土内部温度较高,早期实体强度远高于标准养护试块,不宜用标准养护试块强度评定同龄期的大体积混凝土实体强度。利用大体积混凝土温度场模拟和现场测温数据,进行混凝土试块的变温养护,以变温养护试块作为评定大体积混凝土强度的依据。

(2)回弹法是一种简单的无损检测方法,可以用于检测表面混凝土的强度。利用回弹法测得的大体积混凝土的表层混凝土梁强度，回弹强度与芯样强度之比见表5。结果表明，回弹强度仅为芯样强度的85%左右。利用回弹值推测实体强度时，为了确保工程质量，建议取回弹强度/芯样强度的值为0.85，即大体积混凝土的实体强度按式(2)推算

$$f_{cu} = 1.18 f_{cuwe} \tag{2}$$

式中：f_{cu}——大体积混凝土实体推测强度(MPa)；

f_{cuwe}——按JGJ/T 23—2001计算的回弹强度推定值(MPa)。

表5 大体积混凝土回弹强度与芯样强度对比(单位：MPa)

龄　期	14d	21d	28d	龄　期	14d	21d	28d
回弹位置	低处	低处	高处	回弹值	36.6	35.9	37.0
保温	37.3	36.2	37.3	芯样强度	43.0	42.2	43.0
不保温	35.9	35.6	36.7	回弹值/芯样强度	0.85	0.85	0.86
平均	36.6	35.9	37.0				

(3)在采用上述两种方法的同时，还可利用同实际工程断面尺寸试件的实体芯样强度作为评判的依据。

4 结语

(1)竹胶板模板和保温模板均具有较好的保温性能，能够有效的控制混凝土内外温差。混凝土表面的最高温度达到37.9℃，表面与中心的最大温差为20.4℃，既有利于控制大体积混凝土的裂缝，又有利于其强度的增长。

(2)利用大体积混凝土的水化热来促进混凝土强度的发展，一般工程可以在14d达到设计强度，这与工程经验相吻合，同时为工程缩短工期，降低施工成本提供了依据，具有较好的技术经济效果。

(3)大体积混凝土强度的评定应建立以模拟温升养护试块为依据，以回弹值和同断面试件为辅助的检测方法。

参 考 文 献

[1] 张同波.大体积预应力混凝土结构施工技术的研究与应用[J].施工技术，2007(2):75-79.

[2] 王铁梦.工程结构裂缝控制[M].北京：中国建筑工业出版社，1998.

[3] 邹传学，欧阳兴华.预应力大体积混凝土配合比优化设计研究[J].青岛理工大学学报，2006，27(6):25-27.

[4] 叶琳昌，沈义.大体积混凝土施工[M].北京：中国建筑工业出版社，1987.

[5] 朱伯芳，等.大体积混凝土温度应力与温度控制[M].北京：中国电力出版社，1999.

[6] 吕常新，吕建福，巴恒静.大体积混凝土温度实测与芯部的力学性能发展规律[J].建筑技术，2006(6):439-440.

新型纤维的抗裂性研究

沈　婷[1]，蒋　晔[1]，林剑锋[1]，刘　立[2]

1 中铁第四勘察设计院集团有限公司城建院；2 中国建筑材料科学研究总院

1　前言

随着中国经济的持续高速发展、人民物质生活水平和精神文化水平的提高、流动人口数量的持续增长，传统意义上的铁路旅客车站已无法满足人们的要求。由此催生着具有鲜明时代特征和中国特色的第三代铁路客站。在建设第三代铁路客站工作中，超大超长混凝土站房混凝土开裂问题成为制约站房建造技术发展的瓶颈。

而混凝土结构开裂主要发生在初期，所以避免混凝土早期开裂是控制裂缝的关键，特别在混凝土弹性模量较低的塑性状态。本文对抗裂纤维的抗裂机理、抗裂能力以及对混凝土塑性裂缝的改善效果进行了研究，为大型铁路客站主体结构混凝土开裂提供技术手段。

2　试验方法与原材料

2.1　混凝土塑性收缩开裂试验及评价方法

采用美国材料协会 ASTM1579 中推荐的混凝土早期抗裂性试验设计和评价方法。

2.2　试验原材料

(1)水泥　42.5 级普通硅酸盐水泥，化学成分见表 1。

(2)粉煤灰　II 级粉煤灰，化学成分见表 1。

(3)磨细矿渣粉　比表面积 $400m^2/kg$，化学成分见表 1。

(4)纤维　纤维素纤维 UF500、高韧高弹纤维 UF600 及聚丙烯纤维。

(5)减水剂　萘系高效减水剂。

(6)砂子　中砂，细度模数 2.5。

(7)石子　石灰岩碎石，最大粒径 25mm。

表 1　原材料化学成分

材料名称	烧失量	SiO_2	Al_2O_3	Fe_2O_3	CaO	MgO	SO_3
水泥	2.61	25.41	6.65	3.37	55.63	3.29	2.09
粉煤灰	0.92	51.69	38.61	4.14	2.99	0.51	—
磨细矿粉	—	33.86	14.75	1.37	35.53	10.12	—

[作者简介] 沈　婷，中铁第四勘察设计院集团有限公司城建院高级工程师

3 纤维分散应力的机理

材料复合化是水泥基材料高性能的主要途径，纤维是其核心。化学合成纤维、天然纤维等低掺量、低弹模纤维在混凝土基材中呈三维乱向分布，起三维空间加强作用，约束混凝土基材各个方向的应力变形。与膨胀剂等混凝土外加剂在混凝土硬化中后期发挥抗裂防渗作用的机理有所不同，纤维“次要加强筋”的分散应力作用是以纯物理作用对混凝土塑性状态与硬化混凝土起到抗裂、阻裂作用的，它对混凝土的抗裂作用主要在塑性阶段、硬化初期发挥作用。

非连续纤维在混凝土中的抗裂、阻裂效应很大程度取决于纤维的平均间距 S 值与单位体积纤维中纤维的根数 N 值，平均间距 S 值越小，单位体积纤维中纤维的根数 N 值越大，抗裂、阻裂效果越好。S 值与 N 值由式(1)、式(2)决定。

$$S=12.5d\sqrt{\frac{10\gamma}{W}} \tag{1}$$

$$N=\frac{1.27W}{dl\gamma}\times10^{6} \tag{2}$$

式中：S——纤维中心间距的平均值(mm)；

N——单方混凝土中纤维的掺入根数，

d——纤维直径(mm)；

γ——纤维密度(g/cm^3)；

W——单方混凝土中纤维的掺入质量(kg)；

l——每根纤维的长度(mm)。

4 纤维的抗裂能力研究

正如上述，纤维的抗裂、阻裂效应取决于纤维的平均间距 S 值与单位体积纤维中纤维的根数 N 值，所以有必要研究纤维自身的性质，选择合适的纤维品种，充分发挥其在混凝土中分散应力的重要作用。

表 2 为不同品种纤维的抗裂技术参数。

表 2 不同品种纤维的技术参数

技术指标	纤维品种	
	纤维素纤维 UF500	聚丙烯纤维 PP
密度 γ(g/cm^3)	1.1	0.9
平均长度(mm)	2.1	16
标称直径(μm)	18	30
纤维间距 S(μm)	660	950
每立方米混凝土中纤维根数 N(10^8)	14.0	0.3
抗拉强度(MPa)	994	350

表中数据显示，纤维素纤维 UF500 的平均间距 S 值为 660μm，比聚丙烯纤维低 30%，单位体积混凝土中纤维的根数 N 值为 14 亿根，对比聚丙烯纤维为 0.3 亿根，纤维素纤维 UF500 单位体积混凝土中纤维的根数是聚丙烯纤维的 46.6 倍，同时纤维素纤维 UF500 的抗拉强度是聚丙烯纤维的 3 倍左右，为混凝土提供更高的极限抗裂能力，具有较强的抗裂、阻裂效应。

5 不同纤维品种、掺量对塑性裂缝的影响

研究了不同纤维品种、掺量及其复合使用对塑性收缩开裂的影响，混凝土配合比见表 3。

表3 混 凝 土 配 合 比

每立方米混凝土材料用量(kg/m³)							水胶比	坍落度(mm)
水泥	水	砂	石	矿物掺和料		减水剂		
				粉煤灰	矿渣粉			
225	180	760	1010	90	135	3.6	0.40	240

5.1 纤维素纤维对塑性开裂的影响

采用表 3 中所示的混凝土配合比研究了不同掺量的纤维素纤维对塑性收缩开裂的影响，试验结果见表 4、图 1。

表 4 纤维素纤维混凝土塑性收缩抗裂性的试验结果

试验名称	UF500 纤维掺量(kg/m³)				
	0	0.3	0.6	0.9	1.2
初裂时间(min)	30	120	115	—	—
最大裂缝宽度(mm)	1.1	0.9	0.4	—	—
开裂面积(mm²)	330.2	183.9	67.8	—	—
开裂率(%)	0	44.3	75.6	100	100

a) 基准混凝土

b)纤维素纤维混凝土（纤维掺量 0.9kg/m³）

图 1 纤维素纤维混凝土与基准混凝土抗裂效果对比

从表 4 中可以看出，掺加纤维素纤维后，混凝土初裂时间延长 4 倍左右，明显改善了混凝土的塑性收缩开裂现象，并随着纤维素纤维掺量的提高，塑性收缩开裂呈明显减低的趋势，从表中可以看出 UF500 纤维掺量拐点可设为 0.9kg/m³，在此掺量之前，开裂改善率低于 80%，超过此掺量技术经济不合理。

图 1 可以明显看出纤维素纤维混凝土的抗裂效果。

5.2 聚丙烯纤维对塑性收缩的影响

表 5 为不同掺量的聚丙烯纤维对塑性收缩开裂影响的试验结果。

表 5 聚丙烯纤维塑性收缩抗裂性研究结果

试验名称	PP500 纤维掺量(kg/m³)				
	0	0.30	0.60	0.90	1.20
初裂时间(min)	30	90	120	95	100
最大裂缝宽度(mm)	1.10	1.10	0.70	0.45	0.20
开裂面积(mm²)	340.20	393.30	229.20	126.70	49.40
开裂率(%)	0	0	32.60	62.80	85.50

表 5 中数据表明：聚丙烯纤维掺量为 0.3kg/m³ 时，所测裂缝宽度与基准混凝土基本相同，但由于中间开裂后裂缝折线比较多，所以实测的开裂面积较基准大。因此，认为聚丙烯纤维掺量较低时，对混凝土早期抗裂性能基本无改善作用。随着聚丙烯纤维掺量的提高，混凝土初裂时间延长 3～4 倍，塑性收缩改善率提高，就本研究条件下，对抑制塑性收缩开裂有效掺量为 1.2kg/m³ 以上，大于纤维素纤维。这与纤维的内部构造、分布在混凝土中纤维的根数及纤维间距有关。

图 2 为掺量 1.2kg/m³ 的聚丙烯纤维混凝土与基准混凝土的对比照片抗裂效果。

a) 基准混凝土

b) 聚丙烯纤维纤维混凝土（纤维掺量 1.2kg/m³）

图 2 聚丙烯纤维混凝土与基准混凝土抗裂效果对比

5.3 高韧高弹纤维对塑性收缩的影响

根据表 3 配合比，我们研究了高弹性模量的高韧高弹纤维对混凝土塑性收缩开裂的影响，试验结果见表 6。

表 6 高韧高弹纤维及其复掺对塑性收缩的影响

试验内容	纤维掺量(kg/m³)			
	基准	高韧高弹纤维	复掺纤维	
	0	UF600	UF600	UF500
		0.90	0.3	0.6
初裂时间(min)	35	80	—	
最大裂缝宽度(mm)	0.95	0.35	—	
开裂面积(mm²)	346.40	76.90	—	
开裂率(%)	0	77.80	100	

数据显示在 0.9kg/m³ 掺量时，混凝土初裂时间延长，塑性裂缝的改善率为 77.8%，在相同掺量下，聚丙烯纤维和纤维素纤维对塑性裂缝的改善率分别为 62.8%和 100%，效果介于二

者之间。这同样与纤维的自身性质有关，高韧高弹纤维的比表面积、分布在混凝土中纤维的根数及纤维间距介于两者之间。

高韧高弹纤维对于混凝土抗裂的贡献更在于UF600具有更高的弹性模量，掺加高韧高弹纤维对提高混凝土极限拉伸具有积极的作用，因此，采用塑性裂缝的改善率高的纤维素纤维与提高混凝土极限拉应力的高韧高弹纤维复合使用，实现早期塑性裂缝和后期裂缝双重抗裂的作用。复掺纤维对塑性裂缝的改善率为100%，对抑制混凝土早期裂缝具有重要意义。

图3为高韧高弹纤维UF600及纤维素纤维与之复掺对塑性裂缝的改善效果。

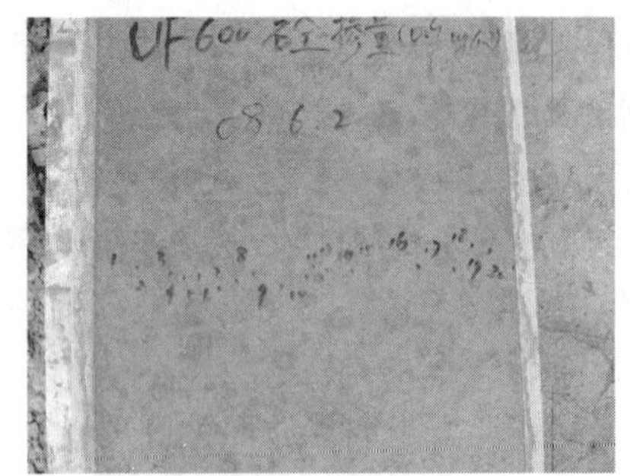

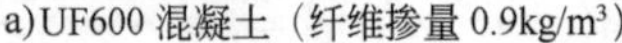
a)UF600 混凝土（纤维掺量 0.9kg/m³）

b)UF500+UF600 纤维混掺混凝土

图3　高韧高弹纤维及其复掺的抗裂效果

6　不同纤维品种、不同掺量对混凝土力学强度的影响

不同纤维品种、不同掺量对混凝土力学强度的影响见表7。

表7　不同纤维品种、不同掺量对混凝土力学强度的影响

纤维种类	掺量 (kg/m³)	抗压强度 (MPa)		抗折强度 (MPa)		28d劈裂抗拉强度 (MPa)
		7d	28d	7d	28d	
干掺加	0	42.8	62.0	5.3	6.9	3.3
纤维素纤维 UF500	0.3	44.8	62.3	5.9	7.2	3.3
	0.6	44.4	62.6	5.4	7.1	3.4
	0.9	42.8	61.1	5.2	7.2	3.5
	1.2	44.4	63.0	5.2	7.1	3.7
聚丙烯纤维 PP	0.3	38.7	58.8	4.9	6.7	3.2
	0.6	39.8	59.1	5.1	6.8	3.3
	0.9	37.6	61.1	5.0	6.7	3.3
	1.2	37.6	59.3	5.3	7.0	3.2
纤维素纤维 UF500+高韧高弹纤维 UF600	0.6+0.3	44.0	62.5	6.2	7.4	4.2

表7中数据可以看出，无论是纤维素纤维还是聚丙烯纤维，在各个掺量下对混凝土的抗压、抗折、劈裂抗拉强度均无显著提高，甚至聚丙烯纤维混凝土的某些强度有所下降，这主要是

这些纤维本身的弹性模量低，仅为混凝土的$\frac{1}{9}\sim\frac{1}{6}$，所以，聚丙烯纤维混凝土的力学强度低于纤维素纤维混凝土，与前者弹性模量低于后者有关。

值得注意是，高韧高弹纤维 UF600 与纤维素纤维 UF500 复合使用后，由于高韧高弹纤维 UF600 具有更高的弹性模量，混凝土抗折强度、劈裂抗拉强度明显提高，尤其是 28d 的劈裂抗拉强度比空白混凝土提高 27.3%，抗拉强度表征者混凝土的极限拉伸，也就是说，高韧高弹纤维 UF600 与纤维素纤维 UF500 复合可有效提高混凝土的极限拉伸值，这对于混凝土结构抗裂具有积极的作用。

7 结语

通过研究得出以下结论：

(1)纤维抗裂机理是“次要加强筋”的分散应力作用，以纯物理作用对混凝土塑性状态与硬化混凝土起到抗裂、阻裂作用的，它对混凝土的抗裂作用主要在塑性阶段、硬化初期发挥作用。

(2)纤维素纤维平均间距 S 值小，单位体积混凝土中纤维的根数 N 值高，为混凝土提供更高的极限抗裂能力。与其他品种的纤维相比，具有较强的抗裂、阻裂效应。

(3)掺加不同品种的纤维后，有效地分散了混凝土早期收缩应力，混凝土初裂时间延长，明显改善了混凝土的塑性收缩开裂现象，并随着纤维掺量的提高，塑性收缩开裂呈明显减低的趋势，纤维素纤维的效果优于聚丙烯纤维，高韧高弹纤维与纤维素纤维复合使用效果优于纤维素纤维。

(4)无论是纤维素纤维还是聚丙烯纤维，在各个掺量下对混凝土的抗压、抗折、劈裂抗拉强度均无显著提高，高韧高弹纤维与纤维素纤维复合可提高混凝土的劈裂抗拉强度，这对于混凝土结构抗裂具有积极的作用。

参考文献

[1] 沈荣熹，崔琪，李清海. 新型纤维增强水泥基复合材料[M]. 北京：中国建材工业出版社，2004.

影响高强混凝土泵送特性的因素分析及控制

伏妮婷，顾浩声

同济大学建筑工程系

1 概述

建筑工程中，把抗压强度达 60～80MPa 的混凝土称为高强混凝土，抗压强度超过 80MPa 的混凝土称为超高强混凝土。使用高强混凝土不但能节省材料，还能大大减轻结构物自重，采用泵送技术，可显著提高工程的施工速度，改善现场施工工作条件，节约劳动力，其发展和应用具有重大的技术经济意义。表 1 为目前运用泵送施工的已建工程及相关试验研究的高强混凝土的配制参数。然而，施工中高强混凝土的"高强度与可泵性"之间的矛盾却尚未很好解决。因此，开展对影响高强混凝土泵送特性的因素分析很有必要，以达到高强度（目前多由 3d 及 28d 强度作为控制指标）的同时，保证混凝土拌和物具有良好的泵送特性（目前多由坍落度作为控制指标，宜控制在 160～220mm）。

表 1 泵送施工的高强混凝土的配制参数

工程名称	混凝土强度等级	混凝土配合比（kg/m³）								控制指标(mm)(坍落度/扩展度)
		水泥	粉煤灰	硅粉	矿粉	砂子	石子	水	外加剂	
上海金茂大厦	C60	530	40	0	0	605	995	187	13.4	210/—
上海环球金融中心	C60	440	110	0	0	800	870	175	7.2	— /650
香港国际金融中心	C60	370	180	0	0	770	83	170	2.9	— /700
洛阳中亚大饭店	C60	523	58	0	0	581	1076	180	4.65	210/—
柳州汽车厂商住楼和柳州市公交公司指挥中心大楼	C60	520	40	0	0	647	1150	170	5.2	220/—
柳州市庄臣大厦、柳州市时代广场大楼	C60	520	40	0	0	647	1150	170	5.2	220/—
深圳市某跨线桥梁体	C60	514	68	0	0	527	1088	180	7.57	150/—
厦门源昌国际城3号、4号楼	C60	350	60	0	100	660	1080	155	17.8	230/—
成铭大厦	C60	480	60	0	0	605	1176	179	26.24	190/—

[作者简介] 伏妮婷，同济大学建筑工程系硕士研究生

续上表

工程名称	混凝土强度等级	混凝土配合比(kg/m³)								控制指标(mm)(坍落度/扩展度)
		水泥	粉煤灰	硅粉	矿粉	砂子	石子	水	外加剂	
哈尔滨航天大厦	C60	550	0	0	0	610	1133	177	22	140～160/—
哈尔滨航天大厦	C60	530	0	0	0	588	1092	170.66	21.2	140～160/—
上虞外环南路曹娥江大桥	C60	480	60	0	0	605	1176	179	20	192/—
南宁市中医院二附院大楼	C60	500	25	0	0	600	1164	156	4	180～240/—
南阳市电信综合生产楼	C60	474	83	0	36	638	1041	175	0.18	160～180/—
无锡市医药大楼	C60	500	0	0	0	635	1235	160	10	155～200/—
丹东商场营业楼	C60	553	0	0	0	563	1188	170	16	170/—
哈尔滨市建筑工程第二研究所等研究	C60	460	0	0	55.2	730	1095	159.7	11.5	195/—
中华广场	C60	410	100	60	0	608	1085	170	11.4	220
中国国际贸易中心三期A阶段	C60	420	72	108	0	800	840	175	7.8	250/665
台北101大楼/柱	10 000 psi/90 d	340	150	30	0	957	760	160	6.3	250/600
山西省太原国税局办公楼(地下室)	C60	451	53	80	0	736	1017	178	8	180/—
哈尔滨市建筑工程第二研究所等研究	C70	500	0	0	60	695	1085	156.8	17.5	190/—
哈尔滨市建筑工程第二研究所等研究	C80	520	0	0	62.5	670	1093	151	21.8	190/—

注：1.“混凝土强度等级”一列中，1000psi 相当于 C69。

2. 90d 为验收龄期。

2　影响因素的分析

2.1　原材料的影响

2.1.1　水泥

配制高强泵送混凝土宜选用强度等级不低于 52.5 级的硅酸盐水泥、普通硅酸盐水泥和早强型硅酸盐水泥。然而，这些水泥为了提高强度，一般都经过二次振动磨细，比表面积较大、水化热较高，易引起水化期间散热过快或收缩量过大而出现明显的收缩裂缝，而且还会出现因自身收缩而造成的体积变形，从而影响混凝土内在质量。因此，在配合比设计时，只要技术上许可，应尽可能降低水泥用量。

2.1.2 粗集料

(1)最大粒径　当采用粗粒径作集料时，集料的相对密度大于水泥浆的相对密度，颗粒越大，下沉力越大，即沉降趋势加重，重力使浆体受压泌水，并积聚于粗集料表面。对干硬性混凝土，由于集料彼此接触成拱，水积聚于集料下部；对塑性混凝土，由于集料下沉，水积聚于集料上部，颗粒沉降形成的水集区在水分蒸发后便形成缝隙。泌水量与重力差成正比，粒径越小，重力差形成的间隙就越小，因此配制高强混凝土力求采用细粒集料。

同时，应当注意石子的粒径对混凝土的强度和泵送特性均有一定影响。首先，针对混凝土的强度，存在集料最大粒径效应，即一定的水泥用量与砂率，混凝土中水泥浆量一定时，高强混凝土拌和物的强度先随石子粒径的增大而提高，达到最大粒径时强度最高，之后反而随粒径的增加强度降低。对于坍落度，石子粒径的影响较小，可通过掺加外加剂进行调节，但随石子粒径的增加混凝土的离散性增加，而随石子粒径的减小混凝土的黏聚性增大，均不利于泵送施工。

(2)粒形　强度方面，针片状含量与混凝土强度存在一种特殊关系，即有一个最佳针片状值，在此值附近，混凝土的抗压强度最高。对于泵送特性，大量试验表明：当石子中针片状含量在一定范围内时，混凝土坍落度明显降低，通过增加泵送剂可以使坍落度损失降低；但当针片状含量超过一定范围后，坍落度显著降低，即使增加泵送剂也很难有效将其提高，且由于泵送剂的增加，导致混凝土中水泥浆过稀，从而与集料分离，形成离析，混凝土和易性极差。

2.1.3 细集料

与粗集料类似，细集料砂子中也常含有一些黏土、泥块及有害物质，它们对混凝土的性质将产生不同程度的影响，有时甚至决定或控制混凝土的一些性能。随着砂子含泥量的提高，混凝土拌和物的坍落度降低，为了保持相同或相近的坍落度，需增加用水量；砂子的含泥量提高，混凝土的抗压强度下降。

2.1.4 矿物掺和料

(1)掺和料种类的影响　优质掺和料是高强混凝土必不可少的重要组分，常用的有粒化高炉矿渣、稻壳灰、粉煤灰、沸石粉、硅粉等。根据适用性、经济性，在此主要分析矿渣、粉煤灰、硅粉的掺量变化对高强混凝土泵送特性的影响。相同水胶比、单掺各掺和料时，混凝土拌和物性能变化情况如表 2 所示。

表 2　混凝土拌和物性能变化情况

掺和料种类 / 掺量增加混凝土性能变化		矿　渣	粉 煤 灰	硅　粉
强度	3d 强度	增加	下降	增加
	28d 强度	增加	先增加，后下降	增加
流动性	坍落度	先增加，后下降	不断增加	下降

注："性能变化"列根据收集的试验数据分析所得。

(2)掺加方式的影响

根据目前研究及大量试验，总结掺和料掺加方式对混凝土拌和物性能的影响如表 3 所示。

表 3　掺和料种类、掺量对混凝土拌和物性能的影响表

掺量增加混凝土性能变化＼掺加方式		粉煤灰＋矿渣	粉煤灰＋硅粉	硅粉＋矿渣	粉煤灰＋矿渣＋硅粉
强度	3d 强度	下降	下降	先下降，后增加	增加
	28d 强度	先增加，先下降	先增加，后下降	先增加，后下降	下降
流动性	坍落度	增加	先下降，后增加	先增加，后下降	下降

注：1.“粉煤灰＋矿渣”一列中，掺量变化指粉煤灰掺量固定，矿渣掺量逐渐增加。

2.“粉煤灰＋硅粉、硅粉＋矿渣”两列中，掺量变化指硅粉掺量固定，粉煤灰和矿渣掺量逐渐增加。

3.“粉煤灰＋矿渣＋硅粉”一列中，掺量变化指粉煤灰、硅粉掺量固定，矿渣掺量逐渐增加。

4.“性能变化”列皆根据收集的试验数据分析所得。

2.1.5　外加剂

配制高强混凝土用以泵送施工时，较普遍都掺入减水剂尤其是高效减水剂，由此，不仅可以大幅降低用水量以提高强度和耐久性，亦利于其工作性和均匀性，使混凝土有足够的流动度、易泵性和填充性，还可使泌水减到最小，不至于发生过度的离析。

需注意的是，不同掺加方式的效果差异很大，高效减水剂掺量相同、采用同掺法时，大部分聚合物首先被水泥颗粒吸附，继而迅速被初始反应期的水化产物包裹，相对用于分散絮凝团的聚合物数量则大大减少，以至于分散作用大为减弱，导致混凝土的坍落度减小；而采用后掺法时，聚合物大多吸附在凝胶体膜层上，减缓了外加剂被消耗的速度，并使外加剂的分散能力相对提高，从而混凝土的流动性相应增大。

2.2　原材料配合比参数的影响

2.2.1　水胶比

水胶比是混凝土强度的最直接决定因素之一，高强度混凝土水胶比的确定，可通过经验法或借助计算机拟合强度—水胶比方程的方法。前者主要凭借现有试验资料及工程经验获取数据，后者根据所用原材料性能、设计强度、工作度大小，经验地提出初次试配的配合比，以初次试配的结果借助计算机建立强度方程，设计出合适的水胶比。

分析现有试验，单掺、双掺混凝土的流动性都随水胶比的降低而降低；而强度变化复杂，对于单掺粉煤灰混凝土，其 3d 强度随水胶比的降低而增加，但当水胶比降到一定程度，强度基本不再增加，而 28d 强度受水胶比影响不大；对于单掺矿渣和双掺混凝土而言，无论 3d 还是 28d 强度受水胶比影响变化都不大。

2.2.2　砂率

在高强混凝土泵送过程中，砂浆会在输送管道内壁形成润滑层，从而，混凝土拌和物才能在管道中被压送。当泵送混凝土拌和物通过非直管或软管时，粗集料颗粒间相对位置将产生变化。此时，若砂率较小，则砂浆量不足，将降低拌和物的流动性，且致使拌和物变形不够，产生堵塞现象。对于泵送混凝土，坍落度较大，砂率过小还会引起混凝土的离析及泌水。但若砂率过大，集料的总表面积和孔隙率都增大，拌和物显得干稠，流动性也较小。

此外，砂率对混凝土强度的影响在一定范围内并不明显。因此，应当主要根据混合物的坍落度及黏聚性、保水性等特性(此时，黏聚性及保水性良好，坍落度最大)来确定合理的砂率值。

2.2.3 单位用水量

单位用水量对高强泵送混凝土的强度和黏度都影响较大，对强度而言，加入混凝土的水除了参与水化反应，还起到润滑和载体作用。混凝土开始硬化后，部分没有参与水化的自由水会自由蒸发，混凝土内部的水在向混凝土表面迁移的过程中，会在其中形成很多毛细孔，向上运动、遇到石子阻挡的水会积聚在石子下部，形成细小空隙，这些毛细孔和细小空隙对普通混凝土影响可能较小，但对高强混凝土，因其水泥和集料自身的强度作用都发挥到了最大，故这些毛细孔和细小空隙对强度削弱作用就较为明显。所以，降低单位用水量可以有效提高高强混凝土的强度。

另一方面，采用V漏斗试验检测黏度时发现，扩展度同样达到(600±20)mm时，如采用低用水量与高掺量泵送剂匹配，V漏斗通过时间就增加；相反，高用水量与低掺量泵送剂匹配，通过时间就缩短。因此，对于同一通过时间，用水量与泵送剂掺量的组合是多个的，须考虑用水量对强度、黏度等因素的综合影响，确定最大用水量后再通过调整外加剂组成、掺量等，配制出满足要求的混凝土。

3 影响因素的控制

3.1 原材料的控制

根据表1所列工程中泵送施工采用的高强混凝土配合比中水泥的用量，分析水泥的用量统计如图1所示。可见，水泥用量一般不超过550kg/m³。结合现有工程及相关规范，配制高强泵送混凝土所用的水泥及粗、细集料、外加剂的控制建议如表4所示。

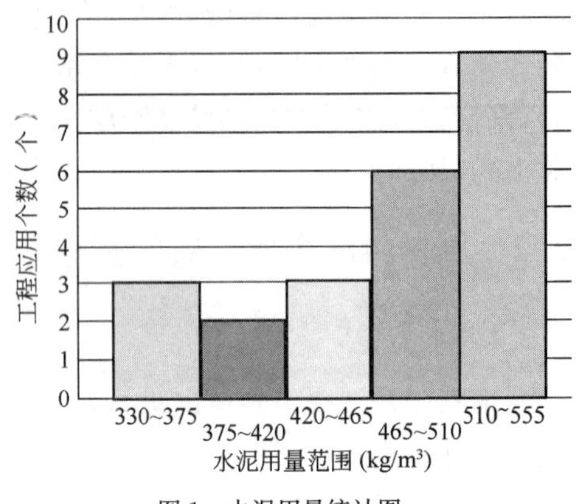

图1 水泥用量统计图

分析矿物掺和料种类的影响，宜采取如下控制。

(1)矿渣 随其掺量的增加，混凝土3d强度增长较快，28d强度增加缓慢。建议掺量不宜超过胶凝材料总量的40%。

表4 原材料建议取值

原材料	控制建议		
水泥	掺量：≤550 kg/m³		
粗集料	最大粒径： (1)最大粒径：输送管道管径=1∶4~1∶5 (2)≤25mm	粒形： 针片状颗粒含量≤5%	其他 (1)种类：质地坚硬、级配良好的石灰岩、花岗岩、辉绿岩等碎石或碎卵石 (2)母材强度：≥混凝土强度标准值的1.3倍 (3)压碎指标值≤7%，且不得混入风化颗粒 (4)含泥量不应超过1%

续上表

原材料	控制建议		
细集料	含泥量:≤1%	其他: (1)种类:中砂(质地坚硬、级配良好的河砂) (2)细度模数:>2.6 (3)0.315mm 筛孔通过量:≥15%; 0.16mm 筛孔通过量:≥5%	
外加剂	减水率: (1)C60~C70 用:≥15% (2)C80 用:≥18%	掺量:胶凝材料总量的 0.5%~1.5 %	其他:用复配泵送剂时,必须经过技术鉴定,并有相应机关的检测证明、质量证明书,使用前还应通过试验确认其性能及效果

(2)粉煤灰　比较混凝土的抗压强度,掺加矿渣的混凝土的 3d 强度高于掺加粉煤灰的混凝土,而 28 d 却与之相反,说明粉煤灰对后期强度的促进作用优于矿渣。建议掺量不宜超过胶凝材料总量的 30%。

(3)硅粉　使高强混凝土的 3d 强度较掺入矿渣、粉煤灰提高最多,但其亦使混凝土的流动性变差。因硅粉颗粒极细,比表面积极大,掺入混凝土后,使拌和物需水性大为增加,若不增加用水量,则拌和物的流动性将大为降低,甚至导致拌和物无法密实成型。此时,硅粉的增强作用便无从体现。所以,低水灰比时使用硅粉,就必须同时使用减水剂。而且,若要获得较大流动度,则非一般减水剂所能达到,而必须使用高效减水剂。两者配合使用时,硅粉具有很好的提高强度和改善工作性的性能。试验证明,以水泥总量的 4%~12%为掺量,配制高强混凝土,可明显提高混凝土强度,且流动性较好,尤其是拌和物内部的剪力非常小。

针对矿物掺和料的掺加方式,则应注意以下方面。

(1)双掺粉煤灰和矿渣　可增大混凝土的流动性,3d 强度高于单掺粉煤灰混凝土,且后期强度也不断增大,但都低于单掺矿渣的混凝土。双掺粉煤灰和矿渣时,掺和料不宜超过胶凝材料总量的 40%,参考有关试验,为保证高强混凝土拌和物既具有良好的流动性,又具有较高的力学强度,建议粉煤灰掺量为 20%,矿渣掺量为 10%。

(2)双掺硅粉、粉煤灰和硅粉、矿渣　硅粉的掺入使混凝土拌和物的黏度急剧增加,造成扩展度大幅下降,但可消除混凝土离析和泌水,同时亦极大促进混凝土早期强度的发展。比较单掺矿渣、粉煤灰,硅粉对矿渣、粉煤灰起到了较明显的补强作用。综合而言,双掺硅粉、矿渣的效果要优于单掺矿渣而劣于单掺硅粉,从 28d 强度看,此时矿渣取代率不应超过 30%;而双掺硅粉、粉煤灰,当粉煤灰掺量小于 10%时,效果亦不错,但粉煤灰比例不能再提高了。

(3)三掺混凝土　三掺利用了矿物掺和料的超叠加互补效应,既克服了双掺硅粉、粉煤灰和硅粉、矿渣混凝土流动性差的缺点,同时也具有双掺硅粉、粉煤灰和硅粉、矿渣混凝土的较高的早期强度和单掺粉煤灰混凝土后期强度。建议复合掺加时,掺量不宜超过胶凝材料总量的 50%。

3.2 原材料配合比的控制

分析目前运用情况及参考有关规范,建议高强泵送混凝土的水胶比控制范围如表 5 所示,砂率宜控制在 38%~42%,用水量控制在 140~190 kg/m^3 范围内。

表 5 水胶比控制范围表

混凝土强度等级	C60	C70	C80
水胶比	0.30～0.34	0.27～0.31	0.25～0.28

4 结语

配制高强混凝土以用于泵送施工，其影响因素众多，本文总结了大量现有试验研究和工程实例，分析了原材料，包括水泥、粗集料最大粒径、矿物掺和料种类和掺加方式、外加剂；材料配比，涵盖水胶比、砂率、单位用水量等的影响；得出了掺量、配制参数的建议值，对推广高强混凝土泵送施工的应用具有一定参考价值。

参 考 文 献

[1] DG/T J08-503—2000 高强泵送混凝土生产和施工规程[S].

[2] 吴历斌，孙振平，王新友. 高强高性能泵送混凝土集料的应用研究[J]. 山东建材，2001(1).

[3] 葛兆明，陈敏，王剑. 几个重要因素对高强泵送混凝土的影响[J] . 混凝土，2000(2).

[4] 葛兆明，侯学力. C70～C80 高强泵送混凝土配制技术研究[J]. 低温建筑技术，2005(1).

[5] 周春雨，孙咏梅，葛兆明. 利用本地资源对 C60、C70、C80 高强泵送混凝土配制技术的研究[C]//高性能混凝土的研究与应用. 2004.

[6] 郎需岭，李超. 用多种矿物掺和料配制高强泵送混凝土的试验研究[J]. 混凝土，2004(5).

[7] 彭波，管斌君，阮海涛. 高强泵送混凝土强度与流动性影响因素的研究[J]. 山西电力技术，2000(4).

[8] 刘红宇，魏艳萍. 大流动性高强混凝土坍落度经时损失研究[J]. 山西电力技术，2000(4).

[9] 余成行，刘敬宇，王磊. C60 超高泵送混凝土的配制与施工[J]. 混凝土，2008(6).

聚丙烯纤维泵送混凝土的研究应用

申　懋，蔡　伟

云南建工第五建设有限公司

纤维混凝土是纤维增强混凝土的简称，通常是指以水泥净浆、砂浆或者混凝土为基体，以非连续的短纤维或者连续的长纤维作为增强材料所组成的水泥基体复合材料。其中能够以混凝土为基体的纤维有钢纤维、聚丙烯纤维、尼龙纤维等。纤维混凝土的应用在我国已有一定的历史。在古代，工匠用黄土、白灰拌和，在抹墙砌砖时掺入稻草、猪鬃、头发，使泥巴这种强度很低的材料增加了韧性。为解决混凝土抗裂、抗拉强度等问题，20 世纪 80 年代，以美国为代表的技术发达国家研制生产出一系列可以掺入混凝土中的单丝合成纤维。自 20 世纪 90 年代初对合成纤维进行改性，使其在混凝土中扮演了重要的角色。它良好的化学稳定性能够在混凝土中长期保持良好性能，从而有效控制混凝土收缩和沉降引起的裂缝问题。进入 21 世纪，我国境内也出现了数十个生产合成纤维的厂家，虽然产品质量、生产规模有待提高，但毕竟说明我国土木工程界对于纤维混凝土作用的肯定。研究并应用纤维泵送混凝土是现代混凝土施工技术的进步，具有显著的经济效益和社会效益。

1　泵送混凝土工程早期裂纹产生的原因及预防措施

建筑物构件结构复杂，大体积、超长、超厚混凝土应用广泛。随着高强及大流动性混凝土的发展，水泥用量、水灰比、砂率增加，集料粒径减小，从而导致混凝土收缩和水化热增加。混凝土施工中，裂缝控制成为广大工程技术人员急需解决的重要问题。混凝土早期裂缝产生的主要原因大致可分为以下几类。

(1)塑性收缩裂缝　在泵送混凝土中，要求有较大的流动性，施工混凝土坍落度一般要求达到 12cm 以上，并以尽可能小的摩擦阻力，顺利通过管道，且不产生离析、泌水、阻塞，同时还应保持良好的黏聚性。众所周知，水灰比是影响混凝土收缩的主要因素，混凝土在空气中凝结硬化，会产生干燥收缩，一般水泥用量越多，用水量越大，周围空气湿度越小，干缩量也就越大。当混凝土结构内产生的收缩拉应力超过混凝土的抗拉强度时，混凝土就会产生裂缝。

(2)温度裂缝　混凝土有热胀冷缩的特点，在混凝土处于约束的情况下，当温度变化时，会在结构内部产生温度拉应力。大体积混凝土在硬化过程中，水化热无法及时散发，使混凝土内外形成较大的温度差，混凝土表面承受拉应力，当拉应力超过混凝土抗拉强度时，就会产生从表面向混凝土内部延伸的不贯穿裂缝。

(3)混凝土配合比、材料选用及施工不当产生的裂缝　现在片面追求混凝土的高强和早

[作者简介] 申　懋，云南建工第五建设有限公司总工程师，教授级高级工程师

强，使混凝土中的单方水泥用量高，高强泵送混凝土一般都采用高强度水泥和高效减水剂等，同时，由于施工单位和建筑单位特别强调加快工程进度，要求过高的早期强度，这些因素都增大混凝土出现早期裂缝的可能性。造成混凝土开裂的原因尚有很多，在此不一一详述。

解决泵送混凝土开裂的问题，必须从材料、配合比及施工、养护等多方面采取措施才能取得良好效果。例如，在泵送混凝土中掺入膨胀剂和缓凝剂，或粉煤灰代替部分水泥，从而降低水泥用量。另外在施工过程中采取尽早覆盖草席并洒水养护，延长养护时间，或在选择水泥品种时，尽可能不用或少用早强型水泥等技术措施。随着高新技术及新型材料的发展，如聚丙烯纤维的出现，也可以在很大程度上解决泵送混凝土的早期裂缝问题。

2 聚丙烯纤维的物理力学性能及作用

聚丙烯纤维是一种以聚丙烯(polypropylene)为原料，经改性处理的单丝高强纤维，外观为白色，无毒、无味、轻质。它的耐热性能良好，在水中或混凝土中分散后成为一根根独立的单丝。将它切成一定长度，均匀地分布在混凝土的基层中，可用于增强基层的物理力学性能。纤维在混凝土中能提高基体的抗拉强度，阻止基体中微裂缝的扩展，改善混凝土韧性与抗冲击性，具有良好的抗裂性。

2.1 聚丙烯纤维的主要物理力学性能(表1)

表1 聚丙烯纤维的物理力学性能

纤维长度(mm)	6、10、12、15、20	燃点(℃)	580
相对密度	0.91	抗拉强度(MPa)	345～560
弹性模量(MPa)	≥3500	拉伸极限(%)	15～20
吸水性	无	长度偏差(mm)	±1

注：该聚丙烯纤维为山东泰安生产的傲峰牌纤维

(1)相对密度低，一般不超过1.30。

(2)抗拉强度适中。

(3)弹性模量较低，要比水泥混凝土低1个数量级，一般为3500～7000MPa。

(4)受拉时极限延伸率高，可比水泥混凝土高3个数量级，一般为15%～20%。

2.2 聚丙烯纤维的主要作用

(1)阻裂　阻止混凝土中原有缺陷(微裂缝)的扩展并有效延缓新裂缝的产生。以水泥为基材的混凝土中必定存在裂隙，由于纤维的作用，可以大大减少甚至彻底消除宏观(肉眼可见)的裂缝产生。

(2)抗渗　由于大大减少了混凝土基体中的连通裂缝，增强混凝土的黏结力及密实度，有效阻止外界水分。

(3)耐久性　改善混凝土基本抗冻、抗疲劳等性能，提高其耐久性。

(4)增韧与抗冲击　提高混凝土基体的受变形能力，从而改善其韧性和冲击性。

(5)增强　在混凝土中使用一定掺量的纤维，可以起到提高基体的抗压、抗拉(剪)强度的作用。

3 试验

3.1 试验原材料

水泥采用开远水泥厂生产的矿渣硅酸盐 32.5 水泥，实测 28d 抗压强度 41.8MPa（ISO 法）；粉煤灰为昆明电厂 II 级粉煤灰；粗集料为 1～3cm 粒径碎石；细集料：沙朗人工砂、龙潭山砂各 50%合用；外加剂为磊大 NH2000-II 型高效减水剂；聚丙烯纤维为山东泰安傲峰牌纤维，物理力学性能见表 1。

3.2 试验配合比

为对比纤维的效果，配合比保持各种材料不变，仅改变纤维用量，见表 2。

表 2 试验泵送混凝土配合比（单位：kg/m^3）

试样	纤维	水泥	粉煤灰	砂	碎石	水	减水剂
1	0	350	50	722	1130	188	2.10
	0.70	350	50	722	1130	190	2.10
	0.90	350	50	722	1130	187	2.10
2	0	320	50	743	1130	187	1.92
	0.70	320	50	743	1130	186	1.92
	0.90	320	50	743	1130	187	1.92
3	0	375	50	687	1140	193	2.25
	0.7	375	50	687	1140	194	2.25
	0.9	375	50	687	1140	193	2.25
4	0	400	50	657	1140	198	2.40
	0.7	400	50	657	1140	198	2.40
	0.9	400	50	657	1140	199	2.40

3.3 坍落度损失试验

混凝土中加入聚丙烯纤维，因黏聚性增大，离析和泌水减少，坍落度会有所下降，但不会对混凝土的工作性产生不利影响。试验结果见表 3。

表 3 聚丙烯纤维泵送混凝土坍落度损失试验结果

试样	纤维（kg/m^3）	初始值（mm）	1h 后（mm）	2h 后（mm）	和易性
1	0	192	181	142	好
2	0.70	187	174	121	好
3	0.90	184	170	113	好

注：坍落度损失试验 1 组试样的配合比为表 2 的 1 组配合比。

3.4 力学性能试验

混凝土 28d 龄期力学性能的试（检）验严格按国家标准进行，抗压、抗折、抗剪强度有所增加，抗渗性能有所提高。其检(测)验数据见表4。

表4 混凝土28d龄期力学强度试验结果

试样	纤维(kg/m³)	抗压强度(MPa)	抗折强度(MPa)	抗渗水压(MPa)	抗渗高度(mm)	抗剪强度(MPa)
1	0	38.3	4.2	1.0	245	8.5
	0.70	41.8	5.4	1.5	170	8.8
	0.90	43.1	5.7	1.5	120	9.2
2	0	34.6	3.6	1.0	315	7.8
	0.70	37.0	4.0	1.5	246	8.3
	0.90	38.9	4.3	1.5	202	8.6
3	0	45.6	—	1.0	228	—
	0.70	47.8	—	1.5	165	—
	0.90	49.2	—	1.5	140	—
4	0	54.0	—	1.0	192	—
	0.70	55.6	—	1.5	162	—
	0.90	56.0	—	1.5	101	—

4 聚丙烯纤维在泵送混凝土工程中的应用

经过试验研究，我公司将聚丙烯纤维泵送混凝土在我司承建的工程中进行了推广应用。

在我公司承建的国际花卉交易中心工程中，花卉交易大厅地坪面积约为1800m²，混凝土强度等级为C20，采用泵送混凝土中加入0.9kg/m³的纤维，有效地减少了因浇筑面积大、时间长地坪表面易发生的凝缩(干缩)或塑性裂缝。后经检验，混凝土实际抗压强度为28.9MPa，3个月内经观测未发现裂缝，具有足够的耐磨能力。在云南省国土资源厅办公大楼工程中，地下室底板厚800mm，面积约为1100m³，混凝土设计强度为C45，抗渗等级为P8。为了克服工程中因混凝土浇筑长度长，体积大引起的收缩变形和温度变形裂缝，在混凝土掺入了0.9kg/m³的纤维，经试验检测，混凝土实际抗压强度为54.0MPa，抗渗等级大于P12。施工表明，整个大面积底板未发现裂缝。我公司先后在以下工程中推广应用聚丙烯纤维泵送混凝土(表5)。

表5 我公司聚丙烯纤维泵送混凝土应用工程项目

工 程 项 目	使用部位及混凝土强度等级	掺量(kg/m³)
滇虹制药厂	基础、地梁C30	0.9
银德香榭丽园小区	屋面C25	0.9
昆明烟厂职工医院住院部大楼	地下室地板、剪力墙C40P8	0.9
昆明烟厂电缆隧道	剪力墙C35P10	0.9
保山打叶复烤车间	梁板C30	0.9
云南省政协办公大楼	梁板C35、C30	0.9
思茅万人体育场	露天看台、梁板C30，室外楼梯C20	0.9
国际花卉交易中心	交易大厅地坪C20	0.9

续上表

工 程 项 目	使用部位及混凝土强度等级	掺量(kg/m³)
邮电小区	屋面 30	0.9
	外墙粉刷 M7.5	0.7
云南省国土资源厅	地下室底板、剪力墙 C45P8	0.9
云南大学某教学楼	梁板梯 C30	0.9

5 施工注意事项

(1)准确称量每次搅拌的纤维用量。

(2)在搅拌中所有纤维皆应均匀散布,如果有成束的纤维未搅拌开,可延长搅拌时间 1～2min。值得指出的是,搅拌时间不宜过长,以免因物料间的过分摩擦而损伤纤维。

(3)加入聚丙烯纤维后,不需对配合比进行更改。

(4)加入聚丙烯纤维后,混凝土粘聚性增强,坍落度会有所降低,如需保持坍落度,绝不可加大用水量,需适当增大减水剂用量。

(5)应严格按国家有关标准进行施工及养护。

(6)应尽量避免纤维与皮肤直接接触,并注意不要让纤维进入眼睛。

6 结论

经过试验研究及工程实际应用,对比聚丙烯纤维泵送混凝土与普通泵送混凝土的物理力学性能及经济性,得到如下结论:

(1)纤维在混凝土中呈三维网格结构,在一定程度上支撑着集料,阻止粗、细集料的沉降,能有效防止和抑制混凝土的离析。

(2)加入纤维的泵送混凝土能有效控制混凝土塑性、干缩、温度变化等因素引起的微裂缝,防止和抑制裂纹的形成和发展。

(3)加入纤维的泵送混凝土从抗压、抗折、抗剪强度及抗渗等物理力学性能看,都比普通泵送混凝土有一定的优越性。

(4)聚丙烯纤维人民币售价大约为 40 元/kg 左右,每立方米混凝土加入 0.9kg,约增加 35 元/m^3 的成本,但若与普通混凝土产生裂缝后修补所产生的费用相比,综合成本较低。

7 结语

实际工程应用表明,聚丙烯纤维在混凝土中掺量低,较经济,易施工,适用性广泛,使用效果显著。聚丙烯纤维在混凝土中具有较好的分散性,不发生结团现象(工程实践表明采用强制式搅拌机可以不延长搅拌时间,纤维可与集料一起加入,无须改变搅拌工艺及浇筑方式)。在泵送混凝土中掺入适量的聚丙烯纤维,具有良好的泵送性、保水性和黏聚性,可以解决混凝土早期裂缝,并能提高混凝土的抗裂性、耐久性和抗冲击性,适用于大面积、大体积混凝土结构的使用。

混凝土耐久性技术研究

刘晓伟

冀东油田矿区建设管理部

影响混凝土耐久性不足的因素复杂,既有外部环境侵蚀作用的原因,也有混凝土自身内在的原因。属于外部环境作用的原因主要有环境氯盐侵蚀或环境酸性气体引起混凝土碳化造成的钢筋锈蚀,混凝土冻融损伤,环境酸、碱、硫酸盐的化学侵蚀及其他损伤等;属于内部原因的主要是碱集料反应以及混凝土本身质量差导致抵御环境侵蚀能力差等。混凝土耐久性差,一般是多种因素共同作用的结果。在上述所有的原因中,钢筋锈蚀是混凝土结构最常见和最重要的耐久性问题,尤其以氯盐腐蚀造成的耐久性问题最普遍,危害性最大。

本文结合冀东油田实际盐渍地区工程实例,针对氯盐腐蚀环境的特点,重点研究高抗氯离子渗透性的高性能混凝土耐久性技术。

1 国内外发展概况

对于处于海洋环境,盐渍地区的混凝土工程来说,由于氯盐侵蚀而造成的钢筋腐蚀是导致混凝土结构破坏的最主要原因,由此引起混凝土结构达不到设计使用年限而提前破坏,已成为工程上日益突出的灾害之一。因此,氯盐腐蚀环境下混凝土的耐久性问题,受到了世界各国的普遍关注。

20 世纪 80 年代以来,发达国家为了在氯盐腐蚀环境下提高混凝土结构的耐久性,相继开展了高性能混凝土的研究与应用,特别是 90 年代以来,发达国家对高性能混凝土进行了较为深入的研究,尤其在混凝土耐久性测试技术上,开发了高性能混凝土抗氯离子渗透快速测定方法,为高性能混凝土的设计、耐久性检测和耐久性质量控制提供了技术依据。为了定量预测高性能混凝土的安全使用寿命,近些年来国外还开发了混凝土使用寿命预测模型,可根据混凝土的基本参数大致预测混凝土的安全使用寿命。

近年来,发达国家已越来越多地将高性能混凝土应用于一些大型、重点工程,如挪威古尔法克斯海上钻井平台、丹麦大贝尔特海峡工程、香港青马大桥、加拿大联盟大桥等,取得了显著的应用效果。

20 世纪 90 年代以来,我国很多科研单位和大专院校也相继开展了高性能混凝土的耐久性研究,并取得了较好的科研成果。中港集团广州四航工程技术研究院从 1995 年开始开展海港工程高性能混凝土的研究,在充分的试验研究基础上,于 1998 年首次将大掺量粉煤灰高性能混凝土应用于深圳盐田国际集装箱码头二期工程。近年来,中港集团进一步系统地开展抗

[作者简介] 刘晓伟,冀东油田矿区建设管理部工程师

氯盐腐蚀高性能混凝土配制成套技术研究，重点对高性能混凝土的配制技术、耐久性影响因素、耐久性测试和质量控制技术进行研究，并成功应用于上海东海大桥、杭州湾大桥、上海洋山深水港工程、盐田国际集装箱码头三期工程、巴基斯坦瓜达尔码头援建工程等国内外大型海港和跨海大桥工程。

理论和实践证明，采用高抗氯盐腐蚀的高性能混凝土技术，可显著提高混凝土本身的护筋性能，提高混凝土的耐久性，从而延长结构物的安全使用寿命。

2 主要技术内容

抗氯盐腐蚀高性能混凝土是指：使用混凝土常规材料、常规工艺，以较低水胶比、适当掺量优质掺和料和较严格的质量控制制作的高耐久性(高抗氯离子渗透性)、高尺寸稳定性、良好工作性及高强度的混凝土。

由于配制抗氯盐腐蚀高性能混凝土掺加了适当品种和数量的活性掺和料，如硅灰、粉煤灰、磨细矿渣粉等，这些活性掺和料均具有水化活性，可直接进行水化或与水泥的水化产物进行水化反应，所生成的水化产物不仅可以改善混凝土的孔结构，而且其水化产物可以结合和吸附部分掺入的氯离子，从而可以显著提高混凝土的抗氯离子渗透性能。因配制时选用了与水泥、掺和料相匹配的高效减水剂，也使得混凝土在低水胶比时既能获得良好的、适宜施工的工作性，又能获得较高的强度。

抗氯盐腐蚀高性能混凝土具备如下性能特点(见表1)。

表1 抗氯盐腐蚀高性能混凝土的性能

名　　称	水胶比	混凝土坍落度(mm)	28d抗压强度(MPa)	90d抗氯离子渗透性(C)	90d扩散系数($\times10^{-8}cm^2/s$)
普通混凝土	0.35	160～200	>60	1218	5.6
掺粉煤灰高性能混凝土	0.35	160～200	50～60	416	2.56
掺矿粉高性能混凝土	0.35	160～200	50～60	383	0.93
掺硅灰高性能混凝土	0.35	160～200	>60	517	1.73

(1)高耐久性　这是氯盐腐蚀环境下高性能混凝土最重要的性能。随着人们对氯盐腐蚀环境下混凝土材料劣化及危害的认识，高性能混凝土应具有50年以上甚至100年的使用寿命，而不是普通混凝土所要求的或只能达到30年左右的使用寿命。

(2)良好的物理力学性能　高性能混凝土应具有满足设计要求的强度，同时还应具有良好的体积稳定性，即高性能混凝土除应具有较高的强度外，其变形、收缩、抗裂等性能不应低于普通混凝土。

(3)高工作性　高性能混凝土应具有满足施工环境和施工条件、工艺要求的工作性。随着工程大型化、工业化、施工难度和施工技术越来越高，只有工作性好的混凝土拌和物，才能制作出均匀密实、耐久性好的混凝土。

由于抗氯盐高性能混凝土具有比普通混凝土更显著的抗氯离子渗透性能，能够防止或延缓处于氯盐污染环境的混凝土结构发生钢筋腐蚀，因此它适用于海工工程、撒除冰盐的路桥工程、处于盐湖或盐碱地区的钢筋混凝土工程。

3 配合比设计及技术指标

3.1 配合比设计原则

高性能混凝土配合比设计应符合下列规定：

(1)高性能混凝土配合比设计应采用试验—计算法，其配制强度确定原则应与普通混凝土相同，即强度保证率为95%。

(2)粗集料最大粒径不宜大于25mm，这有利于保证混凝土的均匀性、强度和抗氯离子渗透性。

(3)通过试验证明，减水剂与所采用的水泥必须相匹配。

(4)胶凝材料浆体体积宜为混凝土体积的35%左右，主要为了保证高性能混凝土具有高的尺寸稳定性。

(5)应通过试验确定最佳砂率。

(6)应通过降低水胶比和调整掺和料的掺量，使抗氯离子渗透性和强度指标满足规定要求。

3.2 配合比设计基本方法

高性能混凝土配合比设计主要遵循以下基本办法：

(1)采用单掺或混掺活性掺和料(如单掺或混掺粉煤灰、矿渣粉、硅灰等)及调整掺量等技术手段，以提高混凝土的抗氯离子渗透性能；其掺量应通过试验确定。

(2)采用高效减水剂以尽量减少混凝土的水胶比，从而提高混凝土的密实性、强度和抗氯离子渗透性能。

(3)严格控制原材料的质量水平，在单掺或混掺活性掺和料、采用高效减水剂的基础上，合理调整混凝土的配合比参数，使配制的混凝土具有良好的工作性能。

(4)采用试验—计算法进行配合比的设计和调整。

(5)按上述设计原则进行配合比设计，并结合其他参数(如砂率、单位体积用水量、外加剂掺量等)进行试拌和配合比调整，以配制出具有良好工作性的混凝土拌和物，经标准养护一定龄期后测定其力学性能和耐久性指标，由测得的综合性能，确定实验室配合比。

配制高性能混凝土时，在材料品种、用量和配合比参数的选取上，应充分掌握各种因素对混凝土性能的影响，结合工程具体要求加以选取。

3.3 技术指标

由于抗氯盐高性能混凝土要求具有较高的抗氯离子渗透性能，表2列出了高性能混凝土规定的技术指标。

表2 高性能混凝土的技术指标

混凝土拌和物			硬化混凝土	
水胶比	胶凝材料总量(kg/m^3)	坍落度(mm)	强度等级	抗氯离子渗透性(C)
≤0.35	≥400	≥120	≥45	≤1000

4 施工与质量控制

4.1 原材料质量控制

胶凝材料是影响高性能混凝土性能的主要因素，而对于耐久性占主要地位，同时也要满足较高强度要求的高性能混凝土，除水泥外，掺和料的品质和质量，尤其是掺和料的质量稳定性尤为重要。从产品生产质量控制上来讲，我国对掺和料的产品质量控制没有水泥那样严格，往往导致不同批次的掺和料在质量上有较大的差异。当掺和料质量变化较大时，将首先在混凝土拌和物工作性能上有较大的波动，最终将反映在混凝土力学性能和耐久性能上的差异。

配制高性能混凝土，应选用坚硬、高强、密实而无孔隙和软弱杂质的优质集料。对细集料要求使用中粗砂，且级配良好、含泥量少。粗集料在混凝土中起骨架作用，要优先选用抗压强度高的粗集料，集料应为表面粗糙以利于与水泥浆界面黏结的碎石，且最大粒径不宜大于25mm。

高效减水剂对胶凝材料有强烈的分散作用，随着高效减水剂技术的发展，可使减水率提高25%甚至35%以上。高效减水剂的增强效果已相当显著，对于高性能混凝土来讲，更重要的是掺入高效减水剂后混凝土的坍落度损失问题，这就要求高效减水剂与复合了水泥和掺和料的胶凝材料有较好的相容性，只有既具备了提高减水率，同时又能与胶凝材料相匹配的高效减水剂，才能配制出工作性能好、易施工、较密实、体积稳定的高性能混凝土。

因此，原材料质量合格与稳定性是保证高性能混凝土质量的重要因素。高性能混凝土施工，应建立严格的原材料质量检验制度。

4.2 拌制

混凝土拌制的目的，除了按设定的配合比达到均匀混合以外，还要达到强化和塑化的作用。

高性能混凝土由于水胶比较小，同时掺入掺和料的细度比水泥小，所以，高性能混凝土对单位体积的用水量极为敏感。因此，拌制高性能混凝土时，对水和外加剂的称量偏差的规定比普通混凝土严格，表3为《海港工程混凝土结构防腐蚀技术规范》(JTJ 275—2000)规定的高性能混凝土原材料称量允许偏差。

表3 高性能混凝土原材料称量允许偏差

原材料名称	允许偏差(%)	原材料名称	允许偏差(%)
水泥、掺和料	±2	水、外加剂	±1
粗、细集料	±3		

不同的拌和方式与投料程序，对混凝土拌和的均匀性有较大的影响，高性能混凝土拌和物比较黏稠，为了保证混凝土搅拌均匀，必须采用性能良好，搅拌效率高的行星式、双锥式或卧轴式强制搅拌机，搅拌机中磨损的叶片应及时更换。高性能混凝土拌和物宜先以掺和料和细集料干拌，再加入水泥和部分拌和用水，最后加粗集料、减水剂溶液和余额拌和用水，搅拌时间应比常规混凝土延长40s以上。

4.3 浇筑

高性能混凝土的工作性好坏，直接关系到混凝土的密实性、强度和耐久性，高性能混凝土在浇筑时，应不离析、不分层，并能保证施工所要求的稠度。

混凝土的保护层厚度是影响耐久性的重要技术指标之一，浇筑前应仔细检查模板、钢筋、预埋件、预留孔、保护层垫块等的位置、规格和数量，对于浪溅区构件，保护层厚度不得有负偏差。

高性能混凝土应采用高频振捣器振捣至混凝土顶面基本上不冒气泡，当混凝土浇筑至顶面时，宜采用二次振捣及二次抹面。对于流动性大的高性能混凝土，振捣时应注意不能过振，以防止集料下沉而引起混凝土不均匀现象。混凝土振捣、抹面后，应刮去表面浮浆，以确保混凝土的密实性。

对于大体积或夏季炎热天气施工时，应对高性能混凝土的浇筑温度、最大温升和内外温差进行控制。

4.4 养护

养护质量对确保高性能混凝土质量非常关键，特别是对于掺入掺和料的高性能混凝土的耐久性影响十分明显。大量试验研究证明，由于掺和料的水化滞后效应，如果养护不够，掺和料不能充分完成水化反应，使高性能混凝土的潜在高性能优势不能充分发挥，从而达不到应有的高耐久性。

广州四航工程技术研究院曾对掺入粉煤灰和硅灰的高性能混凝土进行不同养护时间的耐久性测试，潮湿养护时间分别为 7d 、14d 、28d 后，在自然状态下养护至 90d，测定混凝土的抗氯离子渗透性。研究结果证明，混凝土潮湿养护时间对混凝土抗氯离子渗透性有非常明显的影响，特别是早期养护影响较大，潮湿养护 7d 的电通量比潮湿养护 28d 的电通量增大将近一倍，潮湿养护 15d 后，随着养护时间延长，电通量值降低的幅度不大。

因此，高性能混凝土抹面后，应立即覆盖，防止水分散失。终凝后，混凝土顶面应立即持续潮湿养护。拆摸前 12h，应拧松侧模板的紧固螺帽，使水顺着模板与混凝土脱开面渗下，养护混凝土侧面。整个养护期间，尤其从终凝到拆模的养护初期，应确保混凝土处于有利于硬化及强度增长的温度和潮湿环境中；在常温下，应至少养护 15d，气温较高时可适当缩短潮湿养护时间；气温较低时，应适当延长养护时间。

5 结语

近年来，随着我国经济建设的发展和科技水平的提高，建造的国家大型重点工程均要求 50 年甚至 100 年以上的使用寿命，特别是当前海洋工程向着大型、跨海、外海化发展，提高和保证这些重点工程的安全使用寿命，是关系到我国国民经济长期、持续稳定发展的百年大计。因此，高耐久的抗氯盐腐蚀高性能混凝土应用技术受到重视并得到广泛应用。

参 考 文 献

[1] JTJ 275—2000 海港工程混凝土结构防腐蚀技术规范[S].
[2] 冯乃谦. 高性能混凝土技术[M]. 北京：原子能出版社，2000.

轻集料混凝土弹性模量的研究

刘　立，赵顺增，曹淑萍，吴　勇

中国建筑材料科学研究总院

弹性模量是混凝土重要的力学性能，它反映了混凝土所受应力与所产生应变之间的关系，是计算钢筋混凝土结构的变形、裂缝开展必需的参数之一。研究表明，轻集料混凝土的弹性模量比相同强度等级的普通混凝土低30%左右，结构刚性相应降低，从而在某种程度上制约了轻集料混凝土的应用。

本文研究了轻集料混凝土表观密度、强度与弹性模量的关系，以及不同品种轻集料、不同矿物掺和料对混凝土弹性模量的影响，寻求提高轻集料混凝土弹性模量的技术途径。

1　试验原材料

1.1　试验方法及装置

1.1.1　试验方法

轻集料混凝土静力受压弹性模量按照《普通混凝土力学性能试验方法标准》(GB/T 50081—2002)的规定进行，试件尺寸为100mm×100mm×300mm，每组3块，取平均值作为试验结果。

1.1.2　试验装置

混凝土弹性模量测试的关键是混凝土试件左右两侧变形量的测试。国内外常用的测量变形的方法主要可分为应变片法和千分表法。应变片法测量结果较准确，但贴片工序复杂，试验周期长，另外测量精度受贴片质量的影响较大。千分表法粘贴固定块工艺复杂，且混凝土受力变形要通过胶水、固定块再传递到千分表，使得试验结果造成较大的偏差。

针对这一问题，在原千分表法的基础上进行了改进，见图1。本测试装置的主要特点是：通过螺丝机械固定上下支架，数显千分表接在上支架的顶端，测量杆安装在下支架上，与千分表在同一垂直线上，千分表测头为球形，测量杆的测量端面为平面。实现点—面接触，提高了测量精度。

图1　混凝土弹性模量试验装置

[作者简介] 刘　立，中国建筑材料科学研究总院水泥科学与新型建筑材料研究所教授级高级工程师

1.2 试验材料

(1)水泥(C) 河北冀东42.5MPa普硅水泥,化学成分见表1。

(2)粉煤灰(FA) 北京石景山热电厂的II级粉煤灰,化学成分见表1。

(3)磨细矿渣粉(BFS) 比表面积400m²/kg,化学成分见表1。

(4)硅灰(SF) 宁夏产,化学成分见表1。

(5)砂 中砂,细度模数2.5。

(6)石 石灰岩碎石,最大粒径25mm。

(7)轻集料 天津豹鸣股份有限公司生产的800级高性能轻集料、800级黏土轻集料和上海申威生产的800级粉煤灰轻集料。图2是轻集料的外观形貌。轻集料性能见表2。

表1 原材料化学成分

品种	化学成分(%)						
	烧失量	SiO_2	Al_2O_3	Fe_2O_3	CaO	MgO	SO_3
水泥	2.86	23.44	7.19	2.96	55.01	2.24	2.87
粉煤灰	0.34	59.78	21.42	7.99	3.85	1.96	—
磨细矿渣粉	1.37	33.86	14.75	1.37	35.53	10.12	—
硅灰	2.33	94.91	0.28	1.36	0.79	0.23	—

表2 轻集料的性能

项目		高性能轻集料	粉煤灰轻集料	黏土轻集料
吸水率(%)	1h	2.3	4.3	8.3
	24h	4.0	8.3	13.4
筒压强度(MPa)		18.2	10.0	5.6
堆积密度(kg/m³)		820	790	778
表观密度(kg/m³)		1340	1360	1344
软化系数		0.93	0.83	—
空隙率(%)		39.9	42.9	42.4

a)高性能轻集料

b)粉煤灰轻集料

c)黏土轻集料

图2 轻集料外观形貌

2 试验结果与讨论

2.1 轻集料混凝土表观密度对弹性模量的影响

采用普通石灰岩石子，按普通混凝土配合比设计方法，设计了水胶比 0.4、每立方混凝土粗集料体积 0.4m^3 的混凝土基准配合比，见表 3 的 1 号配合比。在固定水胶比和每立方混凝土粗集料体积维持不变的条件下，按 20%、40%、60%、80%、100%的粗集料体积比例掺入 800 级碎石型高性能轻集料，替代普通石子，构成不同表观密度的系列配合比，研究轻集料混凝土表观密度对弹性模量的影响。配合比及试验结果见表 3。

表 3　不同表观密度的轻集料混凝土配合比

编　　号	混凝土配合比(kg/m^3)					28d 表观密度 (kg/m^3)	28d 弹性模量 (10^4MPa)	28d 抗压强度 (MPa)
	水泥	砂	石子	轻集料	水			
1	450	710	1065	—	180	2370	4.43	69.0
2	450	710	1282	108	180	2248	3.98	67.2
3	450	710	636	216	180	2139	3.45	64.6
4	450	710	424	324	180	2012	3.12	56.6
5	450	710	212	432	180	1908	2.83	52.3
6	450	710	—	540	180	1807	2.68	52.8

试验结果显示，随着轻集料掺入比例的提高，混凝土干表观密度呈线性下降的趋势，混凝土的抗压强度变化逐步减低，与之对应，混凝土弹性模量也逐步降低，但弹性模量的降低幅度明显高于抗压强度的降低，见表 3。抗压强度的降低率基本与表观密度的降低率相当，而弹性模量的降低率却是抗压强度的 2 倍左右，表明弹性模量对表观密度的变化更加敏感，表观密度是影响轻集料混凝土弹性模量的重要因素。轻集料混凝土表观密度与弹性模量的关系见图 3。

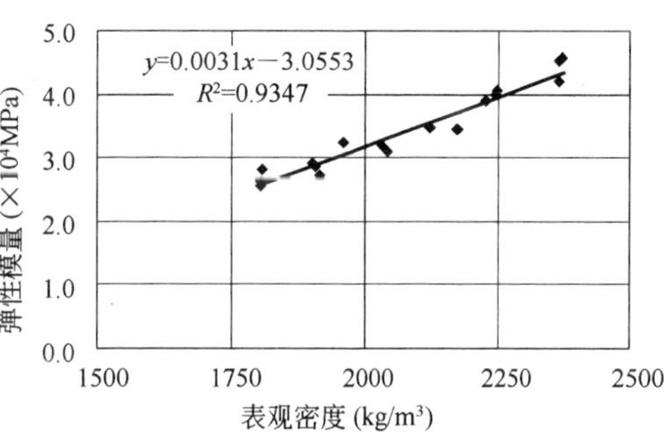

图 3　轻集料混凝土表观密度与弹性模量的关系

在相同水胶比和粗集料体积不变的条件下，意味着水泥石的密度和水泥石在混凝土中所占体积不变，那么影响轻集料混凝土弹性模量的因素为集料的密度。随着轻集料加入比例的提高，混凝土的重要组成部分——粗集料的密度不断降低，众所周知，材料的密度与弹性模量之间成正比关系，也就是说集料的密度降低，导致轻集料混凝土弹性模量降低。

选择合理的轻集料密度，或者通过调整普通集料与轻集料的比例，改变集料的复合密度，轻集料混凝土可获得不同的表观密度，可有效调控轻集料混凝土的弹性模量，获得理想的弹性性能。

2.2 水灰比对轻集料混凝土弹性模量的影响

采用 800 级高性能轻集料，在相同水泥用量的前提下，研究不同水灰比对弹性模量的影响，混凝土配合比及试验结果见表4。弹性模量的变化趋势见图4、图5。

表4　不同水灰比轻集料混凝土配合比及试验结果

编号	水灰比	混凝土配合比(kg/m³)				弹性模量(10^4MPa)	抗压强度(MPa)				
		水泥	砂	轻集料	水		7d	28d	60d	90d	180d
7	0.3	450	710	540	135	2.72	53.2	55.0	56.2	58.0	61.0
6	0.4	450	710	540	180	2.68	45.5	52.8	56.4	57.5	65.9
8	0.5	450	710	540	225	2.43	53.2	55.0	56.2	58.0	61.0
9	0.6	450	710	540	270	1.72	37.2	49.1	52.2	52.5	59.9

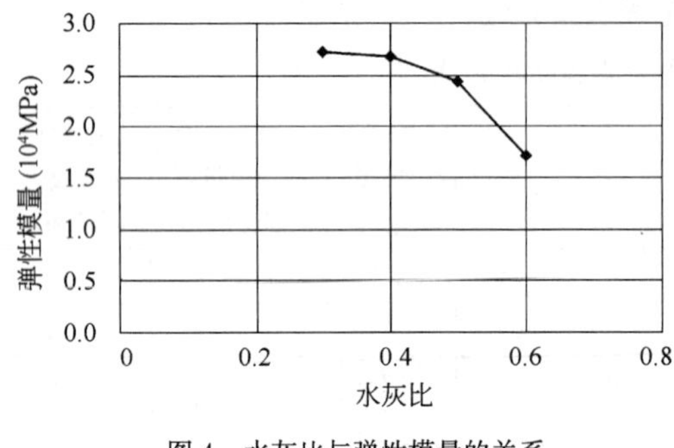

图4　水灰比与弹性模量的关系

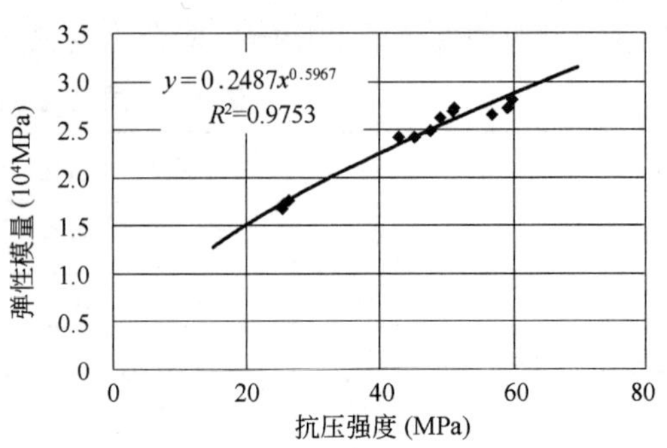

图5　抗压强度与弹性模量的关系

表4表明，随着轻集料混凝土水灰比的降低，抗压强度和弹性模量均得到提高，而且两者的增长率基本相同，说明水灰比对于轻集料混凝土弹性模量的影响如同水灰比和抗压强度的关系一样重要。

图4表明，随着水灰比的降低，轻集料混凝土强度逐步提高，轻集料混凝土的弹性模量也随之增长，弹性模量与抗压强度的关系见图5。降低轻集料混凝土的水灰比，可有效提高轻集料混凝土的弹性模量。

这是因为在相同轻集料品种、用量的条件下，轻集料的弹性模量取决于水泥石。而水灰比是决定水泥石空隙率最重要的因素，随着水灰比的降低，水泥石的空隙率减小，密实度增加，正如图3所示，混凝土密实度与弹性模量之间存在直接关系。

通过调整轻集料混凝土的水灰比，改变水泥石抗压强度，设计水泥石弹性模量，从而实现轻集料混凝土弹性模量的可设计性。

2.3　不同轻集料品种对弹性模量的影响

在相同表观密度和水灰比条件下，采用相同表观密度、不同强度的800级高性能火山岩轻集料、粉煤灰轻集料和黏土轻集料，研究轻集料品种对弹性模量的影响，轻集料的性能见表2，混凝土配合比见表5。

表5　不同轻集料种类的配合比(单位：kg/m³)

编　　号	轻集料种类	水　　泥	砂	陶　　粒	水
6	高性能陶粒	450	710	540	180
10	粉煤灰陶粒	450	710	540	180
11	黏土陶粒	450	710	540	180

试验结果见图 6。本试验中这三种混凝土的胶凝材料及水灰比相同，砂浆对轻集料混凝土弹性模量的影响可视为相同，混凝土的弹性模量主要取决于轻集料的性质，轻集料的堆积密度、表观密度、空隙率基本相同，有差别的是集料的筒压强度。从图 6 中可以看出，轻集料强度是影响混凝土弹性模量的重要因素，轻集料混凝土的弹性模量按轻集料强度高低依次排列，高性能陶粒配制的轻集料混凝土弹性模量最高，为 2.63×10^4MPa，粉煤灰陶粒混凝土的弹性模量为 2.57×10^4MPa，黏土陶粒混凝土弹性模量最低，仅为 2.23×10^4MPa。

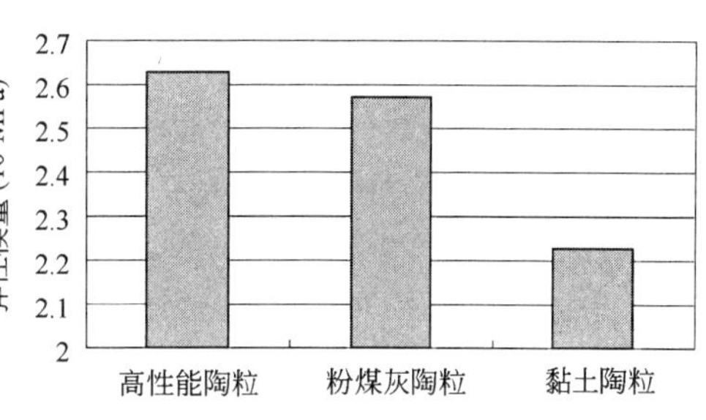

图 6　轻集料种类对弹性模量的影响

在轻集料表观密度一致的情况下，其弹性模量也相同，由于轻集料本身孔结构的影响，筒压强度各不相同，高筒压强度的高性能陶粒配制的轻集料混凝土的抗压强度也较高，而抗压强度与弹性模量存在着图 5 所示关系，弹性模量也随之增加，可以说在一定范围内，轻集料筒压强度决定着轻集料的弹性模量。

2.4　矿物掺和料对轻集料混凝土弹性模量的影响

使用 800 级高性能陶粒，采用如表 6 所示的配合比，研究相同表观密度、相同水灰比，不同矿物掺和料对混凝土弹性模量的影响。

表 6　不同矿物掺和料的轻集料混凝土配合比（单位：kg/m^3）

编号	水泥	粉煤灰(FA)		磨细矿渣(BFS)			硅灰(SF)		砂	轻集料	水
		20%	40%	30%	50%	70%	5%	10%			
6	450	—	—	—	—	—	—	—	710	540	180
12	360	90	—	—	—	—	—	—	710	540	180
13	270	—	180		—	—	—	—	710	540	180
14	315	—	—	135	—	—	—	—	710	540	180
15	225	—	—	—	225	—	—	—	710	540	180
16	135	—	—	—	—	315	—	—	710	540	180
17	427.5	—	—	—	—	—	22.5	—	710	540	180
18	405	—	—	—	—	—	—	45	710	540	180

试验结果见图 7。图 7 表明，轻集料混凝土的弹性模量根据矿物外加剂的品种、掺量不同有所差异：加入粉煤灰后，混凝土的弹性模量有所减低，降低幅度约 10%；而磨细矿粉则有提高弹性模量的趋势，依掺量不同弹性模量提高率约 10%～15%；硅灰与空白混凝土弹性模量大致相当。

轻集料混凝土水泥石和过渡区的孔结构对决定混凝土的弹性特征起着至关重要的作用：粉煤灰的活性较差，在水化初期参与水化反应的颗粒较少，形成“孔隙率高，大孔多，小孔少”的孔结构特征；尽管硅灰的反应要比粉煤灰快得多，水化初期形成“孔隙率低，大孔少，小孔多”的孔结构特征，但由于硅灰的细度比水泥细得多，胶凝材料的级配不甚合理，对水泥石和过渡区的密实作用不明显，而磨细矿渣的火山灰效应介于粉煤灰和硅灰之间，磨细矿粉比水泥细，细度为 400kg/m^3，与水泥复合使用，使胶凝材料的颗粒级配更加合理，很好的填充了水泥石内部的孔隙，密实了水泥石及其过渡区的结构。

正是由于以上机理导致粉煤灰有降低轻集料混凝土弹性模量的趋势，磨细矿渣粉提高混凝土弹性模量，而硅灰与空白混凝土弹性模量相当。

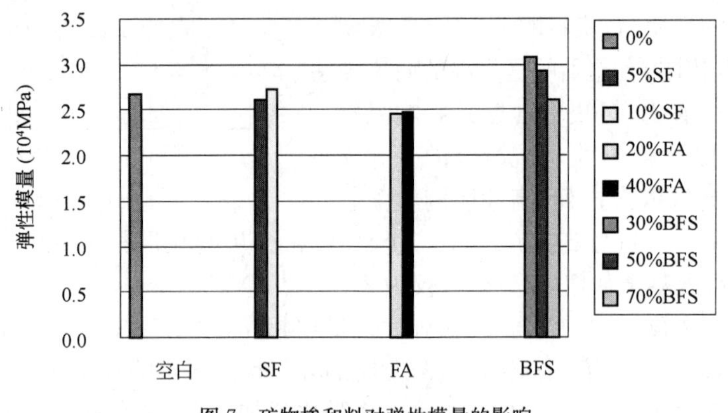

图 7 矿物掺和料对弹性模量的影响

3 结语

通过以上研究，初步探明了影响轻集料混凝土弹性模量的主要因素：

(1)随着轻集料混凝土表观密度的提高，混凝土弹性模量呈线性增长。

(2)随着水灰比的降低，轻集料混凝土强度逐步提高，轻集料混凝土的弹性模量也随之增长。

(3)轻集料的筒压强度越高，其弹性模量越高，混凝土弹性模量也相应增大。

(4)粉煤灰有降低轻集料混凝土弹性模量的趋势，磨细矿渣粉可提高混凝土弹性模量，而硅灰与空白混凝土弹性模量相当。

参 考 文 献

[1] 龚洛书，柳春圃. 轻集料混凝土[M]. 北京：中国铁道出版社，1996.

[2] 蒋明，谭克锋. 高性能轻集料混凝土的强度及耐久性的研究[J]. 混凝土，2001(10).

轻集料混凝土干燥收缩特征的研究

刘　立，赵顺增，曹淑萍，吴　勇

中国建筑材料科学研究总院

轻集料混凝土有比强度高、保温、隔音、抗震、耐久等特点，特别适用于高层建筑、桥梁等大跨度结构工程，以及地质条件复杂和对材料耐久性有特殊要求的重点工程建设，并对各种工程具有广泛意义，其应用前景非常广阔。

轻集料混凝土的配制不同于普通混凝土，往往采用增加胶凝材料用量、添加高效减水剂、高活性的矿物掺和料等技术途径。这些措施导致混凝土早期收缩明显增大，而混凝土早期弹性模量增加更快，早期徐变变形能力即应力松弛能力却明显减小，容易引起混凝土收缩开裂，造成混凝土的强度和耐久性下降，严重影响了混凝土结构的安全性和使用寿命。因此，收缩开裂是轻集料混凝土急需解决的重要问题之一。

本文研究了混凝土表观密度、水灰比、轻集料品种、不同矿物掺和料对轻集料混凝土收缩特性的影响，确定了轻集料混凝土干燥收缩特征，为解决轻集料混凝土的收缩开裂奠定了理论基础。

1　试验原材料

1.1　试验方法

轻集料混凝土的干燥收缩按照《普通混凝土力学性能试验方法标准》(GB 50081—2002)中规定的试验方法进行。收缩试件尺寸为100mm×100mm×515mm，试件两端埋设铜制测头，测量收缩试件成型后，带模养护48h拆模，移入标准养护室。从搅拌加水起时算起3d从标准养护室移至恒温恒湿实验室测定初始长度，实验室温度为(20±2)℃，相对湿度为(60±5)%。试件每组3块，取平均值作为试验结果。采用如图1所示的测量仪测量1d、3d、7d、

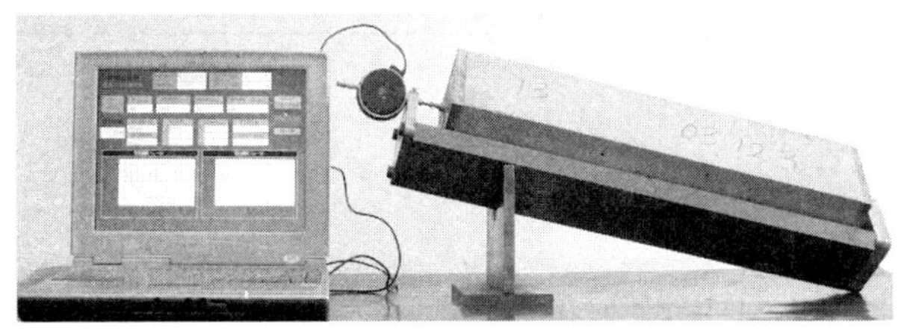

图1　测量仪结构

[作者简介] 刘　立，中国建筑材料科学研究总院水泥科学与新型建筑材料研究所教授级高级工程师

14d、28d、45d、60d、90d、120d、150d、180d 的收缩变形。收缩测量仪的测点为点面接触，对中方式采用角位固定、自重压紧，具有操作误差小，简便实用的特点，测量输出部分是分辨率为0.001mm的容栅位移传感器，数据传入计算机后，变形会自动以曲线形式显示出来。测量结果可以转换为 Excel 数据供试验者进一步分析处理。

1.2 试验材料

(1)水泥(C) 河北冀东 42.5MPa 普硅水泥，化学成分见表 1。

(2)粉煤灰(FA) 北京石景山热电厂的 II 级粉煤灰，化学成分见表 1。

(3)磨细矿渣粉(BFS) 比表面积 $400m^2/kg$，化学成分见表 1。

(4)硅灰(SF) 宁夏产，化学成分见表 1。

(5)砂 中砂，细度模数 2.5。

(6)石子 石灰岩碎石，最大粒径 25mm。

(7)减水剂 萘系高效减水剂。

(8)轻集料 天津豹鸣股份有限公司的 800 级火山岩碎石型高性能轻集料、800 级圆形黏土轻集料和上海申威生产的 800 级圆形粉煤灰轻集料。轻集料性能见表 2。

表 1 原材料化学成分

品种	化学成分(%)						
	烧失量	SiO_2	Al_2O_3	Fe_2O_3	CaO	MgO	SO_3
水泥	2.86	23.44	7.19	2.96	55.01	2.24	2.87
粉煤灰	0.34	59.78	21.42	7.99	3.85	1.96	—
磨细矿渣粉	1.37	33.86	14.75	1.37	35.53	10.12	—
硅灰	2.33	94.91	0.28	1.36	0.79	0.23	—

表 2 轻集料的性能试验结果

项目		高性能轻集料	粉煤灰轻集料	黏土轻集料
吸水率(%)	1h	2.3	4.3	8.3
	24h	4.0	8.3	13.4
筒压强度(MPa)		18.2	10.0	5.6
堆积密度(kg/m^3)		820	790	778
表观密度(kg/m^3)		1340	1360	1344
软化系数		0.93	0.83	—
空隙率(%)		39.9	42.9	42.4

2 试验结果与讨论

2.1 混凝土表观密度对干燥收缩的影响

以水灰比 0.4 的普通混凝土为基准配合比，高性能轻集料按 20%、40%、60%、80%和100%的体积替代率石子，形成不同表观密度的轻集料混凝土配合比，研究表观密度对混凝土干燥收缩的影响，混凝土配合比及表观密度见表 3。

表 3　不同表观密度的混凝土配合比

编号	混凝土配合比(kg/m³)					表观密度(kg/m³)
	水泥	砂	石子	高性能轻集料	水	
1	450	710	1 065	—	180	2 370
2	450	710	1282	108	180	2 248
3	450	710	636	216	180	2 139
4	450	710	424	324	180	2 012
5	450	710	212	432	180	1 908
6	450	710	—	540	180	1 807

混凝土表观密度对干燥收缩的影响如图 2 所示。图 2 表明，随着轻集料加入比例的提高，混凝土表观密度不断降低，混凝土干燥收缩无论早期还是后期都明显增大，而且干燥收缩速度明显加快。轻集料混凝土的收缩高于普通混凝土，100％采用高性能轻集料的 6 号轻集料混凝土 180d 干燥收缩值为 0.072％，比 1 号普通混凝土高 45％。

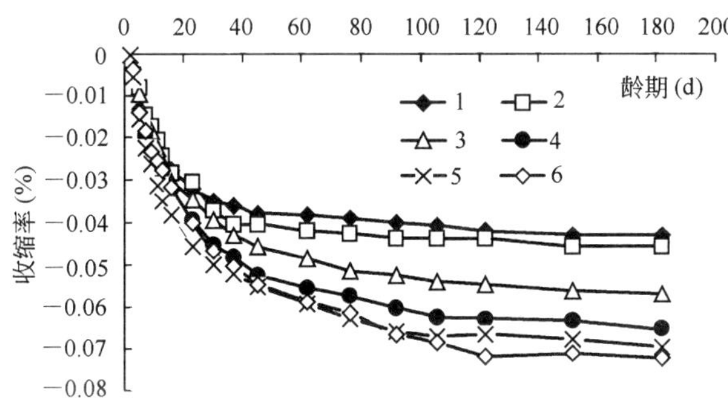

图 2　混凝土表观密度对干燥收缩的影响

在粗集料体积不变的条件下，随着轻集料加入比例的提高，混凝土的重要组成部分——粗集料的密度不断降低，也就是说复合集料的弹性模量不断降低，集料约束水泥石收缩的能力不断下降，出现轻集料混凝土的干燥收缩随轻集料加入比例的提高而增大。

2.2　水灰比对干燥收缩的影响

采用高性能轻集料，水灰比分别为 0.3、0.4、0.5、0.6，研究水灰比对轻集料混凝土干燥收缩的影响。配合比见表 4。试验结果如图 3 所示。

表 4　不同水灰比的轻集料混凝土配合比

编　　号	W/C	水　　泥	砂	高性能轻集料	水
7	0.3	450	710	540	135
6	0.4	450	710	540	180
8	0.5	450	710	540	225
9	0.6	450	710	540	270

图 3 的研究结果表明，随着水灰比的增加，轻集料混凝土干燥收缩的干燥收缩明显增大，且不同水灰比的轻集料混凝土的干缩速率有差别，高水灰比的试体早期干缩小后期干缩大，低水灰比的试体则相反，这一转换在本试验条件下发生在 14～20d 左右，试验现象显示的结果与

过去我们笼统地认为水灰比高干缩大有差别，因此低水灰比的轻集料混凝土不仅要关注自收缩，而且要重视早期干燥收缩大的趋势。

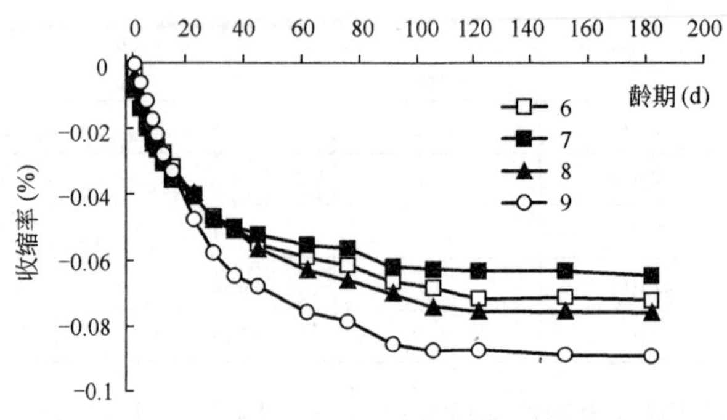

图 3 水灰比对轻集料混凝土干燥收缩的影响

2.3 轻集料种类

采用低吸水率、高筒压强度的高性能轻集料，吸水率、强度适中的煤灰轻集料和高吸水率、低筒压强度黏土轻集料这三种具有代表性的轻集料，在相同水灰比条件下，研究了轻集料品种对混凝土收缩性质的影响，配合比见表 5。

表 5 不同轻集料品种的混凝土配合比

编 号	轻集料种类	水 泥	砂	轻 集 料	水
6	高性能轻集料	450	710	540	180
10	粉煤灰轻集料	450	710	540	180
11	黏土轻集料	450	710	540	180

试验结果如图 4 所示。图 4 可以看出，轻集料品种对自由收缩的影响很大，高性能轻集料、粉煤灰轻集料、黏土轻集料配制的轻集料混凝土 180d 收缩值分别为 0.072%、0.059% 和 0.051%，按着轻集料吸水率的大小依次排列，而且轻集料吸水率越高，干燥收缩速度越慢。

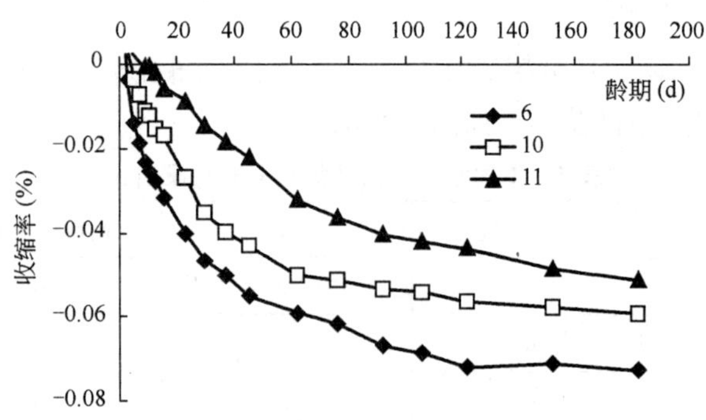

图 4 轻集料种类对干燥收缩的影响

这是因为吸水轻集料在混凝土收缩过程中，起到微型“蓄水池”的作用，不断提供水分，使得高吸水轻集料配制的轻集料混凝土无论收缩速度还是收缩值远远低于低吸水轻集料配制的混凝土。

2.4 矿物掺和料的影响

矿物掺和料品种、掺量对混凝土收缩的影响按表6配合比进行，粉煤灰、磨细矿渣粉、硅灰对混凝土干燥收缩的影响分别如图5、图6、图7所示。

表6 不同矿物掺和料及掺量的轻集料混凝土配合比

编号	水泥	粉煤灰		磨细矿渣			硅灰		砂	高性能轻集料	水
		20%	40%	30%	50%	70%	5%	10%			
6	450	—	—	—	—	—	—	—	710	540	180
12	360	90	—	—	—	—	—	—	710	540	180
13	270	—	180	—	—	—	—	—	710	540	180
14	315	—	—	135	—	—	—	—	710	540	180
15	225	—	—	—	225	—	—	—	710	540	180
16	135	—	—	—	—	315	—	—	710	540	180
17	428	—	—	—	—	—	22	—	710	540	180
18	405	—	—	—	—	—	—	45	710	540	180

图5表明，掺粉煤灰的早期收缩值与不掺粉煤灰的基准混凝土基本一致，最终收缩值比空白减小10%，粉煤灰掺量对收缩影响不大，掺20%，40%粉煤灰的试件不论早期收缩和最终收缩值都很接近，两条曲线几乎重叠。结果表明适量掺加粉煤灰可减小浆体的收缩。

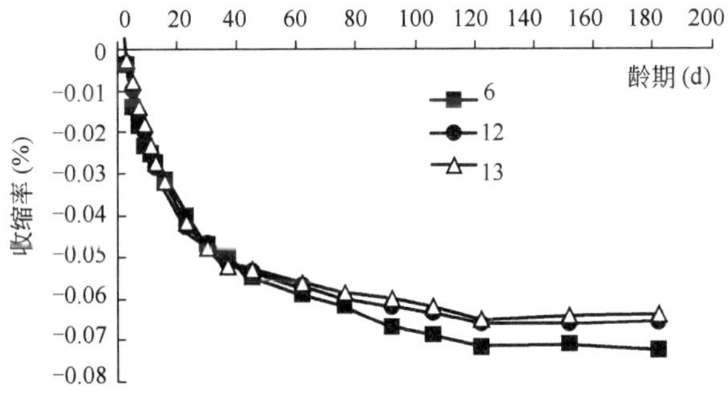

图5 粉煤灰对轻集料混凝土干燥收缩的影响

从图6可以看出矿粉改善了对轻集料混凝土的干燥收缩，并且随着掺量的增加，收缩率呈降低的趋势，70%掺量的矿粉可明显的减小收缩，与未掺矿粉的空白相比，收缩降低率达30%以上。

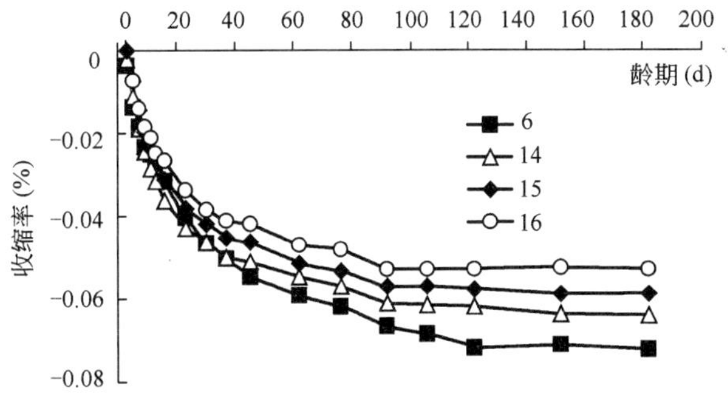

图6 磨细矿渣粉对干燥收缩的影响

由图7知，硅灰同样改善了轻集料混凝土的收缩，并随掺量提高收缩率呈降低的趋势。

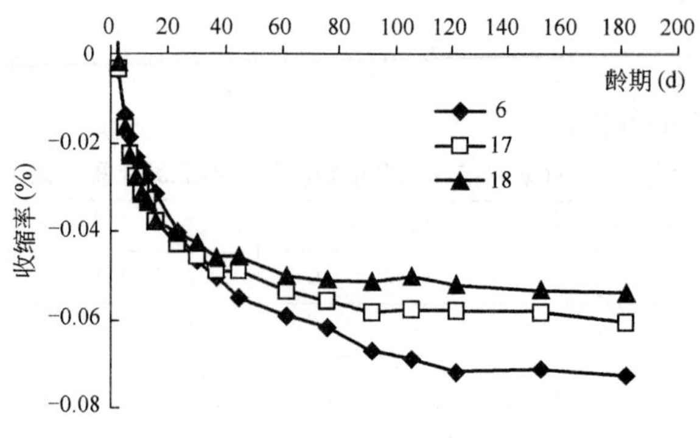

图7　硅灰对干燥收缩的影响

在本试验条件下，粉煤灰、磨细矿渣粉、硅灰的掺入改善了轻集料混凝土的收缩，并且随着掺量的增加，收缩率呈降低的趋势。这一点与普通混凝土不尽相同。普通混凝土中粉煤灰、磨细矿渣粉的掺入可以减低收缩，硅灰是增加混凝土的收缩。在轻集料混凝土中，吸水的轻集料能够补充一部分水分，减弱硅灰等高活性矿物掺和料所致的早期收缩，从而降低了混凝土收缩。

3　结语

通过以上研究得出，轻集料混凝土干燥收缩行为特征，为解决轻集料混凝土收缩变形提供了基础：

(1)随着混凝土表观密度的降低，轻集料混凝土无论早期还是后期的干燥收缩都明显增大，而且干燥收缩速度明显加快。

(2)随着水灰比的增加，轻集料混凝土干燥收缩的干燥收缩明显增大，且不同水灰比的轻集料混凝土的干缩速率有差别，高水灰比的试体早期干缩小后期干缩大，低水灰比的试体则相反。

(3)轻集料混凝土干燥收缩值按着轻集料吸水率的大小依次排列，而且轻集料吸水率越高，干燥收缩速度越慢。

(4)粉煤灰、磨细矿渣粉、硅灰的掺入改善了轻集料混凝土的收缩，并且随着掺量的增加，收缩率呈降低的趋势。

参 考 文 献

[1] 龚洛书，柳春圃. 轻集料混凝土[M]. 北京：中国铁道出版社，1996.

[2] 蒋明，谭克锋. 高性能轻集料混凝土的强度及耐久性的研究[J]. 混凝土，2001(10).

[3] 刘巽伯. 粉煤灰陶粒混凝土的收缩和徐变[J]. 粉煤灰，1999(4)：8-11.

[4] 混凝土收缩与徐变专题协作组. 混凝土收缩与徐变实用数学表达式的试验研究[J]. 建筑科学，1987(3)：14-22.

[5] 龚洛书，丁威. 轻集料混凝土收缩和徐变标定意见和建议[J]. 混凝土，2002(2)：16-17.

[6] 孙海林，叶列平，丁建彤，郭玉顺. 高强轻集料混凝土收缩和徐变试验[J]. 清华大学学报自然科学版，2007，47(6)：765-767.

高活性偏高岭土在混凝土中的应用

江　涛

中天建设集团金华分公司

偏高岭土(Metakaolin ,简称 MK) 是以高岭土($Al_2O_3 \cdot 2SiO_2 \cdot 2H_2O$,简写为 AS_2H_2)为原料,在适当温度下(600～900 ℃) 经脱水形成的无水硅酸铝($Al_2O_3 \cdot 2SiO_2$,简写为 AS_2)。高岭土属于层状硅酸盐结构,层与层之间由范德华键结合,OH^- 在其中结合得较牢固。高岭土在空气中受热时,会发生几次结构变化, 加热到大约 600 ℃时,高岭土的层状结构因脱水而破坏,形成结晶度很差的过渡相——偏高岭土。由于偏高岭土的分子排列是不规则的,呈现热力学介稳状态,在适当激发下具有胶凝性。

1　偏高岭土反应机理

偏高岭土是一种高活性的人工火山灰材料,可与 $Ca(OH)_2$(CH)和水发生火山灰反应,生成与水泥类似的水化产物。利用这一特点,在用作水泥的掺和料时,与水泥水化过程中产生的 CH 反应,可改善水泥的某些性能。偏高岭土用作混凝土矿物掺和料时,主要是 AS_2、CH 与水的反应,随 AS_2/CH 的比率及反应温度的不同,会生成不同的水化产物,包括托勃莫来石(CSH-I) 、水化钙铝黄长石(C_2ASH_8)、水化铝酸四钙(C_4AH_{13}) 和水化铝酸三钙(C_3AH_6) 。不同 AS_2/ CH 比率下的反应式如下

$$AS_2/CH = 0.5,\ AS_2 + 6CH + 9H \rightarrow C_4AH_{13} + 2CSH \quad (1)$$

$$AS_2/CH = 0.6,\ AS_2 + 5CH + 3H \rightarrow C_3AH_6 + 2CSH \quad (2)$$

$$AS_2/CH = 1.0,\ AS_2 + 3CH + 6H \rightarrow C_2ASH_8 + CSH \quad (3)$$

处于介稳状态的偏高岭土无定形硅铝化合物, 经碱性或硫酸盐等激活剂及促硬剂的作用,硅铝化合物由解聚到再聚合后,会形成类似于地壳中一些天然矿物的铝硅酸盐网络状结构。其在成型反应过程中由水作传质介质及反应媒介,最终产物不像传统的水泥那样以范德华键和氢键为主,而是以离子键和共价键为主、范德华键为辅,因而具有更优越的性能。根据这一矿物特征,称这种经激发得到的类似于水泥的产物为麦特林水泥(Metakaolin cement) 。该水泥具有早期强度高的特点,20℃养护 4h 的抗压强度达 15～20MPa ,而且具有较强的耐腐蚀性和良好的耐久性,在 5%酸性条件下,其强度损失仅为硅酸盐水泥的 1/ 13。

[作者简介] 江　涛,中天建设集团金华分公司高级工程师

2 对混凝土性能的影响

2.1 对结构性能影响的研究

(1)孔结构的影响 混凝土中加入 MK 后,微观结构有了一定的改善。硬化后的水泥石中,CH 含量大大减少,CSH 的含量相应增多。在胶砂试块中掺入 20%MK 的水泥浆,其硬化后平均孔径的减少最为显著。掺入 MK 的水泥浆的孔结构优于纯水泥浆体,掺入 30% MK 的水泥浆水化后的孔几乎接近收缩孔。总的孔体积随养护时间的增加而减小,而同时随 MK 掺量的增加而增大。

(2)化学收缩和自收缩 MK 的加入可以延缓混凝土的自收缩和化学收缩。含有 10% MK 的混凝土在 24h 内的自收缩值低于普通混凝土的自收缩值。Wild 等的研究发现,当 MK 含量为 15%和 10%以下时,化学收缩和自收缩随 MK 的增加而增加,随后随 MK 的增加而减少。这可能是由于高 MK 含量的浆体在水中相应的膨胀引起的,当 MK 含量增加时,C_2ASH_8 的形成量增加,而 C_4AH_{13} 的总量减少,反应产物的总体积相对增加。通过测试 MK 对混凝土自收缩及干缩的影响,发现其可较大程度地降低高强混凝土的早期自收缩和干缩值。

2.2 对力学性能影响的研究

有关 MK 对混凝土力学性能影响方面的研究较多,这些研究都显示 MK 对混凝土的强度有较大贡献。加入 MK 的混凝土或胶砂试块后期强度不断增加,可能赶上甚至超过硅灰(SF)的作用。Khatib 等认为这主要是由于填充效应、水泥水化的加速和火山灰胶凝反应等三个因素的影响,影响主要发生在最初的 7~14d 内。丁铸等的试验显示,单独将偏高岭土加入硅酸盐水泥时,可使水泥的抗压强度提高 10MPa。钱小倩等的研究发现,混凝土中掺入 10%~15%的 MK 时,其抗拉、抗压和抗弯性能都有所提高,冲韧性也有一定的提高。

2.3 对耐久性影响的研究

MK 的加入对孔结构有很大的改善。据文献报道,MK 的加入会减少孔径为 0.05~10μm 的毛细孔的体积,这使混凝土抗有害溶液侵蚀和离子扩散的能力得到提高,抗冻性能得以改善。对高活性偏高岭土(HRM) 的研究发现,掺入 MK 的混凝土的耐久性得到显著提高。掺入 8%和 12%的 HRM 的 Cl^- 扩散系数明显低于控制试样,而且抗硫酸盐的能力和抑制碱—集料反应的能力有一定改善,对混凝土的裂纹和表面破损也有较好的抑制作用。

2.4 对混凝土工作性的影响

通常认为含有 MK 的混凝土的流动性会降低,需水量会增大。但 Caldarone 等的研究发现,加入 10% MK 的混凝土虽然坍落度减小,但其比加等量 SF、相同坍落度的混凝土节约高效减水剂(HRWR) 达 25%~35% ,这可能是由于 MK 混凝土比 SF 混凝土的黏滞性小的缘故。Lota 等的研究发现,将 MK 作为添加剂和一种聚合物混合使用,可以大大改善胶砂试样的工作性。丁铸等对 MK 和高效减水剂相容性的研究发现,单独加入 MK 的硅酸盐水泥,水泥的需水量略有增加,凝结时间缩短,水泥与高效减水剂的相容性降低,但将其与适量超细矿渣复掺后,水泥与高效减水剂的相容性会大幅度改善。MK 对混凝土流动性的影响较小,只需适当增加高效减水剂的掺量即可保持与基准混凝土相同，且能显著改善混凝土的黏聚性和保水性。

2.5 其他方面的研究及应用状况

其他多方面的研究也显示，偏高岭土对混凝土的性能有一定的影响，例如对粉化的抑制、对硅酸盐水泥水化产物相转变的抑制等。同时，对偏高岭土作为胶凝材料的研究也取得了一定的进展。例如前苏联曾用高岭土研制了一种水泥，该水泥耐磨性好、强度高，并具有一定的膨胀性能；美国于 1987 年研究开发了一种用碱激发的高强快干水泥，又称 Pyrament ，该水泥做成的混凝土 4h 的抗压强度可达 18MPa 以上，1 个月可达到 82.8MPa；芬兰采用碱激发剂($NaOH + Na_2CO_3$)及木质磺酸素，生产出一种“F 胶凝材料”；日本也将偏高岭土用于制备胶凝材料。

3 偏高岭土在混凝土中的作用

偏高岭土在混凝土中的作用主要有以下 5 个方面：

(1)对混凝土工作性能的影响　当偏高岭土掺量为 5%时，对混凝土的流动性影响很小；当偏高岭土掺量提高到 10%～15%时，混凝土的流动性有所下降，但只要适当增加高效减水剂的掺量(达到 1.5%时)便能保持其与基准混凝土流动性基本相同。此时，混凝土的黏聚性和保水性随着偏高岭土的加入得到了极为显著的改善，这是偏高岭土巨大的比表面积和微粉效应的结果。

(2)对混凝土力学性能的影响　偏高岭土中的 SiO_2 与 Al_2O_3 可吸收水泥水化析出的氢氧化钙生成托勃莫来石(CSH-I)和具有胶凝性质的水化钙铝黄长石(C_2ASH_8)等，所以在混凝土中掺入偏高岭土，能显著提高其早期强度和长期抗压强度、抗弯强度及劈裂抗拉强度。

有研究结果表明，掺入偏高岭土可提高混凝土的早期强度和后期强度，其中外掺偏高岭土 10%时，混凝土 3d、7d、28d、90d 和 365d 的抗压强度分别为基准混凝土的 173%、158%、154%、125%和 122%；掺量为 15%时，混凝土的抗拉和抗压强度分别为基准混凝土的 128%和 184%。

(3)抑制碱—硅酸反应　碱—硅酸反应是碱-集料反应中的一种，即碱与集料中的蛋白石、玉髓、玛瑙、磷石英、方石英、波状消光石英及火山玻璃体等的化学反应。混凝土中掺入适量偏高岭土，可以抑制这类碱—硅酸反应，其机理是由于掺入偏高岭土而形成的辅助水化产物包裹了孔溶液中的 K^+、Na^+，并和 $Ca(OH)_2$ 反应降低了孔溶液的 pH 值。

(4)减小水泥石自收缩的作用　高强混凝土的早期收缩开裂倾向要比通常设想的更为严重。硬化混凝土的收缩除水化升温达到峰值后降温引起的温度收缩和失水引起的干燥收缩外，还有在缺乏外界水分补给时因自干燥作用引起的自收缩。高强混凝土虽然抗拉强度高，可是弹性模量也大，相同收缩变形下会引起较大的拉应力，更由于高强混凝土徐变能力低，应力松弛量较小，所以抗裂性能很差。日本的研究人员发现，用拒水粉处理过的偏高岭土掺入水泥后，可减少水泥石的自收缩，其作用可能是因为增大了固相与孔隙中水的接触角，从而减小了孔隙中水的负压。

(5)对抗渗性和耐蚀性的影响　掺入偏高岭土的混凝土抗 Cl^- 渗透性能提高，在水胶比相同的情况下，用 8%～10%偏高岭土取代水泥可使 28d 和 90d 龄期混凝土中 Cl^- 扩散系数降低至基准混凝土中 1/6～1/8。另外，在混凝土中掺入适量的偏高岭土还能有效降低混凝土的 Cl^- 导电量。

偏高岭土在高性能混凝土中的另一个重要作用是其可以显著提高混凝土的耐蚀性。在 5%Na_2SO_4 溶液中浸泡至 520d 的结果表明，在试验的取代量范围内(最高取代量为 25%)，偏高岭土可以显著提高水泥砂浆的耐蚀性，砂浆试件的膨胀率减少，强度提高；取代量为 25%时，几乎不产生硫酸盐侵蚀破坏。抗硫酸盐侵蚀能力的提高可主要归因于孔的细化和 $Ca(OH)_2$ 含量的降低。前者阻止硫酸盐渗入，后者降低钙矾石和石膏的形成。

4 偏高岭土和硅灰性能的比较

硅灰和偏高岭土都是高活性矿物掺和料，它们的火山灰活性是其他矿物掺和料所不能替代的，但是，偏高岭土和硅灰相比还具有如下优势：

(1)偏高岭土的火山灰活性略高于硅灰　经过严格的原料选择、粒度控制和煅烧条件控制，可使偏高岭土的性能达到或略超过一级硅灰的性能。

(2)偏高岭土储运便利　硅灰细度大，储存运输难度大，而偏高岭土在细度上较硅灰粗一个数量级，运输储存都较硅灰方便。

(3)偏高岭土产品质量稳定　硅灰是生产硅铁时烟囱中回收的副产品，每一个企业产量有限，各个企业的硅灰之间又存在比较大的差别，所以，硅灰的质量不够稳定，而偏高岭土由专门的企业生产，产品质量稳定。

(4)偏高岭土用途更广泛　硅灰为黑灰色，而偏高岭土可以是黑灰色，满足普通混凝土的需要，也可以是白色(白度 80 以上)，满足装饰用白色水泥和混凝土的需要，用途更为广泛。

(5)偏高岭土产品供货能力更强　大型工程需要大量的混凝土及高活性矿物掺和料，硅灰是一种副产品，其供货量受到一定的限制，而偏高岭土由专业工厂生产，产量可以根据需要而扩大，有数量的保证。

(6)偏高岭土对人体更安全　由发达国家的使用表明，硅灰吸入人体后，容易引发硅肺病，硅灰中的重金属甚至有致癌的可能。为此，部分发达国家已经要求使用硅灰的企业给员工提高劳动保护的力度。

正是由于上述诸多原因，发达国家已经很少使用硅灰，而是大量地使用偏高岭土产品。

高性能混凝土的结构、组成及其与性能关系

朱建强

中铁二十一局二公司检测中心

高性能混凝土在不同国家，不同学者依照各自认识、实践、应用范围和目的差异，对高性能混凝土有不同定义。综合各家论点可提出以下定义：高性能混凝土是种新型的高技术混凝土。在大幅度提高普通混凝土性能的基础上采用现代混凝土技术制作的混凝土，它以耐久性作为设计主要指标。针对不同用途，高性能混凝土对下列性能有重点的予以保证：耐久性、工作性、适用性、强度、体积、稳定性、经济性。为此高性能混凝土在配制上的特点是低水胶比。选用优质原材料，并除水泥、水、集料外，必须掺加足够数量的矿物细掺料和高效外加剂。

1 普通混凝土的组成和结构

硬化的混凝土由水泥浆体、界面过渡区和集料三个重要环节组成。其中界面过渡区是将性质完全不同的水泥浆体和集料这两种材料连成一个整体的重要环节。

1.1 硬化水泥浆体的微结构

随着水化程度的提高，凝胶量将增加，水泥浆体中凝胶孔和凝胶水也会增加，而毛细孔和毛细水则会减少。混凝土中水泥用量越大，凝胶量越大；水灰比越大，在相同龄期水化越充分；凝胶量越大，则硬化后的收缩和徐变就越大。反之，矿物掺和料取代一部分水泥，减少凝胶量，降低水灰比，增加未水化水泥颗粒量，则可以减少收缩和徐变。

1.2 混凝土中的界面

界面问题之所以引起人们的关注，是因为在宏观现象上普通混凝土的劣化或破坏往往出现在界面处。这是因为水泥石和集料的弹性模量不同，温度、湿度发生变化时，水泥石和集料变形不一致，致使在界面处形成微细裂缝。另外，在混凝土硬化前，水泥浆体中水分向亲水集料表面迁移，在集料表面形成一层水膜，从而使硬化的混凝土留下细小的缝隙。这样，混凝土在承受荷载作用以前，界面处充满微裂缝。受荷载作用后，随应力增长，这些微裂缝不断扩展伸向水泥石。水泥石中微裂缝的开展，最终导致水泥石的断裂。

1.3 界面过渡层

从微观上看，水泥石和集料的界面并不是一个“面”，而是有一定厚度的“层”，这个“层”的

［作者简介］朱建强，中铁二十一局二公司检测中心副总工程师，高级工程师

结构和性质与水泥石本体有较大区别，在厚度方向上从集料表面向水泥石逐渐过渡，因此被称为“过渡层”。

1.4 影响界面过渡层厚度和性质的因素

集料性质、凝胶材料、混凝土水灰比。混凝土水灰比较大，界面处水灰比越大，孔隙率也越大，故在较宽松环境中的 $Ca(OH)_2$ 越容易沉积，结晶颗粒越大。因此降低水灰比可以改善界面过渡层的性质。

2 高性能混凝土的结构

高性能混凝土配制的特点是低水灰比，掺用高效减水剂和矿物细掺料。

对相同水化程度水泥石来说，水灰比越低，渗透性越低。在潮湿养护的条件下，渗透系数随龄期下降的越快，也就是说，在一定的水灰比下，渗透系数随龄期下降到一定程度后，再继续潮湿养护，则渗透系数就下降不多了。影响混凝土渗透性的因素不仅是孔隙率，更重要的是孔结构。在相同的孔隙率下，封闭孔的渗透系数最低。实际控制混凝土强度、渗透性以及水泥浆体体积变化的并不是总孔隙率，而是孔径分布。由于水灰比变化而导致的孔隙率变化，只改变了大孔数量。采用低水胶比不仅可降低孔隙率，而且可改变孔结构。

高性能混凝土所用的矿物细掺料要求有一定细度，这样矿物细掺料参与水化反应的产物及其基本反应的细颗粒就可以填充水泥石的毛细孔，使混凝土更密实。因矿物细掺料一般参与反应较晚，故不影响混凝土中早期供水通道的畅通。

3 高性能混凝土的原材料组成及其与性能关系

3.1 水泥

3.1.1 水泥的强度

高性能混凝土所用水泥最好是高强且同时具有很好的流变性能，并与目前大宗使用的高效减水剂有很好的相容性。但在我国目前的技术水平下采用提高 C_3A 含量和比表面积的措施来提高水泥的强度等级，其后果必然造成水泥水化热大，需水量大，水泥与高效减水剂相容性差，不易保存等问题。

3.1.2 水泥的流变性能

(1)对水泥来说，是 SO_3 含量同水泥中 C_3A 细度和碱含量的匹配。C_3A 在水泥用量相同的条件下，采用熟料中 C_3A 含量高的水泥时，如无相应措施，达到相同坍落度的混凝土水胶比不可能降得很低。因此，所配混凝土或者是强度，或者是工作性不能满足工程要求。

(2)熟料中的碱含量　水泥煅烧过程中，这些碱会固溶在熟料矿物中，从而减少熟料矿物的生成量，并影响其结构形成和水泥水化的性质，使水泥流变性能变差，后期强度降低。

(3)颗粒组成　如果水泥颗粒级配恰当，则可得到良好的流变性能。水泥中3～30μm的颗粒主要起强度增长作用。用大于 60μm 的颗粒则对强度不起作用。因此，3～30μm 的颗粒应当占 90%以上。小于 10μm 的颗粒主要起早强作用，而其中小于 3μm 的颗粒只起早强作用，当颗粒小于 10μm 时需水量大，因此流变性能好的水泥 10μm 以下的颗粒应少于 10%。

3.1.3 石膏的作用

水泥是熟料加入适量石膏共同粉磨至一定的细度而生成出来的。加入石膏是为了控制熟料中的水化而调节水泥的凝结时间。同时石膏对水泥的强度、流变性能和收缩都有影响。

3.2 矿物细掺料

在配制混凝土时加入较大量矿物细掺料，可降低升温、改善工作性、增进后期强度；并可改善混凝土内结构，提高抗腐蚀能力。尤其是矿物细掺料对碱—集料反应的抑制作用已引起专业人员关注。

3.2.1 矿物细掺料分类

(1)有胶凝性(或称浅活性)的。

(2)有火山灰性的。火山灰性系指本身没有或极少有胶凝性，但其粉末状态在有水存在时，能与 $Ca(OH)_2$ 在常温下发生化学反应，生成具有胶凝性的组分。

(3)同时具有胶凝性和火山灰性的。

(4)其他未包括在上述三类中的本身具有一定化学反应性的材料。

普通混凝土对矿物细掺料的品质要求，除限制其有害组分含量和一定细度等以外，主要着重于其强度活性。但高性能混凝土需要很低水胶比，首选需水量小的矿物细掺料，因此对于高性能混凝土的矿物细掺料的品质要求，除限制有害组分含量外，主要是活性和需水量。对粉煤灰等燃煤废弃物还要限制含碳量，因此粉煤灰含碳量的指标比细度更重要。含碳量高的粉煤灰需水量大，对混凝土的流变性、强度和变形都有不利影响。

从强度来看，在相同水胶比但掺量不同时，细掺料作用不同。不同的细掺料具有各自的最佳掺量。细掺料可分高活性的($K_a \geqslant 25\%$)和低活性的($K_a < 20\%$)。高活性细掺料的最佳掺量为 20%；低活性细掺料的最佳掺量为 10%。当掺量小于 5%时，细掺料的活性对混凝土强度影响不大。

3.2.2 常用主要活性矿物细掺料

(1)粉煤灰　粉煤灰用于高性能混凝土时，最好是烧失量低于 8%。只要含碳量很低，对细度不必苛求。在相同水胶比下，粉煤灰掺量不超过 20%时，对混凝土性能影响不大。只是混凝土的温升稍有降低。只有掺量超过 20%时，粉煤灰对混凝土的性能才会有明显的改善。

(2)硅灰　随着 SiO_2 含量的增加，硅灰中碱和碳等有害杂质的含量和烧失量下降，故质量好的硅灰 SiO_2 含量越大。用于混凝土的硅灰，SiO_2 含量应大于 90%，其中活性的 SiO_2 达 40%以上，因而具有很高的活性。

(3)粒化高炉矿渣　粒化高炉矿渣简称矿渣，具有微弱的自身水硬性。粒径大于 45μm 的矿渣颗粒很难参与水化反应。因此要求用于高性能混凝土的矿渣粉磨至比表面积超过 4000cm^2/g 以充分发挥其活性，减少泌水性。矿渣磨得越细，其活性越高。矿渣粉磨得越细，掺量越大，则低水胶比高性能混凝土拌和物越黏稠。用于大体积混凝土时，矿渣比表面积以不超过 5000cm^2/g 为宜。超过 5000cm^2/g 的，宜用于水胶比不很低的非大体积混凝土，和需水量比低的粉煤灰复合掺入时，上述问题可以得到缓解。磨细矿渣掺量超过 70%时，自收缩可减小，水化热可降低。

(4)固硫渣。

(5)油母页岩灰。

(6)天然沸石岩。

(7)磨细石灰石粉、石英砂粉。

(8)钙矾石类混合材。

(9)偏高岭土。

3.2.3 矿物细掺料在高性能混凝土中的作用

(1)改善新拌混凝土的工作性和抹面的质量　混凝土提高流动性后很容易引起离析和泌水,使新拌混凝土体积不稳定。掺入矿物细掺料的高性能混凝土则有很好的黏聚性。需水量小的细掺料还可进一步降低混凝土的水胶比,而保持良好的工作性。硅灰需水量大,但掺量不超过5%时,对混凝土流动性基本无影响,而混凝土的黏聚性则有所改善。优质粉煤灰需水量比小于1.0,则在保持相同坍落度时,混凝土用水量随粉煤灰掺量增加而降低。

(2)降低混凝土的温升　水泥水化是放热反应,硅酸盐水泥的水化放热约为500J/g,混凝土类似于绝热体,会因水泥水化而使混凝土内部温度上升。同时混凝土外部散热较快时,就可能造成内外温差而产生温差应力,引起混凝土开裂。这是影响混凝土耐久性的重要因素之一。混凝土内部升温的大小取决于水泥用量、水胶比、构件尺寸、集料种类和用量。为了使很低的水胶比的混凝土有足够的流动性,就要用较多水泥,则会产生较大温升。掺入矿物细掺料后,由于水泥熟料相应减少,水泥水化总热量会减少,从而可降低混凝土升温。

掺入硅灰并不降低温升,而且温峰稍有提前。这是超细硅灰在混凝土中反应很快造成的。磨细矿渣的比表面积过大时也会有这样的效果,这一点应注意。

(3)调整实际构件强度的发展　在实际构件中,使用纯水泥的普通混凝土由于内部温升使水泥水化加速,有利于早期强度提高。但养护温度越高,强度随龄期发展而降低得越多。掺粉煤灰和矿渣的水泥混凝土中的温升不仅对强度发展有利,而且还可提高早期强度。

(4)增进混凝土的后期强度　掺入除硅灰以外的矿物细掺料时,混凝土的早期强度随掺量的增加而降低,但后期强度会有较大幅度的增长。粉煤灰对混凝土强度的贡献随龄期的增加而增加,随水胶比的降低而增加。粉煤灰对强度的贡献与水胶比的关系比水泥对强度贡献与水灰比关系还要敏感。简单的在高水灰比的纯水泥混凝土中以粉煤灰取代水泥,是不可能发挥粉煤灰的作用的。水灰比不变时,混凝土的强度随粉煤灰掺量增加而呈非线性降低。但是水胶比很低时,粉煤灰掺量在一定范围内,上述影响并不显著。超过此范围,则上述影响随粉煤灰掺量的增加而增加得很快。

(5)提高抗化学侵蚀能力,增强混凝土的耐久性　当硅酸盐水泥混凝土处在有侵蚀性介质环境中时,侵蚀性介质会与水泥石中水化生成的$Ca(OH)_2$和C_3A化合物发生反应,逐渐使混凝土破坏。在混凝土中掺入矿物细掺料后,一方面,由于减少了水泥用量,也就减少了受腐蚀的内部因素;另一方面,矿物细掺料中的细微颗粒均匀分散到水泥浆体中时,会成为大量水化物沉积的核心。随水化龄期的发展,这些细微颗粒及其水化反应产物填充水泥石孔隙,改善了混凝土孔结构,逐渐降低混凝土渗透性,阻碍侵蚀性介质侵入。

(6)不同品种矿物细掺料复合使用的“超叠效应”。

3.2.4 膨胀剂

掺入膨胀剂后,对混凝土的搅拌、养护都有更严格的要求,搅拌不均匀时,会造成混凝土中变形不均匀而开裂更甚。养护不足时,膨胀剂中未反应的组分在混凝土使用期间合适的条件下会产生二次钙矾石而造成破坏。膨胀剂,尤其是复配的膨胀剂,也有和水泥的相溶性问题,使用前必须进行慎重的试验。如果膨胀结束后的收缩量和不掺膨胀剂时相同,则结果是其收缩应力也相同,开裂仍会发生。最多推迟产生裂缝的时间。因此,为了防止收缩裂缝,应选择"落差"小的膨胀剂。这比保证干缩后的剩余膨胀更为重要。

3.3 外加剂

外加剂主要指无需取代水泥而外掺小于5%的化合物。其中高效减水剂(超塑化剂)是高性能混凝土必要组分。

(1)高效减水剂 高效减水剂又称超塑化剂。其区别于普通减水剂处,在于减水率高。普通减水剂的减水率一般为5%～10%,而高效减水剂的减水率可达15%～30%。普通减水剂的掺量不能超过限制值,而高效减水剂则可以较高比例掺入水泥,并对混凝土无不利影响。高效减水剂的使用对水泥用量很少的贫混凝土的效果很差,而高性能混凝土必须掺入高效减水剂。

(2)缓凝剂 夏季施工时,在高性能混凝土中复合使用缓凝剂可以延长凝结时间,减少坍落度损失。同时,缓凝剂可控制混凝土的硬化速度,故在大面积施工时,可防止出现裂缝,并因延缓凝结而可消除冷缝,减少施工困难。由于缓凝剂还有一定的分散作用,与高效减水剂一起使用后,可提高减水率,增加混凝土的流动性。掺用缓凝剂的混凝土塑性收缩一般都会增加,最终的收缩随缓凝剂掺量增加而增加,掺用缓凝剂会延缓拌和物凝结时间,早期强度会受到一定不利影响,但可提高24h以后的强度。因为缓凝剂主要是对C_3A起作用,所以掺量合适后,不会影响水泥凝结后的正常水化速度,也不会影响水泥的后期强度。

(3)引气剂 谨慎地在高性能混凝土中使用一定量的引气剂,在混凝土中形成一些细小的圆形封闭气孔,可进一步提高混凝土的流动性,减少拌和物的离析和泌水,提高混凝土的均匀性,改善混凝土的耐久性。

混凝土的渗透是两个连续的过程,即毛细作用使连通的毛细孔中充水。然后有压力(水头)的水通过引气剂引入的是大量小于200μm的小孔。可切断毛细孔的通路,大大降低毛细作用而提高抗渗性。当通向表面的毛细孔充水时,在毛细孔通路上的气孔使毛细孔局部扩大,可对水结冰时的冰晶压力起缓冲作用,显著提高混凝土的抗冻性。混凝土含气量增加,内部气泡间距变小,是抵抗除冰盐剥蚀的有效措施。

3.4 集料

(1)粗集料 对于C60～C80的混凝土来说,石头本身的强度并不是最重要的。应引起注意的因素是粒径、粒形、表面状况、级配以及软弱颗粒和石粉含量等。这些因素既影响混凝土的强度,又影响新拌混凝土的工作性。因此,理想的石子是清洁的,颗粒尽量接近等径状,针片状颗粒尽量少,不含能与碱反应的活性组分。

不同岩石粗集料对混凝土的弹性模量和收缩变形有影响。此外,粗集料的热工性质会影响混凝土的温升以及耐火的性质。因此就品质来说,以致密的石灰岩或深层岩浆岩为优。高强或有抗渗要求的最好不用卵石。

与普通混凝土相比,高强混凝土的强度对界面更敏感。用小粒径石子时,水泥浆体和单个石子界面的过渡层周长和厚度都小,难以形成大的缺陷,有利于界面强度提高。同时粒径越小,石子本身缺陷几率越小。对某些集料,当水泥用量增加或水胶比降低到一定程度后,强度不再提高。"这显然不是混凝土的强度已完全开发",也不是石子强度不够,"而是达到了水泥浆体与这种石子界面黏结强度极界。”因此，基于增强界面要求和碎石匀质性考虑，高强混凝土应使用最大粒径较小的石子。

混凝土水胶比很大时，石子最大粒径对混凝土强度几乎无影响，而水胶比降至 0.4 时，影响就很显著。因此，对于高性能混凝土，所用石子最大粒径要有限制。对于高强泵送混凝土，宁可选用颗粒强度稍差但粒形好的石子。

许多研究和实践表明，使用碎石的混凝土强度比使用卵石时高。但因卵石是受水很长时间冲刷而成的，软弱颗粒少，质地比较均匀，故破碎的卵石也可用于强度等级 C60 以下的高性能混凝土。

(2)砂　高强混凝土要用中粗砂，尤其当石子级配很差时，砂子以偏粗为好。细度模量约等于 3.0 时，混凝土工作性最好，抗压强度最高。应严格控制砂中粉细颗粒和石子的含泥量。砂子粗细不能只看细度模量，有时细度模量虽大，但粒径在 5mm 以上和 0.315mm 以下的砂子过多，级配就很差。最好的砂要求 0.63mm 筛的累计筛余大于 70%，0.315mm 筛的累计筛余为 85%～95%，而 0.15mm 筛的累计筛余大于 85%。

对砂的质量要求要符合普通混凝土用砂石标准中的规定，尤其要避免含有云母和泥土，并在施工中严格控制。对砂的碱活性一般可以不检验。因为集料尺寸越大时，由于碱—集料反应而产生的环绕集料裂缝就越大。砂粒的粒径比石子的小得多。故与发生在石子上的碱—集料反应相比，发生在砂粒上的碱—集料反应一般都可以不考虑。

4　高性能混凝土拌和物配制的目标和影响因素

(1)耐久性　高性能混凝土配置的目标主要是耐久性。大多数造成混凝土劣化的物理和化学的侵蚀都是有害介质通过水的侵入而发生的。所以低渗透性是混凝土的第一道防线。影响混凝土渗透性主要因素是混凝土的内部结构。因此，配制混凝土时影响耐久性的因素是拌和物的均匀性、稳定性以及硬化混凝土的密实度、中心质网络形成、界面结构、尺寸稳定性和所用原材料的品质等。一般来说，只要保证成型密实均匀，硬化后无原始裂缝，强度高的混凝土密实度也高。目前使用的各种矿物细掺料和减水剂，均可以使强度要求不高的高性能混凝土水灰比很低，工作性很好，而成型密实。为避免由于温度应力而产生裂缝，要尽量降低水泥水化热和混凝土内部的温升，从原料选择和配合比上还要尽量降低混凝土干缩。

(2)强度　影响强度和密实度的主要因素是水胶比和矿物细掺料的用量。受界面影响，粗集料粒径、砂率和浆体数量也会对强度有所影响。

(3)工作性　影响高性能混凝土拌和物工作性的因素主要有水泥砂浆用量(涉及水胶比，胶凝材料用量以及砂率)，集料级配、外加剂品种及用量等。

参考文献

[1] 吴中伟，廉慧珍. 高性能混凝土(HPC)[M]. 北京：中国铁道工业出版社，1999.
[2] 张承志. 建筑混凝土[M]. 第 2 版. 北京：化学工业出版社，2007.
[3] 陈国清. 铁路工程施工质量通病防治手册[M]. 北京：中国铁道出版社，2007.

钢筋和钢管混凝土圆柱的工作性能与经济性比较

谷雅敏

中铁二十一局一公司

圆形柱因其外形美观，几何受力均匀，抗震能力强，愈来愈多地应用在公共设施、高层建筑和地铁车站等工程中。圆形钢筋混凝土柱与钢管混凝土柱虽然截面形式相同，工作性能与经济性却有区别。

1 钢筋混凝土柱和钢管混凝土圆柱轴心受压时的工作性能

1.1 圆形钢筋混凝土柱受力性能

螺旋形钢箍像环箍一样，有效地阻止了核心混凝土的横向变形，提高了混凝土的抗压强度，间接提高了混凝土的承载力，压应变达到 0.01 以上。随荷载增大，箍筋环拉力随核心混凝土横向变形而提高，对混凝土的约束力不断增大，当箍筋达到屈服时，不再对核心混凝土有约束作用，混凝土强度不再提高，混凝土被压碎。螺旋形钢箍的面积和间距需根据计算确定，并沿柱高连续配设或采用密排的单独闭合环。

1.2 圆形钢管混凝土柱的工作性能

用钢管作外壳，内浇混凝土的钢管混凝土柱，是劲性钢筋柱的一种形式。在荷载作用下，钢管的纵向应变 ε_s 与核心混凝土的纵向应变 ε_c 并不协调一致，钢管表面的纵向应变 ε_s 明显小于核心混凝土的纵向应变 ε_c，这是钢管混凝土柱在荷载作用下变形的一个特点即“弓弦效应”。对径厚比 $d/t \geqslant 20$ 的钢管混凝土轴心受压短柱，N-ε_c 曲线如图 1 所示。

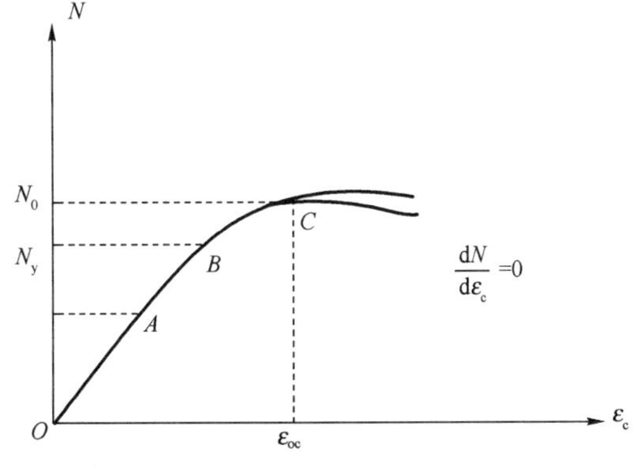

图 1 钢管混凝土短柱 N-ε_c 曲线

在低荷载段，N-ε_c 大致为一直线（OAB 段），荷载增至 B 点，钢管开始屈服，显露塑性特点，切线模量 $dN/d\varepsilon_c$ 由 B 点开始，随荷载增大而不断减小，直至 C 点处 $dN/d\varepsilon_c=0$，荷载达最大值。随后 $dN/d\varepsilon_c$ 变负值，N-ε_c 曲线逐渐下

[作者简介] 谷雅敏，中铁二十一局一公司高级工程师

降。相同尺寸的三组钢管、素混凝土和钢管混凝土柱试验表明，钢管混凝土柱的极限承载力比钢管与素混凝土柱体二者极限承载力之和大 1.7～2.0 倍。

1.3 轴心受压时钢筋混凝土柱与钢管混凝土柱的抗压强度

偏心受压柱的正截面强度，按两种破坏形态考虑：①大偏心——当受压区高度不大于一定数值时，破坏从截面受拉区开始，表现为受拉钢筋先屈服。②小偏心——受压区高度大于一定数值时，破坏从截面内混凝土受压较大的应力边缘开始，表现为混凝土压碎。

当柱截面尺寸、混凝土强度、钢筋的强度和面积为已知时，可以算出达到强度极限时偏心受压构件的轴力 N 和弯矩 M 的抵抗值，如图 2 所示轴力—弯矩相关图（N-M 图）。N-M 图概括地描述了偏心受压构件的强度性能。cb 段属于小偏心受压，ab 段属于大偏心受压，a 点相当于受弯，c 点相当于中心受压。位于曲线内侧的 d 点表示构件的 N 和 M 值未达到强度极限，构件安全；位于外侧的 e 点表示算出的构件的 N 和 M 值大于强度极限时的 N 和 M 值，构件不安全。

根据承载力极限状态的定义，钢管混凝土由图 3 σ-ε 典型曲线确定的破坏准则有两个。

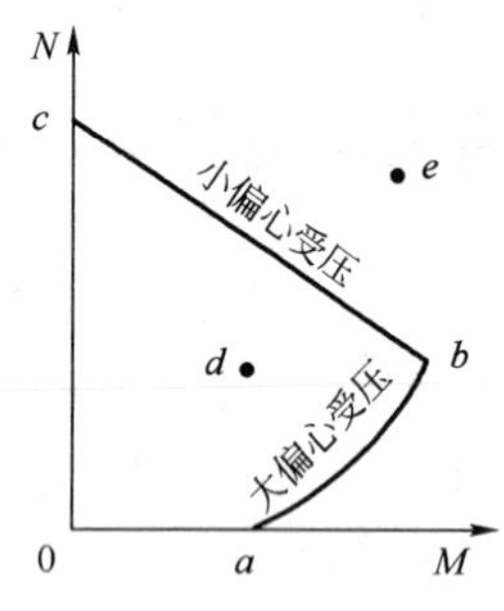

图 2　轴力—弯矩相关图

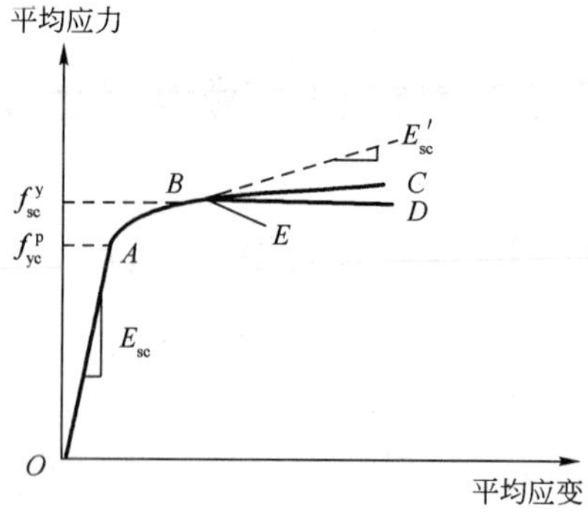

图 3　σ-ε 典型曲线

（1）有强化段或塑性段时属塑性破坏，取由弹性阶段进入强化阶段或塑性段的 B 点为极限点。经大量计算，各种情况的 B 点应变都在 3000$\mu\varepsilon$ 左右。为了设计方便，确定对应于 3000$\mu\varepsilon$ 时的平均应力为组合抗压强度标准值（f_{syc}），适用于圆形截面。

（2）无塑性段，只有下降段时属脆性破坏，取曲线的极值点为极限点，适用于各种截面有下降段而又无塑性段的情况。

通过对应于 3000$\mu\varepsilon$ 的平均应力与套箍系数 θ 关系的分析，推荐下列计算公式

$$f_{syc} = (1.212 + B\theta + 2C\theta)f_{ck} \tag{1}$$

系数 B 和 C 对不同截面取不同值。圆截面

$$B_c = 0.1759f_y/235 + 0.974; C_c = -0.1038f_{ck}/20 + 0.0309 \tag{2}$$

1.4 承载力比较

钢管混凝土柱兼有钢结构和混凝土结构的优点，混凝土的抗压强度高，但抗弯能力很弱，而钢材的抗弯能力强，具有良好的弹塑性，但在受压时容易失稳而丧失轴向抗压能力。钢管混凝土在结构上将二者的优点结合在一起，混凝土处三向受压状态，从而使核心混凝土具有更高的抗压强度和变形能力。同时由于混凝土的存在，提高了钢管的刚度，两者共同发挥作用，从而大大地提高了承载能力。具有承载力高、塑性和韧性好，方便施工等特点。采用钢管混凝柱

代替钢筋混凝土柱，可大幅节省水泥，减轻结构自重，减少柱截面尺寸。应用于住宅框架柱设计中：某27层住宅，地下室二层为车库与设备间，1～25层为住宅，四层顶为结构转换层，上部为住宅。整个结构采用框支剪力墙结构，围绕楼、电梯井筒核心，部分框支柱在1～4层采用了钢管混凝土柱，管径分别为1000mm、1200mm。钢管圆柱采用16Mn钢制作，壁厚20mm，管内浇筑混凝土C40，圆钢管柱共6根，1000mm2根，1200mm4根，钢管顶部为钢筋混凝土板式转换层。

钢管混凝土单肢柱的承载力

$$N_u = \varphi_l \varphi_e N_0$$

式中：N_0——钢管混凝土轴心受压短柱的承载力设计值；

$$N_0 = f_c A_c (1 + \theta^{1/2} + \theta)$$

φ_l——考虑长细比影响的承载力折减系数；

$$\theta = f_a A_a / f_c A_c$$

φ_e——考虑偏心率影响与承载力折减系数。

依据计算公式，管径 φ=1000mm，f_a=300N/mm²，A_a=0.0615m²，

f_c=19.1N/mm，A_c=0.723m²，θ=1.30，N_0=47500kN

N_u=0.8×0.8×47500=30400kN

管径 φ=1200，f_a=300N/mm²，A_a=0.074m²，

f_c=19.1N/mm²，A_c=1.056m²，θ=1.10，N_0=63500kN

N_u=0.8×0.8×63500=40600kN。

由此可见，钢管柱较同截面混凝土柱承载力提高3倍以上，采用较小钢管柱截面，即可满足承载力要求，并且室内面积增加102m²。

1.5 延性与抗震性能比较

钢管混凝土柱中钢管和混凝土之间的相互作用使钢管内部混凝土的破坏由脆性破坏转变为塑性破坏，构件的延性性能明显改善，耗能能力大大提高，具有优越的抗震性能。可以用控制构件的长细比而不限制轴压比来满足抗震要求。这就大大提高了经济性。钢筋混凝土柱的延性不足，抗震性能弱。钢管混凝土短柱轴心受压试验表明，试件压缩到原长的2/3，纵向应变达30%以上时，试件仍有承载力。剥去钢管后，内部混凝土虽已有很大的鼓凸褶皱，但仍保持完整，并未松散，且仍有约5%的承载力，用锤敲击后才粉碎脱落。结构的吸能性能特别好，无刚度退化。

2 施工比较

钢管混凝土结构施工时，钢管可以作为劲性骨架承担施工阶段的施工荷载和结构重量，施工不受混凝土养护时间的影响；由于钢管混凝土内部没有钢筋，便于混凝土的浇筑和捣实；钢管混凝土柱的零件较少，焊缝少，构造简单，柱脚常采用在混凝土基础上预留杯口的插入式柱脚，因而工厂制造比较简单，同时构件自重较小，运输和吊装也较容易，施工很简便，而且钢管混凝土柱采用板材卷制，板材厚度都不大，一般在40m以内，方便工厂焊接和现场进行对接。同时，与钢筋混凝土柱相比，钢管混凝土柱的外皮钢管具有钢筋的功能，兼有纵向钢筋和横向箍筋的作用，管内没有钢筋，省了钢筋下料和绑扎钢筋等一系列工艺，又由于柱外皮钢管本身

就是耐侧压的模板，同时也省了支模和拆模等工序，节省了时间。近年来，我国创造并广泛使用的高位抛落不振捣混凝土的施工方法，更简化了现场灌混凝土的工序，简便了施工。也有在管柱下部开临时浇灌孔，用混凝土泵自下而上灌注混凝土的方法，既快，又保证浇灌质量。而且，在浇筑后，钢管内处于相当稳定的湿度条件，水分不易蒸发，省去浇水养护工序，简化了混凝土的养护工艺。

3 梁柱节点构造

梁柱节点钢管柱节点构造要求较高，构造简单、整体性好，传力明确、安全可靠、节约材料和施工方便。在现场接长时，框架柱和梁的连接节点，不宜有零部件穿过钢管，以免影响管内混凝土的浇灌。梁柱连接处的梁端剪力可用焊接于钢管上的钢牛腿来实现，梁柱连接处的梁内弯矩可设环梁或变宽度梁等措施实现传递。圆钢管混凝土的梁柱节点常采用外环，如图4a)所示。这种节点虽比内隔板费钢，但性能可靠，研究也很成熟，抗震性能很好，不妨害管内混凝土的浇灌。也可采用内环，如图4b)所示，但妨害管内混凝土的浇灌。

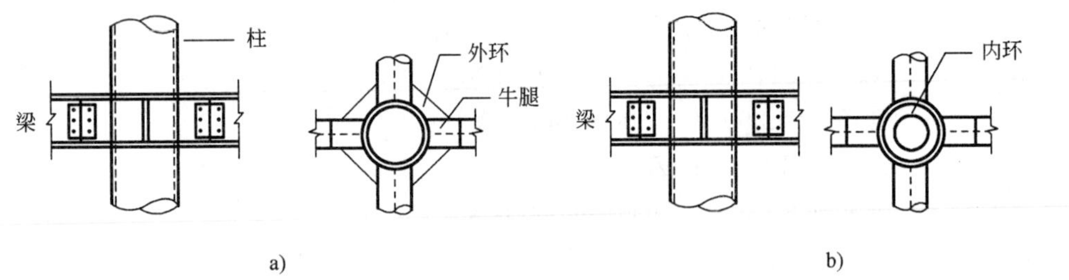

图4 梁柱节点构造

4 钢管混凝土柱的工程应用

钢管混凝土作为一种新兴的组合结构，主要以轴心受压和作用力偏心较小的受压构件为主，被广泛使用于以下结构中：

4.1 高层建筑

优势：承载力高，抗震性能好，又可以取代钢筋混凝土柱，解决高层建筑结构中普通钢筋混凝土结构底部的“胖柱”问题和高强钢筋混凝土结构中柱的脆性破坏问题。钢管混凝土构件的自重较轻，可以减小基础的负担，降低基础的造价。全部采用钢管混凝土柱的工程可以采用“全逆作法”或“半逆作法”进行施工，从而加快施工进度。

4.2 大跨度桥梁工程

拱桥的跨度很大时，拱肋将承受很大的轴向压力，采用钢管混凝土构件是非常合理的复合结构材料。另外，钢管可以作为桥梁安装架设阶段的劲性骨架和灌注混凝土的模板。前苏联在吊车栈桥(跨度达 48m)中采用钢管混凝土结构，比钢筋混凝土结构省钢 9%，降低造价56%。自 1990 年在四川省旺苍县建成跨度为 115m 的我国第一座钢管混凝土拱桥以来，我国已经建成了 100 多座钢管混凝土拱桥，其中跨度在 100m 以上的就有 30 多座，尤其是重庆市万县长江公路大桥，跨度达到 420m，一跨过江。在斜拉桥和梁式桥中采用钢管混凝土结构，同样取得了良好的经济效益。例如，广东南海市紫洞大桥、湖北秭归县向家坝大桥和四川万县万洲大桥都采用了钢管混凝土空间桁架组合梁式结构，减轻了结构恒载，提高了结构承载力利用系数，同时采用与之相适应的、合理的施工工艺，简化了施工程序，减少了施工设备，加快了施工进度，降低了工程造价。

4.3 地铁车站工程

早期地铁车站是我国最早采用钢管混凝土结构的工程项目，深埋地下多跨结构，用明挖法施工。承载力高，柱子的截面尺寸小，有效地利用空间。近年来，在城市中心地区修建的地铁车站多为浅埋式的、具有综合功能的多层地下建筑，采用盖挖逆作法施工，减少对城市生活的干扰以及对地面交通和邻近建筑的影响。钢管混凝土柱将施工阶段的临时柱和结构的永久柱合二为一，因此是最好的选择。北京地铁的复八线工程中，采用盖挖逆作法建成了“天安门东站”、“大北窑站”和“永安里站”。

4.4 工业厂房柱

单层工业厂房柱属于偏心受压构件，柱子设计成格构式组合柱，把偏心弯矩转变为轴心力。与钢筋混凝土柱相比，钢管混凝土组合柱显得特别轻巧，节约钢材，施工简便，同时刚度好。单层工业厂房中采用钢管混凝土柱时，钢管中混凝土的浇筑可以在全部主体结构安装完成后进行，大大缩短了工期。如 1992 年建成的哈尔滨建成机械厂大容器车间，从破土动工到竣工只用了 15.5 个月；同年该厂又建成了容罐式汽车车间，主体结构的施工仅用了半年时间。

以上工程实践应用钢管混凝土柱证明，经济效益可观。

5 结语

由上述钢筋混凝土和钢管混凝土圆柱分析和比较可见，采用钢管混凝土柱具有下列优点：

(1)用于轴心受压时，承载力高 50％以上，用于偏心受压时，承载力高也不少于 30％。

(2)抗弯刚度高约 30％。

(3)抗震性能好，大大优于钢筋混凝土柱，可控制构件长细比而不限制轴压比。

(4)制造加工比较方便，焊缝少，便于浇筑混凝土，造价低。梁柱节点采用外环时较费材料，但工作可靠。

(5)节约混凝土约 50％，减少自重 50％，节省模板 100％，经济效果显著。

唯一的不足之处是由于钢管外露，防锈、防腐蚀及防火性能较差，但这可以采用涂防锈漆、涂防腐剂、外包防火板来解决。钢管混凝土圆柱具有较高的抗压承载力、良好的塑性和韧性，这样使两种材料的弱点被克服，而优点得到充分发挥，同时通过合理的施工及节点的合理化处理，可达到施工速度快等目的，从而取得经济效果。

参考文献

[1] 钟善桐. 钢管混凝土结构[M]. 北京：清华大学出版社，2003.

[2] 刘清. 组合结构设计原理[M]. 重庆：重庆大学出版社，2002.

[3] 马怀忠. 钢—混凝土组合结构[M]. 北京：中国建材工业出版社，2006.

[4] 黄平明. 结构设计原理[M]. 北京：人民交通出版社，2006.

[5] 曾燕. 钢筋混凝土与砌体结构[M]. 北京：中国水利水电出版社，2007.

一级仿树根钢筋混凝土微结构与力学行为

汤　卉，于文钢，郭晓宇，汪浩然

哈尔滨理工大学材料科学与工程学院

随着钢筋混凝土建筑物服役时间的增长，如何在现有条件下提高钢筋混凝土的性能变得十分必要。混凝土的配料、搅拌、成型至养护诸工艺及钢筋的定位和绑扎，无不影响钢筋混凝土结构的质量和力学性能，其中钢筋混凝土的结构对其性能有很大的影响。本课题研究的一级仿树根钢筋混凝土结构是依据自然界中树枝根部受力原理而设计，模仿树枝根部在受力时将力分解到侧枝根部从而提高主根部的承载能力开展研究。

1　配合比设计

采用绝对体积法，当钢筋混凝土的抗压强度等级为C40，坍落度为30cm时，通过计算可知，每立方米混凝土用料量：水197kg，水泥460kg，砂658kg，石子1020kg。在此基础上，制备一级仿树根结构钢筋混凝土试样。

2　试验

(1)原料　①水泥：天鹅牌42.5级普通硅酸盐水泥；②细集料(细度模数为3.0)：中砂，级配良好；③粗集料(粒径为5～20mm)：碎石；④模板：普通杉木板；⑤钢架：ϕ10mm和ϕ6mm钢筋，铁丝；⑥辅助材料：铁钉、铁锹、桶、钢锯、木锯、稻草。

(2)原料预处理　将砂子和碎石进行水洗，自然通风除水，降低砂子和碎石含泥量。

(3)钢筋混凝土制备　首先，将木板锯成15cm×70cm、15cm×15cm模板。以三块15cm×70cm和两块15cm×15cm木板为单元，用铁钉和铁丝固定制成模板。钢筋除锈后，将ϕ10mm钢筋截成60cm和80cm长钢筋条及10cm长钢筋条。以一定距离和45°焊接三根10cm长钢条在60cm和80cm长主钢条上，形成一级树根状结构(见图1)。利用ϕ6mm钢筋做成箍筋用于固定钢筋条。经焊接处理的钢筋条固定在一起形成一级仿树根钢筋混凝土钢骨架，未经焊接处理的钢筋条固定在一起构成普通钢混凝土钢骨架。采用人工现场浇筑和自然养护的方法制得一组试验样品。

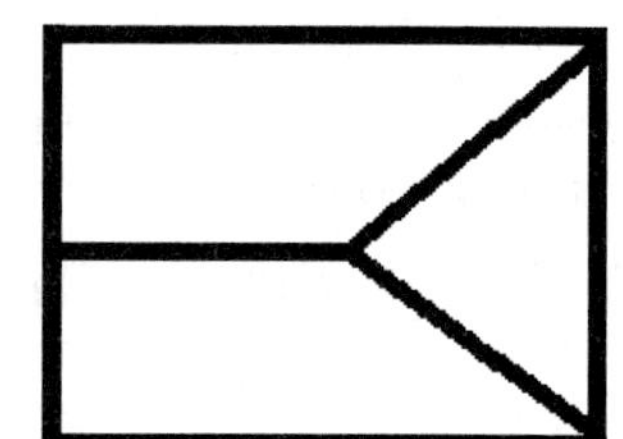

图1　一级仿树根钢筋混凝土钢骨架示意图

[基金项目] 2008年全国大学生创新试验计划项目

[作者简介] 汤　卉，哈尔滨理工大学材料科学与工程学院教授

3 SEM 形貌分析

利用扫描电镜对仿生钢筋混凝土养护 28d 后的试样进行分析，如图 2 所示。

将试样放大 1000 倍后可清楚地看到水泥经过水化反应后产物的微观形貌。水化反应后混凝土的分布均匀，有结晶物析出，结晶产物主要是氢氧化钙、C_3AH_6 以及少量的 C_4AH_{19}、C_2AH_8 和 C_4AH_{13}。

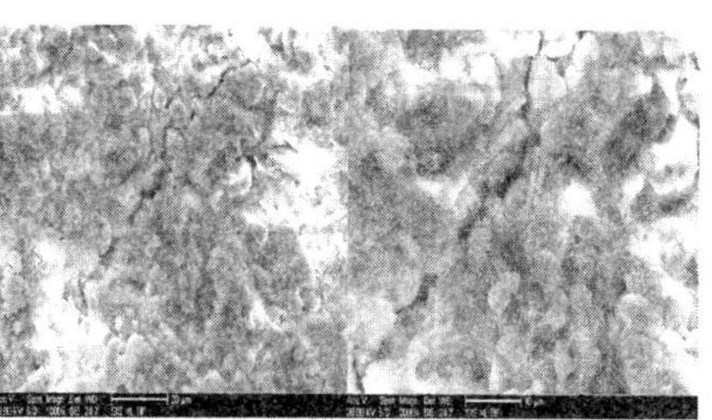

图 2　钢筋混凝土 SEM 图示意

放大 2000 倍后可更清楚地看到结晶物，同时还可看到有裂纹，应是水化反应时没有足够的水参与反应，造成裂纹；另一个原因是由于原料中含有镁元素，其以 MgO 的形式存在，MgO 在高温下形成方镁石，水化为 $Mg(OH)_2$ 的速度较慢，一般在水泥硬化后水化，水化时会产生体积膨胀，引起裂缝。从图 2 中可很明显地看到钢筋混凝土中水泥已经充分地完成水化反应。

4 电子能谱分析

对仿生钢筋混凝土试样在 100 倍放大下进行能谱分析，如图 3 所示。由图 3 可知试样中含有水泥成分，如 Si、Fe、Al、Ca 等元素，其中 Mo 元素的存在是由钢筋带入。钢筋混凝土硬化后的主要成分为 C_3AH_6、$C_3A\cdot(CS\cdot CH)\cdot H_{12}$、$C_3(A\cdot F)\cdot 3CS\cdot H_{32}$、$C_3(A\cdot F)H_4$。

5 抗压性能测试

通过在哈尔滨寒地研究所做的抗压破坏试验，采用最大压力为 3000kN 的压力机，抗压破坏受力尺寸为 50cm×15cm，得到数据如表 1 所示。树根状钢筋混凝土的平均承受极限压力为 2575kN，非树根状钢筋混凝土的平均承受极限压力为 1915kN。

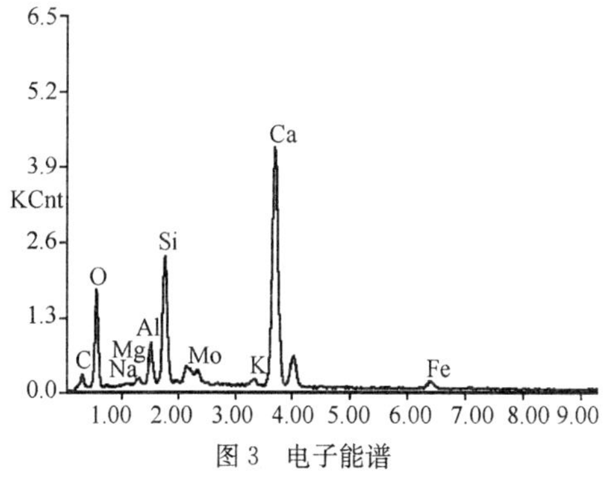

图 3　电子能谱

表 1　抗压性能测试结果

钢筋混凝土试样	最终所能承受压力(kN)
一级树根状 1(1 号)	2540
一级树根状 2(2 号)	2610
非树根 1(3 号)	1940
非树根 2(4 号)	1890

在进行仿生钢筋混凝土抗压破坏试验过程中，树根状 1 钢筋混凝土受到 600kN 压力时，表面开始出现第一条肉眼能见的裂纹，随着施加压力不断增加，混凝土裂纹数量增加速度逐渐加快，同时钢筋混凝土侧面也开始不断掉落混凝土碎块，增加到 2100kN 时，表面明显断裂，2540kN 时，达到最大抗压极限，钢筋混凝土已完全被破坏，不能继续承载压力。

树根状 2 钢筋混凝土在受到 500kN 压力时，钢筋混凝土表面已有碎片掉落，当压力增加到 650kN 时，钢筋混凝土一端出现第一条肉眼可见的裂纹，随后在另一端也出现了第二条裂纹，开裂荷载相比第一个试样略高，随着压力的不断增加，裂纹不断地出现并扩展加深，当压力达到 2250kN 时，裂纹数量已经不再继续增加，但是裂缝的宽度明显变宽，裂缝高度迅速增加且能明显听到断裂的声音，达到 2610kN 后，压力已不再继续增加，达到最大抗压极限，试样已完全破坏，不能继续承载压力。

非树根状 1 钢筋混凝土承受荷载时，压力达到 480kN，钢筋混凝土表面也有碎片落下，和树枝状钢筋混凝土差不多，这里主要是混凝土来承受压力，因此差异不大。当压力为 530kN 时，钢筋混凝土表面开始出现第一条肉眼能见的裂缝，随着压力的不断增加，裂缝逐渐增多。当压力达到 1680kN 时，钢筋混凝土已经出现明显的断裂裂纹，到了 1940kN 后，压力不再继续增加，钢筋混凝土已完全破坏，不能再承受更多压力。

非树根状 2 钢筋混凝土承受压力时，当压力达到 500kN 时出现了第一条肉眼可见的裂纹，然后随着压力增加，裂纹不断增加和发展，现象和非树根状 1 相似。当压力达到 1650kN 时，混凝土试样已经出现明显的破坏裂纹，继续增加压力到 1890kN 后，压力不能继续增加，说明钢筋混凝土试样已经完全受到破坏，不能继续承载更多的压力。

6 结语

(1)28d 后仿生钢筋混凝土试样经 SED 测试，观测到水泥水化反应后产物的微观形貌：结构分布均匀，有结晶物析出，有微裂纹存在，结晶产物主要是氢氧化钙、C_3AH_6 以及少量的 C_4AH_{19}、C_2AH_8 和 C_4AH_{13}。

(2)仿生结构钢筋混凝土抗压能力是普通钢筋混凝土抗压能力的 135%。

(3)仿生钢筋的侧枝承受部分压力，在侧枝和混凝土的界面效应共同作用下，仿生钢筋混凝土的力学性能得到提高。

参 考 文 献

[1] 卢锡鸿，程祥平. 预制混凝土行业的兴衰与发展[J]. 混凝土，2001(1)：3-6.

[2] 周宏敏，柴俊，吴中伟. 绿色生态混凝土技术及其研究[J]. 混凝土，2008(5)：90-92.

[3] 夏威. 高性能混凝土产业化发展的若干思考[J]. 混凝土，2005(1)：7-12.

[4] 胡杰，田安国. 现代混凝土耐久性现状及原因浅析[J]. 混凝土，2008(4)：29-31.

[5] 李云峰，吴胜兴. 混凝土结构加速耐久性研究策略分析[J]. 混凝土，2005(1)：13-16.

[6] 赵筠. 钢筋混凝土结构的工作寿命设计[J]. 混凝土，2004(1)：3-15.

[7] 汪洋，韩素芳. 混凝土抗压强度试验结果失准原因分析[J]. 混凝土，2008(5). 1-2.

[8] 张国强，李瑞鸽. 高强混凝土的断裂性能研究[J]. 混凝土，2008(1)：7-10.

[9] 马玉平，陈远志，呼延海. 高强度混凝土强度增长特性的试验研究[J]. 混凝土，2005(8)：74-76.

[10] 丁沃柱. 复合材料大全[M]. 北京：化学工业出版社，2000.

[11] 侯君伟. 现浇混凝土建筑结构施工手册[M]. 北京：机械工业出版社. 2003.

[12] 李国胜. 简明高层钢筋混凝土结构设计手册[M]. 北京：中国建筑工业出版社. 2003.

[13] WIEGRINK K，MARIKUNTEE S M，SHAH S P. Shrinkage cracking of high - strength concrete[J]. ACI Materials Journal，1996，93(5)：409 - 415.

大体积混凝土设备基础抗震隔震能力分析

刘慧军，李慧民，薛武平，谭菲雪，钟兴润，谭　啸

西安建筑科技大学土木工程学院

设备基础按结构形式不同可分为大块式基础、墙式基础、框架式基础、构架式基础。生产线和重要设备的基础多为大体积混凝土基础，其特点是体积大、连续基础长、基坑深、体形复杂。化工、冶金、建材和装备制造企业中多采用此类技术。设备基础起定位、承重和减振的作用，故必须具备足够的强度、刚度、稳定性；具有一定的尺寸精度，满足公差要求；必须满足振动控制要求；不发生沉降、偏斜和倾覆；能吸收和隔离振动。唯有如此，才能保障设备的正常运行和企业的正常生产。可见，设备基础，尤其是大体积混凝土设备基础的抗震隔震能力对设备本身安全及企业的抗震防灾能力起着举足轻重的作用。

1　企业关键工艺设备基础受损情况分析

1.1　企业关键工艺设备受损原因分析

通过调研典型企业的关键工艺设备震后受损情况分析、统计得出：27 户关键工艺设备受损企业中，设备受损的原因除厂房和设备自身问题外，另一主要原因是由于基础破坏或移动造成的，具体统计分析结果如图 1 所示。

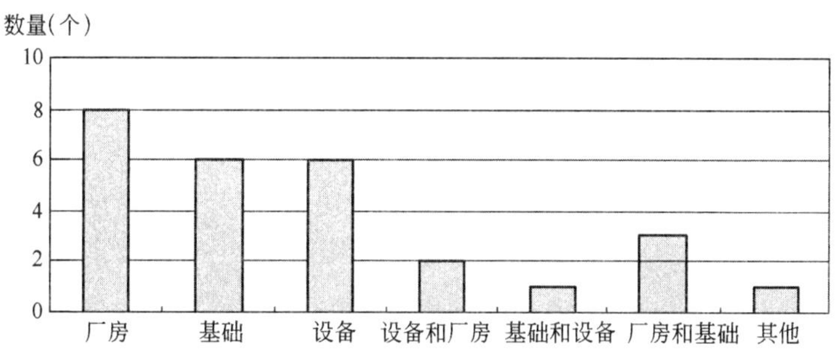

图 1　关键工艺设备基础受损原因分析

1.2　企业关键工艺设备基础受损情况分析

通过对企业关键工艺设备受损原因分析可以看出，近三分之一的设备是因基础损坏而受损，故基础的抗震隔震能力对设备的安全起着至关重要的作用。经调研分析，设备基础损坏主要表现在移位(见图 2)、变形、开裂和渗水(见图 3)等方面。地震作用到设备基础和设备，引起

［作者简介］刘慧军，西安建筑科技大学土木工程学院硕士研究生

设备的动力响应，以及地基失效、地基不均匀沉降、砂土液化导致的设备基础破坏、变位、倾斜，从而引起设备移位、倾倒、变形、破裂、与其他设备的连接断开等。

图 2　变压器基础移位破坏

图 3　机床基础开裂渗水

2　大体积混凝土设备基础防震隔震

2.1　大体积混凝土设备基础的特点

重型设备的基础、烟囱和水塔的基础及一些多层冶金、化工等厂房的基础通常都属于大体积混凝土。经分析研究，工业企业大体积混凝土设备基础具有下列特点：

(1)混凝土属非均质脆性材料，抗拉强度只有抗压强度的 1/10 左右，拉伸变形能力很小。

(2)大体积混凝土设备基础的施工期间，混凝土内部的散热较慢；基础内部的配筋量大且复杂，钢筋的直径也较大，其变形模量与混凝土的相差较大，故在混凝土收缩时极易引起钢筋表面的辐射性裂缝。

(3)大体积混凝土设备基础的断面尺寸和受力差异引起了构件的刚度差异、配筋量差异及内部的温度应力的差异，使基础经常在差异处出现断裂。

(4)大体积混凝土设备基础在水泥熟化时所释放的水化热产生的温度应力长时间作用及和上部结构荷载产生的应力共同作用下，可能引起过大拉应力，从而产生开裂。

2.2　大体积混凝土设备基础的功能要求

(1)满足机器在安装、使用和维修方面的要求，基础顶面和上部的外形、尺寸，包括沟、坑、洞和螺栓孔等应按照制造厂的安装图设计。

(2)基础振动应限制在容许的范围内，以保证机器的正常使用和操作人员的正常工作条件，并保证不会影响附近的精密设备、仪表及相邻建筑物和管线等。

(3)基础的沉降和倾斜应控制在较严格的容许范围内，以保证机器设备和连接管道的正常使用；对不均匀沉降有严格要求的机器设备及其部件(如压缩机和电动机、齿轮变速箱等)，应布置在同一基础块体上。

(4)基础结构应具有足够的强度、刚度、稳定性和耐久性。

(5)机器设备基础不宜与建筑物基础或混凝土地面连接，与机器设备连接的管道也不宜直接固定在建筑物上，设备基础的底脚螺栓是设备和基础的连接部位，应充分重视其防震抗灾能力。

2.3 影响大体积混凝土设备基础抗震能力的关键因素

(1)基础埋置深度　基础埋置深度对基础的抗震能力影响很大,适当加大基础埋深,可以增加地基土对建筑物或设备基础的约束作用,从而减小建筑物或设备的振幅,减轻震害。同时,还可以提高基础的强度和稳定性,有利于减少建筑物或设备的整体倾斜,防止移滑及倾覆。

(2)基础类型选择　选择较好的基础类型有利于建筑物或设备的抗震。基础类型的不同,产生的震害可能不同。地震区软土地基上应选择刚度大、整体性好的框架式或构架式基础,它能有效地调整和减轻地震引起的不均匀沉降,从而减轻对上部结构和设备的破坏。除此之外,桩基础的沉降较小,动力反应也小,是一种良好的抗震基础形式。

(3)设备基础的地震作用分析　地震时除地基破坏外,基础与设备之间的连接破坏、混凝土的局部破坏也是设备受损的一个重要原因,所以在设备基础设计时应进行地震动力作用分析,确保设备安全。

(4)设备基础施工时水化热释放量及速度　大体积混凝土温度裂缝有表面裂缝、贯穿裂缝(深层裂缝)两种。表面裂缝会加快表面混凝土的碳化和钢筋的锈蚀;深层裂缝则易成为基础破坏的爆发点,所以施工时应结合基础的大小采取一定的措施控制水化热的释放。对一般的设备基础可以采取分层、分块浇筑、使用粉煤灰水泥等低热水泥、在混凝土内预埋水管通水冷却等方法进行控制。

(5)危险品泄漏　对于化工等有危险品可能泄漏的设备基础,如储油罐、液氨罐、液氯罐等,如果泄漏会发生大的次声灾害,所以应结合行业特点切实做好基础设计,保证基础和设备的连接可靠性。

2.4 大体积混凝土设备基础隔震技术分析

基础隔震是指在建筑物或设备基础与上部结构或设备之间设置一个隔离层,把上部结构或设备与基础隔离开来,减小地面运动能量向上部传递,以降低建筑物或设备上部的地震反应,实现地震发生时建筑物或设备不损坏或只发生较轻微破坏的目标,从而保证建筑物内的人员、设备的安全和装修的完好。

2.4.1 大体积混凝土设备基础隔震技术发展现状

近二十年来许多国家开始了建筑隔震研究。美国、日本、法国、新西兰、意大利和德国等国家正在开展这方面的工作,并且已有 200 多个基础隔震建筑物相继建成。尤其在日本,基础隔震结构已经开始进入与传统结构相竞争的阶段。对于电厂构架式基础的隔震(振)研究,德国的“隔而固”(GERB)公司最为突出,自 1970 年以来,他们已向 22 个国家 96 台大型机组及 200 多家火力发电厂的碎煤机提供了全套钢弹簧系统。我国电力建设研究所近年来也积极开展了构架式隔震(振)基础的隔震(振)研究和弹簧隔震(振)元件的开发,但是国内这方面研究尚处于起步阶段。

2.4.2 大体积混凝土设备基础隔震技术的主要形式

建筑基础现有的隔震体系按其工作机理的不同主要有夹层橡胶垫基础隔震体系、滑移基础隔震体系、转动基础隔震体系、混合基础隔震体系、悬挂隔震体系、摩擦摆体系、滚轴或滚珠摩擦隔震体系及滑动凹面基础隔震体系等。对于大体积混凝土设备基础,建议选用夹层橡胶垫基础隔震体系。夹层橡胶垫基础隔震体系是利用夹层橡胶垫水平刚度小的特点,延长设备

(结构)第一固有周期,避开地震波点卓越周期,达到降低设备(结构)地震作用的目的。其隔震效果好,且构造简单,性能稳定,是目前应用最多的一种隔震体系。按有无阻尼装置及装置的种类,夹层橡胶垫支座可分为以下几类。

(1)普通夹层橡胶垫支座　普通橡胶垫支座由天然橡胶或氯丁二烯橡胶制造。由于其具有良好的线弹性性能,普通夹层橡胶垫隔震支座不仅能显著降低设备(结构)的地震作用,还能抑制设备(结构)的高阶反应。在施加竖向荷载时,由于橡胶受到钢板的约束,不会产生很大的横向变形,即具有很强的抗压能力;水平方向有很大的变形能力,在地震作用下,橡胶垫可以隔离水平方向的运动分量。

(2)高阻尼夹层橡胶垫支座　高阻尼夹层橡胶垫支座采用高阻尼橡胶材料制造。高阻尼橡胶可通过在天然橡胶中掺入石墨得到,根据石墨掺入量可调节材料的阻尼。高阻尼橡胶也可以是高分子材料。高阻尼夹层橡胶垫支座兼有隔震器与阻尼器的作用,其阻尼比可达0.25,可以在隔震系统中单独使用。高阻尼橡胶垫支座的性能既与变形幅值有关,也与样品经受的循环次数有关,具有良好的耗能能力。

(3)铅芯夹层橡胶垫支座　在普通夹层橡胶支座中间开孔部位灌入铅,便形成铅芯夹层橡胶垫支座。由于纯铅材料具有较低的屈服点和较高的塑变耗能能力,铅芯夹层橡胶垫的阻尼比可达 0.20～0.30。铅芯橡胶支座不仅有较高的阻尼比,还有适当的初始刚度,提高了控制风反应和抵抗地基微震的能力。铅芯夹层橡胶垫支座兼有隔震器和阻尼器的作用,可单独在隔震系统中使用,使隔震系统的组成变得比较简单,在实际工程中得到广泛应用。

(4)其他类型夹层橡胶垫支座　根据夹层橡胶垫中阻尼装置的不同,还有多种夹层橡胶支座,如非满高铅芯夹层橡胶垫支座、带限位钢棒夹层橡胶垫支座。这些隔震支座既与铅芯夹层橡胶支座有相似的隔震特点,又有其自身的受力特点。

3　结语

大体积混凝土设备基础的抗震隔震技术目前在国内还不够成熟,企业灾后恢复与重建应结合设备的类型及对基础的特定要求选取较为理想的基础形式及隔震技术进行施工。目前,对大体积混凝土设备基础的设计、施工和验收的要求还很少,比如对大体积混凝土施工温度的控制没有明确规定;对大体积混凝土后浇带的设置、施工,其标准不一,所以应进一步强化大体积混凝土设备基础的抗震隔震能力研究。

参 考 文 献

[1] 第一机械工业部设计研究总院.动力机器基础设计手册[M].北京:中国建筑工业出版社,1983.
[2] 李潘武.大体积混凝土非荷载应力的施工系统控制[D].西安建筑科技大学博士论文,2004.
[3] 高居武.大体积混凝土施工技术的应用研究[D].同济大学工程硕士学位论文,2004.
[4] 本书编委会.简明地基基础结构设计施工资料集成[C]// 北京:中国电力出版社,2005.
[5] 唐家祥.工程结构基础隔震技术的发展与应用[J].第三届全国结构减震控制学术会议论文集,1992.
[6] 巩天真,王尚文,安宁.电厂大型构架式隔振基础的动力分析程序 FDA[J].电力学报,1994(3).
[7] 毛利军.建筑物基础滑移隔震体系研究[D].东南大学学位论文,2004.
[8] 唐家祥,刘再华.建筑结构基础隔震[M].武汉:华中理工大学出版社,1993.
[9] 日本免震构造协会编.图解隔震结构入门[M].叶列平,译.北京:科学出版社,1998.
[10] 周福霖.工程结构减震控制[M].北京:地震出版社.1997.

CFRP布加固混凝土梁非线性有限元分析

王　彪[1]，王　亮[2]，陈建刚[3]

1. 上海市建筑科学研究院；2. 辽宁万利商品混凝土有限公司；
3. 中铁一局集团第一工程有限公司

碳纤维增强塑料CFRP布(Carbon Fiber Reinforced Plastics)是一种性能优良的加固材料，它具有强度高、质量轻、耐腐蚀、抗疲劳、便于施工、操作等优点，目前CFRP布已广泛应用与多种结构的抗震加固工程中，并取得了良好的效果。然而在CFRP布加固运用过程中存在CFRP布不能被充分合理地利用及使用阶段加固效果不明显，对开裂荷载和屈服荷载提高程度不大等问题。目前，碳纤维布加固混凝土构件方法大多基于大量试验数据基础上的经验公式，已有的理论分析一般按线弹性理论进行，结果较为粗糙，利用非线性有限元方法对碳纤维布加固混凝土构件进行分析，不仅能够求出结构内力和变形发展的全过程，而且能够描述裂缝的形成和扩展，以及结构的破坏过程及其形态，在一定程度上可以替代试验，从而节约大量试验经费。

本文采用ANSYS有限元分析软件，对非预应力CFRP布加固混凝土梁进行弹塑性分析。

1　模型概况

1.1　基本假定

(1)考虑到钢筋与混凝土界面之间的黏结性能对钢筋混凝土结构的整体性能的影响不大，故本文假设钢筋与混凝土之间无相对滑移。

(2)梁在加固前后的抗剪承载力足够。

1.2　材料和模型参数

本文对宽、高和长分别为160mm、320mm、2400mm混凝土梁用0.167mm厚的CFRP布按不同的方案进行加固。混凝土强度等级为C20，具体配筋见图1，加固材料采用0.167mm厚碳纤维布，梁底满贴。各种材料参数的各项指标见表1。

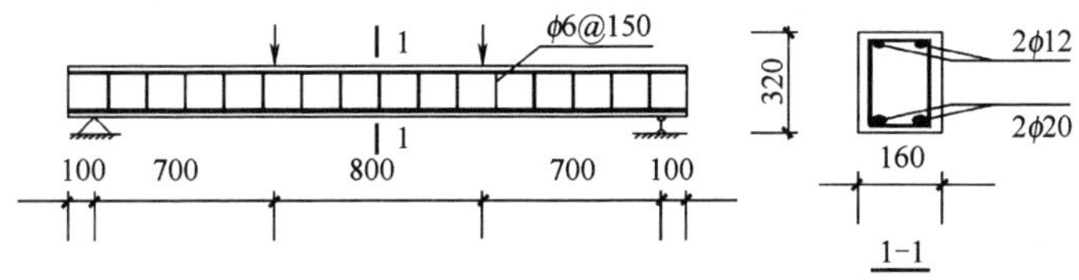

图1　碳纤维加固梁(尺寸单位：mm)

[作者简介] 王　彪，上海市建筑科学研究院工程师

表1 材料参数

材料名称	泊松比	弹性模量(MPa)	抗拉强度(MPa)	抗压强度(MPa)
混凝土	0.2	25500	1.1	9.6
主筋	0.3	210000	210	—
碳纤维布	0.17	206300	3600	—

2 有限元模型的建立

2.1 单元的选取

混凝土模型采用ANSYS材料库中的三维钢筋混凝土实体单元SOLID 65来模拟。SOLID 65单元最为重要的方面在于其对材料非线性的处理，其可模拟混凝土的开裂、压碎、塑性变形及徐变，钢筋具有拉伸和压缩功能项的拉压单元，每个节点有三个自由度：沿节点坐标x、y、z方向的平动。就像在铰接结构中的表现一样，该单元不承受弯矩。该单元具有塑性、蠕变、膨胀、应力刚化、大变形、大应变功能。

碳纤维布采用膜单元Shell 41，该单元是一种空间膜单元，可以较好地模拟碳纤维单向受力的性能。

用非线性弹簧单元COMBIN 39单元来模拟混凝土与CFRP之间的黏结—滑移关系。COMBIN 39单元是一种具有非线性f-d性能的单向受力单元。该单元在1-D、2-D或3-D应用中具有纵向和扭转的能力。

2.2 本构关系

(1)钢筋材料模型采用线弹性模型(Linear elastic)和双线性弹塑性材料模型(BKIN)，极限拉应变取为0.01。

(2)混凝土模型考虑受拉开裂，受压本构关系采用不带下降段的多折线随动强化模型来定义，其本构关系的具体数学模型按《混凝土结构设计规范》(GB 50010—2002)建议的公式，上升段为二次抛物线，之后为一水平的直线段。

(3)碳纤维布的本构关系为线弹性，即：$\sigma=E\varepsilon$。

2.3 CFRP与混凝土之间黏结层的黏结滑移关系

在有限元分析中，为模拟黏结滑移现象，常采用双弹簧联结单元，它是一组互相垂直的弹簧，可以分别传递两点之间的法向力和剪力。这种黏结单元具有非线性刚度，但是没有实际几何尺寸。在ANSYS中，在混凝土和碳纤维单元重合的节点上，纵向切向和法向分别布置COMBIN39单元，在横向切向上则把两者的自由度耦合起来。

在COMBIN39单元的实常数一项需输入f-d曲线(节点力—偏移关系)。本文采用文献[2]中所述的双线性软化模型，如图2所示，其中δ是混凝土

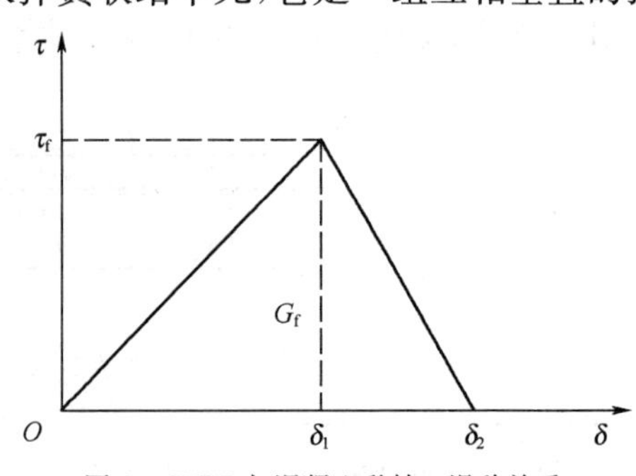

图2 CFRP与混凝土黏结—滑移关系

底面和 CFRP 之间的相对滑移；τ_f 是界面剪切强度；G_f 是图 2 曲线所围面积，代表单位面积的黏结单元剥离所需要的能量；δ_1 和 δ_2 分别为相应于剪切强度和剥离破坏的相对滑移。

双线性软化模型的数学表达式为

$$\tau(\delta)=\begin{cases}\dfrac{\tau_f}{\delta_1}\delta & (0\leqslant\delta\leqslant\delta_1)\\[2ex] \dfrac{\tau_f}{\delta_2-\delta_1}(\delta_2-\delta) & (\delta_1\leqslant\delta\leqslant\delta_2)\\[2ex] 0 & (\delta>\delta_2)\end{cases}$$

达到界面剪切强度 τ_f 或临界滑移位移 δ_1 前，应力滑移曲线为线性变化。其后随相对滑移的增加而线性减小直至为零。该模型考虑了界面的软化行为，认为一旦达到界面的剪切强度 τ_f 黏结界面开始出现微裂缝；直至剪应力完全降为零，称为宏观裂缝或完全剥离破坏。

2.4 SOLID65 单元参数选取

SOLID65 单元可以计算开裂和压碎，考虑到收敛性，计算时关闭混凝土压碎功能，混凝土破坏准则采用 William 2 Warnke 5 参数强度准则，其中混凝土开裂裂缝剪力传递系数和闭合裂缝剪力传递系数分别取 0.5 和 1.0，网格划分时确保混凝土与钢筋、混凝土与碳纤维布的单元节点重合。

2.5 计算收敛性问题

由于本文考虑了 CFRP 与混凝土之间的黏结滑移关系，这导致收敛困难，经过反复试算得出，此类计算中，单元尺寸要适中，单元尺寸过小，将导致混凝土单元提前压坏，计算承载力偏低，单元尺寸以 5cm 左右为宜。收敛准则的选取，合适的子步数对收敛影响也很大，此外，打开线性搜索、预测器等也可在一点程度上加速收敛。

3 计算分析结果

荷载—挠度曲线能比较直观地反映加固梁刚度变化情况，是探讨加固梁破坏机理的重要依据，列出碳纤维加固梁有限元模拟荷载挠度曲线如图 3 所示。

当荷载逐渐增加至 44kN 时，受拉主筋屈服，荷载增加到 56kN 时梁破坏。梁的受力过程可以分为三部分，第一部分为开裂前的弹性工作阶段，荷载挠度曲线呈线性关系，第二部分为带裂缝工作阶段，此时荷载挠度曲线大体呈线性，第三部分为屈服后阶段，表现在荷载增加不多的情况下，挠度快速增加，直至破坏。

梁在不同荷载作用下碳纤维布应力应变分布曲线如图 4 所示，纯弯区碳纤维布应力增长速度快，随着荷载的增加，碳纤维布中部应力与布两端应力差值明显加大。

受拉主筋屈服时钢筋的应力分布如图 5 所示。

4 结语

(1)非线性有限元程序模拟分析碳纤维布加固混凝土构件受力过程可在一定程度上有效替代试验分析方法，从而减少试验所需的时间和费用。

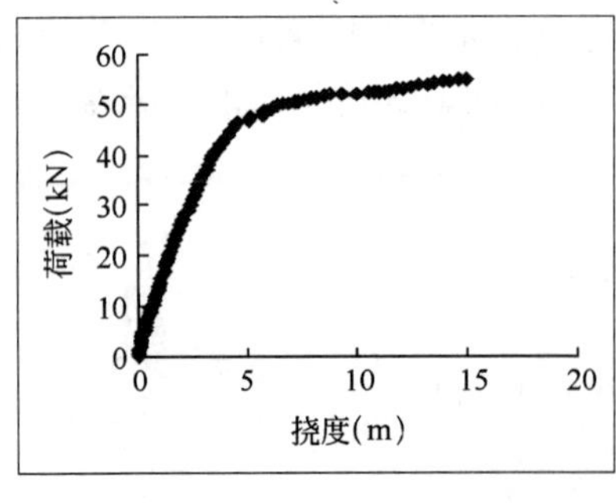

图 3　荷载挠度曲线

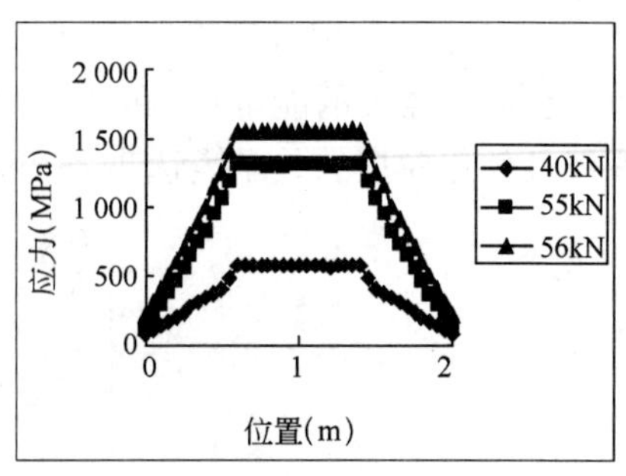

图 4　碳纤维布应力分布曲线

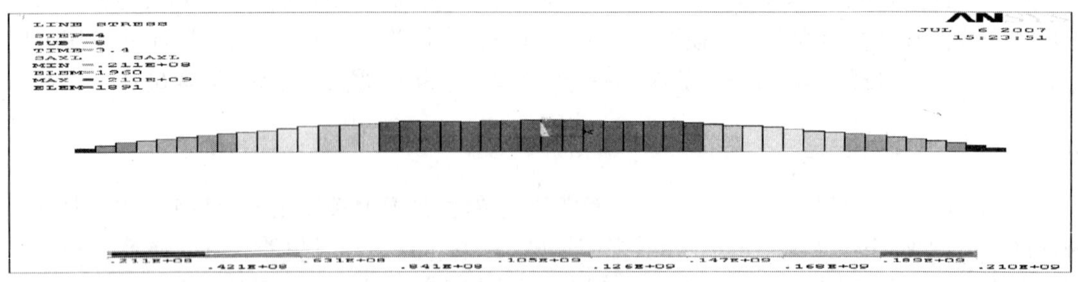

图 5　主筋应力云图

(2)本文在碳纤维布与混凝土之间引入非线性弹簧单元来模拟它们之间的黏结滑移性能，这比直接把碳纤维布和混凝土的节点耦合在一起，承载力降低，但更符合实际。

(3)普通碳纤维布加固梁中，碳纤维布主要在钢筋屈服之后才发挥其高强度特点，而且碳纤维极限抗拉强度不能完全发挥，因为此时梁挠度已经很大，受压区混凝土已经压碎严重。碳纤维布由于抗拉强度非常高，用于普通混凝土梁时，会表现出明显的超筋破坏特征，属于脆性破坏，不仅不安全而且也难以充分利用碳纤维布的高强度，建议采用预应力碳纤维布加固梁，可以改善以上不足。

参 考 文 献

[1] 薛伟辰，曾磊. 预应力 CFRP 板加固混凝土梁研究综述 [J]. 北京：工业建筑，2006. 36(4).

[2] 牛赫东，吴智深. 预应力 FRP 纤维布黏结补强技术中的界面剪切应力传递[C]//第二届全国土木工程用纤维增强复合材料(FRP)应用技术学术交流会，2002.

建设绿色混凝土产业化基地

吴文贵，王 军，孙克平，杨 文

中建商品混凝土有限公司

1 引言

商品混凝土作为一种应用最为广泛的建筑材料，从目前整个行业的发展水平来看，仍存在以下突出问题：

(1)商品混凝土生产企业环保不达标，生产过程排放噪声、粉尘及废水超标，影响周边环境及居民的正常生活。

(2)商品混凝土生产企业绿化面积不达标，文明施工不达标，生产运输设备脏、乱、差，与企业周边环境形成极大反差，破坏城市整体形象。

(3)商品混凝土企业科技水平差，配合比设计不合理，在生产过程中过度消耗不可再生资源，不能对工业废渣、再生集料、尾矿等废弃资源进行综合利用。

(4)商品混凝土生产过程产生的废弃混凝土未能及时得到有效利用，成为新的建筑垃圾，在增加资源消耗的同时，对环境造成极大的负担。

(5)商品混凝土生产采用的水泥原材料，在生产过程中对资源和能源消耗大，同时排放大量工业粉尘及有害气体，污染环境。

(6)商品混凝土生产采用的砂石原材料，级配差、空隙率大，颗粒形态不合理，导致在生产混凝土时必须增加水泥用量。砂石料生产厂家环保意识差，开采过程中资源利用率低，环境污染严重。

总的来说，商品混凝土行业属于高能耗、低门槛、污染相对严重的行业，对我国推进可持续性发展战略带来较大挑战。发展绿色混凝土产业，以达到节约资源、减少环境污染、保护环境的目的，实现混凝土的可持续发展，是符合国家产业政策、利国利民的一项重要举措。

2 绿色混凝土产业化基地的定义

绿色混凝土是指混凝土在生产过程和应用过程实现绿色化，即在保证混凝土性能的前提下，减少水泥用量；大量利用工业废渣、再生集料和代用集料，减少自然资源和能源的消耗；提高混凝土安全使用寿命，减少因修补或拆除造成的浪费和二次污染；大力推广预拌混凝土，减少环境污染。

绿色混凝土产业化基地是顺应国家政策导向，以绿色环保为主题，以实现混凝土产品绿色化为目标，通过采用绿色混凝土原材料，加强生产管理体系建设，以增加资源循环利用及减

[作者简介] 吴文贵，中建商品混凝土有限公司总经理，教授级高级工程师

少资源消耗；通过加大技术研究，开发新型绿色混凝土产品，设计合理的配合比，大量掺用优质矿物掺和料及再生集料，减少水泥用量，提高对工业废渣的综合利用效率；通过加强生产过程的控制，减少废水、废渣排放，来减少混凝土生产基地对环境的影响，落实国家节能减排的产品升级政策，提供国内商品混凝土行业的发展新思路。

3 实施内容

绿色混凝土的实现途径有以下方面：

(1)降低水泥用量，大量利用工业废渣，减少资源和能源的消耗。

(2)使用再生集料等多种代用集料，保护自然资源。

(3)使用绿色混凝土外加剂，防止室内环境污染，保护人体健康。

(4)提高混凝土结构的安全使用寿命，减少因修补或拆除旧混凝土结构物造成的浪费。

(5)大力推广预拌混凝土，减少环境污染。

绿色混凝土产业化基地的建设要实现全过程的绿色化，必须从商品混凝土的原材料、生产过程至混凝土产品几个方面全面绿色化，因此，建设绿色混凝土产业化基地包括 3 个方面内容：①建设完善的绿色混凝土原材料供应链；②建设环境友好型混凝土供应站；③开发绿色混凝土产品。绿色混凝土产业化基地的结构形式如图 1 所示。

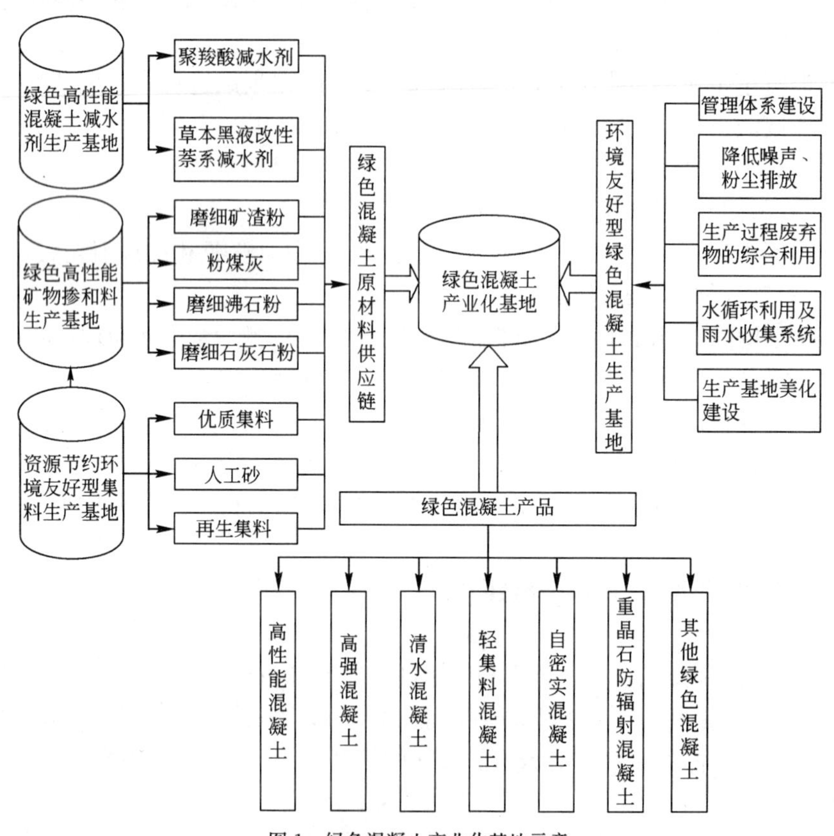

图 1 绿色混凝土产业化基地示意

3.1 建设完善的绿色混凝土原材料供应链

(1)绿色高性能混凝土减水剂生产基地 目前，国内使用最普遍的一种混凝土减水剂是萘系减水剂,约占所有减水剂用量的80%,萘系减水剂具有减水率相对较低、混凝土坍落度损失快、减水剂中含有甲醛、萘等有毒物质,不符合绿色混凝土原材料要求。与萘系减水剂相比,聚羧酸高效减水剂作为新一代高效减水剂,具有如下优点:①掺量低,分散性能好;②流动性保持性好;③在相同流动度时,比萘系复合外加剂缓凝小;④在分子结构上自由度大,外加剂制造技术上可控制的参数也多,高性能化的潜力大;⑤减水剂的合成生产不用甲醛,造成环境污染的有害物质少,有利于建筑工程材料的可持续发展。因此,混凝土生产企业应该积极推动聚羧酸高效减水剂的大范围应用,并且经济社会效益显著。另外,据资料表明:草本植物造纸所排出的废水严重污染环境,其所造成的工业污染占全国水污染的40%左右,但是,利用草本黑液能够生产出性能优良的减水剂,并且能够完全消耗草本纸浆黑液中的有害成分,生产过程中无其他废弃物产生,生产的减水剂中甲醛含量仅为萘系高效减水剂的1/70,基本不存在甲醛的污染问题,无重金属和放射性物质污染,游离氨含量极低,是一种性能优良的绿色环保产品。萘系减水剂生产线可以进行改造,建成生产草本黑液改性萘系减水剂的生产线,包括减水剂合成装置、草本黑液原料均化、浓缩等预处理等设备,变废为宝,解决草本纸浆黑液给环境造成的污染。

(2)绿色高性能矿物掺和料生产基地　工业废渣作为掺和料在混凝土的生产中已有所应用,但是由于认识的局限,在土木工程中不同行业的应用尚有明显的差距。混凝土生产企业应加强对超细矿渣粉不同细度对混凝土性能的影响、磨细粉煤灰及磨细煅烧煤矸石、磨细沸石粉、石灰石粉对混凝土性能影响等课题的研究,提高矿物掺和料在混凝土中的利用效率。采用矿物掺和料替代水泥生产混凝土,降低水泥用量,降低单方混凝土能耗,提高混凝土性能。充分发挥磨细矿渣粉、粉煤灰等建筑用原材料的活性,对采矿过程中产生的石粉、煤矸石等废弃物作为磨细矿物粉细掺和料的技术进行研究和开发应用,达到降低材料成本的经济效益和减少环境污染、保护生态环境的社会效益。

(3)资源节约环境友好型集料生产基地　目前,建筑石料采矿中产生的尾矿石、石屑不能得到很好的应用,常常被弃之旷野,长年累月,对环境造成了严重的污染,资源也不能得到充分的利用;另一方面,随着城市化和小城镇建设进程的加快,城市住宅、写字楼、商业及工业建筑的更新和市政动迁规模不断加大,大量的原有旧建筑物被拆毁,产生了约1亿t建筑垃圾,这些建筑垃圾中48.35%是废弃的混凝土。将这些废弃混凝土块经过破碎、清洗、分级后,按一定的比例混合而得到的集料称为混凝土再生集料,可以用来替代天然集料生产混凝土,如果将其中10%的废弃混凝土用来生产再生集料,将减少建筑垃圾483万t,生产再生集料约350万t,减轻环境负担的同时,降低自然矿产资源消耗240万m^3左右,将为建设环境友好、资源节约型社会作出重要贡献。另外,在混凝土集料产业的建设中,可以通过集料级配、碎石破碎、集料粒形优化处理工艺,降低集料空隙率,提高集料质量;并将采矿尾矿石加工成人工砂,替代部分天然砂生产混凝土,综合利用矿产资源,实现矿产资源完全利用,解决采矿对环境造成的污染和负担。

3.2 建设环境友好型混凝土供应站

3.2.1 环境友好型混凝土供应站管理体系建设(见图2、图3)

为提高混凝土生产企业的管理效率,从原材料选用、进场质量控制、材料消耗控制、生产过程废弃物回收利用等全过程实行严格管理。通过加强对原材料供应商评价,确保所采购的原材料符合绿色建材要求,对环境无公害;通过加强进场原材料质量控制,建立完善的过程质量管理体系,保证原材料质量及混凝土产品的稳定性,减少水泥、减水剂等主要材料的消耗,提高混凝土强度和耐久性，减少单方混凝土能耗；通过制定严格的企业标准，确保出厂产品达到高性能混凝土要求，提高混凝土耐久性能，降低混凝土能源消耗；通过组织对生产过程中产生的废弃混凝土、废油、废配件、废旧设备进行有效回收利用，通过严格的管理体系保证废弃物能得到充分的利用，减少废弃物对环境的污染，减少对资源的浪费。

图 2　环境友好型混凝土供应站效果图

图 3　中建商品混凝土有限公司成都龙潭站

混凝土生产企业还可以通过引进现代科学技术提高管理效率。例如，ERP 管理系统（见图 4）和 GPS 全球卫星定位系统（见图 5）。通过运用 ERP 管理系统，利用计算机对企业的资金、货物、人员和信息等资源进行自动化管理，具有制造，办公操作，供应链管理，人力资源管理，项目管理，财务与管理，客户服务，销售与市场营销等商业功能，实现企业管理信息化和自动化，提高工作效率和增强快速反应能力，实现精细化管理。商品混凝土生产企业拥有大量的移动式生产设备，对这些设备的指挥调度显得至关重要，稍有不慎极易导致设备不能得到充分利用，加大了资源消耗。通过 GPS 系统的建立，把整个企业的生产任务单管理及交货单的数据信息有机地结合在一起，为混凝土生产调度、运输监控服务，使得调度人员随时可了解车辆所处的地理位置、运行轨迹和当前所执行的任务情况，随时可查询正在供应混凝土的各个工程的车辆调派情况，为调度提供准确的信息，为车队监管提供高科技手段。通过合理应用本系统，应能达到如下效果：①合理配备资源，提高车辆利用率；②提高产品质量；③一目了然，轻松调度；④减少油耗；⑤约束驾驶员的不良行为；⑥树立良好的企业形象，增强企业争力。

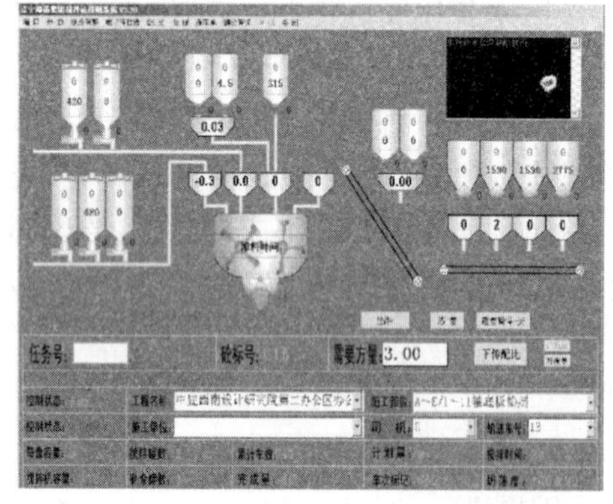

图 4　ERP 系统

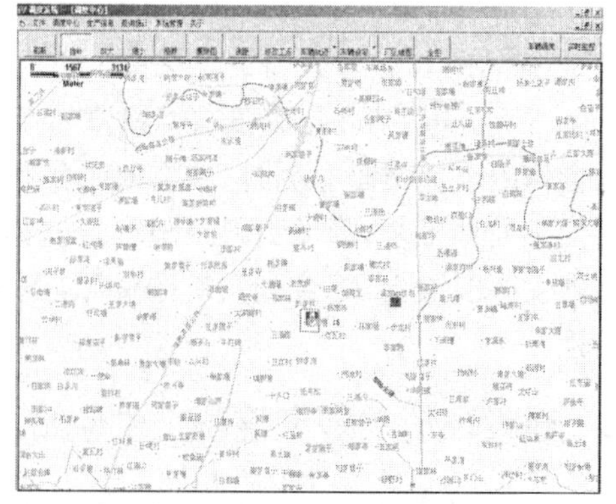

图 5　GPS 系统

3.2.2　无噪声、无粉尘绿色混凝土生产线改造

传统的混凝土搅拌站生产车间噪声大，粉尘多，砂石材料大多采用露天堆放，砂石料中的粉尘极易产生扬尘，同时材料转运时产生噪声，这些都对生产车间内的员工及附近的居民都产

生了不良影响，对周边环境带来严重的污染。

混凝土生产企业应该在搅拌楼设置隔音墙板、添加先进的收尘装置，将露开料场改造成封闭式，采用隔音围墙、空心砖、轻钢结构等材料对堆料场实施封闭，同时在料场周围及顶棚上设置水管花洒，通过喷水降尘的方式，辅助降低噪声、减少粉尘排放，既能显著提高产品质量稳定性，又能有效的控制料场粉尘污染和噪声污染，净化站内的环境，保护企业周边环境不受影响。

3.2.3 生产过程废弃物的综合利用

商品混凝土生产过程中不可避免地会产生混杂有大量砂石、水泥、粉煤灰的建筑垃圾，如果不将这些材料进行回收利用，一方面建筑垃圾本身会对环境造成严重污染，其中的水泥具有较强碱性，对土壤会造成极大的破坏；另一方面也浪费了大量的资源。

混凝土生产企业可以在站点内建设“混凝土料浆回收系统”，通过砂石分离机首先将建筑垃圾中的砂石与料浆分离开，将砂石进行回收利用，同时将分离出来的废料浆再进行一次搅拌后，送到搅拌楼作为生产混凝土的原料使用，确保将其中有效组分充分利用，尽可能实现混凝土生产过程“零排放”。经计算，每生产 100m^3 混凝土将产生建筑垃圾 1.6t，其中约含有砂石材料 1t，水泥、粉煤灰等固体物质 0.4t。以全年生产商品混凝土 4.76 亿 m^3 计算，通过推广该系统将回收砂石资源 476 万 t，回收水泥、粉煤灰等有效组分 190 万 t，减少建筑垃圾 760 万 t。

3.2.4 水循环利用及雨水收集系统

混凝土生产过程中会消耗大量的水资源，同时由于清洗设备等原因产生大量的废水，如果将这些废水直接排放将会对城市排水管网造成极大的负担，同时废水中的碱性物质也会对周边土壤、水体造成严重的污染。

混凝土生产企业可建设废水循环利用，将清洗设备及冲洗场地的污水经过沉淀处理后重复进行利用，同时还将建设雨水回收系统，将雨水收集起来用于生产混凝土，减少对自然水资源的消耗。经计算，每生产 1m^3 混凝土将需要消耗洁净水 0.17t，平 均产生废水 0.03t，全国商品混凝土总产量 4.76 亿 m^3，将消耗洁净水 8092 万 t，产生废水 1428 万 t。以武汉市为例，年平均降雨量为 1800mm，通过雨水回收系统每个生产基地约可回收雨水 2.3 万 t，可用于生产绿色混凝土 16 万 m^3。

3.2.5 生产基地美化建设

传统的混凝土搅拌站都是灰尘四起，污水横流，对周边环境带来极大的不良影响。为了改善这一局面，混凝土生产企业可以开展生产基地绿化建设，增加绿化面积，改善生产基地环境，树立企业良好形象。

3.3 开发绿色混凝土产品

绿色产品与同类产品相比，具有低毒少害、节约资源等环境优势。开发绿色混凝土产品能引导企业自觉调整产业结构，采用清洁工艺，生产对环境有益的产品，形成改善环境质量的规模效应，最终达到环境保护与经济协调发展的目的。

结合绿色混凝土的概念，绿色混凝土的产品应该包括：高性能混凝土、高强混凝土、清水混凝土、轻集料混凝土、自密实混凝土、重晶石防辐射混凝土等。

3.3.1 高性能混凝土

中国工程院院士吴中伟教授指出：高性能混凝土是一种新型高技术混凝土，是在大幅度提高普通混凝土性能的基础上采用现代混凝土技术制作的混凝土。它以耐久性作为设计的主要指标，针对不同用途要求，对下列性能重点予以保证：耐久性、工作性、适用性、强度、体积稳定性和经济性。

与普通混凝土相比，高性能混凝土具有如下独特的性能：

(1)高性能混凝土具有一定的强度和高抗渗能力，但不一定具有高强度，中、低强度亦可。

(2)高性能混凝土具有良好的工作性，混凝土拌和物应具有较高的流动性，混凝土在成型过程中不分层、不离析，易充满模型；泵送混凝土、自密实混凝土还具有良好的可泵性、自密实性能。

(3)高性能混凝土的使用寿命长，对于一些特护工程的特殊部位，控制结构设计的不是混凝土的强度，而是耐久性；能够使混凝土结构安全可靠地工作 50～100 年以上，是高性能混凝土应用的主要目的。

(4)高性能混凝土具有较高的体积稳定性，即混凝土在硬化早期应具有较低的水化热，硬化后期具有较小的收缩变形。

3.3.2 高强混凝土

从我国当前的设计、施工技术水平出发，将强度等级小于 C50 的混凝土归类于普通混凝土，将强度等级不小于 C50 的混凝土归类于高强混凝土，将强度等级大于 C80 的混凝土归类于超高强混凝土。与普通凝土相比，高强混凝土具有以下特点：

(1)强度高，变形小，使用于大跨、重载、高耸结构。

(2)耐久性和抗渗、抗冻性好，能承受恶劣环境条件考验，使用寿命长。

(3)能减小截面尺寸，大大降低结构自重和提高结构刚度。

(4)能缩短加载龄期，并承受大的预应力，且预应力损失小。

混凝土强度每提高一个等级，将减少资源消耗 30%，如果能大力推广高强度混凝土，将目前使用的 C20～C40 的混凝土提高至 C30～C50，将减少资源消耗高达 51%，充分体现出推广绿色建筑及绿色混凝土对国家实施可持续性发展战略的支撑作用。

3.3.3 清水混凝土

所谓清水混凝土，是指一次成型、不做任何外装饰，直接采用现浇混凝土的自然色作为饰面的混凝土。清水饰面混凝土表面不作抹灰、喷涂、干挂等装饰，节省资源，而且混凝土内部掺加掺和料，可以提高混凝土抗冻、保温的性能，并提高了混凝土的耐久性，延长了混凝土的使用寿命。同时，清水混凝土可减少装饰材料对人体健康造成的影响。因此，清水饰面混凝土无论从环保、人文还是节能等角度都适合中国目前的国情，属于新型绿色建筑施工技术。

3.3.4 轻集料混凝土

轻集料混凝土是指用轻粗集料、轻砂或普通砂、水泥和水配制而成的干表观密度小于 1950kg/m^3 的混凝土。与普通水泥混凝土(密度约为 2400kg/m^3)相比，轻集料混凝土具有自重轻、耐久性好、保温、隔热、隔音、抗震性能优良等明显优势，是一种性能优良的绿色混凝土产品。

3.3.5 自密实混凝土

自密实混凝土是指混凝土拌和物主要依靠自重，无须振捣即可自行填充模型且包裹配筋的混凝土。其拌和物具有良好的流动性、黏聚性和保水性，要求填充性能优异，不离析、不泌水且硬化后具有良好的力学性能。自密实混凝土施工性能优良，施工过程无需振捣，能极大减轻施工工人劳动强度，降低混凝土施工噪声，改善施工环境，是一种性能极佳的绿色混凝土产品。

3.3.6 重晶石防辐射混凝土

射线辐射对人体有极大的伤害。重晶石混凝土即是应用屏蔽方法进行射线防护。重晶石混凝土具有较高的表观密度，也含有较多的化学结合水，既可以削弱和吸收γ射线，又可屏蔽中子射线和X射线，是一种较好的防护材料。采用重晶石防辐射混凝土进行射线屏蔽，与采用普通混凝土相比，具有厚度小、体积小、防射线效果好等优点，能广泛用作离子加速器房、核工业实验室、核电站等特殊工程射线屏蔽材料，是一种典型的绿色混凝土产品。

4 效益评价

4.1 社会环境效益评估

我国实施“十一五”规划纲要以来，把节约能源、保护环境作为一项基本国策，发展循环经济，保护生态环境，建设资源节约和环境友好型社会已成为当前的社会热点。绿色混凝土产业化基地建成之后，以年产300万m^3绿色混凝土计算，将计划达到指标如表1所示。

表1 绿色混凝土产业化基地的社会环境效益评估

指　标	目　标	措　施	社会环境效益
废弃资源回收综合利用率	≥30%	通过加大对粉煤灰、磨细矿渣粉、尾矿石、碎屑、再生集料等绿色原材料的应用	确保在所有绿色混凝土产品中，废弃资源回收综合利用率达到30%，预计每年利用工业废渣约40万t，若在全国推广，预计每年利用工业废渣约8000万t
减少CO_2排放量	60万t	加强混凝土配合比优化，通过采用优质矿物掺和料、高效减水剂等措施，减少水泥消耗	在现有基础上减少单方水泥用量10%以上，预计每年减少社会CO_2排放量6万t，若在全国推广，预计每年减少社会CO_2排放量1200万t
生产过程废渣回收率	100%	通过推广应用“混凝土料浆回收系统”	确保生产过程废渣回收利用率100%，预计每年回收生产过程废渣5万t，若在全国推广，预计每年回收生产过程废渣1000万t
生产用水节水	≥50%	通过加大废水循环利用及雨水收集利用系统	确保在现有基础上达到节水50%目标，预计每年循环利用水量约23万t，若在全国推广，预计每年循环利用水量约4600万t
混凝土绿色化	100%	生产绿色混凝土	确保所有混凝土产品达到绿色混凝土要求
粉尘排放量降低	≥80%	通过无噪声、无粉尘绿色混凝土生产线改造，加强管理	确保全年粉尘排放量在现有基础上降低80%以上
矿产资源利用率	≥98%	通过碎屑加工成人工砂、石粉加工成矿物掺和料，以及对再生集料的研究与应用开发	预计每年消耗石屑、石粉和再生集料约54万t，即每年减少资源消耗量约为54万t，若在全国推广，预计每年减少资源消耗量约为1.1亿t

4.2 经济效益分析

绿色混凝土产业化基地建设不仅具有很好的社会效益及环境效益，而且还具有较好的经济效益。分析原因如下：

(1)绿色混凝土产业化基地重视科技投入，通过加强对混凝土的技术研究，降低产品造价，科技增效显著。

(2)绿色混凝土产业化基地重视对产业链的研究，将各种原材料生产控制在最佳性价比范围，确保最终产品最佳性价比。

(3)绿色混凝土产业化基地积极开展利用工业废弃物生产混凝土的技术研究，并组织推广应用，通过加大工业废弃物的综合利用，减少社会资源及能源的消耗，降低生产成本。

(4)绿色混凝土产业化基地建设符合国家政策导向，对国家实施可持续性战略起到极大的支撑作用，将获得国家政策的大力支持。

5 结语

综上所述，从建设完善的绿色混凝土原材料供应链、建设环境友好型混凝土供应站，以及开发绿色混凝土产品三个实施方面建设绿色混凝土产业化基地，将实现减少混凝土生产对环境的影响，落实国家节能减排的政策，并降低绿色混凝土产品的生产成本，可作为国内商品混凝土行业的发展新思路之一。

参考文献

[1] 汪发红，王智，王沁芳. 混凝土的绿色化[J]. 重庆建筑大学学报，2006，28(5).

[2] 张培成，及凤云. 商品混凝土在灌注桩施工中的应用[J]. 筑路机械与施工机械化，2007，24(8).

[3] 蒋亚清. 混凝土外加剂应用基础[M]. 北京：化学工业出版社，2004.

[4] 黄波. 草本纸浆黑液制减水剂研究[J]. 中国建材，2007(1).

[5] 邓寿昌，王正平，张学兵，等. 建筑固体废弃物的循环利用与再生资源的可持续发展[C]// 首届全国再生混凝土研究与应用学术交流会论文集. 2008.

[6] 吴中伟，廉慧珍. 高性能混凝土[M]. 北京：中国铁道出版社，1999.

[7] 冯乃谦. 新实用混凝土大全[M]. 北京：科学出版社，2005.

[8] 李强，孟闻远，李辛民，等. 清水混凝土工程模板体系的分析、选型与设计[J]. 混凝土，2006 (11).

[9] 胡曙光，王发洲. 轻集料混凝土[M]. 北京：化学工业出版社，2006.

[10] 唐伟. 高强自密实混凝土的试验研究[D]. 重庆大学，2005.

大流态彩色清水混凝土配制技术的研究

王　军[1,2]，杨　文[1]，孙克平[1]

1. 中建商品混凝土有限公司；2. 武汉理工大学硅酸盐材料工程教育部重点实验室

1　引言

彩色混凝土是以白色水泥、彩色水泥或白色水泥掺入彩色颜料，以及彩色集料和白色或浅色集料按一定比例配制而成的装饰混凝土。彩色混凝土具有整体性强、抗压、抗折强度高、不变色、不粉化、耐磨、经久耐用等特点。目前，彩色混凝土主要用于建筑物内、外墙表面的装饰工程、各种功能的道路、各种预制混凝土的生产。但是，作为建筑物结构的彩色混凝土较少，且没有到预拌彩色混凝土的生产阶段。

清水混凝土为一次成型，不做任何外装饰，直接采用现浇混凝土自然色作为饰面的混凝土。其依托材料本身的质感所流露出的张力来表达建筑师崇尚自然、渴望与自然融于一体的一种艺术风格，不仅有着丰富的精神内涵，而且具有环保、节能、节约资源的显著特点，具有广阔的推广应用价值。

彩色混凝土和清水混凝土都是针对混凝土的表面观感和装饰的技术，这两种技术侧重点有所不同，前者是为了丰富混凝土的色彩，后者是在利用混凝土本身的质感作为建筑外部的装饰的同时减少后期表面装饰的工作量。两种技术其各自的特点具有互补性，将这两种技术结合在一起，是一种新颖、优良的混凝土产品，具有很高的研究和应用价值。本文通过砂浆棒的配色试验，考查了彩色混凝土的工作性能与力学性能，研究了大流态彩色清水混凝土的配制技术，实现彩色清水混凝土的大流态化，以期为将来彩色清水混凝土的预拌生产与大规模应用提供一定的试验依据。

2　原材料的分析与选择

2.1　彩色颜料

一般混凝土可用的颜料即水泥着色用颜料，如表 1 所示。

由于颜料的种类很多，但用于混凝土着色的颜料，要求具有下述性质，其品种也就受到很大的限制。

（1）不应有明显损害混凝土的性能　颜料会不同程度地影响混凝土的性质（凝结、硬化、强度、收缩等）。有时是颜料的材质起作用，有时则是颜料中的杂质起作用。水泥与颜料必须具有一定的相容性。

［作者简介］王　军，中建商品混凝土有限公司总工程师，高级工程师

表 1　水泥着色用颜料

颜　　色	名　　称	发 色 成 分
红	红色合成氧化铁	三氧化二铁(Fe_2O_3)
红	铁丹	三氧化二铁(Fe_2O_3)
橙	橙色合成氧化铁	三氧化二铁(Fe_2O_3)
黄	黄色合成氧化铁	氢氧化铁 $Fe(CO)_3$
蓝	酞菁蓝	有机颜料
绿	氧化铬	氧化铬
绿	水泥绿	黄土和酞菁蓝的混合物

(2)颜料掺量　颜料对混凝土性质的影响随掺量的增多而明显，因此希望尽量减少掺量而效果反而显著。

(3)对水的分散性　颜料可分为易溶于水(亲水性)和难溶于水(疏水性)的两种。后者在搅拌时，易同水泥分离使着色不均匀，另外颜料颗粒易生成团块使着色力降低，这时有必要使用亲水性表面活性剂。

(4)耐碱性能　因水泥水化时生成大量的氢氧化钙，故含于混凝土中的水呈强碱性，如加入颜料耐碱性不强就易被分解变色。有机颜料一般耐碱性较弱，而无机矿物颜料则耐碱性较强，故在建筑工程中常选用后者。

(5)耐光性、耐大气腐蚀性　混凝土大多数在户外，长年经受太阳光、雨、雪、水等的作用，颜料容易分解变色，为此要求颜料有较强的耐光性和耐大气腐蚀性。通常所用的颜料分为无机颜料和有机颜料，有机颜料的耐光性、耐大气腐蚀性较弱，而无机矿物颜料则较强。

本文在颜料的选用上，以无机颜料为主。

2.2　其他原材料

(1)水泥　由于普通硅酸盐水泥会改变着色剂的颜色，因此，配制彩色清水混凝土应选用白色硅酸盐水泥或彩色水泥。本文以白色硅酸盐水泥为配制大流态彩色清水混凝土的主要胶凝材料，并且为能够用于结构部位的混凝土，选定强度等级为 42.5 的白水泥，其白度大于 87%，力学性能如表 2 所示。

表 2　白水泥的抗压强度与抗折强度

抗折强度(MPa)			抗压强度(MPa)		
3d	7d	28d	3d	7d	28d
3.5	5.4	7.7	20.1	28.8	48.6

(2)集料　一般配制彩色混凝土的集料有：①选用白色或浅色石料、白色或浅色人工砂；②选用配制普通混凝土的天然集料。

通过利用两种集料配制混凝土的试验，对比其颜色，发现两者的颜色几乎相同。由于试验用的各彩色颜料的着色力强，基本可以覆盖混凝土内部集料的本色，考虑到两种集料的成本，故在配制彩色清水混凝土时，选用天然集料，4.75～19mm 连续级配，含泥量 0.2%，密度 2.65g/cm^3。

(3)粉煤灰　粉煤灰作为彩色混凝土胶凝材料的重要组分之一，其颜色对混凝土的颜色影响较大，因此，配制彩色清水混凝土时，宜选用颜色较浅的粉煤灰。本文选用的是Ⅰ级粉煤灰，其颜色较浅，细度为8%，需水量为93%，烧失量为2%。

(4)减水剂　目前，混凝土的减水剂主要是萘系高效减水剂和聚羧酸高效减水剂，由于萘系高效减水剂往往颜色较深对混凝土颜色影响较大，且减水率不如聚羧酸高效减水剂，故本文选用聚羧酸高效减水剂，减水率为25%，固含量24%。

(5)拌和水　清洁、不含油质、酸、碱和盐类，其中pH值>5。

3　混凝土的配制

3.1　砂浆棒配色试验

试验采用了中铬黄、淡铬黄、铁黄、铬绿、铁钛绿与铁红等无机颜料，钛青绿、钛青蓝与耐晒大红等无机颜料与有机颜料的复合颜料，见图1。

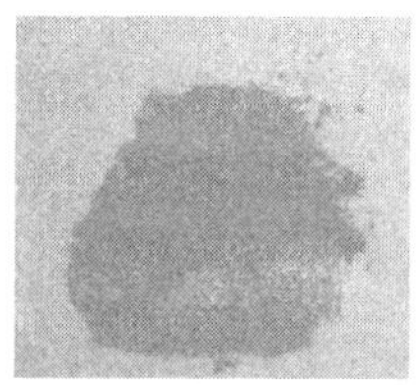
铁黄

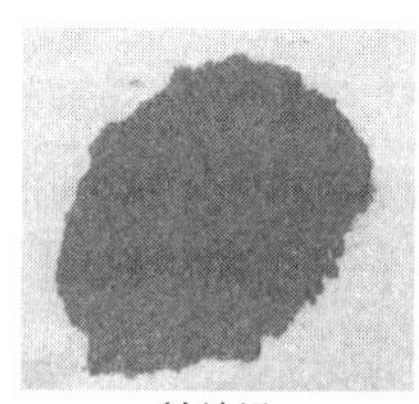
铁钛绿

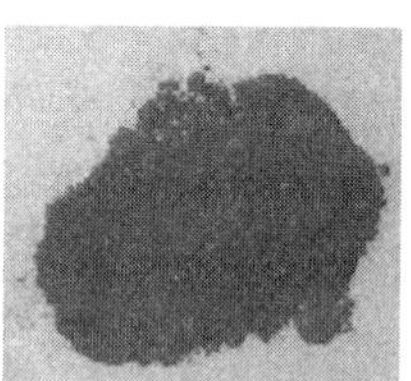
铁红

图1　试验用几种颜料

按质量比为白水泥：标准砂：水=450：1350：225的比例，再添加一定量的彩色颜料，制成40mm×40mm×160mm的砂浆棒，以研究各色彩色混凝土的配色方法，见图2。

通过砂浆棒的配色试验发现：钛青绿、钛青蓝与耐晒大红这类的复合颜料虽然色彩艳丽纯正，着色力强，但是由于其组分中有部分有机颜料成分，因而容易出现经历复杂恶劣环境后，其中的有机颜料所表现的颜色弱化，从而只表现出无机颜料组分的颜色，配制的砂浆棒易出现色花、色偏等问题。而采用无机颜料，虽然水泥混凝土的颜色不如用有机颜料配制的鲜艳，但颜色的均一性好，色牢性好。综合考虑中铬黄、淡铬黄、铁黄、铬绿、铁钛绿与铁红各种无机颜料的色彩及成本，最后确定将铁红、铁黄和铁钛绿作为后期配制大流态彩色清水混凝土的基本颜料。

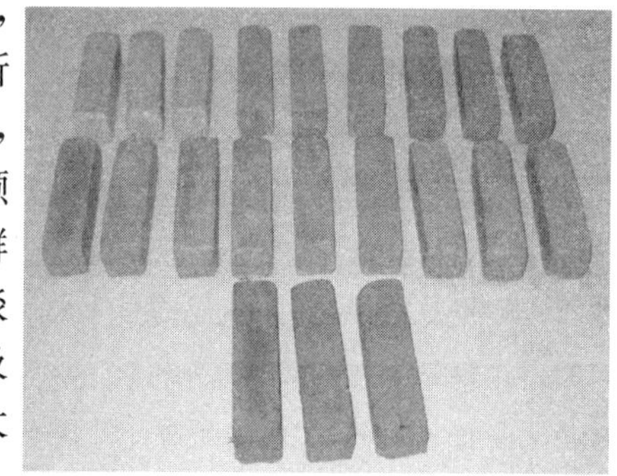

图2　砂浆棒配色试验

3.2　大流态彩色清水混凝土的配制

图3为采用配合比基本相同的混凝土工作性能的对比图，图3a)为未加颜料的白色混凝土的坍落度情况；图3b)为在图3a)配合比的基础上掺加胶凝材料3%的铁钛绿的绿色混凝土的坍落度情况；图3c)为在图3a)配合比的基础上掺加胶凝材料3%的铁黄的黄色混凝土的坍落度情况。

由于在混凝土中掺入彩色颜料，颜料颗粒较易吸附混凝土外加剂，造成混凝土的工作性不好，坍落度经时损失较大，如图 3 所示，图 3b）与图 3c）中的彩色混凝土的工作性能明显差于图 3a）中未加彩色颜料的混凝土。然而，彩色清水混凝土要做到预拌生产，必须具有流动性好，坍落度经时损失小的特点，故需采取一定的技术手段来解决彩色颜料加入所引起的负面影响，从而配制成大流态彩色清水混凝土。

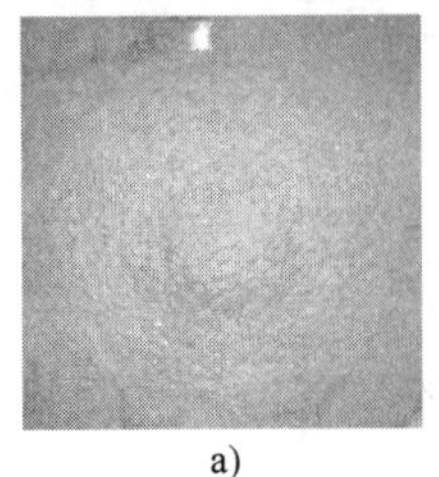
a)

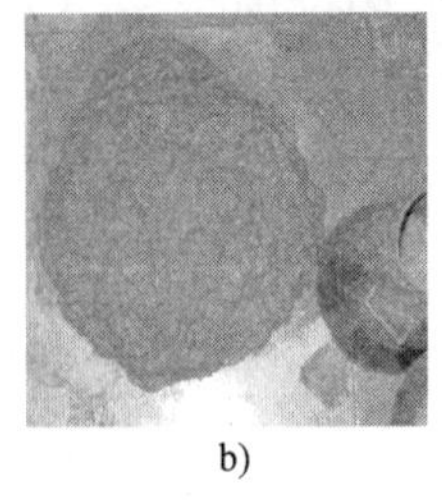
b)

c)

图 3　不同颜色的混凝土工作性能的对比图

大流态彩色清水混凝土，需要混凝土具有优良的流动性、黏聚性、均匀性，混凝土成型后表面密实光滑、气泡小而且少、无色差。针对这些特点，确定从以下三个方面入手，实现彩色清水混凝土的大流态化：①使用优质矿物掺和料改善混凝土性能，利用掺和料的优点，提高混凝土保水性、和易性、体积稳定性等；②使用高效减水剂控制混凝土工作性和流动性损失；③集料的优选和级配优化，通过改善集料的级配，达到提高混凝土的和易性、降低混凝土收缩、减少混凝土表面裂缝。

根据以上对彩色砂浆棒配色方面的研究，确定铁红、铁黄和铁钛绿作为基本色料，掺量为胶凝材料量的 2%左右；钛白粉作为增亮组分，掺量为胶凝材料量的 0.5%左右。具体彩色清水混凝土的配合比与性能如表 3 所示。所配制的彩色清水混凝土能够达到 C30、C40、C50 的强度要求，并且出机时坍落度为（220±10）mm，1h 后坍落度为（180±10）mm，工作性能较好，坍落度、扩展度较大，坍落度经时损失较小，混凝土不泌水、不离析、黏聚性能好，达到了大流态的要求，如图 4 所示。

表 3　大流态彩色清水混凝土配合比与性能

编号	配合比（kg/m³）								强度（MPa）		坍落度（mm）		扩展度（mm）	
	水灰比	水泥	粉煤灰	颜料	钛白粉	石	砂	减水剂	7d	28d	初始	1h 后	初始	1h 后
RC301	0.49	232.4	115	10.8[a]	1.8	1080	760	5.8	28.7	39.9	210	180	500	460
RC302	0.49	231	120	7.2[a]	1.8	1080	760	5.8	27.9	37.8	215	185	515	470
RC401	0.43	290	100	8.0[a]	2	1110	730	7.2	39.6	47.6	210	190	520	470
RC402	0.43	291	101	6.0[a]	2	1110	730	7.2	39.3	46.8	220	200	540	490
RC501	0.31	417.4	90	10.4[a]	2.2	1040	700	12.0	48.6	61.5	205	175	510	460
RC502	0.31	390	120	7.8[a]	2.2	1040	700	12.0	47.5	58.9	225	180	500	465
YC301	0.49	232.4	115	10.8[b]	1.8	1080	760	5.8	30.4	41.6	215	175	510	450
YC302	0.49	227.4	120	7.2[b]	1.8	1080	760	5.8	29.3	41.2	210	180	500	450
YC401	0.43	290	100	8.0[b]	2	1110	730	7.2	39.1	46.5	220	170	540	485

续上表

编号	配合比 (kg/m³)								强度 (MPa)		坍落度 (mm)		扩展度 (mm)	
	水灰比	水泥	粉煤灰	颜料	钛白粉	石	砂	减水剂	7d	28d	初始	1h 后	初始	1h 后
YC402	0.43	289	101	6.0[b]	2	1110	730	7.2	38.1	48.5	215	180	530	470
YC501	0.31	417.4	90	10.4[b]	2.2	1040	700	12.0	50.2	62.4	220	205	550	510
YC502	0.31	390	120	7.8[b]	2.2	1040	700	12.0	47.8	60.3	225	200	550	520
GC301	0.49	236	115	7.2[c]	1.8	1080	760	5.8	27.2	37.8	210	175	510	480
GC302	0.49	232.8	120	3.6[c]	1.8	1080	760	5.8	28.3	39.4	215	185	520	490
GC401	0.43	290	100	8.0[c]	2	1110	730	7.2	37.9	46.8	215	190	535	490
GC402	0.43	289	101	6.0[c]	2	1110	730	7.2	39.8	48.2	220	200	530	480
GC501	0.31	417.4	90	10.4[c]	2.2	1040	700	12.0	49.7	59.9	220	195	540	510
GC502	0.31	390	120	7.8[c]	2.2	1040	700	12.0	48.5	67.8	230	210	550	520

注:a 颜料为铁红,b 颜料为铁黄,c 颜料为铁钛绿。

图 4　彩色清水混凝土的工作性能

4　样板墙的制作

在前期对大流态彩色清水混凝土的强度、工作性能的研究后,已基本掌握彩色清水混凝土的配色方法,能够配制出各种强度等级的彩色清水混凝土,并且混凝土具有较好的工作性能,能够满足施工的要求。

通过进行样板墙的施工,可以对大流态彩色清水混凝土的整体施工效果作出较直观的判断,并对具体施工技术进一步的摸索,以确定的施工要领,指导今后大流态彩色清水混凝土的施工。

如图 5 所示,图 5a)为 2007 年 11 月于某商品混凝土搅拌站内开展了彩色清水混凝土样板墙的试制工作,图 5b)为 2008 年 12 月对该样板墙进行的回访。可见,样板墙试制 1 年后,混凝土的颜色与试制初期基本相同,色彩仍然鲜艳,色牢度较强,基本无污染。

a)1年前　　b)1年后

图 5　大流态彩色清水混凝土的样板墙

5　结语

本文研究了大流态彩色清水混凝土的配制技术，从使用优质矿物掺和料、使用高效减水剂和优化集料级配等三个方面，提高混凝土的工作性能，解决了彩色颜料加入所引起混凝土工作性能的负面影响，实现了彩色清水混凝土的大流态化，为将来彩色清水混凝土的预拌生产与大规模应用提供了一定的试验依据。随着人们对建筑结构的美观要求越来越高，在清水混凝土大规模实施应用的过程中，彩色清水混凝土将成为其发展趋势之一。

参 考 文 献

[1] 朱荣跃，马新芳. 装饰混凝土制品的发展现状和开发应用前景[C]// 中国硅酸盐学会 2003 年学术年会水泥基材料论文集(下册)，2003.

[2] 韩静云，许如源. 装饰混凝土用颜料的研究[J]. 新型建筑材料，1994(9).

[3] 李强，孟闻远，李辛民，等. 清水混凝土工程模板体系的分析、选型与设计[J]. 混凝土，2006(11).

[4] 李强，李辛民，孟闻远，等. 我国清水混凝土技术发展现状、存在问题及对策[J]. 建筑技术，2007(1).

[5] 覃光焱，刘大超. 混合砂在 C50 清水混凝土中的应用研究[J]. 混凝土，2007(9).

[6] 中国建筑工程总公司. 清水混凝土施工工艺标准[M]. 北京：中国建筑工业出版社，2005.

[7] 雍本. 特种混凝土设计与施工[M]. 北京：中国建筑工业出版社，2005.

预拌陶粒轻集料混凝土配制及泵送施工

黄启政,李　强

山东建工集团

预拌陶粒轻集料混凝土是由陶粒、砂(包括天然砂、人工砂、混合砂)、胶凝材料(水泥、粉煤灰、矿渣粉等)、外加剂和水配制而成,干表观密度不大于 1950kg/m^3 的混凝土。这种混凝土具有减轻结构自重,改善结构的保温隔热性能、抗震性能、耐火性能和抗渗性能等优点。随着建筑结构向大跨、高层发展,为缩小结构断面,减轻结构自重,使建筑结构更加环保和节能,预拌陶粒轻集料混凝土的使用和泵送施工必定会越来越广泛。

山东省建设建工工程质量检测有限公司联合山东建工预拌混凝土公司开展了预拌陶粒轻集料混凝土的配制和泵送施工的试验研究,并在济南市政务中心、山东建筑大学学生礼堂等多个工程中取得了较好施工效果,具有良好的经济效益和社会效益,值得大力推广。

1　施工工艺流程及操作要点

1.1　施工工艺流程

原材料的优选→配合比设计→陶粒浸泡→配制→运输→泵送→振捣→养护。

1.2　操作要点

预拌陶粒轻集料混凝土的配制与泵送施工工艺的操作要点主要有两条,一是防止陶粒上浮,二是确保泵送时泵管畅通。

1.2.1　防止陶粒上浮问题的操作要求

(1)在优化配合比设计时,宜适当增大胶凝材料的用量,掺加适量的粉煤灰和增黏性能良好的泵送剂来改善混凝土的工作性,以提高混凝土拌和物溶液的悬浮性和黏稠度。

(2)选择合理的陶粒组合,使之级配合理,尽量选择大密度等级的陶粒。

(3)选择表面粗糙多孔、外形不规则有棱角的陶粒来增大振捣时上浮的阻力面。

(4)在陶粒混凝土中掺加适量的聚丙烯纤维,一般为 0.9kg/m^3,使纤维在混凝土拌和物中互相交错,形成空间架状结构,阻止陶粒上浮。

(5)生产陶粒混凝土时,提前一天对陶粒进行淋水,然后滤干表面水分进行投料。如果条件允许,最好的方法是:在配制混凝土之前,将陶粒放入水池中浸泡,捞出水池中上浮的陶粒不用,生产混凝土时,只使用沉入水下的陶粒。

(6)在满足混凝土工作性的前提下,尽量减小混凝土的坍落度。

[作者简介] 黄启政,山东建工集团总工程师,高级工程师

(7)在保证混凝土密实性的前提下,尽量减少混凝土的振捣时间,防止产生过振。

1.2.2 解决陶粒混凝土泵送易堵塞的技术措施

(1)泵送陶粒混凝土使用的细集料混凝土应为普通砂。

(2)选择性能良好的保塑引气型泵送剂,以达到既要使混凝土的坍落度损失小,又要保证在泵压的作用下,混凝土仍能保持流动状态。

(3)在陶粒混凝土中,适量掺加混凝土增黏剂(如甲基纤维素、羧甲基纤维素)以改善混凝土的黏聚性。

(4)鉴于陶粒是多孔的,其拌和后在集料与周围水泥浆之间很难控制水的交换,为减少在泵送压力下,陶粒孔内吸收更多的水分,宜在浸湿的陶粒表面涂水泥浆,形成隔离层,水泥浆的平均厚度为 0.25～0.35mm。试验表明,该隔离层可有效控制水在陶粒和周围水泥浆之间的自由流动,使陶粒轻集料混凝土在泵送性能上与普通混凝土相同。

(5)泵送陶粒轻集料混凝土拌和物入泵时的坍落度值宜为 150～200mm,含气量宜为 5%左右。

(6)泵送陶粒混凝土的水泥用量不宜少于 350kg/m^3;体积砂率宜为 40%～50%,当掺用粉煤灰并采用超量法取代水泥时,砂率可适当降低。

(7)泵送陶粒混凝土的配制必须采用强制式混凝土搅拌机,泵送陶粒混凝土拌和物中的各组分材料应以质量计量,陶粒、砂和粉煤灰的质量计量允许偏差为±3%,水、水泥和外加剂的质量计量允许偏差为±2%,投料顺序应按照图 1 进行。

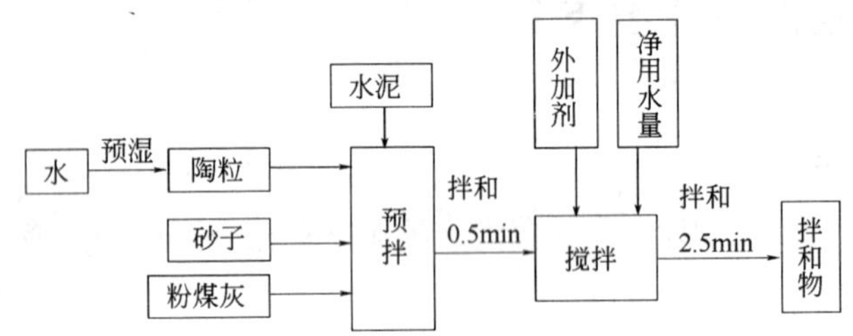

图 1 泵送陶粒混凝土投料顺序

(8)泵送陶粒混凝土的运送时间系指从第一盘泵送陶粒混凝土由搅拌机卸出开始至运输车开始卸料为止,运送时间宜控制在 45min 之内,当最高温度低于 25℃时,运送时间可适当延长。

(9)泵送陶粒混凝土运输中应采取措施减少坍落度损失和防止离析,因运距过长或交通问题造成坍落度损失过大时,可采取在卸料前掺入适量外加剂进行快速搅拌的措施,但严禁往运输车筒体内任意加水。

(10)泵送陶粒混凝土时,要适当减小混凝土泵工作时的泵压力,输送管的直径不宜小于125mm,泵管内应清洁,泵送开始前应采用砂浆润滑管壁。

(11)为保证大方量陶粒混凝土泵送施工的顺利进行,泵送施工前,可事先生产少量陶粒轻集料混凝土进行试泵,并根据试泵情况,及时予以整改。

1.2.3 检测技术与分析

确保预拌陶粒轻集料混凝土的可泵性和混凝土拌和物中陶粒不上浮,是衡量预拌陶粒轻集料混凝土配制与泵送施工是否成功的重要指标,及时检测预拌陶粒轻集料混凝土的各项技术性能指标,使之符合现行标准规范的要求,是过程控制的关键工序,要求有专人负责,其主要检测指标如表1所示。

表1 检测项目汇总

序号	检测项目	检测仪器	检测频率	检测目的
1	坍落度	坍落度筒、振捣棒、钢板尺	每100m^3相同配合比的混凝土取样检验不得少于1次，当一个工作班相同配合比的混凝土不足100m^3，取样亦不得少于一次	保证陶粒混凝土的工作性，满足泵送所必需的坍落度
2	拌和物表观密度	表观密度筒、振捣棒、台秤	每台班每一配合比不得少于一次	保证陶粒混凝土拌和物的表观密度满足合同或设计要求
3	含气量	直读式混凝土含气量测定仪	每台班每一配合比不得少于一次	保证陶粒混凝土拌和物的含气量满足合同或设计要求
4	强度	抗压试模、振捣棒、标准养护箱(室)、混凝土压力机	每100盘，且不超过100m^3的同配合比的混凝土，取样次数不得少于1次；每一工作班拌制的同配合比混凝土不足100盘时，取样次数不得少于一次	保证陶粒混凝土的强度满足国家标准《混凝土强度检验评定标准》(GB 107—87)的要求
5	硬化混凝土的干表观密度	烘箱、天平	每100m^3的混凝土，取样次数不得少于1次，不足者按100m^3计	保证硬化后陶粒混凝土的干表观密度满足合同或设计要求

2 材料与设备

2.1 对使用原材料的要求

要确保预拌陶粒轻集料混凝土的可泵性和混凝土拌和物中陶粒不上浮，必须严把原材料的质量关，预拌陶粒轻集料混凝土使用的原材料必须符合以下要求。

2.1.1 陶粒

陶粒应符合国家标准《轻集料及其试验方法 第1部分：轻集料》(GB/T 17431.1—1998)的要求，一般常用陶粒包括：黏土陶粒、页岩陶粒、粉煤灰陶粒和沸石陶粒，实践证明，页岩陶粒和沸石陶粒更适合配制预拌陶粒轻集料混凝土。选择陶粒产品的原则是：低密度、高强度、低吸水率。但密度过低的陶粒配制的混凝土泵送有困难，因此，泵送陶粒混凝土采用的陶粒不宜低于600级；当掺入轻细集料混凝土时，轻细集料混凝土的密度等级不宜低于800级。进场陶粒的必检项目有：松堆密度、筒压强度、吸水率和陶粒的颗粒级配。应采用连续级配的陶粒，其公称最大粒径不宜大于16mm，粒型系数不宜大于2.0。

2.1.2 水泥

水泥应符合国家标准《通用硅酸盐水泥》(GB 175—2007)的要求；当采用其他品种的水泥时，其性能指标必须符合相应标准的要求。

2.1.3 砂子

砂子采用天然砂，宜为中砂，细度模数2.2～2.7，并应符合国家标准《普通混凝土用砂、石质量及检验方法标准》(JGJ 52—2006)的要求，其中，通过0.315mm筛的颗粒含量不应少于15%。

2.1.4 外加剂

外加剂可选用泵送剂、减水剂、引气剂、增黏剂等，所用外加剂应符合国家标准《混凝土外加剂》(GB 8076—2008)、《混凝土外加剂应用技术规范》(GBJ 50119—2003)和《混凝土泵送剂》(JC 473—2001)的要求。

2.1.5 矿物掺和料

矿物掺和料可选用粉煤灰、矿渣粉等，所用矿物掺和料应符合国家标准《用于水泥和混凝土的粉煤灰》(GB 1596—2005)、《粉煤灰在混凝土和砂浆中应用技术规程》(JGJ 28—86)、《粉煤灰混凝土应用技术规范》(GBJ 146—90)和《用于水泥和混凝土中的粒化高炉矿渣粉》(GB/T 18046—2008)的要求。

2.2 对设备的要求

预拌陶粒轻集料混凝土配制和泵送所需要的设备，主要有：强制式混凝土搅拌机、混凝土搅拌运输车和混凝土输送泵等。所用设备能满足《混凝土搅拌机技术条件》(GB/T 9142—2000)、《混凝土搅拌运输车》(JG/T 5094—1997)以及《混凝土泵送施工技术规程》(JGJ/T 10—95)的要求。

3 质量控制

(1)泵送陶粒混凝土原材料，应按相应标准的规定进行试验，经检验合格后，方可使用。

(2)泵送陶粒混凝土原材料应妥善保管，存储，确保使用质量，且应符合国家标准《预拌混凝土》(GB/T 14902—2003)的要求。陶粒的存储和运输还应做到以下几点：①陶粒应按不同品种分批运输和堆放，不得混杂。②陶粒运输和堆放应保持颗粒均匀，减少离析。采用自然级配时，堆放高度不宜超过 2m，并应防止树叶、泥土和其他有害物质混入。

(3)泵送陶粒混凝土的强度质量控制，应按国家标准《混凝土结构工程施工质量验收规范》(GB 50204—2002)的有关规定进行，用作评定结构或构件混凝土强度质量的试件，应在浇筑地点取样、制作，且混凝土的取样、制作、养护、试验以及强度的评定等，应符合国家标准《普通混凝土拌和物性能试验方法》(GB 50080—2002)、《普通混凝土力学性能试验方法》(GB 50081—2002)和《混凝土强度检验评定标准》(GBJ 107—87)的有关规定。

(4)与陶粒轻集料混凝土特性有关的干表观密度、吸水率、软化系数、导热系数和线膨胀系数等混凝土性能指标，应符合国家标准《轻集料混凝土技术规程》(JGJ 51—2002)的要求。

(5)当陶粒混凝土的可泵性差，出现堵泵等现象时，应立即对配合比、混凝土泵、配管等重新进行研究，并采取相应措施。

4 效益分析

(1)缩短了工期　陶粒轻集料混凝土采用泵送施工，与用吊车吊斗送料的传统工艺相比，可以大大缩短施工工期。

(2)提高了工程质量　由于采用了泵送技术，加快了陶粒轻集料混凝土的浇筑速度，减少了由于使用传统工艺造成的不必要的施工缝，保证了工程质量。

(3)有利于节能和环保　由于陶粒轻集料混凝土具有减轻结构自重，改善结构的保温隔热性能、抗震性能、耐火性能和抗渗性能，可使结构断面缩小、自重减轻，保温隔热能力增强，符合国家《绿色施工导则》“四节一环保”的要求。

5 应用实例

5.1 工程概况

济南市政务中心为钢筋混凝土框架结构，建筑面积约 15 万 m^2，其中部分楼板施工采用了预拌陶粒轻集料混凝土泵送施工工艺。

5.2 配制陶粒泵送混凝土的原材料

（1）水泥　山东水泥厂生产的 P·O 42.5R 水泥，经检测其细度、凝结时间、安定性、强度合格。

（2）陶粒　山东淄博博山陶粒厂生产的页岩陶粒，规格为 5～16mm，表观密度 1400kg/m^3，松堆密度 790kg/m^3，筒压强度 6.6MPa，1h 吸水率 10%。

（3）泵送剂　济南华冠外加剂厂生产的 JFA-3G 泵送剂，pH 值 8.0；密度 1.12×10^3kg/m^3，0.5h 坍落度保留值为 175mm，1h 坍落度保留值为 165mm；3d 抗压强度比为 105%，7d 抗压强度比为 115%，28d 抗压强度比为 126%。

（4）粉煤灰　济南黄台电厂 II 级粉煤灰。

（5）砂子　泰安黄中砂，细度模数 2.6，含泥量 1.6%，泥块含量 0.5%。

（6）水　饮用水。

5.3 配制陶粒泵送混凝土的配合比（见表 2）

表 2　LC30 页岩陶粒混凝土配合比

LC30 页岩陶粒混凝土（kg/m^3）	P·O 42.5R	5～16mm 页岩陶粒	砂子	粉煤灰	JFA-3G 泵送剂	水
	420	520	705	160	17.5	135
强度情况	7d 强度（MPa）		达到强度等级（%）	28d 强度（MPa）	达到强度等级（%）	
	32.8		109	38.8	129	
备注	1. 陶粒水中浸泡； 2. 湿砂，含水率 5%； 3. 实测混凝土湿密度 1900kg/m^3； 4. 实测初始坍落度 240mm，扩展度 600mm×600mm，流动性良好					

5.4 施工情况

（1）陶粒轻集料混凝土泵送施工，是在山东建工混凝土公司配制，由运输车辆运送至施工现场，运送时间严格控制在 30min 之内。混凝土出厂时，由混凝土公司负责混凝土的出厂检验工作，确保出厂混凝土拌和物的性能满足合同及国家规范要求，混凝土进入施工现场后，由施工单位、监理单位、混凝土生产厂家三方配合，组织人员对进场混凝土实施交货检验，对不符合要求的混凝土给予退货处理。

(2)泵送陶粒轻集料混凝土的地泵，事先进行了维护，保证其运转情况良好，在泵送陶粒混凝土之前，先用砂浆对输送管道的管壁进行了润滑；泵送陶粒混凝土时，根据实际情况，地泵操作人员降低了泵送压力。

(3)陶粒轻集料混凝土的振捣，采用了插入式振捣棒振捣的方式，振捣棒插入间距掌握在棒的振捣作用半径的一倍之内，振捣时间一般在 20s 左右，振捣的要点是，既要保证将混凝土振捣密实，又要尽量避免陶粒轻集料混凝土上浮。

(4)浇筑成型后，安排专人手持抹子，及时将浮在表面的陶粒轻集料混凝土颗粒压入混凝土内；对于陶粒颗粒上浮面积比较大的地方，使用表面振捣器复振，然后再做抹面处理。

(5)陶粒轻集料混凝土成型后及时予以覆盖和喷水养护，考虑陶粒轻集料混凝土中使用了大量的粉煤灰，故湿养护时间确定为 14d。

5.5 工程实践效果

为保证预拌陶粒轻集料混凝土的配制和泵送施工的质量，山东省建设建工工程质量检测有限公司对陶粒轻集料混凝土的配制和泵送施工的全过程进行了质量监督和检测，严格按照《轻集料混凝土技术规程》(JGJ 51—2002)中质量检验和验收的要求，留置了足够数量的陶粒轻集料混凝土试件，并进行了抗压强度和干表观密度的检测。试验结果证明，该批陶粒轻集料混凝土的质量满足合同和国家标准《混凝土结构工程施工质量验收规范》(GB 50204—2002)的有关规定。

该工程施工实践表明，预拌陶粒轻集料混凝土的配制和泵送施工是可行的，整个过程始终处于安全、稳定、高效、优质的可控状态，比较好地解决了陶粒轻集料混凝土泵送施工困难和陶粒轻集料混凝土容易上浮两个问题，降低了工人的劳动强度，缩短了施工工期，保证了工程质量，提升了文明施工的程度，满足了施工的环保需要，具有显著的技术经济效益和社会效益。

参考文献

[1] GB 50204—2002 混凝土结构工程施工质量验收规范[S].
[2] JGJ 51—2002 轻集料混凝土技术规程[S].
[3] GB/T 14902—2003 预拌混凝土[S].
[4] JGJ/T 10—95 混凝土泵送施工技术规程[S].
[5] GB/T 17431.1—1998 轻集料及其试验方法　第 1 部分：轻集料[S].

高保塑聚羧酸混凝土高效减水剂的研制

黄　波[1]，李　勤[2]

1.中建商品混凝土有限公司；2.中建三局总承包公司

现代混凝土减水剂技术的发展，是现代混凝土技术发展的关键，并对混凝土技术发展有决定性作用，所以混凝土减水剂技术的创新与发展一直是混凝土外加剂行业发展的重点与热点。

近几年来，聚羧酸高效减水剂的应用逐步普及。聚羧酸高效减水剂由于所使用的大单体不同和合成方法有别，主要分为两大类，即酯类和醚类。其中，酯类聚羧酸高效减水剂应用比较广泛，目前，市场上的此类产品主要是用甲基丙烯酸(MAA)和聚乙二醇单甲醚(MPEG)合成的。

1　甲基丙烯酸酯类聚羧酸高效减水剂的生产反应原理

1.1　化工原料

MAA，上海制笔化工厂；MPEG(1000)，HUNTSMAN；浓硫酸(不小于95%)，市售；复合阻聚剂，自制；过硫酸铵，河北冀衡集团；烧碱，市售。

1.2　反应原理

1.2.1　大单体(聚乙二醇单甲醚甲基丙烯酸酯)的制备

将MPEG和MAA按摩尔比1∶3～1∶4的比例加入烧瓶中，再加入自制的复合阻聚剂和浓硫酸，并通入N_2保护，升温至120℃，保温5h，脱水，进行酯化反应。

1.2.2　共聚合成聚羧酸高效减水剂

在烧瓶中加入底水，升温到90℃，把大单体和引发剂过硫酸铵的水溶液分别向烧瓶中滴加，滴加时间分别为3h和3.5h，滴加完成后，将烧瓶升温到95℃，保温1h，然后加碱调整pH到6～8。

2　改性酯类聚羧酸高效减水剂的实验研究

2.1　实验用药品及原材料

MAA，AR，上海国药集团；MPEG(1000)，HUNTSMAN；浓硫酸(不小于95%)，市售；复合阻聚剂，自制；过硫酸铵，AR，上海国药集团；衣康酸，浙江国光生化股份有限公司；烧碱，市售；P·O42.5水泥，亚东水泥厂(武汉东西湖)。

[作者简介] 黄　波，中建商品混凝土有限公司工程师

2.2 试验研究

2.1.1 大单体(聚乙二醇单甲醚甲基丙烯酸酯)的制备

将 MPEG 和 MAA 按摩尔比 1∶1.1 的比例加入烧瓶中，再加入自制的复合阻聚剂和浓硫酸，并通入 N_2 保护，升温至 120℃，保温 5h，脱水，进行酯化反应。

2.1.2 共聚合成聚羧酸高效减水剂

在烧瓶中加入底水、衣康酸和引发剂过硫酸铵，升温后保温，把大单体的水溶液向烧瓶中滴加 3h，滴加完成后，保温 2h，然后加碱调整 pH 到 6～8。

3 结果与讨论

3.1 共聚合成聚羧酸高效减水剂

选择正交试验方法，在加料顺序、物料总浓度(20%)、反应时间(5h)等一定的条件下，减水剂掺量为 0.9%，改变反应温度、衣康酸和过硫酸铵与大单体的摩尔比来改变产物的性能。用正交试验表 $L_9(3^3)$，水平因素详如表 1 所示，试验结果如表 2 所示。

表 1 $L_9(3^3)$ 水平因素

水平	温度 A(℃)	衣康酸与大单体的摩尔比 B	过硫酸铵与大单体的摩尔比 C
1	70	2	15
2	80	2.3	30
3	90	2.6	45

表 2 正交试验结果

试验序号	A	B	C	初始净浆流动度(mm)	120min 净浆流动度(mm)
1	70	2	45	280	305
2	80	2	15	320	330
3	90	2	30	295	310
4	70	2.3	15	275	290
5	80	2.3	45	285	295
6	90	2.3	30	300	315
7	70	2.6	45	230	245
8	80	2.6	30	250	270
9	90	2.6	15	235	255
均值 1	262	298	277	初始净浆流动度(mm)	
均值 2	285	287	282		
均值 3	277	238	265		
极差	23	60	17	120min 净浆流动度(mm)	
均值 1	280	315	292		
均值 2	298	300	298		
均值 3	293	257	282		
极差	18	58	16		

注：测量净浆流动度的水灰比为 0.29。

从表 2 可知，影响水泥初始净浆流动度和 120min 净浆流动度的最大因素是衣康酸与大单体的摩尔比 B(衣康酸的用量)，其次是反应温度 A 和引发剂过硫酸铵与大单体的摩尔比 C，反应温度和引发剂过硫酸铵与大单体的摩尔比影响相当；A、B、C 最佳组合是 $A_2B_1C_2$，即反应温度 80℃、衣康酸与大单体的摩尔比为 2、过硫酸铵与大单体的摩尔比为 30。衣康酸与大单体的活性差异比较大，需要将衣康酸放入底水并加入引发剂；温度过高引发剂消耗过快，大单体与衣康酸反应速度不同步；衣康酸如果过多，较难合成，分散性能也会降低。聚羧酸系减水剂是一种梳形结构阴离子表面活性剂，许多研究表明聚羧酸系减水剂对水泥水化过程的作用与其吸附性、带电性、表面活性等有重要联系。衣康酸属于二元酸，比较多的羧酸基团使水泥净浆保塑性能较佳。

3.2 水泥砂浆减水率结果分析

对于用以上方法合成的改性酯类聚羧酸高效减水剂进行胶砂减水率检测，在不同的掺量下测得的减水率如图 1 所示。可以看出，其减水率随着掺量的增加而增大，当掺量为 1.1％时，减水率达到最大 36％(接近饱和点)，继续增加，泌水严重，减水率没有增大。

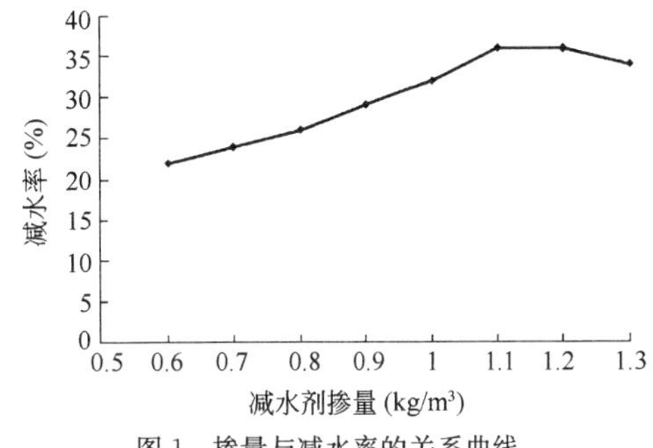

图 1　掺量与减水率的关系曲线

4 结语

(1)大单体(聚乙二醇单甲醚甲基丙烯酸酯)的制备是将 MPEG 和 MAA 按摩尔比 1∶1.1 的比例，再加入复合阻聚剂和浓硫酸，并通入 N_2 保护，升温至 120℃，保温 5h，酯化反应而得。

(2)改性酯类聚羧酸高效减水剂的合成是把衣康酸和引发剂加入底水中，衣康酸与大单体的摩尔比为 2、过硫酸铵与大单体的摩尔比为 30，升温至 80℃，大单体的水溶液滴加 3h，再保温 2h，然后加碱调整 pH 值到 6～8。

(3)合成的改性酯类聚羧酸高效减水剂具有比较好的流动保持性能(保塑性)，减水率比较高，掺量为 1.1％时，水泥砂浆减水率达 36％。

参 考 文 献

[1] 郭延辉，郭京育，赵霄龙. PCA 聚羧酸盐系高性能减水剂的研制及工程应用[A]. 纪念中国混凝土外加剂协会 20 周年论文集[C]，2006.

[2] 李崇志，李永德，等. 聚羧酸系混凝土减水剂结构与性能关系的试验研究[J]. 混凝土，2002(4).

[3] 郑国峰，鲁统卫，管西祝，等. 聚羧酸高效减水剂的研究[J]. 化学建材，2002(6).

超高强高性能预拌混凝土生产工艺普通化研究

高育欣，唐天明，于青青，张　远，周建龙

中建商品混凝土成都有限公司

1　研究意义

近年来，超高强高性能混凝土受到人们的广泛关注，鉴于其超高的强度和耐久性能，特别适用于重要的高层建筑、大跨结构等对材料性能要求较高的构筑物。人们已经普遍认识到，在工程中运用超高强高性能混凝土具有显著的经济性。

目前，在实验室配制超高强高性能混凝土的技术已经具有一定的普遍性；沈阳、北京、广州已有工程陆续成功进行了试点应用，可以预见，越来越多的大型现代混凝土工程将会采用超高强高性能混凝土来实现设计。然而，要真正实现超高强高性能混凝土在现代工程中的大规模应用，可连续性批量供应的超高强高性能预拌混凝土的开发是必须的。

超高强高性能预拌混凝土的生产工艺，尚存在使用材料较为复杂、质量过程控制标准缺乏、生产无法全过程自动化控制、生产效率不高等问题，大多数商品混凝土企业对超高强高性能只能望而却步，使得超高强高性能混凝土的推广面临瓶颈。

在这种情形下，根据生产实践，探索出相对易于实施的普通化生产工艺，这种工艺以产品质量稳定、过程环保高效为主要特点，使得大多数商品混凝土企业都能参考该工艺优质高效地生产超高强高性能混凝土，对于超高强高性能混凝土的推广，具有重要的意义。

2　主要问题及解决措施

我国幅员辽阔，各地的资源状况不尽相同，超高强高性能混凝土的生产工艺普通化所面临的关键问题，也不尽相同。本文仅就一些比较共性的问题，展开一些讨论，遇到具体问题，尚需要具体分析，因地制宜地解决。作者认为，只要能达到产品质量稳定、过程环保高效的目的，就认为超高强高性能混凝土的生产工艺实现了普通化。

2.1　生产过程质量控制要求高

超高强高性能混凝土的水灰比通常不大于 0.3，水灰比的细微变化都会对强度产生非常大的影响，因此，水灰比的控制是保证强度的关键因素。而水灰比的控制，除了控制砂石料含

［作者简介］高育欣，中建商品混凝土成都有限公司工程师

水变化外，胶凝材料的性能稳定也非常关键，细微的变化可能导致较大的误差。而普通的工程技术人员对硅灰、特细掺和料、超塑化剂等超高强高性能混凝土大量使用的材料接触较少，对其性能和质量波动情况不了解，质量控制的经验较少，增加了控制的难度。

针对这些情况，应在试验的基础上，根据材料的性能稳定性和人员的技术水平，有针对性地制定质量监控方案。对于关键性特殊原材料，按照国家标准批次抽检是不够的，质量控制的指标也需要非常规化。这些过程的实施都要求商品混凝土企业有足够的质量监控人员配置，且质量监控人员必须有非常高的技术素养。

2.2 泵送性能及保持技术要求高

超高强高性能混凝土的工作性和流动性几乎完全取决于外加剂而非水灰比，而随着外加剂技术的进步，泵送性能的实现和保持技术已经为很多实验室掌握，广州西塔项目部甚至成功将C100超高强高性能混凝土泵送到432m的高度，为国内类似混凝土的施工提供了良好的借鉴实例。

但是对大多数预拌混凝土企业来说，仍然需要重点关注这一问题。泵送性能及其损失可通过外加剂的选择和复配进行控制。路来军等在北京国家大剧院C100混凝土的施工中，成功制备出坍落度250mm，5h基本不损失的超高强高性能混凝土。

2.3 生产过程的环保和效率问题

导致生产效率不高的一个原因是搅拌工艺。在沈阳远吉大厦超高强高性能混凝土施工过程中，使用了德国BHS双卧轴式2m³强制搅拌机进行搅拌，生产工艺如图1所示，搅拌时间为4min，几乎为普通混凝土的10倍。

$$\mathrm{S}+\mathrm{G}+\mathrm{C}+\mathrm{CZ\text{-}II}\xrightarrow[30\mathrm{s}]{\text{干拌}}\text{加入 JL118T 和水}\xrightarrow[4\mathrm{min}]{\text{搅拌}}\text{出机}$$

图1　沈阳远吉大厦工程的超高强混凝土生产工艺

实际上，随着搅拌机功率的不断提高及超高强高性能混凝土本身流变性能的改善，使用容量≥2m³的双卧轴强制式搅拌机，采用一次性投料法，单盘容量≤80%额定容量的情况下，搅拌1～2min，已可使超高强高性能混凝土混合料具有良好的匀质性。

硅粉的投放是另一个影响生产效率的问题，还会带来环保问题。

超高强高性能混凝土中一般会使用硅粉，这种材料本身的流动性和可输送性差，且没有在预拌混凝土企业中得到大量使用。该材料往往使用袋装运输，储存、计量、添加需要人力操作，会导致较大的扬尘，不利于生产过程的环保；且长期吸入硅粉的工人，极易导致硅肺病，身体健康无法保障；与此同时，人工操作还会带来计量精确度不高及生产效率的下降。因此，超高强高性能混凝土的生产工艺普通化，必须解决硅粉的自动输送和计量问题。

硅粉的自动输送和计量，有两个关键：第一，提高硅粉的可输送性；第二，如何实现硅粉自动输送和计量。

第一个问题，资料表明，普通的硅粉不适于散装运输和管道运输，使用增密型硅粉则可大幅改善输送性能，能满足商品混凝土集中搅拌站的气流及螺旋输送。主要是因为增密微硅粉的密度约为500～700kg/m³，是普通硅粉的2倍左右，自重的提高使可输送性提高。因此，选择增密型硅粉即可使材料具备气流输送的条件。

第二个问题，埃肯公司赵筠工程师推荐如图2所示的增密微硅粉储存与输送系统，该输送系统有三个要求：①上料管尽量短，使用无增强钢丝的橡胶管，输送过程中硅粉尽量不接触钢管;②硅粉进入水平输送设备的下料速度不得超过水平输送设备的输送速度,该装置使用了手动卸料阀门和一个旋转卸料阀控制下料速度;③卸料螺旋输送器或者重力、液态化输送槽以是水平或水平向下最宜,在保证输送舒畅的情况下,应尽量减少螺旋输送器内的纵向阻力。

图 3 是大多数搅拌站目前使用的水泥输送系统,实际操作的经验表明,按照以下方法进行控制,这个系统也可实现自动计量和输送:①控制增密微硅粉的输送速度,无论是钢管还是橡皮管,都可以满足输送要求;速度控制可通过控制输送气压实现,从罐车内向罐仓内输送时,输送气压不宜超过 0.2MPa,能形成有效的增密硅粉气流即可。②罐仓给料时,以保证输送器内填充率不超过 60%为宜,否则螺旋输送器容易卡机堵死,因此,如能采取推荐的给料阀门控制系统最好,如没有该系统,根据硅粉的下料速度将手动给料碟阀的开门角度固定,使得硅粉的下料速度小于螺旋输送器的输送速度,即使螺旋输送器的仰角较大,也可顺利实现输送。

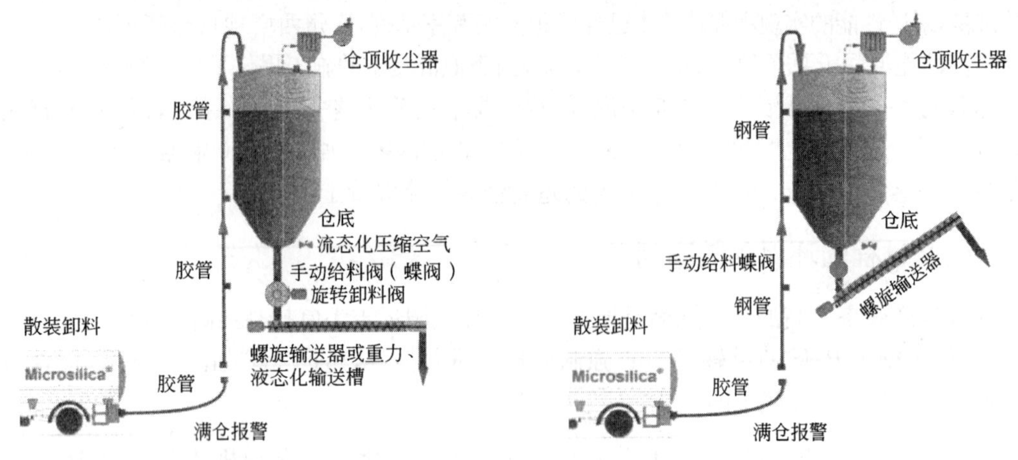

图 2　推荐的增密微硅粉储存与输送系统

图 3　实际使用的储存与输送系统

分析表明,以产品质量稳定、过程环保高效为主要特点的生产工艺普通化,是可以实现的。生产过程质量控制要求和泵送性能及保持要求都属于超高强高性能混凝土运用的软环境条件,可以通过原材料的合理选择,技术人员的有效培训来达到目的。而生产过程的环保和效率问题是硬件支持,是影响超高强高性能混凝土生产效率的关键,其中搅拌机械和搅拌工艺的选择视各商品混凝土站的情况,需要大量投入方能改变。硅粉等特殊材料的自动输送和计量证明可利用现有条件实现。

3　应用实例

成都群光大陆广场工程−5～16 层核心筒剪力墙及框架柱使用 C80 超高强混凝土,单层 C80 需求量约 800m^3,分三次施工,C80 混凝土单次供应量约 250m^3,两台地泵同时施工,每小时需要超高强高性能预拌混凝土约 40m^3。

混凝土由中建商品混凝土成都有限公司供应,表 1、表 2 是此次超高强高性能混凝土施工的配合比及相关性能。

表 1　超高强高性能混凝土配合比

重度(kg/m^3)	胶凝材料用量(kg/m^3)	掺和料掺量(%)				砂率(%)	水(kg/m^3)	减水剂(kg/m^3)
		水泥	粉煤灰	矿粉	硅粉			
2500	650	70	16	6	8	48	165	3.0

表 2 混凝土的性能指标

坍落度(mm)				扩展度(mm)				倒筒时间(s)				强度
0h	2h	3h	4h	0h	2h	3h	4h	0h	2h	3h	4h	R28
250	255	255	250	670	650	660	680	19	13	12	14	120MPa

3.1 生产过程质量控制

根据成都地区的材料特点,制定专项质量控制措施。针对质量波动较大的粉煤灰、砂、石等,每车抽验关键指标,而对质量相对稳定的水泥、S95 矿粉、硅粉则按照国家标准监督质量,有效分配质量监测人员,使混凝土的原材料稳定性能得到良好的控制,进而生产出优质稳定的超高强高性能预拌混凝土。

3.2 泵送性能及保持控制

针对工程需要,制备性能合适的混凝土。超高强高性能混凝土的施工速度较慢,可根据实际情况确定泵送性能的保持时间,本工程超高强高性能混凝土工作性能控制 4h 即可满足要求。通过对外加剂的选择和配方调整,成功地控制混凝土泵送性能 4h 不损失,满足了工程需要,此处不再赘述。

3.3 生产过程的自动化控制、环保和效率问题

硅粉采用吨包运输,打开装入粉料罐,使用图 2 所示的输送系统,自动输送和计量。

使用 $3m^3$ Sicoma 双卧轴搅拌机搅拌超高强高性能混凝土,采用一次性投料工艺,以≤$2.5m^3$ 每盘的容量生产,搅拌时间 90s 时,混凝土可达到良好的匀质性。连续生产时,系统可在混凝土搅拌的同时,称配下一盘的原材料,7min 可生产 $8m^3$ 混凝土,按照此效率,可保证每小时生产混凝土 $70m^3$ 左右,极大提高了生产效率。

经过系统控制和简单的改造,此次超高强高性能混凝土的生产工艺实现了产品质量稳定.过程环保高效的目的,有效的满足了实际的工程需要。

4 结语

(1)超高强高性能预拌混凝土的生产工艺普通化,提高了产品质量稳定性、保证了生产过程的环保高效;经过生产工艺普通化改造的生产系统,可满足现代工程大批量使用超高强高性能混凝土的需求。

(2)使用增密微硅粉,经过简单的系统改造和调试,可实现硅粉的自动输送和计量,对于超高强高性能混凝土生产工艺的普通化,具有重要的实际意义。

参 考 文 献

[1] 王绍东. C100 高强混凝土在钢筋混凝土结构工程中的应用[J]. 重庆建筑大学学报,1999(2).

[2] 路来军,朱效荣,等. C100 高性能混凝土的研究与应用[J]. 混凝土,2003(7).

[3] 郭佩玲,史冬青,等. C100 超高强泵送混凝土在沈阳远吉大厦工程中应用[J]. 混凝土,2003(7).

废水对混凝土强度及耐久性的影响

姚志玉，张冬原

河北建设集团有限公司混凝土分公司

随着我国近年来工业化、城市化进程的加快，商品混凝土行业也迅速发展起来。搅拌站因清洗搅拌站、搅拌车、泵车及其他施工车辆而产生大量的废水，不仅污染了环境而且浪费了大量的水资源。为了贯彻文明施工，保持公司的良好施工形象，对生产过程中产生的废水进行了一系列试验研究，达到了生产过程中的零排放，带来了良好的经济效益和社会效益。

1 试验部分

1.1 水质的测定及组成

1.1.1 水质的测定

根据《混凝土用水标准》(JGJ 63—2006)对废水进行测定。检测结果如表1所示。

表1 废水的化学分析

检验项目	pH值	可溶物 (mg/L)	不溶物 (mg/L)	氯化物 (mg/L)	硫酸根 (mg/L)	碱含量 (rag/L)
钢筋混凝土	≥4.5	≤5000	≤2000	≤1000	≤2000	≤1500
检验结果	8	2100	10000	120	200	100
单项评定	达标	达标	不达标	达标	达标	达标

废水中的不溶物含量超标，这不是由于砂石含泥量超标引起的，主要是废水中存在大量水化后的水泥颗粒及粉煤灰颗粒，对混凝土强度及其他性能不会产生较大影响，为此，以此废水作为混凝土拌和物用水，做了混凝土凝结时间差和抗压强度比的测定试验。

依据《水泥标准稠度、凝结时间、安全性检验方法》(GB 1346—99)，用饮用水和废水分别进行水泥凝结时间对比试验，二者水泥标准稠度用水量相同，并计算初凝和终凝时间差。

试验表明，使用废水对水泥凝结时间和抗压强度没有产生有害影响，凝结时间差不大于30min，且初凝时间和终凝时间符合《通用硅酸盐水泥标准》(GB 175—2007)中规定的范围。3d、28d抗压强度比在90%以上。

根据废水的化学分析及混凝土凝结时间对比试验可知，该废水可作为混凝土拌和用水。

1.1.2 废水的组成

废水中的物质来自拌制混凝土的原材料，即水泥、砂、石、外加剂、掺和料。废水中除水外，

[作者简介] 姚志玉，河北建设集团有限公司混凝土分公司助理工程师

还有大量细小的水泥颗粒、集料中的黏土或淤泥颗粒、可溶解的无机盐及外加剂离子等。

1.2 试验原材料、步骤

1.2.1 原材料

水泥选用保定太行山兴盛 P·O 42.5 级水泥；砂选用满城 II 区中砂；粉煤灰选用衡水 I 级粉煤灰；外加剂选用保定慕湖外加剂厂生产的液态泵送剂。

1.2.2 试验步骤

(1)将混凝土废料在凝固前进行充分搅拌、冲洗；基于搅拌站原有废水处理系统，利用搅拌站自动控制系统，研发出一套废水搅拌、循环、上料、自动计量、回流系统，并设计六角沉淀池，减少死角，使废水呈涡流状，实现废水中泥浆浓度的均匀性。

(2)将冲洗后废料输送进分离机进行筛分，干净的砂石从不同的出口分离出来，废水存储到沉淀池。为防止污泥沉淀硬结、保证废水的匀质性，废水池内设有搅拌机设施不停搅拌。

(3)分离出来的砂石定点堆放，及时使用。

(4)定期检测砂、石、废水的各项技术指标。

(5)用回收的砂、石、废水进行混凝土试验。

(6)实际生产中使用废水，阶段性进行统计分析及评定。

2 试验数据分析

2.1 强度对比试验

试验采用相同基准配合比，坍落度保持一致，试验结果见表 2。

表 2 混凝土抗压强度对比

强度等级	拌和用水	坍落度	强度(MPa)		
			3d	7d	28d
C25	清水	180	15.4 (62%)	19.8 (79%)	34.0 (136%)
	废水	180	18.1 (72%)	21.0 (84%)	38.0 (152%)
C30	清水	180	17.9 (60%)	26.4 (88%)	40.7 (135%)
	废水	180	20.1 (67%)	28.3 (94%)	43.0 (143%)
C35	清水	180	21.0 (60%)	28.1 (80%)	45.2 (129%)
	废水	180	24.3 (69%)	32.0 (91%)	49.0 (140%)

强度对比试验数据说明，用废水作为拌和用水的混凝土试块 3d、7d、28d 强度均高于净水拌和的混凝土试块强度，其中 28d 强度两者相差较多，说明废水中的活性组分对混凝土的后期强度有较大程度的提高。

2.2 废水不同掺量试验

试验结果见表 3～表 5。废水不同掺量下混凝土强度变化曲线如图 1～图 3 所示。

表 3　废水不同掺量 C20 强度统计

强度等级	废水掺量（%）	用水量（mL）	坍落度（mm）	强度（MPa）					
				3d		7d		28d	
C20	0	1300	160	14.5	（73%）	20.1	（100%）	29.2	（146%）
	10	1150	160	14.5	（73%）	21.1	（106%）	30.1	（151%）
	20	1000	160	16.0	（80%）	22.1	（111%）	31.1	（156%）
	30	900	160	17.8	（89%）	23.1	（116%）	32.1	（161%）
	40	820	160	17.3	（87%）	22.6	（113%）	31.1	（156%）
	50	750	160	16.8	（84%）	22.1	（111%）	30.1	（151%）
	55	700	160	16.2	（81%）	21.5	（108%）	29.0	（145%）
	60	650	160	16.3	（82%）	21.3	（107%）	29.1	（146%）
	70	440	160	16.6	（83%）	21.1	（106%）	29.3	（147%）
	80	240	160	16.9	（85%）	20.9	（105%）	29.5	（148%）
	83	225	160	17.0	（85%）	20.8	（104%）	29.5	（148%）
	90	0	160	15.1	（76%）	20.4	（102%）	29.2	（146%）
	100	0	160	13.2	（66%）	20.0	（100%）	29.0	（145%）

表 4　废水不同掺量 C30 混凝土强度统计

强度等级	废水掺量（%）	用水量（mL）	坍落度（mm）	强度（MPa）					
				3d		7d		28d	
C30	0	1720	180	16.5	（55%）	25.2	（84%）	34.8	（116%）
	10	1580	180	19.5	（65%）	28.1	（94%）	39.6	（132%）
	20	1400	180	22.4	（75%）	31.0	（103%）	43.0	（143%）
	30	1320	180	23.0	（77%）	32.6	（109%）	44.5	（148%）
	40	1120	180	23.6	（79%）	32.6	（109%）	45.7	（152%）
	50	930	180	22.8	（76%）	30.8	（103%）	44.2	（147%）
	60	840	180	22.0	（73%）	30.3	（101%）	42.0	（140%）
	70	700	180	22.0	（73%）	30.8	（103%）	40.9	（136%）
	80	380	180	22.3	（74%）	30.8	（103%）	40.9	（136%）
	90	250	180	22.0	（73%）	29.3	（98%）	39.3	（131%）
	100	100	180	22.3	（74%）	28.0	（93%）	38.7	（129%）

表 5　废水不同掺量 C35 混凝土强度统计

强度等级	废水掺量（%）	用水量（mL）	坍落度（mm）	强度（MPa）					
				3d		7d		28d	
C35	0	1720	180	20.3	（58%）	24.5	（70%）	47.6	（136%）
	10	1620	180	21.0	（60%）	25.2	（72%）	49.0	（140%）
	20	1400	180	22.4	（64%）	29.8	（85%）	53.6	（153%）
	30	1220	180	20.3	（58%）	28.0	（80%）	50.8	（145%）
	40	1100	180	18.9	（54%）	26.3	（75%）	49.0	（140%）
	50	1000	180	19.3	（55%）	25.6	（73%）	47.3	（135%）
	60	900	180	18.0	（51%）	25.6	（73%）	44.8	（128%）
	70	600	180	17.5	（50%）	24.5	（70%）	44.8	（128%）
	80	400	180	17.4	（50%）	25.2	（72%）	42.4	（121%）
	90	300	180	17.0	（49%）	26.3	（75%）	42.0	（120%）
	100	300	180	16.8	（48%）	24.5	（70%）	42.0	（120%）

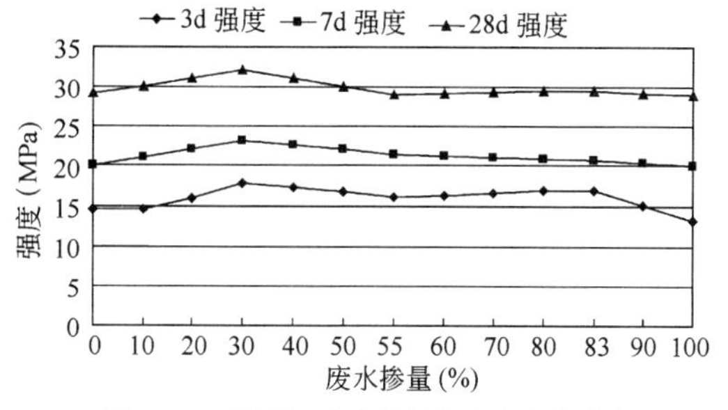

图 1　C20 混凝土废水掺量与强度变化曲线

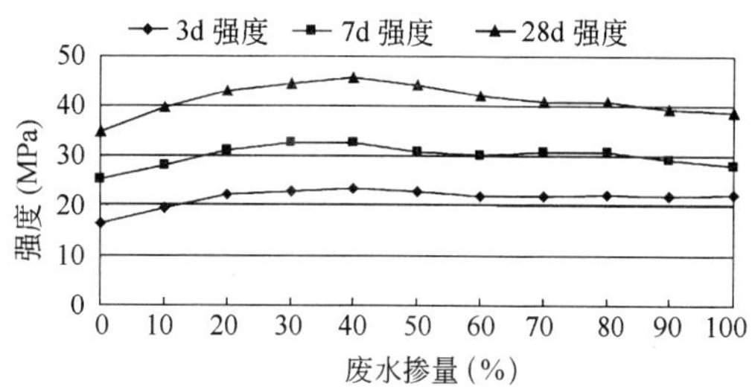

图 2　C30 混凝土废水掺量与强度变化曲线

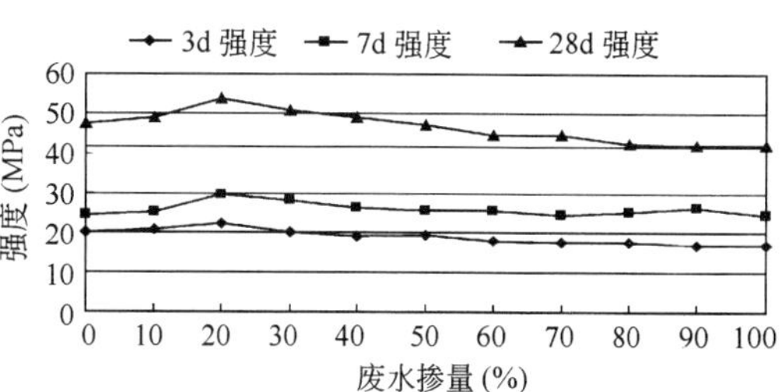

图 3　C35 混凝土废水掺量与强度变化曲线

由图 1 显示，废水掺量 30%时，混凝土 3d、7d、28d 强度均为最高，100%掺量时，强度最低，其他掺量时，强度值差异不大，基本均高于不掺者。

图 2 显示，3d 强度，废水掺量为 40%时强度最高，不掺加时强度最低；7d 强度，废水掺量为 30%时强度最高，不掺加时最低；28d 强度，废水掺量 40%时最高，不掺加时最低。

图 3 显示，3d、7d、28d 强度，废水掺量为 20%时均达最高，其余掺量和不掺相差不大。

由于废水中含有水泥、粉煤灰、外加剂等活性成分，因此在不减少水泥用量的情况下，同等级混凝土试块强度都有一定程度的提高。实际使用时废水的参考掺量为20%～40%。

对低强度等级混凝土，因为混凝土中水泥浆体相对偏少，废水中的水泥浆体细度较细，其发挥的作用类似于水泥中的微细掺和料，能起到填充混凝土中的孔隙，密实混凝土的作用。所以，对 C35 及以下等级的混凝土，废水的掺入，能改善混凝土拌和物的性能，提高混凝土强度。

对高强度等级混凝土，考虑到废水中杂质对外加剂的吸附，及对高等级混凝土中水泥砂浆与石子的黏结强度的影响，以不掺加或少掺为宜。

2.3　混凝土凝结时间、抗渗性能、抗冻融性对比试验

表 6 结果表明，废水与清水拌制混凝土，其初凝、终凝时间没有太大的区别。

表 6　混凝土凝结时间对比

混凝土用水	强 度 等 级	混凝土凝结时间(h:min)	
		初凝	终凝
废水	C20	9:30	10:00
	C30	8:40	9:50
	C35	8:30	9:40
清水	C20	9:50	10:10
	C30	8:30	9:50
	C35	8:10	9:30

表 7 数据对比说明，各等级混凝土均能满足设计要求，用废水作为拌和用水与用清水对比，对混凝土的抗渗性能影响不大。

表 7　混凝土抗渗性能对比

强度等级	拌和用水	测试压力(MPa)	最大渗水高度(mm)	混凝土抗渗等级
C20	清水	0.7	35	P6
	废水	0.7	45	
C30	清水	0.9	75	P8
	废水	0.9	90	
C35	清水	0.9	65	P8
	废水	0.9	60	

表 8 数据表明，废水拌和混凝土与清水拌和混凝土，其抗冻性能均能达到 F250 冻融要求，废水拌和混凝土抗冻融效果好于清水拌和混凝土。

表 8　混凝土抗冻融性对比

强度等级	拌和用水	冻融前强度(MPa)	250 次冻融后强度(MPa)	冻融前质量(kg)	250 次冻融后质量(kg)	强度损失率(%)	质量损失率(%)
C20	清水	33.8	32.0	2.408	2.396	5.2	0.5
	废水	35.0	33.3	2.410	2.400	4.9	0.4
C30	清水	40.5	38.3	2.428	2.421	5.4	0.3
	废水	42.0	40.1	2.426	2.419	4.6	0.3
C35	清水	47.3	45.5	2.430	2.425	3.8	0.2
	废水	49.0	47.3	2.432	2.430	3.5	0.1

通过以上混凝土拌和物力学性能试验、凝结时间、抗渗及抗冻等性能指标的试验对比，用废水作为混凝土拌和用水，完全能够满足普通混凝土的性能要求。

3　结语

通过对废水的化学分析可知，废水可作为混凝土拌和用水。通过强度对比试验，说明废水中的活性组分对混凝土的后期强度有较大程度的提高。

通过上述试验可得出以下结论：对 C35 及以下的混凝土，废水的掺入，能改善混凝土拌和物的性能，提高混凝土强度，参考掺量为 20%～40%，废水的掺入对混凝土的凝结时间、抗渗性能影响甚微，一定程度上能提高混凝土的抗冻性能。

参考文献

[1] 常洪民，葛新文，王东旭. 废弃混凝土拌和物分离浆水在利用技术的试验研究[J]. 混凝土，2007，(7)：69-70.

[2] 肖建庄，李佳彬，兰阳. 再生混凝土技术最新研究进展与评论[J]. 混凝土，2003，(6)：17-20.

矿物超细粉在高性能、超高性能混凝土中的应用技术

王晓梅，王　喆，于　霞，高永利

内蒙古鄂尔多斯市兴泰商混凝土有限责任公司

1　矿物粉体对水泥浆体流动性与强度影响

1.1　不同矿物粉体的不同掺量的浆体流动性

以矿渣粉、粉煤灰、天然沸石粉及硅粉等量取代的部分水泥，水灰比 W/C（水胶比 W/B）不变，外加剂掺量不变。

浆体流动性变化见表 1、表 2。

表 1　不同矿物粉体对浆体流动性影响

序号	冀东水泥 P·O 42.5	掺和料品种及掺量		水胶比 0.29	外加剂	流动度(mm)	备注
1	300	—	—	84g 水	胶×1.3%4g	255	聚羧酸系浓度:30%
		粉煤灰					
2	270	10%	30	84g 水	胶×1.3% 4g	265	
3	240	20%	60			285	
4	210	30%	90			300	
		矿粉					
5	270	10%	30	84g 水	胶×1.3% 4g	250	
6	240	20%	60			265	
7	210	30%	90			295	
		硅粉					
8	285	5%	15	84g 水	胶×1.3%4g	190	
9	279	7%	21			185	
10	270	10%	30			145	
		沸石粉					
11	294	2%	6	84g 水	胶×1.3%4g	225	
12	288	4%	12			210	

[作者简介] 王晓梅，内蒙古鄂尔多斯市兴泰商混凝土有限责任公司总工程师

表 2　不同矿物粉体对浆体流动性影响

序号	西水水泥 P·O 52.5	掺和料品种及掺量		水胶比为 0.29	外加剂	流动度(mm)	备注
13	300	—	—	84g 水	胶×2.0% 6g	245	聚羧酸系 浓度:30%
		粉煤灰					
14	270	10%	30	84g 水	胶×2.0% 6g	280	
15	240	20%	60			290	
16	210	30%	90			300	
		矿渣粉					
17	270	10%	30	84g 水	胶×2.0% 6g	260	
18	240	20%	60			265	
19	210	30%	90			295	
		硅粉					
20	285	5%	15	84g 水	胶×2.0% 6g	185	
21	279	7%	21			175	
22	270	10%	30			160	
		沸石粉					
23	294	2%	6	84g 水	胶×2.0%6g	235	
24	288	4%	12			230	

由表 1、表 2 可见，基准水泥浆体的流动度为 255mm。粉煤灰取代 10%、20%、30%的水泥，用水量及聚羧酸高效减水剂掺量不变时，浆体的流动性增大，分别为 265mm、285mm 和 300mm。矿渣粉取代 10%、20%、30%的水泥，用水量及高效减水剂的掺量不变时，浆体的流动性增大，分别为 250mm、265mm 和 295mm。粉煤灰和矿渣粉一样，均随着对水泥的取代量增大，流动性增大，具有明显的减水效果。而硅粉和天然沸石粉随着取代量的增大，浆体的流动性不断降低。

1.2　不同矿物粉体对胶砂强度影响

(1)等水胶比条件下不同矿物粉掺量的胶砂强度

试验中所用水泥为冀东 P·O 42.5，胶砂比为 1∶3，水胶比相同，均为 0.50，胶砂强度试验结果见表 3。

表 3　各种掺和料、不同掺量的胶砂强度试验

编　号	水泥 冀东 P·O 42.5	标准砂	掺和料 (%)	掺和料 掺量	水	抗折强度(MPa) 7d	抗折强度(MPa) 28d	抗压强度(MPa) 7d	抗压强度(MPa) 28d
1	450	1350	—	—	225	6.4	8.2	36.0	49.9
			粉煤灰						
2	405	1350	10	45	225	5.5	8.3	29.3	45.9
3	360	1350	20	90	225	5.0	6.9	27.2	40.6

编号	水泥	标准砂	掺和料		水	抗折强度(MPa)		抗压强度(MPa)	
	冀东 P·O 42.5		(%)	掺量		7d	28d	7d	28d
4	315	1350	30	135	225	4.5	6.6	23.1	34.4
			矿渣粉						
5	405	1350	10	45	225	5.6	8.0	35.9	50.2
6	360	1350	20	90	225	6.4	8.0	35.6	51.5
7	315	1350	30	135	225	6.0	8.0	33.3	53.2
			硅灰						
8	427.5	1350	5	22.5	225	6.6	8.7	41.5	54.6
9	418.5	1350	7	31.5	225	6.1	8.9	36.8	59.6
10	405	1350	10	45	225	6.3	9.0	37.1	61.7
			沸石粉						
11	441	1350	2	9	225	6.1	8.1	38.3	57.6
12	432	1350	4	18	225	5.9	7.7	31.6	49.2

在等水胶比情况下，粉煤灰的掺量增大，7d 和 28d 强度均逐渐下降，并低于基准砂浆；而矿渣粉则不同，对水泥的取代量为 10%～30%时，7d 的胶砂强度与基准砂浆强度大体相同，28d 均高于基准砂浆强度。硅粉对水泥取代量为 5%～10%时，7d 和 28d 强度均高于基准砂浆。天然沸石对水泥取代 2%时，增强效果比较明显。

(2)等流动度条件下，不同矿物粉掺量的胶砂强度

在粉煤灰和矿渣不同掺量的情况下，调整浆体用水量，使浆体流动度相同，观测胶砂强度的变化，见表 4、表 5。

表 4　等流动度下，粉煤灰掺量对胶砂强度影响

编号	水泥	粉煤灰		水胶比	流动度(mm)	抗折强度(MPa)		抗压强度(MPa)	
	西水 P·O 52.5	(%)	掺量			7d	28d	7d	28d
1	450			0.45	186	8.1	8.6	47.5	61.5
2	405	10	45	0.44	183	7.6	8.9	44.2	62.2
3	360	20	90	0.39	185	7.4	8.7	44.5	62.6
4	315	30	135	0.37	187	7.4	8.7	44.6	61.6
备注	聚羧酸高效减水剂(含固量 30%)，掺量相同均为 0.6%，标准砂 1350g								

表 5　等流动度下，矿粉掺量对胶砂强度影响

编号	水泥	粉煤灰		水胶比	流动度(mm)	抗折强度(MPa)		抗压强度(MPa)	
	西水 P·O 52.5	(%)	掺量			7d	28d	7d	28d
1	450			0.45	187	8.4	9.0	48.1	61.8
2	405	10	45	0.43	189	8.2	9.0	48.1	62.4
3	360	20	90	0.41	193	8.2	8.7	52.0	63.0
4	315	30	135	0.40	185	8.1	9.0	55.3	61.8
备注	聚羧酸高效减水剂(含固量 30%)，掺量相同均为 0.6%，标准砂 1350g								

由表4、表5可见，流动度相同的情况下，粉煤灰掺量在10%、20%、30%时，7d强度，均低于基准砂浆强度，28d强度，赶上了基准砂浆的强度；矿粉掺量在10%、20%、30%时，7d强度和28d强度，均呈现高于基准砂浆强度，并随掺量增大而增大。

2 C60的HPC的配制

C60的HPC采用冀东P·O 42.5的水泥配制。配合比见表6，混凝土的性能见表7。

表6 C60 HPC配合比

编号	W/B	单方混凝土材料用量(kg/m³)							
		水泥	矿粉	粉煤灰	硅粉	砂	碎石	水	减水剂
5	0.28	420	100	80		700	950	168	1.8%
6	0.29	420	50	80	50	700	950	174	1.8%
7	0.28	420	100	80		700	950	168	2.7%

注：编号5、6均掺30%含固量聚羧酸减水剂，编号7为萘系—氨基系复合减水剂(粉剂)。

表7 新拌混凝土的性能及抗压强度

编号	新拌混凝土		抗压强度(MPa)			
	坍落度	扩展度	3d	7d	14d	28d
5	240mm	580mm	39.0	62.9	62.1	80.9
6	255mm	600mm	42.3	66.7	64.6	84.0
7	270mm	620mm	34.5	56.4	59.9	73.4

由表7可见编号5、6、7组的混凝土的抗压强度均满足C60的要求，但编号6的混凝土虽然W/B稍高，但因用50kg硅粉代替了50kg矿渣粉，各龄期的强度均高于对比组。用硅粉能有效地配制HPC和UHPC。

3 C100的UHPC的配制

C100的UHPC配合比如表8所示，试验结果如表9所示

表8 C100的UHPC配合比

编号	W/B	单方混凝土材料用量(kg/m³)							
		水泥	矿渣粉	粉煤灰	硅粉	砂	碎石	水	减水剂
8	0.20	500	90	100	60	700	900	150	3.0%
9	0.22	500	40	100	60	720	926	154	2.8%
10	0.24	500	40	50	60	750	950	156	3.0%
11	0.25	450	80	80	70	750	950	170	4.0%

注：编号11的外加剂为氨基磺酸盐系含固量32%。

按编号8、9、10、11的配合比，拌和30L混凝土，检验新拌混凝土的性能及成型试块，检验混凝土不同龄期的抗压强度，见表9。

表 9 混凝土的流动性及抗压强度

编号	W/B	新拌混凝土			抗压强度(MPa)			
		坍落度(mm)	扩展度(mm)	倒筒时间(s)	3d	7d	14d	28d
8	0.20	270	540		67.7	86.9	98.2	108.2
9	0.22	250	530		68.5	87.0	87.9	102.4
10	0.24	240	570	9.5	66.6	72.9	91.9	103.6
11	0.25	245	440		50.1	76.7	79.2	109.3

注:试件尺寸为 100mm×100mm×100mm。

由表 9 可见,$W/B=0.25$,采用氨基磺酸高效减水剂配制的混凝土,28d 强度可达 109.3MPa,达到了 C100 强度等级的要求。

4 结语

(1)本项研究采用的矿渣粉和粉煤灰,具有一定的减水效果。特别是矿渣粉,除了减水效果以外,还具有增强效果,故用这种矿渣超细粉配制 UHPC,能适当降低混凝土拌和物的黏度和提高混凝土的强度。

(2)硅粉和天然沸石粉具有很好的增强效果,但没有减水效果,甚至还会使浆体黏度提高。因此,利用硅粉和天然沸石粉配制 HPC 和 UHPC 时,必须和高效减水剂并用,也就是采用双掺技术。

(3)配制 UHPC 时,除了矿物超细粉和高效减水剂的选择和应用以外,集料的影响也很大,特别是粗集料的影响。还必须从母岩品种、粒径、粒形及级配等加以认真选择。

参考文献

[1] 冯乃谦. 高性能混凝土结构[M]. 北京: 机械工业出版社,2003.
[2] 冯乃谦. 高性能与超高性能混凝土的发展和应用[J]. 施工技术,2009,5.

活性二氧化硅微粉制备及工程应用

屠庆模

贵州海天铁合金磨料有限责任公司

传统经济通过将资源不断地变成废弃物来实现经济增长，往往忽视了经济结构内部各生产之间的有机联系和共生关系，造成环境污染、资源浪费，导致自然资源日益短缺和枯竭。随着经济的发展，高能耗产业、污染治理困难的电炉铁合金、工业硅、电石、棕刚玉等行业已经转移到西南、西北等矿山自然资源、电能资源丰富的地区。产业转移后也带来了环境污染的源头。在治理环境污染的同时，将废弃无组织排放的烟尘收集回拢再制作加工将其作为一种粉体新材料；在研发环境保护装置中，加强考虑废弃物烟尘的综合利用，化害为利，变废为宝，既达到治理企业污染保护环境的目的，又可节约资源和能源、增加企业的经济效益，是减少固体废弃物污染的治本之道。

1　活性二氧化硅微粉的现状及技术背景

运用矿热电炉冶炼硅系合金，硅系合金冶炼是无渣还原冶炼法，冶炼过程中会产生大量烟尘，其中硅矿石在冶炼中约有15%～20%的二氧化硅分子随高温气化还原成一氧化硅。硅蒸汽在炉外再与氧结合成二氧化硅，这类硅烟气随熔炼的烟尘合成通过烟道无组织排放到大气层中，造成环境及大气的污染。为了消除污染、保护环境，应将无组织排放的烟尘有组织的收拢集成，运用专项专用技术和装备将烟气中的粉尘，以烟尘的物质性能，将其分离提纯获得一种气态状的超细粉体新材料产品。

“电炉烟尘净化、烟尘分离提纯粉体材料成套装置”是我公司集冶炼工艺、机械制造工艺、无机矿非金属粉体加工工艺为一体的新技术结合。整合的新技术、新工艺将废弃烟尘收拢集成分离提纯制成的气态状粉体材料，具有传统机械研磨加工粉体材料无法达到的超细粒径和活性。我公司自主研发的多级分离提纯粉体成套装备生产的粉体材料经国内多家知名大学及检测机构检测，物化性能优越。

1.1　烟尘分离气态状粉体材料的化学指标

SiO_2≥90.0～97.5；Al_2O_3≥0.52～1.52；Fe_2O_3≥0.05～1.71；CaO≥0.34～0.82；MgO≥0.48～1.50；K_2O≥0.43～1.31；Na_2O≥0.09～0.47；Tc≥0.52～2.71；Loss≥1.58～4.04；CI≤0.002～0.024；pH=2.98～7.14。

［作者简介］屠庆模，贵州海天铁合金磨料有限责任公司

1.2 烟尘分离气态粉体材料的物理指标

(1)粉体结构　非结晶团聚,三维絮棉状球形颗粒,不定型无机粉体。

(2)粉体平均粒径　0.075～0.225μm。

(3)比表面积　22～28m^2/g。

(4)松散重度　200～300kg/m^3。

(5)活性指数　(7～28d强度比)86%～98.5%。

1.3 烟尘分离气态粉体材料的优势

市场中应用的某些粉体产品二氧化硅(硅灰石、粉石英等),行业内称之为生矿料,粉体是由机械研磨而成。这类加工粉体不具有活性而且是沉淀状态,与烟尘中分离提纯的粉体性能有所不同,分离提纯的粉体特征主要表现在2200～2800℃高温中熔炼形成的气状物分子,是以游离状态活性,称为熟料。从生产角度分析,以年产1万t二氧化硅微粉为例,烟尘分离提纯装备总投入1500万元,即可完成产量,而加工1万t微粉及装备投入就要在5000～6000万元以上(粗略估算)。从应用角度比较,按无机非金属粉体加工理论,目前市场上研磨加工技术粉体粒径只能达到2000目极限,而以熔炼烟尘中分离粉体粒径可以在7000目以上。另外,"活性二氧化硅微粉"生成还原过程与国内外高科技生产的价格昂贵的"气相二氧化硅"的生产方式相似,只是熔炼温度不同,选用还原剂不同。经两种粉体对比测试,化学成分和物理性能基本一致,其性价比相差甚远。经有关科研院试验后认为,可替代"气相二氧化硅"应用在材料中。

2 活性二氧化硅微粉的推广

从废弃烟尘中分离提纯的粉体材料——活性二氧化硅微粉,在日本称为"活性硅";西欧国家称为"硅尘"、"硅灰";美国、加拿大等国家称为"冷凝硅灰"(Condened Silica Fume),常用CSF或SF表示。在我国最早应用于水电水利工程中,将硅烟尘灰统称为"硅微粉"、"微硅粉",由于作为粉体产品开发及应用存在障碍,使冶炼行业中遗弃大量宝贵的资源。而冶炼行业为了应付检查和迫于环保压力,只是将烟尘净化,没有将烟尘作为一种可循环再生利用的粉体材料对待。企业因陋就简上环保设施,甚至还在用明令强制淘汰的除尘工艺(砂打、水幕、水幕加钢网)和极易造成二次污染的装备。由于良莠不齐的冶炼工艺、环保工艺技术和装备,造成各工厂的硅粉质量不佳,硅粉由于质量无法保证,造成应用企业不敢使用,硅粉市场混乱的局面。为推广推进硅烟尘气的循环综合利用,适应使用者要求和符合国家矿物外加剂标准,首要解决技术进步和新工艺及装备更新。为此,我公司获得科技部、贵州省科技厅、贵阳市科技局三级科技型中小企业技术创新基金的资助,并已完成了项目的验收及项目科技成果鉴定。其中,"电炉烟尘净化,烟尘分离提纯粉体材料成套装备"适用于多种高能耗冶炼企业烟尘收拢集成的粉体材料的应用。项目完成验收鉴定后,同时获得国家火炬计划立项支持和贵州省成果推广计划的支持。

3 活性二氧化硅微粉的应用

在获得多项科技立项计划支持中,"硅微粉"作为粉体材料广泛应用于多种行业中,我公司2002～2008年专业销售"硅粉"达5万t。参与改造矿热电炉6300～12500kVA达到20台。

(1)应用在混凝土结构件中　在1991年贵州红枫水电总厂的拦水大坝修补工程中，由我公司参与供给硅粉，硅粉用于20m深处基础灌浆，至今，未进行再修补。在混凝土中掺入10%～15%硅粉，采用常规施工方法，即可达到100MPa强度，用于高强度混凝土浇筑的梁、板、柱可减少构件断面。

(2)配制抗冲耐磨混凝土　水工混凝土泄水建筑物，如溢流坝面、泄水洞等承受高速含砂水流的冲击和腐蚀，混凝土表层经常遭受损坏，采用硅粉混凝土或钢纤维硅粉混凝土护面，可以成倍地提高混凝土的抗磨和抗空蚀性能，减少混凝土的损坏，延长护面混凝土寿命。在1995年四川攀枝花二滩水利工程和1997年贵州乌江东风水电工程中的泄洪洞就已经使用硅粉混凝土护面。工程所用的硅粉由我铁合金集团总公司生产供给3000t。

(3)配制抗化学腐蚀混凝土　在沿海或海水中的混凝土建筑物，受Cl^-和SO_4^{2-}的侵蚀严重。而硅灰常使混凝土结构紧密，水化产物充填空隙，抗渗透能力强，Cl^-和SO_4^{2-}不易渗入到混凝土中，故能提高混凝土的抗酸碱等化学侵蚀能力。在2003年上海洋山港深海沉箱的基础施工中，掺入硅灰7.5%～12%。

由粉煤灰和矿渣粉合成混凝土，必有硅灰掺入，硅灰掺入可提高粉煤灰混凝土、矿渣粉混凝土泌水和分离等，由于硅灰颗粒极细，需水量大，使用时必须与高效减水剂配合，才能达到预期效果。活性二氧化硅微粉是矿物熟料未被改性的特性，是减少降低矿物粉体收缩率的粉体材料之一。在世界建筑史中，欧美发达国家早在20年前就开始应用气态的粉体材料——硅微粉，它也是世界公认在建筑业中性价比最佳的第一大活性材料，其超细游离态的特征和神奇的作用，现不仅被建筑业、建材业所接受，而且冶金耐材、化工涂料、工程塑料、橡胶制品等行业也都已认可其优异性能。它是提高结构混凝土耐久性必不可少的矿物外加剂。

4　结语

我公司作为环保产业和资源综合利用的专业企业，用废弃物烟尘生产粉体材料，目前，已有粉体产品的内控标准，并严格遵守《不定型耐火材料用二氧化硅微粉》(YB/T 115—2004)、《高强高性能混凝土用矿物外加剂》(GB/T 18736—2002)等规范和标准以要求，生产的活性二氧化硅微粉已通过ISO 9002质量认证。我公司将继续致力于为市场提供高质高量的粉体新材料——活性二氧化硅微粉，满足建筑市场的需求，为废弃资源综合利用开辟更广泛的市场，为节能减排长久持续作出贡献。

参考文献

[1] 惠荣炎，王秀军. 硅粉混凝土及其应用[M]. 北京：中国铁道出版社，1995.
[2] 冯乃谦. 高性能混凝土结构[M]. 北京：机械工业出版社，2004.
[3] 朱效荣，李迁，张英男，等. 绿色高性能混凝土研究[M]. 辽宁：辽宁大学出版社，2005.
[4] 朱效荣，李迁，孙辉. 现代多组分混凝土理论[M]. 辽宁：辽宁大学出版社，2007.
[5] 中国土木工程学会混凝土及预应力混凝土分会，混凝土质量专业委员会. 全国高性能混凝土和矿物掺和料的研究与工程应用技术交流会论文集[C]. 2006.

氟硅改性聚氨酯模板漆的研制及应用

赵 帆[1,2]，张济超[1,2]

1. 华烁科技股份有限公司；2. 湖北省化学研究院

本文通过本体聚合，先合成氟硅改性聚醚 E，然后用氟硅改性聚醚和几种不同的聚醚混合共聚，得到了氟硅改性聚氨酯模板漆，该模板漆结合了有机硅与有机氟聚合物的优点，具有较低的表面能，优异的抗溶剂性、热稳定性和耐磨性等。用该模板漆浇筑出的混凝土，因混凝土表面光滑致密，呈仿大理石，尽显了清水混凝土的质朴本色，而且脱模效果好，得到了客户的一致好评。

1 试验部分

1.1 主要试剂

甲基含氢硅油(PHMS)：CP，氢质量分数为 0.186%，蓝星星火化工厂；烯丙基聚氧乙烯聚氧丙烯醚(商品名 F-6)：CP，平均相对分子质量约为 1200g/mol，且环氧乙烷(EO)与环氧丙烷(PO)的质量比为 1∶2，扬州晨化科技集团有限公司，使用前减压蒸馏除水；甲基丙烯酸六氟丁酯(6FMBA)：CP，沸点为 133℃～140℃，哈尔滨雪佳氟硅化学有限公司；甲基丙烯酸十二氟庚酯(12FMHA)：CP，沸点为 160℃～170℃，哈尔滨雪佳氟硅化学有限公司；2,4-甲苯二异氰酸酯(TDI)，AR，上海试一化学试剂有限公司。

1.2 氟硅改性聚醚 E 的合成

在带有高纯氮气保护、高速搅拌器、温度计和冷凝管的四口烧瓶中依次加入定量的 PHMS，F-6，6FMBA 或 12FMHA，控制温度在 60～70 ℃，搅拌下滴加氯铂酸/异丙醇溶液，其中氯铂酸的质量分数为反应物质量之和的 0.005%～0.01%，40 min 滴加完毕后，再反应 3h，然后在 N_2保护下减压蒸馏除去未反应的氟化丙烯酸酯，再在高速分散的条件下，将产物制成水分散物并通过透析膜，在去离子水中进行渗析 72h，每 8h 更换去离子水，以除去未反应的水溶性低分子聚醚及催化剂，最后减压蒸馏除水，真空干燥至恒重，得到淡黄色透明黏稠状液体，即最终产物 M-PHMS。求算产率，改变上述各反应物投料比，制备得到一系列的 M-PHMS。

1.3 聚氨酯预聚体和漆膜的制备

在带有高速搅拌器、温度计以及冷凝管的密闭反应器中，加入定量的氟硅改性聚醚 E、聚醚 A、聚醚 B、聚醚 C 和二甲苯，待搅拌均匀后再加入 2,4-甲苯二异氰酸酯(TDI)，控制反应温

［作者简介］赵 帆，湖北省化学研究院副研究员

度为60℃下反应6h后，停止加热，自然冷却至室温，即得预聚体。上述反应条件不变，改变上述各种反应的投料比，即可以得到一系列的预聚体产物，将上述预聚体产物用二甲苯稀释至固定固含量，则得到模板漆。

称取定量的模板漆，在规格为15mm×10mm的表面经过砂纸打磨，用丙酮清洗晾干后的钢板上涂刷均匀，待室温放置24h固化成膜即可。

1.4 改性聚醚E的质谱表征

氢核磁共振谱(1H NMR)用德国BRUKER公司生产的DRX-400型超导核磁共振谱仪测定，以TMS为内标，以氘代丙酮做溶剂。

1.5 预聚体的红外表征

选用Paragon 1000型红外光谱仪(Perkin-Elmer公司)，将预聚体直接滴加在KBr晶片上，然后压平，采用透射(Transmission)的方式测得红外光谱。

1.6 漆膜的性能测试

(1)漆膜表干/实干时间的测试　依据《漆膜一般制备法》(GB/T 1727—92)。

(2)漆膜摆杆硬度的测试　采用天津市精科材料试验厂生产的摆杆式漆膜硬度计，QBY型，按使用说明书测试。

(3)附着力的测试　采用天津市精科材料试验厂生产的电动漆膜附着力实验仪，QFD型，依据《漆膜附着力测定法》(GB/T 1720—1979)进行测试。

(4)耐冲击力的测试　采用天津市精科材料试验厂生产的漆膜抗冲击试验器QCJ-120型，依据《漆膜耐冲击测定法》(GB/T 1732—1993)。

(5)耐热碱性的测试　依据《漆膜耐水性测定法》(GB 1733—92)。

2 结果与讨论

2.1 改性聚醚E的质谱表征

图1是在m(PHMS)∶m(F-6)∶m(6FMHA)=100∶100∶30的情况下，得到的改性聚醚E-6的HNMR谱图。由图中可以看出δ在$4.7\times10^{-6}\sim4.9\times10^{-6}$处的Si—H氢质子峰已基本消失，而接枝上的烯丙醇聚醚及含氟丙烯酸酯中的氢质子峰被记录下来。

2.2 预聚体的红外表征

图2表示混合聚醚单体与预聚体的红外图谱。

由图2可以看出，在混合聚醚单体中，在3470cm^{-1}归属于聚醚中的羟基伸缩振动峰，2938 cm^{-1}与2872 cm^{-1}为甲基、亚甲基的伸缩振动峰，而1730cm^{-1}归属于酯基中的C=O伸缩振动峰。在预聚体中，这些峰均有所减弱，且看不到有羟基峰的存在，说明混合聚醚中的羟基均反应完全。在预聚体的IR谱图中，在2270cm^{-1}有明显突出峰，此为NCO特征峰，表明预聚体中，NCO过量。

此外，在1000～1250cm^{-1}处的吸收变宽变强，这是由于F—C—F基团的伸缩振动在此处的吸收与聚硅氧烷的特征强吸收峰 1100～1000cm^{-1}（Si—O—Si 伸缩振动）重叠所致。1454cm^{-1}及 1375cm^{-1}处的吸收呈现了甲基丙烯酸酯聚合物中的 C—O—C 的特征吸收峰。在预聚体中 1680～1670cm^{-1}处可以观察到苯环 C=C 的伸缩振动吸收峰。

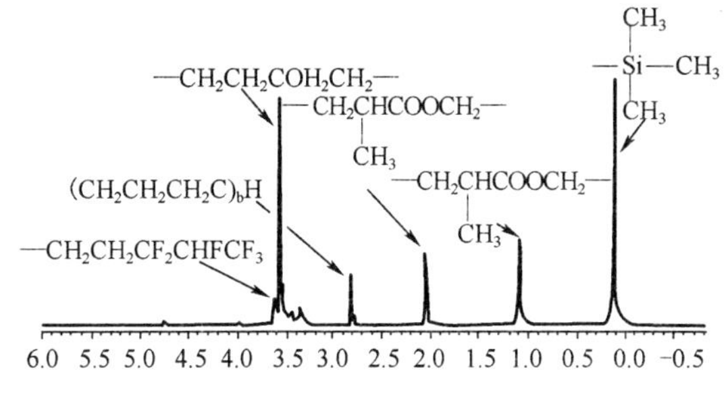

图 1　氟硅改性聚醚 E 的氢核磁共振图谱

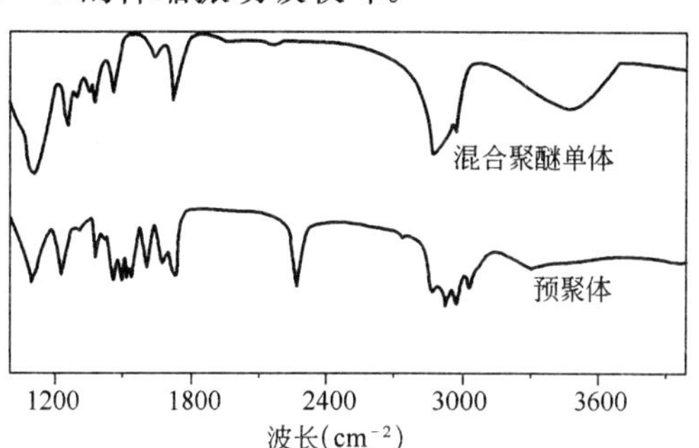

图 2　混合聚醚单体与预聚体的红外图谱

2.3　漆膜的综合性能

表 1 为氟硅改性聚氨酯模板漆的综合性能，由表 1 可以看出，HSTM-9 模板漆的漆膜性能优越，完全能够满足混凝土拆模时对漆膜性能的要求。

表 1　模板漆的综合性能

项　　目	检 测 结 果	检 测 方 法
外观	黄棕色	目测
表干	30min	《时间测定法》(GB/T 1727—79)
实干	5h	《时间测定法》(GB/ T 1727—79)
固含量	40	《涂料固体含量测定法》(GB/T 1725—79)
黏度(涂-4 杯)	22s	《涂料黏度测定法》(GB/T 1723—93)
摆杆硬度	0.75	说明书
附着力	0	《漆膜附着力测定法》(GB/T 1720—79)
耐冲击力	50	《漆膜耐冲击测定法》(GB/T 1732—93)
耐热碱性*	浸泡 256h 后无失光、变色、起泡、脱落、生锈	《漆膜耐水性测定法》(GB/T 1733—93)

注：* 为在饱和的 $Ca(OH)_2$ 溶液中，温度为 80℃。

3　施工案例

3.1　HSTM-9 模板漆在武广客运专线上的应用

图 3 为武汉火车站 C6S 墩身使用模板漆拆模效果。

其中，图 3c)、d)应用为某市售模板漆拆模后的情形；图 3e)为第一次使用某市售模板漆拆模后表面状态，图 3f)为第一次使用 HSTM-9 模板漆拆模后的整体照片；图 3g)、h)为使用 HSTM-9 模板漆刚拆模不久后墩深照片。

3.2　HSTM-9 模板漆与某市售模板漆使用案例的比较

HSTM-9 模板漆首次推广应用在武广客运专线武汉火车站工程。该车站在建设初期使

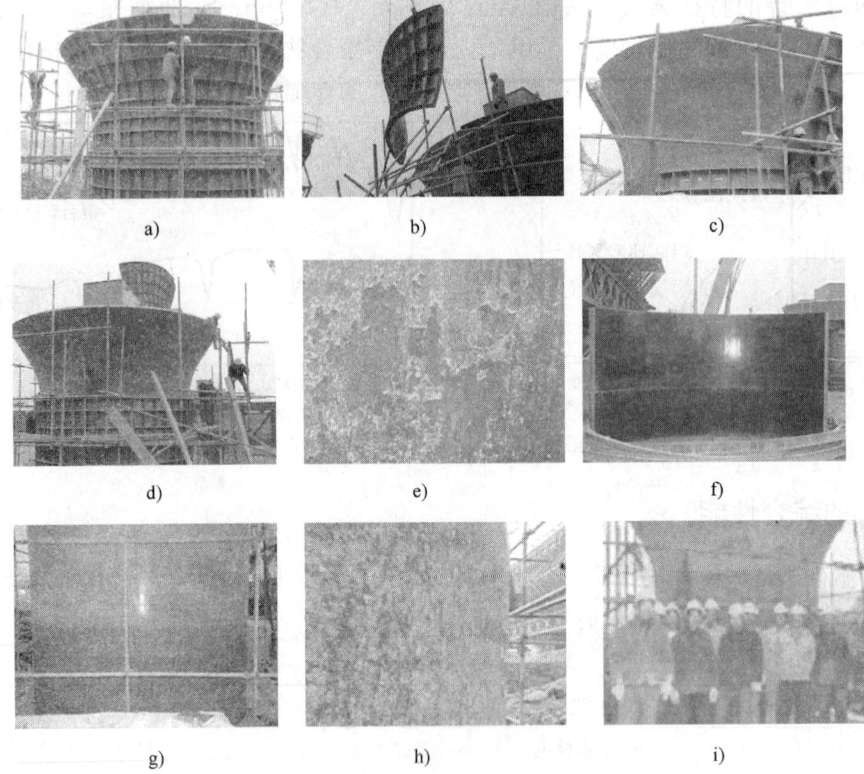

图 3　武汉火车站使用模板漆拆模效果

用的模板漆为市面上的一种模板漆，但存在如下问题：

(1)实干太慢，不能适应工期需要　在炎热的武汉，尽管室外温度高达 30℃以上，但市售模板漆的表干时间长达 8h 左右，实干 24h。由于表干慢，工地尘土飞扬，容易使表面变的很脏，影响脱模效果；而且由于武汉地区湿度大，而且天气多变，在漆膜还没有实干时，经常会遇上雨水淋湿，使漆膜表面起泡，轻者影响了模板漆的脱模效果，严重者则需重新涂刷，浪费不必要的人力物力和财力。另外，由于实干慢，特别是在冬季寒冷的环境(－5℃左右)下，施工困难，即使加入大量催干剂，依然严重影响了工地的施工进程。

(2)漆膜硬度不高，附着力小，不能适应工地恶劣的施工环境　在武汉火车站箱梁施工部分，其施工作业流程为：扎钢筋骨架，铺 U 形模板，然后在模板上拖拉运送钢筋，并在模板上继续扎钢筋骨架，进行混凝土的浇灌。这对模板漆的硬度和附着力有很高的要求，然而市面上的模板漆硬度不高，钢筋在模板上拖拉运送的过程中，经常出现破损，甚至还没等浇灌混凝土，局部的模板漆已经被划破脱落，导致钢模板生锈严重，这严重影响了脱模效果，使得拆模后的混凝土表面“锈迹斑斑”。

由于漆膜附着力差，还出现如下几个问题：①拆模后，漆膜容易黏附在混凝土的表面，像撕碎的破布一般黏附在混凝土的表面，既影响混凝土的外观，又给后续的施工增加了难度；②漆膜重复利用次数低，拆模后，模板必须重新打磨，去掉剩余的旧漆膜，然后进行喷涂，增加了施工工人的劳动量；③拆模后的模板在静置过程中，特别容易生锈，给下次使用时除锈喷涂带来很大的影响。

(3)混凝土外观改善不明显，性价比低　运用市面上的模板漆，脱模效果虽然比运用机油等矿物油的脱模效果大有改善，但由于存在如上所述的一系列施工问题，使得其性价比较低，因而使得施工单位的工程技术人员备受其苦。相比较而言，HSTM-9 模板漆则由于克服上述问题，而备受用户的推崇。

图 4 为 HSTM-9 模板漆在车工程箱梁上使用的情形。

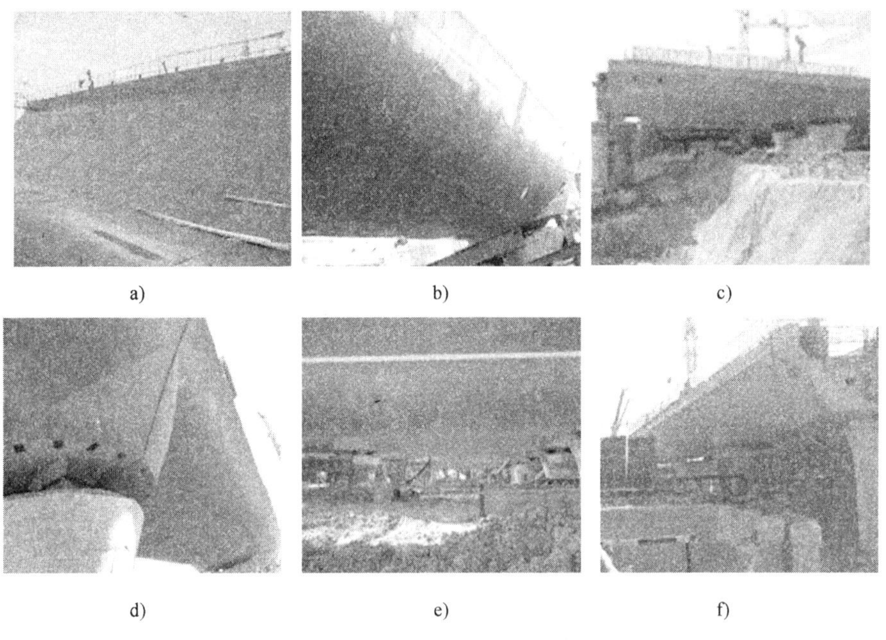

a) b) c)

d) e) f)

图 4 HSTM-9 模板漆应用效果

3.3 其他施工案例

截至目前，HSTM-9 模板漆已经成功在中铁十一局三分部武广客运专线武汉段、中铁十七局武汉火车站、武汉市政局汉口二七路施工段、中铁四局汉口轻轨段、武汉地铁以及汉宜、汉石、哈大、京沪等客运支线得以应用，同时在云南和浙江的水电工程中也得到了广泛应用。

4 结语

基于提高清水混凝土建筑脱模效果的目的，通过氟硅改性聚氨酯，成功研制出了 HSTM-9 模板漆，并在武广客运专线武汉火车站和京沪客运专线等建筑工地上得到了很好的应用，达到了良好的脱模效果，获得了市场的认可。